ANSYS Workbench
有限元分析实例详解

（热学和优化）

周炬 苏金英 著

人民邮电出版社

北京

图书在版编目（ＣＩＰ）数据

ANSYS Workbench有限元分析实例详解. 热学和优化 / 周炬，苏金英著. -- 北京 : 人民邮电出版社，2024.10
ISBN 978-7-115-64355-1

Ⅰ. ①A⋯ Ⅱ. ①周⋯ ②苏⋯ Ⅲ. ①有限元分析—应用软件 Ⅳ. ①O241.82-39

中国国家版本馆CIP数据核字(2024)第091393号

内 容 提 要

本书以联系和对比的方式系统且全面地讲解了 ANSYS Workbench 热学分析及优化设计过程中的各种问题，从工程实例出发，侧重解决热学计算问题和优化设计流程与工程问题。

本书内容分为 4 章：第 1 章介绍热学有限元分析的基本概念；第 2 章详细介绍 ANSYS Workbench 软件中 Mechanical 模块的热分析，包含热传导、热对流、热辐射、瞬态和非线性热分析、扩散、热固耦合分析；第 3 章详细介绍 ANSYS Workbench 软件中 Fluent 模块的热分析，包含热传导、移动热源、对流和辐射、多孔介质的蒸发、凝华结霜、热分析标量方程、流固耦合传热分析；第 4 章详细介绍 ANSYS Workbench 软件中的优化设计过程，重点讲解拓扑优化、增材制造和试验优化设计的基本原理及分析过程。

本书内容丰富新颖，融入了现代工程教育思想，旨在帮助读者提升运用工程方法解决实际问题的能力。本书主要面向 ANSYS Workbench 软件的初级和中级用户，可供机械、材料、土木、能源、汽车交通、航空航天、水利水电等专业的本科生、研究生、教师、工程技术人员和 CAE 爱好者学习参考。

◆ 著　　　　周 炬　苏金英
责任编辑　胡俊英
责任印制　王 郁　焦志炜

◆ 人民邮电出版社出版发行　北京市丰台区成寿寺路 11 号
邮编 100164　电子邮件 315@ptpress.com.cn
网址 https://www.ptpress.com.cn
中煤（北京）印务有限公司印刷

◆ 开本：787×1092　1/16
印张：31.75　　　　　2024 年 10 月第 1 版
字数：783 千字　　　2025 年 10 月北京第 4 次印刷

定价：119.80 元

读者服务热线：(010)81055410　印装质量热线：(010)81055316
反盗版热线：(010)81055315

前　言

　　CAE（Computer Aided Engineering，计算机辅助工程）是利用计算机辅助求解复杂工程和产品结构各项性能和优化设计等问题的一种近似数值分析方法，存在于工程的整个生命周期。ANSYS 软件是最经典的 CAE 软件之一，应用广泛。近些年，ANSYS 公司收购了多款顶级流体、电磁类软件，并重点发展 ANSYS Workbench 平台。与 ANSYS 经典软件界面相比，ANSYS Workbench 软件具有一目了然的分析流程图，整个分析就像在做一道填空题。在 ANSYS 12.0 版本之后，越来越多的用户转向使用 ANSYS Workbench，同时有关 ANSYS Workbench 软件的参考书也越来越多。

　　本书以先进性、科学性、实用性、服务性为原则，在表达风格上力求通俗、简洁、直观。本书采用对比的方式详细讲解 ANSYS 热学分析过程中的各种问题，例如 Mechanical 热分析模块和 CFD（Computer Fluid Dynamics，计算流体力学）热分析模块的区别和联系，稳态热平衡与瞬态热平衡的后处理差异，并以工程实例的方式帮读者分析问题；也采用外延拓展的方式详细介绍 ANSYS 热学分析和优化设计相关的计算，例如以热学计算原理衍生扩散分析，以模态分析原理演绎热模态分析，以拓扑优化同步扩展增材制造分析，并对同类问题进行适当扩展，以处理实际工程问题。书中不仅详细介绍了操作流程，还清晰阐述了"为什么要这样操作？同类的问题该有怎样的分析思路？"正所谓"入木三分方能见微知著"。书中内容结合相关理论知识，从实际应用出发，文字通俗易懂、深入浅出，引领读者轻松掌握 ANSYS Workbench 软件的热学分析和优化设计方法。

　　全书共 4 章，第 1 章介绍了热学有限元分析的基本概念，并对比了 FEM（Finite Element Method，有限元法）和 FVM（Finite Volume Method，有限体积法）；第 2 章详细说明了 ANSYS Workbench 软件中 Mechanical 模块的热分析，包含热传导、热对流、热辐射、瞬态和非线性热分析、扩散、热固耦合分析，特别讲解了稳态和瞬态热平衡的后处理；第 3 章详细说明了 ANSYS Workbench 软件中 Fluent 模块的热分析，包含热传导、移动热源、对流和辐射、多孔介质的蒸发、凝华结霜、热分析标量方程、流固耦合传热分析，重点对 Fluent 中 UDF 的应用进行了介绍；第 4 章详细介绍了 ANSYS Workbench 软件中的优化设计过程，重点讲解了拓扑优化、增材制造和试验优化设计的基本原理及分析过程，包含相关优化设计方法、增材制造前处理、后处理及优化和反演设计。

　　本书内容新颖，紧密联系实际工程问题。例如，利用冰箱对不同初始温度的水进行冷却，通过查看结冰时间以验证 Mpemba 效应；对包含多层多孔介质的蒸锅进行蒸发计算，以验证蒸锅哪一层温度更高等。此外，本书还利用 Excel 软件完成相关任务，例如基本热学有限元计算和优化设计，接触热阻的参数优化设计，Fluid116、Combine37 单元热计算，Material Designer 模块的元胞法计算，Radiosity 和 AUX12 辐射算法比较，热接触和 Joint 连接计算，热屈曲和热模态分析，Fluent 凝华分析，基于 Fluent 的流固耦合传热分析，流体拓扑优化分析，增材制造前处理、工艺模拟、材料分析及过程模拟，以直接优化实现网格参数化得到网格划分基本规则"厚三圆十"，反演设计，以及可用于数字孪生的 ROM（Reduced Order Model，降阶模型）分析。

　　本书主要面向 ANSYS Workbench 软件的初级和中级用户，可作为机械、材料、土木、能源、汽车交通、航空航天、水利水电等专业的本科生、研究生和专业教师的自学和教学用书，也可供相关领域从事产品设计、仿真和优化设计等工作的工程技术人员及广大 CAE 工程师学习参考。

　　本书配套提供全书案例的模型文件，读者直接在 ANSYS Workbench 2000 及以上版本的软件中打开或导入即可使用。本书配套资源可在异步社区网站或 QQ 群"CAE 基础与提高交流"（601859149）的群公告中查看并下载。

　　本书由周炬、苏金英撰写。在写作过程中得到了丁德馨教授、雷泽勇教授、邱长军教授、李必文教授、唐德文教授、朱红梅教授的悉心指导，在此深表感谢！本书还得到了湖南省学位与研究生教育改革课题"湖南省研究生高水平教材（93YSM001）"的资助。

　　由于时间仓促，加之本书内容新、专业性强且作者水平有限，书中难免存在不足之处，恳请广大读者批评指正。

作者

2024 年 5 月

资源与支持

资源获取

本书提供如下资源：
- 案例素材；
- 彩图文件；
- 本书思维导图；
- 异步社区 7 天 VIP 会员。

要获得以上资源，您可以扫描下方二维码，根据指引领取。

提交错误信息

作者和编辑尽最大努力来确保书中内容的准确性，但难免会存在疏漏。欢迎您将发现的问题反馈给我们，帮助我们提升图书的质量。

当您发现错误时，请登录异步社区（https://www.epubit.com），按书名搜索，进入本书页面，单击"发表勘误"，输入错误信息，单击"提交勘误"按钮即可（见下图）。本书的作者和编辑会对您提交的错误信息进行审核，确认并接受后，您将获赠异步社区的 100 积分。积分可用于在异步社区兑换优惠券、样书或奖品。

与我们联系

我们的联系邮箱是 contact@epubit.com.cn。

如果您对本书有任何疑问或建议，请您发邮件给我们，并请在邮件标题中注明本书书名，以便我们更高效地做出反馈。

如果您有兴趣出版图书、录制教学视频，或者参与图书翻译、技术审校等工作，可以发邮件给我们。

如果您所在的学校、培训机构或企业，想批量购买本书或异步社区出版的其他图书，也可以发邮件给我们。

如果您在网上发现有针对异步社区出品图书的各种形式的盗版行为，包括对图书全部或部分内容的非授权传播，请您将怀疑有侵权行为的链接发邮件给我们。您的这一举动是对作者权益的保护，也是我们持续为您提供有价值的内容的动力之源。

关于异步社区和异步图书

"异步社区"是由人民邮电出版社创办的 IT 专业图书社区，于 2015 年 8 月上线运营，致力于优质内容的出版和分享，为读者提供高品质的学习内容，为作译者提供专业的出版服务，实现作者与读者在线交流互动，以及传统出版与数字出版的融合发展。

"异步图书"是异步社区策划出版的精品 IT 图书的品牌，依托于人民邮电出版社在计算机图书领域的发展与积淀。异步图书面向 IT 行业以及各行业使用 IT 的用户。

目　　录

第1章　关于热分析的基本解析 ··· 1

1.1　Mechanical 模块与 CFD 模块的热分析计算 ································· 1

1.2　Mechanical 模块与 CFD 模块在热分析中的区别 ························ 18

1.3　热分析有限元计算的原理 ·· 29

　　1.3.1　复合棒材稳态热传导的有限元计算 ·································· 30

　　1.3.2　复合棒材对流状态的有限元计算 ······································ 36

　　1.3.3　棒材瞬态热传导的有限元计算 ·· 39

第2章　关于 Mechanical 模块热分析的基本解析 ····························· 48

2.1　热传导分析 ·· 49

　　2.1.1　零件的热传导计算 ··· 49

　　2.1.2　部件的热传导计算 ··· 61

　　2.1.3　接触热阻的热传导计算 ··· 72

2.2　热对流分析 ·· 79

　　2.2.1　水冷散热器的热对流计算 ··· 79

　　2.2.2　电池座的热对流计算 ·· 89

2.3　热辐射分析 ·· 97

　　2.3.1　开放环境热辐射计算 ·· 98

　　2.3.2　面对面热辐射计算 ··· 105

2.4　瞬态和非线性热分析 ·· 115

　　2.4.1　瞬态热分析之初始温度 ··· 116

　　2.4.2　温控器分析 ··· 122

　　2.4.3　相变分析 ·· 129

　　2.4.4　瞬态热分析的能量平衡 ··· 138

2.5　扩散分析 ·· 145

　　2.5.1　稳态渗流计算 ·· 145

　　2.5.2　耦合扩散计算 ·· 152

　　2.5.3　界面不连续扩散计算 ·· 158

2.6　温度场与结构场耦合分析 ··· 164

　　2.6.1　稳态热应变计算 ··· 166

　　2.6.2　热屈曲计算 ··· 175

　　2.6.3　热固接触计算 ·· 182

2.6.4　热固顺序耦合计算 ……………………………………………… 195

2.6.5　热模态分析 …………………………………………………………… 206

2.6.6　摩擦生热计算 ………………………………………………………… 218

第3章　关于 Fluent 模块热分析的基本解析 ……………………………… 231

3.1　热传导分析 ……………………………………………………………… 241

3.2　焊接移动热源分析 ……………………………………………………… 251

3.3　对流与太阳辐射分析 …………………………………………………… 259

3.4　蒸发与多孔介质传热分析 ……………………………………………… 271

3.5　凝华结霜分析 …………………………………………………………… 285

3.6　标量方程热分析 ………………………………………………………… 302

3.7　流固耦合传热分析 ……………………………………………………… 312

3.7.1　独立 Fluent 模块的流固耦合传热分析 ………………………… 313

3.7.2　Fluent 和 Mechanical 模块单向流固耦合传热分析 …………… 322

3.7.3　System Coupling 组合双向流固热耦合分析 …………………… 333

第4章　优化设计 …………………………………………………………… 348

4.1　拓扑优化 ………………………………………………………………… 349

4.1.1　结构拓扑优化基本流程 …………………………………………… 350

4.1.2　晶格拓扑优化基本流程 …………………………………………… 365

4.1.3　流体拓扑优化基本流程 …………………………………………… 373

4.2　增材制造与优化设计 …………………………………………………… 389

4.2.1　增材制造前处理基本分析流程 …………………………………… 390

4.2.2　增材制造工艺模拟基本分析流程 ………………………………… 397

4.2.3　增材制造材料分析基本流程 ……………………………………… 407

4.2.4　增材制造过程模拟流程 …………………………………………… 417

4.3　试验优化设计 …………………………………………………………… 431

4.3.1　参数化设置 ………………………………………………………… 433

4.3.2　网格参数化分析 …………………………………………………… 439

4.3.3　参数相关性分析 …………………………………………………… 449

4.3.4　响应面优化与反演设计 …………………………………………… 458

4.3.5　6σ 分析 …………………………………………………………… 476

4.3.6　3D ROM 分析 ……………………………………………………… 488

参考资料 …………………………………………………………………… 500

第1章　关于热分析的基本解析

热以能量形式从高温区域流向低温区域，这种能量转移与温差（温度梯度）和高低温区域相对应。其中涉及的主要物理量为热量（能量，单位：J）、热流率（功率，单位：W）、温度（基本量纲，单位：开氏度 K、摄氏度℃、华氏度℉、兰氏度℉R 等）。

热量传递有 3 种途径：传导、对流和辐射。传导的机理是在微观尺度下，分子受到输入热量作用而被激发，导致振动振幅增加，与相邻分子相互碰撞并传递了部分能量，即热量由高温部位传递给低温部位，传递介质为固体和流体。对流的机理是在流体（液体或气体）被加热时，靠近热源的流体体积增大，温度升高，密度降低而上升，而温度较低/密度较高的流体又填补到热源区域，周而复始，热量即通过热流体运动实现传递，传递介质为流体。辐射的机理是温度高于绝对零度的所有物质都以电磁波的形式散发热量，且传播时不需要介质，热量即通过电磁波进行传递。

由传递介质可知，热分析时不仅涉及固体，还涉及流体。因此在 ANSYS Workbench 软件中既存在 Mechanical 模块（各类 Thermal 分析），又存在 CFD 模块（Fluent、CFX 等）。其计算流程虽不尽相同，但都可以完成传导、对流和辐射分析。

1.1　Mechanical 模块与 CFD 模块的热分析计算

下面以一个简单例子说明各模块进行热分析的流程。已知一个电熨斗的截面如图 1-1-1 所示，热传导系数为 60.5 W·m^{-1}·℃$^{-1}$，板厚为 0.005 m，置于环境温度为 25℃的空间内，电功率为 1 200 W，考虑辐射在内的表面换热系数为 80 W·m^{-2}·℃$^{-1}$，求稳态条件下电熨斗上下平面的温度。

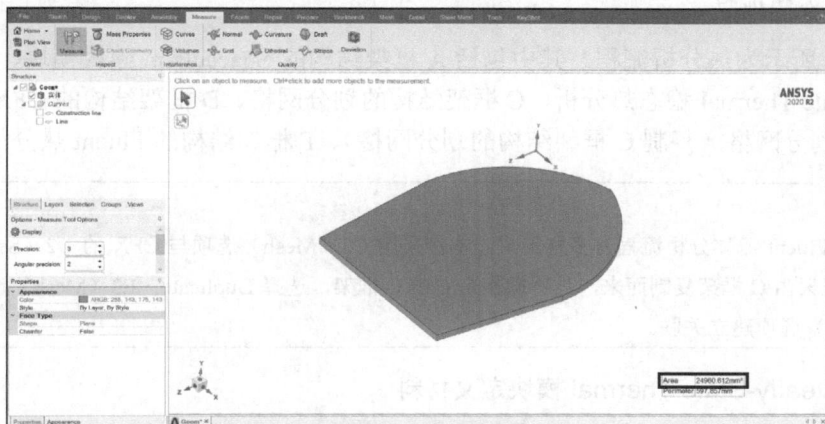

图 1-1-1　电熨斗的截面

解：在笛卡儿坐标系内，三维非稳态传热通用微分方程为：

$$\rho c \frac{\partial T}{\partial t} = \frac{\partial}{\partial x}\left(k\frac{\partial T}{\partial x}\right) + \frac{\partial}{\partial y}\left(k\frac{\partial T}{\partial y}\right) + \frac{\partial}{\partial z}\left(k\frac{\partial T}{\partial z}\right) + Q$$

式中，T 为温度，t 为时间，ρ 为密度，c 为比热容，k 为热传导系数，x、y、z 为位置坐标，Q 为内热源（未标注单位，均为国际单位制单位）。

对于一维（仅 x 向）、稳态和无内热源模型，方程简化为：

$$\frac{\mathrm{d}^2 T}{\mathrm{d}x^2} = 0$$

其通解为：

$$T = C_1 x + C_2$$

第一类边界条件为（给定壁面温度）：

$$x = 0 \quad -k\frac{\mathrm{d}T}{\mathrm{d}x} = q_0 \quad -kC_1 = q_0 \quad C_1 = -\frac{q_0}{k}$$

式中，q_0 为输入热通量，$q_0 = \dfrac{1\,200}{0.024\,961} \approx 48075 \; (\text{W}\cdot\text{m}^{-2})$。

第二类边界条件为（给定壁面热通量）：

$$x = \delta \quad -k\frac{\mathrm{d}T}{\mathrm{d}x} = h(T - T_\infty) \quad -kC_1 = h[(C_1\delta + C_2) - T_\infty] \quad C_2 = T_\infty + \frac{q_0}{h} + \frac{q_0}{k}\delta$$

式中，T_∞ 为环境温度，h 为表面换热系数，δ 为厚度，$\delta = 0.005 \text{ m}$。

将 C_1 和 C_2 代入通解方程，则：

$$T = T_\infty + q_0\left(\frac{\delta - x}{k} + \frac{1}{h}\right)$$

当 $x = 0$ m 时，上表面温度为 629.91℃；当 $x = 0.005$ m 时，下表面温度为 625.94℃。

下面用 ANSYS Workbench 的 Steady-State Thermal、CFX 和 Fluent 模块分别进行计算，以验证其计算结果。

1. 建立分析流程

图 1-1-2 所示为热分析流程。其中包括 A 框架结构的 Spaceclaim 建模模块、B 框架结构的 Steady-State Thermal 稳态热分析、C 框架结构的划分网格、D 框架结构的 CFX 热分析、E 框架结构的划分网格（复制 C 框架结构的划分网格）、F 框架结构的 Fluent 热分析。

> **注意**
>
> CFX 和 Fluent 流体分析流程有多种形式，本例采用 C3（Mesh）选项与 CFX 的 D2（Setup）选项建立关联；E 框架由 C 框架复制而来，具体操作是右击 C 框架，选择 Duplicate；E3（Mesh）选项与 Fluent 的 F2（Setup）选项建立关联。

2. 在 Steady-State Thermal 模块定义材料

在 B2 处双击鼠标左键，进入 Engineering Data 界面，新建材料为 al，定义热传导系数（即

Isotropic Thermal Conductivity）为 60.5 W·m⁻¹·℃⁻¹，如图 1-1-3 所示。

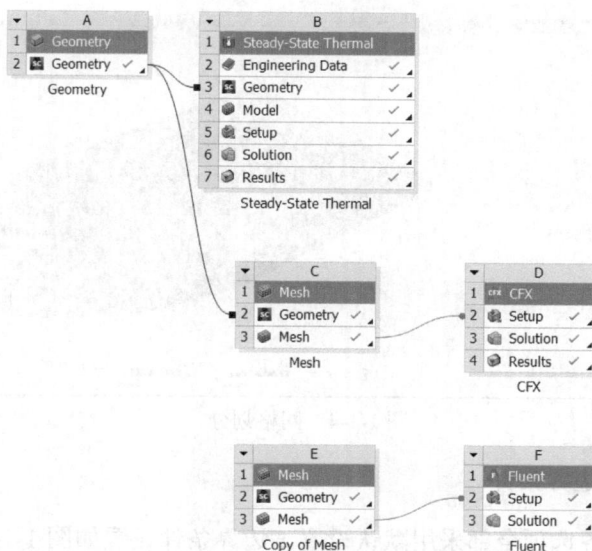

图 1-1-2 热分析流程

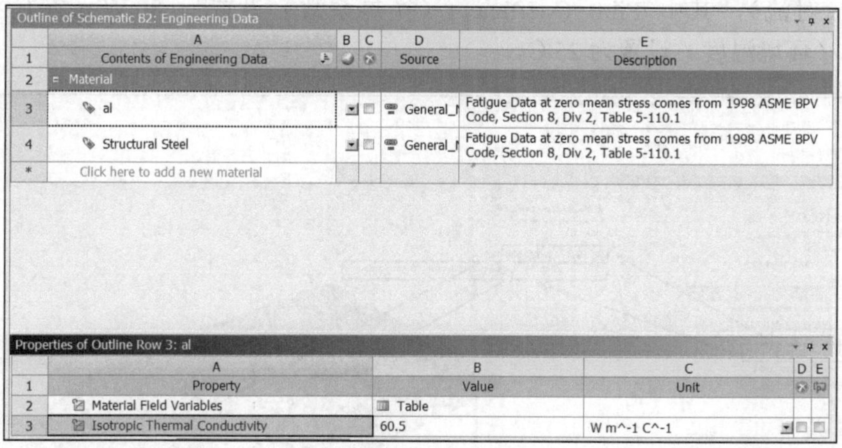

图 1-1-3 材料定义

注意

对于稳态热分析，至少需要输入热传导系数这项材料参数。

---

3. 稳态热分析之前处理

在 B4 处双击鼠标左键，进入 Mechanical 前处理。

首先单击 Geometry→Geom\实体，在下方的 Details 窗口中展开 Material 选项，将 Assignment 设置为 al，即选择定义的 al 材料。然后右击 Mesh→Insert→Sizing，选择整个实体，在下方的 Details 窗口中的 Type 项中选择 Element Size，将 Element Size 设置为 2 mm，如图 1-1-4 所示。此处定义单元尺寸是为了保证在同一网格尺度下对比计算结果。

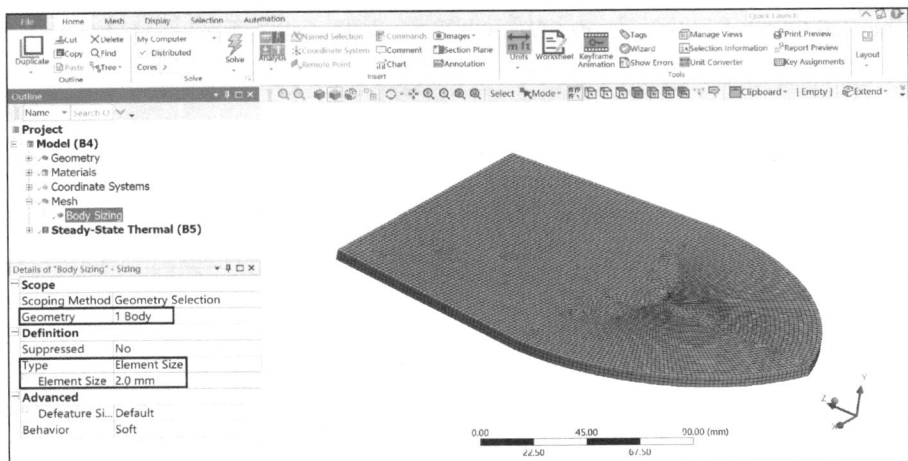

图 1-1-4　网格划分

4．稳态热分析之边界条件

Analysis Settings 各选项全部采用默认设置。边界条件设置如图 1-1-5 所示。选择电熨斗的上平面，对其加载 Heat Flow（热流），数值为 1 200 W；选择电熨斗的下平面，对其加载 Convection（对流），其中 Film Coefficient（换热系数）设置为 80 W·m^{-2}·℃$^{-1}$，Ambient Temperature（环境温度）设置为 25℃。

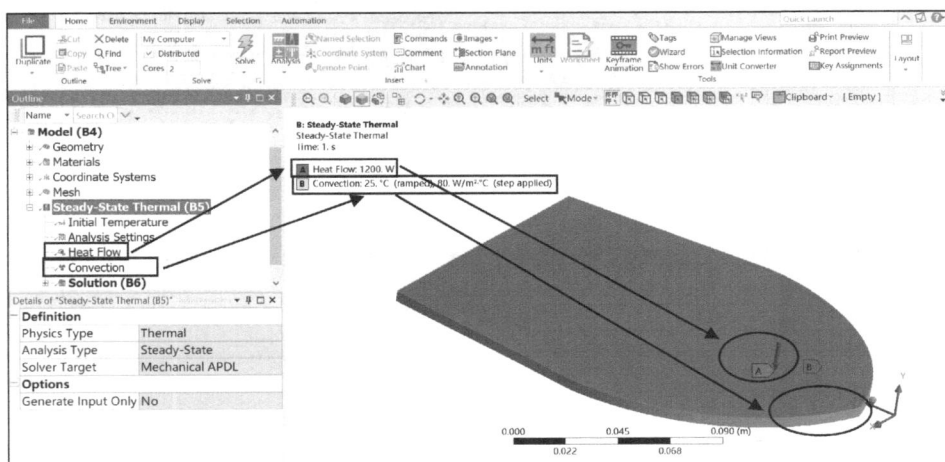

图 1-1-5　边界条件设置

5．稳态热分析之后处理

单击 Steady-State Thermal→Solution，分别查看 Temperature 和 Total Heat Flux 项，其中 Temperature 的后处理结果如图 1-1-6 所示。计算结果显示电熨斗上平面（定义热流面）的温度为 629.92℃，电熨斗下平面（定义对流面）的温度为 625.947℃。查看 Total Heat Flux 结果为 48 075.74 W·m^{-2}。

对比之前的计算结果，数值之间的差异原因仅在于面积取值精度，如果将软件计算的热流密度代入重算，可认定两种计算结果完全一致。

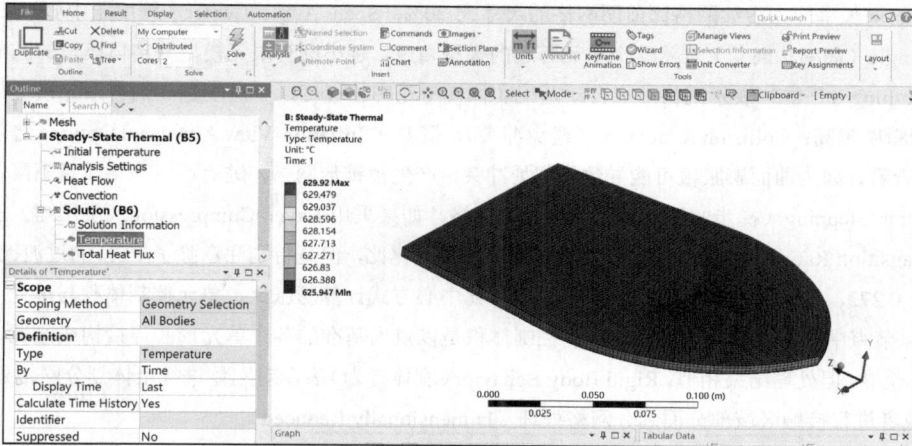

图 1-1-6　稳态热分析之 Temperature 的后处理结果

6. CFX 热分析之划分网格

在 C3 处双击鼠标左键,进入 Mesh 划分网格。在下方的 Details 窗口中将 Physics Preference 设置为 CFD,Solver Preference 设置为 CFX(以 CFX 求解器进行 CFD 计算),Element Order 设置为 Linear,如图 1-1-7 所示。再插入 Sizing,选择整个实体,在下方的 Details 窗口中的 Type 项中选择 Element Size,将 Element Size 设置为 2 mm,与图 1-1-4 定义一致。

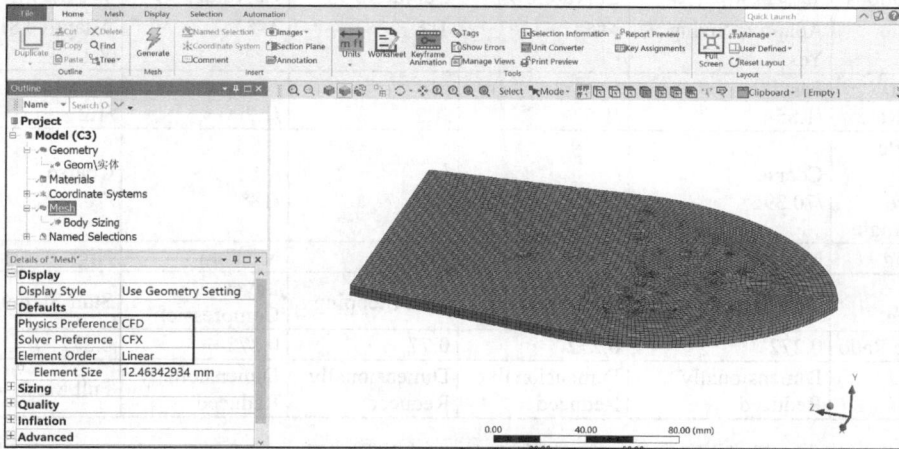

图 1-1-7　CFX 网格划分

注意

在 Physics Preference 项可选择 Mechanical、Electromagnetics、CFD、Explicit、Nonlinear Mechanical、Hydrodynamics 和 Custom 7 种物理场形式。表 1-1-1 列出本系列书籍相关物理场网格划分的默认设置参数。其中 Element Order(单元的阶)表示选择线性(一次)单元或二次单元;Straight Sided Elements(直边单元)表示选择二次单元时,中节点是否与首尾两节点呈直线,一般为保证有限元模型与实体模型的匹配精度,都定义为 No;Sizing Options(尺寸调整)分别基于网格大小调整(Use Adaptive Sizing)或曲率角度调整(Capture Curvature);Transition(过渡)/Growth Rate(增长率)表示相邻网格尺寸的变化程度,

---

例如 1.2 的增长率即为后续网格比前面网格的尺寸大 20%；Span Angle Center（跨度角中心）/Curvature Normal Angle（曲率法向角）表示一个单元跨越的模型角度，越小则有限元模型与实体模型的匹配精度越高；Smoothing（平滑）表示网格节点自动匹配实体模型轮廓的程度，平滑度越高则有限元模型与实体模型的匹配精度越高；Collision Avoidance（避免冲突），需要在 Inflation-View Advanced Options 选项中选择 Yes 才能查看，因为曲面膨胀很可能导致相邻处冲突，产生棱锥形网格，进而造成网格质量下降，所以默认使用 Stair Stepping（梯步）法，可以减少此类网格，如果采用 Layer Compression（层压缩）法则效果更好；Transition Ratio（膨胀-过渡比）表示膨胀层体积变化比，但是特别注意除了 CFX 的过渡比为 0.77，其余均是 0.272，这是因为 Fluent 等流体软件以单元中心方式计算膨胀比，单元控制体积与单元一致，而 CFX 则以节点中心方式计算膨胀比，单元控制体积是以点为基准的各个单元形心连接构成区域，所以数值上存在差异，但处理结果相似；Rigid Body Behavior（刚体行为）表示对刚体进行全体划分网格处理（Full Mesh）或者进行接触区域部分面划分网格处理（Dimensionally Reduced）。

表 1-1-1　　　　　　　　　　　默认网格参数设置

	Mechanical	Nonlinear Mechanical	CFX Solver	Fluent Solver	Explicit
Element Order	Program Controlled	Program Controlled	Linear	Linear	Linear
Straight Sided Elements	No	No	/	/	/
Sizing Options	壳单元：Capture Curvature 为 Yes；其他单元：Use Adaptive Sizing 为 Yes	Capture Curvature 为 Yes	Capture Curvature 为 Yes	Capture Curvature 为 Yes	壳单元：Capture Curvature 为 Yes；其他单元：Use Adaptive Sizing 为 Yes
Transition /Growth Rate	Fast /1.85	/ /1.5	/ /1.2	/ /1.2	Slow /1.2
Span Angle Center /Curvature Normal Angle	Coarse /70.395°	/ /60°	/ /18°	/ /18°	Coarse /70.395°
Smoothing	Medium	/	Medium	Medium	High
Collision Avoidance	Stair Stepping	Stair Stepping	Stair Stepping	Layer Compression	Stair Stepping
Transition Ratio	0.272	0.272	0.77	0.272	0.272
Rigid Body Behavior	Dimensionally Reduced	Dimensionally Reduced	Dimensionally Reduced	Dimensionally Reduced	Full Mesh

划分完网格后，建议再右击 Mesh，选择 Update，会出现 "The mesh translation to CFX/Fluent was successful" 的提示，这样可以方便后续操作。

如图 1-1-8 所示，采用 Named Selections 分别给电熨斗模型面定义不同名称，以方便后续分析，其中上面定义名称为 "heatflow"，下面定义名称为 "convection"，周边 5 个面集合定义名称为 "wall"。Named Selections 的具体操作参见《ANSYS Workbench 有限元分析实例详解（静力学）》[①]，其功能不仅对于流体分析极其重要，而且特别适用于优化设计等批量处理功能。

---

① 《ANSYS Workbenoh 有限元分析实例详解（静力学）》，周炬、苏金英著，ISBN：978-7-115-44631-2。本书后边提到的与此同名的书均是指的同一本。

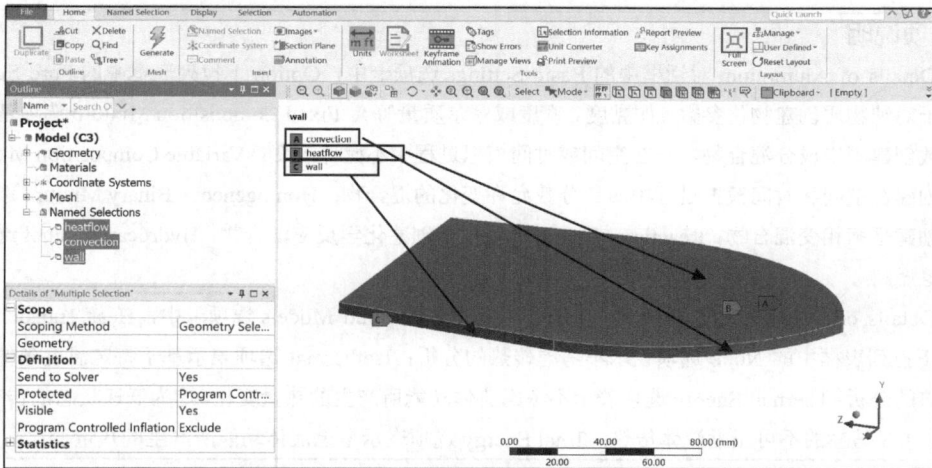

图 1-1-8　定义名称

7．CFX 热分析设置

在 D2 Setup 处双击鼠标左键，进入 CFX 分析模块。由于 Mesh 项已经与 CFX 的 Setup 项建立关联，所以 Outline 窗口下 Mesh 处出现 B4（体模型默认名称）和之前定义的名称；在 1 区 Materials 下双击 Aluminium 项，弹出 Details of Aluminium 对话框，Basic Settings 选项卡中全部采用默认设置，Material Properties 选项卡中仅修改 Transport Properties 区域中的 Thermal Conductivity 为 60.5 $W \cdot m^{-1} \cdot K^{-1}$（与题设参数匹配）；在 2 区双击 Analysis Type 项，定义 Option 为 Steady State（稳态，与题设条件一致），先右击 Default Domain，将其删除，再右击 Flow Analysis1，插入 Domain（创建域 1），在 Domain1 的 Basic Settings 选项卡中定义 Location 为 B4（体模型），在 Domain Type 处选择 Solid Domain（固体域），其余项采用默认设置，在 Domain1 的 Solid Models 选项中，Heat Transfer-Option 项选择 Thermal Energy，其余项采用默认设置，如图 1-1-9 所示。

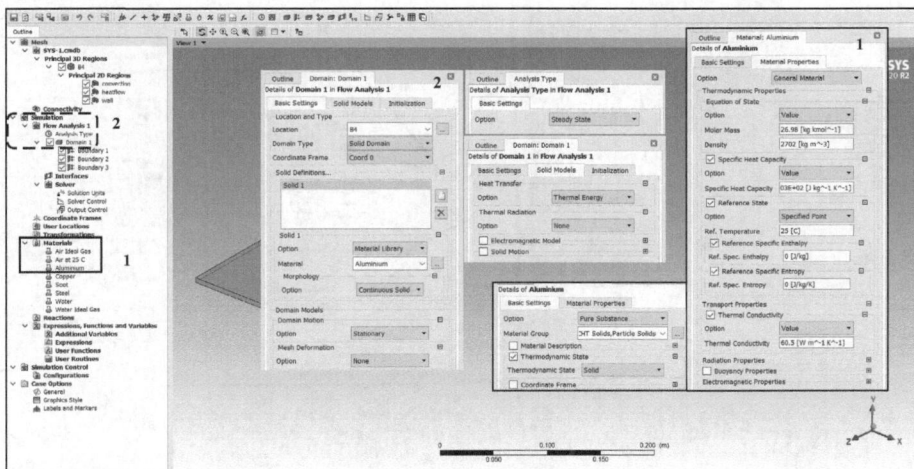

图 1-1-9　CFX 分析设置（1）

相关选项说明

在 Details of Aluminium 对话框中的 Basic Settings 选项卡中，Option 下拉列表框中的 Pure Substance 选项用于对纯物质创建物化参数（如黏度、密度或摩尔质量等）；Fixed Composition Mixture 选项基于固定质量分数创建固定成分混合物，且在空间或时间模拟过程中不允许改变；Variable Composition Mixture 选项用于创建在空间和时间模拟过程中质量分数允许变化的混合物；Homogeneous Binary Mixture 选项基于饱和度创建平衡相变混合物；Reacting Mixture 选项用于创建化学反应混合物；Hydrocarbon Fuel 选项用于定义碳氢燃料。

在 Details of Domain 1 in Flow Analysis 1 对话框中的 Solid Models 选项卡中，Heat Transfer 区域的 Option 下拉列表框中的 None 选项表示不考虑传热的分析；Isothermal 选项表示基于特定温度条件下，不考虑传热的分析；Thermal Energy 选项表示不考虑流体动能所产生的热量变化，均为低速状态的传热分析，例如低于 0.3 马赫的不可压缩流体传热；Total Energy 选项表示考虑流体动能所产生的热量变化。

如图 1-1-10 所示，右击左侧 Domain 1 项，依次插入边界条件 Boundary 1、Boundary 2 和 Boundary 3，在 3 区中双击 Boundary 1，在 Details of Boundary 1 in Domain 1 in Flow Analysis 1 对话框中的 Basic Settings 选项卡中，Location 下拉列表框中选择 "convection"，Boundary Details 选项卡的 Option 下拉列表框中选择 Heat Transfer Coefficient，Heat Trans.Coeff. 定义为 $80 \ \mathrm{W \cdot m^{-2} \cdot K^{-1}}$（与题设参数匹配），Outside Temperature 定义为 25℃（与题设参数一致）。同样的方法设置 Boundary 2 和 Boundary 3。Boundary 2 的 Location 下拉列表框选择 "heatflow"，Option 下拉列表框选择 Heat Flux，Heat Flux in 设置为 $48 \ 075.7 \ \mathrm{W \cdot m^{-2}}$（为保证精度，采用稳态热分析计算结果数值）；Boundary 3 的 Location 下拉列表框选择 "wall"，Option 下拉列表框选择 Heat Flux，Heat Flux in 定义为 $0 \ \mathrm{W \cdot m^{-2}}$。在 4 区双击 Solver Control，在 Details of Solver Control in Flow Analysis 1 对话框的 Basic Settings 选项卡中将 Max. Iteration 设置为 200，其余全部采用默认设置。

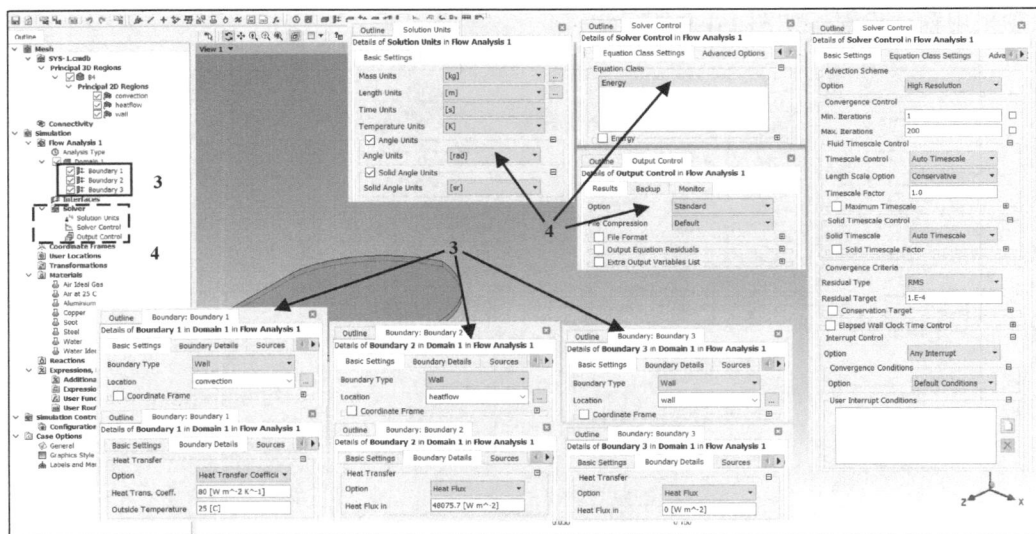

图 1-1-10　CFX 分析设置（2）

相关选项说明

因为仅对固体模型进行热分析，所以 Boundary Type 均为 Wall，在 Option 下拉列表框中 Adiabatic 选项为绝热边界，即热通量为 0，本例第三个边界条件也可以采用此项；Fixed Temperature、Heat Flux 和 Heat Transfer Coefficient 选项均与 Mechanical 热分析边界条件一致。

使用耦合求解器时，CFX 对稳态分析求解采用伪瞬态法，一般在 Details of Solver Control in Flow Analysis 1 对话框的 Basic Settings 选项卡的 Convergence Control 区域，将 Max. Iterations 设置为 100～200 个迭代步即可保证收敛。如果在 200 步内还没有收敛，则需要考虑调整 Timescale（时间尺度），而不是增加迭代步数。

Timescale Control 计算总时间和每步计算时间达到实现计算收敛的目的，CFX 分为 3 种设置方法：(1) Auto Timescale（自动），即软件依据模型自动计算网格长度和平均速度之比，如果同时将 Timescale Factor 设置为 0.3 则更好；(2) Local Timescale Factor（局部因子），即针对速度差异较大且网格尺寸一致的分析，软件以局部因子乘上 Timescale 以控制收敛；(3) Physical Timescale，一种又好又快的收敛设置，对于通用模型，该值一般为网格长度和平均速度之比的三分之一；对于旋转机械模型，该值为 $0.1/\omega \sim 1/\omega$ （ω 为转速，单位为 rad/s）；对于自然对流模型，该值为 $\sqrt{\dfrac{l}{\beta g \Delta T}}$ （l 为垂直于温度梯度的单元长度，单位为 m；β 为热膨胀系数，单位为℃$^{-1}$；g 为重力加速度，单位为 m·s^{-2}；ΔT 为温差，单位为℃）。本例只涉及固体传热分析，可通过 Solid Timescale Control 进行调整，因为固体的传热能量方程只依据热传导系数、密度、比热容等参数，计算非常稳定，所以固体的 Timescale 参数一般为流体的 Timescale 参数的 100 倍。

Convergence Criteria 用于判定是否收敛且计算结束，其优先级高于 Max. Iterations 设置。Residual Type 可设置为 MAX（最大）或 RMS（均方根）。Elapsed Wall Clock Time Control 用于控制计算时间，如果计算花费超过设置计算时间，则不管是否收敛均停止运算。Interrupt Control 基于 CEL 表达式进行计算终止判断。其他设置默认即可。

在 D3 Solution 处双击鼠标左键，进入 CFX 求解模块，如图 1-1-11 所示。对 1 区采用默认设置（说明：本例不需要设置 Double Precision，双精度一般用于域尺寸很大、网格纵横比较大、边界条件差异较大等计算，以保证细节参数足够精确。本例选中 Double Precision 复选框是为了方便进行计算精度对比），2 区对 Initial Values 采用默认设置（说明：该处与分析设置定义的初始值匹配，对于稳态分析，并不需要必须设定初始值，但是设定合理的初始值对于计算收敛有帮助），Initialization Option 选项中的 4 个选项依次为 Automatic（尽量不要使用）、Cached Solution Data、Current Solution Data、Initial Conditions（建议优先使用），最后单击 Start Run，即进行计算。

图中显示为 T-Energy 的均方根残差收敛曲线，在图表中右击，在出现的 3 区菜单中选择 Monitor Properties，在弹出的对话框中可插入各种残差收敛曲线；单击 4 区 New Monitor 图标，Type 选择 Plot Monitor，还可以插入其他检测图形，因为热分析中最为重要的是热能不平衡值（Imbalance），所以必须输出。由 5 区数据可知，边界条件 1 为热量输出（对流散热），其值为 1 192.3 J；边界条件 2 为热量输入（加载热流），其值为 1 200 J（1 200 W × 1 s，稳态单位时间），因为热分析必须遵守能量守恒原则，所以本次计算差值为 7.645 1 J，不平衡值为 7.645 1/1 200 = 0.637 1%（能量差值除以能量输入总量）。

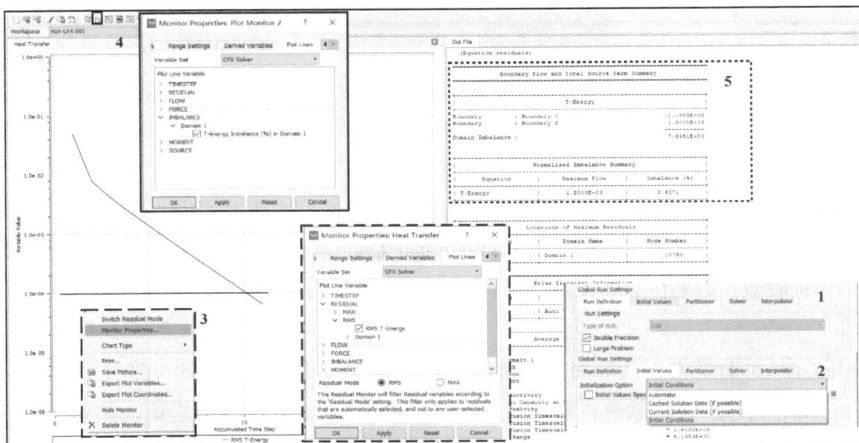

图 1-1-11　CFX 求解设置

CFX 收敛说明

　　CFX 以迭代残差达到某一设定值作为收敛判定的依据。迭代残差是指相邻两次迭代计算之间同一物理量的差值，相关概念可参考《ANSYS Workbench 有限元分析实例详解（静力学）》。因为固体热分析只以能量残差进行收敛判定，所以计算到低于图 1-1-10 中定义的 Residual Target 为 1E-4 时即完成计算，并不完全遵守设定的最大迭代步数。

　　在 D4 Results 处双击鼠标左键，进入 CFX 后处理模块，如图 1-1-12 所示。首先为了温度读数方便，在 1 区依次单击 Variables→Temperature，在 Units 下拉列表框中选择 C，即采用℃单位；在 2 区右击 User Locations and Plots，使用快捷菜单中的命令插入 Contour 1，如图设置后，可得上平面温度为 627.69℃，下平面温度为 623.56℃。

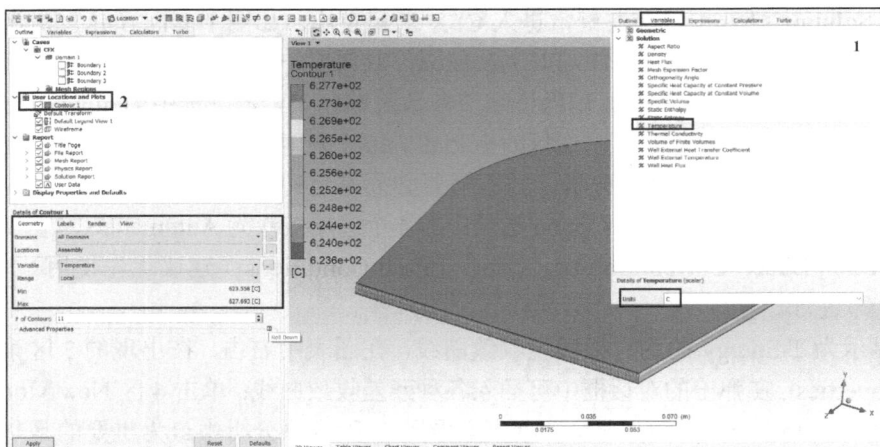

图 1-1-12　CFX 后处理模块

8．Fluent 热分析之划分网格

　　在 E3 处双击鼠标左键，进入 Mesh 划分网格。由于网格和命名选择设置已经完成，仅需要将 Solver Preference 修改为 Fluent（以 Fluent 求解器进行 CFD 计算），如图 1-1-13 所示。

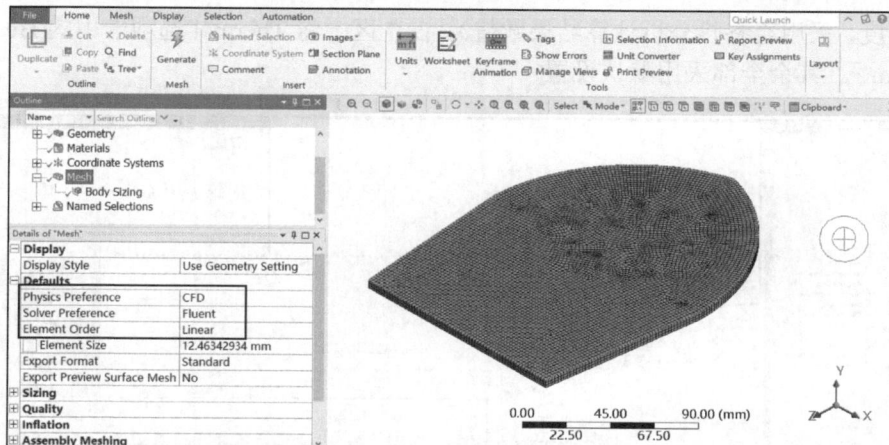

图 1-1-13 Fluent 网格划分

9. Fluent 热分析设置

在 F2 Setup 处双击鼠标左键，保持默认设置，单击 Start 进入 Fluent 分析模块，如图 1-1-14 所示。建议此刻回到图 1-1-2 所示的热分析流程界面进行存盘设置，如此可以保证临时存取文件不占用系统盘空间。在 1 区单击 Units 按钮，在弹出的 Set Units 对话框中修改温度单位为℃；在 2 区右击 Energy，在弹出的快捷菜单中选择 On（开启能量模型，热分析必须设置）；为设置方便，不必新建材料，直接修改软件默认材料的参数，在 3 区双击 Materials→Solid→aluminum，修改 Thermal Conductivity 为 60.5 W·m^{-1}·K^{-1}（与题设参数匹配）；在 4 区展开 Cell Zone Conditions，右击默认模型，在弹出的快捷菜单中选择 Type→Solid（将域设置为固体，且采用软件默认的固体材料 Aluminum 参数），其余均为默认设置。

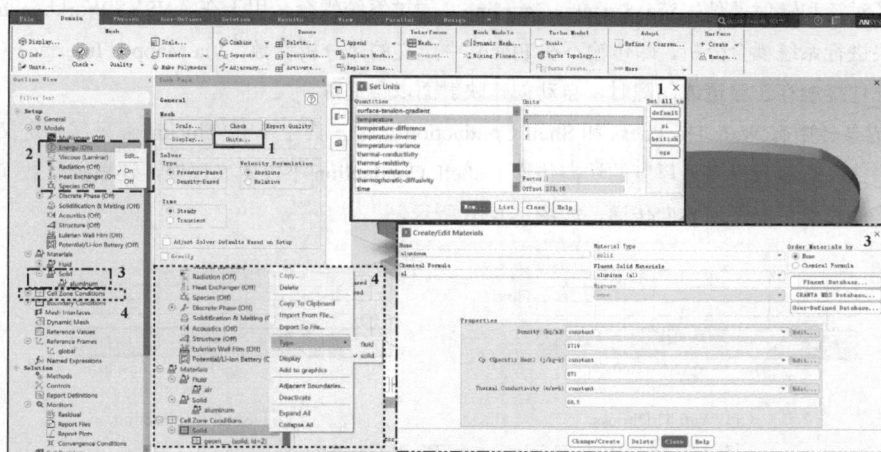

图 1-1-14 Fluent 分析设置（1）

如图 1-1-15 所示，在 Boundary Conditions→wall 项中依次双击 convection、heatflow 和 wall（依据命名选择自动创建边界条件项），在 5 区中 Thermal 选项卡的 Convection 处将 Heat Transfer Coefficient 设置为 80 W·m^{-2}·K^{-1}（与题设参数匹配），Free Stream Temperature 设置为 25℃（与题设参数一致）；在 6 区中将 Thermal 选项卡中的 Heat Flux 设置为 48 075.7 W·m^{-2}

（为保证精度，采用稳态热分析计算结果数值）；在 7 区中将 Thermal 选项卡中的 Heat Flux 设置为 0 W·m^{-2}。其余全部采用默认设置。

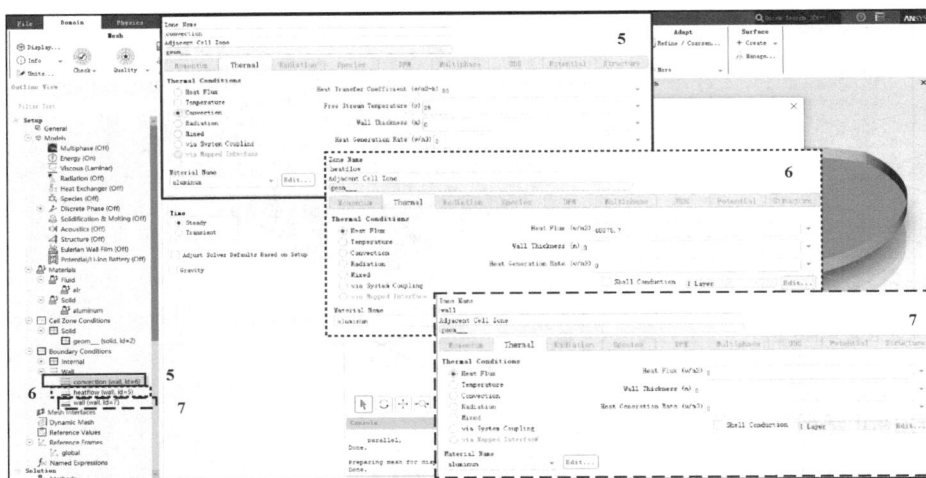

图 1-1-15　Fluent 分析设置（2）

相关选项说明

Fluent 的两种求解类型分别为 Pressure-Based 和 Density-Based，其中 Pressure-Based（压力基）主要适用于计算 0～3 马赫范围的大部分工程问题；Density-Based（密度基）主要用于大于 3 马赫的工程问题，或者冲击波相互作用等特定工况条件。

Fluent 热边界条件共有 7 种，其中 Heat Flux（热通量）、Temperature（温度）、Convection（对流）与 Mechanical 热分析和 CFX 边界条件一致；Radiation（辐射）类型在第 3 章详细描述；Mixed（混合）类型合并了对流和辐射条件；Via System Coupling（通过系统耦合）用于在 ANSYS Workbench 中 Fluent 与其他模块进行系统耦合分析，即传输不在 Fluent 中定义的热分析参数；Via Mapped Interface（通过映射面）用于部件接触存在穿透或间隙时，自动创建映射面以传递热。

在边界条件中有 Wall Thickness 和 Shell Conduction 选项，其中 Wall Thickness 只需要定义厚度，不需要生成网格，热量只沿模型厚度的法向传递；Shell Conduction 不仅定义厚度，还根据层数（layer）生成虚拟网格，热量可向任何方向传递，如图 1-1-16 所示。

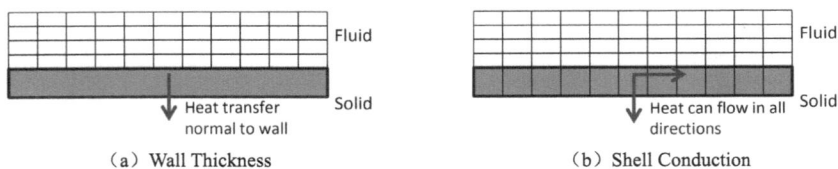

（a）Wall Thickness　　　　　　　　　　　（b）Shell Conduction

图 1-1-16　Wall Thickness 和 Shell Conduction 选项的区别

10．Fluent 热分析求解设置

如图 1-1-17 所示，双击 1 区 Solution→Methods，设置求解方法，在 Scheme 处采用默认的 SIMPLE 法；双击 2 区 Monitors→Residual，设置残差极限，设置 energy 的 Absolute Criteria

为 1E-6；双击 3 区 Initialization，进行初始化，采用默认的 Hybrid Initialization 法；双击 4 区 Run Calculation，设置 Number of Iterations 为 500。其余均保持默认设置。

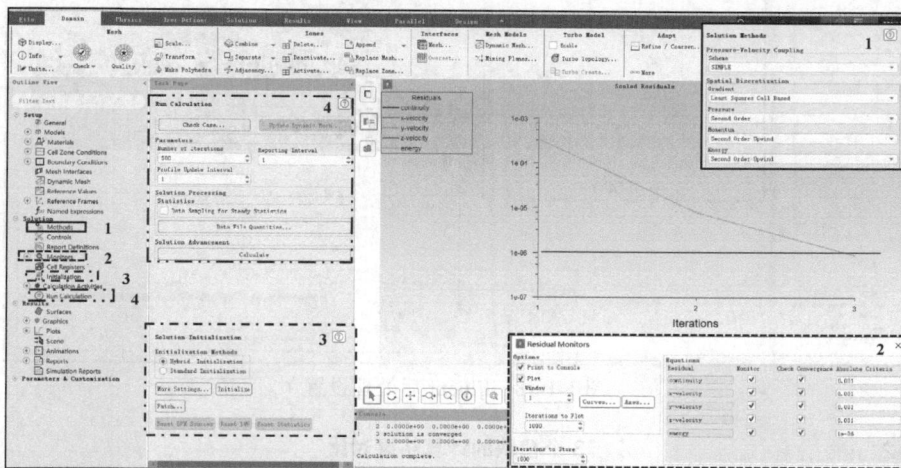

图 1-1-17　Fluent 求解设置

相关选项说明

　　采用 Pressure-Based 求解器后，可以选择的算法有 SIMPLE、SIMPLEC、PISO 和 Coupled，其中 SIMPLE 为默认算法，适用大多数不可压缩问题；SIMPLEC 对于四边形和六面体网格模型更加有优势；PISO 通常用于瞬态分析；Coupled 的研究对象通常为可压缩流体或考虑浮力与结构运动耦合的不可压缩流体。

　　Fluent 通过指定初始值来提高迭代计算稳定性并加速收敛。其中 Hybrid 初始化方法为 Fluent 默认的初始化方法，表现为所有单元初始值非均匀化；Standard 初始化方法为最简单的方法，表现为所有单初始值均匀化。

　　与 CFX 类似，当能量残差低于定义的 Energy 的 Absolute Criteria 值（即 1E-6）时即完成计算。

11．Fluent 热分析后处理

　　如图 1-1-18 所示，右击 1 区 Contours 创建 "contour-1"，在 Contours of 区域的下拉列表框中分别选择 Temperature 和 Static Temperature，在 Surfaces 下方选择 convection、heatflow 和 wall，再单击 Compute 按钮，即可得到最高温度为 630.12℃，最低温度为 625.79℃[①]；双击 2 区 Reports→Fluxes，在 Flux Reports 对话框中选中 Total Heat Transfer Rate 单选按钮，同样选择 convection、heatflow 和 wall，再单击 Compute 按钮，即可得到输入和输出热功率，以及两者的差 1.91 W。

12．计算误差分析

　　以上 3 个模块的计算采用了同样尺度的网格，基本均保持默认设置，3 个模块的计算结果对比如表 1-1-2 所示。

---

① 此处的"最高温度"和"最低温度"相比于图 1-1-18 所示的参数进行了四舍五入处理，保留至小数点后两位。

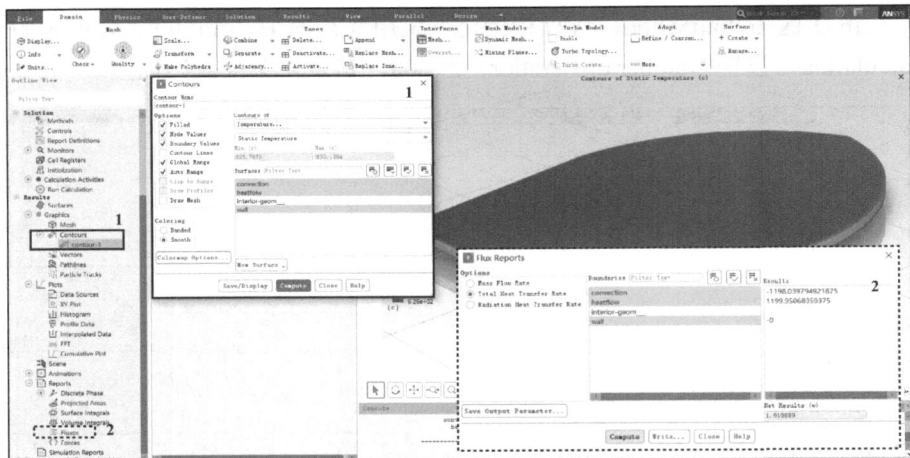

图 1-1-18　Fluent 后处理设置

表 1-1-2　　　　　　　　　　　　　　　3 个模块的计算结果对比

模块	最低温度/℃	相对误差	最高温度/℃	相对误差
Mechanical	625.95	0.001 6%	629.92	0.001 6%
CFX	623.56	0.38%	627.69	0.35%
Fluent	625.79	0.024%	630.12	0.033%

由表 1-1-2 可知，3 个模块的计算误差均小于 1%，导致误差的原因是计算时输入和输出的热量不平衡。其中 Mechanical 模块的精度最高，如果去除输入数值误差，其与理论计算值一致，Fluent 模块的精度其次，CFX 模块的精度最低，但是不能就此简单地评价 3 个模块的计算精度。原因有二：其一，Mechanical 和 CFD（含 Fluent 和 CFX）模块的比较应该考虑算法和机时对精度的影响；其二，CFD 模块默认设置不同导致精度差异。

下面以不修改 CFD 迭代步数为条件，仅修改 CFD 相关默认设置，继续对比。

注意

对于所有已求解完成的流体分析模型，在重新导入外部设置前，都建议右击 Solution，在出现的快捷菜单中选择 Clear Generated Data，否则容易出现冗余设置。

在 D2 Setup 处双击，进入 CFX 设置项，在 Solver Control 项中修改 Residual Target 参数 1E-4 为 1E-6，这样才与 Fluent 计算中定义 Energy 的 Absolute Criteria 为 1E-6 相匹配。重新计算，如图 1-1-19 所示，在图表中右击，在弹出的快捷菜单中选择 Monitor Properties，在弹出的对话框中选中 IMBALANCE→Domain 1→T-Energy Imbalance（%）In Domain 1，还可监控不平衡值曲线，其最终输入和输出能量不平衡值为 0%；查看后处理结果可知上平面温度为 629.92℃，下平面温度为 625.95℃，该结果与 Mechanical 模块的计算结果一致。

注意

因为设定的能量收敛残差为 1E-6，所以整个计算过程残差均大于设定值，虽然没有实现规定的残差收敛，但是仍按图 1-1-10 定义的 Max. Iteration 为 200 完成计算。对于此类热分析，以不平衡值作为收敛的判定标准，即要求输入和输出能量平衡。

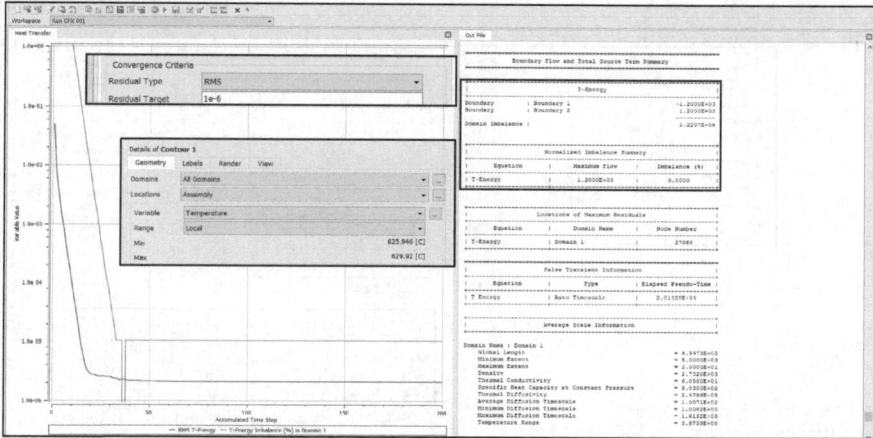

图 1-1-19　CFX 相关设置

在 F2 Setup 处双击鼠标左键进入 Fluent 设置项，双击 Solution→Methods，在弹出的对话框中的 Scheme 处将 SIMPLE 修改为 Coupled，软件会自动选中 Pseudo Transient，这样才与 CFX 的耦合求解器相匹配。重新计算 6 步即收敛，如图 1-1-20 所示，查看后处理结果可知上平面温度为 629.89℃，下平面温度为 625.43℃，输入和输出热功率相差 1.74 W，计算精度高于默认的 SIMPLE 算法。

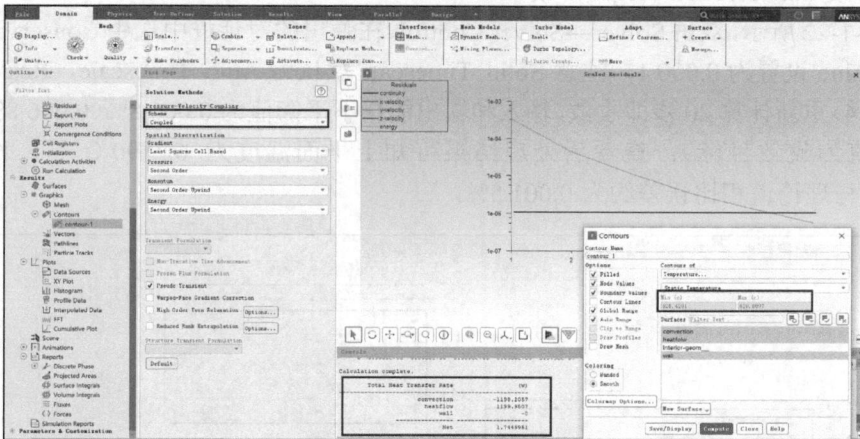

图 1-1-20　Fluent 相关设置

对比两者结果可知，CFX 计算误差已经可以忽略不计，Fluent 仍然存在很微小的误差，但是即便 CFX 在 70 余步（以不平衡值判定）达到收敛，计算所需机时仍长于 Fluent。

如何提高 CFX 的计算效率？

（1）修改 Timescale 参数

如图 1-1-21 所示，双击 Solver→Solver Control，在弹出的对话框的 Solid Timescale 下拉列表框中选择 Physical Timescale，将 Solid Timescale 设置为 10 000 s，注意 Residual Target 依然采用默认的 1E-4，重新计算 3 步即收敛，输入和输出能量不平衡值为 0.031 4%；查看后处理结果可知上平面温度约为 630.00℃，下平面温度约为 625.87℃，与理论值相比误差约为 0.012%。

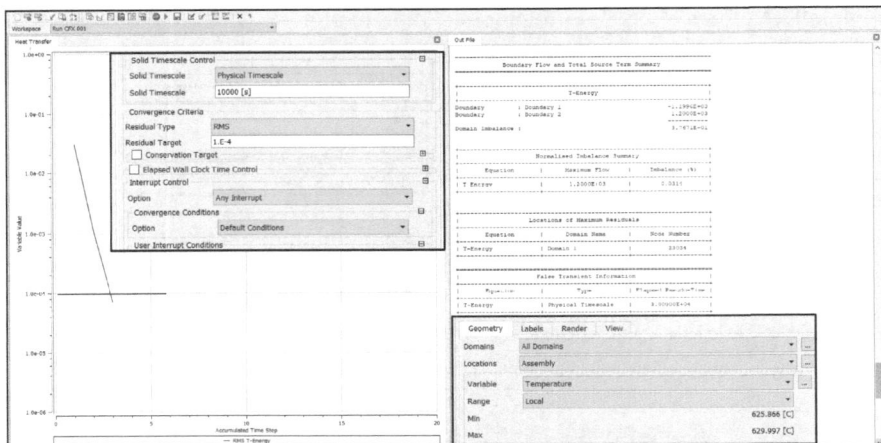

图 1-1-21　CFX 相关设置（1）

注意

Solid Timescale 默认为 100 s，对于固体热分析该参数都适用，该值较小，使计算趋势更容易收敛，但所需机时更长；如果该值较大，使计算趋势更容易发散，但所需机时更短，对于固体热分析可以设置 500～1 000 s 以加快收敛。本例设置为 10 000 s 仅仅为了对比清晰，实际分析时不建议采用。

（2）修改 Conservation Target 参数

如图 1-1-22 所示，双击 Solver→Solver Control，在弹出的对话框中选中 Conservation Target 复选框，Value 设置为 0.000 1，注意 Solid Timescale 默认为 Auto Timescale，Residual Target 默认为 1E-4，重新计算 20 步即收敛，输入和输出能量不平衡值为 0.006 8%（0.006 8%<0.01%，以不平衡值为收敛目标）；查看后处理结果可知上平面温度为 629.90℃，下平面温度为 625.92℃，与理论值相比误差约为 0.001 5%。

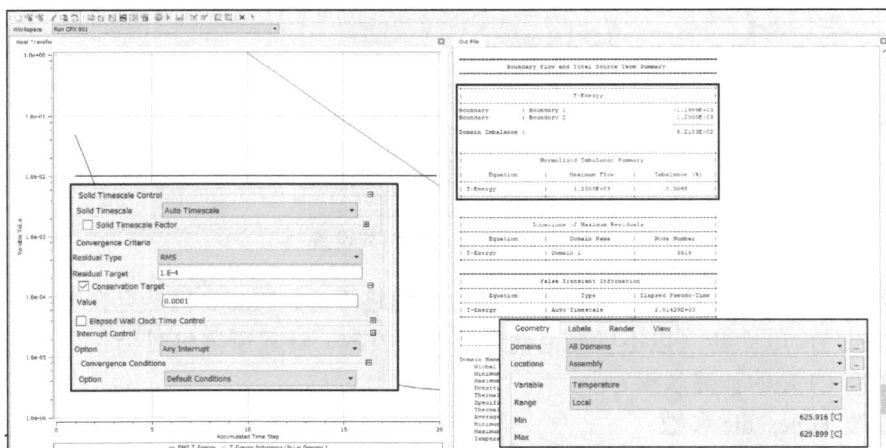

图 1-1-22　CFX 相关设置（2）

注意

该选项以不平衡值为收敛目标，精度和速度都可以很好地满足计算要求，建议选用。此外，Timescale 项可以与 Conservation Target 项同时设置，但 Timescale 项优先级别更高。

如何提高 Fluent 的计算精度？

（1）修改 Solution Controls 的 Energy 参数

如图 1-1-23 所示，双击 Solution→Methods，在弹出的对话框中将 Scheme 选择为 Coupled 并选中 Pseudo Transient 项，然后双击 Solution→Controls，在弹出的对话框中将 Energy 设置为 1，重新计算 4 步即收敛，输入和输出能量不平衡值为 0.031 9；查看后处理结果可知上平面温度为 630.01℃，下平面温度为 625.85℃，与理论值相比误差约为 0.015%。

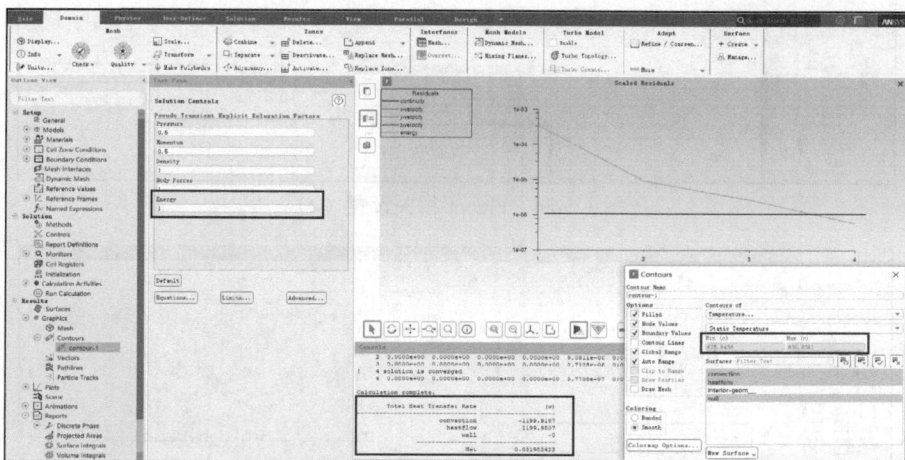

图 1-1-23　Fluent 相关设置（1）

注意

此处表示采用 Pressure-Based 求解器时，通过调整亚松弛因子控制收敛，该参数意义为相邻两次迭代计算时某物理量变化的大小。通过对比图 1-1-20 可得，迭代次数较之前少了两步即可收敛，但计算精度相差无几。这是因为最终的收敛解与亚松弛因子无关，该参数只调整收敛所需的迭代次数。对于稳态固体传热，可以设为 1 以提高收敛效率。

（2）修改 Solid Time Scale 的 Pseudo Time Step 参数

如图 1-1-24 所示，保留 Solution Methods 对话框的设置，双击 Solution→Controls，在弹出的对话框中将 Energy 设置为 0.75，修改 Run Calculation 对话框中 Solid Time Scale 区域的 Time Step Method 为 User-Specified，Pseudo Time Step 设置为 100 000，重新计算 6 步即收敛，输入和输出能量不平衡值为 1.92；查看后处理结果可知上平面温度为 629.79℃，下平面温度为 625.33℃，与理论值相比误差约为 0.019%。

注意

该项设置与 CFX 模块的 Timescale 参数设置几乎一致，区别为 CFX 模块中其默认值为 100 s，Fluent 模块中其默认值为 1 000 s，按照图 1-1-21 设置统一放大 100 倍后，Fluent 的计算精度并没有显著提升。

同理修改 Solid Time Scale 的 Time Scale Factor 参数。如图 1-1-25 所示，保留之前设置，在 Run Calculation 对话框中设置 Solid Time Scale 的 Time Scale Factor 为 100，重新计算 6 步即收敛，输入和输出能量不平衡值为 1.74；查看后处理结果可知上平面温度为 629.89℃，下平面温度为 625.43℃，与理论值相比误差约为 0.009%。

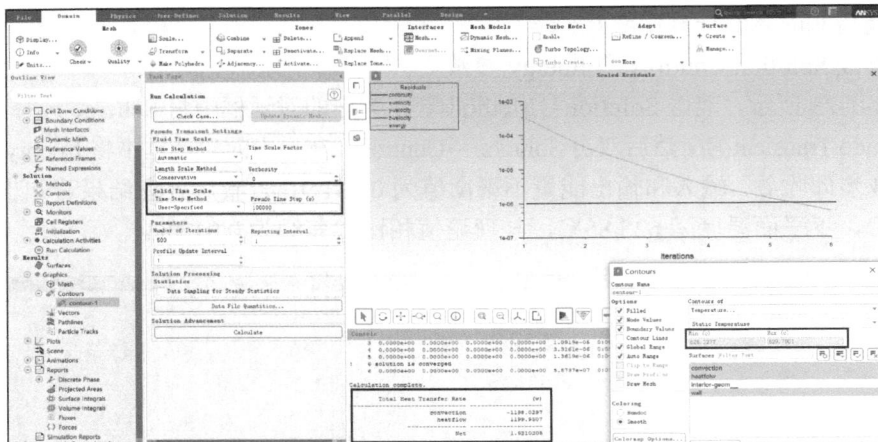

图 1-1-24　Fluent 相关设置（2）

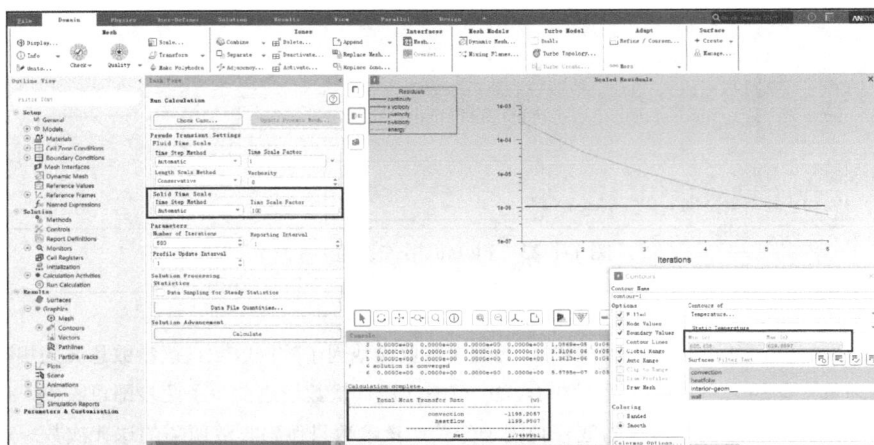

图 1-1-25　Fluent 相关设置（3）

注意

通过调整该值可以略微提高精度，一般设置为 5 倍进行调试，数值定义较大不能再提高精度，而且会使计算趋势发散。本例定义为 100 仅仅为了清晰对比，实际分析时不建议采用。

综上所述，对于 CFD 固体稳态热分析，CFX 模块可以通过修改收敛残差、修改 Solid Time Scale 值、以不平衡值为收敛目标等方法提高计算精度和效率；Fluent 模块与 CFX 模块基本类似，但是由于两者默认初始值不同，计算精度和效率略有差异。此外，CFX 模块的很多选项需要使用者调整，而 Fluent 模块由于在历次升级中更新频繁，其默认选项基本不需要过多修改。当然，提高精度最直接的方法就是在控制收敛残差尽量小的情况下增加迭代步数。

1.2　Mechanical 模块与 CFD 模块在热分析中的区别

通过前例可知，Mechanical 模块与 CFD 模块均可以进行热分析，两者的区别如下。

1. 计算原理不同

Mechanical 模块采用有限单元法（FEM），Fluent 模块采用有限体积法（FVM）的单元中心（cell-centered）方式，CFX 模块采用有限体积法的节点中心（node-centered）方式。

> **注意**
>
> 在 FEM 中将划分网格形成的块称为 Element，在 FVM 中称为 Cell。

下面以通量平衡基础方程说明 FEM 与 FVM 的区别：

$$\frac{\partial u}{\partial t} + \nabla \cdot \varGamma = F(\varOmega 域)$$

式中，u 为任意守恒物理量，$\varGamma$ 为该物理量的通量，即单位面积、单位时间内通过 $\varOmega$ 域控制面的流动量。

采用有限元形式求解此类偏微分方程，并不拘泥强形式微分方程解，但至少满足积分点上的条件，即弱形式微分方程解。因此对模型 $\varOmega$ 域进行积分建立方程：

$$\int_{\varOmega} \frac{\partial u}{\partial t} \phi \mathrm{d}V + \int_{\varOmega} (\nabla \cdot \varGamma) \phi \mathrm{d}V = \int_{\varOmega} F \phi \mathrm{d}V$$

式中，ϕ 为有限元计算加权试函数，V 为 $\varOmega$ 域 体积。

为了控制通量与模型内部向量的联系，对 $\varGamma \phi$ 采用散度定律，则：

$$\int_{\varOmega} \nabla \cdot (\varGamma \phi) \mathrm{d}V = \int_{\partial \varOmega} (\varGamma \phi) \cdot \boldsymbol{n} \mathrm{d}S$$

式中，$\partial \varOmega$ 为 $\varOmega$ 域的边界，$\boldsymbol{n}$ 为边界上的法向量，S 为 $\varOmega$ 域内封闭曲面的面积。
同时

$$\int_{\varOmega} \nabla \cdot (\varGamma \phi) \mathrm{d}V = \int_{\varOmega} (\nabla \cdot \varGamma) \phi \mathrm{d}V + \int_{\varOmega} \varGamma \cdot \nabla \phi \mathrm{d}V$$

则

$$\int_{\varOmega} (\nabla \cdot \varGamma) \phi \mathrm{d}V = -\int_{\varOmega} \varGamma \cdot \nabla \phi \mathrm{d}V + \int_{\partial \varOmega} (\varGamma \phi) \cdot \boldsymbol{n} \mathrm{d}S$$

代入模型 $\varOmega$ 域的积分方程，得：

$$\int_{\varOmega} \frac{\partial u}{\partial t} \phi \mathrm{d}V - \int_{\varOmega} \varGamma \cdot \nabla \phi \mathrm{d}V + \int_{\partial \varOmega} (\varGamma \phi) \cdot \boldsymbol{n} \mathrm{d}S = \int_{\varOmega} F \phi \mathrm{d}V$$

该式即为 FEM 对偏微分求解的基本方程。

当试函数与形函数一致时，即为伽辽金法。形函数只与几何、物理量相关，一般设为多项式，也可以定义为常数，当 $\phi = 1$ 时，则上式为：

$$\int_{\varOmega} \frac{\partial u}{\partial t} \mathrm{d}V + \int_{\partial \varOmega} \varGamma \mathrm{d}S = \int_{\varOmega} F \mathrm{d}V$$

该式即为 FVM 对偏微分求解的基本方程。

由此可知，FVM 只是 FEM 求解中的一个特例，不同之处在于，FEM 选取离散后有限数量的形函数，FVM 选取离散后有限数量的体积域，分别使其满足控制域内的基本方程。

图 1-2-1 表示：对于内部节点，只有周围 6 个网格剖面线的单元（Element）与 Ω 域的域积分有关联；对于边界上（$\partial\Omega$）的节点，只有周围 3 个单元（Element）与 Ω 域的域积分有关联，只有周围 2 个斜线剖面线的单元（Element）与 $\partial\Omega$ 的域积分有关联。

图 1-2-2 表示：每个单元（Cell）都被视为一个域，不管是内部还是边界上的单元（Cell），都与 Ω 域的域积分有关联。

图 1-2-3 表示：在内部以每条边的中点加上每个单元（Cell）的中心构成一个域；在边界处除了边的中点和单元（Cell）的中心，再以边界进行封闭构成一个域（如果存在边界层，且为三

$$\int_{\Omega}\frac{\partial u}{\partial t}\phi\,\mathrm{d}V - \int_{\Omega}\Gamma\cdot\nabla\phi\,\mathrm{d}V = \int_{\Omega}F\phi\,\mathrm{d}V$$

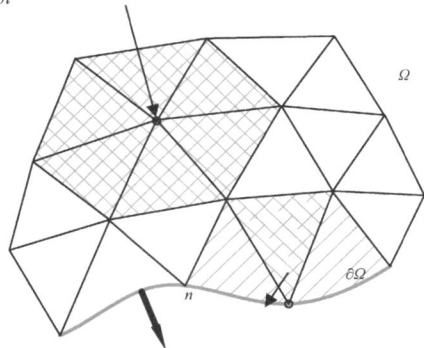

$$\int_{\Omega}\frac{\partial u}{\partial t}\phi\,\mathrm{d}V - \int_{\Omega}\Gamma\cdot\nabla\phi\,\mathrm{d}V + \int_{\partial\Omega}(\Gamma\phi)\cdot\boldsymbol{n}\,\mathrm{d}S = \int_{\Omega}F\phi\,\mathrm{d}V$$

图 1-2-1　FEM 离散原理

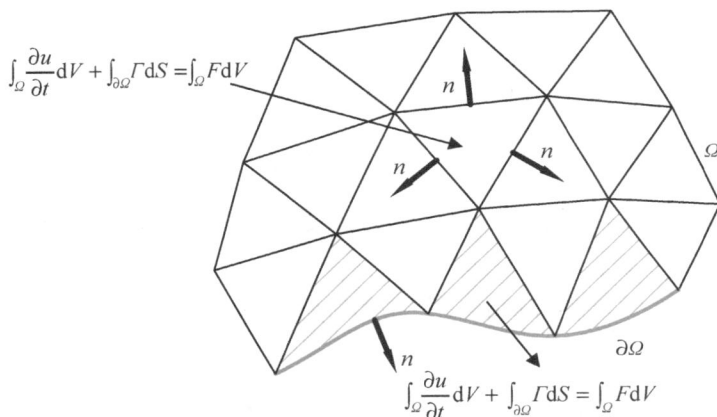

角形网格，对于直角和钝角三角形单元，则以三角形最长边的中点加边的中点构成域）。不管是内部还是边界上的域，都与 Ω 域的域积分有关联。

$$\int_{\Omega}\frac{\partial u}{\partial t}\,\mathrm{d}V + \int_{\partial\Omega}\Gamma\,\mathrm{d}S = \int_{\Omega}F\,\mathrm{d}V$$

$$\int_{\Omega}\frac{\partial u}{\partial t}\,\mathrm{d}V + \int_{\partial\Omega}\Gamma\,\mathrm{d}S = \int_{\Omega}F\,\mathrm{d}V$$

图 1-2-2　FVM 单元中心方式离散原理

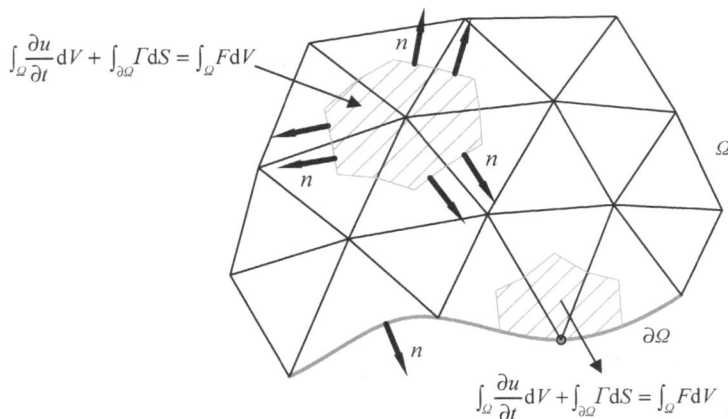

$$\int_{\Omega}\frac{\partial u}{\partial t}\,\mathrm{d}V + \int_{\partial\Omega}\Gamma\,\mathrm{d}S = \int_{\Omega}F\,\mathrm{d}V$$

$$\int_{\Omega}\frac{\partial u}{\partial t}\,\mathrm{d}V + \int_{\partial\Omega}\Gamma\,\mathrm{d}S = \int_{\Omega}F\,\mathrm{d}V$$

图 1-2-3　FVM 节点中心方式离散原理

对比 FEM 和 FVM 离散原理可知，FEM 可以保证全局通量守恒，但不能保证局部通量守恒。换言之，在域边界处通量保证平衡，但是难以控制内部局部通量。以热分析为例，纯传导分析易于计算，FEM 可以采用较粗的二次单元完成计算且保证内部热通量平衡；但是针对对流、辐射为主导的热分析，虽然可以在边界处得到精度较高的结果，但是内部热量流动过程较难处理。

FVM 可以保证局部通量守恒，但是在边界上的解难以保证精度，即便在边界处划分更多的网格也不行，除了降低效率，还会影响边界上整体与全域内局部的匹配。因此在热分析中，FVM 在边界处通常都存在一些热不平衡量误差，但是针对对流、辐射为主导的热分析，可以很容易得到内部热量流动过程。

2. 分析的侧重点不同

Mechanical 模块利用单位等效类比方式将结构有限元分析扩展到热学有限元分析，即将结构分析中的位移自由度变为热学分析中的温度自由度，同理将结构中的其他物理量变为热学中的物理量，如表 1-2-1 所示。

表 1-2-1		结构与热学物理量对应关系及单位		
序号	结构物理量	国际单位	热学物理量	国际单位
1	位移	m	温度	K
2	压力/应力	Pa	热通量（Heat Flux）	$W \cdot m^{-2}$
3	力	N	热流（Heat Flow）	W
4	刚度	$N \cdot m^{-1}$	热传导率	$W \cdot m^{-1} \cdot K^{-1}$
5	应变	m/m	温度梯度	$K \cdot m^{-1}$
6	约束反力	N	反应热（Reaction Heat Flow）	W

热传导计算公式为：

$$q = \frac{Q}{A} = \frac{k}{d}(T_{\text{hot}} - T_{\text{cold}})$$

式中，q 为热通量，Q 为热量，A 为截面积，k 为热传导率，d 为温差面之间的距离，T 为温度。

对流计算公式为：

$$q = h(T_{\text{solid}} - T_{\text{fluid}})$$

式中，q 为热通量，h 为对流换热系数（$W \cdot m^{-2} \cdot K^{-1}$），$T$ 为温度。

辐射计算公式为：

$$Q = \varepsilon \sigma A_{\text{hot}} F(T_{\text{hot}}^4 - T_{\text{cold}}^4)$$

式中，Q 为热量，ε 为辐射率（0~1），σ 为斯特藩-玻尔兹曼常数（约为 5.67×10^{-8} $W \cdot m^{-2} \cdot K^{-4}$），$A$ 为截面积，F 为辐射角系数，T 为温度。

对于传导过程，采用 FEM 可以快捷、准确地完成计算，完全不需要 CFD 计算；对于对流过程，如果对流换热系数为已知条件，FEM 比 CFD 更方便计算，但是对流换热系数往往比较难获得一个较为准确的平均值，即便定义对流换热系数相对于时间或温度的函数，也存在一定的误差，所以对于强制对流形式，对流换热系数相对容易获得，可以采用 CFD 为主

FEM 为辅的计算形式，对于自然对流形式，对流换热系数较难获得，可以采用 CFD 计算；对于辐射过程，关键难度在于获得任意表面的辐射角系数，FEM 将其过程大大简化，仅定义辐射率和 Hemicube 分辨率控制辐射所有参数，因此如果需要考虑更多的辐射因素，例如光谱依赖性、半透明固体的吸收、辐射热通量的平滑分布、太阳辐射等，采用 CFD 更加可靠。

　　下面以自然对流形式简要说明 CFD 分析流程。已知一个地暖区域，其二维截面积如图 1-2-4 所示，下边温度为 315 K，周围环境温度为 290 K，求稳态条件下该区域的对流换热系数。

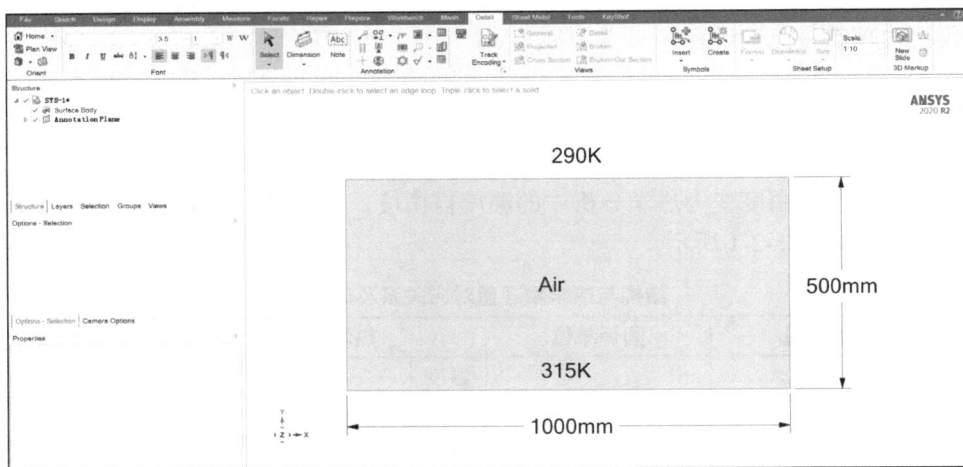

图 1-2-4　对流计算模型

　　对流换热由高温模型边界外流体运动产生，将较热的流体从边界层表面输送出去，该区域空间由较冷的流体补充，以至循环。这种微观运移简化为宏观描述，即为对流。本例中没有其他外界因素促使该区域内空气流动，为自然对流。自然对流中流体循环的动力仅来源于热流和冷流的密度差异，重力起到了非常重要的作用。

　　在自然对流计算过程中，采用瑞利数作为流动特征评估参数，不采用雷诺数。瑞利数计算公式为：

$$Ra = GrPr = \frac{\beta g L^3 \Delta T}{\gamma \alpha} \quad (\ Ra < 10^9，层流；\ Ra > 10^9，湍流)$$

式中，$Gr = \dfrac{\beta g L^3 \Delta T}{\gamma^2}$（格拉晓夫数），用于定义浮力与黏性力之比，其中 β 为热膨胀系数，单位为 ℃$^{-1}$，g 为重力加速度，单位为 m·s^{-2}，L 为垂直于温度梯度的长度，单位为 m，ΔT 为温差，单位为 ℃，γ 为流体运动黏度，单位为 m^2·s^{-1}；$Pr = \dfrac{\gamma}{\alpha}$（普朗特数），用于定义动量扩散与温度扩散之比，其中 $\alpha = \dfrac{k}{\rho C}$ 为流体热扩散系数，单位为 m^2·s^{-1}，在计算 α 的这个公式中 k 为流体热传导系数，单位为 W·m^{-1}·K^{-1}，ρ 为流体密度，单位为 kg·m^{-3}，C 为比热容，单位为 J·kg^{-1}·K^{-1}。

　　本例的物理参数如表 1-2-2 所示。

表 1-2-2　　　　　　　　　　　本例的物理参数（均采用国际单位）

物理量	值	物理量	值
热膨胀系数	0.003 448 27 K^{-1}	黏度	0.000 017 894 m^2·s^{-1}
重力加速度	9.81 m·s^{-2}	热传导系数	0.024 2 W·m^{-1}·K^{-1}
密度	1.140 5 m·s^{-2}	比热容	1 006.43 J·kg^{-1}·K^{-1}

解：

将数值代入，则 $Ra \approx 2.8 \times 10^8 < 10^9$，流动形式为层流。

Nu（努塞尔特数）计算公式为：$Nu = CRa^n$，式中参数如表 1-2-3 所示。

表 1-2-3　　　　　　　　努塞尔特数计算公式中的参数（均为系数，无单位）

形式	C	n	备注
竖板	0.59	1/4	$10^4 \leqslant Ra \leqslant 10^9$
	0.1	1/3	$10^9 \leqslant Ra \leqslant 10^{13}$
平板 热板在上平面	0.54	1/4	$10^4 \leqslant Ra \leqslant 10^7$
	0.15	1/3	$10^7 \leqslant Ra \leqslant 10^{11}$
平板 热板在下平面	0.27	1/4	$10^5 \leqslant Ra \leqslant 10^{10}$

本例中取 $C = 0.27$，$n = 1/4$，则 $Nu = 34.93$；对流换热系数计算公式为 $h = \dfrac{Nuk}{L}$，其中 L 对于竖板模型为模型上垂直于温度梯度的长度，对于平板模型为面积与周长之比，本例中 $L = 0.167$ m，则 $h = 5.062$ W·m^{-2}·K^{-1}。

下面用 ANSYS Workbench 的 Fluent 模块进行计算，以验证其计算结果。

（1）建立分析流程

如图 1-2-5 所示，建立热分析流程。其中包括 A 框架结构的划分网格、B 框架结构的 Fluent 热分析。

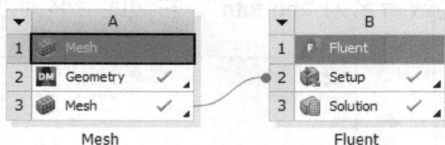

图 1-2-5　热分析流程

> **注意**
>
> 本例采用 A3（Mesh）选项与 Fluent 的 B2（Setup）选项建立关联的分析流程，也可以采用 Geometry 组合 Fluent（with Fluent Meshing）模块的分析流程。Fluent（with Fluent Meshing）模块可以在开始时定义划分网格和求解计算的硬件资源，在单独使用 Fluent 进行大型工程分析时建议采用。

（2）前处理

建模过程省略。

如图 1-2-6 所示划分网格，其中 Details 窗口中的 Physics Preference 处选择 CFD，Solver Preference 处选择 Fluent；插入 Sizing 项对整个面定义网格尺寸，在 Geometry 处选择整个面，Type 处选择 Element Size，Element Size 设置为 0.005 m；插入 Inflation 定义边界层，在 Geometry 处选择整个面，Boundary 处选择模型的 4 条边，Maximum Layers 设置为 10。

划分网格后，在 Details 窗口的 Quality→Mesh Metric 处查看网格质量。在 Mesh Metric

处选择 Aspect Ratio（网格纵横比）。

> **注意**
> 可以在 Smoothing 处选择 High 项进一步提高网格质量。

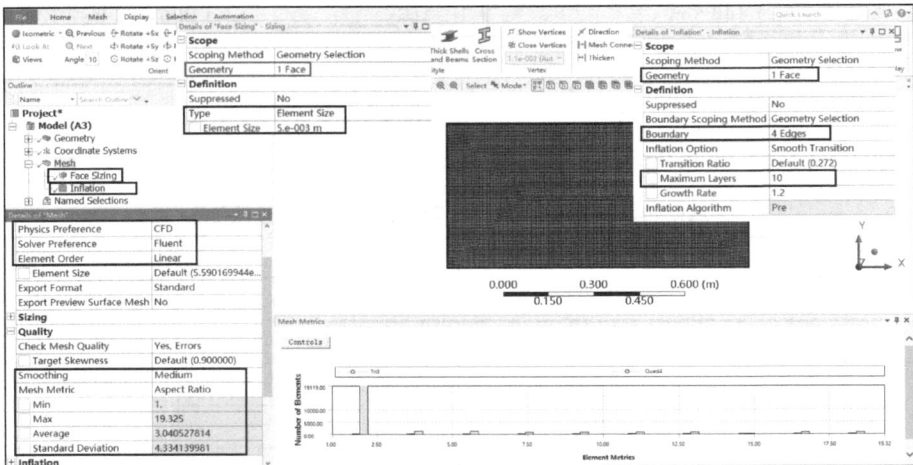

图 1-2-6　划分网格

> **注意**
> 对于自然对流分析，必须定义边界层，一般定义 5～10 层，网格质量重点为纵横比，必须小于 40。

如图 1-2-7 所示定义命名选择，以便 Fluent 定义边界条件。其中上边线命名为"top"，下边线命名为"bottom"，左边线命名为"left"，右边线命名为"right"，整个面命名为"air-face"。

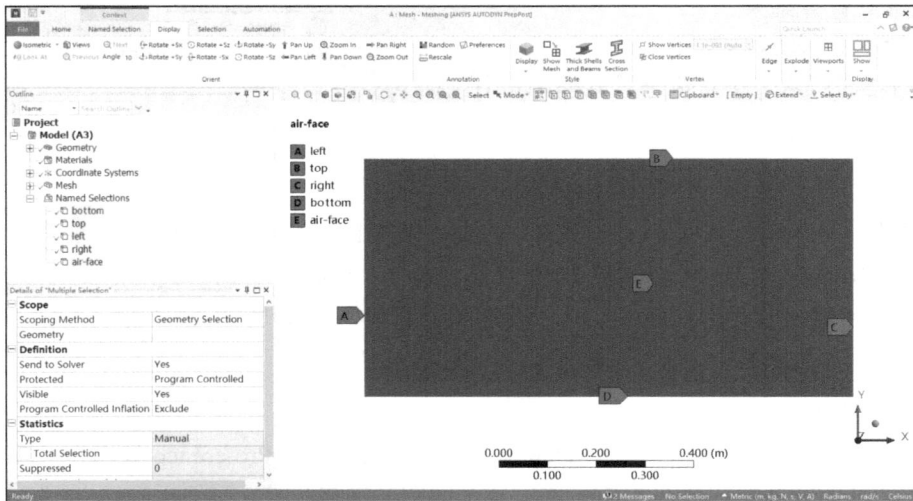

图 1-2-7　命名选择

（3）Fluent 热分析流程

在 B2 Setup 处双击鼠标左键，保留默认设置（2D 模型），单击 Start 进入 Fluent 分析模块，如图 1-2-8 所示，在 1 区选中 Gravity 复选框，在 Y 方向定义重力加速度为−9.81（自然对流必须设置）；在 2 区设置 Energy 为 On，Viscous 为 Laminar（层流）；在 3 区双击 Materials→Fluid→air，在弹出的对话框中修改 Density 为 boussinesq，设置数值为 $1.140\,5\ \mathrm{kg \cdot m^{-3}}$，设置 Thermal Expansion Coefficient 的数值为 $0.003\,448\,27\ \mathrm{K^{-1}}$（**切记不要遗漏**），其余参数均为默认设置，修改完成单击 Change/Create 按钮保存；在 4 区 Cell Zone Conditions 处选择 Fluid（定义为流体域，软件可能默认为固体域）；在 5 区 Boundary Conditions 处双击，在弹出的对话框中单击 Operating Conditions…按钮，在出现的对话框中设置 Operating Pressure 为 0 Pa，Operating Temperature 为 290 K。

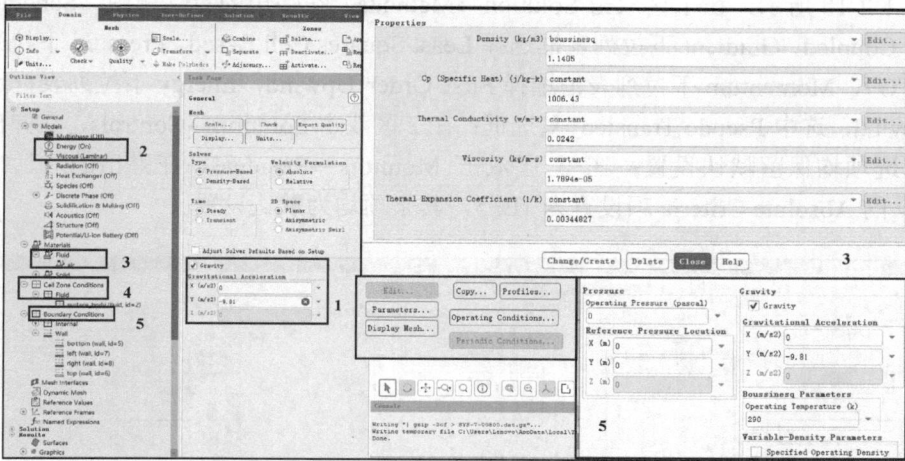

图 1-2-8 Fluent 分析设置（1）

如图 1-2-9 所示，在 Boundary Conditions→wall 项中依次双击 bottom、left、right、top（依据命名选择自动创建边界条件项），对"bottom"边在 Thermal 选项卡中设置 Temperature 为 315 K；对"left"和"right"边，在 Thermal 选项卡中设置 Heat Flux 为 0；对"top"边，在 Thermal 选项卡中设置 Temperature 为 290 K。其余全部采用默认设置。

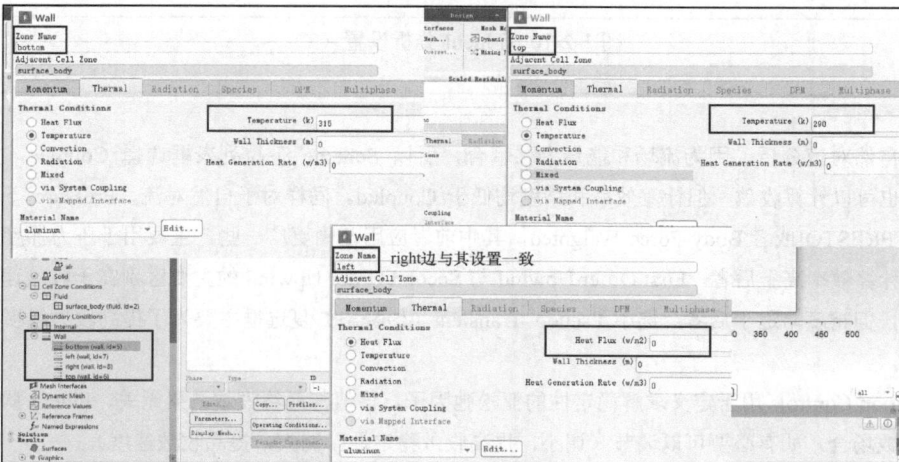

图 1-2-9 Fluent 分析设置（2）

注意

对于自然对流分析，必须定义重力。在定义流体密度参数时，一般采用 Incompressible ideal gas（设定密度，推荐）或 Boussinesq（单击 Operating Conditions...按钮，在弹出的对话框的 Operating Temperature 处设置温度，温差在 20%以内）形式，就计算精度而言，Boussinesq 计算结果会导致羽流宽度变窄，存在一定误差。本例仅展示计算流程，所以采用 Boussinesq。因为本计算模型为开放区域，所以 Operating Pressure 设置为 0 Pa。

（4）Fluent 热分析求解设置

如图 1-2-10 所示，在 1 区双击 Solution→Methods，在弹出的对话框中，Scheme 下拉列表框选择 Coupled，Gradient 下拉列表框选择 Least Squares Cell Based，Pressure 下拉列表框选择 PRESTO!，Momentum 下拉列表框选择 First Order Upwind，Energy 下拉列表框选择 First Order Upwind，选中 Pseudo Transient 复选框；在 2 区双击 Solution→Controls，在弹出的对话框中所有选项均保留默认设置；在 3 区双击 Monitors→Residual，在弹出的对话框中，将 Continuity 的 Absolute Criteria 项设置为 1E-5，其余项均为默认设置。

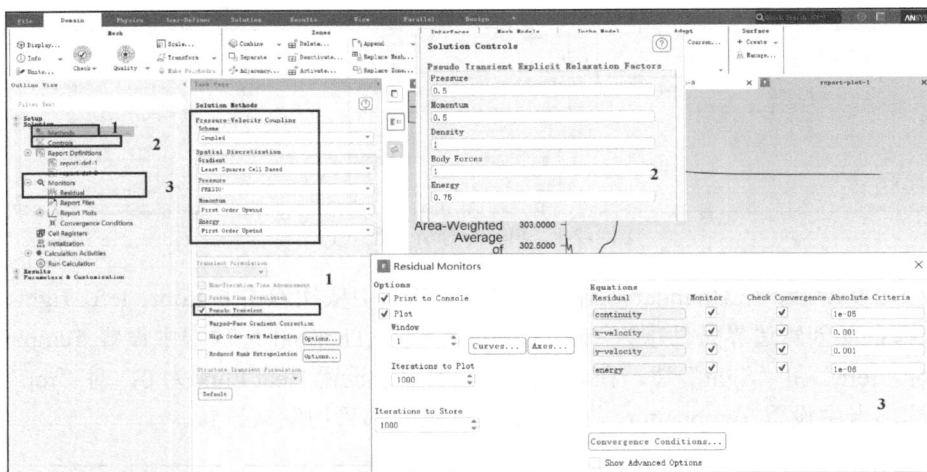

图 1-2-10　Fluent 分析设置（3）

注意

对于自然对流分析，因为流场和能量为强耦合，所以 Scheme 下拉列表框选择 Coupled，如果采用 SIMPLE 也可以计算收敛，但计算效率和精度均低于 Coupled。同样对于自然对流，Pressure 下拉列表框只能选择 PRESTO!或者 Body-Force Weighted，其中前者应用范围更广一些，主要用于压力梯度较大的计算中，且计算效率高于后者。First Order Upwind 与 Second Order Upwind 的主要区别在于收敛速度，前者容易收敛，但精度略逊于后者。选中 Pseudo Transient（伪瞬态）复选框主要为了提高较大纵横比模型的收敛性能。

Solution Controls 用于定义求解稳定性的亚松弛因子，该值与最终收敛结果无关，Fluent 默认值可以用于大多数场合，如有必要可以调节（调小，提高收敛稳定性；调大，提高收敛速度）。

Fluent 稳态分析收敛判断基于 3 点：①计算残差小于设定的标准残差；②计算域内的质

量、动量、能量和标量达到平衡；③某个需要监控的物理量达到稳定状态。对于本例而言，如果仅以小于标准残差或系统平衡判定收敛，则容易出现很大的计算误差。在自然对流中，"left"边和"right"边的温度保持稳定才是该稳态分析的关键。如图 1-2-11 所示，先定义监控项，右击 Report Definitions 项，在出现的快捷菜单中选择 New→Surface Report→Area Weighted Average…，在弹出的对话框中进行设置，Name 文本框采用默认命名，在 Field Variable 下方的下拉列表中分别选择 Temperature…和 Static Temperature，其中"report-def-0"对应的 Surfaces 选择为"left"，"report-def-1"对应 Surfaces 选择为"right"。

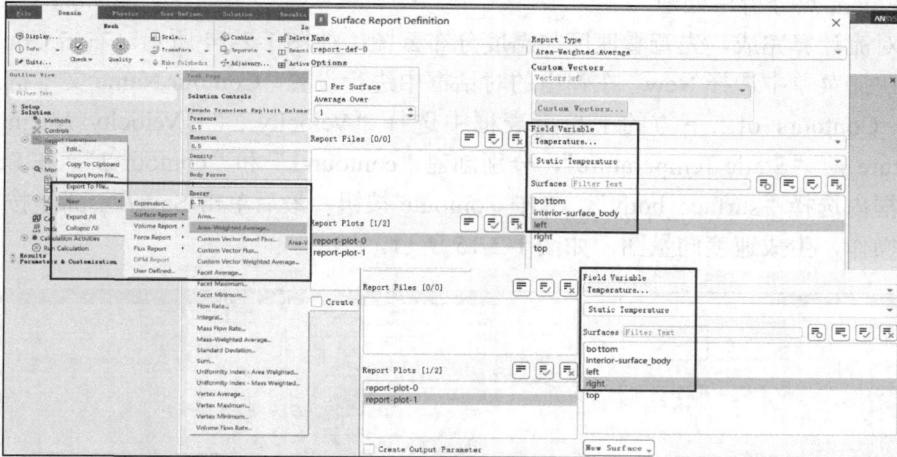

图 1-2-11　Fluent 收敛设置（1）

如图 1-2-12 所示定义收敛监控项，右击 Monitors→Report plots 项，在出现的快捷菜单中选择 New，在弹出的对话框中进行设置，Name 文本框采用默认命名，分别单击 Add 按钮添加"report-def-0"和"report-def-1"，其余项均为默认设置。

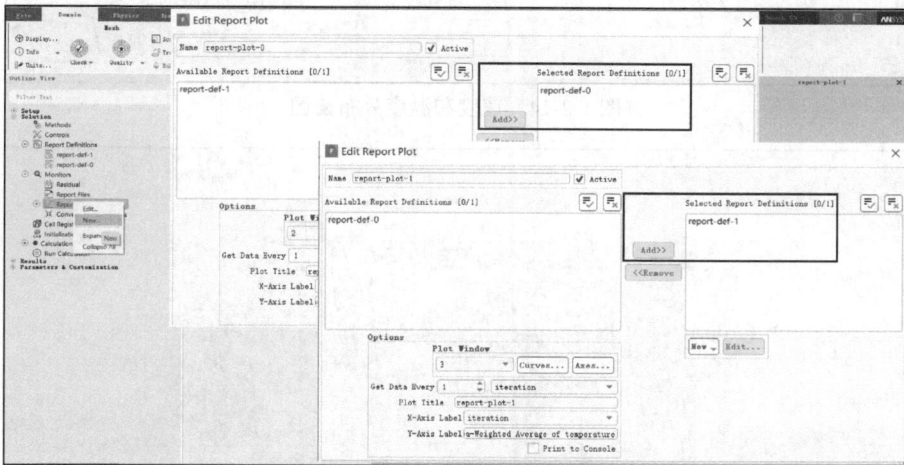

图 1-2-12　Fluent 收敛设置（2）

单击 Run Calculation，将 Number of Iteration 设置为 500，其余项采用默认设置，计算完成后的监控图如图 1-2-13 所示。可以看到，在 400 步左右，监控左右两边线温度达到稳定。

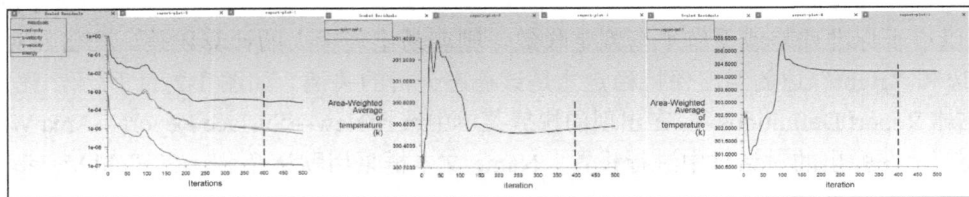

图 1-2-13　Fluent 计算收敛

（5）Fluent 热分析后处理

自然对流计算完成，先查看速度与温度分布云图，如图 1-2-14 所示。右击 Contours 项，在出现的快捷菜单中选择 New，在弹出的对话框中进行设置，Contour Name 文本框采用默认命名，在 Contours of… 下方的下拉列表框中选择"Velocity…""Velocity Magnitude"和"Temperature…""Static Temperature"，分别创建"contour-1"和"contour-2"，在 Surfaces 下方的列表框内选择"surface_body"，单击 Compute 按钮，最后单击 Save/Display 按钮即可。采用类似操作，生成速度向量图，如图 1-2-15 所示。

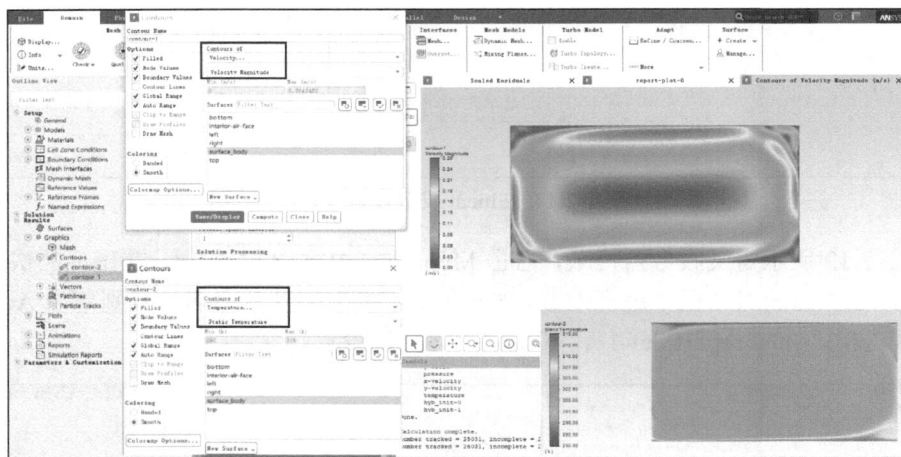

图 1-2-14　速度和温度分布云图

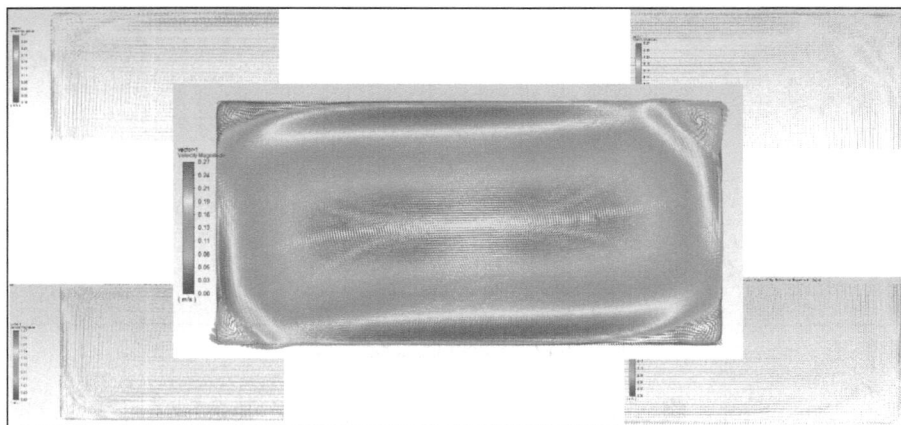

图 1-2-15　速度向量图

　　由图可见，从"bottom"边界到"top"边界的自然对流速度和热边界层的运移趋势，在"right"边界旁边形成浮力羽流，在"left"边界旁边形成浮射流。浮力羽流形成是因为流体初始动量很小（图中显示速度较慢，$0.1~\mathrm{m \cdot s^{-1}}$ 左右），但是主要受浮力作用（密度差，图中显示温差跨度约为模型的整个高度）继续向上流动和扩散，其扩散面形如羽毛。浮射流形成是因为流体初始动量较大（图中显示速度较快，$0.25~\mathrm{m \cdot s^{-1}}$ 左右），同时也受浮力作用（图中显示温差跨度约为模型高度的一半），在动量占优势的情况下，向下流动和扩散，最终动能耗散，又形成羽流，构成一个循环。

　　如图 1-2-16 所示，双击 Results→Reports→Surface Integrals，在弹出的 Surface Integrals 对话框中，在 Report Type 下拉列表框中选择 Area-Weighted Average，Field Variable 下方的下拉列表框分别选择"Wall Fluxes…"和"Surface Heat Transfer Coef."，在 Surfaces 下方的列表框内选择 bottom、left、right、top，单击 Compute 按钮，可得对流换热系数为 $5.038~56~\mathrm{W \cdot m^{-2} \cdot K^{-1}}$[①]，与之前的计算结果 $5.062~\mathrm{W \cdot m^{-2} \cdot K^{-1}}$ 相差约 0.46%。

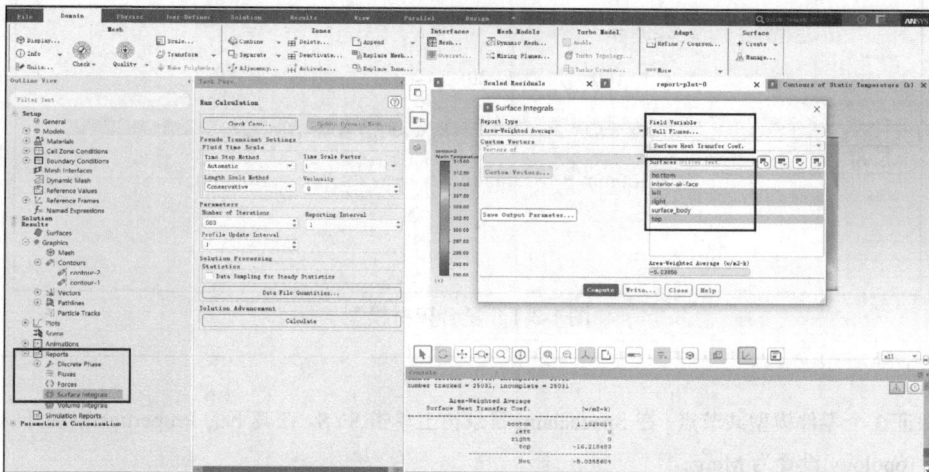

图 1-2-16　对流换热系数计算

　　综上所述，对流换热系数的获得虽然可以采用公式计算（或查表），但是对于复杂形貌、不能简单套用公式计算的流场区域，CFD 模块可以很方便地计算自然对流状态的热传递过程并求出对流换热系数。但是该系数表现为区域内均值，不能反映区域内细节，即便 FEM 热计算时可将其作为输入已知边界条件，仍然对区域内的热分布细节估计不足，存在一定的系统误差。

1.3　热分析有限元计算的原理

　　1.1 节和 1.2 节通过解析法对相关热分析进行了计算，但是解析法毕竟只适用一些特定模型。为解决复杂模型的热分析，通常采用有限元法进行计算，其优势主要表现为：复杂模型

---

① 因为 Fluent 的计算结果为对象的输出值，所以选取图中对应数值的绝对值。

的适应性、热固耦合的连续性、各种非线性问题（非线性材料、非线性边界条件等）的可操作性。下面通过 3 个例子分别讲述有限元法进行热分析的计算原理。

1.3.1 复合棒材稳态热传导的有限元计算

已知一个直径为 20 mm 复材圆棒，如图 1-3-1 所示。其中长度为 100 mm 的棒材热传导系数为 100 W·m^{-1}·℃$^{-1}$，长度为 200 mm 的棒材热传导系数为 20 W·m^{-1}·℃$^{-1}$，长度为 400 mm 的棒材热传导系数为 80 W·m^{-1}·℃$^{-1}$，圆棒周向绝热，左侧输入热流 4 000 W·m^{-2}，右侧保持温度为 80℃，求稳态条件下棒材的温度分布。

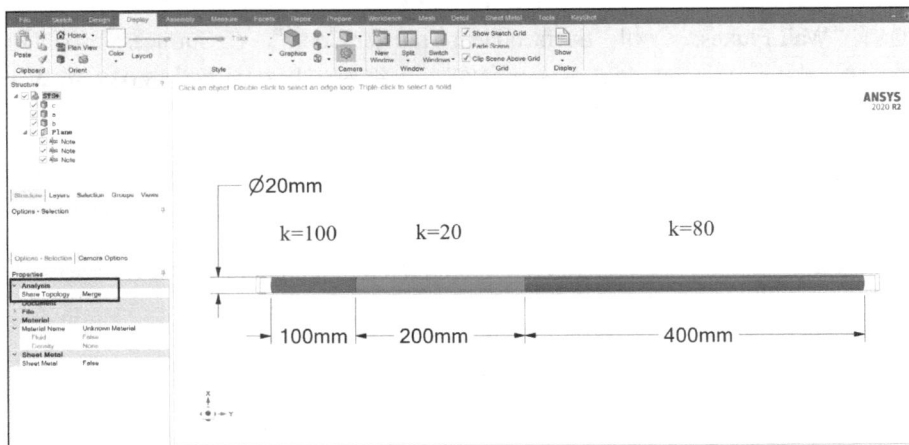

图 1-3-1 复合棒材模型

注意

为保证 3 个零件模型共节点，在 Spaceclaim 目录树上单击 SYS，在其下的 Properties 中展开 Analysis，将 Share Topology 设置为 Merge。

1．建立单元热传导矩阵

对于一维（仅 x 向）、稳态、截面积一致和无内热源的模型，其第一类边界条件为（给定壁面温度）：

$$-k\frac{\mathrm{d}T}{\mathrm{d}x}=\frac{Q}{A}=q$$

其中，$\mathrm{d}T=T_{\text{out}}-T_{\text{in}}$，即热流出口温度与入口温度之差；$\mathrm{d}x=L$，即单元长度；$A$ 为单元截面积；k 为热传导系数。

对于热量入口，上式变换为：

$$Q_{\text{in}}=\frac{kA}{L}(T_{\text{in}}-T_{\text{out}})$$

根据能量守恒定律，热量出口为：

$$Q_{\text{out}}=\frac{kA}{L}(T_{\text{out}}-T_{\text{in}})$$

列成单元矩阵为：

$$\begin{pmatrix} Q_{in} \\ Q_{out} \end{pmatrix} = \frac{kA}{L} \begin{pmatrix} 1 & -1 \\ -1 & 1 \end{pmatrix} \begin{pmatrix} T_{in} \\ T_{out} \end{pmatrix}$$

2. 建立整体单元热传导矩阵

简化计算，将每种材料的棒材仅划分为一个单元，从左至右节点编号依次为 1、2、3、4，则每个单元的热传导矩阵为：

$$\begin{pmatrix} Q_1 \\ Q_2 \end{pmatrix} = \frac{100A}{0.1} \begin{pmatrix} 1 & -1 \\ -1 & 1 \end{pmatrix} \begin{pmatrix} T_1 \\ T_2 \end{pmatrix}; \quad \begin{pmatrix} Q_2 \\ Q_3 \end{pmatrix} = \frac{20A}{0.2} \begin{pmatrix} 1 & -1 \\ -1 & 1 \end{pmatrix} \begin{pmatrix} T_2 \\ T_3 \end{pmatrix}; \quad \begin{pmatrix} Q_3 \\ Q_4 \end{pmatrix} = \frac{80A}{0.4} \begin{pmatrix} 1 & -1 \\ -1 & 1 \end{pmatrix} \begin{pmatrix} T_3 \\ T_4 \end{pmatrix}$$

整体热传导矩阵由各单元热传导矩阵叠加而成：

$$\begin{pmatrix} Q_1 \\ Q_2 \\ Q_3 \\ Q_4 \end{pmatrix} = \begin{pmatrix} \dfrac{100A}{0.1} & -\dfrac{100A}{0.1} & 0 & 0 \\ -\dfrac{100A}{0.1} & \dfrac{100A}{0.1}+\dfrac{20A}{0.2} & -\dfrac{20A}{0.2} & 0 \\ 0 & -\dfrac{20A}{0.2} & \dfrac{20A}{0.2}+\dfrac{80A}{0.4} & -\dfrac{80A}{0.4} \\ 0 & 0 & -\dfrac{80A}{0.4} & \dfrac{80A}{0.4} \end{pmatrix} \begin{pmatrix} T_1 \\ T_2 \\ T_3 \\ T_4 \end{pmatrix}$$

对于本例，模型内部没有热源和能量损失，则 $Q_2 = Q_3 = 0$，上面的矩阵简化为：

$$\begin{pmatrix} 4000 \\ 0 \\ 0 \\ q_4 \end{pmatrix} = \begin{pmatrix} \dfrac{100}{0.1} & -\dfrac{100}{0.1} & 0 & 0 \\ -\dfrac{100}{0.1} & \dfrac{100}{0.1}+\dfrac{20}{0.2} & -\dfrac{20}{0.2} & 0 \\ 0 & -\dfrac{20}{0.2} & \dfrac{20}{0.2}+\dfrac{80}{0.4} & -\dfrac{80}{0.4} \\ 0 & 0 & -\dfrac{80}{0.4} & \dfrac{80}{0.4} \end{pmatrix} \begin{pmatrix} T_1 \\ T_2 \\ T_3 \\ 80 \end{pmatrix}$$

计算可得 $T_1 = 144℃$、$T_2 = 140℃$、$T_3 = 100℃$、$q_4 = -4\,000\ \text{W·m}^{-2}$。

提示

矩阵计算用 Excel 也可以轻易完成，不需要另装其他软件。以本计算为例，矩阵形式为：

$$\begin{pmatrix} 4000 \\ 0 \\ 0 \\ q_4 \end{pmatrix} = \begin{pmatrix} 1000 & -1000 & 0 & 0 \\ -1000 & 1100 & -100 & 0 \\ 0 & -100 & 300 & -200 \\ 0 & 0 & -200 & 200 \end{pmatrix} \begin{pmatrix} T_1 \\ T_2 \\ T_3 \\ 80 \end{pmatrix}$$

简化为：

$$\begin{pmatrix} T_1 \\ T_2 \\ T_3 \end{pmatrix} = \begin{pmatrix} 1000 & -1000 & 0 \\ -1000 & 1100 & -100 \\ 0 & -100 & 300 \end{pmatrix}^{-1} \begin{pmatrix} 4000 \\ 0 \\ 200 \times 80 \end{pmatrix}$$

如图 1-3-2 所示采用 Excel 完成矩阵计算，先计算逆矩阵，框选 G91:I93 格，在插入函数中输入 = MINVERSE(B91:D93)，按 Ctrl + Shift + Enter 组合键即可得到逆矩阵；再框选 M91:M93 格，在插入函数中输入 = MMULT(G91:I93,K91:K93)，按 Ctrl + Shift + Enter 组合键即可得到 T_1、T_2、T_3 的结果。同理计算 MMULT(B91:E94,M91:M94)，即可得到 q_4 的结果。

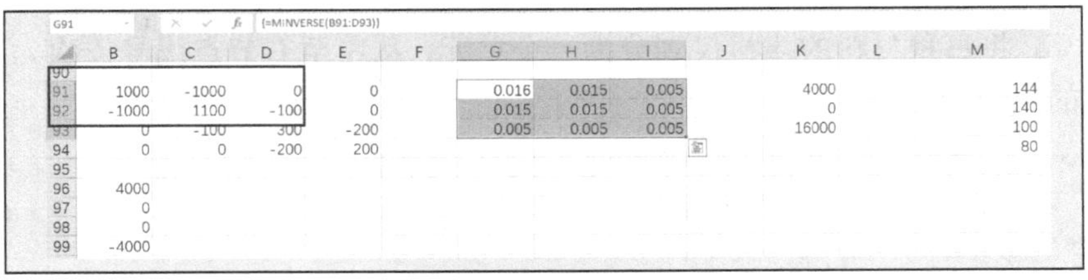

图 1-3-2　Excel 矩阵计算

注意

本计算是基于每种材料的棒材仅划分为一个单元，如果划分为两个单元，同理计算可得 $T_1 = 144℃$、$T_2 = 142℃$（位于原 1 单元中间）、$T_3 = 140℃$、$T_4 = 120℃$（位于原 2 单元中间）、$T_5 = 100℃$、$T_6 = 90℃$（位于原 3 单元中间），此结果正确；但是 $q_2 = -4.5E-11$、$q_3 = -2.3E-11$、$q_4 = 0$、$q_5 = 0$、$q_6 = 1.13E-11$，这与模型内部没有热源和能量损失有关。

3. Steady-State Thermal 模块计算

如图 1-3-3 所示，分别创建 a、b、c 三种材料，其 Isotropic Thermal Conductivity 分别定义为 100、20、80。

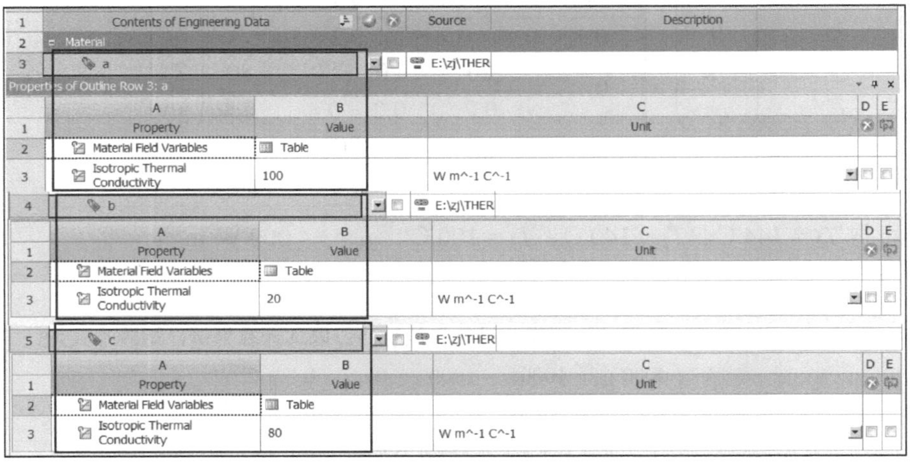

图 1-3-3　创建材料并定义材料参数

单击 Geometry→Geom\SYS\a、b、c，在下方的 Details 窗口中展开 Material 选项，将 Assignment 分别对应设置为 a、b、c，即选择定义的 a、b、c 材料。

Mesh 设置保持默认。

边界条件设置如图 1-3-4 所示。其中选择 a 模型的左端面定义加载 Heat Flux，数值为

4 000 W·m^{-2}；选择 c 模型的右端面定义加载 Temperature，数值为 80℃。

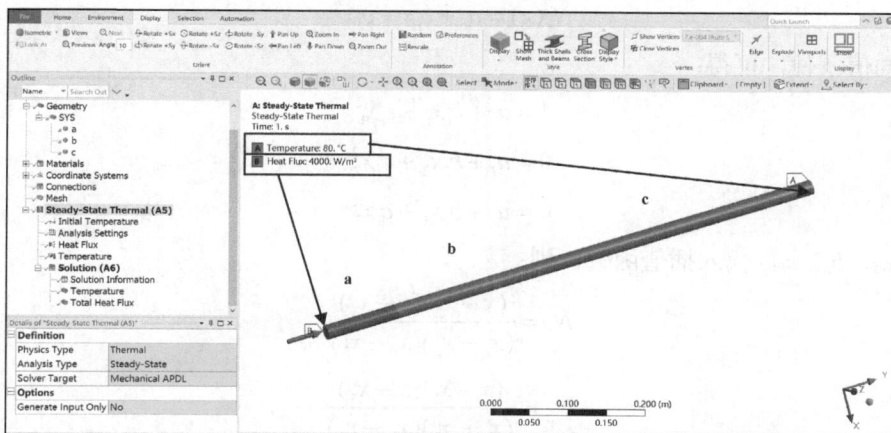

图 1-3-4　边界条件定义

计算完成后，分别插入 Temperature（Geometry 设置为 All Bodies）、Temperature2（Geometry 设置为 a、b 模型交界面）、Temperature3（Geometry 设置为 b、c 模型交界面）和 Total Heat Flux 四项，后处理的计算结果如图 1-3-5 所示。

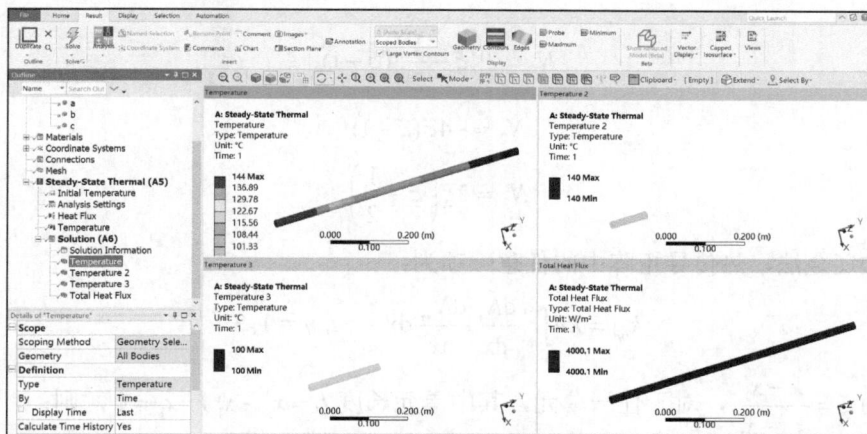

图 1-3-5　后处理的结果

由图可知，系统最高温度为 144℃，位于模型最左侧；a、b 模型交界面温度为 140℃；b、c 模型交界面温度为 100℃，总热通量为 4 000.1 W·m^{-2}。与整体热传导矩阵计算结果相比，仅在总热通量上有 0.002 5% 的误差。

4. 伽辽金法求解稳态热传导分析

对于物理问题一般都可以采用微分方程进行表达，但是并不是所有方程都可以通过泛函的极值方法进行求解。当采用加权余量法时，如果试函数与形函数一致，即为伽辽金法。伽辽金法有广泛的适用性，有限元软件一般都基于该方法进行计算。下面采用二阶单元对本模型进行计算。

由于二阶单元为 3 个节点，基于等参化建立插值函数（不是单元的形函数）为：

$$N_i(x) = a_i + b_i x + c_i x^2$$

利用插值条件，可得：

$$1 = a_i + b_i x_1 + c_i x_1^2$$
$$0 = a_i + b_i x_2 + c_i x_2^2$$
$$0 = a_i + b_i x_3 + c_i x_3^2$$

求出 a_i、b_i、c_i，代入插值函数，则：

$$N_1 = \frac{(x - x_2)(x - x_3)}{(x_1 - x_2)(x_1 - x_3)}$$

$$N_2 = \frac{(x - x_1)(x - x_3)}{(x_2 - x_1)(x_2 - x_3)}$$

$$N_3 = \frac{(x - x_1)(x - x_2)}{(x_3 - x_1)(x_3 - x_2)}$$

令 $\xi = \dfrac{x - x_1}{x_3 - x_1}$，则 $\xi_1 = 0$（取 $x = x_1$）、$\xi_2 = \dfrac{1}{2}$（取 $x = x_2$）、$\xi_3 = 1$（取 $x = x_3$），插值函数为：

$$N_1 = 2\left(\xi - \frac{1}{2}\right)(\xi - 1)$$

$$N_2 = -4\xi(\xi - 1)$$

$$N_3 = 2\xi\left(\xi - \frac{1}{2}\right)$$

根据伽辽金法，热传导矩阵中的任意一项为：

$$k_{im} = kA \int_{x_1}^{x_3} \frac{\mathrm{d}N_i}{\mathrm{d}x} \frac{\mathrm{d}N_m}{\mathrm{d}x} \mathrm{d}x \qquad i, m = 1, 3$$

又因为 $\xi = \dfrac{x - x_1}{x_3 - x_1}$，对于任一单元，其中单元长度 $L = x_3 - x_1$，$x_1 = 0$，则：

$$\xi = \frac{x}{L}, \quad \mathrm{d}\xi = \frac{\mathrm{d}x}{L}$$

热传导矩阵中任一项为：

$$k_{im} = \frac{kA}{L} \int_0^L \frac{\mathrm{d}N_i}{\mathrm{d}\xi} \frac{\mathrm{d}N_m}{\mathrm{d}\xi} \mathrm{d}\xi \qquad i, m = 1, 2, 3, \quad 即$$

$$k_{11} = \frac{kA}{L} \int_0^L (4\xi - 3)(4\xi - 3)\mathrm{d}\xi = \frac{7kA}{3L}$$

$$k_{12} = k_{21} = \frac{kA}{L} \int_0^L (4 - 8\xi)(4\xi - 3)\mathrm{d}\xi = -\frac{8kA}{3L}$$

$$k_{13} = k_{31} = \frac{kA}{L} \int_0^L (4\xi - 1)(4\xi - 3)\mathrm{d}\xi = \frac{kA}{3L}$$

$$k_{22} = \frac{kA}{L}\int_0^L (4-8\xi)(4-8\xi)\mathrm{d}\xi = \frac{16kA}{3L}$$

$$k_{23} = k_{32} = \frac{kA}{L}\int_0^L (4-8\xi)(4\xi-1)\mathrm{d}\xi = -\frac{8kA}{3L}$$

$$k_{33} = \frac{kA}{L}\int_0^L (4\xi-1)(4\xi-1)\mathrm{d}\xi = \frac{7kA}{3L}$$

每种材料的棒材仅划分为一个单元，则 a 材料的热传导矩阵为：

$$\boldsymbol{k}^{\mathrm{a}} = \frac{100A}{0.1}\begin{pmatrix} \frac{7}{3} & -\frac{8}{3} & \frac{1}{3} \\ -\frac{8}{3} & \frac{16}{3} & -\frac{8}{3} \\ \frac{1}{3} & -\frac{8}{3} & \frac{7}{3} \end{pmatrix}$$

同理，b、c 材料的热传导矩阵分别为：

$$\boldsymbol{k}^{\mathrm{b}} = \frac{20A}{0.2}\begin{pmatrix} \frac{7}{3} & -\frac{8}{3} & \frac{1}{3} \\ -\frac{8}{3} & \frac{16}{3} & -\frac{8}{3} \\ \frac{1}{3} & -\frac{8}{3} & \frac{7}{3} \end{pmatrix}$$

$$\boldsymbol{k}^{\mathrm{c}} = \frac{80A}{0.4}\begin{pmatrix} \frac{7}{3} & -\frac{8}{3} & \frac{1}{3} \\ -\frac{8}{3} & \frac{16}{3} & -\frac{8}{3} \\ \frac{1}{3} & -\frac{8}{3} & \frac{7}{3} \end{pmatrix}$$

整体热传导矩阵为（每个材料单元的最后一个节点与下一个材料单元的第一个节点共点）：

$$\boldsymbol{k}^{\mathrm{Total}} = A\begin{pmatrix} 1000\times\frac{7}{3} & -1000\times\frac{8}{3} & 1000\times\frac{1}{3} & 0 & 0 & 0 & 0 \\ -1000\times\frac{8}{3} & 1000\times\frac{16}{3} & -1000\times\frac{8}{3} & 0 & 0 & 0 & 0 \\ 1000\times\frac{1}{3} & -1000\times\frac{8}{3} & 1000\times\frac{7}{3}+100\times\frac{7}{3} & -100\times\frac{8}{3} & 100\times\frac{1}{3} & 0 & 0 \\ 0 & 0 & -100\times\frac{8}{3} & 100\times\frac{16}{3} & -100\times\frac{8}{3} & 0 & 0 \\ 0 & 0 & 100\times\frac{1}{3} & -100\times\frac{8}{3} & 100\times\frac{7}{3}+200\times\frac{7}{3} & -200\times\frac{8}{3} & 200\times\frac{1}{3} \\ 0 & 0 & 0 & 0 & -200\times\frac{8}{3} & 200\times\frac{16}{3} & -200\times\frac{8}{3} \\ 0 & 0 & 0 & 0 & 200\times\frac{1}{3} & -200\times\frac{8}{3} & 200\times\frac{7}{3} \end{pmatrix}$$

则：

$$\begin{pmatrix} Q_1 \\ Q_2 \\ Q_3 \\ Q_4 \\ Q_5 \\ Q_6 \\ Q_7 \end{pmatrix} = A \begin{pmatrix} 1000\times\frac{7}{3} & -1000\times\frac{8}{3} & 1000\times\frac{1}{3} & 0 & 0 & 0 & 0 \\ -1000\times\frac{8}{3} & 1000\times\frac{16}{3} & -1000\times\frac{8}{3} & 0 & 0 & 0 & 0 \\ 1000\times\frac{1}{3} & -1000\times\frac{8}{3} & 1000\times\frac{7}{3}+100\times\frac{7}{3} & -100\times\frac{8}{3} & 100\times\frac{1}{3} & 0 & 0 \\ 0 & 0 & -100\times\frac{8}{3} & 100\times\frac{16}{3} & -100\times\frac{8}{3} & 0 & 0 \\ 0 & 0 & 100\times\frac{1}{3} & -100\times\frac{8}{3} & 100\times\frac{7}{3}+200\times\frac{7}{3} & -200\times\frac{8}{3} & 200\times\frac{1}{3} \\ 0 & 0 & 0 & 0 & -200\times\frac{8}{3} & 200\times\frac{16}{3} & -200\times\frac{8}{3} \\ 0 & 0 & 0 & 0 & 200\times\frac{1}{3} & -200\times\frac{8}{3} & 200\times\frac{7}{3} \end{pmatrix} \begin{pmatrix} T_1 \\ T_2 \\ T_3 \\ T_4 \\ T_5 \\ T_6 \\ T_7 \end{pmatrix}$$

其中已知：$Q_1/A = 4\,000$，$Q_{2\text{-}6} = 0$，$T_7 = 80$。

计算可得：$T_1 = 144\,℃$、$T_2 = 142\,℃$、$T_3 = 140\,℃$、$T_4 = 120\,℃$、$T_5 = 100\,℃$、$T_6 = 90\,℃$（均无误）、$q_2 = 0\ \text{W·m}^{-2}$、$q_3 = -1.7\text{E-}11\ \text{W·m}^{-2}$、$q_4 = -1.1\text{E-}11\ \text{W·m}^{-2}$、$q_5 = 4.2\text{E-}12\ \text{W·m}^{-2}$、$q_6 = 0\ \text{W·m}^{-2}$、$q_7 = -4\,000\ \text{W·m}^{-2}$。对比线性单元，每个材料棒材划分两个单元的结果：$q_2 = -4.5\text{E-}11$、$q_3 = -2.3\text{E-}11$、$q_4 = 0$、$q_5 = 0$、$q_6 = 1.13\text{E-}11$，不论量级和数值，二次单元精度均高于线性单元。Excel 计算如图 1-3-6 所示。其中逆矩阵为对传导矩阵前 6×6 矩阵求逆，热通量第五项、第六项计算基于高斯消元法（O79 = −G79*H81，O80 = −G80*H81），温度为逆矩阵与热通量矩阵之积。

图 1-3-6　Excel 矩阵计算

1.3.2　复合棒材对流状态的有限元计算

实际工程中，纯粹绝热状态是不存在的，往往伴随对流、辐射状态。在 1.3.1 小节的基础上，本小节再对模型表面增加空气对流，如图 1-3-7 所示，其对流换热系数为 $1\ \text{W·m}^{-2}\text{·}℃^{-1}$，左侧输入热流 $4\,000\ \text{W·m}^{-2}$，右侧保持温度为 $80\,℃$，求稳态条件下棒材的温度分布。

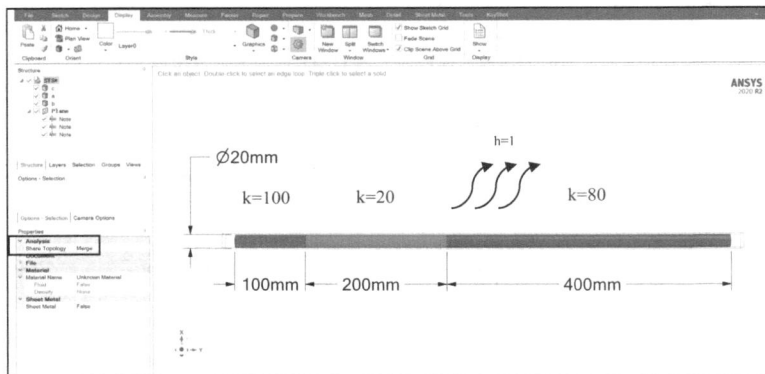

图 1-3-7　复合棒材对流模型

1. 伽辽金法求解稳态热传导分析

依据 1.3.1 小节的内容，采用伽辽金法求解本模型。为使计算简便，每种材料的棒材仅划分为一个单元，并且采用线性单元计算，同时假设任意截面的温度一致，忽略对流对模型截面的温度影响。

由于线性单元为两个节点，建立插值函数为：

$$N_i(x) = a_i + b_i x$$

利用插值条件，可得：

$$1 = a_i + b_i x_1$$
$$0 = a_i + b_i x_2$$

求出 a_i、b_i，代入插值函数，其中单元长度 $L = x_2 - x_1$，则：

$$N_1 = \frac{x_2 - x}{x_2 - x_1} = \frac{x_2 - x}{L}$$

$$N_2 = \frac{x - x_1}{x_2 - x_1} = \frac{x - x_1}{L}$$

依据伽辽金法，传热矩阵中的任意一项为：

$$k_{ij} = kA \int_{x_1}^{x_2} \left(\frac{dN}{dx}\right)^T \left(\frac{dN}{dx}\right) dx + hP \int_{x_1}^{x_2} N^T N dx \qquad i,j = 1, 2; \ P \text{ 为截面周长}$$

则单元传热矩阵为：

$$\mathbf{k}^e = \frac{kA}{L}\begin{pmatrix} 1 & -1 \\ -1 & 1 \end{pmatrix} + \frac{hPL}{6}\begin{pmatrix} 2 & 1 \\ 1 & 2 \end{pmatrix}$$

式中前部为传导矩阵项，后部为对流矩阵项。

传热平衡方程为：

$$k_{ij}T = kA \int_{x_1}^{x_2} \left(\frac{dN}{dx}\right)^T \left(\frac{dN}{dx}\right) T dx + hP \int_{x_1}^{x_2} N^T N T dx$$

对右式第一项进行分步积分，则：

$$k_{ij}T = A \int_{x_1}^{x_2} QN^T dx + kAN^T \frac{dT}{dx}\bigg|_{x_1}^{x_2} + hPT_\infty \int_{x_1}^{x_2} N^T dx = \frac{QAL}{2}\begin{pmatrix} 1 \\ 1 \end{pmatrix} + A\begin{pmatrix} q_{in} \\ -q_{out} \end{pmatrix} + \frac{hPLT_\infty}{2}\begin{pmatrix} 1 \\ 1 \end{pmatrix}$$

式中第一项为内热源项、第二项为温度梯度项（对应热通量）、第三项为环境对流温度项。T_∞ 为环境温度。

依据单元传热矩阵，则 a 材料传热矩阵为：

$$\mathbf{k}^a = \frac{100A}{0.1}\begin{pmatrix} 1 & -1 \\ -1 & 1 \end{pmatrix} + \frac{0.1P}{6}\begin{pmatrix} 2 & 1 \\ 1 & 2 \end{pmatrix} = \begin{pmatrix} 0.314 & -0.314 \\ -0.314 & 0.314 \end{pmatrix} + \begin{pmatrix} 0.002\,093 & 0.001\,047 \\ 0.001\,047 & 0.002\,093 \end{pmatrix}$$

同理，b、c 材料热传导矩阵分别为：

$$\pmb{k}^{\mathrm{b}} = \frac{20A}{0.2}\begin{pmatrix}1 & -1\\ -1 & 1\end{pmatrix} + \frac{0.2P}{6}\begin{pmatrix}2 & 1\\ 1 & 2\end{pmatrix} = \begin{pmatrix}0.031\,4 & -0.031\,4\\ -0.031\,4 & 0.031\,4\end{pmatrix} + \begin{pmatrix}0.004\,187 & 0.002\,093\\ 0.002\,093 & 0.004\,187\end{pmatrix}$$

$$\pmb{k}^{\mathrm{c}} = \frac{80A}{0.4}\begin{pmatrix}1 & -1\\ -1 & 1\end{pmatrix} + \frac{0.4P}{6}\begin{pmatrix}2 & 1\\ 1 & 2\end{pmatrix} = \begin{pmatrix}0.062\,8 & -0.062\,8\\ -0.062\,8 & 0.062\,8\end{pmatrix} + \begin{pmatrix}0.008\,373 & 0.004\,187\\ 0.004\,187 & 0.008\,387\end{pmatrix}$$

整体传热矩阵为（每个材料单元的最后一个节点与下一个材料单元的第一个节点共点）：

$$\pmb{k}^{\mathrm{Total}} = \begin{pmatrix}0.314 & -0.314 & 0 & 0\\ -0.314 & 0.345\,4 & -0.031\,4 & 0\\ 0 & -0.031\,4 & 0.094\,2 & -0.062\,8\\ 0 & 0 & -0.062\,8 & 0.062\,8\end{pmatrix}$$

$$+ \begin{pmatrix}0.002\,093 & 0.001\,047 & 0 & 0\\ 0.001\,047 & 0.006\,28 & 0.002\,093 & 0\\ 0 & 0.002\,093 & 0.012\,56 & 0.004\,187\\ 0 & 0 & 0.004\,187 & 0.008\,387\end{pmatrix}$$

$$= \begin{pmatrix}0.316\,093 & -0.312\,95 & 0 & 0\\ -0.312\,95 & 0.351\,68 & -0.029\,31 & 0\\ 0 & -0.029\,31 & 0.106\,76 & -0.058\,61\\ 0 & 0 & -0.058\,61 & 0.071\,173\end{pmatrix}$$

本例在传热平衡方程中，由于无内热源项，所以只计算第二项和第三项，本模型仅在 a 模型入口和 c 模型出口存在热通量边界条件，则第二项为 $\begin{pmatrix}4\,000A\\ 0\\ 0\\ -q_{\mathrm{out}}A\end{pmatrix} = \begin{pmatrix}1.256\\ 0\\ 0\\ -0.000\,314q_{\mathrm{out}}\end{pmatrix}$，第三

项对流边界条件为 $\begin{pmatrix}0.251\,2\\ 0.251\,2 + 0.502\,4\\ 0.502\,4 + 1.004\,8\\ 1.004\,8\end{pmatrix}$，即

$$\begin{pmatrix}1.507\,2\\ 0.753\,6\\ 1.507\,2\\ 1.004\,8 - 0.000\,314q_{\mathrm{out}}\end{pmatrix} = \begin{pmatrix}0.316\,093 & -0.312\,95 & 0 & 0\\ -0.312\,95 & 0.351\,68 & -0.029\,31 & 0\\ 0 & -0.029\,31 & 0.106\,76 & -0.058\,61\\ 0 & 0 & -0.058\,61 & 0.071\,173\end{pmatrix}\begin{pmatrix}T_1\\ T_2\\ T_3\\ 80\end{pmatrix}$$

计算可得 $T_1 = 120.3℃$、$T_2 = 116.7℃$、$T_3 = 89.9℃$、$q_{\mathrm{out}} = 1\,910\ \mathrm{W\cdot m^{-2}}$。

2．Steady-State Thermal 模块计算

采用与 1.3.1 小节一样的材料定义和网格划分，边界条件设置如图 1-3-8 所示。其中选择 a 模型的左端面定义加载 Heat Flux，数值为 4 000 W·m⁻²；选择 c 模型的右端面定义加载 Temperature，数值为 80℃；选择 a、b、c 三个模型的三段外圆面定义加载 Convention，其中

Film Coefficient 数值定义为 1 W·m^{-2}·℃$^{-1}$，Ambient Temperature 数值定义为 80℃（环境温度）。

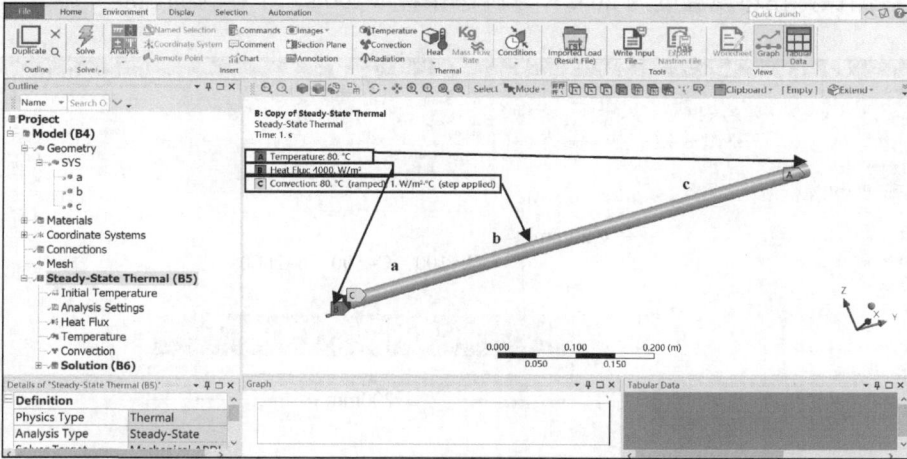

图 1-3-8　边界条件定义

计算完成后，分别插入 Temperature（Geometry 设置为 All Bodies）、Temperature2（Geometry 设置为 a、b 模型交界面）、Temperature3（Geometry 设置为 b、c 模型交界面）和 Total Heat Flux 四项，后处理的计算结果如图 1-3-9 所示。

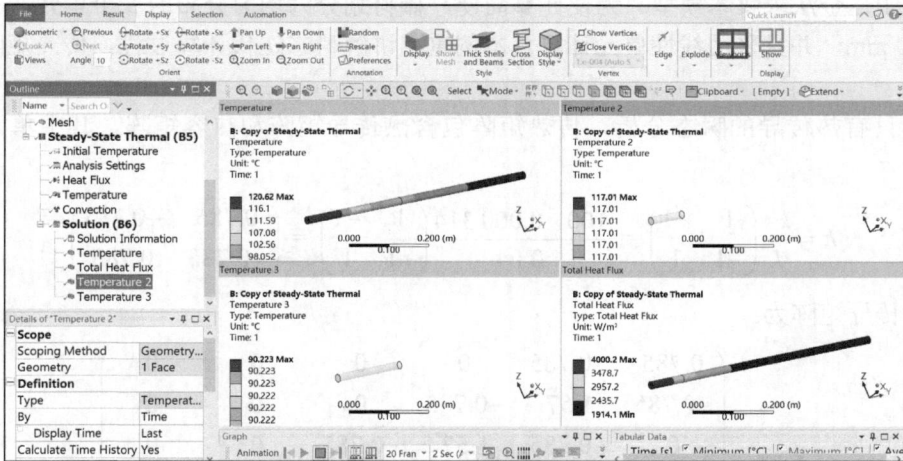

图 1-3-9　后处理的结果

由图 1-3-9 可知，系统最高温度为 120.62℃，位于模型最左侧，与传热矩阵计算温度结果 120.3℃存在 0.25%的误差；a、b 模型交界面温度为 117.01℃，与传热矩阵计算温度结果 116.7℃存在 0.34%的误差；b、c 模型交界面温度为 90.223℃，与传热矩阵计算温度结果 89.9℃存在 0.33%的误差；输出热通量为 1 914.1 W·m^{-2}，与整体传热矩阵计算热通量结果 1 910 W·m^{-2}存在 0.21%的误差。与理论计算结果几乎一致。

1.3.3　棒材瞬态热传导的有限元计算

已知一个直径为 20 mm，长度为 200 mm，密度为 2 000 kg·m^{-3} 的圆棒，如图 1-3-10 所示。

其热传导系数为 $100\ \mathrm{W\cdot m^{-1}\cdot ℃^{-1}}$，比热容为 $500\ \mathrm{J\cdot kg^{-1}\cdot ℃^{-1}}$，左侧迅速升温到 $100℃$，并保持该温度，右侧保持在环境温度为 $20℃$，求瞬态条件（$100\ \mathrm{s}$）下棒材的温度分布。

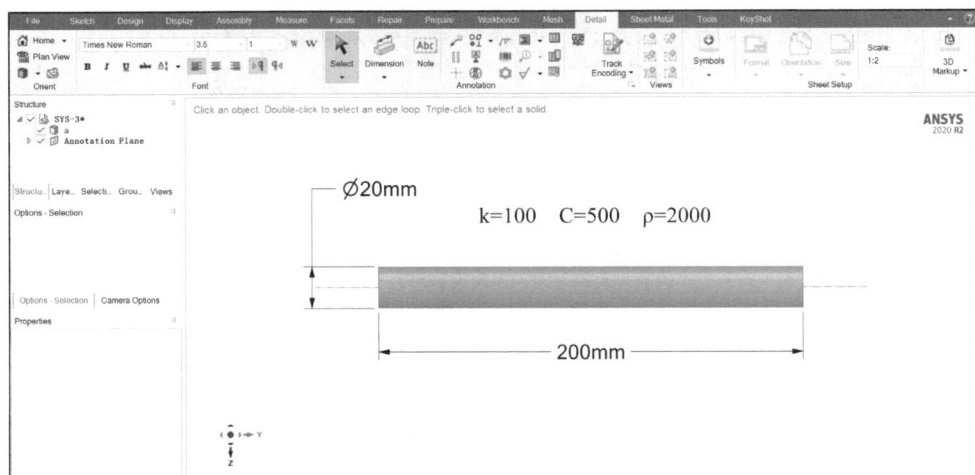

图 1-3-10　棒材瞬态计算模型

1. 伽辽金法求解瞬态热传导分析

采用伽辽金法求解本模型。为使计算简便，棒材划分为均匀分布的 5 个单元，相邻两节点相距 40 mm，并且采用线性单元计算。本例重点讲解瞬态迭代计算过程，传热矩阵推导不再复述。

对于只有热传导的瞬态分析，传热矩阵包含热传导矩阵和热容矩阵。其中单元传导矩阵为：

$$\boldsymbol{k}=\frac{kA}{L}\begin{pmatrix}1&-1\\-1&1\end{pmatrix}=\frac{100\times0.000\,314}{0.04}\begin{pmatrix}1&-1\\-1&1\end{pmatrix}=\begin{pmatrix}0.785&-0.785\\-0.785&0.785\end{pmatrix}$$

整体传导矩阵为：

$$\boldsymbol{k}^{\mathrm{Total}}=\begin{pmatrix}0.785&-0.785&0&0&0&0\\-0.785&1.57&-0.785&0&0&0\\0&-0.785&1.57&-0.785&0&0\\0&0&-0.785&1.57&-0.785&0\\0&0&0&-0.785&1.57&-0.785\\0&0&0&0&-0.785&0.785\end{pmatrix}$$

单元热容矩阵为：

$$\boldsymbol{C}=\frac{C\rho AL}{6}\begin{pmatrix}2&1\\1&2\end{pmatrix}=\frac{500\times2\,000\times0.000\,314\times0.04}{6}\begin{pmatrix}2&1\\1&2\end{pmatrix}=\begin{pmatrix}4.186\,667&2.093\,333\\2.093\,333&4.186\,667\end{pmatrix}$$

整体热容矩阵为：

$$C^{\text{Total}} = \begin{pmatrix} 4.186\,667 & 2.093\,333 & 0 & 0 & 0 & 0 \\ 2.093\,333 & 8.373\,333 & 2.093\,333 & 0 & 0 & 0 \\ 0 & 2.093\,333 & 8.373\,333 & 2.093\,333 & 0 & 0 \\ 0 & 0 & 2.093\,333 & 8.373\,333 & 2.093\,333 & 0 \\ 0 & 0 & 0 & 2.093\,333 & 8.373\,333 & 2.093\,333 \\ 0 & 0 & 0 & 0 & 2.093\,333 & 4.186\,667 \end{pmatrix}$$

对于瞬态热分析，其系统平衡方程为 $[C]\dot{T}+[k]T=[Q]$，式中 $\dot{T}$ 为温度对时间的导数。对于本例分析，模型的首尾温度均为定值，且系统内没有内热源，所以

$$\dot{T} = \begin{pmatrix} 0 \\ \dot{T}_2 \\ \dot{T}_3 \\ \dot{T}_4 \\ \dot{T}_5 \\ 0 \end{pmatrix}, \quad T = \begin{pmatrix} 100 \\ T_2 \\ T_3 \\ T_4 \\ T_5 \\ 20 \end{pmatrix}, \quad Q = \begin{pmatrix} q_{\text{in}}A \\ 0 \\ 0 \\ 0 \\ 0 \\ q_{\text{out}}A \end{pmatrix}$$

基于有限差分，$\dot{T} \cong \dfrac{T(t+\Delta t)-T(t)}{\Delta t}$，式中 Δt 为时间步长。则系统平衡方程为：

$$[C]\frac{T(t+\Delta t)-T(t)}{\Delta t}+[k]T=[Q]$$

依据上式列出递推公式：

$$[C]T(t_{n+1})=[C]T(t_n)-[k]T(t_n)\Delta t+[Q(t_n)]\Delta t$$

两边同时乘以热容矩阵的逆矩阵，上式即为 $T(t_{n+1})=T(t_n)-[C]^{-1}[k]T(t_n)\Delta t+[C]^{-1}[Q(t_n)]\Delta t$，该式即为瞬态分析温度迭代计算公式。

将相应矩阵代入整体平衡方程，则：

$$\begin{pmatrix} 4.186\,667 & 2.093\,333 & 0 & 0 & 0 & 0 \\ 2.093\,333 & 8.373\,333 & 2.093\,333 & 0 & 0 & 0 \\ 0 & 2.093\,333 & 8.373\,333 & 2.093\,333 & 0 & 0 \\ 0 & 0 & 2.093\,333 & 8.373\,333 & 2.093\,333 & 0 \\ 0 & 0 & 0 & 2.093\,333 & 8.373\,333 & 2.093\,333 \\ 0 & 0 & 0 & 0 & 2.093\,333 & 4.186\,667 \end{pmatrix} \begin{pmatrix} 0 \\ \dot{T}_2 \\ \dot{T}_3 \\ \dot{T}_4 \\ \dot{T}_5 \\ 0 \end{pmatrix} +$$

$$\begin{pmatrix} 0.785 & -0.785 & 0 & 0 & 0 & 0 \\ -0.785 & 1.57 & -0.785 & 0 & 0 & 0 \\ 0 & -0.785 & 1.57 & -0.785 & 0 & 0 \\ 0 & 0 & -0.785 & 1.57 & -0.785 & 0 \\ 0 & 0 & 0 & -0.785 & 1.57 & -0.785 \\ 0 & 0 & 0 & 0 & -0.785 & 0.785 \end{pmatrix} \begin{pmatrix} 100 \\ T_2 \\ T_3 \\ T_4 \\ T_5 \\ 20 \end{pmatrix} = \begin{pmatrix} q_{\text{in}}A \\ 0 \\ 0 \\ 0 \\ 0 \\ q_{\text{out}}A \end{pmatrix}$$

因为模型首尾温度恒定，所以对中间节点温度进行求解，则矩阵简化为：

$$\begin{pmatrix} 8.373\,333 & 2.093\,333 & 0 & 0 \\ 2.093\,333 & 8.373\,333 & 2.093\,333 & 0 \\ 0 & 2.093\,333 & 8.373\,333 & 2.093\,333 \\ 0 & 0 & 2.093\,333 & 8.373\,333 \end{pmatrix} \begin{pmatrix} \dot{T}_2 \\ \dot{T}_3 \\ \dot{T}_4 \\ \dot{T}_5 \end{pmatrix} + \begin{pmatrix} 1.57 & -0.785 & 0 & 0 \\ -0.785 & 1.57 & -0.785 & 0 \\ 0 & -0.785 & 1.57 & -0.785 \\ 0 & 0 & -0.785 & 1.57 \end{pmatrix} \begin{pmatrix} T_2 \\ T_3 \\ T_4 \\ T_5 \end{pmatrix}$$

$$= \begin{pmatrix} 100 \times 0.785 \\ 0 \\ 0 \\ 20 \times 0.785 \end{pmatrix}$$

因为上式存在 8 个未知数，所以调用迭代计算公式，当 $n=0$ 时，$T_{2-5}(t_0) = 20$。

$$[C]^{-1} = \begin{pmatrix} 0.127\,998 & -0.034\,29 & 0.009\,143 & -0.002\,29 \\ -0.034\,29 & 0.137\,141 & -0.036\,57 & 0.009\,143 \\ 0.009\,143 & -0.036\,57 & 0.137\,141 & -0.034\,29 \\ -0.002\,29 & 0.009\,143 & -0.034\,29 & 0.127\,998 \end{pmatrix}, \text{则：}$$

$$[C]^{-1}[k] = \begin{pmatrix} 0.227\,871 & -0.161\,48 & 0.043\,062 & -0.010\,77 \\ -0.161\,48 & 0.270\,933 & -0.172\,25 & 0.043\,062 \\ 0.043\,062 & -0.172\,25 & 0.270\,933 & -0.161\,48 \\ -0.010\,77 & 0.043\,062 & -0.161\,48 & 0.227\,871 \end{pmatrix}$$

$$[C]^{-1}[Q] = \begin{pmatrix} 10.011\,96 \\ -2.547\,85 \\ 0.179\,426 \\ 1.830\,144 \end{pmatrix}$$

迭代计算为（前 20 步取 $\Delta t = 1\,\text{s}$，后 8 步取 $\Delta t = 10\,\text{s}$）：

$$\begin{pmatrix} T_2 \\ T_3 \\ T_4 \\ T_5 \end{pmatrix}_{t=1} = \begin{pmatrix} 20 \\ 20 \\ 20 \\ 20 \end{pmatrix}_{t=0} - \begin{pmatrix} 0.227\,871 & -0.161\,48 & 0.043\,062 & -0.010\,77 \\ -0.161\,48 & 0.270\,933 & -0.172\,25 & 0.043\,062 \\ 0.043\,062 & -0.172\,25 & 0.270\,933 & -0.161\,48 \\ -0.010\,77 & 0.043\,062 & -0.161\,48 & 0.227\,871 \end{pmatrix} \begin{pmatrix} 20 \\ 20 \\ 20 \\ 20 \end{pmatrix}_{t=0}$$

$$+ \begin{pmatrix} 10.011\,96 \\ -2.547\,85 \\ 0.179\,426 \\ 1.830\,144 \end{pmatrix} = \begin{pmatrix} 28.038\,28 \\ 17.846\,89 \\ 20.574\,16 \\ 19.856\,46 \end{pmatrix}$$

$$\begin{pmatrix} T_2 \\ T_3 \\ T_4 \\ T_5 \end{pmatrix}_{t=2} = \begin{pmatrix} 28.038\,28 \\ 17.846\,89 \\ 20.574\,16 \\ 19.856\,46 \end{pmatrix}_{t=1} - \begin{pmatrix} 0.227\,871 & -0.161\,48 & 0.043\,062 & -0.010\,77 \\ -0.161\,48 & 0.270\,933 & -0.172\,25 & 0.043\,062 \\ 0.043\,062 & -0.172\,25 & 0.270\,933 & -0.161\,48 \\ -0.010\,77 & 0.043\,062 & -0.161\,48 & 0.227\,871 \end{pmatrix} \begin{pmatrix} 28.038\,28 \\ 17.846\,89 \\ 20.574\,16 \\ 19.856\,46 \end{pmatrix}_{t=1}$$

$$+\begin{pmatrix}10.011\,96\\-2.547\,85\\0.179\,426\\1.830\,144\end{pmatrix}=\begin{pmatrix}33.870\,9\\17.680\,26\\20.252\,57\\20.017\,6\end{pmatrix}$$

$$\begin{pmatrix}T_2\\T_3\\T_4\\T_5\end{pmatrix}_{t=3}=\begin{pmatrix}33.870\,9\\17.680\,26\\20.252\,57\\20.017\,6\end{pmatrix}_{t=2}-\begin{pmatrix}0.227\,871&-0.161\,48&0.043\,062&-0.010\,77\\-0.161\,48&0.270\,933&-0.172\,25&0.043\,062\\0.043\,062&-0.172\,25&0.270\,933&-0.161\,48\\-0.010\,77&0.043\,062&-0.161\,48&0.227\,871\end{pmatrix}\begin{pmatrix}33.870\,9\\17.680\,26\\20.252\,57\\20.017\,6\end{pmatrix}_{t=2}$$

$$+\begin{pmatrix}10.011\,96\\-2.547\,85\\0.179\,426\\1.830\,144\end{pmatrix}=\begin{pmatrix}38.363\,12\\18.438\,31\\19.764\,26\\20.160\,06\end{pmatrix}$$

......

$$\begin{pmatrix}T_2\\T_3\\T_4\\T_5\end{pmatrix}_{t=20}=\begin{pmatrix}64.082\,07\\37.990\,77\\24.687\,93\\20.446\,16\end{pmatrix}_{t=19}-\begin{pmatrix}0.227\,871&-0.161\,48&0.043\,062&-0.010\,77\\-0.161\,48&0.270\,933&-0.172\,25&0.043\,062\\0.043\,062&-0.172\,25&0.270\,933&-0.161\,48\\-0.010\,77&0.043\,062&-0.161\,48&0.227\,871\end{pmatrix}\begin{pmatrix}64.082\,07\\37.990\,77\\24.687\,93\\20.446\,16\end{pmatrix}_{t=19}$$

$$+\begin{pmatrix}10.011\,96\\-2.547\,85\\0.179\,426\\1.830\,144\end{pmatrix}=\begin{pmatrix}64.783\,47\\38.870\,16\\25.264\,64\\20.657\,82\end{pmatrix}$$

$$\begin{pmatrix}T_2\\T_3\\T_4\\T_5\end{pmatrix}_{t=30}=\begin{pmatrix}64.783\,47\\38.870\,16\\25.264\,64\\20.657\,82\end{pmatrix}_{t=20}-10\times\begin{pmatrix}0.227\,871&-0.161\,48&0.043\,062&-0.010\,77\\-0.161\,48&0.270\,933&-0.172\,25&0.043\,062\\0.043\,062&-0.172\,25&0.270\,933&-0.161\,48\\-0.010\,77&0.043\,062&-0.161\,48&0.227\,871\end{pmatrix}\begin{pmatrix}64.783\,47\\38.870\,16\\25.264\,64\\20.657\,82\end{pmatrix}_{t=20}$$

$$+10\times\begin{pmatrix}10.011\,96\\-2.547\,85\\0.179\,426\\1.830\,144\end{pmatrix}=\begin{pmatrix}71.393\,68\\47.316\,38\\31.023\,77\\22.920\,22\end{pmatrix}\qquad\cdots\cdots$$

$$\begin{pmatrix}T_2\\T_3\\T_4\\T_5\end{pmatrix}_{t=100}=\begin{pmatrix}82.856\,82\\63.779\,05\\47.802\,74\\34.842\,18\end{pmatrix}_{t=90}-10\times\begin{pmatrix}0.227\,871&-0.161\,48&0.043\,062&-0.010\,77\\-0.161\,48&0.270\,933&-0.172\,25&0.043\,062\\0.043\,062&-0.172\,25&0.270\,933&-0.161\,48\\-0.010\,77&0.043\,062&-0.161\,48&0.227\,871\end{pmatrix}\begin{pmatrix}82.856\,82\\63.779\,05\\47.802\,74\\34.842\,18\end{pmatrix}_{t=90}$$

$$+10\times\begin{pmatrix}10.011\,96\\-2.547\,85\\0.179\,426\\1.830\,144\end{pmatrix}=\begin{pmatrix}80.328\,44\\66.637\,82\\50.526\,54\\32.397\,22\end{pmatrix}$$

4 个节点的瞬态温度分析结果如图 1-3-11 所示。

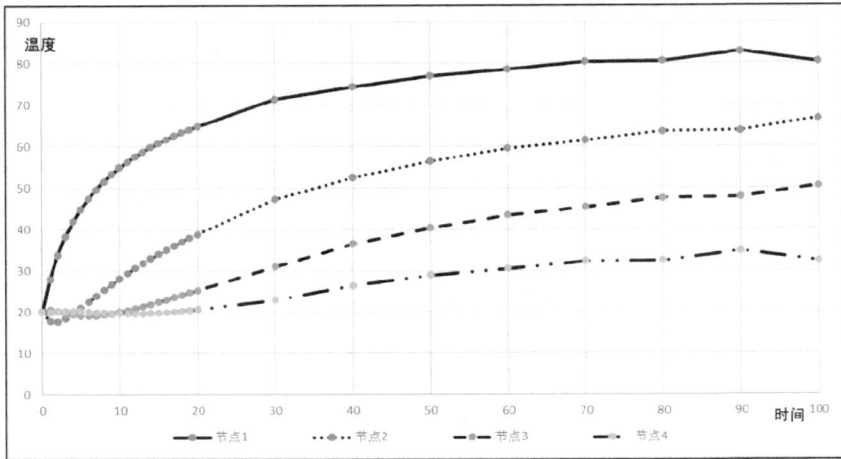

图 1-3-11　棒材中间 4 个节点瞬态温度分析结果

由图可知，4 个节点瞬态分析温度趋势均表现为：先逐渐升温，然后保持稳定，这与实际工况表现一致。但是在 90～100 s，温度曲线出现拐点，这是因为步长设置过大；同时在 0～10 s，3 个节点温度低于 20℃，且部分出现了温度下降趋势，这明显与实际不符，这是因为理论计算中数值迭代采用了恒定热容矩阵。

2. Transient Thermal 模块计算

如图 1-3-12 所示，创建 a 材料，其 Density 定义为 2 000 kg·m^{-3}，Isotropic Thermal Conductivity 定义为 100 W·m^{-1}·℃$^{-1}$，Specific Heat 定义为 500 J·kg^{-1}·℃$^{-1}$。

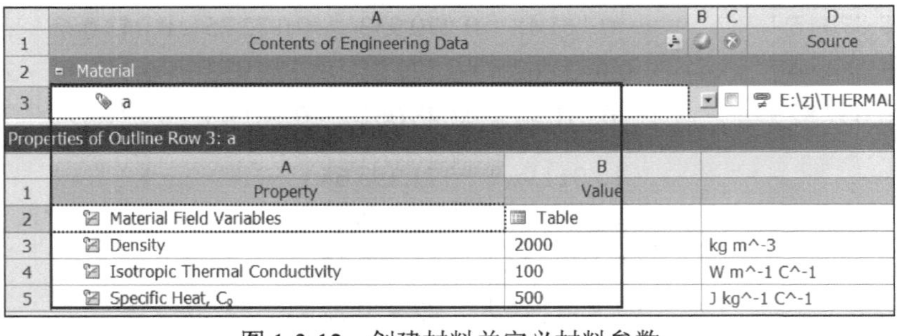

图 1-3-12　创建材料并定义材料参数

单击 Geometry→Geom\SYS\a，在下方的 Details 窗口中展开 Material 选项，将 Assignment 定义为 a，即选择定义的 a 材料。

在后处理模块中定义截面，以方便与解析解进行对比。新建 4 个坐标系，如图 1-3-13 所示。其中 Origin 项中 Define By 采用默认的 Global Coordinates，Origin X 设置为 0 m，Origin Y 依次设置为 0.04 m、0.08 m、0.12 m、0.16 m，Origin Z 设置为 0 m；Orientation About Principal Axis 项中 Axis 设置为 Z，Define By 设置为 Global Y Axis。即 X 轴采用默认方向，Z 轴采用全局坐标系的 Y 轴方向。这是因为后续截面定义必须基于局部坐标系的 XY 平面。

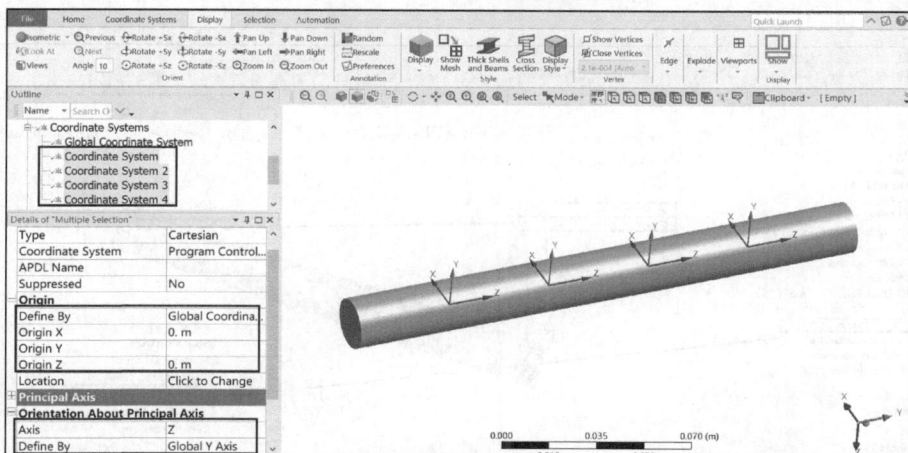

图 1-3-13　新建坐标系

创建截面如图 1-3-14 所示。在 Construction Geometry 处分别新建 4 个截面（Surface、Surface 2、Surface 3 和 Surface 4），在每个截面的 Coordinate System 项中分别选择之前定义的 Coordinate System、Coordinate System 2、Coordinate System 3、Coordinate System 4。具体操作参见《ANSYS Workbench 有限元分析实例详解（静力学）》。

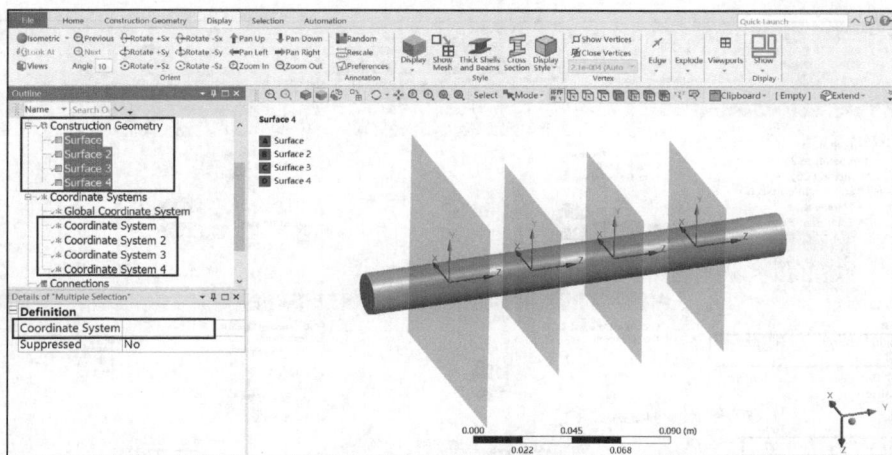

图 1-3-14　创建截面

Mesh 设置保持默认。

边界条件及分析设置如图 1-3-15 所示。其中选择模型的左端面定义加载 Temperature，数值为 100℃；选择模型的右端面定义加载 Temperature 2，数值为 20℃。单击 Analysis Settings，在下方的 Details 窗口中将 Step End Time 设置为 100 s，Auto Time Stepping 设置为 Program Controlled（默认），Time Integration 设置为 On（默认）。具体操作参见《ANSYS Workbench 有限元分析实例详解（动力学）》[1]。

---

① 《ANSYS Workbench 有限元分析实例详解（动力学）》，周炬、苏金英著，ISBN：978-7-115-51065-5。本书后面提到的与此同名的书均是指的同一本。

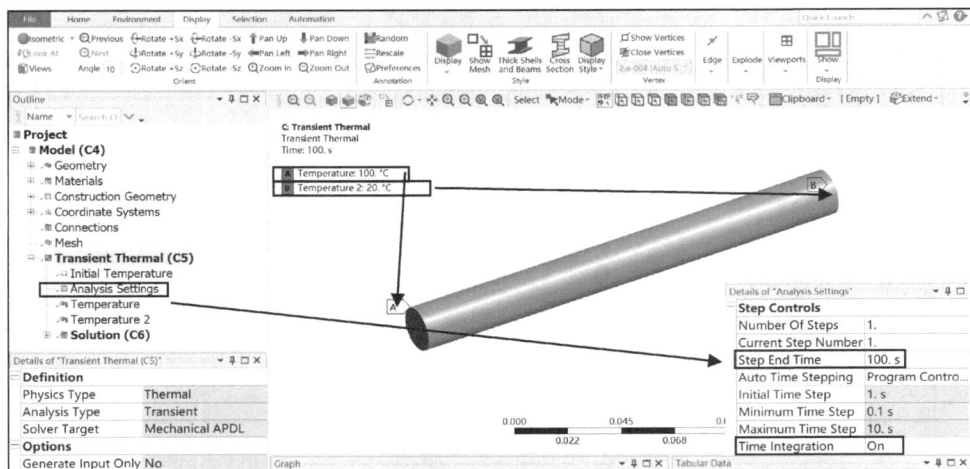

图 1-3-15　边界条件及分析设置定义

计算完成后，分别插入 Temperature 2、Temperature 3、Temperature 4 和 Temperature 5（Scoping Method 设置为 Surface，Surface 分别选择之前定义的截面 Surface、Surface 2、Surface 3、Surface 4，Display Time 设置为 100 s）四项，后处理的计算结果如图 1-3-16 所示。

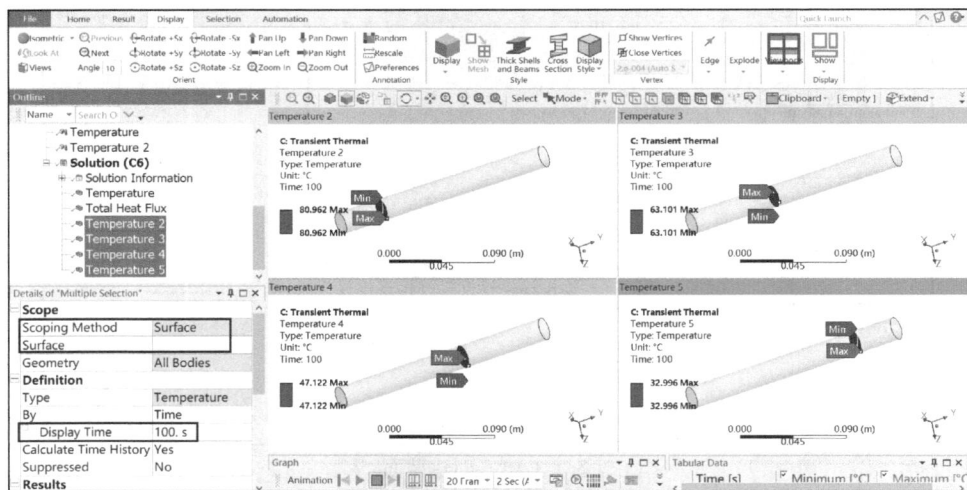

图 1-3-16　瞬态后处理的结果

由图可知，在 100 s 时刻，对应解析解的 4 个节点温度分别为 80.962℃、63.101℃、47.122℃、32.996℃，其解析解温度为 80.328℃、66.638℃、50.527℃、32.397℃，其结果相差无几，而中间两点误差较大的原因是解析解在 90～100 s 步长设置过大。

4 个节点的瞬态温度分析结果如图 1-3-17 所示。对比图 1-3-11，其趋势均表现为：先逐渐升温，然后保持稳定，而图 1-3-11 所示的解析计算过程中出现的低于设定温度和计算曲线有拐点的现象在软件计算结果中均未出现。说明软件计算具有良好的鲁棒性。

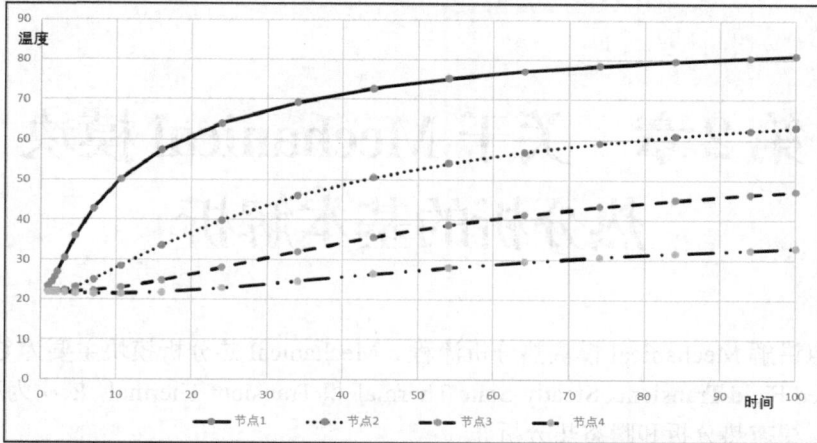

图 1-3-17   棒材中间 4 个节点瞬态温度分析结果

3. Steady-State Thermal 模块计算

对该模型采用稳态分析。采用与瞬态分析一致的前处理和边界条件设置，因为稳态分析不考虑时间效应，所以仅将 Analysis Settings 中的 Step End Time 修改为 1 s。具体原理参见《ANSYS Workbench 有限元分析实例详解（静力学）》和《ANSYS Workbench 有限元分析实例详解（动力学）》。

计算完成后，依然查看基于截面 Surface、Surface 2、Surface 3、Surface 4 的 Temperature，计算结果如图 1-3-18 所示。

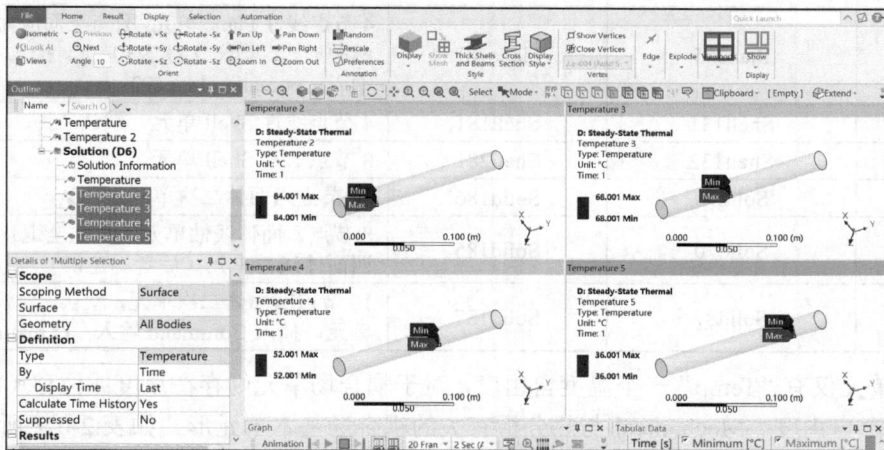

图 1-3-18   稳态后处理的结果

由图可知，在稳态分析中对应 4 个节点的温度分别为 84.001℃、68.001℃、52.001℃、36.001℃，与瞬态分析计算温度 80.962℃、63.101℃、47.122℃、32.996℃相比，稳态分析计算结果为温度（一定过程时间后）不随时间变化的稳定状态，整体温度表现未必均匀一致；而瞬态分析计算结果为系统稳定过程中的整体表现（实时状态）。

第2章 关于 Mechanical 模块热分析的基本解析

本章重点讲解 Mechanical 模块热分析流程。Mechanical 热分析模块主要为 Coupled Field Static、Coupled Field Transient、Steady-State Thermal 和 Transient Thermal，依次为稳态耦合场、瞬态耦合场、稳态热分析和瞬态热分析。

Mechanical 热分析的基本单元形式如表 2-0-1 所示。其中新版本的 Mechanical 中的 Mesh→Defaults→Element Order：Quadratic 或 Linear 项分别对应二次单元或线性单元。

表 2-0-1　　　　　　　　　Mechanical 热分析基本单元形式

类型	热分析单元	对应结构单元	说明
质点	Mass71	Mass21	热质点单元，仅用于瞬态
梁	Link33		2 节点线性 Link 单元，默认，不存在二次单元
梁	Fluid116		2 节点热–流体单元，默认
平面	Plane77	Plane183	8 节点二次 Plane 单元，默认。只有平面应力和轴对称两种形式。建议改为 293 单元，插入 Command 输入：et,matid,plane293
平面	Plane55	Plane182	4 节点线性 Plane 单元，只有平面应力和轴对称两种形式。建议改为 293 单元，插入 Command 输入：et,matid,plane292
壳	Shell131	Shell181	4 节点线性 Shell 单元，默认
壳	Shell132	Shell281	8 节点二次 Shell 单元
实体	Solid90	Solid186	20 节点六面体二次单元，默认
实体	Solid70	Solid185	8 节点六面体线性单元或者完全退化为 4 节点四面体线性单元（后者不建议）
实体	Solid87	Solid187	10 节点四面体二次单元，默认。建议改为 291 单元，插入 Command 输入：et,matid,solid291

以上单元仅有"Temp"一个温度自由度，对于耦合场单元则存在温度或位移（UX、UY、UZ）等多个自由度。Mechanical 与热分析有关的耦合场基本单元形式如表 2-0-2 所示。单元的设置直接影响热分析计算精度，具体应用在后续章节详细说明。

表 2-0-2　　　　　　　Mechanical 与热分析有关的耦合场基本单元形式

类型	耦合场单元	说明
平面	Plane222	4 节点线性 Plane 单元，自由度为 UX、UY、Temp 等
平面	Plane223	8 节点二次 Plane 单元，自由度为 UX、UY、Temp 等
实体	Solid225	8 节点六面体线性单元，自由度为 UX、UY、UZ、Temp 等
实体	Solid226	8 节点六面体二次单元，自由度为 UX、UY、UZ、Temp 等
实体	Solid227	10 节点四面体二次单元，自由度为 UX、UY、UZ、Temp 等

2.1　热传导分析

热传导过程遵循傅里叶定律，即 $-k\dfrac{\mathrm{d}T}{\mathrm{d}x}=q$，其中 k 为热传导系数，它是一种物质属性，与传导物体的几何形状无关，是热分析中必须具备的材料参数。k 的单位为 $\mathrm{J\cdot s^{-1}\cdot m^{-1}\cdot K^{-1}}$，虽然其单位中有时间量纲，但并不表示系统处于瞬态状态，一般定义为稳态条件下单位温度梯度内通过材料传输的热通量。

2.1.1　零件的热传导计算

零件的热传导计算过程在第 1 章已经展示，本节重点讲解热分析中边界条件的意义及相关后处理。计算模型如图 2-1-1 所示，其中圆环外径为 100 mm、内径为 20 mm、厚度为 10 mm，为使计算简便，仅取 36°模型进行分析。

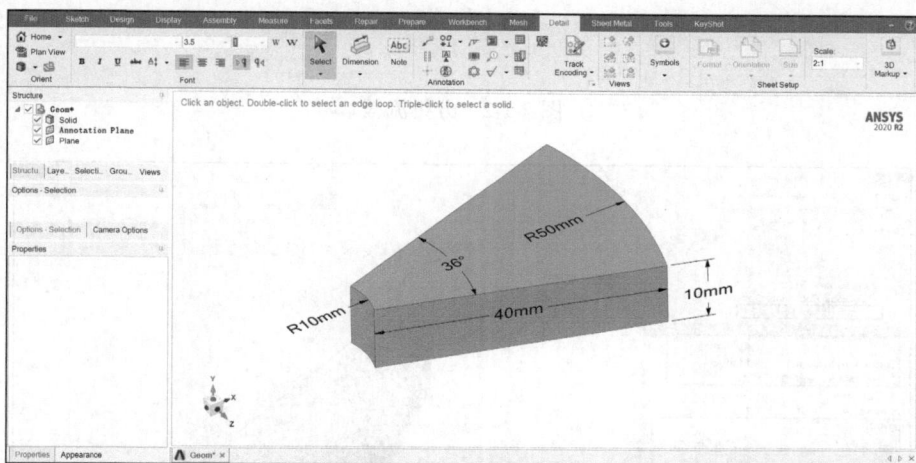

图 2-1-1　计算模型

1．建立分析流程

如图 2-1-2 所示，建立分析流程。其中包括 A 框架结构的 Geometry 模块，以及 B、C、D 框架结构的 Steady-State Thermal 稳态热分析模块，分别对应 3 种热分析边界条件，其中 C、D 框架结构的 Engineering Data 项、Geometry 项和 Model 项均采用 B 框架结构的对应数据项。

Engineering Data 项采用默认 Structural Steel 的热传导系数，即 Isotropic Thermal Conductivity 设置为 60.5 $\mathrm{W\cdot m^{-1}\cdot {}^{\circ}C^{-1}}$。

2．前处理

双击 B4 Model 项进入 Mechanical 前处理。为了表现完整的模型，首先新建坐标系，如图 2-1-3 所示。新建坐标系 Coordinate System 2，在下方的 Details 窗口中，将 Type 设置为 Cylindrical（柱坐标系）；Coordinate System 设置为 Manual，Coordinate System ID 设置为 21

（定义该坐标系编号为 21，方便后续函数边界条件调用）；Origin 项定义为原绝对坐标系原点（建模时必须将绝对坐标系定义在圆环的轴线上）；Orientation About Principal Axis 项中 Axis 设置为 Y，Define By 设置为 Global Z Axis（柱坐标系中 Y 轴表示角度，绝对坐标系中该对应方向为 Z 轴）。

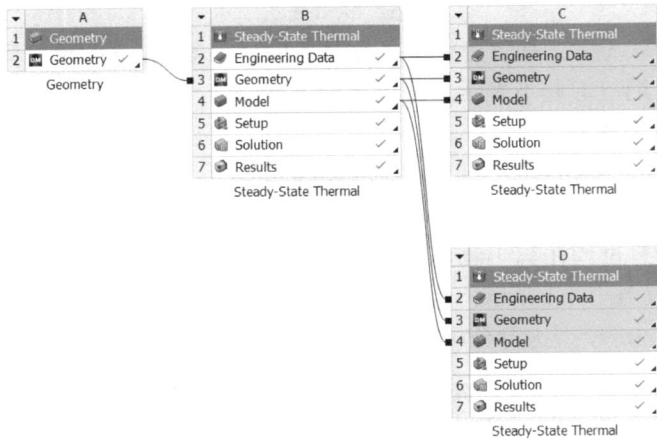

图 2-1-2　分析流程

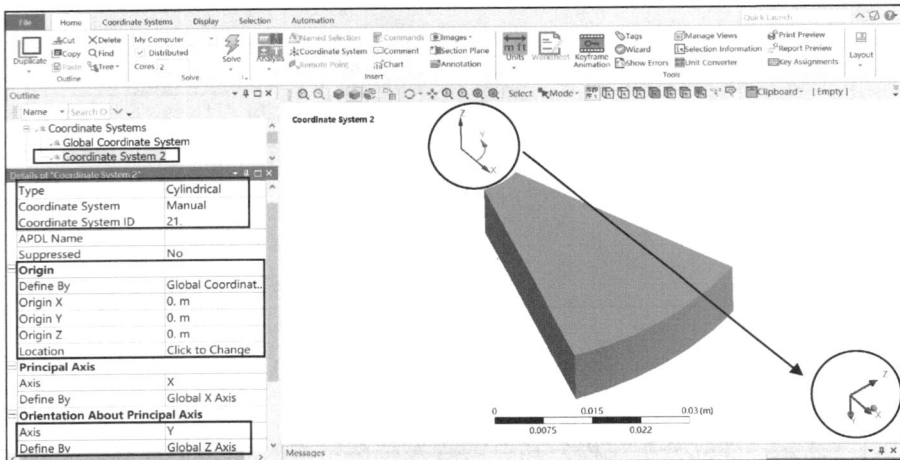

图 2-1-3　新建坐标系

Symmetry（对称）设置如图 2-1-4 所示（必须打开 Beta 选项）。其中 Num Repeat 设置为 10；Type 设置为 Polar；Method 设置为 Full；ΔR 设置为 0 m，Δθ 设置为 36°，ΔZ 设置为 0 m，Coordinate System 设置为之前定义的 Coordinate System 2（具体操作及参数意义参见《ANSYS Workbench 有限元分析实例详解（静力学）》）。Mesh（网格划分）采用默认设置，划分网格后即可显示完整模型。

Named Selections 设置如图 2-1-5 所示。选择上平面，将其命名为 my_surf（方便后续函数边界条件调用）。

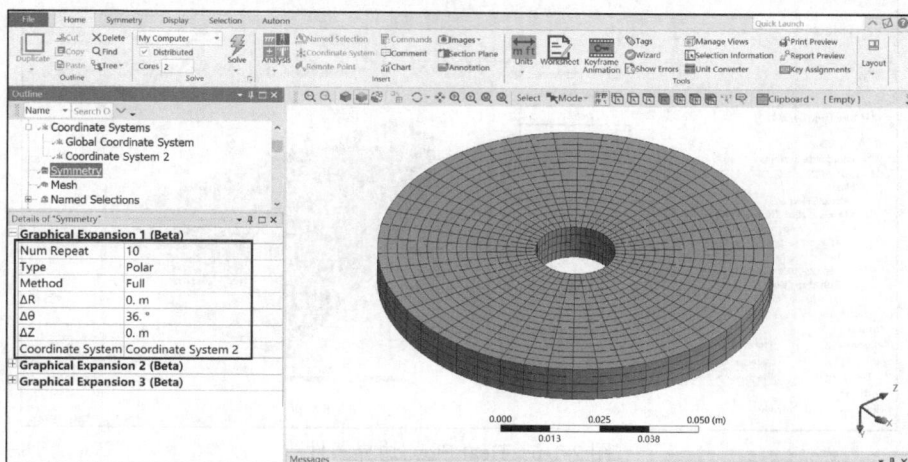

图 2-1-4　Symmetry 设置

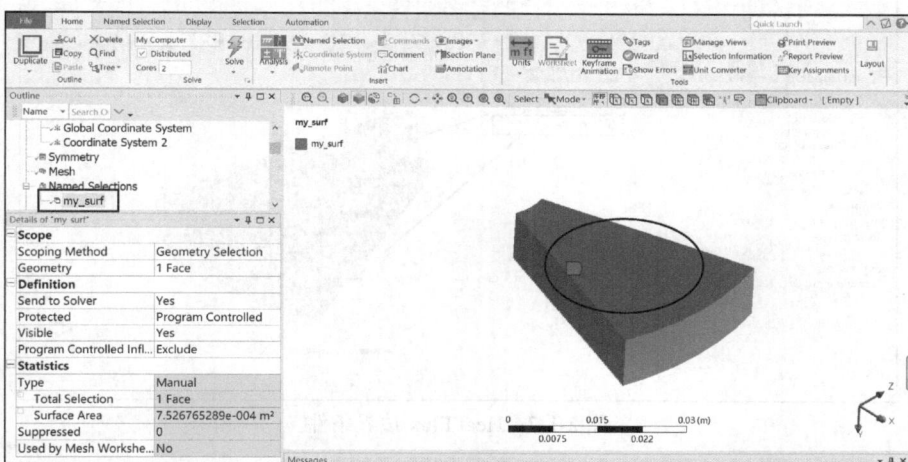

图 2-1-5　Named Selections 设置

3. 边界条件定义

热学边界条件的种类比结构分析的边界条件种类少,其中 Heat Flow(热流)和 Heat Flux(热通量)两个边界条件最易于混淆。热流类似于结构分析中的力载荷,单位为 W;热通量类似于结构分析中的压力载荷,单位为 $W \cdot m^{-2}$。下面对模型的上平面分别定义 Heat Flow 和 Heat Flux,通过计算结果对比两者的区别。

B 框架结构的 Steady-State Thermal 稳态热分析边界条件如图 2-1-6 所示。Analysis Settings 各选项全部采用默认设置。选择模型的上平面,对其加载 Heat Flow,数值为 100 W;选择模型的下平面,对其加载 Temperature,数值为 22℃。

C 框架结构的 Steady-State Thermal 稳态热分析边界条件如图 2-1-7 所示。Analysis Settings 各选项全部采用默认设置。选择模型的上平面,对其加载 Heat Flux,数值为 100 $W \cdot m^{-2}$;选择模型的下平面,对其加载 Temperature,数值为 22℃。

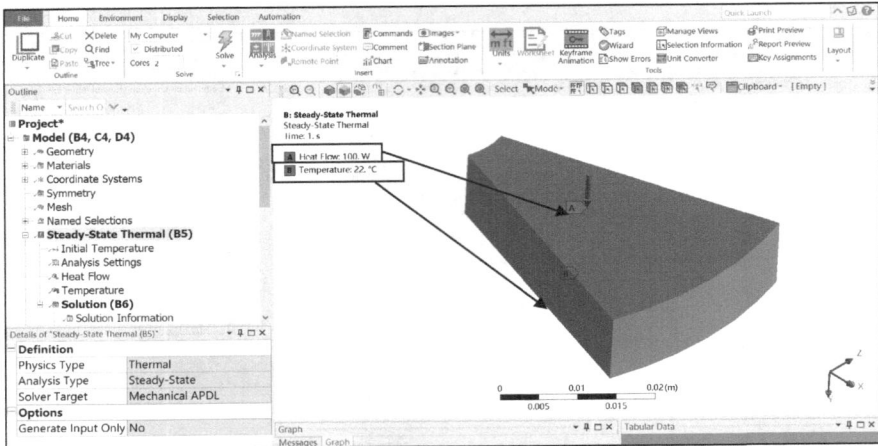

图 2-1-6　Heat Flow 边界条件

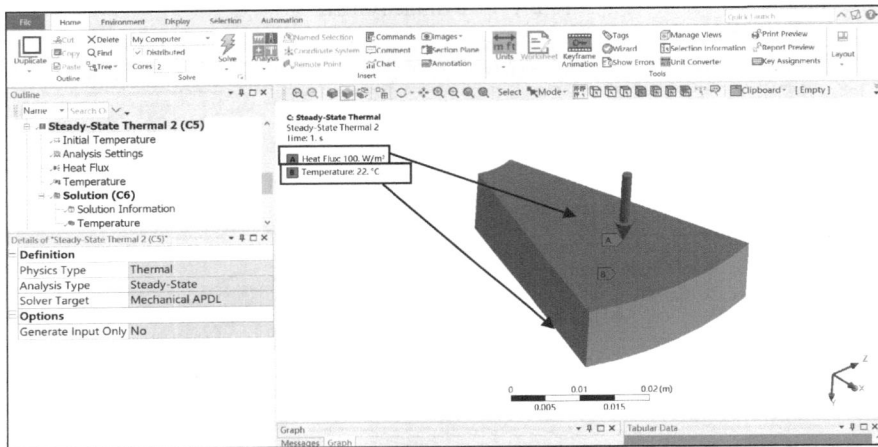

图 2-1-7　Heat Flux 边界条件

> **注意**
>
> 　　Heat Flow、Heat Flux 边界条件中可输入负值，其中正值表示热量输入，负值表示热量输出。
>
> 　　热分析中需要特别注意的是施加 Temperature 边界条件，该边界条件与结构分析中的约束条件类似。本例将环境温度 22℃作为温度条件，即模型达到稳态后，下表面温度与环境一致。如果在热分析中只提供一个热源边界条件（例如 Heat Flow 或 Heat Flux 等），热分析就如结构分析缺少约束而产生刚体运动一样，进而导致计算结果的温度无限高。

4．后处理

　　B 框架结构的 Steady-State Thermal 稳态热分析计算完成后，查看 Temperature 的后处理结果，如图 2-1-8 所示，其中上表面温度为 43.922℃。

　　依据傅里叶公式直接可得 $60.5 \times \dfrac{T-22}{0.01} = \dfrac{100}{0.1 \times \pi \times (0.05^2 - 0.01^2)}$，$T = 43.922$℃。与有限元计算结果一致。

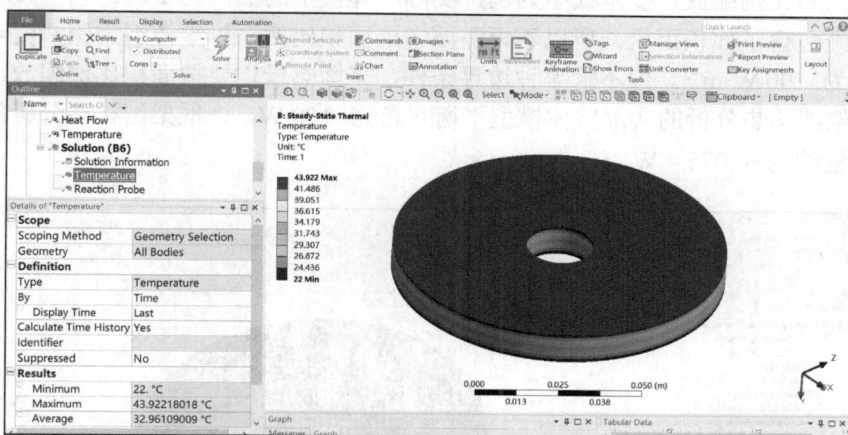

图 2-1-8   B 框架结构的 Temperature 的后处理结果

再查看 Reaction Probe 的后处理结果，如图 2-1-9 所示，将 Location Method 设置为 Boundary Condition，Boundary Condition 设置为 Temperature，可得平衡热量为−100 W，该后处理与结构分析中的约束反力类似。系统平衡时，平衡热量与输入热量数值相等，但符号相反，表示热量输出。

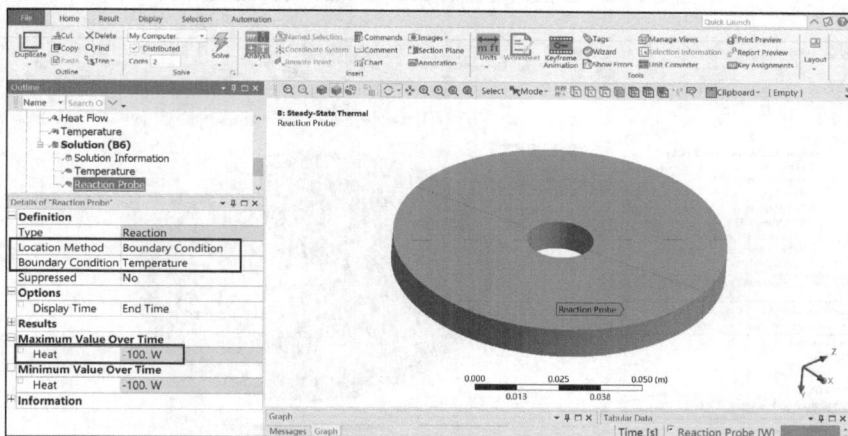

图 2-1-9   B 框架结构的 Reaction Probe 后处理

C 框架结构的 Steady-State Thermal 稳态热分析计算完成后，查看 Temperature 后处理，如图 2-1-10 所示，其中上表面温度为 22.017℃。

依据傅里叶公式直接可得 $60.5 \times \dfrac{T-22}{0.01} = 100$，$T$ 约为 22.017℃。与有限元计算结果一致。

再查看 Reaction Probe 后处理结果，如图 2-1-11 所示，将 Location Method 设置为 Boundary Condition，Boundary Condition 设置为 Temperature，可得平衡热量为−0.075 4 W。计算可得 $Q = 100 \times 0.1 \times \pi \times (0.05^2 - 0.01^2) = 0.075\,4\,(\text{W})$。与有限元计算结果一致。

通过十分之一圆环模型的稳态热分析，对比 Heat Flow 和 Heat Flux 两个边界条件，其主要区别在于 Heat Flux 考虑了面积因素。将整体模型简化为局部模型时，Heat Flow 需按整体模型载荷的面积比例缩放，以本模型为例，实际整体模型的热流为 1 000 W；Heat Flux 边界条件因为已经包含了面积因素，所以不再需要考虑面积比例，以本模型为例，实际整体模型的热通量仍为 100 W·m^{-2}。但不管哪种边界条件，平衡热量均要按面积比例缩放，以本模型为例，B 框架结构热分析的实际整体模型平衡热量为−100 W，C 框架结构热分析的实际整体模型平衡热量约为−0.075 4 W。

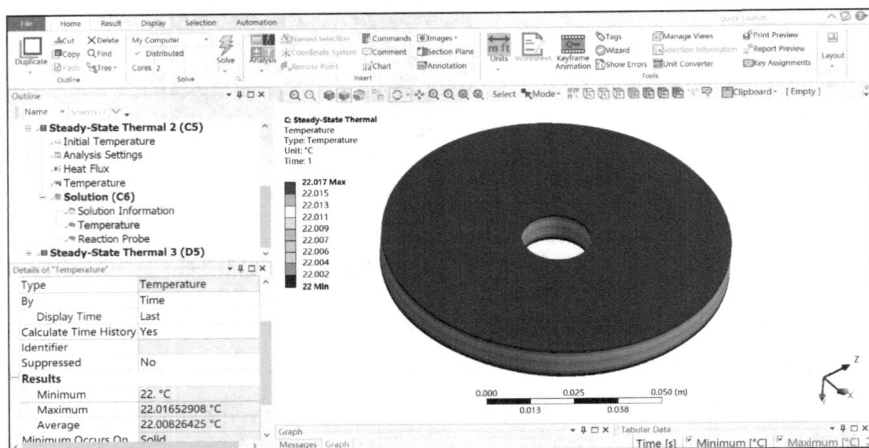

图 2-1-10　C 框架结构的 Temperature 的后处理结果

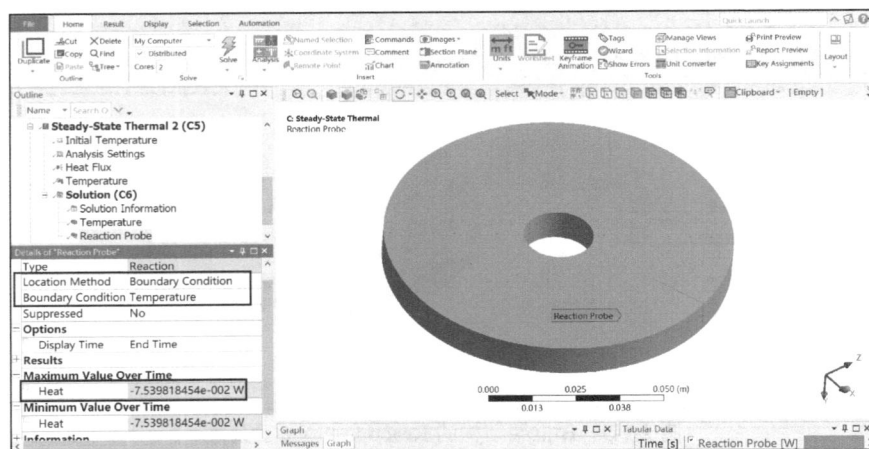

图 2-1-11　C 框架结构的 Reaction Probe 的后处理结果

虽然整体模型转化为局部模型导致后处理比较复杂，但是对比网格划分效果和计算效率，对称局部模型更有优势。

5．函数边界条件定义

对于边界条件中的非定值数据可以采用表格（tabular）或 Excel 数据导入，具体可参考《ANSYS Workbench 有限元分析实例详解（静力学）》和《ANSYS Workbench 有限元分析实例详解（动力学）》，当然还可以使用函数定义，但是 Mechanical 界面支持的函数非常有限，例如 Heat Flow 和 Heat Flux 仅支持以时间为变量的函数，Temperature 虽然支持以时间和空间为变量的函数，但每个边界条件不允许出现两个或两个以上的变量，导致输入过程非常烦琐。

对于函数边界条件的定义，可以通过在 APDL 界面建立函数文件，然后在 Mechanical 界面插入 Command 来完成。

如图 2-1-12 所示，在 APDL 界面的菜单栏中选择 Parameters→Functions→Define/Edit，打开 Function Editor 对话框，Function Type 区域的 Single equation 为定义单个方程，Multivalued function based on regime variable 为定义多域函数（取值域函数可在函数编辑器中的变量库里选择），（X,Y,Z) interpreted in CSYS 为定义坐标系的编号；Degrees 和 Radians 分别对应函数输入角度的单位为度和弧度；图中框选区域可选择变量，其中 Time 为时间，XYZ 为对应坐标系的位置，Temp 为温度，Tfluid 为 Fluid116 单元中的流体温度，Velocity 为 Fluid116 单元中的流体速度，Pres 为压力，Tsurf 为 Surf151、Surf152 单元的表面温度，Dens 为密度，Spht 为比热容，KXX/KYY/KZZ 为三向热传导系数，Visc 为黏度，Emis 为辐射率，Xr/Yr/Zr 为 ALE 算法的 XYZ 基准位置，Pressure 为接触压力，Gap 为接触间隙，Omegs 为 Surf151、Surf152、Combi214 单元的转速，Omegf 为 Fluid116 单元的转速，Slip 为 Fluid116 单元的滑移系数，Freq 为频率，Dju 为相对位移，Djv 为相对速度。在框选位置的下拉列表框中选择 X 后，即在 xloc = 文本框中出现{X}，表示选择 X 向位置为取值域函数。

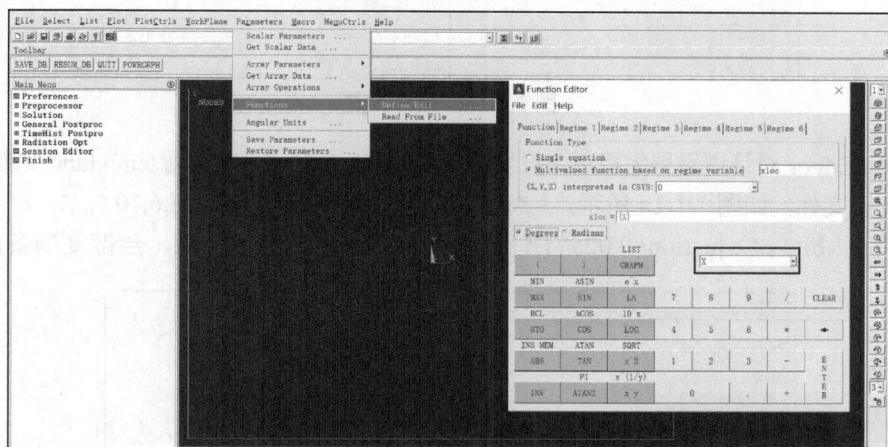

图 2-1-12　打开 Function Editor 对话框

以本模型为例，在上表面施加多道圆环，且圆环呈现类似锯齿形貌的温度条件，则在上表面（已命名为 my_surf）基于圆柱坐标系（已定义编号为 21）定义温度函数边界条件。函数表达式如下，其中 x 的单位为 mm，y 的单位为（°）：

$$T = x \quad 10 \leqslant x \leqslant 20$$
$$T = 0.075x^2 + 35|\cos(y)| \quad 20 < x \leqslant 30$$
$$T = 0.05x^2 + 25|\cos(y)| \quad 30 < x \leqslant 40$$
$$T = 0.025x^2 + 12.5|\cos(y)| \quad 40 < x \leqslant 50$$

依据表达式，Function Editor 对话框设置如图 2-1-13 所示。在 Regime 1、Regime 2、Regime 3、Regime 4 选项卡中的相应位置分别输入取值范围和对应函数，注意所有函数中所输入的变量必须单击虚线框中的下拉列表框获得。

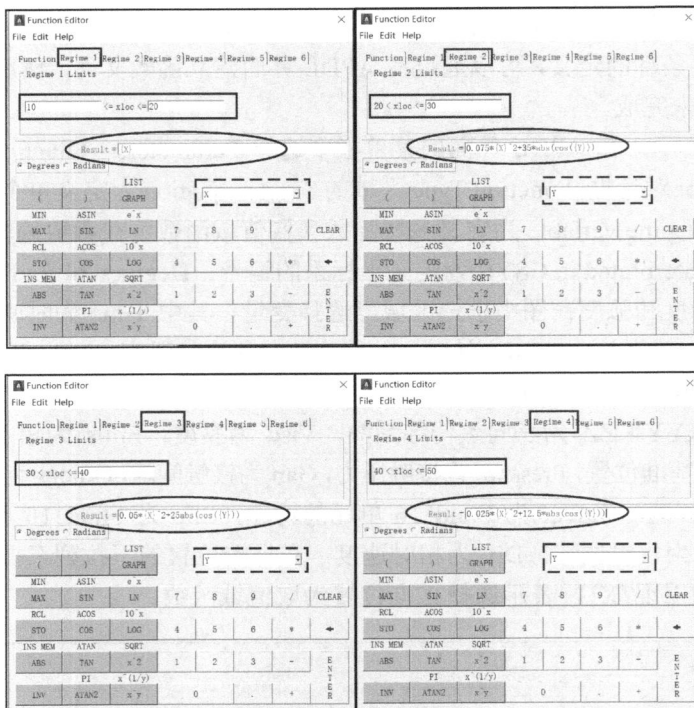

图 2-1-13　函数设置

Function Editor 对话框设置完成后，在菜单栏选择 File→Save，保存为 temp.func 文件。然后用记事本打开该文件，如图 2-1-14 所示。从*DIM,%_FNCNAME%,TABLE,6,10,5,,,,%_FNCCSYS% 行开始一直到! End of equation: 0.025*{X}^2 + 12.5*abs(cos({Y}))为止，全部复制备用。

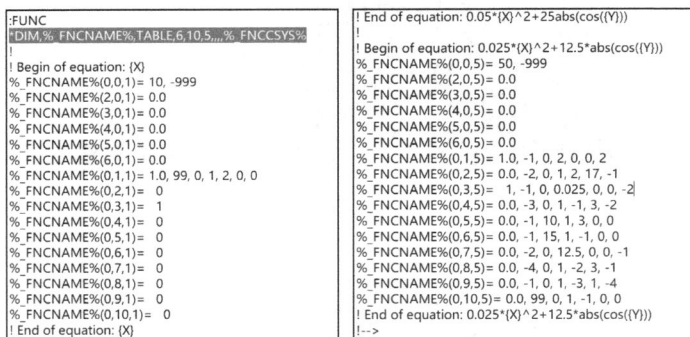

图 2-1-14　temp.func 文件

设置 D 框架结构的 Steady-State Thermal 稳态热分析边界条件时，Analysis Settings 各选项全部采用默认设置。选择模型的下平面，对其加载 Temperature（温度），数值为 22℃；插入 Command 内容如下：

```
*set,_fncname,'my_temp'        !定义函数名'my_temp'
*set,_fnccsys,21               !函数调用 21 坐标系，21 为前处理定义
*dim,%_fncname%,table,6,10,5,,,,%_fnccsys%        !开始粘贴 temp.func 内容
! begin of equation: {x}
```

```
!
%_fncname%(0,0,1)= 10, -999
%_fncname%(2,0,1)= 0.0
%_fncname%(3,0,1)= 0.0
%_fncname%(4,0,1)= 0.0
%_fncname%(5,0,1)= 0.0
%_fncname%(6,0,1)= 0.0
%_fncname%(0,1,1)= 1.0, 99, 0, 1, 2, 0, 0
%_fncname%(0,2,1)= 0
%_fncname%(0,3,1)= 1
%_fncname%(0,4,1)= 0
%_fncname%(0,5,1)= 0
%_fncname%(0,6,1)= 0
%_fncname%(0,7,1)= 0
%_fncname%(0,8,1)= 0
%_fncname%(0,9,1)= 0
%_fncname%(0,10,1)= 0
! end of equation: {x}
! begin of equation: {x}
%_fncname%(0,0,2)= 20, -999
%_fncname%(2,0,2)= 0.0
%_fncname%(3,0,2)= 0.0
%_fncname%(4,0,2)= 0.0
%_fncname%(5,0,2)= 0.0
%_fncname%(6,0,2)= 0.0
%_fncname%(0,1,2)= 1.0, 99, 0, 1, 2, 0, 0
%_fncname%(0,2,2)=0
%_fncname%(0,3,2)=1
%_fncname%(0,4,2)=0
%_fncname%(0,5,2)=0
%_fncname%(0,6,2)=0
%_fncname%(0,7,2)=0
%_fncname%(0,8,2)=0
%_fncname%(0,9,2)=0
%_fncname%(0,10,2)=0
! end of equation: {x}
!
! begin of equation: 0.075*{x}^2+35*abs(cos({y}))
%_fncname%(0,0,3)= 30, -999
%_fncname%(2,0,3)= 0.0
%_fncname%(3,0,3)= 0.0
%_fncname%(4,0,3)= 0.0
%_fncname%(5,0,3)= 0.0
%_fncname%(6,0,3)= 0.0
%_fncname%(0,1,3)= 1.0, -1, 0, 2, 0, 0, 2
%_fncname%(0,2,3)= 0.0, -2, 0, 1, 2, 17, -1
%_fncname%(0,3,3)= 1, -1, 0, 0.075, 0, 0, -2
```

```
%_fncname%(0,4,3)= 0.0, -3, 0, 1, -1, 3, -2
%_fncname%(0,5,3)= 0.0, -1, 10, 1, 3, 0, 0
%_fncname%(0,6,3)= 0.0, -1, 15, 1, -1, 0, 0
%_fncname%(0,7,3)= 0.0, -2, 0, 35, 0, 0, -1
%_fncname%(0,8,3)= 0.0, -4, 0, 1, -2, 3, -1
%_fncname%(0,9,3)= 0.0, -1, 0, 1, -3, 1, -4
%_fncname%(0,10,3)= 0.0, 99, 0, 1, -1, 0, 0
! end of equation: 0.075*{x}^2+35*abs(cos({y}))
!
! begin of equation: 0.05*{x}^2+25*abs(cos({y}))
%_fncname%(0,0,4)= 40, -999
%_fncname%(2,0,4)= 0.0
%_fncname%(3,0,4)= 0.0
%_fncname%(4,0,4)= 0.0
%_fncname%(5,0,4)= 0.0
%_fncname%(6,0,4)= 0.0
%_fncname%(0,1,4)= 1.0, -1, 0, 2, 0, 0, 2
%_fncname%(0,2,4)= 0.0, -2, 0, 1, 2, 17, -1
%_fncname%(0,3,4)= 1, -1, 0, 0.05, 0, 0, -2
%_fncname%(0,4,4)= 0.0, -3, 0, 1, -1, 3, -2
%_fncname%(0,5,4)= 0.0, -1, 10, 1, 3, 0, 0
%_fncname%(0,6,4)= 0.0, -2, 0, 1, 17, 3, -1
%_fncname%(0,7,4)= 0.0, -1, 0, 1, -3, 1, -2
%_fncname%(0,8,4)= 0.0, 99, 0, 1, -1, 0, 0
%_fncname%(0,9,4)= 0
%_fncname%(0,10,4)= 0
! end of equation: 0.05*{x}^2+25*abs(cos({y}))
!
! begin of equation: 0.025*{x}^2+12.5*abs(cos({y}))
%_fncname%(0,0,5)= 50, -999
%_fncname%(2,0,5)= 0.0
%_fncname%(3,0,5)= 0.0
%_fncname%(4,0,5)= 0.0
%_fncname%(5,0,5)= 0.0
%_fncname%(6,0,5)= 0.0
%_fncname%(0,1,5)= 1.0, -1, 0, 2, 0, 0, 2
%_fncname%(0,2,5)= 0.0, -2, 0, 1, 2, 17, -1
%_fncname%(0,3,5)= 1, -1, 0, 0.025, 0, 0, -2
%_fncname%(0,4,5)= 0.0, -3, 0, 1, -1, 3, -2
%_fncname%(0,5,5)= 0.0, -1, 10, 1, 3, 0, 0
%_fncname%(0,6,5)= 0.0, -1, 15, 1, -1, 0, 0
%_fncname%(0,7,5)= 0.0, -2, 0, 12.5, 0, 0, -1
%_fncname%(0,8,5)= 0.0, -4, 0, 1, -2, 3, -1
%_fncname%(0,9,5)= 0.0, -1, 0, 1, -3, 1, -4
%_fncname%(0,10,5)= 0.0, 99, 0, 1, -1, 0, 0
! end of equation: 0.025*{x}^2+12.5*abs(cos({y}))        !粘贴 temp.func 内容
d,my_surf,temp,%my_temp%    !定义温度边界条件,作用于 my_surf 面,调用函数 my_temp
```

注意

温度函数加载的命令形式为：d,XXX(命名选择定义的模型域),temp,%***%(函数名)；Heat Flow 函数加载的命令形式为：f,XXX,heat,%***%；Heat Flux 函数加载的命令形式为：sf,XXX, hflux,%***%。但是对于 Heat Flow 加载，除了作用于点、线（多个点加载），都建议改为以 sf（即 Heat Flux）形式进行加载，这样做的好处是计算鲁棒性更好且函数可调用更多变量，实际上 Mechanical 内核计算形式也是按此处理的（在 ds.dat 文件中可以查看）。

6. 后处理

查看 Temperature 的后处理结果，如图 2-1-15 所示，其中上表面最高温度为 102.5℃。按照函数 $T = 0.075x^2 + 35\,|\cos(y)|$，也可得最高温度为 102.5℃；按照函数 $T = x$，也可知模型中心区域温度在 10～20℃。

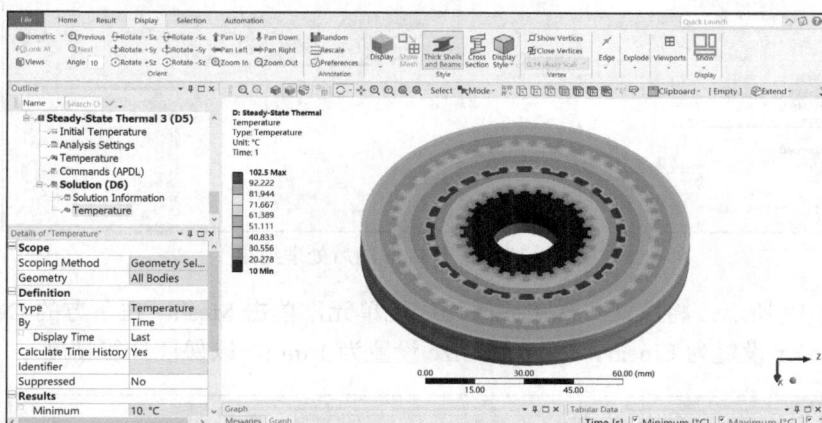

图 2-1-15　Temperature 的后处理结果

温度表现为较复杂的图形分布，虽然与设计要求一致，但是难以用 Reaction 平衡热量进行结果评估。为确定计算精度，采用 Path 观察温度分布状态。如图 2-1-16 所示，在 Construction Geometry 下创建 Path，其中 Path Type 设置为 Two Points，Start X/Y/Z Coordinate 设置为 0 mm，End X Coordinate 设置为 50 mm，End Y/Z Coordinate 设置为 0 mm。

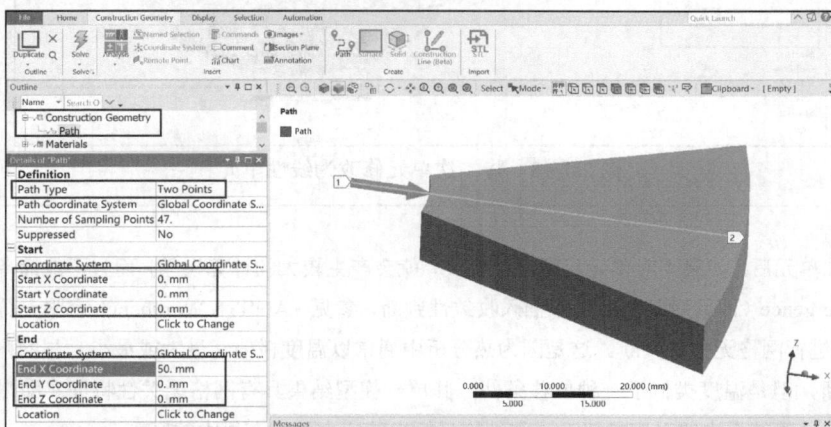

图 2-1-16　创建 Path 并设置其参数

查看 Temperature 后处理结果，如图 2-1-17 所示，其中 Scoping Method 设置为 Path，Path 设置为上一步定义的 Path。计算结果显示，最高温度约为 98.8℃，整个 Path 的温度分布也基本符合函数结果，但是最低温度约为−3.7℃，这非常不合理。究其原因是对称条件在多个热载荷叠加条件下出现计算偏差（−3.7℃位于模型 20 mm 附近，为温度函数 $T = 0.075x^2 + 35|\cos(y)|$ 和 $T = x$ 的交界处附近，即两种温度条件叠加并存在热传导过程），处理方法即将二次单元改为线性单元。

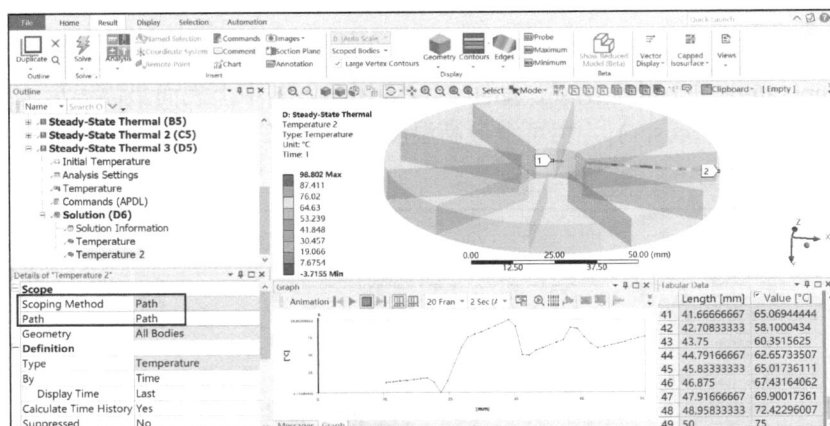

图 2-1-17　基于 Path 的后处理结果

如图 2-1-18 所示，将默认二次单元改为线性单元，单击 Mesh，在下方的 Details 窗口中将 Element Order 设置为 Linear，Element Size 设置为 1 mm，以保证计算精度。

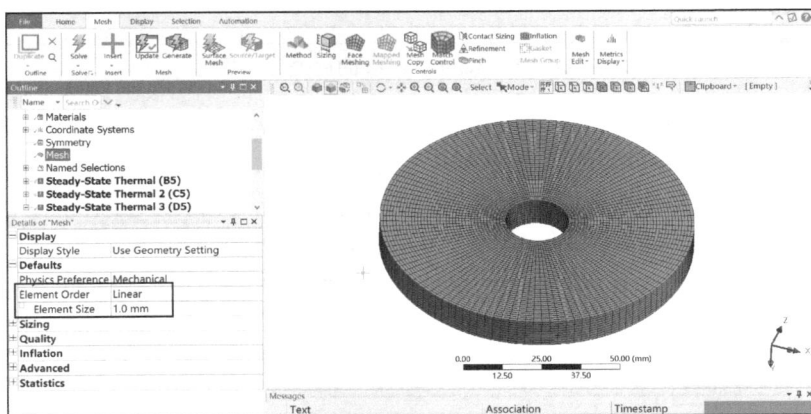

图 2-1-18　将二次单元修改为线性单元

注意

采用线性单元后，如果不对单元尺度进行定义，就会产生较大的计算误差，而且不能简单地通过后处理中的 Convergence（即针对某项后处理插入收敛性判断，参见《ANSYS Workbench 有限元分析实例详解（静力学）》）进行网格无关性判断。这是因为热分析中通常以温度极值（最大或最小）与网格数量的关系进行收敛判断，但是温度类似于一种位移条件，其单一模型结果具有网格无关性特征。即增加或减少网格，很难影响计算结果中的温度极值，这与结构分析中的应力结果有很大的区别。

再次计算，其后处理结果如图 2-1-19 和图 2-1-20 所示。对比图 2-1-15 和图 2-1-17 可知，最高温度为 102.45℃，略低于理论值 102.5℃，这是线性单元计算误差所致；温度分布的圆环趋势基本一致，但是温度圆环锯齿位置存在区别且锯齿略有倾斜，这主要也是线性单元计算误差导致的，同时采用线性单元必须避免四面体网格，否则将导致温度分布更加杂乱；整个 Path 的温度分布符合函数结果，没有低温出现，完美呈现了函数加载和热传导过程。

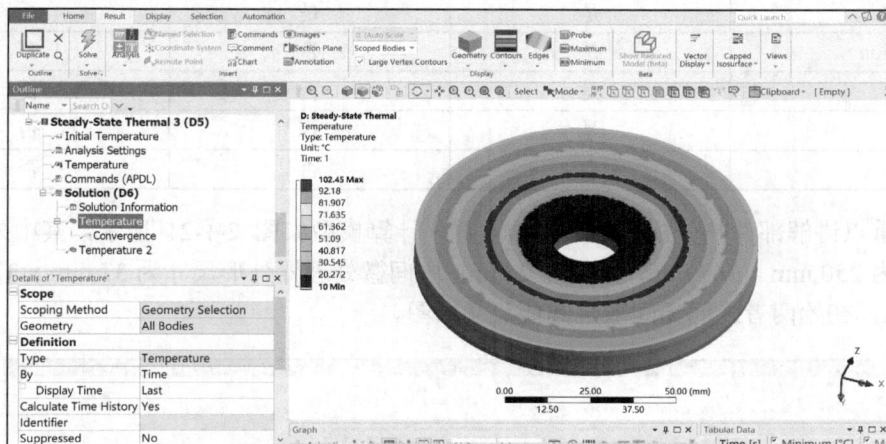

图 2-1-19 后处理结果

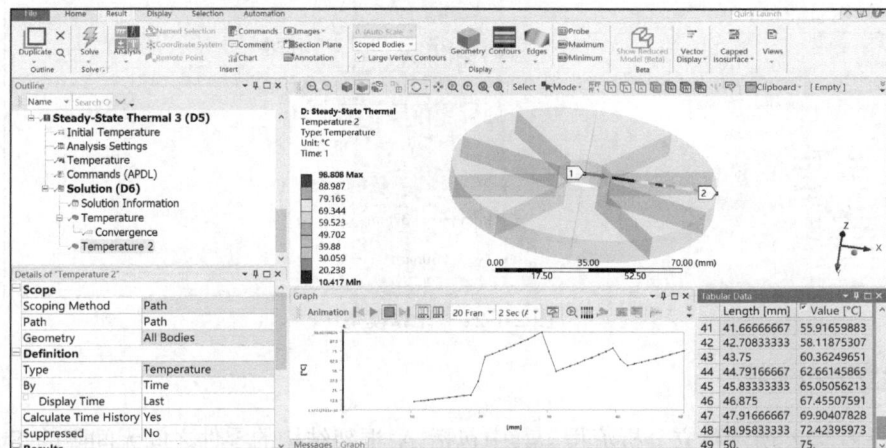

图 2-1-20 基于 Path 的后处理结果

虽然对称形式的线性单元在 Path 上的温度非常合理，但是其表面温度分布形式存在一定误差；而对称形式的二次单元表面温度分布形式正确，但 Path 上的温度存在一定误差；出现这些误差的原因即 1.2 节所述的 FEM 计算中局部通量不完全守恒。为减少计算误差，如果可以尝试采用完整模型二次单元计算，则可以保证表面温度分布正确也可以确保 Path 上的温度合理（读者自行尝试），但是其加载温度函数形式需要更多的变量或更复杂的函数进行控制。

2.1.2 部件的热传导计算

实际工程中，大多数热分析对象是由多个零件构成的部件。零件之间如果存在材料或条件不同，就不能简单地将多个零件合并成一个新的部件，而需要对零件之间进行接触设置。热接触中由初始状态和 Pinball 设置决定是否进行热量传递，如表 2-1-1 所示。

表 2-1-1　　　　　　　　　　　　热接触设置

接触类型	热量传递		
	初始为黏接状态	间隙小于 Pinball	间隙大于 Pinball
Bonded	是	是	否
No Separation	是	是	否
Frictionless	是	否	否
Rough	是	否	否
Frictional	是	否	否

本节重点讲解部件热分析中的热接触设置。计算模型如图 2-1-21 所示，其中外围 PCB 外形尺寸为 250 mm × 367 mm，厚度为 2 mm；中间微处理器外形尺寸为 37 mm × 37 mm，厚度为 2 mm，初始两者之间无间隙，其他尺寸如图。

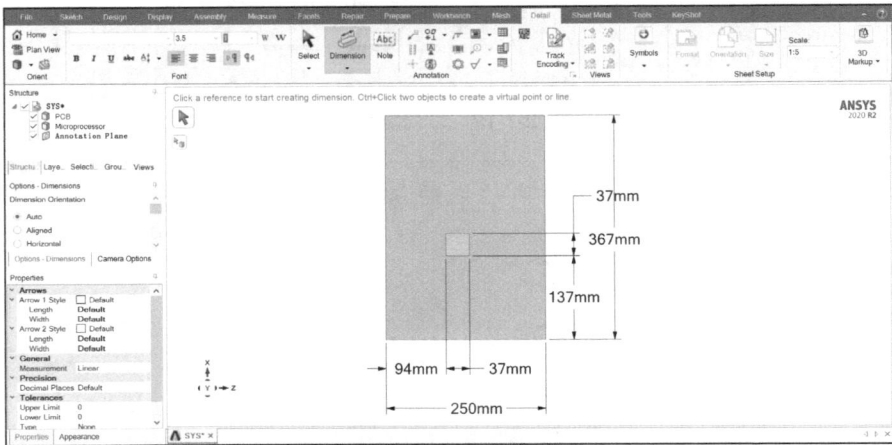

图 2-1-21　计算模型

1．建立分析流程

按照图 2-1-22 所示建立分析流程。其中包括 A 框架结构的零件之间无间隙的 Steady-State Thermal 稳态热分析，B 框架结构的零件之间有间隙的 Steady-State Thermal 稳态热分析，C 框架结构的零件之间有间隙采用点焊连接的 Steady-State Thermal 稳态热分析，D 框架结构的零件之间有间隙采用点焊和 Shell 连接的 Steady-State Thermal 稳态热分析。

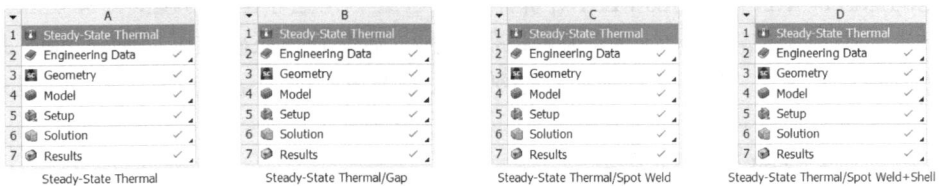

图 2-1-22　分析流程

Engineering Data 项定义 PCB 的各向异性热传导系数（Orthotropic Thermal Conductivity），其中 X 向定义为 390 W·m^{-1}·℃$^{-1}$，Y 向定义为 0.25 W·m^{-1}·℃$^{-1}$，Z 向定义为 390 W·m^{-1}·℃$^{-1}$；和 Si 的热传导系数（Isotropic Thermal Conductivity）定义为 148 W·m^{-1}·℃$^{-1}$，如图 2-1-23 所示。

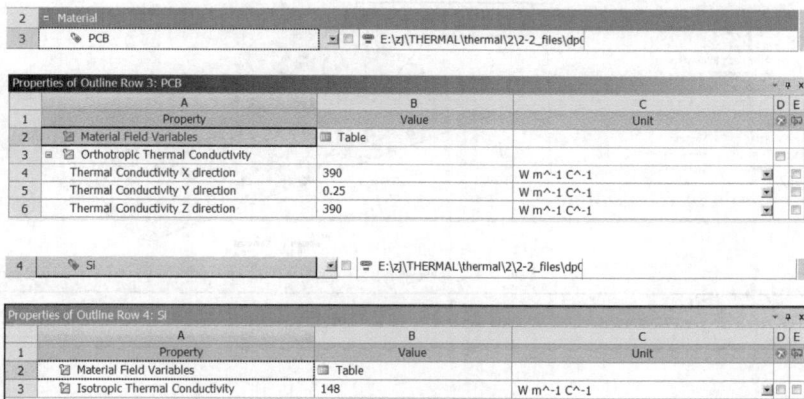

图 2-1-23　材料定义

2. 前处理

双击 A4 Model 项进入 Mechanical 前处理。分别对各个模型定义对应的材料参数，将 Geometry→SYS\PCB 的 Assignment 设置为 PCB，将 Geometry→SYS\Microprocessor 的 Assignment 设置为 Si；按照图 2-1-24 所示定义接触，其中 Contact Bodies 设置为 PCB 上表面，Target Bodies 设置为 Microprocessor 下表面，Type 设置为 Bonded，其余均默认；网格划分也采用默认设置。

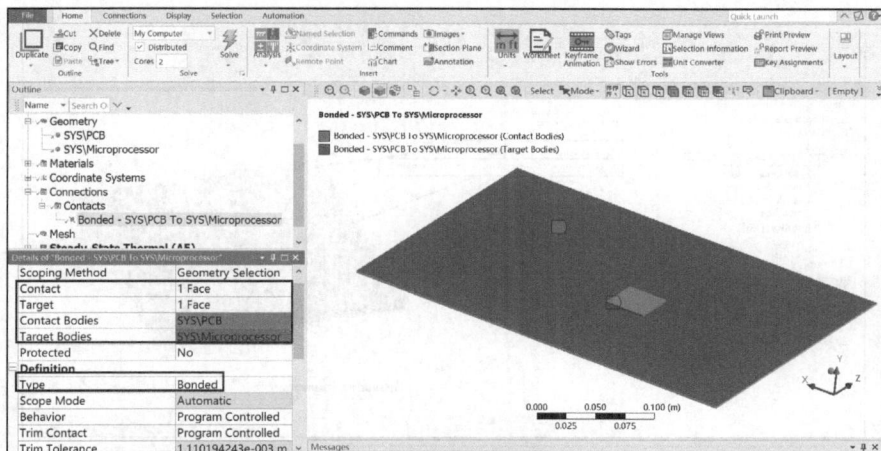

图 2-1-24　接触定义

3. 边界条件定义

边界条件如图 2-1-25 所示。Analysis Settings 各选项全部采用默认设置。选择整个 Microprocessor（即 Microprocessor 体），对其加载 Internal Heat Generation（内部生热），数值为 9 000 000 W·m^{-3}；选择 PCB 的 4 个侧面，对其加载 Temperature（温度），数值为 22℃。

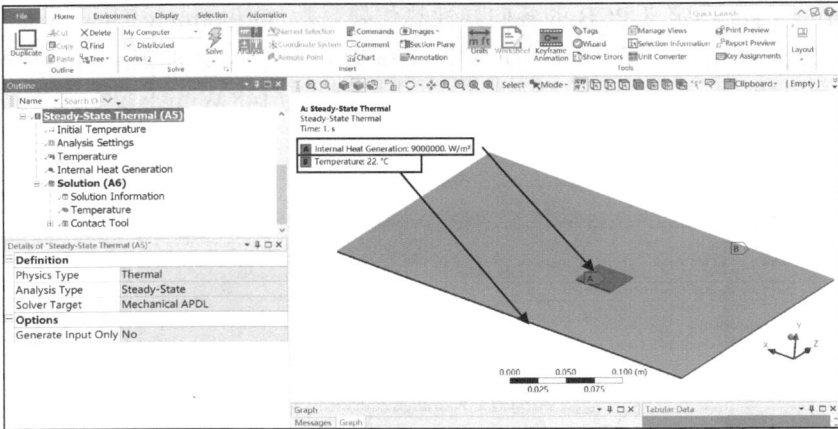

图 2-1-25　边界条件

注意

Internal Heat Generation 边界条件只能作用于体。可以输入负值，表示内部吸热。一维稳态模型中内热源的温度分布计算公式为：

$$T = \frac{Q}{2k}(\delta^2 - x^2) + \frac{Q\delta}{h} + T_\infty$$

为了验算方便，只取 Microprocessor 零件进行热分析，其边界条件如图 2-1-26 所示，加载 Internal Heat Generation，数值为 9 000 W·m^{-3}；选择左右两个侧面加载 Convection，其中 Film Coefficient 设置为 10 W·m^{-1}·℃$^{-1}$，Ambient Temperature 设置为 22℃。对应式中 $Q = 9\,000$ W·m^{-3}、$k = 148$ W·m^{-1}·℃$^{-1}$、$\delta = 0.037/2$ m、$h = 10$ W·m^{-1}·℃$^{-1}$、$T_\infty = 22$℃，则 $T_{max} = 38.66$℃。有限元计算结果如图 2-1-27 所示，最高温度结果一致。

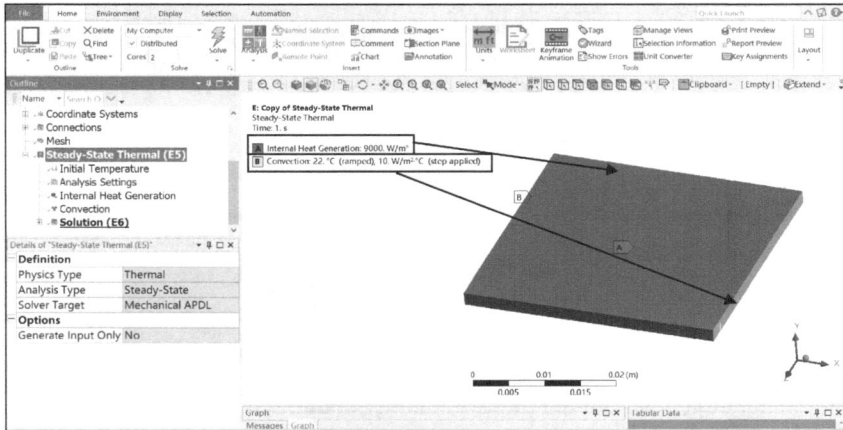

图 2-1-26　边界条件

此外 Internal Heat Generation 边界条件默认条件下只能定义其与时间的关系式，如果需要定义其他参数与 Heat Generation 的关系则必须插入 Command。例如，定义温度与其的关系（其中 22℃时 Heat Generation 为 300 000 W·m^{-3}，100℃时 Heat Generation 为 250 000 W·m^{-3}，200℃时 Heat Generation 为 200 000 W·m^{-3}，300℃时 Heat Generation 为 150 000 W·m^{-3}，400℃时 Heat Generation 为 100 000 W·m^{-3}），则插入 Command 内容如下：

```
*dim,heatbytemp,table,5,,,TEMP        !定义 5 列表格 heatbytemp，其中参数为温度
heatbytemp(1)=300000,250000,200000,150000,100000    !第一行数值，表示 Heat
Generation
heatbytemp(1,0)=22,100,200,300,400 !第二行数值，表示温度
bfe,heatgen,hgen,,%heatbytemp%        !以表格数据加载 Heat Generation
neqit,25 !非常重要，表示每步允许最大平衡迭代数，软件设定范围为 15～26。由于定义的参数
```
表格为非线性，计算表现为非线性，不定义该项则不可收敛

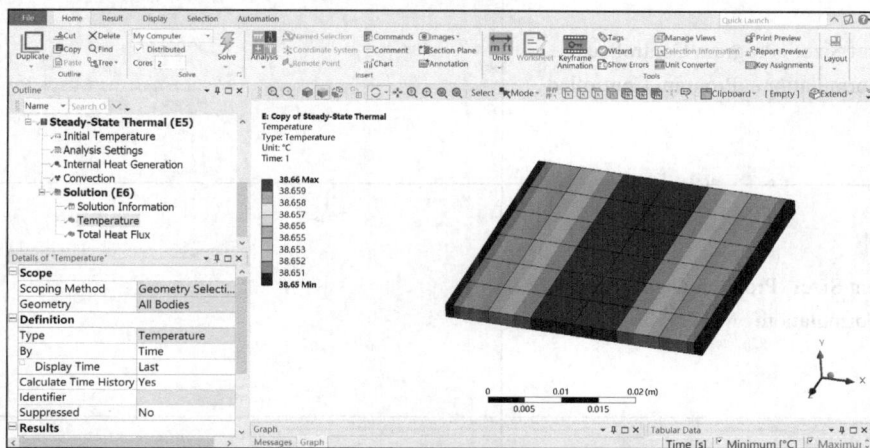

图 2-1-27　计算结果

4. 后处理

计算完成后，查看 Temperature 后处理结果，其中最高温度位于 Microprocessor 体上，温度为 48.11℃；再查看 ReactionProbe 后处理结果，其中 Location Method 设置为 Boundary Condition，Boundary Condition 设置为 Temperature，可得热量为−24.642 W，如图 2-1-28 所示。其中内热源输入热量为 $9\,000\,000 \times 0.037 \times 0.037 \times 0.002 = 24.642$(W)，与 Reaction Proe 后处理结果处于平衡状态。

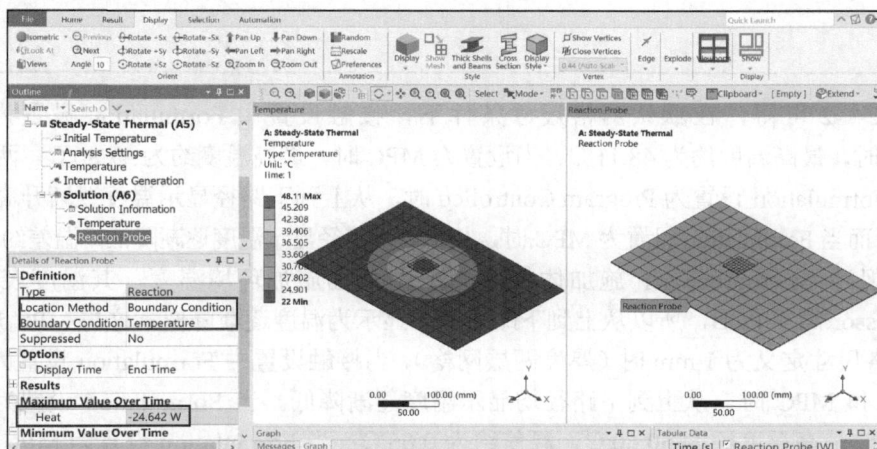

图 2-1-28　后处理结果

本例热接触设置中的 Formulation 采用默认设置，如果将 Formulation 改为 MPC，以 Microprocessor 上表面中点和下表面中点建立路径（Path），分别查看 Temperature 后处理结果，如表 2-1-2 所示。

表 2-1-2　　　　　　　　　　　　不同设置下的 Path 温度后处理

相关设置	Path 温度后处理结果
网格-Element Size：Program Controlled 接触设置-Formulation：Program Controlled	
网格-Element Size：Program Controlled 接触设置-Formulation：MPC	
网格-Element Size：1 mm 接触设置-Formulation：Program Controlled	
网格-Element Size：1 mm 接触设置-Formulation：MPC	

由表 2-1-2 可得，在默认网格尺寸条件下，接触设置中 Formulation 设置为 Program Controlled 时，最高温度约为 48.11℃；当设置为 MPC 时，最高温度约为 47.86℃。两者结果近似，但当 Formulation 设置为 Program Controlled 时，从上到下路径显示温度逐渐升高，温差约为 0.06℃；而当 Formulation 设置为 MPC 时，从上到下路径显示温度逐渐降低，温差约为 0.07℃。其工况表现为 Microprocessor 施加体热源，PCB 侧面施加环境温度，其温度表现必然为 Microprocessor 高于 PCB，所以从上到下路径应该显示为温度逐渐降低，这与 MPC 形式一致。

当网格尺寸定义为 1 mm 时（厚度两层网格），当接触设置中 Formulation 设置为 Program Controlled 和 MPC 时，从上到下路径均显示温度逐渐降低。当 Formulation 设置为 Program Controlled 时最高温度约为 50.60℃，温差约为 0.06℃；当 Formulation 设置为 MPC 时，最高温度约为 50.59℃，温差约为 0.07℃。

由此可知，热接触设置中 Formulation 建议设置为 MPC，其类似于模型之间的共享连接，且计算结果呈现为网格无关性。本例后续计算为了统一对比，依然采用默认设置。

5．零件之间存在间隙前处理

B 框架结构由 A 框架结构复制而得。双击 B3 Geometry 项进入 Spaceclaim，三击选择 Microprocessor 体，使用 Move 项将其向上移动 0.5 mm，如图 2-1-29 所示。

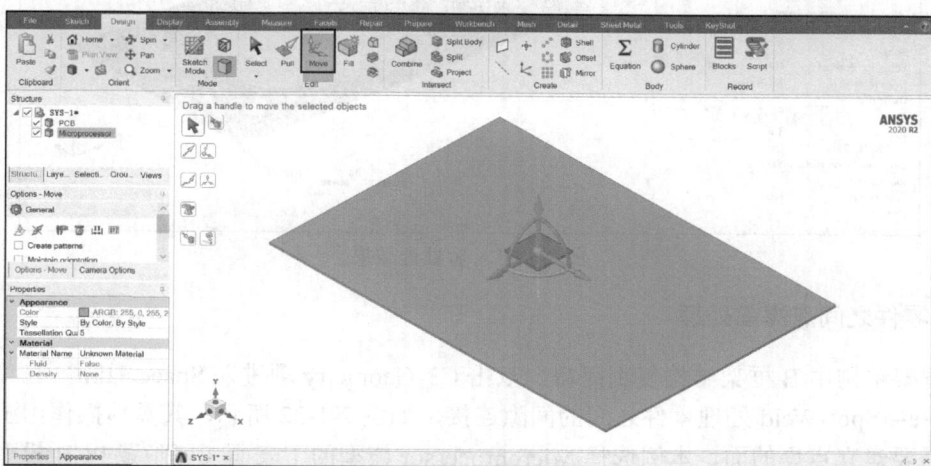

图 2-1-29　修改模型

双击 B4 Model 项进入 Mechanical 前处理。其余项均不变，仅修改接触中 Pinball Region 为 Auto Detection Value 或者定义一个大于 0.5 mm 的 Radius，如图 2-1-30 所示。

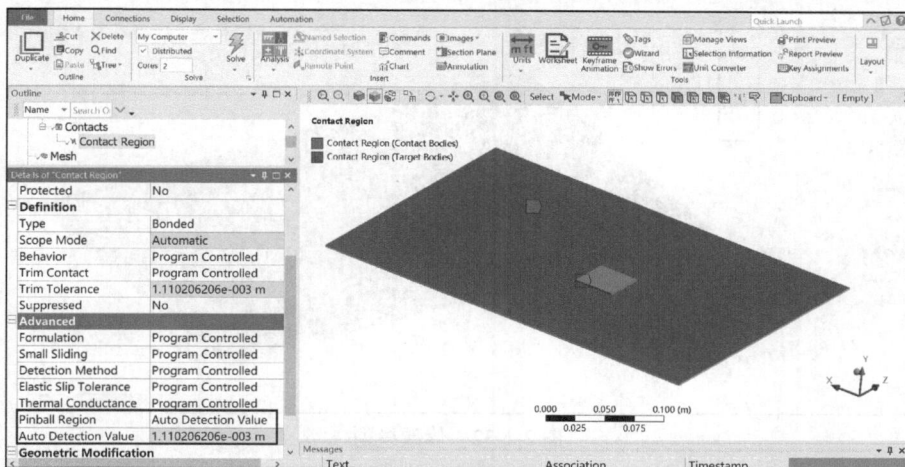

图 2-1-30　接触设置

6．零件之间存在间隙（Gap）边界条件与后处理

边界条件保持不变，计算完成后，查看 Temperature 后处理结果，其中最高温度为 48.11℃，如图 2-1-31 所示，与无间隙计算结果一致。

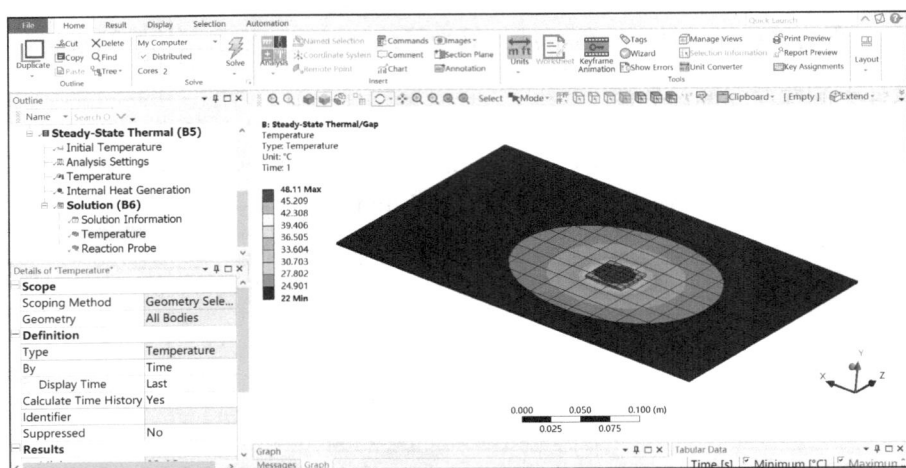

图 2-1-31　后处理结果

7．零件之间点焊前处理

C 框架结构由 B 框架结构复制而得。双击 C3 Geometry 项进入 Spaceclaim，在菜单栏选择 Prepare→Spot Weld 处理零件之间的间隙连接，如图 2-1-32 所示，其具体操作由上至下依次为：需要建立点焊的面，本例选择 Microprocessor 模型的下表面（可隐藏 PCB 模型进行选择）；点焊的边线，本例选择 Microprocessor 模型的下面 4 条边，其中 Number of points 设置为 20（20 个焊点）；点焊面投影面，本例选择 PCB 模型的上表面。

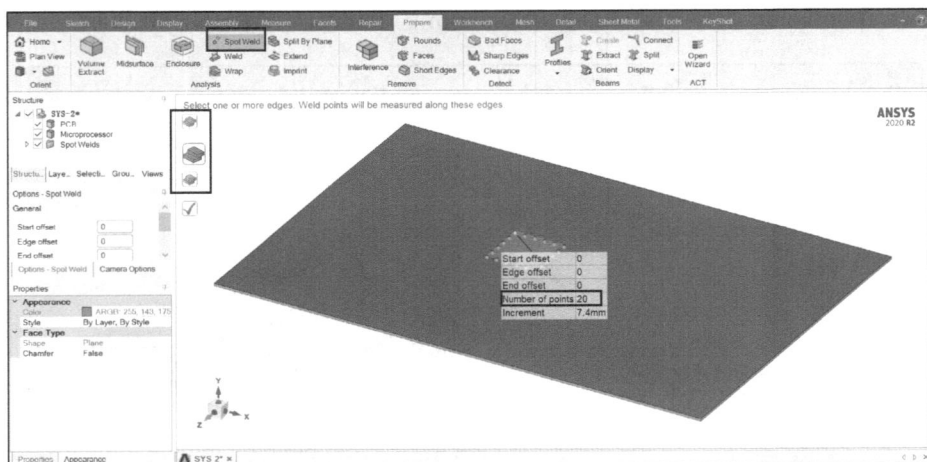

图 2-1-32　修改模型

双击 C4 Model 项进入 Mechanical 前处理。仅保留接触中的 20 个 Spot Weld 设置，原接触设置删除，如图 2-1-33 所示。

单击 Mesh，在下方的 Details 窗口中的 Defaults 区域将 Element Size 设置为 1 mm，对全局网格尺寸进行定义。

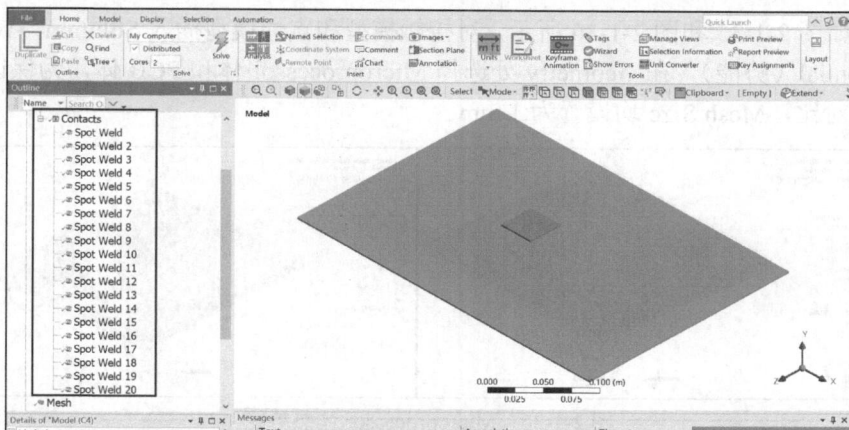

图 2-1-33　接触设置

注意

因为模型之间定义了 Spot Weld，即在模型表面生成了点，所以不能自动产生六面体网格。温度条件虽具有网格无关性特征，但主要适用于六面体网格，四面体网格密度对温度结果依然存在一定的相关性。本例可以用后处理的 Convergence 对网格密度进行研究，但是由于 PCB 为各向异性材料，收敛性判断只对 Microprocessor 模型有效。

8. 零件之间点焊边界条件与后处理

边界条件保持不变，计算完成后，查看 Temperature 后处理结果，其中最高温度约为39.56℃，如图 2-1-34 所示，较图 2-1-31 所示的计算结果存在差异。

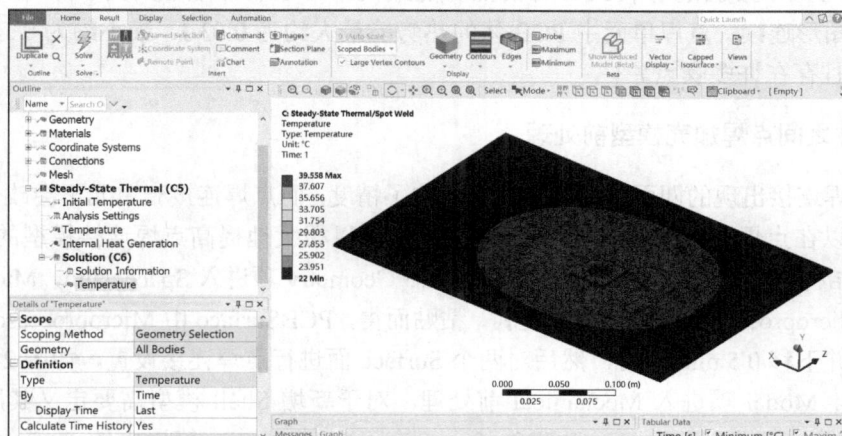

图 2-1-34　后处理结果

采用点焊和接触连接，内热源模型最高温度出现差异的主要原因如下。

1）点焊是局部连接，接触连接是全部连接，如果增加足够的点焊份数，可以让两者结果近似。

2）点焊采用 Link33 热传导单元进行热传递，其单元节点布局改变了 Solid 单元的拓扑结构，使其在四面体单元下出现计算畸变，严重影响了计算精度，因此点焊更适合连接 Shell

单元模型。如图 2-1-35 和图 2-1-36 所示，对接触模型和点焊模型插入 Solution→Worksheet→Energy Potential（势能），在 Geometry 处选择 Microprocessor 体和 PCB 体，为保证同样网格尺度以便于对比，Mesh Size 均设置为 1 mm。

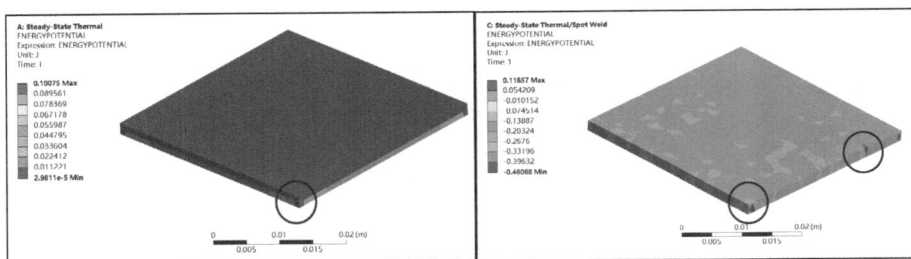

图 2-1-35　Microprocessor 体热势能

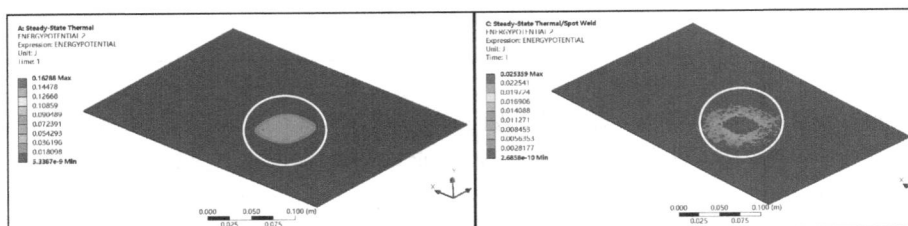

图 2-1-36　PCB 体热势能

由图 2-1-35 可知，接触模型中 Microprocessor 体的热势能最大约为 0.1 J，最小约为 0 J，且最大热势能仅存在于 4 个角，相邻单元相差为 10%；点焊单元中 Microprocessor 体的热势能最大约为 0.1 J，但最小约为 −0.5 J（负值表现为计算不合理），圈选区域的相邻单元相差达 46%。由图 2-1-36 可知，接触模型中 PCB 体的热势能最大约为 0.2 J，最小约为 0 J，仅存于接触区域附件，且图形连续；点焊单元中 PCB 体的热势能最大约为 0.03 J，最小约为 0 J，分布区域非常杂乱，且存在许多噪点。

9. 零件之间点焊加壳模型前处理

因为点焊连接出现的四面体网格极大地影响了精度，而点焊连接壳单元不会改变四边形网格形式，所以在点焊连接处建立辅助 Shell 模型，可以极大地提高点焊连接模型的计算精度。

D 框架结构由 C 框架结构复制而得。双击 D3 Geometry 项进入 Spaceclaim，Microprocessor Surface 由 Microprocessor 体的下表面复制、粘贴而得，PCBSurface 由 Microprocessor 体的下表面再次粘贴并下移 0.5 mm 而得，然后对两个 Surface 面进行点焊连接设置，如图 2-1-37 所示。

双击 D4 Model 项进入 Mechanical 前处理。对于新增 Shell 模型需要定义其厚度，单击 Geometry→MicroprocessorSurface/PCBSurface，在下方的 Details 窗口中的 Definition 区域将 Thickness 设置为 1E−30 mm（软件 mm 单位值所允许的最小尺寸，由于热传导与模型厚度直接相关，必须设置一个非常小的尺寸以保证计算精度），在 Material-Assignment 处分别对应选择为 Si/PCB。

接触中 20 个点焊设置不变，再增加两个接触，分别对应 Microprocessor 的下表面与 MicroprocessorSurface 的 Bottom 面建立接触，PCB 的上表面与 PCBSurface 的 Top 面建立接触，如图 2-1-38 所示。

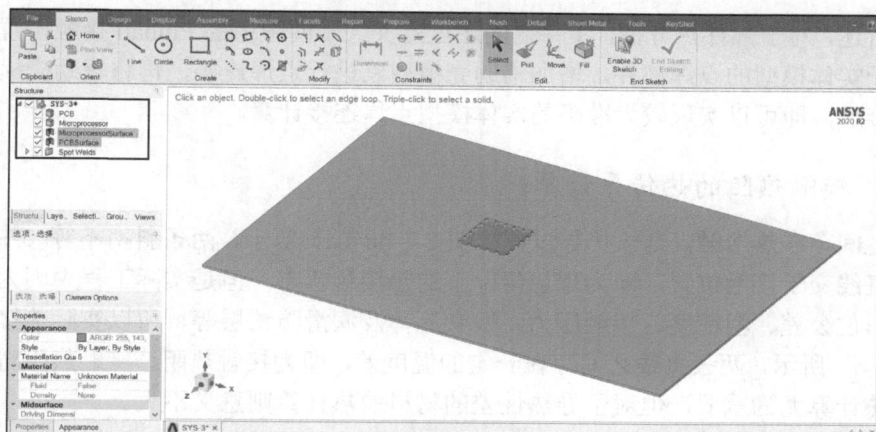

图 2-1-37 修改模型

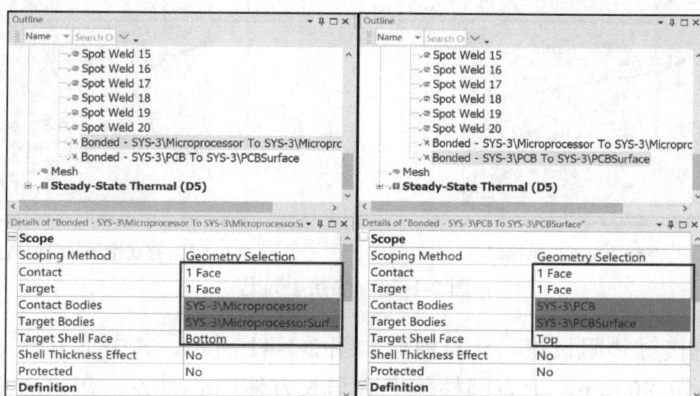

图 2-1-38 接触设置

10．零件之间点焊加壳模型边界条件与后处理

边界条件保持不变，计算完成后，查看 Temperature 后处理结果，其中最高温度约为 47.8℃，如图 2-1-39 所示，略小于接触模型计算结果，由于点焊仅为局部点接触，该结果数值合理。

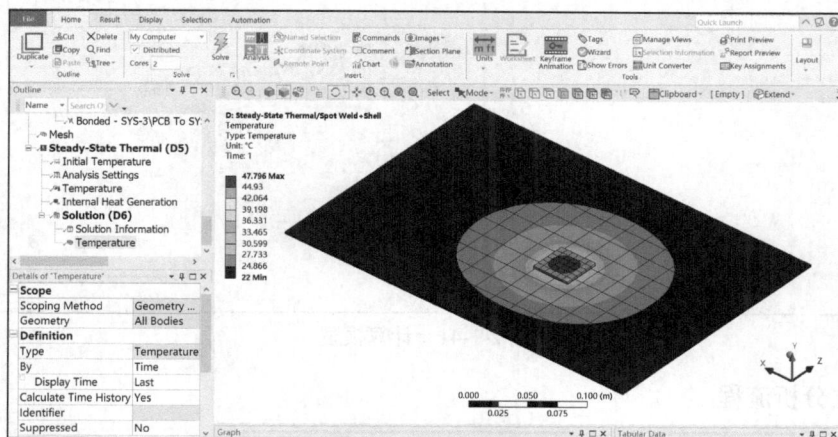

图 2-1-39 后处理结果

综上所述，对于部件热分析，零件之间通过定义大于间隙值的 Pinball 接触设置实现有效连接；对于实体模型的点焊部件，增加辅助壳模型以进行点焊连接，再将辅助壳模型与实体模型建立接触，即可以实现较为准确的实体模型点焊连接计算。

2.1.3　接触热阻的热传导计算

零件之间存在热接触，则热传导过程如图 2-1-40（a）所示，两条斜率不等（热传导系数不同）的直线交于接触位置，即为理想情况下的热接触状态，但是实际工程中因为接触位置可能存在形位公差、粗糙度、接触压力、残余流体及润滑防锈层等，所以实际热接触状态如图 2-1-40（b）所示，两条直线之间存在一定的温度差，即为接触热阻。接触热阻对于良好导热材料的热计算尤为重要，但对于导热性差的材料的热计算则意义不大。

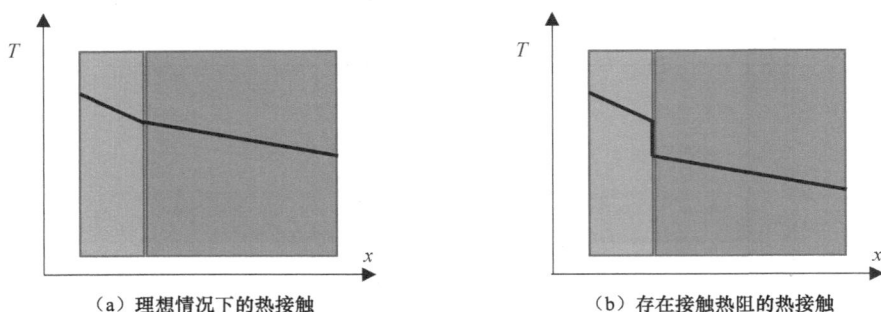

（a）理想情况下的热接触　　　　　　　　　　（b）存在接触热阻的热接触

图 2-1-40　热接触过程

本节重点讲解接触热阻设置。计算模型如图 2-1-41 所示，其中下方长方体长为 160 mm、宽为 160 mm、高为 80 mm，上方圆柱体中心与长方体中心对齐，初始两者之间无间隙，其他尺寸如图。

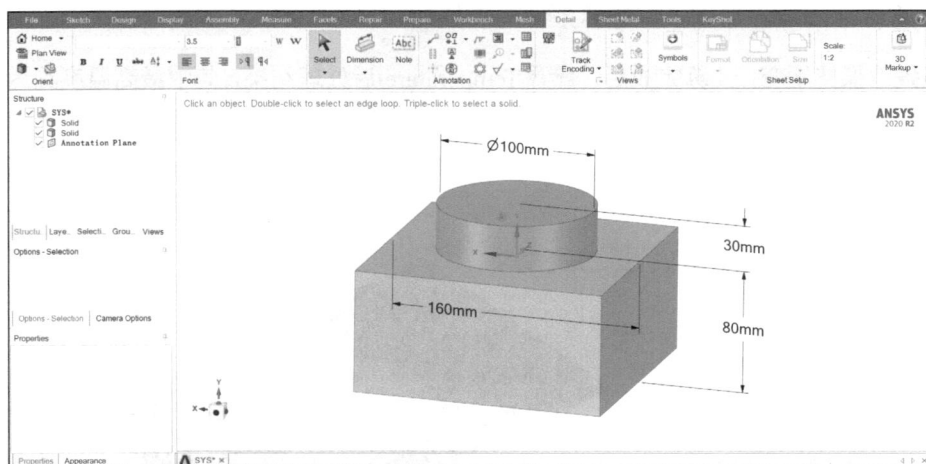

图 2-1-41　计算模型

1. 建立分析流程

如图 2-1-42 所示，建立分析流程。其中包括 A 框架结构 Steady-State Thermal 稳态热分析对接触热阻进行了参数设计，B 框架结构 Steady-State Thermal 稳态热分析由 A 框架结构复制而得。

2. 前处理

双击 A4 Model 项进入 Mechanical 前处理。如图 2-1-43 所示定义接触，其中圆柱下表面定义为接触面，长方体上表面定义为目标面，Type 设置为 Frictionless，Thermal Conductance 设置为 Manual，Thermal Conductance Value（传热系数）设置为 5 000 W·m^{-2}℃$^{-1}$，其余均默认；材料和网格划分采用默认设置。

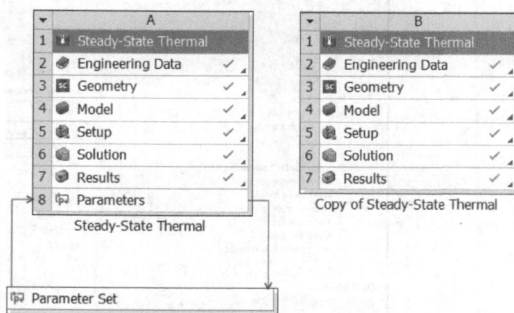

图 2-1-42 分析流程

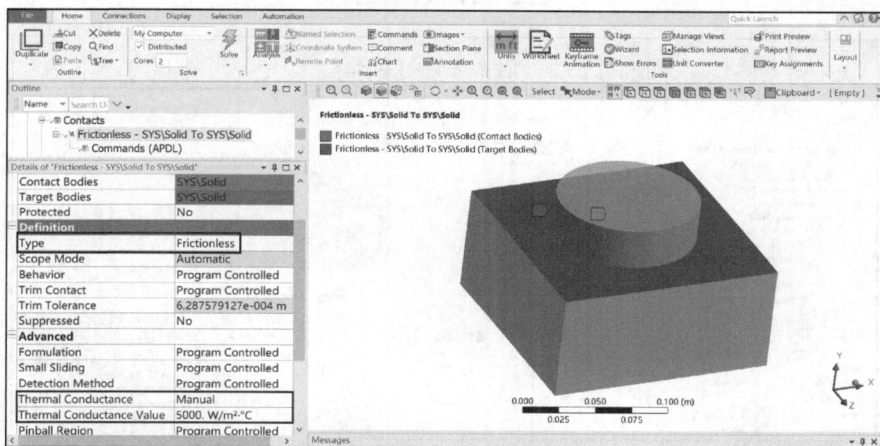

图 2-1-43 接触设置

注意

热阻是传热系数的倒数，所以一般用传热系数描述接触热阻。另外，当定义接触热阻参数时，接触中 Formulation 不能设置为 MPC。

3. 边界条件定义

边界条件如图 2-1-44 所示。Analysis Settings 各选项全部采用默认设置。选择圆柱体上表面，对其加载 Temperature，数值为 100℃；选择长方体下表面，对其加载 Temperature（温度），数值为 22℃。

4. 后处理

计算完成后，基于圆柱上表面中心建立 Path 的起点，基于长方体下表面中心建立 Path 的终点，查看该 Path 的 Temperature 后处理结果，如图 2-1-45 所示，具体操作参见《ANSYS Workbench 有限元分析实例详解（静力学）》。圈选区域呈现温度陡降形式，即为接触热阻。

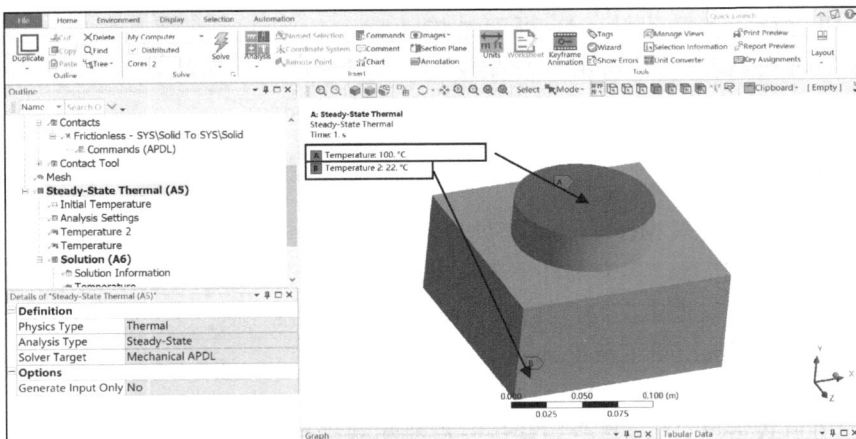

图 2-1-44 边界条件

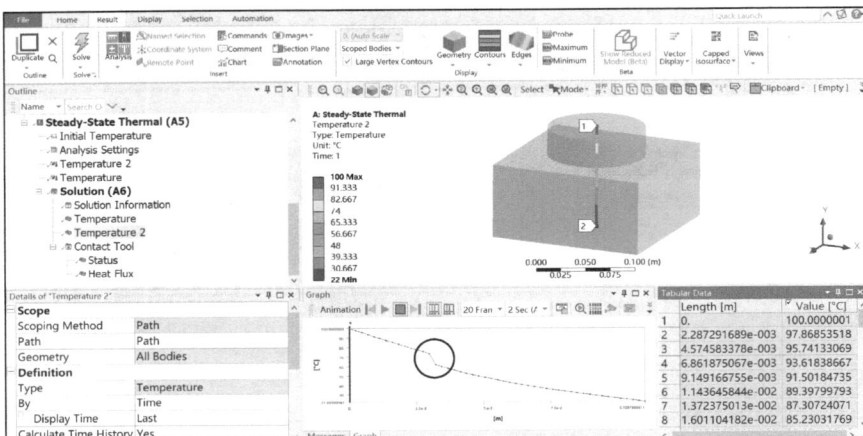

图 2-1-45 Temperature 后处理结果

查看 Contact Tool→Heat Flux，结果如图 2-1-46 所示。图形呈现为类似同心圆的形式，这与均匀接触热阻的表现完全一致。

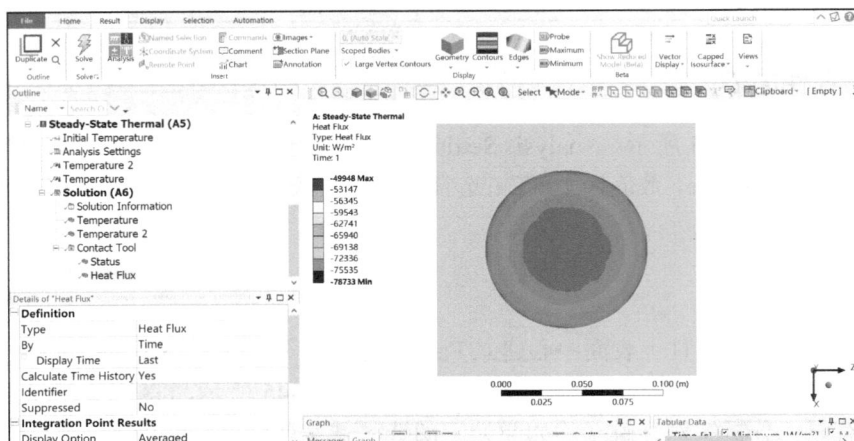

图 2-1-46 Heat Flux 后处理结果

5. 接触热阻系数参数化

在实际工程中，由于接触热阻与接触表面形式密切相关，其数值往往不表现为常数，例如在一定范围内变化，或者为一些特殊数学表现。

当接触热阻在一定范围内变化时，为求得计算结果，一般采用参数设计，即将传热系数定义为参数，但是软件并不能直接对其定义为参数，需要在 Contacts→Frictionless 下插入 Command 的方式。如图 2-1-47 所示，在框选区域先填入计算范围初值 5 000，然后在前方框内单击，出现 P 字符，即完成参数设置。插入 Command 的内容如下：

```
r,cid,,,,,,          !对接触面定义实常数，1～6 项为默认
rmore,,,,,,          !7～12 项为默认
rmore,,arg1          !14 项数值用"arg1"代替，该值为接触热阻系数
r,tid,,,,,,          !对目标面定义实常数，1～6 项为默认
rmore,,,,,,          !7～12 项为默认
rmore,,arg1          !14 项数值用"arg1"代替
```

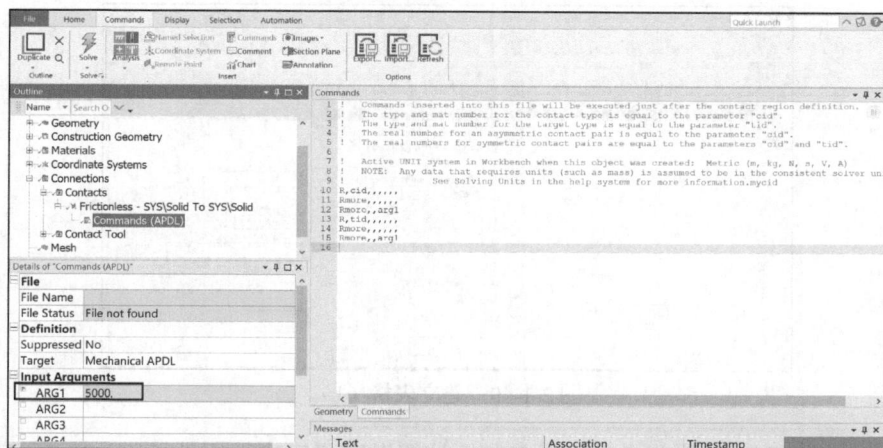

图 2-1-47　插入 Command

为完成参数设计闭环，还需要对某项后处理也定义参数，本例选择 Solution→Contact Tool→Heat Flux→Result→Average（平均值），在其前面框内单击，出现 P 字符。关闭 Mechanical，双击 Parameter Set 项，如图 2-1-48 所示。在 1 区输入需要修改的接触热阻系数，单击 2 区图标，其接触平均热通量结果就会在 3 区显示。

6. 接触热阻系数表格化

接触热阻如果表现为函数形式，可以参考 2.1.1 小节的例子。ANSYS 软件除了可以函数表达，还可以表格形式表达。为了理解 ANSYS 软件表格参数的意义，先进入 APDL 界面。如图 2-1-49 所示。在菜单栏选择 Parameters→Array Parameters→Define/Edit，在弹出的 Array Parameters 对话框中先单击 1 区的 Add…按钮，再在 2 区输入表格名称，以方便调用；在 3 区选中 Table 单选按钮，表示定义为表格类型；在 4 区输入对应数值，表示表格为 2 行 2 列的平面表格；在 5 区输入对应符号，表示行的变量为 X 值，列的变量为 Z 值，最后单击 OK 按钮。

图 2-1-48　传热系数参数化计算

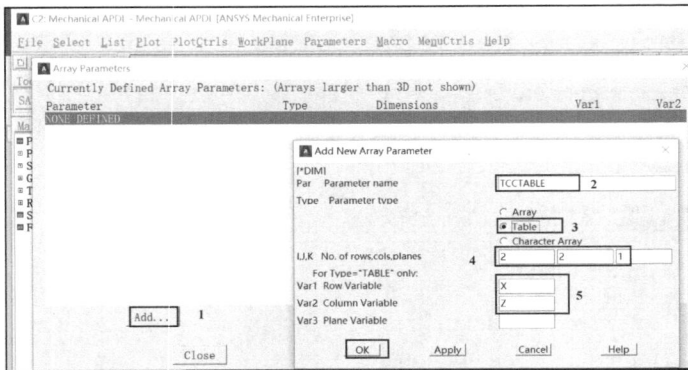

图 2-1-49　建立表格（1）

如图 2-1-50 所示，继续单击 6 区的 Edit...按钮以完成表格数据的填充，在 7 区输入数值，以第一行为例进行说明，即 $X = 0.015\,\text{m}$、$Z = 0.01\,\text{m}$ 时，传热系数为 $1\,000\,\text{W}\cdot\text{m}^{-2}\cdot{}^{\circ}\text{C}^{-1}$；$X = 0.015\,\text{m}$、$Z = 0.02\,\text{m}$ 时，传热系数为 $500\,\text{W}\cdot\text{m}^{-2}{}^{\circ}\text{C}^{-1}$。最后选择 8 区的 File→Apply/Quit，保存并退出。

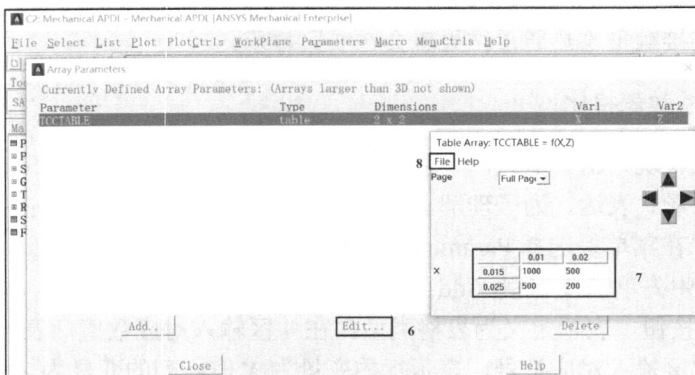

图 2-1-50　建立表格（2）

单击 Main Menu 下方的 Session Editor，即可出现 GUI 对应的命令流，选择从"*DIM, TCCTABLE,TABLE,2,2,1,X,Z"行至"*SET,TCCTABLE (2,2,1)，200"行的全部内容，按 Ctrl+C 组合键复制备用，如图 2-1-51 所示。

为实现对接触热阻系数表格化，在 Mechanical 界面进行如下修改。

1）定义接触面的局部坐标系，如图 2-1-52 所示。将 Coordinate System 设置为 Manual，Coordinate System ID 设置为 21，在 Origin 区域的 Geometry 处选择长方体的上表面（目标面）。

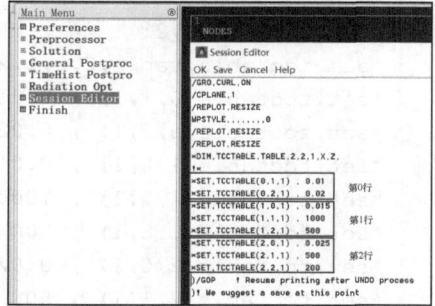

图 2-1-51　复制表格命令流

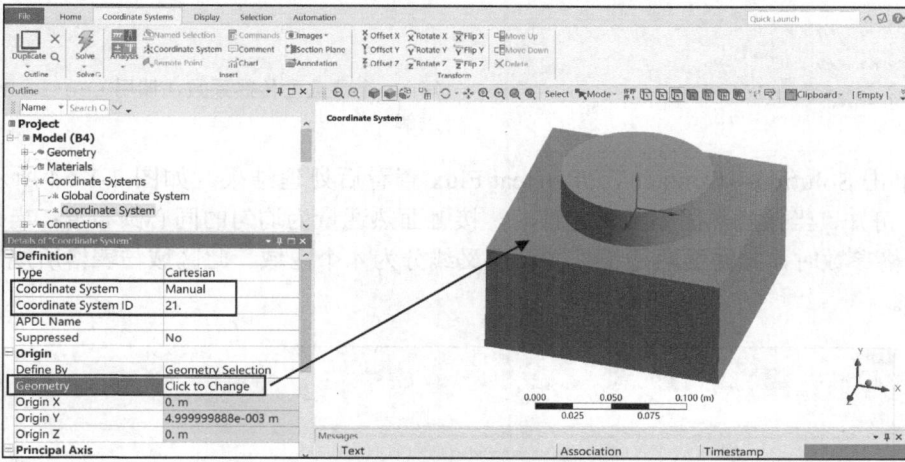

图 2-1-52　创建接触面坐标系

2）接触设置插入 Command 内容如下，如图 2-1-53 所示。

mycid=cid　　!对接触面命名为"mycid"，一定注意软件提示的**单位制**

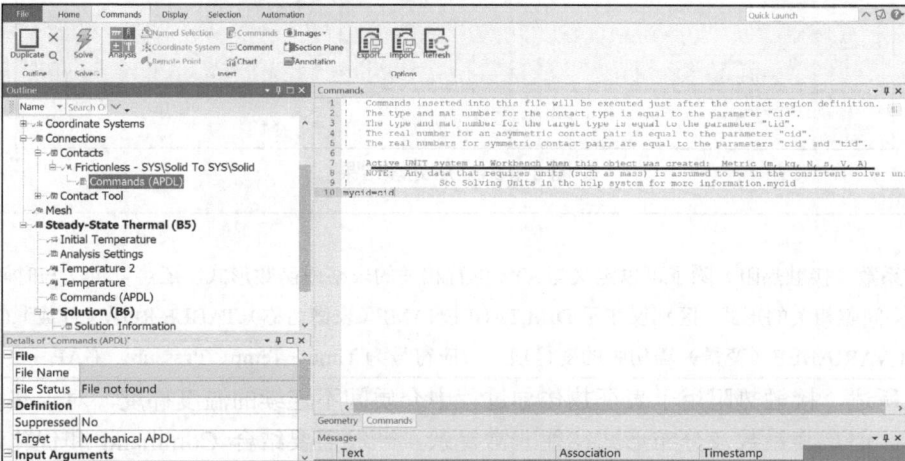

图 2-1-53　插入 Command

3）边界条件插入 Command 内容如下：

```
*Set,tablecsys,21                          !调用接触对坐标系
*dim,tcctable,table,2,2,1,x,z,             !表格参数定义，ctrl+v 而得
*set,tcctable(0,1,1) , 0.01
*set,tcctable(0,2,1) , 0.02
*set,tcctable(1,0,1) , 0.015
*set,tcctable(1,1,1) , 1000
*set,tcctable(1,2,1) , 500
*set,tcctable(2,0,1) , 0.025
*set,tcctable(2,1,1) , 500
*set,tcctable(2,2,1) , 200
/prep7                                     !前处理
r,mycid,,,,,,
rmore,,,,,,
rmore,,%tcctable%                          !第 14 个参数为传热系数，调用 tcctable 表格
/solu                                      !求解
```

4）单击 Solution→Contact Tool→Heat Flux 查看后处理结果，如图 2-1-54 所示。对比图 2-1-46 可知，当接触热阻系数为定值时，接触面热通量为均匀的同心圆布置；当接触热阻系数为表格参数时，接触面热通量按图示交叉线分为 4 个区域，此区域与表格所规定的位置完全对应。

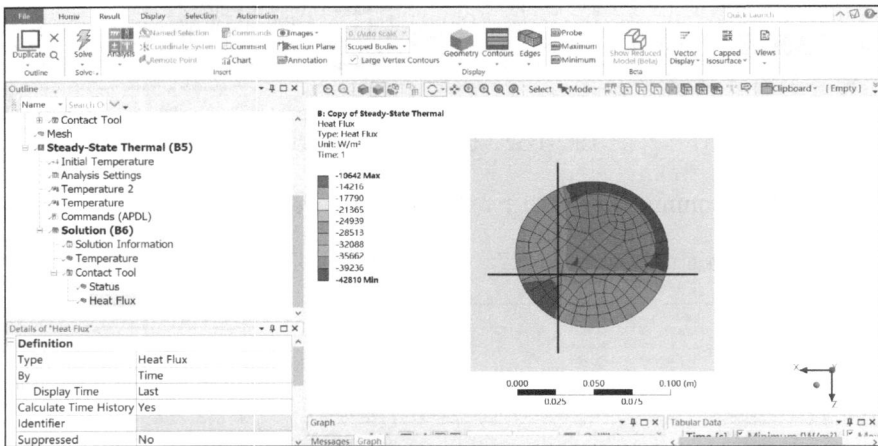

图 2-1-54　后处理结果

> **注意**
>
> 传热系数（接触热阻）除了可以定义与 *XYZ* 位置相关的表格或函数形式，还可以定义与时间、温度、接触压力、间隙相关的形式，区别仅在于 DIM,TABLENAME（表格名称）,TABLE,ROW（行数）,COLUMN（列数）,1,VARIABLE（变量）语句中的变量项，对应符号为 Time、Temp、Pressure、GAP。

综上所述，接触热阻用于表征热传导过程中介质间不连续的温度梯度，对于热接触结果非常重要。但是其系数及分布形式往往非常复杂，一般需要结合 Command 和优化设计，采用反演分析才可以保证计算精度。

2.2 热对流分析

热对流机理非常复杂，主要包括平流和扩散，其中平流表现为流体整体运动引起的质量传递，扩散表现为某种不平衡势差作用下引起的运移，例如质量扩散并不依赖于流体运动，而依据于浓度梯度；热扩散依据于温度梯度，其中固体的热扩散过程即为热传导。

通过 1.2 节的介绍可以知道，CFD 模块计算热对流并不需要输入对流换热系数，当然其计算过程较 Mechanical 模块更为复杂；Mechanical 模块计算热对流必须输入对流换热系数，而对流换热系数与流体介质参数、流体速度、模型尺寸、温度、表面粗糙度均有关系，所以计算过程中尽可能将对流换热系数定义为依据尺寸或温度的函数形式，以保证计算精度。

2.2.1 水冷散热器的热对流计算

散热器常用于强制对流环境，其中水冷散热器在普通散热器中增加液体管道，进一步提高散热能力。为了解水冷的热交换能力，一般进行 CFD 计算管道内流体的热对流分析。在 Mechanical 模块中可以采用热-流体管单元，可以高效计算管道中流体质流量、流体内热传导和流体与管道之间的热对流，以此得到管道内流体输入端与输出端的温度分布情况，这比将此处温度设定为常数精度更高。

下面对水冷散热器模型进行计算。计算模型如图 2-2-1 所示，其中 Microprocessor 模型尺寸为 37.5 mm × 37.5 mm × 4.17 mm；HeatSink 模型尺寸为 37.5 mm × 37.5 mm × 16 mm，肋片尺寸为 1.38 mm × 10 mm，间隔 1.2 mm（该肋片尺寸不可以作为工程参考）；水管直径为 4 mm，5 组管循环相连，输入和输出端跨距 45.5 mm，中心距为 32 mm。

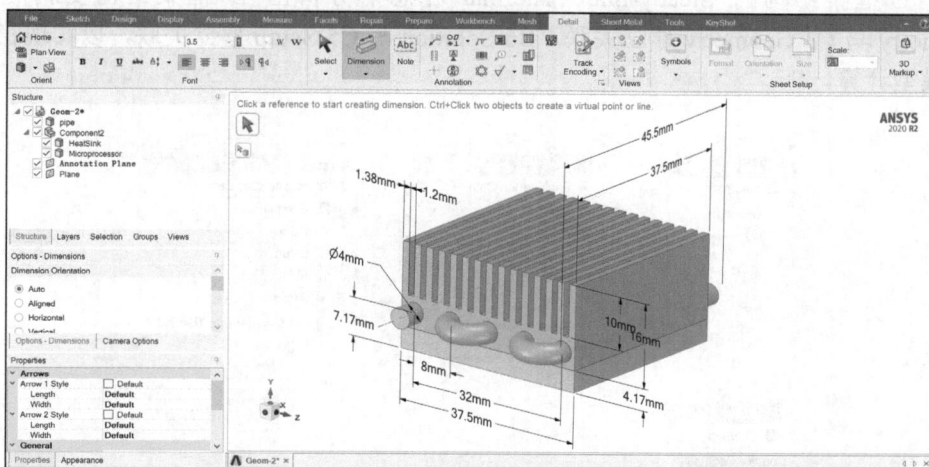

图 2-2-1 计算模型

采用热-流体管单元需将水管模型抽梁处理，如图 2-2-2 所示。在 1 区依次单击 Prepare→Extract 对水管实体模型进行抽梁操作，再单击 Orient 对每个梁模型进行方向检查，务必保证所有梁模型的 Z 向一致，否则后续将出现梁方向计算警告；在 2 区单击 Workbench→Share

对梁模型进行共享合并，这是因为抽梁后端点不能重合，如不进行此操作，后续将出现梁方向计算警告且计算结果错误（读者可以尝试用 Prepare→Extend 组合 Connect 命令或 Repair→Curve Gaps 命令合并端点）；设置共享后，在 3 区可以查看整个模型的 Share Topology 状态为 Share，在 4 区可以查看由 Microprocessor 和 HeatSink 组成的部件的 Share Topology 状态为 Share。

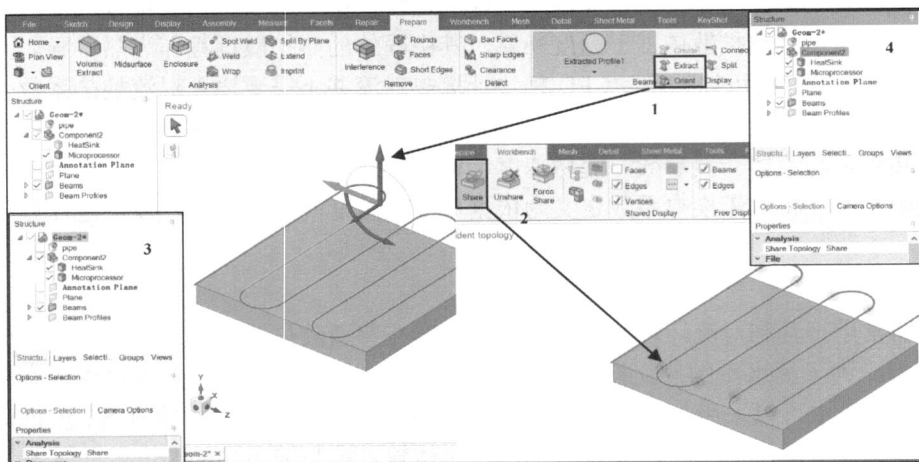

图 2-2-2　修复模型（隐藏了 HeatSink 模型）

1．建立分析流程

如图 2-2-3 所示，建立分析流程。其中包括 A 框架结构的 Spaceclaim 建模模块，B 框架结构的 Steady-State Thermal 稳态热分析；D 框架结构的 Spaceclaim 建模模块由 A 框架结构复制而得，C 框架结构的 Steady-State Thermal 稳态热分析由 B 框架结构复制而得，且 D2 Geometry 与 C3 Geometry 建立关联，B6 Solution 与 C5 Setup 建立关联，以实现稳态热分析的子模型计算。

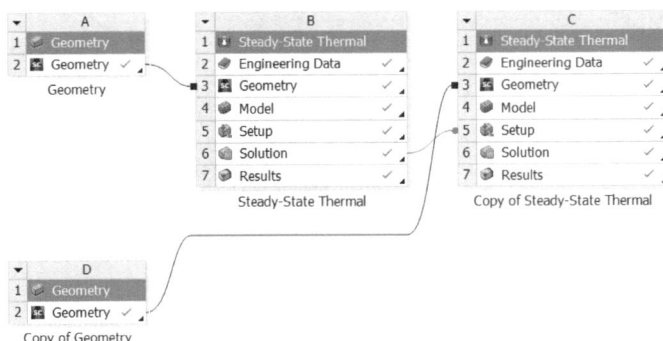

图 2-2-3　分析流程

Engineering Data 项选择软件 General Materials 库中的 Aluminum Alloy 和 Silicon Anisotropic，以及 Thermal Materials 库中的 Water Fresh，如图 2-2-4 所示。

图 2-2-4　材料定义

2．前处理

双击 B4 Model 项进入 Mechanical 前处理。分别对各个模型定义对应的材料参数和单元，将 Model→Geometry→Geom 下的所有 Beam 选中，在下方的 Details 窗口中将 Model Type 设置为 Thermal Fluid，将 Fluid Discretization 设置为 Upwind/Exponential，Assignment 设置为 Water Fresh，如图 2-2-5 所示。

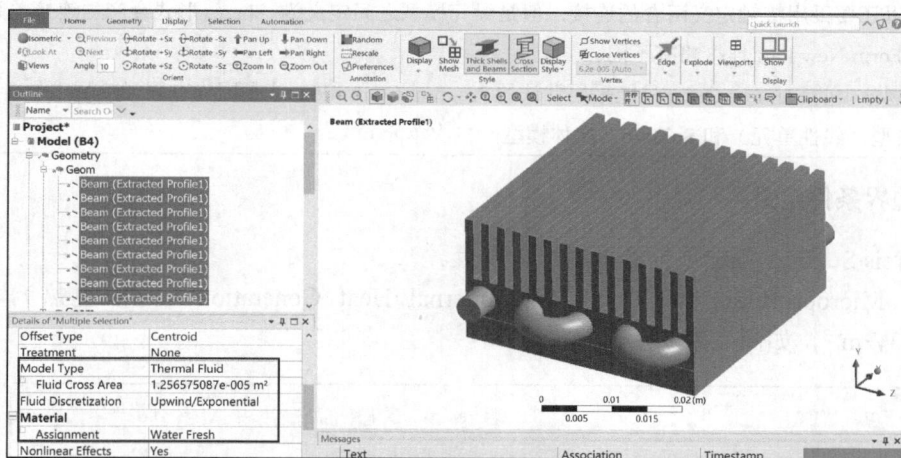

图 2-2-5　单元和材料参数定义

将 Geometry→Geom\Component2\HeatSink 模型的 Assignment 设置为 Aluminum Alloy；将 Geometry→Geom\Component2\Microprocessor 模型的 Assignment 设置为 Silicon Anisotropic。

注意

　Fluid Discretization 可设置为 Upwind/Linear、Central/Linear 和 Upwind/Exponential 三种形式，对应为 Fluid116 单元的 Keyopt（9），表示单元的离散形式，其中前两种为线性函数，最后一种为指数函数。第一种精度较差，第二种精度较高，但是弯曲处数值可能不准确，第三种精度最高。

接触定义中，HeatSink 下表面定义为接触面，Microprocessor 上表面定义为目标面，Type 设置为 Bonded，其余项均采用默认设置，如图 2-2-6 所示；网格划分中仅设置 Element Size 为 0.001 m，其余均默认。

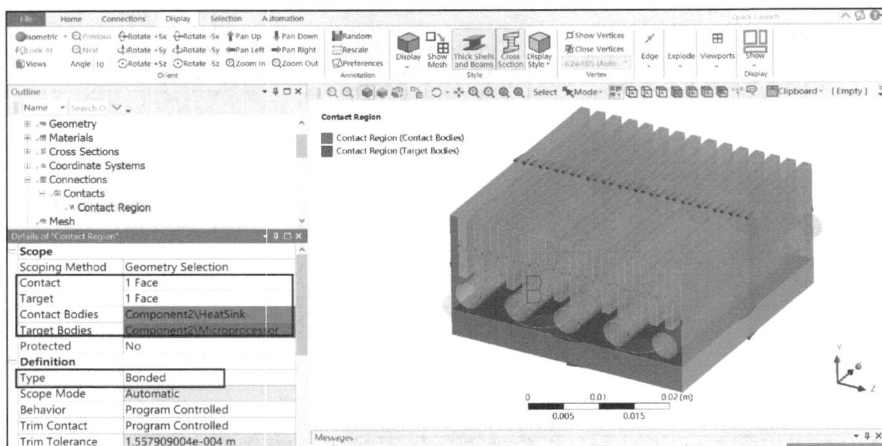

图 2-2-6　接触定义

注意

　　在 Spaceclaim 中将 HeatSink 和 Microprocessor 组成的部件定义为 Share 形式，但是两者并不产生连接关系，所以还要采用接触定义两者的连接，但是梁壳模型之间定义为 Share 形式会产生连接关系，这与 DM 中的 Form New Part 连接略有不同。

　　网格划分中的 Element Order 只能采用默认的 Program Controlled，这是因为有限元模型中包含 Fluid116（水管梁模型，线性单元）和 Solid90（实体模型，二次单元）。

3. 边界条件定义

Analysis Settings 各选项全部采用默认设置。

选择 Microprocessor 体，对其加载 Internal Heat Generation（内部生热），数值为 $1\ 000\ 000\ \mathrm{W \cdot m^{-3}}$，如图 2-2-7 所示。

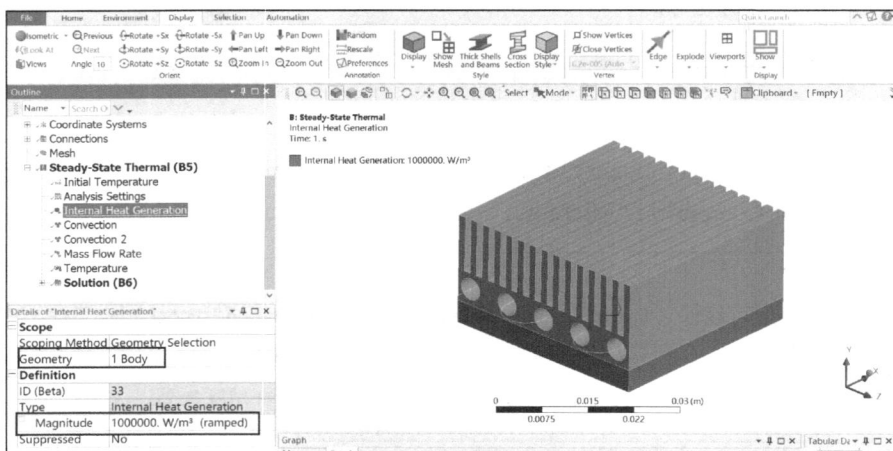

图 2-2-7　边界条件（1）

　　选择 HeatSink 除下端接触面和 5 个管道面以外的其余所有面，对其加载 Convection（对流），Film Coefficient 设置为 $10\ \mathrm{W \cdot m^{-2} \cdot {}^{\circ}C^{-1}}$，其余项采用默认设置，如图 2-2-8 所示。

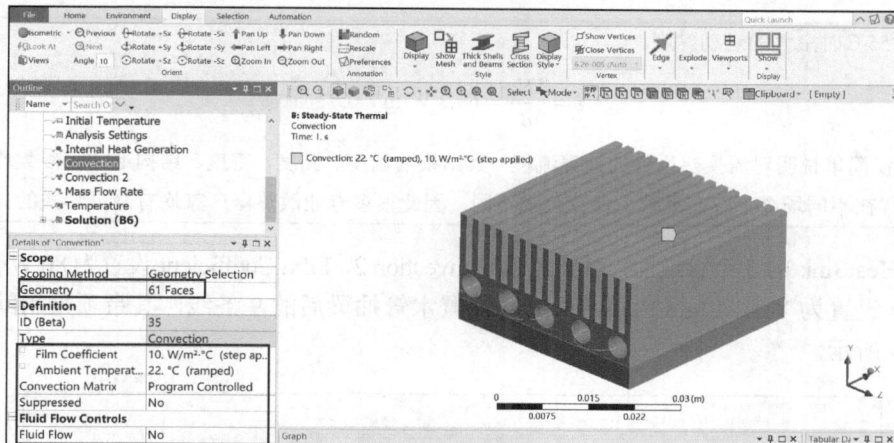

图 2-2-8 边界条件（2）

注意

Convection 边界条件可以使用多种函数形式，右击 Film Coefficient，可以看到 Import Time Dependent…（时间函数）、Import Temperature Dependent…（温度函数）等形式。如果选择 Import Temperature Dependent…，可以在软件中选择默认数据库中定义对应的对流换热系数，并出现 Coefficient Type 项。该项有 Bulk Temperature（$(T_{\text{solid}} + T_{\text{fluid}})/2$）、Surface Temperature（$T_{\text{solid}}$）、Average Film Temperature（T_{fluid}）和 Difference of Surface and Bulk Temperature（$T_{\text{solid}} - T_{\text{fluid}}$）4 个选项。

Ambient Temperature 即为 T_{fluid}，也可以定义为函数形式。当 Film Coefficient 或 Ambient Temperature 中任一个定义为函数或表格形式时，则出现 Edit Data For→Film Coefficient /Ambient Temperature 项，可对两列数值分别定义。

散热器的对流换热系数计算有多种计算流程，以 Rohsenow 和 Bar‑Cohen 论文中提出的自然对流计算流程为例：设 $T_{\text{solid}} = 55$℃，则 $T_{\text{bulk}} = (55 + 22)/2 = 38.5$（℃），依据干空气的热物理性质可查得 $k = 0.027\,6\ \text{W·m}^{-1}\text{·K}^{-1}$；$\gamma = 1.7 \times 10^{-5}\ \text{m}^2\text{·s}^{-1}$；$\beta = 1/(38.5 + 273) = 0.003\,2\ (\text{K}^{-1})$；$P_r = 0.699$；特征尺寸为散热器厚度，$L = 0.037\,5$ mm。

$$Ra = \frac{\beta g L^3 \Delta T P_r}{\gamma^2} = \frac{0.0032 \times 9.8 \times 0.0375^3 \times (55 - 22) \times 0.699}{1.7^2 \times 10^{-10}} = 1.32 \times 10^5$$

$$S_{\text{opt}} = 2.714 \frac{L}{Ra^{1/4}} = 0.005\,34\ \text{m}\ （该参数为优化的翅片间距）$$

$$h = 1.31 \frac{k}{S_{\text{opt}}} = 6.77\ \text{W·m}^{-2}\text{·℃}^{-1}$$

以电子设备热设计手册中强制对流计算流程为例，设空气流速 $v = 5\ \text{m·s}^{-1}$，当量直径 $d = 4 \times$ 散热器每两个肋片围成的面积/散热器每两个肋片围成的周长，本例 $d = 0.004 \times \dfrac{1.2 \times 10}{2 \times (1.2 + 10)} = 0.002\,14\ (\text{m})$，则雷诺数：

$$Re = \frac{vd}{\gamma} = \frac{5 \times 0.002\,14}{1.7 \times 10^{-5}} = 629.4 < 2200$$

层流状态，则

$$Nu = 1.86 \left(\frac{Re P_r d}{L} \right)^{\frac{1}{3}} \left(\frac{\gamma}{\gamma'} \right)^{0.14} = 1.86 \left(\frac{629.4 \times 0.699 \times 0.002\,14}{0.037\,5} \right)^{\frac{1}{3}} \left(\frac{1.7 \times 10^{-5}}{1.85 \times 10^{-5}} \right)^{0.14} = 5.38$$

式中 γ' 为 55℃时空气的运动黏度。

$$h = \frac{kNu}{d} = 69.3 \text{ W·m}^{-2} \text{·℃}^{-1}$$

本例仅简单说明对流换热系数的计算流程，其结果与温度、黏度、密度、结构形式等参数均有关联，且计算流程在不同场合下存在系数、计算公式不同，因此很多专业散热器厂家均有网页形式的计算流程。

选择 HeatSink 的 5 个管道面，对其加载 Convection 2，Film Coefficient 设置为 80 W·m^{-2}·℃$^{-1}$，Fluid Flow 设置为 Yes，Fluid Flow Scoping 设置水管抽梁后的 9 条线，其余项采用默认设置，如图 2-2-9 所示。

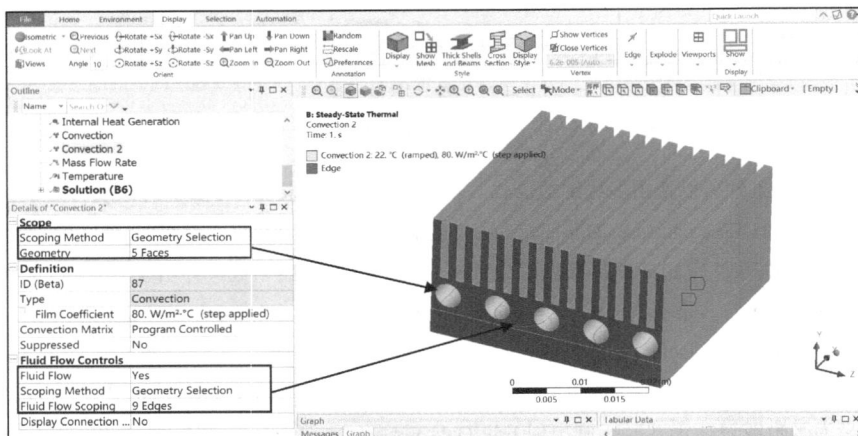

图 2-2-9　边界条件（3）

注意

将 Display Connection Lines 设置为 Yes，可以更加清楚地观察 Fluid116 单元与实体面接触的情况。

选择水管抽梁后的 9 条线，对其加载 Mass Flow Rate（质流率），Magnitude 设置为 0.05 kg·s^{-1}，如图 2-2-10 所示。

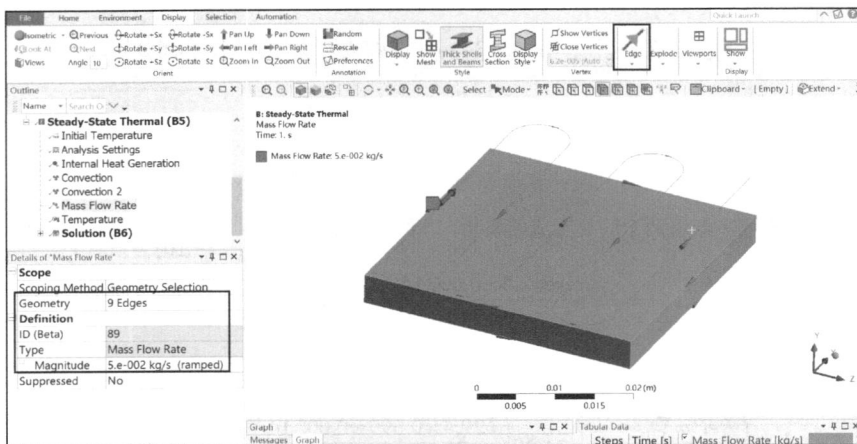

图 2-2-10　边界条件 4（隐藏 HeatSink 模型）

> **注意**
>
> 为了便于观察，需在 Edge 项中显示方向，特别需观察弯管方向，必须保证箭头方向一致。

选择 9 条线的起点，对其加载 Temperature，Magnitude 设置为 22℃，如图 2-2-11 所示。对水管入口施加温度条件，表示入口水温状态，通过热交换，出口水温会发生变化。

> **注意**
>
> 为了便于观察，需要在 Edge 项中显示方向。

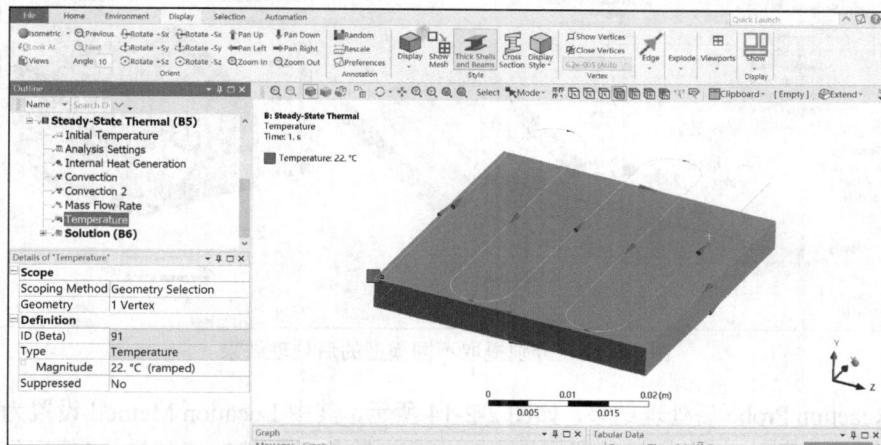

图 2-2-11　边界条件 5（隐藏 HeatSink 模型）

4．后处理

计算完成后，查看 Temperature 后处理结果，如图 2-2-12 所示。图中只显示最高温度为 40.203℃，最低温度为 22℃，无中间过渡温度。这是因为默认后处理均读取全体模型的计算结果，而本例计算中，任何一个零件只有较小的温度梯度，所以在默认全体模型的后处理中只能显示两个结果。

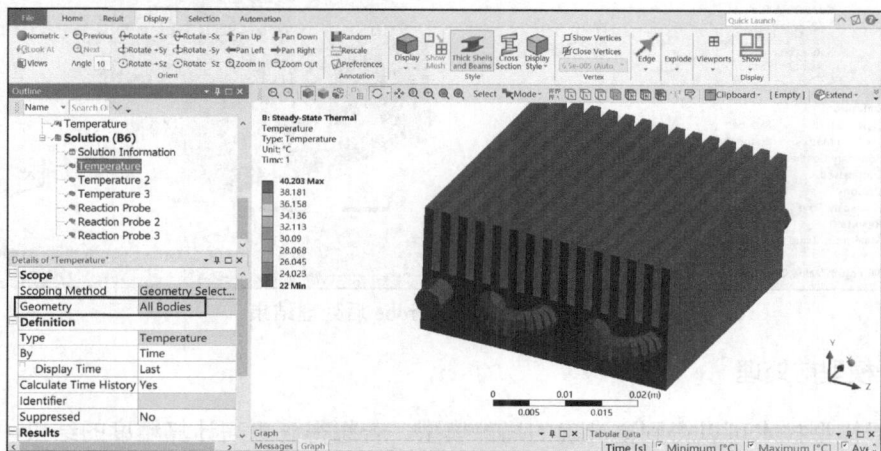

图 2-2-12　默认后处理（全体模型）结果

分别提取线模型和两个实体模型（Microprocessor 和 HeatSink）的 Temperature 后处理结果，如图 2-2-13 所示。由图可知，水由于热交换，在管道内逐渐升温，出口温度为 22.016℃；微处理器在散热器的作用下，最高温度为 40.203℃，呈梯度下降至 39.747℃。因为温差梯度很小，所以出现了图 2-2-12 的后处理云图效果。

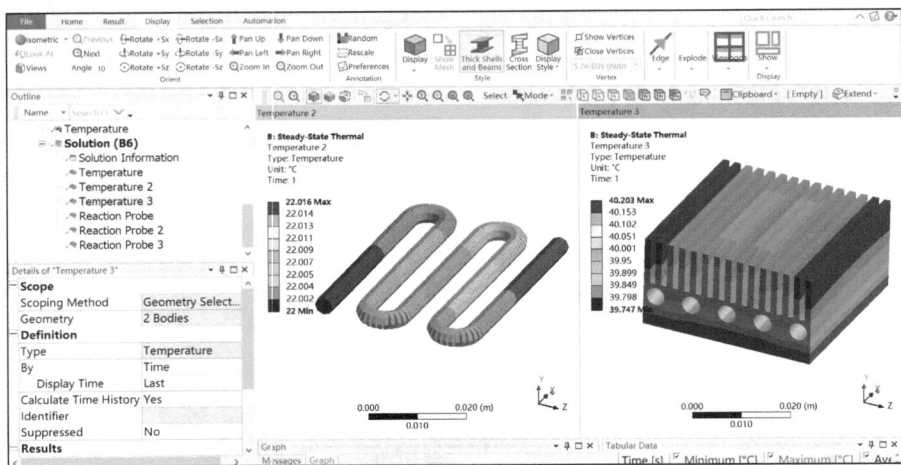

图 2-2-13　分别提取不同模型的后处理结果

查看 Reaction Probe 后处理结果，如图 2-2-14 所示，其中 Location Method 设置为 Boundary Condition，Boundary Condition 设置为 Convection（散热器自然对流处），可得平衡热量约为 −2.47 W；同理查看 Convection 2（散热器水冷对流处），可得平衡热量约为−3.39 W。明显可得水冷散热量较风冷散热量大。

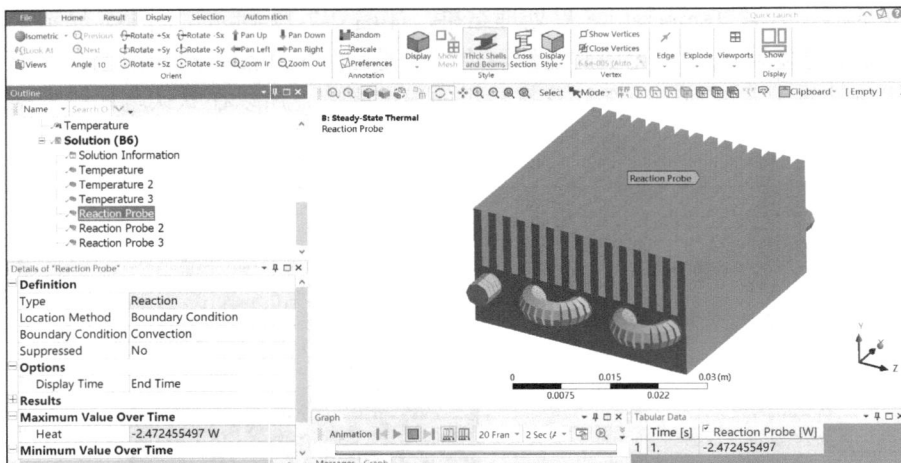

图 2-2-14　Reaction Probe 后处理结果

5．子模型前处理

通过子模型技术可以得到更准确的局部模型，若想得到更高计算精度的结果，则需要切分模型。

> **注意**
>
> 　　切分边界必须进行验证，详见《ANSYS Workbench 有限元分析实例详解（静力学）》，本例不再进行验证，读者可以自行尝试。

　　双击 D2 Geometry 项进入 Spaceclaim 前处理。对散热器模型进行切分，切分尺寸如图 2-2-15 所示，只取圈选区域内的模型。然后右击其他模型，设置为 Suppress for Physics（抑制模型）。如图 2-2-16 所示，将肋片原两条直角边改为 R0.1 mm 的圆角，恢复成简化为直角前的原始模型尺寸。

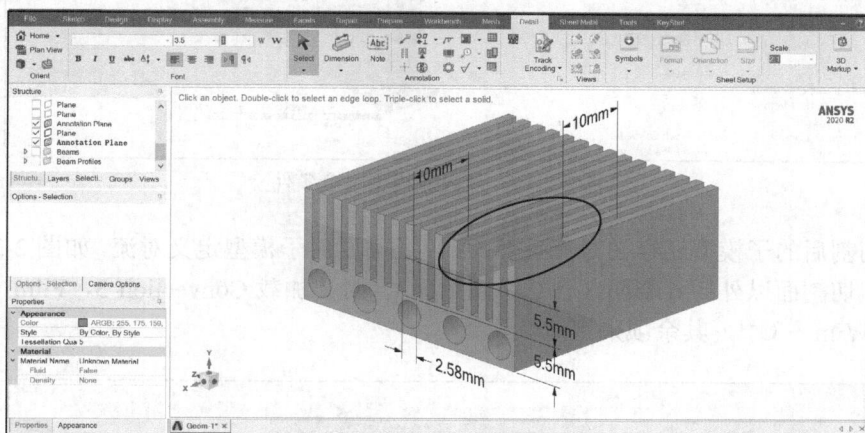

图 2-2-15　切分模型

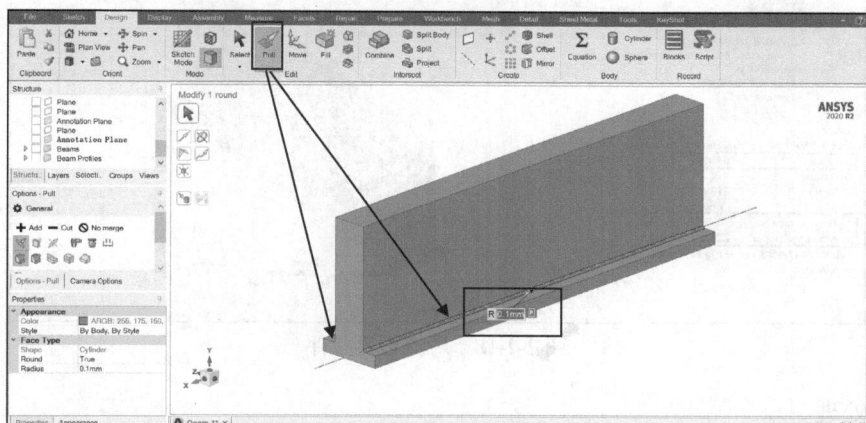

图 2-2-16　模型倒角

　　双击 C4 Model 项进入 Mechanical 前处理。将与子模型无关的设置全部抑制，仅在网格划分中定义 Element Size 为 0.000 1 m，其余项采用默认设置。

6. 子模型边界条件

　　将原边界条件全部抑制。如图 2-2-17 所示，导入原模型温度条件，在 Geometry 处选择切割处的 6 个面，其余项采用默认设置，具体参数说明请参考《ANSYS Workbench 有限元分析实例详解（静力学）》。

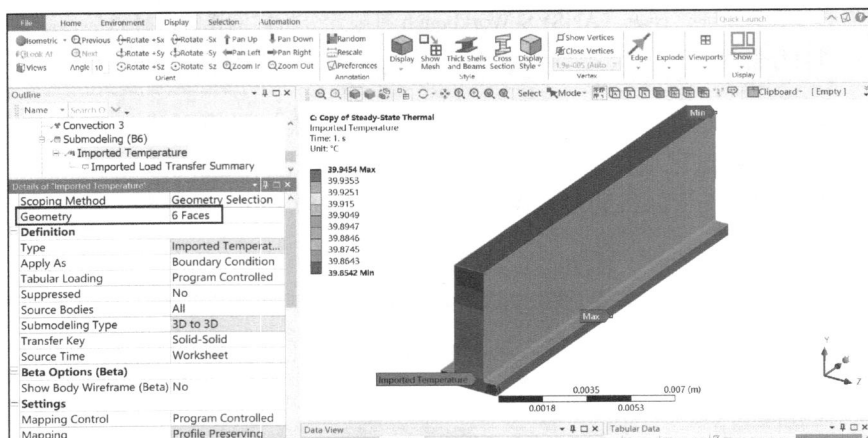

图 2-2-17　导入原模型温度条件

因为切割后的子模型还存在对流条件，所以还需要对子模型定义对流，如图 2-2-18 所示。选择子模型切割面以外的 6 个面（含 2 个圆角面），对其加载 Convection 3，Film Coefficient 设置为 10 W·m^{-2}·℃$^{-1}$，其余项采用默认设置。

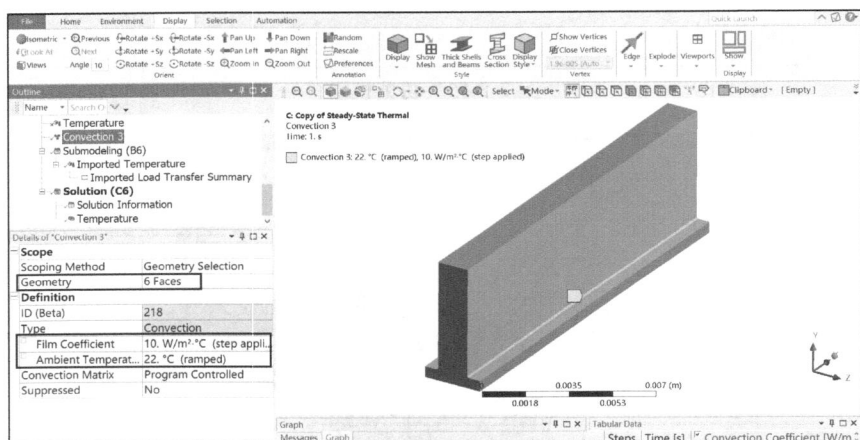

图 2-2-18　对流边界条件

7. 后处理

计算完成后，查看 Temperature 后处理结果，如图 2-2-19 所示。图中只显示最高温度为 39.945℃，最低温度为 39.854℃。虽然后处理计算温度峰值与边界条件导入温度峰值一致，但是因为模型存在圆角变化，所以温度分布略有不同，读者可仔细对比观察。同时散热器子模型分析不仅可以应用于模型简化后的恢复对比，还可用于肋片开孔散热优化设计。

热分析与结构分析类似，均存在子模型和子结构，其中子模型具有查看模型细节后处理结果的能力，而子结构具有组装大模型的能力。子模型热分析因为可以修改或微调整原始模型细节，例如增加圆角、倒角、表面微孔等，所以对于提高热分析精度非常有益，建议凡是进行了模型简化处理的热分析至少做一次子模型分析，对比两者结果，以确定模型简化对结果的影响。子结构热分析因为要组装模型，例如对超大型模型进行分组分析再装配，但热分析不同于结构分析（特别是模态分析），热分析所需硬件资源远小于后者，所以一般而言对于超大型模型的热分析可以统一处理，不但不受子结构分析非线性的制约，而且装配接触调整可以自主控制。

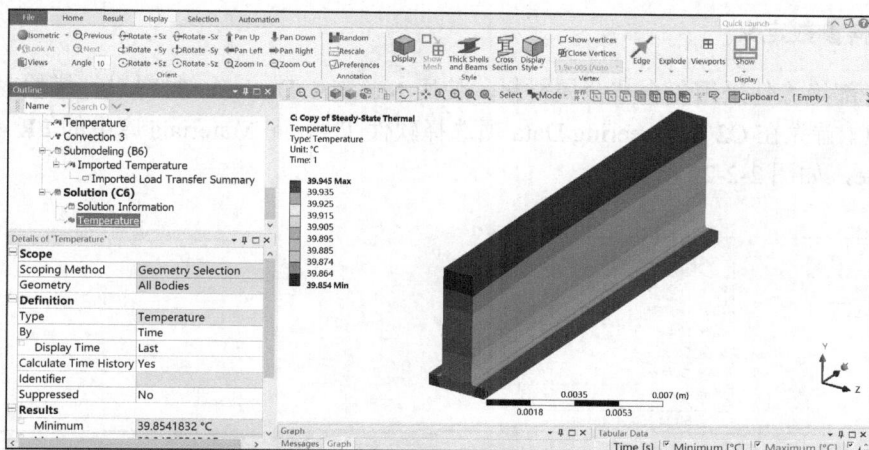

图 2-2-19 后处理结果

2.2.2 电池座的热对流计算

电池座的热对流计算的关键难点在于模型的前处理，其中既有多种金属组合而成的构件，又有复杂聚合物的非金属护套。在 ANSYS Workbench 平台中采用 Material Designer 模块自定义各种聚合材料，在 Mechanical 模块中利用 Reinforcement 增强单元定义各种多层形式组合的模型。

下面对电池座模型进行计算。计算模型如图 2-2-20 所示，其中 Coil、Insulator、Core 三个实体依次包裹，在 Bracket 实体模型上部有一个 Surface 圆形面。

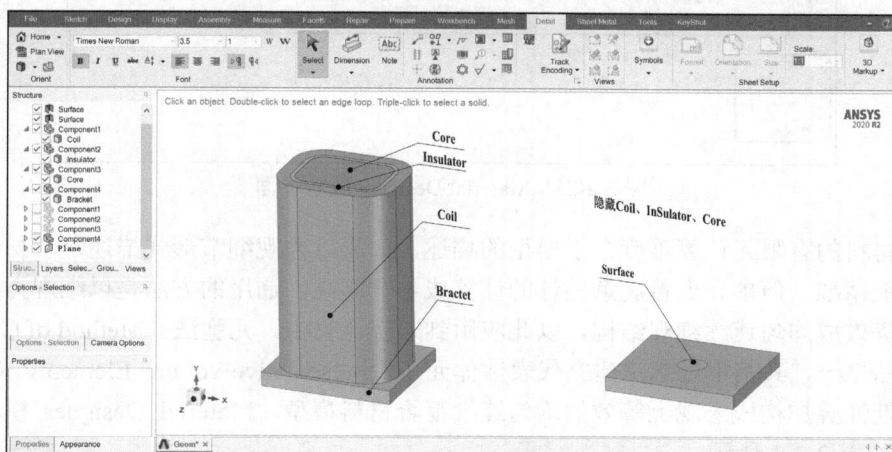

图 2-2-20 计算模型

1．建立分析流程

如图 2-2-21 所示，建立分析流程。其中包括 A 框架结构的 Spaceclaim 建模模块，B 框架结构的 Steady-State Thermal 稳态热分析，C 框架结构的 Material Designer 材料设计模块，且 A2 Geometry 与 B3 Geometry 建立关联，C3 Material Designer 与 B2 Engineering Data 建立关联。

2．材料参数定义

电池外部绝缘件采用复合非金属材料，使用 Material Designer 材料设计模块对该材料参数进行计算。首先在 C2 Engineering Data 项选择软件 Thermal Materials 库中的 FR-4 Epoxy 和 Polyethylene，如图 2-2-22 所示。

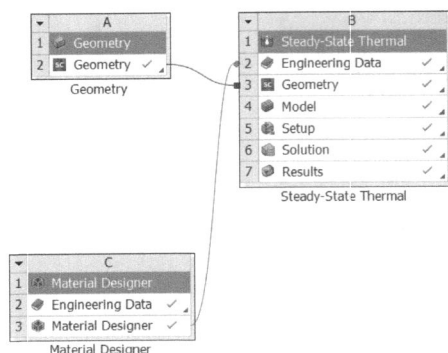

图 2-2-21　分析流程

图 2-2-22　材料定义

双击 C3 Model 项进入 Material Designer 模块，如图 2-2-23 所示。其中 1 区为 RVE 形式，2 区为建立 RVE 模型的流程树，该模块主要用于描述复合材料。

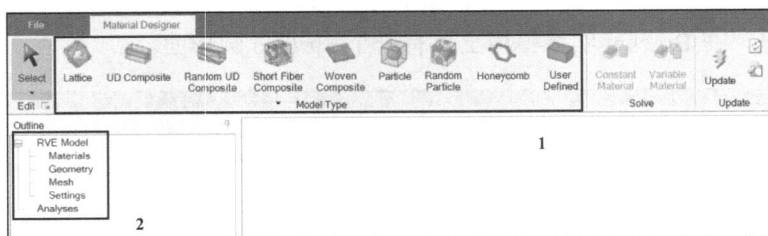

图 2-2-23　Material Designer 模块界面

复合材料的有限元计算难度在于模型的描述，如果以微观细节形式描述复合材料模型，虽然细节上精准，但单元数量满意估计的计算成本非常高。通用的方法是以细观力学将复合材料模型等效成均匀连续细观结构，以此应用到宏观计算中。元胞法（Method of Cell）就是其中的方法之一，其基本思想是建立代表性体元（Representative Volume Element，RVE），在空间呈周期性叠加构成宏观上等效的均匀连续复合材料模型。Material Designer 模块中主要 RVE 形式如表 2-2-1 所示。

表 2-2-1　　　　　　　　　　　　　　　RVE 形式

序号	基本形式	基本图形	注意
1	Lattice（晶格）		如果建模失败，则去掉模型圆角或减小圆角半径；如果划分网格失败，尝试关闭"Periodic"项
2	UD Composite（UD 复合材料）		只有 Hexagonal（六角形）类型才形成各向同性材料；如果划分网格失败，尝试关闭"Periodic"项或减小网格尺度
3	Random UD Composite（随机 UD 复合材料）		Fiber volume fraction（纤维体积分数）和 Mean misalignment angle（平均位错角）越大，模型生成越困难；如果纤维体积分数较大，采用 Perturbation 算法
4	Short Fiber Composite（短纤维复合材料）		Fiber volume fraction（纤维体积分数）和 Orientation tensor 仅为近似参考值；如果划分网格失败，尝试关闭"Periodic"项或减小网格尺度
5	Woven Composite（编织复合材料）		参数之间存在关系 Fiber volume fraction＝Yarn volume fraction × Yarn fiber volume fraction；模型尽可能采用 Simplified 算法；如果划分网格失败，尝试关闭"Periodic"项或减小网格尺度
6	Particle（颗粒）		
7	Random Particle（随机颗粒复合材料）		Particle volume fraction（颗粒体积分数）越大，模型生成越困难；网格划分关闭"Block"项
8	Honeycomb（蜂窝）		Ribbon 向为 X 向，Expansion 向为 Y 向

　　本例复合材料采用 Random UD Composite 形式，如图 2-2-24 所示。在 RVE 模型树中单击 Materials，在 1 区 Matrix（基材）下拉列表框中选择 Polyethylene，Fiber（纤维）下拉列表框中选择 FR-4 Epoxy；在 RVE 模型树中单击 Geometry，在 2 区 Fiber volume fraction（纤维体积分数）文本框中输入 0.3，Seed（随机纤维方向的种子数）文本框中输入 50，Mean misalignment angle（随机纤维与 X 向的平均夹角）文本框中输入 2，Fiber diameter（纤维直径）文本框中输入 5 μm，Repeat count（随机纤维在 Y 向、Z 向的近似数量）文本框中输入 5，Algorithm 下拉列表框中选择 Sequential Addition（默认顺序叠加）；在 RVE 模型树中单击 Mesh，在 3 区选中 Use Conformal Meshing 复选框（叠加时，可共享拓扑节点，一般均选中）；在 RVE 模型树中单击 Settings，在 4 区选中 Compute Thermal Conductivity 复选框，Temperature 文本框中输入 22（需计算热分析相关参数）。

　　设置完成后，生成 Constant Material Evaluation 参数（Variable Material 表示随温度变化的材料参数），将其命名为 111，如图 2-2-25 所示。

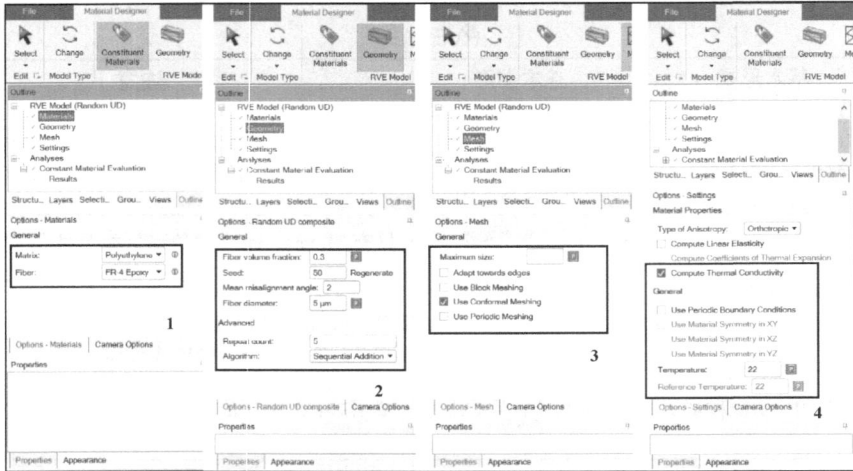

图 2-2-24　Material Designer 设置流程

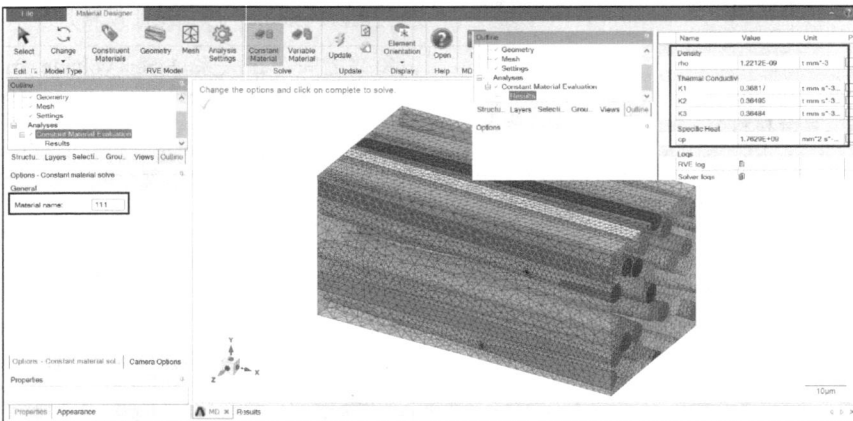

图 2-2-25　Material Designer 计算结果

3. 前处理

首先在 B2 Engineering Data 项选择软件 Thermal Materials 库中的 Aluminum 和 Copper 材料；新建 li 材料，定义 Isotropic Thermal Conductivity 为 84 W·m^{-1}·℃$^{-1}$；如图 2-2-26 所示。

图 2-2-26　材料定义

双击 B4 Model 项进入 Mechanical 前处理。分别对各个模型定义对应的材料参数和单元，将 Geometry→Component1\Coil 模型的 Assignment 设置为 Aluminum；Geometry→Component2\Insulator 模型的 Assignment 设置为 111；Geometry→Component3\Core 模型的 Assignment 设置为 li；Geometry→Component4\Bracket 模型的 Assignment 设置为 Structural Steel。

将 Geometry→Geom\Surface 的 Thickness 设置为 0.5 mm，Model Type 设置为 Reinforcement，Homogeneous Membrane 设置为 Yes，Assignment 设置为 Copper，如图 2-2-27 所示。

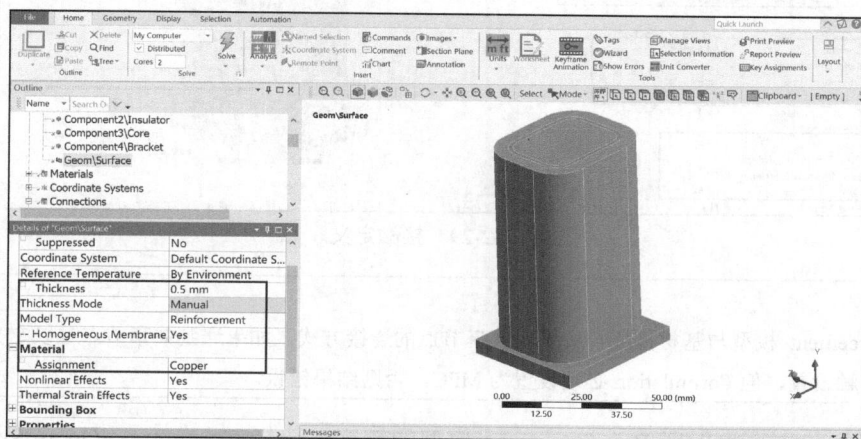

图 2-2-27　单元和材料参数定义

注意

当 Model Type 设置为 Reinforcement 时，其单元为 REINF264（线增强单元）或 REINF265（面增强单元），如图 2-2-28 所示。例如，混凝土中的钢筋、轮胎中的钢丝等。其单元特征表现为与基材共节点且两者无相对运动，且在 ANSYS Workbench 中增强单元匹配的基材必须为三维模型。

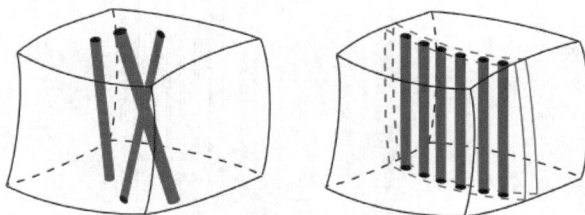

图 2-2-28　REINF264 单元和 REINF265 单元

当 Homogeneous Membrane 设置为 Yes 时，表示按定义材料参数定义均匀加强面；当设置为 No 时，还需要指定 Fiber Cross Section Area（纤维截面积）和 Fiber Spacing（纤维间距）参数。因为本例在 Material Designer 模块已经定义随机纤维模型，所以采用默认 Yes 设置。

在接触定义中，依据默认公差自动生成面与面接触，Type 设置为 Bonded，其余均默认，如图 2-2-29 所示。

特别注意

删除与 Geometry→Geom\Surface 相关的所有接触。

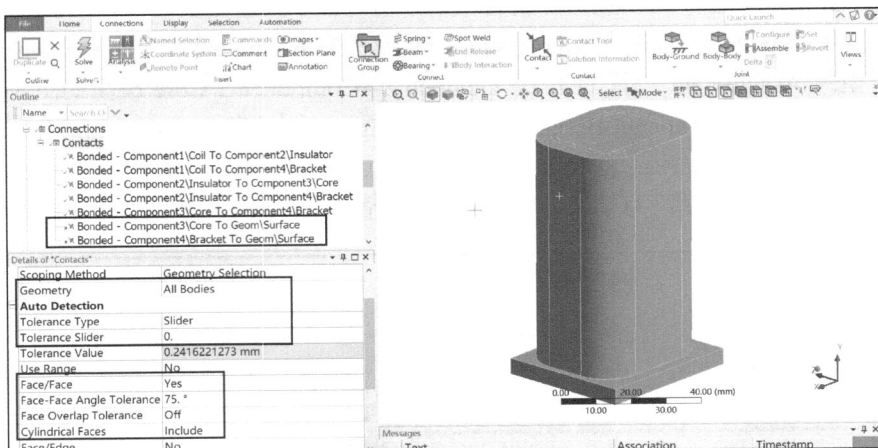

图 2-2-29   接触定义

注意

　　Reinforcement 模型与基材模型一般采用共享节点的连接方式，如果遇到共享节点难以定义的情况，可以采用接触设置，但 Formulation 必须设置为 MPC，否则结果错误。

　　在网格划分中，为保证 Reinforcement 模型的精度，选择 Geometry→Geom\Surface 模型面，对其定义 Refinement，其中 Refinement 设置为 2，其余均默认，如图 2-2-30 所示。

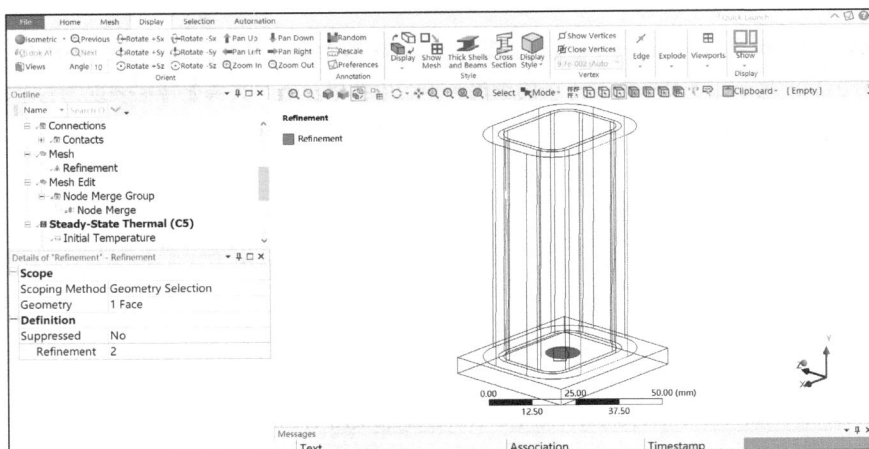

图 2-2-30   网格划分

　　Reinforcement 模型与基材模型采用共享节点连接，单击 Mesh Edit→Node Merge Group→Node Merge，在 Master Geometry 项选择 Bracket 模型的上表面，在 Slave Geometry 项选择 Surface 模型面，Tolerance Value 设置为 0.5 mm，其余均默认，如图 2-2-31 所示。

4. 边界条件定义

Analysis Settings 各选项全部采用默认设置。

选择 Core 体，对其加载 Internal Heat Generation（内部生热），数值为 1 000 000 W·m^{-3}；

选择 Bracket 模型右侧面，对其加载 Temperature，数值为 22℃；选择 Core 模型、Insulator 模型、Coil 模型的上表面和 Coil 模型的四周外表面，一共 11 个面，对其加载 Convection（对流），Film Coefficient 设置为 50 W·m^{-2}·℃$^{-1}$，Ambient Temperature 设置为 22℃，如图 2-2-32 所示。

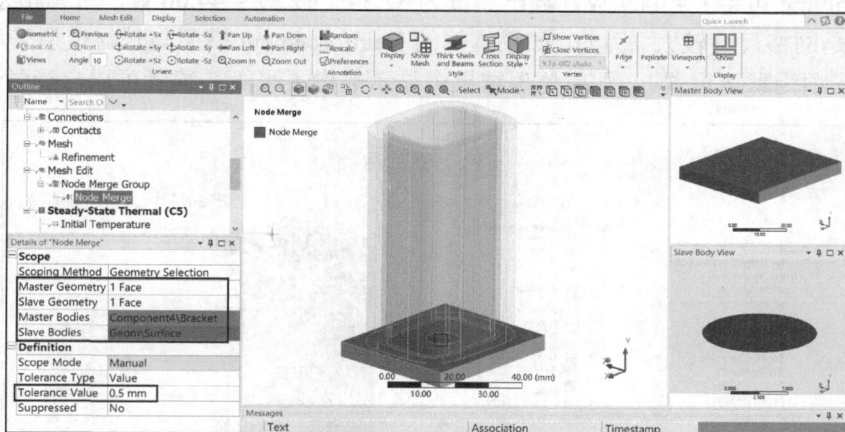

图 2-2-31 网格编辑

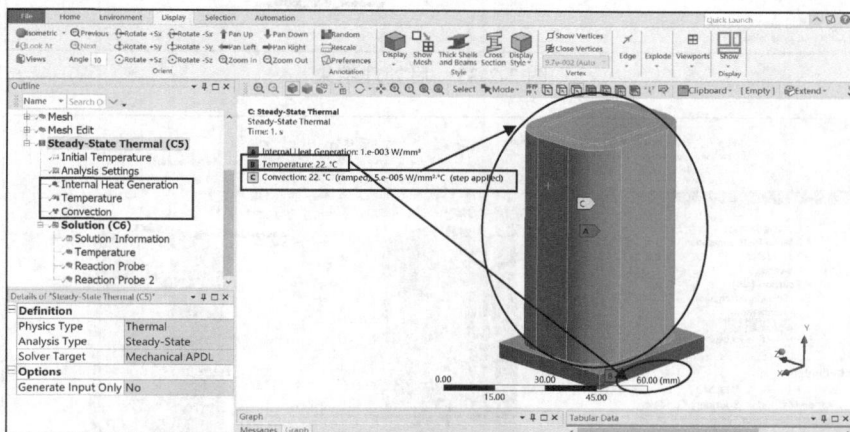

图 2-2-32 边界条件

5. 后处理

计算完成后，查看 Temperature 后处理结果，如图 2-2-33 所示。图中显示最高温度为 60.085℃，最低温度为 22℃，其中最低温度符合 Initial Temperature 和对应边界条件设置。

> **注意**
>
> 热分析计算结果的最低温度如果低于 Initial Temperature 或边界条件中设定的温度，那么其分析过程一定存在问题，必须修改。例如，如果本例的 Reinforcement 模型与基材模型不采用 Node Merge 连接，而采用接触设置（Formulation 项为默认设置），则计算结果中最低温度仅略低于 22℃，但是最高温度较 60.085℃相差很多。

查看 Reaction Probe 后处理结果，如图 2-2-34 所示，其中 Location Method 设置为 Boundary

Condition，Boundary Condition 设置为 Temperature，可得平衡热量约为−32.34 W；同理查看 Convection，可得平衡热量为−12.32 W。在稳态热分析中热量应平衡，其输入热量为 1 000 000 W·m^{-3}（Internal Heat Generation 定义）× 4.47 × 10^{-5} m^3（Core 模型体积，由 Geometry→Component3\Core-Properties-Volume 可得）= 44.7 W，输出热量为 32.34 + 12.32 = 44.66 W，两者相差 2.2%，误差原因主要是网格尺度较大。例如，如果本例的 Reinforcement 模型与基材模型采用接触设置（Formulation 项为默认设置），则后处理结果中显示热量不平衡，读者可以自行尝试。

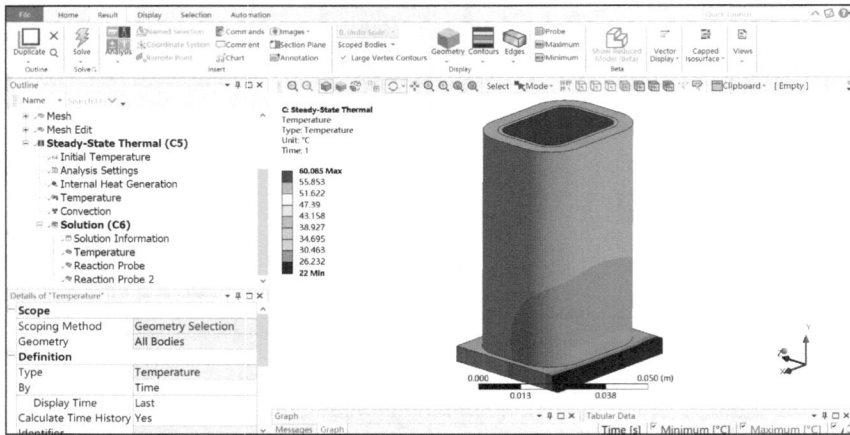

图 2-2-33　后处理结果

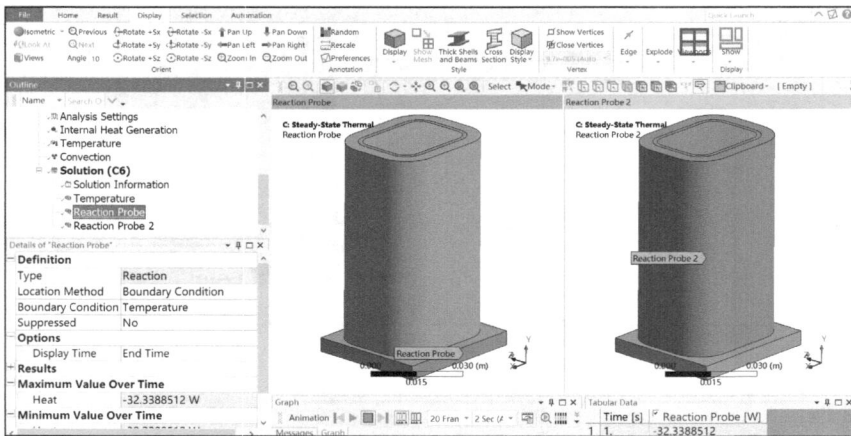

图 2-2-34　Reaction Probe 后处理结果

快速查看 REINF265 单元相关后处理结果，如图 2-2-35 所示，单击 Worksheet 后选中 Material and Element Type Information 单选按钮，在表格内找到 REINF265 单元后右击，在弹出的快捷菜单中选择 Create Temperature Result 和 Create Total Heat Flux 即可。

REINF265 和 Shell 单元均可以模拟基材实体模型内部平面，两者的区别在于 REINF265 单元可设置内部增强纤维，REINF265 生成后会自动去除基材实体内重叠体积，而 Shell 单元则不会去除重叠体积。读者可以尝试在本例中将 REINF265 单元转化为 Shell 单元，对比计算结果。

此外，在 Material Designer 模块利用元胞法等效复合材料参数的过程中，为提高计算精度，可以将 Fiber volume fraction、Fiber diameter 等项定义为输入参数（点击后面的框格，出现 P 字符），将相应材料参数（如密度、热传导系数、比热容等）定义为输出参数（单击后面的框格，出现 P 字符），以此进行优化设计（参见第 4 章）。

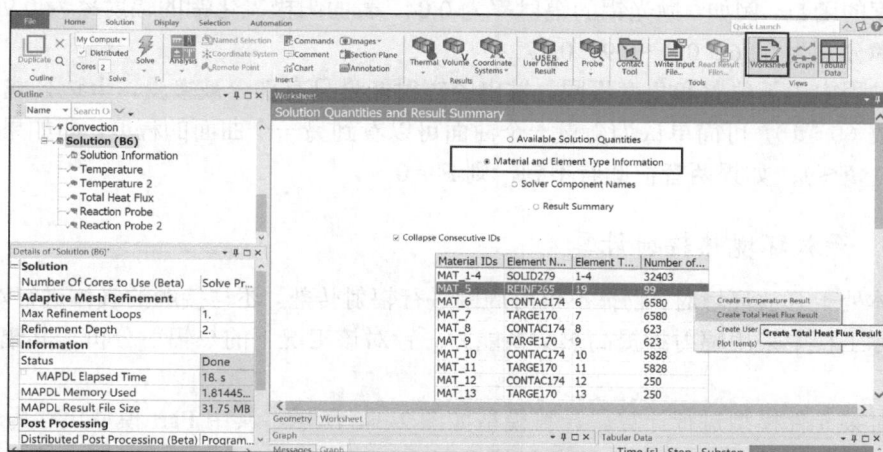

图 2-2-35 Worksheet 后处理结果

2.3 热辐射分析

热辐射过程可简化为公式 $q = \varepsilon\sigma A_{hot}F(T_{hot}^4 - T_{cold}^4)$，由式中 σ 为斯特藩-玻尔兹曼常数、A 为截面积、T 为温度（绝对温度，K）可得，所有高于绝对零度（0 K）的材料都会产生热辐射，其热通量与绝对温度的四阶差成正比，这与传导、对流与温差成正比不同。例如，第一组高低温分别为 50℃、30℃，第二组高低温分别为 550℃、530℃，温差均为 20℃，则对于同样的模型，后者辐射热通量大约为前者的 17.5 倍，可见高温条件较低温条件辐射热通量更大。

热辐射是以电磁波传递能量的现象。当投射辐射到达物体时会表现为反射、发射、吸收和透射，如图 2-3-1 所示。

将反射、吸收和透射热通量分别除以投射辐射热通量，其比值对应为反射率、吸收率和透射率，特性如表 2-3-1 所示。

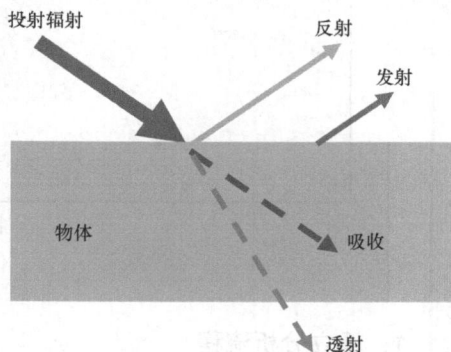

图 2-3-1 物体对投射辐射的表现

表 2-3-1 反射率、吸收率和透射率

类型	反射率	吸收率	透射率	说明
不透明	>0	>0	0	没有透射辐射
透明	0	0	1	透射所有辐射
灰	>0	>0	≥0	可反射、吸收和透射投射辐射
白	1	0	0	均匀反射所有方向上的投射辐射
黑	0	1	0	理想黑体，吸收所有投射辐射

实际物体不存在理想黑体，上边公式中的 ε 为辐射率（0~1），为相同波长、温度和视角条件下实际物体表面辐射的能量与理想黑体表面辐射的能量之比，表现为表面粗糙度、温度、波长和角度的函数。例如，抛光铝的辐射率为 0.04，表面阳极氧化铝的辐射率为 0.9；水、雪、冰的辐射率分别为 0.96、0.8~0.9、0.97。

辐射过程中由于位置和角度不同，发出的辐射能量只有部分被接受，上边公式中的 F 为辐射角系数（0~1），可简单认为衡量一个曲面可以看到另一个曲面的程度，即如果两者彼此看到，则 $0 < F \leqslant 1$；如果两者彼此看不到，则 $F = 0$。

2.3.1　开放环境热辐射计算

当物体处于开放环境时，物体不仅对周围进行辐射传热，还与接触的气体进行对流传热，例如，实际工程中采用辐射板提高热交换能力。针对该工况下的热辐射分析，其辐射角一般取 1。

下面对某元件模型进行计算。计算模型如图 2-3-2 所示，其中 Part 模型尺寸为 10 mm × 10 mm × 5 mm，产生 3 W 热量；辐射板模型尺寸为 50 mm × 25 mm × 1 mm，表面辐射率为 0.9，求该模型置于 25℃开放环境中，辐射板的温度分布情况。

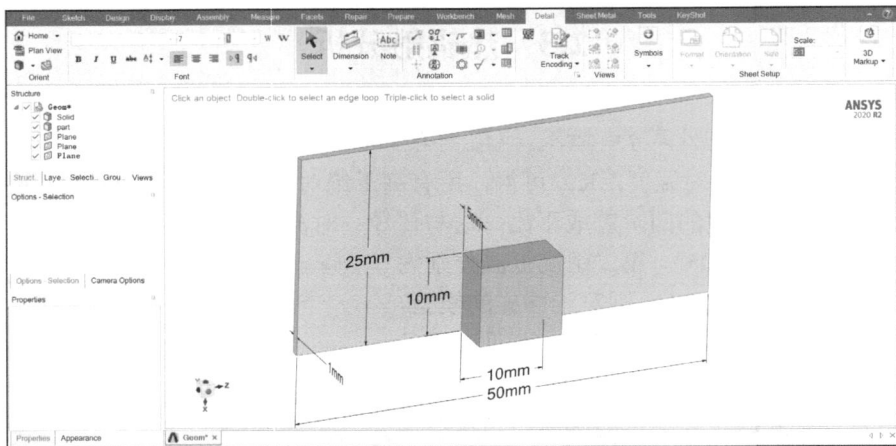

图 2-3-2　计算模型

1．建立分析流程

如图 2-3-3 所示，建立分析流程。其中包括 A 框架结构的 Spaceclaim 建模模块，B 框架结构的 Steady-State Thermal 稳态热分析。

Engineering Data 项选择软件 Thermal Materials 库中的 Aluminum 和 Silver，如图 2-3-4 所示。

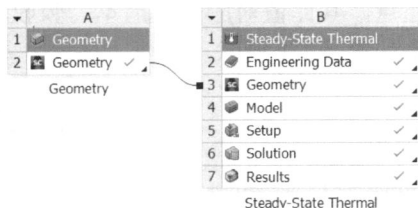

图 2-3-3　分析流程

2．前处理

双击 B4 Model 项进入 Mechanical 前处理。分别对各个模型定义对应的材料参数，将

Geometry→Geom\Solid（辐射板）模型的 Assignment 设置为 Aluminum；Geometry→Geom\part（元件）模型的 Assignment 设置为 Silver。

图 2-3-4　材料选择

在接触定义中，Solid 外表面定义为接触面，part 内表面定义为目标面，Type 设置为 Bonded，其余均默认，如图 2-3-5 所示；网格划分中仅设置 Element Size 为 0.000 5 m，其余项保持默认设置。

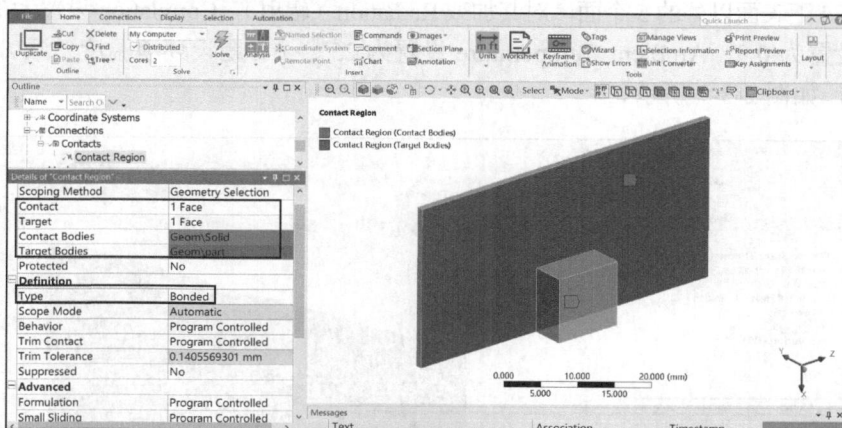

图 2-3-5　接触定义

3. 边界条件定义

修改 Initial Temperature 的 Initial Temperature Value 为 25℃（与题设环境温度一致）。

Analysis Settings 各选项全部采用默认设置，其中 Radiosity Controls 项用于对辐射进行迭代计算控制，Radiosity Solver 中有 Direct、Iterative Jacobi（默认）和 Iterative Gauss-Seidel 三种算法，一般而言 Iterative Jacobi 收敛性较好，而 Iterative Gauss-Seidel 收敛速度较快；Hemicube Resolution 用于计算辐射角系数，对于开放环境，保持默认即可。

> **注意**
> 辐射分析属于非线性计算，存在迭代收敛计算过程。

选择 part 体，对其加载 Internal Heat Generation，数值为 6 000 000 W·m^{-3}［体积为 $10 \times 10 \times 5 = 500(\text{mm}^3)$，$6\ 000\ 000 \times 0.000\ 000\ 5 = 3(\text{W})$，与题设条件一致］；选择 Solid 的全部 6 个面，对其加载 Convection，Film Coefficient 设置为 10 W·m^{-2}·℃$^{-1}$，Ambient Temperature 设置为 25℃（与题设环境温度一致），如图 2-3-6 所示。

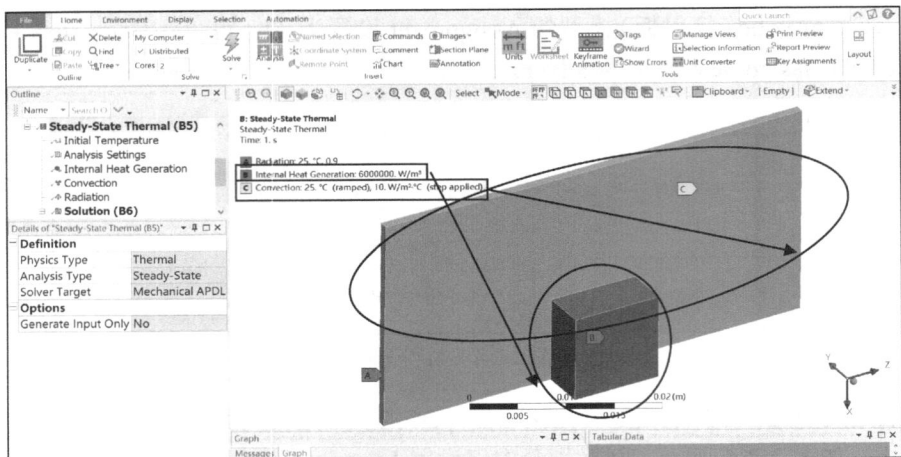

图 2-3-6　边界条件（1）

选择 Solid 下表面以外的 5 个面，对其加载 Radiation（辐射），Correlation 设置为 To Ambient，Emissivity 设置为 0.9，Ambient Temperature 设置为 25℃（与题设环境温度一致），其余项采用默认设置，如图 2-3-7 所示。

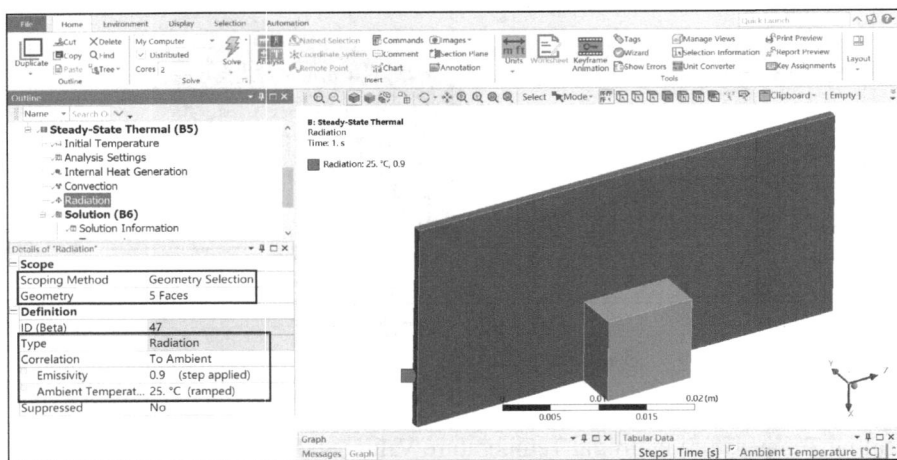

图 2-3-7　边界条件（2）

注意

因为辐射板温度未知，所以采用试算法，理论计算过程如下。

1）设辐射板温度为 55℃，则 $T_{bulk} = (55 + 25)/2 = 40$ ℃，依据干空气的热物理性质可查得 $k = 0.027\,6\ \text{W}\cdot\text{m}^{-1}\cdot\text{K}^{-1}$；$\gamma = 1.69 \times 10^{-5}\ \text{m}^2\cdot\text{s}^{-1}$；$\beta = 1/(40 + 273) = 0.003\,2\ \text{K}^{-1}$；$\rho = 1.128\ \text{kg}\cdot\text{m}^{-3}$；$P_r = 0.699$。

$$Ra = G_r P_r = \frac{\beta g L^3 \Delta T}{\gamma^2} P_r = \frac{0.003\,2 \times 9.8 \times 0.025^3 \times (55 - 25)}{1.69^2 \times 10^{-10}} \times 0.699 = 35\,977 \quad (Ra < 10^9，\text{层流})；$$

$$Nu = CRa^n，\text{其中 } C = 0.59，n = 0.25；$$

$$h = \frac{Nuk}{L} = \frac{0.59 \times 35\,977^{0.25} \times 0.027\,6}{0.025} = 8.971\ \text{W}\cdot\text{m}^{-2}\cdot\text{K}^{-1}$$

$$Q_{对流} = Ah(T_{solid} - T_{fluid}) = 2 \times [(0.05 \times 0.025) + (0.05 \times 0.001) + (0.025 \times 0.001)] \times 8.971 \times (55-25) = 0.713 \text{ W}$$

$$Q_{辐射} = \varepsilon \sigma A_{hot} F(T_{hot}^4 - T_{cold}^4) = 0.9 \times (2 \times 0.05 \times 0.025 + 2 \times 0.025 \times 0.001 + 0.05 \times 0.001) \times$$

$$5.67 \times 10^{-8} \times [(55+273)^4 - (25+273)^4] = 0.489 \text{ W}$$

$$Q_{总} = 0.713 + 0.489 = 1.202 \text{ W}$$

2）同理计算辐射板温度为 75℃ 和 95℃ 时的总热量（试算法），计算结果如图 2-3-8 所示。

	A	B	C	D	E	F	G	H	I	J	K	L	M	N	O
	设定温度	环境温度	k	黏度	密度	β	Pr	ΔT	Ra	A1	h	Q对流	A2	Q辐射	Q总
	55	25	0.0276	1.69E-05	1.128	0.003195	0.699	30	3.59E+04	0.00265	8.97E+00	7.13E-01	0.0026	0.489339	1.20E+00
	75	25	0.0283	1.79E-05	1.093	0.003096	0.698	50	5.16E+04	0.00265	1.01E+01	1.33E+00	0.0026	0.899561	2.23E+00
	95	25	0.029	1.89E-05	1.06	0.003003	0.696	70	6.27E+04	0.00265	1.08E+01	2.01E+00	0.0026	1.386951	3.40E+00

图 2-3-8　计算结果

以设定温度为 x 轴、$Q_{总}$ 为 y 轴建立坐标系，得到温度与总热量的关系图，并拟合线性公式，如图 2-3-9 所示。

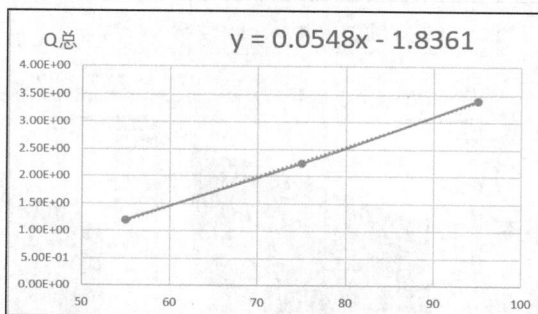

图 2-3-9　曲线拟合

由图可得，当总热量为 3 W 时，辐射板温度为 88.25℃（假设辐射板温度一致，忽略热传导过程）。

4．后处理

计算完成后，查看 Temperature 后处理（整体模型和辐射板模型）结果，如图 2-3-10 所示。图中显示整体模型最高温度为 93.331℃，最低温度为 89.253℃；辐射板模型最高温度为 93.267℃，最低温度为 89.253℃，平均温度 90.527℃。该计算虽然考虑了辐射板的热传导过程，但是距离理论计算结果仍有一些差异。究其原因，主要是对流中的 Film Coefficient 设置为 10 W·m⁻²·℃⁻¹，该数值来源于对第一次试算结果的估计，如果按照理论计算值 88.25℃，Film Coefficient 应设置为 10.5 W·m⁻²·℃⁻¹。

在边界条件中修改对流换热系数为 10.5，重新计算，查看 Temperature 后处理（整体模型和辐射板模型）结果，如图 2-3-11 所示。图中显示整体模型最高温度为 91.673℃，最低温度为 87.596℃；辐射板模型最高温度为 91.61℃，最低温度为 87.60℃，平均温度约为 88.87℃。其平均温度与理论计算结果相差 0.7%。

查看 Reaction Probe 后处理结果，如图 2-3-12 所示，其中 Location Method 设置为 Boundary Condition，Boundary Condition 设置为 Convection（辐射板自然对流），可得平衡热量为 −1.776 8 W；同理查看 Radiation（辐射板辐射），可得平衡热量为 −1.229 7 W。两者之和为 3.006 5 W，与输入的 3 W 条件相差无几。

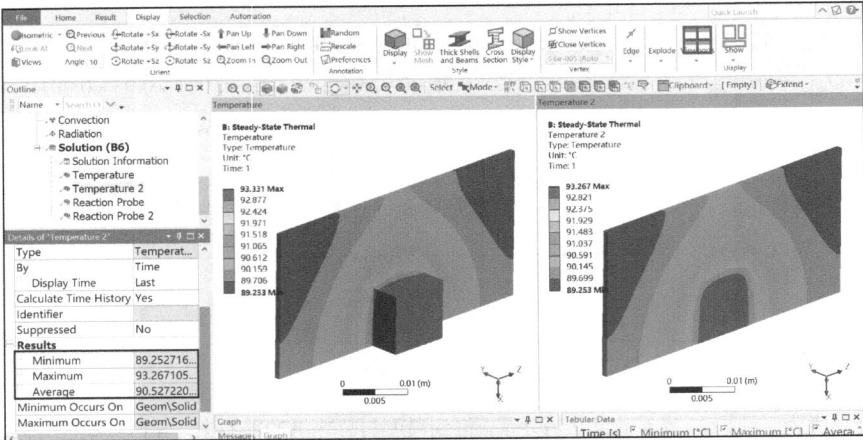

图 2-3-10　后处理结果

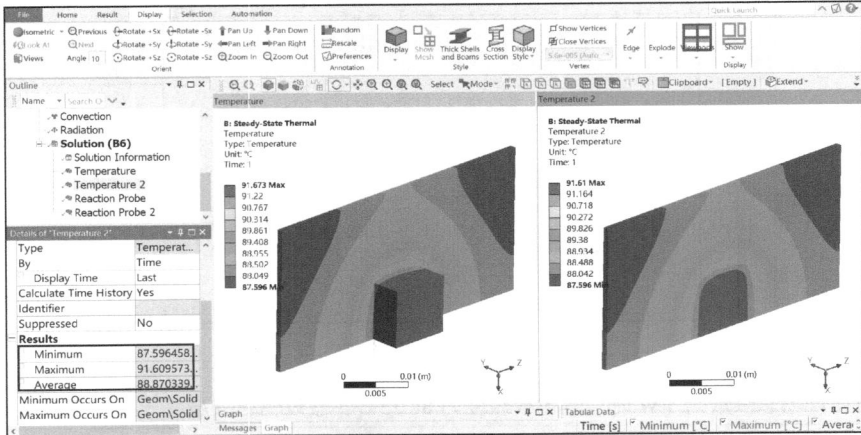

图 2-3-11　后处理结果

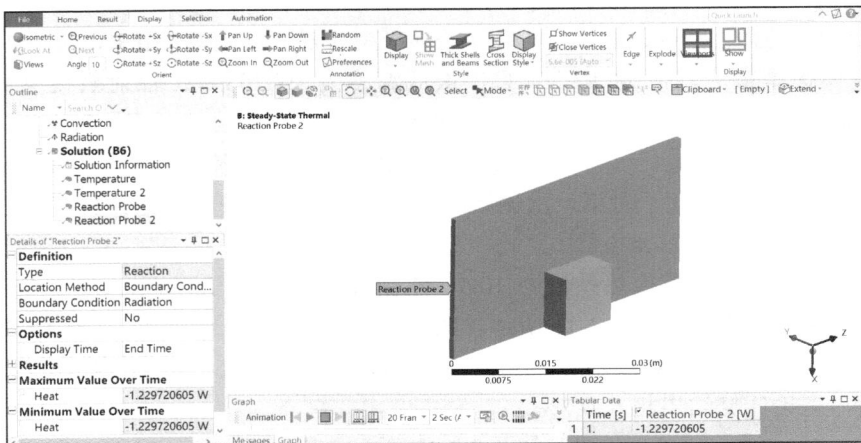

图 2-3-12　Reaction Probe 后处理结果

虽然该计算结果精度已经比较高，但是如果需要继续提高计算精度，可以尝试在网格划分中将 Element Order 修改为 Linear（线性），重新计算后，可得对流边界条件的平衡热量为

−1.775 857 W，辐射边界条件的平衡热量为−1.228 833 W，两者之和为 3.00 469 W，较二次单元（默认）计算结果精度更高。由此可知，在热分析相关辐射计算中，线性单元往往比二次单元的精度更高，当然前提必须保证足够的网格数量。

打开计算目录下 dp0\SYS\MECH\ds.dat 文件，可以查看相关辐射的命令为：

```
sf,_XXX,rdsf,0.9,1          !辐射边界条件，定义 Emissivity 为 0.9，XXX 为辐射面对应编号
d,XXX,temp,25               !辐射边界条件，定义 Ambient Temperature 为 25℃
radopt,,0.0001,0,1000,0.0001,0.1    !辐射收敛设置，采用软件默认值
hemiopt,10                  !辐射收敛设置中 Hemicube 项，采用软件默认值
```

ANSYS 软件一共提供了两种辐射计算算法，Workbench 默认为 Radiosity 算法，内核即上述命令流形式。此外还有 AUX12 算法，需要在边界条件处调用命令才可使用，插入 Command 内容如下（注释中加粗部分可根据具体情况修改）：

```
finish
/prep7                      !前处理
!********shell57********     !AUX12 算法必须使用 shell57 热单元
cmsel,s,cavity              !采用 named selections 将辐射对命名为“cavity”，选取该面
*get,tmax,etyp,0,num,max    !找到该面上最大的单元类型（element type），并将其赋值为 tmax
et,tmax+1,57               !将 shell57 热单元类型赋值为 tmax+1
type,tmax+1                 !调用 shell57 热单元类型
mat,tmax+1                  !调用 shell57 热单元材料参数
real,tmax+1                 !调用 shell57 热单元实常数
esurf                       !基于 cavity 面创建 shell57 单元
!********spacenode********   !创建空间位置点，用于吸收辐射对之外的辐射能量，位置任意
allsel,all                  !选择所有
*get,nmax,node,0,num,max    !找到最大的节点编号（node），并将其赋值为 nmax
n_space=nmax+1              !定义节点 n_space 等于 nmax + 1
n,n_space,0,0,0            !创建该节点，其位置位于绝对坐标系 0,0,0
fini
!**radiation processor**     !AUX12 算法流程
/aux12                      !调用 AUX12 算法
esel,s,type,,tmax+1         !选择所有 shell57 单元
nsle                        !选择其中所有节点
stef,5.67e-8               !定义 stefan-boltzmann 系数为 5.67e-8 w·m⁻²·k⁻⁴
emis,tmax+1,0.8            !定义 emissivity 系数为 0.8
vtype,0,40                 !角系数计算方法，0 表示隐藏方法，不论辐射对之间是否存在阻
                            拦都可以适用，40 为辐射对之间的射线数量，其越大，角系数
                            越准确
geom,0                      !3d 模型
space,n_space              !对于开放系统，必须定义空间位置点
write                       !写出辐射矩阵文件
fini
!*****superelement******     !基于辐射矩阵创建超单元
/prep7                      !进入前处理
et,tmax+2,50,1             !将 matrix50 超单元类型赋值为 tmax+2，keyoption 1 定
                            义为 1 表示热辐射分析
type,tmax+2                 !调用 matrix50 超单元类型
```

```
mat,tmax+2                      !调用 matrix50 超单元材料参数
mp,kxx,tmax+2,0                 !定义用 matrix50 超单元 kxx 参数，任意值均可
se,                             !将辐射矩阵文件写入超单元矩阵
esel,s,type,,tmax+1             !选择所有 shell157 单元
edel,all                        !将 shell157 单元删除
toffst,273                      !由于温度为国际单位制，设置摄氏度与国际单位制的关系
allsel
d,n_space,temp,50               !对 n_space 节点定义温度为 50℃（辐射环境温度）
fini
/solu                           !求解
outres,basic,last
```

　　下面为 3 个平板模型（从上至下，平板的外形尺寸依次为 60 mm×50 mm×5 mm、100 mm×90 mm×5 mm 和 60 mm×50 mm×5 mm，间距均为 47.5 mm），比较 Radiosity 算法和 AUX12 算法的区别，其中边界条件统一为：最上平板的上平面温度为 100℃，中间平板的 4 个侧面温度为 22℃，如图 2-3-13 所示。

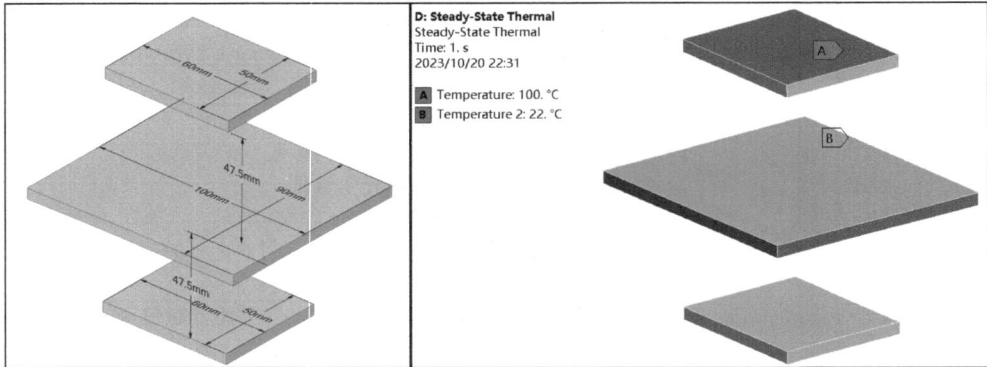

图 2-3-13　计算模型及边界条件

　　以上平板模型的下平面和下平板模型的上平面为辐射对，中间存在大平板模型障碍（假设大平板是投射率为 1 的模型），辐射边界条件中 Emissivity 设置为 0.9，Ambient Temperature 设置为 50℃，网格均采用线性单元，其稳态热分析计算结果如表 2-3-2 所示。

表 2-3-2　　　　　　　　　　　　　　反射率、吸收率和透射率

算法	相关设置	下平板的上平面温度后处理结果
Radiosity	Analysis Settings→Hemicube Resolution 设置为 10	
Radiosity	Analysis Settings→Hemicube Resolution 设置为 100	

算法	相关设置	下平板的上平面温度后处理结果
AUX12	插入上述命令	
AUX12	插入上述命令，将 vtype,0,40 修改为 vtype,1,40	

由表可知，不论 Radiosity 算法还是 AUX12 算法，对中间存在障碍的辐射分析计算结果均在 53℃左右，只是 AUX12 算法计算所得温度略低于 Radiosity 算法计算所得温度，如果只以整体温度为评估标准，两者精度几乎一致。但如果以局部温度为评估标准，Radiosity 算法中 Hemicube Resolution 为默认设置时，辐射对表面的温度后处理结果显示中心高温区无规律，仅对角显示低温区；当 Hemicube Resolution 设置为 100 时，辐射对表面的温度后处理结果显示中心高温区呈圆形分布，对角低温区不明显，且在某区域出现一个温度分布噪点。AUX12 算法中采用 vtype,0,40 命令（隐藏方法，适用于辐射对中间存在障碍）时，辐射对表面的温度后处理结果显示中心高温区呈圆形分布，四角低温区分布明显；AUX12 算法中采用 vtype,1,40 命令（非隐藏方法，不适用辐射对中间存在障碍）时，辐射对表面的温度后处理结果显示中心高温区呈圆形分布，四角低温区分布明显，但整体温度结果最低。

综上所述，如果想要得到高精度的辐射温度结果，建议采用 AUX12 算法，且隐藏方法（vtype,0,XX 形式）适用性更广，虽然计算效率低于非隐藏方法（vtype,1,XX 形式），但非隐藏方法遇到中间障碍时，不仅可能计算结果偏小，甚至可能导致计算不收敛。

2.3.2 面对面热辐射计算

物体不仅对开放环境进行辐射传热，不同物体之间也存在辐射传热，即面对面热辐射。软件中针对该类型在 Enclosure Type 中存在 Open 和 Perfect 两种设置，分别表示非封闭系统和封闭系统。一般而言，非封闭系统的辐射角小于 1，而封闭系统的辐射角等于 1。

下面先以理想封闭模型计算面对面辐射，计算模型如图 2-3-14 所示，某长方壳体尺寸为 $0.5\,\text{m} \times 0.4\,\text{m} \times 0.3\,\text{m}$，顶面和 4 个侧面温度为 300℃，表面辐射率为 0.8；底面温度为 150℃，表面辐射率为 0.6，求顶面和 4 个侧面对底面的辐射传热量。

解：由图可知，系统为封闭系统，$F_{21} = 1$，$A_1 = 0.5 \times 0.4 + 2 \times 0.4 \times 0.3 + 2 \times 0.5 \times 0.3 = 0.74\,\text{m}^2$，$\varepsilon_1 = 0.8$，$A_2 = 0.5 \times 0.4 = 0.2\,\text{m}^2$，$\varepsilon_2 = 0.6$。因为 $A_1 F_{12} = A_2 F_{21}$，所以 $F_{12} = 0.27$。

$$Q_{\text{辐射}} = \frac{\sigma A_1 (T_{\text{hot}}^4 - T_{\text{cold}}^4)}{\dfrac{1 - \varepsilon_1}{\varepsilon_1} + \dfrac{1}{F_{12}} + \dfrac{(1 - \varepsilon_2) A_1}{\varepsilon_2 A_2}} = \frac{5.67 \times 10^{-8} \times 0.74 \times [(300 + 273)^4 - (150 + 273)^4]}{\dfrac{0.2}{0.8} + \dfrac{1}{0.27} + \dfrac{0.4 \times 0.74}{0.6 \times 0.2}} = 495(\text{W})$$

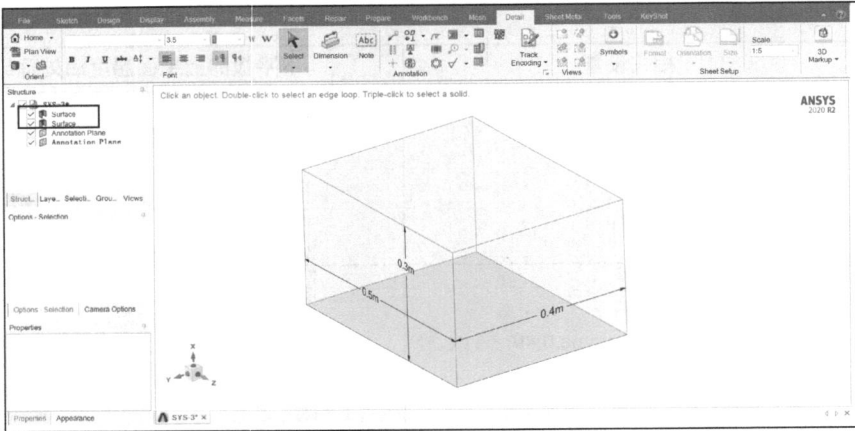

图 2-3-14　计算模型

有限元计算流程说明如下。

1）对壳模型定义厚度和赋予材料，因为不涉及热传导，所以厚度和材料任意赋值。

2）网格尺度与计算精度有直接关系，Element Size 设置为 25 mm。

3）单击 Analysis Settings，下方的 Details 窗口中的 Radiosity Controls 下的 Hemicube Resolution（默认为 10）项与计算精度有直接关系，设置为 50。

4）边界条件中对顶面和 4 个侧面组合的壳体定义温度为 300℃；对底面壳体定义温度为 150℃；对顶面和 4 个侧面定义辐射，设置如图 2-3-15 所示，其中对于壳模型，必须根据实际工况设置，将 Shell Face 设置为 Bottom（本例辐射只存在于壳体内部），Correlation 设置为 Surface to Surface，Emissivity 设置为 0.8（与题设条件一致），Enclosure 设置为 1（该编号用于让软件识别辐射对），Enclosure Type 设置为 Perfect（封闭系统）；对底面定义辐射，仅 Emissivity 设置为 0.6（与题设条件一致），其余与图 2-3-15 一致。

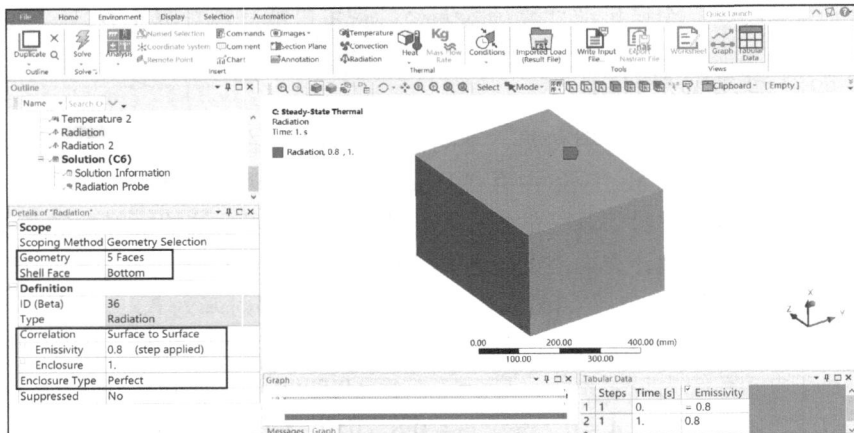

图 2-3-15　辐射边界条件

5）计算完成查看 Radiation Probe 后处理结果，可得 Outgoing Net Radiation 为 494.2 W，与理论计算结果相差 0.2%，误差原因除了网格尺度和 Hemicube Resolution 设置，还在于理论计算时固定参数的选取精度。

由上可知，面对面热辐射计算精度关键在于网格尺度和 Hemicube Resolution 设置，其设置直接影响辐射角系数的精度。对于非封闭系统，由于辐射角系数相当复杂，为保证计算精度，网格尺度和 Hemicube Resolution 设置需要多次调试，当然过大的参数设置必定对计算效率产生影响。下面以篝火模型计算非封闭系统的面对面辐射，计算模型如图 2-3-16 所示，5 个人分布在直径为 0.49 m 的 Woodhot 篝火模型周围，旁边有 WoodCold 模型作为篝火的屏障，上述模型均置于直径为 4 m 的 Solid 土地模型中，其外为 6.76 m × 6.22 m × 0.9 m 的 Solid1 长方形土地，其中 Solid1、Solid、Woodhot 和 WoodCold 这 4 个模型通过 Merge 进行共节点设置，篝火温度为 600℃，求每人受到的辐射传热量。

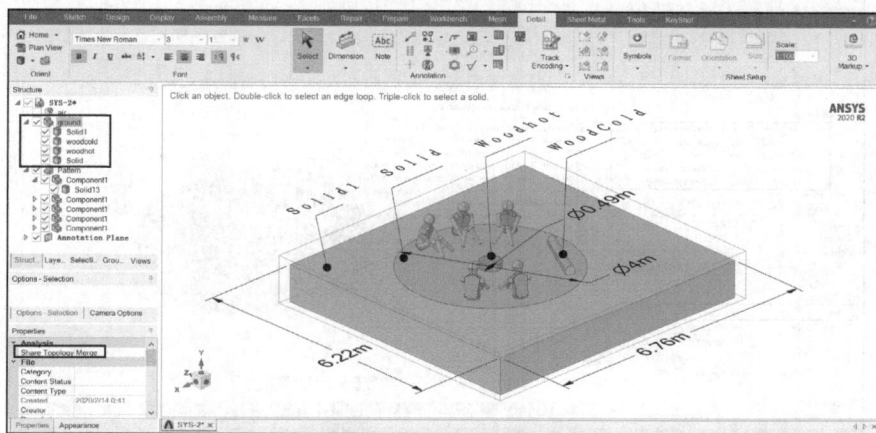

图 2-3-16 计算模型

1. 设置材料

Engineering Data 项选择软件 Thermal Materials 库中的 Air（该材料参数暂时不用），并将 Ground、Human 和 Wood 的热传导系数 Isotropic Thermal Conductivity 分别设置为 0.364 W·m^{-1}·℃$^{-1}$、0.5 W·m^{-1}·℃$^{-1}$ 和 0.2 W·m^{-1}·℃$^{-1}$，如图 2-3-17 所示。

Outline of Schematic A2: Engineering Data

	A	B	C	D	E
1	Contents of Engineering Data			Source	Description
2	Material				
3	Air			Thermal_Materials.xml	Thermal Properties for Air
4	ground			D:\Series 3 Heat\Simulat	
5	human			D:\Series 3 Heat\Simulat	
6	wood			D:\Series 3 Heat\Simulat	

Properties of Outline Row 4: ground

	A	B	C	D	E
1	Property	Value	Unit		
2	Material Field Variables	Table			
3	Isotropic Thermal Conductivity	0.364	W m^-1 C^-1		

Properties of Outline Row 5: human

	A	B	C	D	E
1	Property	Value	Unit		
2	Material Field Variables	Table			
3	Isotropic Thermal Conductivity	0.5	W m^-1 C^-1		

Properties of Outline Row 6: wood

	A	B	C	D	E
1	Property	Value	Unit		
2	Material Field Variables	Table			
3	Isotropic Thermal Conductivity	0.2	W m^-1 C^-1		

图 2-3-17 材料定义

2. 前处理

进入 Mechanical 前处理后，分别对各个模型定义对应的材料参数，将 Geometry→Ground\Woodhot 和 WoodCold 模型的 Assignment 设置为 Wood；Geometry→Ground\Solid 和 Solid1 模型的 Assignment 设置为 Ground；5 个 Geometry→Component1\Solid13 模型的 Assignment 设置为 Human。

接触定义中采用默认的接触设置，即 Solid 上表面定义为接触面，人体下部 7 个面定义为目标面，Type 设置为 Bonded，其余均默认，一共 5 对接触，如图 2-3-18 所示。

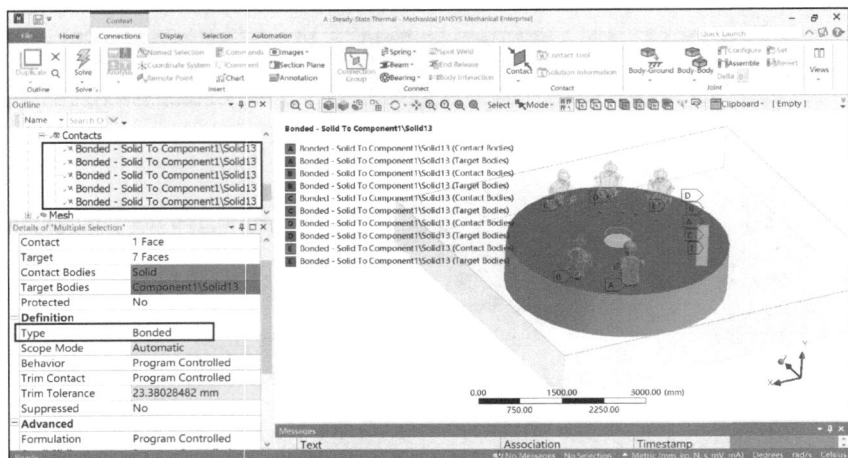

图 2-3-18　接触定义

在网格划分中，为保证效率和精度，将 Element Order 设置为 Linear，对 5 个人体定义网格尺寸为 35 mm，对 Solid 模型的上表面定义网格尺寸为 125 mm；对 Solid1 模型的上表面定义网格尺寸为 500 mm；对 WoodCold 体定义网格尺寸为 50 mm；对 Solid、Solid1 和 Woodhot 这 3 个体定义 MultiZone 网格划分，如图 2-3-19 所示。

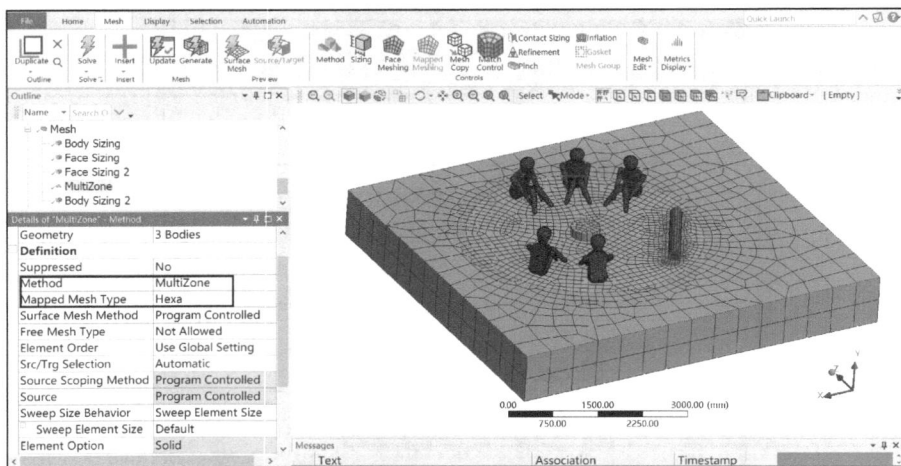

图 2-3-19　网格设置

> **注意**
>
> 　　热辐射分析的网格尺度非常关键，因为重点关注人体，所以人体模型的网格必须足够密；同时 WoodCold 对整个非封闭热辐射系统有很大的干扰，也必须加密；Woodhot 和 Solid 模型确定了非封闭的主要区域；Solid1 模型为辐射的远场，网格一般即可。

3.边界条件定义

　　修改 Initial Temperature 的 Initial Temperature Value 为 15℃（环境温度）。

　　单击 Analysis Settings，在下方的 Details 窗口中将 Radiosity Controls 下的 Hemicube Resolution 设置为 50，因为对于较复杂的面进行面热辐射计算，如果默认采用 10，会导致较大的误差。其余各选项全部采用默认设置。

　　选择 Woodhot 体，对其加载 Temperature，数值为 600℃（与题设一致），如图 2-3-20 所示。

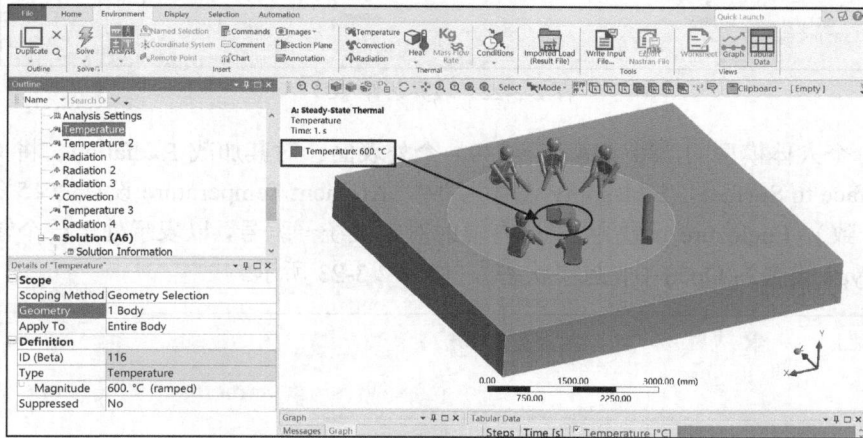

图 2-3-20　边界条件（1）

　　选择 Solid 和 Solid1 的下表面，对其加载 Temperature，数值为 15℃（定义远场温度，与环境温度一致），如图 2-3-21 所示。

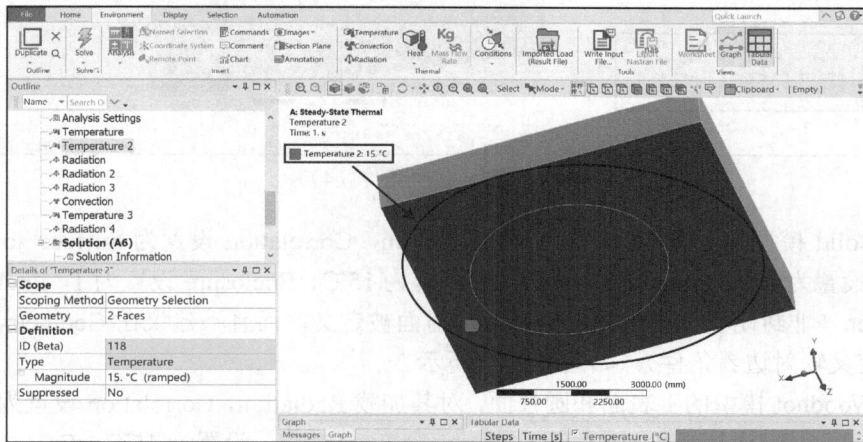

图 2-3-21　边界条件（2）

选择 WoodCold 体，对其加载 Temperature，数值为 15℃（与环境温度一致），如图 2-3-22 所示。

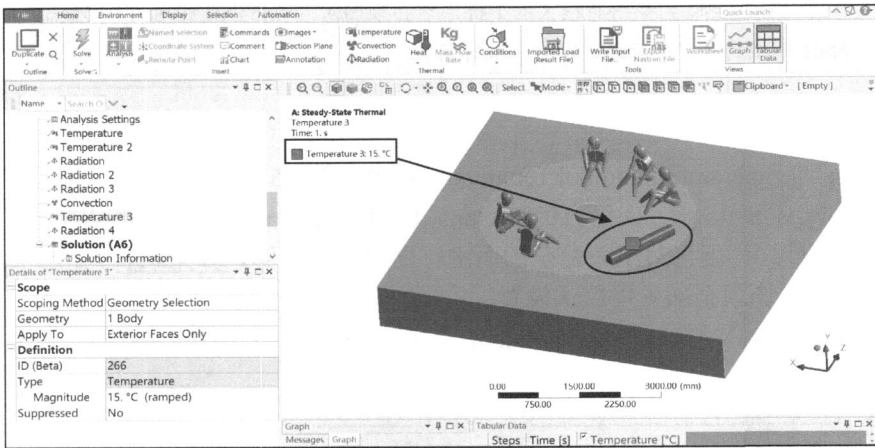

图 2-3-22　边界条件（3）

选择 5 个人体模型的 280（56×5＝280）个外表面，对其加载 Radiation，将 Correlation 设置为 Surface to Surface，Emissivity 设置为 0.9，Ambient Temperature 设置为 15℃（与题设环境温度一致），Enclosure 设置为 1（所有辐射对定义统一编号，以表示处于一个辐射系统），Enclosure Type 设置为 Open（非封闭状态），如图 2-3-23 所示。

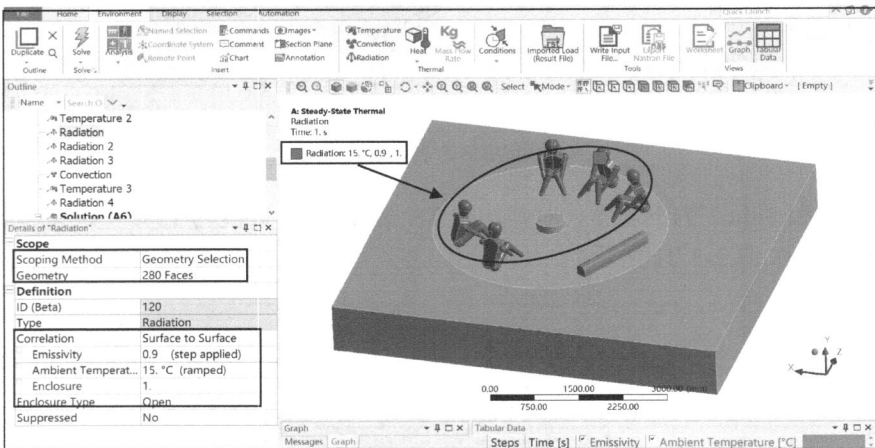

图 2-3-23　边界条件（4）

选择 Solid 模型的上表面，对其加载 Radiation，Correlation 设置为 Surface to Surface，Emissivity 设置为 0.9，Ambient Temperature 设置为 15℃，Enclosure 设置为 1，Enclosure Type 设置为 Open（非封闭状态中必须保证所有辐射面被定义，而且不建议在 Geometry 区中利用多选统一定义辐射边界条件），如图 2-3-24 所示。

选择 Woodhot 模型的上表面和圆柱面，对其加载 Radiation，Correlation 设置为 Surface to Surface，Emissivity 设置为 1（辐射源），Ambient Temperature 设置为 15℃，Enclosure 设置为 1，Enclosure Type 设置为 Open，如图 2-3-25 所示。

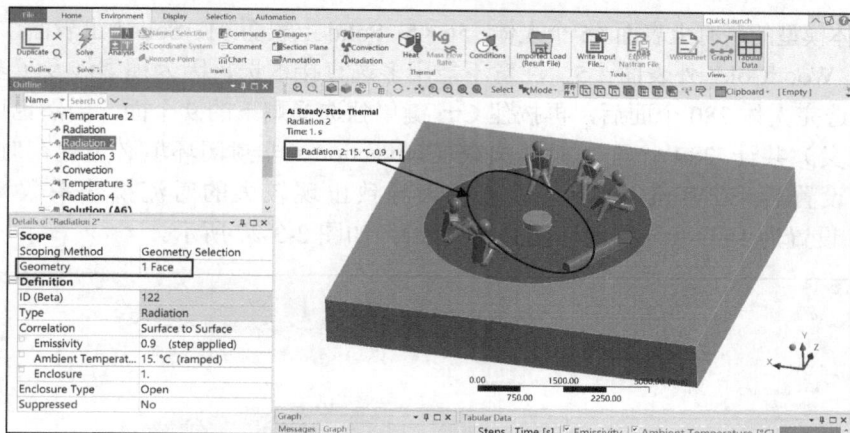

图 2-3-24 边界条件（5）

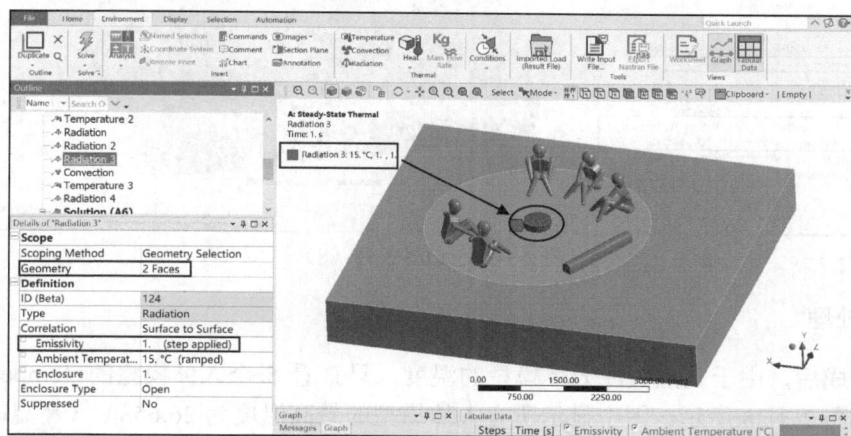

图 2-3-25 边界条件（6）

选择 WoodCold 模型除去与 Solid 相接触的底面以外的其他 5 个面，对其加载 Radiation，Correlation 设置为 Surface to Surface，Emissivity 设置为 0.8，Ambient Temperature 设置为 15℃，Enclosure 设置为 1，Enclosure Type 设置为 Open，如图 2-3-26 所示。

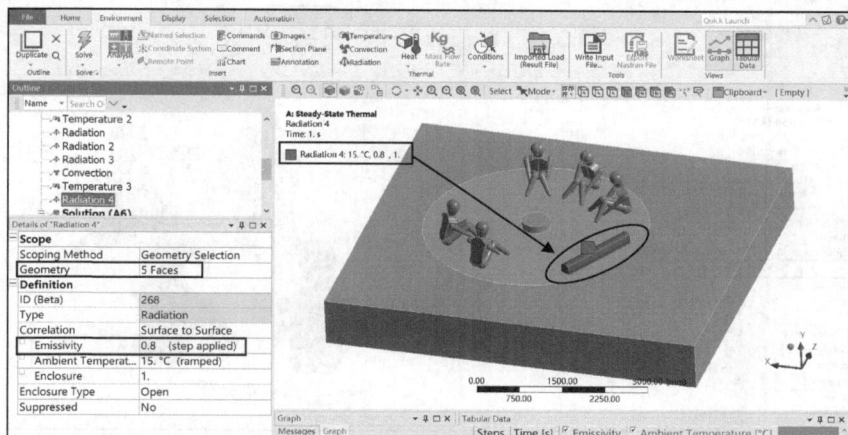

图 2-3-26 边界条件（7）

选择全体模型的所有上表面（5 个人体：56×5；Solid 上表面：1；Solid1 上表面：1；Woodhot 外表面：2；WoodCold 外表面：5，注意不能用多选直接框选，因为模型涉及了多个部件，可以用框选选完人体 280 个面后，再按住 Ctrl 键单独选择剩下的 9 个面，当然也可使用命名选择进行定义）共计 289 个面，对其加载 Convection（非封闭环境必定存在对流），Film Coefficient 设置为 50 W·m^{-2}·℃$^{-1}$（温差较大导致出现较大的对流换热系数），Ambient Temperature 设置为 15℃（与题设环境温度一致），如图 2-3-27 所示。

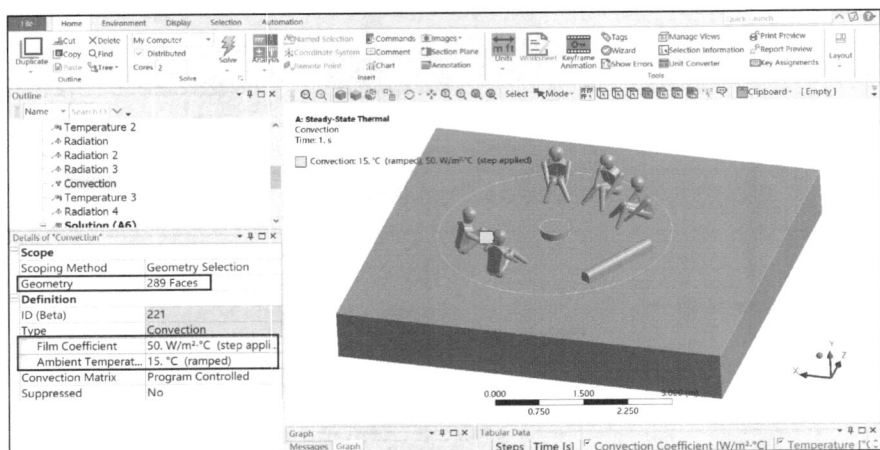

图 2-3-27　边界条件（8）

4．后处理

计算完成后，由于重点关注人体模型的温度，只查看 5 个人体模型的 Temperature 后处理结果，如图 2-3-28 所示。图中显示所有人体模型的最高温度为 26.658℃（高温区域主要为面部、胸部和小腿处），最低温度为 15.017℃（主要为人体背部，但高于环境温度）；对比 5 个人体模型，可以发现温度存在细微差异，导致差异的原因是 WoodCold 模型作为篝火的屏障使每个人的辐射角系数不同，如果去除该模型，系统呈现为以篝火为中心的轴对称形式，则 5 个人体模型的计算温度会基本一致。

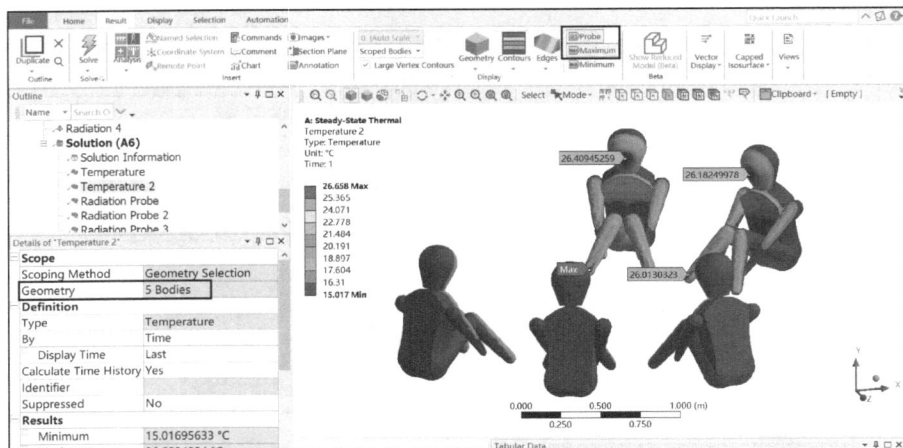

图 2-3-28　后处理结果

查看 Reaction Probe 和 Radiation 后处理结果，如表 2-3-3 所示。由此可知对于辐射，每一行均满足投射辐射量 = 发射辐射量+反射辐射量−输出辐射量，同时对于非封闭系统，表现为平衡热量之和等于输出辐射量之和，这与"封闭系统中输出辐射数值近似相等"不同。

表 2-3-3　　　　　　　　　　　　各边界条件热量（单位：W）

模型及边界条件	输出辐射	发射辐射	反射辐射	投射辐射	说明
5 个人体辐射	−705.777	2 731.164	381.883	3 818.824	3 818.824＝2 731.164+381.883−（−705.777）
Solid 辐射	−1 620.790	5 863.187	831.551	8 315.528	8 315.528＝5 863.187+831.551−（−1 620.790）
Woodhot 辐射	13 384.223	13 955.770	−6.50E−12	571.546	571.546＝13 955.770+（−6.5E−12）−13 384.223
WoodCold 辐射	−89.285	268.566	89.463	447.314	447.314＝268.566+89.463−（−89.285）
Woodhot 温度				平衡热量 29 506.905	
WoodCold 温度				平衡热量 −18.090	13 384.223−705.777−1 620.790−89.285≠0； 29 506.905−18 431.684−18.090−86.773 ≈ 13 384.223−705.777−1 620.790−89.285
Solid 和 Solid1 底面温度				平衡热量 −86.773	
所有模型上表面对流				平衡热量 −18 431.684	

该例计算已经完成。在日常生活中，人在篝火旁会有发热的感觉，同时模型中仅考虑木材，忽略火焰效果，可得到该计算结果的人体最高温度为 26.658℃，误差较大。究其原因主要是忽略了高温空气的对流和辐射效果，如果要考虑空气的多种热效应，一般需要在 CFD 模块中进行计算，但在 Mechanical 模块中也可以进行粗略估算。修改模型如图 2-3-29 所示，即在 Solid 模型上方建立一个高 2 m 的空气层。

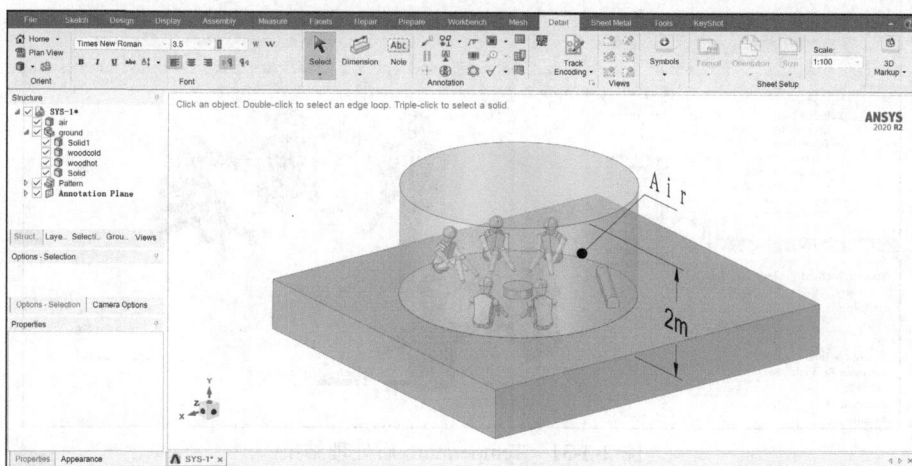

图 2-3-29　修改模型

新增模型的 Assignment 设置为 Air；新增所有接触中 Type 设置为 Bonded，Formulation 设置为 MPC（否则计算结果出现负温度）；在边界条件修改原对流条件中的 Film Coefficient 为 20 W·m^{-2}·℃$^{-1}$；新增对流条件如图 2-3-30 所示，选择 Air 模型的上表面和圆柱面，对其加载 Convection，Film Coefficient 设置为 50 W·m^{-2}·℃$^{-1}$，Ambient Temperature 设置为 15℃（与题设环境温度一致）。

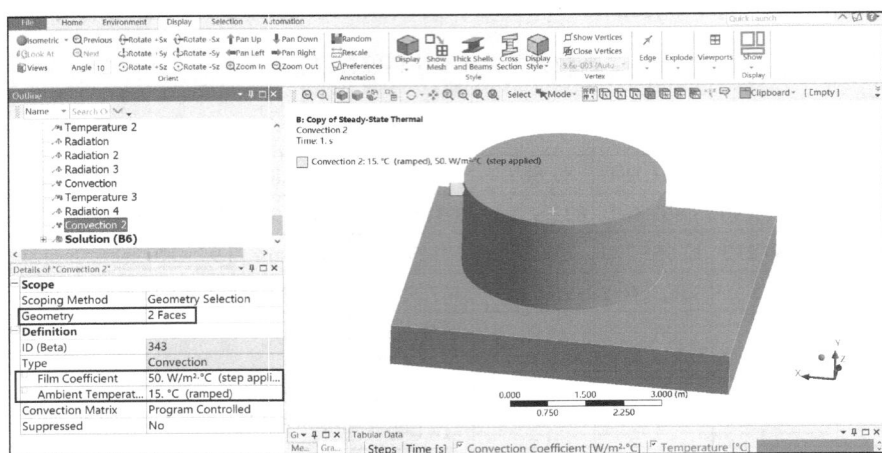

图 2-3-30　新增边界条件

注意

增加 Air 模型后，内部的对流换热系数相对较小，外部边界处的对流换热系数一般较大，可参考 1.2 节。

计算完成后，查看 5 个人体模型的 Temperature 后处理结果，如图 2-3-31 所示。图中显示所有人体模型最高温度为 41.767℃，该计算温度明显较之前提高；再查看 5 个人体模型的 Total Heat Flux 后处理结果，可以查看热通量的数值和方向，如图 2-3-32 所示，读者可以自行对比前后差别。

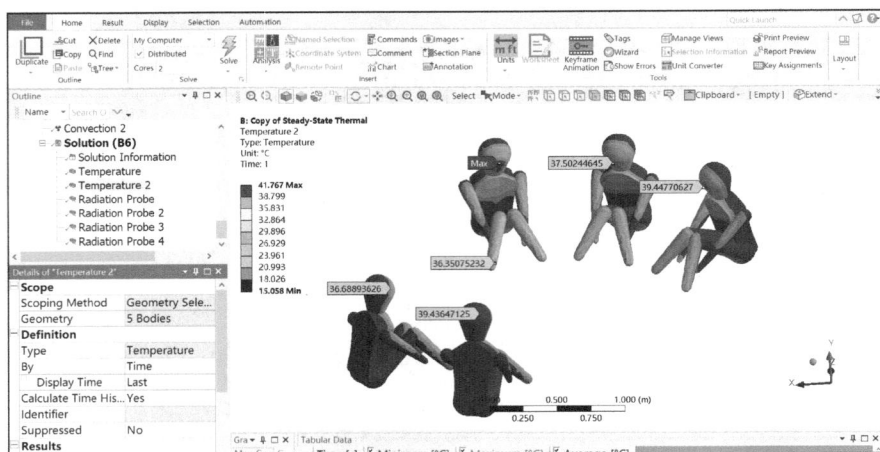

图 2-3-31　Temperature 后处理结果

使用 Mechanical 模块进行热分析计算简便快捷，但是实际工程中发现，直接简单采用 Mechanical 模块的计算结果往往低于实际测量温度。究其原因主要是忽略了模型上部的空气层，这段空气层类似隔热的暖气垫（该层空气温度在传导和对流等因素影响下，高于环境温度），使得结构件散热更困难，所以实际温度将高于计算温度。有鉴于此，如果不过分关注该段空气层的热传递过程，则不需要采用 CFD 模块，只需在结构模型上方建立一定厚度的空气层模型，即可保证较高精度的计算结果，当然厚度参数的设置需要一定的经验。

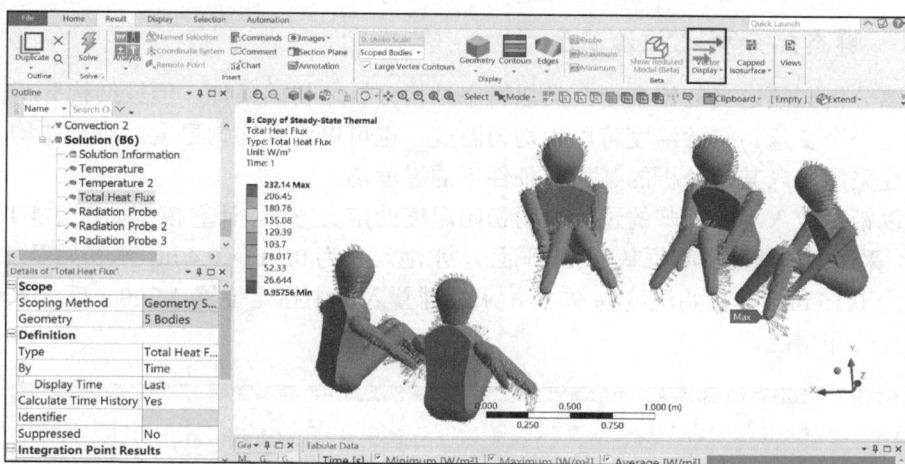

图 2-3-32　Total Heat Flux 后处理结果

2.4　瞬态和非线性热分析

瞬态热分析的系统平衡方程为 $[C]\dot{T}+[k]T=[Q]$，当载荷随时间发生变化，且 $[C]$、$[k]$ 不再为定值，而表现为随温度变化而变化的非线性特征时，平衡方程为 $[C(T)]\dot{T}+[k(T)]T=[Q(T,t)]$。

求解该方程，采用定义时间步长再进行迭代计算，其迭代计算流程及相关概念参考《ANSYS Workbench 有限元分析实例详解（静力学）》和《ANSYS Workbench 有限元分析实例详解（动力学）》，本文主要讲述热学分析的相关收敛设置。

1）时间步长估算：当 $\dfrac{h\Delta l}{k}<1$ 时，$\Delta t=\dfrac{\Delta l^2 \rho C}{4k}$；当 $\dfrac{h\Delta l}{k}>1$ 时，$\Delta t=\dfrac{\Delta l \rho C}{4h}$。式中 h 为平均对流换热系数，k 为平均热传导系数，Δl 为平均单元尺度，ρ 为平均密度，C 为平均比热容。其中时间步长太大，会影响收敛，而且即便收敛也可能不能捕捉合适的温度梯度，导致计算误差极大，但也不能一味缩短步长，因为很短的步长对于二阶单元会产生计算振荡，出现超出范围的温度结果。

2）为减小上述问题，欧拉参数 θ 用于控制迭代，当 $\theta=1$ 时为默认设置，用于消除步长较短产生的温度偏差；当 $\theta=0.5$ 时，可以保证绝大多数计算的精确性，例如在相变分析中，必须按此定义。Command 为：Tintp,,,,0.5。

3）线性查找（Analysis Settings→Nonlinear Controls→Line Search）默认关闭，在计算热冲击（载荷曲线不光滑）或相变分析时必须打开；如果迭代曲线出现连续振荡，那么打开该项有利于收敛。

4）Analysis Settings→Nonlinear Controls→Nonlinear Formulation 中有 Full 和 Quasi 选项，其中 Full 法可用于计算各种非线性和瞬态问题，特别在相变分析中必须设置；Quasi 法计算速度较快，主要表现为 $[k]$ 矩阵必须达到规定值才更新，可能出现超出范围的温度结果，精度较 Full 法差。

5）不建议修改软件默认的所有收敛准则。

2.4.1　瞬态热分析之初始温度

瞬态热分析必须定义初始温度，类似瞬态结构分析之初始条件，但较结构分析简单，只存在温度这一个变量。初始温度可以为均匀温度，也可以为非均匀温度。对于非均匀的初始温度，往往采用导入某一分析的某指定条件下的温度场。

下面以铝球放入水中冷却的过程说明初始温度的定义方法，计算模型如图 2-4-1 所示（为简化计算，采用二维模型，必须基于 XY 平面），水池尺寸为 0.3 m×0.4 m，水初始温度为 22℃；铝球直径为 0.15 m，其初始温度为 97℃，求铝球置入水中指定位置 1 200 s 后，水池中水和铝球的温度分布情况。

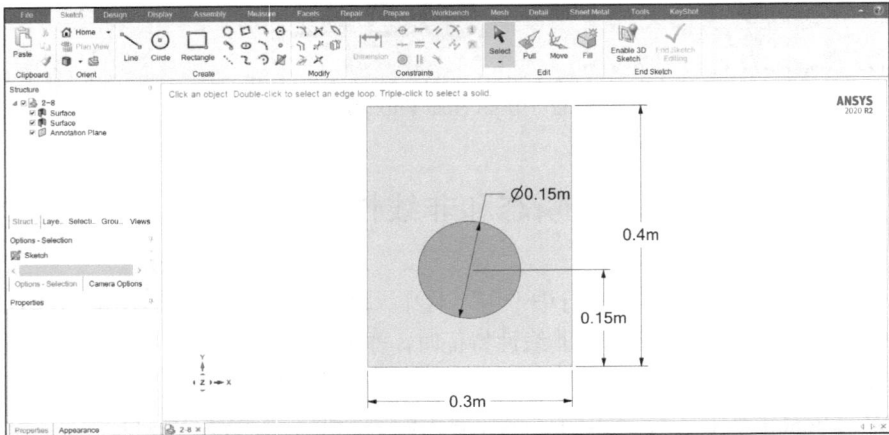

图 2-4-1　计算模型

首先计算水中对流换热系数，依据公式 $Ra = \dfrac{\beta g L^3 \Delta T}{\gamma \alpha}$，$\alpha = \dfrac{k}{\rho C}$，式中物理参数如表 2-4-1 所示，其中 L 为垂直于温度梯度的长度，则 $L = (0.3 - 0.15)/2 = 0.075$ m。

表 2-4-1　　　　　　　　　　　　物理参数（均采用国际单位）

物理量	值	物理量	值
热膨胀系数	0.000 525	黏度	0.001 003
重力加速度	9.81	热传导系数	0.6
密度	998	比热容	4 182

可得 $Ra = 2\,339\,564$（$10^4 \leqslant Ra \leqslant 10^7$，层流）。$Nu = CRa^n$，$C = 0.48$，$n = 0.25$，则 $Nu = 18.77$。$h = \dfrac{Nuk}{D}$，D 为圆形直径，即 0.15 m，则 $h = 75$ W·m^{-2}·℃$^{-1}$。

1. 建立分析流程

如图 2-4-2 所示，建立分析流程。其中包括 A 框架结构的 Transient Thermal 瞬态热分析模块，B 框架结构的 Steady-State Thermal 稳态热分析（由 A 框架结构的瞬态热分析复制后再替换为稳态热分析而得）和 C 框架结构的 Transient Thermal 瞬态热分析模块，且 B2、B3 和 B4 与 C2、C3 和 C4 分别建立关联，以表示两分析前处理一致，B6 Solution 与 C5 Setup 建立关联，以实现非均匀初始条件的定义。

Engineering Data 项选择软件 Thermal Materials 库中的 Aluminum 和 Water Liquid，如图 2-4-3 所示。

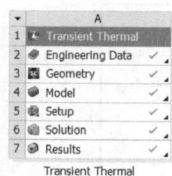

图 2-4-2　分析流程

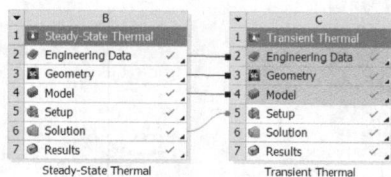

图 2-4-3　材料选择

2. 前处理

双击 A4 Model 项进入 Mechanical 前处理。先点击 Geometry-2D Behavior 项选择为 Plane Stress，定义模型为平面应力；再分别对各个模型定义对应的材料参数，将 Geometry→2-8\Surface（长方形）模型的 Assignment 设置为 Water Liquid；Geometry→2-8\Surface（圆形）模型的 Assignment 设置为 Aluminum。

接触定义中，水池内圆周定义为接触线，铝球外圆周定义为目标线，Type 设置为 Bonded，Formulation 设置为 MPC，其余均默认，如图 2-4-4 所示。

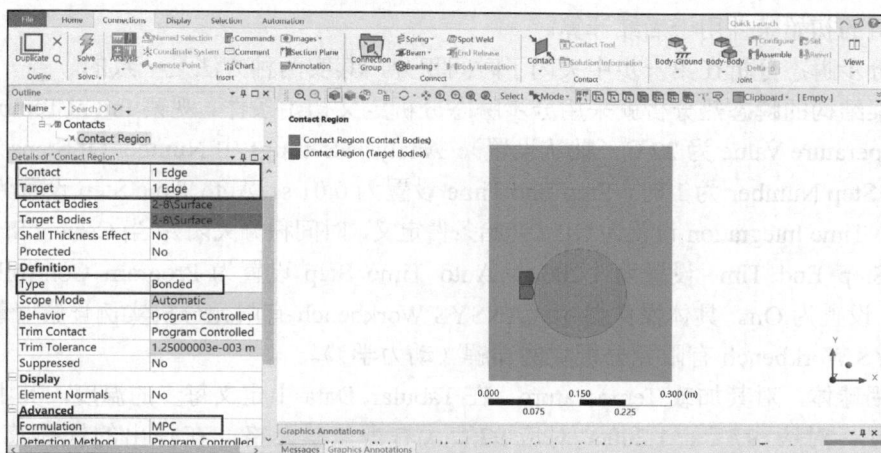

图 2-4-4　接触定义

因为本例计算温度必然由中心向外扩散，所以网格在铝球四周必须保证扩散形式。将 Element Order 设置为 Linear（这是保证计算温度结果不超出范围的必要条件）；对两个体（水池和铝球）设置网格尺寸为 0.01 m（不能在 Mesh→Defaults→Element Size 项定义网格尺寸为 0.01 m，因为如此做会使水池的圆形扩散网格层数较少）；将水池内圆周线强制等分为 100 份（Behavior 设置为 Hard）；对两个体（水池和铝球）设置 MultiZone Quad/Tri Method 网格划分，将 Free Face Mesh Type 设置为 All Quad（全部为四边形），如图 2-4-5 所示。

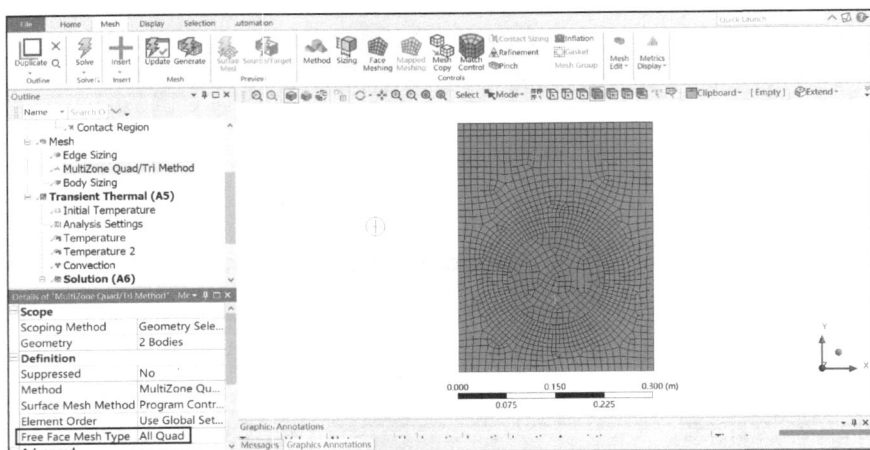

图 2-4-5　网格划分

3．瞬态分析边界条件定义

本例将 97℃的铝球置于 22℃水中，以上两个温度只能为计算模型的初始温度。对于这种两个模型初始温度条件不一致的情况，有两种方法实现。

1）分步瞬态分析，即将整个计算流程分为两步，第一步定义一个较小的时间步（例如 0.001 s～0.01 s，但是不能非常小，如 1E-10 s）加载温度条件，将其结果作为后续计算时间步的初始条件，该步计算过程中关闭时间积分。

2）先稳态再瞬态热分析的计算，即先建立一个稳态热分析加载温度条件，再将其结果作为瞬态分析的初始条件用于后续计算。

由于分步瞬态分析在第一步中关闭了时间积分，其实两种方法是一致的。

A 框架结构的瞬态热分析就采用分步瞬态分析定义初始条件。观察 Initial Temperature 的 Initial Temperature Value 为 22℃（默认设置）。Analysis Settings 中 Number Of Steps 设置为 2，当 Current Step Number 为 1 时，Step End Time 设置为 0.01 s，Auto Time Step 设置为 Program Controlled，Time Integration 设置为 Off（初始条件定义，时间积分关闭）；当 Current Step Number 为 2 时，Step End Time 设置为 1 200 s，Auto Time Step 设置为 Program Controlled，Time Integration 设置为 On。具体操作参考《ANSYS Workbench 有限元分析实例详解（静力学）》和《ANSYS Workbench 有限元分析实例详解（动力学）》。

选择铝球体，对其加载 Temperature，在 Tabular Data 中定义每步的温度，其中 0 s 对应 97℃，0.01 s 对应 97℃，1 200 s 对应 97℃（右击该单元格，在弹出的快捷菜单中选择 "Activate/Deactivate at this Step!"，抑制该步的温度），如图 2-4-6 所示。

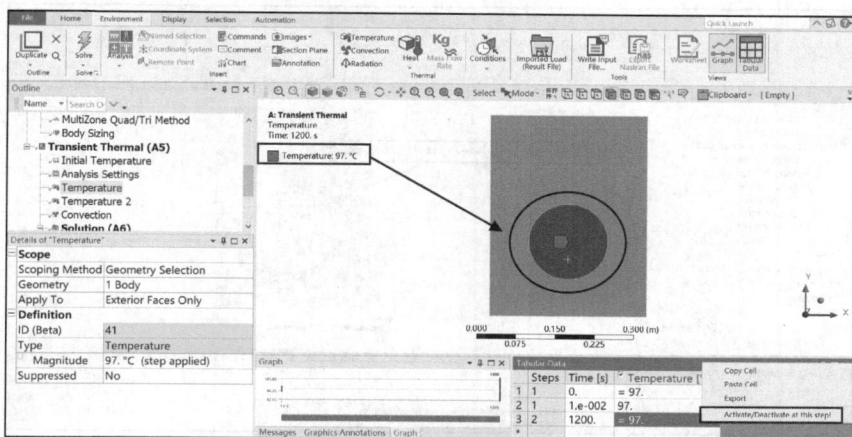

图 2-4-6　边界条件（1）

选择水池体，对其加载 Temperature，在 Tabular Data 中定义每步的温度，其中 0 s 对应 22℃，0.01 s 对应 22℃，1 200 s 对应 22℃（右击该单元格，在弹出的快捷菜单中选择 "Activate/Deactivate at this Step!"，抑制该步的温度），如图 2-4-7 所示。

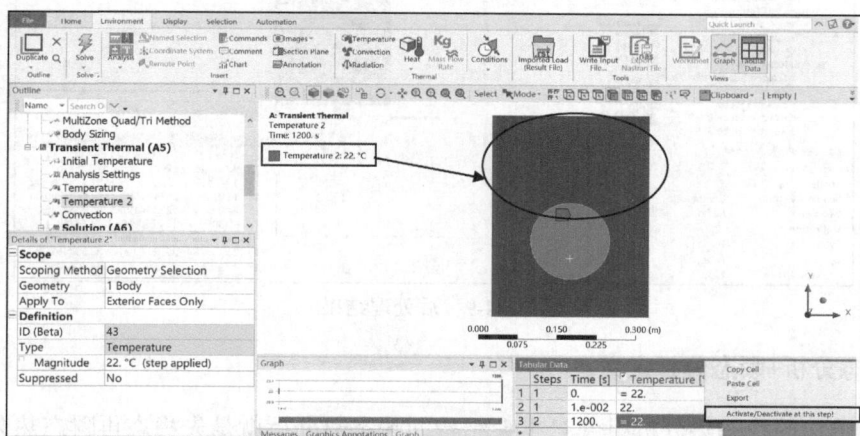

图 2-4-7　边界条件（2）

选择水池内圆周线，对其加载 Convection，在 Tabular Data 中定义每步的对流换热系数和温度，统一为 75 W·m^{-2}·℃$^{-1}$ 和 22℃，如图 2-4-8 所示。

4．瞬态分析后处理

计算完成后，查看 Temperature 后处理结果，如图 2-4-9 所示。图中显示在 1 200 s 时整体模型最高温度为 74.682℃，最低温度为 22.542℃，温度分布基本呈圆形扩散形式，且高温区域在铝球的正上方和左右下方，这与对流温度分布情况完全吻合。Tabular Data 中显示 0.01 s 之前，最高温度为 97℃，最低温度为 22℃，与题设条件一致；0.01 s 之后，最高温度逐渐下降，最低温度逐渐升高，与实际工况一致。

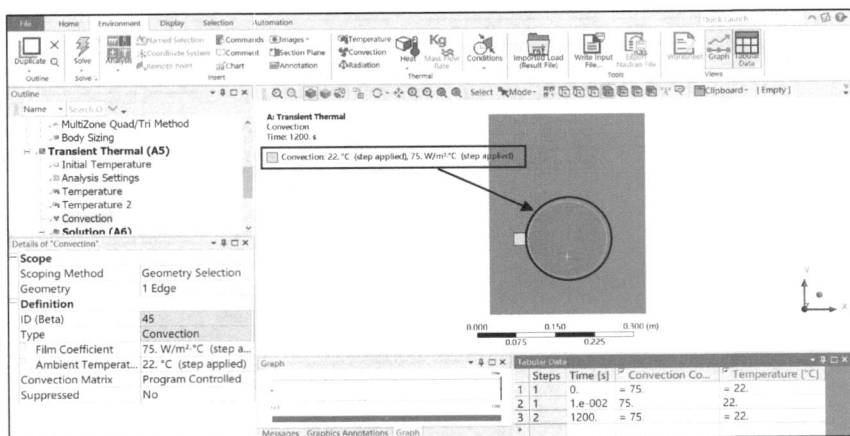

图 2-4-8　边界条件（3）

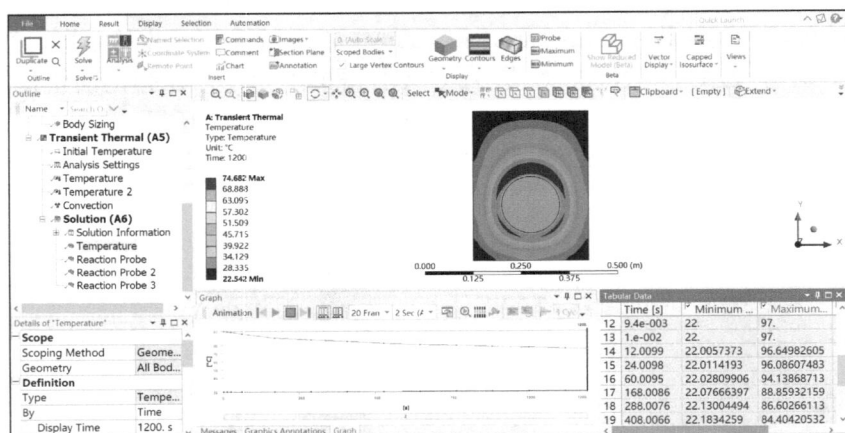

图 2-4-9　后处理结果

5．稳态分析+瞬态分析定义

B 框架结构的稳态热分析组合 C 框架结构的瞬态热分析就是先稳态再瞬态热分析的计算定义初始条件。

前处理与 A 框架结构的瞬态热分析一致。双击 B5 Setup 项进入 Mechanical。观察 B 框架的稳态热分析中 Initial Temperature 的 Initial Temperature Value 为 22℃（默认设置）。Analysis Settings 中 Number Of Steps 设置为 1，Step End Time 设置为 0.01 s（该时间不具备真实时间概念），其余项采用默认设置。

边界条件设置如图 2-4-10 所示，即对铝球体加载 Temperature，数值为 97℃；对水池体加载 Temperature，数值为 22℃；对水池内圆周线加载 Convection，对流换热系数为 75 W·m^{-2}·℃$^{-1}$，温度为 22℃。

计算完成后，查看 Temperature 后处理结果，如图 2-4-11 所示。图中显示在 0.01 s 时整体模型最高温度为 97℃（分布表现为铝球及相接触的水边界层），最低温度为 22℃（分布表现为水池四周），整体温度分布基本呈圆形扩散形式，且与对流温度分布情况完全吻合。

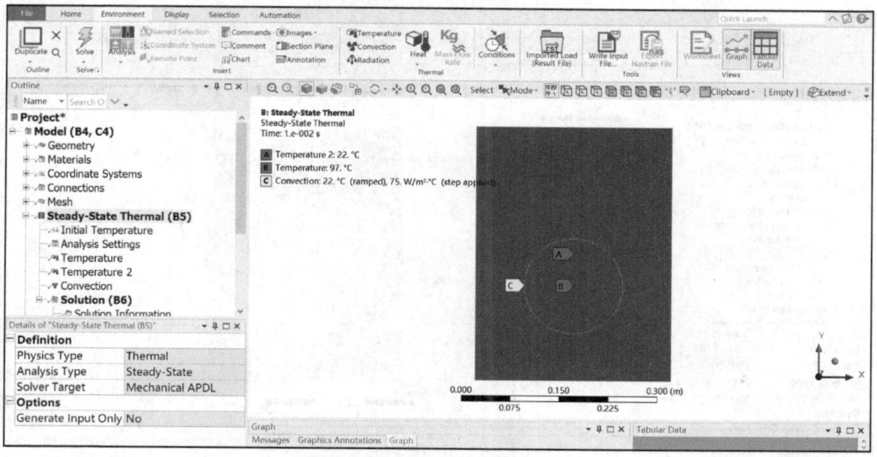

图 2-4-10　边界条件（4）

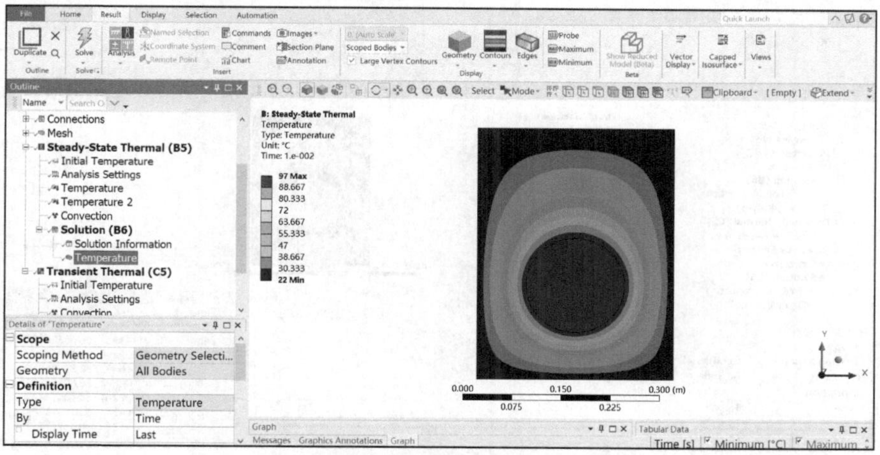

图 2-4-11　稳态热分析后处理结果

观察 C 框架的瞬态热分析中 Initial Temperature 的 Initial Temperature 为 Non-Uniform Temp，Initial Temperature Value 为 Steady-State Thermal，Time 为 End Time。该选项表示不均匀的初始温度条件由稳态热分析最终时刻的计算结果提供。

Analysis Settings 中 Number Of Steps 设置为 1，Step End Time 设置为 1 200 s（真实时间），Time Integration 设置为 On，其余项采用默认设置。

边界条件设置如图 2-4-12 所示，仅对水池内圆周线加载 Convection，对流换热系数为 75 W·m^{-2}·℃$^{-1}$，温度为 22℃。

计算完成后，查看 Temperature 后处理结果，如图 2-4-13 所示。图中显示在 1 200 s 时整体模型最高温度为 74.682℃，最低温度为 22.542℃，与图 2-4-9 所示结果完全一致。对比 Tabular Data 结果，例如图 2-4-9 所示结果中 168.008 6 s、288.007 6 s、408.006 6 s 的最高温度分别为 88.859℃、86.603℃、84.404℃，最低温度分别为 22.077℃、22.130℃、22.183℃；图 2-4-13 所示结果中 168 s、288 s、408 s 的最高温度分别为 88.859℃、86.603℃、84.404℃，最低温度分别为 22.077℃、22.130℃、22.183℃，对比发现两者完全一致。且温度分布形式也一模一样，说明两种计算流程是一致的。

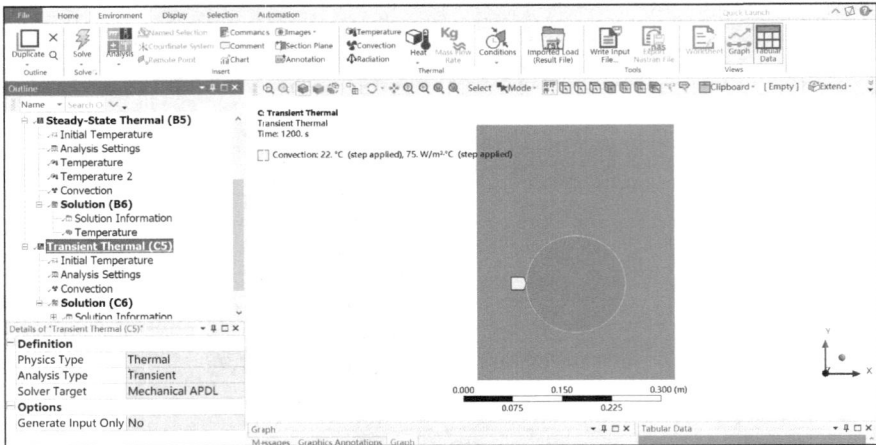

图 2-4-12　边界条件（5）

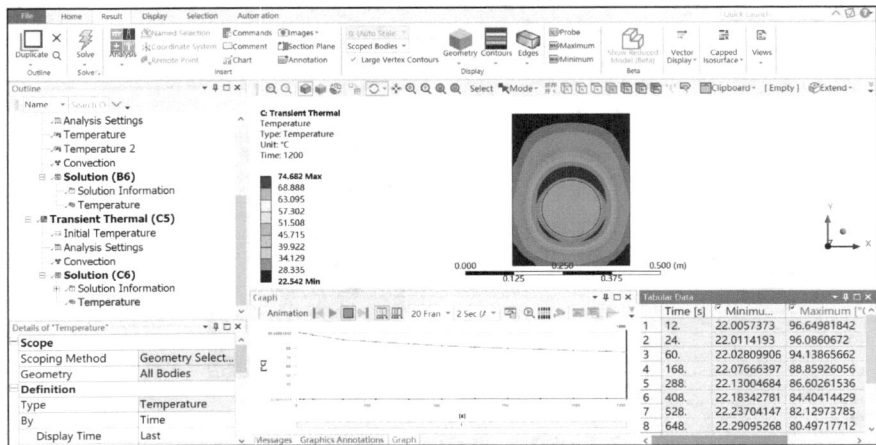

图 2-4-13　后处理结果

　　稳态热分析一般不需要考虑初始温度，但对于瞬态热分析则必须考虑，否则无法让时间积分开始计算。当然软件为避免此情况，已经对初始温度进行默认值设定。初始温度的设定直接关系瞬态热分析的计算结果，务必慎重研究初始温度条件，不能随意以某项均值温度代替非均匀温度。

2.4.2　温控器分析

　　温控器通过感应系统初始温度，再通过控制器调节系统达到设定的温度区间，其广泛用于空调、加热炉等冷却或加热系统中以保持温度恒定。对于温控器的相关有限元分析仅仅采用软件的边界条件加载以实现温度控制是非常困难的，这是因为在不完全绝热系统中存在温度实时动态变化，以边界条件输入调节热量必定导致温度过冲。为使系统温度快速响应，就需要采用 Combine37 控制单元进行处理，当然 ANSYS Workbench 不能直接调用该单元，只能通过插入 Command 的形式。

　　Combine37 控制单元如图 2-4-14 所示。该单元由不需要空间尺寸的控制节点（K、L）控制（开/关）仅一个自由度（结构中的位移、热学中的温度或流场中的压力）的一对空间节点

（*I*、*J*），控制逻辑可以为：FSLIDE（极限滑移力，例如以位移控制摩擦力的摩擦离合器）；DAMP（阻尼，例如速度控制阻尼的减振器）；AFORCE（单元载荷，例如以压力控制流阻的减压阀）；MAS（质量）；STIF（刚度）；TEMP（温度）；ONVAL/OFFVAL（开关阈值）。

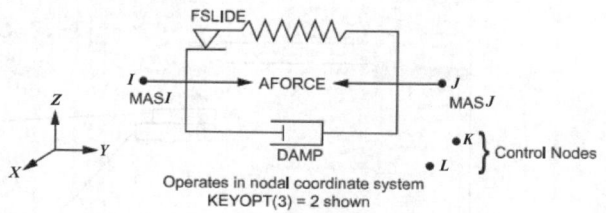

图 2-4-14 Combine37 控制单元

下面以实例说明 Combine37 温控器的定义方法，计算模型为一长方体，如图 2-4-15 所示，尺寸为 0.08 m × 0.04 m × 0.1 m，模型初始温度为 100℃，底面在 1 200 s 内持续加载 200 W 热流，4 个侧面处于 140℃ 环境中，其对流换热系数为 100 W·m^{-2}·℃$^{-1}$，在模型左上角点处设置温控器，设定 170～175℃ 的恒温条件，求整个时间段模型的温度分布情况。

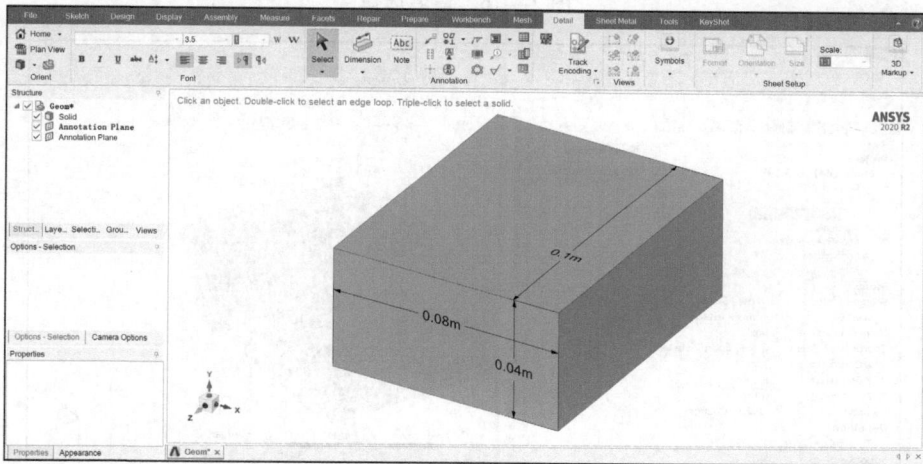

图 2-4-15 计算模型

因为计算表现为 1 200 s 内的温度实时过程，所以采用瞬态热分析模块；Engineering Data 项选择软件默认的 Structural Steel，分析流程和材料库定义略。

1. 前处理

双击 Model 项进入 Mechanical 前处理。为了后续定义方便，首先单击 Name Selections，将下平面和左上角点（**对应热流边界条件和温控器位置**）分别设置为 face 和 point，如图 2-4-16 所示。依次右击 face 和 point，在出现的快捷菜单中选择 Create Nodal Named Selection，创建节点选择集 heatsource 和 sensorpoint（Combine37 单元定义时需要调用节点选择集）。

右击 Geometry 插入 Thermal Point Mass，其中 Scoping Method 设置为 Named Selection，Applied By 设置为 Remote Attachment，Named Selection 设置为 point，Thermal Capacitance（热容）设置为 0.01 J·℃$^{-1}$，如图 2-4-17 所示。对于温控器分析，必须在对应位置定义温度质点，其中热容值如果很小，瞬态分析默认求解时间步可能出现数值较大、不能收敛的情况，此时就需要手动调小求解时间步。

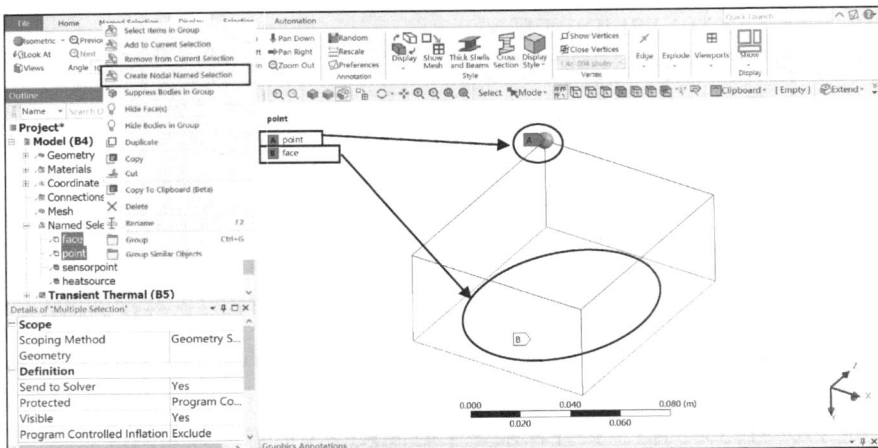

图 2-4-16　命名选择

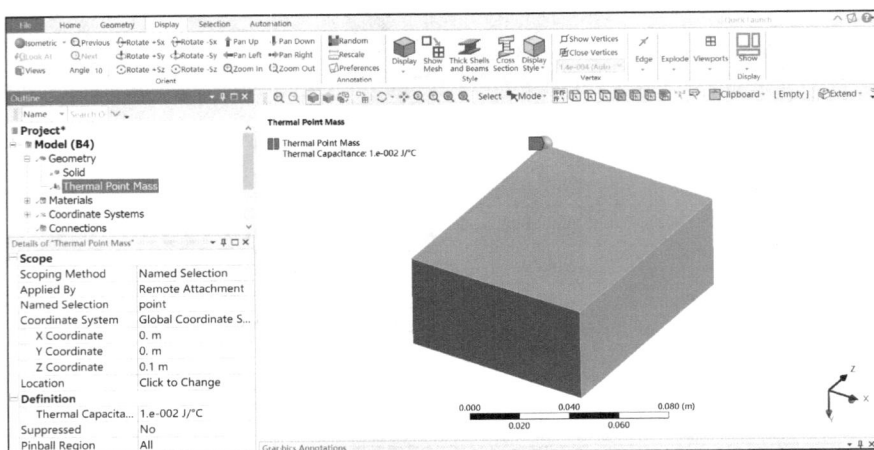

图 2-4-17　温度质点定义

网格采用默认划分。

注意

　　温度质点只能用于瞬态热分析，其原理为用点模型取代实体模型得到同样的温度分布结果。例如，部件模型尺寸与边界条件如图 2-4-18 所示，材料为 Structural Steel，初始温度为 20℃，求 6 000 s 的瞬态温度分布。

　　如果将末端长方体简化为温度质点，则其设置如图 2-4-19 所示。其中 Geometry 处选择去除末端长

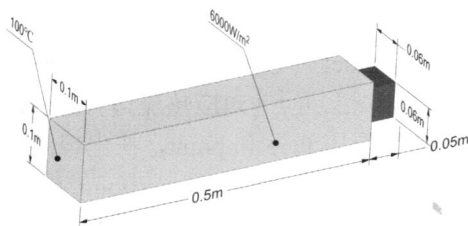

图 2-4-18　瞬态原始模型

方体而保留的映射面；Y Coordinate 设置为 0.525($=0.5+0.05/2$)m；Thermal Capacitance 设置为 613.242 ($=7\,850\times0.06\times0.06\times0.05\times434$，其中 434 为比热容) J·℃$^{-1}$，为质量与比热容之积；Behavior 设置为 Heat-Flux Distributed（只有在存在选择线或面的条件下，才会有 Behavior 选项）。

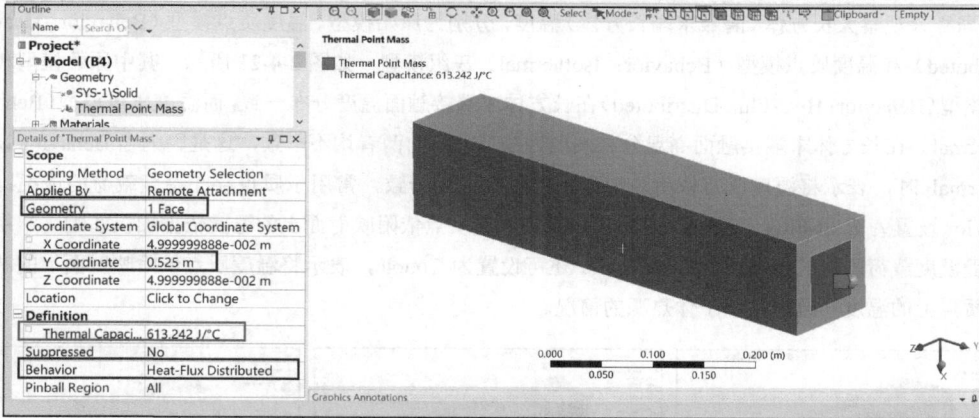

图 2-4-19　温度质点模型

两组模型分别计算完成后，均选一条边线为 Path，读取温度结果，如图 2-4-20 所示，具体操作参考《ANSYS Workbench 有限元分析实例详解（静力学）》，其中原始模型路径的终点温度约为 132.53℃，温度质点模型路径的终点温度约为 132.38℃，也可以对比其他相同距离的温度，两者相差无几。

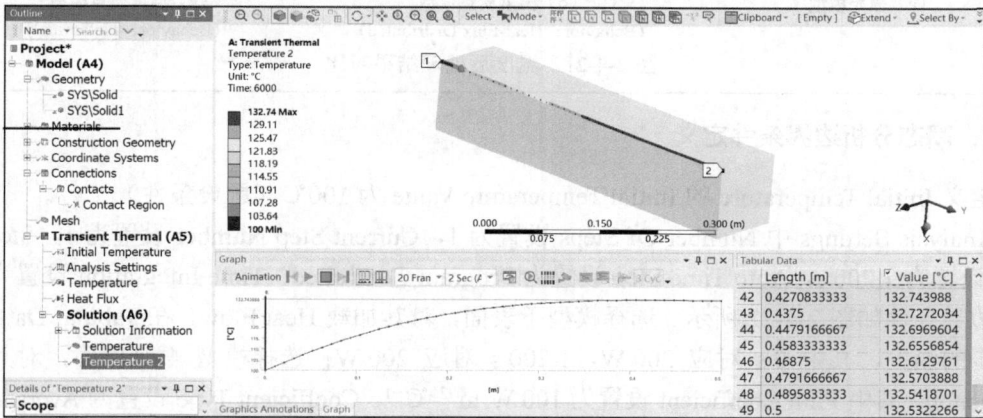

（a）原始模型

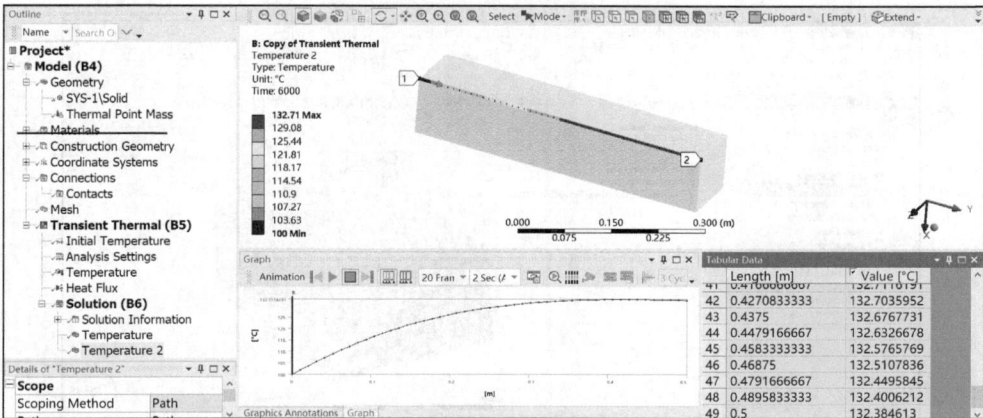

（b）温度质点模型

图 2-4-20　Path 温度后处理结果对比

同样只观察大长方体（隐藏末端长方体）温度，分别为原始模型、温度质点模型（Behavior：Heat-Flux Distributed）和温度质点模型（Behavior：Isothermal）三组模型，如图 2-4-21 所示。其中原始模型和温度质点模型（Behavior：Heat-Flux Distributed）在长方体末端接触面温度分布一致，而温度质点模型（Behavior：Isothermal）在长方体末端接触面高温分布表现为槽形，与前两者均不一致，这是因为当 Behavior 设置为 Isothermal 时，表示将温度质点依附映射面上的温度设为一致，常用于质点存在温度载荷的情况；而当 Behavior 设置为 Heat-Flux Distributed 时，表示将温度质点依附映射面上的温度依据加权匹配，常用于质点只受温度载荷影响的情况；此处 Behavior 还可设置为 Couple，表示将温度质点依附映射面上的温度与温度质点上的温度一致，常用于体热源的情况。

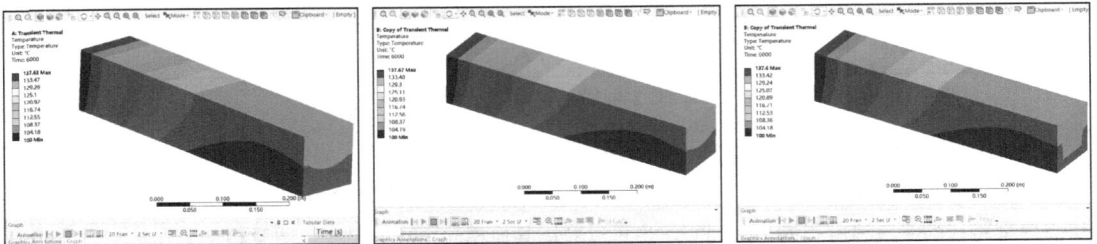

（a）原始模型　　（b）温度质点模型（Behavior：Heat-Flux Distributed）　　（c）温度质点模型（Behavior：Isothermal）

图 2-4-21　温度后处理结果对比

2. 瞬态分析边界条件定义

定义 Initial Temperature 的 Initial Temperature Value 为 100℃（题设条件）。

Analysis Settings 中 Number Of Steps 设置为 1，Current Step Number 设置为 1，Step End Time 设置为 1 200 s，Auto Time Step 设置为 Program Controlled，Time Integration 设置为 On。

边界条件如图 2-4-22 所示。选择模型下表面，对其加载 Heat Flow，在 Tabular Data 中定义每步的温度，其中 0 s 对应 200 W，1 200 s 对应 200 W；选择模型 4 个侧面，对其加载 Convection，其中 Film Coefficient 设置为 100 W·m^{-2}·℃$^{-1}$，Coefficient Type 设置为 Average Film Temperature，Ambient Temperature 设置为 140℃。

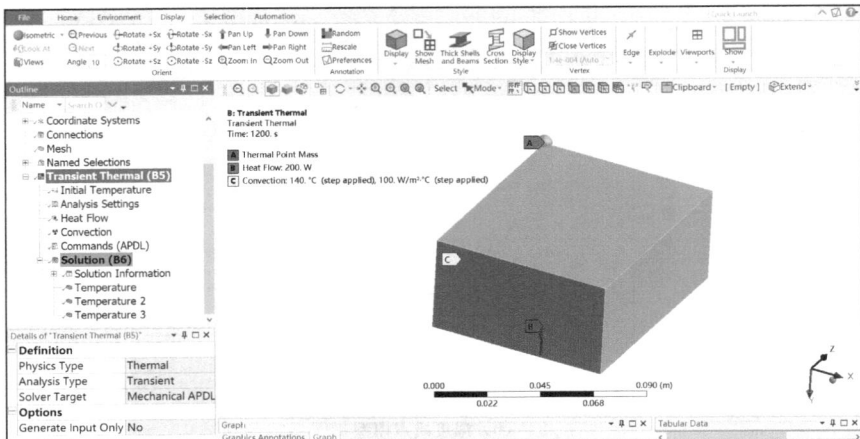

图 2-4-22　边界条件

调用 Combine37 单元，插入 Command，如图 2-4-23 所示，其中 ARG1 设置为 170，ARG2 设置为 175，ARG3 设置为−10（定义 ARG 方便调试，适配性更优），Command 内容如下：

```
/prep7                                !进入前处理
on_val=arg1                           !设置 on_val 值为 arg1，方便参数调用
off_val=arg2                          !设置 off_val 值为 arg2，方便参数调用
cmsel,s,sensorpoint                   !选择基于命名选择"sensorpoint"的节点
sensor_node=ndnext(0)                 !存储其节点编号
nsel,all                              !选择模型所有节点
*get,max_et,etyp,0,num,max            !从中将最大单元类型编号命名为 max_et
et,max_et+1,37,,8,8,,,6,              !定义 Combine37 单元编号为 max_et+1
r,max_et+1,,,,,on_val,off_val,,
rmore,,1,arg3,1,                      !定义 Combine37 单元实常数
ex,1000,1                             !设 Combine37 材料编号为 1000，杨氏模量为 1（热分析
                                       与杨氏模量无关）
*get,max_nd,NODE,0,num,maxd           !选择模型所有节点中最大节点编号命名为 max_nd
n,max_nd+1                            !创建 Combine37 单元的 I 节点，编号为 max_nd+1
n,max_nd+2                            !创建 Combine37 单元的 J 节点，编号为 max_nd+2
type,max_et+1                         !调用 Combine37 单元
real,max_et+1                         !调用 Combine37 单元实常数
mat,1000                              !调用 Combine37 单元材料
e,max_nd+1,max_nd+2,sensor_node       !以 max_nd+1、max_nd+2 和 sensor_node 节点创建
Combine37 单元
nsel,all
cmsel,s,heatsource                    !选择基于命名选择"heatsource"的节点
nsel,a,,,max_nd+1                     !添加选择 Combine37 单元的 I 节点
cp,1,temp,all                         !将两者温度耦合，温控器的关键设置
nsel,all
fini                                  !完成设置
/solu                                 !求解
```

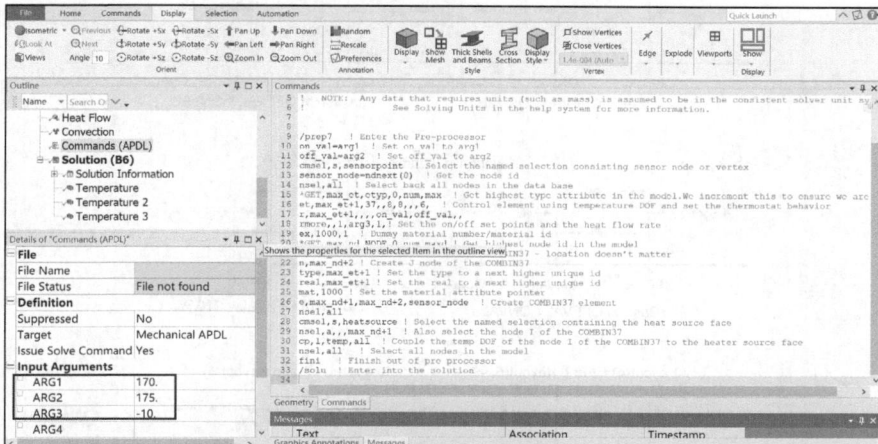

图 2-4-23　Command 设置

Combine37 单元参数及实常数说明如表 2-4-2 所示。

表 2-4-2　　　　　　　　　　**Combine37 单元（以本例说明）**

序号	Keyopt	Keyopt 说明	实常数	实常数说明
1	0,1	$Cpar = T_K - T_L$ T 为温度	STIF	弹簧刚度
	2	$Cpar = \dfrac{\mathrm{d}(T_K - T_L)}{\mathrm{d}t}$ t 为时间		
	3	$Cpar = \dfrac{\mathrm{d}^2(T_K - T_L)}{\mathrm{d}t^2}$		
	4	$Cpar = \displaystyle\int_0^t (T_K - T_L)\mathrm{d}t$		
	5	t		
2	8	K、L 节点自由度为温度	DAMP	阻尼
3	8	I、J 节点自由度为温度	MASJ	J 节点质量
4	0	开关范围行为，参见图 2-4-24	ONVAL	开关开启值
5	0	开关位置行为，参见图 2-4-24	OFFVAL	开关关闭值
6	6	单元载荷	AFORCE	单元载荷
7	\	\	MASI	I 节点质量
8	\	\	START	开关初始状态，1 为开启
9	0	单元载荷非线性修正	C1	修正函数 = RVAL + C1$\lvert Cpar\rvert^{C2}$ + C3$\lvert Cpar\rvert^{C4}$ 同时影响开关次数
10	\	\	C2	
11	\	\	C3	
12	\	\	C4	
13	\	\	FSLIDE	极限滑移力

以本例说明，修正后的单元载荷为–50（为负即为热源加载，为正即为散热）；同时 ONVAL 值（170）< OFFVAL 值（175）；此外只在 170～175 温度段加载单元载荷。综上所述，选择 Keyopt(4) = 0，Keyopt(5) = 0 的开关参数设置，如图 2-4-24 所示。但是由于在高于 OFFVAL 温度值时仍然会加载单元载荷，会出现过冲现象。

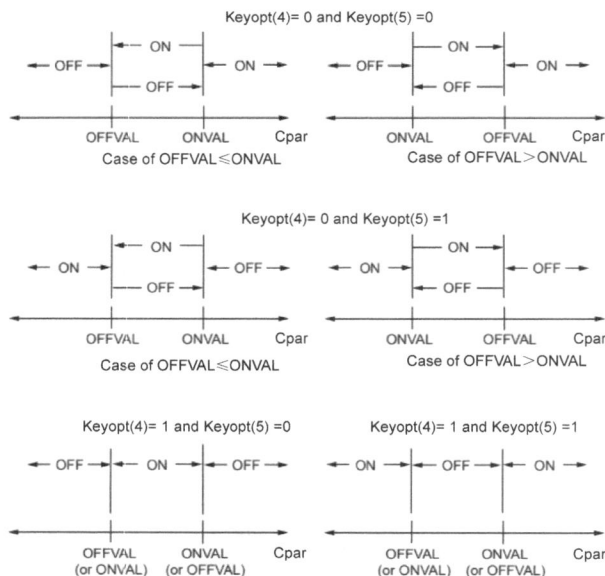

图 2-4-24　Combine37 单元开关设置

3. 后处理

计算完成后，查看 Temperature 后处理结果，如图 2-4-25 所示。可以看到最高温度先为上升趋势，达到 175℃ 左右即下降，在 170℃ 左右又上升，如此往复。这与题设 170～175℃ 温控设置基本一致，但是存在部分过冲现象，这与之前单元设置参数一致。实际工程中，可以根据多个 Keyopt(1)、Keyopt(4) 和 Keyopt(5) 形成复杂的逻辑控制。

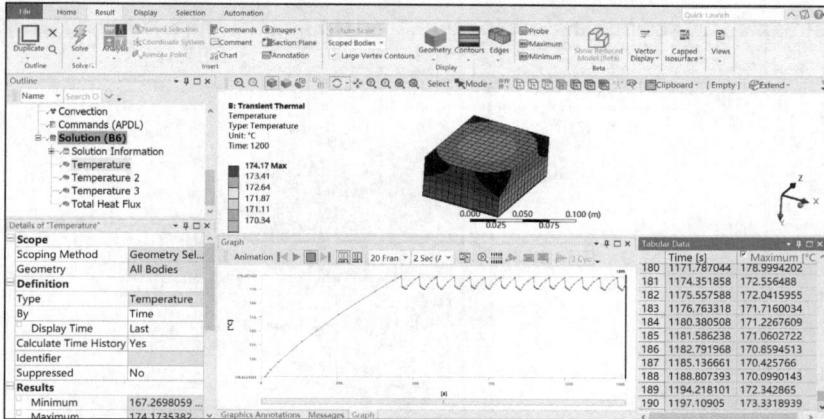

图 2-4-25   后处理结果

Combine37 单元不仅可以作为温控器开关，还可以在结构分析中作为行程开关和阻尼阈值开关等，其设置过程与本例基本一致，读者只需修改该单元自由度和控制逻辑即可。

2.4.3   相变分析

热分析常常涉及物相变化，例如溶化、凝固、固态相变等。为考虑相变时温度相同而能量不同的状态，以焓描述相变存在的潜热。焓值在软件中作为一个材料参数输入，如表 2-4-3 所示为铝熔化相变的材料参数。

表 2-4-3   铝熔化相变的材料参数

序号	物化性质	数值
1	熔点	696℃
2	密度（ρ）	2 700 kg·m^{-3}
3	固态比热容（C_S）	896 J·kg^{-1}·℃$^{-1}$
4	液态比热容（C_L）	1 050 J·kg^{-1}·℃$^{-1}$
5	潜热（L）	395 440 J·kg^{-1}
6	参考温度*（T_0）	0℃
7	熔点之下（固态温度）的焓值 $H_S = \rho C_S (T_S - T_0)$	一般以（696±1）℃ 为相变区域，$T_S = 695$℃，$T_L = 697$℃ $H_{695℃} = 2\ 700 \times 896 \times 695 = 1.681\mathrm{E}9$ J·m^{-3}
8	相变区间的焓值 $H_{TR} = H_S + \rho C_{TR}(T_L - T_S)$ $C_{TR} = (C_S + C_L)/2 + L/(T_L - T_S)$	$C_{TR} = (896 + 1\ 050)/2 + 395\ 440/(697 - 695) = 198\ 693$ $H_{697℃} = 1.681\mathrm{E}9 + 2\ 700 \times 198\ 693 \times (697 - 695) = 2.754\mathrm{E}9$ J·m^{-3}
9	熔点之上（液态温度）的焓值 $H_L = H_{TR} + \rho C_L(T - T_L)$	$H_{1\ 000℃} = 2.754\mathrm{E}9 + 2\ 700 \times 1\ 050 \times (1\ 000 - 697) = 3.613\mathrm{E}9$ J·m^{-3}

*焓值绝对值无法确定，只能取相对值，一般设参考温度的焓值为 0 或很小的数值，例如 1E-5。

1963 年，坦桑尼亚的一位中学生 Mpemba 在制作冰淇淋时发现，热牛奶经常比冷牛奶先结冰，1969 年，他和 Denis G. Osborne 共同撰写了关于此现象的论文，因此该现象以其名字命名（Mpemba Effect），即在低温环境中，热水比冷水先结冰。下面以计算实例验证 Mpemba Effect 是否成立。计算模型为一长方体冰箱（含 Outer 和 Door），如图 2-4-26 所示，内部尺寸为 56 cm×38 cm×36 cm，其内部含上方冷凝管（Coil），装水的圆柱杯子放于栅板（Plant）上。为了省略接触设置，模型采用 Share 连接。

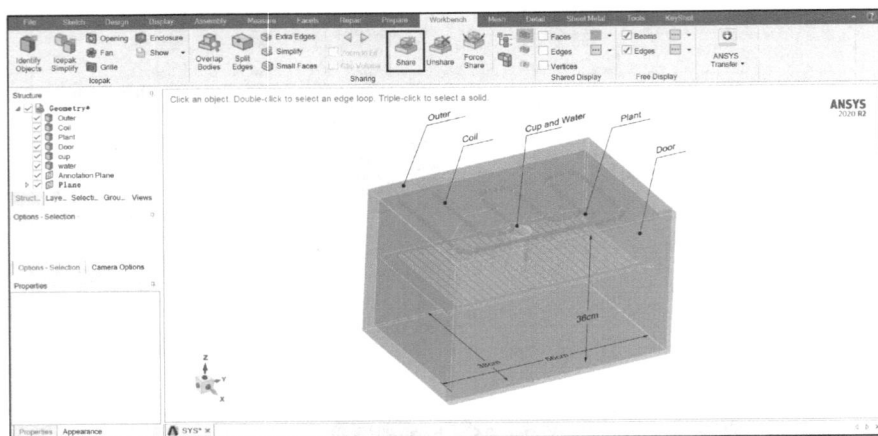

图 2-4-26　计算模型

首先计算水凝固过程中的相关关键点焓值，依据表 2-4-3 中所列公式，列出本例计算所需材料参数，如表 2-4-4 所示。

表 2-4-4　水凝固相变的材料参数

序号	物化性质	数值
1	熔点	0℃
2	固体密度（ρ_S）	917 kg·m^{-3}
3	液体密度（ρ_L）	998 kg·m^{-3}
3	固态比热容（C_S）	2 108 J·kg^{-1}·℃$^{-1}$
4	液态比热容（C_L）	4 220 J·kg^{-1}·℃$^{-1}$
5	潜热（L）	334 000 J·kg^{-1}
6	参考温度*（T_0）	−10℃，设 $H_{-10℃}$ = 1E-5 J·m^{-3}
7	熔点之下（固态温度）的焓值 $H_S = \rho_S C_S (T_S - T_0)$	$T_S = -1℃$，$T_L = 1℃$ $H_{-1℃} = 917 \times 2\ 108 \times 9 = 17\ 397\ 324$ J·m^{-3}
8	相变区间的焓值 $H_{TR} = H_S + ((\rho_S + \rho_L)/2)C_{TR}(T_L - T_S)$ $C_{TR} = (C_S + C_L)/2 + L/(T_L - T_S)$	$C_{TR} = (2\ 108 + 4\ 220)/2 + 334\ 000/2 = 170\ 164$ $H_{1℃} = 17\ 397\ 324 + 957.5 \times 170\ 164 \times 2 = 343\ 261\ 384$ J·m^{-3}
9	熔点之上（液态温度）的焓值 $H_L = H_{TR} + \rho_L C_L (T - T_L)$	$H_{90℃} = 343\ 261\ 384 + 998 \times 4\ 220 \times (90 - 1) = 718\ 090\ 224$ J·m^{-3}

1. 建立分析流程

如图 2-4-27 所示，建立分析流程。由于需要计算水的结冰时间，所以采用瞬态热分析模块。其中包括 A 框架结构的 Transient Thermal 瞬态热分析模块，B 框架结构的 Transient Thermal 瞬态热分析（由 A 框架结构的瞬态热分析复制而得），且 A2、A3 和 A4 与 B2、B3 和 B4 分别建立关联，A6 Solution 与 B5 Setup 建立关联，以实现非均匀瞬态初始温度条件的定义。C、D 框架结构由对应 A、B 框架结构复制而得，其中 A、B 框架结构用于计算水温为 80℃的冷却情况，C、D 框架结构用于计算水温为 30℃的冷却情况。

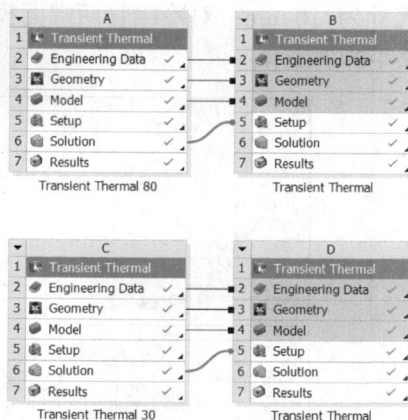

图 2-4-27　分析流程

Engineering Data 项选择软件 Thermal Materials 库中的 Aluminum、Copper、Glass、Polyethylene 和 Water Fresh，并对 Water Fresh 进行编辑，其中密度 −1℃定义为 917 kg·m⁻³、1℃定义为 998 kg·m⁻³；Melting Temperature 定义为 0℃；热传导系数 −1℃定义为 2.2 W·m⁻¹·℃⁻¹、1℃定义为 0.604 W·m⁻¹·℃⁻¹；比热容 −1℃定义为 2 108 J·kg⁻¹·℃⁻¹、1℃定义为 4 220 J·kg⁻¹·℃⁻¹；焓值 −10℃定义为 1E-5 J·m⁻³、−1℃定义为 17 397 324 J·m⁻³、1℃为 343 261 384 J·m⁻³、90℃定义为 718 090 224 J·m⁻³，如图 2-4-28 所示。

图 2-4-28　材料定义

2．前处理

双击 A4 Model 项进入 Mechanical 前处理。先分别对各个模型定义对应的材料参数，Geometry→Geometry\Outer（冰箱外部）模型的 Assignment 设置为 Polyethylene；Geometry→Geometry\Coli（冰箱冷凝管）模型的 Assignment 设置为 Copper；Geometry→Geometry\Plant（冰箱栅板）模型的 Assignment 设置为 Aluminum；Geometry→Geometry\Door（冰箱门）模型的 Assignment 设置为 Polyethylene；Geometry→Geometry\Cup（杯子）模型的 Assignment 设置为 Glass；Geometry→Geometry\Water（水）模型的 Assignment 设置为 Water Fresh。

网格划分中为保证计算效率，将 Element Order 设置为 Linear，对栅板、杯子和水 3 个体定义网格尺寸为 10 mm；对冷凝管体模型定义为扫掠网格划分（Sweep Method），并定义单元尺寸为 10 mm；对冷凝管两端面模型定义网格尺寸为 2 mm，隐藏冰箱外部和门模型，如图 2-4-29 所示。

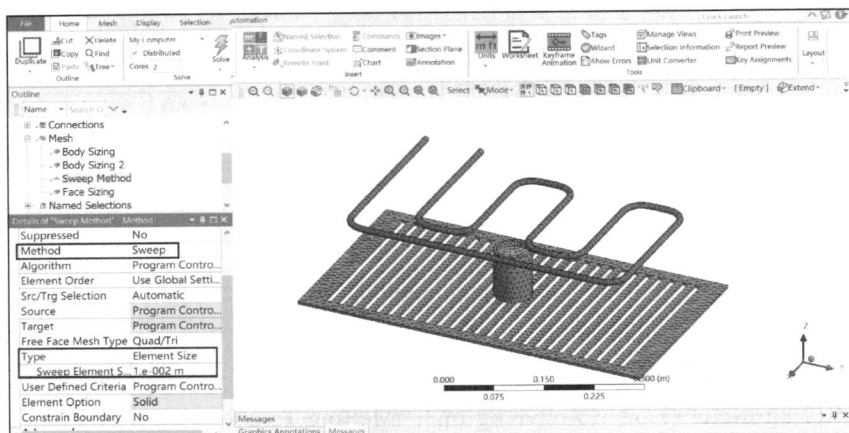

图 2-4-29　网格划分

因为已经在模型中设置了 Share，所以不需要接触设置，检查接触项，如果存在软件默认生成的接触项，则将其删除。

为了后续选择方便，首先单击 Named Selections 对 Outer 内部 14 个面（去除与 Coli 和 Plant 共享的面）选择定义为 outerface；对 Coil 外部 21 个面（去除与 Outer 共享的面）选择定义为 coilface；对 Plant 外部 104 个面（去除与 Outer 和 Cup 共享的面）选择定义为 plantface；对 Door 内侧 1 个面（去除与 Outer 共享的面）选择定义为 doorface；对 Cup 和 Water 外部 7 个面（去除与 Plant 共享的面）选择定义为 cupwaterface。再采用 Worksheet 形式创建选择集 For_Convection，如图 2-4-30 所示；对 Outer 和 Door 外侧 10 个面选择定义为 Out_Convection；右击 For_Convection 选择集，在出现的快捷菜单中选择 Duplicate，将复制的选择集改名为 For_Radiation。

> **注意**
> 选择多面时可以先用框选，再按住 Ctrl 键点选去除部分面。

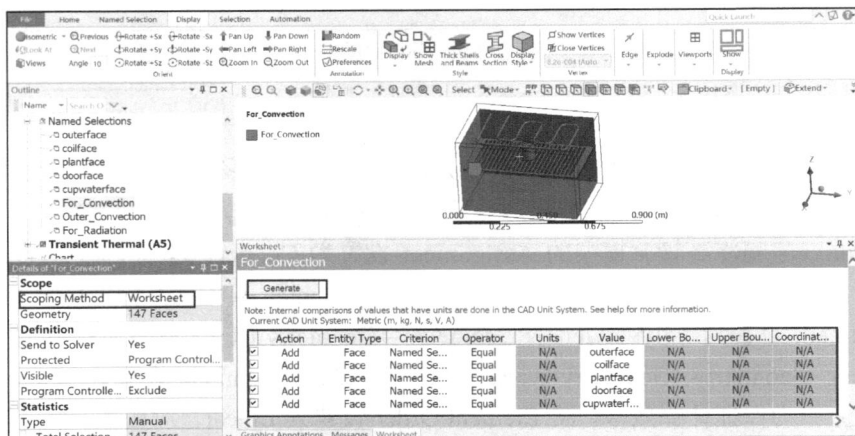

图 2-4-30　命名选择

3. 瞬态分析边界条件定义

A 框架结构用于定义初始温度条件。

定义 Initial Temperature 的 Initial Temperature Value 为 22℃（环境温度）。

Analysis Settings 中 Number Of Steps 设置为 1，Step End Time 设置为 0.1 s，Auto Time Step 设置 Program Controlled，Time Integration 设置为 On（定义初始条件，所以时间定义很短）。

选择 Coil 体，对其加载 Internal Heat Generation，在 Tabular Data 中定义每步的 Internal Heat Generation，其中 0 s 对应−3 000 000 W·m⁻³，0.1 s 对应−3 000 000 W·m⁻³，如图 2-4-31 所示（隐藏了 Outer 和 Door 模型）。

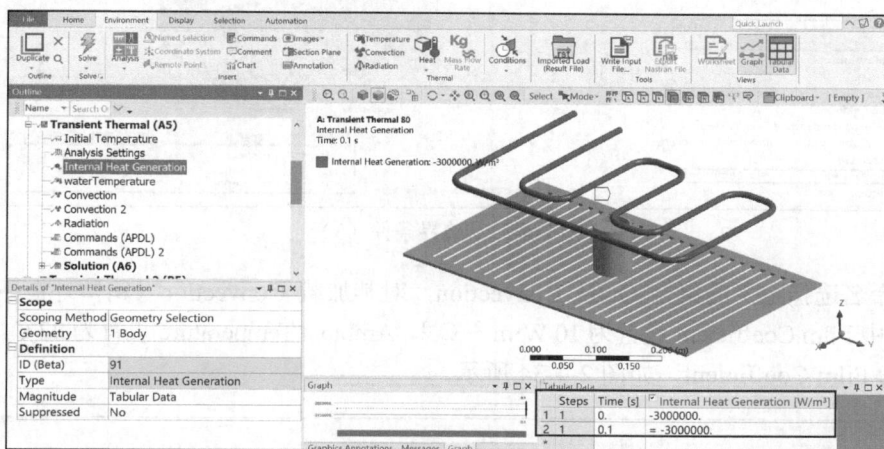

图 2-4-31　边界条件（1）

选择 Water 体，对其加载 Temperature（初始水温），在 Tabular Data 中定义每步的温度，其中 0 s 对应 80℃，0.1 s 对应 80℃，如图 2-4-32 所示（隐藏了 Outer 和 Door 模型）。

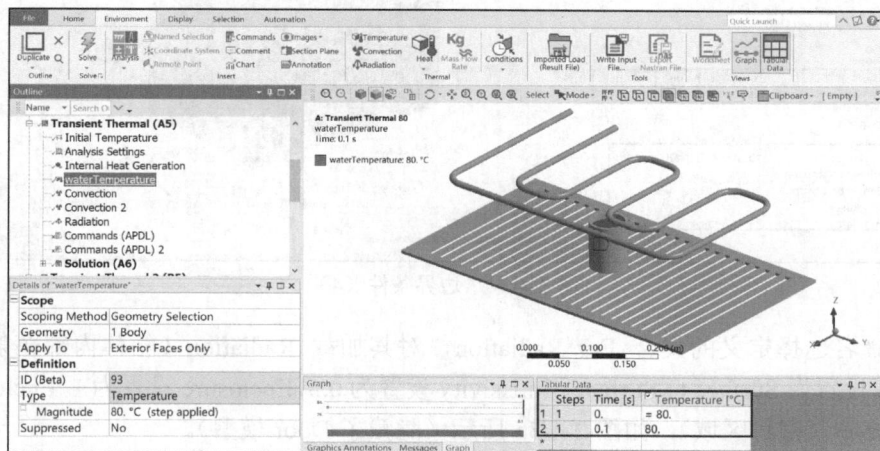

图 2-4-32　边界条件（2）

选择命名选择定义的集合 For_Convection，对其加载 Convection（箱体内部对流），其中 Edit Data For 设置 Film Coefficient，在 Tabular Data 中定义每步的对流换热系数，其中 0 s 对

应 Convection Coefficient 为 100 W·m^{-2}·℃$^{-1}$，Temperature 为 22℃，0.1 s 对应 Convection Coefficient 为 100 W·m^{-2}·℃$^{-1}$，Temperature 为 22℃，如图 2-4-33 所示（隐藏了 Door 模型）。

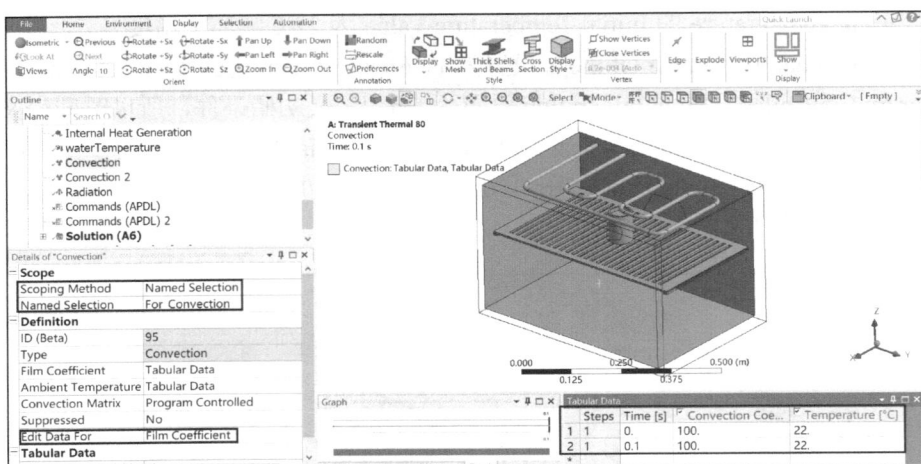

图 2-4-33 边界条件（3）

选择命名选择定义的集合 Outer_Convection，对其加载 Convection（箱体外在环境空气下对流），其中 Film Coefficient 设置为 10 W·m^{-2}·℃$^{-1}$，Ambient Temperature 设置为 22℃，Edit Data For 设置为 Film Coefficient，如图 2-4-34 所示。

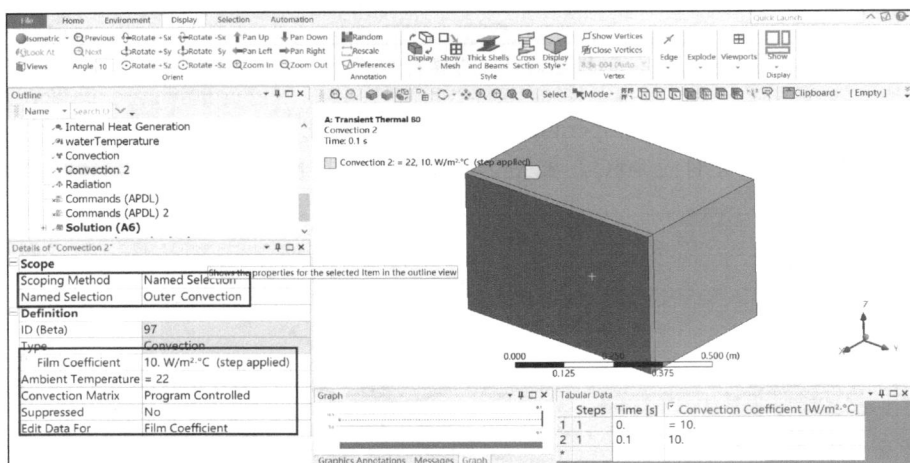

图 2-4-34 边界条件（4）

选择命名选择定义的集合 For_Radiation，对其加载 Radiation（箱体内部辐射），其中 Correlation 设置为 Surface to Surface，Emissivity 设置为 0.5，Enclosure 设置为 1，Enclosure Type 设置为 Perfect（密封区域），如图 2-4-35 所示（隐藏了 Door 模型）。

B 框架结构用于冷却计算。

将 Initial Temperature 的 Initial Temperature 设置为 Non-Uniform Temperature，Initial Temperature Environment 设置为 Transient Thermal，Time 设置为 End Time（以 A 框架结构的瞬态热分析最终时刻的温度为初始温度条件）。

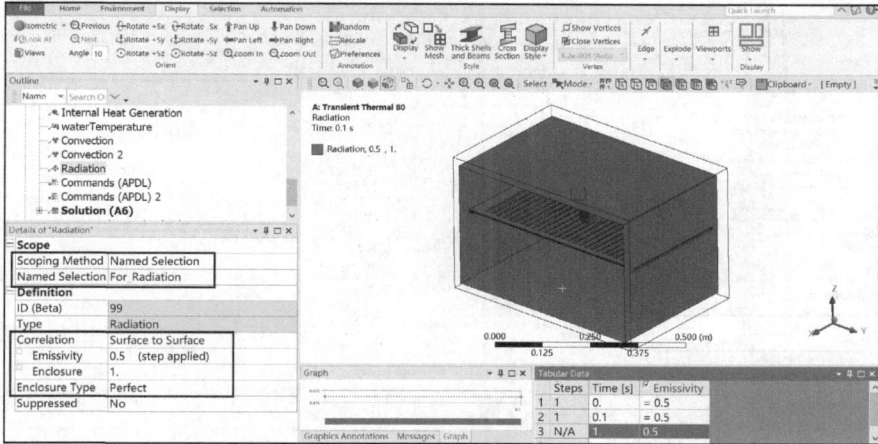

图 2-4-35　边界条件（5）

Analysis Settings 中 Number Of Steps 设置为 1，Step End Time 设置为 5 400 s，Auto Time Step 设置为 Program Controlled，Time Integration 设置为 On，Nonlinear Controls-Line Search 设置为 On，Nonlinear Formulation 设置为 Full（该分析包含相变过程，按真实时间设置，其中 Nonlinear Controls 中两项设置为相变分析，必须设置）。

B 框架结构的边界条件由 A 框架结构复制 Internal Heat Generation（冷凝）、Convection（箱体内部对流）、Convection（箱体外在环境空气下对流）和 Radiation（箱体内部辐射）边界条件而得，只需要修改最终时间为 5 400 s 即可，所有参数不需要变化。

注意

　Temperature（初始水温）边界条件不需要复制。

虽然在边界条件中定义了箱体内部对流，但是冰箱内的对流效应一般采用 CFD 分析，这是因为冷却时温度存在变化，而 Mechanical 模块必须指定对流换热系数为某个特定温度，为解决该矛盾插入 Commands(APDL)，如图 2-4-36 所示，其中 Step Number 设置为 1（当前步），Command 内容如下：

```
/gopr                              !后处理输出
/prep7                             !前处理
nsel,none                          !选择节点空集
n                                  !创建节点，坐标为 0, 0, 0
FLUID_TEMP=ndnext(0)               !存储其节点编号
cmsel,s,For_Convection             !选择节点集 For_Convection
esln                               !选择单元
esel,r,ename,,152                  !改为线性单元
*get,AR80,elem,elnext(0),attr,type !以 AR80 为单元关键词编号
keyopt,AR80,4,1                    !修改单元为线性单元
keyopt,AR80,5,1                    !对流和辐射边界条件中，其环境温度未知
emodif,all,-5,FLUID_TEMP           !修改环境温度为之前定义的 FLUID_TEMP，不改变其他温度设置
/solu                              !求解
allsel,all                         !选择所有
cmsel,all
```

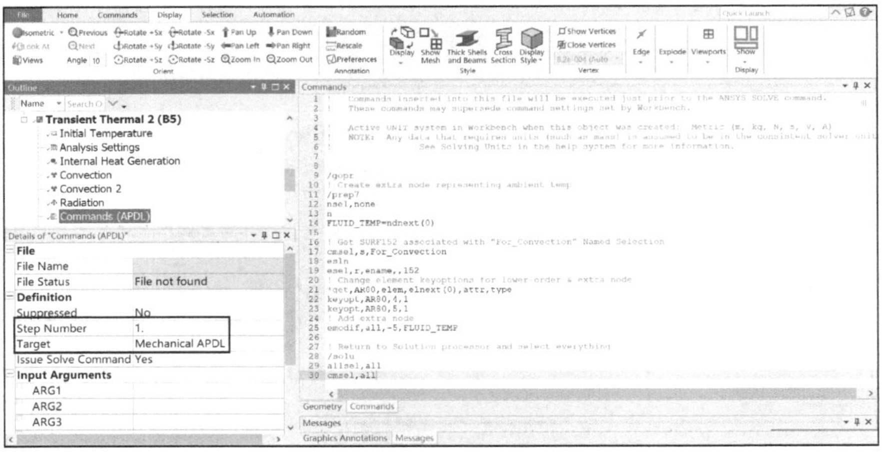

图 2-4-36 Command 设置（1）

涉及相变分析求解，还必须插入 Commands(APDL)，如图 2-4-37 所示，其中 Step Number 设置为 1，Command 内容如下：

```
tintp,,,,0.5          !控制欧拉参数
```

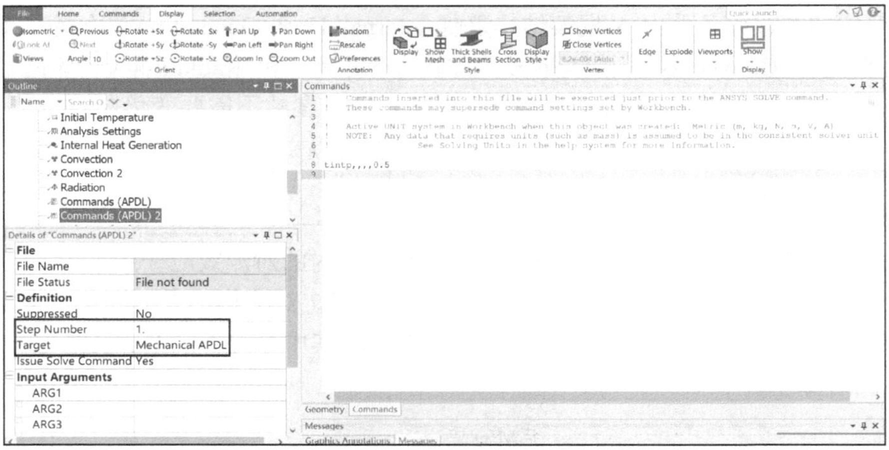

图 2-4-37 Command 设置（2）

同理，对于 C、D 框架结构的瞬态热分析，仅修改边界条件中的水温为 30℃，如图 2-4-38 所示；同时，初始温差不同导致对流换热系数存在差异，本例设其他参数一致，则 $\frac{h_1}{h_2}=\left(\frac{\Delta T_1}{\Delta T_2}\right)^{0.25}$，即 $h=\left(\frac{30-10}{80-10}\right)^{0.25}\times100\approx75$，则修改 C、D 框架结构的箱体内部对流条件参数，如图 2-4-39 所示。

4．后处理

全部计算完成后，只查看 Water 模型的 Temperature 后处理结果，如图 2-4-40 所示。右击 Temperature，在弹出的快捷菜单中选择 Create Results At all Sets，即可得到所有时间节点的温度结果；在云图数值条上单击任意中间数值，点选-号（在云图温度标尺中单击类似-1℃处即

可出现–号）让云图数值条只保留 3 段，其中首尾数值保留，中间段数值分别修改为 0 和–1，即可观察到相变区域；单击 Result 选项卡，选择 Geometry→Capped IsoSurfaces 项，即可通过 IsoSurfaces 图标查看模型分区域情况，本例输入 0，即可查看 0℃之上或之下的模型情况。

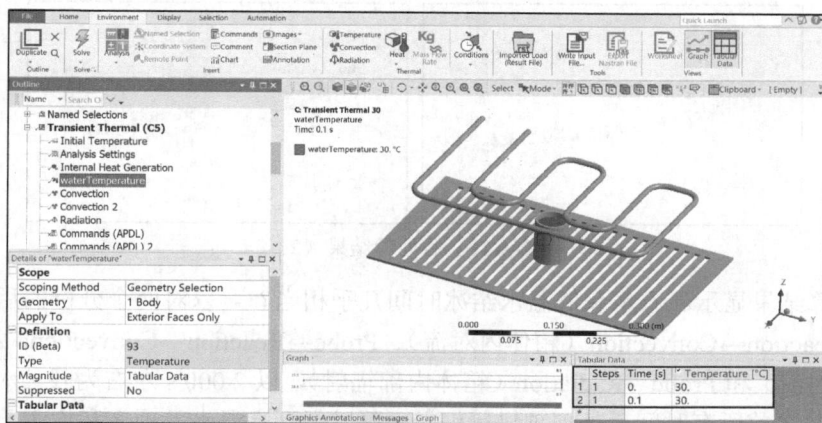

图 2-4-38　边界条件（1）

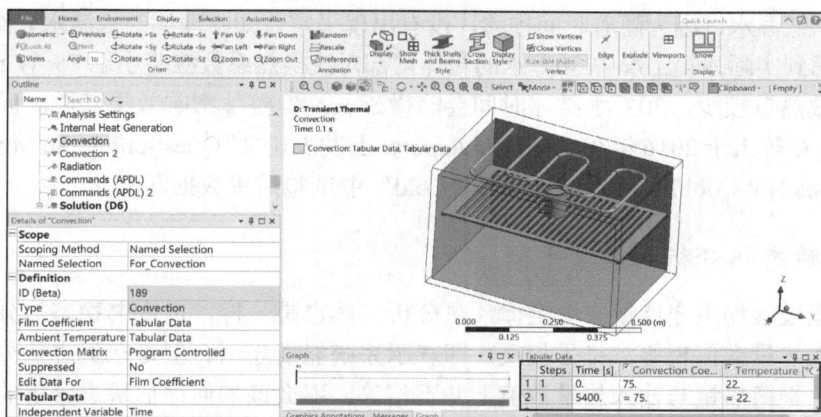

图 2-4-39　边界条件（2）

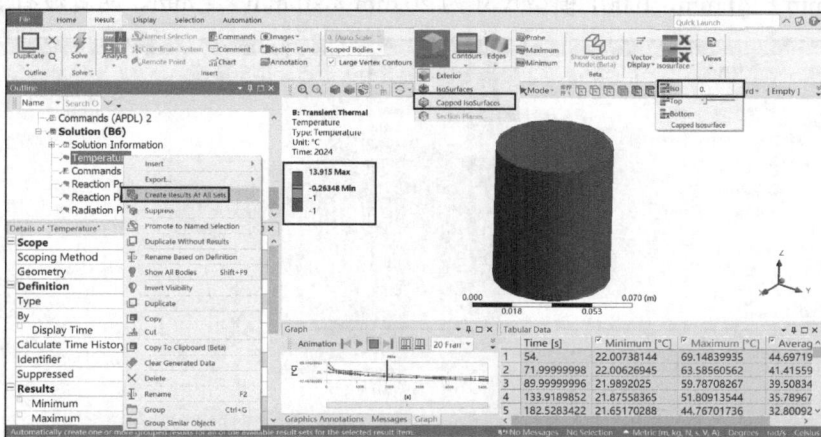

图 2-4-40　后处理结果（1）

导出计算结果中的时间、最低温度和平均温度，如图 2-4-41 所示，可得两者均在 1 800 s 左右达到最低温度 0℃，2 700 s 左右达到平均温度 0℃。虽然与 Mpemba Effect 结果存在差异，但是与平常认知明显不同。

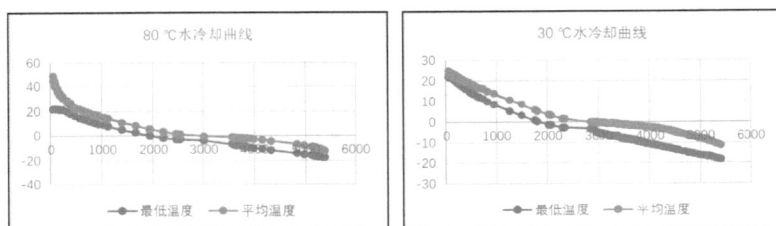

图 2-4-41　后处理结果（2）

为何计算结果显示高温水和低温水结冰时间几乎相当？可以对两个分析的后处理中均插入 Probe→Reaction→Convection（箱体内对流）、Probe→Reaction→Convectionc 2（箱体外在环境空气下对流）和 Probe→Radiation（箱体内部辐射），以 2 000 s 左右为限（水的最低温度小于 0℃），对之前所有时间后处理项进行汇总，可以得到高温水各项之和均大于低温水各项之和，这是因为对于对流和辐射而言，温差越大，传递热量越多，高温水在同样条件的冰箱内散失热量大于低温水，因为随着时间推移，没有出现平常认知中理解的低温水先结冰的现象。当然如果考虑到实际冰箱工况中 30℃水的箱体内部对流换热系数应略小于 75 $W \cdot m^{-2} \cdot ℃^{-1}$，则同等时间下散热量较少，30℃水结冰时间会略微延长，但整体影响效果甚微。同时本例计算结果与 Henry C 等人于 2016 年在 *Scientific Reports* 上发表论文"Questioning the Mpemba Effect: Hot Water Does Not Cool More Quickly Than Cold"中试验结果数据匹配。

2.4.4　瞬态热分析的能量平衡

任何物理过程均遵守能量守恒定律，热分析当然也是一样。以本书稳态热分析为例，平衡热量与输入热量数值相等，符号相反，即表示系统能量守恒。但是在瞬态热分析中，我们都可以发现，平衡热量与输入热量数值上并不相等，那么该如何评估瞬态分析的能量平衡？

下面以简单模型进行计算验证。初始计算模型如图 2-4-42 所示，其中 0.02 模型尺寸为 20 mm × 20 mm × 20 mm，0.001 模型尺寸为 20 mm × 20 mm × 1 mm。两者没有 Share 连接。

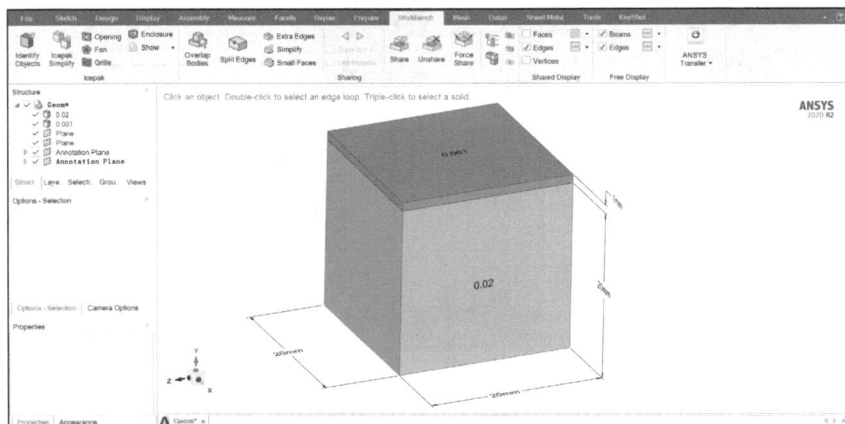

图 2-4-42　计算模型

1．建立分析流程

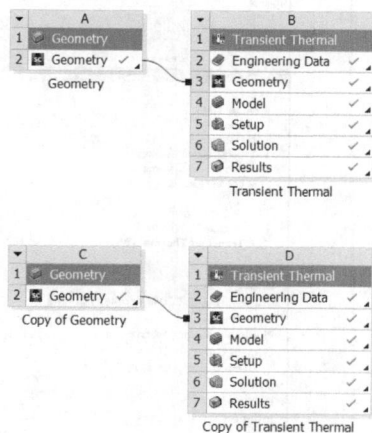

如图 2-4-43 所示，建立分析流程。其中包括 A 框架结构的 Spaceclaim 建模模块、B 框架结构的 Transient Thermal 瞬态热分析模块，C 框架结构的 Spaceclaim 建模模块由 A 框架结构复制而得，将两者进行 Share 连接，D 框架结构的 Transient Thermal 瞬态热分析模块由 B 框架结构复制而得，以对比模型 Share 连接对瞬态分析后处理的影响。

为保证瞬态结构更容易观察，在 Engineering Data 项新建材料 0.001 和 0.02，定义其密度均为 7 850 kg·m^{-3}；热传导系数分别为 0.1 W·m^{-1}·$^{\circ}$C^{-1}、150 W·m^{-1}·$^{\circ}$C^{-1}；比热容均为 945 J·kg^{-1}·$^{\circ}$C^{-1}，如图 2-4-44 所示。

图 2-4-43　分析流程

Properties of Outline Row 3: 0.001

	A	B	C
	Property	Value	Unit
1			
2	Material Field Variables	Table	
3	Density	7850	kg m^-3
4	Isotropic Thermal Conductivity	0.1	W m^-1 C^-1
5	Specific Heat, C$_p$	945	J kg^-1 C^-1

Properties of Outline Row 4: 0.02

	A	B	C
	Property	Value	Unit
1			
2	Material Field Variables	Table	
3	Density	7850	kg m^-3
4	Isotropic Thermal Conductivity	150	W m^-1 C^-1
5	Specific Heat, C$_p$	945	J kg^-1 C^-1

图 2-4-44　材料定义

2．前处理

双击 B4 Model 项进入 Mechanical 前处理。先分别对各个模型定义对应的材料参数，将 Geometry→Geom\0.02 模型的 Assignment 设置为 0.02；Geometry→Geom\0.001 模型的 Assignment 设置为 0.001。

网格划分中将 Element Order 设置为 Linear，将 0.001 模型厚度边线 4 等分，将 0.02 模型厚度边线 20 等分，如图 2-4-45 所示，具体操作参见《ANSYS Workbench 有限元分析实例详解（静力学）》。

因为模型中没有设置 Share，所以需要接触设置，0.02 模型上表面定义为接触面，0.001 模型下表面定义为目标面，Type 设置为 Bonded，Formulation 设置为 MPC，其余均默认，如图 2-4-46 所示。

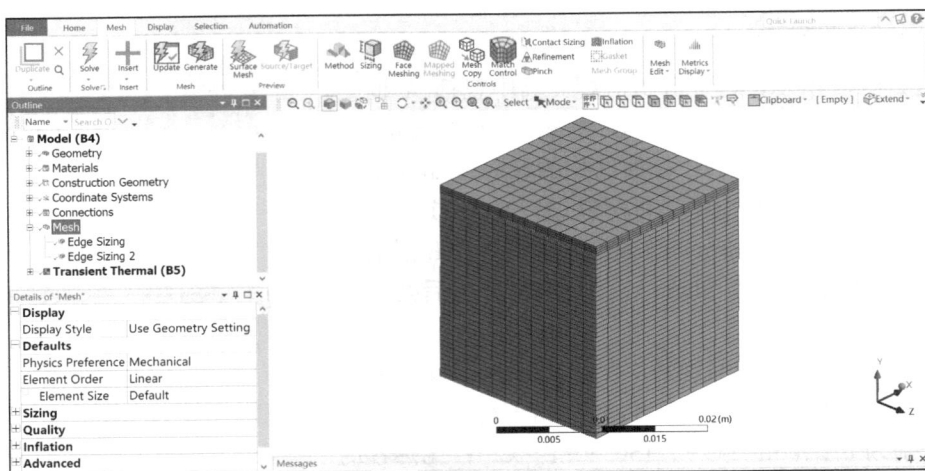

图 2-4-45　网格划分

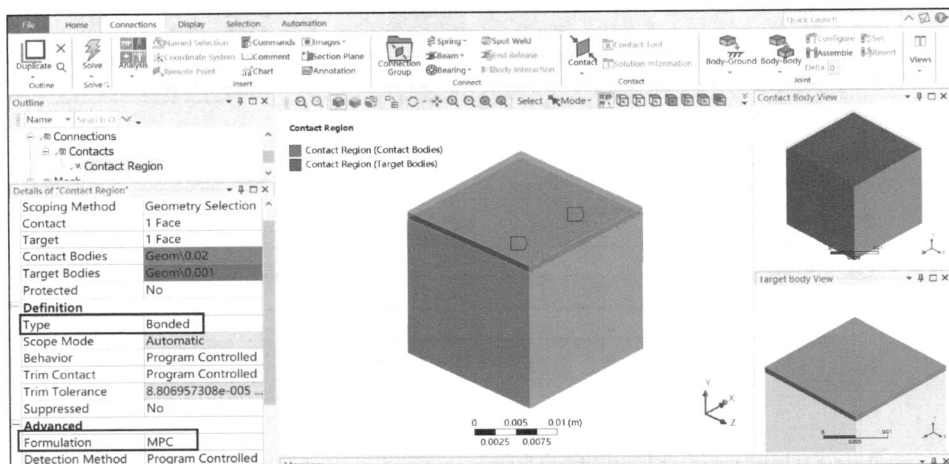

图 2-4-46　接触设置

3. 瞬态分析边界条件定义

定义 Initial Temperature 的 Initial Temperature Value 为 22℃（环境温度）。

Analysis Settings 中 Number Of Steps 设置为 3，其中当 Current Step Number 为 1 时，Step End Time 设置为 10 s；当 Current Step Number 为 2 时，Step End Time 设置为 20 s，当 Current Step Number 为 3 时，Step End Time 设置为 60；Auto Time Step 均设置为 Program Controlled，Time Integration 设置为 On；Output Controls→Nodal Forces 设置为 Yes（如果不设置，后处理的部分结果将无法获得）。

选择 0.02 模型体，对其加载 Internal Heat Generation，在 Tabular Data 中定义每步的内部生热，其中 0 s 对应 0 W·m^{-3}，10 s 对应 209 200 000 W·m^{-3}，20 s 对应 0 W·m^{-3}，60 s 对应 0 W·m^{-3}，如图 2-4-47 所示。

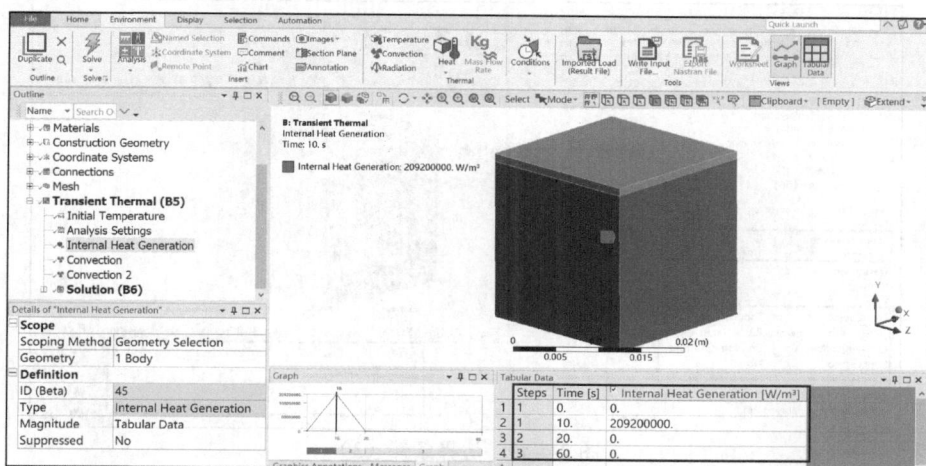

图 2-4-47　边界条件（1）

选择 0.001 模型的上表面，对其加载 Convection（热源入口），其中 Edit Data For 设置为 Film Coefficient，在 Tabular Data 中定义每步的对流换热系数，其中 0 s 对应 Convection Coefficient 为 20 W·m^{-2}·℃$^{-1}$，Temperature 为 20℃；增加一行定义 1 s 对应 Convection Coefficient 为 1 000 W·m^{-2}·℃$^{-1}$，Temperature 为 400℃；10 s 对应 Convection Coefficient 为 1 000 W·m^{-2}·℃$^{-1}$，Temperature 为 400℃；20 s 对应 Convection Coefficient 为 1 000 W·m^{-2}·℃$^{-1}$，Temperature 为 400℃；60 s 对应 Convection Coefficient 为 1 000 W·m^{-2}·℃$^{-1}$，Temperature 为 400℃，如图 2-4-48 所示。

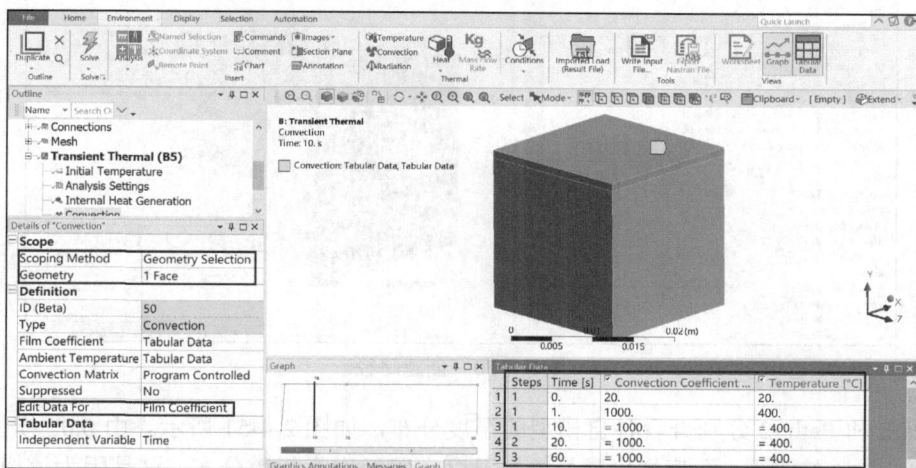

图 2-4-48　边界条件（2）

选择 0.02 模型的下表面，对其加载 Convection（热源出口），其中 Film Coefficient 设置为 Tabular Data，Ambient Temperature 设置为 22℃，Edit Data For 设置为 Film Coefficient，如图 2-4-49 所示。

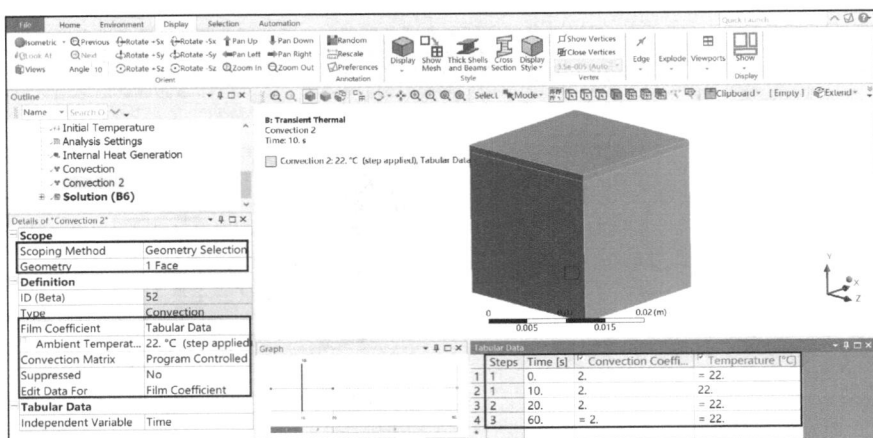

图 2-4-49　边界条件（3）

4．后处理

全部计算完成后，为观察温度瞬态过程，采用 Path 观察温度分布状态。如图 2-4-50 所示，在 Construction Geometry 下创建 Path 和 Path 2 两条路径并选中，其中 Path Type 设置为 Two Points，B 路径的 Start→Location 设置为 1 点，End→Location 设置为 2 点；A 路径的 Start→Location 设置为 2 点，End→Location 设置为 3 点。

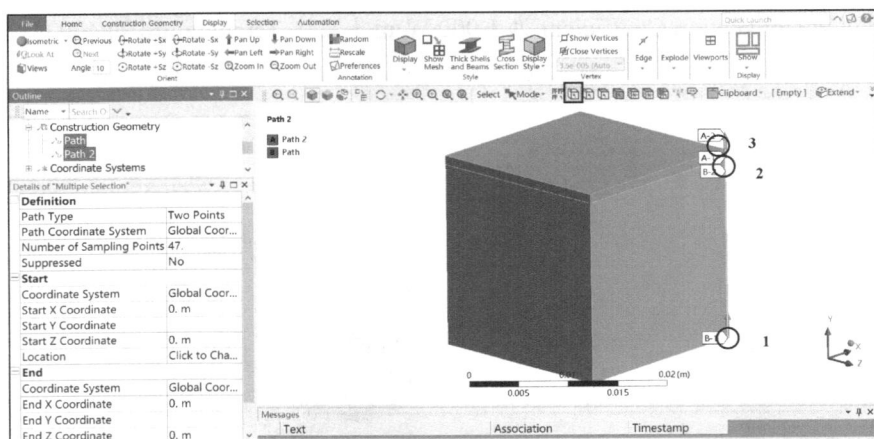

图 2-4-50　创建路径

以 Path 和 Path 2 分别查看各自模型的温度分布，如图 2-4-51 所示。由 0.02 模型的温度云图可知，其温差较小，温度梯度较小，但温度在路径上呈指数分布，这是因为该模型较厚，温度尚未达到稳态温度分布。由 0.001 模型的温度云图可知，其温差较大，温度梯度较大，但温度在路径上呈线性分布，这是因为该模型较薄，温度已经达到稳态温度分布。

当然以 Path 查看温度不能直接判定瞬态热分析的能量平衡，在后处理中插入 Probe→Heat Flux，对象分别选择 0.02 模型的下表面、0.02 模型的上表面、0.001 模型的下表面、0.001 模型的上表面，Result Selection 设置为 Total，将 4 个热通量结果复制到 Excel 中。

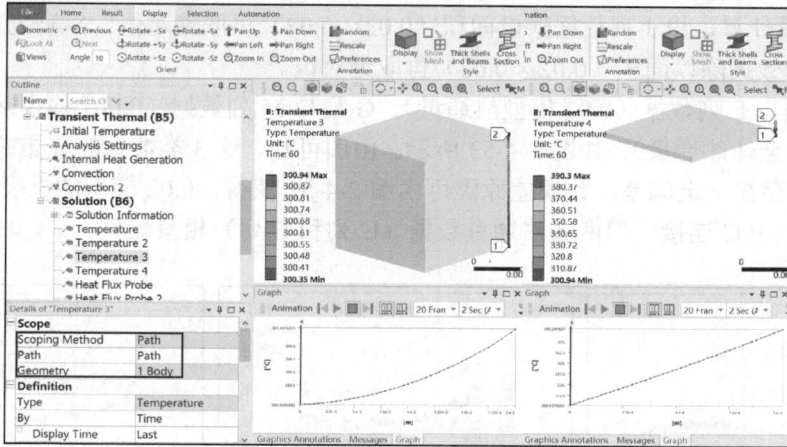

图 2-4-51　后处理结果（1）

　　对于瞬态分析，任何时刻对于任意实体散热模型都满足"入口面热通量减出口面热通量等于模型生热量"；对于任意实体生热模型都满足"入口面热通量加出口面热通量等于模型生热量"，而生热量在软件中以 EHEAT 后处理呈现。因此单击 Solution 选项卡中的 Worksheet，在出现的表格中选择 EHEAT，对象分别选择 0.02 体模型、0.001 体模型和全部体模型，切记不能直接在 User Defined Result 中输入 EHEAT，否则不能得到总热量，将 3 个热量结果复制到 Excel 中，如图 2-4-52 所示。

图 2-4-52　Excel 处理

　　其中 A 列为瞬态时间项；B 列为 0.02 模型下表面的热通量；C 列为 0.02 模型上表面的热通量；D 列为 0.02 模型上下表面热通量之差，即 C 列减 B 列，因为上表面为热量入口，下表面为热量出口，所以上表面热通量减下表面热通量必定为正数；E 列为 0.001 模型下表面的热通量；F 列为 0.001 模型上表面的热通量；因为 0.001 模型是热通量入口，所以 G 列为 0.001 模型上下表面热通量之和，即 F 列加 E 列；H 列为所有模型热通量之差，即 F 列减 B 列；I 列为 0.02 体的总热量；J 列为 0.001 体的总热量；K 列为所有体的总热量，以上 3 列数值均由 EHEAT 数据获得；L 列为 0.02 体热通量计算，由 I 列数据除以面积（0.02×0.02），因为热量存在正负性，为了保证直观对比，全部取绝对值（Excel 中调用 abs 函数）；M 列为

0.001 体热通量计算，由 J 列数据除以面积（0.02×0.02）再取绝对值；N 列为所有体热通量计算，由 K 列数据除以面积（0.02×0.02）再取绝对值。

对比 D 列与 L 列数据（0.02 模型热通量）、G 列与 M 列数据（0.001 模型热通量）、H 列与 N 列数据（全体热通量），如图 2-4-53 所示。由图可知，这 3 类数据的分布趋势基本一致，但数据峰值处存在一定偏差。其误差原因可由图 2-4-52 获得，0.02 模型的上表面与 0.001 模型的下表面由 MPC 连接，但两者热通量数据（C 列和 E 列）相差较大。

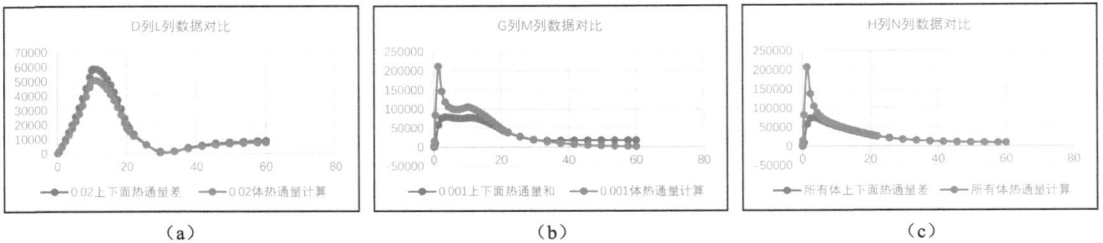

图 2-4-53　后处理结果（2）

如果在网格划分中设置 Element Order 为 Quadratic，重新计算，对比 D 列与 L 列数据、G 列与 M 列数据、H 列与 N 列数据，如图 2-4-54 所示。由图可知，采用二次单元，误差依然较大，精度并没有明显改变。

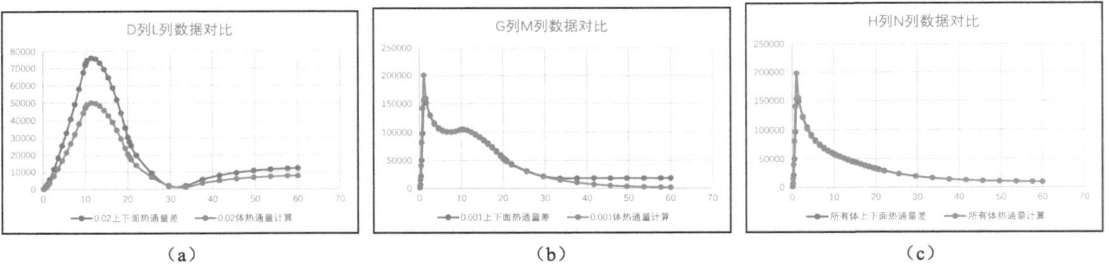

图 2-4-54　后处理结果（3）

依据 C 框架结构得到的 Share 连接模型在 D 框架结构瞬态热分析中重新计算，因为模型间已经定义了 Share，所以接触设置可以删除（软件可能自动去除），网格划分中分别将 Element Order 设置为 Linear 和 Quadratic，重新计算，对比 D 列与 L 列数据、G 列与 M 列数据、H 列与 N 列数据，如图 2-4-55 和图 2-4-56 所示。由图可知，所有计算趋势基本吻合，二次单元的计算结果中数据峰值偏差最小。

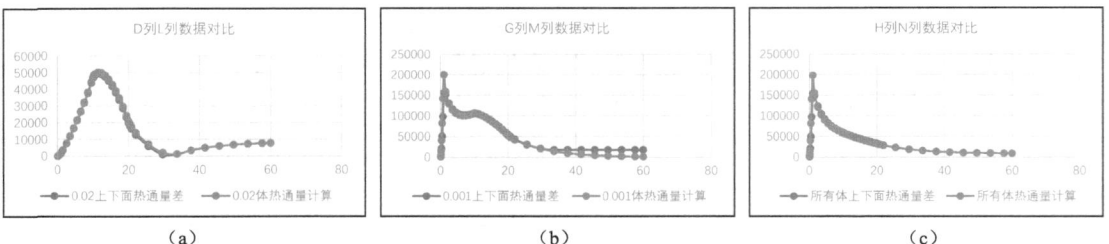

图 2-4-55　二次单元后处理结果

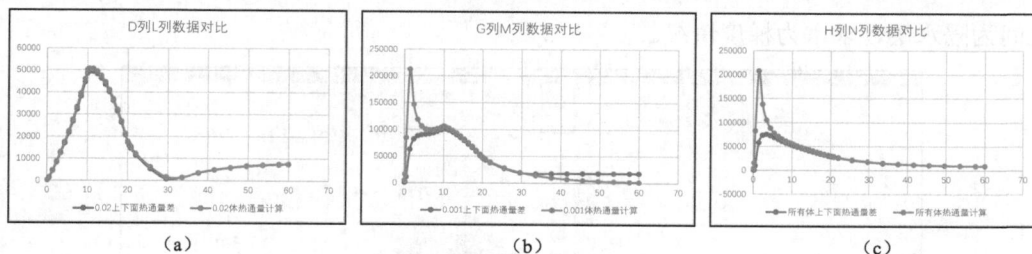

图 2-4-56　线性单元后处理

综上所述，对于瞬态分析的能量平衡判定，将各面的热通量与生热量进行比较。对于装配体模型，为保证计算精度，一般采用 Share 连接形式，不建议采用接触形式。另外二次单元计算精度较高，特别是瞬态过程中的局部峰值数值精度，但是二次单元在瞬态计算过程中在边界处易出现数据溢出，产生一些低于环境温度的数值。而线性单元则可以避免此问题，且计算精度只在局部峰值低于二次单元，但是线性单元结果受网格质量的限制，不仅必须保证足够网格数量，且一般不允许出现四面体。

2.5　扩散分析

当物质在空间上分布不均匀时，就会产生扩散现象。扩散是由分子随机运动在浓度梯度作用下从系统的一部分运移到另一部分产生的宏观定向迁移过程，其结果是使系统内自由能降低。例如，气味和烟雾（在气体中）的传播，有色染料在液体中的溶解，加工过程中晶粒的形成，渗碳过程，地下水渗流过程等。

三维非稳态扩散通用微分方程为：

$$\frac{\partial C}{\partial t} = \frac{\partial}{\partial x}\left(D\frac{\partial C}{\partial x}\right) + \frac{\partial}{\partial y}\left(D\frac{\partial C}{\partial y}\right) + \frac{\partial}{\partial z}\left(D\frac{\partial C}{\partial z}\right)$$

其与三维非稳态传热通用微分方程非常相似，此中对于一维（仅 x 向）、稳态和无内热源模型，第一类边界条件为 $-k\dfrac{\mathrm{d}T}{\mathrm{d}x} = q_0$。扩散中的 Fick 定律也与之相似，扩散 Fick 定律为 $-D\dfrac{\mathrm{d}C}{\mathrm{d}x} = J$。式中 D 为扩散系数，单位为 $\mathrm{m^2 \cdot s^{-1}}$；$C$ 为扩散物质浓度，单位为 $\mathrm{kg \cdot m^{-3}}$；J 为扩散通量，单位为 $\mathrm{kg \cdot m^{-2} \cdot s^{-1}}$。

扩散现象的计算原理与传热分析相似，而且扩散往往伴随温度传递过程。

2.5.1　稳态渗流计算

利用扩散与传热分析计算原理相似的特点，将原温度场相关参数等效为扩散中相关参数，即可用温度场研究扩散分析。该方法不仅用在 ANSYS 软件中，还用在 ADINA 等软件中。

下面对岩土等孔隙介质中的稳态渗流分析进行说明。计算模型如图 2-5-1 所示（为简化计算，采用二维模型，必须基于 XY 平面，各模型采用 Share 连接），基岩尺寸为 37 m × 10 m；沙砾料和混凝土坝尺寸如图；其中沙砾料的渗透系数为 2E-4 m·s⁻¹，混凝土的渗透系数为 3E-8 m·s⁻¹，基岩的渗透系数为 5E-7 m·s⁻¹；左侧水位为 4 m，右侧水位为 1 m；沙砾料与基岩之间为隔水层，求水力梯度情况。

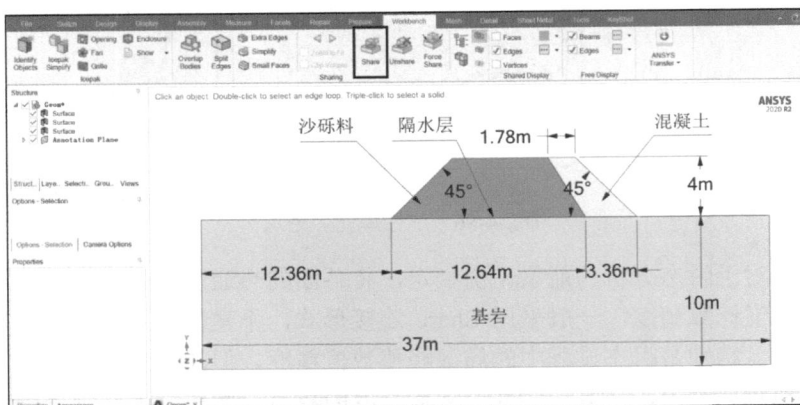

图 2-5-1　计算模型

对于稳态渗流分析，温度场与扩散分析单位制对应如表 2-5-1 所示。

表 2-5-1　　　　　　　　　　温度场与扩散分析单位制对应表

物理量	单位	物理量	单位
温度	K	水位（压差）	m
热传导系数	$W \cdot m^{-1} \cdot K^{-1}$	渗透系数	$m \cdot s^{-1}$
热通量	$W \cdot m^{-2}$	扩散通量	$kg \cdot m^{-2} \cdot s^{-1}$

1．建立分析流程

如图 2-5-2 所示，建立分析流程，其中包括 A 框架结构的 Spaceclaim 建模模块、B 框架结构的 Steady-State Thermal 稳态热分析模块。

在 Engineering Data 项新建材料 1、2、3，分别定义其热传导系数为 0.000 2、3E–8、5E–7，如图 2-5-3 所示。

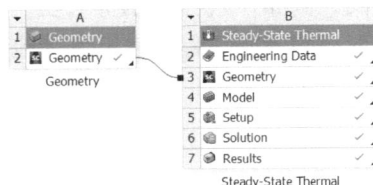

图 2-5-2　分析流程

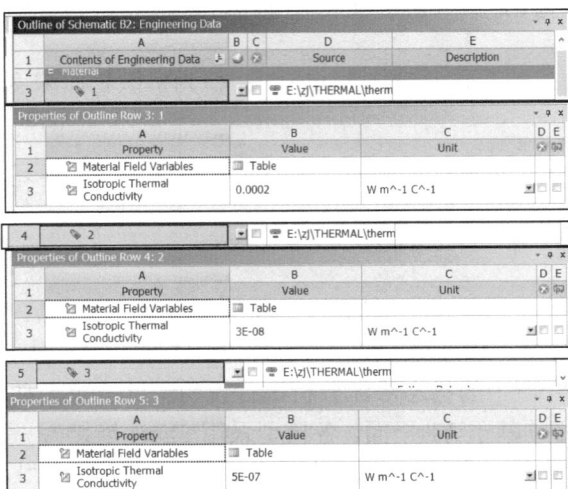

图 2-5-3　材料定义

2. 前处理

双击 B4 Model 项进入 Mechanical 前处理。单击 Geometry→Geom\Surface-2D，将 Behavior 设置为 Plane Stress，即定义模型为平面应力；分别对各个模型定义对应的材料参数，将 Geometry→Geom\Surface（左梯形）模型的 Assignment 设置为 1；Geometry→Geom\Surface（右梯形）模型的 Assignment 设置为 2；Geometry→Geom\Surface（长方形）模型的 Assignment 设置为 3。

为后续定义边界条件，分别新建两个坐标系，如图 2-5-4 所示。其中 Coordinate System 以左梯形左边线为对象，原点在左下角；Coordinate System 2 以右梯形右边线为对象，原点在右上角。

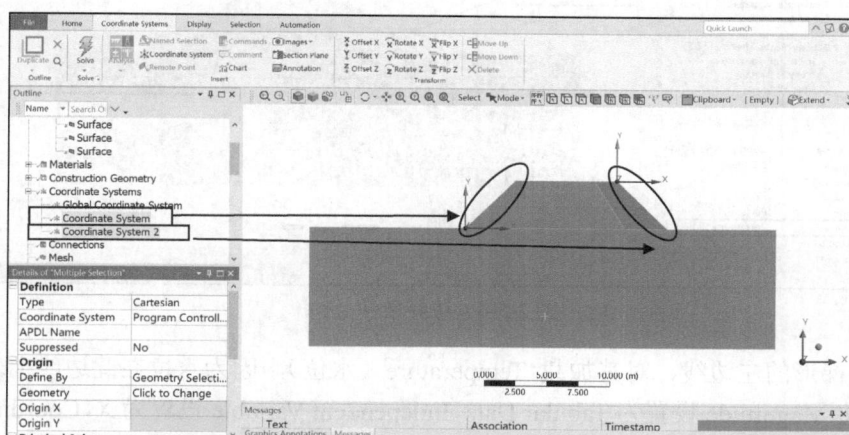

图 2-5-4 坐标系定义

网格划分中将 Element Size 设置为 0.25 m，其余项采用默认设置，如图 2-5-5 所示。

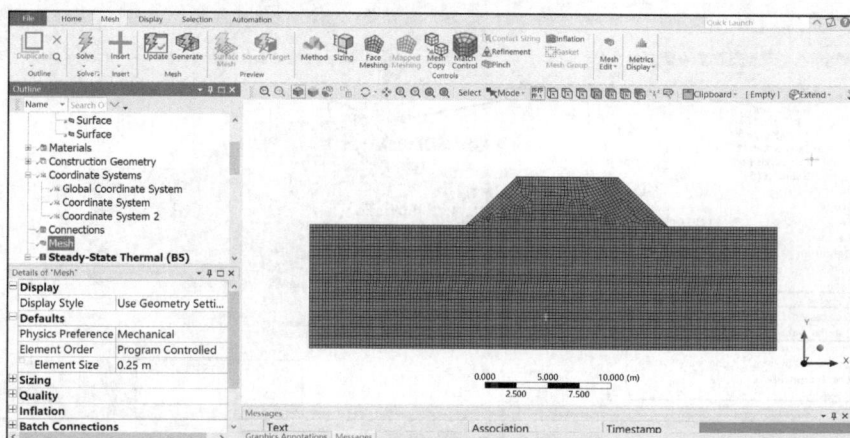

图 2-5-5 网格划分

3. 稳态分析边界条件定义

定义 Initial Temperature 的 Initial Temperature Value 为 4.5℃。

注意

对于稳态热分析，初始温度设置对计算结果影响不大，但对于渗流分析，为保证计算模型中不出现无渗流区域，应该定义一个略大于最高水位的初值。

Analysis Settings 采用默认设置。

如图 2-5-6 所示，依题意对所选边线定义绝热层（隔水层）。

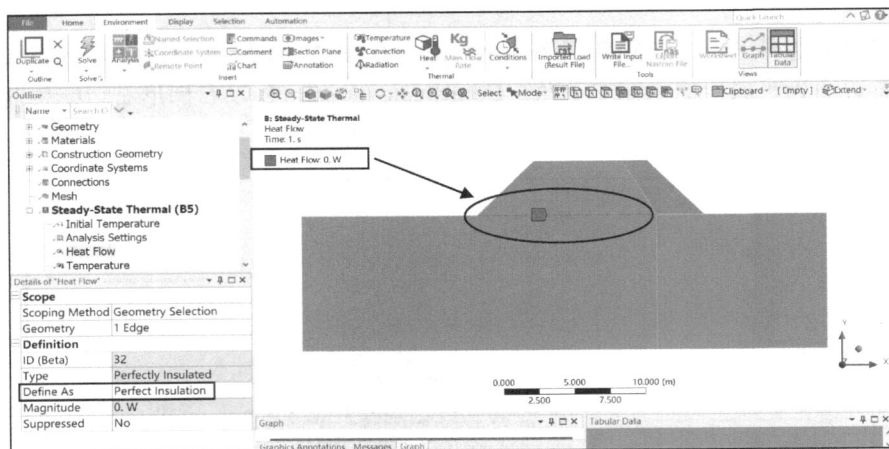

图 2-5-6　边界条件（1）

选择左梯形的左边线，对其加载 Temperature（水位），因为水位在此边线上表现为梯度分布，所以将 Magnitude 设置为 Tabular Data，Independent Variable 设置为 X，Coordinate System 设置为之前创建的 Coordinate System。在 Tabular Data 中定义梯度温度，其中 0 m 对应 4℃，4 m 对应 0℃，如图 2-5-7 所示。

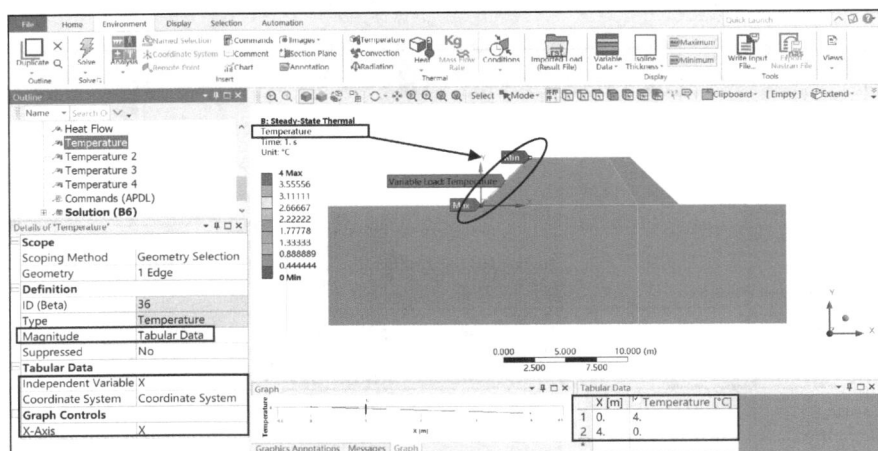

图 2-5-7　边界条件（2）

注意

以表格加坐标系定义梯度温度载荷，可以代替复杂的 Command 输入，因为默认温度的函数输入只能以时间为变量。

对此边线定义 Construction Geometry→Path（Path Type 设置为 Edge），计算完成后，查看该路径的温度分布情况，以检查与输入条件是否一致。

选择长方形左上水平线，对其加载 Temperature（水位），将 Magnitude 设置为 4℃，如图 2-5-8 所示。

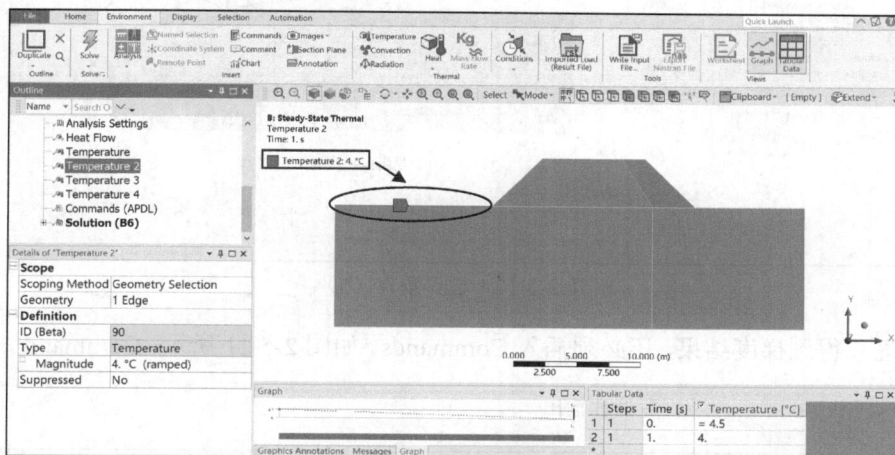

图 2-5-8　边界条件（3）

选择右梯形的右边线，对其加载 Temperature（水位），因为水位在此边线上同样表现为梯度分布，所以将 Magnitude 设置为 Tabular Data，Independent Variable 设置为 X，Coordinate System 设置为之前创建的 Coordinate System 2。在 Tabular Data 中定义梯度温度，其中 3 m 对应 0℃，4 m 对应 1℃，如图 2-5-9 所示。

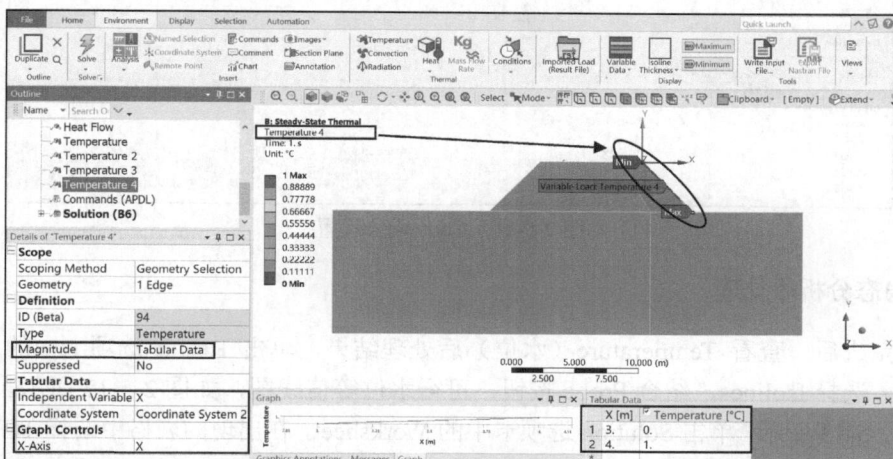

图 2-5-9　边界条件（4）

选择长方形右上水平线，对其加载 Temperature（水位），将 Magnitude 设置为 1℃，如图 2-5-10 所示。

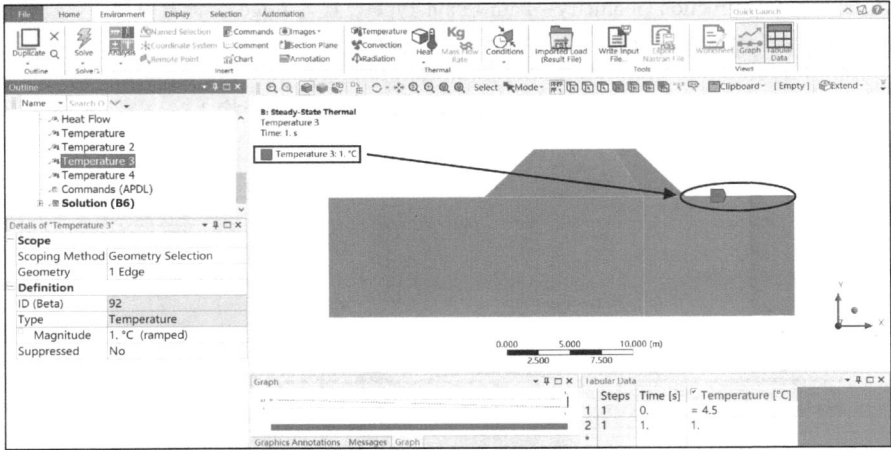

图 2-5-10　边界条件（5）

后处理需得到梯度结果，还必须插入 Commands，如图 2-5-11 所示，Command 内容如下：

```
outres,erase          !后处理输出
```

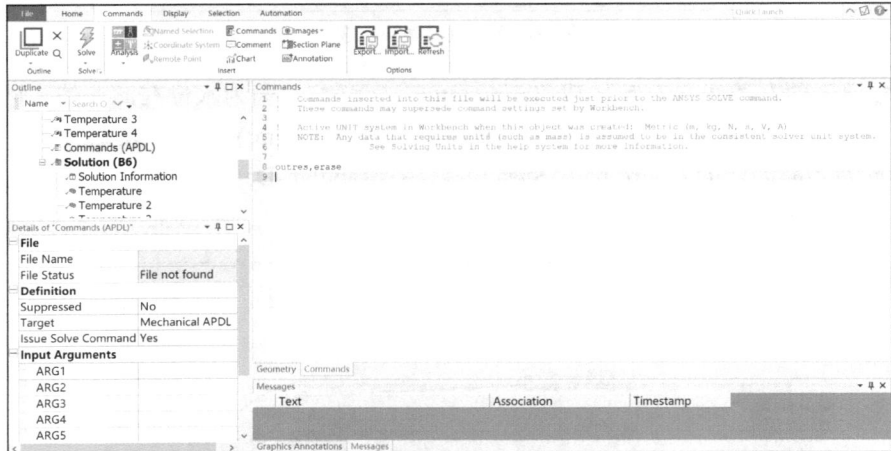

图 2-5-11　Command 设置

4．稳态分析后处理

计算完成后，查看 Temperature（水位）后处理结果，单击 Result 选项卡中的 Contours 下拉按钮，选择 Isolines，结合 Probe 按钮，可得水位等值线图，如图 2-5-12 所示。

如图 2-5-13 所示，单击 Solution 选项卡中的 Worksheet，在出现的表格中选择 TGX、TGY、TGSUM 查看 X 向、Y 向和汇总温度梯度（X 向、Y 向、总水位梯度）和 TFX、TFY、TFSUM 查看 X 向、Y 向和汇总热通量梯度（X 向、Y 向、总扩散通量梯度），右击表格中某行，选择 Create User Defined Result 即可，还可以重点观察隔水层附近的 TGVECTORS 后处理结果，其中箭头方向即为运移趋势。

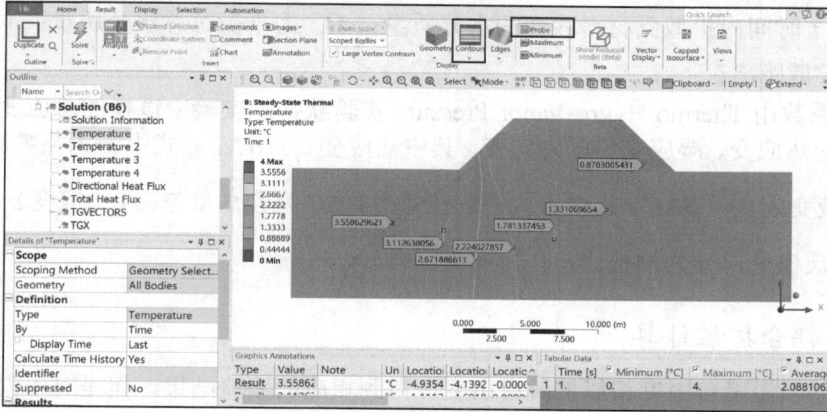

图 2-5-12 后处理结果（1）

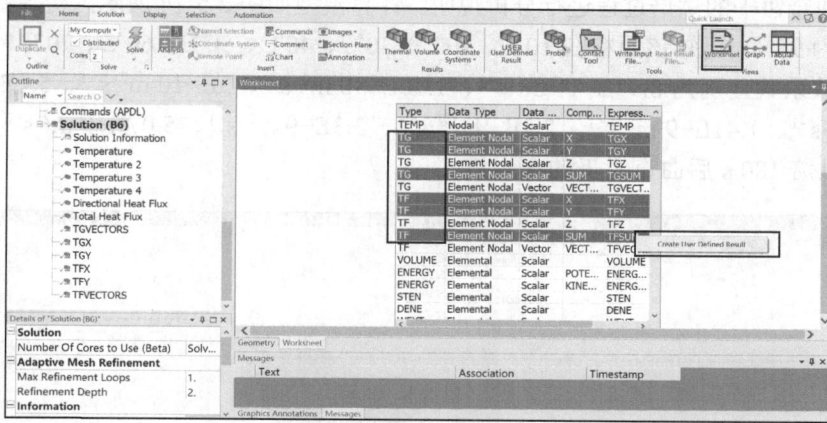

图 2-5-13 后处理结果（2）

注意

如果不插入 Command，直接在 User Defined Result 中输入 TGX 等也不能得到梯度结果。

对于纯湿度扩散分析，同理可以采用温度场分析。温度场与湿度分析单位制对应如表 2-5-2 所示。

表 2-5-2　　　　　　　　　　　　温度场与湿度分析单位制对应表

温度场物理量	单位	湿度物理量	单位
温度	K	含水量	$kg \cdot m^{-3}$
热传导系数	$W \cdot m^{-1} \cdot K^{-1}$	湿度扩散系数 × 饱和含水量	$kg \cdot s^{-1} \cdot m^{-1}$
密度	$kg \cdot m^{-3}$	密度	1
比热容	$J \cdot kg^{-1} \cdot K^{-1}$	饱和含水量	$kg \cdot m^{-3}$
热膨胀系数	K^{-1}	湿膨胀系数	$m^3 \cdot kg^{-1}$

湿度扩散系数公式：

$$\frac{M_t}{M_\infty} = 1 - \sum_{n=0}^{\infty} \frac{8}{(2n+1)^2 \pi^2} \exp\left[\frac{-D(2n+1)^2 \pi^2 t}{L^2}\right]$$

式中，M_t 为 t 时间内扩散到材料内部的水分质量；M_∞ 为平衡时总水分质量；n 为取样测试次数；L 为扩散距离。

湿膨胀系数由 Thermo-Hygro-Vapor Pressure 实验获得，实验中试样的总应变由 3 项组合而成，分别为热应变、湿应变和压力应变，其中热应变 $\varepsilon_t = \alpha \Delta T$，式中 α 为热膨胀系数，ΔT 为温差；湿应变为 $\varepsilon_h = \beta \Delta C$，式中 β 为湿膨胀系数，ΔC 为含水量差；应力应变 $\varepsilon_p = \dfrac{1-2\mu}{E}P$，式中 E 为杨氏模量，μ 为泊松比，P 为外在压力。

2.5.2   耦合扩散计算

上面虽然以温度自由度相似扩散自由度，得到相应的渗流结果，但是对于温度耦合扩散的模型，例如湿度与温度相关性，则无法用上述方法进行扩散分析。

下面对曲奇饼干的烘焙过程进行分析说明。计算模型如图 2-5-14 所示，初始温度为 22℃，初始含水量为 98%，已知该面粉在 10℃、20℃、30℃、40℃、50℃、60℃、70℃、80℃、90℃时的湿度扩散系数分别为 8.97E-11 m²·s⁻¹、1.68E-10 m²·s⁻¹、3E-10 m²·s⁻¹、5.1E-10 m²·s⁻¹、8.66E-10 m²·s⁻¹、1.41E-9 m²·s⁻¹、2.2E-9 m²·s⁻¹、3.3E-9 m²·s⁻¹、5.07E-9 m²·s⁻¹，求在烘箱设定 230℃烘焙 180 s 后曲奇饼干的含水量。

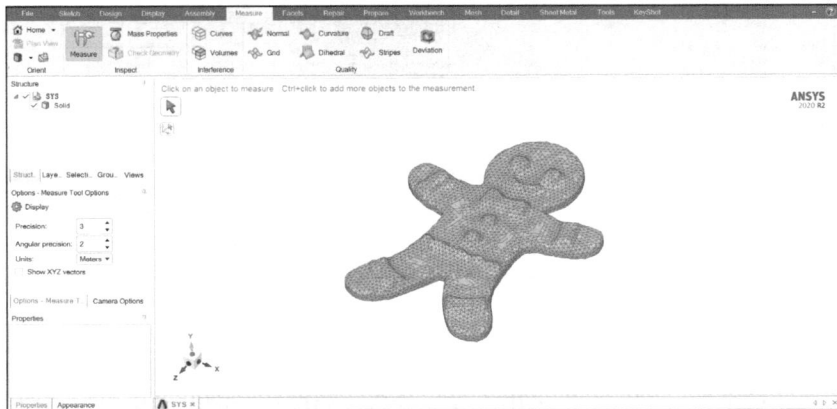

图 2-5-14   计算模型

因为已知条件只给出 10～90℃的湿度扩散系数，而实际工况为 230℃，所以首先要计算 100～230℃的湿度扩散系数，且湿度扩散系数与温度有关，不能直接采用相似计算。湿度扩散系数随温度发生变化，依据公式 $D = D_0 \exp\left(\dfrac{-E_d}{RT}\right)$，式中 R 为玻尔兹曼常数（8.617E-5 eV·K⁻¹），T 为绝对温度，E_d 为活化能。将公式两边均取自然对数，则 $\ln D = \ln D_0 + \dfrac{1}{RT}(-E_d)$，其中 $\dfrac{1}{RT}$ 设为 x，$\ln D$ 设为 y，则该式为线性函数，函数图形的截距即为 $\ln D_0$，斜率即为 $-E_d$。

用 Excel 进行数据处理，如图 2-5-15 所示。其中 A2～A10 为已知温度，B2～B10 为绝对温度，C2～C10 为 $\dfrac{1}{RT}$，D2～D10 为已知湿度扩散系数，E2～E10 为 $\ln D$；以 C2～C10 为横

坐标，E2～E10 为纵坐标，拟合得到线性函数 $y = -0.445\,5x - 4.865\,7$，即 E_d 为 0.445 5，$\ln D_0$ 为 -4.865 7，D_0 为 0.007 706。据此 D12～D17 为对应 100℃、125℃、150℃、175℃、200℃、230℃的湿度扩散系数。

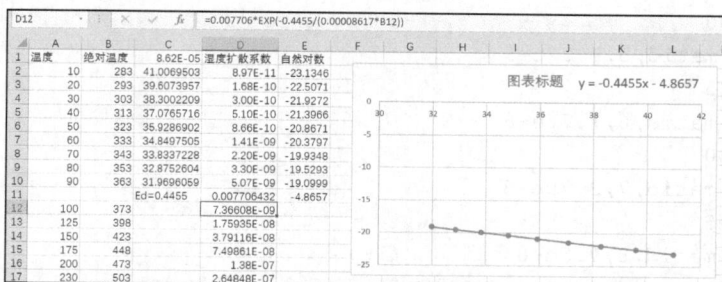

图 2-5-15　计算湿度扩散系数

1．建立分析流程

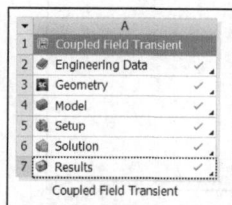

如图 2-5-16 所示，建立分析流程，因为需要研究 180 s 后的含水量，所以采用瞬态分析，且存在扩散与温度的耦合关系，即为 A 框架结构的 Coupled Field Transient 瞬态耦合场分析模块。

Engineering Data 项新建 Cookie 材料，其中密度定义为 50 kg·m^{-3}，杨氏模量为 2E11 Pa，泊松比为 0.3（结构相关参数必须定义，但计算与此无关，所以数值随意），热传导系数为 0.3 W·m^{-1}·℃$^{-1}$，比热容为 2 000 J·kg^{-1}·℃$^{-1}$，如图 2-5-17 所示。

图 2-5-16　分析流程

图 2-5-17　材料定义

2．前处理

双击 A4 Model 项进入 Mechanical 前处理，将 Geometry→SYS\Solid 模型的 Assignment 设置为 Cookie。

因为默认耦合场分析没有内置扩散分析，所以还必须插入 Commands，如图 2-5-18 所示，Commands 内容如下（**注意界面提示的单位制**）：

```
et,matid,227,100010        !227 单元热扩散耦合，keyopt(1)=100 010
keyopt,matid,10,0          !热扩散耦合中热阻尼矩阵为定值，与二次单元匹配
mptemp,1,20                !定义温度和湿度扩散系数
mpdata,dxx,matid,1,1.86e-10
mptemp,2,40
mpdata,dxx,matid,2,5.1e-10
```

```
mptemp,3,60
mpdata,dxx,matid,3,1.41e-9
mptemp,4,80
mpdata,dxx,matid,4,3.3e-9
mptemp,5,100
mpdata,dxx,matid,5,7.37e-9
mptemp,6,125
mpdata,dxx,matid,6,1.76e-8
mptemp,7,150
mpdata,dxx,matid,7,3.79e-8
mptemp,8,175
mpdata,dxx,matid,8,7.5e-8
mptemp,9,200
mpdata,dxx,matid,9,1.38e-7
mptemp,10,230
mpdata,dxx,matid,10,2.65e-7
mp,csat,matid,3620          !定义饱和含水量为 3 620 kg·m$^{-3}$
```

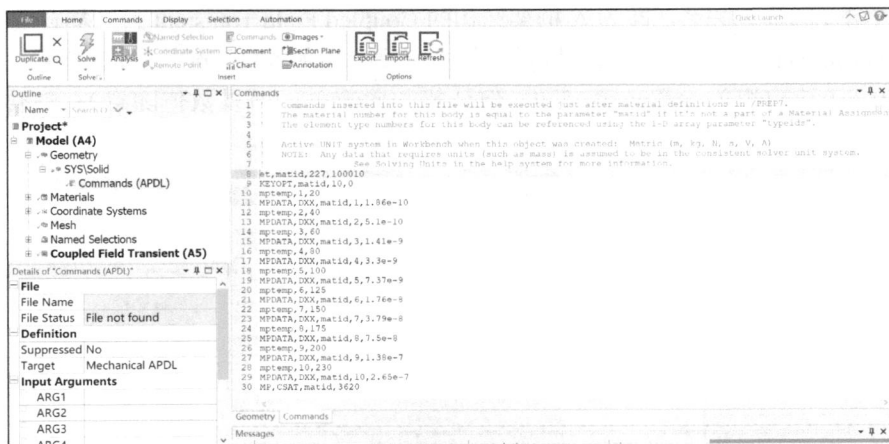

图 2-5-18　Commands 设置

注意

　　耦合场 227 单元为二次四面体单元，对于温度耦合扩散分析，除了相关热学物理参数，还需要定义扩散系数（DXX、DYY、DZZ）和饱和浓度（CSAT），以上参数均可以设置与温度相关。

　　网格采用默认划分。因为本例模型由 STL 转换而成，所以模型在细节曲面上存在缺陷，导致部分网格质量较差，进而导致计算结果存在偏差。读者可以自行尝试设置 Element Size，且修改 Sizing→Transition 为 Slow，Span Angle Center 为 Fine，Quality→Smoothing 为 High 后，对比计算结果。

　　为了后续选择方便，首先单击 Named Selections，对除底面以外的模型其他 6 788 个外表面选择定义为 2；再右击该项，在弹出的快捷菜单中选择 Create Nodal Named Selection，改名为 sur2，如图 2-5-19 所示。

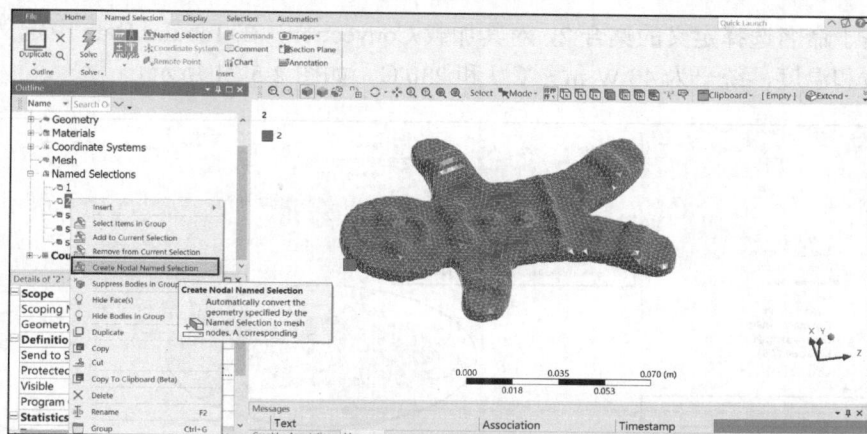

图 2-5-19　命名选择

3. 瞬态分析边界条件定义

本例计算高温烘焙过程，其中对温度和湿度均需要定义初始条件。因为湿度条件必须由插入 Command 获得，所以先定义热学分析条件。

观察 Initial Physics Options→Thermal Settings→Initial Temperature Value 为 22℃（默认设置），Structural Settings→Reference Temperature 为 22℃（本例计算与结构分析无关，但程序框架中必须有结构分析相关设置，均采用默认设置）。

Analysis Settings 中 Number Of Steps 设置为 1，Step End Time 设置为 180 s，Auto Time Step 设置为 On，Define By 设置为 Time，Initial Time Step 设置为 1 s，Minimum Time Step 设置为 0.5 s，Maximum Time Step 设置为 10 s，Time Integration 设置为 On，Structural Only 设置为 Off，Thermal Only 设置为 On（结构分析不考虑瞬态过程）；Output Controls→General Miscellaneous 设置为 Yes。

Physics Region 中 Definition→Structural 设置为 Yes，Thermal 设置为 Yes，其余项采用默认设置。

选择曲奇饼干下表面，对其加载 Temperature，Magnitude 设置为 230℃，如图 2-5-20 所示。

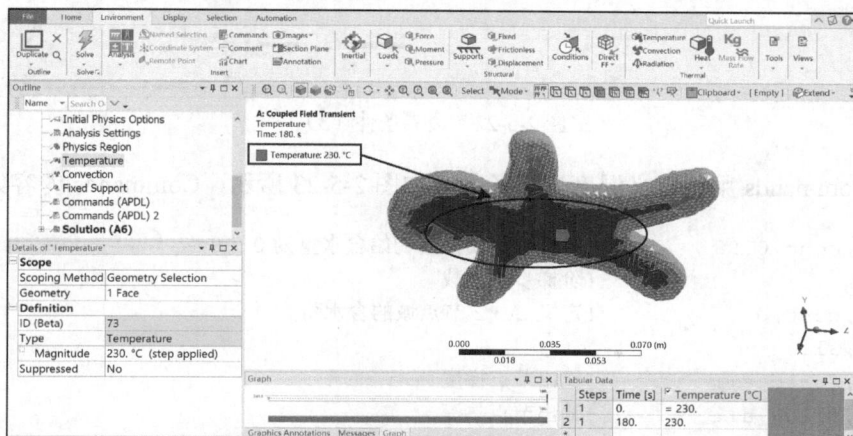

图 2-5-20　边界条件（1）

选择基于命名选择定义的集合 2，对其加载 Convection，在 Tabular Data 中定义每步的对流换热系数和温度，统一为 40 W·m^{-2}·℃$^{-1}$ 和 230℃，如图 2-5-21 所示。

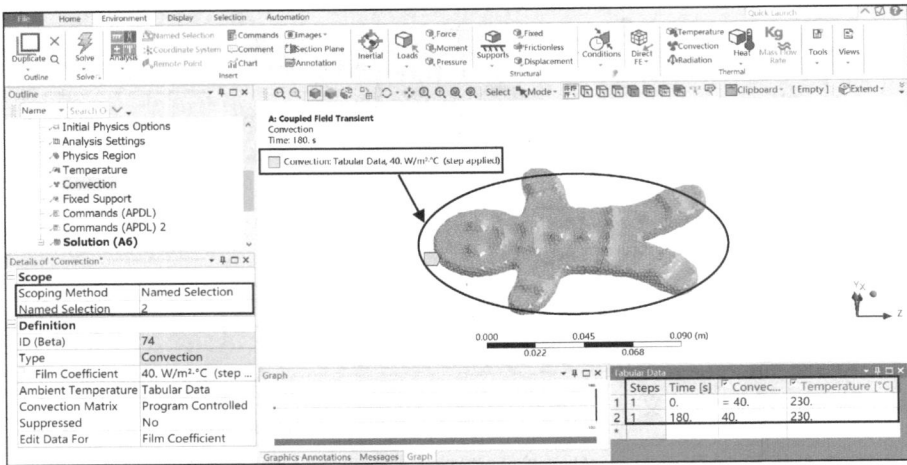

图 2-5-21　边界条件（2）

选择曲奇饼干下表面，对其加载 Fixed Support，如图 2-5-22 所示（必须加载一个结构分析的边界条件）。

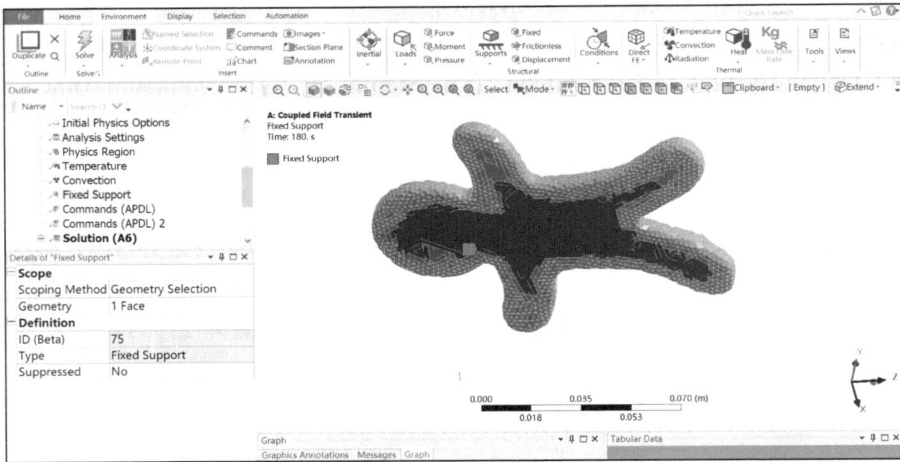

图 2-5-22　边界条件（3）

插入 Commands 用于定义湿度边界条件，如图 2-5-23 所示，Commands 内容如下：

```
ic,all,conc,0.98          !定义全部模型的初始含水量为 0.98
kbc,1                     !阶梯步进加载
d,sur2,conc,0             !定义 sur2 节点域的含水量为 0
allsel,all
outres,fgrad,all          !输出节点梯度
outres,fflux,all          !输出节点热流
outres,epdi,all           !输出单元湿应变
```

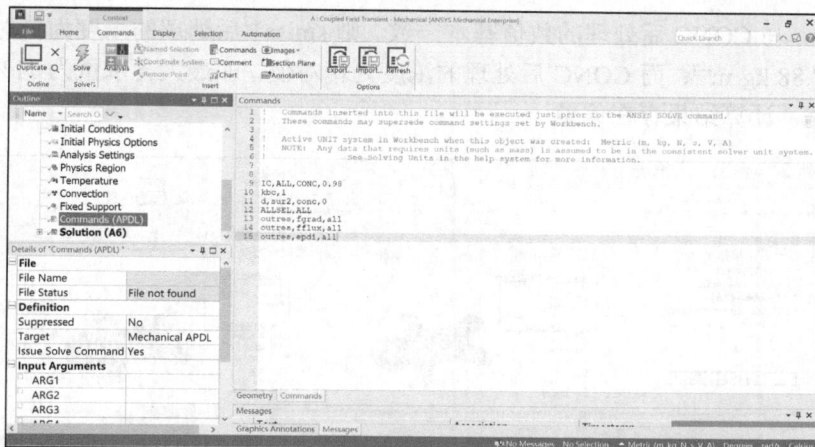

图 2-5-23　Commands 设置

注意

对于扩散分析可定义的边界条件为：conc，类似热分析中的温度，命令形式为 "D,位置节点,conc,数值"；diffusion flow rate，类似热分析中的热流，命令形式为 "F,位置节点,rate,数值"；diffusion flux，类似热分析中的热通量，命令形式为 "SFE,位置面单元,dflux,数值"；diffusing substance generation rate，类似热分析中的内部生热，命令形式为 "BFE,位置体单元,dgen,数值"。

4．后处理

计算完成后，右击 Solution，在弹出的快捷菜单中选择 Worksheet Result Summary，在出现的表格中选择 CONC、CGSUM、DFSUM 查看浓度、浓度梯度汇总和扩散通量汇总，如图 2-5-24 所示。

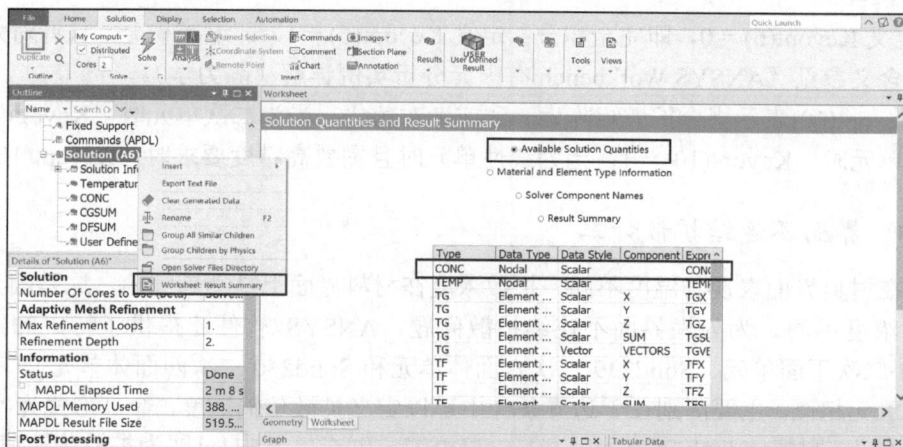

图 2-5-24　后处理结果（1）

新建 User Defined Result，将 Expression 设置为 "smisc1"，可得浓度分布云图，对比云图可得，以最终时刻 180 s 为例，smisc1 后处理的最大浓度为 397.88，CONC 后处理的最大浓度为 0.110 66，云图分布趋势一致，如图 2-5-25 所示。两者关系为 397.88/3 620（饱和含水量）= 0.109 9，与 CONC 后处理的数值基本一致。则 smisc1 后处理的浓度为绝对值，即最大含水量为 397.88 kg·m^{-3}；而 CONC 后处理的浓度为相对值，即最大含水量为 11%。但是部分网格质量较差，计算结果存在偏差。

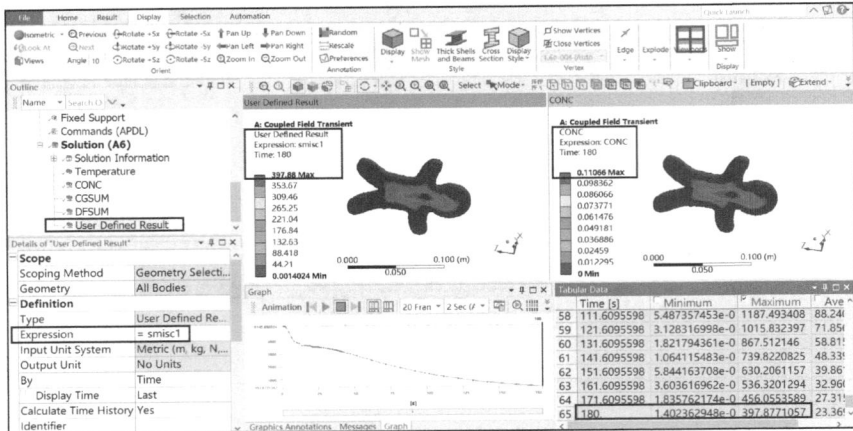

图 2-5-25　后处理结果（2）

扩散不仅可以与热耦合，还可以与结构耦合，例如固态反应、表面强化、集成电路硅片的杂质掺杂等。实现扩散计算的单元为 Plane223（二维平面 8 节点二次单元）、Solid226（三维六面体 20 节点二次单元）和 Solid227（三维四面体 10 节点二次单元），均可退化为线性单元。其中 Keyopt(1) = 100001 表示耦合结构-扩散自由度、Keyopt(1) = 100010 表示耦合热-扩散自由度、Keyopt(1) = 100011 表示耦合结构-热-扩散自由度。如果涉及结构-扩散耦合，需注意以下 3 点。

1）如果关闭大变形，则定义 Keyopt(2) = 0，即强耦合；如果开启大变形，则定义 Keyopt(2) = 1，即弱耦合。

2）定义 Keyopt(6) = 0，即完全积分；定义 Keyopt(6) = 1，即缩减积分，只针对六面体单元，具体含义参见《ANSYS Workbench 有限元分析实例详解（静力学）》。

3）Keyopt(10) 表示耦合扩散矩阵为一致或者对角化，当为二次单元时，Keyopt(10) = 0；当为线性单元时，Keyopt(10) = 1；当为线性单元时且需要高精度要求时，Keyopt(10) = 2。

2.5.3　界面不连续扩散计算

扩散在材料界面表现与温度不同，扩散浓度在材料界面上是不连续的，这是因为不同材料的饱和浓度不同。为处理界面不连续扩散问题，ANSYS 软件还提供了特定的扩散单元（Plane238 二次平面单元、Solid239 二次六面体单元和 Solid240 二次四面体单元），其基本特征与耦合单元相似，主要区别在于边界条件中可以定义扩散传输速度，命令形式为"BF,体位置,velo,数值"。则第一 Fick 定律为：$\{J\} = -[D]\nabla C + \{v\}C$，其中 $\{v\}$ 即为扩散传输速度矢量。

下面以某物质从水底扩散到空气中的瞬态分析进行说明。计算模型如图 2-5-26 所示（各模型采用 Share 连接），液体模型尺寸为 $\phi20$ mm × 40 mm；气体模型尺寸为 $\phi20$ mm × 55 mm；两者之间定义界面层，尺寸为 $\phi20$ mm × 5 mm；某物质从模型左部端面开始扩散，初始相对浓度为 1%，求 20 s 后右侧端面的浓度。

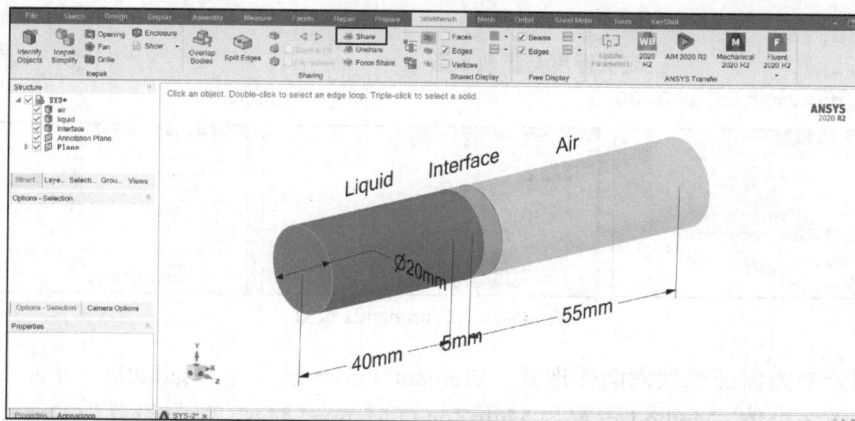

图 2-5-26　计算模型

1. 建立分析流程

如图 2-5-27 所示，建立分析流程，即 A 框架结构的 Transient Thermal 瞬态热分析。

Engineering Data 项选择软件 Thermal Materials 库中的 Aluminum 和 Water Fresh，如图 2-5-28 所示。

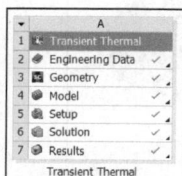

图 2-5-27　分析流程

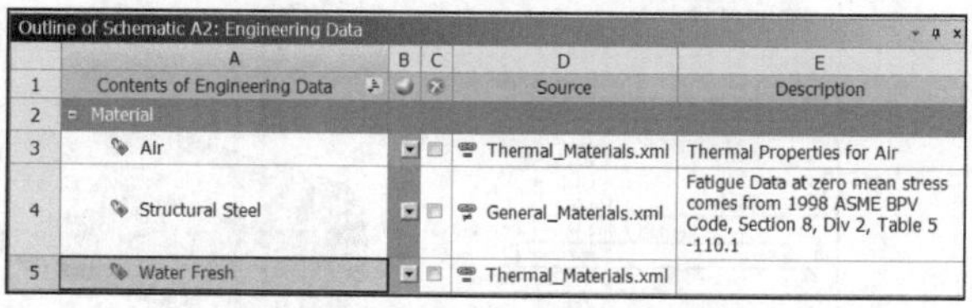

图 2-5-28　材料定义

2. 前处理

双击 A4 Model 项进入 Mechanical 前处理。先分别对各个模型定义对应的材料参数，将 Geometry→SYS→air 模型的 Assignment 设置为 Air，并插入 Commands，Commands 内容如下：

```
et,matid,239              !修改单元为239
mptemp,1,40               !定义温度与扩散系数
mpdata,dxx,matid,1,0.00001
mp,csat,matid,0.1         !定义饱和浓度为0.1 kg·m⁻³
```

将 Geometry→SYS→liquid 模型的 Assignment 设置为 Water Fresh，并插入 Commands，Commands 内容如下：

```
et,matid,239              !修改单元为239
mptemp,1,40               !定义温度与扩散系数
mpdata,dxx,matid,1,0.0001
mp,csat,matid,20          !定义饱和浓度为20 kg·m⁻³
```

将 Geometry→SYS→interface 模型的 Assignment 设置为 Water Fresh，并插入 Commands，与 liquid 模型的主要区别为此模型不定义饱和浓度，如图 2-5-29 所示。Commands 内容如下：

```
et,matid,239              !修改单元为 239
mptemp,1,40               !定义温度与扩散系数
mpdata,dxx,matid,1,0.0001
```

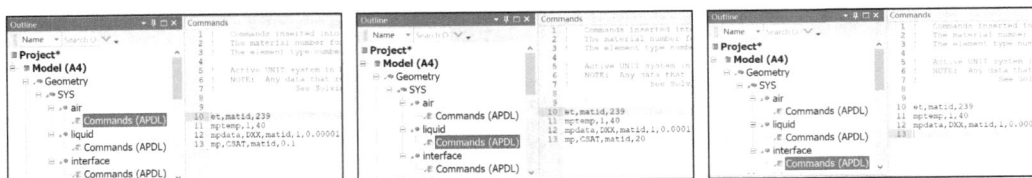

图 2-5-29　Commands 设置

网格划分中为保证二次六面体形式，Element Order 设置为 Quadratic，并插入 Method，选择模型全部 3 个体，Method 设置为 MultiZone，Mapped Mesh Type 设置为 Hexa，Free Mesh Type 设置为 Hexa Core，Sweep Element Size 设置为 0.002 5 m（保证界面层模型至少两层网格），其余项采用默认设置，如图 2-5-30 所示。

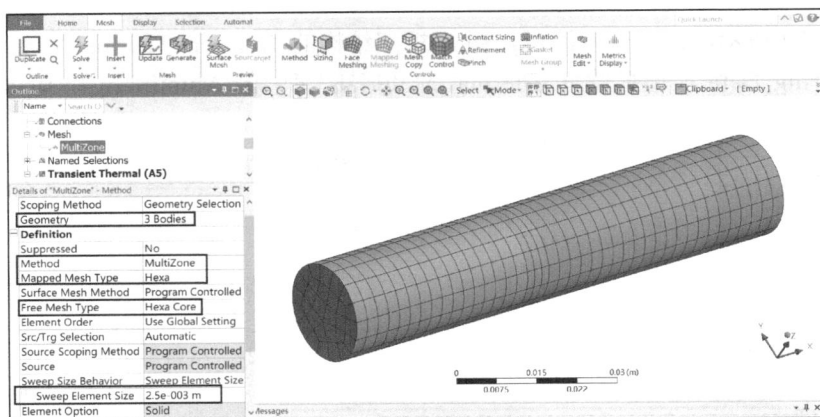

图 2-5-30　网格划分

为了后续选择方便，首先单击 Named Selections，对 liquid 模型的端面选择定义为 1；再右击该项，在快捷菜单中选择 Create Nodal Named Selection，改名为 sur1；对 interface 模型的体选择定义为 interfacebody，如图 2-5-31 所示。

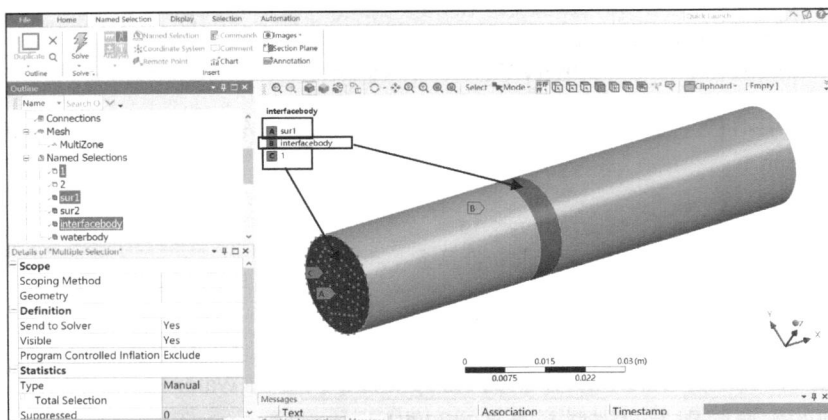

图 2-5-31　命名选择

3. 瞬态分析边界条件定义

默认定义 Initial Temperature 的 Initial Temperature Value 为 22℃。

Analysis Settings 中 Number Of Steps 设置为 1，Step End Time 设置为 20 s，Auto Time Step 设置为 Program Controlled，Time Integration 设置为 On；Nonlinear Controls→Nonlinear Formulation 设置为 Full；Output Controls→General Miscellaneous 设置为 Yes。

边界条件中选择所有体，对其加载 Temperature，如图 2-5-32 所示。

> **注意**
>
> 对于扩散单元，只能对体加载温度条件，其他热学边界条件不能加载。

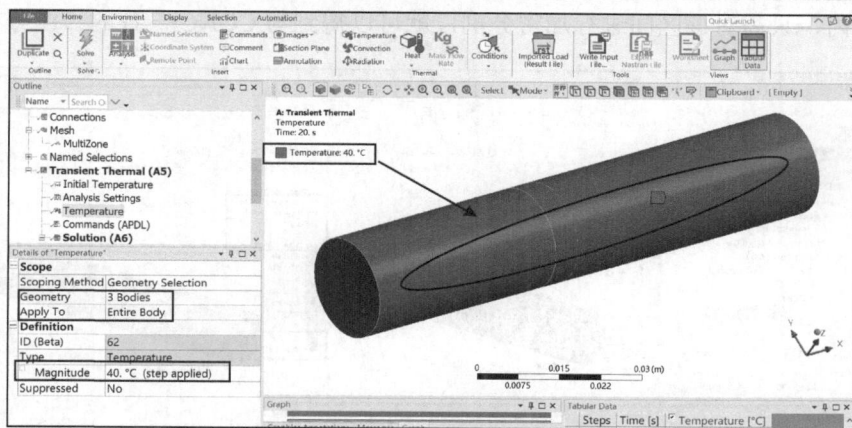

图 2-5-32　边界条件

插入 Commands 用于定义湿度边界条件，如图 2-5-33 所示，Commands 内容如下：

```
ic,all,conc,0.01              !定义全部模型的初始浓度为 1%
kbc,1                         !阶梯步进加载
d,sur1,conc,0.98              !定义 sur1 节点域的浓度为 98%
bf,interfacebody,velo,0.001   !对界面域定义扩散传输速度为 0.001 m·s⁻¹
allsel,all
outres,all,all                !输出所有后处理结果
```

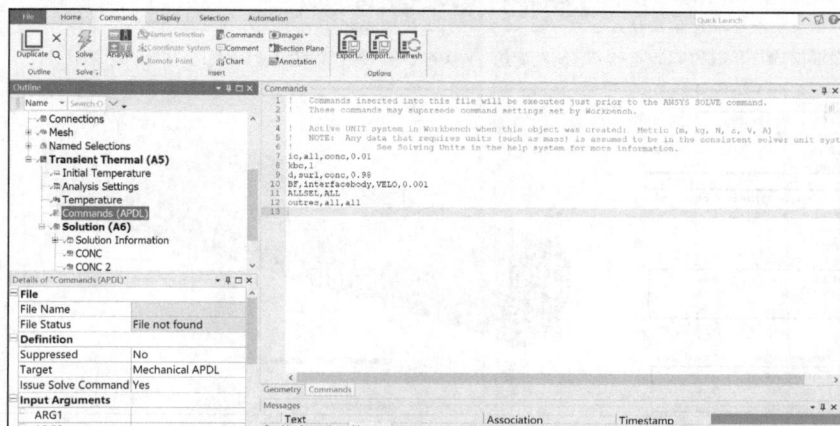

图 2-5-33　Commands 设置

4. 瞬态分析后处理

计算完成后，查看 CONC 和 smisc1，如图 2-5-34 所示。对比浓度云图，以最终时刻 20 s 为例，smisc1 液体内后处理的最大浓度为 19.518，CONC 后处理的最大浓度为 0.98，云图分布趋势一致，两者关系为 19.518/20（液体饱和浓度）= 97.6%，说明在源项的逐渐扩散作用下，液体域内已经达到了饱和；smisc1 气体内后处理的最小浓度为 0.001 685 7，CONC 后处理的最大浓度为 0.016 761，两者关系为 0.001 685 7/0.1（气体饱和浓度）= 1.686%，说明在源项的逐渐扩散作用下，气体域内没有达到饱和，另外两者在气体域内云图分布趋势略有不同，这是因为 smisc1 后处理中 0.001 685 7～2.170 2 结果区间仅为单项，而气体域的浓度全在这一范围内，只需对该区间进行加密分割，就可以得到与 CONC 一致的云图分布。

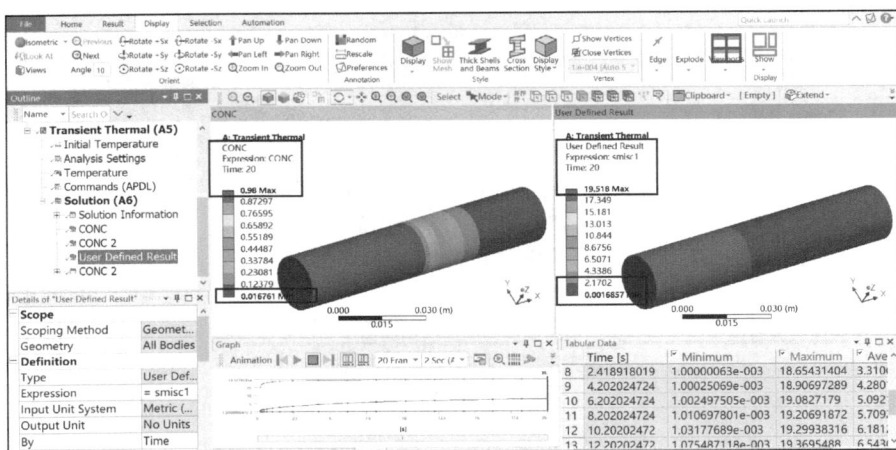

图 2-5-34　后处理结果（1）

为观察浓度瞬态过程，采用 Path 观察温度分布状态。如图 2-5-35 所示，在 Construction Geometry 下创建 Path，其中 Path Type 设置为 Two Points，Start X/Y/Z Coordinate 设置为 0 m，End X Coordinate 设置为 0.1 m，End Y/Z Coordinate 设置为 0 m。

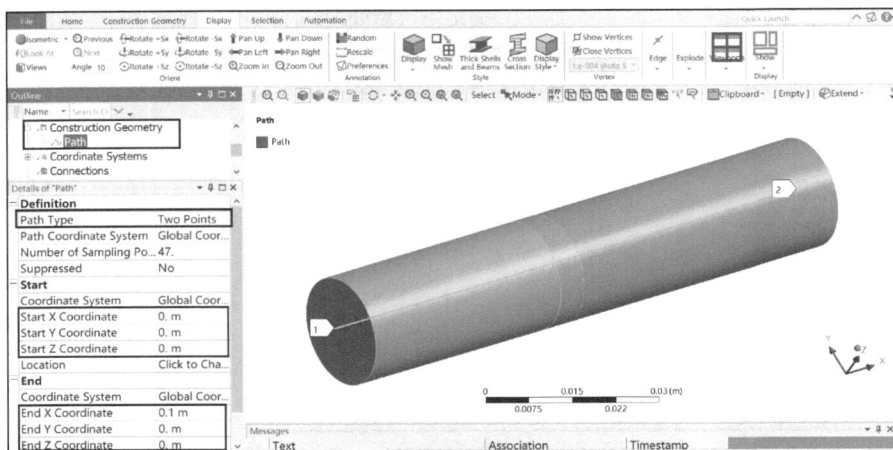

图 2-5-35　建立 Path

基于 Path 查看 CONC 后处理结果，右击，在快捷菜单中选择 Create Result At All Sets，即可创建 CONC 后处理目录，再求解即可得到所有时间步的 CONC 后处理结果，如图 2-5-36 所示。

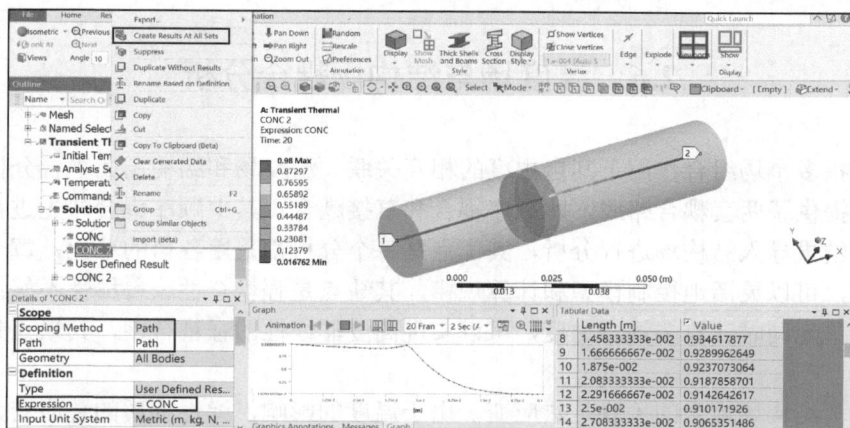

图 2-5-36　后处理结果（2）

分别查看第 8（对应 1 s）、10（对应 2.4 s）、13（对应 8.2 s）、18（对应 18.2 s）步的后处理结果，其中 0.04～0.045 m 为液气界面层。由图 2-5-37 可知，在第 8 步，整个浓度沿长度呈指数下降；在第 10 步，液体和气体域沿长度均呈指数下降，液体域整体浓度逐渐升高，但界面层表现为明显下降梯度；在第 13 步，液体和气体域沿长度均呈指数下降，液体域整体浓度逐渐升高，气体域整体浓度逐渐升高，但界面层表现为略微上升梯度，这是由于液气间传输速度较快导致（软件设定速度为 0.001 m·s^{-1}）；在第 18 步，液体域沿长度呈直线下降，气体域沿长度呈指数下降，液体域整体浓度继续升高，接近饱和，气体域整体浓度继续升高，界面层表现为略微上升梯度。

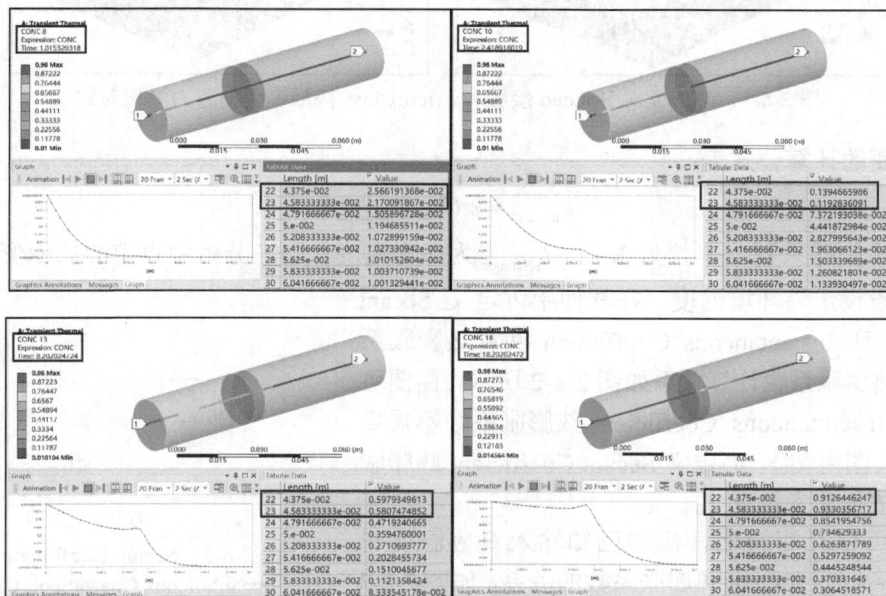

图 2-5-37　后处理结果（3）

以扩散单元进行扩散分析，其计算机理类似于流体分析中的源项定义，流体分析中源项设置可参考第 3 章。

2.6　温度场与结构场耦合分析

耦合是指多个场组合作用下其自由度的相互关联。温度场和结构场在耦合分析中最为常见，软件共提供了两套耦合路线，即顺序耦合和直接耦合。其中顺序耦合即先进行温度场分析，再将其结果导入结构场进行分析，其优点是每个分析都采用各自的单元，每一个分析场都单独求解，可以灵活地控制模型和计算规模，其缺点是强耦合性、鲁棒性不好；直接耦合是利用耦合单元同时计算多场自由度，可以实现高度非线性的强耦合性，其缺点是计算调试较困难。

温度场与结构场耦合的关联是热应变，由于温度的影响，弹性物质的总应变为弹性应变和热应变之和，再加入弹性材料参数（杨氏模量和泊松比等），进而得到耦合作用下的应力。从实际上讲，温度作用直接对弹性物质产生应力效果的情况甚少。例如，当环境为 22℃时，将一个圆钢置于底面固定的钢板上，圆钢加热到 60℃后，当圆钢与钢板采用 Bonded 接触时，热应变对钢板产生应力效果；当圆钢与钢板采用 Frictionless 接触时，热应变不对钢板产生应力，如图 2-6-1 所示。

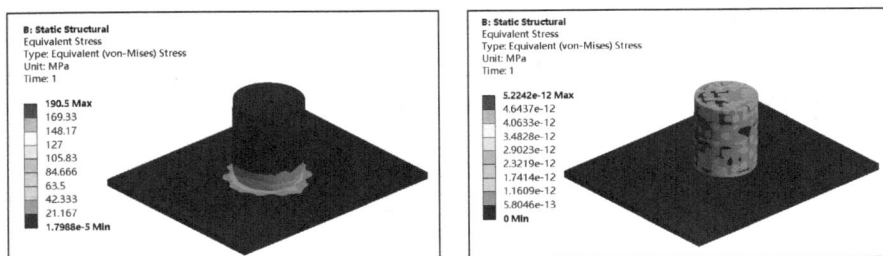

图 2-6-1　热应变对 Bonded 接触和 Frictionless 接触模型的应力效果对比

热应变的计算公式为：

$$\varepsilon_{\text{thermal}} = \alpha(T - T_{\text{reference}})$$

其中 α 为热膨胀系数，单位为 K^{-1}；$T_{\text{reference}}$ 为参考温度，即在分析中设定的热应变为零时的温度，一般设定为环境温度。在软件中可定义 Secant Coefficient 和 Instantaneous Coefficient 两种热膨胀系数，两种热膨胀系数计算关系如图 2-6-2 所示。由图可知，定义 Instantaneous Coefficient 热膨胀系数不需要参考温度（图中 T_0），而定义 Secant Coefficient 热膨胀系数必须依据参考温度 T_0。

两者可以互相转化，例如已知输入对应温度与 Instantaneous Coefficient 热膨胀系数的关系，如图 2-6-3 所示。

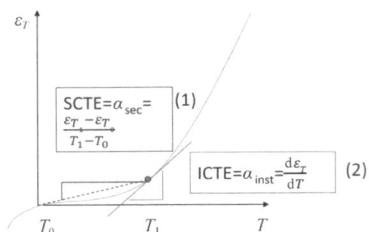

图 2-6-2　Secant Coefficient（1）和 Instantaneous Coefficient（2）对比

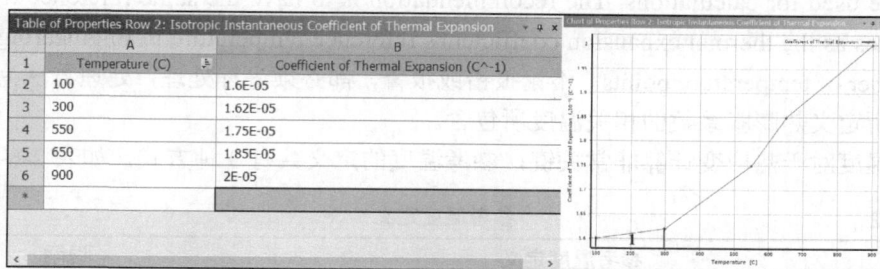

图 2-6-3　Instantaneous Coefficient 参数输入

以 100～300℃为例详细计算，其热膨胀系数与温度的函数为：

$$\alpha_{\text{inst}} = 1.6 \times 10^{-5} + \frac{1.62 \times 10^{-5} - 1.6 \times 10^{-5}}{300 - 100}(T - 100)$$

Secant Coefficient 热膨胀系数必须依据参考温度 T_0，即热应变为零时的温度，设 100℃ 时热应变为 0，则在 100～300℃的热应变（等于 1 区面积）为：

$$\varepsilon_{\text{thermal}} = \int_{T_0}^{T} \alpha_{\text{inst}} \mathrm{d}T = \int_{100}^{300}\left[1.6 \times 10^{-5} + \frac{0.02 \times 10^{-5}}{200}(T - 100)\right]\mathrm{d}T = 3.22 \times 10^{-3}$$

而 $\alpha_{\text{sec}} = \dfrac{\varepsilon_{T_1} - \varepsilon_{T_0}}{T_1 - T_0}$，其中 $\varepsilon_{T_0} = 0$，则 100～300℃段中取 $T_0 = 100℃$，所以

$$\alpha_{\text{sec}} = \frac{3.22 \times 10^{-3}}{300 - 100} = 1.61 \times 10^{-5}\,(℃^{-1})$$

同理，换算后的 Secant Coefficient 热膨胀系数如表 2-6-1 所示。

表 2-6-1　　　　　　　　　　　　　热膨胀系数转换

序号	Temperature/℃	Instantaneous Coefficient/℃$^{-1}$	Thermal Strain/(m/m)	Secant Coefficient/℃$^{-1}$
1	100	1.6E−5	0	1.6E−5
2	300	1.62E−5	3.22E−3	1.61E−5
3	550	1.75E−5	7.43E−3	1.65E−5
4	650	1.85E−5	9.23E−3	1.68E−5
5	900	2E−5	1.22E−2	1.53E−5

在定义材料时，一般多使用 Instantaneous Coefficient 热膨胀系数，软件自带材料库及内部计算时均采用 Secant Coefficient 热膨胀系数；此外当参考温度低于定义 Instantaneous Coefficient 热膨胀系数的相关温度时，软件计算报错，提示 Tref(XXX) is outside of the temperature range defined by the MPTEMP data used for CTEX of material XXX；当参考温度低于定义 Secant Coefficient 热膨胀系数的参考温度时，软件计算报警，提示 Tref(XXX) is outside of the temperature range defined by the MPTEMP data used for ALPX of material XXX，或者 The reference temperature for the thermal expansion coefficient differs from the reference temperature of one or more bodies. The data will be adjusted to have a zero thermal strain at the reference temperature of each body. If the number of temperature points is sparse this could cause invalid values to be used for calculations. The recommendation is to have the same reference temperature on the bodies as the thermal expansion coefficient's reference temperature in Engineering Data or a dense number of temperature points。不论报错或报警，都必须进行处理，处理方法为：参考温度必须被所定义热膨胀系数的相关温度所包含。

参考温度对于热应变计算非常关键，参考温度的定义共有 3 种方式，如表 2-6-2 所示。

表 2-6-2　　　　　　　　　　　　　　　参考温度定义

方式	参考温度定义	说明
1	Silicon Anisotropic ... rties of Outline Row 11: Silicon Anisotropic ... A ... Property ... Density 2330 ... Isotropic Secant Coefficient of Thermal Expansion ... Coefficient of Thermal Expansion Tabular ... Scale 1 ... Offset 0 ... Zero-Thermal-Strain Reference Temperature 22	软件材料库自带
2	Model (B4) ... Geometry ... SYS\Solid ... Details of "SYS\Solid" ... Graphics Properties ... Definition ... Suppressed No ... ID (Beta) 19 ... Stiffness Behavior Flexible ... Coordinate System Default Coor... ... Reference Temperature By Body ... Reference Temperature Value 35. °C ... Treatment None	在模型处定义，用于装配体分析，对不同零件定义不同的参考温度
3	Static Structural (B5) ... Details of "Static Structural (B5)" ... Definition ... Physics Type Structural ... Analysis Type Static Structural ... Solver Target Mechanical APDL ... Options ... Environment Temperat... 10. °C ... Generate Input Only No	分析项定义，对于整体模型统一定义参考温度

2.6.1　稳态热应变计算

如上所述，热应变分析不是研究一定区域内温度的变化情况，而是研究温度分布对该区域的影响，即温度为输入条件，变形为输出条件。因为温度效果很难直接产生应力，所以区域变形乃至应力结果均是热应变所产生的，并不存在所谓热应力。

下面以车窗玻璃为例说明稳态热应变计算。车窗玻璃的四周除了一圈黑色边框还有梯次分布的圆点，这些黑色区域可用于防护窗玻璃热膨胀破裂，如图 2-6-4 所示。本例为了简化计算规模，仅保留窗玻璃四周黑边，计算模型如图 2-6-5 所示，其中原始窗玻璃尺寸为 800 mm × 600 mm × 8 mm，修改的窗玻璃在原模型基础上在四周增加一映射面，以用于描述黑色边框，边框尺寸为 60 mm，内圆角为 R60 mm。

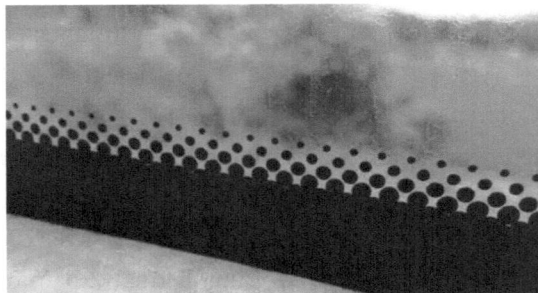

图 2-6-4　车窗玻璃

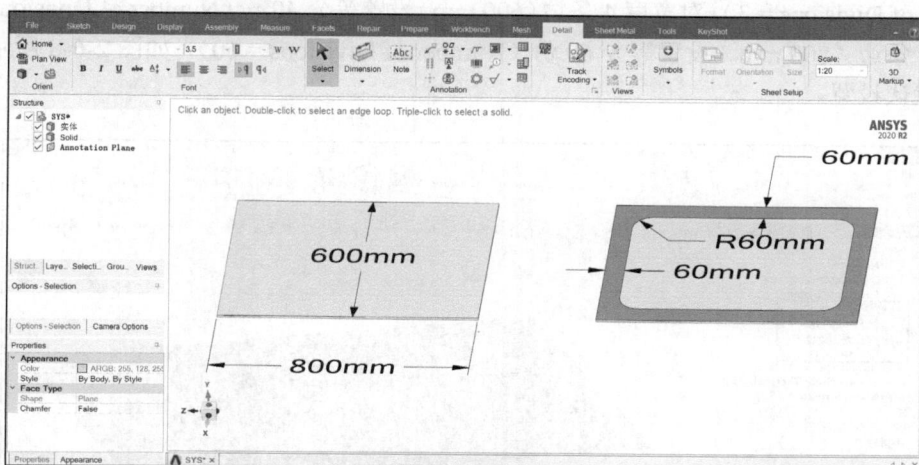

图 2-6-5　计算模型

1．建立分析流程

如图 2-6-6 所示，建立分析流程。其中包括 A 框架结构的原始窗玻璃 Steady-State Thermal 稳态热分析，B 框架结构的 Static Structural 静力学分析，且 A2、A3、A4 与 B2、B3、B4 建立关联以实现模型前处理共享，A6 Solution 与 B5 Setup 建立关联以实现稳态热应变计算。

C 框架结构的 Steady-State Thermal 稳态热分析由 A 框架结构复制而得，并修改窗模型，同理 D 框架结构的 Static Structural 静力学分析与 C 框架结构的 Steady-State Thermal 稳态热分析建立对应关联实现稳态热应变计算。

Engineering Data 项新建 Glass 材料，其中密度为 2 500 kg·m⁻³，热膨胀系数（Secant Coefficient）为 1E−5℃⁻¹，杨氏模量为 7.2E10 Pa，泊松比为 0.2，热传导系数为 1.4 W·m⁻¹·℃⁻¹，如图 2-6-7 所示。

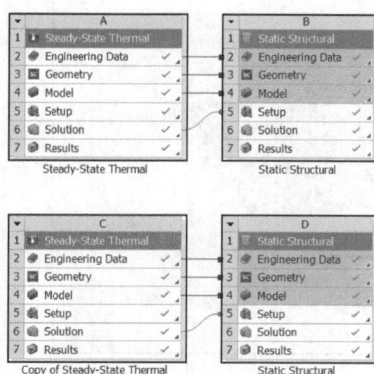

图 2-6-6　分析流程

图 2-6-7　材料定义

2．原始模型前处理

双击 A4 Model 项进入 Mechanical 前处理。网格划分中对玻璃厚度边（8 mm）设置等分 3 份

（Number of Divisions = 3），对宽度 4 条边（600 mm）设置等分 40 份（Number of Divisions = 40），对长度 4 条边（800 mm）设置等分 60 份（Number of Divisions = 60），如图 2-6-8 所示，其余项采用默认设置。

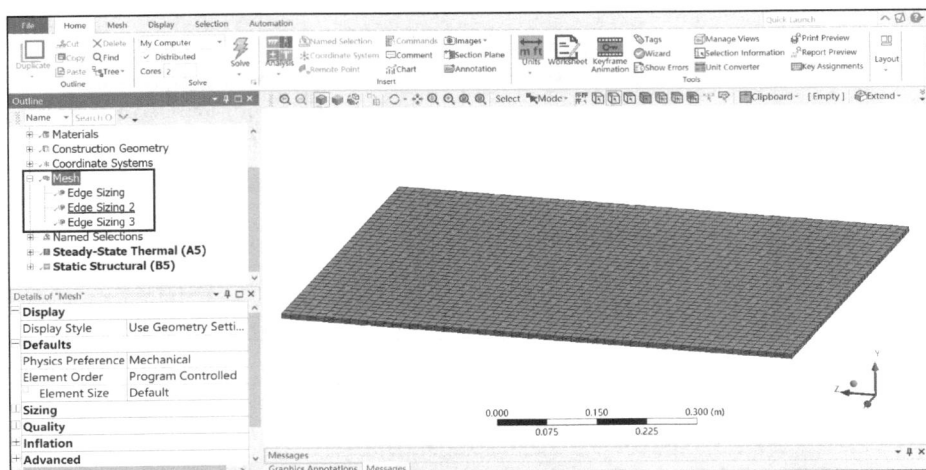

图 2-6-8 网格划分

3. 原始模型边界条件

选择玻璃的上表面，对其加载 Radiation，其中 Correlation 设置为 To Ambient，Emissivity 设置为 0.45，Ambient Temperature 设置为 60℃，如图 2-6-9 所示。该边界条件用于定义阳光对窗玻璃的辐射效果。

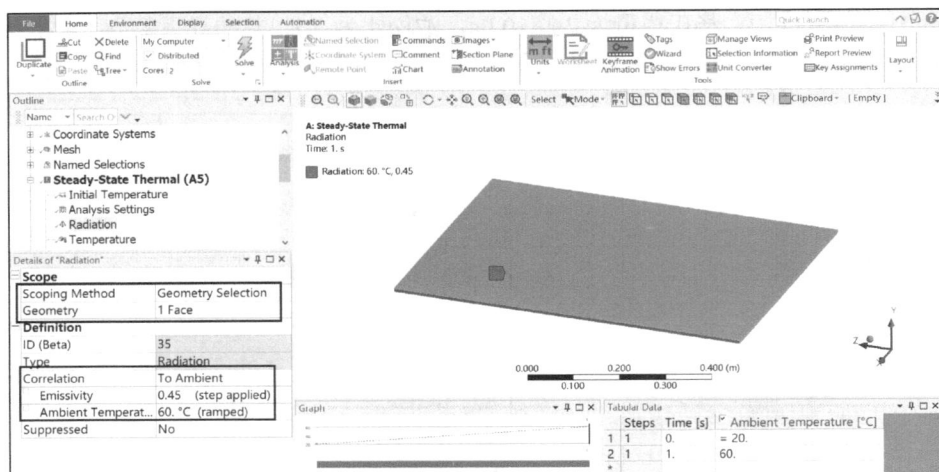

图 2-6-9 边界条件（1）

选择玻璃的 4 个侧面，对其加载 Temperature，Magnitude 设置为 20℃，如图 2-6-10 所示。该边界条件用于定义窗玻璃夹持处的温度，该处一般与车身良好接触，所以温度基本保持不变。

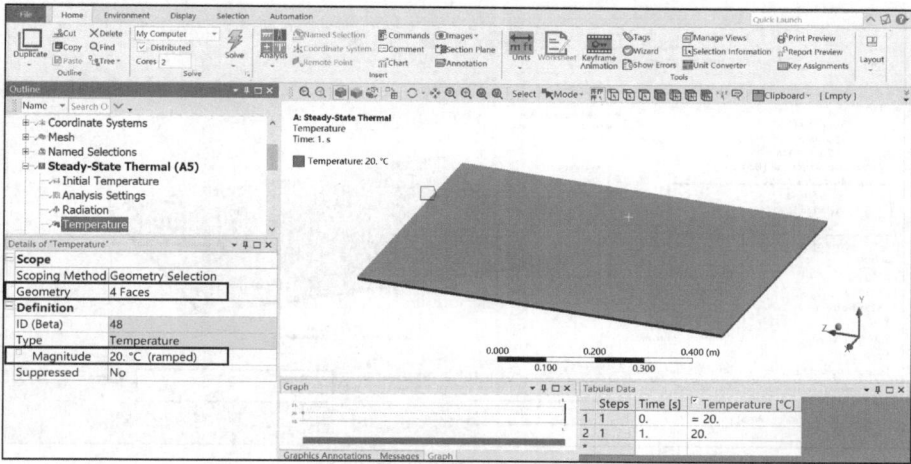

图 2-6-10 边界条件（2）

选择玻璃的下表面，对其加载 Convection，右击 Film Coefficient，在出现的快捷菜单中选择 Import Temperature Dependent，在弹出的对话框中选中 Stagnant Air-Simplified Case 单选按钮，Coefficient Type 设置为 Average Film Temperature（车内空气温度），Ambient Temperature 设置为 20℃，如图 2-6-11 所示。该边界条件用于定义窗玻璃与车内空气的对流条件。

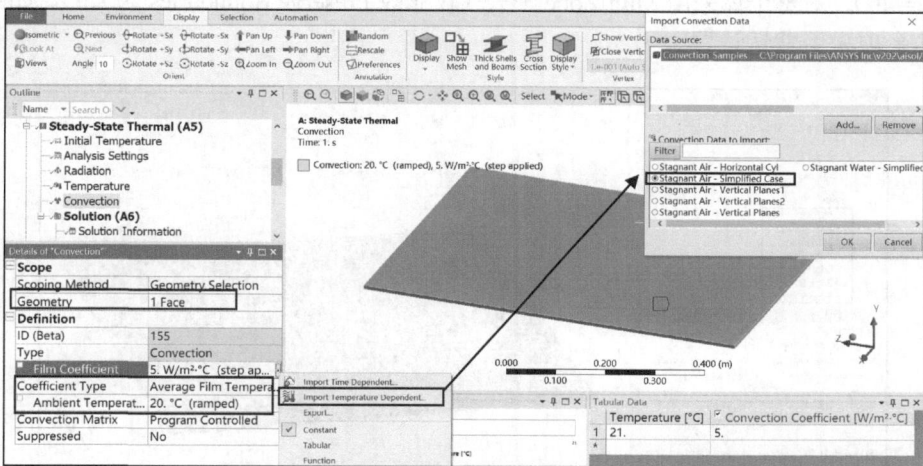

图 2-6-11 边界条件（3）

稳态温度场计算完成后，双击 B5 Setup 项再次进入 Mechanical 前处理。选择玻璃的 4 个侧面，对其加载 Fixed Support，该边界条件用于定义窗玻璃的夹持（实际工况中，窗玻璃的固定并不是完全约束，而是每个侧面均有小位移滑动，本例为了简化计算规模，同时为了容易对比结果，采用完全约束）；在 Imported Load 项中全部采用默认设置，即将稳态热分析的最终温度作为输入条件用于结构计算，如图 2-6-12 所示。

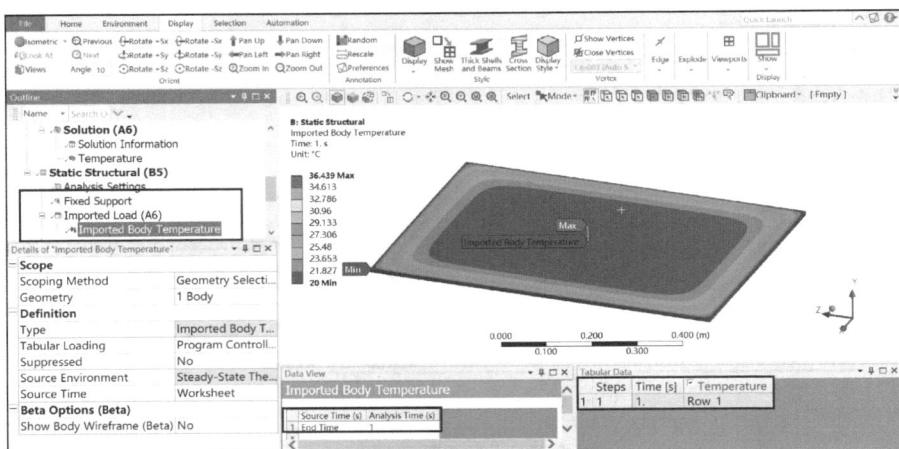

图 2-6-12　边界条件（4）

4. 修改模型前处理

双击 C4 Model 项进入 Mechanical 前处理。网格划分中保留之前的设置，还增加对 4 条圆弧线设置等分成 10 份（Number of Divisions = 10），对宽度 2 条边（360 mm）设置等分成 20 份（Number of Divisions = 20），对长度 2 条边（560 mm）设置等分成 40 份（Number of Divisions = 40），对整个体采用 MultiZone 形式（仅修改 Preserve Boundaries 为 All），如图 2-6-13 所示。其余项采用默认设置。

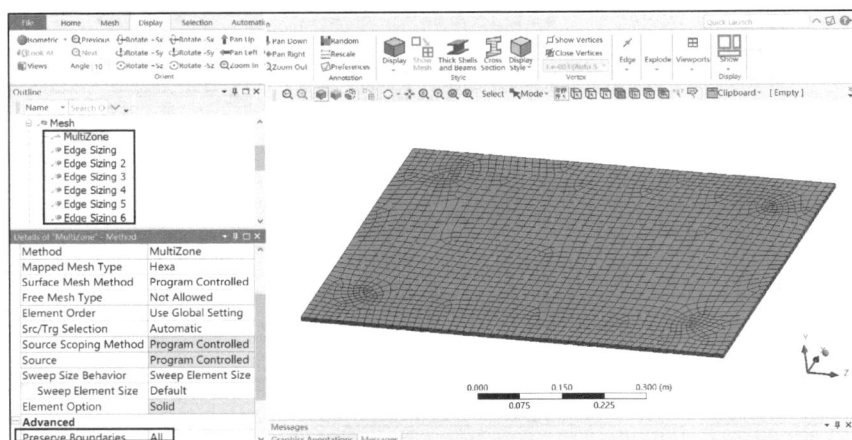

图 2-6-13　网格划分

5. 修改模型边界条件

保留之前的设置。

选择玻璃的上表面中内框面，对其加载 Radiation，其中 Correlation 设置为 To Ambient，Emissivity 设置为 0.45，Ambient Temperature 设置为 60℃，如图 2-6-14 所示。该边界条件用于定义阳光对窗玻璃的辐射效果，与前者一致。

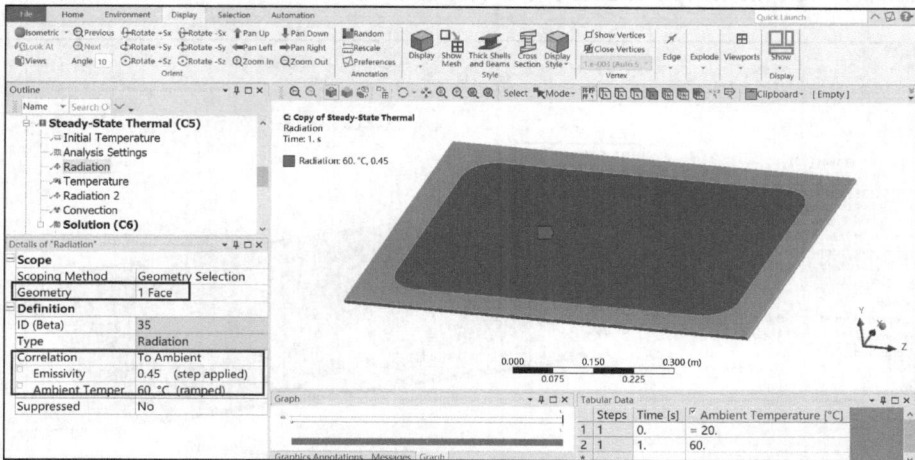

图 2-6-14 边界条件（1）

选择玻璃的上表面中外边框面，对其加载 Radiation，其中 Correlation 设置为 To Ambient，Emissivity 设置为 0.95，Ambient Temperature 设置为 60℃，如图 2-6-15 所示。该边界条件也用于定义阳光对窗玻璃的辐射效果，但是因为玻璃在此区域涂为黑色，所以 Emissivity 设置为 0.95。

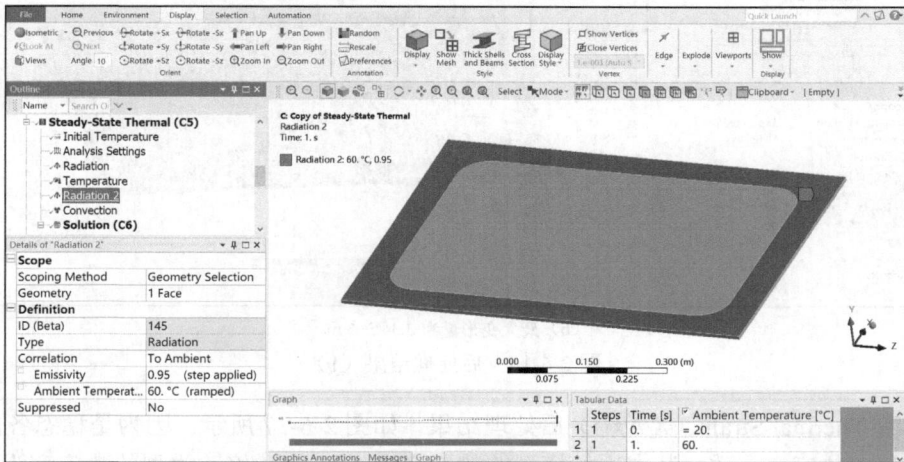

图 2-6-15 边界条件（2）

结构计算中边界条件与之前设置一致。

6. 后处理

计算完成后，主要研究玻璃的刚度表现，即变形结果，分别查看 Total Deformation 后处理结果，如图 2-6-16 所示。其中原始模型最大变形量为 4.86E−6 m，分布在玻璃上表面周边；修改模型最大变形量为 3.34E−6 m，分布在玻璃上表面四角，其中上表面的变形最大区域还可作为梯次圆点分布的设计参考区域。两者对比，后者模型的变形量仅为原始模型的 69%，就上表面而言，变形较大的区域也远小于原始模型。

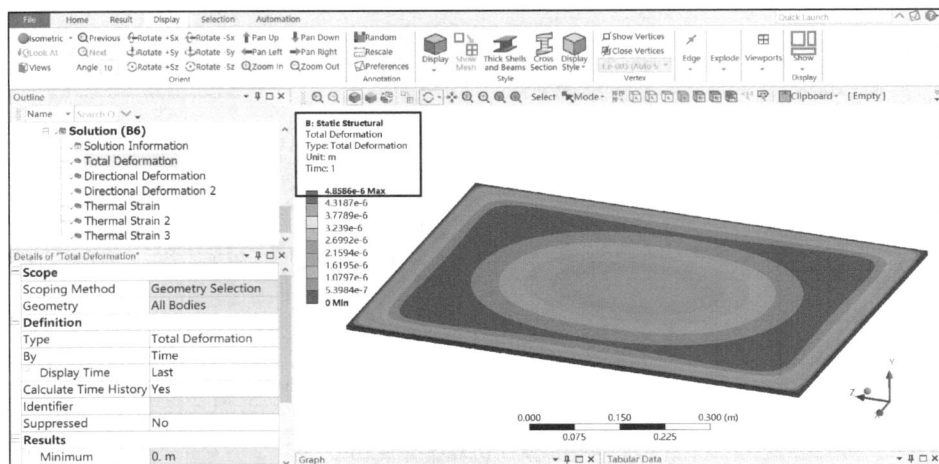

（a）最大变形量为 4.86E−6 m

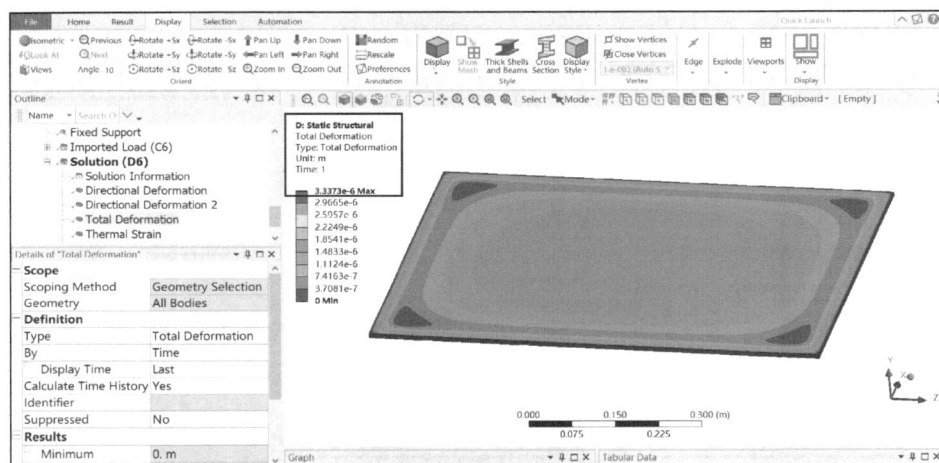

（b）最大变形量为 3.34E−6 m

图 2-6-16　后处理结果（1）

　　再查看 Thermal Strain（X Axis）后处理结果，如图 2-6-17 所示。因为是稳态各向同性材料，所以三向热应变一致，其中原始模型的热应变为 0.014%，修改模型的热应变为 0.016%，较大的热应变区域表现为修改模型大于原始模型。这与温度场计算结果相匹配。但为何热应变较大而变形较小？

　　采用 Path 观察位移分布状态，如图 2-6-18 所示。创建两条对角线路径，即单击 Construction Geometry→Path，Path Type 设置为 Two Points，其中一条 Start X/Y/Z Coordinate 设置为 0.3 m、0.008 m、−0.8 m，End X/Y/Z Coordinate 设置为−0.3 m、0.008 m、0 m（上表面对角线）；另一条 Start X/Y/Z Coordinate 设置为 0.3 m、0 m、0 m，End X/Y/Z Coordinate 设置为−0.3 m、0 m、−0.8 m（下表面对角线）。

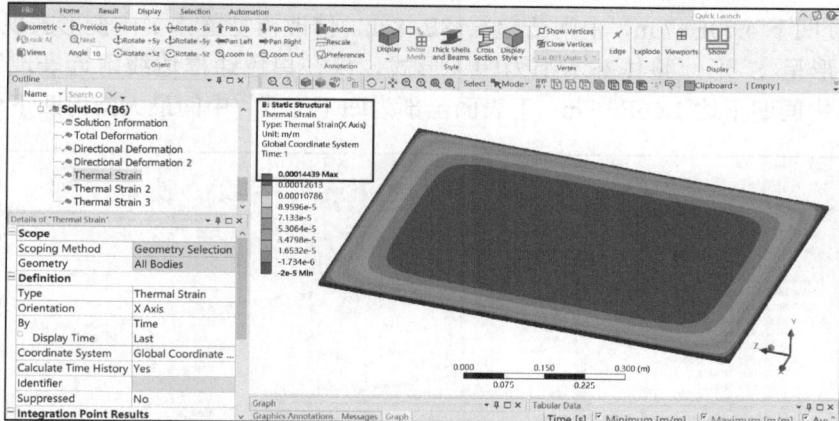

（a）热应变为 0.014%

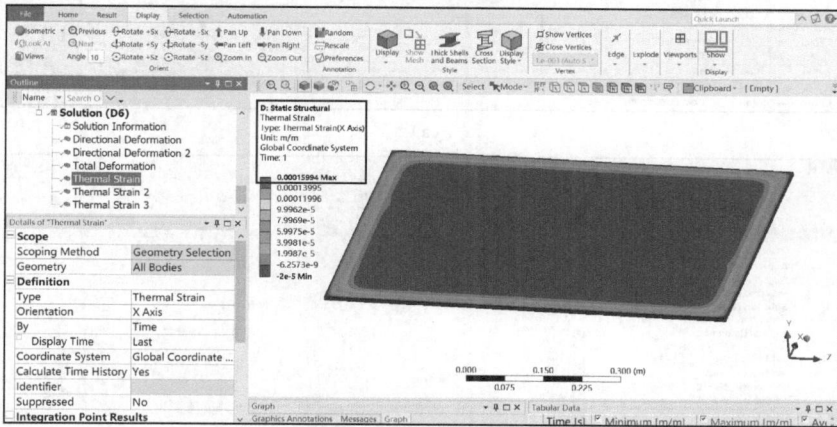

（b）热应变为 0.016%

图 2-6-17 后处理结果（2）

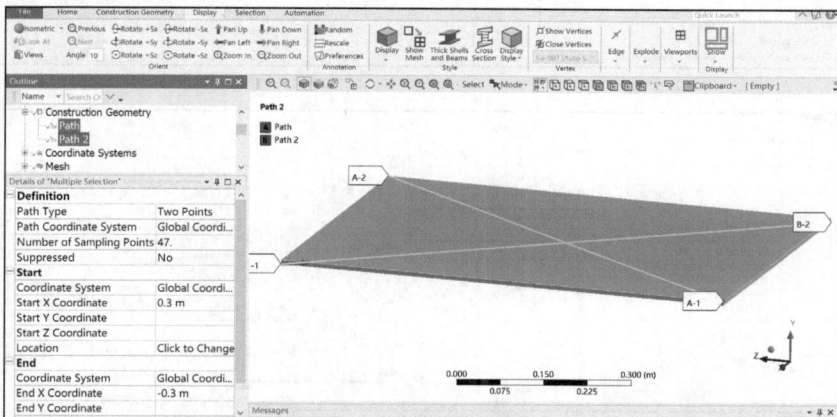

图 2-6-18 创建路径

基于 Path 查看两条路径的 Directional Deformation（Y Axis）后处理结果（厚度方向），如图 2-6-19 所示。原始模型整体 Y 向变形表现为向辐射面凸起，其中上表面向外侧凸起 1.68E−6 m；下表面变形呈 S 形，整体基本都为凹下形式，仅在中间表现为凸起，在 0.125 m

和 0.875 m 处凹下 4.70E-7 m，中间凸起 5.18E-8 m。修改模型整体 Y 向变形表现为凹下，其中上表面变形呈 S 形，整体基本都为凹下形式，仅在黑色边框边线附近表现为凸起，达 8.25E-7 m，中间凹下达 1.66E-6 m；下表面全部为凹下形式，中间最大向内凹下 3.34E-6 m。

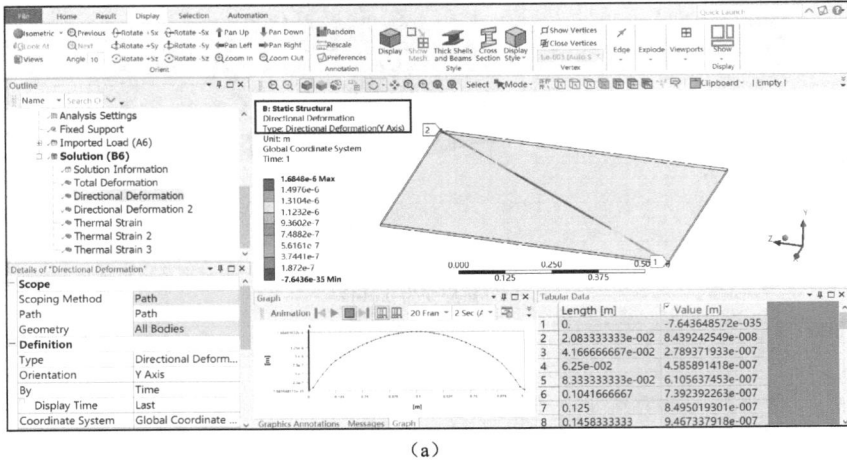

（a）

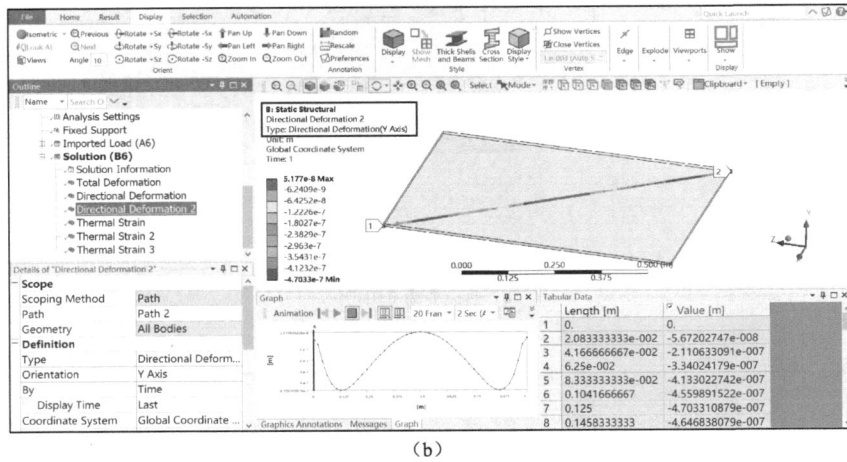

（b）

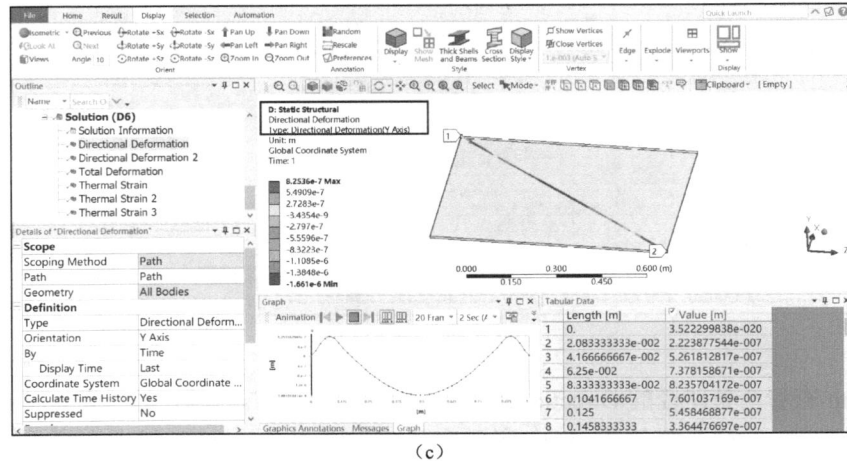

（c）

图 2-6-19　后处理结果（3）

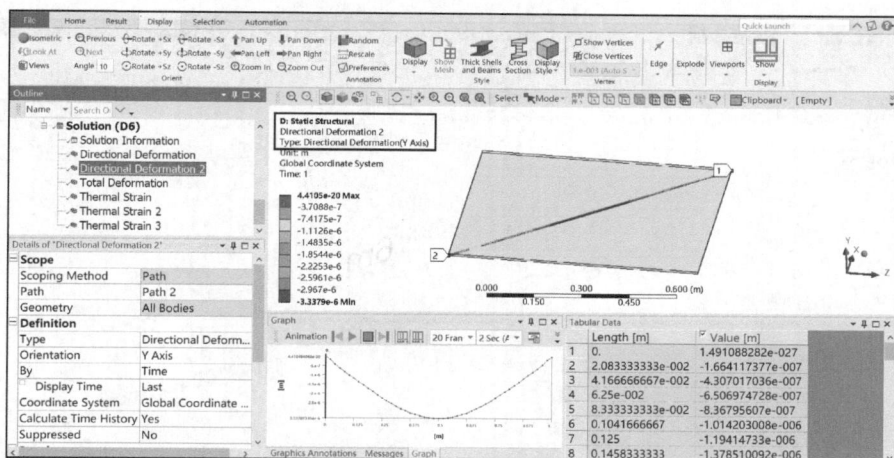

(d)

图 2-6-19　后处理结果（3）（续）

由此可知，修改模型路径上的 Y 向最大变形峰值大于原始模型（3.34E−6 > 1.68E−6，8.25E−7 > 4.7E−7），这与热应变结果相匹配。但是原始模型上表面凸起，下表面凹下，呈波浪形，这样不仅容易使玻璃破裂，而且上下表面变形差较大；而修改模型上下表面都表现为凹下形式，玻璃整块表现为一个整体弯曲形式，不易破裂，而且上下表面变形差较小，且仅有上表面边框边线附近表现为凸起，则整体玻璃变形即此区域最大，这与计算结果相吻合。读者可以在此区域增加梯次圆点继续计算对比结果。

由于热应变效果被总应变所包含，对热固耦合的后处理结果不能再简单以模型变形或应力进行判定，一般都选择 Path（路径）或 Surface（截面）结果进行观察，特别需要查看后处理中的热应变。

2.6.2　热屈曲计算

梁和壳模型受到压力条件时出现屈曲状态，温度同样可以使模型出现屈曲。例如，高铁铁轨为无缝焊接，一般可达几千米，当受到太阳辐射和摩擦生热后，铁轨会受热膨胀产生部分弯曲导致交通延误或严重事故。为应对热膨胀，传统铁轨是在轨道之间留有一定间隙，高铁铁轨则分段固定。在一定区域段，由于高铁铁轨首尾均被固定，轴向变形几乎为 0，但由于热应变效应，铁轨内产生很高的压应力，这与长梁模型受压出现屈曲条件一致。

下面以一段铁轨说明热屈曲计算。铁轨长 6 m，为简化计算，进行抽梁处理，如图 2-6-20 所示。

1. 建立分析流程

如图 2-6-21 所示，建立分析流程。其中包括 A 框架结构的 Spaceclaim 抽梁建模模块，B 框架结构的 Static Structural 静力学分析，C 框架结构的 Eigenvalue Buckling 特征值屈曲分析，且 B2、B3、B4 与 C2、C3、C4 建立关联以实现模型前处理共享，B6 Solution 与 C5 Setup 建立关联以实现热屈曲计算。

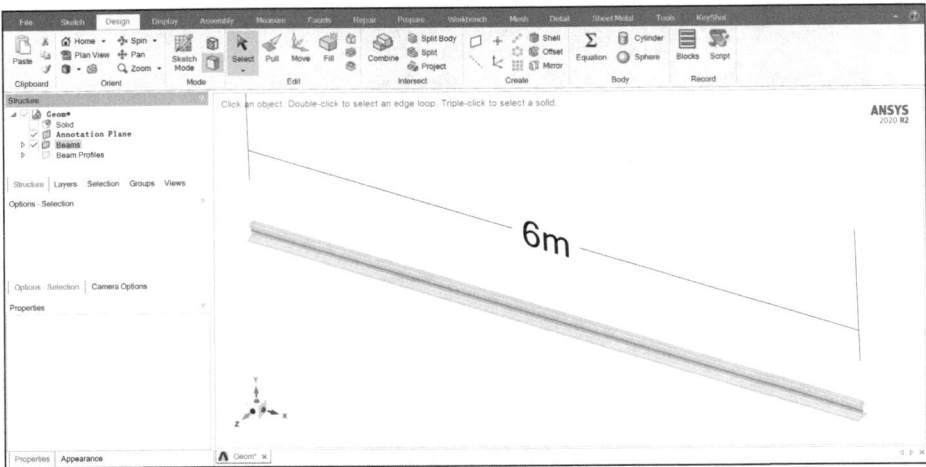

图 2-6-20　计算模型

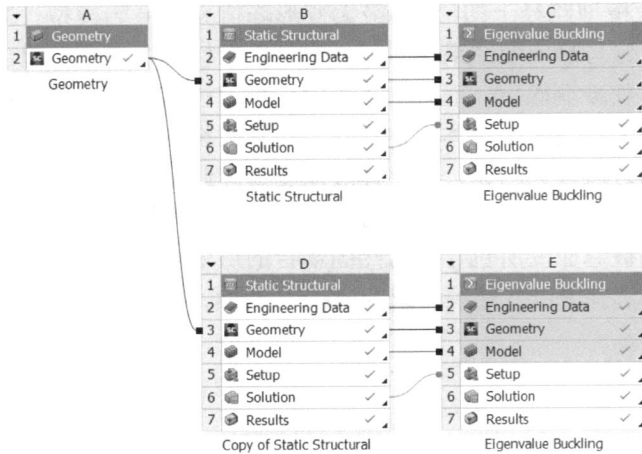

图 2-6-21　分析流程

D 框架结构的 Static Structural 静力学分析由 B 框架结构复制而得,对铁轨再施加一个预拉条件,同理 E 框架结构的 Eigenvalue Buckling 特征值屈曲分析与 D 框架结构的 Static Structural 静力学分析建立对应关联实现热屈曲计算,以比较预拉条件对铁轨热屈曲的影响。

Engineering Data 项采用默认的 Structural Steel 材料。

2. 原始模型前处理

双击 B4 Model 项进入 Mechanical 前处理。单击 Geometry→Geom\Beam,在下方的 Details 窗口中将 Cross Section 设置为 Mesh(对于自定义梁,如果不选择 Mesh,无法调用部分后处理项);Thermal Strain Effects 设置为 Yes(静力学分析的热条件基本上是均匀的,而导入的热条件则可以是任意非均匀状态;静力学分析的该项开关不仅是全局热-结构耦合的开关,还可以对部件中某零件关闭此项,实现部分零件的热-结构耦合),如图 2-6-22 所示。

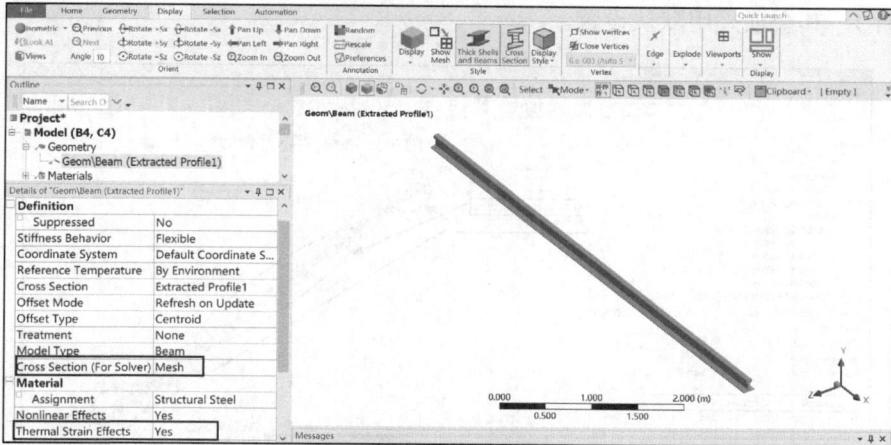

图 2-6-22　梁的前处理

网格划分中将 Mesh 的 Element Size 设置为 0.1 m，如图 2-6-23 所示，其余项采用默认设置。

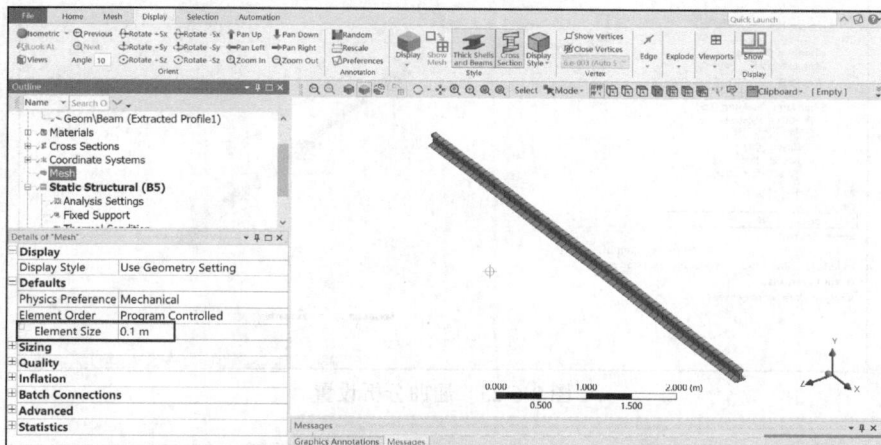

图 2-6-23　网格划分

3. 边界条件

静力学分析边界条件如图 2-6-24 所示。其中选择整个体，对其加载 Thermal Condition，Magnitude 设置为 23℃（定义温度条件为 23℃，是因为默认环境温度为 22℃，在线性特征值屈曲分析中，加载单位载荷后，屈曲载荷即为计算所得屈曲载荷因子乘以单位载荷）；选择梁首尾两端点，对其加载 Fixed Support（铁轨采用扣件固定）。

特征值屈曲分析设置如图 2-6-25 所示，将 Analysis Settings 的 Max Modes to Find 设置为 1（一般仅用第一阶屈曲模态定义屈曲载荷），其余均默认。

4. 修改边界条件

双击 D4 Model 项进入 Mechanical 前处理，保留之前的设置。

将 Analysis Settings 的 Step Controls 下的 Number of Steps 设置为 2（设置为两步，分别定

义边界条件），其余项采用默认设置。

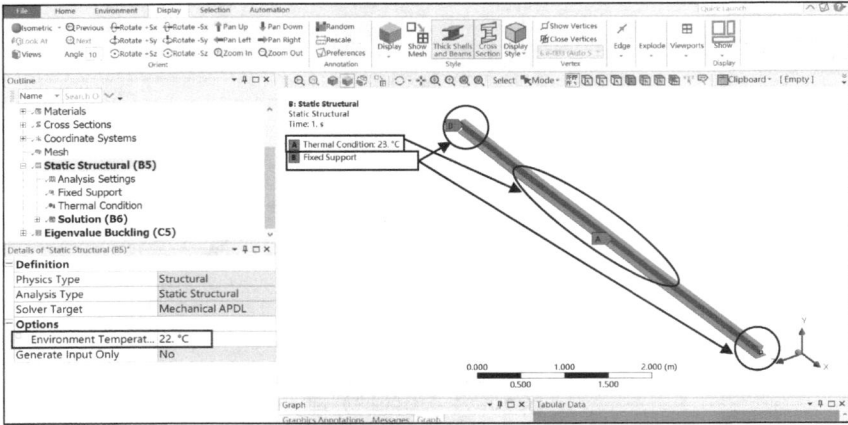

图 2-6-24　静力学边界条件

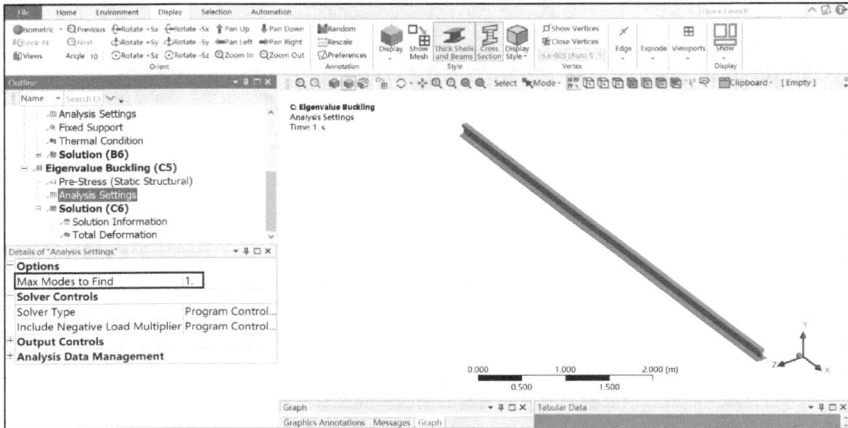

图 2-6-25　屈曲分析设置

选择梁下端点，对其加载 Fixed Support，如图 2-6-26 所示。

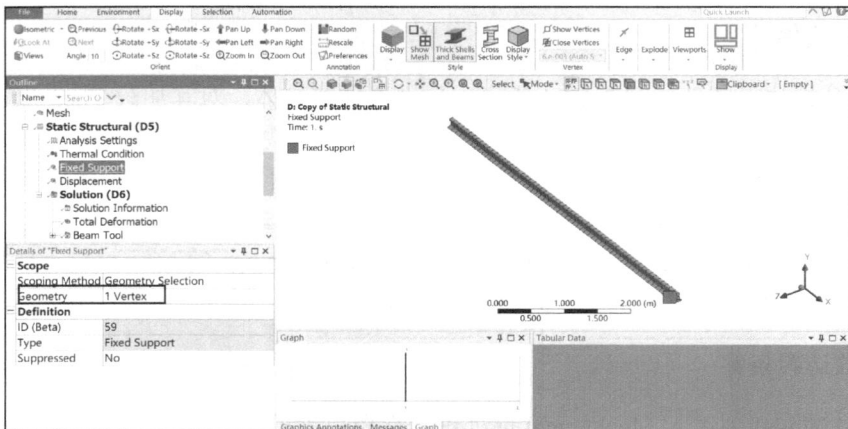

图 2-6-26　边界条件（1）

选择梁的上端点，对其加载 Displacement，在 Tabular Data 表中，Time 为 0 s 时，X 设置为 0 m；Time 为 1 s 时，X 设置为 −8E−5 m（预拉）；Time 为 2 s 时，X 设置为 −8E−5 m（保持预拉状态），如图 2-6-27 所示。

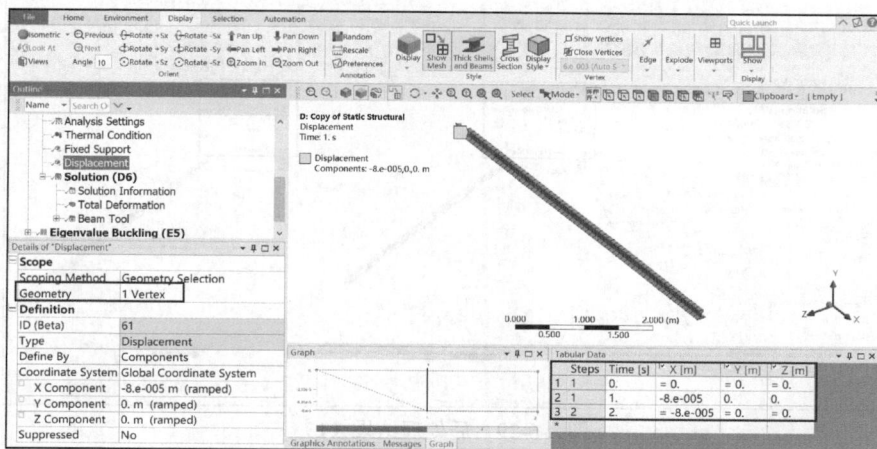

图 2-6-27　边界条件（2）

选择整个体，对其加载 Thermal Condition，在 Tabular Data 表中，Time 为 0 s 时，Temperature 设置为 22℃；Time 为 1 s 时，Temperature 设置为 22℃（预拉时保持温度不变）；Time 为 2 s 时，Temperature 设置为 23℃（保持预拉状态时，施加单位温度载荷），如图 2-6-28 所示。

特征值屈曲分析的设置不变。

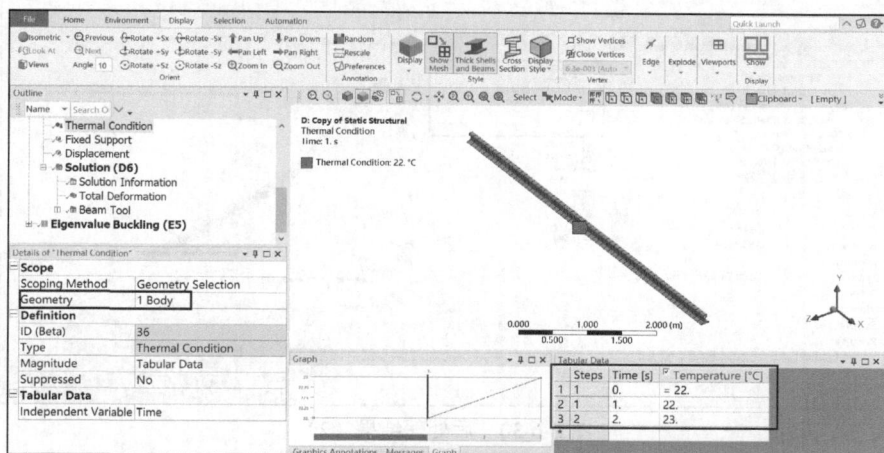

图 2-6-28　边界条件（3）

5. 后处理

由于模型为自定义梁，单击 Solution→Post Processing，将 Beam Section Results 设置为 Yes，可以查看相应的后处理结果。计算完成后，先查看无预拉状态静力学分析 Total Deformation 和 Beam Tool→Direct Stress 后处理结果，如图 2-6-29 所示。梁的变形极小（3.68E−20 m），且无热应变以外的其他应变，但是梁内部存在较大的压应力（−2.4E 6 Pa），这是因为热应变导致的变形由于受固定约束无法释放，在梁内部产生压应力，这种压应力作用于梁的轴线上，与屈曲产生条件一致。

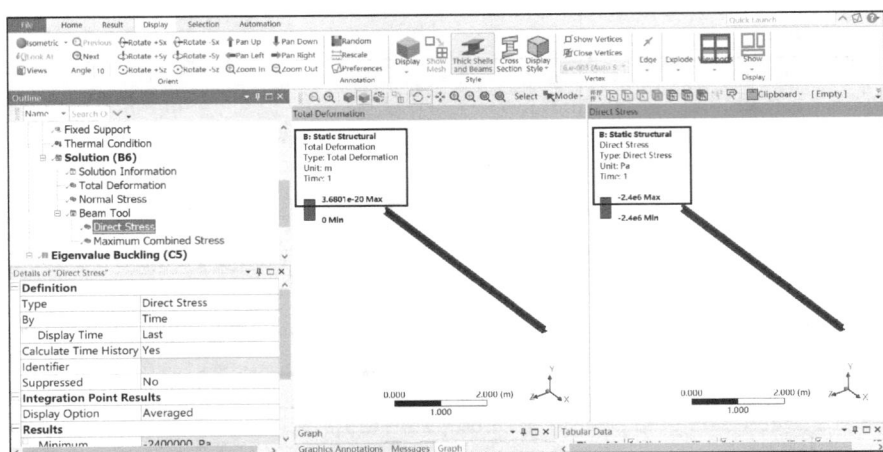

图 2-6-29　后处理结果（1）

查看无预拉状态特征值屈曲分析的 Total Deformation 结果，如图 2-6-30 所示。此后处理得到的变形为相对值，只是表示铁轨在该特定屈曲模式下呈现的形状，并可得第一阶屈曲模态的载荷因子约为 56.522，则热屈曲温度为 $22 + 56.522 \times (23 - 22) = 78.522(\text{℃})$。屈曲分析的相关概念参见《ANSYS Workbench 有限元分析实例详解（静力学）》。

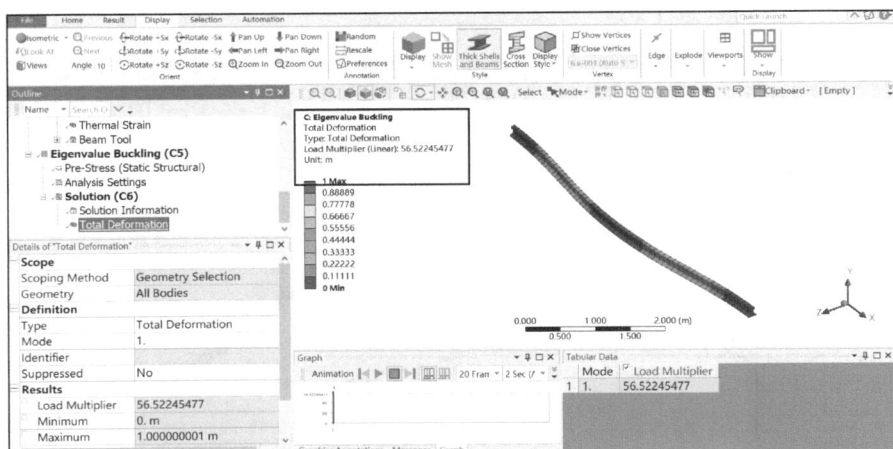

图 2-6-30　后处理结果（2）

查看预拉状态静力学分析 Total Deformation 和 Beam Tool→Direct Stress 后处理结果，如图 2-6-31 所示。梁的最大变形为 8E-5 m，与预拉边界条件一致，热应变导致的变形为 0，预拉时梁内部存在拉应力（2.67E 5 Pa）。

查看预拉状态特征值屈曲分析的 Total Deformation 结果，如图 2-6-32 所示。可得第一阶屈曲模态的载荷因子约为 -260.985。屈曲分析计算结果有正特征值和负特征值，负特征值表示在相反的方向施加载荷后发生屈曲，本例表示拉状态发生屈曲，热屈曲温度为 $22 + 260.985 \times (23 - 22) = 282.985(\text{℃})$。对比无预拉状态的特征值屈曲分析，无论从受力状态或是屈曲结果，经过预拉的铁轨明显比未经预拉的铁轨更不容易出现屈曲。

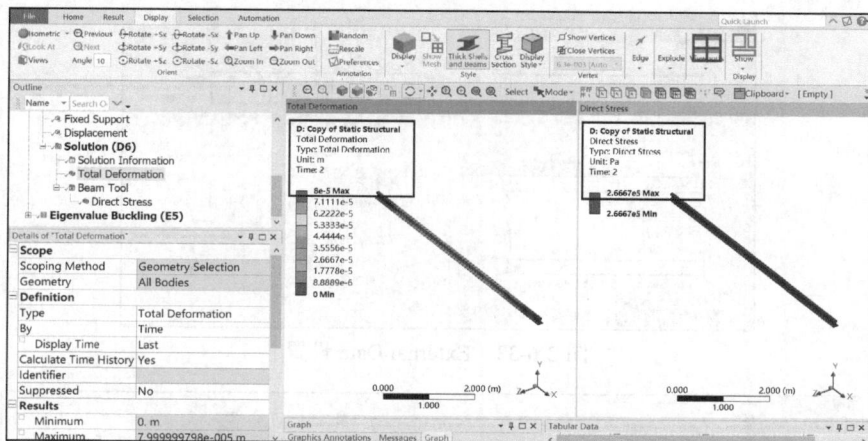

图 2-6-31　后处理结果（3）

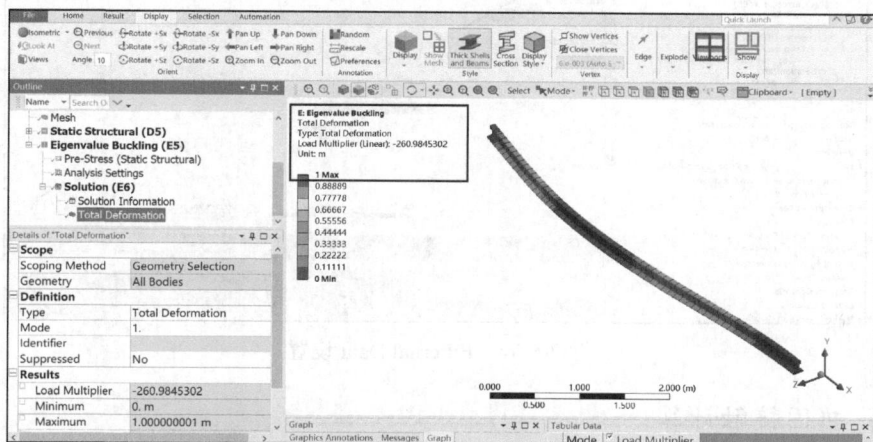

图 2-6-32　后处理结果（4）

　　热屈曲分析严格意义上是对屈曲条件的补充，在结构分析中常常会关注压力导致屈曲，而实际工况中温度环境产生的热变形也是影响屈曲状态的条件之一。温度环境可以为均匀温度（例如高低温环境）或者不均匀温度（例如局部存在大的温度梯度），例如本例对梁施加均匀温度而得的屈曲结果，对于不均匀温度除了可以在静力学模块前置热学分析，将其温度结果导入静力学分析，还可以通过 External Data 模块导入外部温度数据。如图 2-6-33 所示，导入 csv 表格文件，其中 Dimension 项根据分析模型设置为 3D，Length Unit 设置为 mm（很多外部数据长度单位制为 mm，此处务必切换），A 列根据需要设置为 X Coordinate，B 列根据需要设置为 Temperature，并设置单位为℃。

　　因为 External Data 模块中的 Setup 项与静力学分析模块中的 Setup 项建立关联，所以在 Mechanical 中边界条件下出现 Imported Load 项，单击 Imported Body Temperature，在下方的 Details 窗口中的 Geometry 项处选择梁体，即可完成导入不均匀温度（如果在 Excel 中采用 Randarray 函数定义一定范围的随机数，此处也可生成随机温度分布），如图 2-6-34 所示。图中显示温度分布从前部到中部为线性增加，从中部到尾部为线性下降，如果采用温度函数定义只能为分段函数，数据比较庞杂烦琐，不如 External Data 模块导入表格文件快捷。

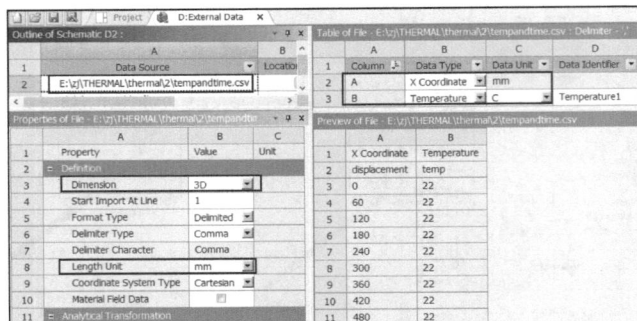

图 2-6-33　External Data 设置

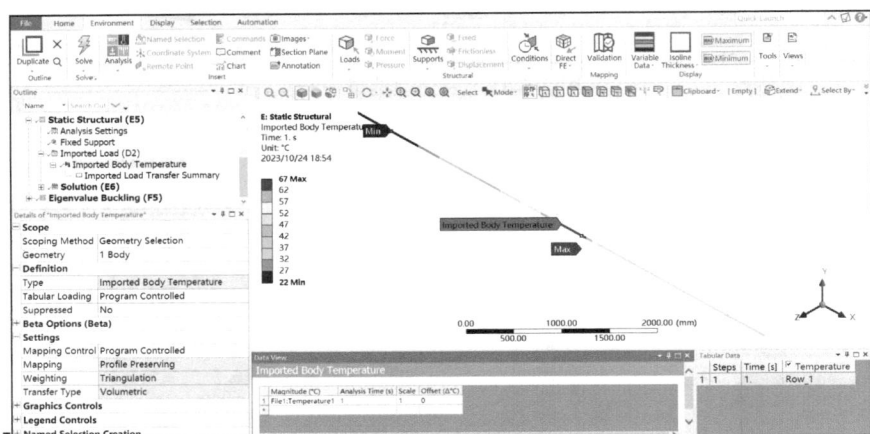

图 2-6-34　External Data 设置

2.6.3　热固接触计算

在《ANSYS Workbench 有限元分析实例详解（静力学）》和 2.1.2 节中已经介绍了接触相关知识。下面以两块圆环加梁接触简要对比热应力在不同接触状态下的结果。有限元模型如图 2-6-35 所示，两块相同圆环采用默认材料，其尺寸为外径 50 mm，内径 10 mm，厚度 10 mm，上圆环的下表面和下圆环的上表面定义接触；内孔处以圆柱梁定义接触（Connections- Circular Beam），分别定义到上圆环的上表面和下圆环的下表面。

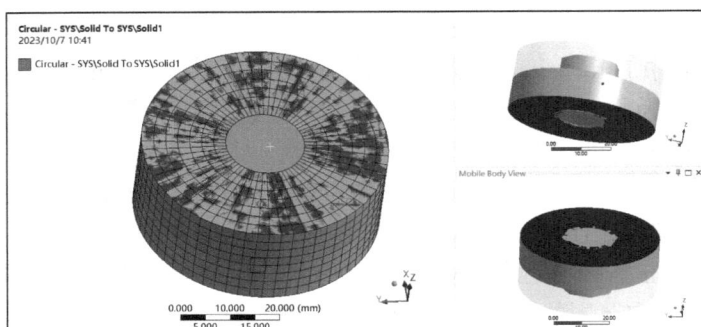

图 2-6-35　计算模型

边界条件如图 2-6-36 所示，其中对上圆环的上表面施加一个沿 Y 向 1 000 N 的力，对下圆环的圆周面施加完全约束；为考虑热应变效应，对上圆环体施加均匀温度载荷（Thermal Condition），定义温度为 200℃，对下圆环体施加均匀温度载荷，定义温度为 500℃；同时为研究螺栓预紧力对整个模型的影响，对内孔圆柱形梁（Beam Connection）定义螺栓预紧力（Bolt Pretension），定义预紧力分为两步：第一步加载（Load）预紧力，第二步保持锁紧（Lock）状态。

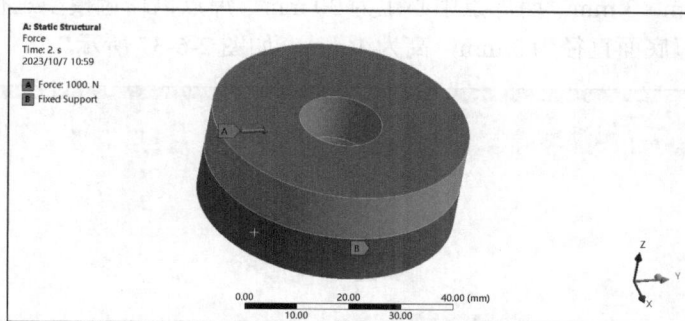

图 2-6-36　部分边界条件

不同接触状态下的计算结果如表 2-6-3 所示。由此可知，在热应变效应下，变形由小到大依次为 Bonded、No Separation、非线性接触（Frictionless、Rough 和 Frictional），这与接触定义相匹配；应力由小到大依次为非线性接触、No Separation、No Separation/MPC、Bonded、Bonded/MPC，其中非线性接触普遍呈现非应力奇异，这对于应力评估更加简单方便，同时大变形开关开启增加了材料弹塑性，也是同比关闭大变形开关应力较低的原因，一般而言 No Separation 接触比 Bonded 接触后处理应力小，且可以同时较简单地处理结构和热分析（非线性接触间隙小于 Pinball 将不传递热量），所以建议采用。

表 2-6-3　　　　　　　　　　　不同接触状态的后处理对比表

序号	上下圆环接触状态	螺栓预紧力/N	大变形开关	最大变形/mm	最大等效应力/MPa	是否应力奇异
1	Bonded	无	Off	0.096 62	3 468.2	是
2	Bonded/MPC	无	Off	0.096 66	3 481.4	是
3	Bonded	无	On	0.086 67	3 009.6	是
4	Bonded/MPC	无	On	0.086 27	3 157.5	是
5	No Separation	无	Off	0.100 8	3 397.2	是
6	No Separation/MPC	无	Off	0.100 8	3 411.3	是
7	No Separation	无	On	0.094 28	3 031.8	是
8	No Separation	50	Off	0.103 8	3 701.9	是
9	No Separation	50	On	0.097 59	3 384.7	否
10	Frictionless	50	On	0.150 4	2 757.3	否
11	Rough	50	On	0.142 8	2 750.4	否
12	Frictional/系数 0.2	50	On	0.149 9	2 756.4	否
13	Frictional/系数 0.4	50	On	0.148 9	2 754.8	否

本节所述热固接触并不是热应变对结构接触模型产生影响，而是温度对接触状态产生影响。例如在两平板对接焊接中，焊接前平板之间的接触状态可认为 Frictional 或 Frictionless 状态，焊接后平板之间的接触状态可认为 Bonded 状态，状态发生变化的原因是焊接熔池的形成和凝固。在热固耦合计算时，往往采用温度条件对接触状态进行控制。在实际工程中，该功能不仅可以用于真实温度控制接触状态，还可以用于定义假想温度控制接触状态。

下面以两平板点焊连接说明热固接触计算，并针对焊接后残余应力进行处理。两块平板均为 20 mm×40 mm×3 mm，两焊点中心距为 30 mm，焊点以球冠模型进行描述，其中球直径为 $s\phi5$ mm，球冠底面直径为 3 mm，高为 1 mm，如图 2-6-37 所示。

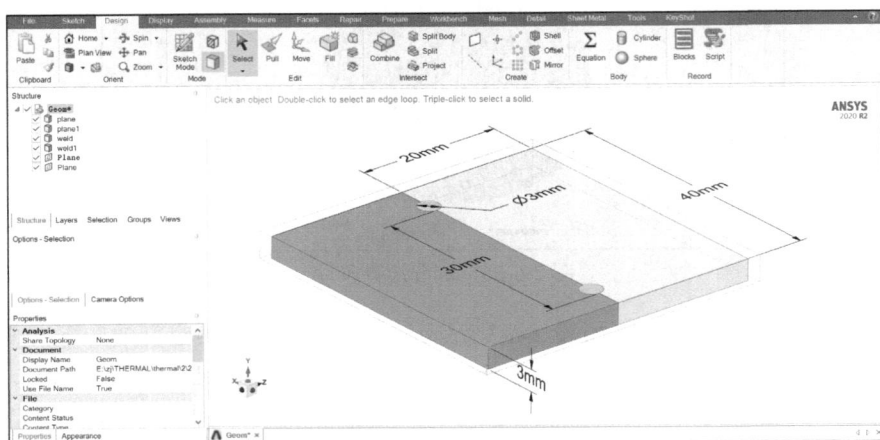

图 2-6-37　计算模型

1. 建立分析流程

如图 2-6-38 所示，建立分析流程。其中包括 A 框架结构的 Spaceclaim 建模模块，B 框架结构的 Coupled Field Static 稳态耦合场分析，C 框架结构的 External Data 数据导入模块，D 框架结构的 Static Structural 静力学分析，且 B2、B3 与 D2、D3 建立关联以实现模型和材料共享，C2 Setup 与 D5 Setup 建立关联以实现残余应力和状态传递。

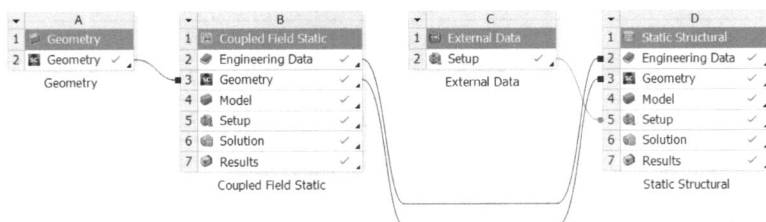

图 2-6-38　分析流程

B 框架结构的 Coupled Field Static 用于计算焊接过程，并将后处理的应力结果和温度结果输出到 TXT 文档；External Data 导入焊接过程的应力结果传递给 D 框架结构的 Static Structural 用于定义初始应力条件，再导入焊接过程的温度结果传递给 D 框架结构的 Static Structural 用于定义温度条件进行接触状态判定；D 框架结构的 Static Structural 基于焊接结果进行焊接残余应力处理。

Engineering Data 项采用默认的 Structural Steel 材料。

2. 前处理

双击 B4 Model 项进入 Mechanical 前处理。接触设置如表 2-6-4 所示。

表 2-6-4　　　　　　　　　　　　　　　接触设置

序号	名称	接触物/目标物[①]	设置[②]	插入 Commands[③]
1	Frictionless - Geom\plane To Geom\plane1		Type: Frictionless	rmodif,cid,35,400 rmodif,tid,35,400
2	Frictionless - Geom\plane To Geom\weld		Type: Frictionless	rmodif,cid,35,800 rmodif,tid,35,800
3	Frictionless - Geom\plane To Geom\weld1		Type: Frictionless	rmodif,cid,35,800 rmodif,tid,35,800
4	Frictionless - Geom\plane1 To Geom\weld		Type: Frictionless	rmodif,cid,35,800 rmodif,tid,35,800
5	Frictionless - Geom\plane1 To Geom\weld1		Type: Frictionless	rmodif,cid,35,800 rmodif,tid,35,800

说明:
① 接触物/目标物: 由于本例材料选用一致, 所以接触物与目标物可以任意选择;
② 设置: 本例分析焊接过程, 焊接前模型之间均处于 Frictionless 接触, 即热应变对其他模型基本无影响;
③ 插入 Commands: rmodif 为修改接触实常数; cid 和 tid 分别表示接触物和目标物; 35 为实常数编号, 或标注为 TBND, 即熔合温度参数开关; 400、800 为熔合温度, 单位在 Home→Units 下指定, 本例为℃。本例第 2~5 项分别对应焊点与平板的接触, 修改实常数后表示当接触对温度达到 800℃时, 接触类型改为 Bonded, 焊接分析时一般该温度定义为熔点的 70%左右; 本例第 1 项对应两平板之间的接触, 修改实常数后表示当接触对温度达到 400℃时, 接触类型改为 Bonded, 定义该温度是因为在此处较难模拟熔池凝固过程, 所以依据试算结果类比熔池尺寸, 确定以 400℃区域描述熔池。

　　网格划分中 Mesh 的 Element Order 设置为 Linear, Element Size 设置为 1 mm, 并选择平板的板厚边线定义 Sizing, Type 设置为 Number of Division, Number of Division 设置为 5; 选择焊点底面定义 Sizing, Type 设置为 Element Size, Element Size 设置为 0.5 mm, 如图 2-6-39 所示。其余项采用默认设置。

注意

　　网格划分中 Element Order 不能设置为 Quadratic, 即二次单元。因为如果采用二次单元在热固直接耦合中, 计算结果极易出现温度噪点, 即个别温度结果远低于环境温度。采用线性单元可以避免该问题, 但为了保证计算精度, 必须划分足够数量的网格。

　　此外, 如果以线性单元进行纯结构分析, 则计算精度较低。因此 D 框架结构的 Static Structural 分析的 D4 Model 项没有与 B 框架结构的 Coupled Field Static 分析的 B4 Model 项建立关联。

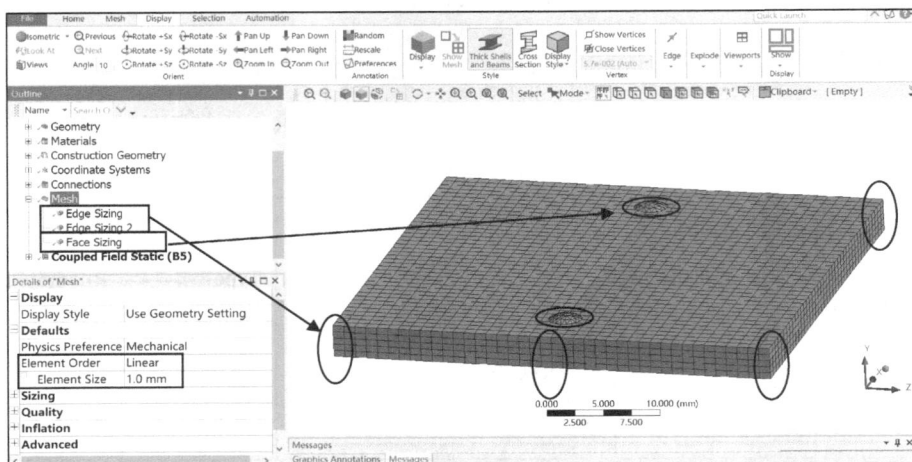

图 2-6-39　网格划分

3．边界条件

观察 Initial Physics Options→Thermal Settings→Initial Temperature Value 为 22℃（默认设置），Structural Settings→Reference Temperature 为 22℃。

Analysis Settings 中 Number Of Steps 设置为 1，Step End Time 设置为 1 s，Auto Time Step 设置为 Off，Define By 设置为 Time，Time Step 设置为 0.01 s。

Physics Region 中 Definition→Structural 设置为 Yes，Thermal 设置为 Yes，其余项采用默认设置。

选择两个焊点体，对其加载 Temperature，在 Tabular Data 中定义每步的温度，其中 0 s 对应 1 200℃，1 s 对应 1 200℃，即焊点在整个过程中保持该温度，如图 2-6-40 所示。

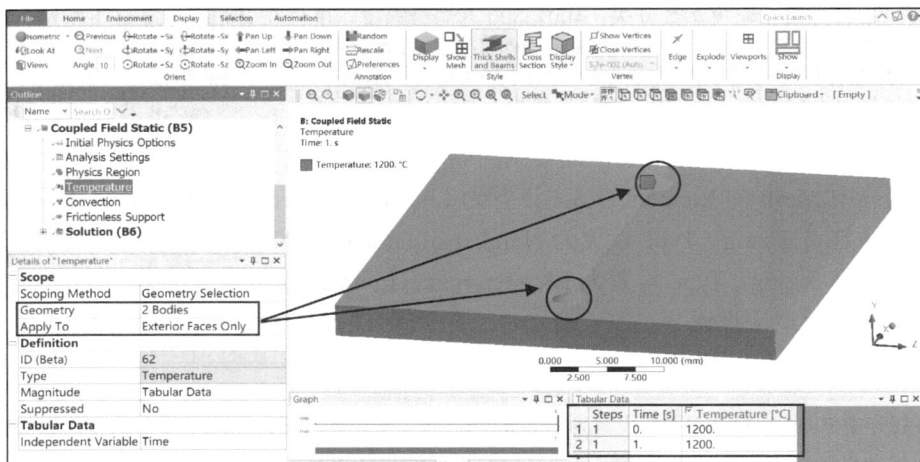

图 2-6-40　边界条件（1）

选择两块平板除接触面和底面的其他 8 个面，对其加载 Convection，在 Tabular Data 中定义每步的对流换热系数和温度，统一为 10 W·m^{-2}·℃$^{-1}$ 和 22℃，如图 2-6-41 所示。

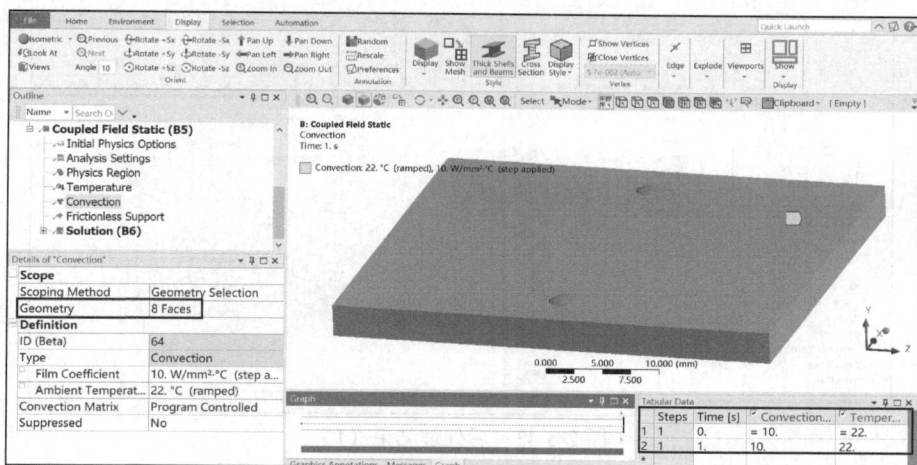

图 2-6-41　边界条件（2）

选择坐标系左侧平板的 3 个侧面和底面，对其加载 Frictionless Support，即表示平板处于夹持状态，且该边界条件可以尽可能避免完全约束条件引起的应力奇异，如图 2-6-42 所示。

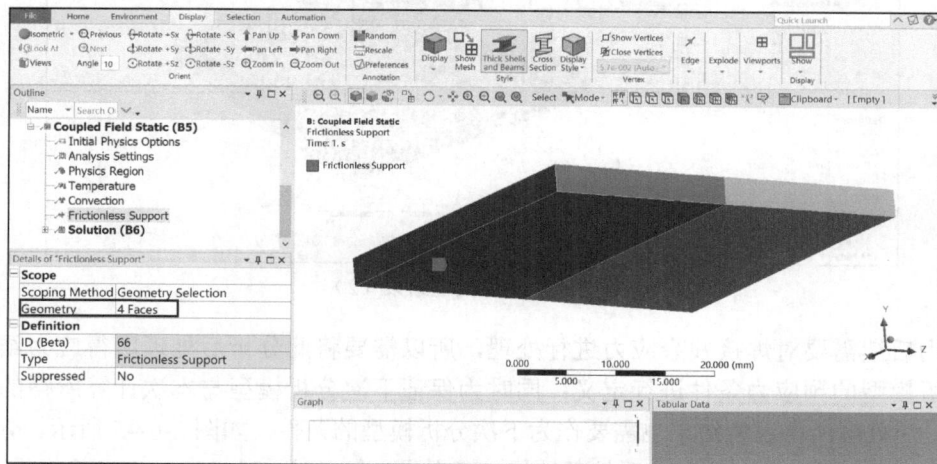

图 2-6-42　边界条件（3）

4. 后处理

计算完成后，为检验温度对接触状态的影响效果，先查看后处理 Contact Tool→Status 结果，如图 2-6-43 所示。其中左侧为两平板之间的接触状态，可见在焊点下方区域呈现类似熔池形貌的 Sticking（黏接）状态，而大部分呈现 Near（接近）状态，说明温度已经改变了接触状态，此外在熔池形貌区域的对面也出现了狭长区域的 Sticking 状态，这是整体模型热膨胀效果挤压模型所致；右侧为平板与焊点之间的接触状态，可见在焊点下方区域全部呈现为 Sticking 状态。

查看 Total Deformation 结果，如图 2-6-44 所示。左侧平板由于约束的限制，变形为 0，而右侧平板在热应变条件下，最大变形约为 0.06 mm，该变形很小。

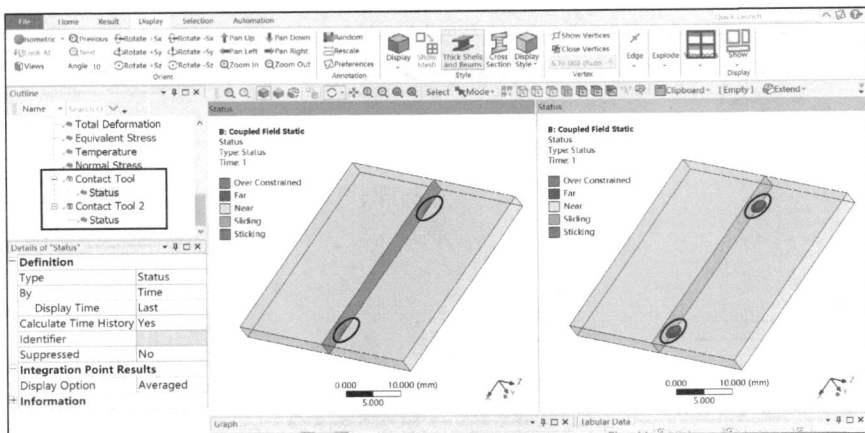

图 2-6-43　后处理结果（1）

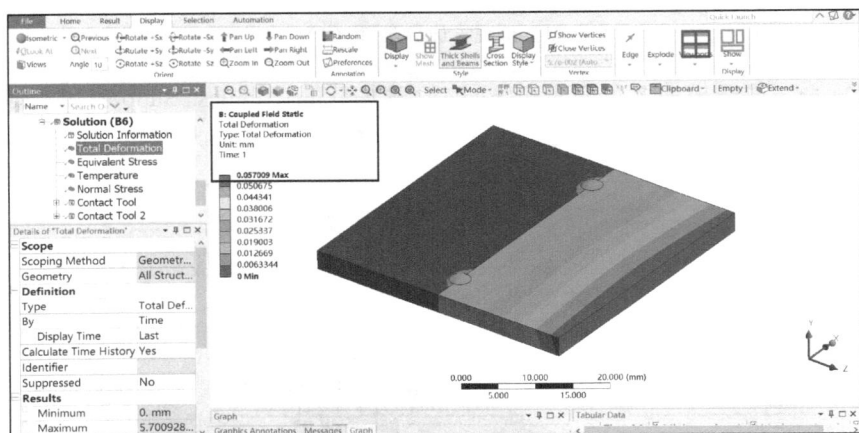

图 2-6-44　后处理结果（2）

　　因为后续需要对焊接残余应力进行处理，所以需要将此分析后处理所得应力结果作为下次分析模型的预应力条件进行定义；同时为保证下次分析模型与本次计算所得的接触状态一致，后处理所得温度结果也需要作为下次分析模型的条件，如图 2-6-45 所示。分别提取 Equivalent Stress 和 Temperature 后处理结果，可得最大等效应力为 827 MPa，位于焊点附近；最高温度为 1 200℃，这与设定条件相匹配。右击 Solution→Equivalent Stress，在快捷菜单中选择 Export→Export Text File，默认导出节点对应坐标位置的等效应力；同理右击 Solution→Temperature，默认导出节点对应坐标位置的温度。本例下次分析需要对模型重新划分网格，所以只输出节点位置的后处理结果，如果计算中前处理不变，可以输出节点编号的后处理结果，即在 Option→Mechanical→Export→Include Node Numbers 项进行设置。

5．External Data 数据导入

　　双击 C2 Setup 项进入 External Data 设置，如图 2-6-46 所示。其中 file.txt 文档为导出的 Equivalent Stress 文档，filetemp.txt 文档为导出的 Temperature 文档；Start Import at Line 设置为 2 表示从文档第二行读取数据，因为文档第一行为表头明细；Delimiter Type 设置为 Tab，可以自动对文件分列，此外注意参数和单位定义。

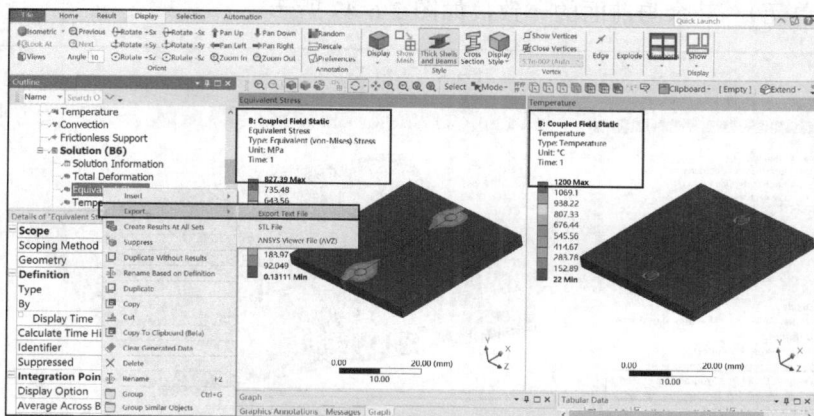

图 2-6-45 后处理结果（3）

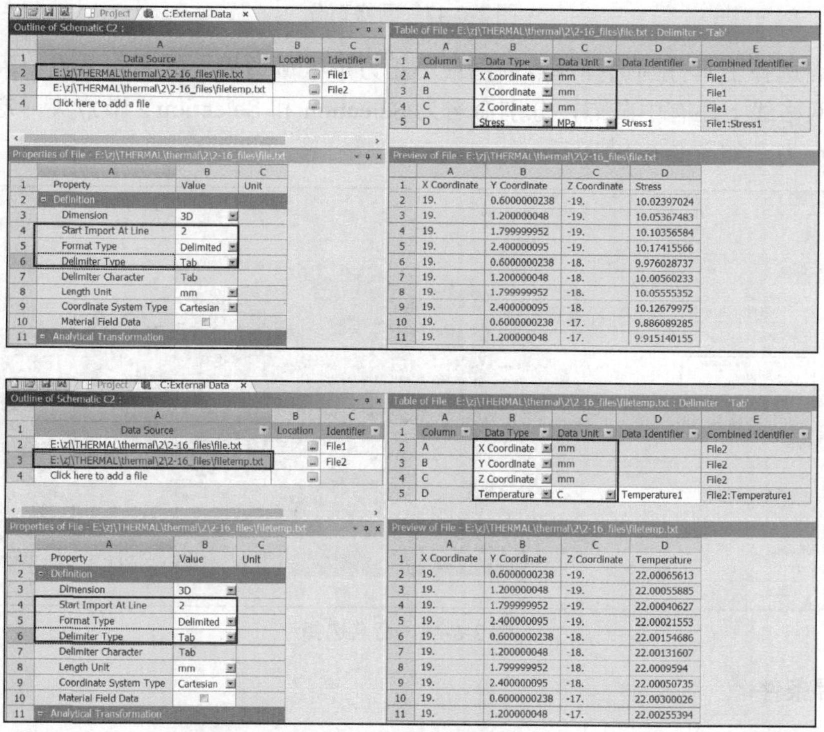

图 2-6-46 数据导入

6. 前处理

焊接残余应力处理常用方法为退火、锤击等。采用静力学计算锤击焊缝附近区域消除焊接残余应力，其中前处理采用 Coupled Field Static 下相同的设置，但为了保证精度将单元改为二次单元；为省去在模型上标定锤击区域的建模过程，采用选择节点施加节点力的形式；残余应力和温度条件采用 Imported Load 导入。

双击 D4 Model 项进入 Mechanical 前处理。对所有模型的 Thermal Strain Effects 均设置为 No。接触设置如表 2-6-4 所示，网格划分中 Mesh→Element Order 设置为 Program Controlled

（默认为二次单元），其余与前面的一致，如图 2-6-47 所示。

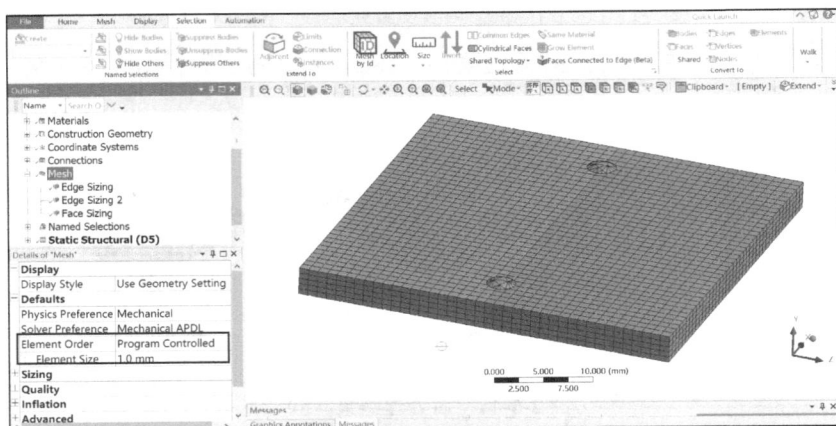

图 2-6-47　网格划分

采用节点选择工具分别选择焊点周围最小正方形区域边界上的所有节点，因为采用二次单元，所以网格线上还有中节点，分别命名为 Selection 和 Selection 2 节点集，定义该集合是用于施加节点力，如图 2-6-48 所示。

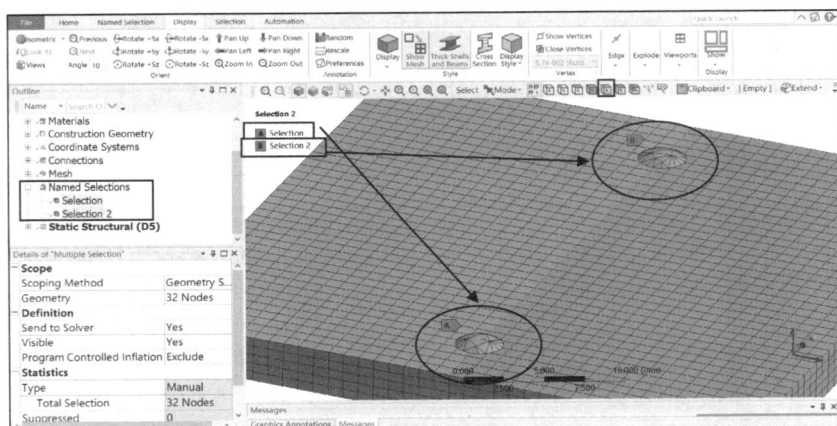

图 2-6-48　命名选择

7. 边界条件

为还原焊接过程，选择与 Coupled Field Static 下相同的边界条件，但是静力学分析模块只能加载温度载荷，不能加载对流边界条件，所以直接导入 Coupled Field Static 下计算的温度结果，这样既省略了温度相关边界条件的定义，又可以通过温度判定接触状态，但导入温度结果，在默认情况下会再次计算热应变效果，而热应变导致的变形较小（0.06 mm），应力结果也被作为预应力加载，所以在前处理中对所有模型均关闭了 Thermal Strain Effects。

Analysis Settings 中均采用默认设置，其中 Large Deflection 设置为 Off，可提高计算效率。

定义与 Coupled Field Static 下相同的 Frictionless Support 边界条件，即选择坐标系左侧平板的 3 个侧面和底面，对其加载 Frictionless Support；选择命名选择定义的集合 Selection 和 Selection2，对其加载 Nodal Force（锤击载荷），其中 X/Z Component 载荷为 0 N，Y Component

载荷为-5 N，如图 2-6-49 所示。

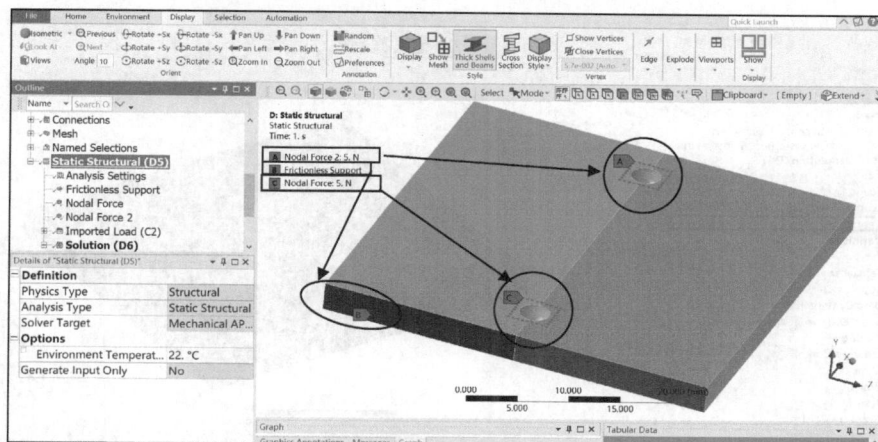

图 2-6-49　边界条件（1）

在 Imported Load 处选择 4 个体定义 Imported Initial Stress，Apply To 设置为 Corner Nodes（节点应力），如图 2-6-50 所示。

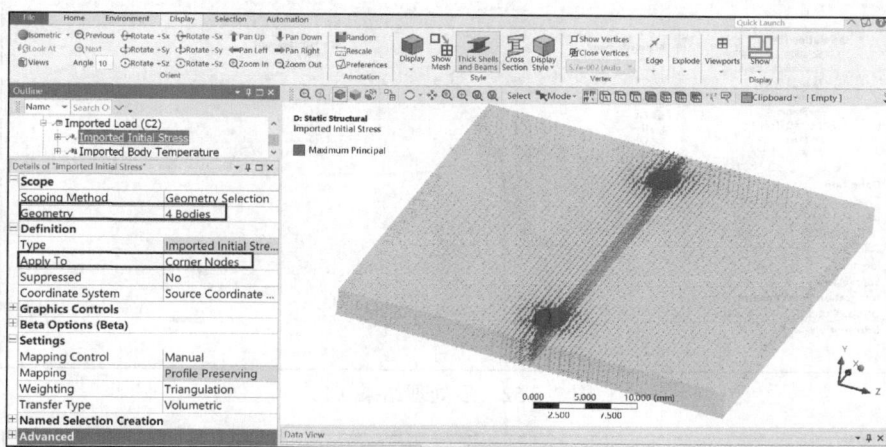

图 2-6-50　边界条件（2）

同理在 Imported Load 处选择 4 个体定义 Imported Body Temperature，如图 2-6-51 所示。相关设置参见《ANSYS Workbench 有限元分析实例详解（动力学）》。

8. 后处理

计算完成后，同理先查看后处理 Contact Tool→Status 结果，如图 2-6-52 所示。其中左侧为两平板之间的接触状态，右侧为平板与焊点之间的接触状态，可见其接触状态与图 2-6-43 所示接触状态基本一致，区别仅在两平板之间的上层部分存在 Sliding（滑动）状态，这是加载节点力导致的。

后处理 Equivalent Stress 结果显示最大应力为 830 MPa，如图 2-6-53 所示。与图 2-6-45 所示最大等效应力 827 MPa 相差无几，分布存在差异。但是最大应力位于模型尖角处，是模型简化导致的应力奇异现象，所以不能简单用等效应力进行对比。

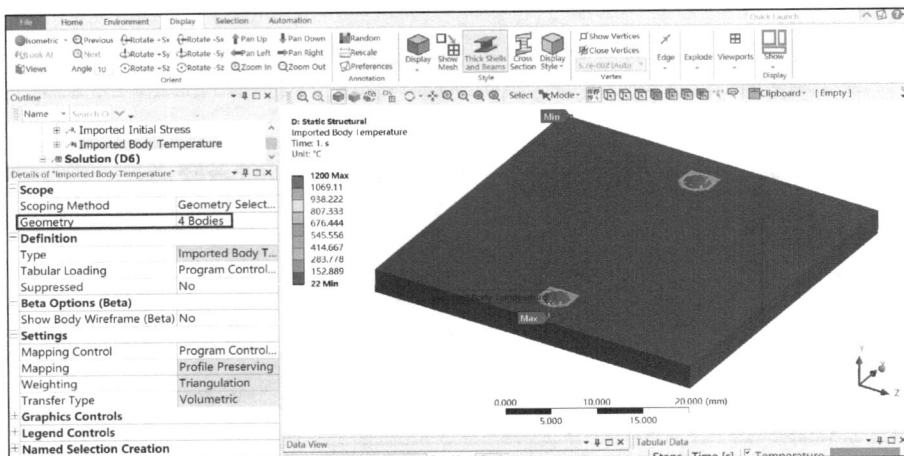

图 2-6-51　边界条件（3）

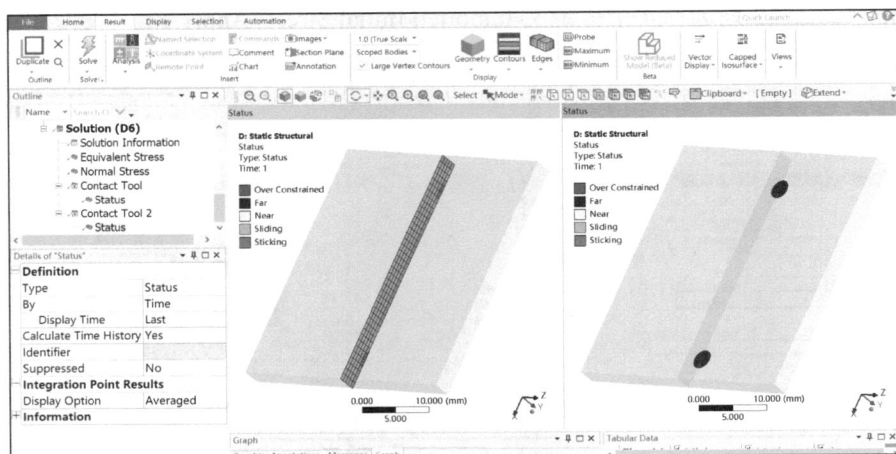

图 2-6-52　后处理结果（1）

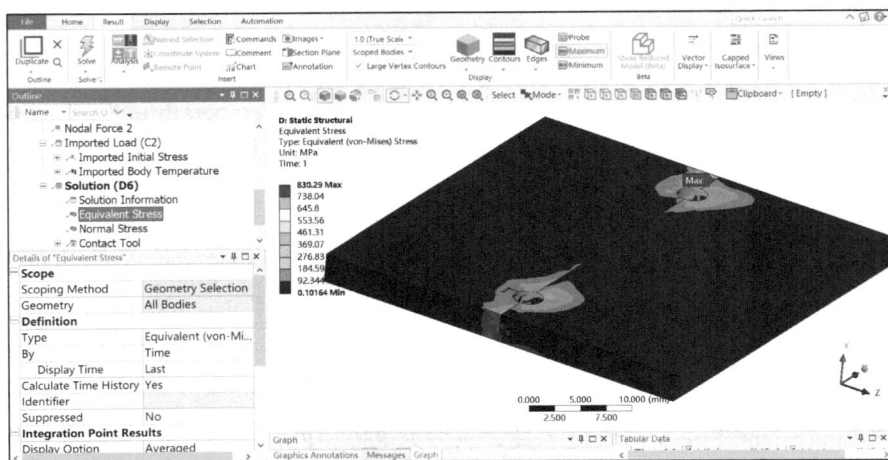

图 2-6-53　后处理结果（2）

采用 Surface 观察应力分布状态，如图 2-6-54 所示。创建一个位于两平板之间的截面，即单击 Construction Geometry→Surface，Coordinate System 设置为 Global Coordinate System（建模时坐标系即定义在两平板中间）。

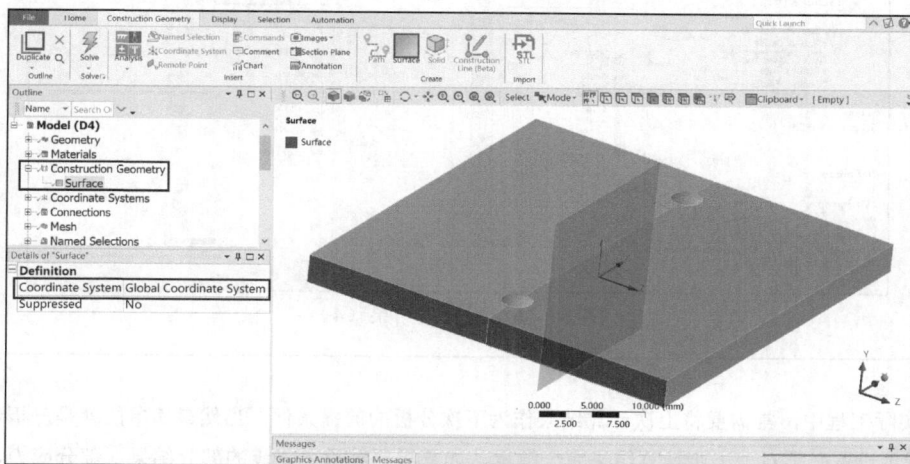

图 2-6-54　建立 Surface

以 Surface 查看 Coupled Field Static 稳态耦合场分析的 Normal Stress（X/Y Axis）后处理结果，如图 2-6-55 所示。由图可知，无论 X 向还是 Y 向在焊点周围均存在较大的拉应力，这明显对焊接强度不利，同时 X 向和 Y 向在截面上大多呈现为较高的拉应力，且应力梯度较大。

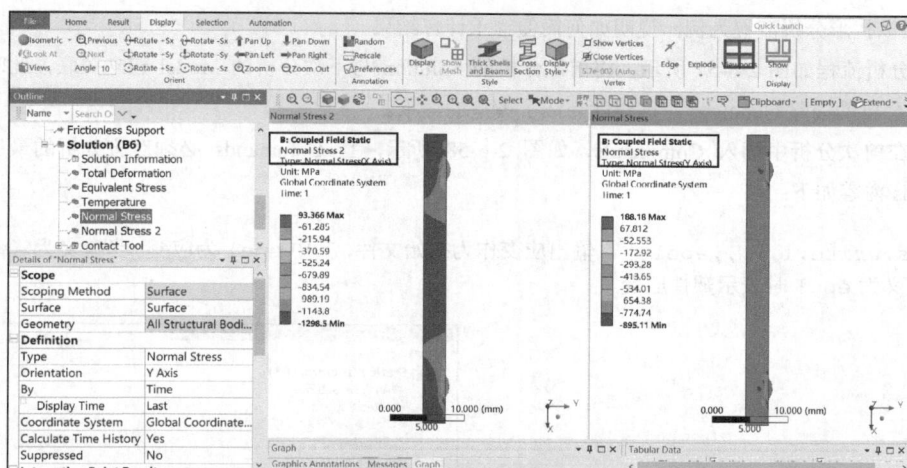

图 2-6-55　后处理结果（3）

以 Surface 查看 Static Structural 静力学分析的 Normal Stress（X/Y Axis）后处理结果，如图 2-6-56 所示。由图可知，无论 X 向还是 Y 向在焊点周围均存在压应力或较小的拉应力，同时 X 向和 Y 向在截面上大多呈现为较小的拉应力，且应力梯度平缓。这说明加载节点力（锤击）明显可减少焊接残余应力。

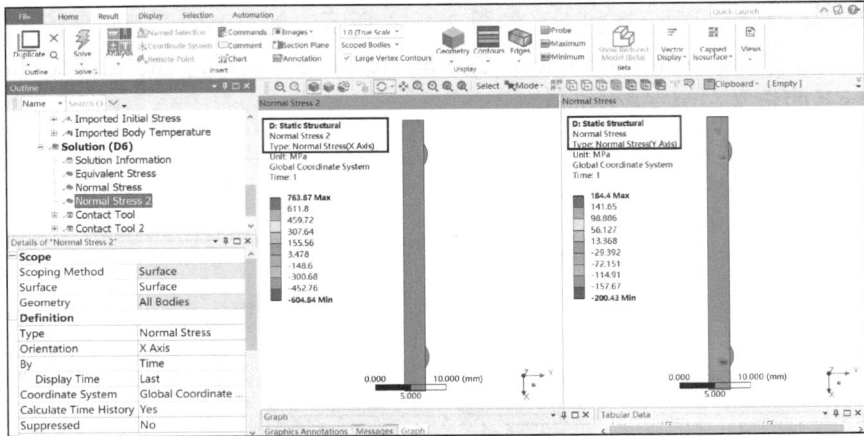

图 2-6-56　后处理结果（4）

提示

在实际工程中，常需要将上次计算结果作为下次分析的前提条件，当然最简单的就是分析步设置，但是分析步设置必须对上一步计算结果完全继承，如果需要继承上一步的部分结果（部分应力、塑性应变等）、更前一步的结果（例如第三步继承第一步计算结果）、梁壳找形等情况，则分析环节较难处理。

本例提供了提取后处理结果的 TXT 文件，再用 External Data 模块结合 Imported Load 处理的方法，但是该方法不继承计算后的模型，本例正是基于焊接模型变形较小而忽略模型变形的前提，但如果需要继承焊接后模型，还需要在结果中输出 STL 文件，两者结合使用，但是这样操作很烦琐，特别是梁壳找形分析，这种方法不适合。

下面以找形分析流程为例，说明如何简便继承计算结果。

1）分析流程如图 2-6-57 所示，将前次分析的 Solution 与下次分析的 Model 建立关联，此时第二分析模块中会自动去除 Geometry，这样就完成了模型的继承。

2）在前次分析中插入 Commands，如图 2-6-58 所示，且 Commands 必须对应分析的最后一步。Commands 内容如下：

Inis,write,1,,,,,epel　　!输出应变作为初始文件，其中 epel 为应变。当定义为 s 时表示应力，当定义为 eppl 时表示塑性应变

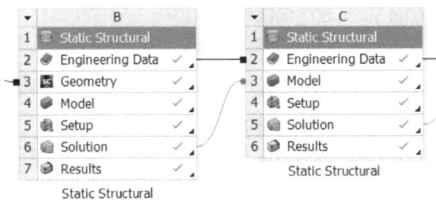

图 2-6-57　分析流程

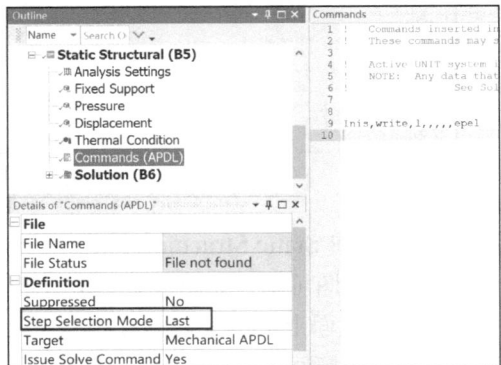

图 2-6-58　输出应变

3）在下次分析中插入 Commands，如图 2-6-59 所示，且 Commands 必须对应分析的第一步。Commands 内容如下：

```
inis,set,csys,0            !初始条件参数基于绝对坐标系
inis,set,dtyp,epel         !定义初始应变，其中 epel 为应变。当定义为 stre 时表示应力，
当定义为 eppl 时表示塑性应变
inis,read,file,ist,'e:\XX\thermal\thermal\2\2-15_files\dp0\sys\mech' !定义
读取初始应变*.ist 的文件目录，用单引号标定
inis,list                  !在 solution information 内显示应变数据
```

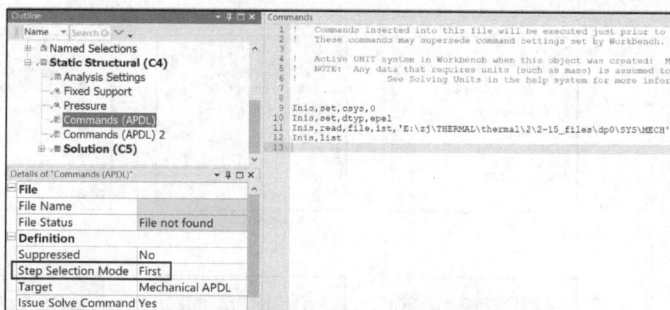

图 2-6-59　继承应变

4）后续第三、第四等分析模块的流程同理，只要在分析的最后一步定义图 2-6-58 所示的 Commands，第一步定义图 2-6-59 所示的 Commands（注意 ist 文件目录需要对应修改），多次计算直到指定的某节点变形位置达到设定的位置，即完成找形分析。

2.6.4　热固顺序耦合计算

在 ANSYS 中，除了前面讲述的热固直接耦合，还有顺序耦合。顺序耦合是指先热学分析再结构分析，该流程控制清晰明确。

下面以组合部件说明热固顺序耦合计算。部件包含滚轮和支撑座两个零件，其中滚轮外径 $\phi40$ mm，内径 $\phi15$ mm，厚 5.4 mm；支撑座由销轴和平板组成，平板为 80 mm × 20 mm × 4.15 mm，销轴直径为 $\phi14$ mm，总高为 12.47 mm，如图 2-6-60 所示。

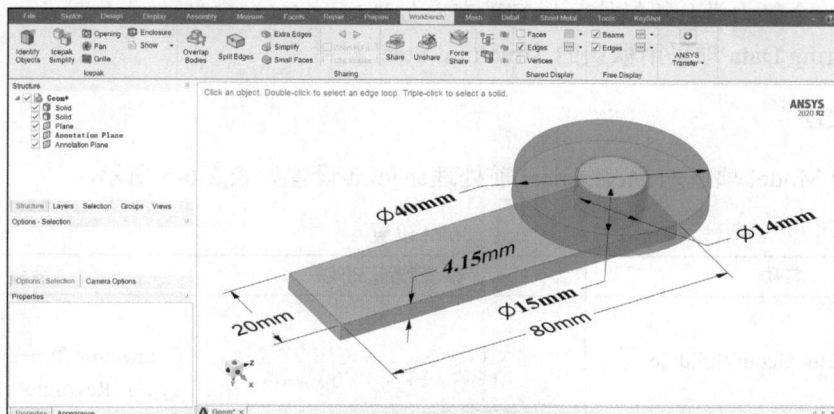

图 2-6-60　计算模型

滚轮绕平板上的销轴旋转，其中滚轮圆弧面设定温度为 80℃；平板左端面设定温度为 50℃，且对其约束，求瞬态结构和静力学结果。

1．建立分析流程

如图 2-6-61 所示，建立分析流程。其中包括 A 框架结构的 Spaceclaim 建模模块，B 框架结构的 Static Structural 静力学分析，C 框架结构的 Transient Thermal 瞬态热分析，D 框架结构的 Transient Structural 瞬态结构分析，且 B2、B3、B4 与 C2、C3、C4 和 D2、D3、D4 建立关联以实现模型和材料共享，C6 Solution 与 D5 Setup 建立关联以实现瞬态热固顺序耦合。

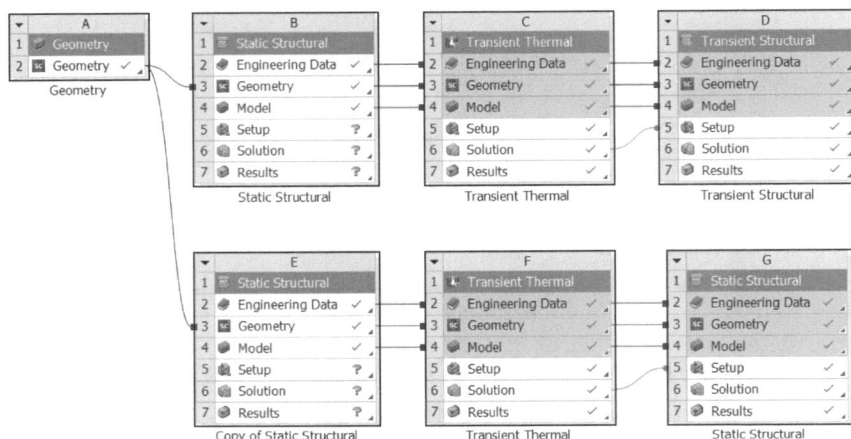

图 2-6-61　分析流程

同理，E 框架结构的 Static Structural 静力学分析由 B 框架结构复制而得，并建立 F 框架结构的 Transient Thermal 瞬态热分析和 G 框架结构的 Static Structural 静力学分析，且 E2、E3、E4 与 F2、F3、F4 和 G2、G3、G4 建立关联以实现模型和材料共享，F6 Solution 与 G5 Setup 建立关联以实现瞬态热-静力学顺序耦合。

分析流程中 B 和 E 模块的 Static Structural 静力学分析并不需要求解，这是因为实现滚轮绕销轴旋转过程的分析，一般均采用 Joint 设置，但是热分析没有该连接定义，所以在瞬态热分析前增加一个静力学分析模块，以实现在前处理中对 Joint 的定义。

Engineering Data 项采用默认的 Structural Steel 材料。

2．前处理

双击 B4 Model 项进入 Mechanical 前处理。Joint 设置如表 2-6-5 所示。

表 2-6-5　　　　　　　　　　　　　　　　Joint 设置

名称	参考物/运动物	设置
Joints -Revolute- Geom\Solid To Geom\Solid		Connection Type：Body-Body Type：Revolute

在网格划分中，Mesh 的 Element Order 设置为 Program Controlled，Element Size 设置为 2 mm，并选择滚轮体将 Method 设置为 MultiZone，Free Mesh Type 设置为 Hexa Core，其余项采用默认设置；选择支撑座体，将 Method 设置为 MultiZone，其余均默认。如此可保证质量较好的六面体网格，如图 2-6-62 所示。其余项采用默认设置。

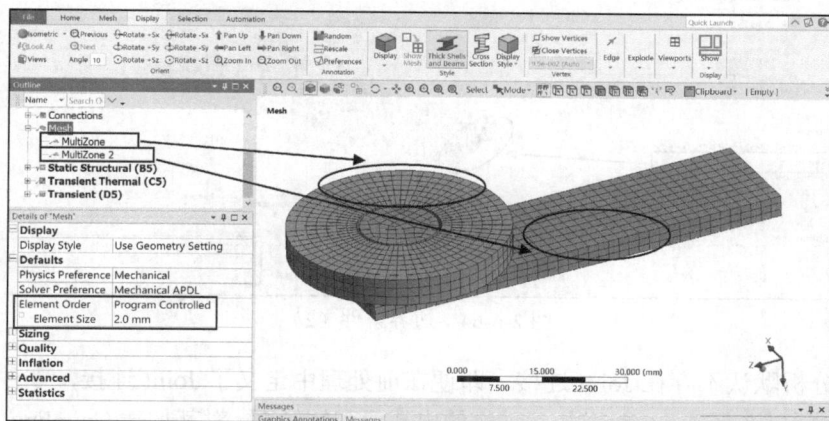

图 2-6-62 网格划分

3. 瞬态热分析边界条件

双击 C5 Setup 项进入瞬态热分析设置。观察 Initial Temperature Value 为 22℃（默认设置）。

Analysis Settings 中 Number Of Steps 设置为 1，Step End Time 设置为 5 s，Auto Time Step 设置为 Off，Define By 设置为 Time，Initial Time Step 设置为 0.2 s，Minimum Time Step 设置为 0.2 s，Maximum Time Step 设置为 0.5 s，Time Integration 设置为 On。

选择滚轮圆弧面，对其加载 Temperature，在 Tabular Data 中定义每步的温度，其中 0 s 对应 80℃，5 s 对应 80℃，即在整个过程中保持该温度，如图 2-6-63 所示。

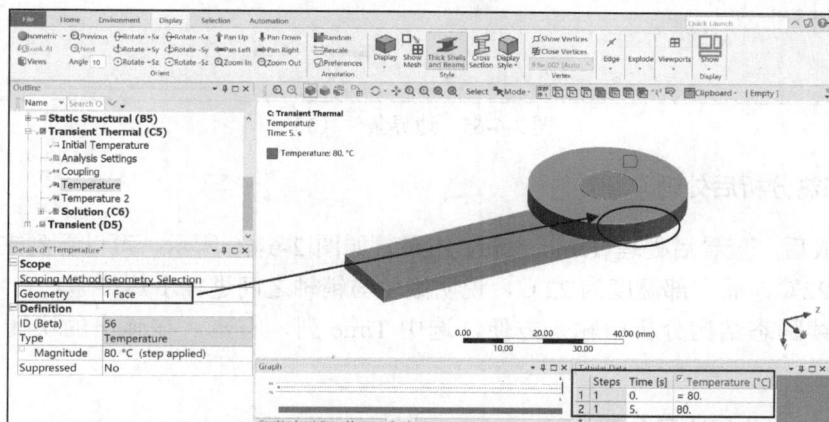

图 2-6-63 边界条件（1）

选择支撑座左端面，对其加载 Temperature，在 Tabular Data 中定义每步的温度，其中 0 s

对应 50℃，5 s 对应 50℃，即在整个过程中保持该温度，如图 2-6-64 所示。

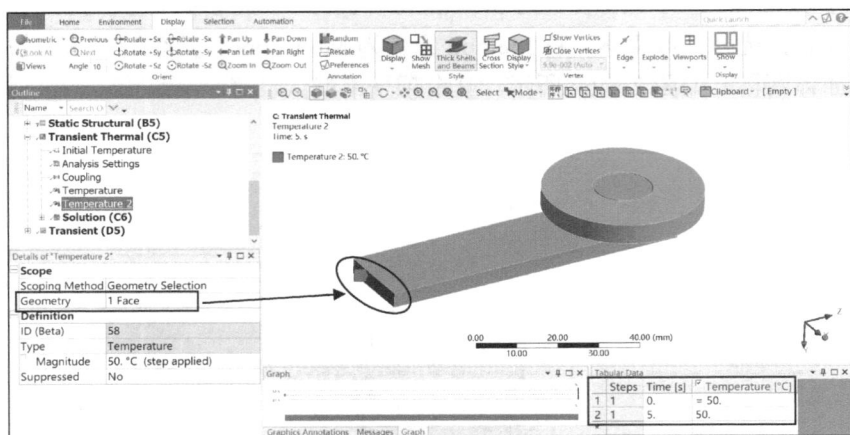

图 2-6-64　边界条件（2）

因为热分析默认不存在 Joint 连接，即便在前处理中定义了 Joint 连接，零件之间也不会进行热传递，所以选择 Joint 参考物/运动物的内孔面和销轴面，对其加载 Coupling，如图 2-6-65 所示。

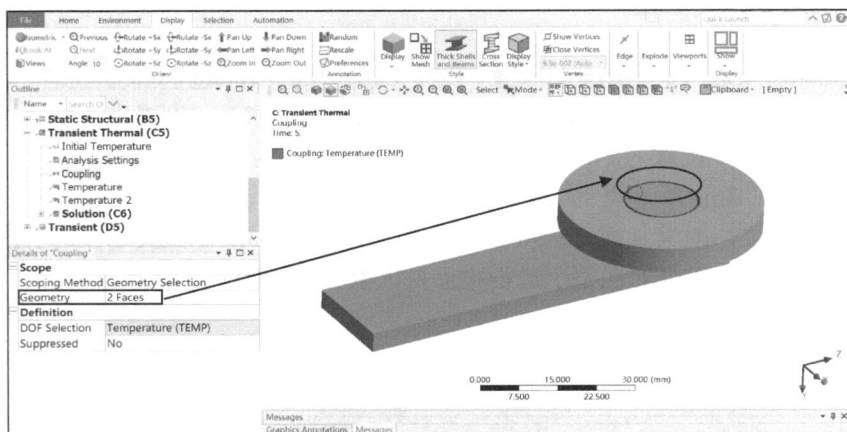

图 2-6-65　边界条件（3）

4．瞬态热分析后处理

计算完成后，查看后处理 Temperature 结果，如图 2-6-66 所示。可以看到支撑座左右端温度均高于 22℃，而中部温度为 22℃，说明滚轮与销轴之间进行了热传递。

为了后续瞬态结构分析中输入方便，选中 Time 列，右击，在弹出的快捷菜单中选择 Copy Cell。

5．瞬态结构分析边界条件

双击 D5 Setup 项进入瞬态结构分析设置。Analysis Settings 中 Number Of Steps 设置为 1，Step End Time 设置为 5 s（与瞬态热分析一致），Auto Time Step 设置为 Off，Define By 设置

为 Time，Initial Time Step 设置为 0.001 s，Minimum Time Step 设置为 0.001 s，Maximum Time Step 设置为 0.1 s，Time Integration 设置为 On（建议结构分析的时间步长设置小于热分析的时间步长，这样既可保证结构分析收敛，又可保证耦合精度）。

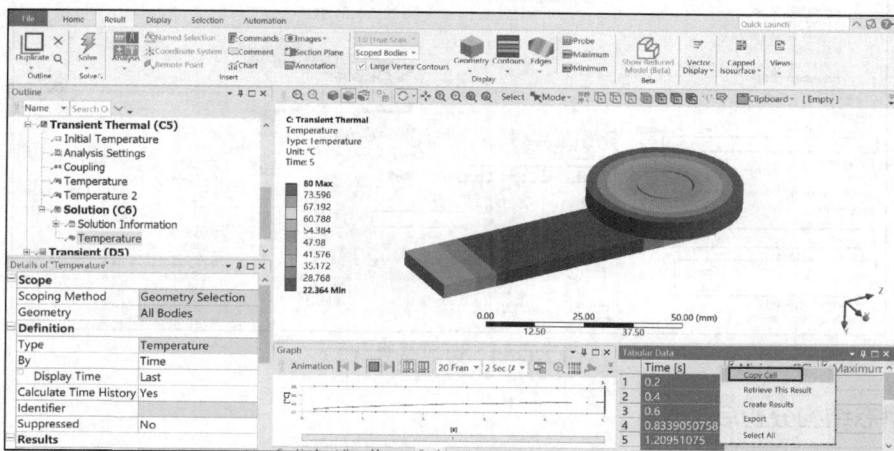

图 2-6-66　后处理结果

对支撑座左端面定义 Fixed Support，符合题设条件；对 Joints→Revolute-Geom\Solid To Geom\Solid 定义 Joint Load，其中 Type 设置为 Rotational Velocity（转速），Magnitude 设置为 10 rad/s，如图 2-6-67 所示。

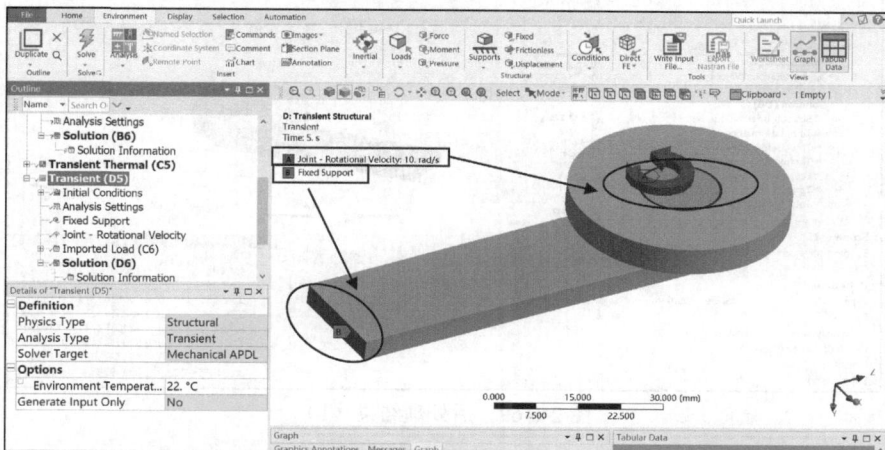

图 2-6-67　边界条件（1）

在 Imported Load 处选择 2 个体定义 Imported Body Temperature，其中 Source Time 设置为 Worksheet，在 Imported Body Temperature 表中先对 Analysis Time 列粘贴瞬态热分析计算结果中 Time 步数据，再对 Source Time 进行粘贴，Analysis Time 为瞬态结构分析的时间步设置，为与瞬态热分析对应，建议也与瞬态热分析计算结果中的 Time 步一致；定义完成后，可以通过 Graphics Controls→Time 项输入不同时间进行查看，以保证瞬态热分析的结果正确输入，如图 2-6-68 所示。

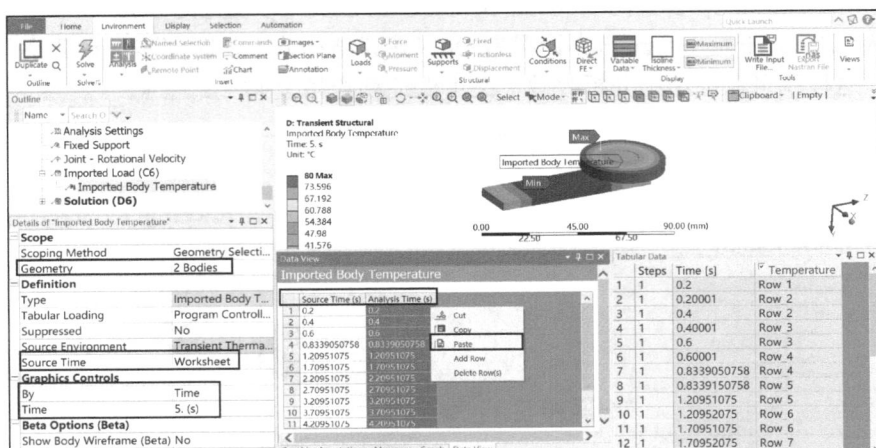

图 2-6-68 边界条件（2）

6. 瞬态结构分析后处理

计算完成后，查看后处理 Total Deformation 结果，如图 2-6-69 所示。可以看到最大位移量随时间呈波形显示，这是因为对于整体模型，滚轮运动位移明显大于热应变导致的变形，所以只能看到最大位移量在滚轮模型上展示。

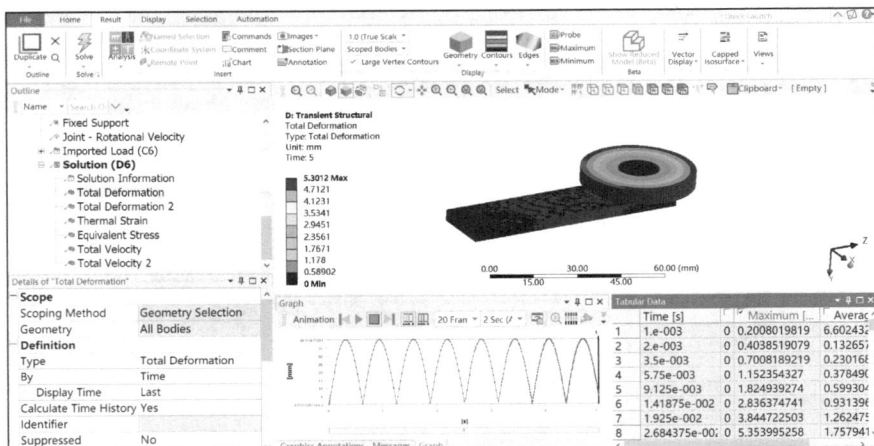

图 2-6-69 后处理结果（1）

查看支撑座体的后处理 Total Deformation 结果，如图 2-6-70 所示。可以看到支撑座最大位移量随时间呈现非常复杂的形式，这是因为前期热应变影响较小，主要受滚轮旋转的影响；而后期热应变影响较大，受到滚轮旋转和热应变的共同影响。

查看支撑座体的后处理 Thermal Strain 结果，如图 2-6-71 所示。可以看到支撑座平均热应变随时间呈现逐渐变大的趋势，这是因为滚轮和左端面热传导（两端区域较大，中间逐渐变小）过程的实时影响。

查看支撑座体的后处理 Equivalent Stress 结果，如图 2-6-72 所示。可以看到支撑座最大等效应力随时间呈现逐渐变大的形式，这与热应变和变形结果基本匹配。

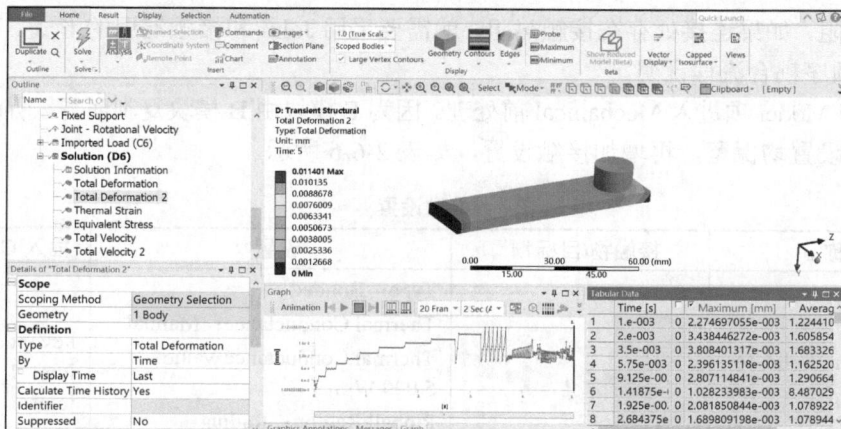

图 2-6-70　后处理结果（2）

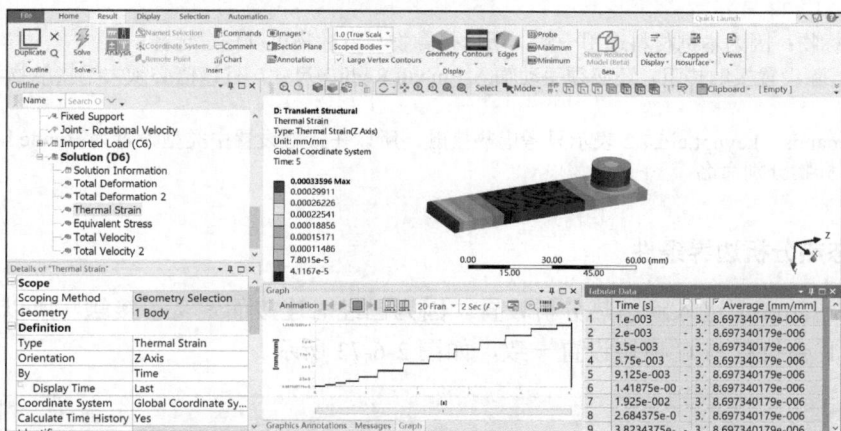

图 2-6-71　后处理结果（3）

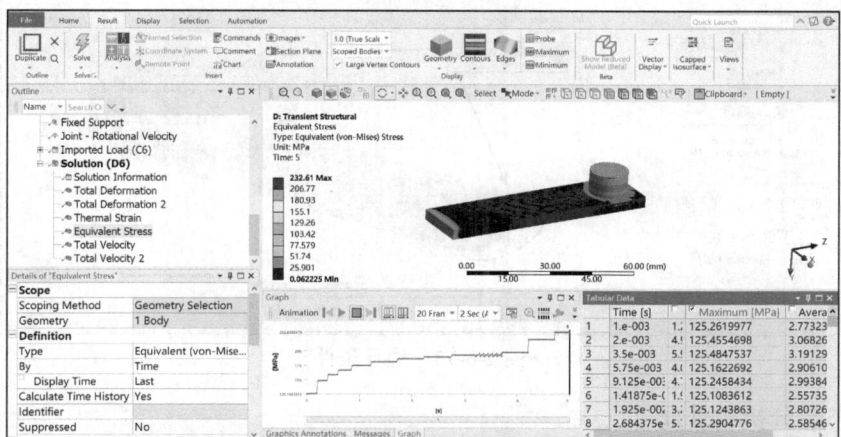

图 2-6-72　后处理结果（4）

7．前处理

上述流程采用 Coupling 条件实现了 Joint 连接在热分析中的应用，但是该连接形式不能定义接触热阻,如果连接处存在接触热阻,就需要采用 Joint 和接触混用的形式。下面以瞬态热-静力学顺序耦合流程说明。

双击 E4 Model 项进入 Mechanical 前处理。因为 E 模块由 B 模块复制而得,所以原有 Joint 设置和网格设置均保留,再增加接触设置,如表 2-6-6 所示。

表 2-6-6 　　　　　　　　　　　　　　　　　　**接触设置**

名称	接触物/目标物①	设置②	插入 Commands③
Bonded- Geom\Solid To Geom\Solid		Type: Bonded Thermal Conductance: Manual Thermal Conductance Value: 5 000 W·m^{-2}·℃$^{-1}$ Pinball Region: Radius Pinball Radius: 0.001 m	keyopt.cid,1,2 joint_1_cid = cid joint_1_tid = tid

说明:

① 接触物/目标物:因为本例材料选用一致,所以接触物与目标物可以任意选择;

② 接触设置:除设置接触热阻,还必须手动输入 Pinball Radius 尺寸,且该值必须大于接触物与目标物之间的间隙;

③ 插入 Commands:keyopt.cid,1,2 表示只考虑热接触,所以在接触设置中类型设置为 Bonded,后面两行是对接触物与目标物分别命名。

8. 瞬态热分析边界条件

双击 F5 Setup 项进入瞬态热分析设置。因为已经对连接面定义了接触,所以除 Coupling 边界条件,其余设置与 C 模块设置一致,如图 2-6-73 所示。

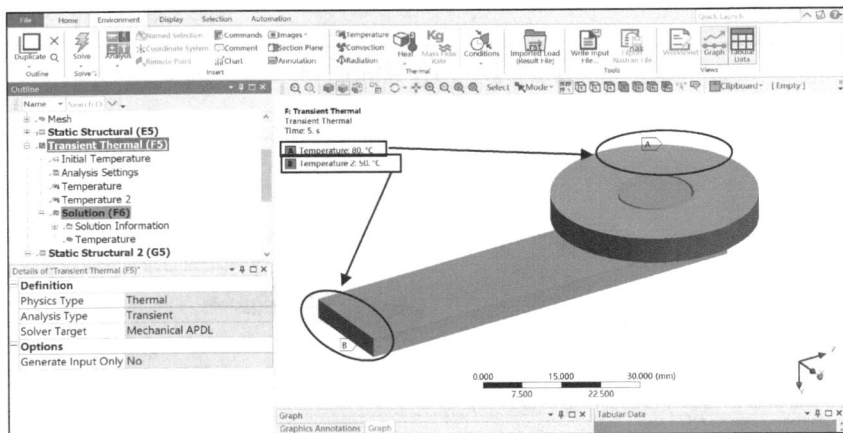

图 2-6-73　边界条件

9. 瞬态热分析后处理

计算完成后,查看后处理 Temperature 结果,如图 2-6-74 所示。可以看到支撑座的销轴温度高于 22℃,而中部温度为 22℃,说明滚轮与销轴之间进行了热传递。对比图 2-6-66 可知,因为支撑座与滚轮存在接触热阻,所以支撑座右端的温度低于无接触热阻 Joint 连接的支撑座右端的温度。

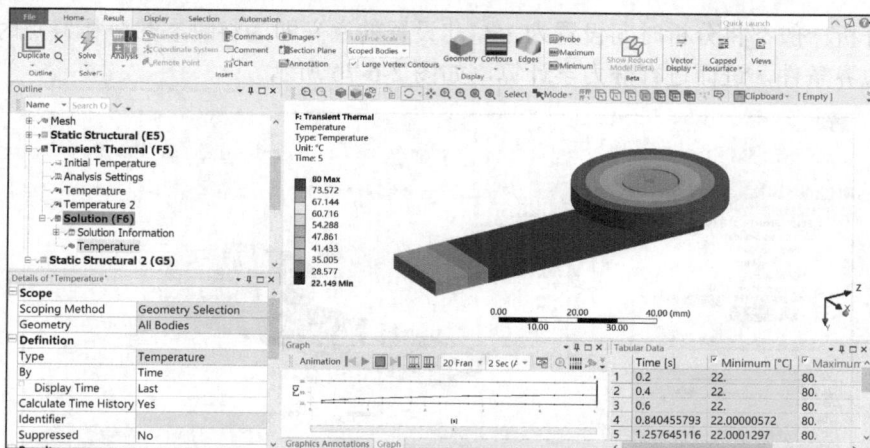

图 2-6-74　后处理结果

10. 静力学分析边界条件

双击 G5 Setup 项进入静力学分析设置。将 Analysis Settings 中的 Number Of Steps 设置为 1，将 Step End Time 设置为 1 s（与瞬态热分析不一致），将 Auto Time Step 设置为 Program Controlled，将 Large Deflectio 设置为 On。

对支撑座左端面定义 Fixed Support，符合题设条件；对 Joints→Revolute-Geom\Solid To Geom\Solid 定义 Joint Load，其中 Type 设置为 Rotation（转角），Magnitude 设置为 360°，如图 2-6-75 所示。

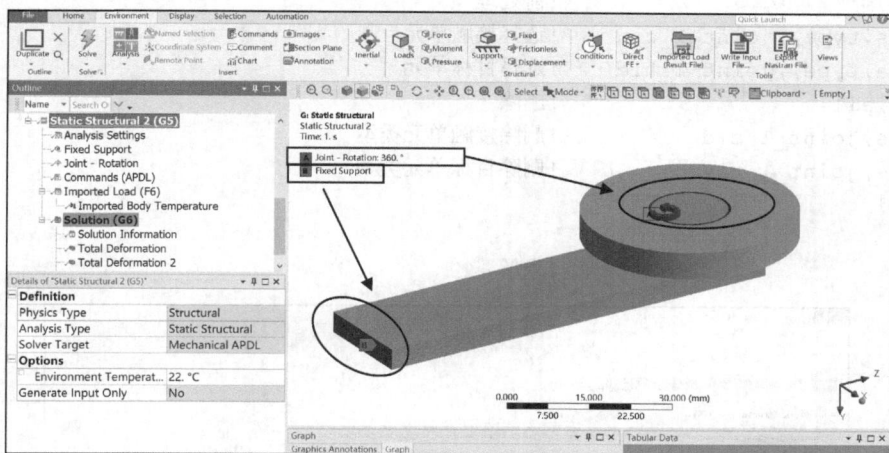

图 2-6-75　边界条件（1）

注意

因为静力学分析不能对 Joint 加载转速，所以本例加载一周转角。如果加载多周转角，将非常难以收敛。

在 Imported Load 处选择 2 个体定义 Imported Body Temperature，其中 Source Time 设置为 Worksheet，在 Imported Body Temperature 表中 Source Time 一般设置为 End Time，Analysis Time 设置为 1 s。这是因为瞬态热-静力学耦合分析一般关注瞬态热分析终点时刻的温度分布，

而静力学分析一般都将分析时间设置为 1 s，此设置的意义即为将瞬态热分析终点时刻的温度分布作为边界条件，进而进行静力学计算，如图 2-6-76 所示。

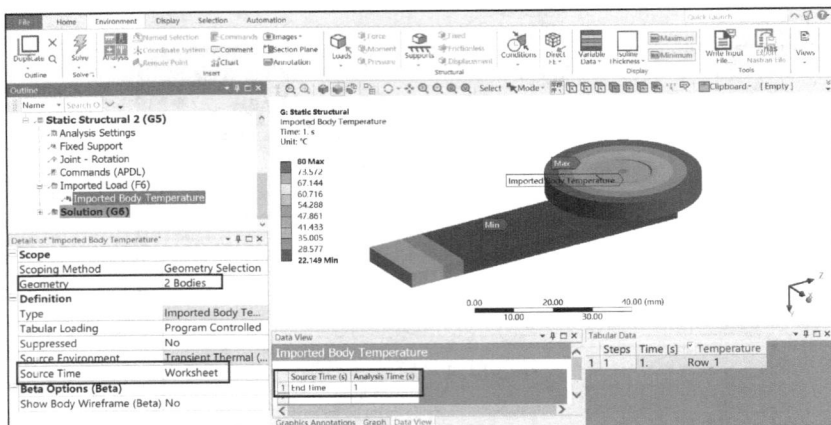

图 2-6-76　边界条件（2）

在前处理中定义了热接触和 Joint 连接，仅有 Joint 连接就可保证静力学分析，加上了热接触反而使静力学分析无法计算，因此需要删除热接触。此外不能使用生死单元方法，因为该方法仅对定义的单元进行刚度极小化处理，并不是真正意义上的去除单元。插入 Commands，如图 2-6-77 所示。Commands 内容如下：

```
fini
/prep7                          !前处理
esel,s,type,,joint_1_cid        !选择接触单元
esel,a,type,,joint_1_tid        !选择目标单元
edele,all                       !删除
etdele,joint_1_cid              !删除接触单元类型
etdele,joint_1_tid              !删除目标单元类型
allsel
fini
/solu                           !求解
```

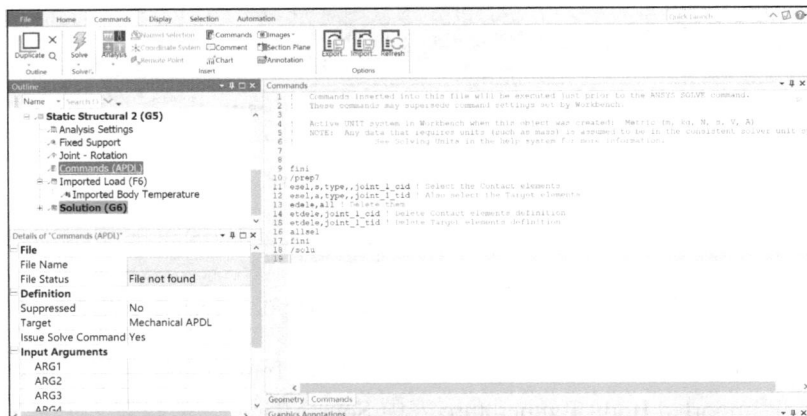

图 2-6-77　边界条件（3）

11. 静力学分析后处理

计算完成后，查看后处理 Total Deformation 结果，如图 2-6-78 所示，对比图 2-6-69 可以看到滚轮转动一周展示。

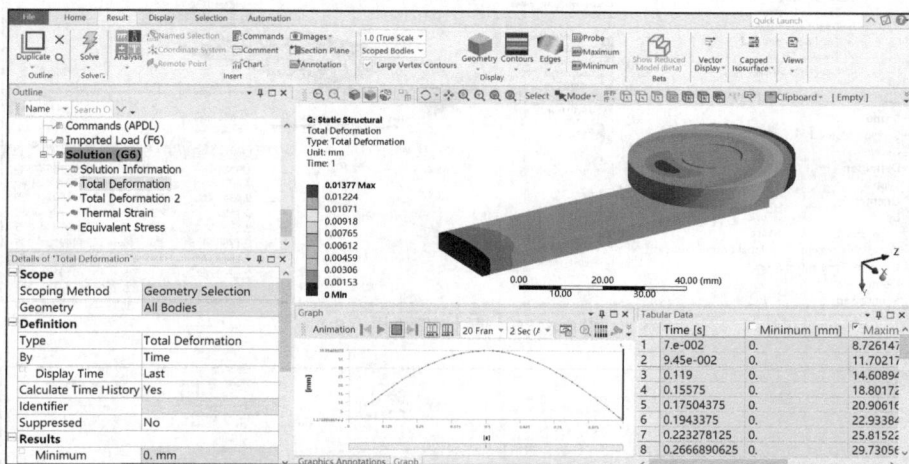

图 2-6-78　后处理结果（1）

查看支撑座体的后处理 Total Deformation 结果，如图 2-6-79 所示，对比图 2-6-70 可以看到支撑座最大位移量呈线性增长（中间一处波峰为计算误差），而瞬态分析结果随时间呈现非常复杂的形式，这是因为静力学研究模型应变能的表现，而瞬态分析则多研究动能的表现。

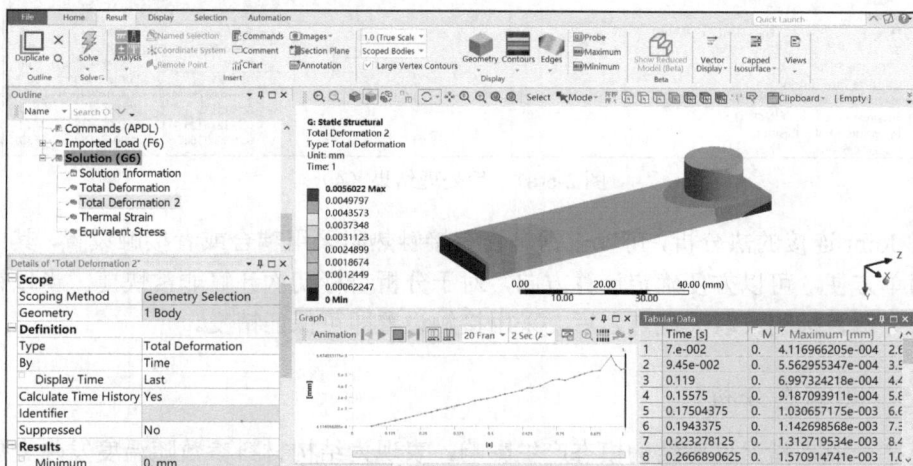

图 2-6-79　后处理结果（2）

查看支撑座体的后处理 Thermal Strain 结果，如图 2-6-80 所示，对比图 2-6-71 可以看到支撑座平均热应变呈线性增长形式，这与瞬态分析结果近似。

查看支撑座体的后处理 Equivalent Stress 结果，如图 2-6-81 所示，对比图 2-6-72 可以看到支撑座最大等效应力呈线性增长形式，这与瞬态分析结果近似。

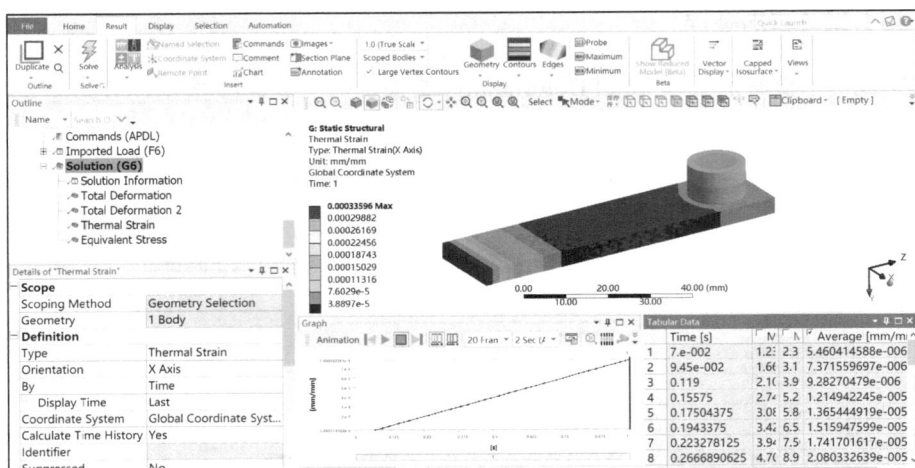

图 2-6-80　后处理结果（3）

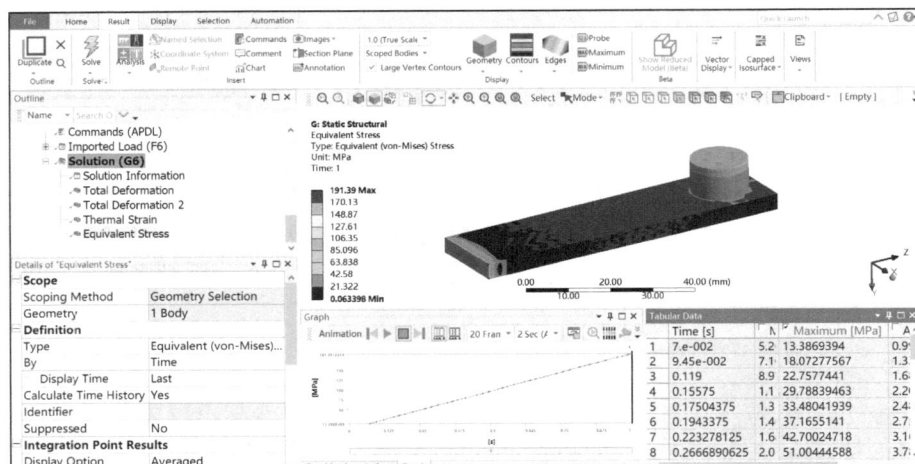

图 2-6-81　后处理结果（4）

针对 Joint 连接的热分析，可以根据是否有接触热阻采用耦合或者接触设置，其中耦合边界条件简单方便，可以方便确定计算方向，对于分析目标初次计算非常快捷。当以初次计算结果确定分析目标的关联关键点之后，采用接触设置即可保证精度。

2.6.5　热模态分析

热模态一般是指温度对结构模态产生影响，表现为结构材料参数随温度发生变化及热环境导致热应变进而改变结构刚度。在 ANSYS 中，除了可以采用 Steady-State Thermal/Transient Thermal-Static Structural-Modal 的耦合顺序实现热模态计算，还可以在 Modal 分析中直接定义 Thermal Condition 实现热模态计算。两者区别仅在于前者可以实现较复杂的热学边界条件工况，而后者只能对体定义较简单的温度条件（通过定义函数也可以实现非均匀温度）。

下面以三角座的平面应力模型说明热模态计算。三角座模型必须在 XY 平面上，尺寸如图 2-6-82 所示。

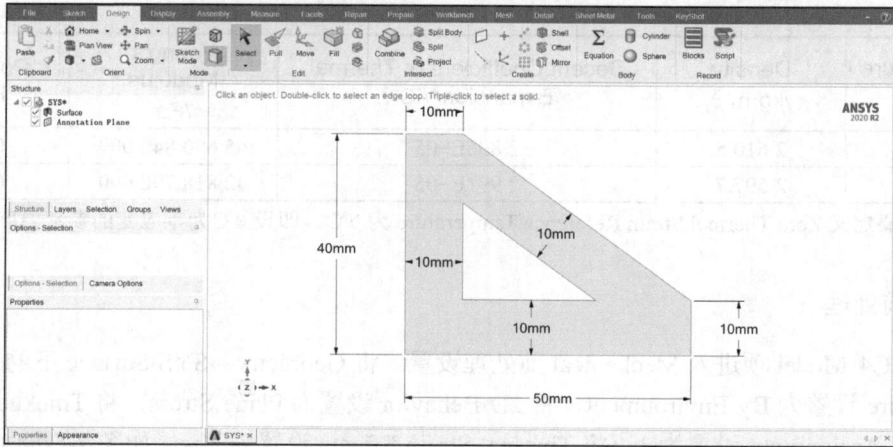

图 2-6-82   计算模型

对三角座的两条 10 mm 边定义约束，求该模型在 100℃、200℃、300℃、400℃、500℃和 600℃时的模态前 6 阶结果。

1. 建立分析流程

如图 2-6-83 所示，建立分析流程。其中包括 C 框架结构的 Modal 模态分析和 Parameter Set 参数设置，Parameter Set 参数设置对同一模型的多种同类型边界条件求解形式非常方便，且计算效率更快。

Engineering Data 项采用新建 1 材料，其材料参数如表 2-6-7 所示。

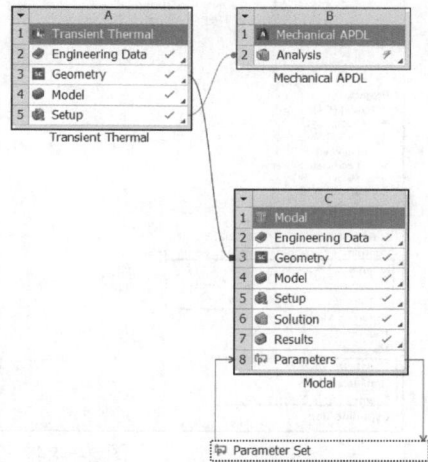

图 2-6-83   分析流程

表 2-6-7   材料参数表

Temperature /℃	Density /kg·m⁻³	Secant Coefficient of Thermal Expansion*/℃⁻¹	Young's Modulus /Pa	Poisson's Ratio
30	2 724.8	2.3E−05	68 919 340 000	0.337
50	2 721.1	2.316E−05	68 249 540 000	0.338
100	2 711.6	2.357E−05	66 496 970 000	0.34
150	2 701.7	2.397E−05	64 632 760 000	0.342
200	2 691.5	2.437E−05	62 656 780 000	0.344
250	2 680.9	2.476E−05	60 568 960 000	0.347
300	2 667	2.514E−05	58 369 260 000	0.35
350	2 658.7	2.552E−05	56 057 620 000	0.353
400	2 647.2	2.635E−05	53 634 010 000	0.356
450	2 635.3	2.719E−05	51 098 380 000	0.36
500	2 623.1	2.806E−05	48 450 680 000	0.363

续表

Temperature /℃	Density /kg·m⁻³	Secant Coefficient of Thermal Expansion*/℃⁻¹	Young's Modulus /Pa	Poisson's Ratio
550	2 610.5	2.896E−05	45 690 840 000	0.367
600	2 597.7	2.991E−05	42 818 790 000	0.371

注*：还需要定义 Zero Thermal Strain Reference Temperature 为 0℃，即设 0℃ 为零应变的参考温度。

2. 前处理

双击 C4 Model 项进入 Mechanical 前处理设置。将 Geometry→SYS\Surface 下的 Reference Temperature 设置为 By Environment，将 2D Behavior 设置为 Plane Stress，将 Thickness 设置为 1 mm，将 Assignment 设置为 1，将 Thermal Strain Effects 设置为 Yes，如图 2-6-84 所示。

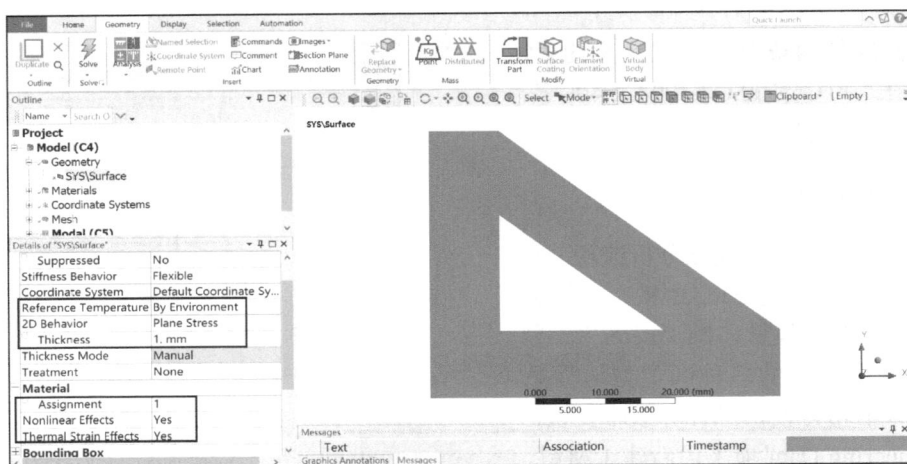

图 2-6-84　平面模型的前处理结果

在网格划分中，Mesh 的 Element Size 设置为 1 mm，其余项采用默认设置，如图 2-6-85 所示。

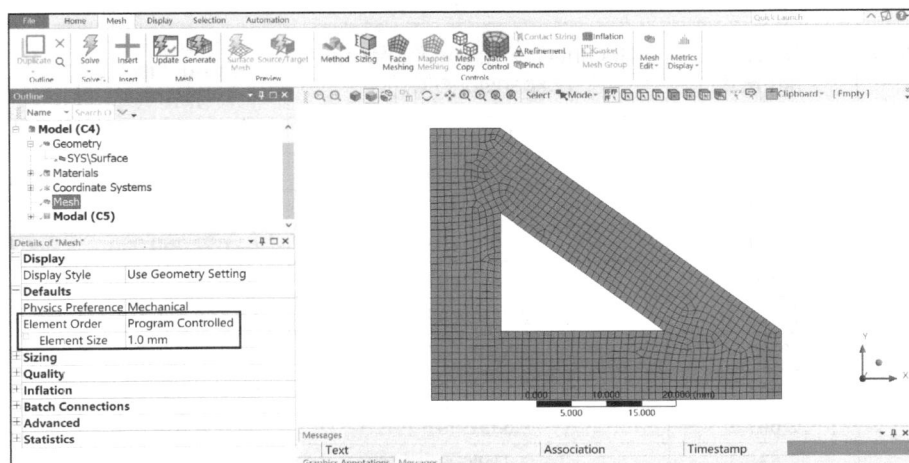

图 2-6-85　网格划分

3．边界条件

Environment Temperature 设置为 0℃（因为在 Engineering Data 中对材料 1 定义其零应变温度为 0℃，且在前处理中将 Reference Temperature 设置为 By Environment，所以此处必须定义环境温度为 0℃）。

Analysis Settings 中的参数项全部采用默认设置。

选择整个体，对其加载 Thermal Condition，将 Magnitude 设置为 300℃，另外在前面方框单击，即出现 P 字符（参数化）；选择上侧和右侧两条 10 mm 边线，对其加载 Fixed Support，如图 2-6-86 所示。

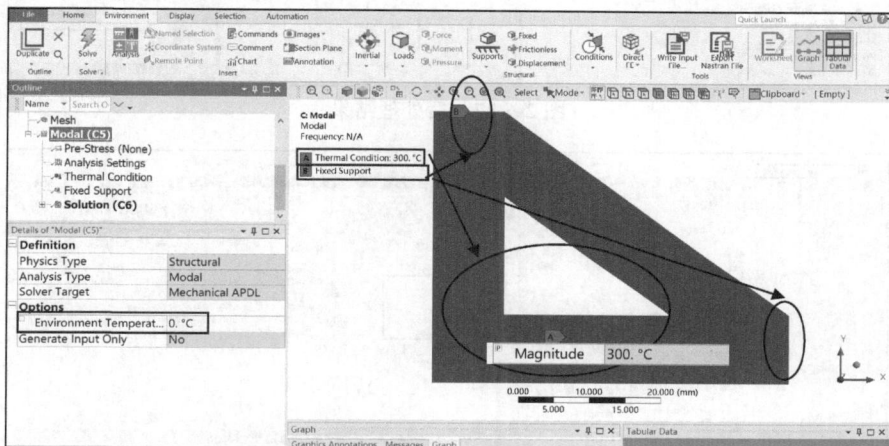

图 2-6-86　边界条件

> **注意**
>
> 对同一模型的多种同类型边界条件求解非常普遍，如果将每一个边界条件对应分析均列出框架结构同步进行计算，必须依赖于 MPI 模式。而采用参数化计算，可以极大地提高计算效率。本例选择 300℃作为参数化计算的初次条件，实际分析中参数化计算的初次条件必须慎重选择。

4．后处理

计算完成后，结果如图 2-6-87 所示，创建前 6 阶模态振型结果（详见《ANSYS Workbench 有限元分析实例详解（动力学）》），然后在每阶后处理结果的 Information 项中 Frequency 前面的方框单击，即出现 P 字符（参数化）。通过此操作，实现前 6 阶模态频率结果的参数化输出。

因为在分析中出现参数化设置，所以在框架结构中出现 Parameter Set 参数设置，双击 Parameter Set 项进入参数化设置，如图 2-6-88 所示。其中左侧 Outline of All Parameter 窗口中列出了已知的输入/输出参数，在右侧 Table of Design Points 表中的 1 区依次输入 100、200、400、500、600，即表示对应加载温度条件，单击 2 区的 Update All Design Points，即可计算出对应温度条件下的热模态前 6 阶频率。

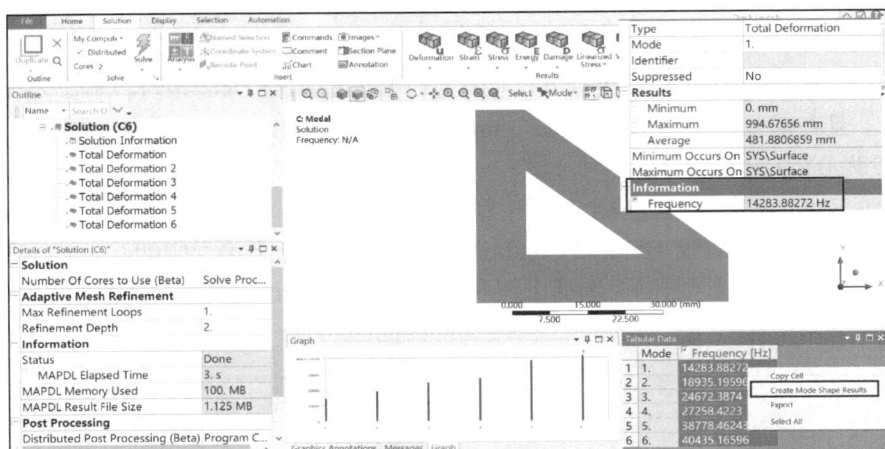

图 2-6-87　后处理结果

图 2-6-88　参数计算

5. 精密工程热模态分析流程

精密工程领域，特别是光学工具、光刻设备，对形状公差要求极高，而光学元件不可避免地受到各种热载荷，热效应对光学元件造成微弧度偏差，进而出现各式各样的面形畸变。此外，虽然光学元件匹配的散热器基本保持相对静止，但作用于光学元件上的热载荷条件会随着时间、结构强度和空间的变化而变化，使得光学元件不可避免地出现颤动，进而导致光束波动。光束波动无法消除，同时任何形式的扰动都将以指数级衰减，系统将重回平衡状态，因此波动衰减周期是重要的设计依据。

求波动衰减周期需要采用精密工程热模态分析。模态叠加瞬态分析是结构分析中常见的求解过程，热模态（并不是前文所述的加载温度载荷的结构模态分析，而是以热条件为基础的热模态分析，计算原理如表 2-6-8 所示）在软件中并不能直接应用，但可以采用 APDL Math 计算而得。

表 2-6-8　　　　　　　　　　　　　　　模态计算原理

	结构模态	温度条件的结构模态	热模态
通用方程	$[M]\{\ddot{u}\}+[C]\{\dot{u}\}+[K]\{u\}$ $=\{F(t)\}$	$[M]\{\ddot{u}\}+[C]\{\dot{u}\}+$ $[K_T+K_\varepsilon]\{u\}$ $=\{F(t)\}$	$[C]\{\dot{T}\}+[K]\{T\}$ $=\{Q(t)\}$

续表

	结构模态	温度条件的结构模态	热模态
通用方程	$[M]$质量矩阵 $\{\ddot{u}\}$加速度向量 $[C]$阻尼矩阵 $\{\dot{u}\}$速度向量 $[K]$刚度矩阵 $\{u\}$位移向量 $\{F(t)\}$力向量	$[K_T]$温度效应刚度矩阵 $[K_\varepsilon]$热应变刚度矩阵	$[C]$比热矩阵 $\{\dot{T}\}$温度对时间的导数 $[K]$传导矩阵 $\{T\}$温度向量 $\{Q(t)\}$热流率向量
常用特征方程	$[M]\{\ddot{u}\} + [K]\{u\} = 0$	$[M]\{\ddot{u}\} + [K_T + K_\varepsilon]\{u\}$ $= 0$	$[C]\{\dot{T}\} + [K]\{T\} = 0$
模态特征方程	$([K] - \omega^2[M])\{\varphi\} = 0$	$([K_T + K_\varepsilon] - \omega^2[M])\{\varphi\}$ $= 0$	$([K] - \lambda[C])\{\varphi\} = 0$
	ω 圆频率 $\{\varphi\}$ 特征向量		λ 热模态频率，衰减周期的倒数

APDL Math 为计算矩阵和向量的数学工具包，可调用 Full、Emat、Mode、Sub 及外部文件中的矩阵数据，通过自定义算法对矩阵进行各种操作。其功能如表 2-6-9 所示。

表 2-6-9   **APDL Math 功能**

1. 创建矩阵			
*DMAT	创建稠密矩阵	*SMAT	创建稀疏矩阵
*VEC	创建向量	*FREE	删除矩阵并释放内存
2. 矩阵操作			
*AXPY	矩阵加减	*COMP	矩阵压缩
*DOT	向量内积	*FFT	傅里叶快速变换
*INIT	向量或稠密矩阵初始化	*MERGE	矩阵扩展
*MULT	矩阵相乘	*NRM	求矩阵或向量的范数
*REMOVE	矩阵裁剪	*SCAL	矩阵或向量缩放
*SORT	向量排序		
3. 求解			
*LSENGINE	创建线性求解器	*LSFACTOR	矩阵分解
*LSBAC	求解	*ITENGINE	迭代求解
*EIGEN	不对称或阻尼矩阵的模态求解		
4. 输出矩阵			
*EXPORT	以指定文件格式导出矩阵	*PRINT	矩阵输出为文件

例如，如图 2-6-89 所示用 Excel 计算矩阵与向量之积。

图 2-6-89   Excel 计算

建立一个 mmult.txt 文件，内容如下：

```
*dmat,m1,d,alloc,4,4          !建立 4×4 矩阵，命名为 m1
*vec,m2,d,alloc,4             !建立 4×1 向量，命名为 m2
m1(1,1)=1,5,9,13              !m1 矩阵数据，按列排列
m1(1,2)=2,6,10,14
m1(1,3)=3,7,11,15
m1(1,4)=4,8,12,16
m2(1)=1,2,3,4                 !m2 向量数据
*mult,m1,,m2,,m3              !m1 矩阵×m2 向量得 m3 矩阵
*print,m3,m3.txt             !m3 矩阵输出为 m3.txt 文件
```

如图 2-6-90 所示，在 APDL 界面下单击菜单栏 File→Read Input from…，输入 mmult.txt 文件，再查看 M3.txt 文件。

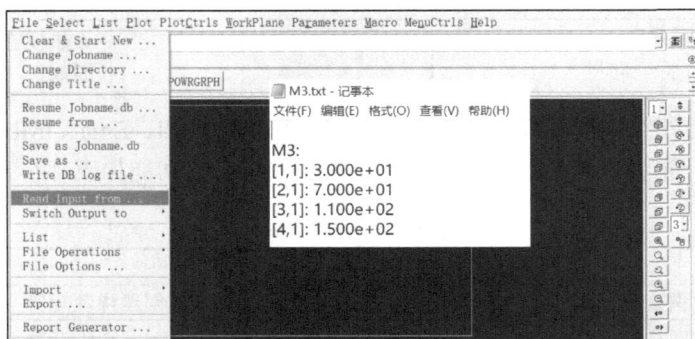

图 2-6-90　APDL Math 计算

在精密工程领域内，常采用高稳定性的支撑结构用于定位，从结构的角度而言，三角形支座具有很高的动态刚度和低的质量。因为模态分析不考虑非线性因素，所以材料参数采用软件自带参数。热模态的分析流程为：先在瞬态分析流程中提取系统的传导矩阵和比热矩阵，再利用模态计算结合 APDL Math 得到衰减周期。其流程图如图 2-6-83 所示，其中 A 框架结构的 Transient Thermal 分支主要用于定义材料、网格划分、命名选择和边界条件，但不需要其计算结果，所以在默认框架下右击 Solution 项将其删除；将 A5 Setup 项与 Mechanical APDL 分析的 B2 Analysis 项建立关联。

为保证单位统一，在 Units 项选择 SI（kg、m、s、K、A、N、V）制。

Engineering Data 项采用默认的 Structural Steel 材料，其中密度、热传导系数和比热容均已定义，这就是进行热模态分析必需的参数，如图 2-6-91 所示。

图 2-6-91　材料定义

6. 精密工程热模态分析前处理

双击 A4 Model 项进入 Mechanical 设置。将 Geometry→SYS\Surface 下的 2D Behavior 设置为 Plane Stress，将 Thickness 设置为 0.001 m，将 Assignment 设置为 Structural Steel，结果如图 2-6-92 所示。

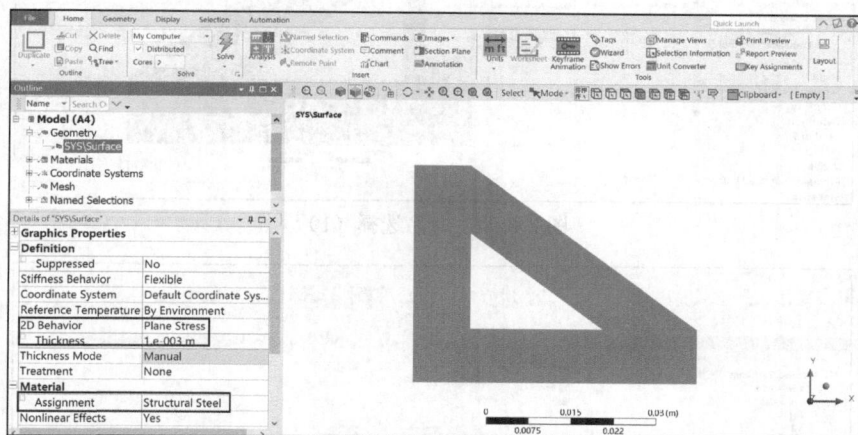

图 2-6-92　模型前处理结果

在网格划分中，Mesh 的 Element Size 设置为 0.002 5 mm，如图 2-6-93 所示，其余项采用默认设置。

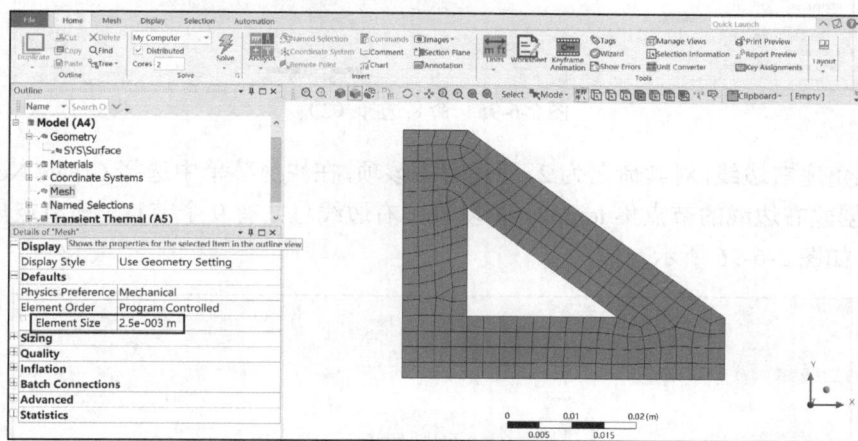

图 2-6-93　网格划分

因为后续在 APDL 界面进行处理，所以需要定义多个节点集。首先选择整个体，对其命名为 Selection，然后右击，在快捷菜单中选择 Create Nodal Named Selection，即可创建整个体的节点集 allnodes，可以看到模型总共有 685 个节点，如图 2-6-94 所示。

选择三角座上边线，对其命名为 1，同理右击该项，在快捷菜单中选择 Create Nodal Named Selection，创建上边线的节点集 temp1，可以看到上边线总共有 9 个节点，该节点集用于定义边界条件，如图 2-6-95 所示。

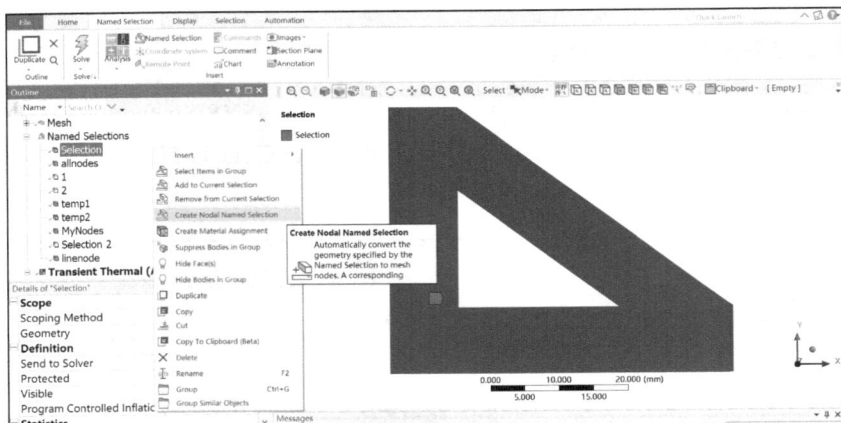

图 2-6-94　命名选择（1）

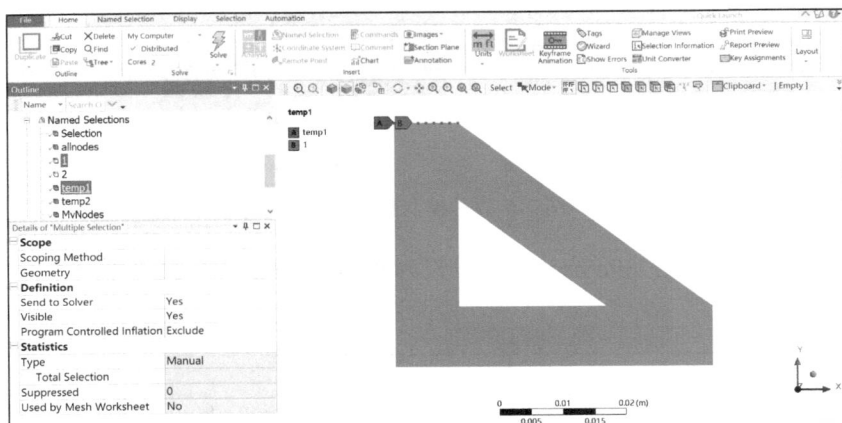

图 2-6-95　命名选择（2）

选择三角座右边线,对其命名为 2,同理右击该项,在快捷菜单中选择 Create Nodal Named Selection,创建右边线的节点集 temp2,可以看到右边线总共有 9 个节点,该节点集用于定义边界条件,如图 2-6-96 所示。

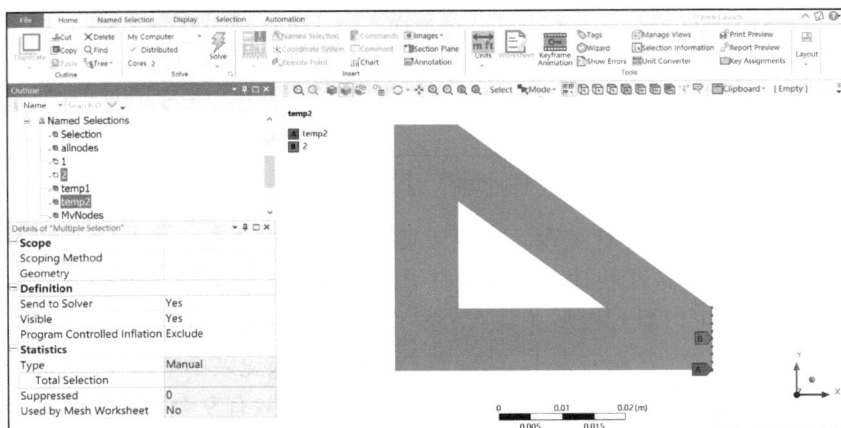

图 2-6-96　命名选择（3）

　　选择三角座上除了上边线和右边线的所有内外 6 条边线，对其命名为 Selection2，同理右击该项，在快捷菜单中选择 Create Nodal Named Selection，创建 6 条边线的节点集 linenode，可以看到 6 条边线总共有 170 个节点，如图 2-6-97 所示。

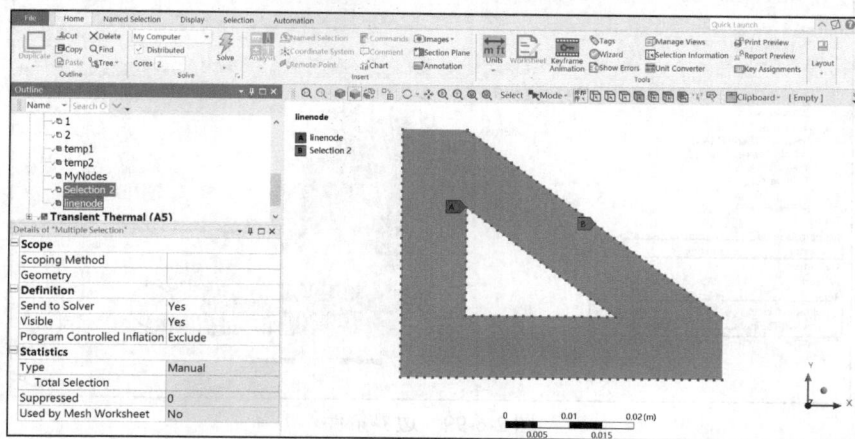

图 2-6-97　命名选择（4）

　　采用 Worksheet 形式定义模型内部节点集 MyNodes，由 allnodes 节点集去除 temp1、temp2 和 linenode 3 个节点集而得，可以看到内部总共有 501 个节点（$685 - 170 - 9 - 9 + 4 = 501$，其中 4 为上边线、右边线与其他线共有的节点数），如图 2-6-98 所示。该节点集是热模态分析后处理的关键集合。

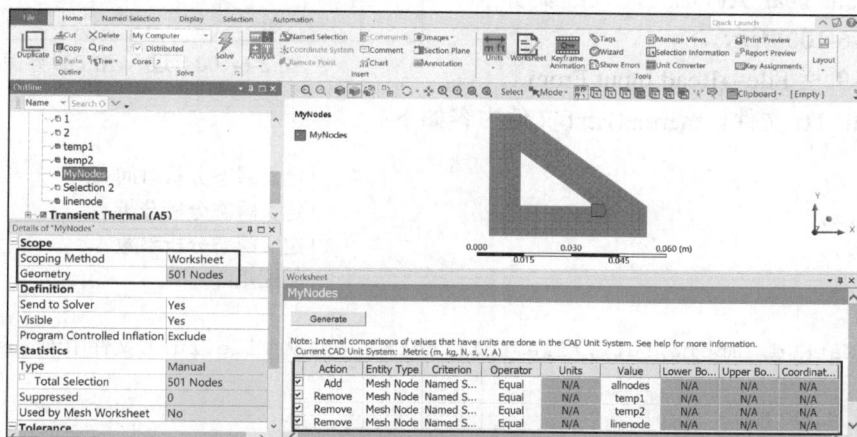

图 2-6-98　命名选择（5）

　　将 Initial Temperature 的 Initial Temperature Value 设置为 22℃。

　　Analysis Settings 中 Number Of Steps 设置为 1，Step End Time 设置为 1 s，Auto Time Step 设置为 On，Define By 设置为 Time，Initial Time Step 设置为 1 s，Minimum Time Step 设置为 1 s，Maximum Time Step 设置为 1 s（时间步均设置为 1 是便于二维模型快速计算，对于三维模型的复杂边界条件工况，可以调整最小时间步长，但最小时间步长与热模态计算参数有关），Time Integration 设置为 On。

　　边界条件中定义上边线和右边线的散热器降温工况，选择上边线和右边线，对其加载

Convection，Film Coefficient 设置为 500 W·m⁻²·K，Ambient Temperature 设置为 283.15 K，如图 2-6-99 所示。

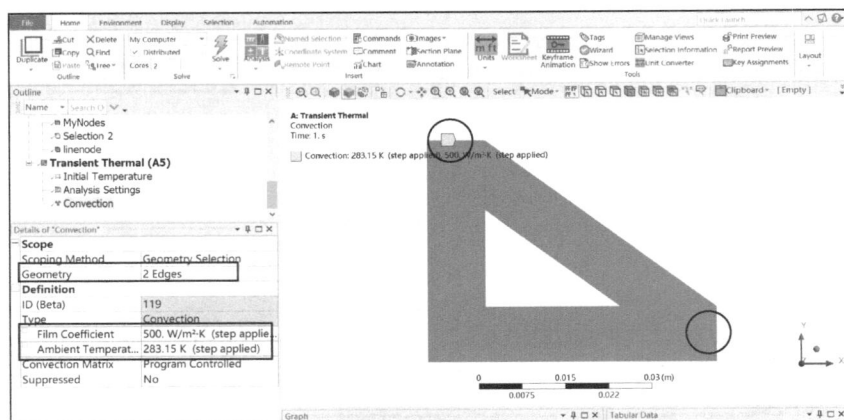

图 2-6-99　边界条件

7. 精密工程热模态分析计算

热模态分析必须在 APDL 平台下进行，因此先单击 Update Project，再右击 B2 Analysis，在弹出的快捷菜单中选择 Edit in Mechanical APDL…进入经典界面，如图 2-6-100 所示。

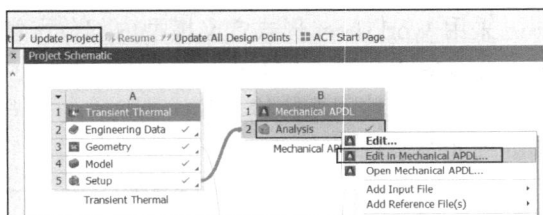

图 2-6-100　进入 APDL 界面

单击菜单栏 File→Read Input From…读取 thermal1.txt 文件。thermal1.txt 文件内容如下：

```
time,1                                      !定义瞬态分析时间
nsub,1,1,1                                  !定义瞬态分析分析步
tintp,,,,1                                  !定义瞬态分析参数
wrfull,1                                    !装配矩阵
solve
*smat,MatK,d,import,full,file.full,stiff    !从 file.full 文件中创建名为 MatK 的
刚度矩阵
*print,MatK,MatK.txt
```

单击菜单栏 File→Read Input From…读取 thermal2.txt 文件。thermal2.txt 文件内容如下：

```
time,2
nsub,1,1,1
tintp,,,,1
wrfull,2
solve
*smat,MatC,d,import,full,file.full,stiff    !从 file.full 文件中创建名为 MatC 的
刚度矩阵
*print,MatC,MatC.txt
```

说明

为何从整体刚度矩阵中读取两次分别创建 MatK 矩阵和 MatC 矩阵？这是因为瞬态热分析与瞬态结构分析不同。瞬态结构分析可以通过*smat,MatK,d,import,full,file.full,stiff 和*smat,MatM,d,import,full,file.full,mass 分别创建刚度和质量矩阵，而瞬态热分析没有质量矩阵，只能读取刚度矩阵。其刚度矩阵为：$[\bar{K}] = \left(\frac{1}{\theta\Delta t}[C] + [K]\right)$，式中$[C]$为比热矩阵，$[K]$为传导矩阵，$\Delta t$为瞬态分析时间步，$\theta$为模型形状和密度相关参数。由此可知，对于同一模型设置相同的瞬态分析时间步进行两次求解，即可得到传导矩阵和比热矩阵。

单击菜单栏 File→Read Input From...读取 modal.txt 文件。modal.txt 文件内容如下：

```
finish
/solu
antype,modal,new                                !模态分析
modopt,lanb,680,1e-6,1/(2*3.14*sqrt(0.0001))    !确定模态求解频率范围和阶次
*eigen,MatK,MatC,,Eiv,MatPhi                     !模态求解
*do,i,1,Eiv_rowdim                               !将频率解转化为时间
 Eiv(i)=1/(2*3.14*Eiv(i))**2
*enddo
*smat,nod2bcs,d,import,full,file.full,nod2bcs    !读取内部排序到求解器排序映射表
*mult,nod2bcs,tran,MatPhi,,MatPhi                !将求解结果转化为内部排序数据
*vec,mapforward,I,import,full,file.full,forward  !读取内部排序采用向前映射节点向
量转化为内部排序数据
/post1                                           !自动生成680阶热模态云图
*do,ind_mode,1,680
cmsel,s,Mynodes
curr_node=0
  *do,i,1,ndinqr(0,13)
 curr_node=ndnext(curr_node)
 curr_temp=MatPhi(mapforward(curr_node),ind_mode)
 dnsol,curr_node,TEMP,,curr_temp
  *enddo
Tau=1/(2*3.14*Eiv(ind_mode))**2
To=NINT(Tau*10)/10
/title,Mode #%ind_mode%-Tau=%To%s
plnsol,temp
/image,save,file_Mode%ind_mode%,bmp
*enddo
```

注意

模态所定义的阶数必须小于节点总数。而且本例加载分段 txt 文件进行求解是为了调试方便。

查看热模态 bmp 后处理文件，云图左下角有阶数和衰减周期的信息，如表 2-6-10 所示。由表中的云图可知，本例计算的衰减周期与模型尺度和材料参数密切相关，类似于模态计算中的自由模态。如果考虑边界条件，特别针对精密工程中的集中热边界条件，则衰减周期较长，且相邻阶间隔较大，需要格外关注，必须尽量缩短衰减周期；同时模态计算结果云图中

显示不同衰减周期下的最高温度区域也是最佳温度传感器布置地点,并据此设计元器件布局、电缆布线和控制热功率等。

表 2-6-10　　　　　　　　　　　　　热模态后处理分析

阶数	衰减周期/s	云图
624	1	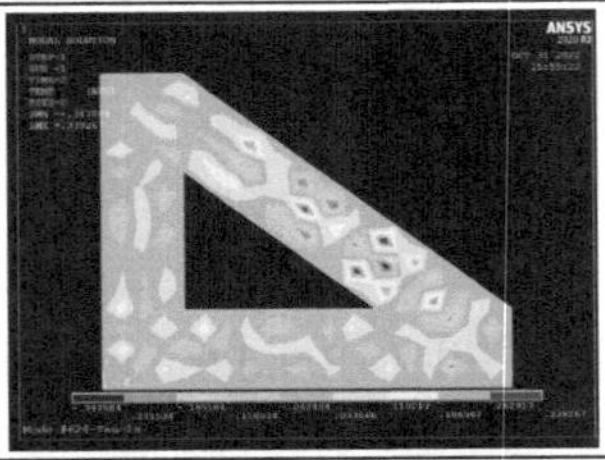
665	0.9	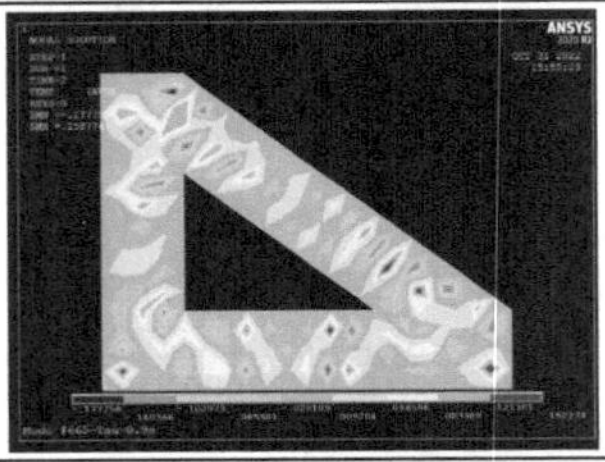
676	0.8	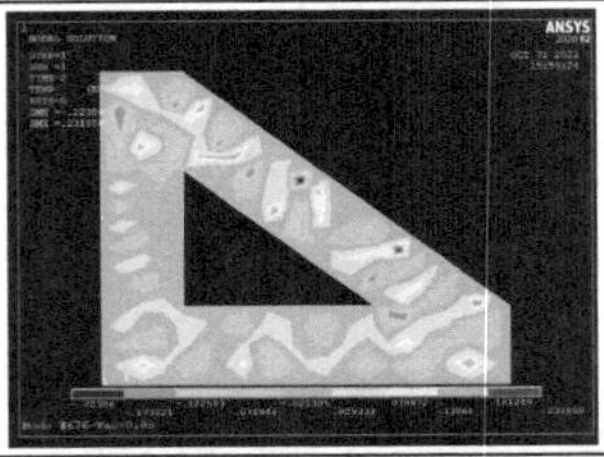
680	0.7	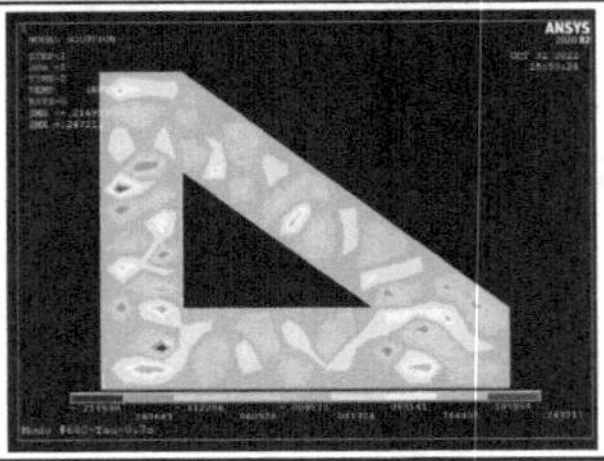

2.6.6　摩擦生热计算

前面的章节描述了热-结构的耦合模型,而对于结构-热的耦合模型(例如摩擦生热现象)其求解规模远超过前者。本节所述摩擦生热计算以搅拌摩擦焊分析为例,搅拌摩擦焊分析中主要包括工具与焊接工件的相互接触、焊接工件的塑性变形及摩擦产生热量等非线性因素,同时也汇总了结构热分析大部分的功能。本例出自 *Workbench Technology Showcase Example Problems* 的第 28 章,设置略有不同。

搅拌摩擦焊分析模型如图 2-6-101 所示,其中立方氮化硼工具简化为 ϕ15.24 mm × 15.24 mm 的圆柱体;焊接工件为 76.2 mm × 31.75 mm × 3.18 mm 的两块 304L 平板,平板上方左右侧各有一个 76.2 mm × 3 mm 的映射面用于定义焊接夹持面。因为模型之间存在接触设置,所以不需要定义共享。

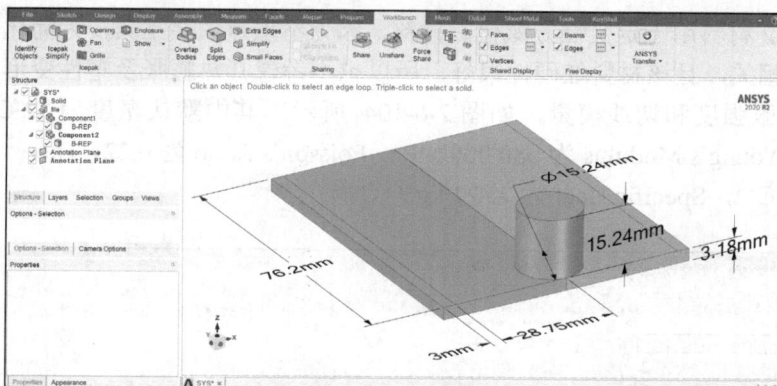

图 2-6-101　计算模型

1. 建立分析流程

如图 2-6-102 所示，建立分析流程。其中包括 A 框架结构的 Mechanical Model 建模模块，B 框架结构的 Coupled Field Transient 瞬态耦合场分析，且 A2、A3、A4 与 B2、B3、B4 建立关联以实现模型和材料共享，实现前处理和计算的分级管控。

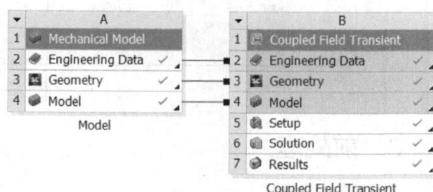

图 2-6-102　分析流程

Engineering Data 项新建 MAT1 材料用于定义 304L 材料，为保证计算精度，密度、热传导系数和比热容均定义与温度相关，如图 2-6-103 所示。其中默认温度为 22℃，Coefficient of Thermal Expansion 为 1.875E−5℃$^{-1}$，Young's Modulus 为 193 000 MPa，Poisson's Ratio 为 0.3，Yield Strength 为 290 MPa，Tangent Modulus 为 2 800 MPa；温度为 0℃、200℃、400℃、600℃、800℃、1 000℃时，Density 为 7 894 kg·m^{-3}、7 744 kg·m^{-3}、7 631 kg·m^{-3}、7 518 kg·m^{-3}、7 406 kg·m^{-3}、7 406kg·m^{-3}，Thermal Conductivity 为 16 W·m^{-1}·℃$^{-1}$、19 W·m^{-1}·℃$^{-1}$、21 W·m^{-1}·℃$^{-1}$、24 W·m^{-1}·℃$^{-1}$、29 W·m^{-1}·℃$^{-1}$、30 W·m^{-1}·℃$^{-1}$，Specific Heat 为 500 J·kg^{-1}·℃$^{-1}$、540 J·kg^{-1}·℃$^{-1}$、560 J·kg^{-1}·℃$^{-1}$、590 J·kg^{-1}·℃$^{-1}$、600 J·kg^{-1}·℃$^{-1}$、610 J·kg^{-1}·℃$^{-1}$。

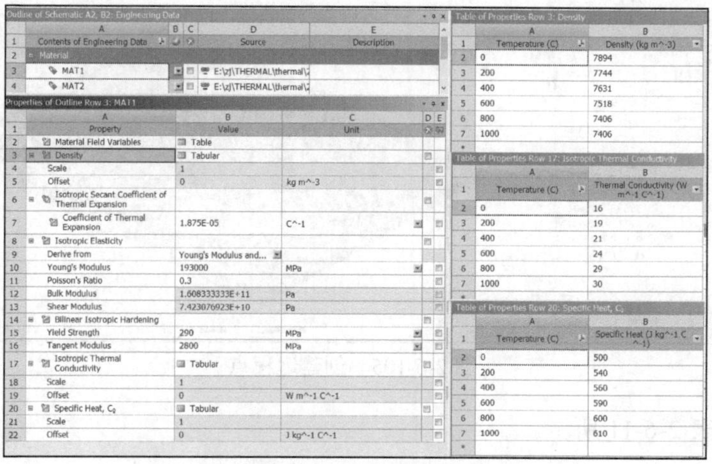

图 2-6-103　新建 MAT1 材料

新建 MAT2 材料用于定义立方氮化硼材料，因为不重点关注工具，为简化计算不定义材料参数与温度相关，且该材料红硬性很好，所以也不考虑其热膨胀及塑性变形，即不定义热膨胀系数、屈服强度和切线模量，如图 2-6-104 所示。其中默认温度为 22℃，Density 为 4 280 kg·m^{-3}，Young's Modulus 为 680 000 MPa，Poisson's Ratio 为 0.22，Thermal Conductivity 为 100 W·m^{-1}·℃$^{-1}$，Specific Heat 为 750 J·kg^{-1}·℃$^{-1}$。

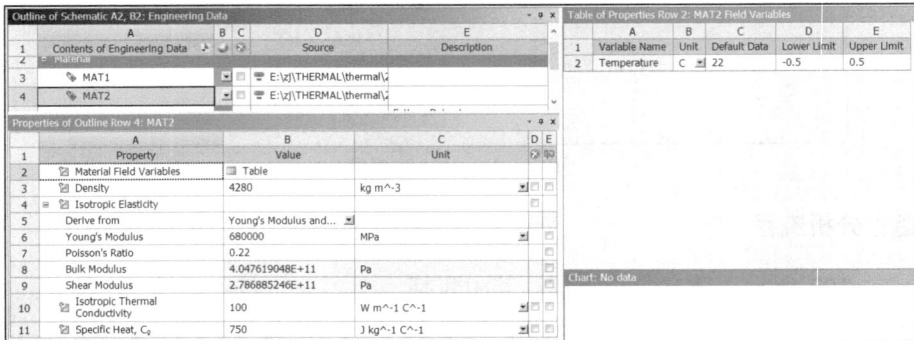

图 2-6-104　新建 MAT2 材料

2. 前处理

双击 A4 Model 项进入 Mechanical 前处理。将 Geometry-Component1\B-REP 和 Geometry-Component2\B-REP 的 Assignment 设置为 MAT1；将 Geometry-fsw_geom\Solid 的 Assignment 设置为 MAT2。

选择工具上表面，如图 2-6-105 所示创建远程点，其中 Behavior 设置为 Rigid。创建远程点的目的是方便采用远程位移控制工具的运移，不采用 Joint 定义的原因是工具在不同时间步存在不同自由度运移，难以设置。

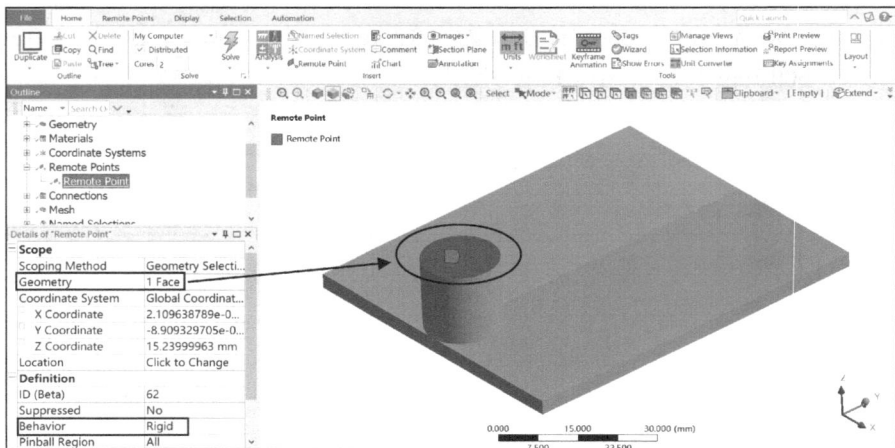

图 2-6-105　创建远程点

接触设置如表 2-6-11 所示。

表 2-6-11 接触设置

名称	接触物/目标物①	设置②	插入 Commands③
Frictional - Component1\B-REP To Component2\B-REP		Type：Frictional Frictional Coefficient：0 Small Sliding：Off Detection Method：Nodal-Projected Normal Form Contact Stabilization Damping：0 Thermal Conductance：Manual Thermal Conductance Value：2 W·mm^{-2}·℃$^{-1}$	rmodif,cid,35,1 000 keyopt,cid,1,1
Frictional - Multiple To fsw_geom\Solid		Type：Frictional Frictional Coefficient：0 Small Sliding：Off Stabilization Damping：0 Thermal Conductance：Manual Thermal Conductance Value：1E−5 W·mm^{-2}·℃$^{-1}$	tb,fric,cid,1,1,iso tbfield,temp,25 tbdata,1,0.4 tbfield,temp,200 tbdata,1,0.4 tbfield,temp,400 tbdata,1,0.4 tbfield,temp,600 tbdata,1,0.3 tbfield,temp,800 tbdata,1,0.3 tbfield,temp,1 000 tbdata,1,0.2 rmodif,cid,9,500E6 rmodif,cid,15,1 rmodif,cid,18,0.95 keyopt,cid,1,1 keyopt,cid,5,3 keyopt,cid,9,1

说明：

表格第 1 行

① 接触物/目标物：因为两平板材料选用一致，所以接触物与目标物可以任意选择。

② 设置：模型之间定义摩擦系数为 0 的 Frictional 接触，以方便参数调试；Detection Method 设置为 Nodal-Projected Normal Form Contact 模式是接触保证收敛的必要条件；Stabilization Damping 设置为 0 是收敛调试过程参数；接触热阻参数按实际参数设置，如果设置参数较小会导致温度不连续。

③ 插入 Commands：rmodif 为修改接触实常数；cid 分别表示接触物；35 为实常数编号，即熔合温度参数开关；1 000 为熔合温度，一般该温度设置为熔点的 70%左右。keyopt,cid,1,1 设置接触自由度，包括位移和温度。整个 Commands 意义为：当 1 000℃时，两平板接触类型改为 Bonded 形式，且不随温度下降而改变。

表格第 2 行

① 接触物/目标物：因为工具硬度明显大于平板硬度，所以将两平板上表面定义为接触物，而工具的下表面和圆柱面定义为目标物，其中工具的圆柱面定义为目标物的原因是：工具要向下挤压平板使其塑性变形，则平板塑性变形后会与工具的圆柱面出现接触状态。

② 设置：模型之间定义摩擦系数为 0 的 Frictional 接触，以方便参数调试；Stabilization Damping 设置为 0 是收敛调试过程参数；接触热阻参数设置为一个较小的数的目的是让摩擦生成的热量大部分传递给平板。

③ 插入 Commands：从 tb,fric,cid,1,1,iso 至 tbdata,1,0.2 用于定义不同温度条件下的摩擦系数，即温度为 25℃、200℃、400℃、600℃、800℃、1 000℃时，摩擦系数为 0.4、0.4、0.4、0.3、0.3、0.2；rmodif,cid,9,500E6 为最大摩擦应力是 500E6 Pa，用于接触收敛；rmodif,cid,15,1 为定义接触中的 FHTG 实常数，表示摩擦产生的能量转化为热量的比率，本例定义为 1，即全部转化为热量；rmodif,cid,18,0.95 为定义接触物的 FWGT 实常数，表示摩擦产生的热量被接触物吸收的比率，本例定义为 0.95，即摩擦产生的热量的 95%分配给接触物；keyopt,cid,1,1 为定义接触自由度，包括位移和温度；keyopt,cid,5,3 为关闭自动调整间隙或过盈，工具在整个摩擦焊的过程中分为 3 步，即下压使平板发生塑性变形、旋转和旋转并前移，如果没有关闭该项，则第一步计算难以收敛；keyopt,cid,9,1 为基于每次迭代自动更新接触刚度，用于接触收敛。

在网格划分中，Mesh 的 Element Order 设置为 Linear；选择两平板体对其定义 Sweep Method，其中 Sweep Num Divisions 设置为 44，为模型 Y 向的等分份数；选择两平板圈选及对应面的 8 条线对其定义 Sizing（不含夹持线），其中 Number of Divisions 设置为 22，为模型 X 向的等分份数，且为了保证两平板之间有足够的网格密度，采用 Bias 形式，Bias Factor 设置为 5；选择工具的上圆周线对其定义 Sizing，其中 Number of Divisions 设置为 32，为工具圆周等分份数；选择工具体对其定义 MultiZone，其中 Mapped Mesh Type 设置为 Hexa，Sweep Element Size 设置约为 1.385 4 mm，如图 2-6-106 所示。

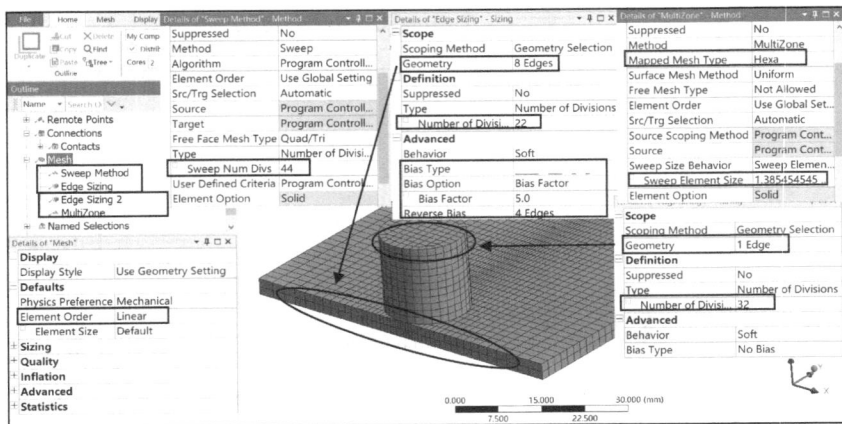

图 2-6-106　网格划分

注意

摩擦生热分析中如果采用二次单元,则计算结果极易出现温度噪点,即个别温度结果远低于环境温度。同时尽可能地避免四面体网格（平面问题中不允许出现三角形网格），如果确实很难进行六面体网格划分,也必须保证接触面为尺度尽量一致的四边形网格。

为方便定义边界条件，也方便修改模型，对相应模型区域定义命名选择。选择工具的上下端面和圆柱面，共计 3 个面，对其命名为 Tool_conv_bc，如图 2-6-107 所示。

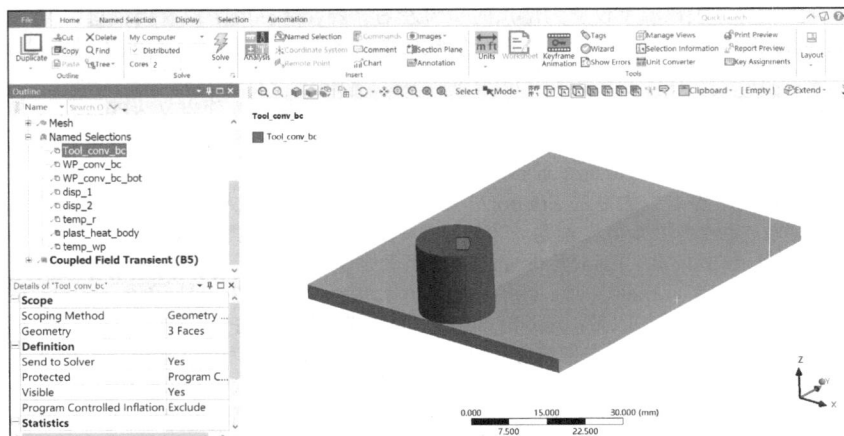

图 2-6-107　命名选择（1）

选择两平板的上端面和侧面，共计 10 个面，对其命名为 WP_conv_bc，如图 2-6-108 所示。

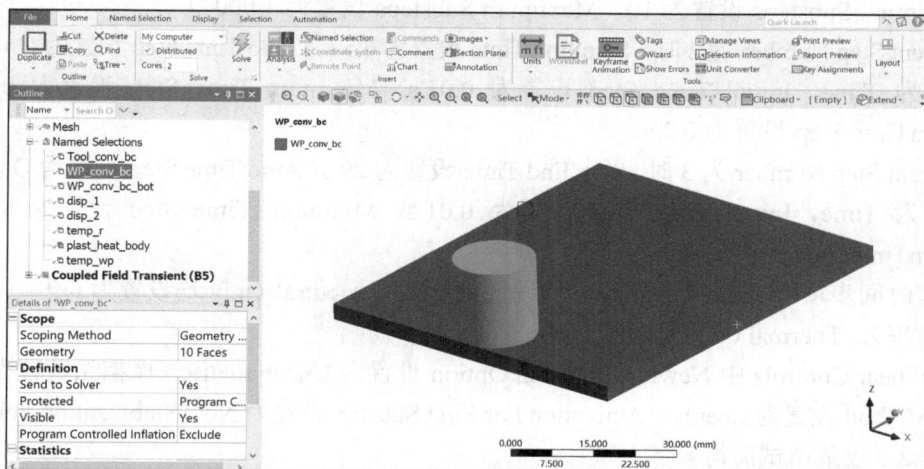

图 2-6-108　命名选择（2）

选择两平板的下端面，共计 4 个面，对其命名为 WP_conv_bc_bot，如图 2-6-109 所示。

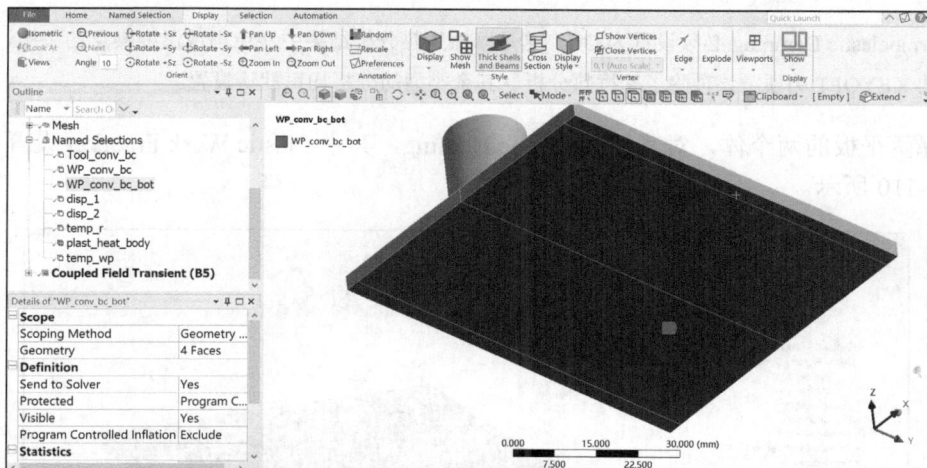

图 2-6-109　命名选择（3）

3. 边界条件

单击 Initial Physics Options 在下方的 Details 窗口中观察 Thermal Settings 的 Initial Temperature Value 为 25℃，Structural Settings 的 Reference Temperature 为 25℃。

摩擦焊整个过程分为：

1）工具下移压入平板中；

2）工具旋转，两者之间产生的摩擦热使得在初始位置达到平板焊接熔合的温度；

3）工具沿焊缝位置旋转平移，两者之间产生的摩擦热使得在焊缝区域形成一个连续的连接。

Analysis Settings 中 Number Of Steps 设置为 3，Current Step Number 为 1 时，Step End Time

设置为 1 s, Auto Time Stepy 设置为 On, Define By 设置为 Substeps, Initial Substeps 设置为
10, Minimum Substeps 设置为 10, Maximum Substeps 设置为 1 000。

Current Step Number 为 2 时, Step End Time 设置为 6.5 s, Auto Time Step 设置为 On, Define
By 设置为 Time, Initial Time Step 设置为 0.01 s, Minimum Time Step 设置为 0.001 s,
MaximumTime Step 设置为 0.2 s。

Current Step Number 为 3 时, Step End Time 设置为 29 s, Auto Time Step 设置为 On, Define
By 设置为 Time, Initial Time Step 设置为 0.01 s, Minimum Time Step 设置为 0.001 s,
MaximumTime Step 设置为 0.2 s。

所有时间步项中 Time Integration 均设置为 On, Structural Only 均设置为 Off (关闭可提
高收敛效率), Thermal Only 均设置为 On。

Nonlinear Controls 中 Newton-Raphson Option 设置为 Unsymmetric (摩擦系数较大时收敛
设置); Method 设置为 Energy, Activation For First Substep 设置为 No, Stabilization Force Limit
设置为 0.2 (收敛调试而得)。

Physics Region 中 Definition→Structural 设置为 Yes, Thermal 设置为 Yes, Thermoelastic
Damping 设置为 Off。

注意

Thermoelastic Damping 必须设置为 Off, 这是摩擦生热分析结果中避免出现温度噪点的关键, 其表示
为单元的 KEYOPT(9) 项。该项除了摩擦热分析, 其余类型的分析均可默认设置。

选择两平板的两个体, 对其加载 Plastic Heating, 其中 Plastic Work Fraction 设置为 0.8,
如图 2-6-110 所示。

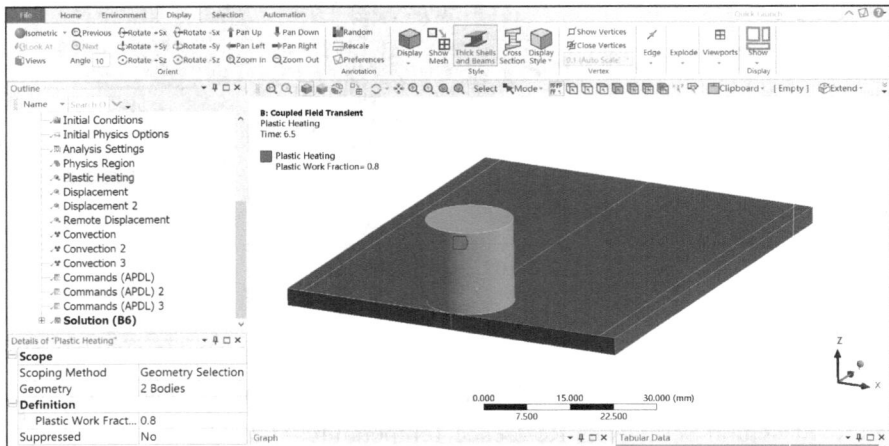

图 2-6-110　边界条件 (1)

注意

Plastic Heating Fraction 为 Taylor-Quinney 系数, 其表示为 mp,qrate。该参数用于描述塑性变形过程中
出现的温升比例, 这与接触设置中的 FHTG 和 FWGT 实常数不同, 后者用于描述塑性变形后热传导过程
中出现的温升比例。

选择两平板的去除夹持位的下端面，对其加载 Displacement，其中 Z Component 始终设置为 0 mm，其余项均设置为 Free，如图 2-6-111 所示。

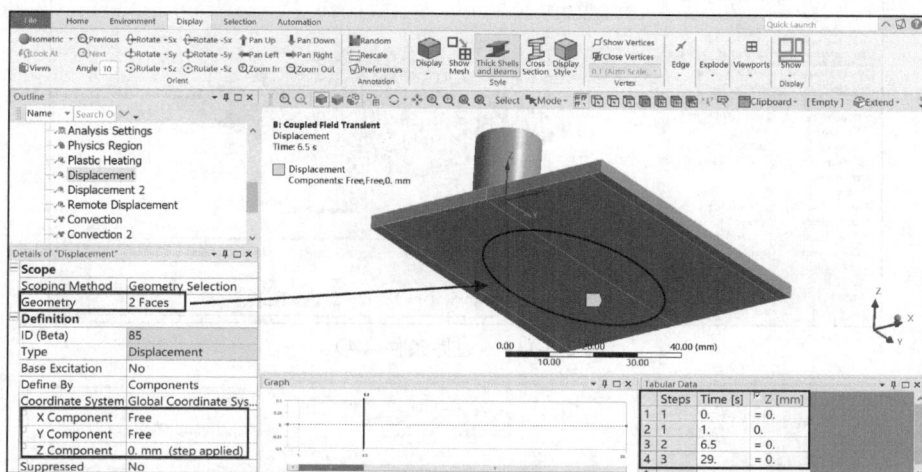

图 2-6-111　边界条件（2）

选择两平板的上下夹持面及相邻面，共计 6 个面，对其加载 Displacement，其中 X/Y/Z Component 始终设置为 0 mm，如图 2-6-112 所示。

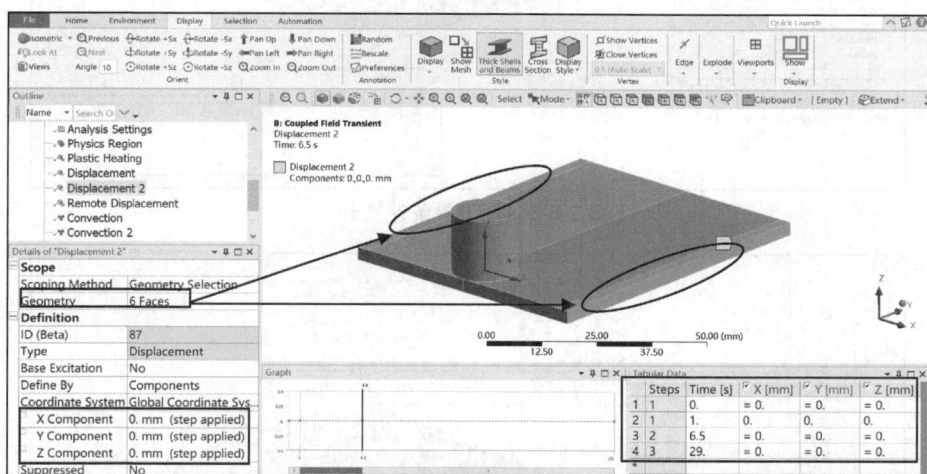

图 2-6-112　边界条件（3）

选择之前定义的**远程点**，对其加载 Remote Displacement，其中 X/Y/Z Component 和 Rotation X/Y/Z 如图 2-6-113 所示设置。

基于命名选择 Tool_conv_bc，对其加载 Convention，其中 Film Coefficient 设置为 3E-5 W·mm^{-2}·℃$^{-1}$，Ambient Temperature 设置为 25℃，如图 2-6-114 所示。

基于命名选择 WP_conv_bc，对其加载 Convention，其中 Film Coefficient 设置为 3E-5 W·mm^{-2}·℃$^{-1}$，Ambient Temperature 设置为 25℃，如图 2-6-115 所示。

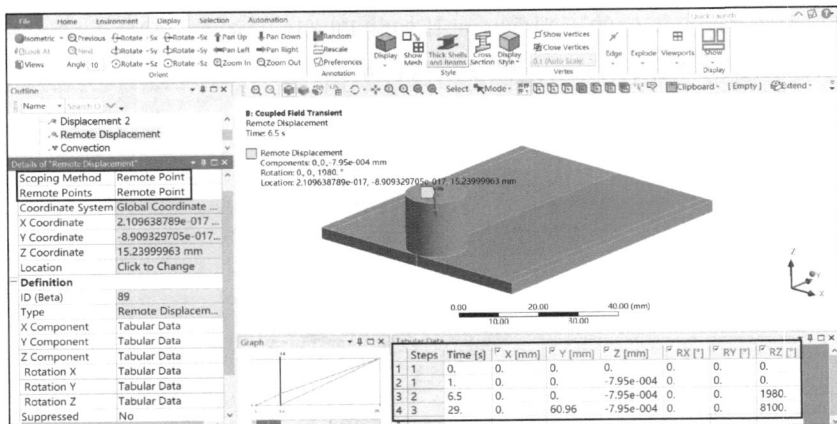

图 2-6-113　边界条件（4）

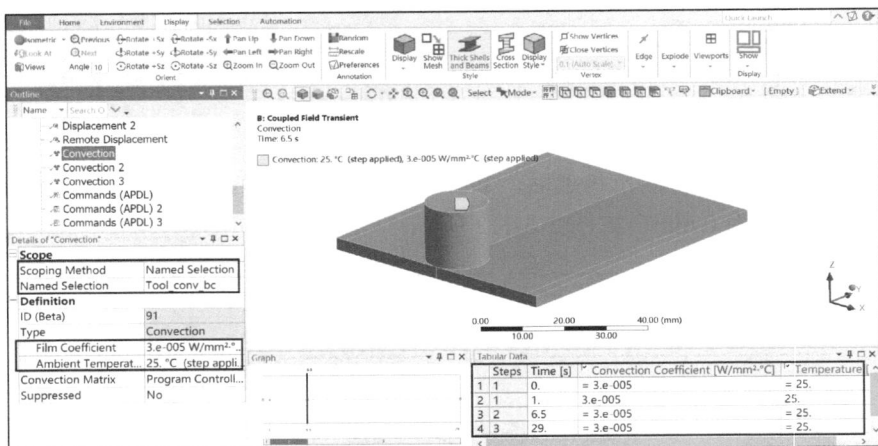

图 2-6-114　边界条件（5）

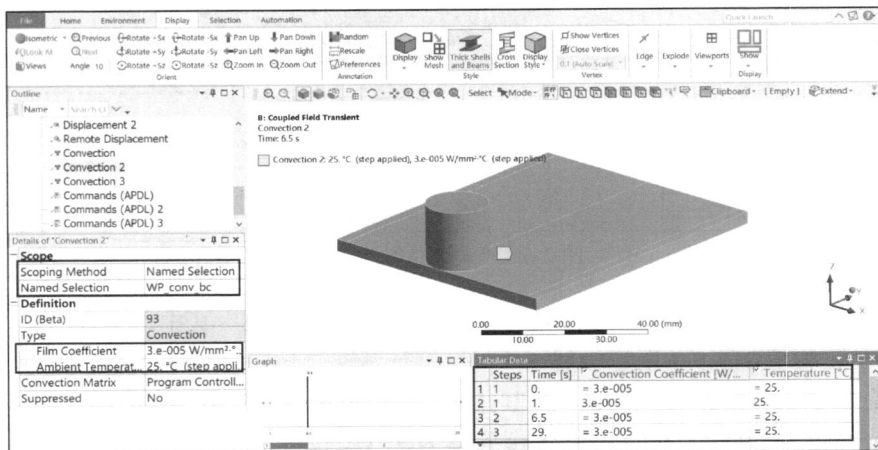

图 2-6-115　边界条件（6）

基于命名选择 WP_conv_bc_bot，对其加载 Convention，其中 Film Coefficient 设置为 3E-4 W·mm^{-2}·℃$^{-1}$，Ambient Temperature 设置为 25℃，如图 2-6-116 所示。

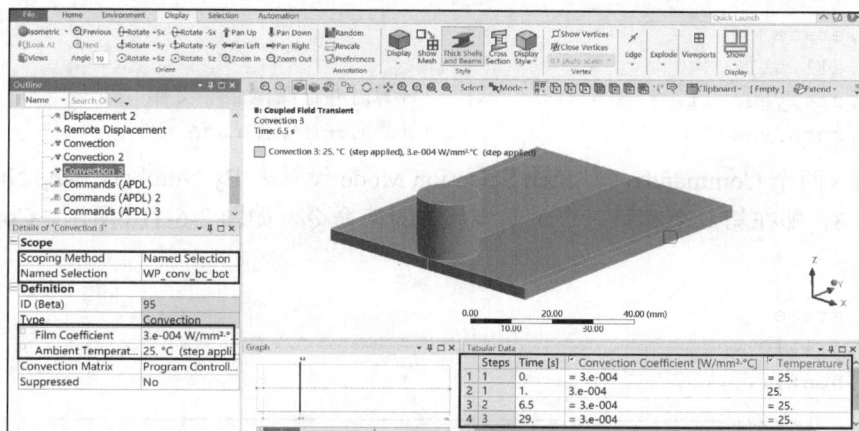

图 2-6-116　边界条件（7）

　　因为 Workbench 计算中的程序默认采用的瞬态算法为 HHT，这与 APDL 计算中的程序默认采用的瞬态算法 Newmark 不同，且需要调用 APDL 命令用于塑性热条件的收敛处理，所以需要修改瞬态算法为 Newmark。插入 Commands，将 Step Selection Mode 设置为 First，即在第一个时间步施加对应命令，如图 2-6-117 所示。Commands 内容如下：

图 2-6-117　边界条件（8）

```
/solu
allsel
cmsel,all
trnopt,full                     !瞬态求解
tintp,                          !调用 Newmark
cnvtol,heat,,,,,,,,,            !增加 heat 为力收敛条件
ic,all,temp,25                  !设置初始温度为 25℃
kbc,0                           !斜坡载荷
cutcontrol,plslimit,0.15        !控制每个时间步长的最大等效塑性应变为 0.15，如
```
果大于设定塑性应变值，则自动缩小时间步长。如果摩擦热分析中没有涉及塑性变形等，则该命令可忽略
```
    resc,define,all,1           !重启动设置，每隔一个子步保存所有重启动文件
```
（*.rnnn），可用于收敛调试

```
outres,erase
outres,all,all
dmpopt,rst,yes,all                        !计算时并行保存 rst 文件
dmpopt,rnnn,yes                           !计算时并行保存 rnnn 文件
```

同理插入两个 Commands，将 Step Selection Mode 设置为 By Number，Step Number 分别设置为 2 和 3，即在第二个和第三个时间步施加对应命令，如图 2-6-118 所示。Commands 内容如下：

```
outres,erase
outres,all,10
cnvtol,heat,,,,,,,,
```

图 2-6-118　边界条件（9）

4．后处理

计算完成后，对于搅拌摩擦焊过程中的每一阶段都必须重点关注，为焊接参数提供数值依据。先查看第 1 s 和第 6.5 s 的 Z 向变形情况，如图 2-6-119 所示。由图可知，当工具在第一阶段时仅对平板 Z 向产生了约 2.13E-5 mm 的变形，在第二阶段对平板 Z 向产生了约 0.04 mm 的变形，但是两平板 Z 向变形不连续，说明此刻两者之间还未熔合在一起，同时两块平板产生了错位，这与工具 Z 向逆时针旋转带动左侧平板向下偏移相匹配。

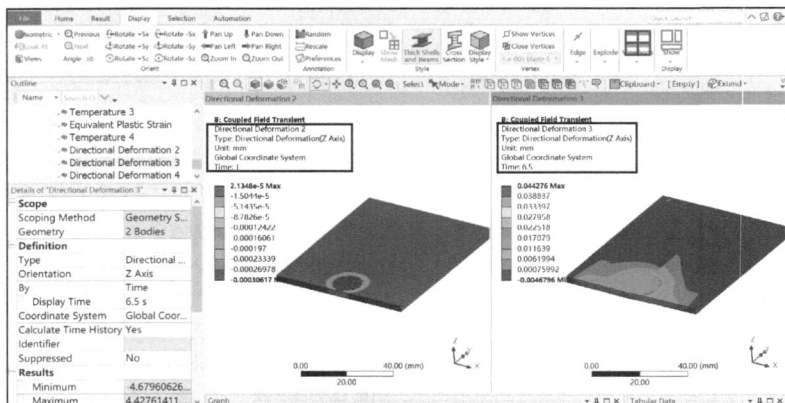

图 2-6-119　后处理结果（1）

同理查看第 1 s 和第 6.5 s 的等效塑性应变和温度情况，如图 2-6-120 和图 2-6-121 所示。由图可知，当工具在第一阶段时没有塑性应变也没有温升现象，第二阶段产生了 3.6%的塑性变形，且接触区附近最高温度为 1 024℃，已经高于设定的熔合温度，但是由于时间较短，还没有形成焊缝。同时用 Probe 工具查看工具温度，可知工具表面温度约在 37～55℃，这是因为接触设置了 FWGT 实常数，95%的摩擦热量分配给了平板。

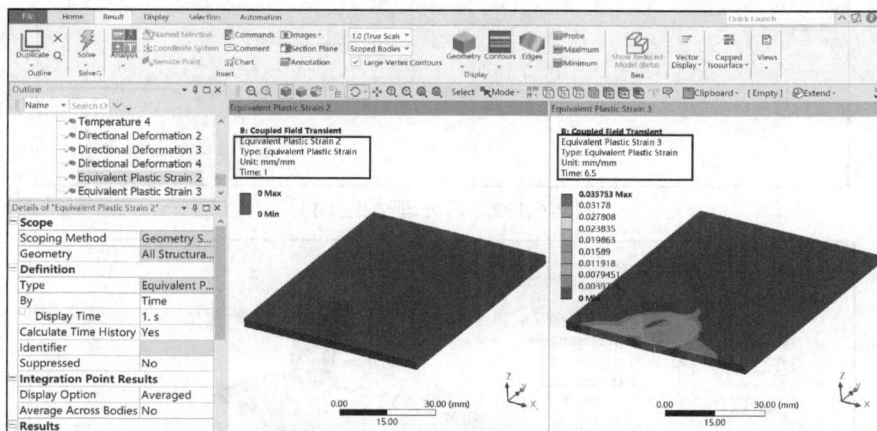

图 2-6-120　后处理结果（2）

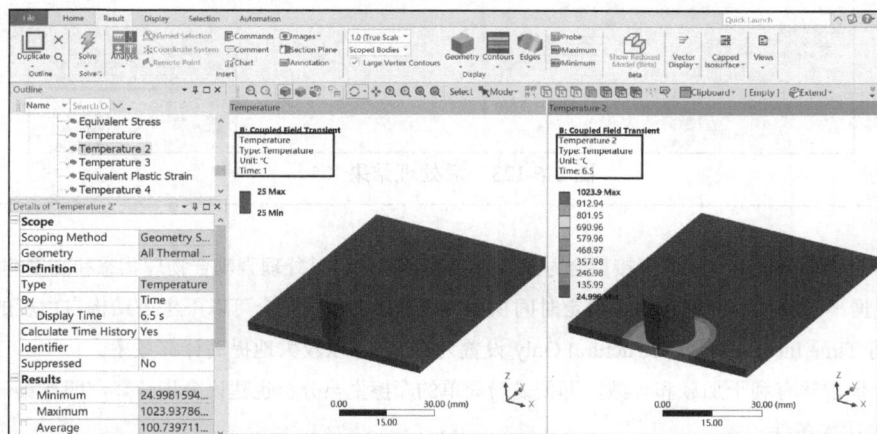

图 2-6-121　后处理结果（3）

通过查看 Contact Tool→Status 查看两平板何时熔合，选择 Frictional - Component1\B-REP To Component2\B-REP 接触，如图 2-6-122 所示。由图可知，在 12.2 s 时两平板接触状态出现了 Sticking（黏接）。

查看第 29 s 的温度情况，如图 2-6-123 所示。由图可知，最终时刻焊缝区最高温度为 1 102.7℃，最低为 25.3℃，且温度分布呈拖焰形式，工具表面温度约在 37～50℃。304L 熔点为 1 450℃，必须保证搅拌焊过程中摩擦生热温度不超过熔点，计算结果显示满足要求（整个过程中最高温度为 1 280℃），且超过了设定的熔合温度（1 000℃），可以实现焊接。整个计算如要满足要求，除了设定熔合温度约为熔点的 0.7 倍，还要根据本模型不存在外部热源，以及温度升高、材料变软、摩擦系数降低的特征，设定温度相关摩擦系数。

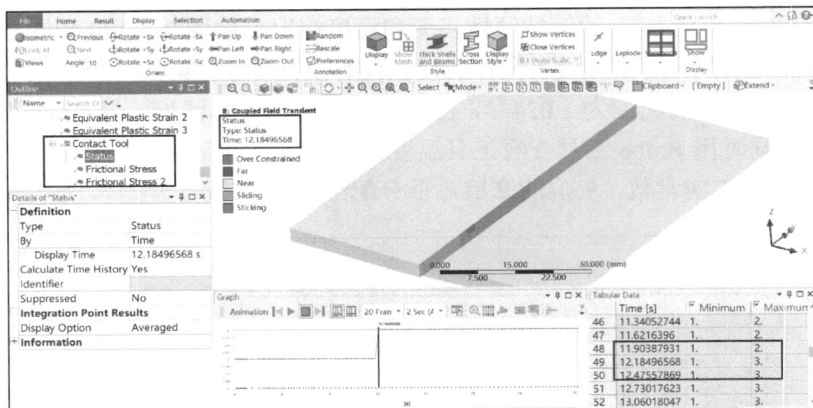

图 2-6-122　后处理结果（4）

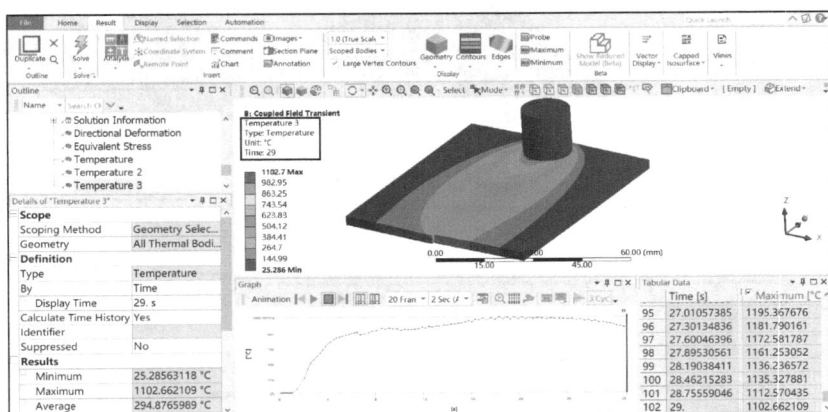

图 2-6-123　后处理结果（5）

提示

1）摩擦生热分析建议采用直接耦合方法。直接耦合方法可以处理强耦合物理状态和高度非线性分析。

2）根据不同物理场的动态效果确定时间积分项。例如，本例完全可以不考虑结构自由度的动力学效应，所以将 Time Integration 的 Structural Only 设置为 Off，可以较大地提高计算效率。

3）分步求解有利于加载和收敛，即便是最简单的摩擦生热分析也建议分步计算，即在第一步设置一个非常小的边界条件。

4）两块平板接触中必须定义较大的 TCC 系数，否则可能产生温度不连续的情况，从而导致计算不收敛。

5）摩擦生热是高度非线性分析，且对计算机硬件要求较高。为保证计算收敛，除了本例提供的收敛方法，线性查找、稳定性、重启动等提高收敛的方法均可采用。而且可以在摩擦生热分析前进行一次无温度场的纯结构分析，以确定满足收敛的时间步长等参数设定。

6）边界条件对计算收敛影响巨大，例如工具向下位移量、转速等。若本例工具转速大于 60 rpm，如果不修改网格尺度，将不可能实现收敛。

7）为防止计算结果出现负温度或低于环境温度，首先要采用无中节点的六面体网格；其次在命令中需有 ic,all,temp,25 以保证初始温度条件在 APDL 中存在；最后必须设置 Thermoelastic Damping 为 Off。

8）模型厚度方向至少两层网格（3 个节点），否则计算精度无法保证。为了简化计算，可以定义工具为刚体。

第3章　关于 Fluent 模块热分析的基本解析

本章重点讲解 Fluent 模块热分析流程。Fluent 模块将热分析主要分为传导、对流、辐射和相变，如图 3-0-1 所示。

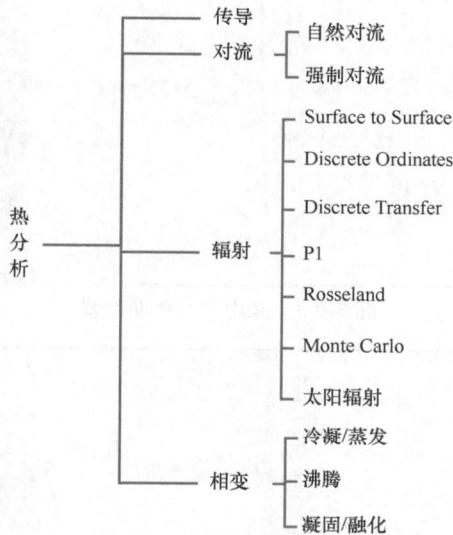

图 3-0-1　Fluent 热分析

说明

1）在 Fluent 热分析中，Model-Energy 必须设置为 On。

2）Wall 边界条件中无厚度壁面设置如图 3-0-2 所示，其中壁面可选 Wall Thickness 模型和 Shell Conduction 模型，区别可参考图 1-1-16，同时 Shell Conduction 还可以通过 Edit 进行复合材料的设置。虽然 Shell Conduction 可以很好地模拟薄壁模型，但是只能用于两个域之间共享节点的模型和压力基求解器；不能用于移动壁面、FMG 初始化和二维模型；不能与 via System Coupling 同时设置；不能简单分割或合并。

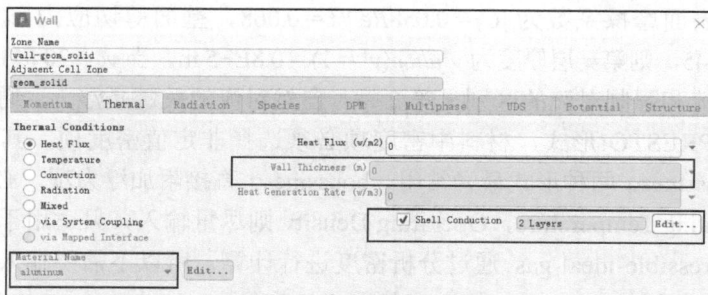

图 3-0-2　无厚度壁面设置

对于共轭换热（Conjugate Heat Transfer，CHT）的模拟，如果流体域和固体域共用节点（在 Spaceclaim 中，模型进行过 Share Topology 处理），则 Fluent 会自动生成一对 wall/wall_shadow，在温度边界条件中定义为 Coupled，即 Thermal Conditions 设置为 Coupled，如图 3-0-3 所示。如果流体域和固体域不共用节点，则需要将两个面用 Mesh Interface 定义为一组，如图 3-0-4 所示。一般而言，只有在动网格等环境，才使用不共用节点形式，而且即便采用不共用节点形式，也必须保证流固模型在界面处的网格尺度一致。

图 3-0-3　共用节点壁面设置

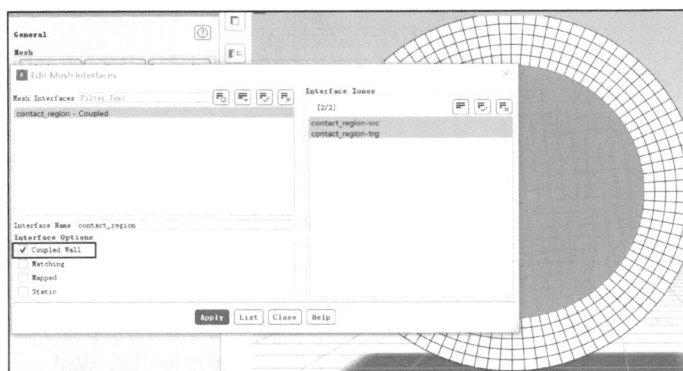

图 3-0-4　不共用节点壁面设置

1）热分析中涉及壁面换热时边界层的定义非常重要，流体热分析的边界层第一层厚度 CFX 软件定义为 $0.035LRe^{-1/7}$：Fluent 利用 y^+ 确定，例如对于长度为 1 m 的平板对流分析，空气入口速度为 10 m·s^{-1}，密度为 1.225 kg·m^{-3}，黏度为 1.8E$-$5kg·m^{-1}·s^{-1}，则雷诺数 $Re = \rho uL/\mu = 680\,556$，平板表面摩擦系数为 $C_f = 0.058Re^{-0.2} = 0.068$，壁面剪切应力 $\tau_w = 0.5C_f\rho u^2 = 4.17$，$u_\tau = (\tau_w/\rho)^{0.5} = 1.845$，则第一层厚度为 $y^+\mu/u_\tau\rho(y^+ = 1) = 0.8E-5$ m，当 $y^+ = 30$ 时，则为 2.4E$-$4 m。

2）自然对流和强制对流的区别见第 2 章。自然对流的关键是浮力，通常采用 Body Force Weighted 或者 PRESTO!形式，材料中密度项必须选择非定值密度项，其中 incompressible-ideal-gas 和 boussinesq 两种形式最为常用，boussinesq 直接附加浮力项，必须输入密度、热膨胀系数和 Operating Temperature，Operating Density 则尽量输入，只适用于密度变化较小的模型；而 incompressible-ideal-gas 通过分析密度进行计算，所以不需要输入密度，但需要输入 Operating Pressure 和 Operating Density，如图 3-0-5 所示。

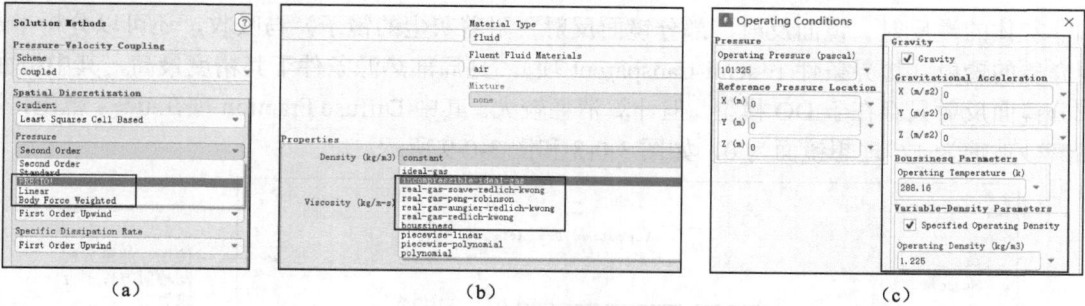

图 3-0-5　自然对流相关设置

3）Surface to Surface（S2S）模型只用于无介质的辐射模型，利用辐射角系数计算，类似结构分析模块中的辐射边界条件，基于灰体辐射假设，且设所有表面均为漫反射，适用光学厚度条件（无量纲，吸收系数与散射系数之和乘以特征长度，散射系数通常简化为 0）为 0，其优势在于局部热源条件下其精度更高，但不支持周期边界、对称边界、网格自适应等，且能量并不严格守恒，如图 3-0-6 和图 3-0-7 所示。

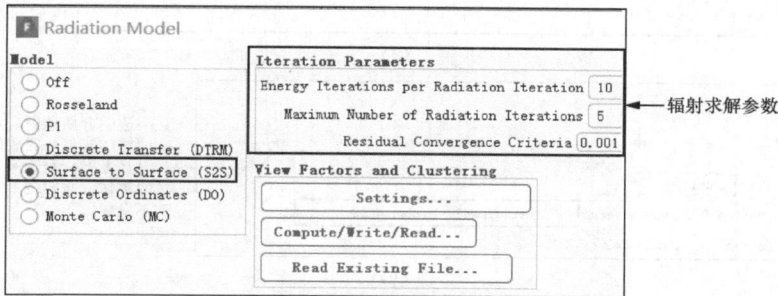

图 3-0-6　S2S 辐射模型

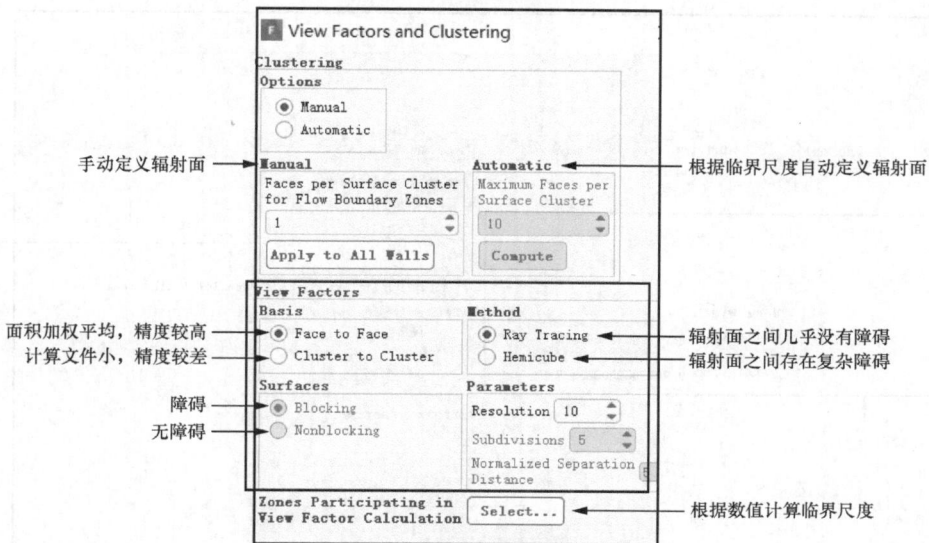

图 3-0-7　S2S 辐射模型相关设置

4）Discrete Ordinates（DO）模型用于任何光学条件的辐射模型，利用球面经纬度计算，基于类似于流动和能量的辐射方程，适用任意光学厚度条件，其优势在于不仅可以分析灰体和非灰体的漫反射、镜面反射、部分镜面反射（附着灰尘的镜子）与吸收，还可以分析半透明介质的透射（边界条件下 semi-transparent 项），且局部热源条件下其精度最高，其中镜面/部分镜面反射只存在于 DO 模型，但计算消耗较大。其中 Diffuse Fraction 项在 0～1 范围，例如磨砂玻璃为 1，理想镜面为 0，如图 3-0-8 和图 3-0-9 所示。

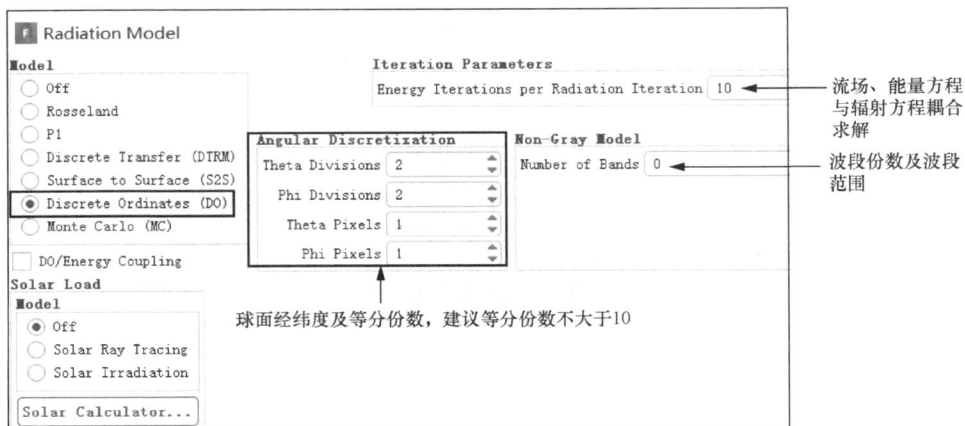

（a）

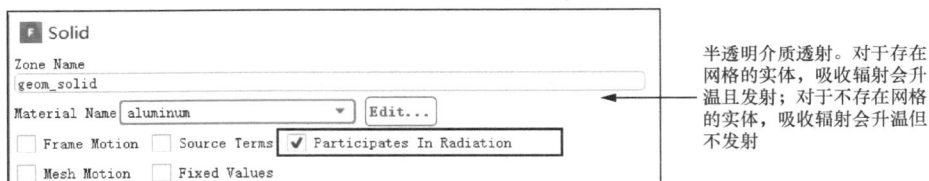

（b）

图 3-0-8　DO 辐射模型

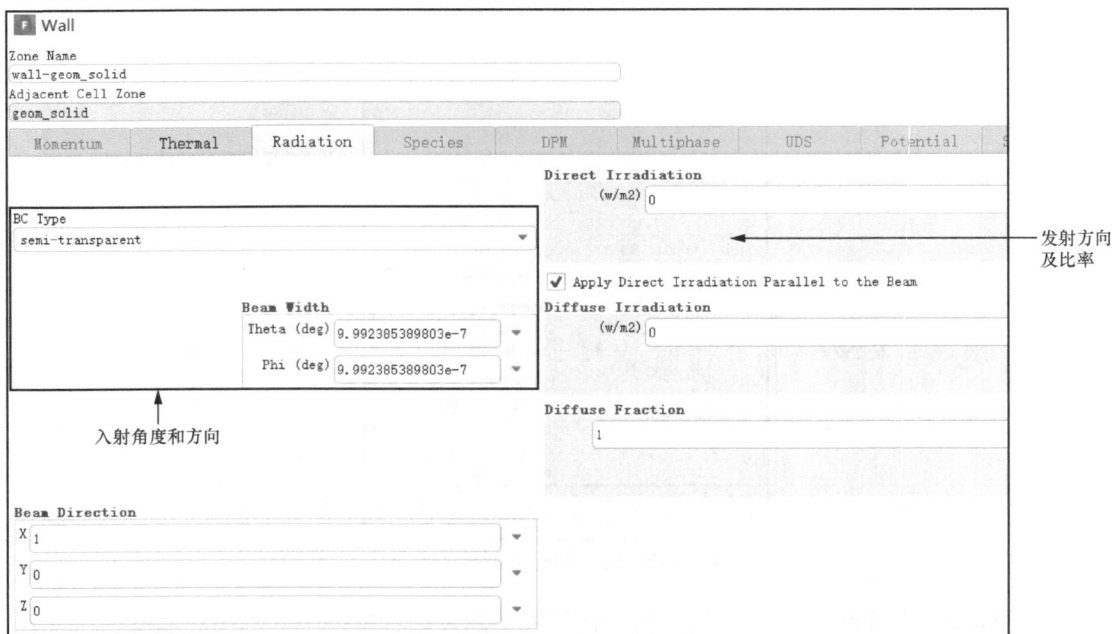

图 3-0-9　DO 辐射模型边界条件设置

5）Discrete Transfer（DTRM）不支持并行计算，属于逐渐被淘汰的旧版模型。

6）P1 模型用于简化计算的辐射模型，利用简化的单扩散方程计算，其优势在于计算量小，适用光学厚度条件大于 1（例如燃烧模型），可以灰体模型模拟非灰体的漫反射，能量守恒，且能够考虑颗粒效应，但对于局部热源条件精度较差，如图 3-0-10 所示。

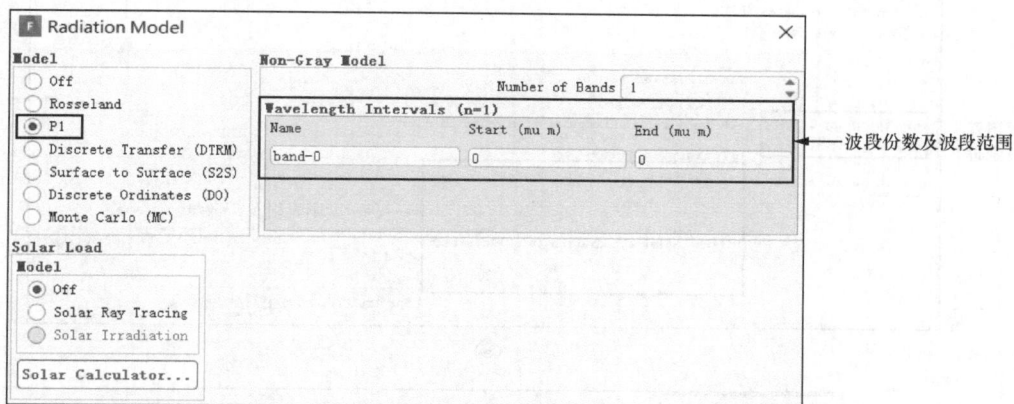

图 3-0-10　P1 辐射模型

7）Rosseland 模型与 P1 模型对应，利用简化的单扩散方程计算，其优势在于计算量更小，适用光学厚度条件大于 3，计算效率更高，且在漫反射时在壁面使用温度滑移条件，但不可用于密度基求解器。

8）Monte Carlo（MC）模型是用于大多数光学条件的辐射模型，该模型利用统计计算，基于类似试验追踪法的思路，其与 DO 模型在适用条件上基本一致，适用于任意光学厚度条件，是最精确的辐射模型，但其计算消耗巨大，且所有计算物理量均为面积或体积平均值。另外由于其内核较新，很多功能（例如，二维模型、动网格、多相流等）被限制，如图 3-0-11 所示。

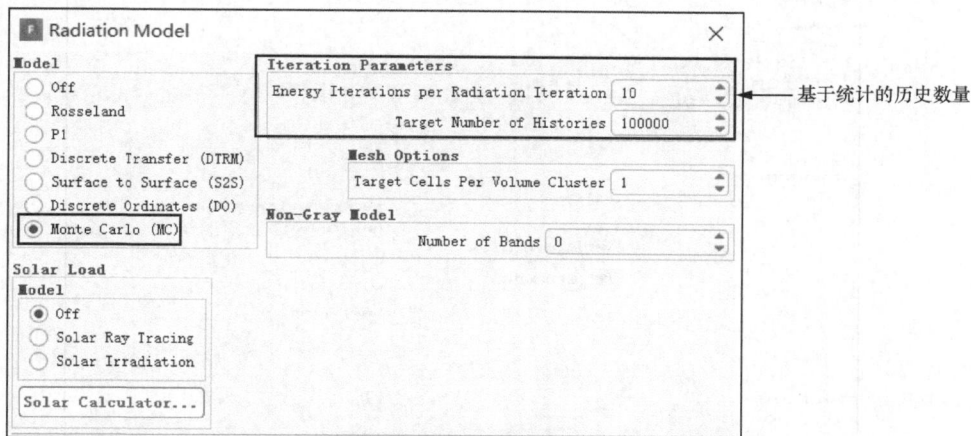

图 3-0-11　MC 辐射模型

9）太阳辐射不是单独的辐射模型，必须结合其他辐射模型使用，分为射线追踪（类似 Monte Carlo 模型）和离散坐标（DO 模型）两种，并可以根据内置数据库计算太阳辐射条件，如图 3-0-12 和图 3-0-13 所示。

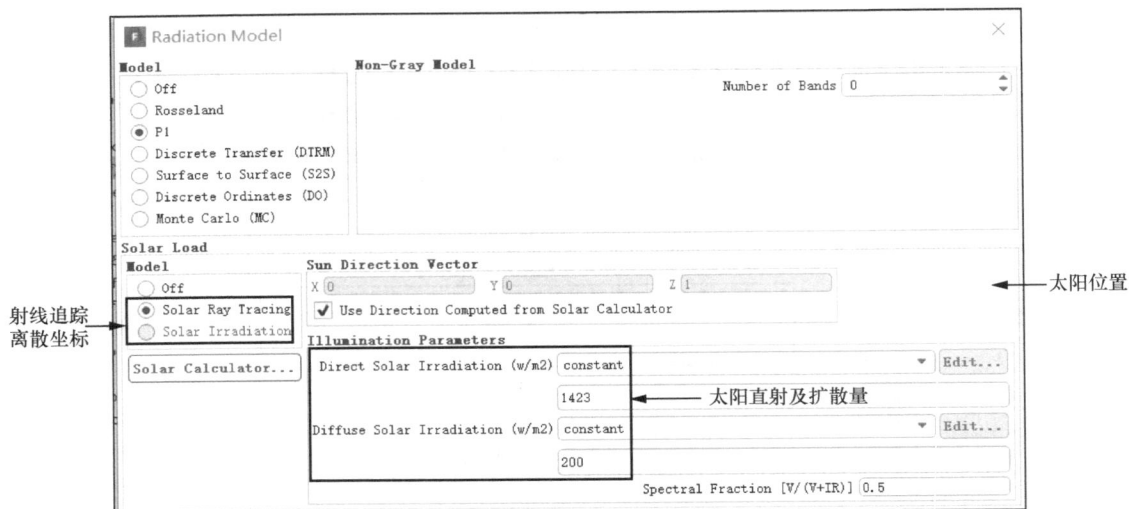

（a）

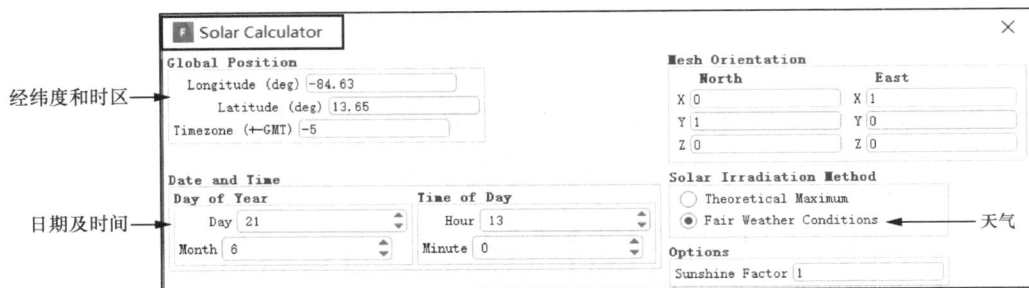

（b）

图 3-0-12　太阳辐射及内置数据库模型

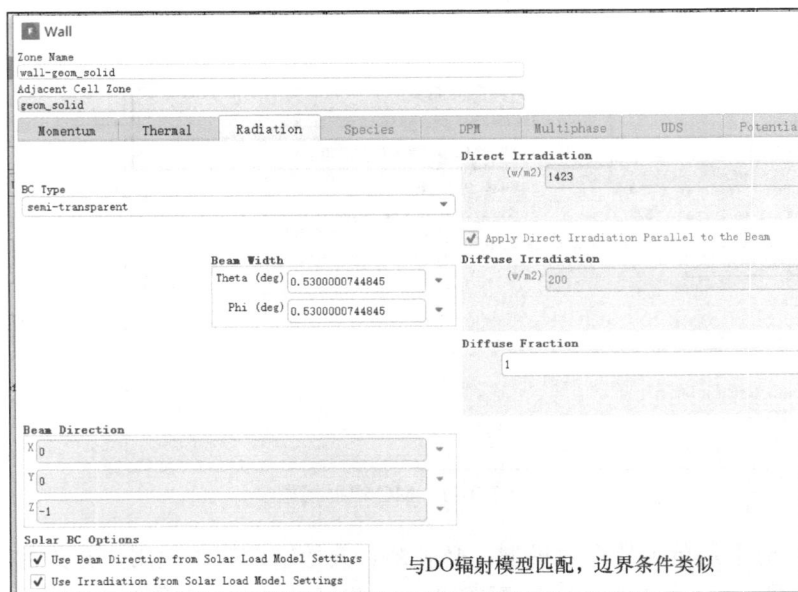

（a）

图 3-0-13　离散坐标和射线追踪辐射边界条件

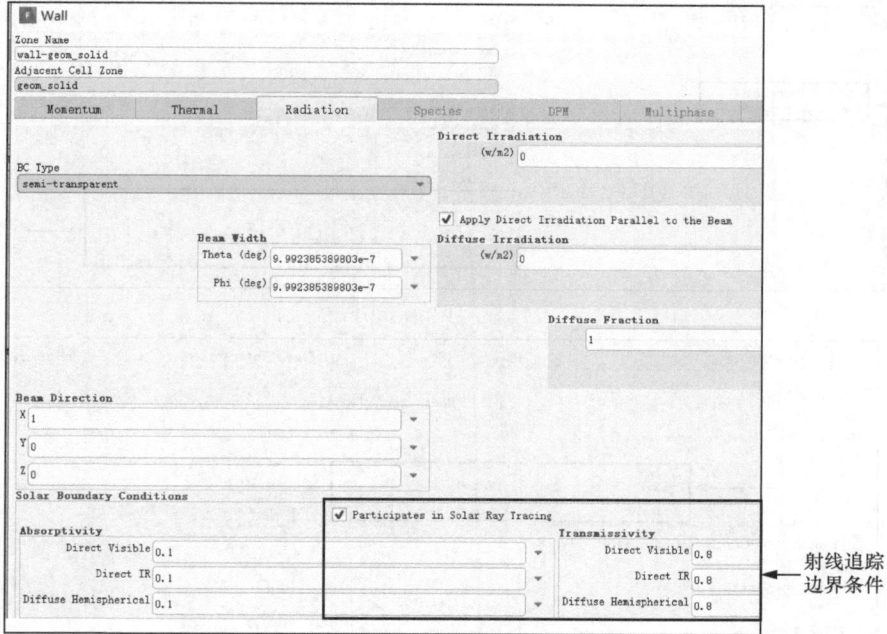

(b)

图 3-0-13　离散坐标和射线追踪辐射边界条件（续）

10）冷凝/蒸发属于多相流模型，分为 Lee 模型和热相变模型（Thermal Phase Change Model）。Lee 模型在 Mixture（无明显边界，无气泡）、VOF（有明显边界，有气泡）和欧拉多相流模型中使用，需要输入气泡直径和蒸发与冷凝调节系数，但参数必须通过调整以匹配试验，且调整范围很宽（默认 0.1，甚至可达 10^3 量级）；热相变模型在欧拉多相流模型或双阻力法模型（在相界面两侧具有不同传热系数的传热过程）中使用，材料参数中需要输入参考温度下的标准状态焓和参考温度，模型默认调节系数不需要修改。因此建议使用热相变模型，但是网格质量要求较高。多相流中冷凝/蒸发模型设置如图 3-0-14 所示。

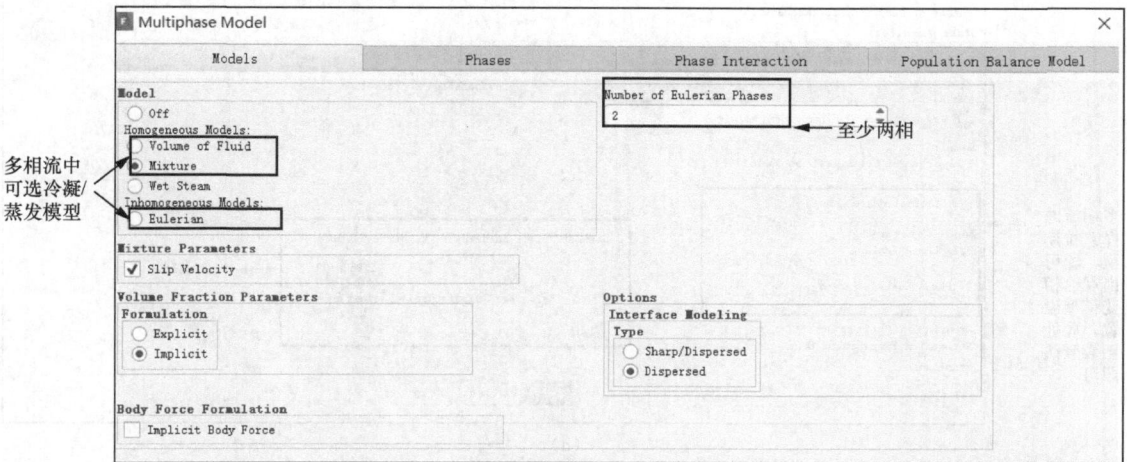

(a)

图 3-0-14　多相流中冷凝/蒸发模型设置

依据材料
参数，定
义主相和
第二相

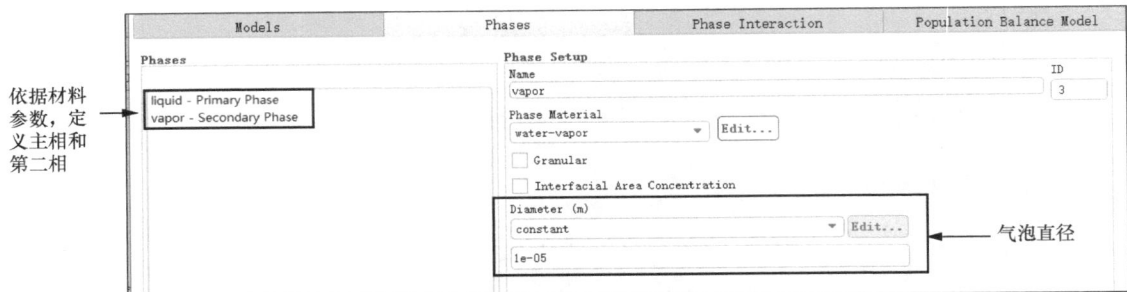

（b）

不论冷凝/
蒸发，都
必须设置
为从流体
到气体

冷凝/蒸发
调节系数

饱和温度

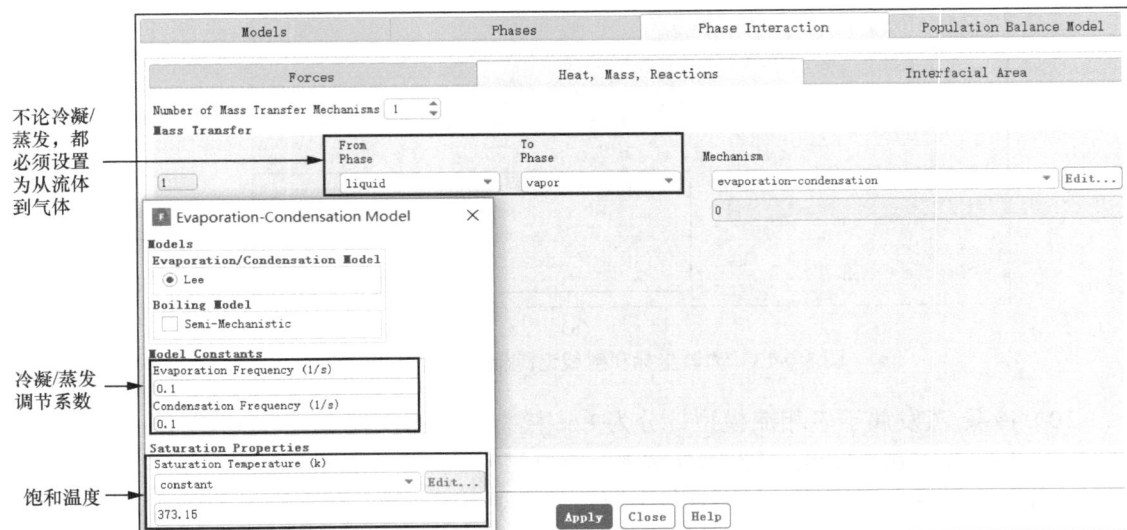

（c）

多相流选
择欧拉模
型，即可
出现热相
变模型设
置，此处
系数默认
即可

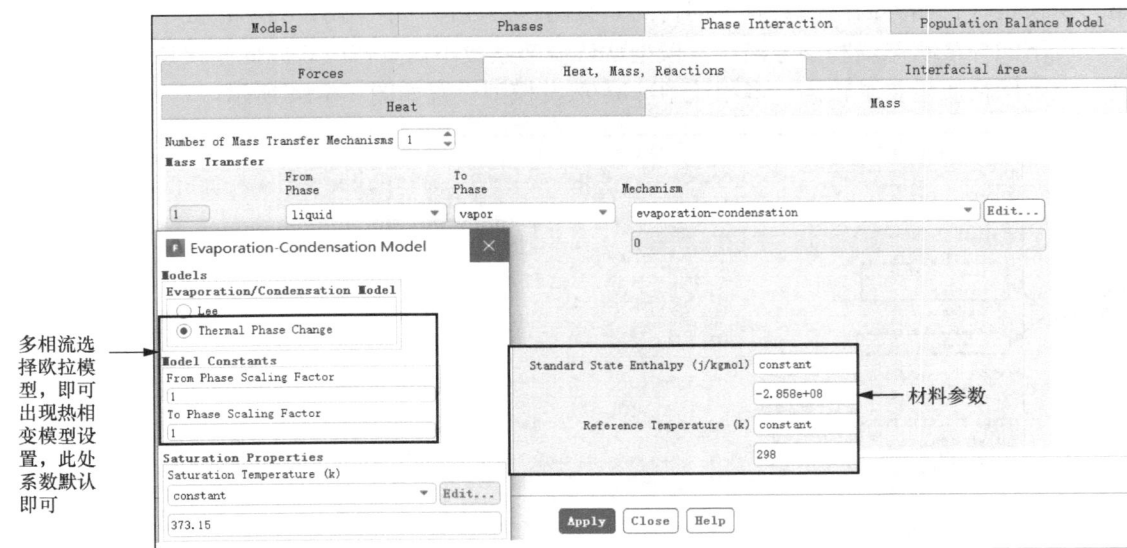

（d）

图 3-0-14　多相流中冷凝/蒸发模型设置（续）

11）沸腾属于欧拉多相流模型，分为 RPI Boiling Model、Non-equilibrium Boiling 和 Critical

Heat Flux 3 种子模型。RPI 沸腾模型仅适用于过冷沸腾（即液体的体积平均温度小于饱和温度，但壁温高到足以导致壁面液体沸腾）；Non-equilibrium Boiling 沸腾模型允许蒸汽被加热到高于饱和温度；Critical Heat Flux 模型适用于临界热流和烧干后的工况。相应必须开启重力加速度和浮力，且选择与欧拉模型匹配的湍流模型。多相流中沸腾模型设置如图 3-0-15 所示。

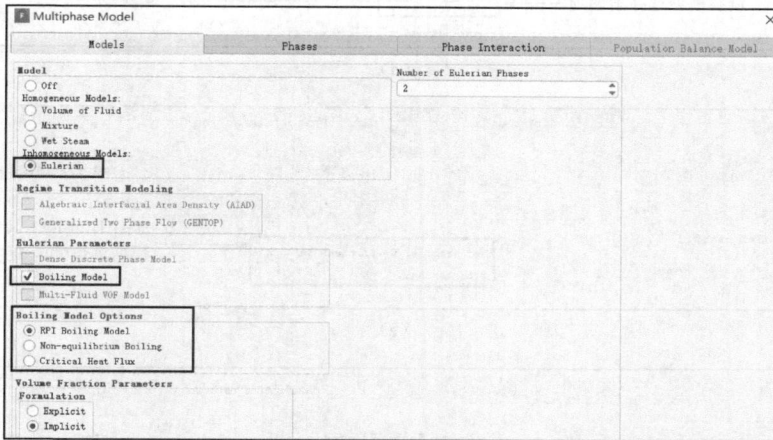

（a）

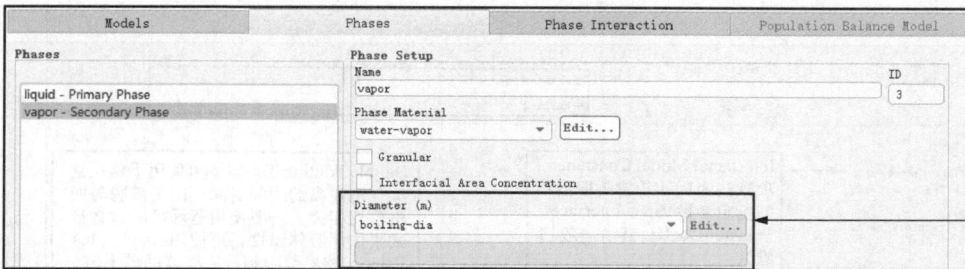

气泡直径，可参看 Fluent Help 文档中第 17 章的计算公式

（b）

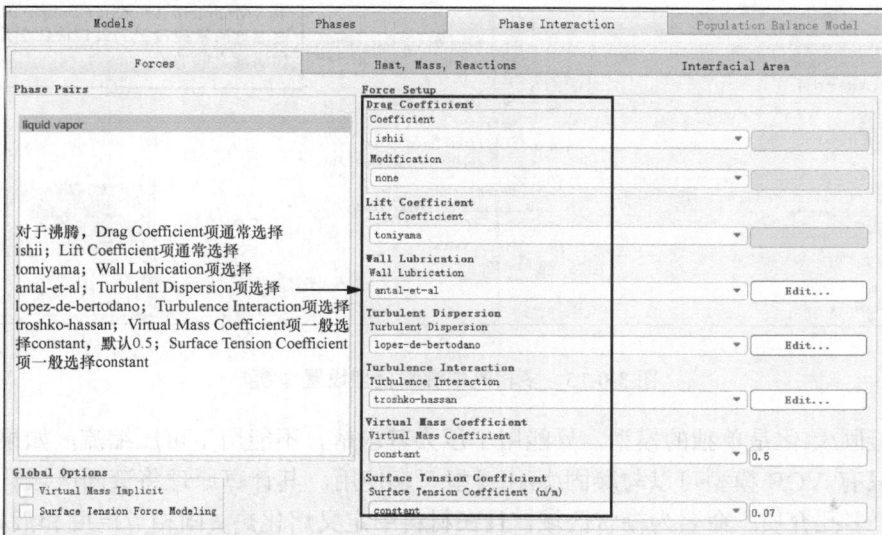

对于沸腾，Drag Coefficient 项通常选择 ishii；Lift Coefficient 项通常选择 tomiyama；Wall Lubrication 项选择 antal-et-al；Turbulent Dispersion 项选择 lopez-de-bertodano；Turbulence Interaction 项选择 troshko-hassan；Virtual Mass Coefficient 项一般选择 constant，默认 0.5；Surface Tension Coefficient 项一般选择 constant

（c）

图 3-0-15　多相流中沸腾模型设置

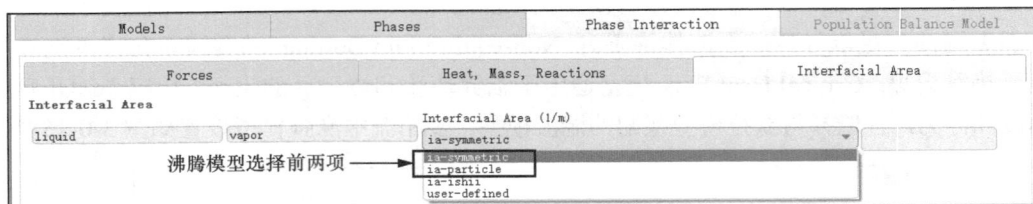

（d）

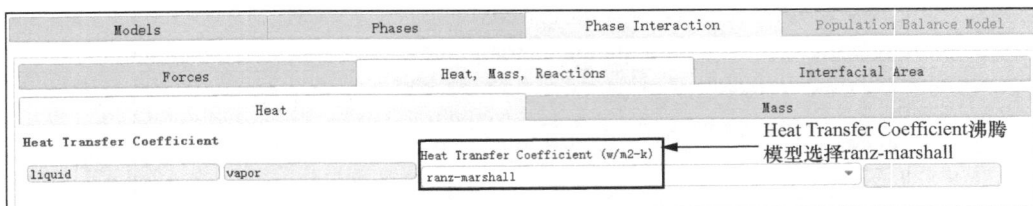

（e）

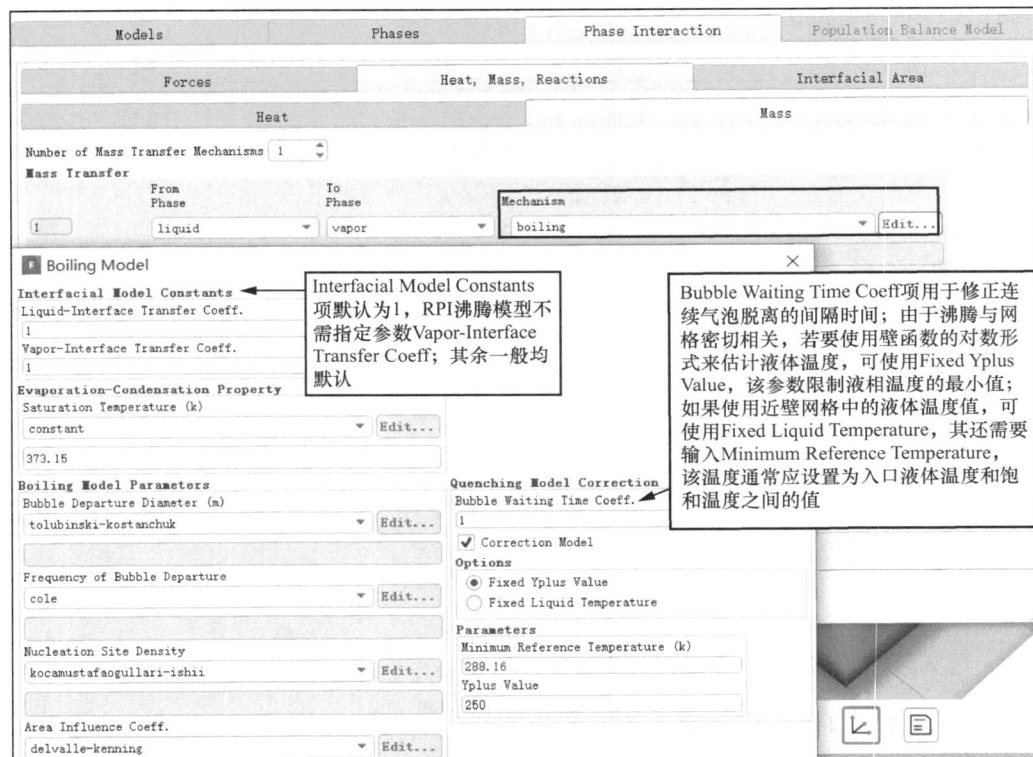

（f）

图 3-0-15　多相流中沸腾模型设置（续）

12）凝固/熔化是单独的模型，只能用于压力基求解，不能用于可压缩流，如果结合多相流模型，只有 VOF 模型可以与凝固/熔化模型一起使用。其计算原理将液固区域认为多孔介质，将此"多孔介质"命名为糊状区域，且在材料中定义熔化热、固相点温度和液相点温度，如图 3-0-16 所示。

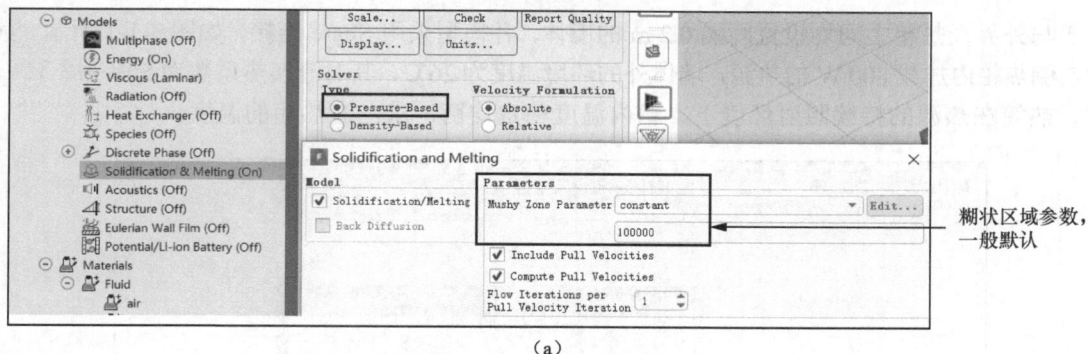

（a）

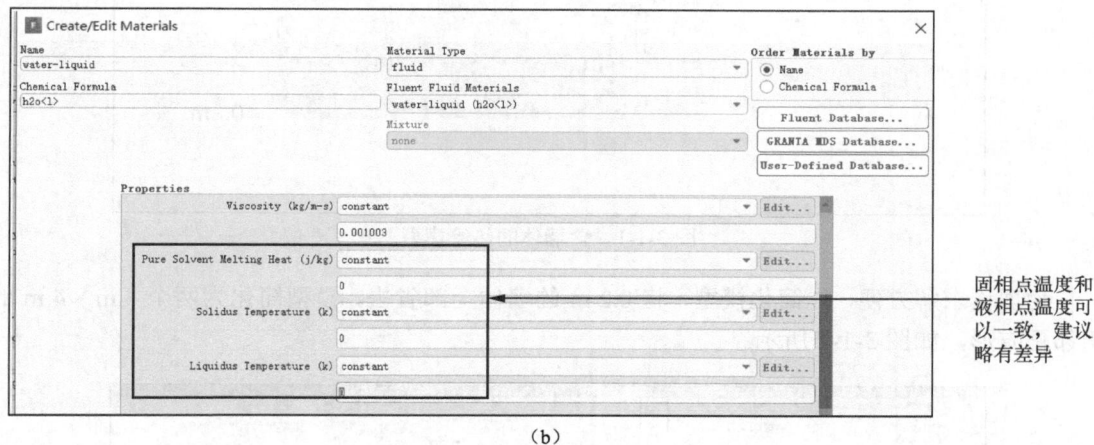

（b）

图 3-0-16　凝固/熔化模型设置

提示

　　流体热分析中涉及大量流体概念和 CFD 软件相关参数，本书由于篇幅限制，难以逐项展开，建议读者至少查看 *Ansys Fluent Theory Guide* 和 *Ansys Fluent Users Guide* 两本手册后再进行相关实例的学习。

3.1　热传导分析

　　Fluent 进行热分析，其最重要的能量输送方程为：

$$\frac{\partial \rho T}{\partial t} + \frac{\partial}{\partial d}\left(\rho u T - \frac{k}{C}\frac{\partial T}{\partial d}\right) = S_T$$

式中第一项为瞬态项，其中 ρ 为密度，t 为时间，T 为温度；第二项为对流项，其中 d 为 x、y、z 三向位移，u 为对应三向流速；第三项为扩散项，k/C 为热扩散率，其中 k 为热传导系数，C 为比热容；第四项 S_T 为源项。

　　Fluent 进行热分析，其最常用的热边界条件为 Wall 形式，其中可以定义传导、对流和辐射等多种形式。相较 Mechanical 模块，Wall 边界条件中的 Wall Thickness 参数更加复杂、灵活，例如通过定义非零厚度表示热阻或热量梯度计算等。

　　下面以一个简单例子说明流体热传导分析过程。已知两个平面热箱，其尺寸均为 4 m × 4 m，热箱与外界及热箱之间均设置间隔 0.2 m 的墙体，各模型采用 Share 连接，如图 3-1-1 所示。其中左侧热箱内加载 800 W 的热源，墙体外的环境温度为 26℃，其对流换热系数为 5 W·m⁻²·℃⁻¹，假设热箱在热源的持续照射环境下，箱内温度稳定均衡，求左右热箱的温度。

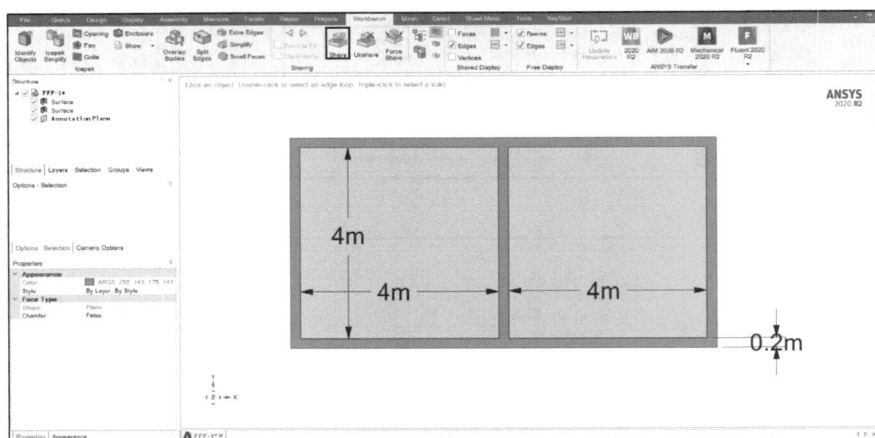

图 3-1-1　含墙体的热箱模型

为理论求解方便，先简化模型，将 0.2 m 的墙体全部省去，模型简化为两个 4 m × 4 m 的相邻正方形，如图 3-1-2 所示。

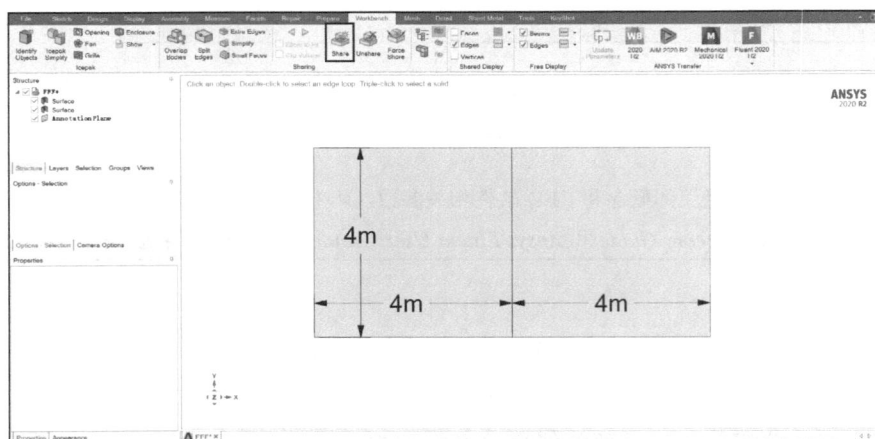

图 3-1-2　简化热箱模型

对于一维（仅 x 向）稳态模型，能量输送方程简化为：

$$k\frac{\mathrm{d}^2 T}{\mathrm{d}x^2} + Q = 0$$

则（参考 1.1 节）：

$$\frac{T - T_\infty}{R} + q = 0$$

式中 T_∞ 为环境温度；R 为热阻，为传热系数的倒数，特别注意传热系数（单位为 W·m⁻²·K⁻¹）并不等同于热传导系数（单位为 W·m⁻¹·K⁻¹），传热系数可认为综合考虑热传导、对流和辐射的热交换参数；q 为热通量。

对于左侧热箱，设热箱高度为 1 m，则：

$$3\times(4\times1)\times\frac{T_{left}-T_\infty}{R}+1\times(4\times1)\times\frac{T_{left}-T_{right}}{R}=800$$

对于右侧热箱，无内部热源，则：

$$3\times(4\times1)\times\frac{T_{right}-T_\infty}{R}+1\times(4\times1)\times\frac{T_{left}-T_{right}}{R}=0$$

因为该简化模型的隔墙厚度设置为 0，所以热阻 R 等于对流换热系数的倒数，即 $R=0.2$ m²·℃·W⁻¹，求得：$T_{left}=36.67℃$，$T_{right}=28.67℃$。

1. 建立分析流程

如图 3-1-3 所示，建立分析流程。其中包括 A 框架结构的简化热箱 Fluent 热分析、B 框架结构的含墙体热箱 Fluent 热分析。

2. 简化模型划分网格

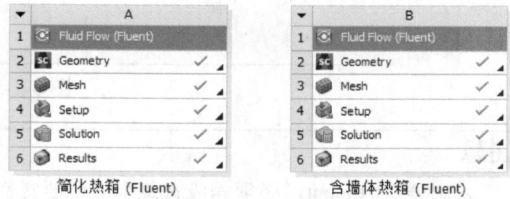

图 3-1-3 分析流程

先进行简化模型分析，在 A3 Mesh 处双击鼠标左键，进入 Mesh 划分网格。将 Physics Preference 设置为 CFD，Solver Preference 设置为 Fluent，Element Order 设置为 Linear，Element Size 设置为 0.05 m，如图 3-1-4 所示。

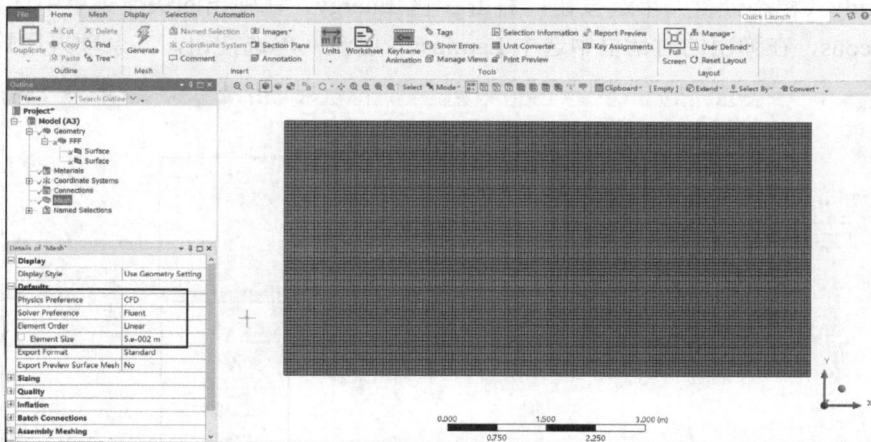

图 3-1-4 网格划分

为方便加载边界条件等，采用 Named Selections 对相应面进行设置。如图 3-1-5 所示，对左面的左边线设置名称为 wall1left，左面的上边线设置名称为 wall1top，左面的下边线设置名称为 wall1bottom，左右面的交界线设置名称为 wall12，右面的上边线设置名称为 wall2top，右面的下边线设置名称为 wall2bottom，右面的右边线设置名称为 wall2right，左面设置名称为 sur1，右面设置名称为 sur2。

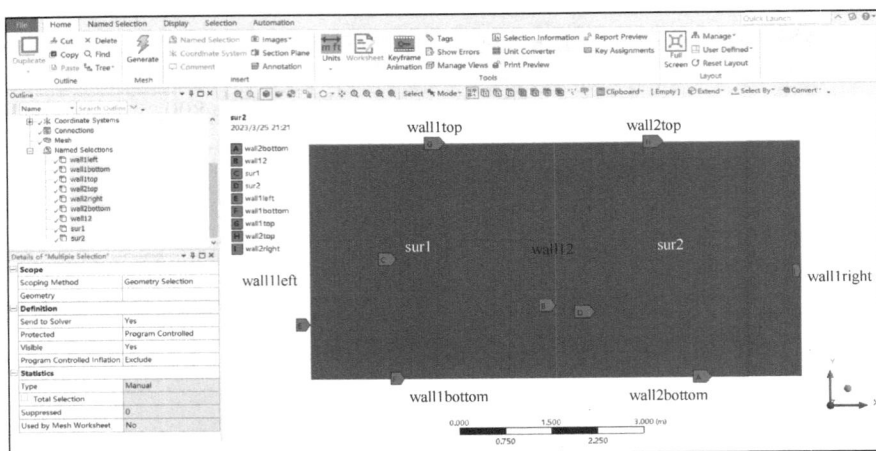

图 3-1-5　命名选择

注意

初次学习 Fluent，必须养成对每个模型要素命名的习惯。

3. 简化模型 Fluent 热分析流程

在图 3-1-3 所示的 A4 Setup 处双击鼠标左键，按默认设置单击 Start 进入 Fluent 分析模块，如图 3-1-6 所示。单击 1 区 Units 按钮，在弹出的 Set Units 对话框中修改温度单位为℃；在 2 区选中 Steady（稳态分析）单选按钮；右击 3 区 Energy，在弹出的快捷菜单中选择 On；双击 4 区 Viscous，在弹出的对话框中选中 Laminar（层流）单选按钮，其余项采用默认设置。

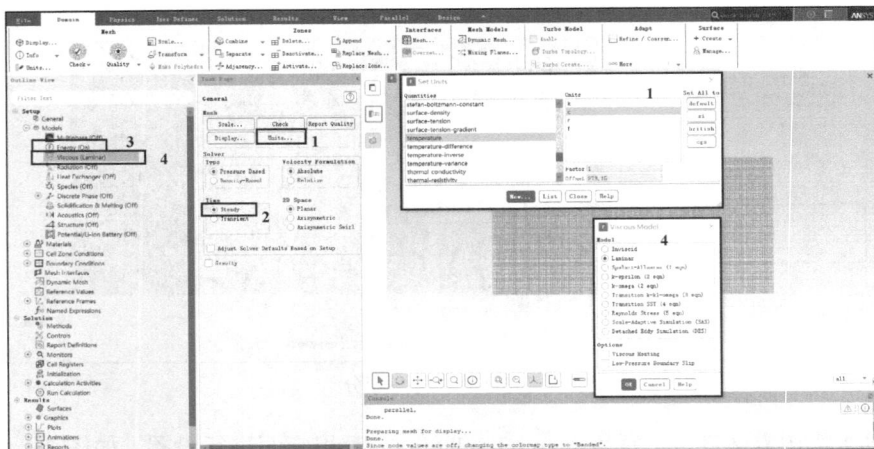

图 3-1-6　Fluent 分析设置（1）

如图 3-1-7 所示，修改 Materials→Fluid→air 材料，因为稳态分析仅与热传导系数有关，所以将 Thermal Conductivity（热传导系数）设置为 1 000 $W \cdot m^{-1} \cdot K^{-1}$；修改 Materials→Solid→aluminum 材料，将 Thermal Conductivity（热传导系数）设置为 0.704 $W \cdot m^{-1} \cdot K^{-1}$。

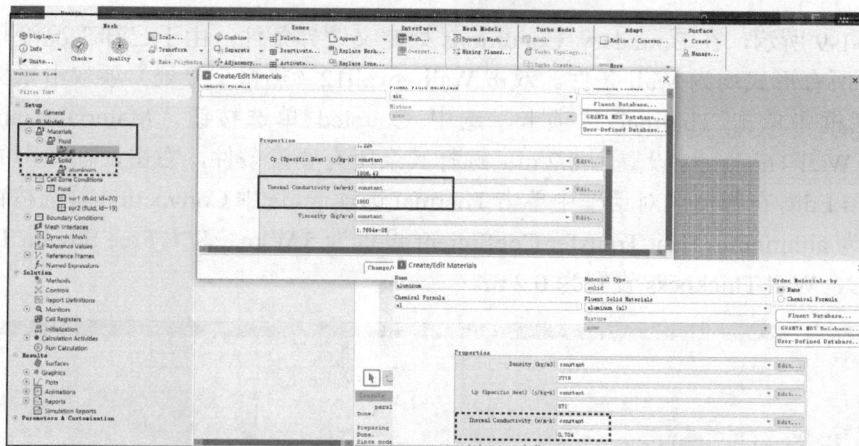

图 3-1-7　Fluent 分析设置（2）

> **注意**
>
> 　　将 air 的热传导系数定义为 1 000 是为了保证热箱内温度一致，如果该值较小，则热箱呈现为中间温度高、四周温度低的同心圆分布形式，如果该值较大，则左右热箱温度基本一致，失去对比的意义。将 aluminum 的热传导系数设置为 0.704 的原因是根据等效热传导系数进行计算，其公式为：
>
> $$R = \frac{1}{h} + \frac{\delta_1}{k_1} + \frac{\delta_2}{k_2} = \frac{\delta_1}{k_{\mathrm{equ}}}$$
>
> 式中 h 为对流换热系数，δ_1 为厚度，k_1 为对应厚度材料的热传导系数，k_{equ} 为等效热传导系数。本式 $h = 5$、$\delta_1 = 0.2$、$k_1 = 2.5$（自定义墙体材料的热传导系数）、$\delta_2 = 4$、$k_2 = 1\,000$，则 $k_{\mathrm{equ}} \approx 0.704$。

　　如图 3-1-8 所示，双击 Cell Zone Conditions→Fluid→sur1，其中左热箱的内热源在此定义。在弹出的对话框中选中 Source Terms 复选框，然后在 Source Terms 选项卡中的 Energy 处单击 Edit 按钮；在弹出的对话框的 Number of Energy sources 项选择 1，表示定义 1 项能量项；在下拉列表中选择 constant（定值），然后输入 50 W·m^{-3}。因为平面模型默认厚度为 1 m，所以该项数值由 800/(4 × 4 × 1) = 50 而得。sur2 项默认设置即可。

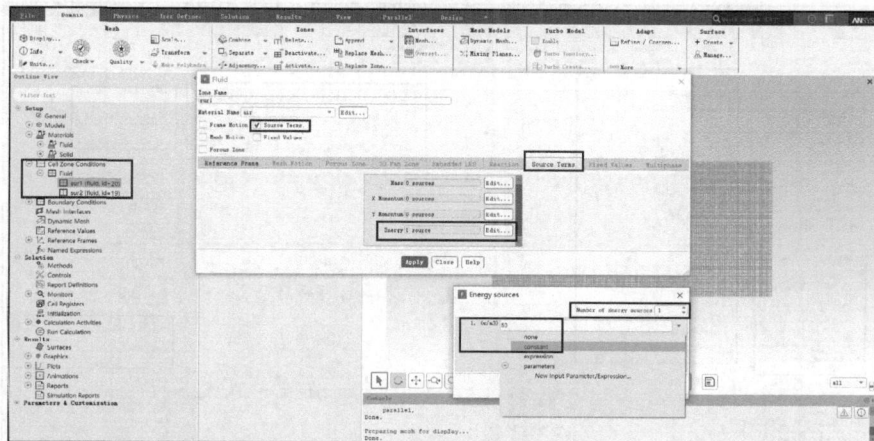

图 3-1-8　Fluent 分析设置（3）

如图 3-1-9 所示，在 Boundary Conditions 处定义边界条件，由于已知工况没有入口、出口等条件，所有形式均为 Wall 条件。双击 Wall→wall12（热箱交接处）项双击鼠标左键，在出现的对话框中单击 Thermal 选项卡，选中 Coupled 单选按钮，Material Name 设置为 aluminum，Wall Thickness 设置为 0.2 m；选择其余所有要素条件，右击，在弹出的快捷菜单中选择 Multi Edit，在弹出的对话框中单击 Thermal 选项卡，选中 Convection 单选按钮，Material Name 设置为 aluminum，Heat Transfer Coefficient 设置为 5 W·m^{-2}·K^{-1}，Free Stream Temperature 设置为 26℃，Wall Thickness 设置为 0.2 m。

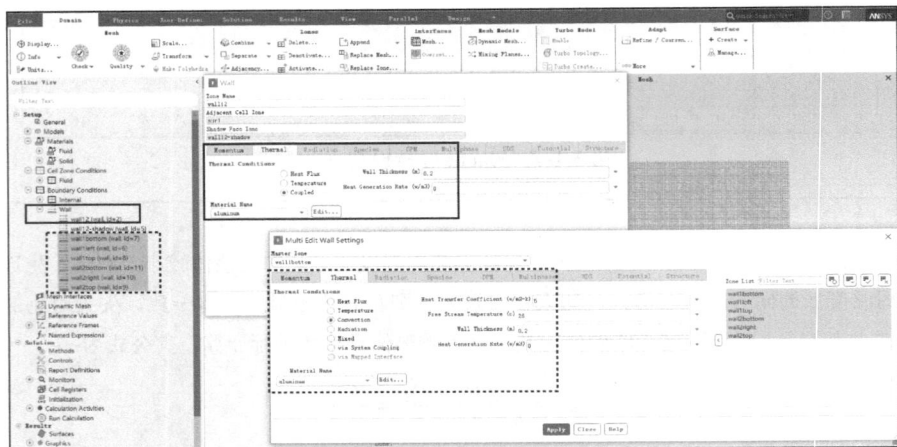

图 3-1-9　Fluent 分析设置（4）

4．简化模型 Fluent 求解设置

如图 3-1-10 所示，双击 Solution→Methods，在 1 区将 Scheme 设置为 Coupled，其余项采用默认设置；双击 Solution→Monitors→Residual，在 2 区对收敛残差值采用默认设置；双击 Solution→Initialization，在 3 区选中 Hybrid Initialization 单选按钮后单击 Initialize 按钮进行计算初始化；双击 Solution→Run Calculation，在 4 区将 Parameters 的 Number of Iterations 设置为 10 描述迭代次数，其余全部采用默认设置，最后单击 Calculate 按钮进行计算。

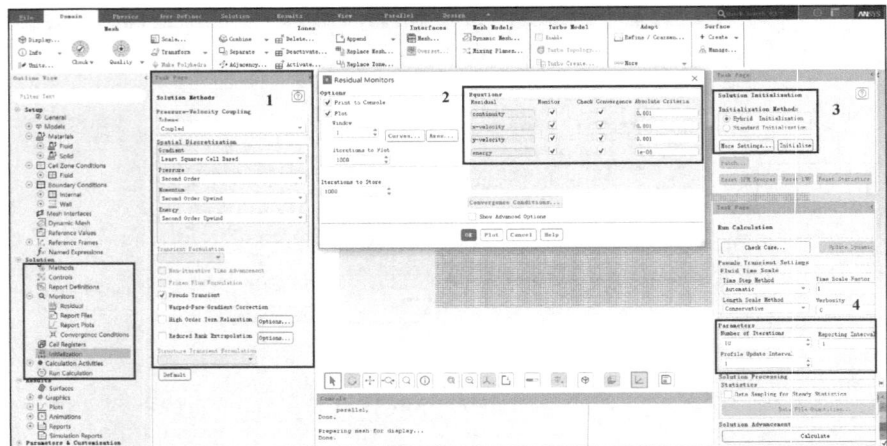

图 3-1-10　Fluent 求解设置

因为本例主要计算能量模型,所以迭代 1~2 次即可完成收敛。本例描述的 4 个流程也是一般 Fluent 求解设置必须经过的分析步骤,只是不同分析具体设置不同而已。

5.简化模型 Fluent 热分析后处理

计算完成后,双击 Results→Graphics→Contours 查看后处理的云图效果,在弹出的对话框的 Contours of 下拉列表框中选择 Temperature,其下的下拉列表框中选择 Static Temperature,在 Surfaces 列表中选择 surf1 和 surf2,最后单击 Save/Display 按钮即可显示温度云图,结果如图 3-1-11 所示。

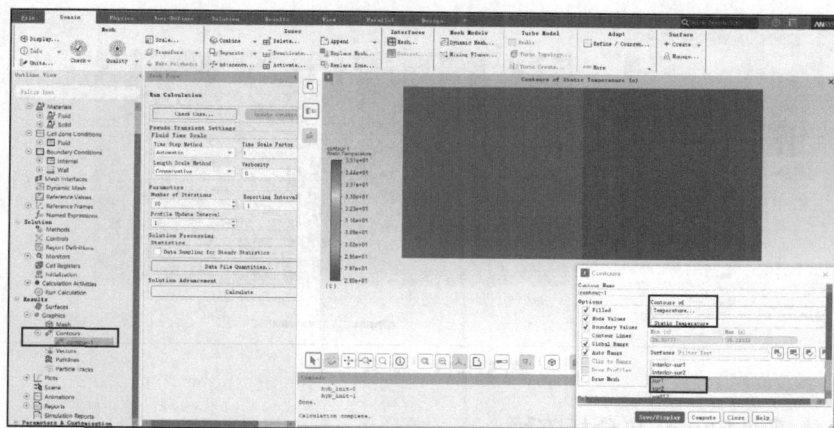

图 3-1-11　Fluent 后处理结果

由图可知,左热箱和右热箱温度均表现为各自恒定,其中左热箱温度为 35.1℃,右热箱温度为 28℃,与理论解基本一致。

6.含墙体模型划分网格

进行含墙体模型分析,在 B3 Mesh 处双击鼠标左键,进入 Mesh 划分网格。将 Physics Preference 设置为 CFD,Solver Preference 设置为 Fluent,Element Order 设置为 Linear,Element Size 设置为 0.05 m(与简化模型网格尺度一致),如图 3-1-12 所示。

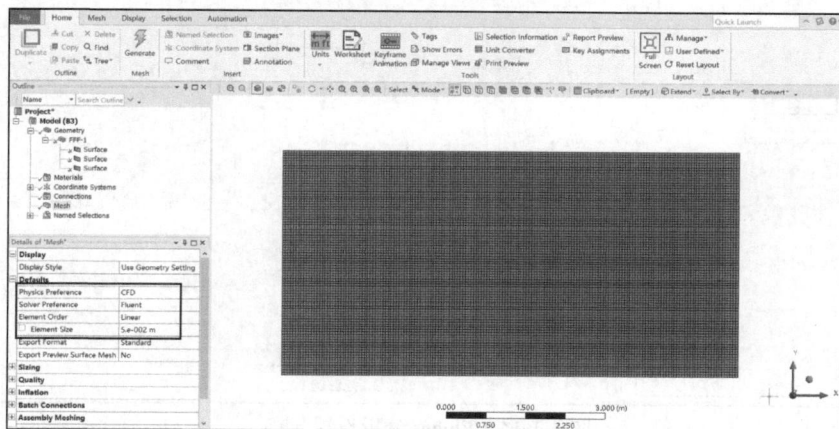

图 3-1-12　网格划分

为方便加载边界条件等，采用 Named Selections 对相应面进行设置。如图 3-1-13 所示，对墙面的外边 4 条线设置名称为 wallout，左面的上边、左边和底边 3 条线设置名称为 wall1，右面的上边、右边和底边 3 条线设置名称为 wall2，左面右边与墙的交界线设置名称为 wall12，右面左边与墙的交界线设置名称为 wall21，左面设置名称为 surf1，右面设置名称为 surf2，墙面设置名称为 wall。

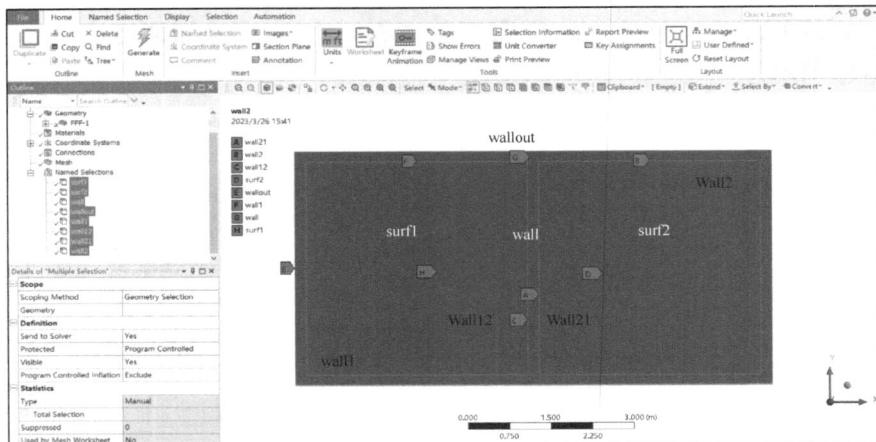

图 3-1-13　命名选择

7. 含墙体模型 Fluent 热分析流程

在 B4 Setup 处双击鼠标左键，按默认设置单击 Start 进入 Fluent 分析模块。其中定义单位和稳态分析设置，并开启能量方程与层流分析设置与图 3-1-6 所示一致。

如图 3-1-14 所示，双击 Material→Fluid→air，在弹出的对话框中将 Thermal Conductivity 设置为 1 000 $W \cdot m^{-1} \cdot K^{-1}$（与简化模型设置一致）；双击 Material→Solid→aluminum，在弹出的对话框中将 Thermal Conductivity 设置为 2.5 $W \cdot m^{-1} \cdot K^{-1}$（与简化模型自定义墙体材料的热传导系数设置一致）；新建 Solid-1 材料，将 Thermal Conductivity 设置为 0.012 $W \cdot m^{-1} \cdot K^{-1}$。

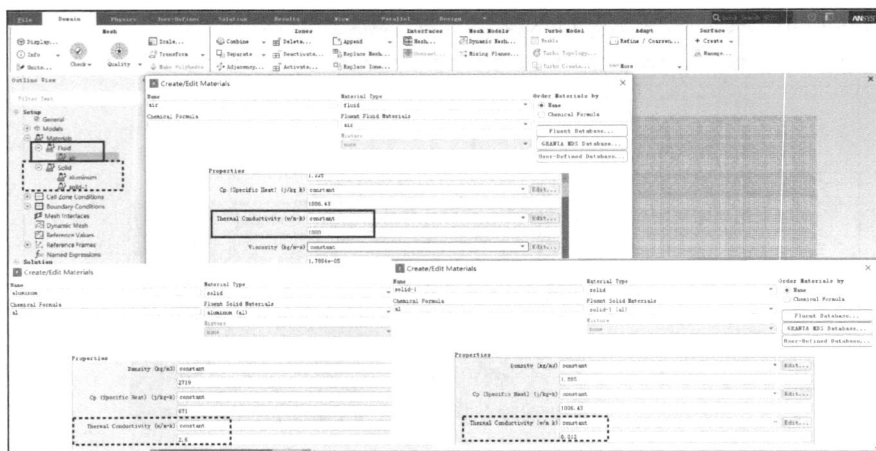

图 3-1-14　Fluent 分析设置（1）

注意

Solid-1 材料用于定义热箱之间与箱体交界面的热阻，因为墙体材料的热传导系数较小，即计算过程中形成温度梯度，所以增加一个热阻参数，以保证左右箱热传导过程中的计算偏差。公式为：

$$R = \frac{\delta_1}{k_1} + \frac{\delta_2}{k_2} = \frac{\delta_3}{k_{equ}}$$

式中 δ_1 为墙体厚度（0.2 m）；k_1 为墙体的热传导系数（2.5 W·m^{-1}·K^{-1}）；δ_2 为热箱长度（4 m）；k_2 为热箱内气体的热传导系数（1 000 W·m^{-1}·K^{-1}）；δ_3 为假设的热阻层厚度（0.001 m）；$k_{equ} = \dfrac{0.001}{\dfrac{4}{1\,000} + \dfrac{0.2}{2.5}} = 0.012$（W·m^{-1}·K^{-1}）。

如图 3-1-15 所示，在 Cell Zone Conditions 处将 surf1 和 surf2 面域设置为 Fluid，将 wall 面域设置为 Solid，其中 surf1 面域的 Energy 设置为 50 W·m^{-3}。

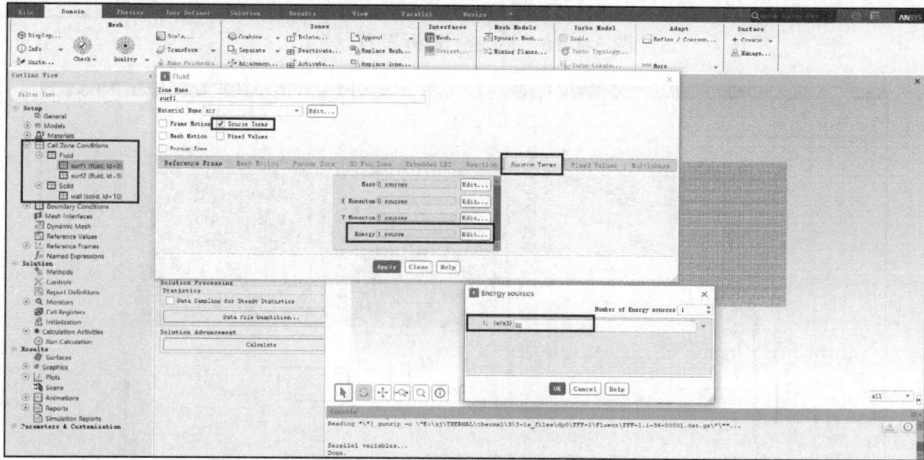

图 3-1-15　Fluent 分析设置（2）

如图 3-1-16 所示，在 Boundary Conditions 处定义边界条件。双击 Wall→wallout（墙体外边），在弹出的对话框中单击 Thermal 选项卡，选中 Convection 单选按钮，将 Material Name 设置为 aluminum，Heat Transfer Coefficient 设置为 5 W·m^{-2}·K^{-1}，Free Stream Temperature 设置为 26℃，Wall Thickness 设置为 0 m；分别双击 Wall→wall1 和 wall→wall2（除去中间区域的热箱与墙体内部交接线），在弹出的对话框的 Thermal 选项卡中选中 Coupled 单选按钮，将 Material Name 设置为 aluminum，Wall Thickness 设置为 0 m；分别双击 Wall→wall12 和 Wall→wall21（中间区域的热箱与墙体内部交接线），在弹出的对话框的 Thermal 选项卡中选中 Coupled 单选按钮，将 Material Name 设置为 Solid-1，Wall Thickness 设置为 0.001 m。

含墙体模型 Fluent 求解设置与图 3-1-10 相同，这里不再赘述。

8. 含墙体模型 Fluent 热分析后处理

计算完成后，双击 Results→Graphics→Contours 查看后处理的云图效果，在弹出的对话框的 Contours of 下拉列表框中选择 Temperature，其下的下拉列表框中选择 Static Temperature，在 Surfaces 列表中选择 surf1 和 surf2，最后单击 Save/Display 按钮即可显示温度云图，结果如图 3-1-17 所示。

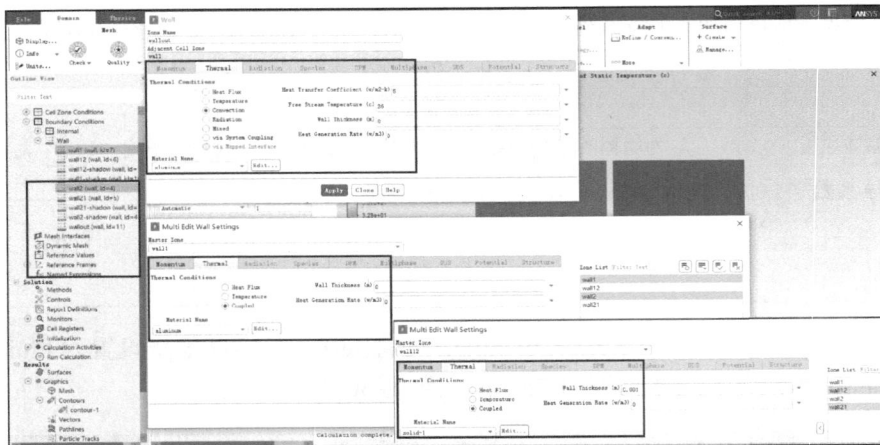

图 3-1-16　Fluent 分析设置（3）

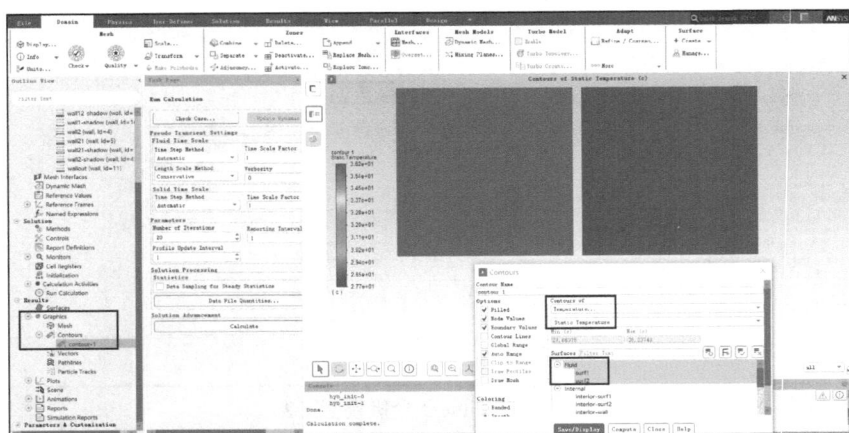

图 3-1-17　Fluent 后处理结果

由图可知，左热箱和右热箱温度均表现为各自恒定，其中左热箱温度为 36.2℃，右热箱温度为 27.7℃，与理论解基本一致。

三者计算结果对比如表 3-1-1 所示。

表 3-1-1　　　　　　　　　　　　　　　热箱温度计算结果对比

比较方面	左热箱温度/℃	右热箱温度/℃
理论解	36.67	28.67
简化模型结果	35.1	28
含墙体模型结果	36.2	27.7

由表 3-1-1 可知，三者计算结果基本一致，Fluent 计算结果均小于理论值，但是不能简单评估 Fluent 计算结果误差，因为理论计算过程基于假设：忽略墙体的热传导。而 Fluent 两种计算结果均考虑了墙体的热传导，因为此条件总热量必定一部分传递到墙体上，所以热箱内

的热量较理论计算小，进而使温度低于理论值，但更加接近实际工况条件。同时实际工况条件下，热箱对外界空间存在对流和辐射，必然导致热箱内总热量减少，实测温度会小于 Fluent 计算结果。所以对于理论值、仿真结果和实验结果三者对比，不能简单将任意一项作为基准，其余项以此对比并判定是否结果吻合，而应该仔细对比三者的差异，了解差异的原因，进而为后续理论系统补充、仿真模型完善和实验条件升级做铺垫。

对于三维真实模型，Wall Thickness 一般定义为 0 即可，对于简化模型，根据简化规则定义厚度。指定厚度后，Wall 将连接模型的流/固界面上相邻的单元，并自动创建一个 "shadow" 区，两者一般均定义互相映射（Couple），但是如果需要对某个 Wall 面定义特定边界条件，就只能选择 Heat Flux 或 Temperature；如果定义 Shell 厚度（三维模型），可赋值非常数的热传导系数，用于模拟流体域之间的钣金、固体域上的涂层或固体域之间的接触热阻等。

3.2　焊接移动热源分析

对于焊接、激光等高能束加工和 3D 打印等的仿真计算，其关键点在于建立热源数学模型。现今常用的模型为高斯面热源模型、高斯旋转体热源（高斯面热源下方为圆柱、半球或圆台模型）模型、双椭球体热源模型和面体热源模型的组合，如图 3-2-1 所示。其中高斯面热源模型为高斯曲线绕中心轴旋转模型在平面上的投影，表现为中间能量密度大、四周能量密度小的形式；双椭球体热源模型由前后两个不一致的半椭球组合而成，沿焊接方向前端能量密度大、后端能量密度小。高斯面热源模型是最常用的热源模型，但不适用厚板焊接、激光深孔加工、多层多道焊、复杂形状 3D 打印等；而双椭球体热源模型可以很好地补偿高斯面热源模型的不足，且特别适用于高能束加工的计算。

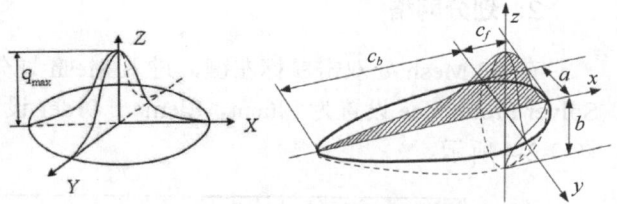

图 3-2-1　高斯面热源模型和双椭球体热源模型

对于移动热源模型求解一般分为结构热分析和流体热分析两种形式。在 ANSYS Workbench 中提供了 Moving_Heat 的结构热 ACT 程序，其优点是方便快捷，对于非常复杂的热源移动轨迹可以快速处理，但只适用于高斯面热源模型，当然通过插入 Commands 可以实现双椭球移动热源，但必须要求体热源模型对应相应的节点，这就导致移动热源区域的网格非常密。总之结构热分析通过热源模型结合生死单元（处理分层焊等）可以处理移动热源模型，但难以处理熔池效应；而流体热分析可以轻易地完成移动热源相关各类问题。

下面以一个简单例子说明移动热源流体热分析过程。已知长方形板，其尺寸为 0.5 m × 0.35 m × 0.01 m，如图 3-2-2 所示，在上平面中间加载双椭球移动热源。

1. 建立分析流程

如图 3-2-3 所示，建立分析流程。其中包括 A 框架结构的 Spaceclaim 建模模块、B 框架结构的划分网格、C 框架结构的 Fluent 热分析。

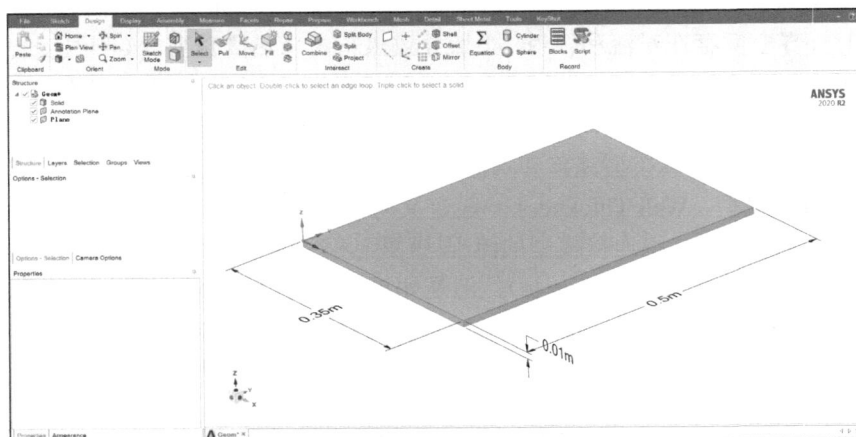

图 3-2-2　移动热源模型

图 3-2-3　分析流程

2．划分网格

在 B3 Mesh 处双击鼠标左键，进入 Mesh 划分网格。将 Physics Preference 设置为 CFD，Solver Preference 设置为 Fluent，Element Order 设置为 Linear，Element Size 设置为 4 mm，如图 3-2-4 所示。

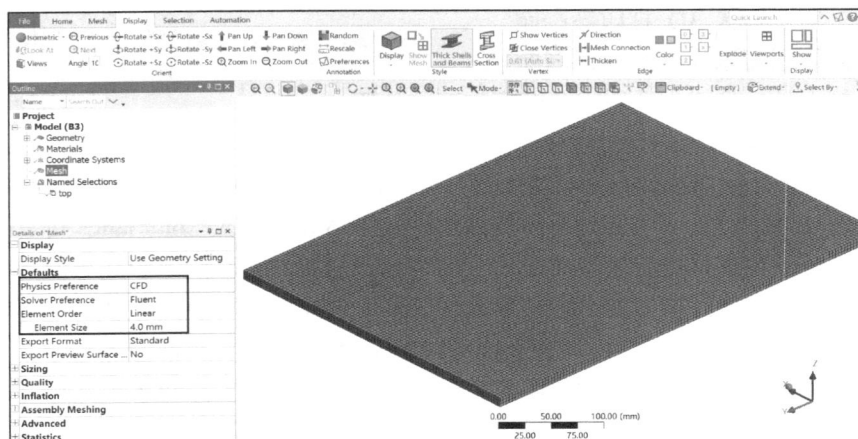

图 3-2-4　网格划分

本例重点讲述移动热源的定义，为保证模型的简便和易复现，没有加载对流换热条件、熔池多相流模型及对应边界条件、结构模型的约束条件。如图 3-2-5 所示，采用 Named Selections 仅对平板上平面设置名称为 top，以方便设置热源条件。

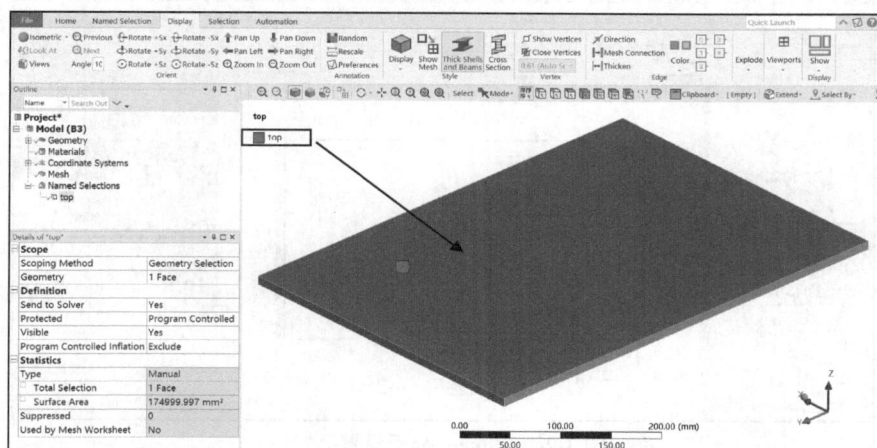

图 3-2-5　命名选择

3. Fluent 热分析流程

在 C2 Setup 处双击鼠标左键，按默认设置单击 Start 进入 Fluent 分析模块，如图 3-2-6 所示。单击 1 区 Units 按钮，在弹出的对话框中修改温度单位为℃；在 2 区选中 Transient 单选按钮（移动热源一定表现为瞬态分析）；在 3 区右击 Energy，在弹出的快捷菜单中选择 On；在 4 区双击 Solidification & Melting，在弹出的对话框中选中 Solidification/Melting 复选框，其余项采用默认设置（开启熔化/凝固模型）。

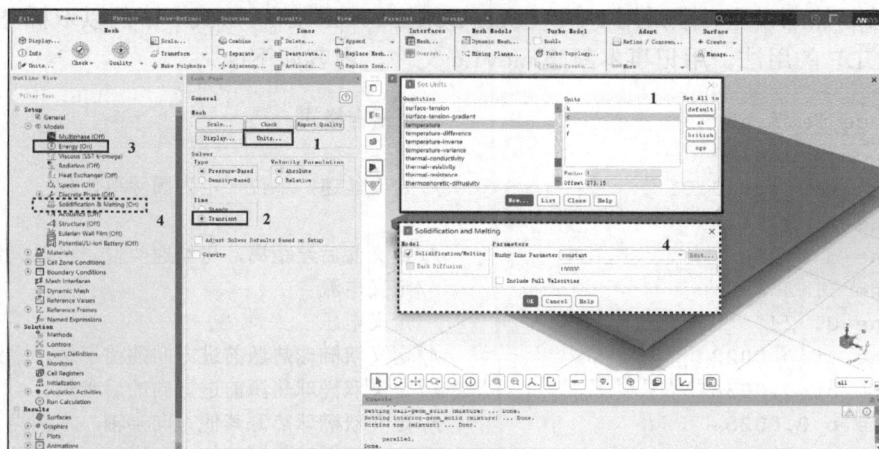

图 3-2-6　Fluent 分析设置（1）

如图 3-2-7 所示，在 Materials→Fluid 项新增 fluid-1 材料，其属性中的所有项均采用 Constant 设置，其中 Density（密度）设置为 2 500 kg·m^{-3}；Cp（比热容）设置为 900 J·kg^{-1}·K^{-1}；Thermal Conductivity（热传导系数）设置为 200 W·m^{-1}·K^{-1}；Viscosity（黏度）设置为 5E−5 kg·m^{-1}·s^{-1}；Pure Solvent Melting Heat（熔化热焓）设置为 970 000 J·kg^{-1}；Solidus Temperature（固相温度）设置为 899℃；Liquidus Temperature（液相温度）设置为 900℃。在 Cell Zone Conditions 处选择 Fluid。

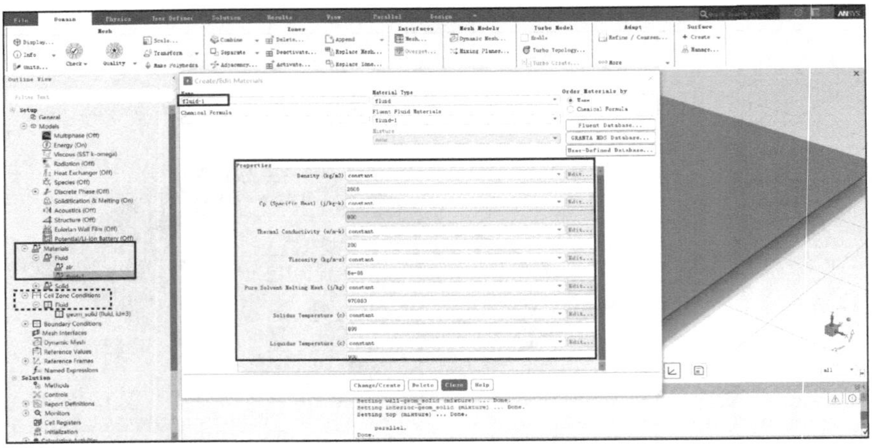

图 3-2-7　Fluent 分析设置（2）

注意

本例材料的物化参数采用简化模式，即均赋为定值，实际工况中这些参数均与温度相关，可以采用 Piecewise-linear、Piecewise-polynomial 或 Polynomial 形式定义相关参数。只有 Solid 才可以定义各向异性的物化参数（anisotropic、orthotropic、cylindrical orthotropic、principal axes and principal values 或 user-defined anisotropic 形式）。因为熔化/凝固模型要求 Fluid 材料，所以为添加各向异性参数需将模型切分为两块，下层为 Solid 域，上层为 Fluid 域，且 Fluid 域厚度大于熔池深度。其中所有金属类相关物化参数均可由 Jmatpro 等软件计算而得。

对于移动热源模型，须采用 UDF（User Defined Function）形式。下面以双椭球热源模型简要说明 UDF 的用法。用记事本新建 mov1.c 文件，内容如下：

```
#include "udf.h"                      //C 语言格式
#include <math.h>
#define vec_soc 0.01                  //定义丝速，单位一定为国际单位制
#define PI 3.14159
#define d 0.013                       //定义前后丝距离，与丝速类似，可以只定义一个
#define Il 2                          //定义电流
#define Ul 240                        //定义电压
#define af 0.0022                     //定义双椭球热源前进方向的前半轴，本例沿 y 向
#define ar 0.0036                     //定义双椭球热源前进方向的后半轴
#define b 0.0025                      //定义双椭球热源其他方向半轴，本例沿 x 向
#define c 0.0072                      //定义双椭球热源其他方向半轴，本例沿 z 向
DEFINE_PROFILE(heatflux,t,i)          //定义热源函数
{
    real xd[ND_ND];                   //自动定义维度，三维热源的 ND_ND 值为 3，二维热源
                                      //的 ND_ND 值为 2
    real x;
    real y;
    real z;
    face_t f;                         //定义一个区域，对该区域内的单元进行循环赋值
    real flow_time = RP_Get_Real("flow-time");  //定义分析时间
```

```
    begin_f_loop(f,t)                            //循环赋值
    {
        F_CENTROID(xd,f,t);                      //获得单元中心坐标，存放于数组 xd 内
        x= xd[0];                                //获得单元中心 xyz 坐标
        y= xd[1];
        z= xd[2];
        if ((x-0.175)*(x-0.175)/(b*b)-(y-vec_soc*flow_
time)*(y-vec_soc*flow_
time)/(af*af)-z*z/(c*c)<=1&&(y-d/2-vec_soc*flow_time)>=0)   //xyz 坐标位于双椭球热
                                                 //源移动方向的前半轴。平板 x
                                                 //向为 0.35 m,0.175 为中线
                                                 //位置；&&表示同时满足前后
                                                 //两个运算式条件
        {
            F_PROFILE(f,t,i)=(2*af/(af+ar))*0.85*Ul*Il*6*sqrt(3)/(PI*sqrt(PI)*
af*b*c)*exp(-3*(x-0.175)*(x-0.175)/(b*b)-3*(y-vec_soc*flow_time)*(y-vec_soc*f
low_time)/(af*af)-3*z*z/(c*c));    //热源函数
        }
        else if ((x-0.175)*(x-0.175)/(b*b)-(y-vec_soc*flow_time)*(y-vec_soc*flow_
time)/(ar*ar)-z*z/(c*c)<=1&&(y-d/2-vec_soc*flow_time)<0)   //xyz 坐标位于双椭球热
                                                 //源移动方向的后半轴
        {
            F_PROFILE(f,t,i)=(2*ar/(af+ar))*0.85*Ul*Il*6*sqrt(3)/(PI*sqrt(PI)*
ar*b*c)*exp(-3*(x-0.175)*(x-0.175)/(b*b)-3*(y-vec_soc*flow_time)*(y-vec_soc*f
low_time)/(ar*ar)-3*z*z/(c*c));    //热源函数
        }
        else
        {
         F_PROFILE(f,t,i)=0;                     //其他位置双椭球热源为 0
        }
        end_f_loop(f,t)                          //结束循环，注意符号
    }
}
```

同理，对于高斯面热源作用于本模型的中线 UDF 文件，内容如下：

```
#include "udf.h"
#define vec_soc 0.005
#define rn 0.005                                 //热源作用半径
#define PI 3.14159
#define Il 2
#define Ul 240
DEFINE_PROFILE(heatflux,t,i)
{
    real xd[ND_ND];
    real x;
    real y;
    face_t f;
    real flow_time = RP_Get_Real("flow-time");
```

```
begin_f_loop(f,t)
{
    F_CENTROID(xd,f,t);
    x=xd[0];
    y=xd[1];
    F_PROFILE(f,t,i)=(0.85*Il*Ul)/(PI*rn*rn)*exp(-3*(pow((x-0.175),2)+
pow((y-vec_soc*flow_time),2))/rn/rn);    //0.85 为热效率
}
end_f_loop(f,t)
}
```

如图 3-2-8 所示，右击 Parameters & Customization→User Defined Functions，在弹出的快捷菜单中选择 Interpreted，在弹出的对话框中的 Source File Name 文本框中输入 UDF 文件目录；双击 Boundary Conditions→Wall→top（依据命名选择自动创建边界条件项），在弹出的对话框中单击 Thermal 选项卡，选中 Heat Flux 单选按钮，在其后的下拉列表中选择 udf heatflux。其余全部采用默认设置。

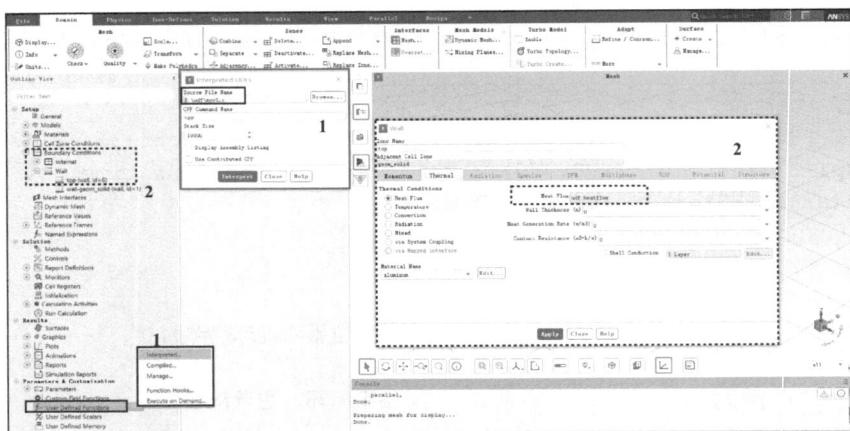

图 3-2-8　Fluent 分析设置（3）

4．Fluent 求解设置

如图 3-2-9 所示，右击 1 区 Solution→Controls，在弹出的快捷菜单中选择 Equations，弹出 Equations 对话框，将 Equations 设置为 Energy，即不考虑熔池内的流场行为，仅研究热效应，这样可以加快计算效率；单击 Solution→Initialization 进行初始化，采用默认设置后，即可在 Results→Graphics→Contours 处新建 contour-1 和 contour-2，其中 contour-1 的 Contours of 设置为 Temperature 和 Total Temperature，contour-2 的 Contours of 设置为 Solidification/Melting 和 Liquid Fraction；在 3 区单击 Activities→Create→Solution Animation 创建动画，再分别单击 contour-1 和 contour-2 选择合适的视角后单击 Use Active 按钮创建动画视角；双击 4 区 Run Calculation 进行计算，设置 Number of Time Steps 为 100，Time Step Size 为 0.25 s。其余均默认。

5．Fluent 热分析后处理

单击 Results→Animations→Playback 即可查看后处理的动画效果，分别查看第 1 步、第

50 步、第 100 步的温度云图和液态比例（熔池）云图，如图 3-2-10 所示。

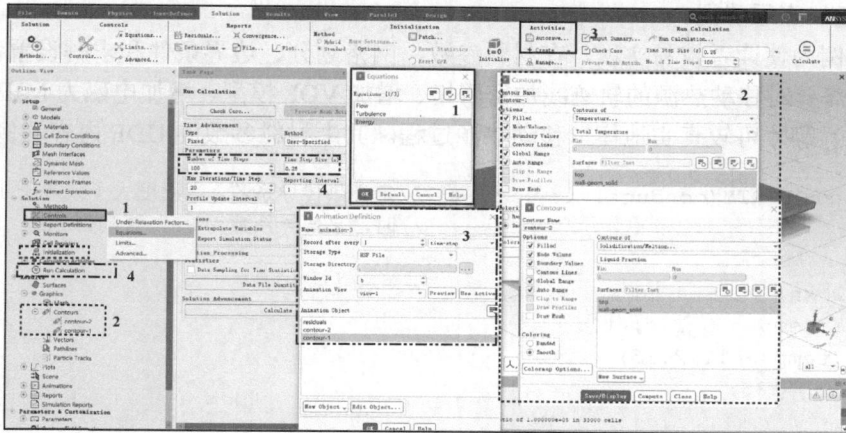

图 3-2-9　Fluent 求解设置

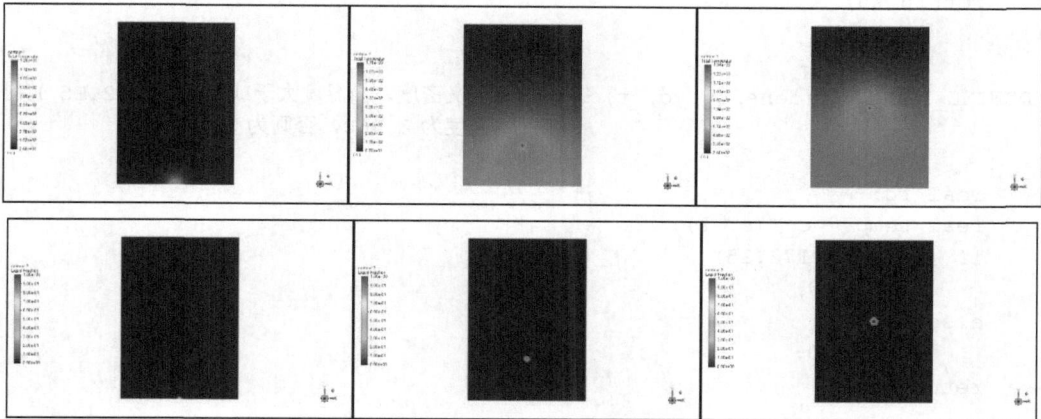

图 3-2-10　Fluent 后处理结果

由图可知，热源处温度呈椭圆形式，且热源下端的总温度大于热源上端的总温度，这是热源向上移动的热量叠加表现；读者可以自行查看 Static Temperature 后处理结果，似乎不能显示热源后面的叠加表现，这是因为该后处理结果温度梯度较大，将温度云图的默认 10 个梯度加密到 20 个梯度即可。

从液态比例观察熔池形成过程，可知前期仅在当前步热源区域形成熔池，后期随着热量叠加表现，熔池区域逐渐变大。这说明双椭球热源是能量高聚集形式，即便没有加载任何对流和辐射的热学边界条件，但是伴随热源移动，熔池之下区域在热传导影响下迅速降温，达到凝固。

如果将本例换为高斯面热源，与双椭球热源相比，双椭球热源的影响深度大于高斯面热源，所以一般高斯面热源用于表面堆焊形式，而双椭球热源更适用于熔化焊（弧焊和高能束焊接）形式。另外，采用高斯面热源形式，观察 Static Temperature 后处理结果，会发现前期温度即便高于熔点，也没有形成熔池的现象，这是因为 Static Temperature 和 Total Temperature 的区别为：Static Temperature（静温）即为无论流体静止还是运动，实际测量的温度；Total Temperature（总温）即为速度完全滞止时的温度，流体的动能可转化为内能，表现为压力、温度与密度。所以对于流体域的移动热源，建议查看总温，而对于固体域的移动热源（不考虑熔化），建议查看静温。

当然本例为使读者较易实现，在材料参数、网格划分、边界条件和求解设置都进行了省略，另外还需要对移动热源的轨迹线加密网格、增加 VOF 模型、增加电磁力 MHD 模型（等离子体电弧）等才可较真实地模拟移动热源过程。其中材料参数的 UDF 内容示例如下：

```
DEFINE_PROPERTY(conductivity, c, t)  //定义热传导系数，当温度大于或等于 1 172.15 K
                                     //时，热传导系数为 88，否则为 200
{
    real kn;
    real temp = C_T(c, t);
    if (temp >=1172.15)
        kn = 88;
    else
        kn = 200;
    return kn;
}

DEFINE_PROPERTY(density, c, t)       //定义密度，当温度大于或等于 1 172.15 K 时，
                                     //密度为 2 380，否则为 2500
{
    real ro;
    real temp = C_T(c, t);
    if (temp >=1172.15)
        ro = 2380;
    else
        ro = 2500;
    return ro;
}

DEFINE_SPECIFIC_HEAT(specificheat, T, Tref, h, yi)  //定义比热容，当温度大于或
                                                    //等于 1 172.15 K 时，比热
                                                    //容为 770，否则为 900
{
    real cp;
    if (T >= 1172.15)
        cp = 770;
    else
        cp = 900;
     return cp;
}

DEFINE_PROPERTY(viscosity, c, t)     //定义黏度，当温度小于 1172.15 K 时，黏度为 1，
                                     //否则为 0.000 099 354-0.000 000 042×温度
{
    real mu;
    real temp = C_T(c, t);
    if (temp <1172.15)
```

```
        mu =1;
    else
        mu =0.000099354-0.000000042*temp;
    return mu;
}
```

3.3 对流与太阳辐射分析

以流体为主导的 CFD 热分析处理对流和计算辐射更加方便，例如电子元件散热分析、室内环境舒适性分析等，其关键点在于自然对流、强制对流、层流、湍流模型及几种辐射模型的对比。若 $Gr \gg 1$，则忽略强制对流；若 $Gr \ll 1$，则忽略自然对流；若 $Gr = 1$，则自然对流和强制对流均要考虑。当 $10^4 \leqslant Ra \leqslant 10^7$ 时，自然对流就取层流模型（参见 1.2 节），这样也导致层流和湍流模型中对流换热系数不同，自然对流一般空气域中的对流换热系数为 5～30 $W \cdot m^{-2} \cdot K^{-1}$，水中的对流换热系数为 100～1 000 $W \cdot m^{-2} \cdot K^{-1}$；而强制对流一般空气域中的对流换热系数为 10～300 $W \cdot m^{-2} \cdot K^{-1}$，水中的对流换热系数为 300～12 000 $W \cdot m^{-2} \cdot K^{-1}$；辐射模型主要依据光学厚度。

对流和辐射边界条件除了可以输入定值，还可以输入表达式。表达式不仅表现为数学表达式，还表现为各种逻辑表达式，如此极大地丰富了边界条件的形式。

下面以一个舱体内温度的例子说明对流与太阳辐射流体热分析过程。需要研究舱体内空气域的温度分布，因此以舱体的空腔建模，将实体区域全部去除。已知舱体内部空气域基本尺寸为 4 m × 3 m × 2.8 m，前端上下各去除 0.7 m × 0.6 m × 3 m 的区域，如图 3-3-1 所示，其上部环绕左前右 3 边布置风道，风道截面为 0.4 m × 0.4 m，该区域用于提供冷风源，并忽略风道上的栅格和布风器，假设为冷风源直接给舱体降温（计算简便），故将此部分单独建立为一个空气域（类似于结构中的一个零件）；其下部为舱体内部域（另一个空气域），并以映射面形式建立左前右 3 个窗和一个后门，左右窗和后门尺寸及位置如图 3-3-1 所示，前窗尺寸为长 1.5 m 高 1.4 m，左右居中，下端距舱体 0.1 m 处放置。两模型采用 Share 连接，本例仅研究舱体内空气域的温度分布情况，忽略进出风口。

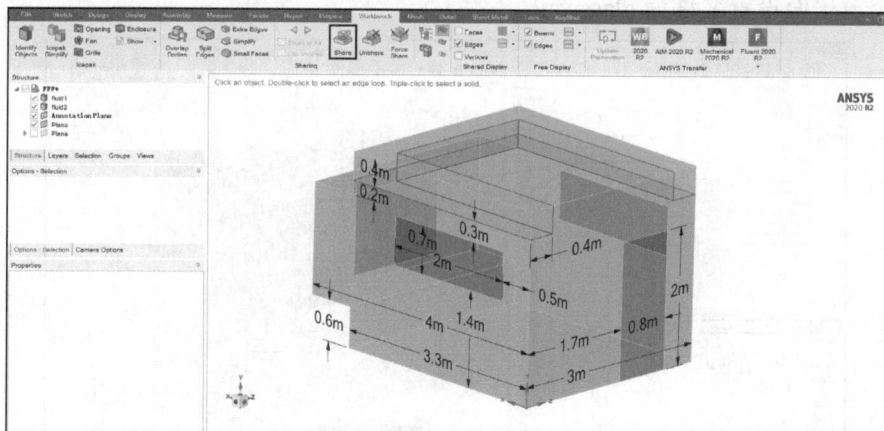

图 3-3-1 舱体模型

1．建立分析流程

如图 3-3-2 所示，建立仅为 A 框架结构的 Fluid Flow（Fluent）
分析模块的流程。

2．划分网格

在 A3 Mesh 处双击鼠标左键，进入 Mesh 划分网格。将 Physics

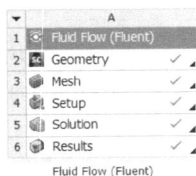

图 3-3-2　分析流程

Preference 设置为 CFD，Solver Preference 设置为 Fluent，Element Order 设置为 Linear，Element Size
设置为 100 mm，并对两个体均采用六面体网格划分（Hex Domain Method），如图 3-3-3 所示。

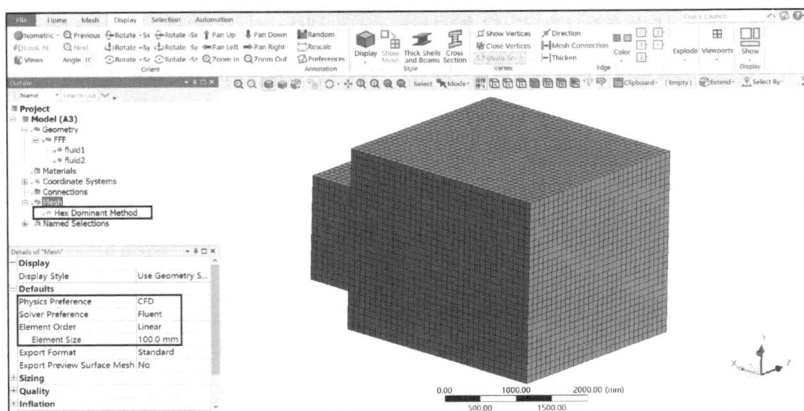

图 3-3-3　网格划分

注意

如果考虑空气流动，则模型必须划分边界层网格（Inflation）。本例简化为仅研究流体的温度分布，所
以没有设置边界层。另外，流体网格形式建议以六面体（三维模型）或四边形（二维模型）为主要形式，
重点关注网格质量中的正交性（Mesh→Quality→Mesh Metric→Orthogonal Quality）和纵横比（Mesh→
Quality→Mesh Metric→Aspect Ratio）等。

为方便加载边界条件等，采用 Named Selections 对相应面进行设置。如图 3-3-4 所示，对
左前右 3 个窗平面设置名称为 glasswall。

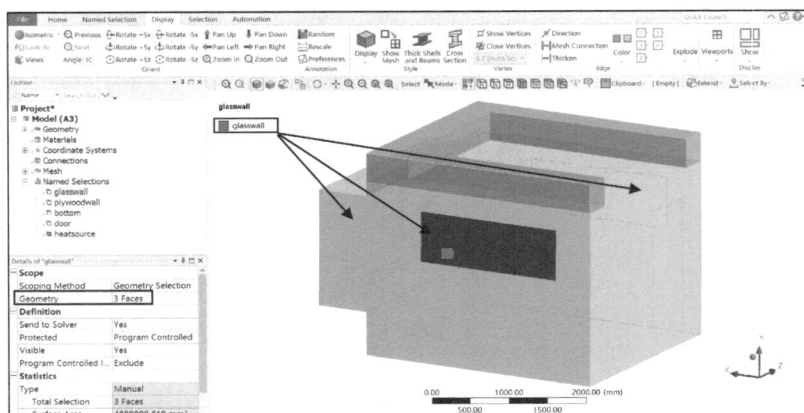

图 3-3-4　命名选择（1）

如图 3-3-5 所示，对后门平面设置名称为 door。

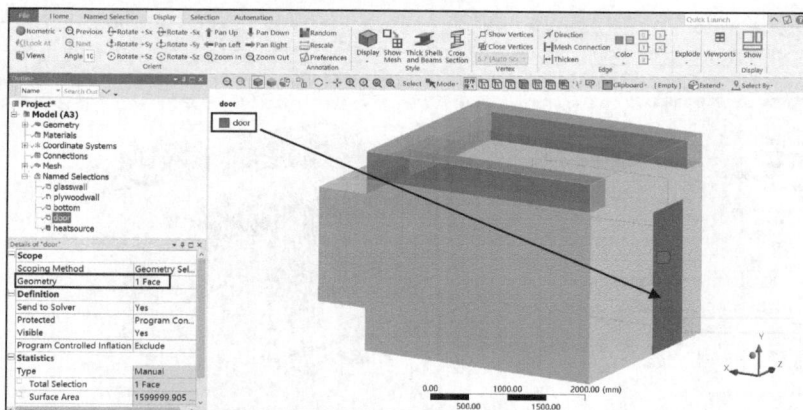

图 3-3-5　命名选择（2）

如图 3-3-6 所示，对地板平面定义设置为 bottom。

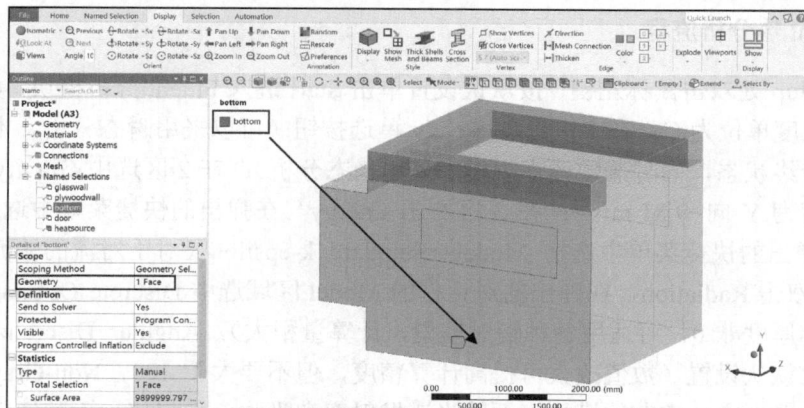

图 3-3-6　命名选择（3）

如图 3-3-7 所示，对舱体空气域除门窗和地板的其他面（前壁 5 个面，左右壁各 1 个面，顶壁 1 个面，后壁 1 个面）设置名称为 plywoodwall。

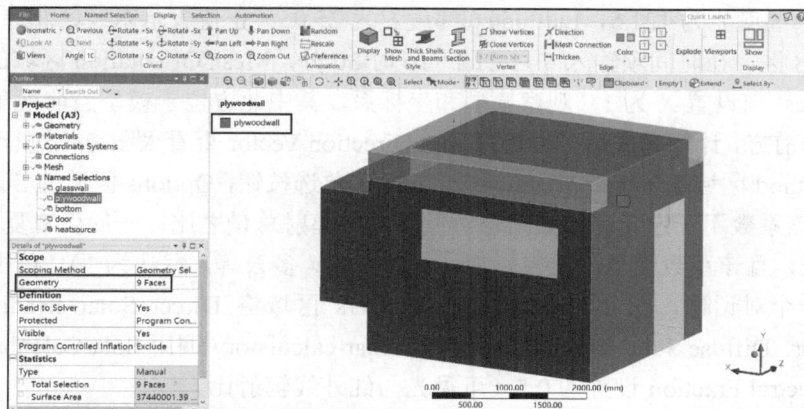

图 3-3-7　命名选择（4）

如图 3-3-8 所示，对冷风源的体设置名称为 heatsource。

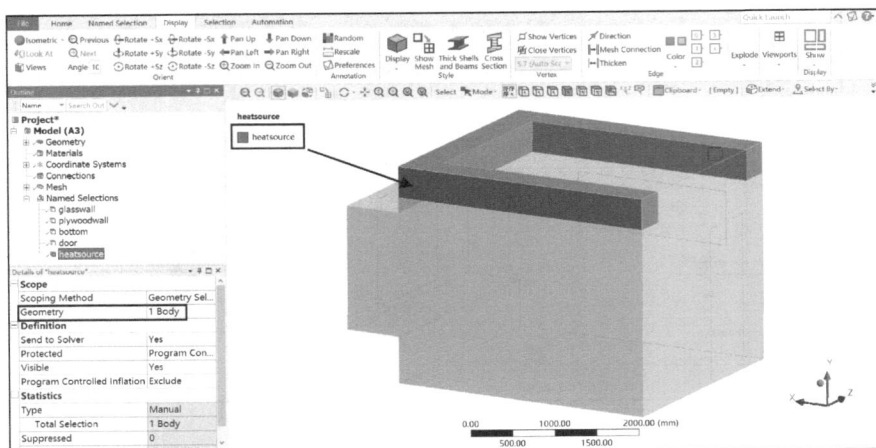

图 3-3-8　命名选择（5）

3．Fluent 热分析流程

在 A4 Setup 处双击鼠标左键，按默认设置单击 Start 进入 Fluent 分析模块，如图 3-3-9 所示。先修改温度单位为℃；在 1 区选中 Steady 单选按钮（可以采用瞬态分析，本例只考虑温度稳定后的最终状态，同时兼顾计算规模，采用稳态分析）；在 2 区选中 Gravity 复选框，定义重力加速度为 Y 向−9.81 m·s^{-2}；在 3 区右击 Energy，在弹出的快捷菜单中选择 On，右击 Viscous，在弹出的快捷菜单中选择 Model→Standard k-epsilon（对于对流的湍流模型基本适用）；在 4 区双击 Radiation，在弹出的对话框的 Model 区域选中 Discrete Ordinates（DO）单选按钮（光学厚度非 0，可适用各种辐射模型，计算量稍大），Angular Discretization 区域的参数全部采用默认设置（数值改大可提高计算精度，但不要大于 10），Non-Gray Model（非灰体模型，一般而言认定灰体模型表面的光谱发射率和吸收率为定值，不随辐射波长变化，此种模型过于理想，例如宽波段的辐射则不适用，而通过定义不同波段的非灰度模型则可以更精确地计算）区域的参数默认（简化计算规模）；在 5 区 Solar Load 下方的 Model 区域选中 Solar Ray Tracing 单选按钮（较简便），再单击 Solar Calculator 按钮，在弹出的对话框中输入 Longitude（经度）为 121.5，Latitude（纬度）为 25.05（正值表示东经、北纬），Timezone（时区）为东 8 区，在时间项输入 6 月 21 日 16 时 30 分，Mesh Orientation 区域的 North 向设置 Z 为−1，East 向设置 X 为 1（观察模型和坐标系，其中北方位于模型当前视角的内侧，东方位于舱体的前方，计算完成后可以通过 Sun Direction Vector 查看太阳方位进行对比），Solar Irradiation Method 区域选中 Fair Weather Conditions 单选按钮，Options 区域的 Sunshine Factor 设置为 0.6（该系数用于定义计算太阳辐射量与太阳辐射总量之比，一般而言夏天系数较高，冬季系数较低，且该系数受当时天气影响，例如台风、多云等，默认为 1）。单击 Apply 按钮以后返回上一个对话框，在 Illumination Parameters 区域将 Direct Solar Irradiation 设置为 solar-calculator，Diffuse Solar Irradiation 设置为 solar-calculator（调用 SolarCalculator 所得的辐射数据），Spectral Fraction 设置为 0.5（可见光与红外线辐射比）。

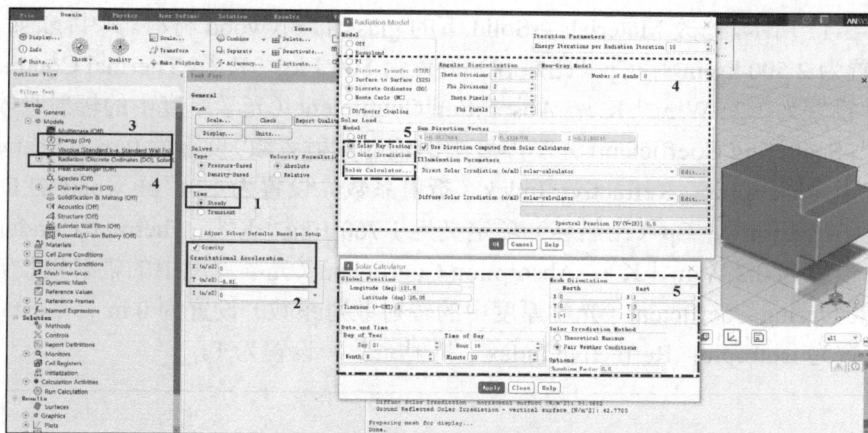

图 3-3-9 Fluent 分析设置（1）

注意

对于存在局部热源的辐射分析，一般采用 S2S 模型，但 S2S 模型只能用于光学厚度为 0 的条件（光学厚度为 0 可简单认为计算流体域对辐射透明，光学厚度大则表示计算流体域对辐射热具有吸收和再发射），所以本例采用 DO 模型，但 Angular Discretization 项需进行加密，本例为简化计算，采用默认设置。

如图 3-3-10 所示，修改 Materials→Fluid→air 材料，其中 Density（密度）设置为 1.225 kg·m^{-3}；Cp（比热容）设置为 1 006.43 J·kg^{-1}·K^{-1}；Thermal Conductivity（热传导系数）设置为 0.024 2 W·m^{-1}·K^{-1}；Viscosity（黏度）设置为 1.789 4E-5 kg·m^{-1}·s^{-1}；Absorption Coefficient（光学厚度中的辐射吸收系数，空气作为流体介质时一般不吸收热辐射，该系数可设为 0；当气体中水蒸气和 CO_2 含量较高时，则需要定义）设置为 0 m^{-1}；Scattering Coefficient（光学厚度中的辐射散射系数，空气作为流体介质时一般该系数可设为 0；若流体介质中包含离散颗粒物，则需要设置）设置为 0 m^{-1}；Scattering Phase Function 设置为 isotropic；Refractive Index（折射系数，介质中的光速和真空中的光速之比。如果介质为空气，则该系数默认为 1；如果具有方向性的辐射源问题，例如 LED 发光或激光等光学传热问题或者辐射在经过水以及玻璃等透明介质时，需要修改该参数）设置为 1。

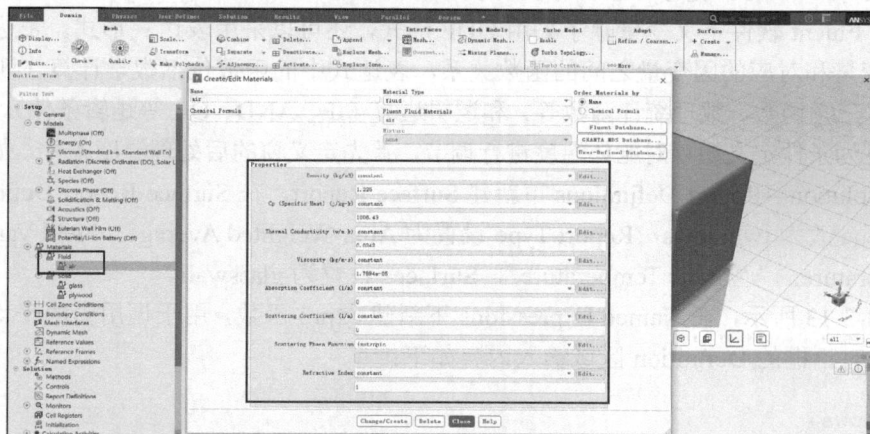

图 3-3-10 Fluent 分析设置（2）

如图 3-3-11 所示，修改 Materials→Solid 下的 glass 和 plywood 材料。其中 glass 的 Density（密度）设置为 2 500 kg·m⁻³；Cp（比热容）设置为 800 J·kg⁻¹·K⁻¹；Thermal Conductivity（热传导系数）设置为 1.25 W·m⁻¹·K⁻¹；Absorption Coefficient（光学厚度中的辐射吸收系数）设置为 30 m⁻¹；Scattering Coefficient（光学厚度中的辐射散射系数）设置为 0 m⁻¹；Scattering Phase Function 设置为 isotropic；Refractive Index（折射系数）设置为 1.5。plywood 的 Density（密度）设置为 620 kg·m⁻³；Cp（比热容）项定义为 1 760 J·kg⁻¹·K⁻¹；Thermal Conductivity（热传导系数）设置为 0.2 W·m⁻¹·K⁻¹；Absorption Coefficient（光学厚度中的辐射吸收系数）设置为 0 m⁻¹；Scattering Coefficient（光学厚度中的辐射散射系数）设置为 0 m⁻¹；Scattering Phase Function 设置为 isotropic；Refractive Index（折射系数）设置为 1。

注意

参数仅供参考，不可直接用于实际工程计算。

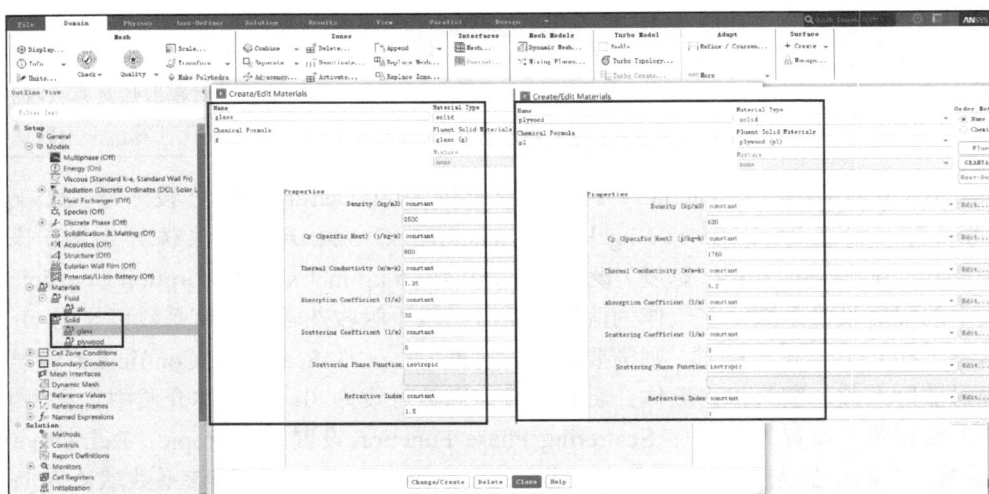

图 3-3-11 Fluent 分析设置（3）

本例对 heatsource 域定义源项用于模拟空调制冷过程。源项可以定义为常数，也可以定义为变量。Fluent 软件定义变量除了采用 UDF 形式，还可以采用表达式形式。表达式能够显式表达自变量和对应的因变量之间的函数关系，表达式中的函数包括数学计算（四则运算、指数运算、三角函数、数理统计函数等）和逻辑运算（IF、AND、OR 等逻辑条件）。本例以窗的平均温度为条件定义源项对舱体温度进行调节，首先定义窗的后处理温度条件，如图 3-3-12 所示，在 Solution→Report Definitions 下新建 Surface Report，在 Surface Report Definition 对话框中将 Name 改为 twindows，Report Type 设置为 Area-Weighted Average，Field Variable 设置为"Temperature..."" Static Temperature"，Surfaces 设置为 glasswall。

如图 3-3-13 所示，在 Named Expressions 下新建 expr3 函数，用于调用窗的平均温度，在 Expression 对话框的 Definition 区域输入内容如下：

```
{twindows}
```

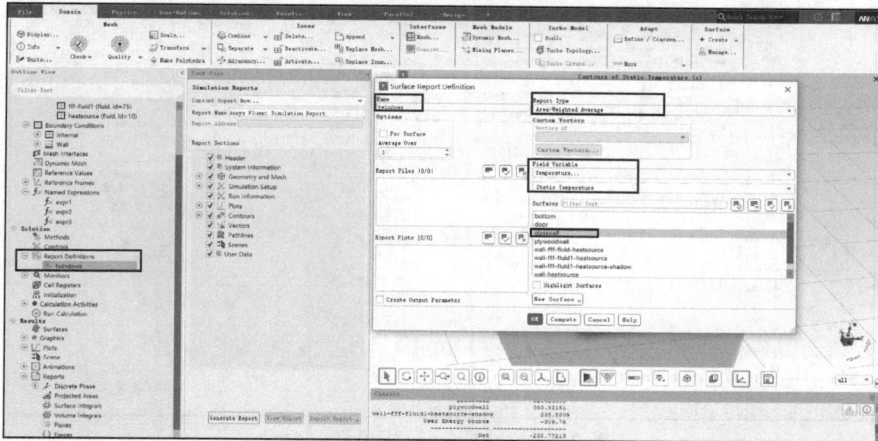

图 3-3-12 Fluent 分析设置（4）

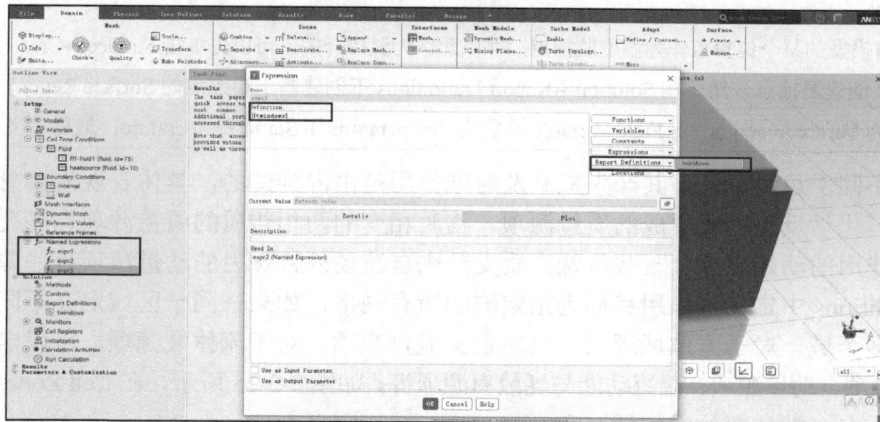

图 3-3-13 Fluent 分析设置（5）

如图 3-3-14 所示，在 Named Expressions 下新建 expr2 函数，在 Expression 对话框的 Definition 区域输入内容如下：

```
IF(expr3<308[K], -200[W m^-3],-220[W m^-3])
```

该函数表达式意义为：当窗的平均温度小于 308 K 时，热源为–200 W·m^{-3}（制冷），否则热源为–220 W·m^{-3}，式中的 expr3 由 Expressions 下拉按钮选择而得，必须输入单位（无点，单位之间空格），用"[]"标定，且单位只能取国际单位制。如果表达式与所对应变量的量纲不一致，软件会报错，这就要求对指数、三角函数等函数形式进行无量纲处理。

例如，温度与对流换热系数公式为：

$$h = 296\ln T - 1650 ， \quad 273\,\text{K} \leqslant T \leqslant 323\,\text{K}$$

输入表达式内容如下：

```
296[W m^-2 K^-1]*log(Static Temperature/1[K])-1 650[W m^-2 K^-1]
```

Plot→Primary Independence Variable 的 Min 设置为 273，Max 设置为 323，其中（Static Temperature/1[K]）即为无量纲化。

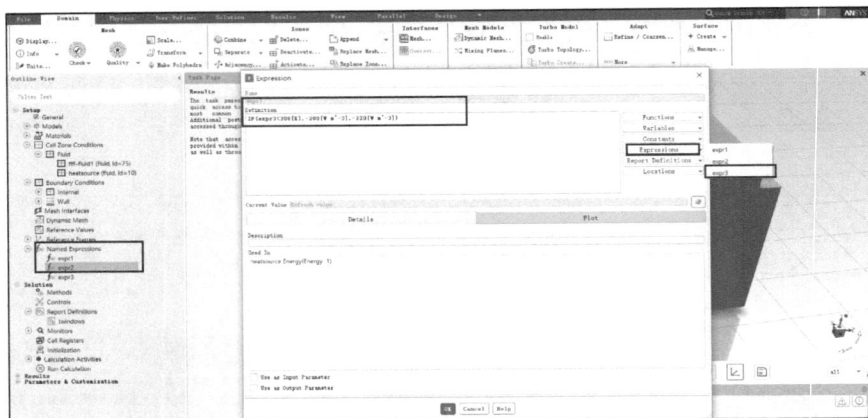

图 3-3-14　Fluent 分析设置（6）

注意

如果将模型的某个位置点作为温度监控点，并以此作为温控开关，可以先单击 Surface→Create→Point...，基于坐标系创建温控点，然后在 Solution→Report Definitions 下创建基于温控点的 Surface Report，将 Report Type 设置为 Vertex Average，将 Field Variable 设置为 Temperature 和 Static Temperature，最后定义函数即可。

源项不同于边界条件，其产生机制及对域作用是由内到外的，具体表现为自身产生热量的热源项、化学反应物质生成的质量源项、物质相变的两相传质的质量源项、多孔介质对流动的阻碍作用的动量源项、一些特殊介质受到来自流场外特殊力的动量源项等。源项在 Cell Zone Conditions 中定义，作用目标为指定域的所有网格，如果在同一区域定义不同源项，则需要建立多个域。对于固体域源项，只能定义能量源项；对于流体域源项，可以定义质量源项、能量源项、动量源项、湍流动能与耗散率源项等。如图 3-3-15 所示，在 Cell Zone Conditions 下将 fff-fluid1（默认舱体空气域）和 heatsource 域均定义为 Fluid，Material Name 均设置为 air，其中 fff-fluid1 域全部采用默认设置，设置 heatsource 域时，在 Fluid 对话框中选中 Source Terms（源项）复选框，切换到 Source 选项卡，单击 Energy 右侧的 Edit 按钮，在弹出的对话框中选择 expr2 函数，单位为 $W·m^{-3}$，即每立方米空间产生/吸收的热量，如果 expr2 函数的量纲与 Energy 的量纲不一致，则不能调用。

图 3-3-15　Fluent 分析设置（7）

如图 3-3-16 所示，双击 Boundary Conditions→Wall→bottom（依据命名选择自动创建边界条件项），在弹出的对话框中单击 Thermal 选项卡，将 Thermal Conditions 设置为 Convection，Heat Transfer Coefficient 设置为 0.5 W·m⁻²·K⁻¹、Free Stream Temperature（域外的对流参考温度）设置为 26.85℃、Wall Thickness 设置为 0.2 m、Material Name 设置为 plywood，单击 Radiation 选项卡，将 BC Type 设置为 opaque（不透明）、Internal Emissivity（域内的发散率）设置为 1、Diffuse Fraction（漫反射）设置为 1（完全漫反射，为 0 是完全镜面反射）、选中 Participates in Solar Ray Tracing（阳光轨迹跟踪）复选框、Absorptivity 区域的 Direct Visible（可见光辐射吸收率）设置为 0.8、Direct IR（红外线辐射吸收率）设置为 0.8。

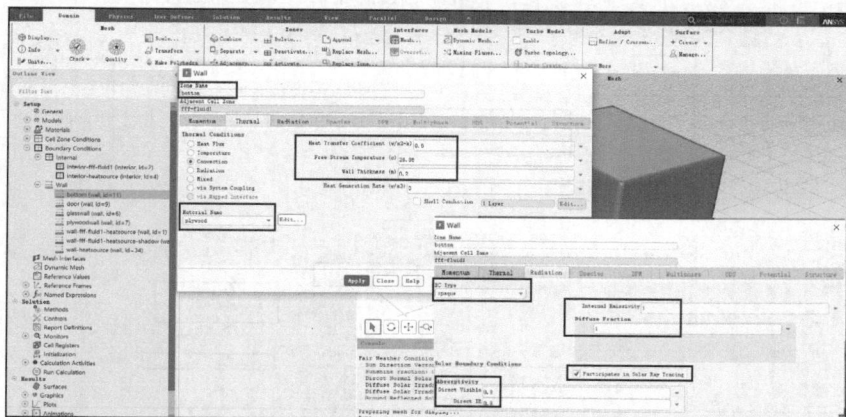

图 3-3-16　Fluent 分析设置（8）

如图 3-3-17 所示，双击 Boundary Conditions→Wall→door（依据命名选择自动创建边界条件项），在弹出的对话框中单击 Thermal 选项卡，将 Thermal Conditions 设置为 Convection，Heat Transfer Coefficient 设置为 10 W·m⁻²·K⁻¹、Free Stream Temperature 设置为 26.85℃、Wall Thickness 设置为 0.04 m、Material Name 设置为 plywood，单击 Radiation 选项卡，将 BC Type 设置为 opaque，将 Internal Emissivity 设置为 1，将 Diffuse Fraction 设置为 1，选中 Participates in Solar Ray Tracing 复选框，将 Absorptivity 区域的 Direct Visible 设置为 0.8，将 Direct IR 设置为 0.8。

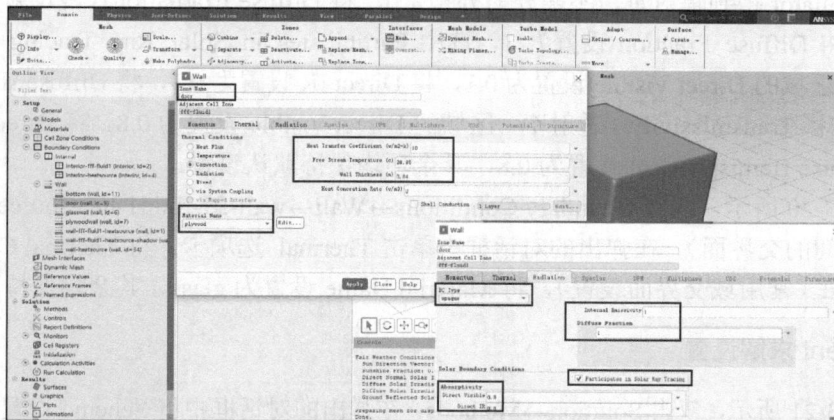

图 3-3-17　Fluent 分析设置（9）

如图 3-3-18 所示，双击 Boundary Conditions→Wall→plywoodwall（依据命名选择自动创建边界条件项），在弹出的对话框中单击 Thermal 选项卡，将 Thermal Conditions 设置为 Convection，将 Heat Transfer Coefficient 设置为 10 W·m^{-2}·K^{-1}、Free Stream Temperature 设置为 30℃、Wall Thickness 设置为 0.05 m、Material Name 设置为 plywood，单击 Radiation 选项卡，将 BC Type 设置为 opaque，将 Internal Emissivity 设置为 1，将 Diffuse Fraction 设置为 1，选中 Participates in Solar Ray Tracing 复选框，将 Absorptivity 区域的 Direct Visible 设置为 0.8，将 Direct IR 设置为 0.8。

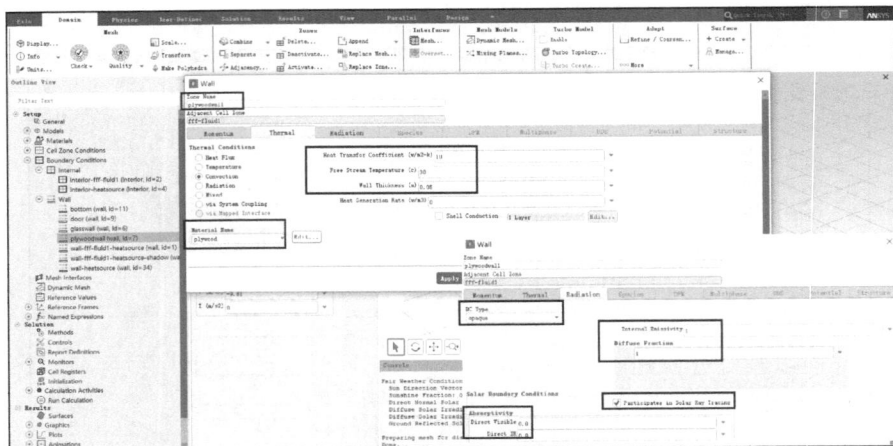

图 3-3-18　Fluent 分析设置（10）

如图 3-3-19 所示，双击 Boundary Conditions→Wall→glasswall（依据命名选择自动创建边界条件项），在弹出的对话框中单击 Thermal 选项卡，将 Thermal Conditions 设置为 Mixed，Heat Transfer Coefficient 设置为 10 W·m^{-2}·K^{-1}，将 Free Stream Temperature 设置为 35℃，将 External Emissivity（域外的发散率）设置为 0.8，将 External Radiation Temperature（域外的辐射参考温度）设置为 35℃，将 Wall Thickness 设置为 0.005 m，将 Material Name 设置为 glass，单击 Radiation 选项卡，将 BC Type 设置为 semi-transparent（半透明），Beam Width（Theta 和 Phi 定义域外光束宽度）保持默认设置，将 Direct Irradiation（辐射通量）设置为 0（本例由 Solar Caculator 得到辐射量，不需要另外指定），将 Diffuse Irradiation（漫反射辐射通量）设置为 0，将 Diffuse Fraction 设置为 1，选中 Participates in Solar Ray Tracing 复选框，将 Absorptivity 区域的 Direct Visible 设置为 0.1，将 Direct IR 设置为 0.1，将 Diffuse Hemispherical 设置为 0.1，将 Transmissivity（透射率）区域的 Direct Visible 设置为 0.8，将 Direct IR 设置为 0.8，将 Diffuse Hemispherical 设置为 0.8，其余项均保持默认设置。

如图 3-3-20 所示，双击 Boundary Conditions→Wall→wall-fff-fluid1-heatsource（自动创建的两个域之间的交界面），在弹出的对话框中单击 Thermal 选项卡，将 Thermal Conditions 设置为 Coupled（常用域交界面设置），将 Material Name 设置为 glass，其余均保持默认设置。

4．Fluent 求解设置

如图 3-3-21 所示，双击 Solution→Methods，在弹出的对话框中将 Scheme 设置为 Coupled，选中 Pseudo Transient 复选框；双击 Solution→Initialization，在弹出的对话框中将 Initialization

Methods 设置为 Standard Initialization；双击 Solution→Run Calculation，在弹出的对话框中将 Number of Iterations 设置为 2 000。为了计算简便，其余均保持默认设置。

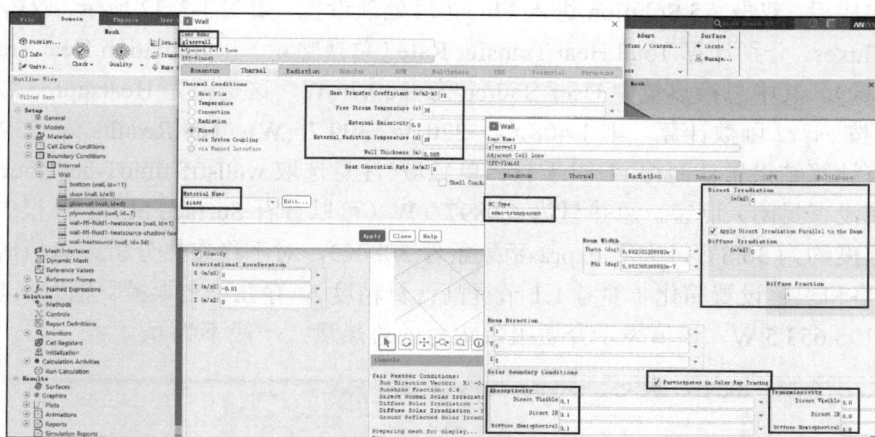

图 3-3-19　Fluent 分析设置（11）

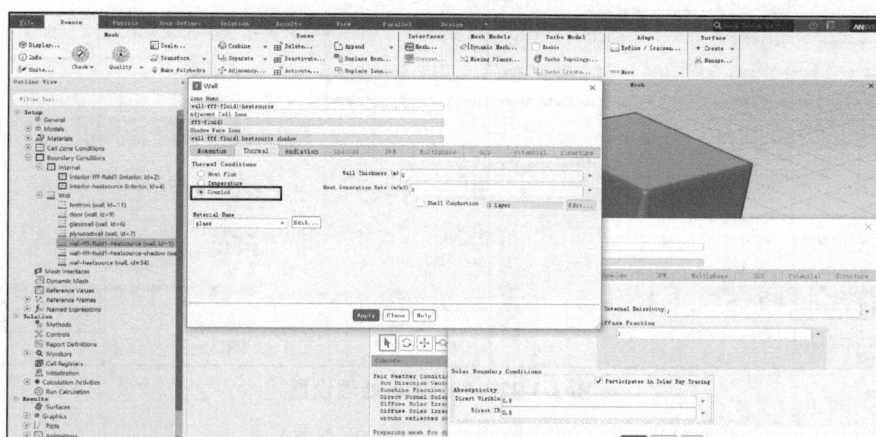

图 3-3-20　Fluent 分析设置（12）

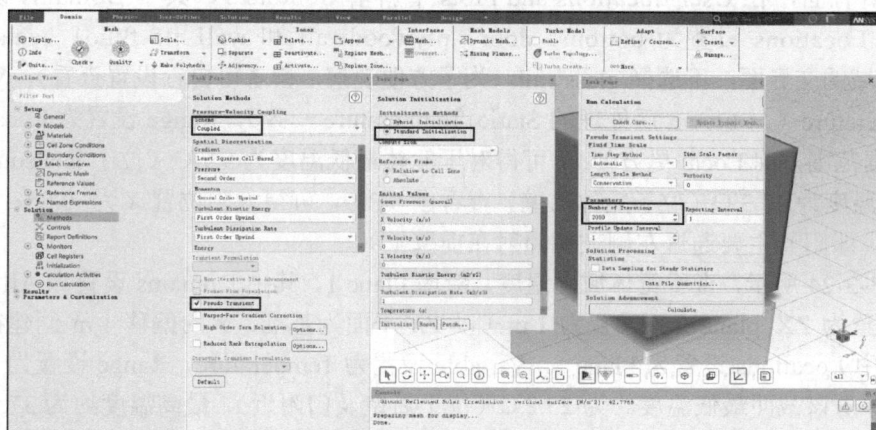

图 3-3-21　Fluent 求解设置

5．Fluent 热分析后处理

计算完成后，双击 A5 Solution 进入 Fluent 后处理设置，如图 3-3-22 所示。双击 Results→Reports→Fluxes，分别计算 Total Heat Transfer Rate（总换热量）和 Radiation Heat Transfer Rate（辐射换热量）。其中总换热量中 User Source 为 -309.76 W，这是因为 Heatsource 域总体积为 1.408 m³，按 expr2 函数计算，则 $1.408 \times (-220) = -309.76$(W)；Net Results 为 $-239.772\,1$ W，这是由所有计算结果累计而得，但对于舱体单独域（注意选取 wall-fff-fluid1-heatsource-shadow 面，否则域没有封闭）而言，总热量为 $69.897\,9$ W（可以查看 Surface Integrals 报告，结果显示窗平均温度约为 36.6℃，大于 expr2 函数条件 308 K），对于稳态热分析，该值应该接近于 0，由于网格和求解设置简化（参考 1.1 节提高计算精度），存在一定误差。辐射换热量中 Net Results 为 $195.653\,5$ W，该值表示介质吸收辐射的总热量，一般不为 0。

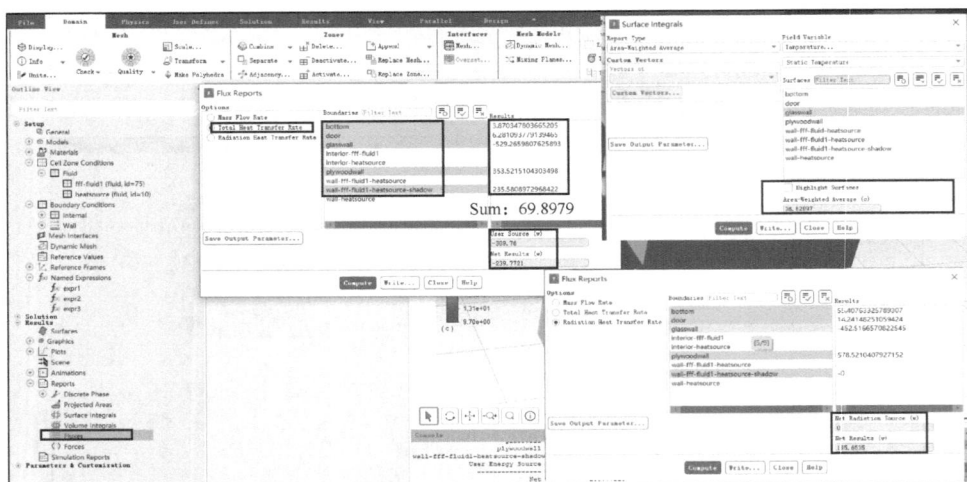

图 3-3-22　Fluent 后处理设置

双击 A6 Result 进入 CFD-Post 后处理设置，如图 3-3-23 所示。选中 Cases→FFF→fff fluid1 域下面的所有面，在 User Locations and Plots 下新增 Contour 1，其中 Domains 设置为 All Domains，Locations 设置为 bottom、door、plywoodwall 和 wall fff fluid1 heatsouce（与 heatsouce 域的交界面，不选择 glasswall，为了方便观察，读者可自行设置查看），Variable 设置为 Temperature（与 Fluent 后处理的 Static Temperature 一致），Range 设置为 Local（Global 为全局数据范围，用 Local 更方便）。可得对于舱体最低温度为 9.7℃（位于 heatsouce 域交界面），最高温度为 43.3℃（位于舱体前壁，查看图 3-3-9，可得太阳位置 X 为 -0.85、Y 为 0.47、Z 为 -0.22，即阳光主要通过左侧玻璃照射在前壁上）。

如图 3-3-24 所示，查看舱体域内温度，新增 Plane 1，其中 Domains 设置为 All Domains、Method 设置为 ZX plane，Y 设置为 1 m（以 ZX 平面为基准，Y 向偏移 1 m 创建截面）。在 Contour 1 中 Locations 设置为 Plane 1，Variable 设置为 Temperature，Range 设置为 Local。可得对于舱体内该截面最低温度约为 25.2℃（位于后壁及门附近），最高温度约为 37.8℃（位于舱体前壁和前玻璃附近，读者可以修改 Plane 1 的位置，观察其他位置的温度）。

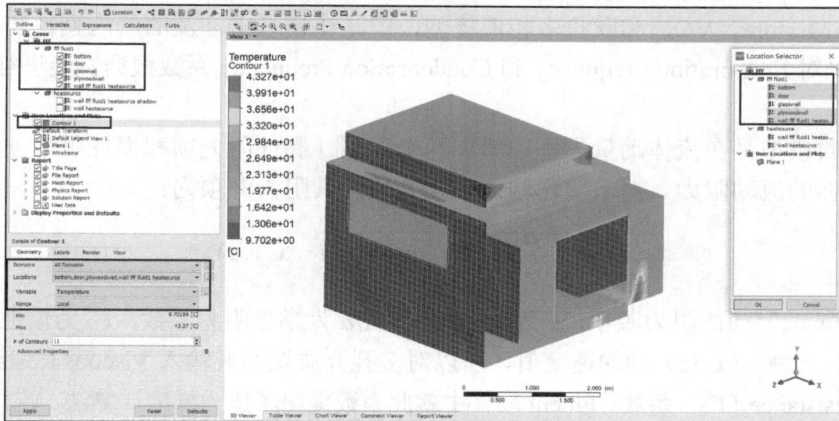

图 3-3-23 CFD-Post 后处理设置（1）

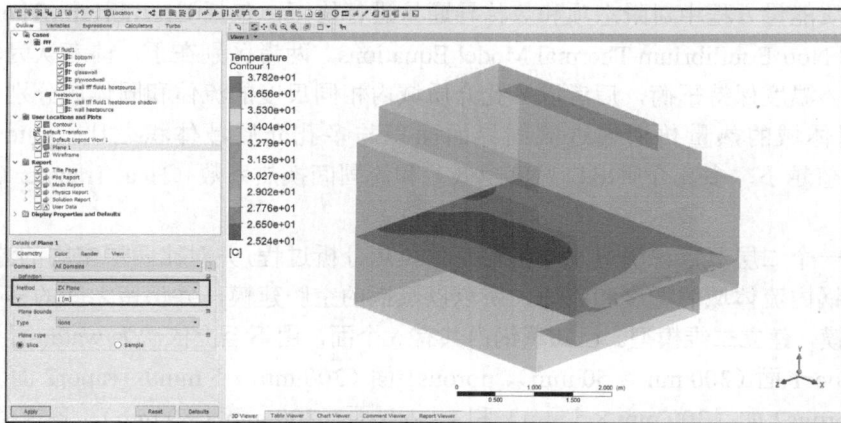

图 3-3-24 CFD-Post 后处理设置（2）

对比 2.2 节和 2.3 节 Mechanical 模块中的热对流和热辐射分析，Fluent 模块中的热对流和辐射分析主要研究对象是各个热边界中间的空间域，而 Mechanical 模块更倾向的研究对象为热边界，在空间域相关热参数已知的情况下，明显 Mechanical 模块更加简单方便。在实际分析中，因为 Mechanical 模块在边界处准确，但易于出现低于环境温度的噪点，而 Fluent 模块在空间域内准确，但边界处常出现热不平衡误差，所以可以先以 Fluent 计算空间域内的热参数，再以此热参数在 Mechanical 模块中计算边界处的温度分布，并进行两模块计算数据的对比，以综合评定计算结果。

> **注意**
> 默认所有面均为不透明，不方便观察内部后处理情况，需要单击某个面，在 Details 窗口中修改 Render→Transparency 为 0.8 左右，即可透明显示。

3.4 蒸发与多孔介质传热分析

Fluent 中使用 Lee 和热相变两种模型描述蒸发/冷凝过程中的相间质量传递，其中 Lee 模型可应用于 Mixture、VOF 和欧拉多相流模型，但是该模型中涉及的气泡直径和调节系数不可预知，所以对 Evaporation Frequency 和 Condensation Frequency 系数根据试验进行 0.1～1 000 的调整。

多孔介质模型是在流体动量方程中增加两个源项（黏性阻力项和惯性阻力项）来模拟多孔介质对流体的流动阻力。对于简化均匀多孔介质，其阻力源项为：

$$S_i = -\left(\frac{\mu}{\alpha}v_i + C_2 \frac{1}{2}|v|v_i\right) \quad (i = x, y, z)$$

式中 S_i 为 i（x,y,z）向的阻力源项，μ 为动力黏度，$1/\alpha$ 为黏性阻力系数，C_2 为惯性阻力系数，$|v|$ 为速度值，v_i 为 i（x,y,z）向的速度值，所以对多孔介质域需要输入 Viscous Resistance（$1/\alpha$）和 Inertial Resistance（C_2）系数。Fluent 软件中就此系数提出了压力梯度计算法、流化床的 Ergun 公式、湍流经过方孔组成的多孔介质经验公式和层流经过纤维组成的多孔介质参数表等。

多孔介质能量方程中对瞬态项和热传导通量进行修正，包括 Equilibrium Thermal Model Equations 和 Non-Equilibrium Thermal Model Equations。两者区别在于，前者认为多孔介质域内流体和固体温度保持平衡，后者以多孔介质域内相同尺度的流体和固体域分别计算热量，流体域和固体域的热量传递通过流固界面面积与多孔介质域体积之比（Interfacial Area Density，数值越小，多孔介质出口温度越低）和流固间换热系数（Heat Transfer Coefficient）进行计算。

下面以一个二层蒸锅说明蒸发与多孔介质传热分析过程，并对比两层空间的温度和流速。因为要研究锅内流体域的温度和流速，所以以蒸锅的空腔建模，并保留之间的多孔介质，为简化计算规模，建立二维模型。已知蒸锅内共有 6 个面，由下至上依次为 water 面（300 mm × 70 mm）、vapor1 面（300 mm × 50 mm）、porous1 面（300 mm × 5 mm）、vapor2 面（300 mm × 80 mm）、porous2 面（300 mm × 5 mm）和 vapor3 面（300 mm × 80 mm），各模型采用 Share 连接，如图 3-4-1 所示。

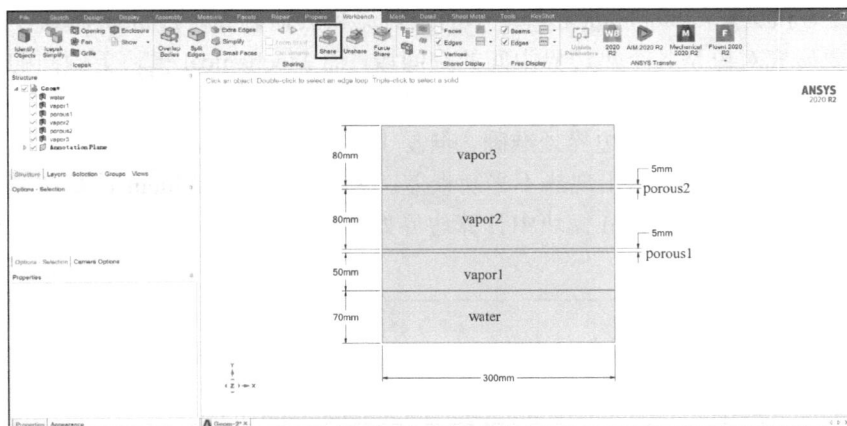

图 3-4-1　蒸锅模型

1. 建立分析流程

如图 3-4-2 所示，建立分析流程。其中 A 框架结构的 Spaceclaim 建模模块、B 框架结构的 Mesh 划分网格、C 框架结构的 Fluent 热分析用于进行二层蒸锅内热分析。因为在 Fluent

计算中需要调用多孔介质参数，所以采用压力梯度计算法求得该参数，而压力梯度计算法的数据除了来源于实验数据，还可以由软件计算而得。对于规整孔径和孔距的多孔介质，软件计算得到的数据较实验数据更加快捷方便，即便对于复杂孔隙的多孔介质，计算结合实验数据也可以得到非常精确的多孔介质参数。D 框架结构的 Spaceclaim 建模模块、E 框架结构的 Mesh 划分网格、F 框架结构的 CFX 流场分析用于计算多孔介质参数。

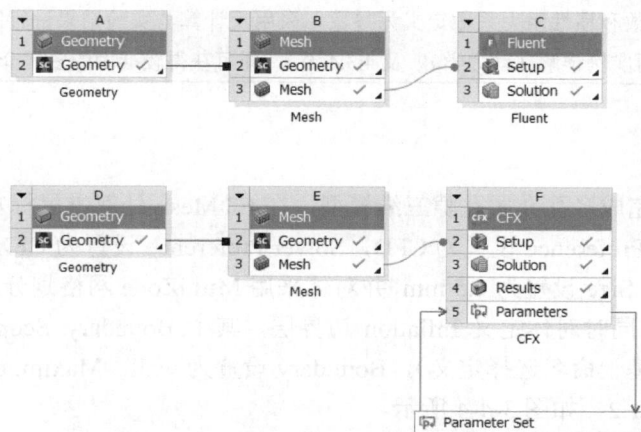

图 3-4-2　分析流程

2. 建立多孔介质模型

已知多孔介质由直径 2 mm、间距 2.5 mm 的均布孔系组成，为得到多孔介质参数，选一个孔隙建立三维模型，如图 3-4-3 所示。孔隙模型中部为直径 $\phi 2$ mm、高度 5 mm 的圆柱，两端各一个 2.5 mm、高度 25 mm 的正六棱柱。其中部圆柱模型为多孔介质的孔空腔，正六棱柱两端面为多孔介质前后进气和出气面，棱柱面为孔隙的对称面，高度可定义为多孔介质厚度的 5 倍，也可以用参数化进行处理，但是不能定义太短，否则该模型计算误差很大。

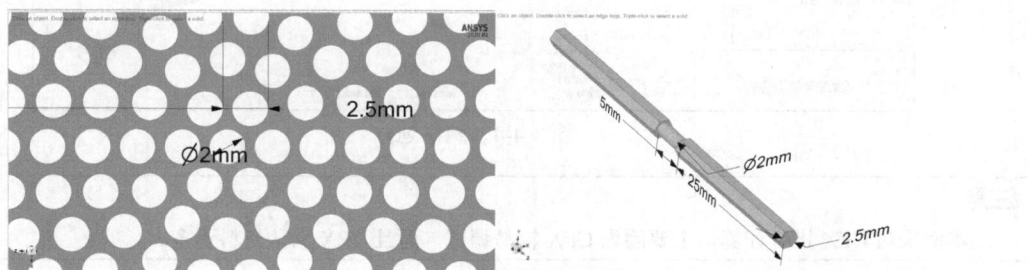

图 3-4-3　多孔介质模型

多孔介质阻力源项 $S_i = -\dfrac{\Delta p}{\Delta n}$，式中 Δp 为进出口压力梯度，Δn 为多孔介质厚度；则 $\Delta p = \left(\dfrac{\mu}{\alpha} v_i + C_2 \dfrac{1}{2} |v| v_i \right) \Delta n$，将公式按分类简化，即 $\Delta p = \alpha_1 v + \alpha_2 v^2$，其中 $\alpha_1 = \Delta n \dfrac{\mu}{\alpha}$，$\alpha_2 = \dfrac{1}{2} \Delta n C_2 \rho$，$\rho$ 为流体密度。所以只要将压力梯度拟合为流速的二次多项式形式，即可求

得黏性阻力系数和惯性阻力系数。

注意

对于规整孔径和孔距的多孔介质，一般取一个或环绕一圈的孔隙模型即可；对于孔径和孔距已知的不规整多孔介质，建议建立全模型的孔隙模型再与实验结果进行对比，因为一般多孔介质内都按照达西流处理，所以即便模型复杂，计算过程也比较简单；对于孔径和孔距未知的不规整多孔介质，建议将多孔介质中的黏性阻力系数和惯性阻力系数定义为参数，采用反计算与实验结果进行匹配（参见《ANSYS Workbench 有限元分析实例详解（动力学）》及 4.3.4 节），即可获得较准确的多孔介质参数。

3．划分网格

在 D 框架结构完成多孔介质孔隙三维模型，在 E3 Mesh 处双击鼠标左键，进入 Mesh 划分网格。将 Physics Preference 设置为 CFD，Solver Preference 设置为 CFX，Element Order 设置为 Linear，Element Size 设置为 0.5 mm，并对体采用 MultiZone 网格划分，其中 Mapped Mesh Type 设置为 Hexa，同时对体定义 Inflation 边界层，其中 Boundary Scoping Method 设置为 Named Selections（基于命名选择定义），Boundary 设置为 wall，Maximum Layers 设置为 5，Growth Rate 设置为 1.2，如图 3-4-4 所示。

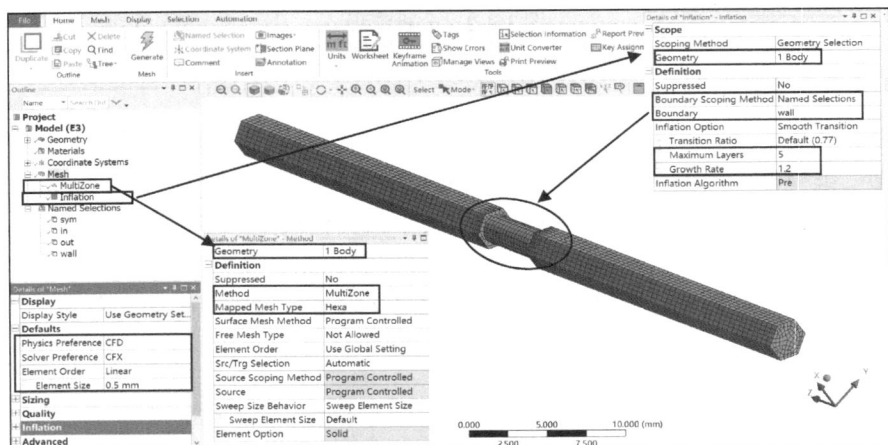

图 3-4-4　网格划分

注意

本例采用 CFX 进行计算，主要因为 CFX 较易调试，而且 CFX 默认材料更多。

为方便加载边界条件等，采用 Named Selections 对相应面进行设置。如图 3-4-5 所示，对 12 个棱柱面设置名称为 sym；对左侧端面设置名称为 in；对右侧端面设置名称为 out；对中间圆柱面及相邻两个棱柱端面设置名称为 wall。

4．CFX 对多孔介质模型之流场分析

在 F2 Setup 处双击鼠标左键，进入 CFX 分析模块。右击 Materials 项，在弹出的快捷菜单中选择 Import Library Data，在弹出的对话框中展开 Water Data，选择 Water Vapor at 100℃

（蒸锅中仅有水蒸气通过多孔介质）备用。

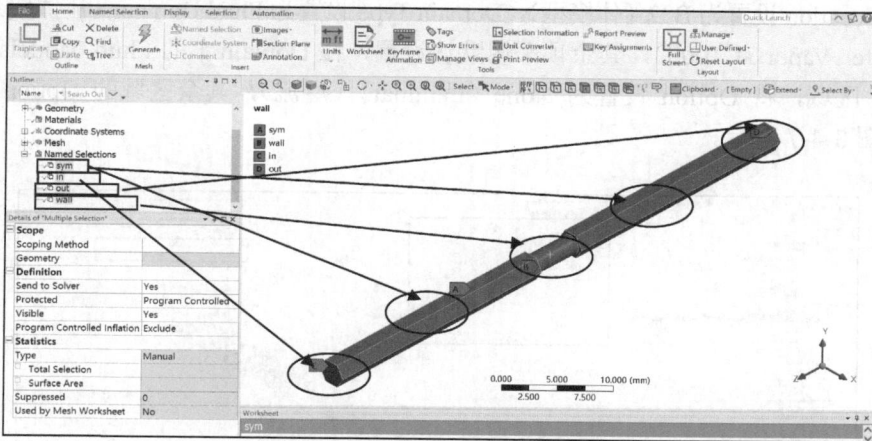

图 3-4-5　命名选择

在 Expressions 项中新建函数 DP（压力梯度），输入内容如下：

```
areaAve(p)@in-areaAve(p)@out
```

该函数表达式意义为：入口平均压力减去出口平均压力。式中 areaAve（面积平均）由 Functions→Locator-based 中函数库调用；p（压力）由 Variables 中变量库调用；@为定位标识，后面为模型位置，本例表示基于命名选择的 in 和 out 面。

在 Expressions 项中新建函数 inV（入口流速），输入内容如下：

```
1 [m s^-1]
```

该函数表达式意义为：定义入口流速为 $1\ \mathrm{m\cdot s^{-1}}$。Fluent 中的表达式与此类似，必须输入单位，且格式一致。右击该函数，选中 Use as Workbench Input Parameter，即表示将入口流速作为参数输入，如图 3-4-6 所示。

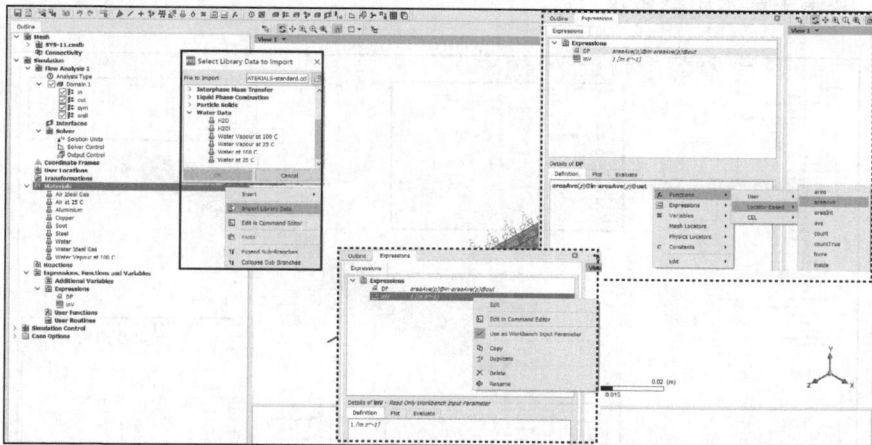

图 3-4-6　CFX 分析设置（1）

双击 Analysis Type 项，将 Option 设置为 Steady State（稳态），先右击 Default Domain 将

其删除，再右击 Flow Analysis 1 插入 Domain 1（创建域 1），在 Domain 1 的 Basic Settings 选项卡中将 Location 设置为 B32（体模型），Domain Type 设置为 Fluid Domain（流体域），Material 设置为 Water Vapor at 100℃，其余项采用默认设置，在 Domain 1 的 Fluid Models 选项卡的 Turbulence 区域，将 Option 设置为 None（Laminar）（层流），其余区域的 Option 均设置为 None，如图 3-4-7 所示。

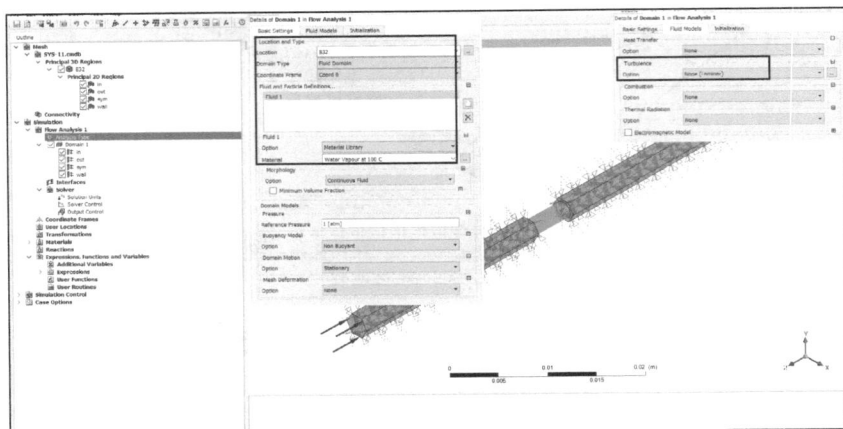

图 3-4-7　CFX 分析设置（2）

如图 3-4-8 所示，右击 Domain 1 项依次插入 in、out、sym 和 wall 边界条件，其中 in 边界条件的 Basic Settings 选项卡中的 Location 设置为命名选择定义的 in 面，在 Boundary Details 选项卡中将 Mass And Momentum 区域的 Option 设置为 Normal Speed，Normal Speed 设置为 inV；Out 边界条件的 Basic Settings 选项卡中的 Location 设置为命名选择定义的 out 面，在 Boundary Details 选项卡中将 Mass And Momentum 区域的 Option 设置为 Static Pressure，Relative Pressure 设置为 0 Pa；sym 边界条件的 Basic Settings 选项卡中的 Location 设置为命名选择定义的 sym 面；wall 边界条件的 Basic Settings 选项卡中的 Location 设置为命名选择定义的 wall 面。其余全部采用默认设置。

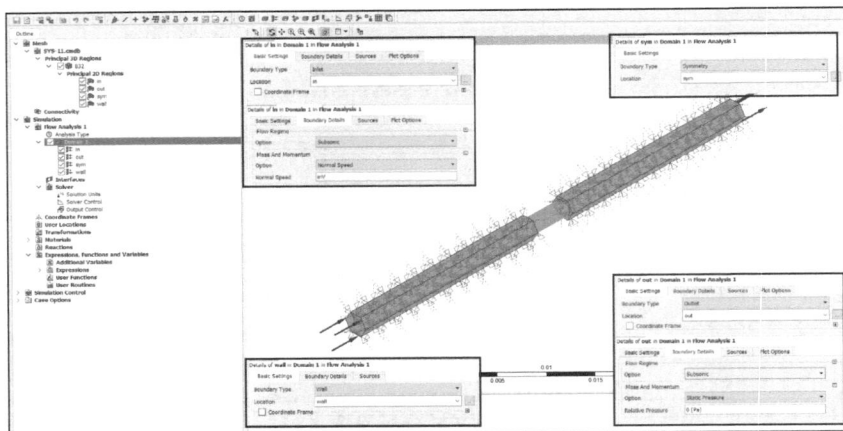

图 3-4-8　CFX 分析设置（3）

在 F4 Results 处双击鼠标左键，进入 CFX 后处理模块，如图 3-4-9 所示。右击 User Locations and Plots，插入 Contour1，可得压力分布云图，由此可以估计出棱柱高度。单击 Expressions 选项卡，右击 DP，在弹出的快捷菜单中选择 Use as Workbench Output Parameter，将此作为输出参数。

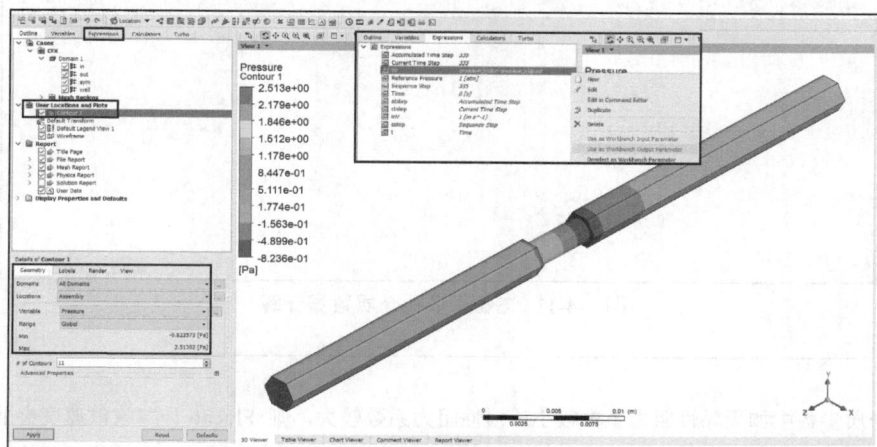

图 3-4-9 CFX 后处理设置

关闭 CFX，双击 Parameter Set 项，如图 3-4-10 所示，在 1 区输入需要修改的入口流速，单击 2 区图标，其压力梯度结果就会在 3 区显示。

注意

必须输入一定数量的样本，否则无法保证拟合的精度。

图 3-4-10 入口流速与压力梯度参数化计算

将入口流速和压力梯度数据复制到 Excel 中，如图 3-4-11 所示。其中 A 列为入口流速，B 列为压力梯度，按二阶多项式进行拟合，并定义"设置截距"为 0，使拟合公式符合 $\Delta p = \alpha_1 v + \alpha_2 v^2$ 形式。密度和黏度由 CFX 的 Materials 中 Water Vapor at 100℃数据库查询而得，孔隙率为圆面积除以正六边形面积（3.141 6/5.413）而得，H 列中的 0.746 为拟合公式中的二次项系数，I 列的 1.210 3 为拟合公式中的一次项系数，惯性阻力系数由 2*H2/(D2*G2)计算而得，黏性阻力系数由 I2/(E2*G2)计算而得。

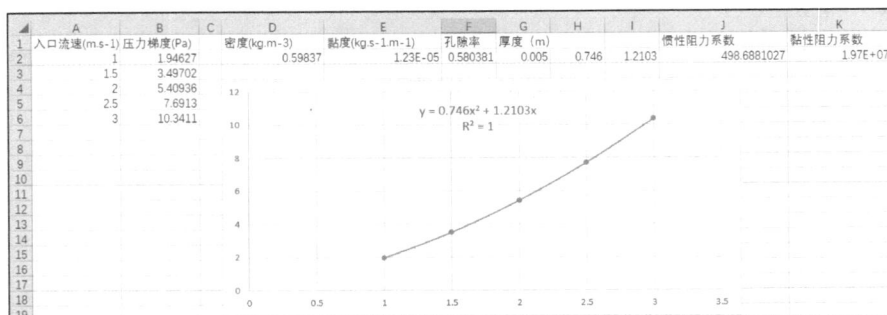

图 3-4-11　Excel 多孔介质数据计算

注意

多孔介质参数中如果黏性阻力系数较小或惯性阻力系数较大，则 Fluent 计算收敛速度会非常慢，此时需要定义一个较合适的多孔介质压力梯度初始值，并以 Patch 形式定义多孔介质前后域的初始压力梯度。对于各向异性的多孔介质，其阻力系数一般相差 1 000 倍。如果多孔介质某个方向阻力为无限大，只需将其阻力系数设置为主流方向阻力系数的 1 000 倍。

5．蒸锅模型划分网格

在 B3 Mesh 处双击鼠标左键，进入 Mesh 划分网格。将 Physics Preference 设置为 CFD，Solver Preference 设置为 Fluent，Element Order 设置为 Linear，Element Size 设置为 1.5 mm，如图 3-4-12 所示。

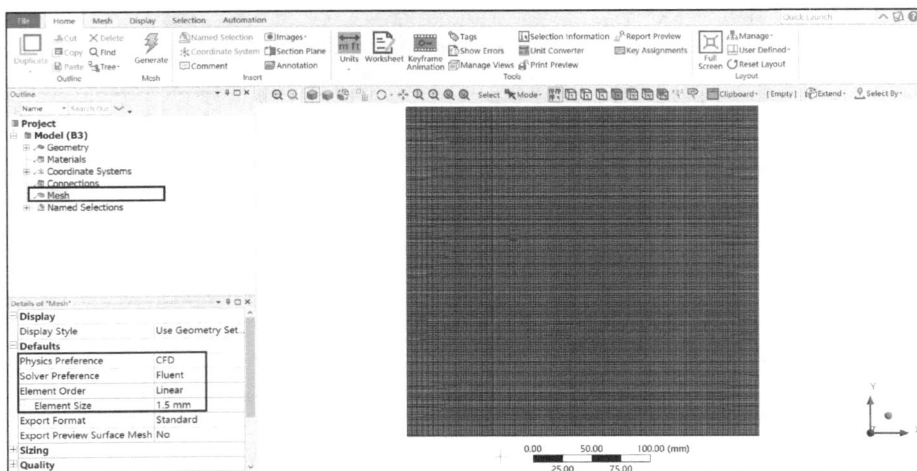

图 3-4-12　网格划分

如图 3-4-13 所示，对下边线设置名称为 in，对上边线设置名称为 out。

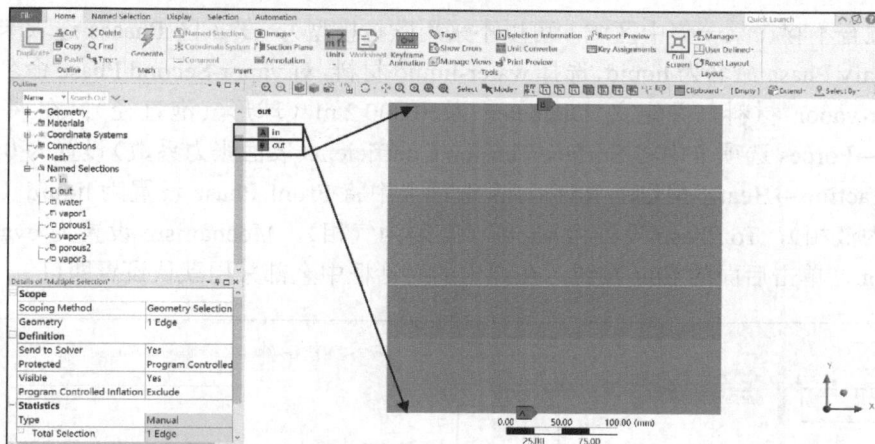

图 3-4-13 命名选择

6. Fluent 热分析流程

在 C2 Setup 处双击鼠标左键，按默认设置单击 Start 进入 Fluent 分析模块，如图 3-4-14 所示。先修改温度单位为℃；在 1 区 Time 区域选中 Transient 单选按钮（研究蒸锅内温度随时间的变化情况）；在 2 区选中 Gravity 复选框，定义重力加速度为 Y 向 -9.81 m·s^{-2}。蒸锅内下层水受热变成水蒸气，该相变过程在 Fluent 中采用多相流模型。为实现多相流模拟，先定义材料。在 3 区中任意双击一种材料，在弹出的 Create/Edit Materials 对话框中单击 4 区的 Fluent Database 按钮，从默认软件数据库中复制 water-liquid 和 water-vapor 两种材料。该材料数据库在没有定义多相流模型时没有 Standard State Enthalpy 和 Reference Temperature 等项，定义多相流模型后，water-liquid 材料的 Standard State Enthalpy 设置为 0（液态均设定为 0），Reference Temperature 设置为 100℃（相变温度）；water-vapor 材料的 Standard State Enthalpy 设置为 4E7 J·kg^{-1}·mol^{-1}，Reference Temperature 设置为 100℃。

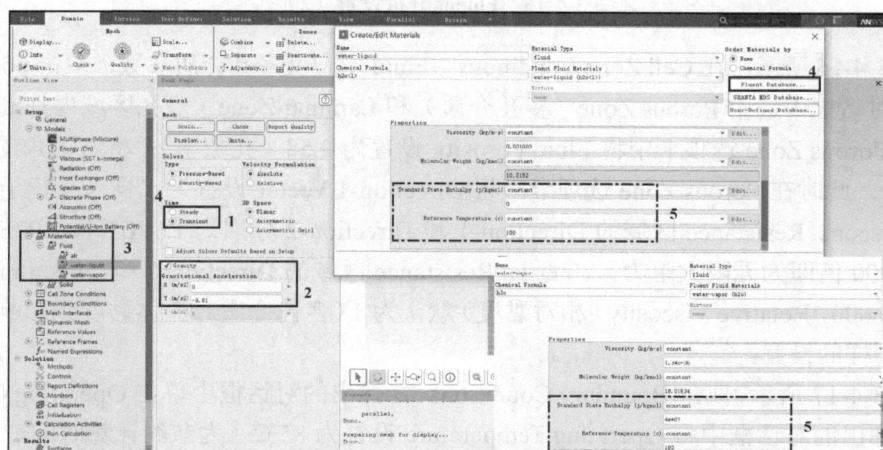

图 3-4-14 Fluent 分析设置（1）

如图 3-4-15 所示，右击 Energy，在弹出的快捷菜单中选择 On。Viscous 项采用默认的 SST k-omega 模型。Multiphase 项选择 Mixture（水受热变为蒸汽，为相混合形式，所以不采用 VOF

模型；相混合不存在某一集中区域，可以不采用欧拉模型）；在 3 区 Phases 选项卡中分别对 liquid-Primary Phase 命名为 liquid，选择 water-liquid 材料，对 vapor-Second Phase 命名为 vapor，选择 water-vapor 材料，并定义 Diameter 为 0.000 2 m（球形气泡直径）；在 4 区 Phase Interaction→Forces 选项卡中将 Surface Tension Coefficient（表面张力系数）设置为 0.07 n·m^{-1}，Phase Interaction→Heat，Mass，Reactions 选项卡中将 From Phase 设置为 liquid（对应相命名，必须为液相），To Phase 设置为 vapor（必须为气相），Mechanism 设置为 evaporation-condensation，单击后面的 Edit 按钮，在弹出的对话框中全部采用默认设置即可。

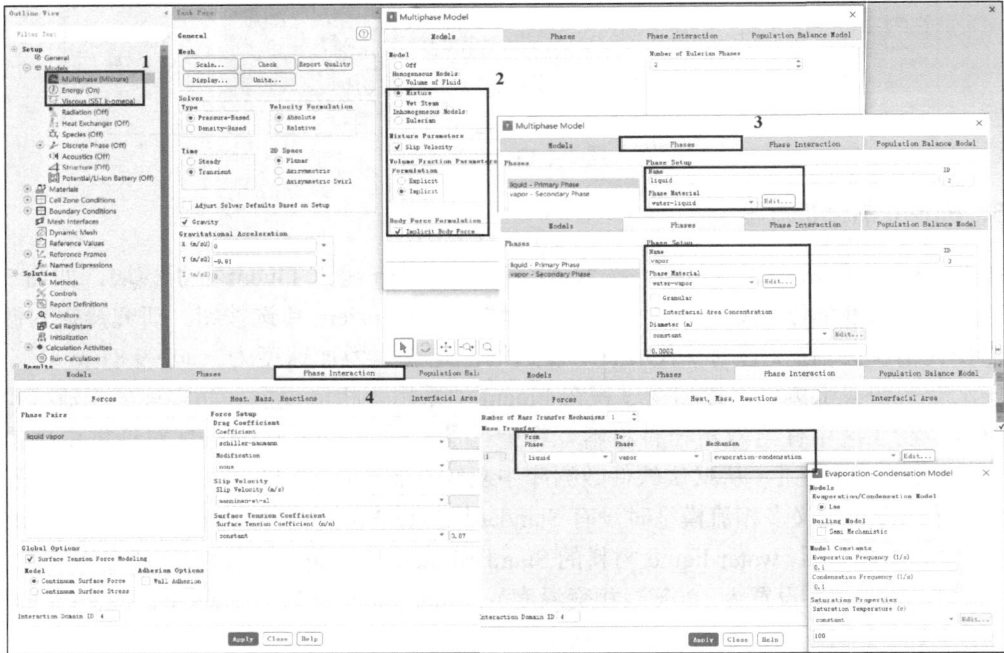

图 3-4-15　Fluent 分析设置（2）

如图 3-4-16 所示，在 Cell Zone Conditions→Fluid 下定义多孔介质参数，双击 porous 1 域，在弹出的对话框中选中 Porous Zone（多孔介质）和 Laminar Zone（多孔区域内抑制湍流）复选框，在 Porous Zone 选项卡中将 Fluid Porosity 设置为 0.58（孔隙率）；将右上角的 Phase 设置为 vapor，此时在 Porous Zone 选项卡中将 Direction-1 Vector 设置为 Y 向（平行于多孔介质轴向），Viscous Resistance 区域的 Direction-1 和 Direction-2 分别为 1.97E7 和 1.97E10（定义参数的 1 000 倍即为无限大阻力），Inertial Resistance 区域的 Direction-1 和 Direction-2 分别为 500 和 500 000，Relative Viscosity（相对黏度）默认为 1（多孔介质对流体黏度无影响）。porous 2 域采用同样的设置。

如图 3-4-17 所示，双击 Boundary Conditions，在弹出的对话框中单击 Operating Conditions 按钮，在弹出的对话框中将 Operating Temperature 设置为 85℃（为节约计算时间，以 85℃ 为浮力温度参数），Operating Density Method 设置为 user-input，Operating Density 设置为 0.554 2 kg·m^{-3}（对应 water-vapor 材料的密度）。修改 in 和 out 为 Wall 边界项，在 Thermal 选项卡中设置 in 的 Temperature 为 120℃（忽略其他边界的对流条件）。

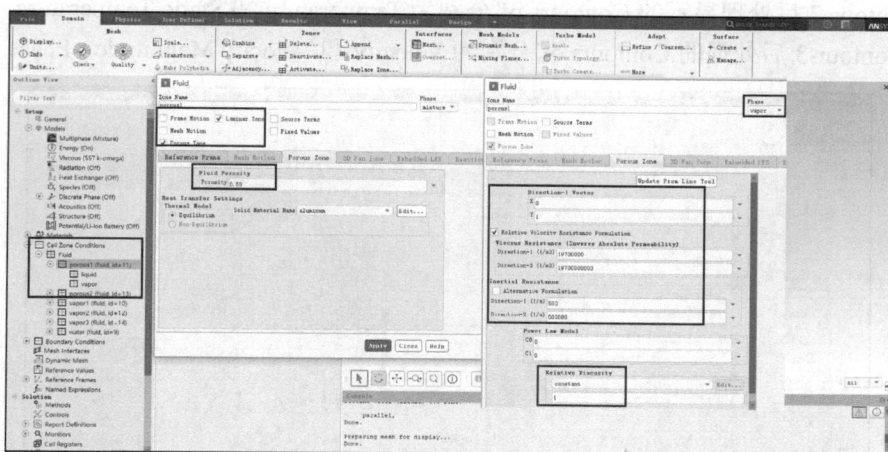

图 3-4-16 Fluent 分析设置（3）

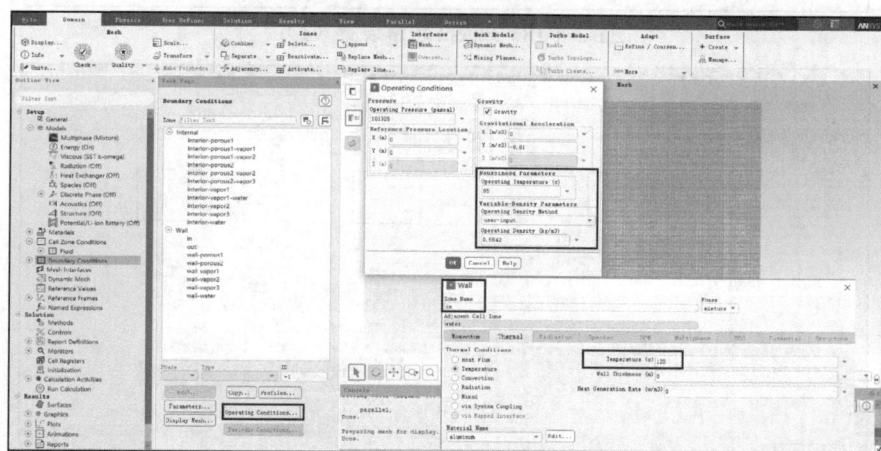

图 3-4-17 Fluent 分析设置（4）

7. Fluent 求解设置

如图 3-4-18 所示，双击 Solution→Methods，在弹出的对话框中将 Scheme 设置为 SIMPLE，Pressure 设置为 Body Force Weighted（存在对流），将 Momentum、Volume Fraction 和 Turbulent Kinetic Energy 均设置为 QUICK，选中 High Order Term Relaxation 复选框；双击 Solution→Initialization 在弹出的对话框中将 Initialization Methods 设置为 Standard Initialization，Compute from 设置为 all-zones，其中 Gauge Pressure 定义为 80 Pa（初始压力），Temperature 设置为 85℃（初始温度，加快计算），vapor Volume Fraction 设置为 1（初始气态体积比为 100%，但是实际 Water 域的气态体积比为 0），单击 Patch 按钮进入修补项，在弹出的对话框中将 Phase 设置为 vapor，Variable 设置为 Volume Fraction，Value 设置为 0，Zones to Patch 设置为 water（将 water 域的气态体积修改为 0）；双击 Run Calculation 在弹出的对话框中将 Number of Time Steps 设置为 3 000，Time Step Size 设置为 0.05，Max Iterations/Time Step 设置为 10。

如图 3-4-19 所示，在 Results→Contours 下新建 contour-1、contour-2 和 contour-3 用于动画后处理。其中 contour-1 后处理的 Contours of 分别为 Phases 和 Volume fraction，Phase 为

liquid；contour-2 后处理显示的 Contours of 分别为 Temperature 和 Static Temperature，Phase 为 mixture；contour-3 后处理的 Contours of 分别为 Velocity 和 Velocity Magnitude，Phase 为 vapor。

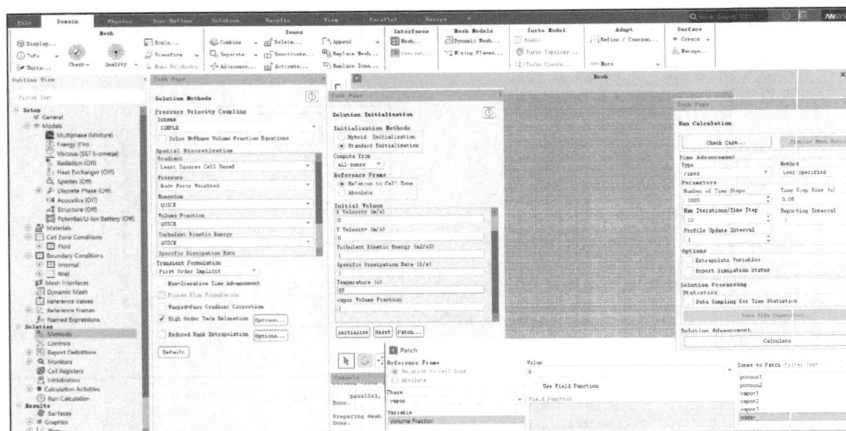

图 3-4-18　Fluent 求解设置（1）

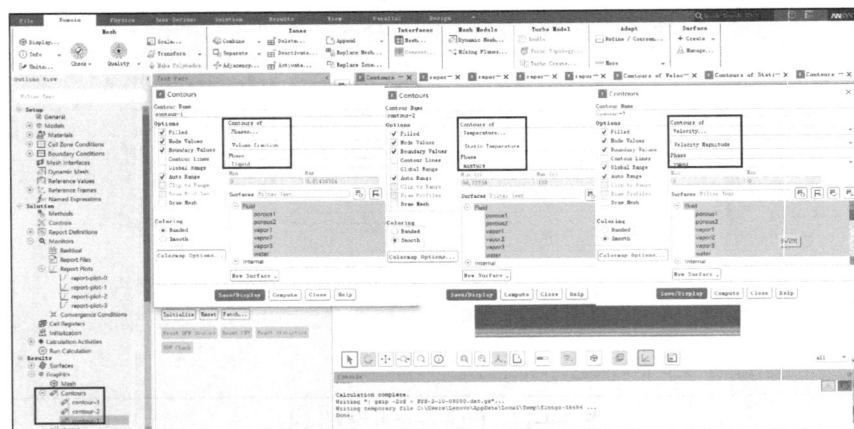

图 3-4-19　Fluent 求解设置（2）

如图 3-4-20 所示，在 Results→Surfaces 下新建 vapor2-point1、vapor2-point2、vapor3-point1 和 vapor3-point2，其中 vapor2-point1 坐标为（0，0.155），vapor2-point2 坐标为（0.072 5，0.155），vapor3-point1 坐标为（0，0.24），vapor3-point3 坐标为（0.072 5，0.24）。vapor2-point1 和 vapor3-point1 位于蒸锅模型的中心线上，分别在第一层、第二层多孔介质上方 0.03 m 处；vapor2-point2 和 vapor3-point2 位于蒸锅模型的右半中心线上，分别在第一层、第二层多孔介质上方 0.03 m 处。

如图 3-4-21 所示，在 Solution→Report Plots 下新建 report-plot-0，单击 New 下拉按钮，选择 Surface Report→Vertex Maximum，后处理输出的 Field Variable 分别为 Temperature 和 Static Temperature、Phase 为 mixture，Surfaces 项选择 Point surface→vapor2-point1；将 X-Axis Label 设置为 time-step，将 Y-Axis Label 设置为 Vertex Maximum of temperature。report-plot-1、report-plot-2、report-plot-3 则对应 vapor2-point2、vapor3-point1、vapor3-point2 的时间与温度曲线。

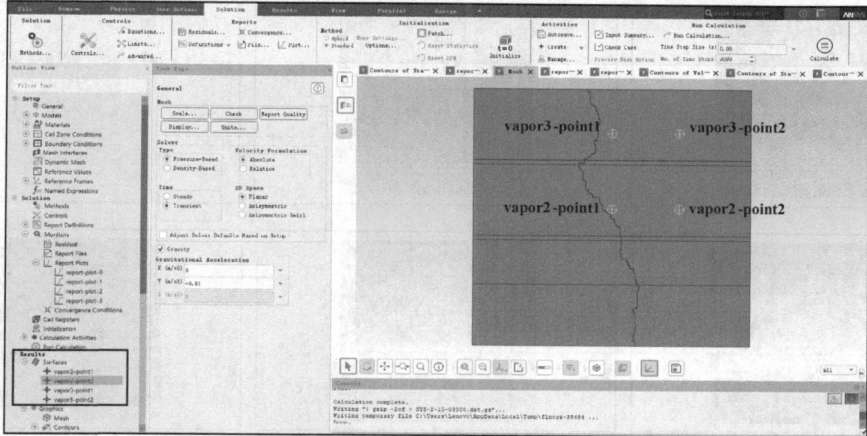

图 3-4-20　Fluent 求解设置（3）

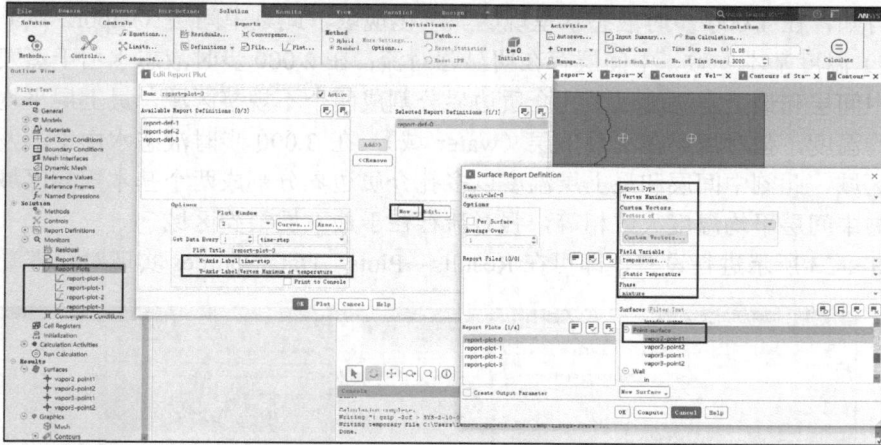

图 3-4-21　Fluent 求解设置（4）

通过 Solution→Activities→Create→Solution Animation 项，可对 contour-1、contour-2 和 contour-3 分别创建动画。

8．Fluent 热分析后处理

计算完成后，双击 Results→Animations→Playback 即可查看后处理的动画效果，分别查看第 1 000 步、第 2 000 步和第 3 000 步的液态体积比、温度和气体流速云图，如图 3-4-22 所示。

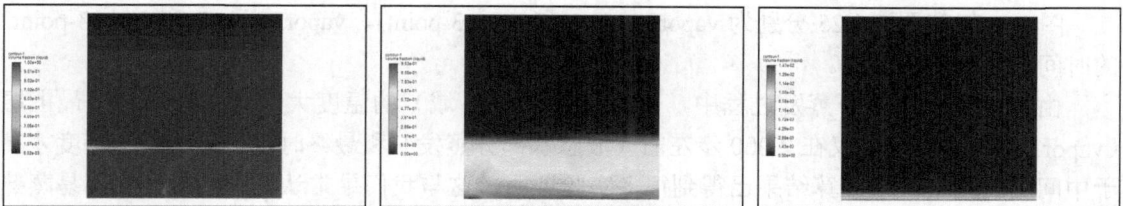

图 3-4-22　Fluent 后处理结果（1）

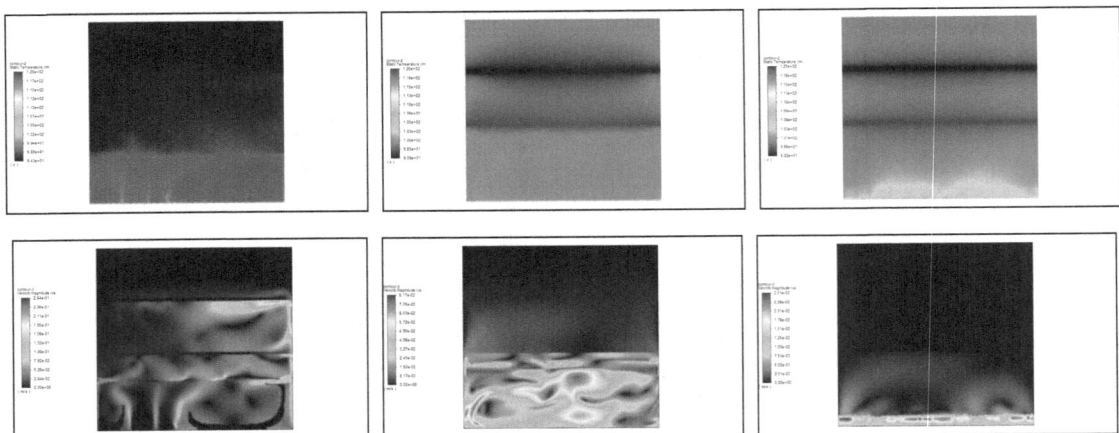

图 3-4-22　Fluent 后处理结果（1）（续）

由图可知，在 1 000 步时液态水呈现明显气化现象，此刻中间层（vapor2 域）和最上层（vapor3 域）温度基本一致，中间层存在明显强对流；在 2 000 步时液态水由于蒸发仅留有部分，此刻中间层和最上层温度以多孔介质边界分割成两个不规整区域，最上层平均温度高于中间层平均温度，强对流存在于最下层（water 域）；在 3 000 步时液态水由于蒸发仅留有最下层很少区域，此刻中间层和最上层温度以多孔介质边界分割成两个基本规整区域，最上层平均温度与中间层平均温度大致相等，强对流存在于最下层很少区域。

按图 3-4-23 所示进行设置，即可在 Results→Plots→Data Sources 实现对比查看。

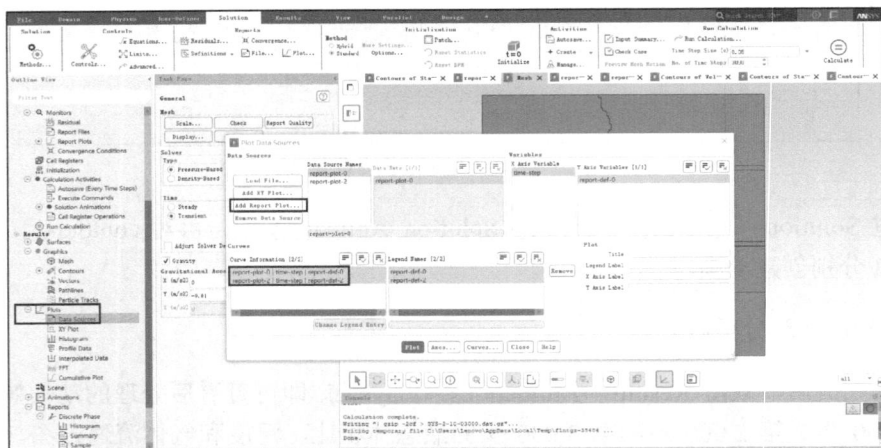

图 3-4-23　Fluent 后处理设置（2）

图 3-4-24 和图 3-4-25 分别为 vapor2-point1 和 vapor3-point1、vapor2-point2 和 vapor3-point2 的时间与温度对比曲线。

由图可知，在整个蒸发过程中，中间层（vapor2 域）的温度大多数时间都高于最上层（vapor3 域）的温度，仅在 2 000 步左右（液态水部分蒸发）和最终时刻，最上层的温度才高于中间层的温度。该计算结果已得到很多实验证明，这与我们寻常认知中的最上层容易蒸熟并不一致。

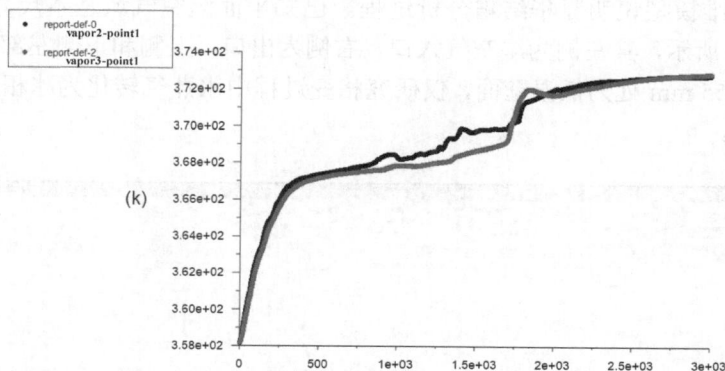

图 3-4-24　模型的中心线上 vapor2 域和 vapor3 域内某点温度

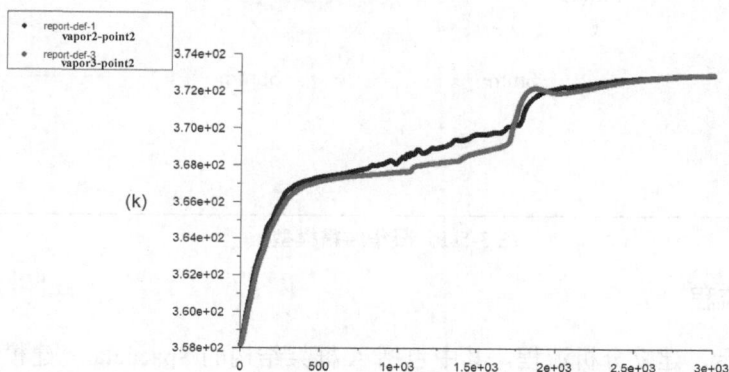

图 3-4-25　模型右半中心线上 vapor2 域和 vapor3 域内某点温度

当然本例为保证较易实现，模型处理较简单，基于蒸锅开盖并加热一段时间后的条件重点研究蒸锅内气体的流动和温度分布情况，省略了湿空气（蒸汽为水汽和空气的混合物）模型和欧拉多相流的沸腾设置，如此还需要增加组分和沸腾模型等才可较真实地模拟蒸锅内气体温度分布的整个过程。

3.5　凝华结霜分析

一般物体表现为固、液、气三态，三态之间均可实现相变转化，例如，焊接过程金属主要由固态变为液态，其对应为温度大于熔点的熔化相变（反之为凝固）；烧开水过程部分水由液态变为气态，其对应为温度大于沸点的蒸发相变（反之为冷凝）。此外，还存在固态和气态相变的凝华/升华过程，例如在标准大气压下，碘的熔点为 114℃，将固态碘置于温度大于 45℃且小于熔点的密闭容器内，可以看到固态碘升华为紫色气态碘。

通用 CFD 软件一般没有升华/凝华模型，需要通过 UDF 自定义相的质、流、热传递过程。如果对飞行器进行结冰模拟，则可以采用 Fluent Icing 模块进行处理，本书不涉及此部分内容，仅讲述 UDF 定义凝华过程。雾凇霜的一种即凝华过程的表现。过冷水雾（温度低于 0℃）接触到低于凝固点温度的物体时，则形成雾凇。

下面以一个二维模型说明凝华结霜分析过程。已知平面湿空气域基本尺寸为 60 mm ×
10 mm，如图 3-5-1 所示，其左侧为湿空气入口，右侧为出口，上侧和下侧左部 5 mm 处为绝
热壁面，下侧右部 55 mm 处为低温壁面，仅研究相变过程中水蒸气转化为冰相的凝华，忽略
霜层的融化和升华。

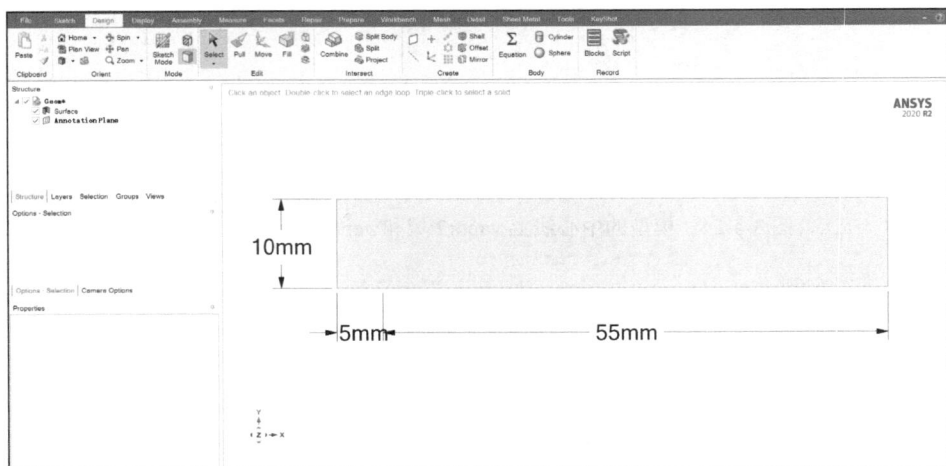

图 3-5-1　凝华结霜模型

1. 建立分析流程

如图 3-5-2 所示，建立分析流程，其中包括 A 框架结构的 Spaceclaim 建模模块、B 框架
结构的 Mesh 划分网格、C 框架结构的 Fluent 热分析。

图 3-5-2　分析流程

2. 划分网格

在 B3 Mesh 处双击鼠标左键，进入 Mesh 划分网格。将 Physics Preference 设置为 CFD，
Solver Preference 设置为 Fluent，Element Order 设置为 Linear，并对湿空气域上边线采用
Sizing 定义，Number of Divisions 设置为 600；对湿空气域左右两边线采用 Sizing 定义，Number
of Divisions 设置为 100；对湿空气域下部左边线采用 Sizing 定义，Number of Divisions 设置
为 50；对湿空气域下部右边线采用 Sizing 定义，Number of Divisions 设置为 550；对面定义
Face Meshing，将 Method 设置为 Quadrilaterals，如图 3-5-3 所示。

为方便加载边界条件等，采用 Named Selections 对相应面进行设置。如图 3-5-4 所示，对
左边线设置名称为 in；对右边线设置名称为 out；对上边线设置名称为 wall3；对下方左边线
设置名称为 wall1；对下方右边线设置名称为 wall2。

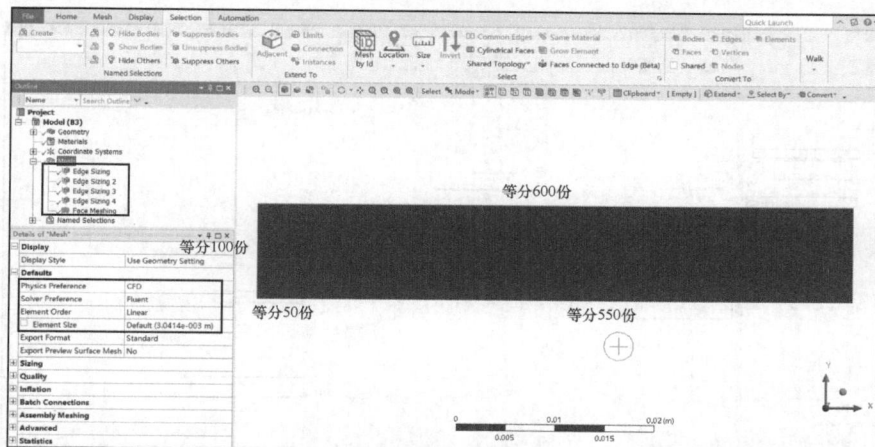

图 3-5-3　网格划分

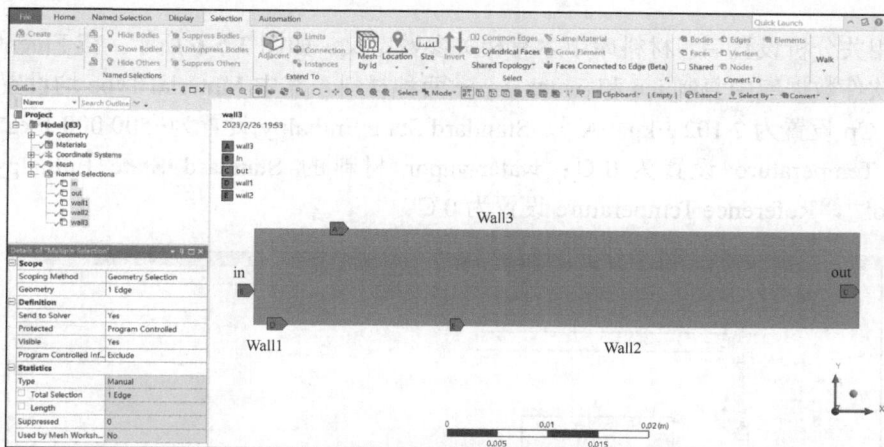

图 3-5-4　命名选择

3. Fluent 热分析流程

在 C2 Setup 处双击鼠标左键,选中 Double Precision 设置单击 Start 进入 Fluent 分析模块,如图 3-5-5 所示。修改温度单位为℃,在 Time 区域选中 Transient 单选按钮,同时选中 Gravity 复选框,设置 Gravitational Acceleration（重力加速度）为 Y 向−9.81 m·s⁻²;在 1 区双击 Multiphase,在弹出的对话框中将 Inhomogeneous Models 设置为 Eulerian,因为还没有对材料进行设置,所以暂时对菜单内所有选项均默认设置;右击 Energy,在弹出的快捷菜单中选择 On;右击 Viscous,在弹出的快捷菜单中选择 Model→Laminar（一般而言,层流与湍流的区别依据雷诺数进行判定）;在 2 区双击 Species,在弹出的对话框中将 Model 设置为 Species Transport,在 Phase→Setup 中选择 Mixture-Template,并选中 Inlet Diffusion 和 Diffusion Energy Source 复选框。

注意

当使用压力基求解器计算组分过程时,如果存在计算收敛困难,可以尝试关闭 Diffusion Energy Source 项,即忽略组分扩散对能量方程的影响。

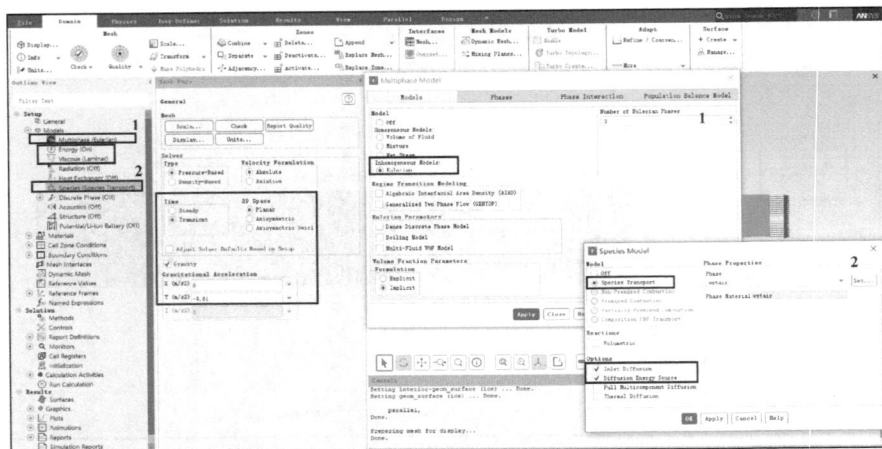

图 3-5-5　Fluent 分析设置（1）

开启相关分析设置后，材料库中才有相关参数定义。如图 3-5-6 所示，在 Fluent Database 中从默认软件数据库中复制 ice 和 water-vapor 两种材料，其中 Material Type 均设置为 fluid。ice 材料的 Cp 设置为 2 102 $J \cdot kg^{-1} \cdot K^{-1}$，Standard State Enthalpy 设置为−500 000 $J \cdot kg^{-1} \cdot mol^{-1}$，Reference Temperature 设置为 0 ℃；water-vapor 材料的 Standard State Enthalpy 设置为 0 $J \cdot kg^{-1} \cdot mol^{-1}$，Reference Temperature 设置为 0 ℃。

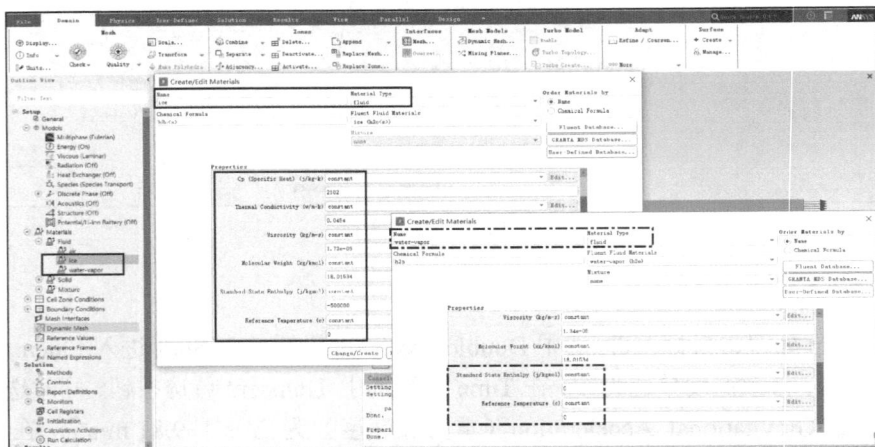

图 3-5-6　Fluent 分析设置（2）

注意

冰的比热容不能采用默认设置，必须手动设置，否则初始化会失败；冰和水汽数据库中的焓值依据绝对零度计算而得，实际计算中较大的焓值可能会导致收敛问题，所以依据默认数据库中的相对差值定义较小量级的焓值。

为描述在入口加载的过冷湿空气，需要定义组分混合物，如图 3-5-7 所示，先命名为 wetair，将 Mixture Species 设置为 names，单击 Edit 按钮，在弹出的对话框的 Selected Species 中删除多余的材料，然后依次添加 h2o 和 air（密度小的材料排在前面，或者单击 Last Species 按钮设置）。

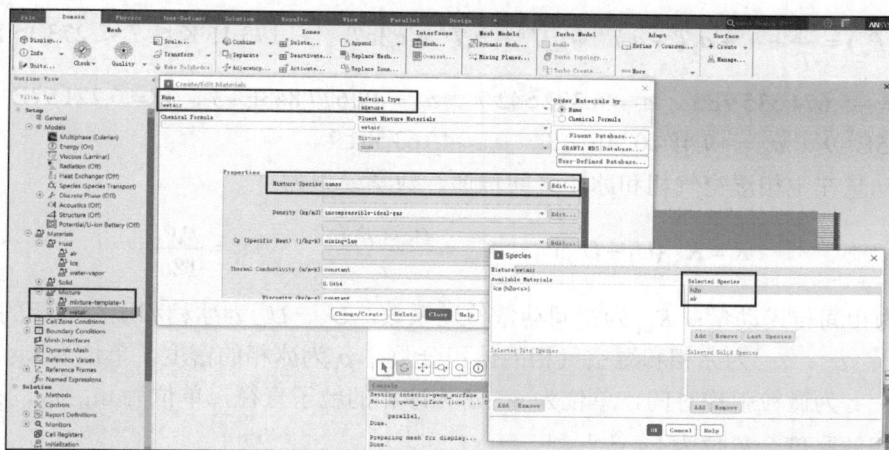

图 3-5-7　Fluent 分析设置（3）

双击 Multiphase(Eulerian)，在弹出的对话框的 Phases 选项卡中分别对 Primary Phase 命名为 wetair，选择 wetair 材料，对 Secondary Phase 命名为 ice，选择 ice 材料，并设置 Diameter 为 1E−5 m（球形气泡直径）；在 Phase Interaction→Forces 选项卡中将 Coefficient 设置为 schiller-naumann，其余项采用默认设置；在 Phase Interaction→Heat,Mass,Reactions→Heat 选项卡中设置 From Phase 为 wetair，To Phase 为 ice，Heat Transfer Coefficient 为 ranz-marshall，其余项采用默认设置即可，如图 3-5-8 所示。

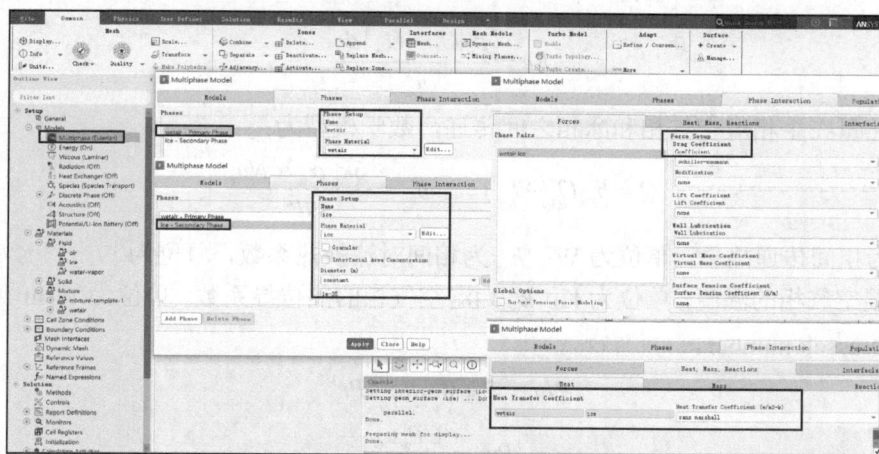

图 3-5-8　Fluent 分析设置（4）

过冷湿空气结霜过程需要通过一系列数学模型进行描述，可参考吴晓敏团队的相关论文，再以此定义 UDF 加载源项。其中相间质量转移由主相湿空气中水蒸气组分向冰相进行质量转移，湿空气对应水蒸气的饱和蒸汽质量分数由其对应的饱和蒸汽压力计算而得：

$$\varphi = \frac{W}{1+W} \qquad W = \frac{0.62198P_{\mathrm{w}}}{P_0 - P_{\mathrm{w}}}$$

式中，φ 为水蒸气质量分数；W 为湿空气的含水量；P_0 为标准大气压，即 1.013 25E5 Pa；P_{w}

为水蒸气压力，单位为 Pa，表现为与温度相关的函数，计算过程基本在 0℃ 以下，则：

$$\ln(P_w) = \frac{a_0}{T} + a_1 + a_2 T + a_3 T^2 + a_4 T^3 + a_5 T^4 + a_6 \ln T \qquad 173.15\,\mathrm{K} \leqslant T \leqslant 273.15\,\mathrm{K}$$

式中，$a_0 = -5.674\,535\,9\mathrm{E}3$、$a_1 = 6.392\,542\,7$、$a_2 = -9.677\,843\mathrm{E}{-3}$、$a_3 = 6.221\,57\mathrm{E}{-7}$、$a_4 = 2.074\,782\,5\mathrm{E}{-9}$、$a_5 = -9.484\,024\mathrm{E}{-13}$、$a_6 = 4.163\,501\,9$。

相间动量在主相湿空气相和冰相之间传递，数学模型为：

$$R = K_{wi}(U_i - U_w) \qquad K_{wi} = \frac{\alpha_w \alpha_i \rho_i f}{\tau_i} \qquad \tau_i = \frac{\rho_i d_i^2}{18 u_i}$$

式中，R 为相间传递动量；K_{wi} 为相间动量传递系数；U_i、U_w 为冰相和湿空气相的速度，单位为 m·s^{-1}；α_i、α_w 为冰相和湿空气相的体积分数；ρ_i 为冰相的密度，单位为 kg·m^{-3}；f 为阻力系数；τ_i 为微粒弛豫时间，单位为 s；d_i 为冰相的粒子直径，单位为 m；u_i、u_w 为冰相和湿空气相的黏度，单位为 kg·m^{-1}·s^{-1}。

f 阻力系数依据 Schiller-Naumann 动量传递模型而得：

$$f = \frac{CRe}{24}$$

其中 C 为相对雷诺数（Re）的系数，计算公式为：

$$C = \begin{cases} 24(1 + 0.15 Re^{0.687})/Re & Re \leqslant 1\,000 \\ 0.44 & 1\,000 < Re \leqslant 10\,000 \end{cases}$$

$$Re = \frac{\rho_i |U_i - U_w| d_i}{u_w}$$

相间热量在主相湿空气相和冰相之间传递，数学模型为：

$$Q = h_{wi}(T_i - T_w) \qquad h_{wi} = \frac{6 k_w \alpha_w \alpha_i Nu_i}{d_i^2}$$

式中，Q 为相间传递热量，单位为 W；h_{wi} 为相间对流换热系数，单位为 W·m^{-2}·K^{-1}；T_i、T_w 为冰相和湿空气相的温度，单位为 K；k_w 为湿空气相的热传导系数，单位为 W·m^{-1}·K^{-1}；Nu_i 为冰相的 Nusselt number。

$$Nu_i = 2 + 0.6 Re^{1/2} Pr_w^{1/3}$$

$$Pr_w = \frac{CP_w u_w}{k_w}$$

其中 P_w 为湿空气相的压力，单位为 Pa。

根据上述数学模型，用"记事本"新建 msource.c 文件，内容如下：

```
#include "udf.h"
#include "sg_mphase.h"          //多相流头文件
#define AZ -5.6745359e3          //定义系数 α0
#define AF 6.3925427             //定义系数 α1
#define AS -9.677843e-3          //定义系数 α2
```

```
#define AT 6.22157e-7              //定义系数α₃
#define AFO 2.0747825e-9           //定义系数α₄
#define AFI -9.484024e-13          //定义系数α₅
#define ASI 4.1635019              //定义系数α₆
#define TT 273.15                  //定义冰点温度
#define PZ 1.01325e5               //定义标准大气压
#define DI 1.0e-5                  //定义冰相粒子直径
#define KA 0.00373                 //定义湿空气的热传导系数
/*The quality equation source of air*/      //定义主相湿空气的质量源项
DEFINE_SOURCE(am_source, cell, pri_th, dS, eqn)
{
  Thread *mix_th, *sec_th;        //计算域指针
  real a_msource, PS, WS, FS;      //空气质量源项及相应数学模型中的函数
  mix_th = THREAD_SUPER_THREAD(pri_th);        //混合区域液相指针
  sec_th = THREAD_SUB_THREAD(mix_th, 1);       //单项区域气相指针
  if(C_T(cell, pri_th)>TT)
  {
      PS = exp(AZ / C_T(cell, pri_th) + AF + AS*C_T(cell, pri_th) +
AT*pow(C_T(cell, pri_th), 2) + AFO*pow(C_T(cell, pri_th), 3) + AFI*pow
(C_T(cell, pri_th), 4) + ASI*log(C_T(cell, pri_th)));
      WS = 0.62198*PS / (PZ-PS);
      FS = WS / (1 + WS);
      a_msource = -C_VOF(cell, pri_th)*C_R(cell, pri_th)* (C_YI(cell, pri_th,
0)-FS);
    dS[eqn] = -C_R(cell, pri_th)*(C_YI(cell, pri_th, 0)-FS); //质量源项求偏导
                                                      //过程，下面类似
  }
  else
  {
      a_msource = 0;
      dS[eqn] = 0;
  }
  return a_msource;
}


/*The quality equation source of ice*/         //定义次相冰的质量源项
DEFINE_SOURCE(im_source, cell, sec_th, dS, eqn)
{
    Thread *mix_th, *pri_th;
    real i_msource, PS, WS, FS;
    mix_th = THREAD_SUPER_THREAD(sec_th);
    pri_th = THREAD_SUB_THREAD(mix_th, 0);
    if (C_T(cell, pri_th)<TT)
    {
        PS = exp(AZ / C_T(cell, pri_th) + AF + AS*C_T(cell, pri_th) +
AT*pow(C_T(cell, pri_th), 2) +AFO*pow(C_T(cell, pri_th), 3) + AFI*pow(C_T(cell,
pri_th), 4) + ASI*log(C_T(cell, pri_th)));
```

```
        WS = 0.62198*PS / (PZ-PS);
        FS = WS / (1 + WS);
        i_msource = C_VOF(cell, pri_th)*C_R(cell, pri_th)*(C_YI(cell, pri_th,
0)-FS);
        dS[eqn] = C_R(cell, pri_th)*(C_YI(cell, pri_th, 0)-FS);
    }
    else
    {
        i_msource = 0;
        dS[eqn] = 0;
    }
    return i_msource;
}

/*The water content source*/      //定义主相水的质量源项
DEFINE_SOURCE(wc_source, cell, pri_th, dS, eqn)
{
    Thread *mix_th, *sec_th;
    real w_csource, PS, WS, FS;
    mix_th = THREAD_SUPER_THREAD(pri_th);
    sec_th = THREAD_SUB_THREAD(mix_th, 1);
    if (C_T(cell, pri_th)>TT)
    {
        PS = exp(AZ / C_T(cell, pri_th) + AF + AS*C_T(cell, pri_th) +
AT*pow(C_T(cell, pri_th), 2) +        AFO*pow(C_T(cell, pri_th), 3) + AFI*pow
(C_T(cell, pri_th), 4) + ASI*log(C_T(cell, pri_th)));
        WS = 0.62198*PS / (PZ-PS);
        FS = WS / (1 + WS);
        w_csource = -C_VOF(cell, pri_th)*C_R(cell, pri_th)*(C_YI(cell, pri_th,
0)-FS);
        dS[eqn] = -C_R(cell, pri_th)*(C_YI(cell, pri_th, 0)-FS);
    }
    else
    {
        w_csource = 0;
        dS[eqn] = 0;
    }
    return w_csource;
}

/*The X motion equation source of air*/    //定义主相湿空气的 X 向动量源项
DEFINE_SOURCE(ax_source, cell, pri_th, dS, eqn)
{
    Thread *mix_th, *sec_th;
    real a_xsource, PS, WS, FS, Re, C, f, TAi, Kia, Ria;
    mix_th = THREAD_SUPER_THREAD(pri_th);
    sec_th = THREAD_SUB_THREAD(mix_th, 1);
```

```
        if (C_T(cell, pri_th)>TT)
        {
            PS = exp(AZ / C_T(cell, pri_th) + AF + AS*C_T(cell, pri_th) +
AT*pow(C_T(cell, pri_th), 2) +                        AFO*pow(C_T(cell, pri_th), 3) +
AFI*pow(C_T(cell, pri_th), 4) + ASI*log(C_T(cell, pri_th)));
            WS = 0.62198*PS / (PZ-PS);
            FS = WS / (1 + WS);
            Re = C_R(cell, pri_th)*fabs(C_U(cell, sec_th)-C_U(cell, pri_th))*DI /
C_MU_EFF(cell, pri_th);
            if (Re <= 1000)
            {
                C = 24 * (1 + 0.15*pow(Re, 0.687)) / Re;
            }
            else
            {
                C = 0.44;
            }
            f = C*Re / 24;
            TAi = C_R(cell, sec_th)*pow(DI, 2) / (18 * C_MU_EFF(cell, sec_th));
            Kia = C_VOF(cell, pri_th)*C_VOF(cell, sec_th)*C_R(cell, pri_th)*f / TAi;
            Ria = Kia*(C_U(cell, sec_th)-C_U(cell, pri_th));
            a_xsource = -C_VOF(cell, pri_th)*C_R(cell, pri_th)*(C_YI(cell, pri_th,
0)-FS)*C_U(cell, pri_th)+Ria;
            dS[eqn] = -C_VOF(cell, pri_th)*C_R(cell, pri_th)*(C_YI(cell, pri_th,
0)-FS);
        }
        else
        {
            a_xsource = 0;
            dS[eqn] = 0;
        }
        return a_xsource;
    }

    /*The Y motion equation source of air*/    //定义主相湿空气的 Y 向动量源项
    DEFINE_SOURCE(ay_source, cell, pri_th, dS, eqn)
    {
        Thread *mix_th, *sec_th;
        real a_ysource, PS, WS, FS, Re, C, f, TAi, Kia, Ria;
        mix_th = THREAD_SUPER_THREAD(pri_th);
        sec_th = THREAD_SUB_THREAD(mix_th, 1);
        if (C_T(cell, pri_th)>TT)
        {
            PS = exp(AZ / C_T(cell, pri_th) + AF + AS*C_T(cell, pri_th) +
AT*pow(C_T(cell, pri_th), 2) +                        AFO*pow(C_T(cell, pri_th), 3) +
AFI*pow(C_T(cell, pri_th), 4) + ASI*log(C_T(cell, pri_th)));
            WS = 0.62198*PS / (PZ-PS);
```

```
        FS = WS / (1 + WS);
        Re = C_R(cell, pri_th)*fabs(C_V(cell, sec_th)-C_V(cell, pri_th))*DI /
C_MU_EFF(cell, pri_th);
        if (Re <= 1000)
        {
            C = 24 * (1 + 0.15*pow(Re, 0.687)) / Re;
        }
        else
        {
            C = 0.44;
        }
        f = C*Re / 24;
        TAi = C_R(cell, sec_th)*pow(DI, 2) / (18 * C_MU_EFF(cell, sec_th));
        Kia = C_VOF(cell, pri_th)*C_VOF(cell, sec_th)*C_R(cell, pri_th)*f / TAi;
        Ria = Kia*(C_V(cell, sec_th)-C_V(cell, pri_th));
        a_ysource = -C_VOF(cell, pri_th)*C_R(cell, pri_th)*(C_YI(cell, pri_th,
0)- FS)*C_V(cell, pri_th) + Ria;
        dS[eqn] = -C_VOF(cell, pri_th)*C_R(cell, pri_th)*(C_YI(cell, pri_th,
0) - FS);
    }
    else
    {
        a_ysource = 0;
        dS[eqn] = 0;
    }
    return a_ysource;
    }


/*The energy source of air*/   //定义主相湿空气的能量源项
DEFINE_SOURCE(ae_source, cell, pri_th, dS, eqn)
{
    Thread *mix_th, *sec_th;
    real a_esource, PS, WS, FS, Re, C, Pra, Nui, hia, Qia;
    mix_th = THREAD_SUPER_THREAD(pri_th);
    sec_th = THREAD_SUB_THREAD(mix_th, 1);
    if (C_T(cell, pri_th)>TT)
    {
        PS = exp(AZ / C_T(cell, pri_th) + AF + AS*C_T(cell, pri_th) +
AT*pow(C_T(cell, pri_th), 2) +           AFO*pow(C_T(cell, pri_th), 3) +
AFI*pow(C_T(cell, pri_th), 4) + ASI*log(C_T(cell, pri_th)));
        WS = 0.62198*PS / (PZ-PS);
        FS = WS / (1 + WS);
        Re =C_R(cell, pri_th)*fabs(C_U(cell, sec_th)-C_U(cell, pri_th))*DI /
C_MU_EFF(cell, pri_th);
        if (Re <= 1000)
        {
            C = 24 * (1 + 0.15*pow(Re, 0.687)) / Re;
```

```
        }
        else
        {
            C = 0.44;
        }
        Pra = C*C_P(cell, pri_th)*C_MU_EFF(cell, pri_th)/KA;
        Nui = 2.0 + 0.6*pow(Re, 0.5)*pow(Pra, 0.33);
        hia = 6 * KA*C_VOF(cell, sec_th)*C_VOF(cell, pri_th)*Nui / pow(DI, 2);
        Qia = hia*(C_T(cell, sec_th)-C_T(cell, pri_th));
        a_esource = -C_VOF(cell, pri_th)*C_R(cell, pri_th)*(C_YI(cell, pri_th,
0)-FS)*C_H(cell, pri_th)+Qia;
        dS[eqn] = -C_VOF(cell, pri_th)*C_R(cell, pri_th)*(C_YI(cell, pri_th,
0)-FS);
    }
    else
    {
        a_esource = 0;
        dS[eqn] = 0;
    }
    return a_esource;
}

/*The energy source of ice*/   //定义次相冰的能量源项
DEFINE_SOURCE(ie_source, cell, sec_th, dS, eqn)
{
    Thread *mix_th, *pri_th;
    real i_esource, PS, WS, FS, Re, C, Pra, Nui, hia, Qia;
    mix_th = THREAD_SUPER_THREAD(sec_th);
    pri_th = THREAD_SUB_THREAD(mix_th, 0);
    if (C_T(cell, pri_th)<TT)
    {
        PS = exp(AZ / C_T(cell, pri_th) + AF + AS*C_T(cell, pri_th) +
AT*pow(C_T(cell, pri_th), 2) +AFO*pow(C_T(cell, pri_th), 3) + AFI*pow(C_T(cell,
pri_th), 4) + ASI*log(C_T(cell, pri_th)));
        WS = 0.62198*PS / (PZ-PS);
        FS = WS / (1 + WS);
        Re =C_R(cell, pri_th)*fabs(C_U(cell, sec_th)-C_U(cell, pri_th))*DI /
C_MU_EFF(cell, pri_th);
        if (Re <= 1000)
        {
            C = 24 * (1 + 0.15*pow(Re, 0.687)) / Re;
        }
        else
        {
            C = 0.44;
        }
        Pra = C*C_P(cell, pri_th)*C_MU_EFF(cell, pri_th) / KA;
```

```
        Nui = 2.0 + 0.6*pow(Re, 0.5)*pow(Pra, 0.33);
        hia = 6 * KA*C_VOF(cell, sec_th)*C_VOF(cell, pri_th)*Nui / pow(DI, 2);
        Qia = hia*(C_T(cell, sec_th)-C_T(cell, pri_th));
        i_esource = C_VOF(cell, pri_th)*C_R(cell, pri_th)*        (C_YI(cell,
pri_th, 0)-FS)*C_H(cell, pri_th) - Qia;
        dS[eqn] = C_VOF(cell, pri_th)*C_R(cell, pri_th)*(C_YI(cell, pri_th,
0)-FS);
    }
    else
    {
        i_esource = 0;
        dS[eqn] = 0;
    }
    return i_esource;
}
```

提示

　　UDF 对多相流定义了相关指针宏。在 UDF 中，Domain 与流体计算常说的域并不相同，其位于数据结构中的最高级，可以通过 Domain 指针去索引 Thread 上的所有域、边界、网格面和节点信息。在多相流模型中，软件对每一相均定义一个域，对每个相域进行加载和设置。Thread 作为 Domain 的下一级最为常用，其中 THREAD_SUB_THREAD 为相级别指针，THREAD_SUPER_THREAD 为混合区级别指针。以本例说明，对于主相湿空气的 THREAD_SUPER_THREAD(pri_th)表示为混合区域中液相指针，THREAD_SUB_THREAD(mix_th, 1)表示为单相区域中气相指针；对于次相冰的 THREAD_SUPER_THREAD(sec_th)表示为混合区域中液相指针，THREAD_SUB_THREAD(mix_th, 0) 表示为单相区域中固相指针。如果存在混合相源项输入，则指针为 THREAD_SUB_THREAD(mix_th, 0)（表示混合区域中液相指针）和 THREAD_SUB_THREAD(mix_th, 1)（表示单项区域中固相指针）。

　　UDF 中还存在单元宏、面宏、几何宏、节点宏等。以本例说明，C_T(cell,thread)表示单元温度（thread 表示指针，下同）、C_P(cell,thread)表示单元压力、C_U(cell,thread)表示单元 u 方向速度、C_V(cell,thread)表示单元 v 方向速度、C_YI(cell,thread)表示单元质量分数、C_H(cell,thread)表示单元焓、C_R(cell, thread)表示单元密度、C_MU L(cell, thread)表示单元层流速度、C_MU T(cell, thread)表示单元湍流速度、C_MU EFF(cell, thread)表示单元有效黏度、C_K_L(cell, thread)表示单元热传导系数、C_VOF(cell, thread)表示单元的相体积分数。对各个源项定义时务必检查量纲，保证单位一致。

　　右击 Parameters & Customization→User Defined Functions，在弹出的快捷菜单中选择 Interpreted，在弹出的对话框中输入 UDF 文件目录完成 UDF 文件加载。

　　如图 3-5-9 所示，在 Cell Zone Conditions→Fluid 下定义源项，双击 Fluid→geom surface→wetair，在弹出的对话框中选中 Source Terms（源项）复选框，分别对 Mass、X Momentum、Y Momentum、h2o 和 Energy 项加载 udf am_source、udf ax_source、udf ay_source、udf wc_source 和 udf ae_source；选择双击 Fluid→geom surface→ice，在弹出的对话框中选中 Source Terms（源项）和 Fixed Values（定值）复选框，对 Mass 和 Energy 项加载 udf im_source 和 udf ie_source，将 X Velocity、Y Velocity 均设置为 0。

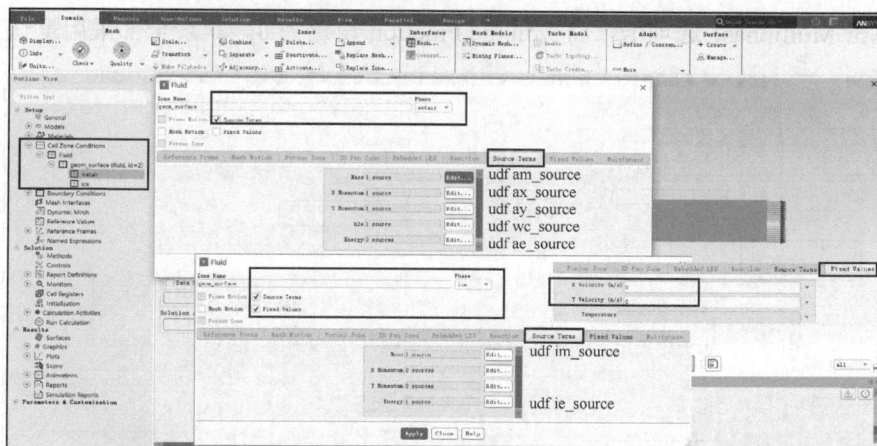

图 3-5-9　Fluent 分析设置（5）

注意

　　结霜过程中可认为冰相并不发生滑移，所以将冰的速度定义为 0，且将冰的动量源项设为 0。

　　如图 3-5-10 所示，双击 Boundary Conditions，在弹出的 Operating Conditions 对话框中设置 Operating Temperature 为 0℃，其余项采用默认设置，如此可加快求解速度。双击 Inlet→in→wetair 在弹出的对话框中单击 Momentum 选项卡，将 Velocity Magnitude 设置为 0.92 m·s⁻¹，单击 Thermal 选项卡，将 Temperature 设置为 2℃，单击 Species 选项卡，将 h2o 设置为 0.003 7（质量百分比）；双击 Inlet→in→ice 在弹出的对话框中单击 Momentum 选项卡，将 Velocity Magnitude 设置为 0 m·s⁻¹，单击 Thermal 选项卡，将 Temperature 设置为 0℃，单击 Multiphase 选项卡，将 Volume Fraction 设置为 0（体积百分比）。其余全部采用默认设置。

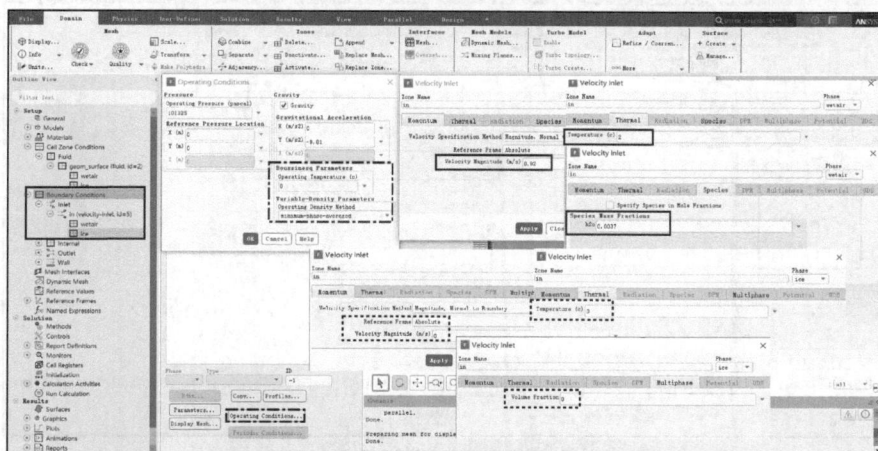

图 3-5-10　Fluent 分析设置（6）

　　如图 3-5-11 所示，双击 Outlet→out 在弹出的对话框中单击 Momentum 选项卡，将 Gauge Pressure 设置为 0，Pressure Profile Multiplier 设置为 1；双击 Outlet→out→wetair，在弹出的对话框中单击 Thermal 选项卡，将 Temperature 设置为 0℃，单击 Species 选项卡，将 h2o 设置为 0；双击 Outlet→out→ice 在弹出的对话框中单击 Thermal 选项卡，将 Temperature 设置

为 0℃，单击 Multiphase 选项卡，将 Volume Fraction 设置为 0。其余全部采用默认设置。

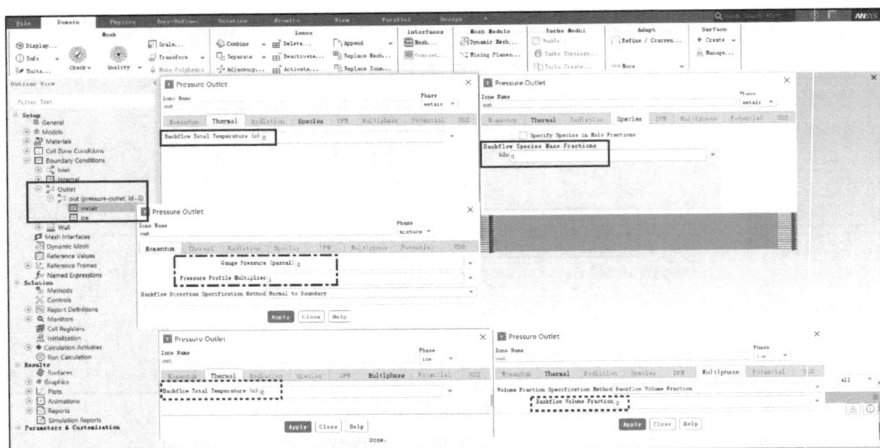

图 3-5-11　Fluent 分析设置（7）

> **注意**
>
> 　　Pressure-outlet（压力出口）和 Outflow-outlet（自由出口）的区别在于，后者设定除压力外其余流体参数的法向梯度均为 0，适用于全发展流动位置，但是对于回流问题很难收敛。此外在 Run Calculation 项中对求解前进行求解检查（Check Case）时，系统也会针对模型设置对 Outflow 出口边界条件进行修补完善建议。

如图 3-5-12 所示，双击 Wall→wall2 在弹出的对话框中单击 Thermal 选项卡，将 Temperature 设置为-13℃。其余全部采用默认设置（wall1 和 wall3 默认设置表示绝热条件）。

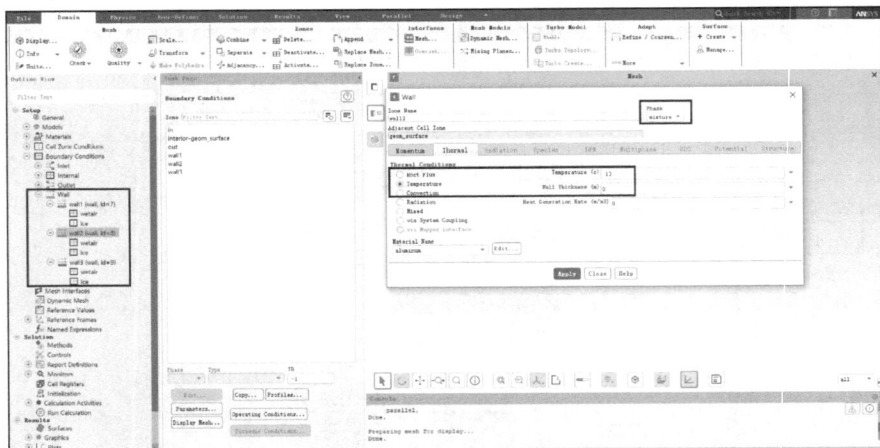

图 3-5-12　Fluent 分析设置（8）

4．Fluent 求解设置

如图 3-5-13 所示，双击 Solution→Methods，在弹出的对话框中将 Scheme 设置为 Phase Coupled SIMPLE，Gradient 设置为 Least Squares Cell Based，Pressure 设置为 Second Order，Momentum、Volume Fraction、Energy 均设置为 QUICK；双击 Solution→Initialization，在弹

出的对话框中将 Initialization Methods 设置为 Standard Initialization，Compute From 设置为 in，其余项采用默认设置；双击 Solution→Run Calculation 在弹出的对话框中将 Number of Time Steps 设置为 180，Time Step Size 设置为 1 s［总计算时间为 180 × 1 = 180(s)，为提高计算效率，仅设置较短时间，读者可以自行调整较长的时间观察结果］，Max Iterations/Time Step 设置为 10。

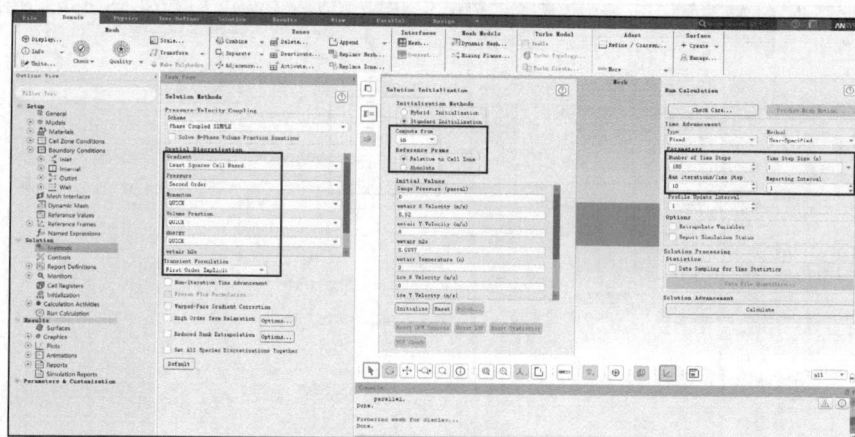

图 3-5-13　Fluent 求解设置（1）

如图 3-5-14 所示，为保证计算收敛及精度，双击 Solution→Controls，在弹出的对话框中将 Under-Relaxation Factors（亚松弛因子）区域下的 Energy 设置为 0.95。亚松弛计算原理是计算中依据初始条件先预测下一步的结果，但预测结果基本上与真实结果差距较大，因此以迭代并保证收敛得到真实结果。在迭代计算过程中，软件并不直接将上一步计算的新值作为下一步迭代的初始值，而是按设定亚松弛因子组合旧值和新值作为下一步的初始值。例如，本例能量亚松弛因子设定为 0.95，则表示新值权重为 0.95，旧值权重为 0.05，两者组合后作为下一步的初始值。本例定义了 7 项源项，如果不修改该值会导致不能收敛。同时为保证计算精度，双击 Monitors→Residual（残差），在弹出的对话框的 Equations 区域修改所有项的 Absolute Criteria 为 1E−6。

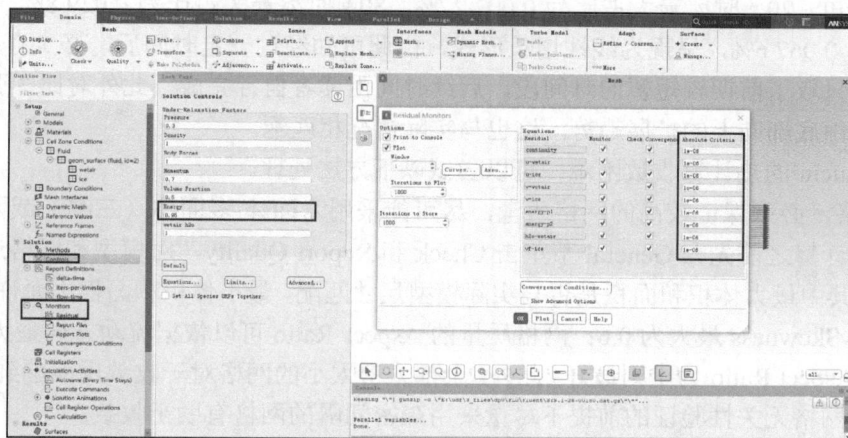

图 3-5-14　Fluent 求解设置（2）

如图 3-5-15 所示，在 Results→Graphics→Contours 下新建 contour-1 后处理，在弹出的对话框中 Contours of 设置为 Phases 和 Volume fraction Phase 设置为 ice；单击 Solution→Activities→Create→Solution Animation，对 contour-1 创建动画，在弹出的对话框中将 Record after every 设置为 20 time-step，可减少计算对硬件的消耗。

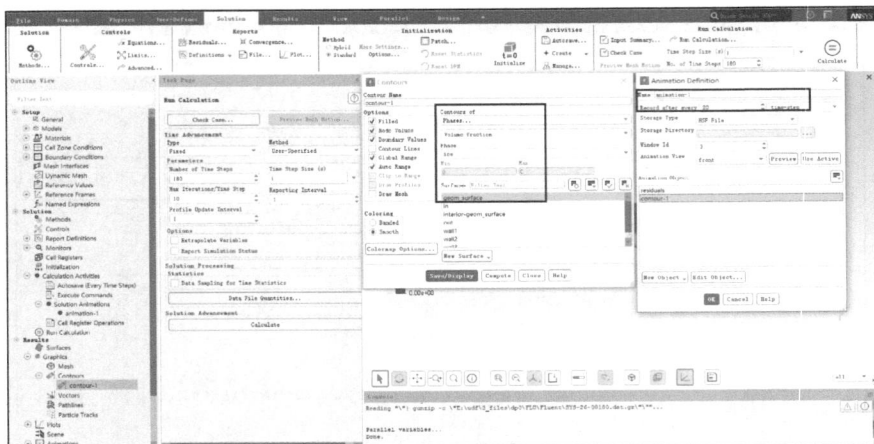

图 3-5-15　Fluent 求解设置（3）

5．Fluent 热分析后处理

计算完成后，单击 Results→Animations→Playback 即可查看后处理的动画效果，分别查看 20 s、80 s、180 s 的冰的体积比，如图 3-5-16 所示。

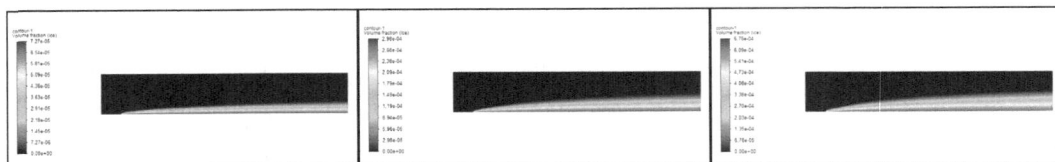

图 3-5-16　Fluent 后处理结果

由图可知，20 s 时冰最大占比为 0.007 27%，80 s 时冰最大占比为 0.029 8%，180 s 时冰最大占比为 0.067 6%，呈现为线性增长形式，由此可知经过一定时间后，必定存在 100%冰相。但本例只取了前期较短暂的时间段，后续时间由读者自行完成。此外对比 3 张图，冰相区域也呈现由底部向上的扩展趋势，这也与实际情况相匹配。

对于 Fluent 的热计算收敛困难，可以尝试以下方法处理。

1）网格。必须保证较高的网格质量，尽可能采用六面体/多面体（三维）或四边形（二维）形式，计算之前先在 General 下单击 Check 和 Report Quality，对模型和网格进行检查非常有必要。其中最大体积和面积是否与实际模型尺寸匹配，最小体积和面积不允许出现负值；网格质量的 Skewness 最大为 0.6；网格质量的 Aspect Ratio 可以依据流动方向最大为 60；为保证收敛，Aspect Ratio 为 1 则最好。此外，全部太密太小的网格对于收敛反而起到了副作用，所以在进行网格无关性验证的前提下尽量采用疏密间隔的网格有助于收敛。

2）源项复杂。源项表现为非线性，源项 UDF 定义错误导致过大或源项方程过多都非常有可能导致不收敛。本例共定义了 7 项源项方程，如果不修改亚松弛因子将导致不收敛，但是对于能量方程，亚松弛因子必须大于或等于 0.95。一般调试方法为，在保证源项正确的前提下，先进行稳态计算，再瞬态计算；对于多个源项方程可以先加载单个源项，再逐渐增加源项个数或者将源项方程改为定值常数，进而判断出哪一个源项方程导致计算不收敛，从而进行相关调节，例如可以定义速度亚松弛因子为 0.3，压力亚松弛因子为 0.1 等。

　　3）边界条件。边界条件不合理往往计算不收敛，例如热分析中温度条件为 0；此外四边形模型的上方定义为 20℃，右侧定义为 1 000℃，如此在右上角单元内存在很大的温度梯度进而导致计算不收敛，处理方法为对模型进行切割，或者通过 UDF 等定义渐变边界条件，避免单元相邻边存在大的梯度条件。对于存在回流导致不收敛，除了 Check Case 对出口边界条件进行建议，还应该尽量让出口远离关键区域，尝试修改模型以增加出口距离或切割模型以避免大的梯度。

　　4）求解器设置。尽量采用耦合显式求解器，其中一阶（First-Order）易收敛、精度较差，二阶（Second-Order）难收敛、精度高，在网格质量可以得到保证的前提下一般都可以直接用二阶模式，如遇收敛困难可先用一阶保证可收敛后再调试转到二阶求解。例如，默认 GUI 中没有对温度进行一阶设置的菜单，可以输入 rpsetvar 'temperature/secondary-gradient? #f 进行处理。

　　5）控制方程选用。Solution-Controls-Equations 处用于确定控制方程，如果流动相关方程与能量方程不耦合，即流体相关材料参数与温度无关或无浮力因素等收敛问题，可以先计算完流动方程后再单独开启能量方程计算，以保证收敛；如果流动相关方程与能量方程相耦合，可以先计算完流动方程后再开启流动和能量方程计算，以保证收敛。

　　6）初值设定。初始化为计算前对模型的压力、速度、温度等定义初始值，严格意义上初值与最终结果并无关系，但是如果初值与实际物理值相差很大，即会出现不收敛，一般表现为刚开始计算就发散。一般初值设定依据 All Zone（所有区域的平均处理）或重要的入口，对于几何复杂且流速高的模型，如果不收敛可以尝试切换不同的初值区域。对于多相流，对某一相发生较大变化而导致的不收敛，可以尝试 Patch 定义初值，并且切割模型。

　　7）时间步长。瞬态分析中 Number of Time Steps 与 Time Step Size 之积为总时间，Time Step Size 与 Max Iterations/Time Step 之积为最大的迭代步数。软件推荐是在每个时间步迭代计算 10 次左右。如此对于一个已知整个时间的瞬态分析而言，Time Step Size 就是非常重要的参数设置，其取值可以依据下式进行估算：

$$\Delta t = \frac{\text{Courant} \times \Delta x}{u}$$

其中 Δt 为 Time Step Size；Δx 为最小网格尺寸；u 为流速；Courant 为 Courant number（库朗数），一般取值为 1～10，如果收敛性比较差，则数值可适当降低；如果收敛性比较好，但收敛速度慢，则数值可适当增加。以本例计算，$\Delta x = \dfrac{0.06}{600} = 0.000\,1\,\text{m}$，$u = 0.92\ \text{m·s}^{-1}$，设 Courant = 5，则 $\Delta t \approx 0.000\,5\,\text{s}$，对于 180 s 的分析过程，其中 Number of Time Steps 就需定义为 360 000，当然本例为了计算快捷进行了简化处理。

　　此外不能简单依据残差图判定是否收敛，还可以依据模型中具有特征意义的参考几何（例如实验中的监测点）监测其速度、压力、温度等的变化情况，如果其变化梯度很小，则可认为是收敛。如图 3-5-17 所示，实现对 wall2 的 ice 相进行计算监测。

同时流体计算收敛与结构计算收敛一致，计算成功收敛并不代表计算精度。计算精度的保证更多依赖于对计算模型的理解，对理论研究和试验结果的比较，求同存异，相互验证。

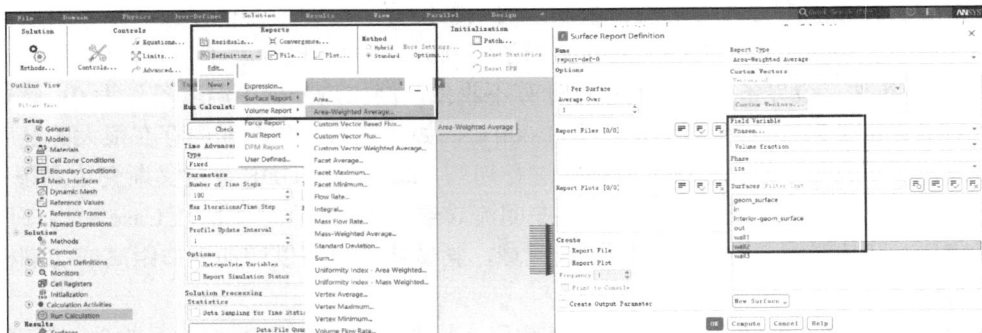

图 3-5-17　Fluent 监测设置

3.6　标量方程热分析

在 CFD 计算中将物理量分为矢量（如速度、动量等）和标量（如温度、质量、组分等）。其中标量输送方程为：

$$\frac{\partial \rho \phi}{\partial t} + \frac{\partial}{\partial d}\left(\rho u \phi - \Gamma \frac{\partial \phi}{\partial d}\right) = S_\phi$$

式中第一项为瞬态项，其中 ρ 为密度，t 为时间，ϕ 为某一特定标量；第二项为对流项，其中 d 为 x，y，z 三向位移，u 为对应三向流速；第三项为扩散项，Γ 为扩散率；第四项为源项，S_ϕ 为源项。此类方程由 Fluent UDS 进行求解，其求解过程如表 3-6-1 所示。

表 3-6-1 UDS 求解过程

名称	表达式	UDS 定义量	UDS 宏示例
瞬态项	$\frac{\partial \rho \phi}{\partial t}$	$-\frac{\rho \Delta V}{\Delta t}\phi^n + \frac{\rho \Delta V}{\Delta t}\phi^{n-1}$	DEFINE_UDS_UNSTEADY(Myunsteady,c,t,i,apu,su) 其中 apu 为隐式部分，即 $-\frac{\rho \Delta V}{\Delta t}$；su 为显式部分，即 $\frac{\rho \Delta V}{\Delta t}$
对流项	$\frac{\partial \rho u \phi}{\partial d}$	通量 $\psi = \rho u$	DEFINE_UDS_FLUX(Myflux,f,t,i) 其中涉及矢量，因此 real NV_VEC(unit_vec),NV_VEC(A); //标明矢量 NV_DS(unit_vec,=,1,1,1,*,1); //赋值单位矢量 return NV_DOT(unit_vec,A);//矢量点积
扩散项	$-\Gamma \frac{\partial^2 \phi}{\partial d^2}$	扩散率 Γ	DEFINE_DIFFUSIVITY(Mydiffusivity,c,t,i)
源项	S_ϕ	源项 S_ϕ	DEFINE_SOURCE(Mysource,c,t,dS,eqn)
边界条件			DEFINE_PROFILE(Myprofile,thread,index)

例如，以 UDS 进行稳态扩散分析，其中 UDF 文件内容如下：

```
#include "udf.h"
DEFINE_DIFFUSIVITY(diff_coeff, c, t, i)
{
    real D = 0.1;                    //假设扩散系数为0.1
    return D;
}
DEFINE_SOURCE(diff_flux_source, c, t, dS, eqn)
{
    real D = C_DIFF_G(c,t);          //获取扩散系数
    real grad_c[ND_ND];              //定义梯度数组
    C_UDSI_G(c, t, 0, grad_c);       //获取 UDSdiff_flux 的梯度，0 为自定义数值
    real flux = -D*grad_c[0];        //计算通量，0 为自定义数值
    dS[eqn] = 0.0;                   //0 为自定义数值
}
```

以多孔介质非热平衡模型进行说明，Fluent 中的非热平衡模型将自动产生一个与流体域一致的固体域，以流固界面面积与多孔介质域体积之比和流固间换热系数进行计算。但是多孔介质中由于复杂特性，且流固界面存在接触热阻等，其热传输模型未必适用软件默认的非热平衡模型，需要利用标量方程热模型进行分析。

下面以一个二维模型说明多孔介质非平衡热分析过程。已知多孔介质为直角梯形，其上底尺寸为 0.5 m，下底尺寸为 0.32 m，高为 0.5 m，如图 3-6-1 所示，其左侧为热量入口，右侧为出口，上下底均为绝热壁面，研究该多孔介质模型的热分布。

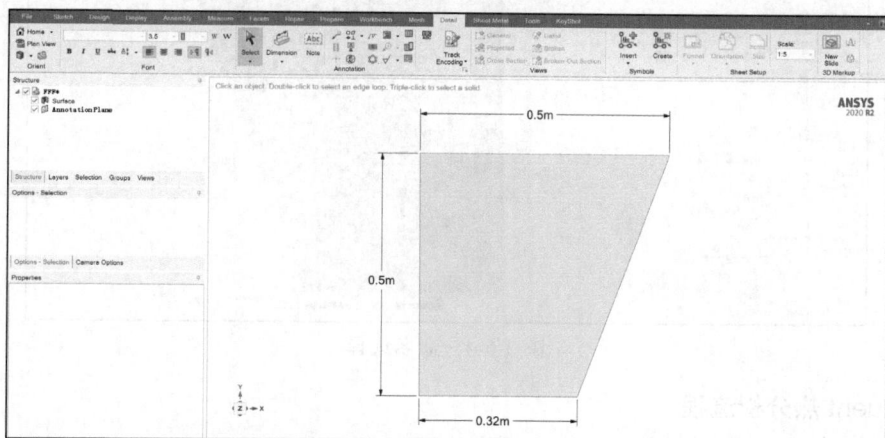

图 3-6-1　多孔介质模型

1. 建立分析流程

如图 3-6-2 所示，建立分析流程，为 A 框架结构的 Fluid Flow（Fluent）的 Fluent 热分析。

2. 划分网格

在 A3 Mesh 处双击鼠标左键，进入 Mesh 划分网格。将 Physics Preference 设置为 CFD，Solver Preference 设置为 Fluent，Element Order 设置为 Linear，

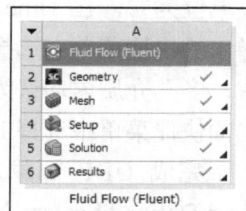

图 3-6-2　分析流程

Element Size 设置为 0.005 m；并对多孔介质面采用 Method 定义，其中 Method 设置为 Quadrilateral Dominant，Free Face Meth Type 设置为 All Quad，如图 3-6-3 所示。

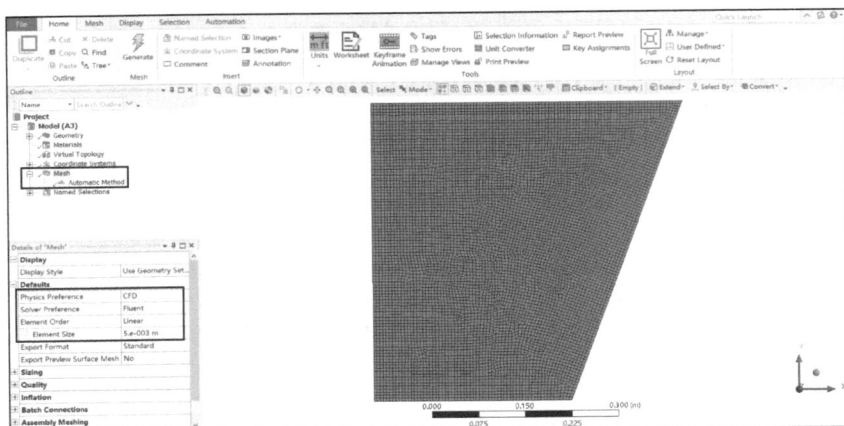

图 3-6-3　网格划分

为方便加载边界条件等，采用 Named Selections 对相应面进行设置。如图 3-6-4 所示，对左边线设置名称为 in；对右边线设置名称为 out；对上下边线设置名称为 wall。

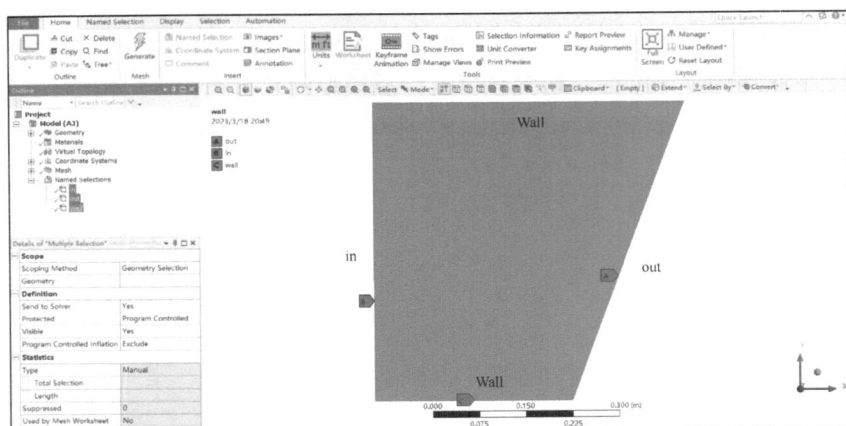

图 3-6-4　命名选择

3．Fluent 热分析流程

在 A4 Setup 处双击鼠标左键，单击 Start 进入 Fluent 分析模块，如图 3-6-5 所示。修改温度单位为℃，在 Time 区域选中 Transient 单选按钮，不选中 Gravity 复选框；右击 Energy，在弹出的快捷菜单中选择 On；右击 Viscous，在弹出的快捷菜单中选择 Model→Laminar（一般而言，多孔介质内均认为层流）。右击 Parameters & Customization→User Defined Functions，在弹出的快捷菜单中选择 Interpreted，在弹出的对话框中输入 UDF 文件目录完成 UDF 文件加载。

完成 UDF 加载之后，双击 User Defined Scalars，在弹出的对话框中修改 Number of User-Defined Scalars 为 1（加载标量方程），Solution Zones 设置为 all fluid zones（所有流体域，可以根据实际选择特定的流体域），Flux Function 设置为 none（多孔介质内不考虑对流），Unsteady Function 设置为 UDF 中的"temp_unsteadt"。

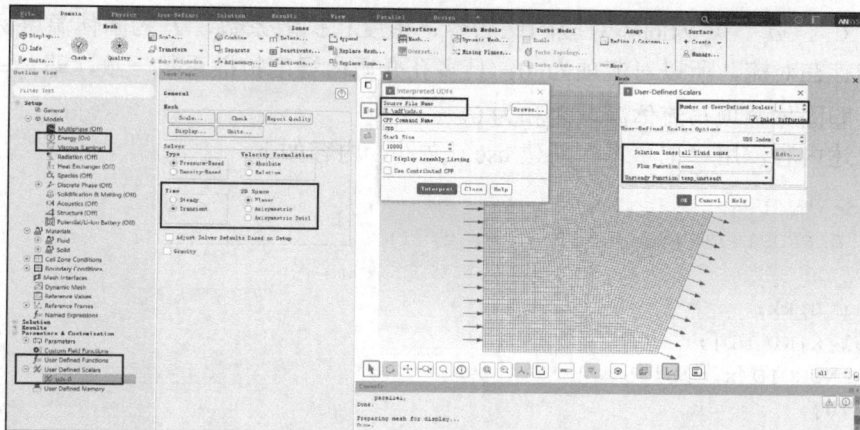

图 3-6-5 Fluent 分析设置（1）

该多孔介质的热分析分别对空气流体和固体介质定义标量传输方程。

流体热标量方程为 $0.94C_f\dfrac{\partial(\rho_f T_f)}{\partial t}+\dfrac{\partial(C_f\rho_f u_f T_f)}{\partial x}-k_f\dfrac{\partial^2 T_f}{\partial x^2}=h_V(T_s-T_f)$，其 UDS 描述如表 3-6-2 所示。

表 3-6-2　　　　　　　　流体热标量方程的 UDS 描述

名称	表达式	UDS 定义量
非稳态项	$0.94C_f\dfrac{\partial(\rho_f T_f)}{\partial t}$	$-0.94C_f\dfrac{\rho_f\Delta V}{\Delta t}T_f^{n}+0.94C_f\dfrac{\rho_f\Delta V}{\Delta t}T_f^{n-1}$
对流项	$\dfrac{\partial(C_f\rho_f u_f T_f)}{\partial x}$	$C_f\rho_f u_f$
扩散项	$-k_f\dfrac{\partial^2 T_f}{\partial x^2}$	k_f
源项	$h_V(T_s-T_f)$	$h_V(T_s-T_f)$

其中，C_f、ρ_f、u_f、k_f 为流体对应的比热容、密度、速度和扩散系数，T_f 为流体温度标量，T_s 为固体温度，h_V 为流固之间的对流换热系数，本例取 200 000 W·m^{-2}·K^{-1}，$k_f=40+0.000\,000\,05\,LT_f^3 e^{-406L}$，$L$ 为距离。

固体热标量方程为 $0.06C_s\dfrac{\partial(\rho_s T_s)}{\partial t}-k_s\dfrac{\partial^2 T_s}{\partial x^2}=-h_V(T_s-T_f)$，其 UDS 描述如表 3-6-3 所示。

表 3-6-3　　　　　　　　固体热标量方程的 UDS 描述

名称	表达式	UDS 定义量
非稳态项	$0.06C_s\dfrac{\partial(\rho_s T_s)}{\partial t}$	$-0.06C_s\dfrac{\rho_s\Delta V}{\Delta t}T_s^{n}+0.06C_s\dfrac{\rho_s\Delta V}{\Delta t}T_s^{n-1}$
对流项	0	0
扩散项	$-k_s\dfrac{\partial^2 T_s}{\partial x^2}$	k_s
源项	$-h_V(T_s-T_f)$	$-h_V(T_s-T_f)$

其中，C_s、ρ_s、k_s 为固体对应的比热容、密度和扩散系数，T_s 为固体温度标量，因为固体内不能存在对流，所以对流项为 0；且多孔介质内温度扩散系数一致，即 $k_s = k_f$；同时热量守恒，即固体源项与流体源项之和为 0。

根据上述内容，用"记事本"新建 usc.c 文件，内容如下：

```
#include "udf.h"
DEFINE_DIFFUSIVITY(conduction, c, t, i)
{
    real L,kk;
    real x[ND_ND];
    C_CENTROID(x,c,t);
    L=x[0];
    kk=40+0.00000005*L*pow(C_UDSI(c,t,0),3)*exp(-406*L);
    return kk;
}

DEFINE_SOURCE(s_source, c, t, dS, eqn)
{
    real source,temp;
    temp=C_T(c,t);
    source=-200000*(C_UDSI(c,t,0)-temp);
    dS[eqn]= -200000;
    return source;
}

DEFINE_SOURCE(f_source,c,t,dS,eqn)
{
    real source,temp;
    temp=C_T(c,t);
    source=200000*(C_UDSI(c,t,0)-temp);
    dS[eqn]= -200000;
    return source;
}

DEFINE_UDS_UNSTEADY(temp_unsteadt,c,t,i,apu,su)
{
    real dt,pre_temp,volume;
    dt=CURRENT_TIMESTEP;
    volume=C_VOLUME(c,t);
    *apu=-946*C_R(c,t)*volume/dt;
    pre_temp=C_UDSI_M1(c,t,i);
    *su=946*C_R(c,t)*volume* pre_temp /dt;
}
```

通过先加载 UDF，再定义 UDS 开启相关标量分析设置后，材料库中才有相关参数定义。修改 air 流体材料的 Cp 为 1180 J·kg⁻¹·K⁻¹，Viscosity 为 1.82E−5 kg·m⁻¹·s⁻¹，UDS Diffusivity（扩散系数）为 User-Defined 和 UDF 中的"conduction"；修改 aluminum 固体材料的 Density 为

1E–6 kg·m^{-3}，Cp 为 1E–6 J·kg^{-1}·K^{-1}，Thermal Conductivity 为 1E–6 W·m^{-1}·K^{-1}（在 UDF 中的源项中已经包含固体介质的材料参数，所以此处定义一个很小的值，避免影响计算结果），如图 3-6-6 所示。

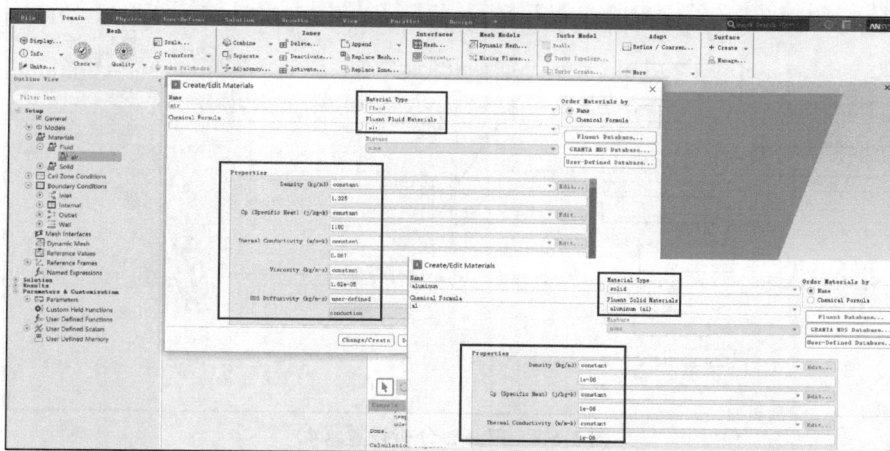

图 3-6-6　Fluent 分析设置（2）

如图 3-6-7 所示，在 Cell Zone Conditions→Fluid 处定义源项，双击 fff_surface，选中 Source Terms（源项）复选框，分别对 Energy 和 User Scalar 项加载 udf f_source（流体源项）和 udf s_source（固体源项）。

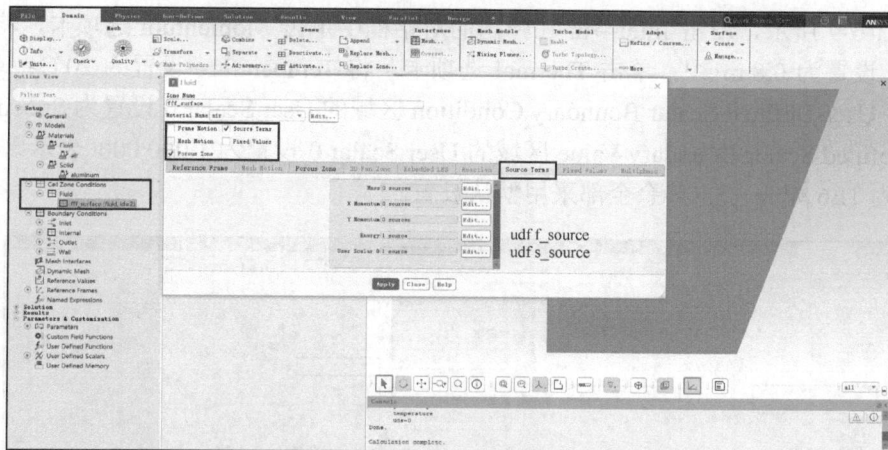

图 3-6-7　Fluent 分析设置（3）

如图 3-6-8 所示，在 Cell Zone Conditions→Fluid 处定义多孔介质，双击 fff_surface，选中 Porous Zone（多孔介质）复选框，首先根据模型需要定义多孔介质方向，单击 Domain→Surface→Create，选择 Line/Rake，在弹出的对话框中选中 Options 区域的 Lin 复选框，Type 设置为 Rake，在 x0、y0 处输入 0.32、0（起点坐标），在 x1、y1 处输入 0.5、0.5（终点坐标），单击 Create 按钮后不要关闭此对话框，再单击 Update From Line Tool 即可自动创建多孔介质方向；Viscous Resistance 区域的 Direction-1 和 Direction-2 均为 3.9E10，Inertial Resistance 区域的 Direction-1 和 Direction-2 均为 1.5E4，Porosity 设置为 0.7，选中 Thermal Model 区域的

Equilibrium 单选按钮（虽然该分析为非热平衡分析，但是因为已经自定义了各个源项和扩散系数，所以不能选中 Non-Equilibrium 单选按钮）。

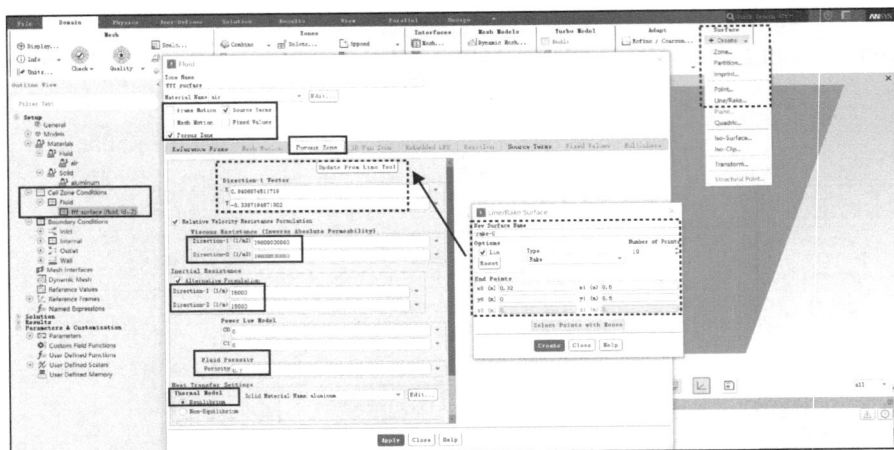

图 3-6-8　Fluent 分析设置（4）

注意

对于三维模型，单击 Domain→Swrface→create，选择 Plane 创建平面后可自动定义多孔介质方向，同时 Plane 对话框也不能关闭。另外，本例是通过已知坐标点位置创建线，如果对于曲线曲面等难以了解精确坐标位置的点，可以单击"Select Points with Mouse"，用鼠标右击捕捉点进行确认。

如图 3-6-9 所示，双击 Inlet→in 在弹出的对话框中单击 Momentum 选项卡，将 Velocity Magnitude 设置为 0.8 m·s^{-1}；单击 Thermal 选项卡，将 Temperature 设置为 20℃；单击 UDS 选项卡，将 User-Defined Scalar Boundary Condition 区域的 User Scalar 0 设置为 Specified Flux，将 User-Defined Scalar Boundary Value 区域的 User Scalar 0 设置为 1 000 000（表示入口处加载热流密度为 1E6 W·m^{-2}）。其余全部采用默认设置。

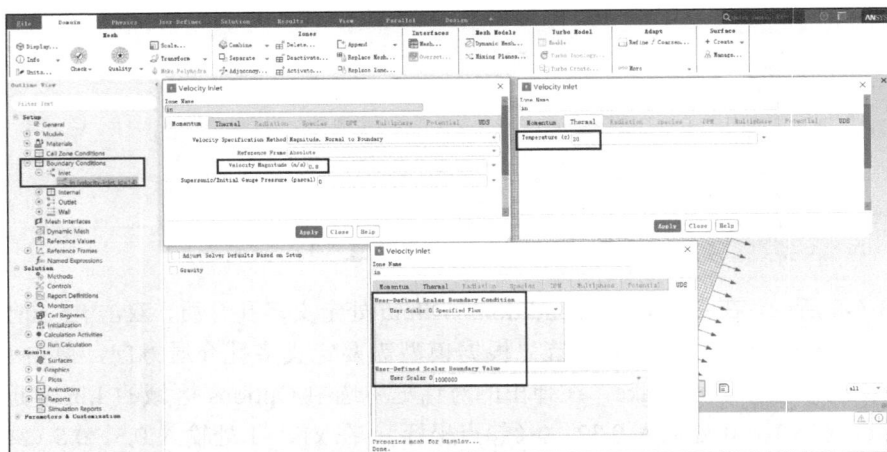

图 3-6-9　Fluent 分析设置（5）

如图 3-6-10 所示，双击 Outlet→out 在弹出的对话框中单击 Momentum 选项卡，将 Gauge

Pressure 设置为 0；单击 Thermal 选项卡，将 Backflow Total Temperature 设置为 20℃；单击 UDS 选项卡，将 User-Defined Scalar Boundary Condition 区域的 User Scalar 0 设置为 Specified Flux，将 User-Defined Scalar Boundary Value 区域的 User Scalar 0 设置为 0。其余全部采用默认设置。

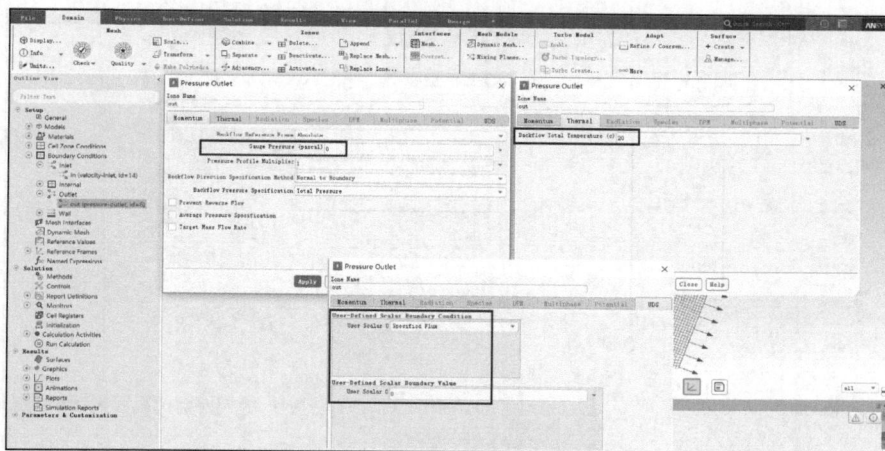

图 3-6-10 Fluent 分析设置（6）

由于 Wall 为绝热条件，因此全部采用默认设置即可。

4．Fluent 求解设置

如图 3-6-11 所示，双击 Solution→Methods，在弹出的对话框中将 Scheme 设置为 Coupled，Gradient 设置为 Least Squares Cell Based，Pressure 设置为 Second Order，Momentum、Energy 和 User Scalar0 均设置为 Second Order Upwind（特别注意：User Scalar 0 项必须选择该项）。为保证计算精度，双击 Monitors→Residual，在弹出的对话框中的 Equations 区域将 continuity、x-velocity、y-velocity 的 Absolute Criteria 均设置为 0.001，将 energy、uds-0 的 Absolute Criteria 均设置为 1E-6。

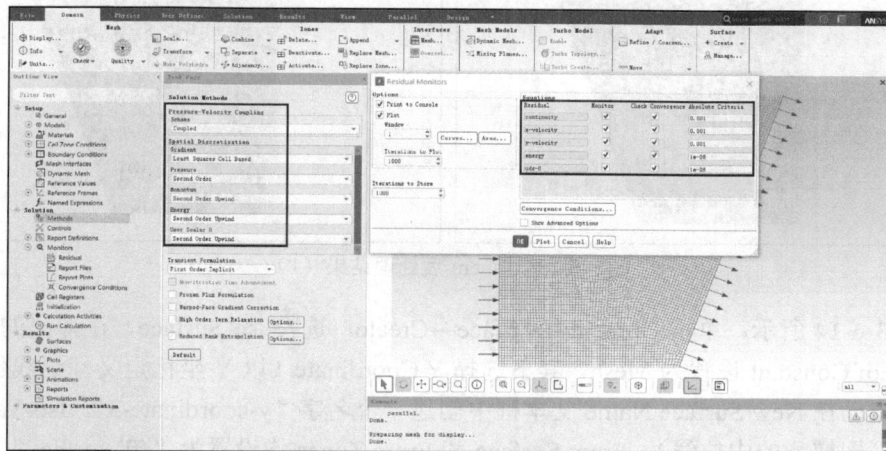

图 3-6-11 Fluent 求解设置（1）

如图 3-6-12 所示，双击 Solution→Initialization，在弹出的对话框中将 Initialization Methods 设置为 Standard Initialization，Compute from 设置为 in，其余项采用默认设置；双击 Run Calculation，在弹出的对话框中将 Number of Time Steps 设置为 60，Time Step Size 设置为 0.1 s，Max Iterations/Time Step 设置为 10。

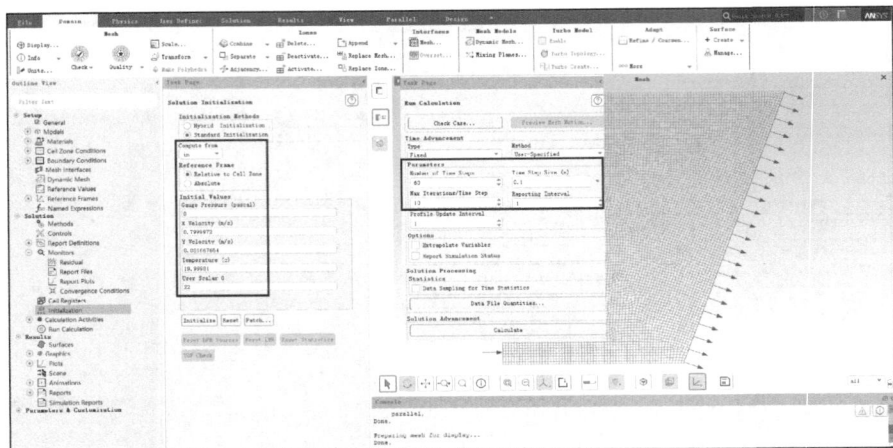

图 3-6-12　Fluent 求解设置（2）

5．Fluent 热分析后处理

计算完成后，单击 Results→Graphics→Contour 分别查看 Static Temperature 和 Scalar-0 后处理的温度云图，如图 3-6-13 所示。其中 Static Temperature 云图显示多孔介质内气体的温度分布情况，其中入口处温度最低，为 20℃（与入口温度边界条件吻合），然后温度升高至 877℃；Scalar-0 云图显示多孔介质内固体的温度分布情况，其中入口处温度最高，为 1 310℃（与入口热流密度边界条件吻合），然后温度降低至 1 150℃。多孔介质内的固体和气体热量经过一定时间的热交换后，两者温度并没有相等。

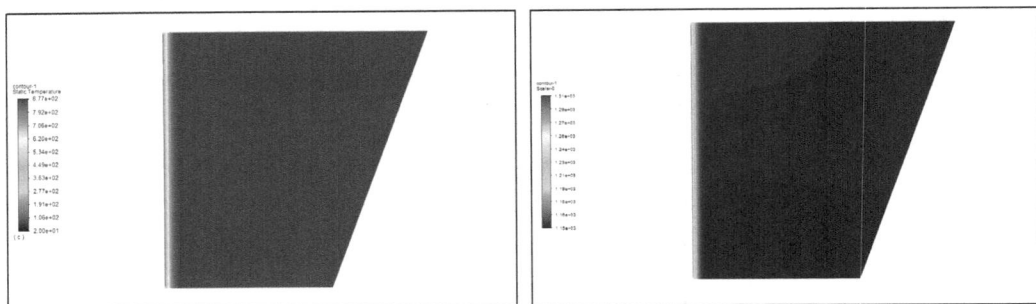

图 3-6-13　Fluent 后处理结果（1）

如图 3-6-14 所示，单击 Domain→Surface→Create，选择 iso-Surface，在弹出的对话框中将 Surface of Constant 设置为 Mesh，其下选择 Y-Coordinate（以 Y 坐标定义标记线位置），然后软件会自动在 New Surface Name 文本框中创建一个名字"y-coordinate-3"，Iso-Values 设置为 0.25 m（即梯形的中位线），From Surface 和 From Zones 均设置为"fff_surface"。

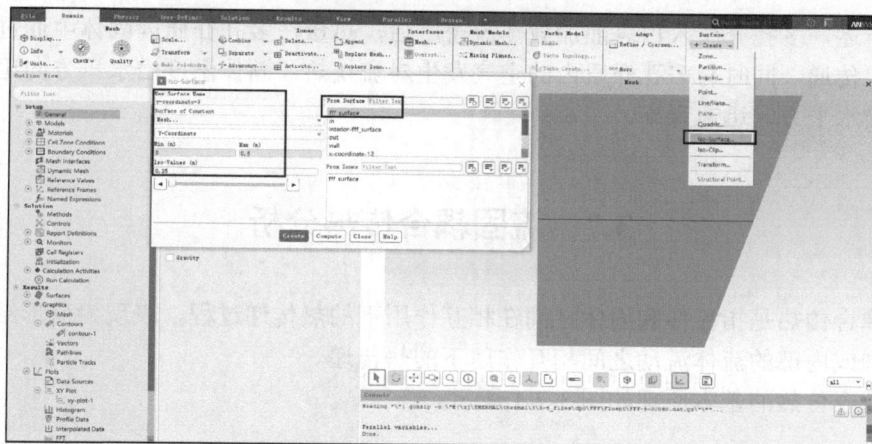

图 3-6-14　Fluent 后处理结果（2）

按图 3-6-15 所示创建标记线上的温度分布情况，双击 Results→Plots→XY Plot，在弹出的对话框中将 Y Axis Function 设置为 Temperature 和 Static Temperature，将 X Axis Function 设置为 Direction Vector，在下方的列表框中选择图 3-6-14 定义的标记线"y-coordinate-3"。同理，另一处在弹出的对话框中将 Y Axis Function 设置为 User Defined Scalars 和 Scalar-0。由图可知，空气温度（Static Temperature）沿着多孔介质水平方向迅速升高，在 0.025 m 左右即达到最高温度，之后温度保持稳定；固体介质温度（Scalar-0）沿着多孔介质水平方向迅速下降，在 0.025 m 左右即达到最低温度，之后温度保持稳定；两者均表现为非线性变化。

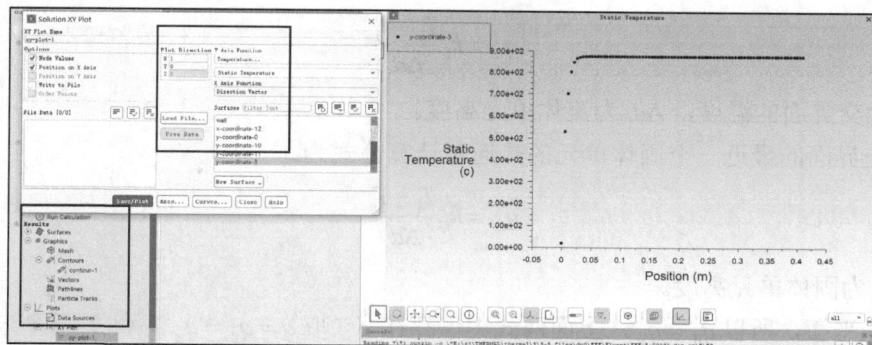

（a）

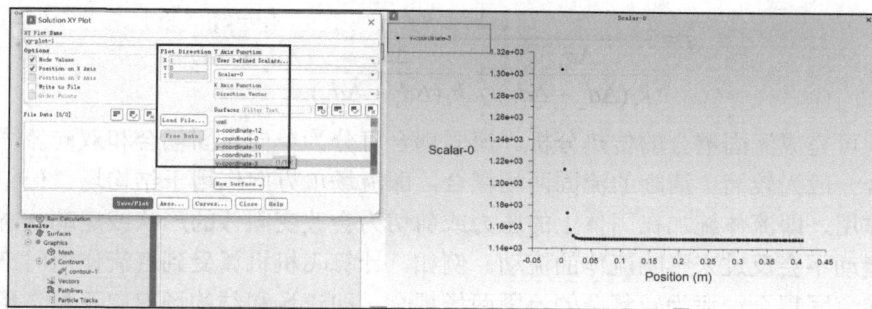

（b）

图 3-6-15　Fluent 后处理结果（3）

综上所述，多孔介质入口表面加载热流密度后，热量在多孔介质内固体中通过热传导由入口向出口传递，同时与多孔介质内的空气发生对流换热，固体温度沿水平方向迅速降低，空气温度沿水平方向迅速升高。

3.7　流固耦合传热分析

流固耦合传热是指流体和固体之间在相互作用下的热传递过程，表现为变形结构或运动结构与周围或内部的流体流动之间相互作用下的热传递。

流固耦合传热的基本原理如图 3-7-1 所示。

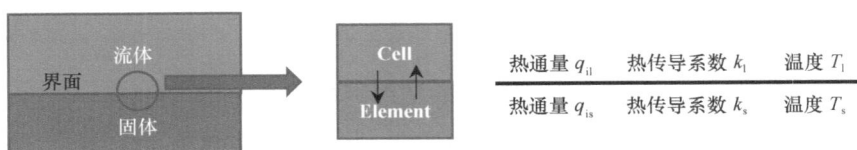

图 3-7-1　流固耦合传热基本原理

因为固体的流速为 0，所以理想状态下固体和流体相邻的交界面上法向流速为 0，则假定流体与固体表面之间没有相对运动，故称为"无滑移边界条件"。此刻交界面附近就不存在对流，仅存在热传导。

靠近交界面的最近一个流体单元的热通量计算公式为：

$$q_{il} = k_l \frac{T_l - T_i}{\Delta d_l}$$

式中，T_i 为交界面的温度，Δd_l 为流体单元高度。

靠近交界面的最近一个固体单元的热通量计算公式为：

$$q_{is} = k_s \frac{T_i - T_s}{\Delta d_s}$$

式中，Δd_s 为固体单元高度。

因为热平衡，所以 $q_{il} = q_{is}$，上面两式中仅存在 q（取 $q = q_{il} = q_{is}$）和 T_i 两个未知数，联立求解可得流固间的热通量：

$$q = \frac{1}{\dfrac{\Delta d_s}{k_s(\Delta d_s + \Delta d_f)} + \dfrac{\Delta d_f}{k_f(\Delta d_s + \Delta d_f)}} \frac{T_f - T_s}{\Delta d_s + \Delta d_f}$$

由此即可完成流固耦合的传热分析。流固耦合可分为单向流固耦合和双向流固耦合。单向流固耦合一般为较简单清晰的流固两场耦合，即流场单方向作用于结构场，但结构场对流场没有反作用，即流体施加在固体上的压力或剪切力会改变固体的形状或运动状态，但固体的变形或运动不会反过来影响流体的流动。例如，计算飞机机翼受到气流作用时产生的升力效果。双向流固耦合一般为较复杂的流固两场耦合，即流场和结构场双向互相作用，即流体施加在固体上的压力或剪切力会改变固体的形状或运动状态，而固体的变形或运动又会反过来影响流体的流动（非单元意义上的强耦合）。例如，计算心脏瓣膜与血液相互作用效果。

在 ANSYS 软件内实现流固耦合可以通过独立 Fluent 模块实现单向和双向流固耦合，Workbench 中 Fluent 和 Mechanical 模块直接组合的单向流固耦合，Fluent 和 Mechanical 模块以 System Coupling 组合的双向流固耦合。

3.7.1 独立 Fluent 模块的流固耦合传热分析

本文前面所有 Fluent 计算全部基于 Workbench 平台下的 Fluent 模块进行计算，而 Fluent 作为独立模块可以实现结构模型的定义和加载，因此可以非常方便地实现单向或双向流固耦合的热分析。

下面以一个三维弯管模型说明独立 Fluent 模块进行流固耦合传热分析过程。已知直角弯管内径为 0.1 m，外径为 0.12 m，如图 3-7-2 所示，管内为水，管与水两模型采用 Share 连接，置于低温环境下，且管两端面固定，研究水结冰过程中导致的弯管应力和变形情况。

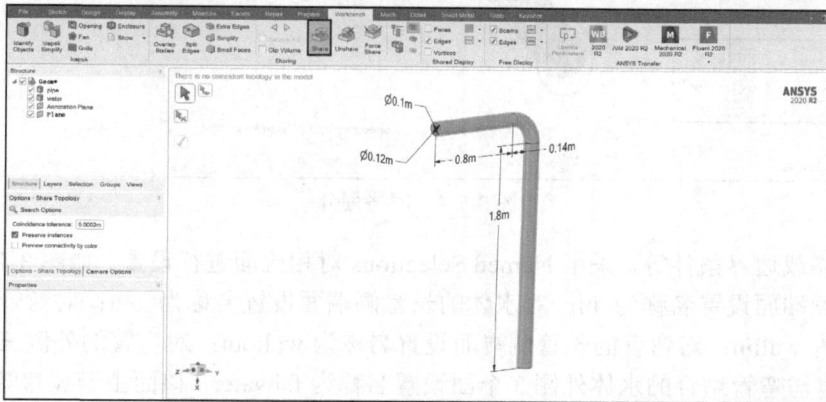

图 3-7-2　弯管模型

1．建立分析流程

如图 3-7-3 所示，建立分析流程，为 A 框架结构的 Spaceclaim 建模模块、B 框架结构的 Mesh 划分网格，然后将网格文件输出用于 Fluent 计算。

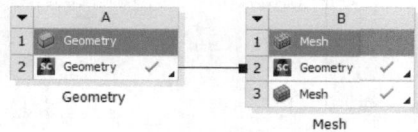

2．划分网格

图 3-7-3　分析流程

在 B3 Mesh 处双击鼠标左键，进入 Mesh 划分网格。将 Physics Preference 设置为 CFD，Solver Preference 设置为 Fluent，Element Order 设置为 Linear，Element Size 保持默认；因为模型为扫掠图形，所以只要选择管的一个圆环端面和水体的一个圆形端面采用 Sizing 定义，其中 Element Size 设置为 0.005 m。为定义边界层网格，先计算雷诺数 $Re = \dfrac{\rho U d}{\mu} = 99.5$（层流），其中 ρ 为水密度，取 998 kg·m^{-3}；U 为流速，设定流速为 0.001 m·s^{-1}；d 为特征尺寸，为管直径 0.1 m；μ 为黏度，取 0.001 003 kg·m^{-1}·s^{-1}；计算边界层总厚度，利用经验公式 $\delta = \dfrac{4.91L}{\sqrt{Re_L}}$，其中 Re_L 为 L 长度对应的雷诺数，取弯管长度则 $\delta = 0.086$ m；依据边界层总厚度和网格增长

率即可计算边界层层数，则 $\delta = Y_m \dfrac{(1-r)^N}{1-r}$，其中 Y_m 为第一层网格高度，为设定尺寸 0.005 m；r 为增长率，按照软件默认的网格增长率为 1.2，则 $N = 9$，所以选择水体模型定义 Inflation，其中 Boundary 项选择水体的外圆弧共 3 个面（两个直管圆弧面和一个弯管圆弧面），Maximum Layers 设置为 9，如图 3-7-4 所示。

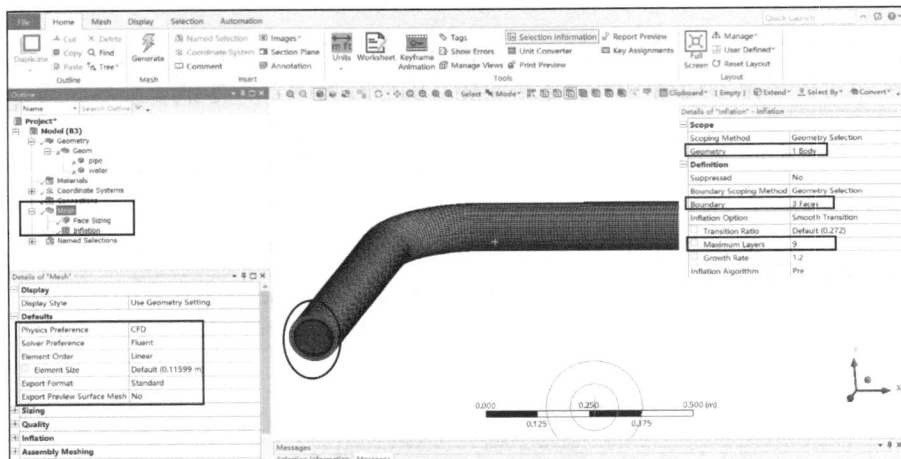

图 3-7-4　网格划分

为方便加载边界条件等，采用 Named Selections 对相应面进行设置。如图 3-7-5 所示，对水体的短管侧端面设置名称为 in；对水体的长管侧端面设置名称为 out；对弯管的短管侧端面设置名称为 wallin；对弯管的长管侧端面设置名称为 wallout；对弯管的外侧三个面设置名称为 wall；对与弯管结合的水体外侧 3 个面设置名称为 fsiwater（该面由于被弯管遮挡，需要隐藏弯管模型才可以被选择）。

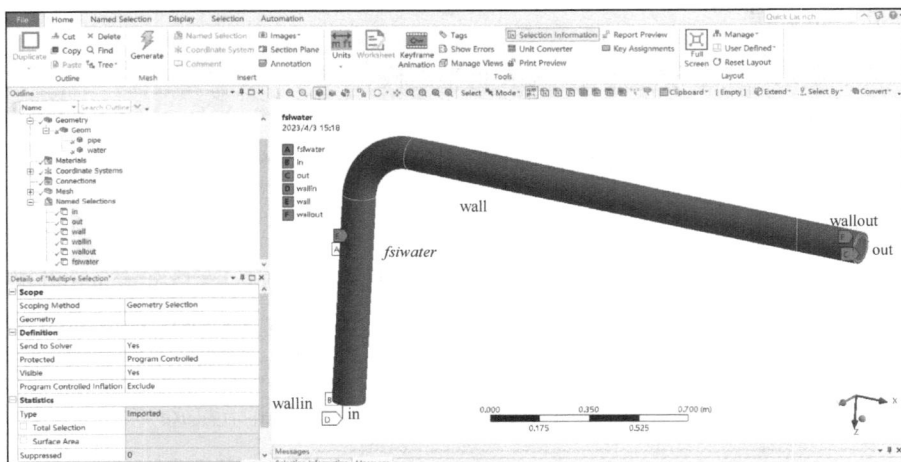

图 3-7-5　命名选择

全部完成，单击 File→Export...→Mesh→FLUENT Input File→Export，输入指定目录和文件名即可。

3. Fluent 热分析流程

在 Fluent Launcher 界面下单击 Mesh 后选择之前定义的文件，单击 Start 进入 Fluent 分析模块，如图 3-7-6 所示。将 Time 设置为 Transient，不选中 Gravity 复选框；右击 Energy，在弹出的快捷菜单中选择 On；右击 Viscous，在弹出的快捷菜单中选择 Model→Laminar；双击 Solidification and Melting，在弹出的对话框中选中 Solidification/Melting（凝固和熔化设置一致）复选框；双击 Structure，在弹出的对话框中选中 Linear Elasticity 单选按钮（必须在独立的 Fluent 模块下才可以打开 Structure 项，另外该项不支持多面体结构网格）。

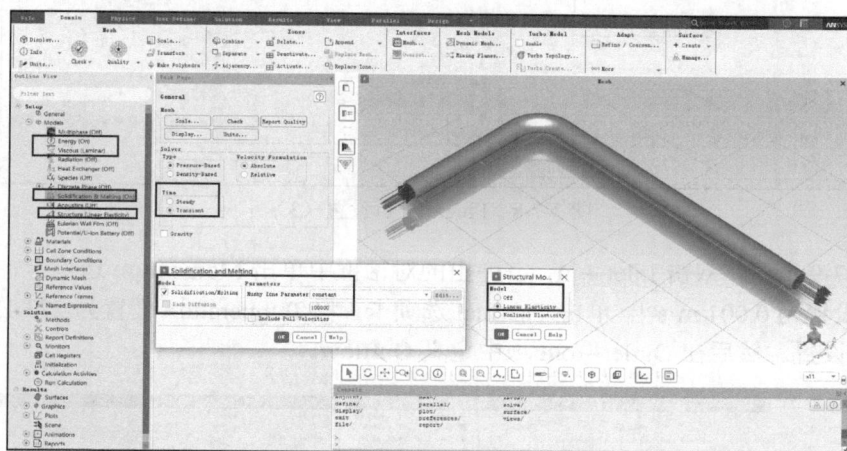

图 3-7-6　Fluent 分析设置（1）

如图 3-7-7 所示，从 Fluid 材料库中复制 water-liquid 流体材料，其中 Pure Solvent Melting Heat 设置为 330 000 J·kg^{-1}，Solidus Temperature 设置为 273 K，Liquidus Temperature 设置为 273 K，其余参数默认；从 Solid 材料库中复制 steel 固体材料，所有参数默认。

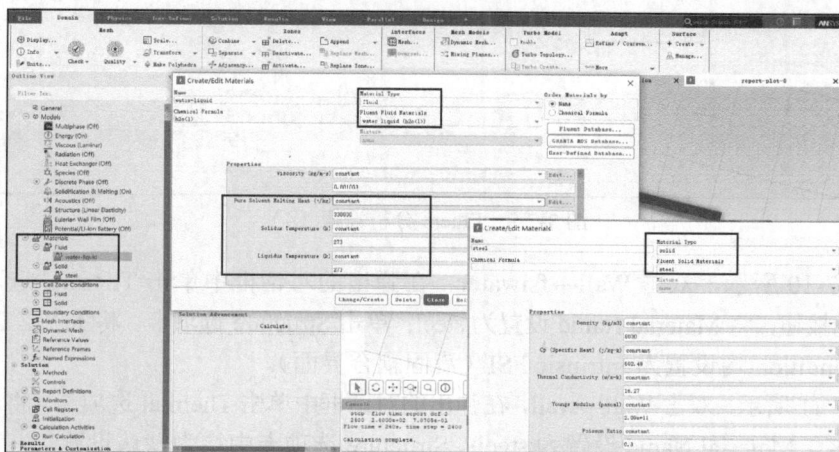

图 3-7-7　Fluent 分析设置（2）

如图 3-7-8 所示，双击 Cell Zone Conditions→Fluid→geom_water，在弹出的对话框中将 Material Name 设置为 water-liquid；双击 Cell Zone Conditions→Solid→geom_pipe，在弹出的

对话框中将 Material Name 设置为 steel。

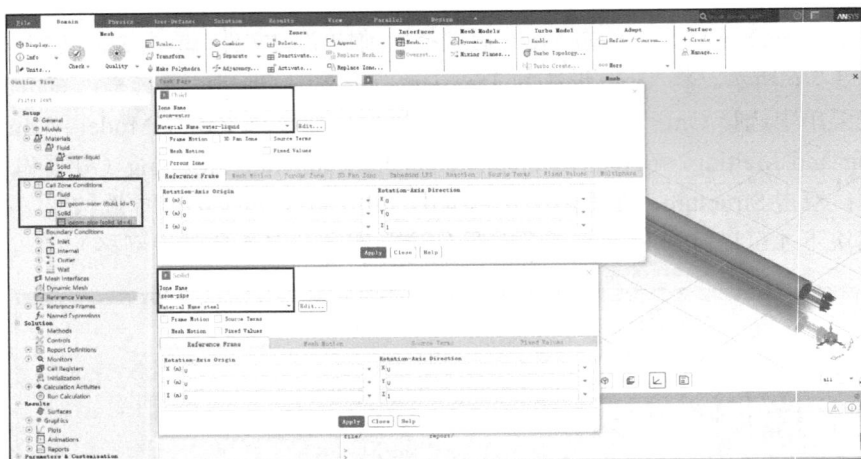

图 3-7-8　Fluent 分析设置（3）

如图 3-7-9 所示，双击 Inlet→in，在弹出的对话框中单击 Momentum 选项卡，将 Velocity Magnitude 设置为 0.001 m·s⁻¹；单击 Thermal 选项卡，将 Temperature 设置为 273.1 K；其余全部采用默认设置。然后在 Outlet→out 项中定义 Outflow。

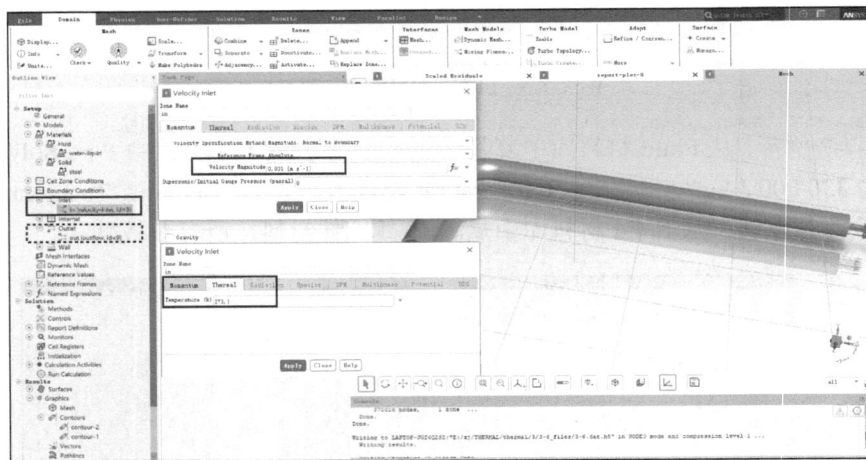

图 3-7-9　Fluent 分析设置（4）

如图 3-7-10 所示，双击 Wall→fsiwater，在弹出的对话框中单击 Thermal 选项卡，选中 Coupled 单选按钮，将 Material Name 设置为 steel；单击 Structure 选项卡，将 X/Y/Z Displacement Boundary Condition 均设置为 Intrinsic FSI（流固耦合界面）。

如图 3-7-11 所示，双击 Wall→wall，在弹出的对话框中单击 Thermal 选项卡，将 Temperature 设置为 263 K，Material Name 设置为 steel；Structure 选项卡中均为默认设置。

如图 3-7-12 所示，双击 Wall→wallin，在弹出的对话框中单击 Thermal 选项卡，将 Temperature 设置为 263 K，Material Name 设置为 steel；单击 Structure 选项卡，将 X/Y/Z Displacement Boundary Condition 均设置为 Node X/Y/Z-Displacement，且数值均设置为 0（完全约束）。

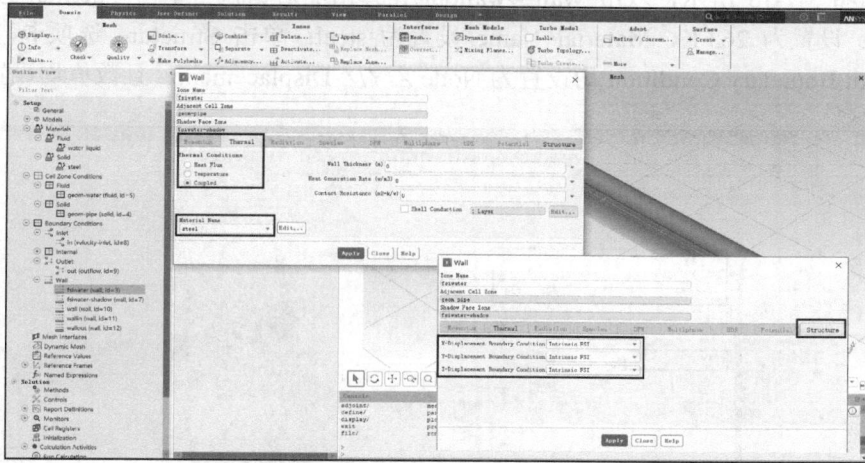

图 3-7-10　Fluent 分析设置（5）

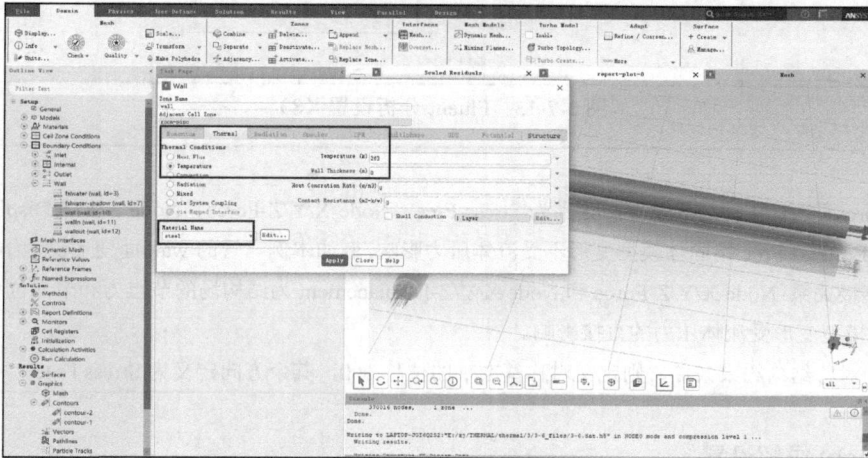

图 3-7-11　Fluent 分析设置（6）

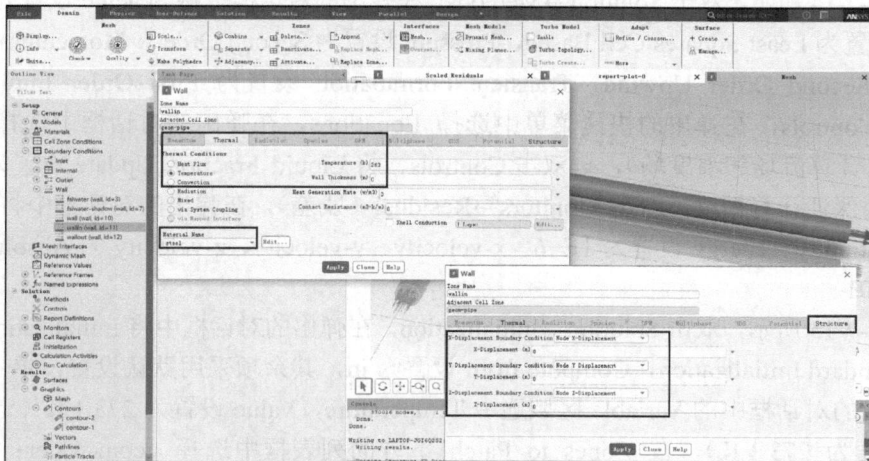

图 3-7-12　Fluent 分析设置（7）

同理如图 3-7-13 所示，双击 Wall→wallout 在弹出的对话框中单击 Thermal 选项卡，将 Temperature 设置为 263 K，Material Name 设置为 steel；单击 Structure 选项卡，将 X/Y/Z Displacement Boundary Condition 均设置为 Node X/Y/Z-Displacement，且数值均设置为 0。

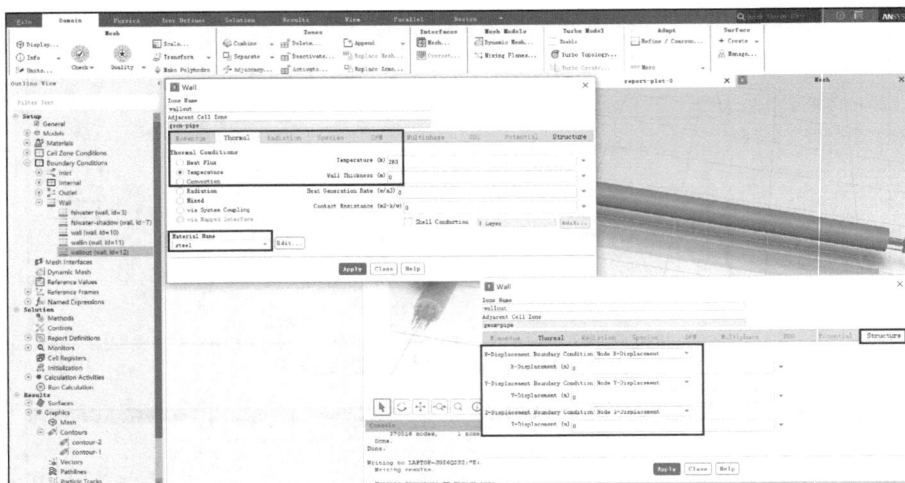

图 3-7-13　Fluent 分析设置（8）

> **注意**
>
> 　　Structure 项共有 4 种边界条件，分别为 Stress Free、Node X/Y/Z-Force、Node X/Y/Z-Displacement 和 Intrinsic FSI。Stress Free 指固体模型变形不受流体压力影响，例如本例弯管的 wall 面变形仅为结构场效果，与流场无直接关系；Node X/Y/Z-Force 和 Node X/Y/Z-Displacement 为结构场的节点力和节点位移；Intrinsic FSI 指固体模型变形受流体压力的直接影响。
>
> 　　如果为对称结构约束条件，则定义对称基准轴的位移为 0，其余方向定义为 Stress Free。

4．Fluent 求解设置

如图 3-7-14 所示，双击 Solution→Methods，在弹出的对话框中将 Scheme 设置为 Coupled，Gradient 设置为 Least Squares Cell Based，Pressure 设置为 Second Order，Momentum 和 Energy 均设置为 Second Order Upwind，Transient Formulation 设置为 First Order Implicit；右击 Solution→Controls，在弹出的快捷菜单中选择 Equations，在弹出的对话框中选择 Flow 和 Energy（仅计算流场和温度场），再双击 Controls，将 Liquid Fraction Update 设置为 0.4 以保证收敛；为保证计算精度，双击 Monitors→Residual（残差），在弹出的对话框中将 Equations 区域的 continuity、energy 设置为 1E−6，x-velocity、y-velocity、z-velocity 的 Absolute Criteria 设置为 0.001。

如图 3-7-15 所示，双击 Solution→Initialization，在弹出的对话框中将 Initialization Methods 设置为 Standard Initialization，Compute from 设置为 in，其余项采用默认设置，单击 Patch 按钮，在弹出的对话框中的 Variable 区域选中 Temperature，Value 设置为 273.1 K（定义管内水的初始温度为 273.1 K），在 Zones to Patch 下方的列表框中选择 geom-water；双击 Run Calculation，在弹出的对话框中将 Number of Time Steps 设置为 2 400，Time Step Size 设置为

约 0.1 s（定义太大会不收敛或者有较大的结果误差），Max Iterations/Time Step 设置为 2。

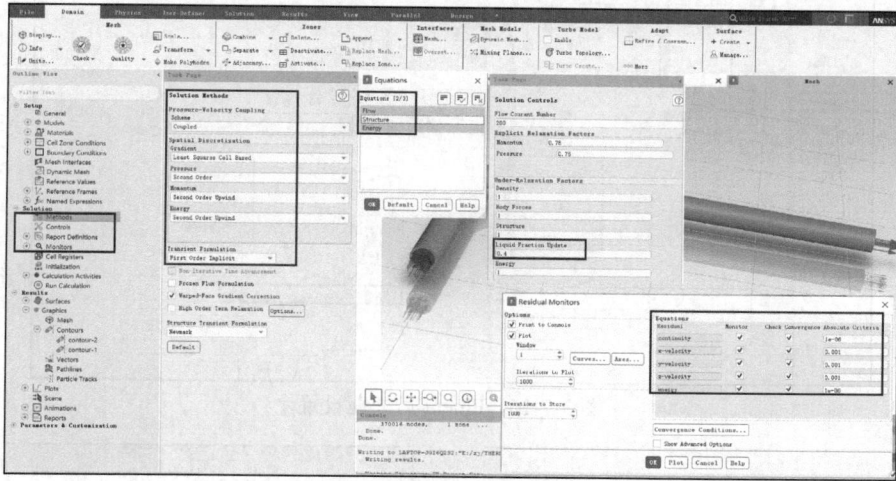

图 3-7-14　Fluent 求解设置（1）

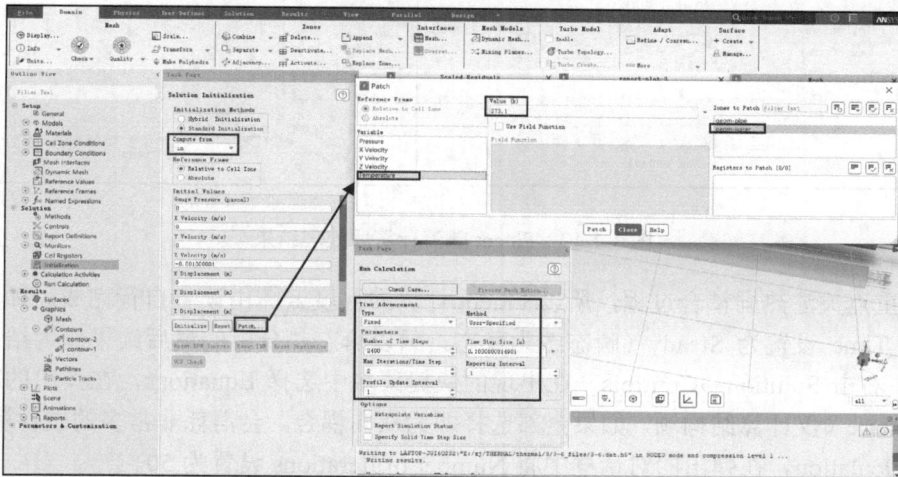

图 3-7-15　Fluent 求解设置（2）

5．Fluent 热固分析后处理

为了更好地观察管内温度及结冰状态，单击 Surface→Create→Plane 新建截面 Plane-7，如图 3-7-16 所示，在弹出的对话框中将 Method 设置为 ZX Plane，Y 设置为 0；在 Solution→Monitors 下分别创建以 Plane-7 为截面的 Temperature-Static Temperature 和 Solidification/melting-Liquid Fraction 两个监测数据。

计算完成后，Plane-7 为截面的 Temperature-Static Temperature 和 Solidification/melting-Liquid Fraction 两个监测数据如图 3-7-17 所示，其中温度稳定在 271.5 K 左右，这是因为在多热源条件下，系统温度在一定时间内保持稳定，处于液固混合状态；液态百分比持续下降，这是因为系统温度维持在略低于凝固点温度的条件下，必定使得更多液态水逐渐转化为固态。

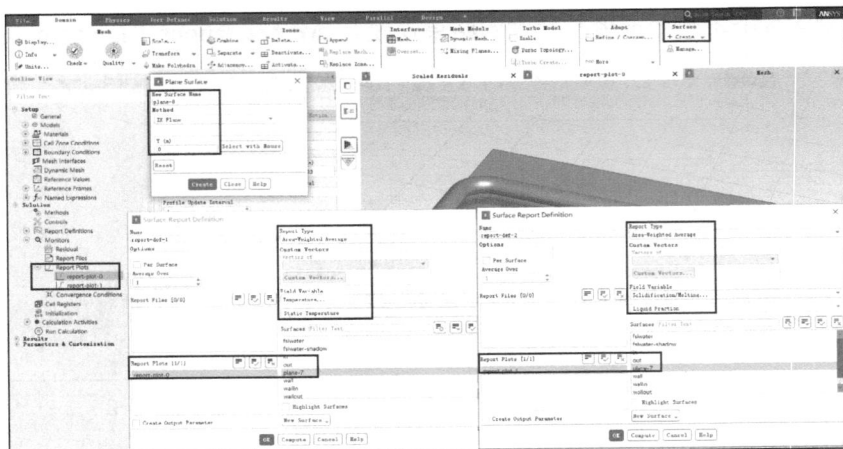

图 3-7-16　Fluent 后处理设置

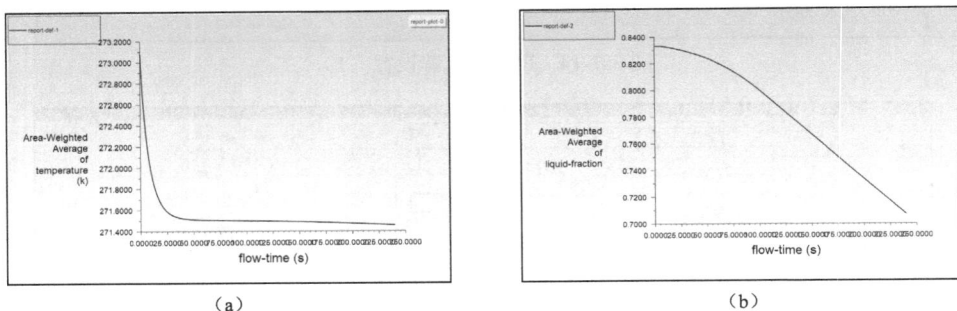

（a）　　　　　　　　　　　　（b）

图 3-7-17　Fluent 热流计算后处理结果

因为重点关注热固耦合过程，所以 Fluent 计算的温度云图由读者自行完成。如图 3-7-18 所示，将 Time 设置为 Steady（瞬态改为稳态，只以瞬态热分析的最后结果作为结构场的计算条件）；右击 Solution→Controls，在出现的快捷菜单中选择 Equations，在弹出的对话框中选择 Structure（仅计算结构场，如果全部选择即为双向耦合，会消耗非常多的硬件资源）；双击 Run Calculation，在弹出的对话框中将 Number of Iterations 设置为 50。

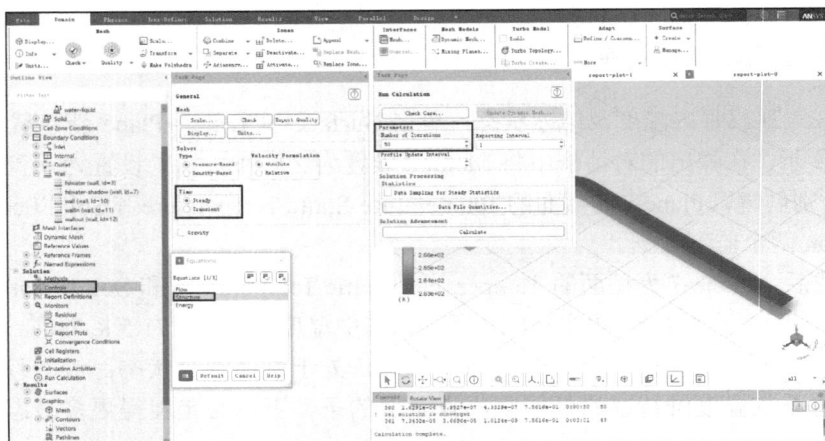

图 3-7-18　Fluent 耦合计算

单击 Results→Graphics→Contour 分别查看 wall、wallin 和 wallout 面的 X/Y/Z Displacement（*X*、*Y*、*Z* 三向变形）和 Von Mises Stress（等效应力）云图，如图 3-7-19 所示，其中 *X*、*Y*、*Z* 三向最大变形分别为 5.99E−9 m、5.87E−9 m、1.85E−9 m，最大等效应力为 2.54E4 Pa，最大变形区域和最大等效应力区域均集中于管的入口处。

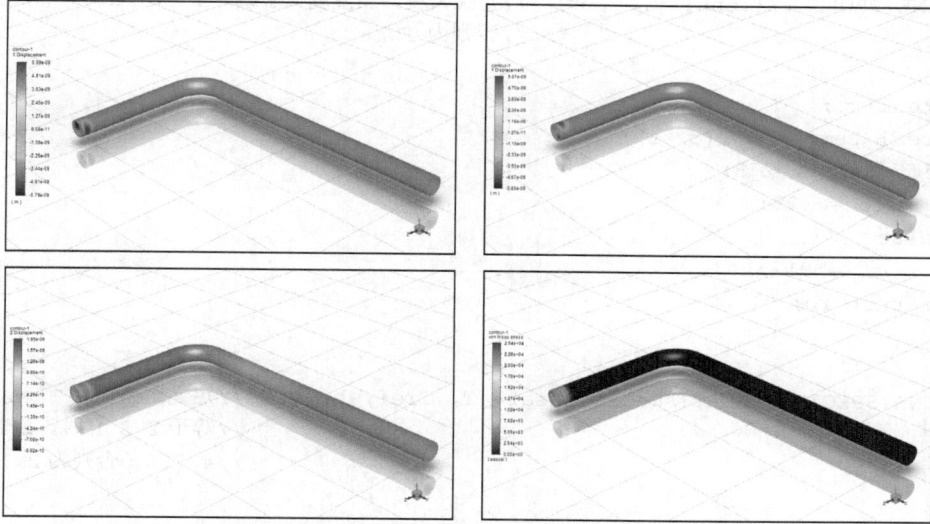

图 3-7-19　Fluent 热固耦合计算后处理结果

独立 Fluent 模块实现单向和双向流固耦合传热分析的流程。

1）Solution→Controls→Equations 项中包含流、固、热方程，如果全部选择即为双向热流固耦合，但消耗硬件资源多；如果先选择热流方程，计算完成后，再选择固体方程，即为单向热流固顺序耦合。

2）如果为单向流固耦合传热分析，热流分析可以为稳态或瞬态，但耦合的结构场建议采用稳态分析，不仅可以保证计算速度，还可以保证计算精度；如果耦合的结构场为瞬态，则建议用双向热流固分析。

3）单向流固耦合传热分析中，计算完成热流分析后，不能在进行结构场计算前进行初始化设置。

此外本例为了保证计算快捷，过程易于复现，对计算模型中的材料进行了简化，读者可以插入 UDF 文件对模型的热传导系数、密度和比热容进行自定义（User-Defined），可以得到更精确的计算结果。

```c
#include "udf.h"
#include <math.h>
DEFINE_PROPERTY(conductivity, c, t) //定义热传导系数，当温度大于或等于273 K时，
                                     //热传导系数为0.6，否则为2.7
{
    real kn;
    real temp = C_T(c, t);
    if (temp >=273)
        kn = 0.6;
```

```
    else
        kn = 2.7;
    return kn;
}

DEFINE_PROPERTY(density, c, t)    //定义密度, 当温度大于或等于 273 K 时, 密度为 998,
                                  //否则为 917
{
    real ro;
    real temp = C_T(c, t);
    if (temp >=273)
        ro = 998;
    else
        ro = 917;
    return ro;
}

DEFINE_SPECIFIC_HEAT(specificheat, T, Tref, h, yi)  //定义比热容, 当温度大于或
                                                    //等于 273 K 时, 比热容为
                                                    //4 200, 否则为 2 100
{
    real cp;
    if (T >= 273)
        cp = 4200;
    else
        cp = 2100;
     return cp;
}
```

3.7.2　Fluent 和 Mechanical 模块单向流固耦合传热分析

Fluent 和 Mechanical 模块单向流固耦合传热分析是最常见的耦合分析, 主要解决 Fluent 独立模块流固耦合时可选用的结构边界条件类型较少的问题, 该流程不仅可以轻易地定义 Workbench 各种封装结构边界条件, 还可以流固耦合后处理结果作为其他分析类型的条件。例如, 先进行流固耦合再进行模态分析, 即可完成类似湿模态分析。

下面以一个二维冷凝管模型说明 Fluent 和 Mechanical 模块单向流固耦合传热分析过程。已知冷凝直管内径为 8 mm, 壁厚为 1 mm, 长度为 500 mm, 如图 3-7-20 所示, 管内初始为水蒸气, 冷凝铜管与水蒸气两个模型采用 Share 连接, 置于常温环境下, 且铜管两端约束, 研究水蒸气冷凝过程中导致的铜管应力和变形情况。

为简化计算, 本模型采用冷凝管截面二维模型进行分析。为方便结构模型定义, 模型必须建立在 XY Plane 上, 建模完成后, 在主界面处单击 View→Properties, 将 Analysis Type 项修改为 2D。

1. 建立分析流程

如图 3-7-21 所示, 建立分析流程, 其中包括 A 框架结构的 Spaceclaim 建模模块、B 框架

结构的 Mesh 划分网格，C 框架结构的 Fluent 多相流热分析、D 框架结构的流体后处理、E 框架结构的数据交换模块、F 框架结构的瞬态结构分析。A2 与 B2、B3 与 C2、C3 与 D2 建立关联以实现流体传热分析过程，A2 与 F3、E2 与 F5 建立关联以实现模型传递和流固耦合计算。

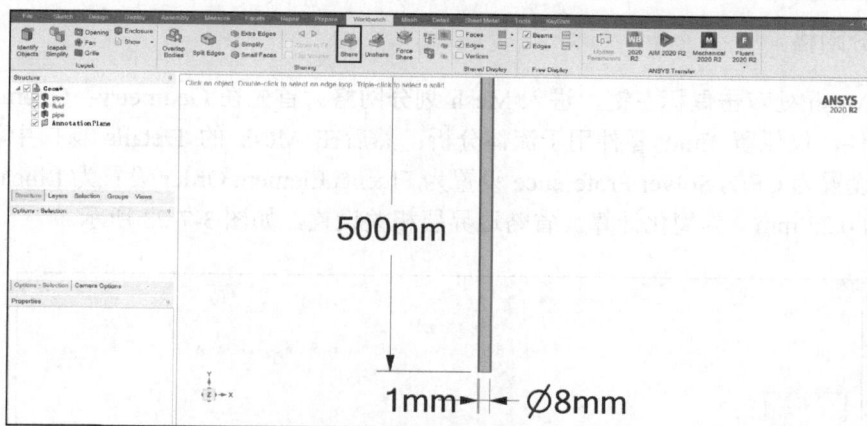

图 3-7-20 冷凝管模型

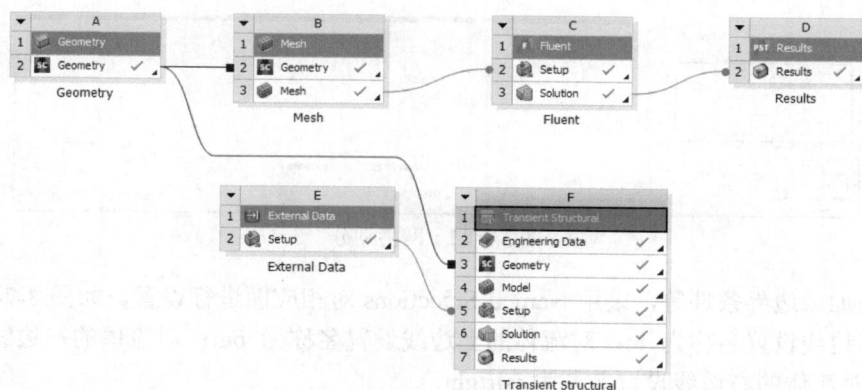

图 3-7-21 分析流程

在 F2 Engineering Data 项选择软件 General Materials 库中的 Copper Alloy。

注意

一般瞬态流固耦合的分析流程如图 3-7-22 所示。

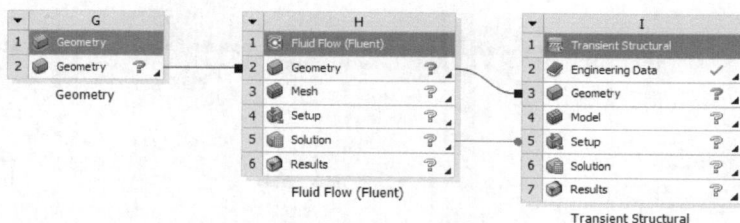

图 3-7-22 分析流程

上述流程与 Workbench 直接关联分析流程一致，但本例因为分析水蒸气冷凝中涉及液气两相，所以该多相流的 Fluent 分析不能直接与结构分析建立关联（不能导入流体分析结果数据），只能从 Results 流体后处理模块中导出结果数据，再利用数据交换模块将流体分析结果传递给结构分析模块。这种通过数据交换模块进行流固热数据传递的分析系统的鲁棒性优于直接关联的分析系统。

2. 划分网格

在 B3 Mesh 处双击鼠标左键，进入 Mesh 划分网格。首先在 Geometry→Geom 下抑制两个 pipe 零件，仅保留 fluid 零件用于流体分析；然后在 Mesh 的 Details 窗口中将 Physics Preference 设置为 CFD，Solver Preference 设置为 Fluent，Element Order 设置为 Linear，Element Size 设置为 0.25 mm。为简化计算，省略边界层相关设置，如图 3-7-23 所示。

图 3-7-23　网格划分

为方便加载边界条件等，采用 Named Selections 对相应面进行设置。如图 3-7-24 所示，对流体的下边线设置名称为 in；对流体的上边线设置名称为 out；对流体的左边线设置名称为 fsileft；对流体的右边线设置名称为 fsiright。

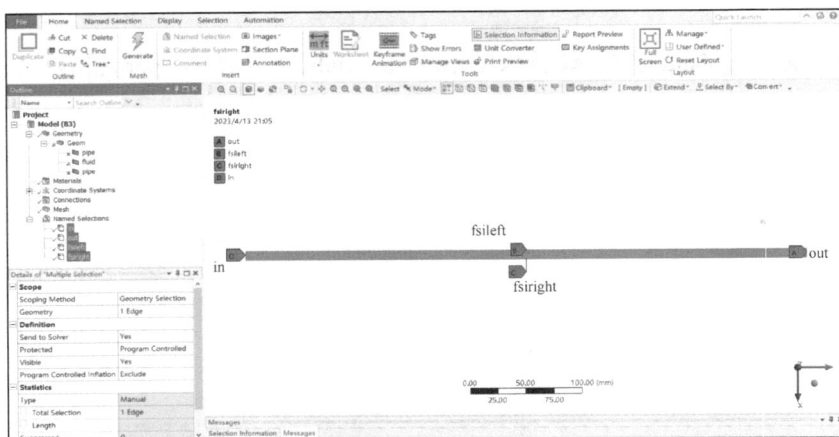

图 3-7-24　命名选择

3. Fluent 热分析流程

在 C2 Setup 处双击鼠标左键，选中 Double Precision 设置单击 Start 进入 Fluent 分析模块，如图 3-7-25 所示，将 Time 设置为 Transient，选中 Gravity 复选框，定义重力加速度为 Y 向 $-9.81\ \mathrm{m\cdot s^{-2}}$；双击 Multiphase，在弹出的对话框中将 Homogeneous Models 设置为 Mixture，并选中 Slip Velocity 复选框，因为还没有对材料进行设置，所以暂时对对话框内所有项均保持默认设置；右击 Energy，在弹出的快捷菜单中选择 On；右击 Viscous，在弹出的快捷菜单中选择 Model→Laminar。

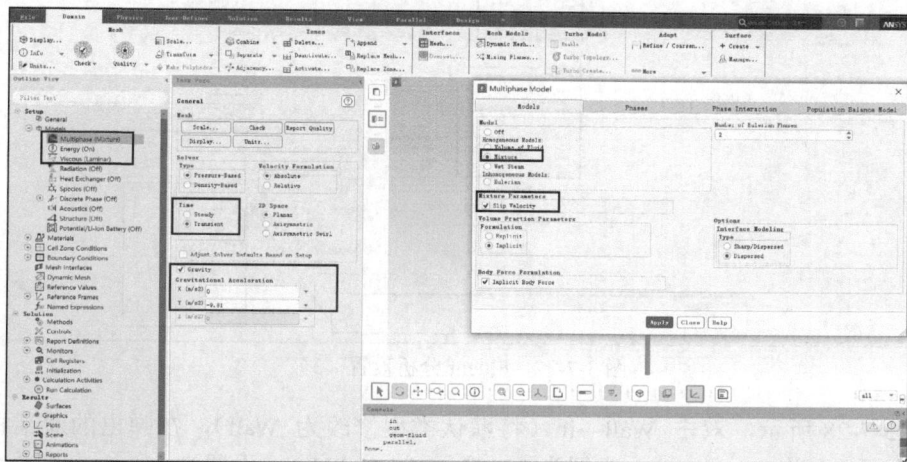

图 3-7-25　Fluent 分析设置（1）

如图 3-7-26 所示，从 Fluid 材料库中复制 water-liquid、water-vapor 流体材料，所有参数默认；从 Solid 材料库中复制 copper 固体材料，所有参数均按默认设置。

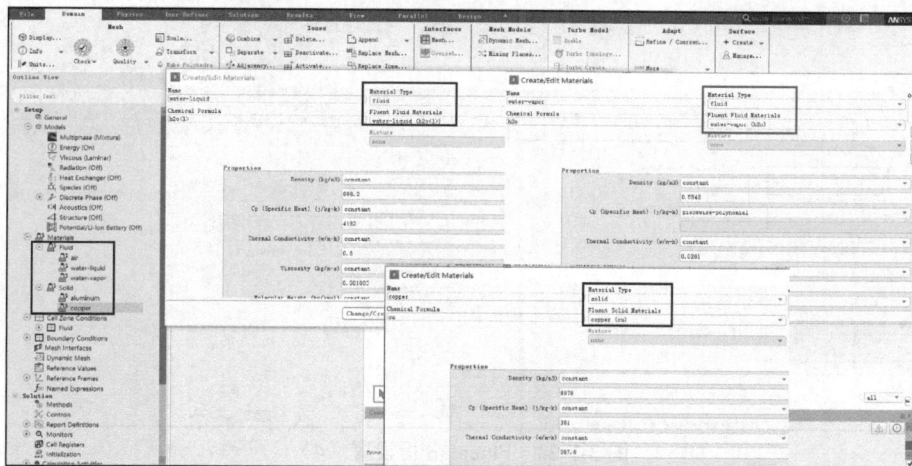

图 3-7-26　Fluent 分析设置（2）

双击 Multiphase（Mixture），在弹出的对话框中单击 Phases 选项卡，将 Primary Phase 命名为 water，选择 water-liquid 材料，对 Secondary Phase 命名为 vapor，选择 water-vapor 材料，

并设置 Diameter 为 1E−5 m；单击 Phase Interaction→Forces 选项卡，将 Coefficient 设置为 schiller-naumann，Surface Tension Coefficient 设置为 0.07，选中 Wall-Adhesion 复选框，其余项采用默认设置；单击 Phase Interaction→Heat,Mass,Reactions 选项卡，将 From Phase 设置为 water，To Phase 设置为 vapor，Mechanism 设置为 evaporation-condensation，单击 Edit 按钮，弹出的对话框中的所有项保持默认设置即可，如图 3-7-27 所示。

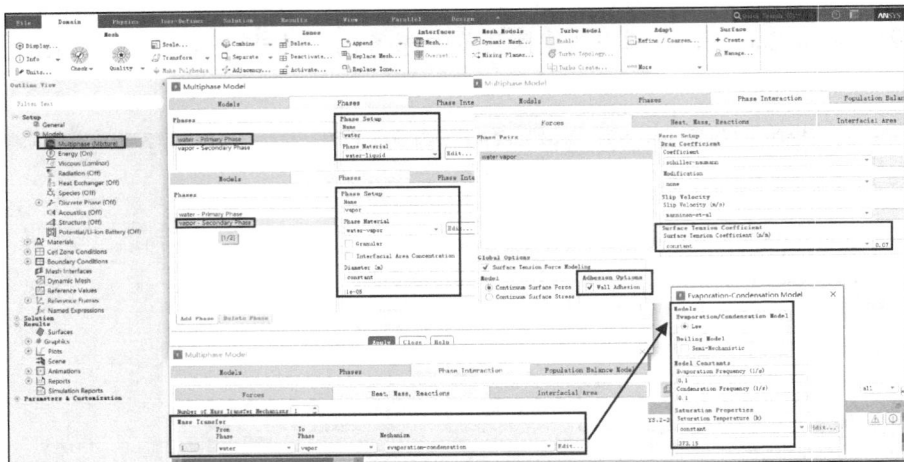

图 3-7-27　Fluent 分析设置（3）

如图 3-7-28 所示，双击 Wall→in（将默认类型修改为 Wall），在弹出的对话框中单击 Thermal 选项卡，将 Temperature 设置为 390 K，Material Name 设置为 copper，其余项采用默认设置。双击 Wall→out（将默认类型修改为 Wall），在弹出的对话框中单击 Thermal 选项卡，将 Temperature 设置为 275 K，Material Name 设置为 copper，其余项采用默认设置。

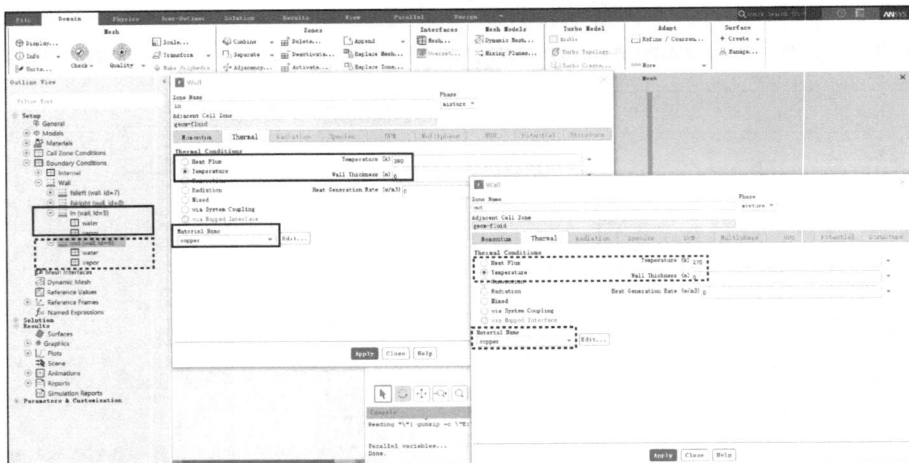

图 3-7-28　Fluent 分析设置（4）

如图 3-7-29 所示，同时选中 Wall 下方的 fsileft 和 fsiright 项右击，在弹出的快捷菜单中选择 Multi Edit，在弹出的对话框中单击 Thermal 选项卡，将 Material Name 设置为 copper，其余项采用默认设置。

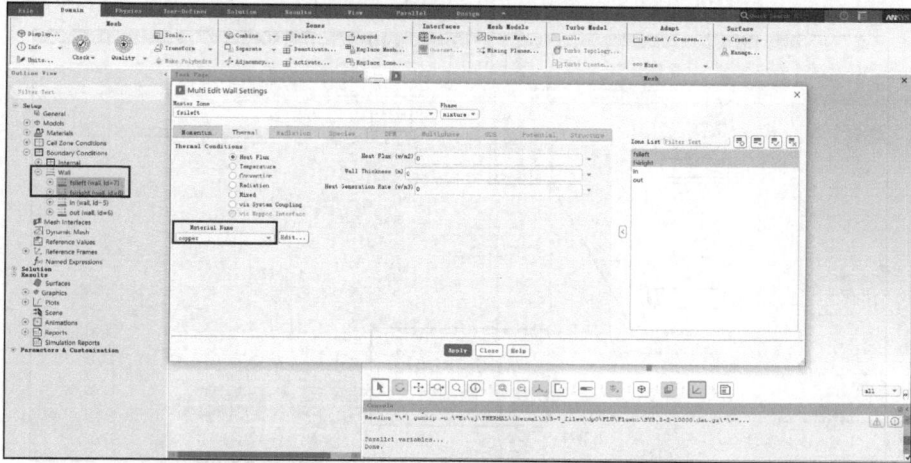

图 3-7-29　Fluent 分析设置（5）

4．Fluent 求解设置

如图 3-7-30 所示，双击 Solution→Methods，在弹出的对话框中将 Scheme 设置为 SIMPLE，Gradient 设置为 Least Squares Cell Based，Pressure 设置为 "PRESTO！"，Momentum、Volume Fraction 和 Energy 均设置为 First Order Upwind；其余 Controls 和 Monitors 均采用默认设置。

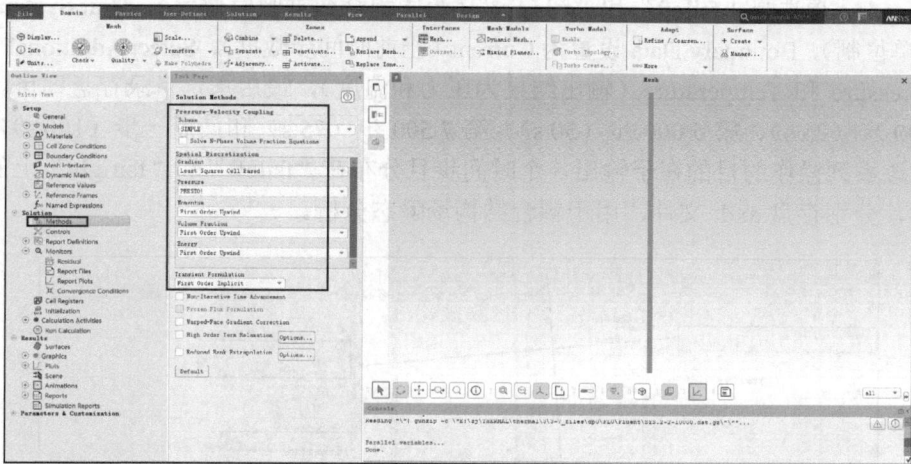

图 3-7-30　Fluent 求解设置（1）

如图 3-7-31 所示，双击 Solution→Initialization，在弹出的对话框中将 Initialization Methods 设置为 Standard Initialization，Compute from 设置为 in，vapor Volume Fraction 设置为 1（入口处气体浓度为 100%），其余项采用默认设置，单击 Patch 按钮，在弹出的对话框中将 Phase 设置为 vapor、Variable 设置为 Volume Fraction、Zones to Patch 设置为 geom-fluid，Value 设置为 1（定义所有流体域的初始气体浓度为 100%）；双击 Run Calculation，在弹出的对话框中将 Number of Time Steps 设置为 10 000，Time Step Size 设置为 0.01 s，Max Iterations/Time Step 设置为 10。

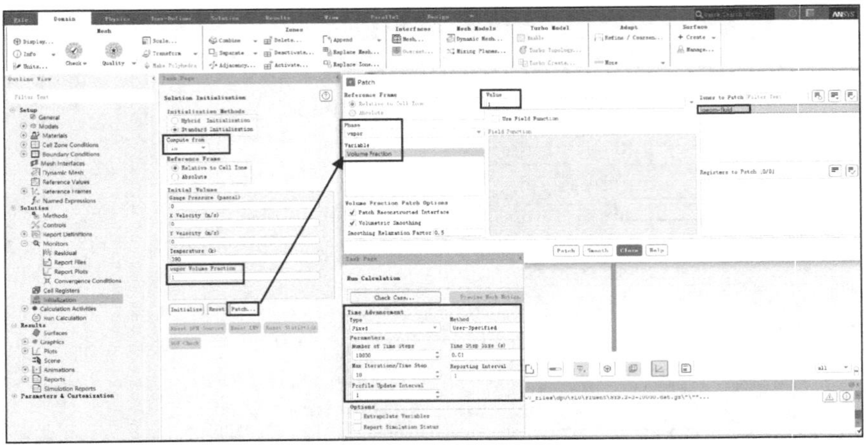

图 3-7-31　Fluent 求解设置（2）

5. 后处理

计算完成后，双击 D2 Results 进入后处理模块，因为重点关注流固耦合设置，所以相关后处理操作由读者自行完成。如图 3-7-32 所示，单击 Timestep Selector 图标后分别选择第 2 步（0.1 s），再单击 File→Export→Export External Data File（结果文件输出），在弹出的对话框中，Location 项选择"fsileft"和"fsiright"（流固耦合数据映射位置），Unit System 设置为 SI（国际单位制），Boundary Data 设置为 Current（当前时间步数据），Select Additional Variables 项选择 Pressure 和 Temperature（输出结果为压力和温度），最后指定目录存盘即可。同理选择第 2 500 步（25 s）、第 5 000 步（50 s）、第 7 500 步（75 s）和最后一步（100 s），分别保存文件。该系列操作的目的在于输出 5 个时间步且分布在"fsileft"和"fsiright"上的温度和压力结果，分别存盘 axdt 文件，用于耦合结构场瞬态分析。

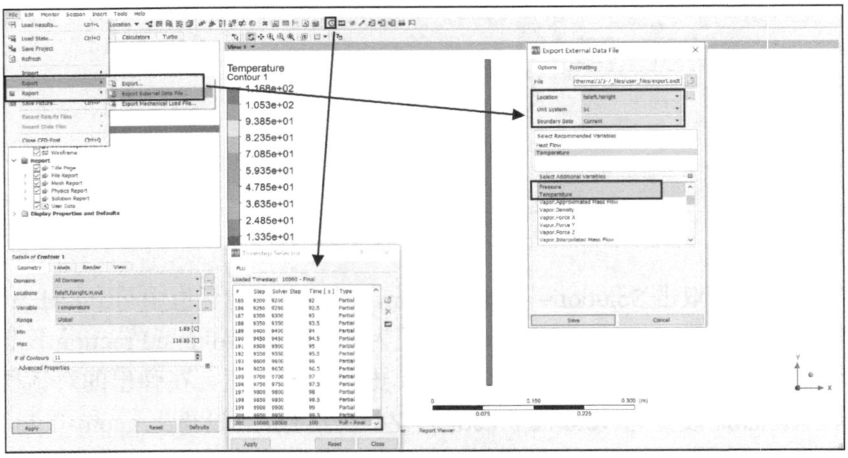

图 3-7-32　后处理设置

注意

如果需要用于耦合静力学分析，只需要对最后时间步导出对应的后处理文件。

6. 数据交换处理

双击 E2 Setup 进入数据交换模块，如图 3-7-33 所示，其中 1 区为导入文件的目录和文件名，选择之前生成的 export2.axdt（对应 0.1 s）、export51.axdt（对应 25 s）、export101.axdt（对应 50 s）、export151.axdt（对应 75 s）和 export201.axdt（对应 100 s）文件；2 区为导入数据中坐标位置的单位（本例长度单位为米制，角度单位为弧度制）；3 区为导入数据中参数列的物理量和定义（例如初次导入数据，E 列数据由于没有定义为 Pressure，导致 1 区显示为黄色）。

为保证瞬态结构分析中温度数据传递，选择 4 区中所有 E 列中的 File*:Temperature1 的字符，右击，在弹出的快捷菜单中选择 Copy，将此内容复制到剪切板。后期还要保证瞬态结构分析中压力数据传递，同理选择所有 E 列中 File*:Pressure1，复制备用。

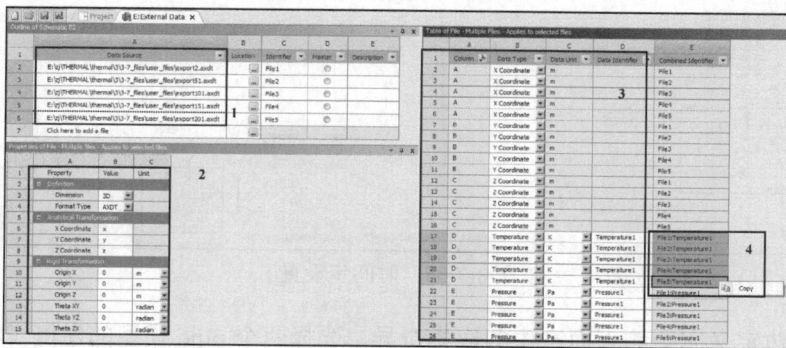

图 3-7-33 数据交换

7. 瞬态结构分析前处理

双击 F4 Model 项进入 Mechanical 前处理。由于之前已经定义为二维模型，软件将自动采用 Plane Stress 模型。将 Geometry→Geom 下的两个 pipe 模型的 Assignment 设置为 Copper Alloy，并抑制 fluid 件。注意与 B 框架结构的 Mesh 模块区别，Mesh 模块用于流体分析前处理，所以保留流体模型，抑制结构模型；F 框架结构用于结构分析，所以保留结构模型，抑制流体模型。

网格划分中将 Mesh 的 Element Order 设置为 Program Controlled，Element Size 设置为 0.5 mm，如图 3-7-34 所示。如果软件默认定义了接触，将其删除，其余项采用默认设置。

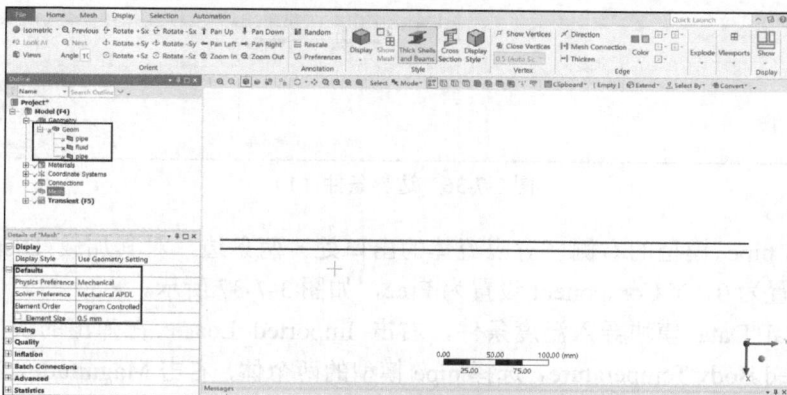

图 3-7-34 网格划分

8. 瞬态结构分析边界条件

Analysis Settings 中的 Number Of Steps 设置为 5，End Time 分别设置为 0.1 s、25 s、50 s、75 s、100 s（与导出文件时间对应），按 Ctrl 键选择所有时间步，将 Auto Time Stepping 设置为 Off，Define By 设置为 Substeps，Number Of Substeps 设置为 10，Time Integration 设置为 On，如图 3-7-35 所示。

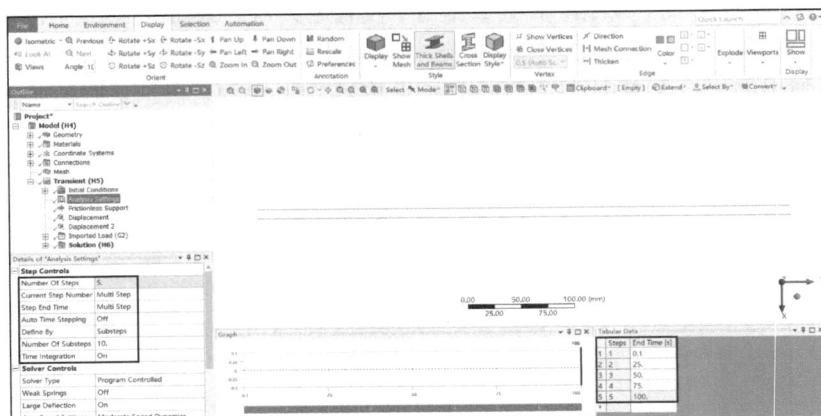

图 3-7-35 时间步设置

为避免对边定义完全约束而产生的应力奇异，选择两个 pipe 模型的左侧（对应流体的入口处）两条边，对其加载 Frictionless Support；选择这两边的内侧两点，对其加载 Displacement，X/Y Component 均设置为 0，如图 3-7-36 所示。

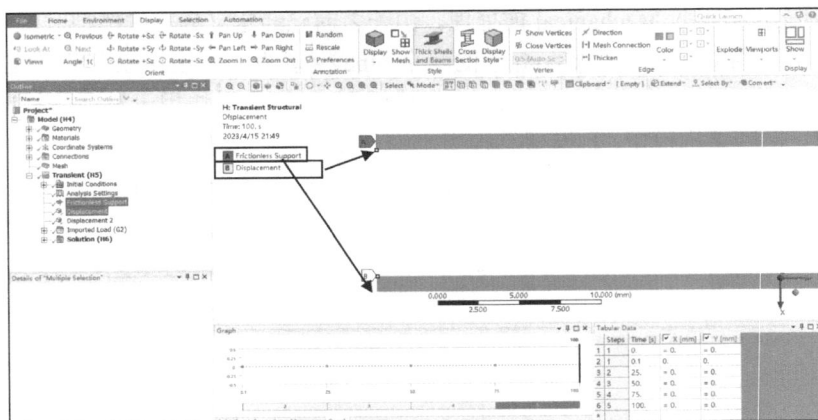

图 3-7-36 边界条件（1）

选择两个 pipe 模型的右侧（对应流体的出口处）两条边，对其加载 Displacement，X Component 设置为 0，Y Component 设置为 Free，如图 3-7-37 所示。

由 External Data 模块导入温度条件，右击 Imported Load，在弹出的快捷菜单中选择 Insert→Imported Body Temperature，选择 pipe 模型的两个体，右击 Magnitude，在弹出的快捷菜单中选择 Paste，即可将剪切板中保存的 File*:Temperature1 字符粘贴于此，然后在 Analysis

Time 列依次输入 0.1、25、50、75、100，即完成了流体分析向结构分析传递瞬态温度条件，如图 3-7-38 所示。

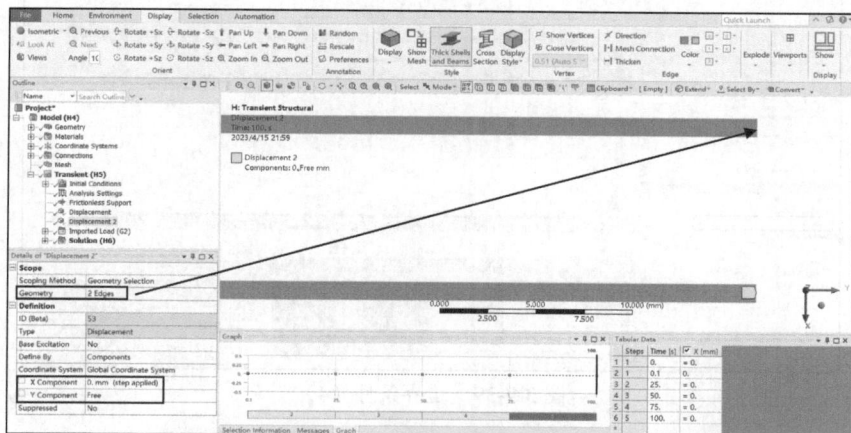

图 3-7-37　边界条件（2）

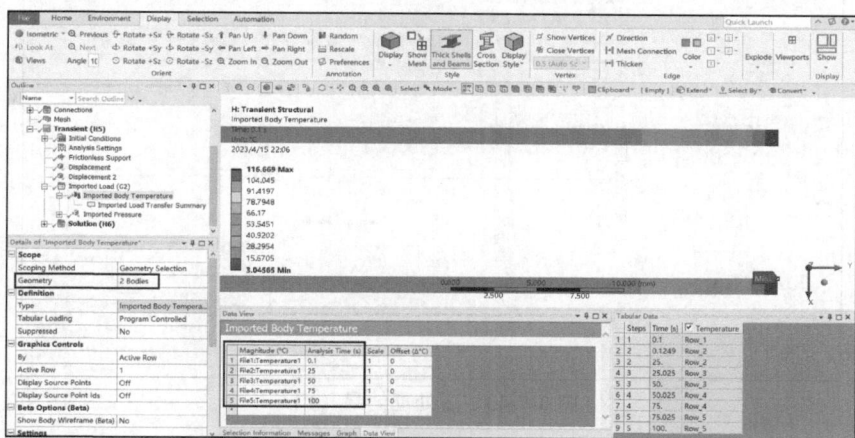

图 3-7-38　边界条件（3）

由 External Data 模块导入压力条件，右击 Imported Load，在弹出的快捷菜单中选择 Insert→Imported Pressure，选择两个 pipe 模型的内侧两条边，同理右击 Magnitude，在弹出的快捷菜单中选择 Paste，粘贴 File*:Pressure1 字符，然后在 Analysis Time 列依次输入 0.1、25、50、75、100，即完成了流体分析向结构分析传递瞬态压力条件，如图 3-7-39 所示。

9. 瞬态结构分析后处理

计算完成后，查看 Total Deformation 后处理结果，如图 3-7-40 所示。可以看到最大变形为 1.177 5 mm，位于模型的中部，呈现为中部向内凹陷形状，但整个瞬态分析过程中最大变形量并不发生于最终时刻，而是第 80 s。

同理查看 Equivalent Stress 后处理结果，如图 3-7-41 所示。可以看到最大等效应力为 47.676 MPa，位于模型的右侧，但整个瞬态分析过程中最大等效应力也不发生于最终时刻，也是第 80 s。同时查看模型左侧的应力分布，并没有出现类似完全约束所导致的应力奇异。

当然本例为了计算简化，只取了 5 个时间节点，如果读取更多时间点数据，计算精度更高。

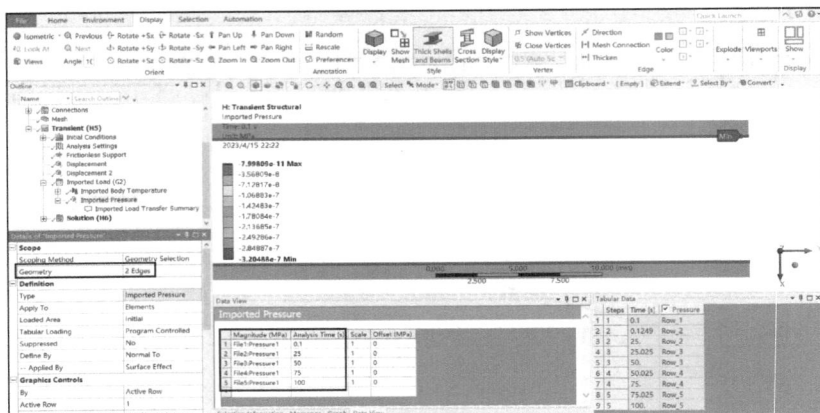

图 3-7-39　边界条件（4）

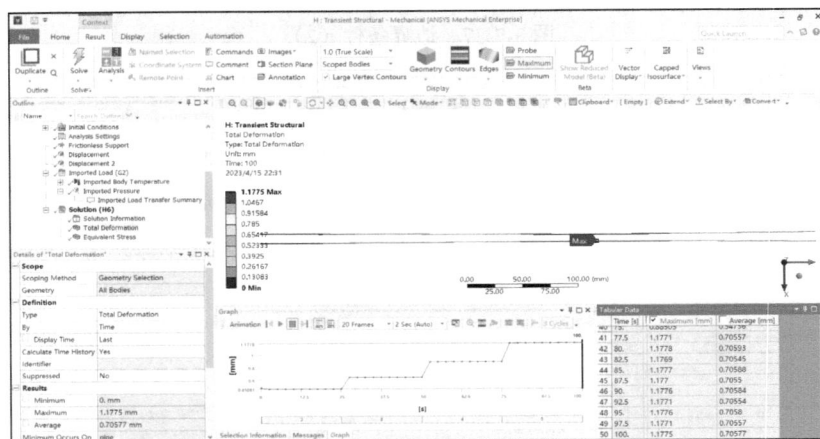

图 3-7-40　后处理结果（1）

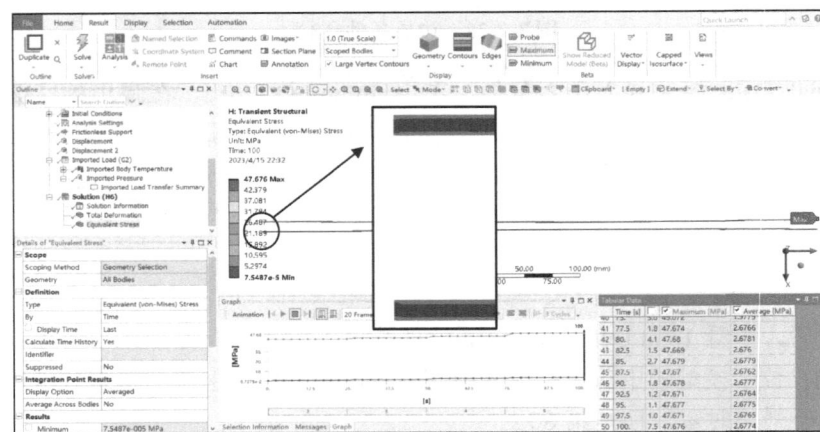

图 3-7-41　后处理结果（2）

Fluent 和 Mechanical 模块单向流固耦合传热分析的流程。

1）建模中标记 FSI 区域，方便流固耦合计算时数据传递。

2）非多相流的流固耦合可以直接将流体分析模块中的 Solution 与结构分析模块中的 Setup 建立关联，在导入载荷时需要依靠 FSI 区域标定。

3）多相流的流固耦合只能通过 External Data 模块进行数据传递，可以避免直接关联传递数据过程中的时间定义偏差和数据误差，且易于调试，但操作较复杂。

3.7.3 System Coupling 组合双向流固热耦合分析

多物理场求解过程分为两种，一种为整体（Monolithic），即将所有耦合的物理场数学模型合并为一个矩阵进行求解，例如 Coupled Field Static/Transient 模块；另一种为分离（Partitioned），即分别求解各自的物理场数学模型，然后以合适的映射方式将其耦合，例如 System Coupling 模块。

System Coupling 模块不仅可以计算双向流固耦合，也可以计算单向耦合，图 3-7-42 所示即为单向耦合的分析流程。图中先在 Coupled Field Static 模块下进行热固耦合计算，然后导出 Temperature、Total Deformation、LOCX、LOCY 和 LOCZ 后处理结果为 xls 文件，再以 External Data 模块定义导出数据，最后将 External Data 数据和 Fluent 数据共同导入 System Coupling 模块。在整个分析过程中 Coupled Field Static 模块的计算结果通过 External Data 模块与 Fluent 模块数据进行耦合，但耦合结果并不能反馈给 Coupled Field Static 模块。

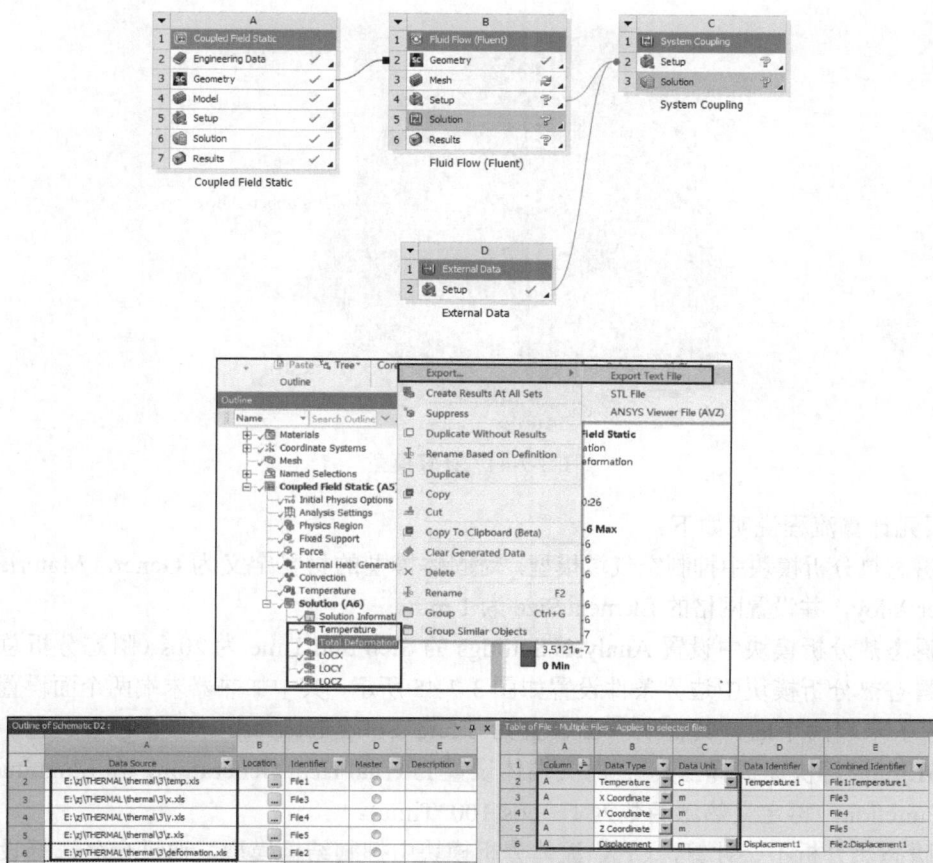

图 3-7-42　System Coupling 单向耦合流程

System Coupling 模块可以计算双向热流耦合，例如对固体模型定义比较复杂的热边界条件或者复杂的热材料参数，单独流体分析模块处理就较为烦琐，而 System Coupling 模块进行双向热流分析则较为简单。如图 3-7-43 所示为双向热流分析流程，其中包括 D 框架结构的 Transient Thermal 瞬态热分析模块、E 框架结构的 CFX 流体分析模块、F 框架结构的 System Coupling 模块，且 D3 与 E2 建立关联以实现模型传递，D5、E4 与 F2 建立关联以实现热流双向耦合计算，D6 与 E6 建立关联以实现热流双向耦合后处理。

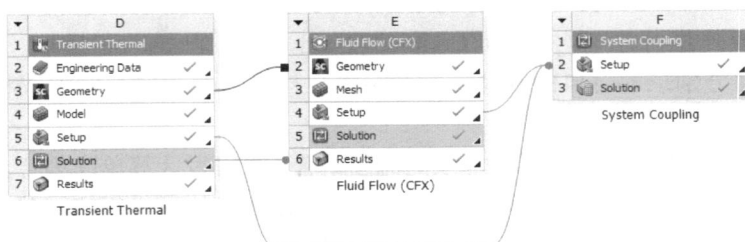

图 3-7-43　System Coupling 双向热流耦合流程

下面以铜合金加热器置于空气域内，加热器尖端加载瞬态热源，计算模型如图 3-7-44 所示，求热流双向耦合时的温度分布。

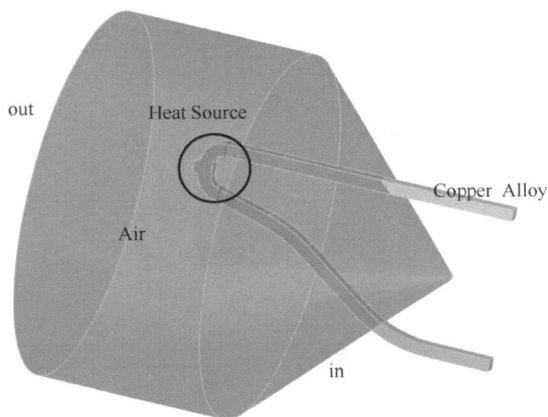

图 3-7-44　计算模型

有限元计算流程说明如下。

1）瞬态热分析模块中抑制空气域模型，对固体模型的材料定义为 General Materials 库中的 Copper Alloy，并设置网格的 Element Size 为 1 mm。

2）瞬态热分析模块中设置 Analysis Settings 的 Step End Time 为 20 s（瞬态分析总时间）。

3）瞬态热分析模块中边界条件设置如图 3-7-45 所示，其中加热器末端两个面设置温度为 40℃；除了末端两个面，其他所有面设置为 Fluid Solid Interface（尽量避免框选，可使用 Extend→Limits 等快速选择工具）；对尖端体设置 Internal Heat Generation，在 Magnitude 项中先选择 Function，再定义热源函数为 $1 + \cos(100*Time)$。

4）瞬态热分析不必计算，CFX 流体分析模块中抑制结构模型，通过命名选择设置空气域模型与结构模型相邻面为 "fsi"（必须设置），设置圆锥面为 "in"，设置圆锥面对面圆面为

"out"；在网格划分中定义整体网格的 Element Size 为 1 mm；依据命名的"fsi"面，设置其 Element Size 为 1 mm（与结构网格尺度最好一致），并以其进行 Inflation 网格处理，其中 Maximum Layers 设置为 5 层，Growth Rate 设置为 1.2。

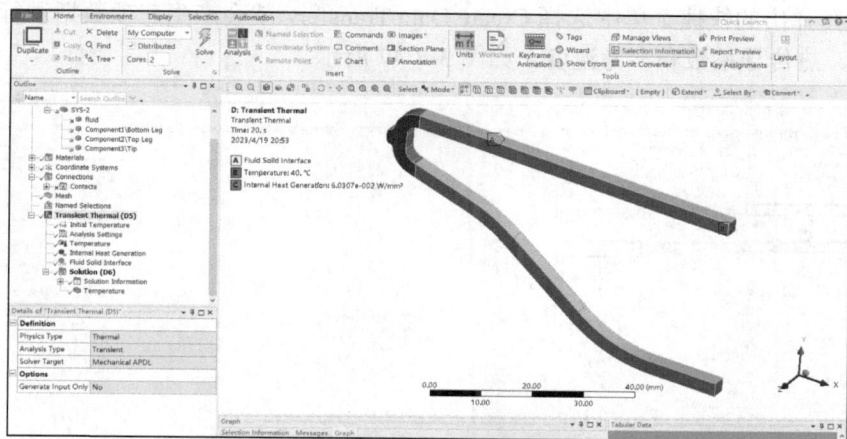

图 3-7-45　瞬态分析边界条件

5）CFX 流体分析模块中在 Analysis Type 处设置 Option 为 Transient，Total Time 为 20 s（与瞬态热分析对应），Timesteps 为 1 s（此处可以与瞬态热分析不对应，但是如果要保证瞬态精度，建议两者对应，本例为控制计算规模所以设置较大）；在 Domain 处设置 Location 为 B4（软件自动对流体域定义的编号），Heat Transfer 区域的 Option 为 Thermal Energy；在 Inlet 边界条件处设置 Location 为 in，Normal Speed 为 2 m·s^{-1}，Static Temperature 为 40℃；在 Opening 边界条件处设置 Location 为 out（Opening 既可作为入口条件，其回流表示为进入的流体；又可作为出口条件，其回流表示循环的流体），Relative Pressure 为 1 kPa（作为入口条件，该压力为基于速度垂直方向的总压；作为出口条件，该压力为相对静压），Opening Temperature 为 30℃；在 wall 边界条件处设置 Location 为 fsi，Heat Transfer 区域的 Option 为 System Coupling，如图 3-7-46 所示。同时 CFX 对瞬态分析必须定义初始条件，在 Initialization 项中设置 U/V/W 三向速度为 0.001 m·s^{-1}，Relative Pressure 为 1 Pa，初始温度为 22℃。

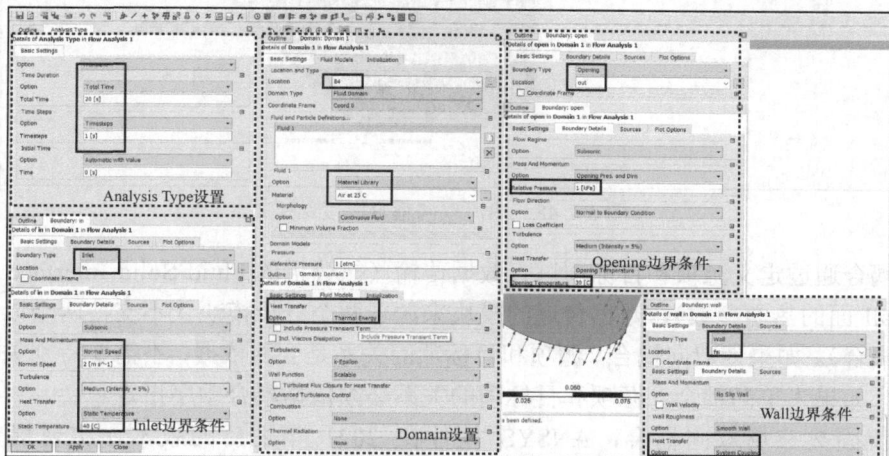

图 3-7-46　CFX 分析设置

6）System Coupling 系统耦合模块中 Analysis Setting 的 End Time 设置为 20 s，Step Size 设置为 1 s，Maximum Iterations 默认设置为 5［决定计算规模，本例共计迭代 20×5＝100（次）］；按住 Ctrl 键选择 Transient Thermal→Regions→Fluid Solid Interface 和 Fluid Flow→Regions→ wall，右击，在弹出的快捷菜单中选择 Create Data Transfer，就会产生三项数据进行双向传递，分别为温度、热传导系数和参考温度，如图 3-7-47 所示。

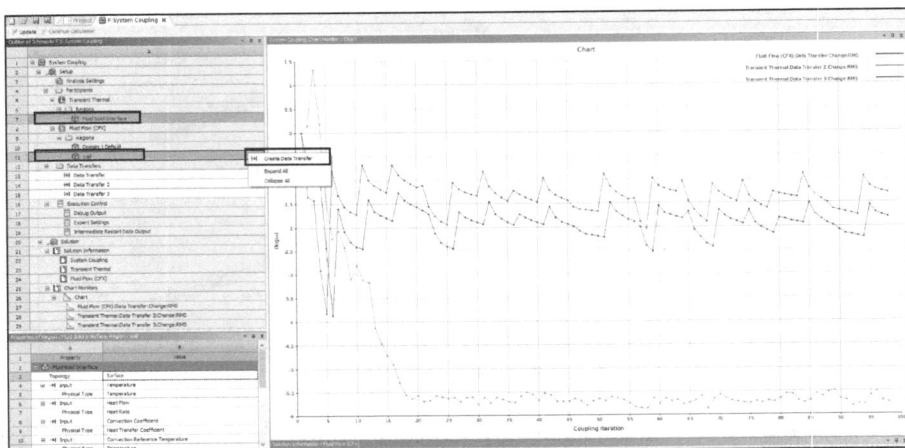

图 3-7-47　System Coupling 分析设置

7）在 System Coupling 系统耦合模块中计算，最后时刻温度分布如图 3-7-48 所示。

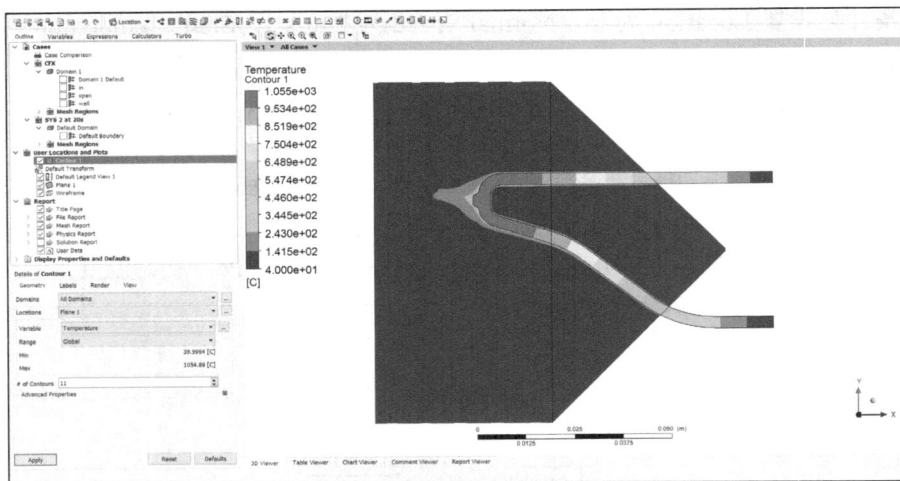

图 3-7-48　热流双向耦合温度结果

系统耦合通过定义源项和目标项进行数据传输（热分析的 Fluid Solid Interface 面与流体分析的 Wall 面的热学参数），数据传递的模块来源于两个分析模块（不支持两个以上分析模块的系统耦合）。如果为双向耦合，源项和目标项的关系是互相依据，不需要特别关注两者之间的关系；如果为单向耦合，源项和目标项的关系必须依据耦合顺序指定。

针对流固热三场双向耦合，ANSYS 软件在 2021 年之后的版本才实现耦合场模块（Coupled Field Static/Transient）与流场模块（Fluid/CFX）的系统耦合，之前版本由于不能将耦合场模块拖曳到系统耦合模块下，只能实现流固热三场单向耦合（External Data 模块数据传递），或者将温度场转化为结构场进行流固双向耦合。

下面以一个三维弯管模型说明 Fluent 和 Mechanical 模块双向流固热耦合分析过程，应用版本为 2021。已知弯管内径为 116 mm，壁厚为 5 mm，管的中心线两端为半径 350 mm 的四分之一圆，中间为 100 mm 线段，管内放置水。管的右侧入口处插入一根加热棒，直径为 34.74 mm，深度为 60 mm，为简化模型仅在水体模型中切除该尺寸的孔。在弯管的中部有一圆形抱箍，其外径为 134 mm，支撑处尺寸为 130 mm × 50 mm × 5 mm，如图 3-7-49 所示。

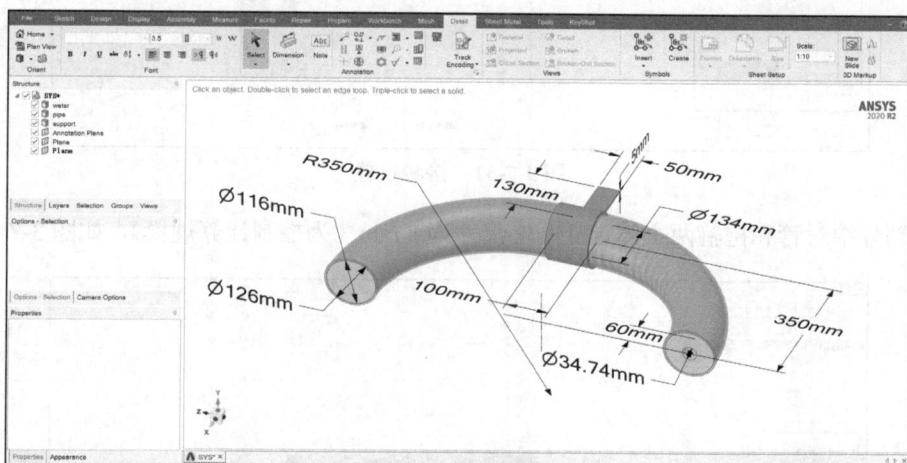

图 3-7-49 弯管模型

1. 建立分析流程

如图 3-7-50 所示，建立分析流程，包括 A 框架结构的 Coupled Field Transient 瞬态耦合场分析模块、B 框架结构的 Fluent 流体分析模块、C 框架结构的 System Coupling 模块，且 A3 与 B2 建立关联以实现模型传递，A5、B4 与 C2 建立关联以实现流固热双向耦合计算。

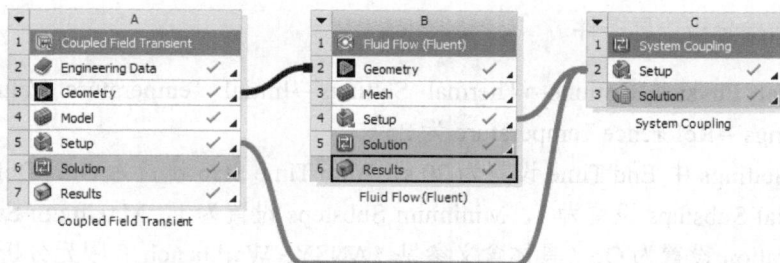

图 3-7-50 分析流程

2. 瞬态结构分析前处理

双击 A4 Model 项进入 Mechanical 前处理。抑制 water 模型，如图 3-7-51 所示定义接触，其中弯管中间面定义为接触面，抱箍内圆面定义为目标面，Type 设置为 Bonded，其余均默认。

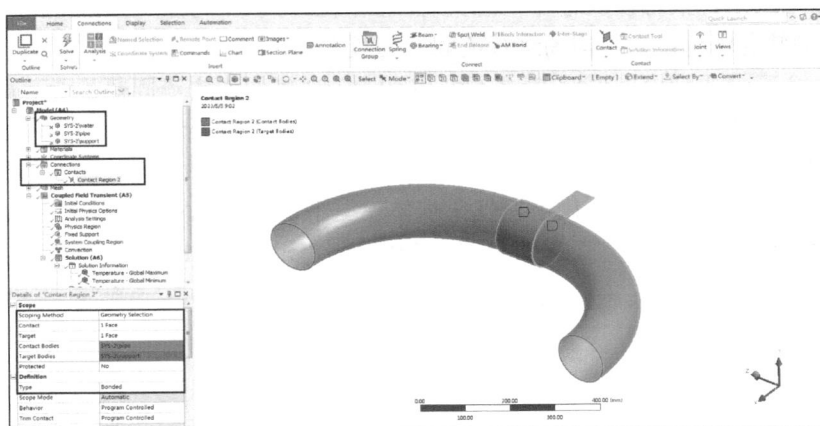

图 3-7-51　接触设置

网格划分中对管和抱箍两个体定义网格尺寸为 8 mm（为控制计算规模），如图 3-7-52 所示。

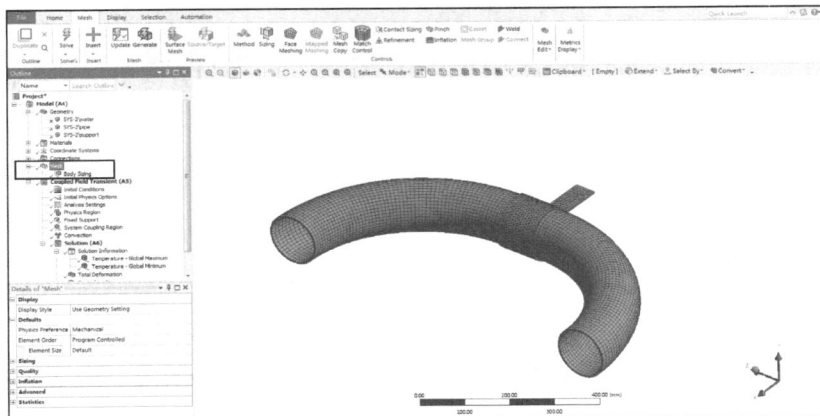

图 3-7-52　网格划分

3. 瞬态结构分析边界条件

定义 Initial Physics Options→Thermal Settings→Initial Temperature Value 为 25℃，Structural Settings→Reference Temperature 为 25℃。

Analysis Settings 中 End Time 设置为 20 s，Auto Time Step 设置为 On，Define By 设置为 Substeps，Initial Substeps 设置为 1，Minimum Substeps 设置为 1，Maximum Substeps 设置为 5，Time Integration 设置为 On（具体含义参见《ANSYS Workbench 有限元分析实例详解（静力学）》和《ANSYS Workbench 有限元分析实例详解（动力学）》）。

Physics Region 中 Definition 下的 Structural 设置为 Yes，Thermal 设置为 Yes，其余项采用默认设置。

边界条件如图 3-7-53 所示，其中选择弯管内圆共 3 个面，对其定义 System Coupling Region（选择一个面后，单击 Extend→Limits，会自动快速选择所有内圆面，在 2023 以上版本用该边界条件取代 Fluid Solid Interface 条件）；选择抱箍的顶端面，对其加载 Fixed Support。

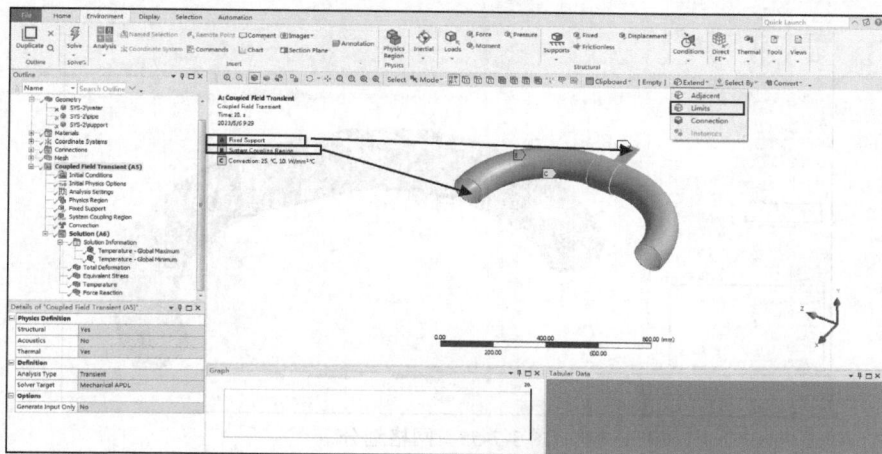

图 3-7-53 边界条件（1）

选择弯管和抱箍的外圆面，一共 3 个面，对其加载 Convection，将 Film Coefficient 设置为 10 W·mm^{-2}·℃$^{-1}$，Ambient Temperature 设置为 25℃，如图 3-7-54 所示。

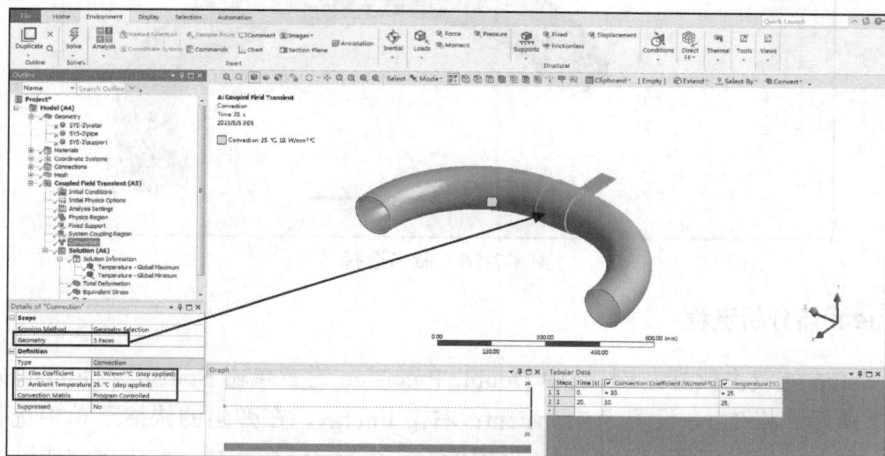

图 3-7-54 边界条件（2）

所有设置完成后，不需要进行计算，因为所有计算过程由 System Coupling 模块统一处理。

4．流体分析划分网格

在 B3 Mesh 处双击鼠标左键，进入 Mesh 划分网格。先在 Geometry→Geom 下抑制 pipe 和 support 两个零件，仅保留 water 零件用于流体分析；然后将 Mesh 的 Physics Preference 设置为 CFD，Solver Preference 设置为 Fluent，Element Order 设置为 Linear，Element Size 设置为 8 mm（与结构网格尺度一致）；选择 water 体模型定义 Inflation，其中 Boundary 项选择 water 体的外圆共 3 个面，Maximum Layers 设置为 5，Growth 设置为 1.2，如图 3-7-55 所示。

为方便加载边界条件等，采用 Named Selections 对相应面进行定义。如图 3-7-56 所示，对 water 体的右侧圆环面设置名称为 in；对 water 体的左侧圆面设置名称为 out；对 water 体的外圆面（3 个面）设置名称为 wall；对 water 体的右侧孔的内圆面和孔面设置名称为 heatwall。

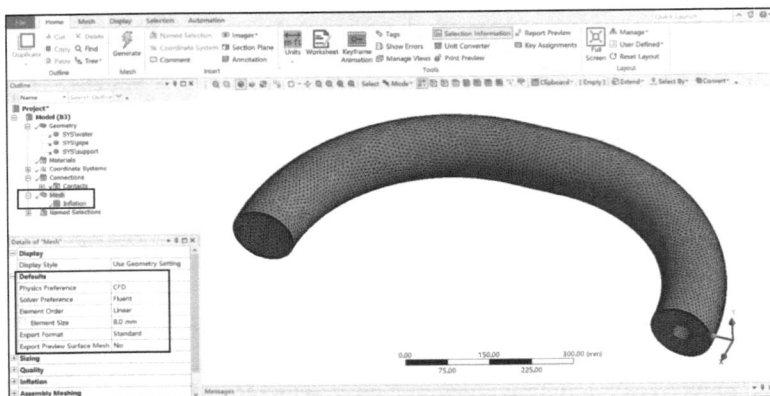

图 3-7-55　网格划分

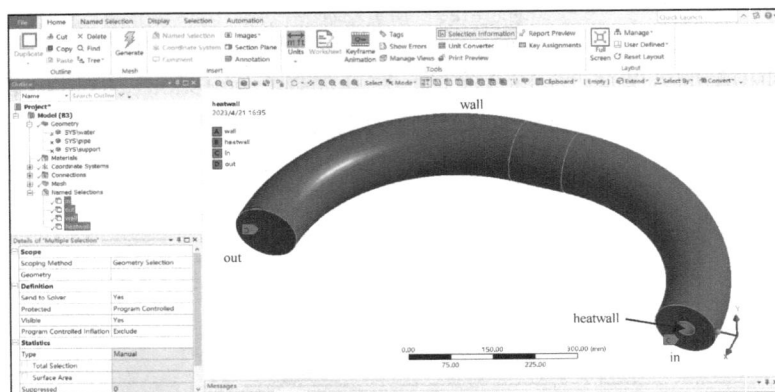

图 3-7-56　命名选择

5．Fluent 热分析流程

在 B4 Setup 处双击鼠标左键，选中 Double Precision 设置单击 Start 进入 Fluent 分析模块，如图 3-7-57 所示。将 Time 设置为 Transient；右击 Energy，在弹出的快捷菜单中选择 On；双击 Viscous，在弹出的对话框中将 Model 设置为 k-omega（2 eqn），k-omega Model 设置为 SST，其余均默认。

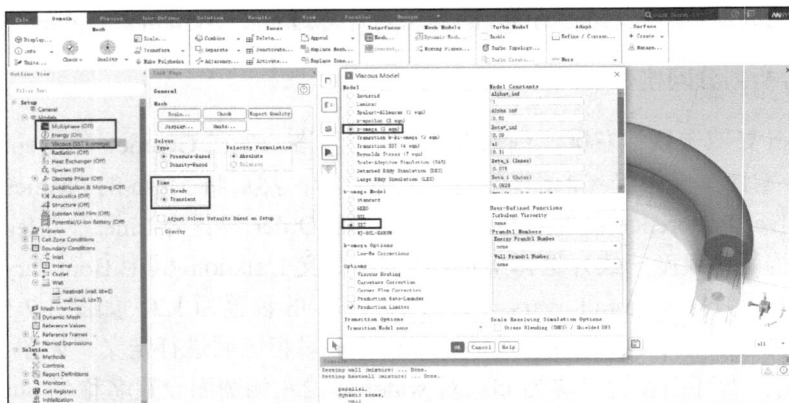

图 3-7-57　Fluent 分析设置（1）

如图 3-7-58 所示，从 Fluid 材料库中复制 water-liquid 流体材料，所有参数默认；从 Solid 材料库中复制 steel 固体材料，所有参数默认。

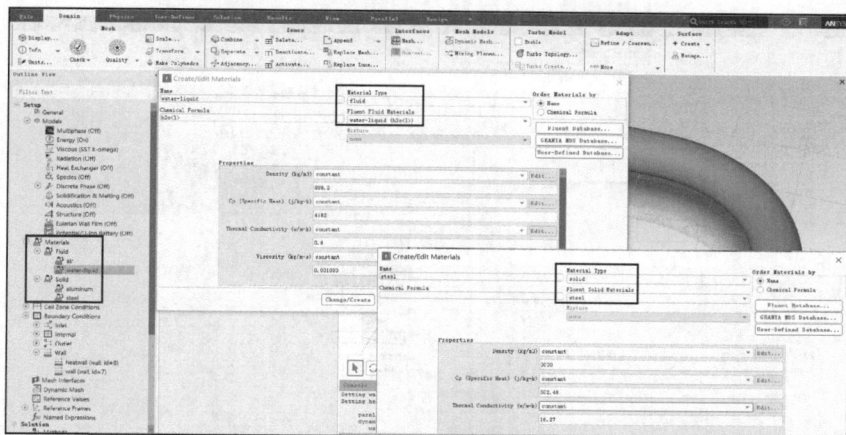

图 3-7-58　Fluent 分析设置（2）

双击 Cell Zone Conditions→Fluid→sys_water，将 Material Name 设置为 water-liquid。

如图 3-7-59 所示，双击 Inlet→in 在弹出的对话框中单击 Momentum 选项卡，将 Velocity Magnitude 设置为 1 m·s⁻¹；单击 Thermal 选项卡，将 Temperature 设置为 320 K；其余全部采用默认设置。双击 Outlet→out，在弹出的对话框中单击 Thermal 选项卡，将 Backflow Total Temperature 设置为 300 K；其余全部采用默认设置。

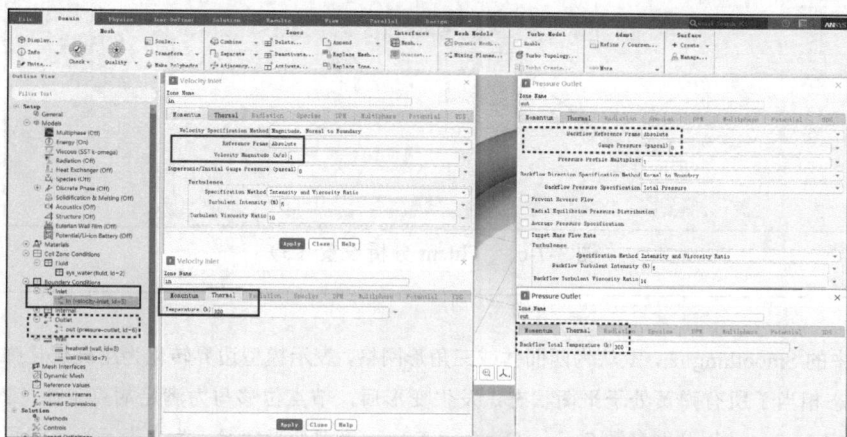

图 3-7-59　Fluent 分析设置（3）

双击 Wall→heatwall，在弹出的对话框中单击 Thermal 选项卡，将 Thermal Conditions 设置为 Temperature 设置为 360 K，Material Name 设置为 aluminum，其余项采用默认设置。双击 Wall→wall，在弹出的对话框中单击 Thermal 选项卡，将 Thermal Conditions 设置为 via System Coupling，Material Name 设置为 steel，其余项采用默认设置，如图 3-7-60 所示。

因为涉及流固双向耦合，即固体边界会影响流体的 Wall 边界，所以必须定义动网格。如图 3-7-61 所示，双击 Dynamic Mesh，在弹出的对话框的 Mesh Methods 区域选中 Smoothing、Layering 和 Remeshing 复选框，在 Dynamics Mesh Zones 区域单击 Create/Edit 按钮，在弹出的对话框中将 Zone Names 设置为 wall，Type 设置为 System Coupling（wall 面通过系统耦合来控制动网格）。

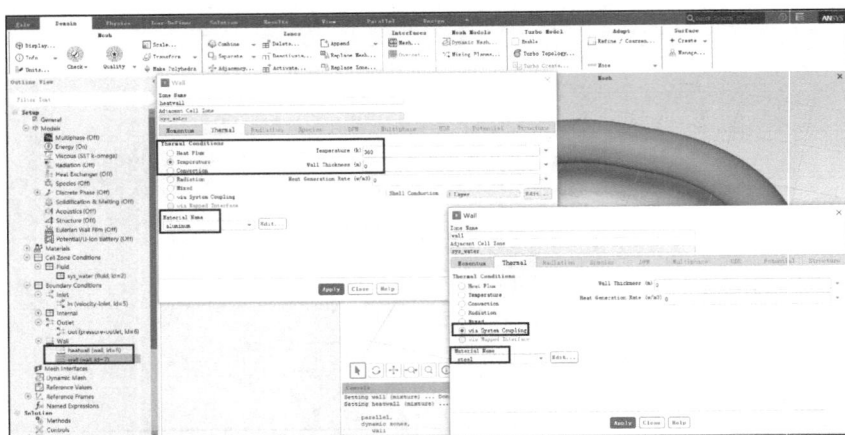

图 3-7-60　Fluent 分析设置（4）

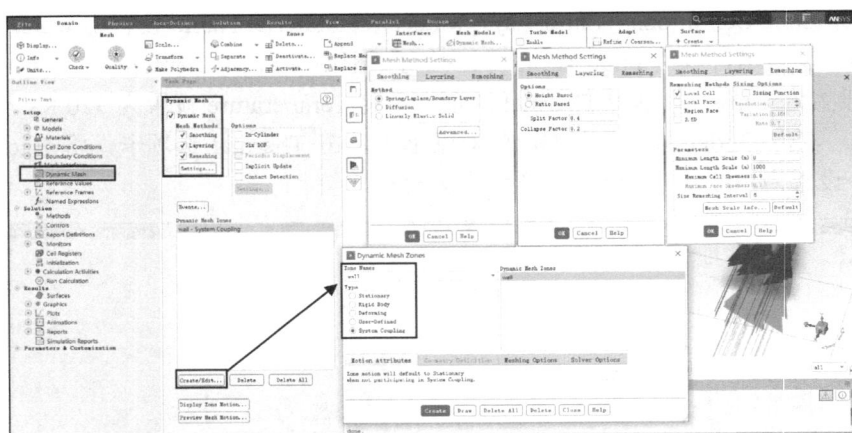

图 3-7-61　Fluent 分析设置（5）

注意

动网格中的 Smoothing 法，默认为四面体或三角形网格，表示模型边界转化为用理想化弹簧连接的节点，初始状态相当于所有弹簧处于平衡状态，发生变形后，节点位移与力满足胡克定律；其中 Spring/Laplace/Boundary Layer 以弹簧参数 Spring Constant Factor 模拟变形情况，为 0 表示没有阻尼，即模型边界运动对内部节点影响很大，为 1 则相反；Diffusion 以扩散系数 α 模拟变形情况，为 0 表示均匀扩散，即边界节点和内部节点变形均匀一致，该值越大表示模型边界运动对边界节点影响越大。

动网格中的 Layering 法，可用于六面体或四边形网格，表示临近模型边界的网格厚度自动变化，即边界发生运动时，临近模型边界的网格厚度增加到一定程度自动划分为两层，同理临近模型边界的两层网格厚度降低到一定程度自动合并为一层；其中 Height Based 以统一边界层的厚度尺寸定义；Ratio Based 以统一边界层的厚度比例定义，一般用于曲面；Split Factor 为自动切分参数，例如软件默认为 0.4，即网格厚度大于边界层的 1.4 倍就自动切分；Collapse Factor 为自动合并参数，例如软件默认为 0.2，即网格厚度小于边界层的 20% 就自动合并。

　　动网格中的 Remeshing 法，表示大变形过程中对网格畸变率较大或网格尺寸变化较大时进行重新划分；其中 Local Cell 只影响三角形和四面体网格；Local Face 仅用于三维模型，影响四面体单元和楔形五面体单元；Region Face 将所有网格类型重划为三角形或四面体网格，并对三维边界层网格重划为楔形/棱柱（五面体）网格；2.5D 适用于六边形网格或楔形/棱柱网格；Resolution 用于评估当前网格的最短特征长度关系，默认情况下 2D 模型为 3，3D 模型为 1；Variation 用于控制内部网格与其相邻边界网格的大小，为 0 表示内部分布不变，为 0.5 表示内部网格可以为邻近边界网格大小的 1.5 倍；Rate 用于控制网格大小随边界变化的速率，为 0 表示网格大小随远离边界距离呈线性变化，大于 0 表示从边界到内部网格缓慢过渡，相反则表示快速过渡；Minimum Length Scale 表示最小网格长度，小于此将重划分网格；Maximum Length Scale 表示最大网格长度，大于此将重划分网格；Maximum Cell/Face Skewness 表示网格最大倾斜度，大于此将重划分网格；Size Remeshing Interval 表示基于网格倾斜度和网格尺寸控制重新划分网格的次数。

6.　Fluent 求解设置

　　如图 3-7-62 所示，双击 Solution→Methods，在弹出的对话框中将 Scheme 设置为 Coupled，Gradient 设置为 Least Squares Cell Based，Pressure 设置为 Second Order，Momentum、Turbulent Kinetic Energy、Specific Dissipation Rate 和 Energy 均设置为 Second Order Upwind，Transient Formulation 设置为 Second Order Implicit（系统耦合建议所有项均设为二阶）。

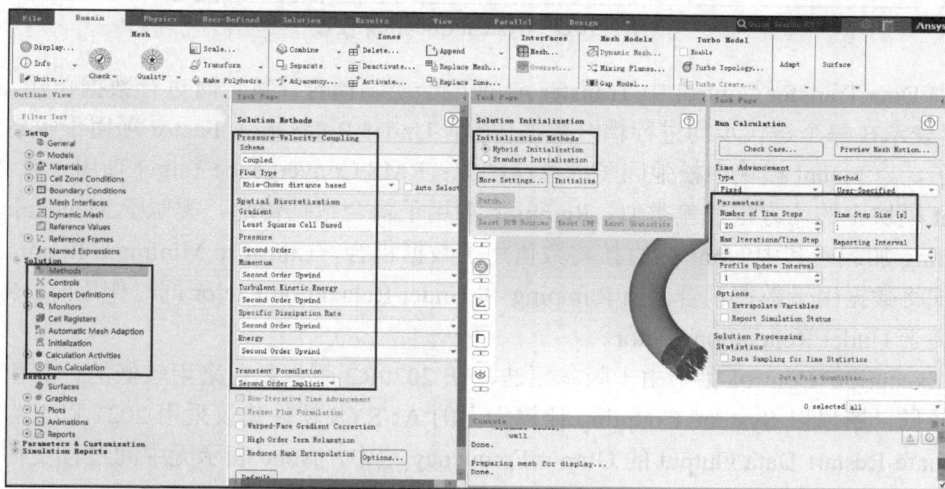

图 3-7-62　Fluent 求解设置

　　其余 Controls 和 Monitors 均采用默认。

　　双击 Solution→Initialization，在弹出的对话框中将 Initialization Methods 设置为 Hybrid Initialization。

　　双击 Solution→Run Calculation，在弹出的对话框中将 Number of Time Steps 设置为 20，Time Step Size 设置为 1 s，Max Iterations/Time Step 设置为 5，其余均默认。

7.　System Coupling 设置

System Coupling 系统耦合模块中 Analysis Setting 的 End Time 设置为 20 s，Step Size 设

置为 1 s，Maximum Iterations 默认设置为 5。

按住 Ctrl 键选择 Transient Structural→Regions→Fluid Solid Interface 和 Fluid Flow（Fluent）→Regions→wall，右击，在弹出的快捷菜单中选择 Create Data Transfers，就会产生五项数据进行双向传递，分别为 Displacement、Temperature、Force、Heat Transfer Coefficient 和 Near Wall Temperature，如图 3-7-63 所示。

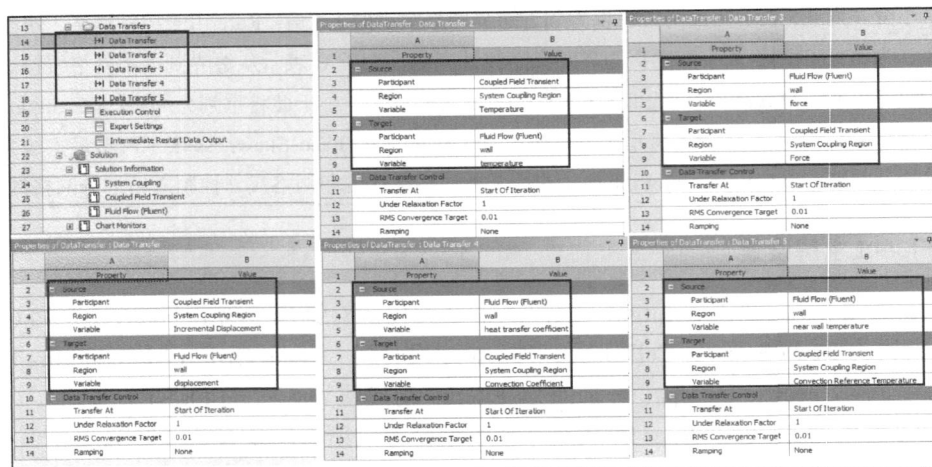

图 3-7-63　System Coupling 设置

其中 Data Transfer Control 中 Transfer At 项用于控制耦合计算何时进行数据传输，Start Of Iteration 表示在每个迭代步均进行耦合数据传输；Under Relaxation Factor 项用于收敛调试的松弛因子，与 Fluent 模块中松弛因子的意义类似；RMS Convergence Target 项用于收敛判定，与 Fluent 模块中的均方根残差类似；Ramping 项用于耦合数据传递，类似于 Mechanical 模块中 Ramping 加载，其中 None 为直接将数值用于数据耦合，Linear to Minimum Iterations 为以渐进形式将数据用于数据耦合。当 Ramping 和 Under Relaxation Factor 同时作用时，Ramping 优先级高于 Under Relaxation Factor。

在 Execution Control 栏中由于版本更迭，在 2020R2 版本之前采用较低的计算引擎，计算效率较低，所以以 System Coupling 计算为主的 ANSYS 软件建议采用 2021 以上版本。在 Intermediate Restart Data Output 的 Output Frequency 项中，None 表示无中间过程文件，效率较高，默认设置；All Steps 表示所有计算步的过程文件均保留；At Step Interval 表示指定步长间隔的过程文件被保留。

计算完成后，在 Chart Monitors 处查看默认 Chart（该表默认输出均方根残差与耦合迭代次数的关系，X 轴定义为 Coupling Time，Scale 修改为 Linear；Y 轴的 Scale 修改为 Linear，改为线性图方便与之前的收敛图对比）和 Chart 2（右键新建而得，X 轴定义为 Coupling Time，Scale 修改为 Linear；Y 轴的 Scale 修改为 Linear），输入 Date Transfer：Values：Weighted Average_X（X 向位移的平均权重）、Date Transfer 2：Values：Weighted Average（温度的平均权重）、Date Transfer 3：Values：Sum_X（X 向力的汇总）、Date Transfer 4：Values：Weighted Average（热传导系数的平均权重）和 Date Transfer5：Values：Weighted Average（壁面温度的平均权重）。因为耦合迭代计算收敛，所以无论选取 Fluid Flow（Fluent）还是选取 Coupled Field Transient 均一致，

如图 3-7-64 所示。

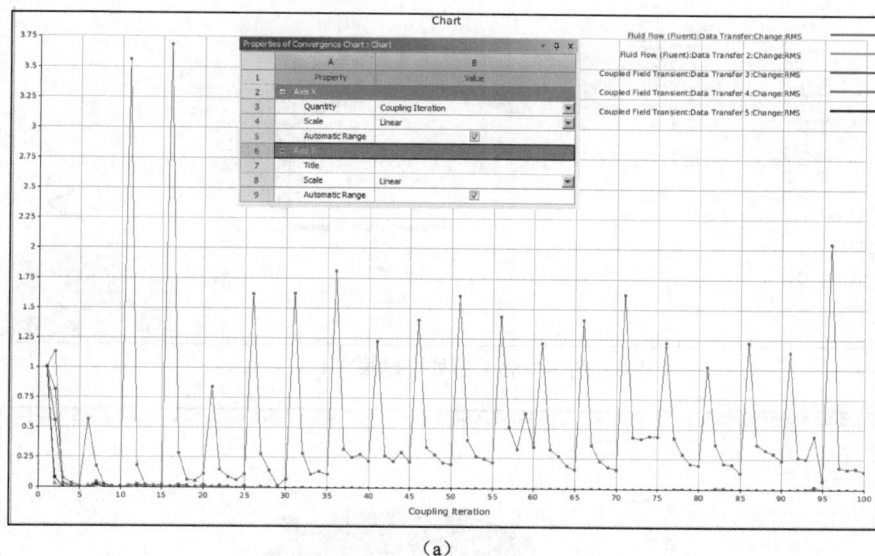

（a）

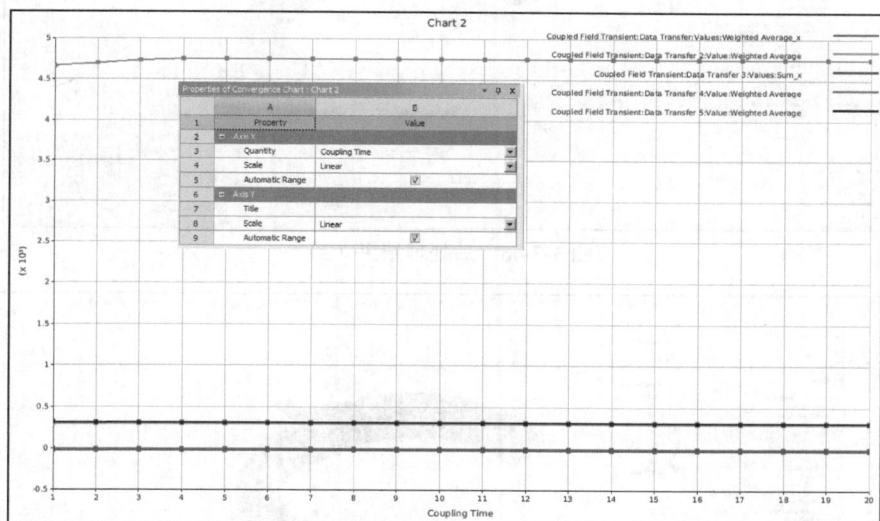

（b）

图 3-7-64　System Coupling 求解设置

　　该曲线可以与 Fluent 收敛曲线进行类比，其收敛过程基本一致。System Coupling 双向分析收敛问题处理方法：必须先进行单场计算，掌握其网格尺度和对应收敛条件后再进行耦合场分析，如果仍出现收敛问题，可以尝试修改 Data Transfer Control 的 RMS Convergence Target 参数和 Fluent 中动网格相关设置（主要表现为结构场的大变形导致流场模型网格畸变）。

8. 后处理

　　计算完成后，双击 A7 Results 进入结构场后处理模块，依次查看第 20 s 的 Total Deformation、Equivalent Stress 和 Temperature 结果，如图 3-7-65～图 3-7-67 所示。

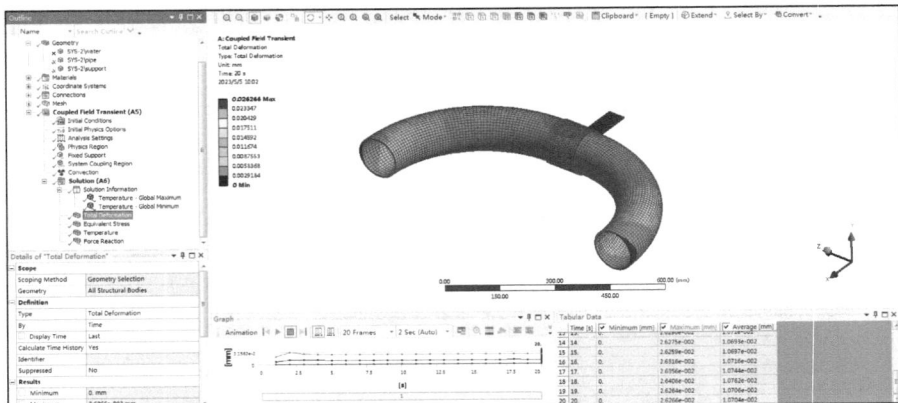

图 3-7-65　后处理结果（1）

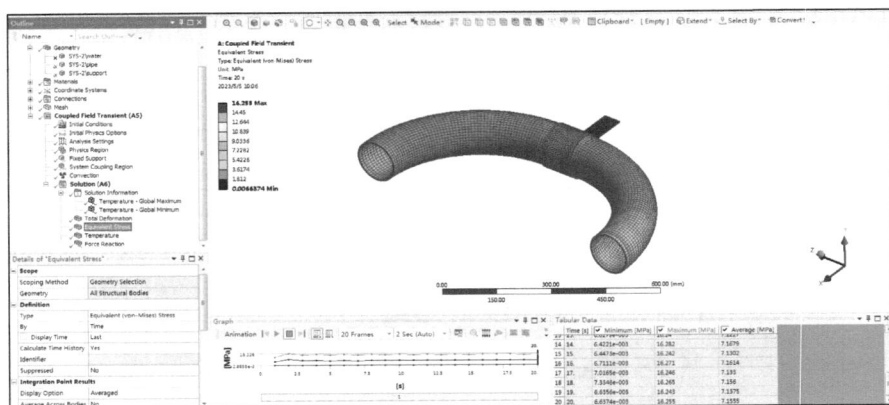

图 3-7-66　后处理结果（2）

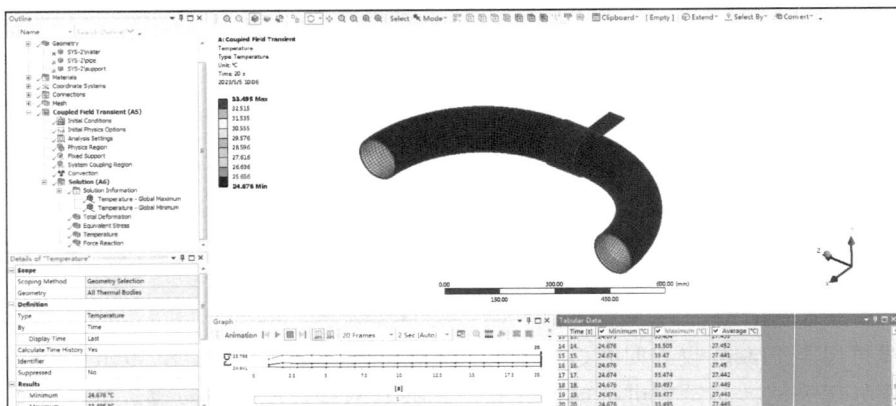

图 3-7-67　后处理结果（3）

双击 B6 Results 进入流场后处理模块，新增 Plane1 平面以便观察云图，其中 Domains 设置为 All Domain、Method 设置为 ZX plane，Y 设置为 0 m（中间截面）。在 Contour1 中 Locations 设置为 Plane1，Variable 分别设置为 Temperature 和 Pressure，Range 设置为 Global，结果如图 3-7-68 和图 3-7-69 所示。

其中弯管最大变形量约为 0.026 3 mm，位于弯管右侧（即加热棒附近），因为该处温度最高（计算显示弯管最高温度为 34.5℃，位于弯管右侧；弯管内流体温度平均约为 43℃，同时也表现为右侧入口处流体温度较高，左侧出口处流体温度较低的现象），所以与变形量相匹配，同时因为中部抱箍的端面进行了固定，所以弯管的左侧也会产生对称摆动（弯管左侧也有较大的变形量），这也与计算结果相匹配。

弯管及抱箍结构件最大等效应力为 16.255 MPa，位于抱箍与弯管连接处，该应力不仅来源于弯管左右摆动对抱箍的牵引效果，还来源于弯管内流体对管壁的冲击，以及弯管内流体的热效应。

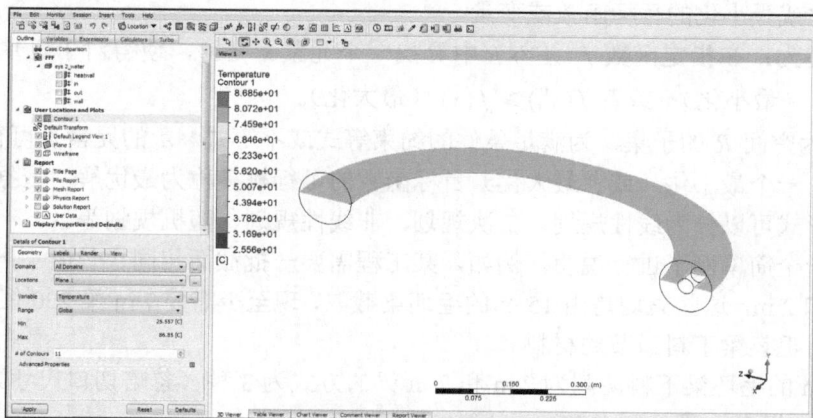

图 3-7-68　后处理结果（4）

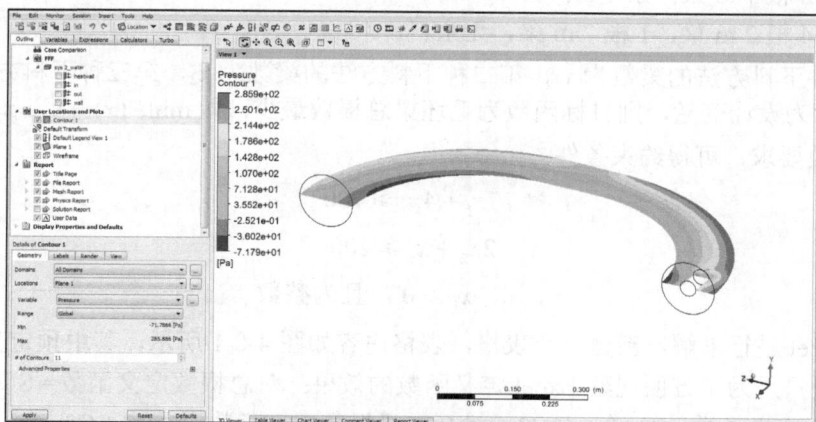

图 3-7-69　后处理结果（5）

综上所述，本例流固热耦合在迭代计算过程中依然采用结构场、流场等分别计算，在各个时间步之间相互耦合迭代，收敛之后再往后递进。这种计算方法结合了现有计算模型的所有优势，相较单向耦合只增加了一个动网格技术，实现难度较低。

但是对于某些微小流体压力导致结构出现大变形或者结构件密度小于流体密度时，该耦合方式就易出现收敛困难，可尝试修改 Maximum Iterations 为 15～20；修改 Analysis Control 的 Global Stabilization 为 Quasi-Newton；修改 Ramping 和 Under Relaxation Factor 的值。当然对于上述工况，采用单元意义上的强耦合软件更加精确，例如 ADINA（基于 FVM）、COMSOL（基于 FEM）等。

第4章 优化设计

优化设计以应用数学中的最优化理论为基础，依据设计目标，建立目标函数，求得特定条件下最大化或最小化的目标函数或变量。

数学描述为：在指定函数 $f: A \to R$ 中寻找一个元素 $x^0 \in A$，使得对于 A 中的所有 x，$f(x^0) \leqslant f(x)$（最小化）；或者 $f(x^0) \geqslant f(x)$（最大化）。

其中 A 为空间 R 的子集，为满足条件的约束等式或不等式。A 的元素是可行解，函数 f 为目标函数，一个最小化（或者最大化）目标函数的可行解被称为最优解。依据目标函数或某些变量的形式可以分为线性规划、二次规划、非线性规划、随机规划等。

下面以一个简单例子进行说明。例如，某工程需要一批截面相同、长度不同的梁，梁的长度为 7 m 和 2 m，这些梁均是由 15 m 的毛坯梁截取，现至少需要 7 m 梁 200 根，2 m 梁 700 根，求怎样对毛坯梁下料最节约材料。

解：15 m 的毛坯梁下料切割为 2 m 和 7 m 梁的方式为 3 种（忽略切口尺寸）：

1）截取 7 根 2 m 梁，余 1 m；

2）截取 2 根 7 m 梁，余 1 m；

3）截取 4 根 2 m 梁，1 根 7 m 梁，无余料。

设第一种下料方法的梁数为 x_1，第二种下料方法的梁数为 x_2，第三种下料方法的梁数为 x_3，以这 3 者为设计变量，则目标函数为毛坯梁总根数最少，即 $\min F(x) = x_1 + x_2 + x_3$。

依据根数要求，可得约束条件：

$$7x_1 + 4x_3 \geqslant 700$$

$$2x_2 + x_3 \geqslant 200$$

$$x_1, \ x_2, \ x_3 \geqslant 0，且为整数$$

采用 Excel 进行求解，新建一个表格，表格内容如图 4-0-1 所示，其中预定义 x_1、x_2、x_3 均为 1，该处只是为了方便观察 Excel 定义函数的效果；对总根数定义函数 = SUM(A2:C2)；对 2 m 梁根数定义函数 = 7*A2 + 4*C2；对 7 m 梁根数定义函数 = 2*B2 + C2。

单击"数据"→"规划求解"，在弹出的对话框的"设置目标"栏选择 C4 栏，即以总根数定义目标函数；在"通过更改可变单元格"栏选择 A2:C2 栏，即以 x_1、x_2、x_3 为变量；在"遵守约束"列表区域依次添加 3 个约束条件，分别为 A2:C2 栏为整数（即 x_1、x_2、x_3 为整数），C5 栏大于或等于 700（即 2 m 梁根数大于或等于 700），C5 栏大于或等于 200（即 7 m 梁根数大于或等于 200），如图 4-0-2 所示。

图 4-0-1 Excel 表格预制

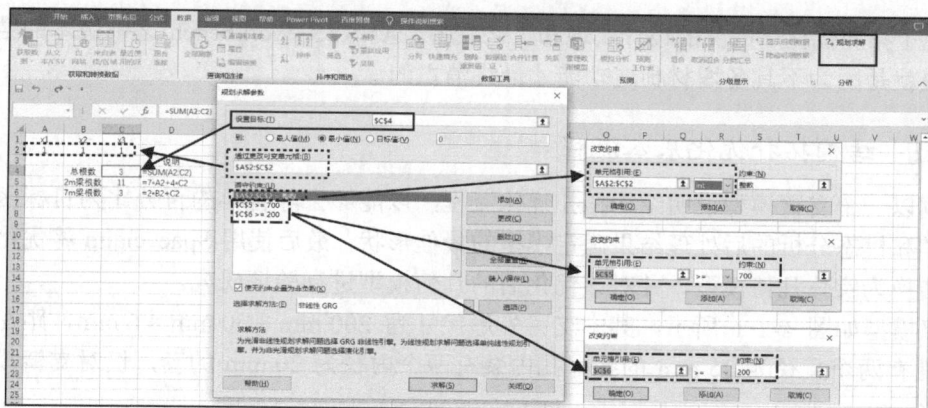

图 4-0-2　Excel 规划求解

注意

"规划求解"需要选中 Excel 中的文件→选项→加载项→转到→规划求解加载项，才可以在菜单中显示。

修改"选项"→"整数最优化"为 0，这样可以保证整数效果的最优解，读者可以尝试不修改此项进行求解，并将结果进行对比。"求解"后，可得 $x_1 = 4$、$x_2 = 16$、$x_3 = 168$。本例中目标函数和约束条件都是设计变量的线性函数，Excel 中即便采用"非线性 GRG"求解，依然是线性规划问题。

优化设计有尺寸优化、形状优化、形貌优化、拓扑优化等多种形式。其中尺寸优化一般以结构的各种尺寸参数进行优化；形状优化是对结构的边界或者形状进行优化；形貌优化可视为形状优化的一种，应用于钣金件的加强筋设计，ANSYS 最新版本支持形貌优化；拓扑优化是一种根据给定的负载情况、约束条件和性能指标，在给定的设计区域内对材料分布进行优化。ANSYS 软件中主要为拓扑优化和试验优化设计。

4.1　拓扑优化

拓扑优化以模型材料形状（体积或重量）最小为优化目标，依据静力学、模态、热稳态分析或流体分析指定的约束和载荷位置，以用户设定的相关计算后处理结果为边界条件，寻找出结构轻量化（或形状最优化）的最佳形状，并提取 CAD 模型，进行快速验证设计。结构轻量化不仅意味着可以减少多余材料，使能源效率更高、运输成本更低，而且可能使结构适用性更强，例如模型经拓扑优化后，固有频率变大，这往往对于避免共振降噪更加有益。

拓扑优化基于应力路径查找单元材料密度，密度为 0 时表示该单元可去除，密度为 1 时表示该单元需保留，在有限元软件通过停用部分网格单元来实现最小化体积，只要网格足够细密，即可得到网格"雕刻"的形状。但因为往往以材料形状最小值为优化目标，优化结果必定非唯一解，所以需要补充其他约束条件，例如指定应力或变形后处理结果，才能得到有意义的唯一解。拓扑优化后的形状很可能比通过工程直觉加上实践试错所能得到的模型形状更优化，特别是现在随着增材制造的广泛应用，拓扑优化作用愈发明显。利用增材制造技术，真正实现了拓扑优化后产品的设计实现和工艺完备。ANSYS Workbench 之前版本的结构拓扑优化模块就是因为不具备增材制造功能才最终消亡的。

4.1.1　结构拓扑优化基本流程

本例以一个支臂模型说明结构拓扑优化流程，以能够去除材料的百分比为目标函数，结合静力学和模态分析的后处理结果确定模型的最佳形状，最后使用 Spaceclaim 将优化后的网格模型转换为实体几何模型，并对该优化后的几何模型进行验证研究。

计算模型如图 4-1-1 所示，其中支臂外形尺寸为 200 mm × 50 mm × 6 mm，距左右端面 20 mm 处有两个直径为 25 mm 的孔，孔内装有两个内径为 20 mm 的套，仅对支臂模型进行拓扑优化。

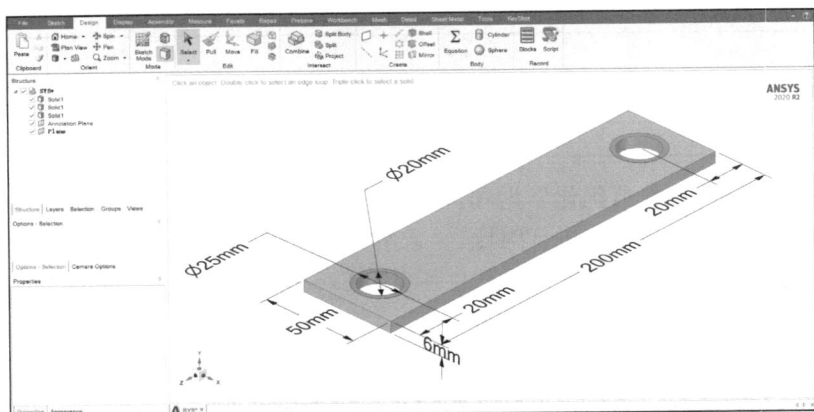

图 4-1-1　计算模型

1．建立分析流程

如图 4-1-2 所示，建立分析流程。其中包括 A 框架结构的 Static Structural 静力学分析模块、B 框架结构的 Modal 模态分析模块、C 框架结构的 Topology Optimization 拓扑优化分析模块，且 A2、A3 和 A4 与 B2、B3 和 B4 及 C2、C3 和 C4 分别建立关联，A6 和 B6 共同与 C5 建立关联，以实现静力学和模态分析的共同后处理结果为约束条件进行拓扑优化。还包括 D 框架结构的 Spaceclaim 建模模块、E 框架结构的 Static Structural 静力学模块、F 框架结构的 Modal 模态分析模块，其中 E、F 框架结构的 Geometry 项均采用 D 框架结构的对应数据项；D2 与 E3 建立关联，E2、E3 和 E4 与 F2、F3 和 F4 建立关联，以实现将优化后模型进行静力学和模态分析，对比优化前后模型的计算结果。

Engineering Data 项采用默认 Structural Steel 材料。

2．前处理

双击 A4 Model 项进入 Mechanical 前处理。定义两个接触对，均以支臂内孔为接触面，两个套外圆面为目标面，Type 设置为 Bonded，其余均默认，如图 4-1-3 所示。

网格划分中插入 Sizing，在 Geometry 处选择 3 个体（支臂和两个套），将 Type 设置为 Element Sizing，Element Size 设置为 2 mm（如果采用 Density Based 拓扑优化，为得到精确

且相对光滑的拓扑优化后模型，网格应为六面体或六面体退化单元，即便采用四面体单元可能计算迭代步较少也要避免使用四面体单元，且网格尺度越小越好，本例网格设置仅为了简化计算规模），如图 4-1-4 所示。

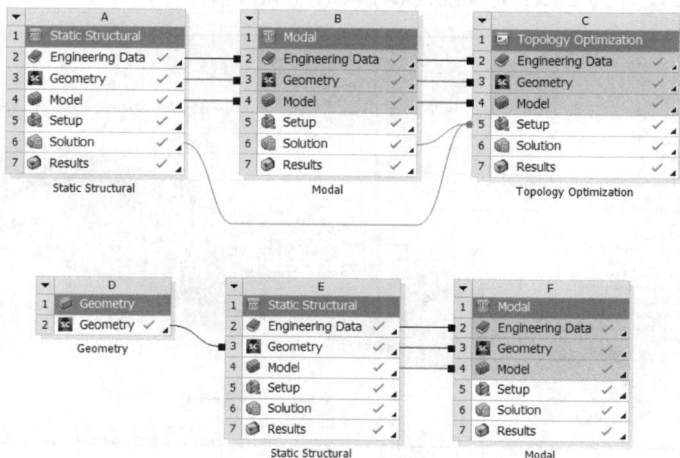

图 4-1-2　分析流程

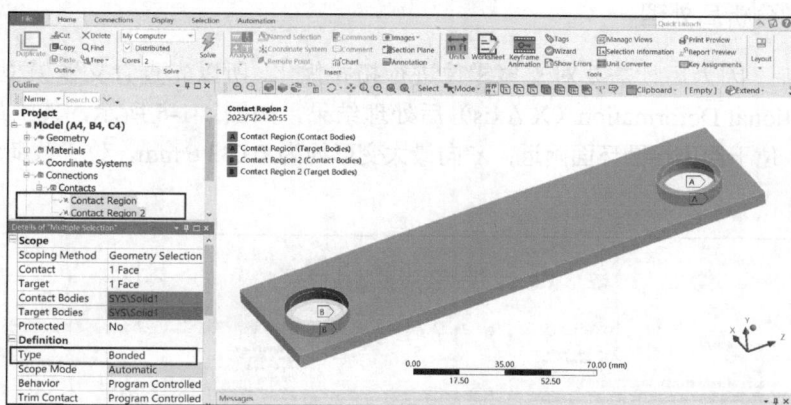

图 4-1-3　接触定义

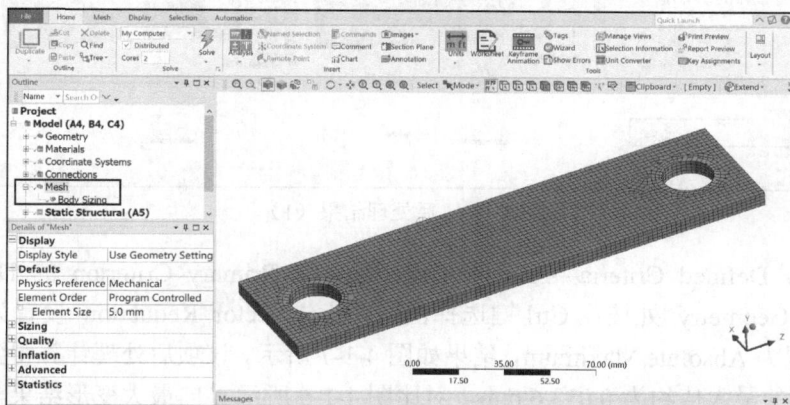

图 4-1-4　网格划分

3．静力学分析边界条件定义

选择左边套的内孔面，对其加载 Fixed Support；选择右边套的内孔面，对其加载 Force，其中 X Component 设置为 200 N，其余项均默认，如图 4-1-5 所示。

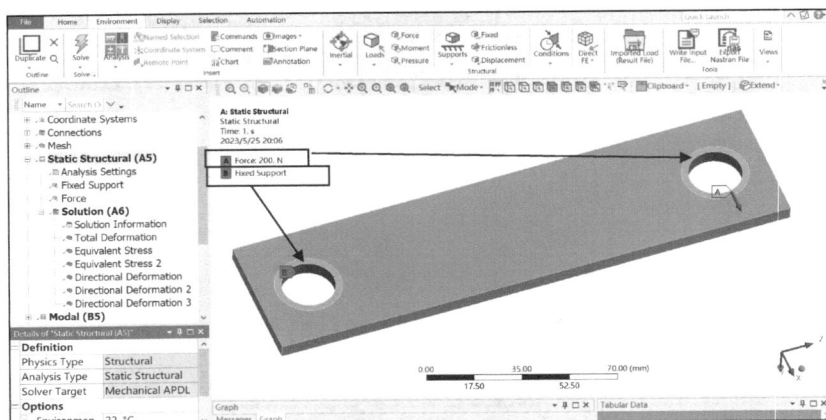

图 4-1-5 边界条件

4．静力学分析后处理

计算完成后，因为后续需要对支臂零件进行拓扑优化，所以先查看支臂模型的 Equivalent Stress 和 Directional Deformation（X Axis）后处理结果，如图 4-1-6 所示，其中最大等效应力为 13.22 MPa，位于约束端圆环面附近；X 向最大变形约为 0.033 6 mm，位于载荷端面，呈层状分布。

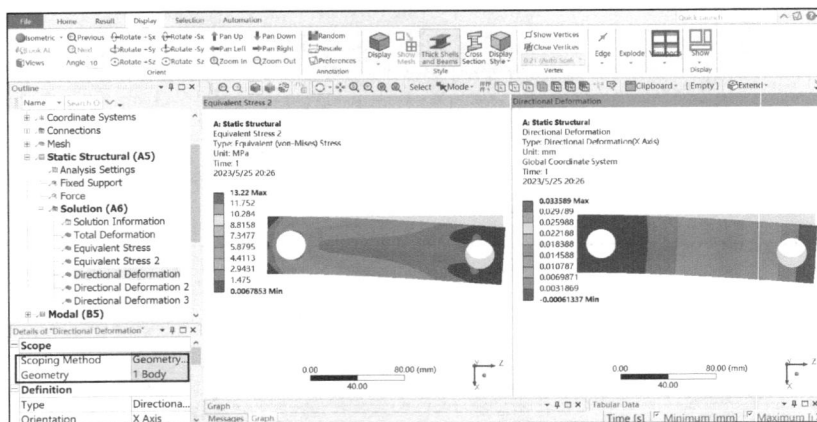

图 4-1-6 后处理结果（1）

插入 User Defined Criteria→Primary Criterion，在 Primary Criterion 的 Details 窗口中 Scoping 下的 Geometry 处按住 Ctrl 键选择图中两点，Vector Reduction 设置为 X，Spatial Reduction 设置为 Absolute Maximum，结果如图 4-1-7 所示。该项后处理计算得到图中所选两点 X 向变形差的最大值约为 0.033 6 mm，对比图 4-1-6 所示 X 向最大变形结果，两者一致，其用途不仅可以计算变形差，还可以计算约束反力差，为后续拓扑优化提供约束条件。

Composite Criterion 功能与其类似，用于组合工况的后处理。

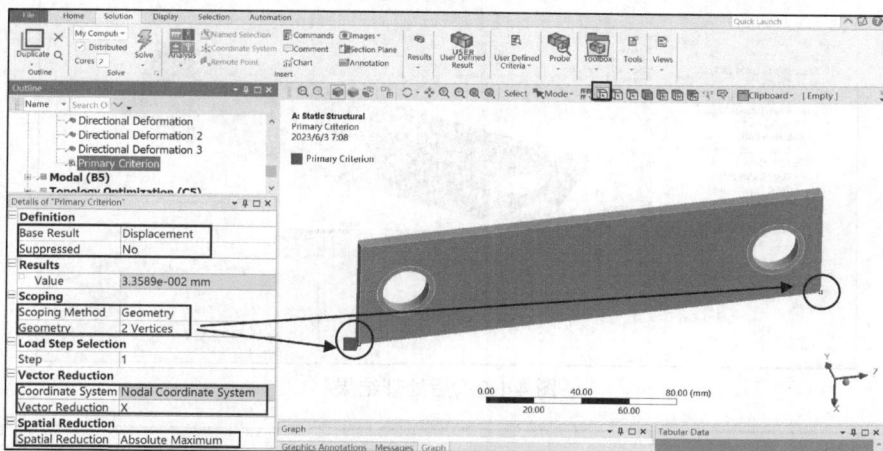

图 4-1-7　后处理结果（2）

5．模态分析边界条件定义

双击 B5 Setup 项进入模态分析设置。

选择左边套的内孔面，对其加载 Fixed Support（与静力学分析的约束设置一致），其余项均默认，如图 4-1-8 所示。

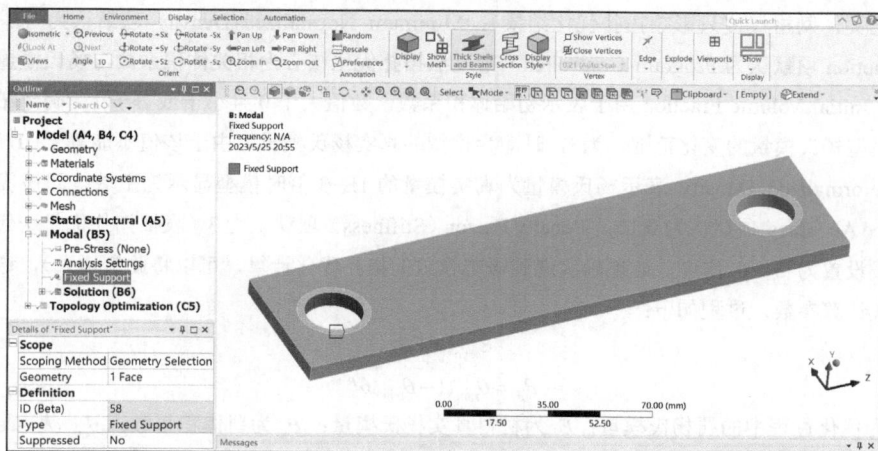

图 4-1-8　约束条件

6．模态分析后处理

计算完成后，查看第一阶模态振型，如图 4-1-9 所示，其中第一阶模态频率为 174.59 Hz，表现为沿 Y 向上下摆动。

7．拓扑优化设置

双击 C5 Setup 项进入拓扑优化设置。其中 Analysis Settings 项中所有设置均默认。

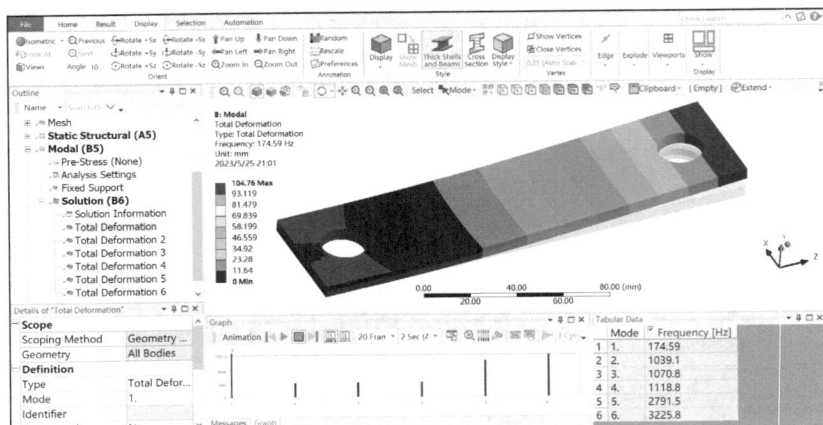

图 4-1-9　后处理结果

相关选项说明

Reload Volume Fraction 项默认为 Off。该项类似于收敛计算中的重启动，都是以设定重启点更新计算和模型，默认不开启，当设置 Manual 为 Initial 时，则相当于重新进行优化迭代计算；当为 Iteration Number ** 时，则从已经完成优化收敛迭代步开始重新计算，此处与重启动操作不同，重启动可以手动选择迭代步数，而 Reload Volume Fraction 项则自动定义收敛迭代步数。

Maximum Number Of Iterations 项默认为 500，该项用于指定计算最大迭代步数，当计算到达最大迭代步数或者实现了拓扑优化中指定的边界条件即停止计算（当以应力条件进行拓扑优化时，迭代次数与网格尺度无关，网格尺度只影响拓扑优化结果）；Minimum Normalized Density 项默认为 1E-3，Initial Volume Fraction 项默认为 Program Controlled，密度法拓扑优化核心为相关体积系数与杨氏模量之积进行模型处理，Initial Volume Fraction 用于表示初始体积系数，数值大于 0 且小于或等于 1，确定拓扑优化计算过程中模型杨氏模量的变化范围，为 1 时即为模型的真实杨氏模量，由于该值不能等于 0，所以设定 Minimum Normalized Density 表示杨氏模量为真实模量的 1E-3 倍时模型显示为空域，即被优化去除；Convergence Accuracy 项默认为 0.1%，Penalty Factor（Stiffness）项默认为 3（表征拓扑优化迭代计算的光滑性，一般设置为 3～6 均可，如果确实遇到极难收敛的拓扑优化计算，可以将此值增大），这两项是拓扑优化迭代计算参数，过程如下：

$$E_{\text{topo}} = E\theta_p$$

$$\theta_p = \theta_{\min}(1-\theta_{\min})\theta^p$$

式中 E_{topo} 为优化过程中的罚杨氏模量；E 为材料真实杨氏模量；θ_p 为罚体积系数；$\theta_{\min}$ 为 Convergence Accuracy 项值，如果拓扑优化的约束条件为等效应力，建议改为 0.05%；θ 为材料体积系数，降低灰度双曲正切函数的投影；p 为 Penalty Factor（Stiffness）项值。

Region of Manufacturing Constraint 项对应制造约束条件中的 Pull Out Direction（控制截面的拉伸方向，多用于铸造模型，使其在截面上保持较完整的延伸拓扑形状，对不同区域可定义多个方向）、Extrusion（材料挤出方向，用于模型的开模设计，必须为六面体网格）、Cyclic（圆周对称，与载荷无关）和 Symmetry（以指定轴对称）；Region of Min Member Size 项对应制造约束条件中的 Member Size（用于控制最小单元尺寸，最小可定义尺寸约为模型最小网格尺寸的 2 倍，默认为 2.5 倍，例如 Member Size 为 5 mm，最小网格尺寸为 5/2.5＝2 mm，同时即便最小网格尺寸再小也能改变拓扑优化结果）；Region of AM Overhang Constraint 对应制造约束条件中的 AM Overhang Constraint（用于增材制造中的自支撑设计，如果采用

Include Exclusions 形式，则将自支撑作用于拓扑优化域内）；Filter 项可选 Linear（速度较快，用于处理材料模型边界和 Member Size 相关的边界区域）和 Non-Linear（默认，算法比线性更好）。如表 4-1-1 所示为分析设置项对应制造约束条件说明。

表 4-1-1　　　　　　　　　分析设置项对应制造约束条件说明

序号	输入条件	输出图形
1	原始模型及静力学边界条件	
2	默认设置拓扑优化	
3	Pull Out Direction 为−Z 向，Region of Manufacturing Constraint 为 Exclude Exclusions	
4	Extrusion 为 Z 向，Region of Manufacturing Constraint 为 Exclude Exclusions	
5	Cyclic 为 Y 向，数量为 3	
6	Symmetry 为 X 向	
7	AM Overhang Constraint 为−Z 向，默认 45°，Region of AM Overhang Constraint 为 Exclude Exclusions	

续表

序号	输入条件	输出图形
8	AM Overhang Constraint 为 X 向，默认 45°，Region of AM Overhang Constraint 为 Exclude Exclusions	
9	AM Overhang Constraint 为 $-Z$ 向，默认 45°，Region of AM Overhang Constraint 为 Include Exclusions	
10	AM Overhang Constraint 为 X 向，默认 45°，Region of AM Overhang Constraint 为 Include Exclusions	

在 Optimization Region 项中选择支臂体模型作为优化对象，将 Details 窗口中 Exclusion Region 下的 Define By 设置为 Boundary Condition，Boundary Condition 设置为 All Boundary Conditions（该项以边界条件区域作为不优化区域），将 Optimization Option 下的 Optimization Type 设置为 Topology Optimization-Density Based（默认，其功能最全，不仅可以针对线性静力学、线性热稳态和模态分析结果进行拓扑优化，还可以针对非线性接触相关静力学和辐射非线性热稳态结果进行拓扑优化；而 Level Set Based 法只能针对相关线性分析进行拓扑优化，适用于四面体网格模型，拓扑后模型较 Density Based 更为光顺，但在部件模型拓扑优化分析时，因为边界条件未必作用于优化模型，所以默认设置将不优化区域定义为边界条件选项可能会导致不收敛，如此只需手动选择设置 Exclusion Region 即可，此外还可以设置不优化区域的厚度），如图 4-1-10 所示。

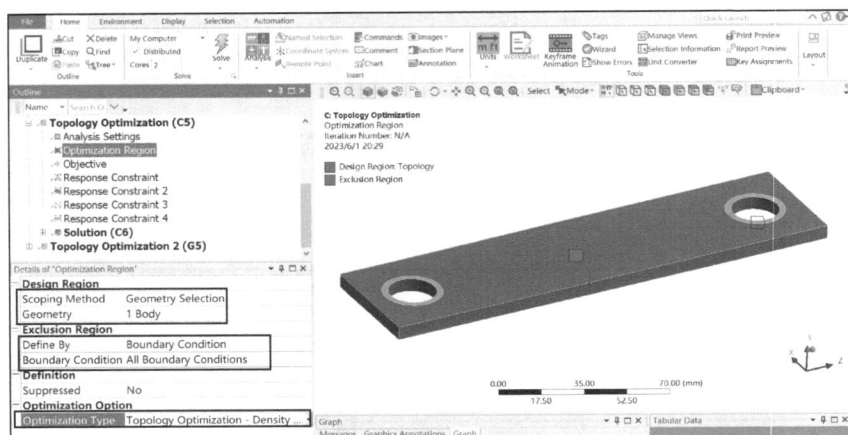

图 4-1-10　拓扑优化设置（1）

注意

　　Exclusion Region 中除了选择 Boundary Conditions（边界条件）不作为优化区域，还可以选择 Geometry 或者 Named Selections，例如本例选择支臂模型的两个内孔面；或选择 Named Selections，例如本例选择支臂模型距内孔面 3 个网格内的所有单元集。这 3 者中以单元集更为灵活，当然前提条件是边界条件附近必须有足够的网格密度。

　　在 Objective 项中可以按表格添加相应目标函数，其中 Response Type 有 Compliance（柔度，刚度的倒数，结构分析均按最小柔度定义）、Frequency（频率，按模态分析最大频率选择阶数，例如前 5 阶固有频率为 25 Hz、50 Hz、100 Hz、200 Hz、400 Hz，设定优化频率为 45～220 Hz，则拓扑优化此处频率选择前 4 阶）、Mass（质量）、Volume（体积）、Thermal Compliance（热柔度，稳态热分析均按最小柔度定义）等。

注意

　　如果定义了多个目标函数，则需要对应各个权重系数（Weight），采用 Density Based 法即按输入权重系数进行每步迭代；采用 Level Set Based 法就须将 Normalized Sum 设置为 Yes，以保证计算收敛。本例只将柔度定义为目标函数，如图 4-1-11 所示。

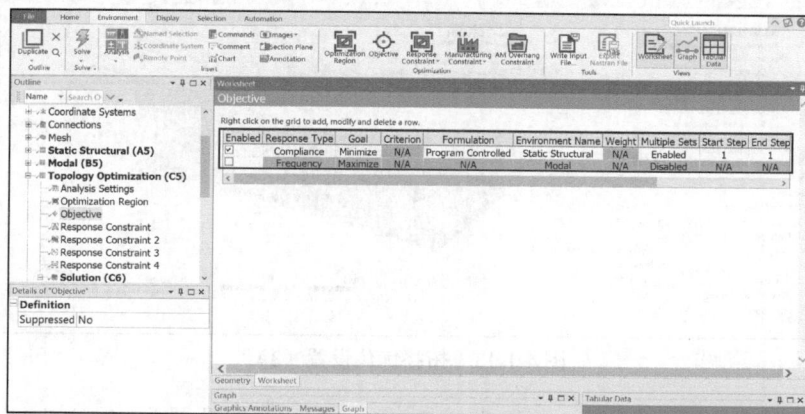

图 4-1-11 拓扑优化设置（2）

注意

　　针对多工况组合后的拓扑优化，可以采用多个静力学模块均将 Solution 项与拓扑优化模块中的 Setup 项建立关联；或者在一个静力学模块与拓扑优化建立关联，其中静力学模块定义多个载荷步，每个载荷步加载不同的工况，Objective 项设置如图 4-1-12 所示。其中图 4-1-12（a）显示了多模块进行拓扑优化的 Objective 设置，该方法可以对不同的工况条件定义各自不同的约束和载荷，灵活方便；图 4-1-12（b）可以统一设置，但可能存在 Activate 或者 Deactivate 载荷步设置（参见《ANSYS Workbench 有限元分析实例详解（静力学）》），此外一些约束条件（例如无摩擦约束）无法激活/停用，需要用其他条件代替。

（a）多模块拓扑优化

图 4-1-12 多工况组合的拓扑优化 Objective 设置

（b）多载荷步拓扑优化

图 4-1-12　多工况组合的拓扑优化 Objective 设置（续）

拓扑优化默认至少有一项 Constraint（约束条件，且当 Objective 项以 Mass 或 Volume 为响应目标时，约束条件不能同时定义为 Mass 或 Volume），即将 Scoping Method 设置为 Optimization Region，Optimization Region Selection 设置为 Optimization Region（确定约束条件对象），Response 设置为 Mass，Define By 设置为 Constant（可定义定值或范围，因为数值可能存在正负号，所以还可以采用绝对值形式），Percent to Retain 设置为 50%（以质量减少 50%为约束条件），如图 4-1-13 所示。

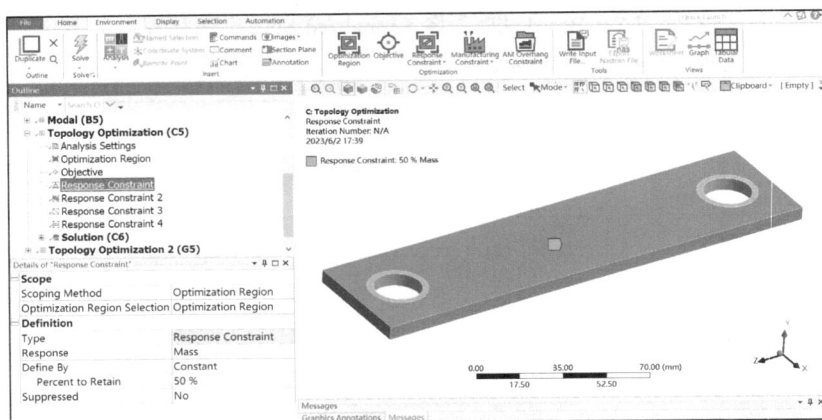

图 4-1-13　拓扑优化设置（3）

新增 Global von-Mises Stress 约束，Scoping Method 设置为 Optimization Region，Optimization Region Selection 设置为 Optimization Region，Response 设置为 Global von-Mises Stress，Maximum 设置为 35 MPa（以静力学的等效应力结果为参考，一般而言模型质量减少，其系统刚度都受到影响，所以定义一个大于静力学等效应力结果的数值作为约束条件，实际工程中该值往往由技术指标确定。此外如果该值定义不合理，会导致不能收敛，在 Solution Information 的 Optimization Output 中出现类似 "Constraint(s): [1] Name: Mass Constraint_156 LB: 1.27428E-04 <= Value: 1.96736E-04 <= UB: 1.27428E-04 **Deviation**: 54.3901%" 的提示，此时就需要修改约束条件数值），Environment Selection 设置为 All Static Structural（拓扑优化如果以多个静力学分析为前提，且目标函数中定义了多个静力学条件，可根据需要设置为 All Static Structural 或者某个 Static Structural），如图 4-1-14 所示。

新增 Natural Frequency 约束，Response 设置为 Natural Frequency，Mode Number 设置为 1，Minimum Frequency 设置为 0 Hz，Maximum Frequency 设置为 300 Hz（以模态分析的第一阶频率位于 0～300 Hz 为约束条件），Environment Selection 设置为 All Modal，如图 4-1-15 所示。

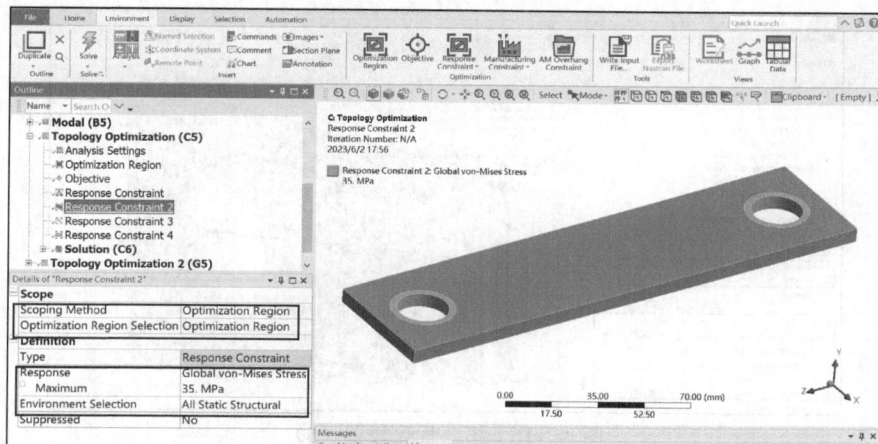

图 4-1-14　拓扑优化设置（4）

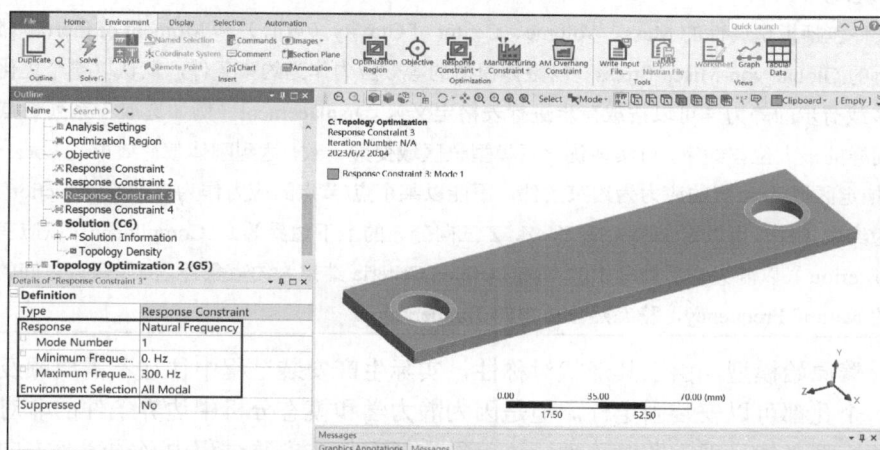

图 4-1-15　拓扑优化设置（5）

> **注意**
>
> 优化目标中的模态频率和优化约束条件的模态频率不一致，前者要求后续定义的所有约束条件均保证优化后模型进行模态分析时其某一阶固有频率尽可能最大，为柔度和质量共同最小的目标函数；而后者保证优化后模型进行模态分析时其某一阶固有规划的数值范围，只为柔度最小的目标函数。

新增 Displacement 约束，将 Scoping Method 设置为 Geometry，Geometry 项选择支臂载荷端内孔中部最右侧的一个节点（位移约束条件尽量以一个极值点为参考，如果以多个节点为参考，将极大消耗计算机硬件资源；如果必须定义多个节点，则输入数值不能为负，例如 X Component（Max）设置为 5.5E-2 mm，则表示以 X 向位移在−5.5E-2 mm 到 5.5E-2 mm 之间为约束条件），Response 设置为 Displacement，X Component（Max）设置为 5.5E-2 mm，Y Component（Max）设置为 Free，Z Component（Max）设置为 Free，Environment Selection 设置为 All Static Structural，如图 4-1-16 所示。

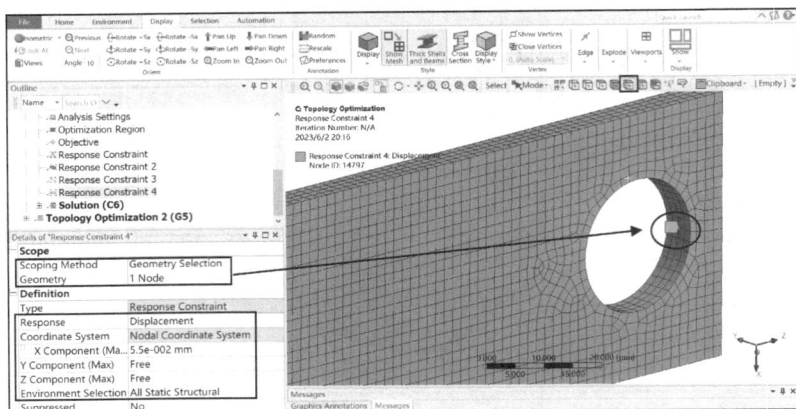

图 4-1-16　拓扑优化设置（6）

相关选项说明

约束条件包括模型属性的 Mass、Volume、Center of Gravity（重心）和 Moment of Inertia（惯性矩），静力学分析的 Global von-Mises Stress（以整体模型的等效应力作为约束条件，默认以整个优化区域为对象，对于多载荷的静力学可以按载荷步进行表格定义）、Displacement（例如选取一系列节点，对每个节点定义同样的最大位移约束，可实现优化后模型该区域变形一致，达到刚体载荷效果）、Local von-Mises Stress（以指定区域/节点集的应力为约束条件，不能以某个点/节点的应力作为标准）、Reaction Force（以约束反力为约束条件，可以定义合力或 X、Y、Z 三向分力的上下边界等）、Compliance（以应变能为约束条件）和 Criterion（以静力学后处理中的 User Defined Criteria 结果为约束条件，例如两点之间的变形差），模态分析的 Natural Frequency，稳态热分析中的 Temperature。

对于支臂原始模型，由于其形状对称性，实际生产安装过程中往往不需要顾及零件的方向，任取一个孔都可以安装固定件。但是因为静力学和模态分析中边界条件的非对称性，拓扑优化后的模型必然呈现为非对称性，这就导致新零件在安装过程中必须注意方向，不利于大规模制造生产，所以一般还需要增加制造约束。首先新建一个坐标系，将此坐标新原点置于支臂模型的中心；然后新增 Symmetry 约束，将 Scoping Method 设置为 Optimization Region，Optimization Region Selection 设置为 Optimization Region，Coordinate System 设置为之前新建的坐标系，Axis 设置为 Z 轴（XY 平面对称），如图 4-1-17 所示。

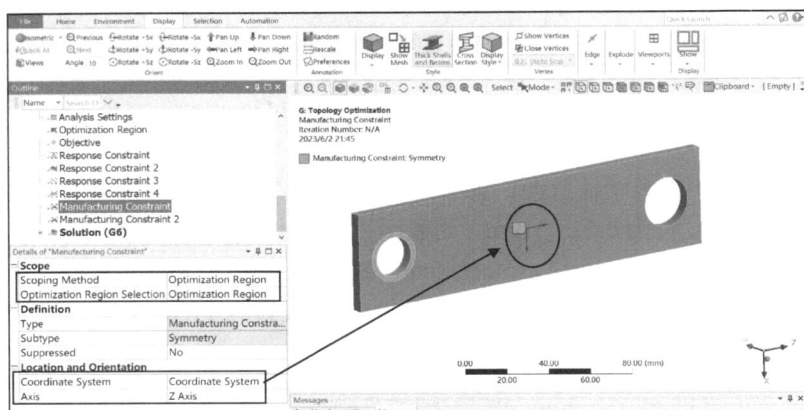

图 4-1-17　拓扑优化设置（7）

同理再新建一个 Symmetry 约束，其中 Axis 设置为 Y 轴（XZ 平面对称）。即可保证优化后模型的制造要求。

8. 拓扑优化后处理

计算完成后，在 Solution Information 的 Optimization Output 项中可查看计算情况。

```
INITIAL SUMMARY                    !初始条件
Objective(s):                      !约束目标：柔度
 [1] Name: Objective
 Value : 5.71955e+00
Constraint(s):                     !约束条件
 [1] Name: Mass Constraint_156         !原模型质量0.424 76 kg，优化目标为减重50%，
即0.212 38 kg。现条件下质量（0.424 76 kg）不在设定的上下质量（0.212 38kg）条件内
 LB: 2.12380e-04 <= Value: 4.24760e-04 <= UB: 2.12380e-04  Deviation: 100 %
 [2] Name: Global von-Mises Stress Constraint
 Value: 1.46618e+01 <= UB: 3.50000e+01  Deviation: 0 %          !原模型的等效
应力为14.661 8 MPa，在设定的最大35 MPa条件内
 NOTE: This is an approximation to the actual value: 12.1772.
 [3] Name: Natural Frequency Constraint 1          !原模型的第一阶频
率为174.588 Hz，在设定的最小0 Hz最大300 Hz条件内
 LB: 0.00000e+00 <= Value: 1.74588e+02 <= UB: 3.00000e+02  Deviation: 0 %
 [4] Name: Local Displacement Constraint_162_X          !原模型的节点X向
位移为0.0317675 mm，在设定的最大0.055 mm条件内
 Value: 3.17675e-02 <= UB: 5.50000e-02  Deviation: 0 %
 FINAL SUMMARY                     !最终结果
Number of iterations: 35           !35步迭代
Total number of model evaluations: 37
Objective(s):
 [1] Name: Objective               !约束目标：柔度
 Value : 9.00047e+00
Constraint(s):
 [1] Name: Mass Constraint_156     !优化后质量（0.212 38 kg）在设定的上下质量
（0.212 38 kg）条件内，有1.3975e-11 %偏差
 LB:  2.12380e-04  <= Value: 2.12380e-04  <=  UB:  2.12380e-04  Deviation:
1.3975e-11 %
 [2] Name: Global von-Mises Stress Constraint          !优化后模型的等效应力为
13.446 8 MPa，在设定的最大35 MPa条件内
 Value: 1.34468e+01 <= UB: 3.50000e+01  Deviation: 0 %
 NOTE: This is an approximation to the actual value: 14.2086.
 [3] Name: Natural Frequency Constraint 1          !优化后模型的第一阶频率为
219.153 Hz，在设定的最小0 Hz最大300 Hz条件内
 LB: 0.00000e+00 <= Value: 2.19153e+02 <= UB: 3.00000e+02  Deviation: 0 %
 [4] Name: Local Displacement Constraint_162_X          !优化后模型的节点X向位移为
0.050 506 8 mm，在设定的最大0.055 mm条件内
 Value: 5.05068e-02 <= UB: 5.50000e-02  Deviation: 0 %
```

在 Topology Density 查看拓扑空间的变化结果，也可查看材料去除不同百分数下拓扑空

间的质量变化（Keep、Marginal、Remove 项），如图 4-1-18 所示。其中左侧为不设置对称的拓扑优化模型，右侧为设置对称的拓扑优化模型。读者可以在 User Defined Result 中输入 Topo（光滑圆整后的拓扑密度图）和 Etopo（单元拓扑密度图，无光滑圆整）查看后处理结果。

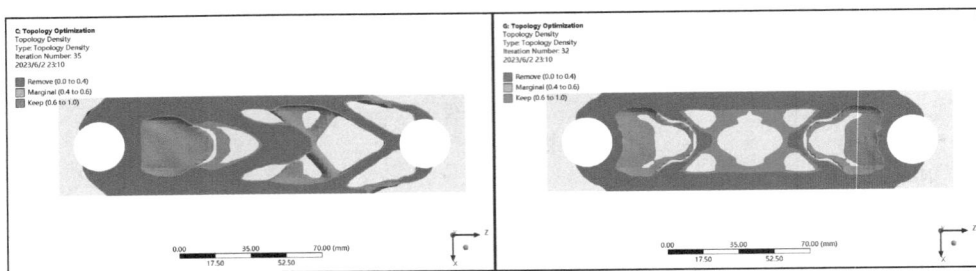

图 4-1-18　拓扑优化的后处理结果（1）

由图可知，在左侧环孔固定约束，右侧环孔加载载荷的条件下，兼顾静力学分析和模态分析结果，拓扑优化后模型如果不考虑对称应该为约束端附近厚重、载荷端附近轻薄，甚至可以为梁壳形式，可参考鸟类前翅的骨骼；如果考虑对称则应该为两端附近厚重、中间轻薄，可参考人类大腿的骨骼。

右击 Topology Density，在弹出的快捷菜单中选择 Insert→Smoothing，将 Move Limit（每个节点可移动调整额度距离，建议为单元尺寸）设置为 2，即可输出光顺化的优化后模型，如图 4-1-19 所示。此刻在流程图中可将 C7 Result 与 D2 Geometry 建立关联，但因为自动修复的模型过于粗糙，且反复多次计算后输出文件易出现 Bug，所以可以右击 Topology Density，在弹出的快捷菜单中选择 Export→Smoothed STL File，也可稳定输出光顺化的优化后模型。

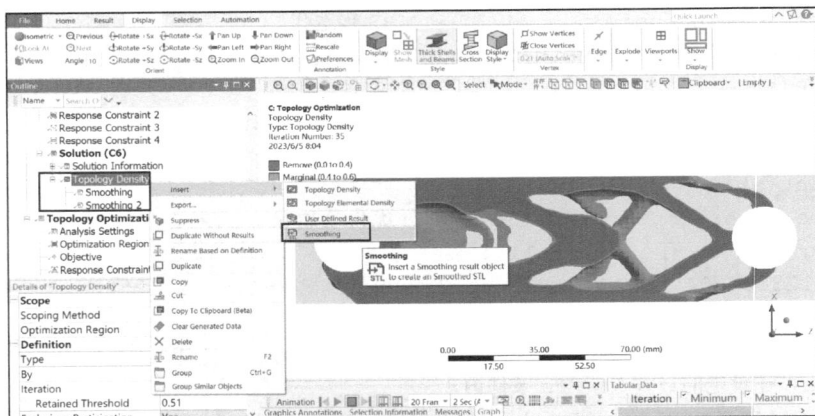

图 4-1-19　拓扑优化的后处理结果（2）

注意

以 Compliance 为优化目标，以 Mass/Volume 为约束条件和以 Mass/Volume 为优化目标、以 Global von-Mises Stress/Local von-Mises Stress 为约束条件（后处理将 Retained Threshold 定义同一百分比）的两种拓扑优化结果将完全不同，不但拓扑优化后的模型不同，而且优化后的模型的峰值应力区域也不同。

以 Compliance 为优化目标、以 Mass/Volume 为约束条件拓扑优化后模型一般均会改变优化前模型的峰值应力区域。

9．Spaceclaim 光顺模型

双击 D2 Geometry 项进入 Spaceclaim 前处理，打开之前输出的 STL 文件，默认存在原始 STL 模型和自动拟合实体模型，但是自动拟合实体模型存在较多问题，不建议采用。STL 模型处理可参见作者相关 Spaceclaim 书籍和《ANSYS Workbench 有限元分析实例详解（动力学）》，常用操作为 Sketch-Spline、Face Curve、Project to Sketch、Design-Pull、Fill、Combine、Mirror、Faces-Check Facets、Tools-Auto Skin、Extract Curves 等。如图 4-1-20 所示即为修复后的非对称模型，中间过程省略，请读者自行完成。

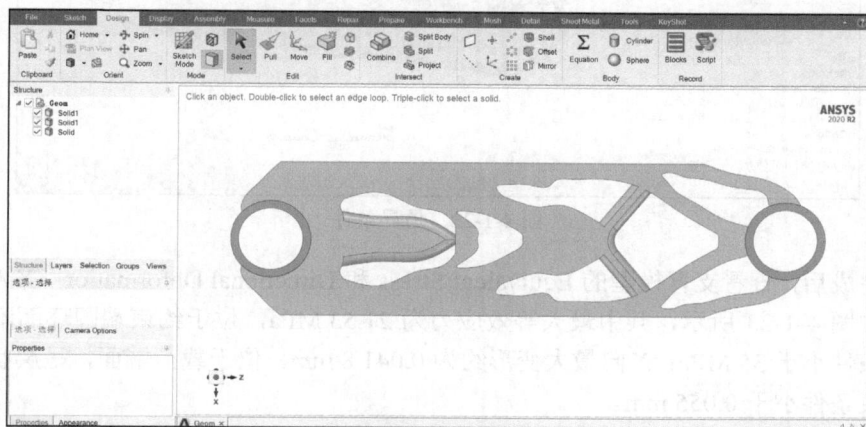

图 4-1-20　优化后模型

10．校核优化模型

双击 E4 Model 项进入 Mechanical 前处理。接触设置与优化前模型的设置一致。

网格划分中插入 Sizing，在 Geometry 处选择 3 个体（支臂和两个套），将 Type 设置为 Element Sizing，Element Size 设置为 1.5 mm（由于优化后模型存在细节区域，尺寸太大可能导致部分网格质量较差，此外如果之前光顺处理模型不好，还需要对部分区域定义 Virtual Topology），如图 4-1-21 所示。

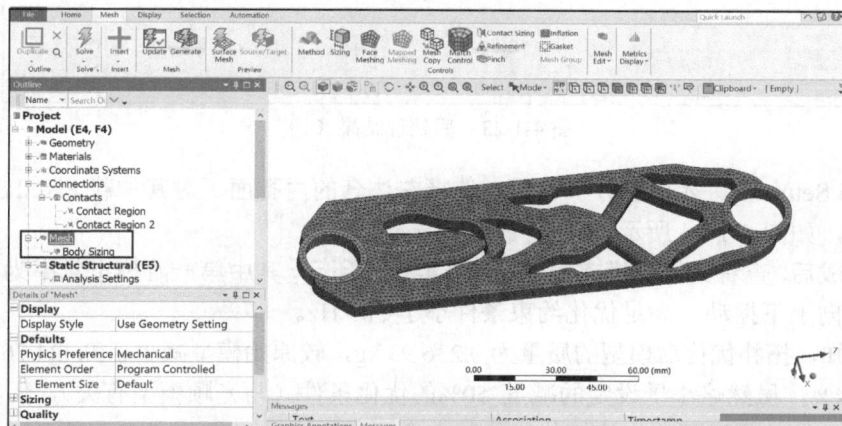

图 4-1-21　网格划分

按照静力学分析的边界条件选择左边套的内孔面，对其加载 Fixed Support；选择右边套的内孔面，对其加载 Force，其中 X Component 设置为 200 N，其余项均默认，如图 4-1-22 所示。

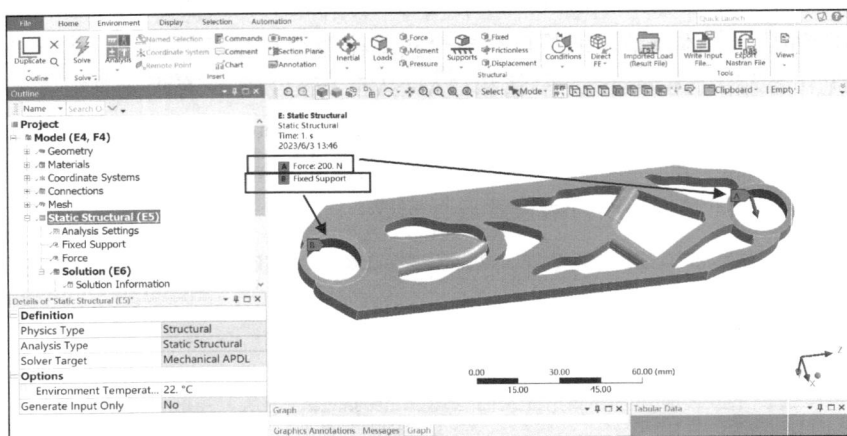

图 4-1-22　边界条件

计算完成后，查看支臂模型的 Equivalent Stress 和 Directional Deformation（X Axis）后处理结果，如图 4-1-23 所示，其中最大等效应力为 21.53 MPa，位于约束端圆环面附近，满足优化约束条件小于 35 MPa；X 向最大变形约为 0.041 8 mm，位于载荷端面，呈层状分布，满足优化约束条件小于 0.055 mm。

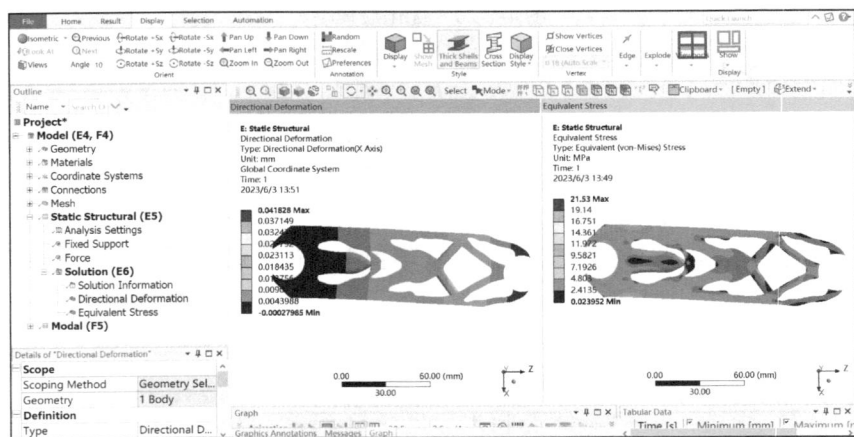

图 4-1-23　后处理结果（1）

双击 F5 Setup 项进入模态分析设置。选择左边套的内孔面，对其加载 Fixed Support，其余项均默认，如图 4-1-24 所示。

计算完成后，查看第一阶模态振型，如图 4-1-25 所示，其中第一阶模态频率为 249.21 Hz，表现为沿 Y 向上下摆动，满足优化约束条件小于 300 Hz。

由此可知，拓扑优化后模型的质量为 0.236 93 kg，较原始模型减少了(0.424 76−0.236 93)/0.424 76＝44%，虽然略小于设定的减重 50%的优化条件（与光顺模型有关），但其他项均满足优化约束条件，所以可认为该拓扑优化基本合理。

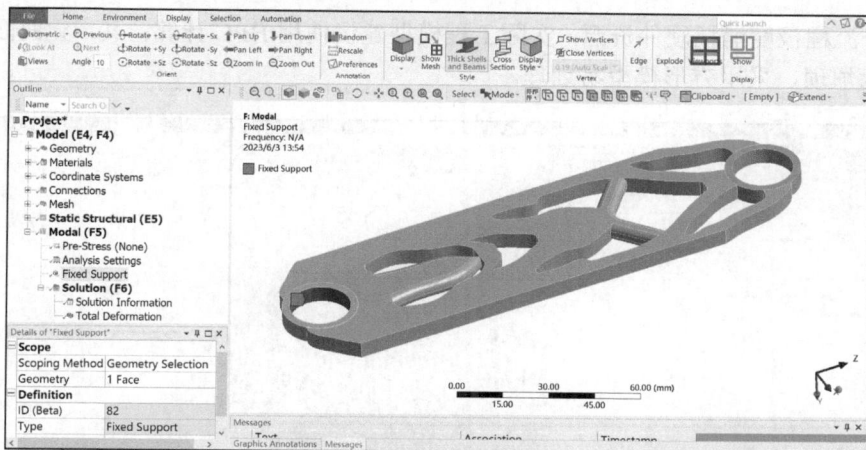

图 4-1-24　约束条件

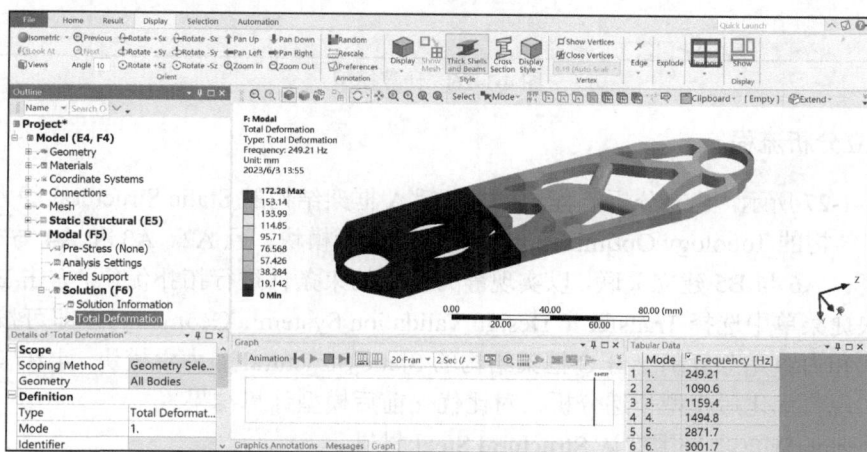

图 4-1-25　后处理结果（2）

　　总之为保证拓扑优化的精度，首先必须保证网格尺度足够精细；其次对于静力学和模态分析等组合工况的拓扑优化，建议先单独进行静力学和模态工况的拓扑优化，了解了单工况的优化结果，再进行组合工况的拓扑优化；最后拓扑优化后的结果仅仅是一个参考，必须进行多次光顺模型迭代拓扑优化，另外结合试验优化设计才能得到较好的结果。

　　此外拓扑优化模块是 ANSYS 软件重点更新的内容，基本上每次版本更迭都存在大量更新。本书受限于版本，只能就拓扑优化模块中的常用部分功能进行介绍，最新功能请读者自行参考 *Ansys Mechanical Users Guide*。

4.1.2　晶格拓扑优化基本流程

　　结构拓扑优化与增材制造集成促生了晶格结构设计，晶格结构以轻量化原则建立于点阵均质化与宏观结构计算基础上，增材制造的飞速进展也使晶格结构的产生成为可能，使其广泛应用于隔热吸能、抗冲击等领域。晶格拓扑优化作为拓扑优化的一种，能够在设计区域内寻找材料的合理分布，实现结构最优化设计，生成晶格结构，为晶格结构设计提供依据与方法。

　　计算模型如图 4-1-26 所示，外形尺寸为 100 mm × 100 mm × 50 mm，取简单模型的意义：

其一，整个流程极度消耗硬件资源，实际工程模型建议使用 HPC 计算；其二，曲面模型实体化过程较为烦琐，采用方形模型易处理。

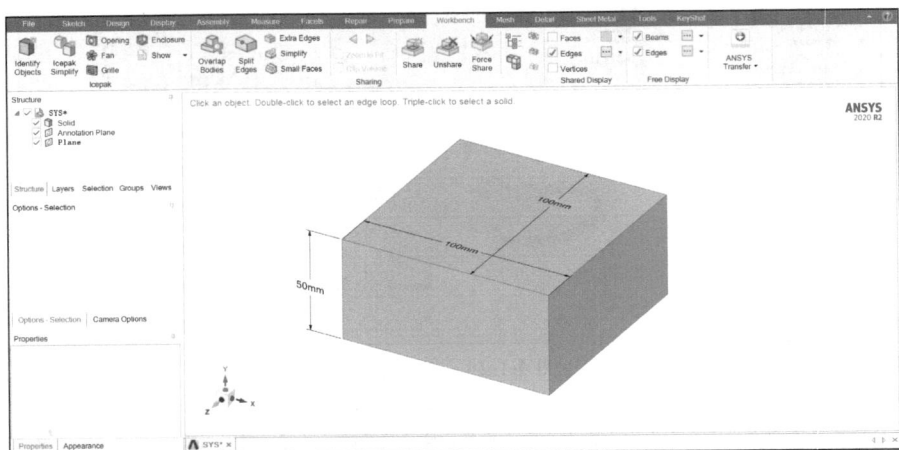

图 4-1-26　计算模型

1. 建立分析流程

如图 4-1-27 所示，建立分析流程，其中包括 A 框架结构的 Static Structural 静力学分析模块、B 框架结构的 Topology Optimization 拓扑优化分析模块，且 A2、A3 和 A4 与 B2、B3 和 B4 建立关联，A6 与 B5 建立关联，以实现静力学为约束条件进行拓扑优化。右击 B7 Results，在弹出的快捷菜单中选择 Transfer to Design Validation System（Geometry），即可按照 A 框架结构的形式和内容完全复制一份 C 框架结构的 Static Structural 静力学模块，且 B7 与 C3 建立关联，以实现将优化后模型传递分析，对比优化前后模型计算结果。

Engineering Data 项采用默认 Structural Steel 材料。

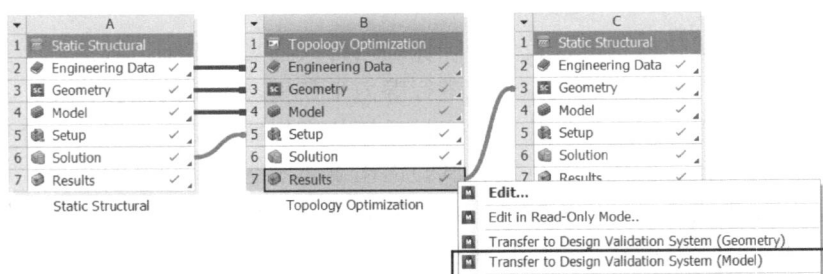

图 4-1-27　分析流程

注意

使用 Transfer to Design Validation System（Geometry）和 Transfer to Design Validation System（Model）选项可以快速完善拓扑优化分析整个流程，其用途在于比对优化前后模型的计算。两者区别在于一个模块中包含 Geometry 模块，可以手动调整模型；另一个则不包含 Geometry 模块，适用于拓扑优化后的模型表现较为清晰的分析工况。

---

2. 前处理

双击 A4 Model 项进入 Mechanical 前处理。

网格划分中将 Element Size 设置为 5 mm，其余全部采用默认设置，如图 4-1-28 所示。

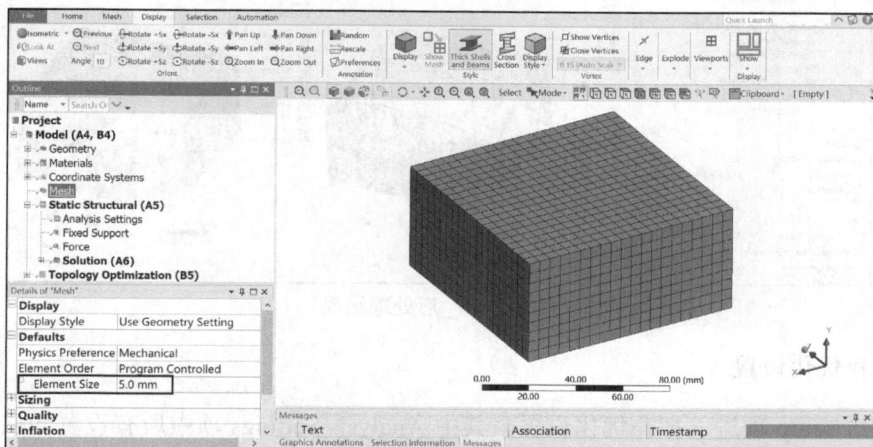

图 4-1-28　网格划分

3. 静力学分析边界条件定义

选择一个侧面，对其加载 Fixed Support；选择其相邻面，对其加载 Force，其中方向定义为垂直于作用面，大小为 200 N，其余项均默认，如图 4-1-29 所示。

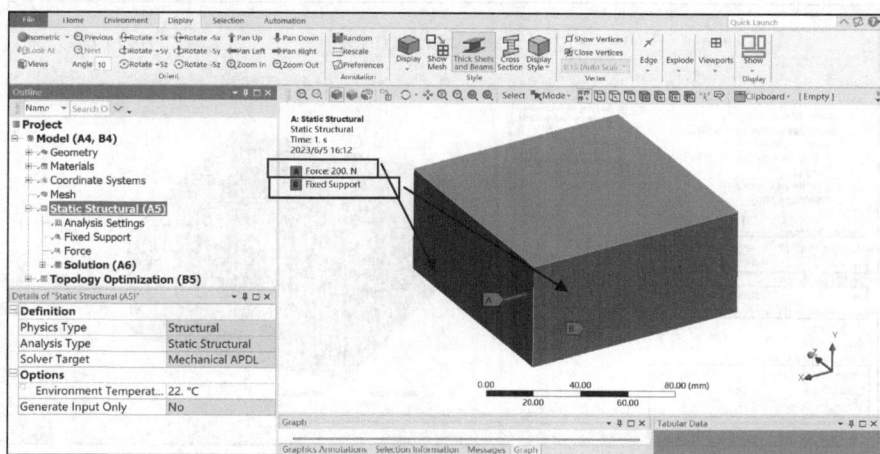

图 4-1-29　边界条件

4. 静力学分析后处理

计算完成后，查看模型的 Equivalent Stress 和 Total Deformation 后处理结果，如图 4-1-30 所示，其中最大等效应力约为 0.35 MPa，位于载荷和约束交界处，表现为应力奇异；最大变形为 7.38E−5 mm，呈层状分布。

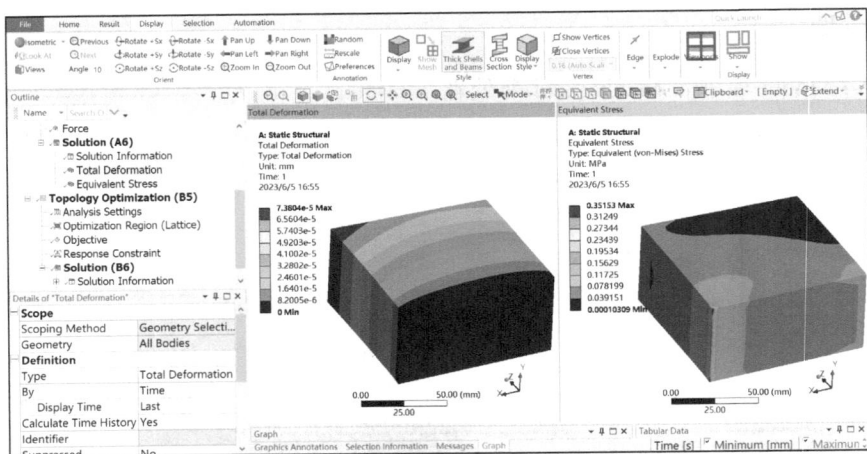

图 4-1-30　后处理结果

5. 拓扑优化设置

双击 C5 Setup 项进入拓扑优化设置。其中 Analysis Settings 项中所有设置均默认。

在 Optimization Region 的 Details 窗口中选择体模型作为优化对象，将 Exclusion Region 下的 Define By 设置为 Boundary Condition，Boundary Condition 设置为 All Boundary Conditions，将 Optimization Option 下的 Optimization Type 设置为 Lattice Optimization，Lattice Type 设置为 Crossed，Minimum Density 设置为 0.1，Maximum Density 设置为 0.8，Lattice Cell Size 设置为 40 mm，如图 4-1-31 所示。

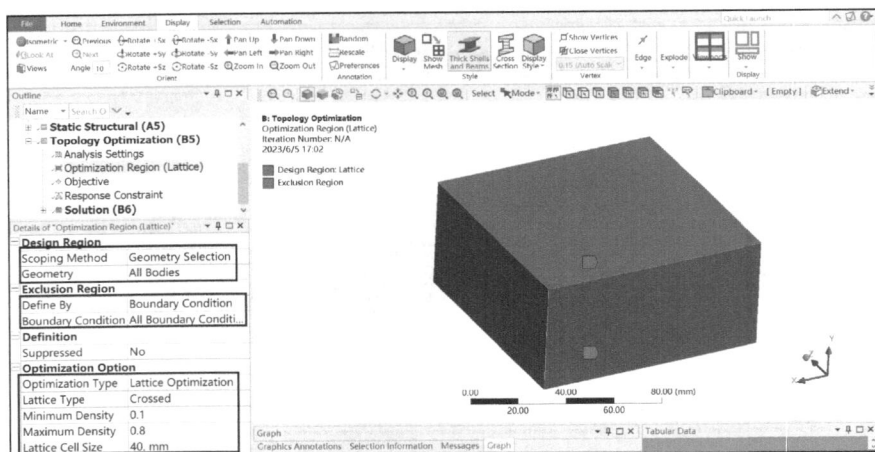

图 4-1-31　拓扑优化设置

相关选项说明

Minimum Density 为最小密度，取值为 0～1，确定晶格边的最小直径，一般用于非边界条件区域，可避免晶体结构过于单薄呈现为锯齿形状；Maximum Density 为最大密度，取值为 0～1，确定晶格边的最大直径，用于边界条件区域，如果该值大于晶格填充密度，即为全填充；Lattice Cell Size 为单个晶格尺寸，用于打印设置；Lattice Type 为晶格形式，默认有 7 种形式，如表 4-1-2 所示。

表 4-1-2　　　　　Lattice Type 的 7 种晶格形式

序号	名称	晶格形式	晶格密度（面密度）
1	Cubic		晶格尺寸 10 mm 晶格边的直径 1 mm 晶格填充密度 0.024
2	Midpoint		晶格尺寸 10 mm 晶格边的直径 1 mm 晶格填充密度 0.071
3	Octet		晶格尺寸 10 mm 晶格边的直径 1 mm 晶格填充密度 0.152
4	Diagonal		晶格尺寸 10 mm 晶格边的直径 1 mm 晶格填充密度 0.078
5	Crossed		晶格尺寸 10 mm 晶格边的直径 1 mm 晶格填充密度 0.09
6	Octahedral1		晶格尺寸 10 mm 晶格边的直径 1 mm 晶格填充密度 0.044
7	Octahedral2		晶格尺寸 10 mm 晶格边的直径 1 mm 晶格填充密度 0.06

在 Objective 项中表格全部采用默认情况，以最小柔度为目标函数。

在默认菜单项 Mass Constraint 中，将 Scoping Method 设置为 Optimization Region，Optimization Region Selection 设置为 Optimization Region（Lattice），Response 设置为 Mass，Define By 设置为 Constant，Percent to Retain 设置为 50%，如图 4-1-32 所示。

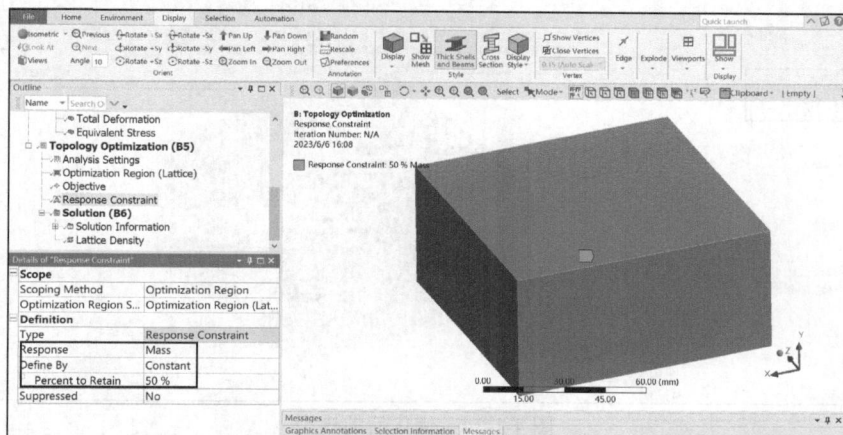

图 4-1-32　拓扑优化设置

6．拓扑优化后处理

在 Lattice Density 查看晶格拓扑空间的变化结果，如图 4-1-33 所示。

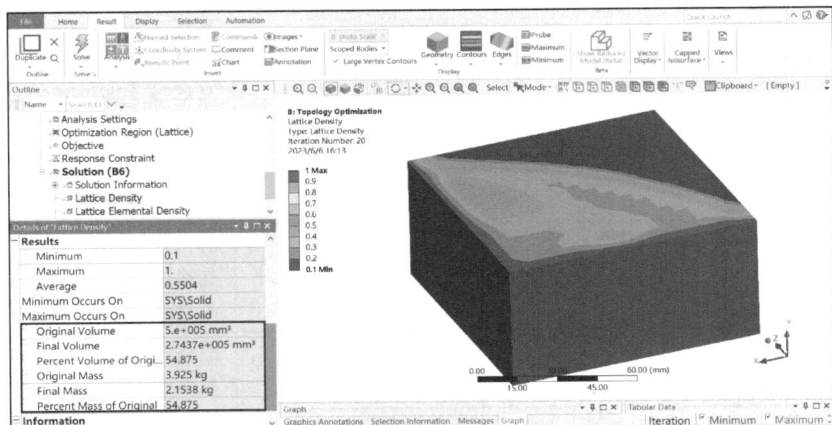

图 4-1-33　拓扑优化的后处理结果

由图可知，原始模型的体积为 5E5 mm³，优化后的体积为 2.743 7E5 mm³，优化比为 54.875%，同理质量也由 3.925 kg 优化到 2.153 8 kg。此外 Lattice Density 为 1 的面即为静力学边界条件区域，此区域晶格密度很大，或者为完全填充区域；几乎以对角面为分界，其右上侧 Lattice Density 为 0.1，在单个晶格尺寸规定的条件下，晶格边的直径最小；在对角面的左下侧 Lattice Density 为 0.5～0.9，晶格边的直径较大，且设计要求规定最大密度为 0.8，所以大于 0.8 的区域不作晶格化处理。

7．Spaceclaim 光顺模型

双击 C3 Geometry 项进入 Spaceclaim 前处理，如图 4-1-34 所示。在结构树中可见存在两个模型，一个为 SYS\Solid 实体模型，另一个为 Facets 面片模型（STL 格式）。其中面片模型为拓扑优化后的原始模型，默认已经抑制；实体模型为软件自动实体化生成的模型。

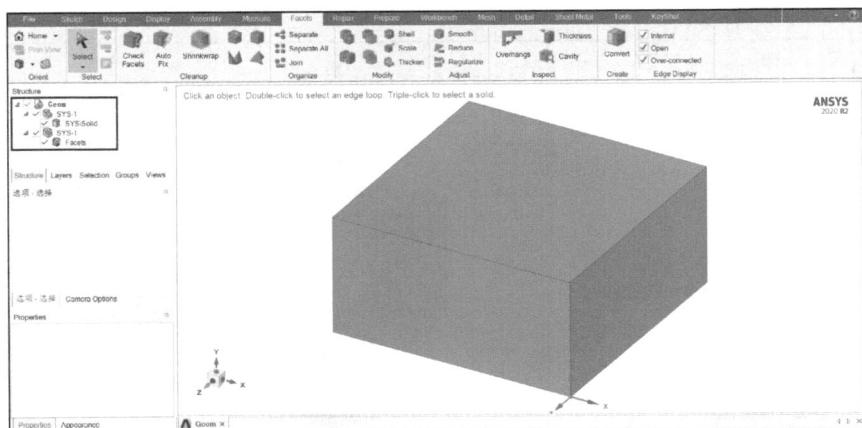

图 4-1-34　优化后的模型

晶格化在实体模型或面片模型上均可处理，因为面片模型已经默认被抑制，所以在结构

树右击，在弹出的快捷菜单中选择 Delete，将其删除（晶格化建议删除，其他拓扑优化光顺化模型不建议删除，以方便随时对比）。

单击 Facets→Shell，将 Infill 区域的 Type 设置为 Basic，Shape 设置为 Lattices，选中 Use Density Attributes 复选框（该选项表示导入拓扑优化的晶格模型，但是该项经常自动隐藏，需要单击结构树下的 SYS\Solid 或模型，循环几次，直到该选项出现）；选择在晶格拓扑优化中定义的 Crossed 晶格形式，在 Sizing 项中可见 Length 为 0.04 m，这与拓扑优化中的定义一致，但 Fill 和 Thickness 项为虚框，这是因为该选项为模型整体范围分布，而导入的晶格拓扑优化模型不需要设置；将 Preview 区域的 Direction 设置为 Z-Axis（沿 Z 轴陈列晶格，可以根据实际模型调整）；因为本例不需要去除部分外表面，所以设置完成后，打钩确认即可，如图 4-1-35 所示。

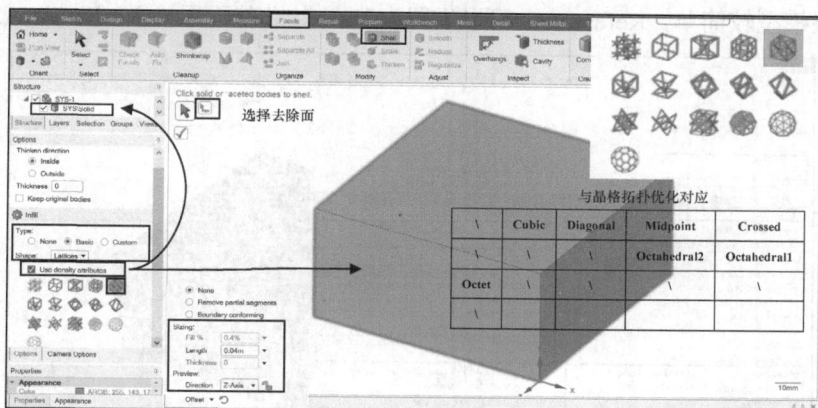

图 4-1-35　晶格化模型

晶格化模型之后，实体模型变为面片模型，还需要实体化处理。该模型较简单，只需右击模型，在弹出的对话框中选择 Convert to Solid→Merge faces（合并所有面），如图 4-1-36 所示。对于较复杂的模型，如果采用该功能直接实体化，即便可能在 Geometry 模块中显示实体模型，也有可能在 Mechanical 模块中无法读取模型，具体可参见相关的 Spaceclaim 图书。

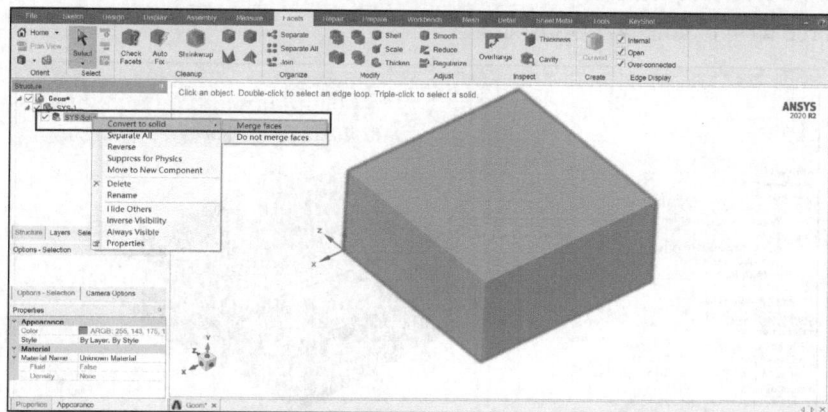

图 4-1-36　实体化模型

8. 校核优化模型

双击 C4 Model 项进入 Mechanical 前处理，如果出现连续曲面上存在多个碎面的情况，可以采用 Virtual Topology 进行合并处理。材料设置与优化前模型的设置一致。

对于晶格模型，建议采用 Patch Independent 形式划分网格，如图 4-1-37 所示。将 Resolution 设置为 5，Error Limits 设置为 Standard Mechanical（必须修改），在 Mesh 下插入 Patch Independent，将 Method 设置为 Tetrahedrons，Algorithm 设置为 Patch Independent，Refinement 设置为 Proximity and Curvature，Min Size Limit 设置为 1 mm。注意，该类模型网格最重要的评估参数是 Jacobian Ratio（Gauss Point），必须都大于 0。本例网格划分后，可得 Jacobian Ratio（Gauss Point）最小为 2.501 8E−2，该指标仅能够保证正常计算，如果需要保证计算精度，需要调整 Min Size Limit 的数值，一般工程问题可以对此项定义参数化，用超算进行处理，以求得较好的网格。本例网格规模为节点数为 2 299 837、单元数为 1 554 042，读者可以自行尝试继续提高精度。如果模型较简单，Refinement 可以设置为 No，如此就不用输入 Min Size Limit 的数值。

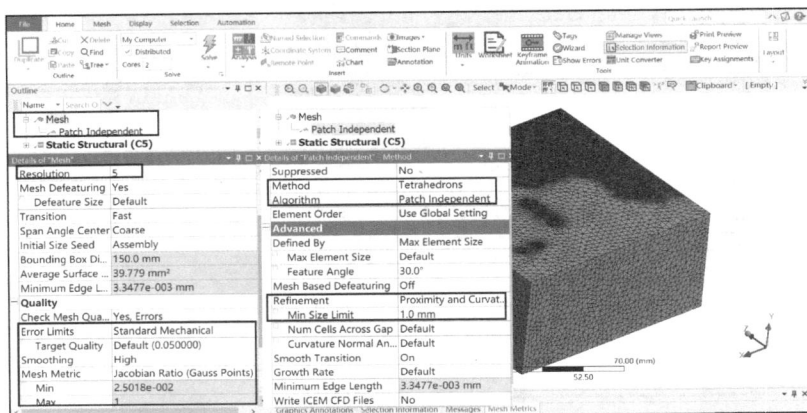

图 4-1-37　网格划分

该网格必须满足结构刚度评估要求，例如厚度方向至少有 2 个单元，且还要与模型曲率匹配。

因为该静力学分析形式完全等同于优化前的静力学分析，所以只要选择对面定义 Fixed Support 和 Force 即可，如图 4-1-38 所示。

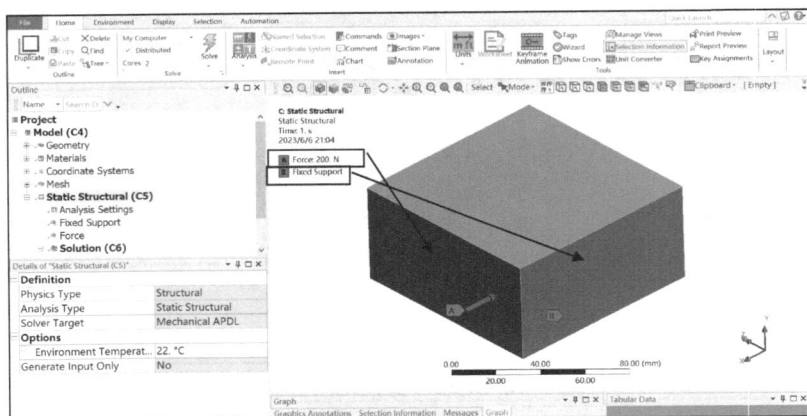

图 4-1-38　边界条件

计算完成后，查看模型的 Equivalent Stress 和 Total Deformation 后处理结果，如图 4-1-39

所示，其中最大等效应力为 1.944 MPa，位于载荷面中部圆形区域，在载荷和约束交界处，表现为应力奇异，等效应力为 0.35 MPa；最大变形约为 2.13E-4 mm，位于载荷面中部圆形区域，以此呈层状向外扩展，模型边界处变形为 7.38E-5 mm。为保证计算精度，可以单切割出一个最大变形/应力的晶格模型，以此模型进行子模型计算，可以得到更精确的计算结果。

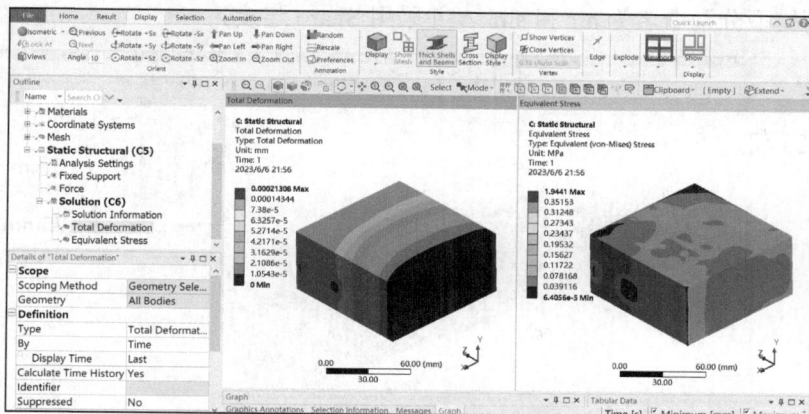

图 4-1-39 后处理结果

对比图 4-1-30 所示结果，会发现其载荷和约束交界处的等效应力和模型边界处变形基本一致，但晶格拓扑优化后的最大变形和最大等效应力均大于优化前模型，且均位于载荷面的中部。究其原因，是因为该区域的 Lattice Density 为 0.5～0.8，即在此处生成了一个晶格，而其他区域的 Lattice Density 为 0.8～1，即为实体形式，没有任何晶格，这种不连续的模型导致该区域应力和变形都变大。

由此后处理结果可知，该晶格拓扑优化并不合理，需要修改 Maximum Density 为 0.6 左右，保证整个载荷面附近均不能出现晶格。此处由读者自行完成。

此外对比优化前后的等效应力云图，优化前的应力分布也类似为层状分布，而优化后的模型除去载荷面中部大应力区域，其他区域应力分布较为平均，没有出现明显的应力分界面，这说明晶格拓扑优化可以明显提高模型的强度。

4.1.3 流体拓扑优化基本流程

CFD 流体分析同样具备形状拓扑优化的需求，例如对机翼进行修形以减少阻力并增加外部流动中的升力（下压力），或者对复杂管道进行调整以减少管道内部流动中的压力损失。一般处理方法除了经验设计通常使用参数化的 CAD 模型，但是随着模型越来越复杂，细节越来越丰富，CAD 模型的哪些几何需要参数化则非常考验设计者的能力。

Fluent 中的 Adjoint Solver（伴随求解器，是一种专门的 CFD 工具，可得到流体动力学系统性能的详细灵敏度数据，以此灵敏度数据修改局部几何形状以实现设计目标）可以很好地处理流体拓扑优化，而且不需要考虑几何参数化，原理与结构拓扑优化基本一致，其流程为：首先进行原始模型 CFD 计算；接着指定域优化目标，求解指定域的灵敏度；最后依据敏感度确定模型的网格变形域和优化边界条件，得到优化后的模型并重新进行 CFD 计算，以验证优化计算结果，根据需求还可以进行多次迭代的拓扑优化。

下面以一个内置散热器的风道模型说明流体拓扑优化分析过程。其中风道空气模型基本尺寸为 670 mm × 300 mm × 100 mm，散热器模型基本尺寸为 170 mm × 143.5 mm × 70 mm，有 9 个 3.5 mm 宽的翅片，为简化计算规模进行了对称处理，如图 4-1-40 所示。风道的右侧为空气入口，离散热器较近；风道左侧为空气出口，离散热器较远；热源位于散热器的底面；整个模型的坐标系原点位于散热器的左下角点，以该坐标系确定优化域是流体拓扑优化非常关键的设置。两模型分别命名为 air 和 sink，并采用 Share 连接。

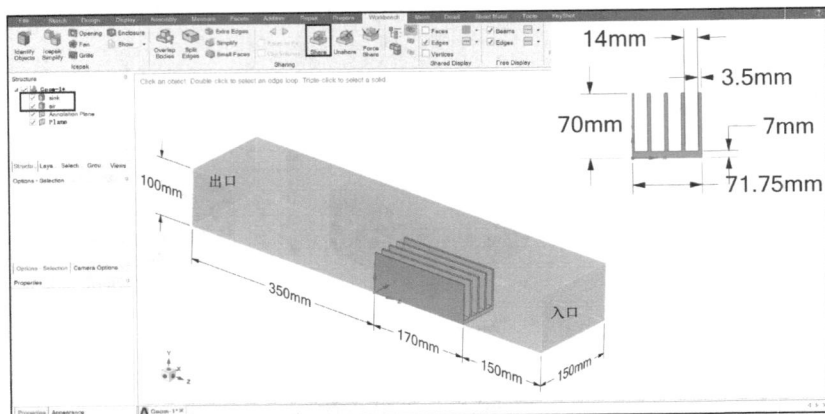

图 4-1-40　风道模型

为方便 Fluent Meshing 处理模型等，采用 Groups→Create NS 对相应面进行设置。

如图 4-1-41 所示，将空气模型的对称平面的名称设置为 sys-air。

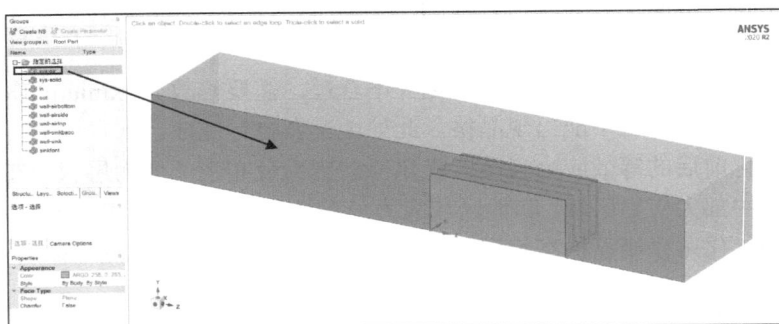

图 4-1-41　命名选择（1）

如图 4-1-42 所示，将散热器模型的对称平面的名称设置为 sys-solid。

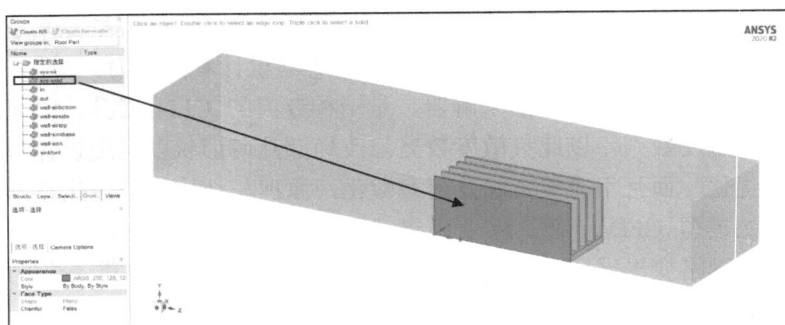

图 4-1-42　命名选择（2）

如图 4-1-43 所示，将空气模型的入口平面的名称设置为 in。

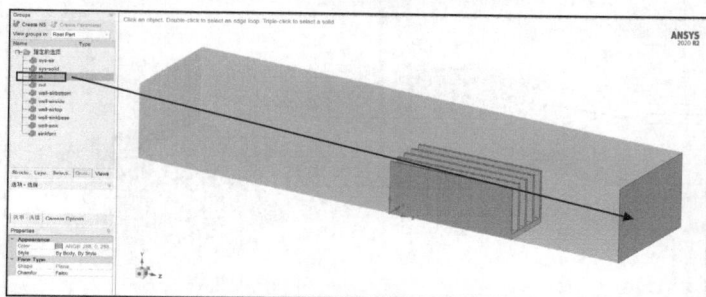

图 4-1-43　命名选择（3）

如图 4-1-44 所示，将空气模型的出口平面的名称设置为 out。

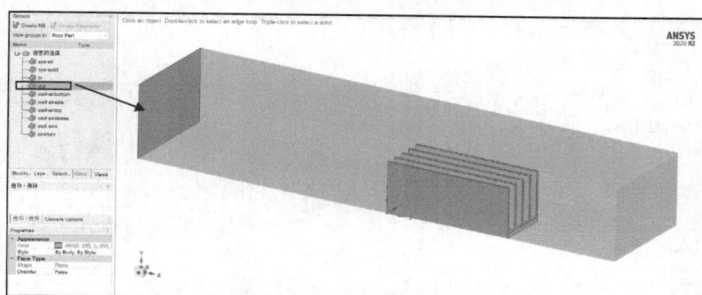

图 4-1-44　命名选择（4）

如图 4-1-45 所示，将空气模型的底平面的名称设置为 wall-airbottom。

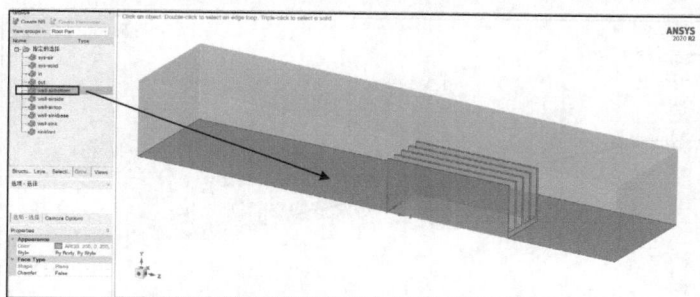

图 4-1-45　命名选择（5）

如图 4-1-46 所示，将空气模型的侧平面的名称设置为 wall-airside。

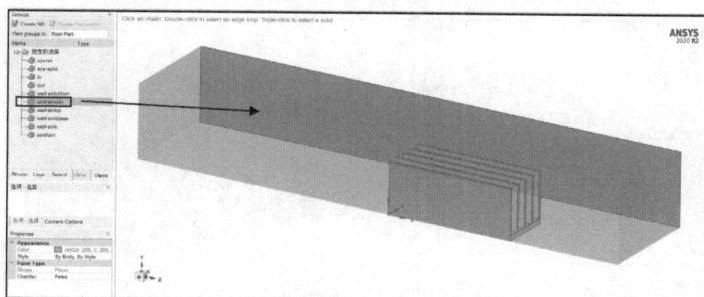

图 4-1-46　命名选择（6）

如图 4-1-47 所示，将空气模型的上平面的名称设置为 wall-airtop。

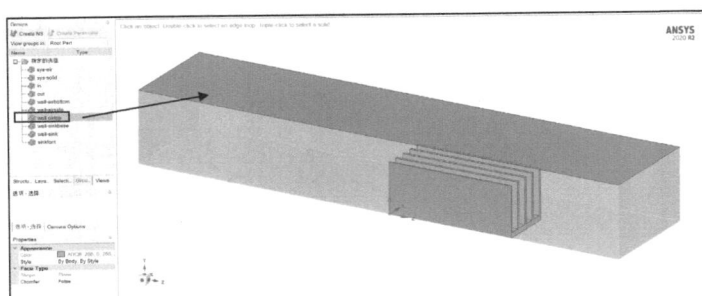

图 4-1-47　命名选择（7）

如图 4-1-48 所示，将散热器模型的底平面的名称设置为 wall-sinkbase。

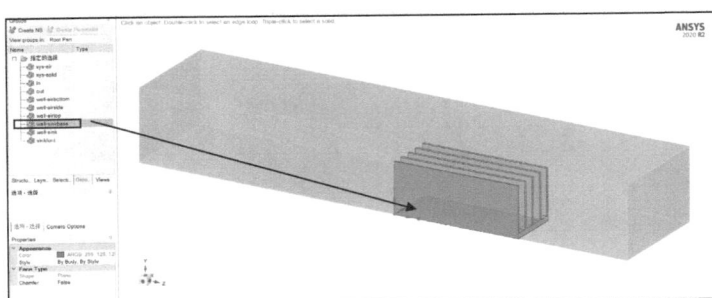

图 4-1-48　命名选择（8）

如图 4-1-49 所示，将散热器模型的前平面的名称设置为 sinkfont。

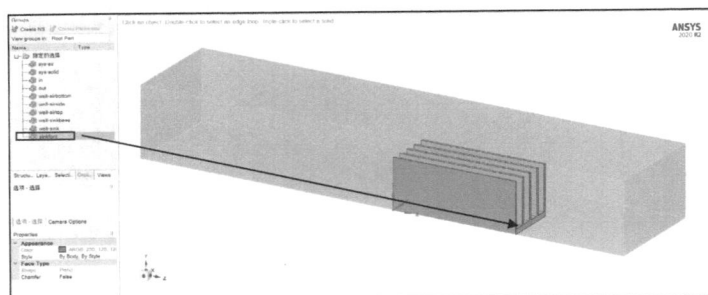

图 4-1-49　命名选择（9）

如图 4-1-50 所示，将散热器模型的其他平面的名称设置为 wall-sink。

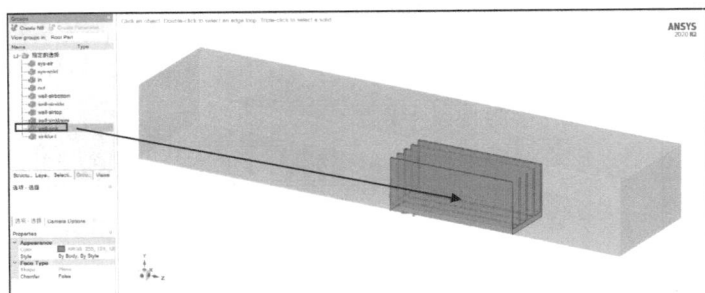

图 4-1-50　命名选择（10）

1. 建立分析流程

如图 4-1-51 所示,建立分析流程,其中包括 A 框架结构的 Spaceclaim 建模模块、B 框架结构的 Fluent(with Fluent Meshing)流体分析。

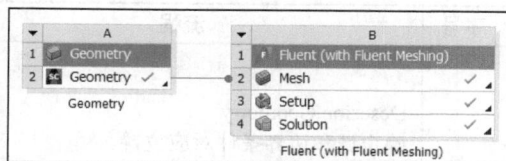

图 4-1-51　分析流程

2. 划分网格

在 B2 Mesh 处双击鼠标左键,按默认设置单击 Start 进入 Fluent Meshing 前处理模块。该模块可以对模型划分多面体(蜂窝)网格,此种网格可以极大地提高 CFD 计算的鲁棒性,但是如果以 Fluent 进行流固耦合计算,其中结构模型不能采用多面体网格。前处理过程以流程树形式进行,每一步设置完成后,右击,在弹出的快捷菜单中选择 Update 即可,划分网格后会提示网格质量(Orthogonal Quality),通过拖动 Clipping Planes→Limit in X/Y/Z 图标来观察各个截面的内部网格分布,本例前处理如表 4-1-3 所示。

表 4-1-3　　　　　　　　　Fluent Meshing 前处理流程

序号	流程	说明
1	Import Geometry 导入模型,确定单位制	
2	Add Local Sizing 修改 Would you like to add local sizing 为 Yes,即自定义单元尺寸,单击 Add Local Sizing 即可增加选项。 本例对 sink 体定义体网格尺寸为 0.001 5 m;对 in、out、sys-air、wall-airbottom、wall-airside 和 wall-airtop 面定义面网格尺寸为 0.008 m。为简化计算规模,网格尺寸设置较大	
3	Generate the Surface Mesh 依据之前的单元尺寸进行面网格划分	

序号	流程	说明
4	Describe Geometry 确定域和边界条件对应位置。 因为在 Spaceclaim 进行了拓扑处理，所以本例此步不处理	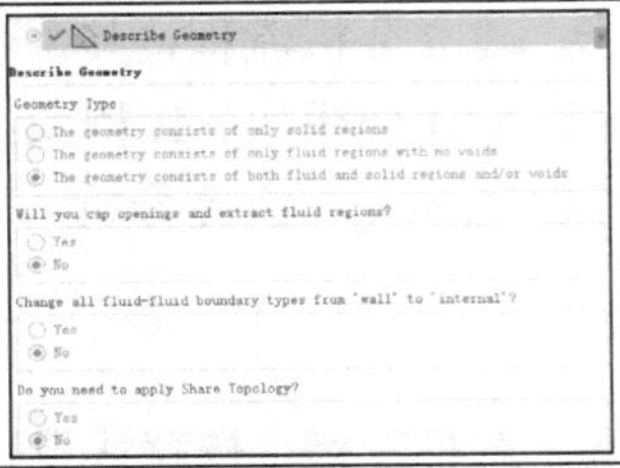
5	Update Boundaries 指定边界条件对应位置。 本例对 in 面对应 velocity-inlet；out 面对应 pressure-outlet；sys-air 和 sys-solid 面对应 symmetry；其余面对应 wall	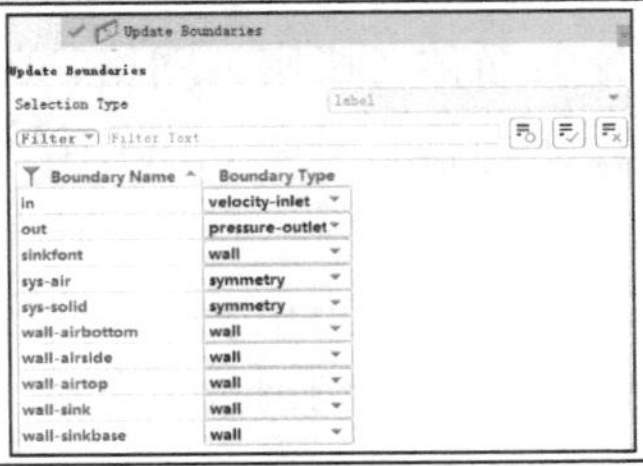
6	Create Reions 创建域。 本例存在空气和散热器两个域	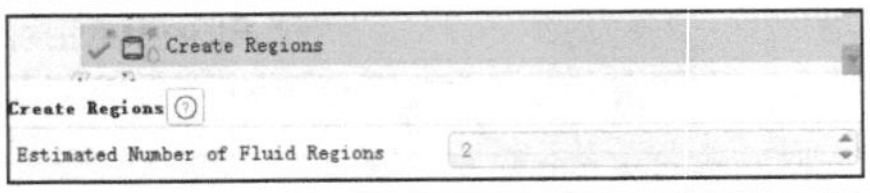
7	Update Regions 定义域	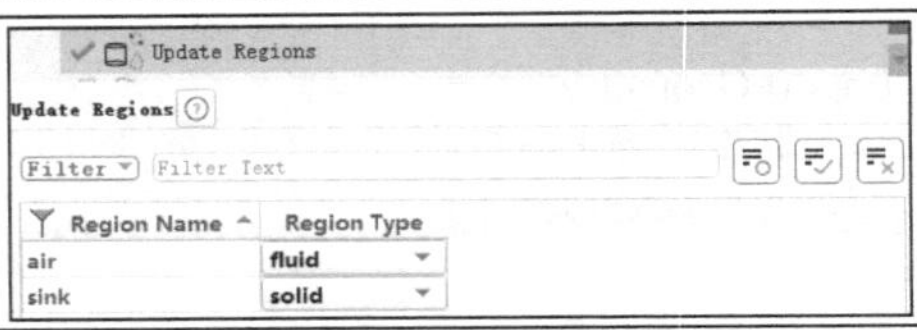
8	Add Boundary Layers 定义边界层。 本例在流固域的界面处，在流体域内定义 3 层边界层。为降低计算规模，边界层采用默认设置。本例还简化了空气域外部边界层	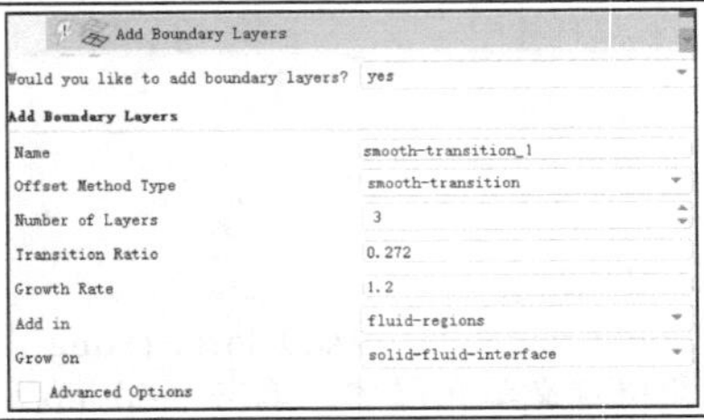
9	Generate the Volume Mesh 生成体网格。 其中 Tetrahedral 为四面体、Hexcore 为外层四面体包裹中间六面体、Polyhedra 为多面体（蜂窝）、Poly-Hexcore 为外层多面体包裹中间六面体	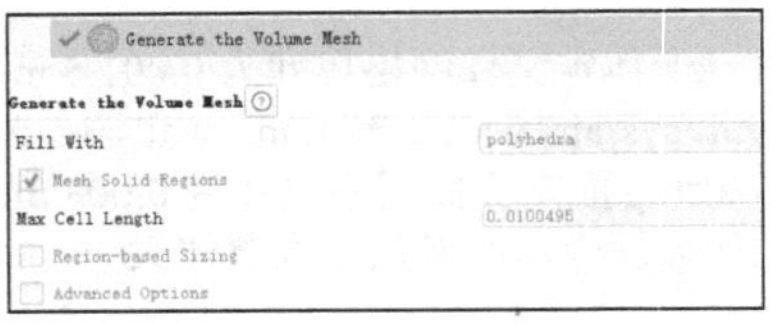

3. Fluent 分析流程

在 B3 Setup 处双击鼠标左键，按默认设置单击 Start 进入 Fluent 分析模块，如图 4-1-52 所示。将 Time 设置为 Steady；右击 Models→Energy，在弹出的快捷菜单中选择 On；双击 Viscous，在弹出的对话框中将 Model 设置为 k-omega(zeqn)，k-omega Model 设置为 SST，在 Options 区域选中 Production Kato-Launder 和 Production Limiter 复选框，在 Transition Options 区域将 Transition Model 设置为 gamma-transport-eqn（启用 Intermittency 转换模型），其余项采用默认设置。

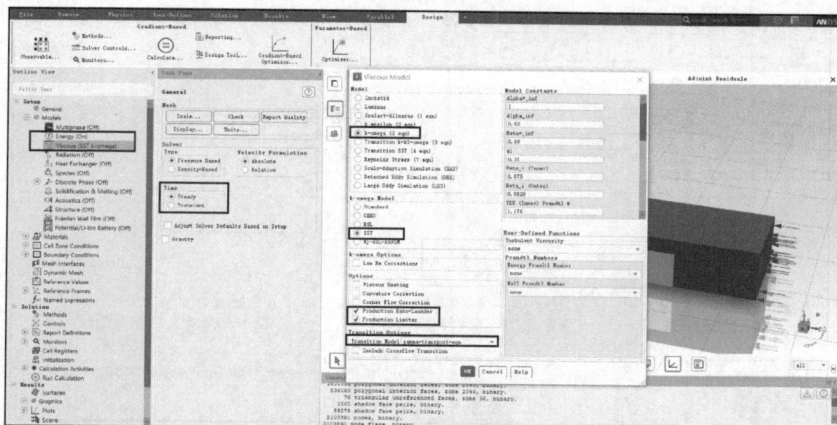

图 4-1-52　Fluent 分析设置（1）

在 Material→Fluid 项采用默认 air 和 aluminum 材料，参数全部采用默认设置。前处理中已定了流体和固体域，在 Cell Zone Conditions 项采用默认设置。

双击 Boundary Conditions→Inlet→in，在弹出的对话框中单击 Momentum 选项卡，将 Velocity Magnitude 设置为 3 m·s⁻¹，在 Turbulence 区域将 Specification Method 设置为 Intermittency, Intensity and Hydraulic Diameter，Intermittency 设置为 1，Turbulent Intensity 设置为 10，Hydraulic Diameter 设置为 0.035 m（该值仅供参考，不具备工程意义）；单击 Thermal 选项卡，将 Temperature 设置为 290 K，如图 4-1-53 所示。

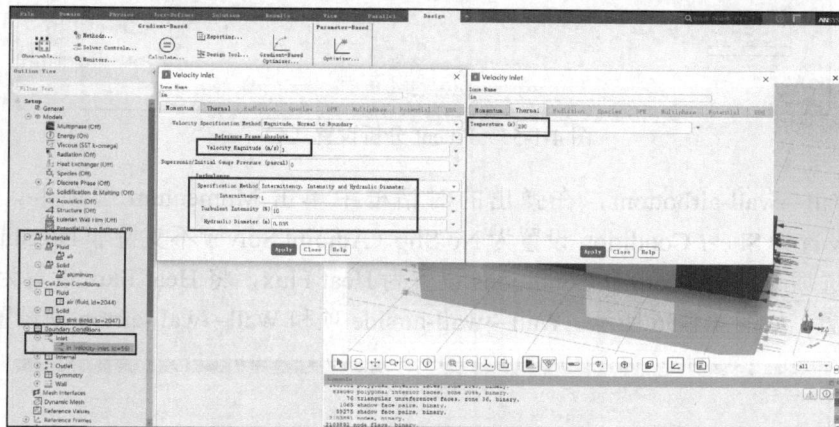

图 4-1-53　Fluent 分析设置（2）

双击 Outlet→out，在弹出的对话框中单击 Momentum 选项卡，将 Gauge Pressure 设置为 0 Pa，在 Turbulence 区域，将 Specification Method 设置为 Intermittency,Intensity and Viscosity Ratio，Backflow Intermittency 设置为 1，Backflow Turbulent Intensity 设置为 5，Backflow Turbulent Viscosity Ratio 设置为 0.035 m；单击 Thermal 选项卡，将 Backflow Total Temperature 设置为 295 K，如图 4-1-54 所示。

双击 Wall→sinkfont-wall-sink-air-sink，在弹出的对话框中单击 Momentum 选项卡，将 Shear Condition 设置为 No Slip；单击 Thermal 选项卡，将 Thermal Conditions 设置为 Coupled，其余项采用默认设置，如图 4-1-55 所示。Wall→wall-sink 项设置与其一致。

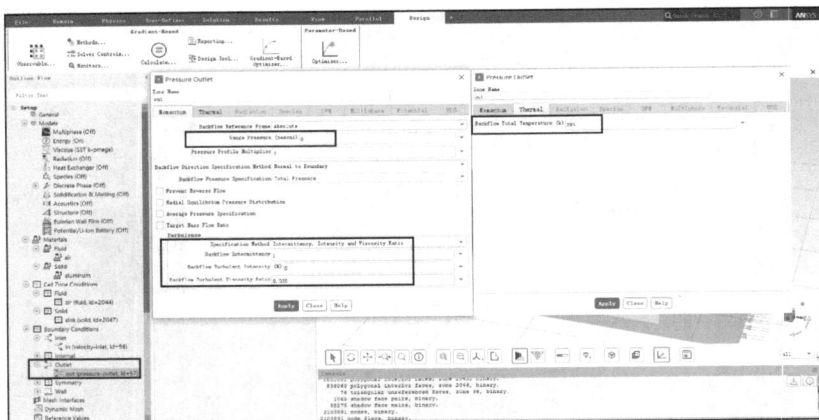

图 4-1-54　Fluent 分析设置（3）

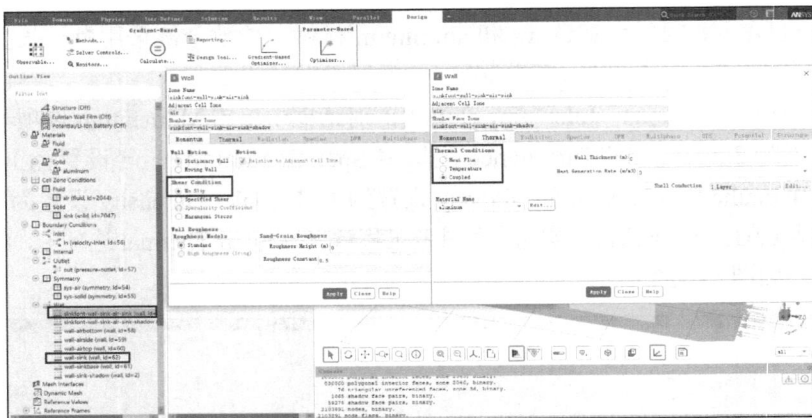

图 4-1-55　Fluent 分析设置（4）

双击 Wall→wall-airbottom，在弹出的对话框中单击 Momentum 选项卡，将 Thermal Conditions 设置为 Shear Condition 设置为 No Slip（Adjoint Solver 不支持非 No Slip 形式）；单击 Thermal 选项卡，将 Thermal Conditions 设置为 Heat Flux，将 Heat Flux 设置为 0，其余项采用默认设置，如图 4-1-56 所示。Wall→wall-airside 项和 Wall→wall-airtop 项设置与其一致。

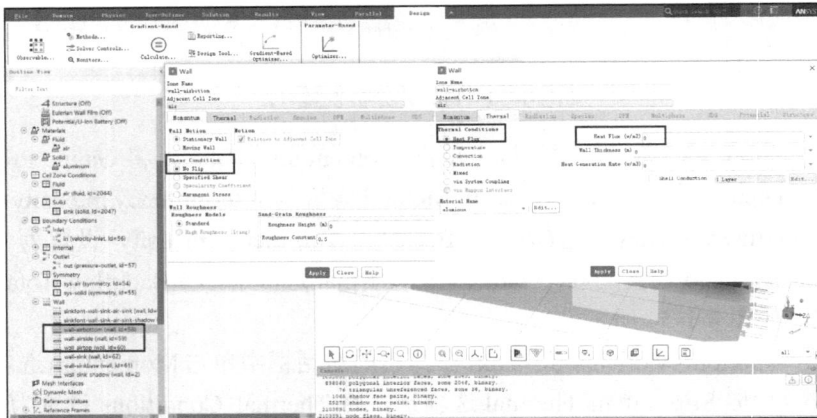

图 4-1-56　Fluent 分析设置（5）

双击 Wall→wall-sinkbase，在弹出的对话框中单击 Thermal 选项卡，将 Thermal Conditions 设置为 Temperature，将 Temperature 设置为 350 K，其余项采用默认设置，如图 4-1-57 所示。

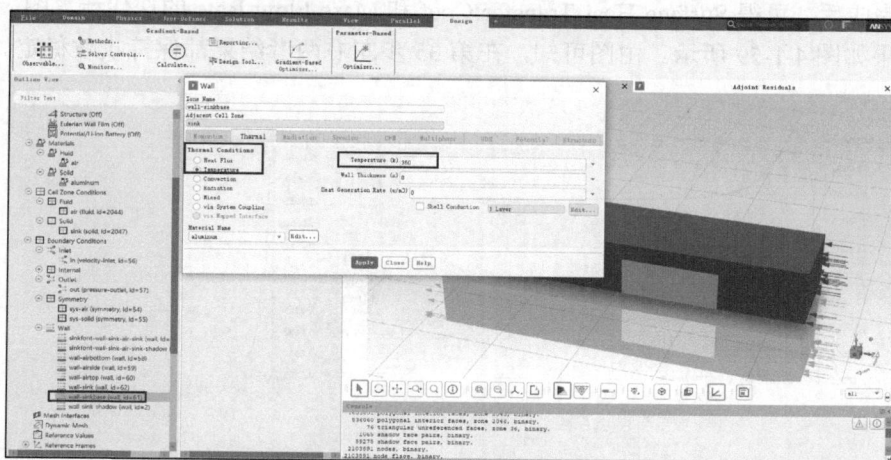

图 4-1-57　Fluent 分析设置（6）

4. Fluent 求解设置

如图 4-1-58 所示，双击 Solution→Methods，在弹出的对话框中将 Scheme 设置为 Coupled，选中 Pseudo Transient 复选框，其余均默认；在 Solution→Report Definitions 下新建两个 Surface Report，分别是 report-def-0 和 report-def-1，report-def-0 的 Report Type 设置为 Area-Weighted Average，Field Variable 设置为 "Wall Fluxes…" 和 "Surface Heat Transfer Coef."，在 Surfaces 下方的列表框中选择 wall-sink 和 sinkfont-wall-sink-air-sink；report-def-1 的 Report Type 设置为 Mass Flow Rate，在 Surfaces 下方的列表框中选择 out；在 Solution→Monitors→Report Plots 下新建两个监控图，分别对应以上两项。以上均是判断散热器分析的最重要收敛标准。

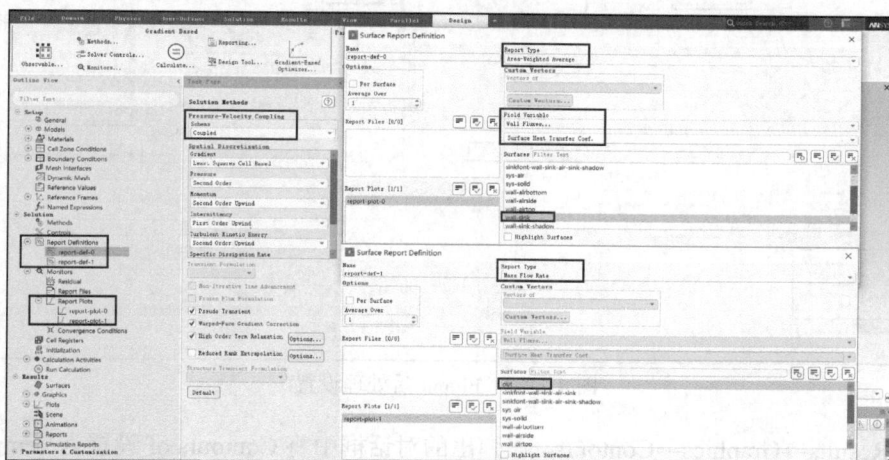

图 4-1-58　Fluent 求解设置

双击 Solution→Initialization，在弹出的对话框中将 Initialization Methods 设置为 Hybrid Initialization；双击 Run Calculation，在弹出的对话框中将 Number of Iterations 设置为 100。

5．Fluent 分析后处理

计算完成后，可得 Surface Heat Transfer Coef.和 Mass Flow Rate 的迭代计算图，即 Fluent 后处理结果如图 4-1-59 所示。由图可知，在第 35 步左右两者结果都保持收敛稳定。

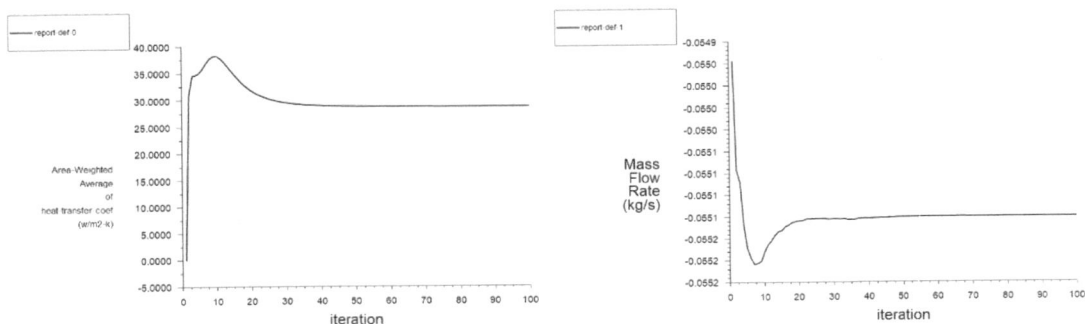

图 4-1-59　Fluent 后处理结果（1）

双击 Results→Reports→Surface Integrals，在弹出的对话框中将 Report Type 设置为 Area-Weighted Average，Field Variable 设置为 Wall Fluxes…和 Surface Heat Transfer Coef.，在 Surfaces 下方的列表框中选择 wall-sink 和 sinkfont-wall-sink-air-sink，得到散热器的对流换热系数为 28.646 88 W·m^{-2}·K^{-1}。双击 Results→Reports→Fluxes，在弹出的对话框中将 Options 设置为 Mass Flow Rate，在 Boundaries 下方的列表框中选择 out，得到出口的质量流量为 $-0.055\,124\,93$ kg·s^{-1}，如图 4-1-60 所示。

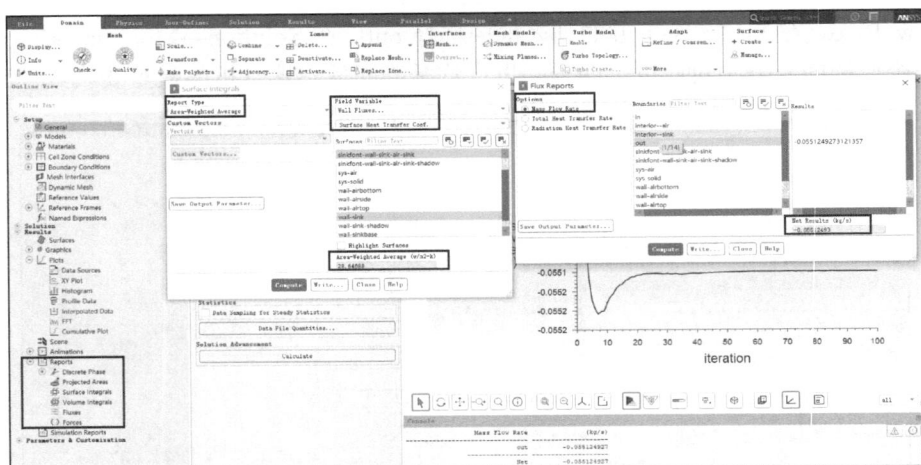

图 4-1-60　Fluent 后处理设置

双击 Results→Graphics→Contours，在弹出的对话框中将 Contours of 设置为 Temperature…和 Static Temperature，在 Surfaces 下方的列表框中选择 out、wall-sink、sinkfont-wall-sink-air-sink、sys-air 和 wall-airbottom，生成温度云图，如图 4-1-61 所示。

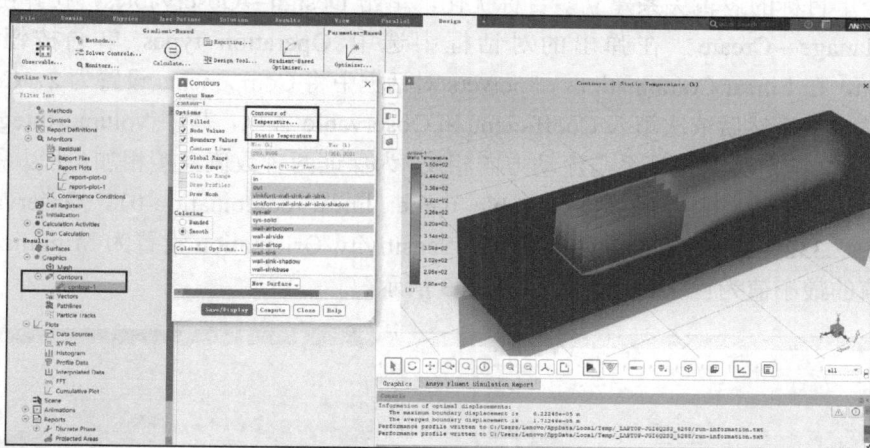

图 4-1-61　Fluent 后处理结果（2）

6. Fluent 形状拓扑处理

本例针对散热器的特点，分别以出入口的压降和散热器内部空气流速进行多目标优化。单击 Design→Observables，在弹出的对话框中单击 Manage→Create→Pressure-Drop，在 Inlet 项中选择in，在 Outlet 项中选择out，完成压降目标定义，单击 Evaluate 按钮，即可得"Observable name: pressure-drop-01，Observable Value (pascal): 2.3253269"的提示信息，该值为原始模型的压降数值；再单击 Manage→Create→Volume-Integral，将 Volume Integral Type 设置为 Volume-integral，Field Variable 设置为 velocity，选中 Box Region 单选按钮（不能选中 Zones，因为目标为散热器内的空气），Box Settings 区域中 X 向为 0～0.15 m，Y 向为 0～0.1 m，Z 向为 0～0.17 m（参见散热器模型尺寸），在 Direction 区域中设置 Z 向为 1，X、Y 向均为 0（Z 向流速），单击 Evaluate 按钮，即可得 "Observable name: volume-integral-01，Observable Value (m4/s): -0.0076411623"的提示信息，该值为原始模型关于散热器内部空气流速的体积积分，如图 4-1-62 所示。

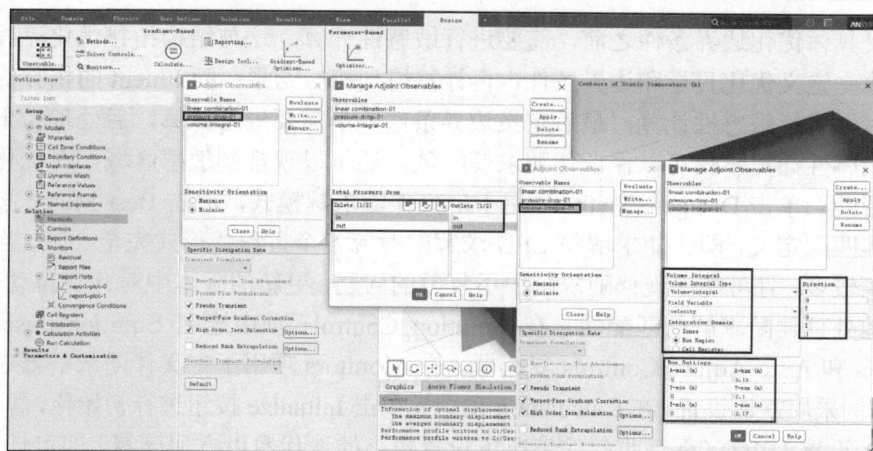

图 4-1-62　Fluent 拓扑优化设置（1）

以各个单目标的逻辑关系建立多目标优化。单击 Design→Observables，在弹出的对话框中单击 Manage→Create，在弹出的对话框中选中 Operation types 单选按钮和 Linear Combination，在 Linear Combinations of powers 对话框中将 Components 设置为 2，Combination Type 设置为 sum，然后依次填入 Coefficient 和 Observable 各项，其中 Volume-Integral 项的系数为−1（因为之前定义的坐标系与流动方向相反，为保证两者数值直接相加，所以系数取−1）。单击 Evaluate 按钮，即可得 "Observable name: linear combination-01，Observable Value (undefined): 2.332968" 的提示信息。最后将 Sensitivity Orientation 设置为 Minimize，表示以该组合数值的最小值为优化目标，如图 4-1-63 所示。

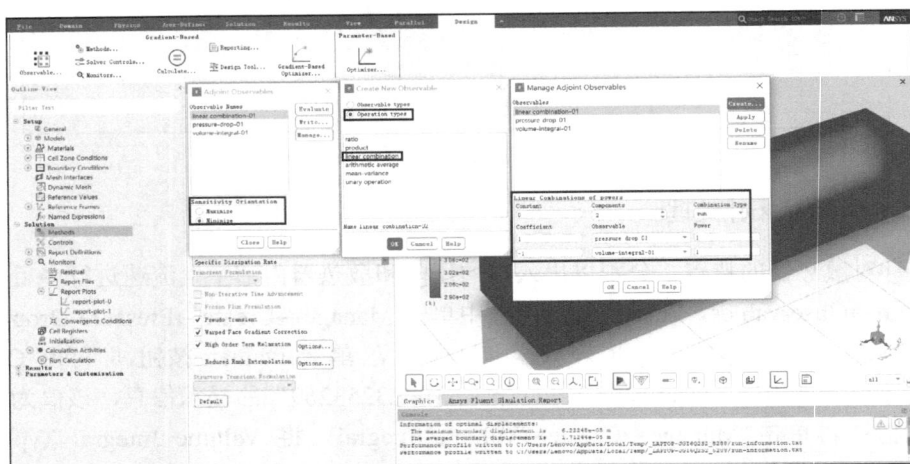

图 4-1-63　Fluent 拓扑优化设置（2）

说明

　　Operation types 中的 ratio 为比值；product 为乘积；linear combination 为和，可以定义各项系数和指数；arithmetic average 为算术平均值；mean-variance 为平均方差；unary operation 为倒数、绝对值、平方根、正反三角函数、对数等计算。

　　在定义具体优化边界条件之前，需要进行敏感性计算。这与结构拓扑优化流程不同，结构拓扑优化先定义优化目标和边界条件，再计算得到相应结果；而 Fluent 的拓扑优化在定义优化目标后即进行敏感性计算，最后定义边界条件，不需要进行计算，后处理结果只需要刷新即可。敏感性计算不仅可以保证伴随求解收敛，还可以观察到敏感区域，对优化区域的定义非常有帮助。单击 Design→Methods 用于定义伴随求解模式，单击 Best Match 按钮即可自动完成最佳匹配定义，即伴随求解与 CFD 求解的对应各个方程的形式完全一致，当然这种方法消耗资源较多，且可能出现伴随求解中不收敛的问题，更新的版本中对此有自动平衡选项，可以很好地处理伴随求解的匹配性。在 Solution Controls 项中选中 Solution-Based Controls Initialization 和 Auto-Adjust Controls 复选框。在 Monitors 项用于定义伴随求解器中的残差收敛标准，本例采用默认设置。在 Calculation 项中先单击 Initialize 按钮进行初始化，再将 Number of Iterations 设置为 100（保证收敛的情况下设置较小的迭代数以方便计算）即可计算敏感性，如图 4-1-64 所示。

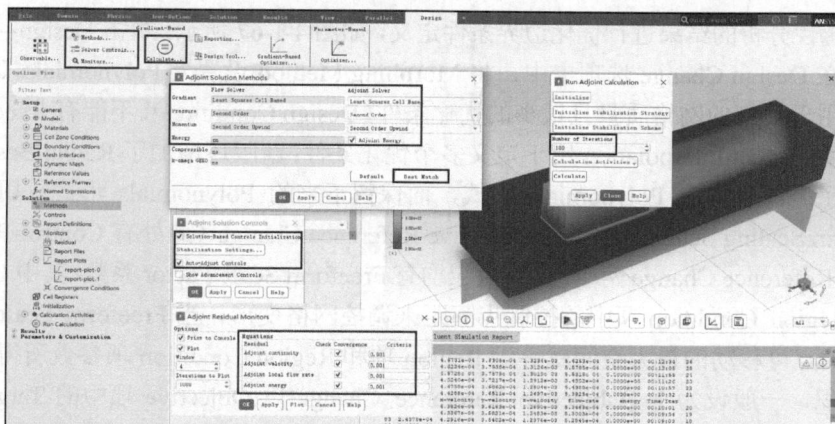

图 4-1-64　Fluent 拓扑优化设置（3）

计算完成后，可得其迭代计算的残差收敛曲线，如图 4-1-65 所示。由图可知，全部达到了设定的残差收敛标准。实际工程中，读者需要自行调整迭代数。

敏感性计算完成后，还可以查看相应后处理结果。双击 Results→Graphics→Contours，其中 Contours of 设置为 Sensitivities…和 log10（Shape Sensitivity Magnitude）（形状敏感度以网格变形程度反映灵敏度的大小，敏感度较大的位置表明网格形状的微小变化对优化目标有较大影响。敏感度变化呈现为多量级形式，因此以对数形式表达。一般而言，模型的尖锐边缘和顶角易出现高敏感度区域，而且在大面积中存在许多相对较小的敏感度较低区域，也会因为累积效应导致高敏感度），在 Surfaces

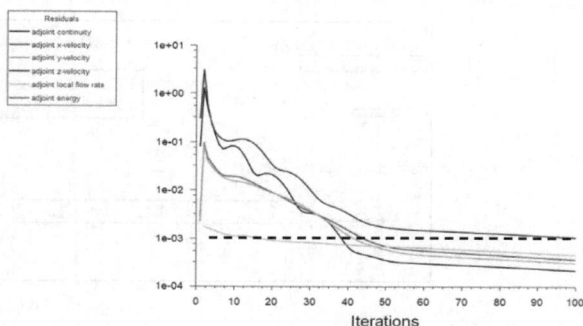

图 4-1-65　Fluent 拓扑优化残差收敛曲线

下方的列表框中选择 sinkfont-wall-sink-air-sink 和 wall-sink，生成敏感性云图，如图 4-1-66 所示。由图可知，散热器前端面对优化目标的敏感性最高。

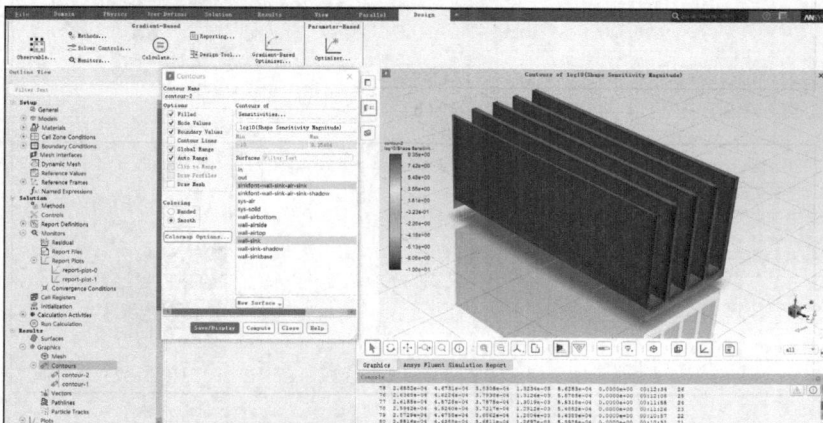

图 4-1-66　Fluent 拓扑优化设置（4）

根据敏感性分析的结果进行优化边界条件定义，如图 4-1-67 所示。单击 Design→Design Tool 进行设置，在 Design Change 选项卡中，将 Morphing Method 设置为 Polynomials（Polynomials 在当前版本用于较好的网格质量且很少的优化条件（Design Condition），不能有 fixed-wall 区域，计算速度较快；Direct Interpolation 用于定义多个优化条件；新版还增加了 Radial Basis Function，该方法取代了之前版本的 Polynomials 形式，而保留下来的 Polynomials 形式只用于无优化条件），Freeform Scaling Scheme 设置为 Objective Reference Change（此处有 Control-Point Spacing 和 Objective Reference Change 两个选项，对应均有 Freeform Scale Factor 系数。其中 Control-Point Spacing 以 Region Condition 项中的控制点间距来调控网格变形，当 Freeform Scale Factor 为 1 时，每个控制点可移动的最大空间就等于 Region 项和 Region Condition 项参数所得的三向控制点组合的体积，一般设为 1；Objective Reference Change 以 Objective 项中的 Target/Reference Change 值调控网格变形，当 Freeform Scale Factor 为 1 时，每个控制点按 Target/Reference Change 设定值所导致的网格变形一次移动到位，对于较大的 Target/Reference Change 值可能导致计算困难，建议 Freeform Scale Factor 先采用默认的 0.1 试算，然后逐渐调整到 1，对比优化结果。本例 Freeform Scale Factor 设置为 0.1，读者可以自行尝试修改为 1），Zones To Be Modified 下方的列表框中选择 sinkfont-wall-sink-air-sink 和 wall-sink。

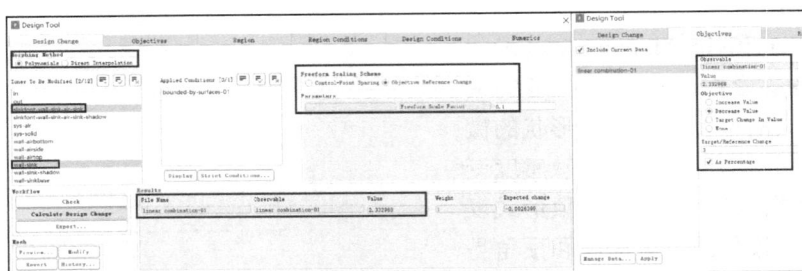

（a）

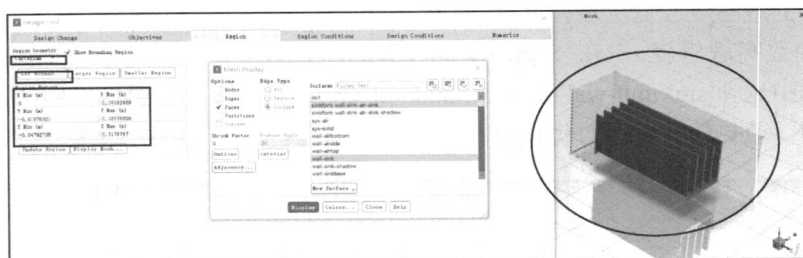

（b）

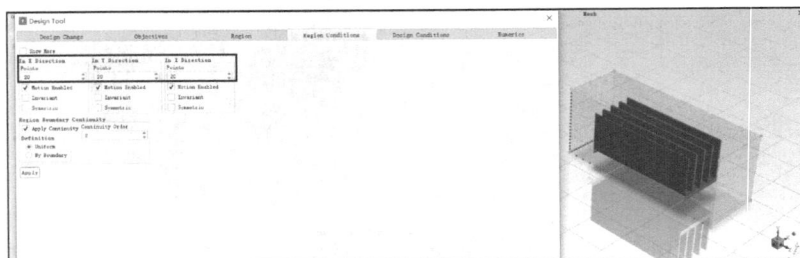

（c）

图 4-1-67　Fluent 拓扑优化设置（5）

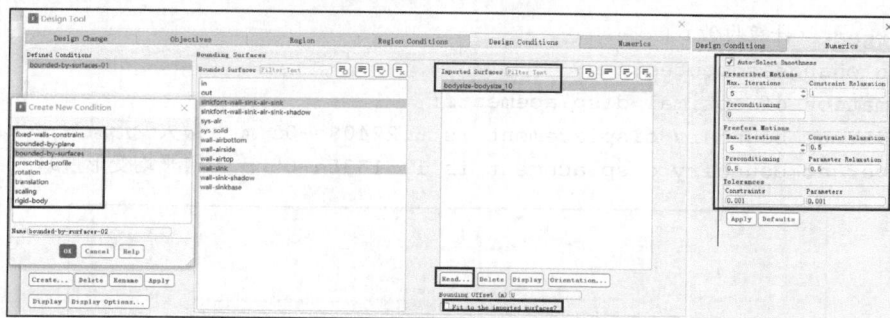

(d)

图 4-1-67　Fluent 拓扑优化设置（5）（续）

在 Objectives 选项卡中，将 Objective 设置为 Decrease Value（减小）（Target Change In Value 表示以目标值进行修改，正值为增大，负值为减小），Target/Reference Change 设置为 3，选中 As Percentage 复选框表示输入的参数为百分比值（本例表示减小原数值的 3%）；在 Region 选项卡中输入网格变形区域，选中 Cartesian（笛卡儿坐标系，可选极坐标系），单击 Get Bounds 按钮，选中 sinkfont-wall-sink-air-sink 和 wall-sink 面，再单击 Larger Region 按钮，可以自动获取所定义的边界条件区域，但是注意由于本模型以 X 为 0 的 YZ 平面为对称面，对称面不能发生变形，所以将 X Min 修改为 0，如此将忽略 X 为 0 的 YZ 平面变形，进而避免了对称面变形导致计算不收敛；通过确定 Region 项可以在模型 X、Y、Z 轴上看到许多红色点，这些点即为进行网格多边形变形的控制点，在 Region Conditions 选项卡中可以看到默认设置为每个轴上为 20 个控制点，可以根据实际情况进行增减，另外如果本例为全模型进行计算，也即存在散热器的对称条件，就需要根据模型坐标轴情况选中 Symmetric（对称）复选框。

在 Design Conditions 选项卡的 Defined Conditions 中增加 Bounded-by-Surface，在 Bounded Surfaces 下方的列表框中选择 sinkfont-wall-sink-air-sink 和 wall-sink 面，单击 Read 按钮调用模型/计算文件，然后在 Imported Surfaces 下方的列表框中选择 bodysize-bodysize-10 以确定优化边界条件（该项用于定义优化边界条件，选中 Fit to the import surfaces?（与边界面尽量重合）复选框。其中有 Fixed Walls、Bounding Planes、Bounded Surface、Prescribed Profiles、Rotation、Translation、Scaling、Rigid Body Deformation 8 种形式。Fixed Walls 将优化变形区域中 wall 面部分裁剪，使裁剪区域不变形；Bounding Planes 用于定义轮廓边界平面，将优化变形区域封装在平面内；Bounded Surface 用于定义轮廓边界曲面，将优化变形区域封装在曲面内；Prescribed Profiles 用于 DEFINE_GRID_MOTION 的 UDF 文件；Rotation 用于指定曲面旋转；Translation 用于指定曲面平移；Scaling 用于指定曲面缩放；Rigid Body Deformation 用于指定曲面平移或旋转的刚体运动；Numerics 选项卡用于网格变形的迭代计算，本例默认设置。

设置完成后，在 Design Tool 对话框的 Design Change 选项卡中单击 Calculate Design Change 按钮即可自动进行拓扑优化计算，显示 Expected Change 为−0.002 639 9（相对值，0.002 639 9/2.332 968＝0.11%），如图 4-1-68 所示，并可得以下信息：

```
Residuals: Iter. Condition Constrain,
0 : Fixed Zones : 1.93292e-03,
1 : Fixed Zones : 8.29355e-04,
```

```
Converged!（计算收敛）
Design change computed.
Information of optimal displacements:
The maximum boundary displacement is 6.22408e-05 m （最大变形量）
The averaged boundary displacement is 1.71335e-05 m （平均变形量）
```

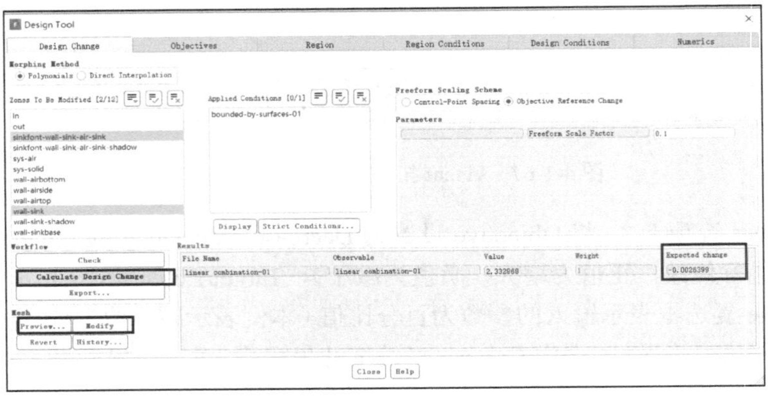

图 4-1-68　Fluent 拓扑优化设置（6）

在 Design Tool 对话框的 Design change 选项卡中单击 Mesh 区域的 Preview 按钮，在弹出的对话框的 Surfaces 下方的列表框中选择 sinkfont-wall-sink-air-sink 和 wall-sink 面，Scale 设置为 100（由于变形较小，为 1 观察不到模型变形情况），单击 Export STL 按钮则可以输出变形后的模型，如图 4-1-69 所示。

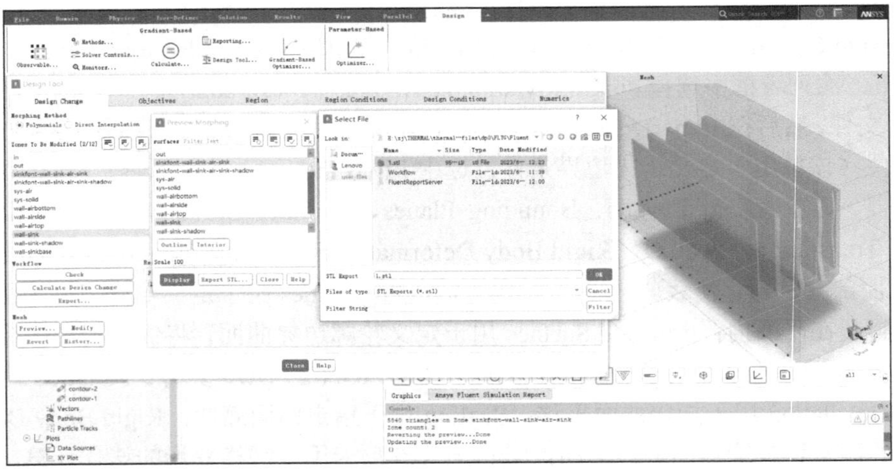

图 4-1-69　Fluent 拓扑优化设置（7）

单击 Modify 按钮即可完成拓扑后模型自动修改，再单击 Solution→Run Calculation 可进行优化后模型的再次计算。计算完成后，输出 Surface Heat Transfer Coef. 和 Mass Flow Rate，其计算结果为 28.641 2 W·m^{-2}·K^{-1}、−0.055 124 99 kg·s^{-1}，较之前的计算结果 28.646 95 W·m^{-2}·K^{-1} 和 −0.055 124 93 kg·s^{-1} 略有差别。这是因为拓扑优化后优化目标只降低了 0.11% 左右，如图 4-1-70 所示。

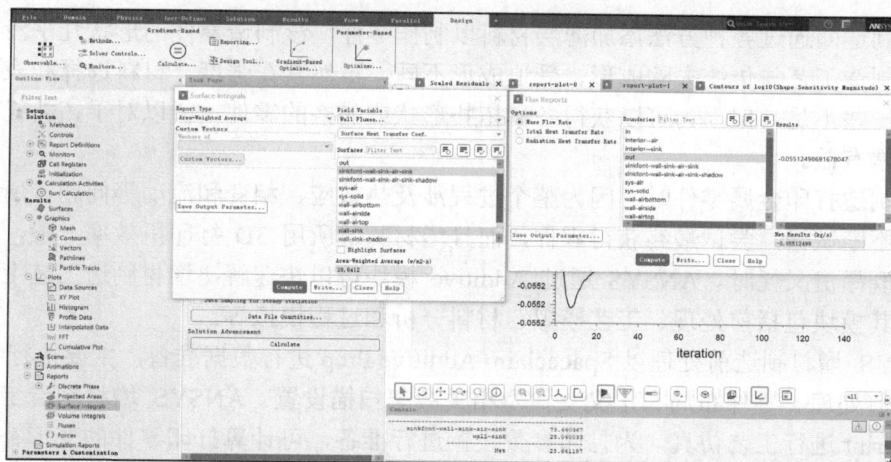

图 4-1-70　拓扑优化后的计算结果

优化目标定义为下降 3%，但实际优化效果仅下降 0.11%，可以直接修改优化目标，例如在 Objectives 选项卡中将 Target/Reference Change 修改为 20，单击 Design Change 选项卡中的 Calculate Design Change 按钮，重复图 4-1-68、图 4-1-69 和图 4-1-70 的操作即可。当然不论如何修改优化目标，实际优化效果总是会与优化目标存在差异，甚至出现优化目标过大无法完成的情况。这时可修改计算最大迭代步数（默认 Numerics→Freeform Motion→Max. Iteration 为 5，可以改大），控制点数（默认 Region Condition→In X/Y/Z Direction→Point 为 20，可以改大），优化区域（Region→Region Extent 下作用区间改大）。如果修改后效果依然不理想，可以改为 Design Method→Morphing Method→Direct Interpolation，甚至采用动网格技术。

如果需要进行多次迭代的拓扑优化，采用 Gradient-Based Optimize 方法。该方法除了用于形状优化，还采用神经网络技术对湍流模型进行优化。Gradient-Based Optimizer 对话框如图 4-1-71 所示，其中 Objectives 区域下的 Observable 和 Operating Conditions 与之前选项对应；Goal、Value 和 Percentage 与 Objective 项对应，但因为该功能用于多次迭代优化，所以优化目标一般都高于 Objective 项目标；因为该功能不需要在优化前进行 CFD 计算收敛和敏感度计算，所以 Optimizer Settings 可用于定义梯度拓扑优化迭代步数；Design Tool 与 Design Change 项对应；Mesh Quality 用于控制优化后网格变形的质量。

图 4-1-71　梯度拓扑优化设置

4.2　增材制造与优化设计

拓扑优化极大地降低了产品制造过程中的材料消耗，但是因为形状极其复杂，用传统方式加工，其加工成本远大于材料减少的质量成本，所以在增材制造广泛应用之前意义不大。

增材制造即通过各种方法添加薄层材料以制作零件，该制造零件的形状几乎没有任何限制。这种制造工艺与传统去除成形、受迫成形不同，虽然其在强度、材料选择和表面粗糙度方面存在一些不足，但因为可以获得各种拓扑形状或晶格的零件，所以对于拓扑优化后的零件制造非常有益。

增材制造打印金属零件时，因为整个过程涉及热效应、相变和流动等问题，所以大多数用户采用不断试错，尝试最终获得零件，而且增材制造所用 3D 打印机效率一般，这就导致整个过程既昂贵又耗时。ANSYS 通过 Additive 模块可以快速解决增材制造工艺上的各类技术模拟，其模块包括前处理、工艺模拟、材料分析和过程模拟等。

ANSYS 增材制造前处理以 Spaceclaim Additive Prep 进行数据准备，主要执行 STL 文件修复和几何处理、零件布局和定义支撑及相关激光扫描设置。ANSYS 增材制造工艺模拟以 Additive Print 进行工艺仿真，为打印参数设置进行准备，可计算打印零件的变形补偿和残余应力及潜在刀片碰撞位置，为打印风险提出预防措施。ANSYS 增材制造材料分析以 Additive Science 进行材料评估，为优化机器打印参数和材料参数提供参考，可预测熔池尺寸和孔隙率，用图片展示分层温度和晶粒分布。ANSYS 增材过程模拟以 Workbench 平台进行热固耦合计算，以全程有限元计算验证增材制造全过程。

4.2.1 增材制造前处理基本分析流程

增材制造前处理是采用增材制造的 Spaceclaim Additive Prep 模块。该模块包含以定义条件（加工时间、变形趋势、支撑体积等）创建打印零件的最佳布局方向，创建支撑结构，查看并导出加工文件。不管原始模型为何种形式，针对增材制造模拟都建议以该模块处理后再进行计算。

本例以一个椭球模型说明增材制造前处理流程。其中椭球模型直径尺寸分别为 60 mm × 40 mm × 20 mm，中心处有一个直径为 30 mm × 20 mm 的椭圆孔，孔边倒圆角半径为 4.5 mm（增材制造必须以 mm 为单位），如图 4-2-1 所示。

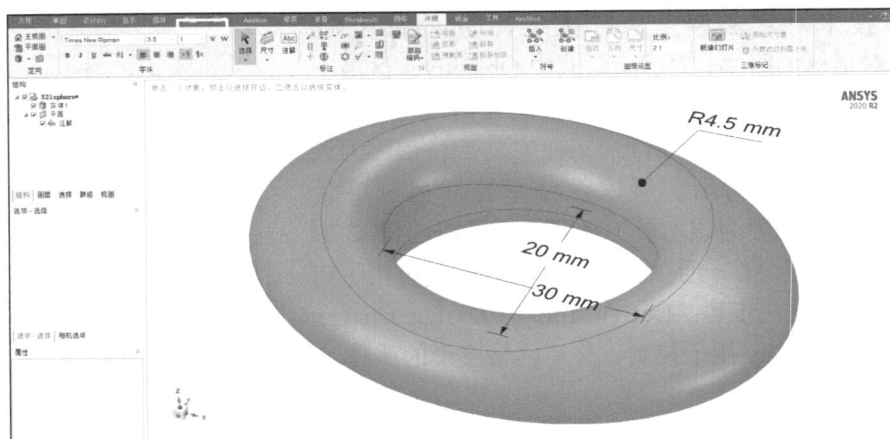

图 4-2-1　椭球模型

注意

Spaceclaim 默认不装载 Additive Prep 模块，需要在"Spaceclaim 选项"→"插件"中选中"Additive Prep"和在"许可证"中选中"Additive Prep"。

单击 Additive 进行增材制造前处理，可见上方的功能操作菜单和左侧的结构树。其中功能操作菜单按顺序排布，只要依次设置即可；结构树是非常重要的选择工具，其中打印基板由前处理模块自动创建，是进行增材制造工艺模拟的重要模型之一（AM 模块可建立）；打印机设置中包括打印机空间设置、熔覆层定义和气流定义（后两项不可修改，图形中显示方向）；打印模型包括原始模型（可以为任何 3D 模型和 STL 模型，STL 模型需进行检查，避免不封闭或者自相交等缺陷，可以用"面片"→"检查刻面"检查）和支撑（STL 模型，也是进行增材制造工艺模拟的重要模型之一），如图 4-2-2 所示。

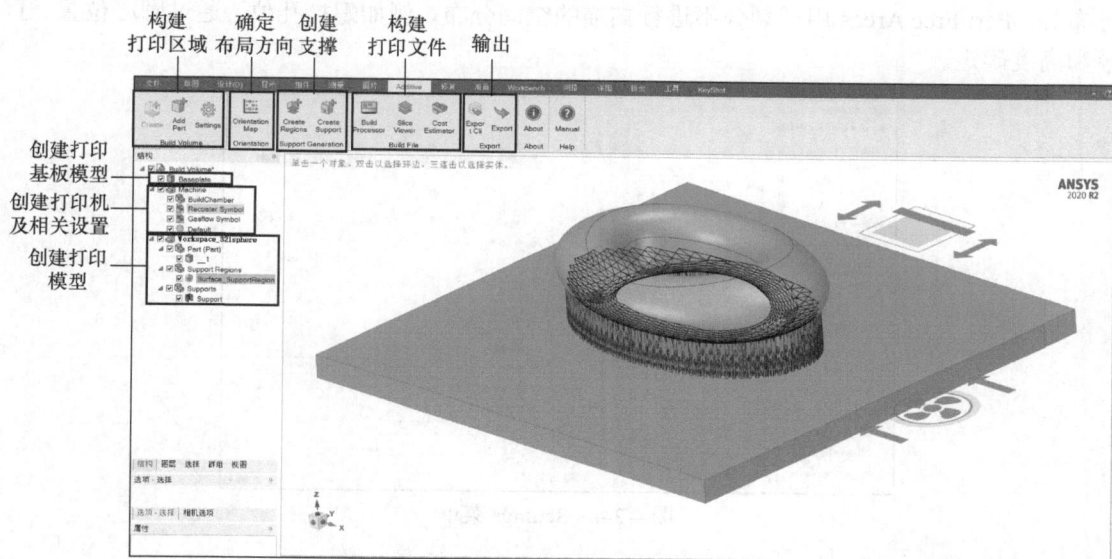

图 4-2-2　Additive Prep 菜单

1. 构建打印区域

单击 Create 自动创建打印区域，可以观察到左侧结构树完全不同，如图 4-2-3 所示。注意在创建打印区域时，必须只能为一个零件，且该零件必须置于结构树的第一层，结构树上的零件操作用拖曳即可完成。如图零件 1 位于"321sphere"结构树的下面，如果之间还另有部件，即便该部件也只有一个零件也不允许。此外，在 Create 时只能针对一个零件，如果有多个零件，也只能先选择一个零件进行创建，然后再单击 Add Part 插入新的零件。

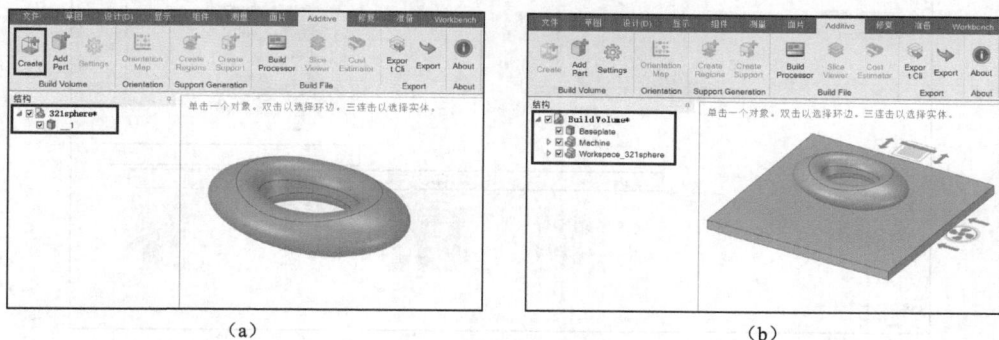

（a）　　　　　　　　　　　　　　（b）

图 4-2-3　Create 菜单

如图 4-2-4 所示，单击 Settings→Manage Machines 定义打印机，其中 Default Material 用于定义打印材料和悬垂角（打印模型的曲面与基板夹角小于悬垂角即要添加支撑，悬垂角与材料有关）；Default Build Strategy 用于定义扫描策略（默认 1-2709_SLM_AD_30_CE1_400W_Stripes_V1-1 中 1-2709 为打印材料，SLM 为 SLM 成形，30 为单层厚度 30 μm，400 W 表示最大激光熔覆功率为 400 W，Stripes 表示扫描策略）；Machine Setup 用于定义打印区域，其中长、宽、高分别对应打印区域空间尺寸，厚度对应打印基板厚度；Zero Point 用于定义坐标原点，默认将基板上平面中心作为坐标原点；Lasers 用于定义激光束数量、功率及多束激光的分布等；Part Free Areas 用于划分不进行扫描的空间分布，例如螺栓孔位，通过圆心位置、直径和高度确定。

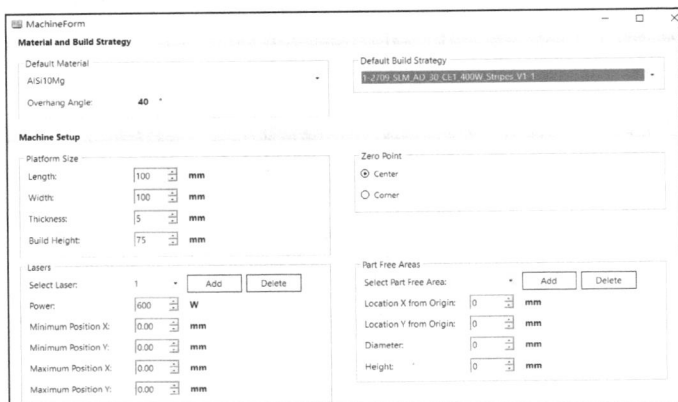

图 4-2-4　Settings 菜单

2．确定布局方向

在结构树中单击原始模型，再单击 Orientation Map 进入布局方向设置，如图 4-2-5 所示。其中 Support、Build Time 和 Distortion Tendency 分别对应支撑体积、加工时间和潜在变形趋势，最新版本还增加了 Stair-step Error（分层打印时每一层与原始模型的近似性）和 Shadow area（模型到打印基板的投影面积），每一项均对应各自的功能云图，红色对应最大趋势，绿

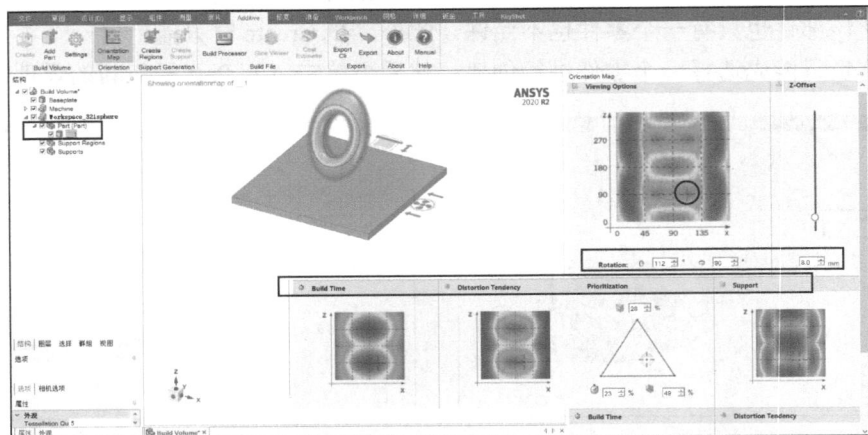

图 4-2-5　Orientation Map 菜单

色对应最小趋势，对于增材制造明显绿色为最好的工艺指标。Prioritization 为汇总三要素（新版本为选择其中三要素）的各自权重定义，本例支撑体积的权重为 0.28，加工时间的权重为 0.23，变形趋势的权重为 0.49（以变形趋势为重点要素研究模型的布局）。Z-Offset 为模型距打印基板的距离，可以输入数值也可以拖拉确定。Viewing Options 为布局方向效果预演，当确定各要素的权重之后，单击鼠标拖动靶心至深绿色区域，适当微调 Rotation（旋转角度，本例以 X 轴旋转 112°，以 Z 轴旋转 90°），读者可以尝试将靶心移动到某个位置，让 3 个要素功能云图中的靶心均位于深绿色区域。模型也可以通过"设计"→"移动"定义旋转或平移以达到最佳布局。

> **注意**
>
> Orientation Map 由计算机瞬时计算，对于大型复杂模型可能耗时较长，可以将"Spaceclaim 选项"→"Additive Prep"→"Tessellation Resolution"改为"Low"，但是会影响布局方向的精度。同时该功能需要消耗计算机大量资源，有时会在各要素的功能云图显示全部为绿色，因为各要素评估时不可能所有方向均为最小趋势，所以全绿色一定为显示错误，只需关闭当前窗口，重新加载 Orientation Map 即可。

3. 创建支撑

支撑在增材制造中除了建立打印零件和基板的连接，还可以避免打印零件出现大变形、减小热应力、有利于高温区域散热和解决内孔模型打印的困难，使增材制造过程中许多不稳定区域变为可控的稳定区域。如此一来，支撑的位置和形式设计就变得非常重要，而且支撑消耗了粉末且打印后还需要去除，不仅耗时耗料，也增加了成本。

单击 Create Regions 进入创建支撑域设置，如图 4-2-6 所示。在 Regions Calculation 区域中设置 Overhang Angle（悬垂角）、Region Size（小于该面积不创建支撑）和 Line Regions（选中表示创建线支撑），然后单击自动创建的☑图标即可，此刻结构树 Support Regions 下出现两个 Surface_SupportRegion（对应模型中一个外圆弧面和一个内圆弧面）。

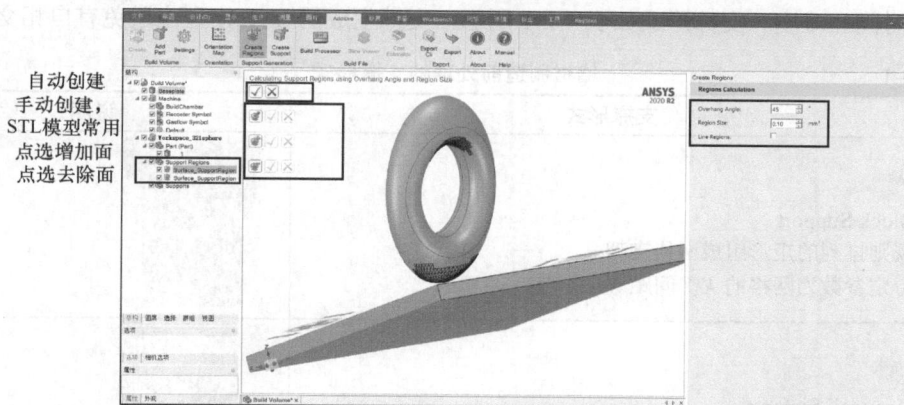

图 4-2-6　Create Regions 菜单

> **注意**
>
> 支撑中悬垂角是关键设置。某些模型经 Orientation Map 处理后定义 Rotation 为 45°或 135°，Overhang Angle 如果设定为 45°会出现不能创建面支撑，只能创建线支撑的情况，如此需要修改 Overhang Angle 略大于 45°即可。

单击 Create Support 进入创建支撑设置，如图 4-2-7 所示。单击结构树中的 Surface_SupportRegion，选择 Block Support，选中 Smooth the support edges 复选框，其余项采用默认设置，单击☑图标即可在结构树 Supports 下创建 Support；同理单击结构树另一个 Surface_SupportRegion，选择 Contour Support，选中 Smooth the support edges 复选框，在结构树 Supports 下创建另一个 Support。

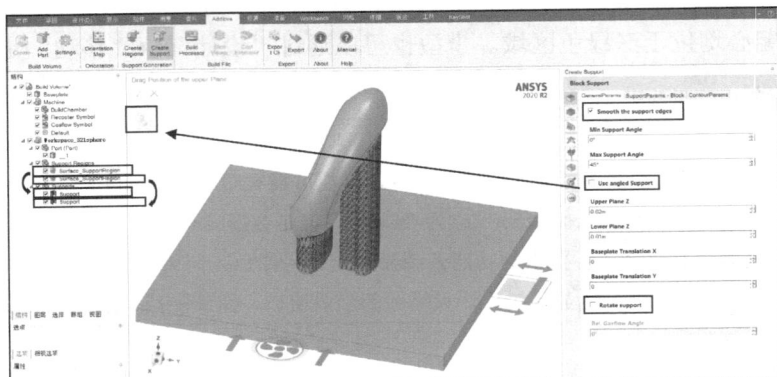

图 4-2-7 Create Support 菜单

在 GeneralParams 选项卡中选中 Smooth the support edges 复选框可以让支撑投影面光滑，不呈现阶梯形状；选中 Use angled Support 复选框后结合左侧 Angled Support 按钮可以创建打印模型上部的挑高支撑；选中 Rotate support 复选框可以让支撑与喷嘴的气流方向对其定义或强制定义某个角度。SupportParams 选项卡中选项主要控制支撑的形式、尺度、间距等。ContourParams 选项卡中选项用于控制支架与模型的连接，建议均选中，由于均有预览图显示，所以不一一说明。

支撑设计要点：减少材料消耗、减少能量消耗、缩短打印时间、减小零件打印后去除支撑的后处理时间和难度。支撑形式如表 4-2-1 所示，支撑生成的 STL 模型应避免有自相交等缺陷。

表 4-2-1 增材制造前处理的支撑形式

序号	支撑形式	说明
1	Block Support 规则排列的矩形组成网格支架 特定参数为网格的 X/Y 间距等	
2	Heartcell Support 立方体网格支架，单元尺寸从基板到零件以设定参数减小 特定参数为分割层数、最大单元尺寸等	
3	Line Support 沿模型边缘的薄壁支撑，支撑面互相交叉	

续表

序号	支撑形式	说明
4	 Rod Support 杆状支撑，可采用 Cross Rod、Octagon Rod、Perf Tube、Round Rod 和 X Rod 形式分布 特定参数为杆径、杆分布间距和分布模式（多种采样控制）等	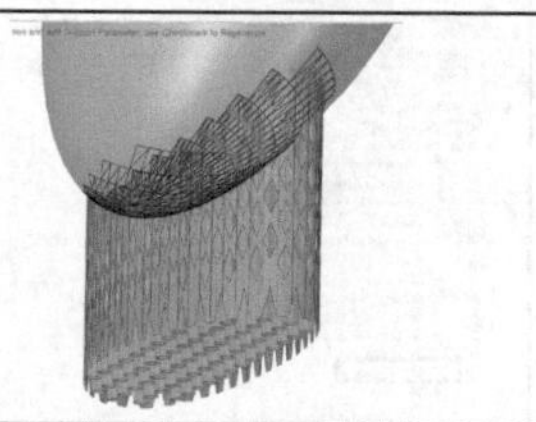
5	 Tree Support 树形支架，下部为树干，上部分叉为树枝。较节约材料，常用于内孔。 特定参数为树枝尖端特征和分布（多种采样控制）等	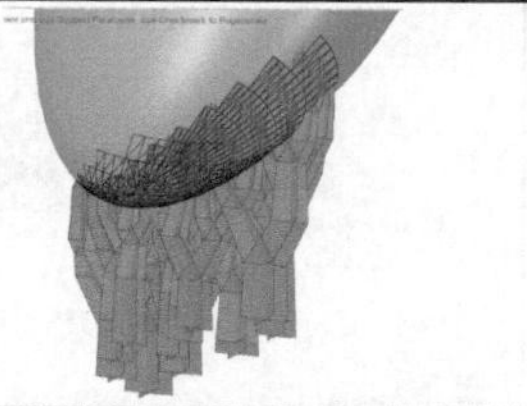
6	Contour Support 边界支撑，仅围绕支撑域周边，内部为空	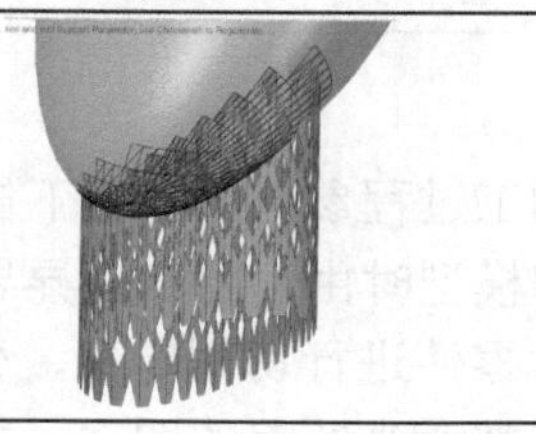
7	Custom Support 以自行建立的模型为支撑，不同于上面几种支撑均为 STL 模型，自定义支撑可以为实体模型。 优点：可以同时创建无支撑模型和实体支撑模型	

　　创建支撑是前处理的最重要功能，必须保证输出为一个完整无缺陷的 STL 模型，例如对螺旋曲面建立支撑，采用自动创建时可能出现上一层螺旋面的支撑与下一层螺旋面的支撑重叠，如此则需要手动创建支撑，或者将上层支撑定义为挑高支撑，且不能破坏原始打印模型。如果出现"Support could not be created. Check support parameters and try again"提示，则必须修改相关支撑设置。例如，对于 Heartcell Support 形式，当定义 Largest Cell Size 大于 Orientation Map-Z-Offset 尺寸时，不能建立支撑；对于 Rod Support 形式，当采用 Min Point Sampler Distribution Method 形式时，模型平面无法满足条件也不能建立支撑。

　　如果不需要建立支撑，即 Orientation Map-Z-Offset 设置为 0 时，按照默认设置因为设置了对支撑模型定义穿透量，所以依然存在很小的支撑模型，此刻需要修改相应的穿透量，或者采用 Custom Support 形式。

4．构建打印文件

　　单击结构树中的 Supports→Support（确认一个 STL 模型）后，再单击 Build Processor 进入加工处理器设置，如图 4-2-8 所示。该项用于处理打印零件所需机器指令的信息，例如，切片、打印矢量、扫描模式等，并形成内部加工文件，保存在内存中。其中 Load a Strategy 用于选择某种加工策略，加工策略可以与 Manage Machines→Default Build Strategy 不同，以此为准。

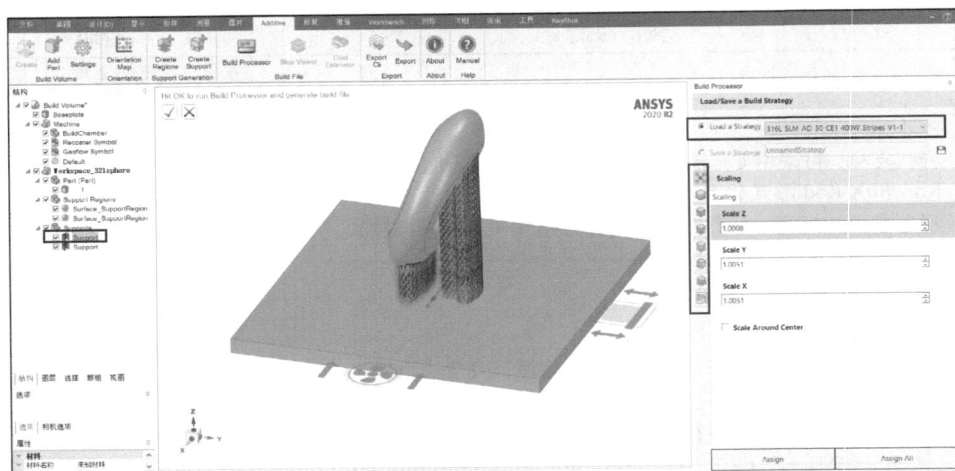

图 4-2-8　Build Processor 菜单

加工过程参数由上至下依次为：Scaling（缩放），定义缩放至基板上模型的比例，用于补偿打印模型时由于温度差异导致的体积变化；Slicing（切片），在加工过程之前以不同高度水平层对零件进行切割定义，分层厚度；Volume（体积）：定义模型内部的打印方式，即打印零件时被激光覆盖的图案，扫描矢量分 Stripes（条纹）、Chess（棋盘）、Parallel（并行）和 Rotation（旋转），各自参数包括截面间距、偏移量和扫描矢量的角度等；Up Skin Remelting（上层重熔）：对上层进行两次熔覆处理，上层不需要铺粉；Up Skin Recoating（上层重涂）：对上层进行两次熔覆处理，上层需要铺粉；Down Skin（下层）：下层不处理，均包括 Hatch（填充）和 Border（边界）设置；Support（支撑）：其中 Slice Thickness 非常重要，对应后续模拟中划分网格的尺度，本例设置为 60 μm；Scanning（扫描）：其中 Scanning Mode 分为 Part（无论扫描矢量为何种类型，多个打印模型均按顺序序号依次显示，并为每层金属熔覆层进行精加工）和 Platform（根据扫描矢量类型依次显示矢量，例如先显示所有打印模型的截面，再显示所有打印模型的边界），内置 Scan Order（扫描顺序）可在列表中选择，例如选择 Hatch-Down Skin 表示先进行截面内填充扫描再扫描截面下层，扫描矢量也按此依次显示，必须选择一种扫描顺序，否则默认激光功率、激光扫描速度和光斑直径均为 0。设置完成后单击 Assign 完成该支撑的加工处理设置，单击 Assign All 完成所有支撑的加工处理设置。最后生成内部文件。

单击 Slice Viewer 进入切片预演设置，如图 4-2-9 所示。上下移动切片显示打印截面及打印扫描矢量；左右移动矢量显示指定截面的矢量。通过显示可以观察到打印切片的全部过程、打印的开始和终止位置，以及内部扫描的路径等。注意，上下移动切片间距为 0.06 mm，与 Support→Slice Thickness 设置为 60 μm 保持一致。其中 Background Color 用于定义背景演示，Animate Build Job 可以以动画形式观察打印的切片或矢量演示动画，Scan Pattern Summary 以不同颜色显示整个打印过程的各个打印区域的所有参数。

单击 Cost Estimator 进入成本估算器。该估算只用于 SLM 形式，基于定义的材料和加工策略显示零件的打印成本及所需时间和耗损材料数量。

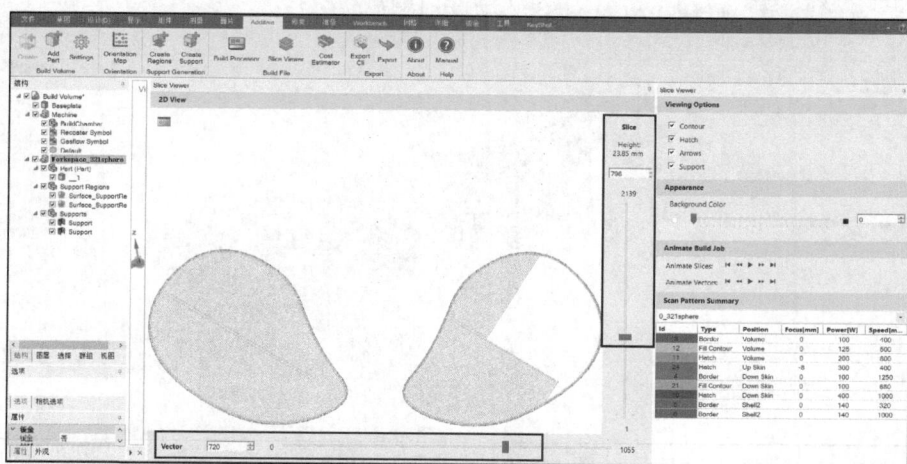

图 4-2-9　Slice Viewer 菜单

5. 输出文件

将内存数据导出到硬盘文件保存。单击 Export，可以得到一个包含所有数据的 Zip 压缩文件，一个包含基板 STL、零件 STL、支撑 STL 的文件，一个包含增材制造前处理所有数据的 scdoc 文件，一个包含打印策略的 slm 文件。单击 Export Cli，可以得到 Cli 中性文件，可用于增材制造分层打印技术的输入文件。注意，在输出时必须保证结构树上所有项前均有对勾符号，否则不能正常输出。

前处理的基本原则：打印零件必须合理，尽可能将模型圆角化，避免锐边和薄壁结构；对于需要避免变形或零件坍塌、减小热应力、温度分布不均匀等处需要定义支撑，但支撑在打印后要去除，所以又要避免在要求表面质量较高的位置布置支撑；模型（含支撑）在基板上的投影不能太大，否则不仅耗时耗料，而且在去除基板连接时较大的残余应力会导致打印零件出现大翘曲。

4.2.2　增材制造工艺模拟基本分析流程

增材制造工艺模拟处理采用增材制造的 Additive Print 模块（ANSYS Additive）。该模块可以快速进行零件的增材制造过程模拟，以确定和校准增材制造相关参数，这些参数为进行零件打印热固耦合模拟计算提供相关参数。

本例以一个 L 形支架模型说明增材制造工艺模拟流程。其中 L 形支架尺寸如图 4-2-10 所示，另外在一侧附加 10 根直径 1 mm、高度 4 mm 的圆柱用于打印支撑 L 形支架。注意这类模型已经在模型中定义了支撑，所以不需要在前处理中再次定义支撑，一般而言只需要将需打印零件和支撑分开导出 STL 文件即可（"面片"→"转换"）。本例依然采用 Spaceclaim Additive 模块进行处理，其优点是可以保留相关设置，不需要在不同模块处理时重复设置，且前处理对增材制造过程设置最为全面。因为需要导入两个零件（L 形支架和支撑），所以必须将支撑模型（10 根圆柱）转化为 STL 模型，存盘为 4.2.2-support.STL 备用。

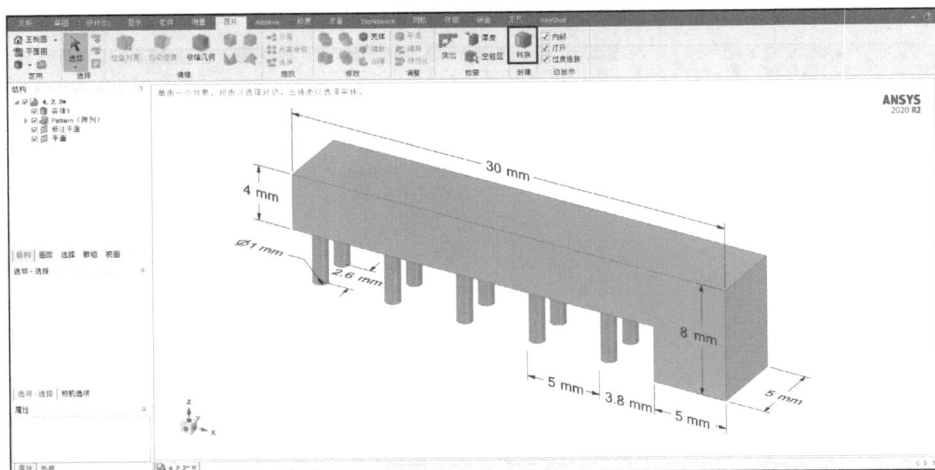

图 4-2-10　支架及支撑模型

1．前处理

先选择 L 形支架，单击 Additive→Create 自动创建打印区域；再单击 Add Part 插入支撑模型（4.2.2-support.STL）。注意，Add Part 只能添加 STL 模型。因为软件会根据模型的尺寸自动调整坐标系，所以会导致添加 STL 支撑模型后，两者装配位置发生偏移，需要单击"设计"→"移动"进行调整。本例需要将支撑模型沿 X 负方向移动 3.8 mm，此外由于 Orientation Map 中 Z-Offset 项默认设置了一定偏移量，也需要将 L 形支架和支撑模型均沿 Z 负方向移动 5 mm，如图 4-2-11 所示。

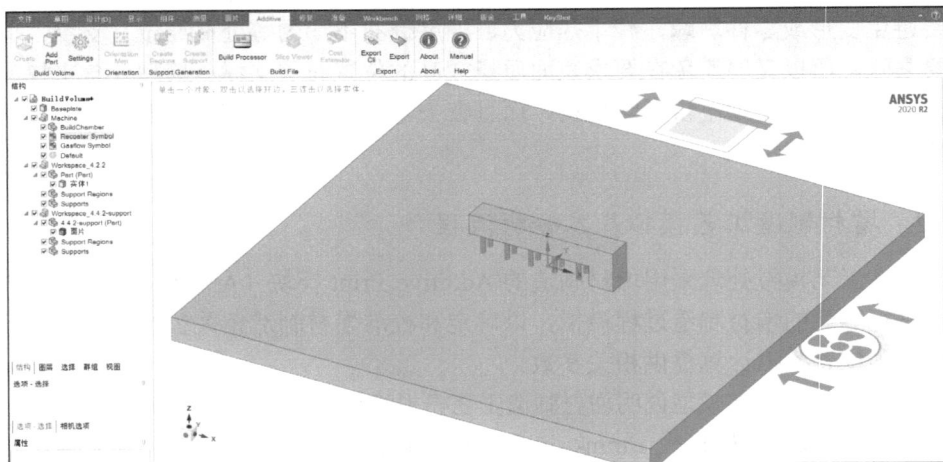

图 4-2-11　导入模型

如图 4-2-12 所示，单击结构树上的"实体 1"（L 形支架）后，再单击 Orientation Map，其中 Z-Offset 项设置为 0，其余不需要修改。单击 Create Regions，选择自动创建支撑域后，在结构树上将 L 形支架的下接触面删除（与基板直接接触，不需要定义支撑），只保留与支撑模型的接触面。单击结构树上的"面片"（支撑模型），按住鼠标左键将其拖曳到结构树上 Workspace_4.2.2-Support 处，即完成了支撑定义。

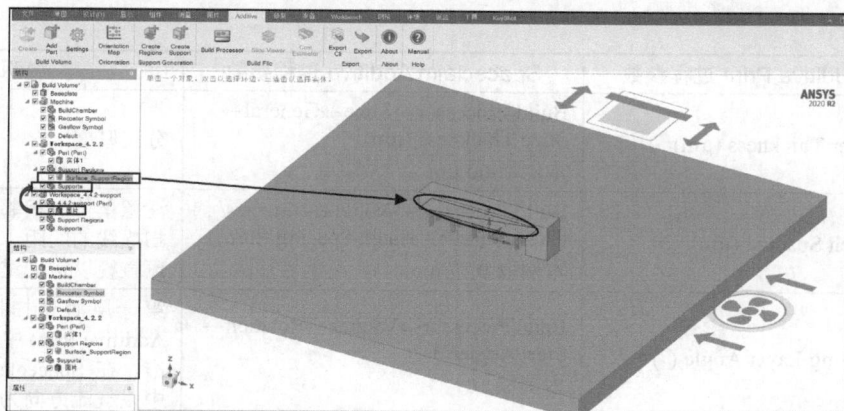

图 4-2-12 定义支撑

2. 扫描过程设置

前处理的扫描过程参数在 Build Processor 项中定义,但是与 Additive Print 模块所定义的扫描参数不一致,其中扫描过程主要参数如图 4-2-13 所示。

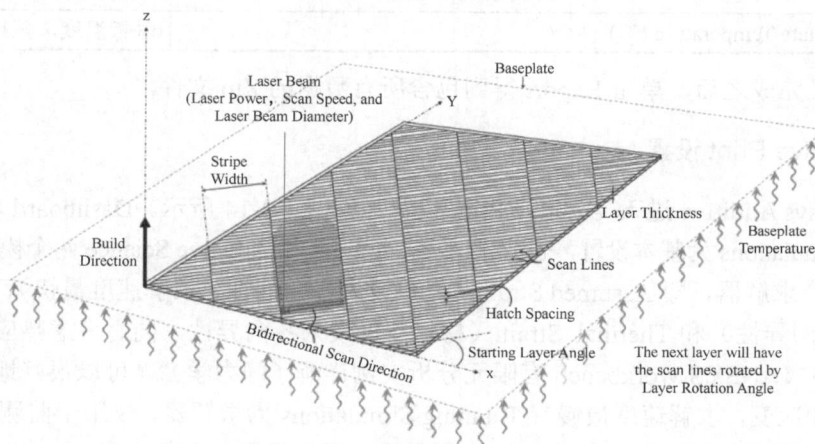

图 4-2-13 主要过程参数

扫描过程主要参数对应表如表 4-2-2 所示。

表 4-2-2 扫描过程主要参数对应表

序号	Additive Print 过程参数	Spaceclaim Additive 过程参数	说明
1	Laser Power (W)	Build Processor→Scan Parameter→Laser Power (W) 本例取 195 W	激光功率
2	Scan Speed (mm/s)	Build Processor→Scan Parameter→Laser Speed(mm/s) 本例取 1 000 mm/s	激光扫描速度
3	Laser Beam Diameter (μm)	Build Processor→Scan Parameter→Focus(mm) 本例取 0.01 mm	光斑直径,注意单位不同

序号	Additive Print 过程参数	Spaceclaim Additive 过程参数	说明
4	Layer Thickness (μm)	Build Processor→Slice→General→Slice Thickness (μm) 本例取 60 μm	分层厚度
5	Hatch Spacing (μm)	Build Processor→Volume→Stripes/Chess/Parallel- Hatch Spacing (mm) 本例取 0.17 mm	注意单位，相邻两道激光束扫描线的间距，可以小于光斑直径以定义重熔
6	Starting Layer Angle (°)	Build Processor→Volume→Rotation→Start Angle(°) 本例取 10°	第一层激光扫描方向，在 Additive Print 中以 X 轴为基准，在 Spaceclaim Additive 中以气流方向为基准
7	Layer Rotation Angle (°)	Build Processor→Volume→Rotation→Angle Increment(°) 本例取 67°	层与层之间的夹角，在 Additive Print 中以 X 轴为基准，在 Spaceclaim Additive 中以气流方向为基准
8	Slicing Stripe Width (mm)	Build Processor→Volume→Stripes →Strip Length(mm) 本例取 10 mm	每一层对几何分块扫描，定义分块的宽度
9	Baseplate Temperature (℃)	/	基板温度，预热温度

依次定义完成之后，单击 Export 得到包含所有数据的 Zip 文件。

3. Additive Print 设置

单击 Ansys Additive 进入 Additive Print 设置，如图 4-2-14 所示。Dashboard 项为主界面，其中 Draft Simulations 为基本设置，包含了 Additive Print 和 Additive Science 两个模块，Additive Print 分为 3 个求解器，即 Assumed Strain（材料设为各向同性、求解速度最快）、Scan Pattern（材料设为各向异性）和 Thermal Strain（材料不仅设为各向异性，同时考虑热应变引起的棘轮效应，参见《ANSYS Workbench 有限元分析实例详解（静力学）》，可以很好地表现重熔等条件下的累加应变，求解速度最慢）；Running Simulations 为求解器，仅用于监测；Completed Simulations 为求解文件的目录索引。Parts 项为导入零件设置和零件索引。Build Files 为导入成形文件设置和文件索引。Materials 为导入材料设置和材料索引。

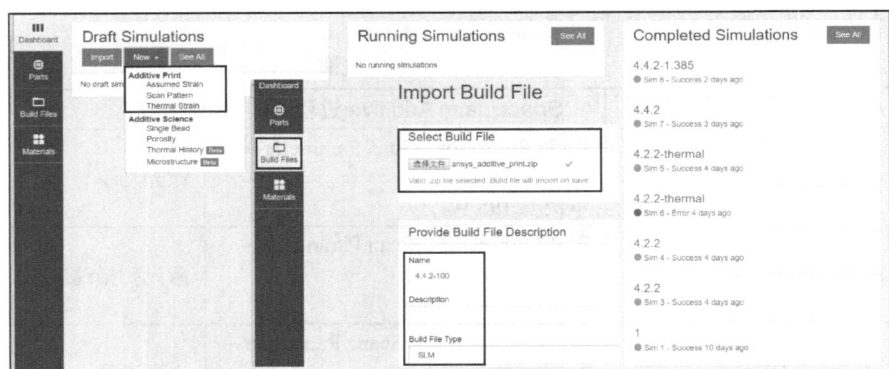

图 4-2-14 在 Additive Print 中导入成形文件设置

因为前处理已经处理完相关所有设置，所以单击 Build Files→Import Build File，在 Select Build File 区域选择之前定义的 Zip 文件，Name 项必须命名，Build File Type 设置为 SLM（打印机型号和匹配配置文件格式，例如 Additive Industries 项匹配*.daij 和*.bin 文件；EOS 项匹配*.openjz 文件；HB3D 项匹配*.h3d 文件；Renishaw 项匹配*·mtt 文件；Sisma 项匹配*.wza 文件；SLM 项匹配*.slm 文件；Trumpf 项匹配*.wza 文件。如果 Zip 压缩包中没有对应的配置文件，将不能导入）。

导入 Zip 文件后，可以在 Build File Specification 项中看到零件相关信息，其中包括零件尺寸、层数和分层厚度（与前处理设置一致），在 Supports 项选中 Preview Supports 复选框可以看到支撑模型，如图 4-2-15 所示。

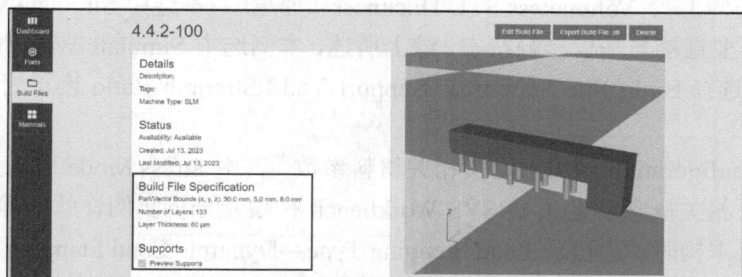

图 4-2-15　在 Additive Print 中显示成形文件

单击 Dashboard→Draft SimulationsNew→Thermal Strain，在 Configure Thermal Strain Simulation 表单中，Details→Simulation Title（主题名）为必填项，Number of Cores 为调用计算机核心数；Geometry Selection 项选择 Build Files，在索引目录中选择对应文件单击 Add，Voxel Size（mm）设置为 0.5（体网格尺度大小，最大设为模型最小结构尺寸的四分之一），Voxel Sample Rate 设置为 5（体网格边长等分值，为保证计算精度，最好定义与分层厚度一致，本例分层厚度为 0.06 mm，当 Voxel Sample Rate 设置为 5 时，Voxel Size 设置为 0.06 × 5 = 0.3 更为合适，当然提高计算精度的同时也导致计算效率降低），Mesh Resolution Factor 设置为 5（Thermal Strain 计算的关键参数，该参数 × 0.021 mm<最大熔池宽度，熔池宽度直接相关于激光功率、扫描速度、分层厚度、材料吸收率等，也可以参考 Hatch Spacing 和 Laser Beam Diameter 两个尺寸），如图 4-2-16 所示。

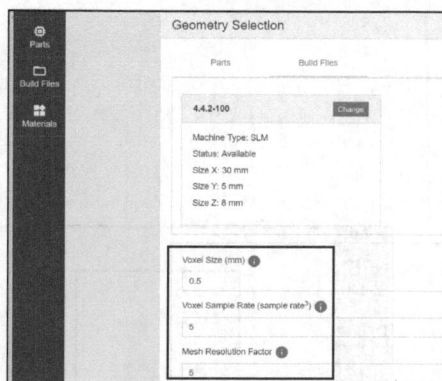

图 4-2-16　Additive Print 中体网格划分设置

Supports→Support Type 项中共有 Automatic、Support STL、Support STL Group、Build File Supports 与是否选中 Simulate With Supports 5 个选项。其中 Automatic 由 Additive Print 自动生成，适用于没有进行任何支撑定义的模型，主要设计参数为 Minimum Overhang Angle（悬垂角）、Minimum Support Height（前处理中 Orientation Map→Z-Offset）、Support Yield Strength Ratio（支撑屈服强度比，默认为 0.437 5，假设选用 Ti64 材料进行打印，其屈服强度为 1 100 MPa，则支撑模型的屈服强度为 1 100 × 0.437 5 = 481.25 MPa）、Volumeless Support Parameters（厚度（Wall Thickness）一致

但间距（Wall Distance）不一致的支撑面模型）、Solid Support Parameters（厚度不一致但间距一致的支撑实体模型）。Support STL 导入各种前处理工具生成的支撑 STL 模型，主要用于 Geometry Selection 项选择 Parts 形式，如果 Part 模型只包含了打印模型数据，则通过该项导入支撑模型数据，主要设计参数为 Support Yield Strength Ratio（该项默认为 1，这是因为在生成支撑模型时已经考虑了屈服强度差异，此项可以不修改）。Support STL Group 导入包含打印模型和支撑模型等的全部 STL 模型，主要用于 Geometry Selection 项选择 Parts 形式，Part 模型不仅包含了打印模型数据，还包含了支撑模型数据，主要设计参数为 Support Yield Strength Ratio（默认为 1，原因同上）、Volumeless STL Thickness（厚度）。Build File Support 用于 Geometry Selection 项选择 Build Files 形式，主要设计参数为 Support Yield Strength Ratio（默认为 1，原因同上）、Volumeless STL Thickness（厚度）。不选中 Simulate With Supports 复选框用于打印模型直接与基板接触状态。综上所述，本例选中 Simulate With Supports 复选框，Support Type 项选择 Build File Supports，Support Yield Strength Ratio 设置为 1，如图 4-2-17 所示。

Materials Configuration 项用于定义相关材料参数，其中 Stress Mode 可选为 Linear Elastic 和 J2 Plasticity（相关概念参见《ANSYS Workbench 有限元分析实例详解（静力学）》），选择 J2 Plasticity 材料本构时，会出现 Load Stepping Type→Dynamic Load Stepping（默认，动态加载步长，自动进行收敛迭代）；Fixed Load Stepping→Number of Load Steps（以指定步长数进行迭代计算，如果不收敛，可以尝试将 Number of Load Steps 调大）；Hardening Factor（切线模量与杨氏模量之比）。本例为简化计算，材料选择 Ti64，Stress Mode 选择 Linear Elastic，其余参数默认，如图 4-2-18 所示。其中 Strain Scaling Factor 设置为 1（增材制造中最重要的工艺参数，直接关系到设计与制造的匹配度，默认为 1），Anisotropic Strain Coefficients 默认定义（各向异性参数，以激光扫描方向为水平方向，也是增材制造中关键的工艺参数）。

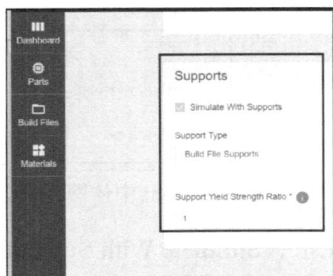

图 4-2-17　Additive Print 中的 Supports 设置　　图 4-2-18　Additive Print 中的 Materials Configuration 设置

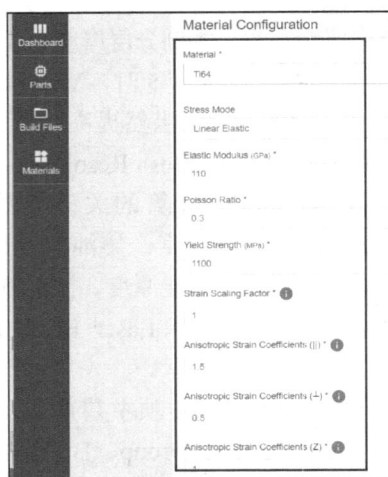

如图 4-2-19 所示，Machine Configuration 项定义 Baseplate Temperature 为 80℃、Laser Beam Diameter 为 100 μm，Laser Power 为 195 W，Scan Speed 为 1 000 mm·s⁻¹。由于导入了前处理的过程参数，此处参数只需定义以上 4 个，即便前处理已经设置也以此为准。如果 Geometry

Selection 项选择 Parts 形式,则依据表 4-2-2 进行设置。

Outputs Selected 项用于定义后处理,包括 On-plate residual stress/distortion(基本后处理,含成形后残余应力和变形)、Displacement after cutoff(去除支撑后的变形)、Layer by Layer stress/distortion(逐层显示成形过程中的应力和变形)、Files for Transfer to Ansys Mechanical(输出 Mechanical 前处理文件)、Detect potential blads crash due to distortion(碰撞检测,用于判断同时打印多个彼此独立的零件时是否相互干扰)、High strain areas(通过定义 Support Strain Threshold、

图 4-2-19 Additive Print 中的 Machine Configuration 设置

Part Strain Threshold 和 Strain Warning Factor 对高应变区域进行标记)等。

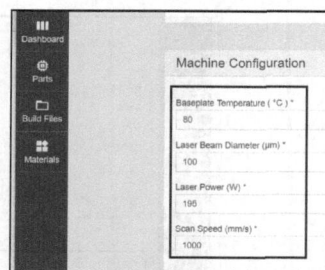

其中 Displacement after cutoff 项中 Mode 可分为 Part and Support Cutoff(去除支撑,打印零件与基板分离)和 Support-only Cutoff(去除支撑,打印零件与基板接触保留),Method 可分为 Instantaneous(自动)、Directional(Baseplate only)(通过定义步数和方向只切除打印零件与基板连接)和 Legacy(求解器不同,与 Instantaneous 形式一致)。其计算原理为:去除支撑前,打印零件与基板通过支撑模型或直接与基板 Bonded 接触,打印模型接触面不会产生位移;去除基板支撑后即将原支撑模型定义设为生死单元的死单元,并在打印零件与原支撑模型的接触面上增加一层体单元,保证原打印零件不被破坏,其应力按自定义的 Support Yield Strength Ratio 计算;去除与基板接触后即将原接触状态定义设为生死单元的死状态,并在打印零件与原基板的接触面上增加一层体单元,保证原打印零件不被破坏,其应力按 Support Yield Strength Ratio 为 1 计算。本例选中所有后处理,Displacement after cutoff 项中 Mode 选择 Part and Support Cutoff,Method 选择 Instantaneous。

4. Additive Print 后处理

设置完成后,单击 Start 开始计算,如图 4-2-20 所示,其中 Activity Status 显示计算进度条,直到所有项均显示 Finished 即为计算完成。其中 Build File、Material、Machine、Supports 和 Outputs Selected 项是对之前设置的汇总,可以方便对比。Output Files 项包括 Solver Voxel Input(用于网格模型,可以导出文件在 Ensight 中查看,或者直接在 Print 中显示)、Positioned Part(依据基板和支撑位置输出打印零件的 STL 模型)、On-plate stress/displacement(应力、高应变、变形等后处理,导出文件可以在 Ensight 查看,或者直接在 Print 后处理显示)、Potential blade crash locations(检测所有可能存在潜在碰撞隐患的位置,输出 CSV 文件)、Layerwise VTK files(用于分层应力、高应变、变形等后处理,可以导出文件在 Ensight 中查看)、Supports stress/displacement(用于支撑模型的应力、高应变、变形等后处理,导出文件可以在 Ensight 中查看,或者直接在 Print 中显示)、High strain regions(以坐标位置标记高应变区域,输出 CSV 文件)、After cutoff displacement(去除支撑的变形情况,可以导出文件在 Ensight 中查看,或者直接在 Print 中显示)、MAPDL After Cutoff(RST)(导入 RST 文件)等。

单击 Solver Voxel Input 旁的 View 项,分别查看 Density 和 State 后处理结果,如图 4-2-21 所示。其中 Density 表示材料填充程度,用数值表示,由图可知打印零件密度为 1 时即为材料充满状态,支撑模型密度较小即为部分填充;State 用数字表示模型,其中 1 为打印模型,4 为支撑模型(除了 10 根支撑零件,在打印模型下部也存在支撑),中间为交界面。

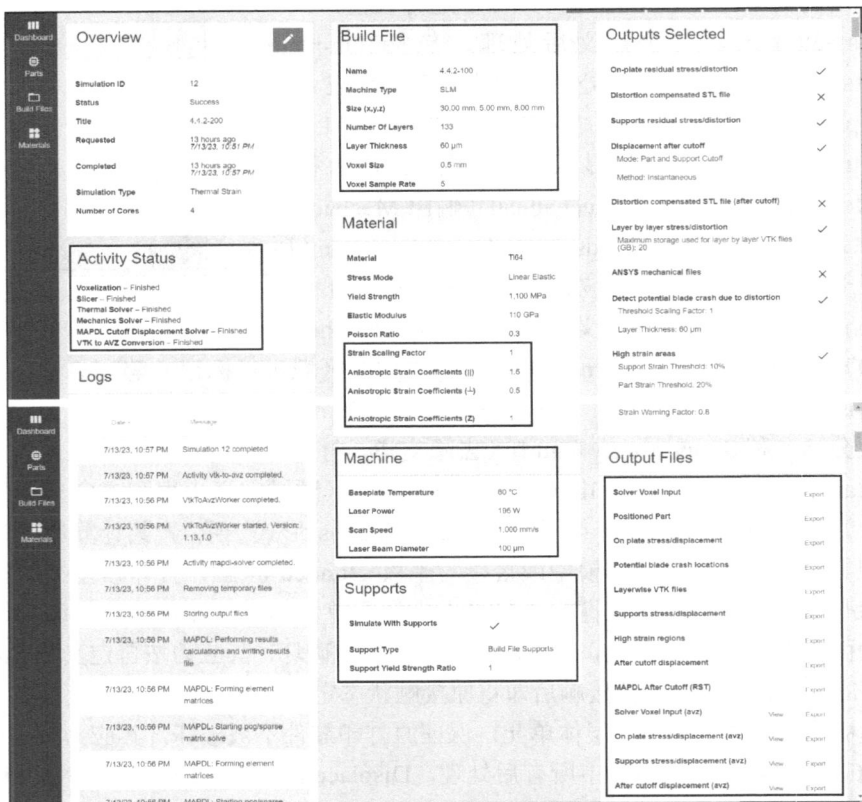

图 4-2-20　Additive Print 中的后处理结果

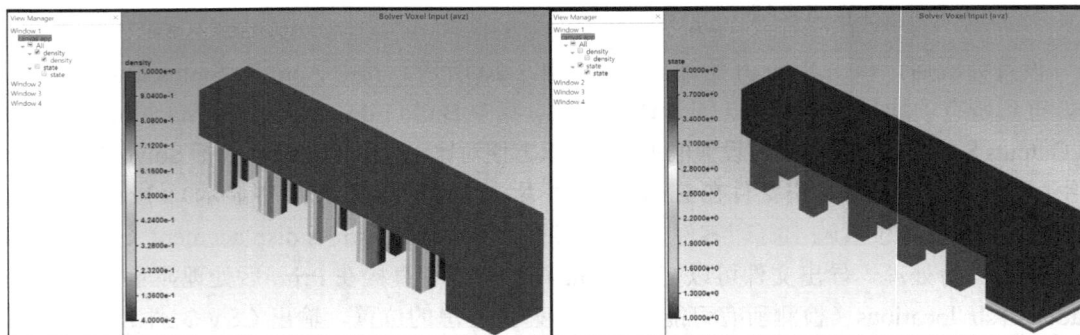

图 4-2-21　Additive Print 中的 Solver Voxel Input 后处理结果

单击 On-plate stress/displacement 旁的 View 项，分别查看 VonMises 和 Disp 后处理结果（应力结果中 C 表示压应力、T 表示拉应力），如图 4-2-22 所示。其中最大等效应力为 4 392.8 MPa，位于打印零件的底部支撑角和该模型直角弯处。这说明增材制造必须避免模型直角，尽可能地对模型进行圆滑处理，否则大残余应力导致打印件失效。最大变形为 0.575 mm，位于打印模型的前端下部，再分别查看 Disp-X/Z，可知模型打印后呈现向上翘曲的形式。增材制造也必须避免大的翘曲量，可以从零件摆放位置和支撑模型设置中进行修改，以避免打印件的大翘曲偏差。

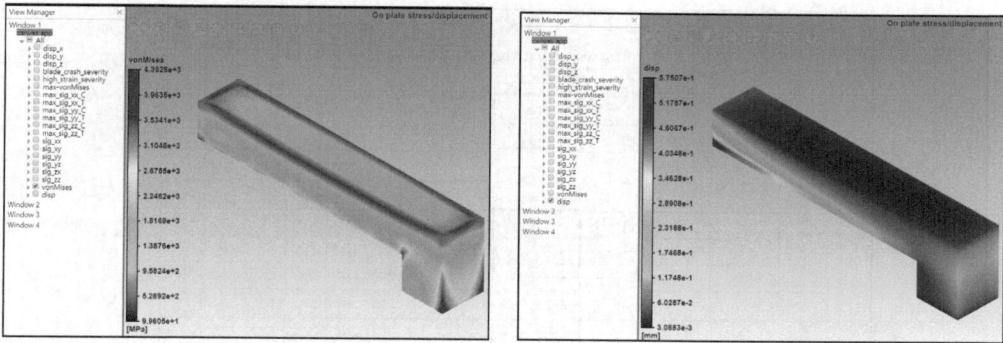

图 4-2-22　Additive Print 中的 On-plate stress/displacement 后处理结果

Supports stress/displacement 后处理省略，读者自行完成。单击 After cutoff displacement 旁的 View 项，分别查看 Disp-X（沿激光扫描方向）和 Disp-Y（垂直激光扫描方向），可得最大变形结果为 0.148 8 mm 和 0.050 85 mm，如图 4-2-23 所示。

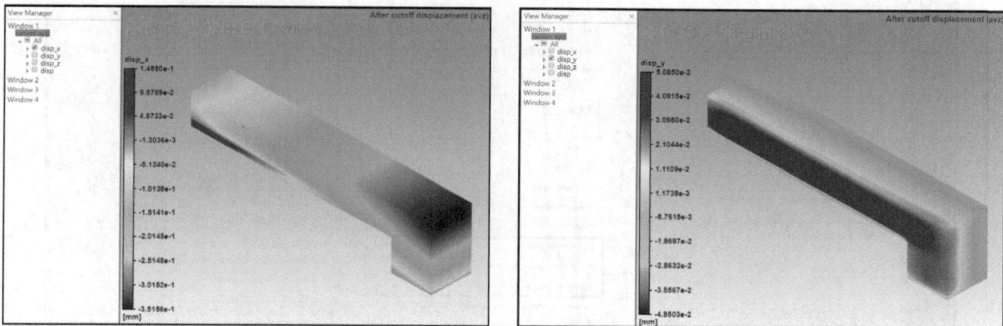

图 4-2-23　Additive Print 中的 After cutoff displacement 后处理结果

前文已经提到，增材制造实践性很强，即便材料、过程参数非常精确，但实际结果往往与工艺计算结果有差异，此刻就需要对增材制造参数进行标定，主要对 Strain Scaling Factor（SSF）和 Anisotropic Strain Coefficients（ASC）进行标定。标定过程是依据实测去除支撑的模型变形量与 Additive Print 计算的变形量进行比较，经过几次迭代优化，最终得到最符合实际结果的 SSF 和 ASC 系数。打开 ANSYS_Additive_Calibration_Sheet.xlsx 文件，选择 Calibration for TS 栏，在 F5 框内输入沿激光扫描的实测变形量：0.225 mm；在 F6 框内输入垂直激光扫描的实测变形量：0.085 mm；在 F10 框内输入沿激光扫描的计算变形量：0.149 mm；在 F11 框内输入垂直激光扫描的计算变形量：0.051 mm，第一次迭代计算时 SSF = 1.553，ASC‖ = 1.452，ASC⊥ = 0.548。在 Additive Print 后处理模块中单击右上角的 Duplicate 复制这个分析，除了对分析重新命名，还要修改 Strain Scaling Factor 和 Anisotropic Strain Coefficients 系数为第一次迭代数据，再次计算。然后反复将计算变形量输入，得到系数后再次代入 Additive Print 中计算，多次迭代计算，最后得到收敛的 SSF 和 ASC 系数，如图 4-2-24 所示。

最终 SSF = 1.565，ASC‖ = 1.452，ASC⊥ = 0.548，如图 4-2-25 所示。进入 Additive Print 中完成相关后处理，结果如图 4-2-26 所示，其中最大等效应力为 6 872.8 MPa（与原始参数模型相差 56.5%），去除支撑后 X 向最大变形为 0.231 9 mm。

图 4-2-24　Excel 迭代计算参数

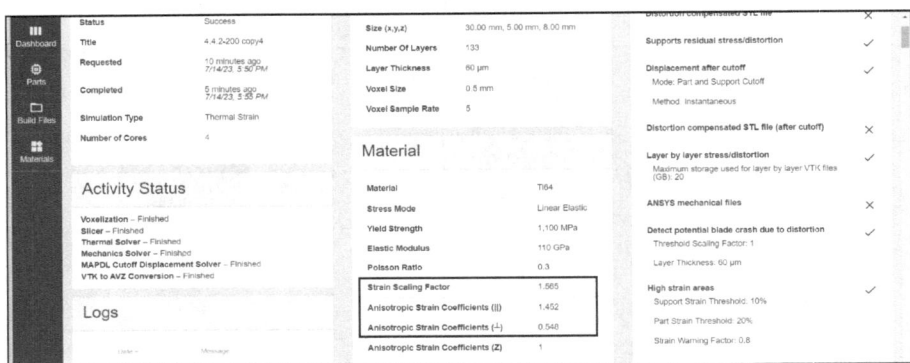

图 4-2-25　标定参数代入

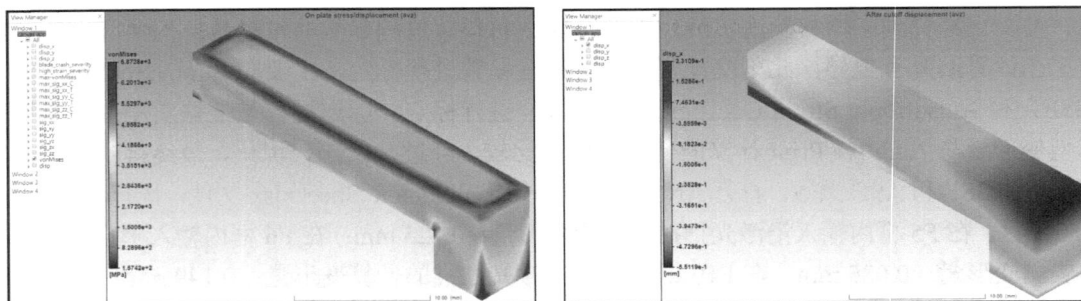

图 4-2-26　标定参数后的等效应力与去除支撑后的 X 向变形

5．Additive Print 计算注意事项

Additive Print 计算失败的原因主要有：Voxel Size 设置值过大会导致网格太过粗糙；Minimum Overhang Angle 设置过大会导致支撑模型发生大变形；导入支撑模型过于单薄，将影响支撑模型和打印模型的接触性能。前两种修改参数调试即可，最后一种需要修改支撑模型或更换打印模型定位方向。当然避免失败的最好方法是采用 Spaceclaim Additive 前处理统一处理。

此外需要调用后处理和前面设置相匹配，例如没定义支撑而在后处理中强行打开支撑相关后处理选项，会出现部分项计算成功而支撑后处理计算失败。

在使用 ANSYS_Additive_Calibration_Sheet.xlsx 文件进行参数标定时，Rotating stripe scan pattern 对应 Starting Layer Angle 和 Layer Rotation Angle，由于对应角度需转换为长度，建议用 Ensight 进行后处理。

4.2.3 增材制造材料分析基本流程

增材制造材料分析采用增材制造的 Additive Science 模块（ANSYS Additive）。该模块以热效应对增材制造熔覆层介观和微观层次进行瞬态模拟，得到熔池尺寸预测、孔隙率预测、以截面形式展现打印零件的热成像图和查看晶粒大小与延展方向的微观结构预测。该模块计算结果不仅可以给工艺模拟提供输入参数，还可以通过多参数输入优化设计得到更符合要求的打印工艺参数。

本例以一个长方体模型（外形尺寸分别为 10 mm×5 mm×2 mm，无支撑）说明增材制造材料分析流程，如图 4-2-27 所示。

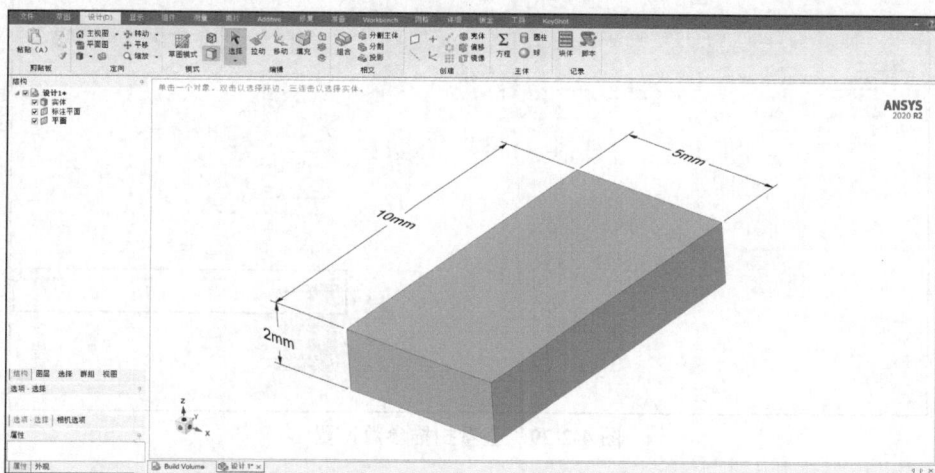

图 4-2-27　长方体模型

1. 前处理

依次单击 Additive→Create 自动创建打印区域，单击"设计"→"移动"将模型调整到基板上平面；由于不需要支撑，单击 Orientation Map 将其中 Z-Offset 项设置为 0，Create Regions 和 Create Support 不需要设置；单击 Build Processor，选中 Load a Strategy 单选按钮，并在其后的下拉列表框中选择 IN 718_SLM_AD_50_CE1_400W_Stripes_V1-1（选择预定义设置），Slice Thickness 设置为 50 μm。如图 4-2-28 所示。

单击 Slice Viewer 查看扫描参数汇总，如图 4-2-29 所示。由图可知，在该种扫描模式下，对体扫描的激光功率为 150～275 W，扫描速度为 400～760 mm·s^{-1}。该参数对后续 Additive Science 设置有参考意义。

设置完成之后，单击 Export，得到包含所有数据的 Zip 文件。

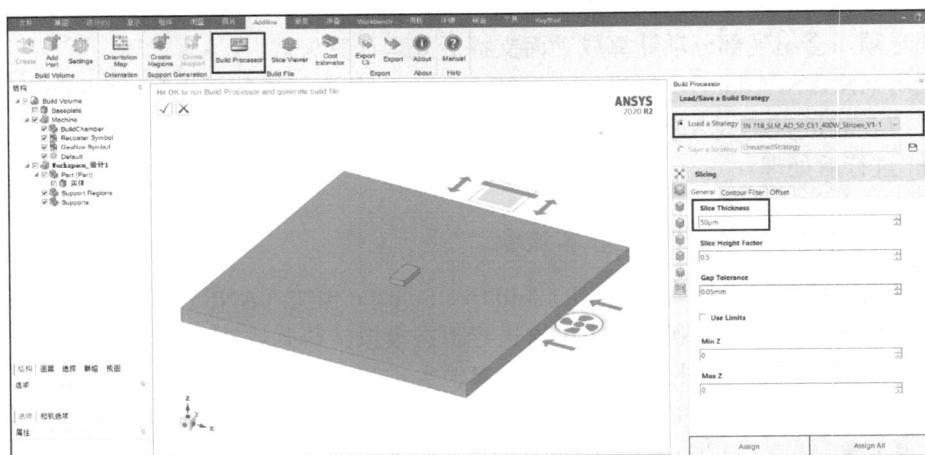

图 4-2-28　成形过程设置

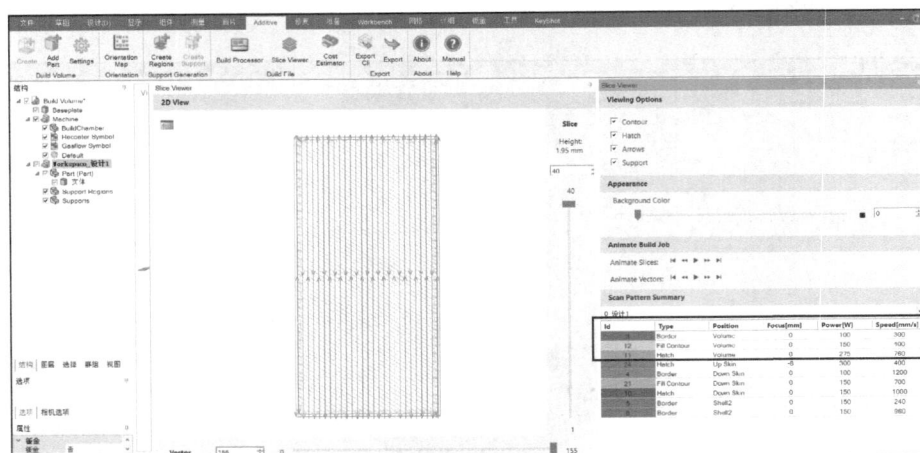

图 4-2-29　查看扫描参数设置

2．Additive Science 基本原理

单击 Ansys Additive 进入 Additive Science 设置。Additive Science 分为 4 个求解器，即 Single Bead（单道熔覆预测）、Porosity（孔隙率预测）、Thermal History（显示打印过程中零件各截面的热成像图）和 Microstructure（微观结构预测）。

其计算过程原理为：基于增材制造过程中每个沉积层上激光扫描轨迹的周期性，以瞬态分析确定温度场分布，再依据温度场结果判定凝固或重熔状态得到应变结果。

其计算模型依据导入模型或者定值尺寸模型，其中水平方向网格数量（沿扫描方向）由系统默认设置（Single Bead、Thermal History 和 Microstructure 默认为 15 μm，Porosity 默认为 25 μm），垂直方向网格数量（层厚度方向）基于分层厚度参数（本例为 50 μm）动态调整，熔池模型不与边界条件的位置相冲突，计算结果可直接反馈 Mesh Resolution Factor 设置。

其计算材料参数依据不同温度条件下的热传导系数、密度、比热容和热膨胀系数，粉末材料性质为固体材料参数的相关比值。

边界条件如图 4-2-30 所示。其中激光束照射区域定义为高斯热源，上层激光扫描区域以外定义为强制对流，下层依据基板温度定义环境温度，左右两侧面定义为绝热条件（定值尺寸模型，因为定值尺寸模型为部分切割模型，可以缩小计算规模简化设置）或强制对流（导入模型）。每个沉积层初始条件均为粉末，高斯热源依次加载到各个区域，多道扫描时存在时间间隔用于对流冷却，离散粉末模型通过固态温度变化转变为连续实体模型。

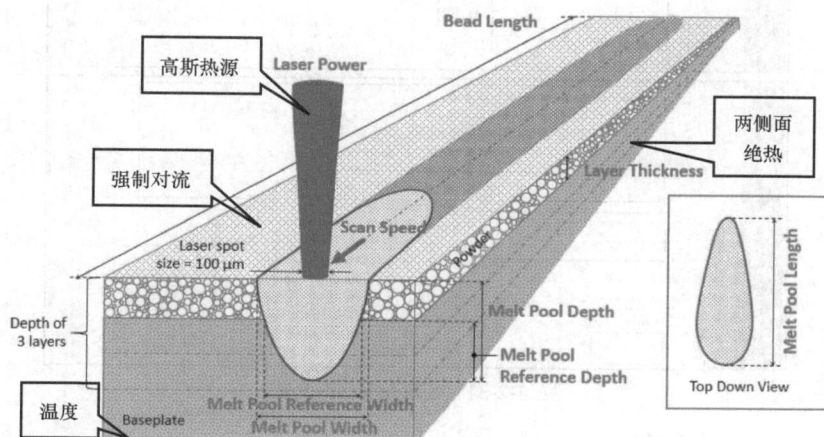

图 4-2-30 边界条件设置

假设条件：用于模拟实物填充过程，不能模拟增材制造中穿透孔（Keyhole）和成球缺陷（Balling），不能表征表面张力效应、蒸发、等离子体、飞溅物分离和辐射，吸收率、激光穿透深度等参数不能直接输入，只能通过功率和扫描速度进行反馈。

3．Single Bead 设置

单击 Dashboard→Draft Simulations→Single Bead，在 Configure Single Bead Parametric Simulation 表单中，Details→Simulation Title（主题名）为必填项，Number of Cores 为调用计算机核心数；Material Configuration 中的 Material 项选择 IN718（镍基 718 合金，数据库自带）；Machine Configuration 中的 Machine 项选择 Generic，Baseplate Temperature 项设置为 80℃，其中 Use Characteristic Width Calculation Mode 用于自定义材料设置，本例不用选中该复选框，Bead Type 项选择 Bead on power layer（激光扫描作用于粉末顶层，Bead on base plate 表示直接在基板上扫描），Layer Thickness 项设置为 50 μm（与前处理设置一致），Laser Beam Diameter 设置为 100 μm，单击 Laser Power 项旁边的图标，在 Start 文本框输入 100，End 增减框输入 300，Step 文本框输入 50（从 100 W 开始，间隔 50 W 为一组参数，终止于 300 W），即可出现 100×150×200×250×300× 的多功率参数设置（参数范围参考 Slice Viewer 中参数的结果，本例考虑计算周期和通识性，参数略有修改），同理 Scan Speed 设置为 500×1 000×1 500×2 000×2 500×；Geometry Configuration 中的 Bead Length 项设置为 3 mm（单道熔覆时熔池稳定长度，一般均小于 2 mm），如图 4-2-31 所示。

本例针对激光功率和扫描速度各自定义了 5 组参数，合计计算 25 组参数，通过这 25 组参数组合，可查看熔池的相关尺寸。

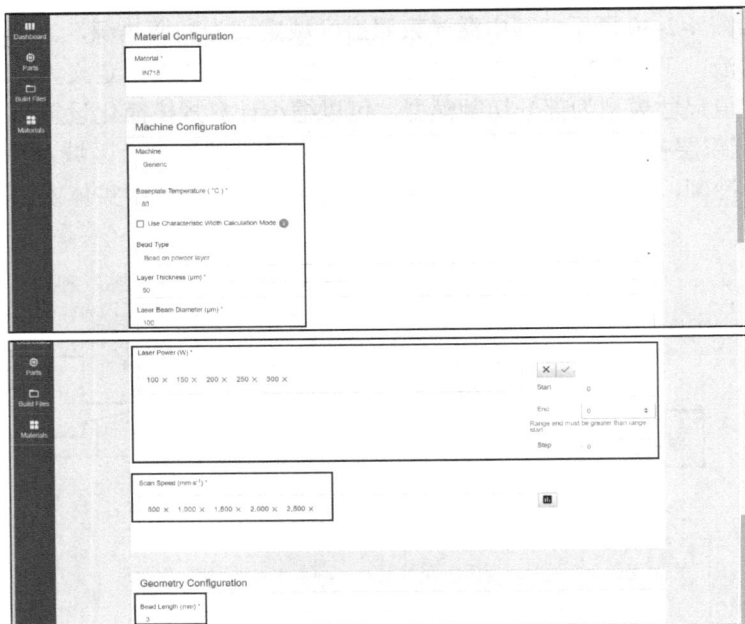

图 4-2-31　Single Bead 设置

4. Single Bead 后处理

整个过程较长，当计算完成后，单击 All Permutation Outputs，可导出 Permutation Outputs.zip 文件（内有 25 个目录，对应 25 个参数导出的熔池尺寸）；单击 Single Bead Summary，可导出 Summary.zip 文件（内有 Summary.csv 文件）。打开 Summary.csv 文件，新建 J 列和 K 列，其中 J 列命名为 Depth/Width，由 G 列 Median Melt Pool Reference Depth 除以 I 列 Median Melt Pool Reference Width 而得，K 列命名为 Length/Width，由 H 列 Median Melt Pool Length 除以 I 列 Median Melt Pool Reference Width 而得，如图 4-2-32 所示。

	A	B	C	D	E	F	G	H	I	J	K
1	Laser Power (W)	Scan Speed (mm/s)	Simulation ID	Average Melt Pool Reference Depth (mm)(>1.5*Layer Thickness)	Average Melt Pool Length (mm)	Average Melt Pool Reference Width (mm)	Median Melt Pool Reference Depth (mm)	Median Melt Pool Length (mm)	Median Melt Pool Reference Width (mm)	Depth/Width (<0.95)	Lenth/Width (<4)
2	100	1000	40	0	0.278	0	0	0.288	0	#DIV/0!	#DIV/0!
3	100	2500	25	0	0.27	0	0	0.284	0	#DIV/0!	#DIV/0!
4	300	2000	26	0.017	0.709	0.071	0.018	0.805	0.074	0.243243243	10.8783784
5	250	2000	27	0.008	0.621	0.049	0.008	0.691	0.052	0.153846154	13.2884615
6	100	2000	30	0	0.269	0	0	0.281	0	#DIV/0!	#DIV/0!
7	200	1500	34	0.01	0.518	0.057	0.011	0.564	0.059	0.186440678	9.55932203
8	200	500	43	0.101	0.502	0.161	0.104	0.543	0.165	0.630303030	3.29090909
9	150	1500	45	0	0.402	0	0	0.428	0	#DIV/0!	#DIV/0!
10	300	2500	46	0.007	0.716	0.044	0.007	0.815	0.047	0.14893617	17.3404255
11	150	2500	24	0	0.433	0	0	0.466	0	#DIV/0!	#DIV/0!
12	200	2000	28	0	0.518	0	0	0.564	0	#DIV/0!	#DIV/0!
13	150	2000	29	0	0.413	0	0	0.442	0	#DIV/0!	#DIV/0!
14	300	1000	36	0.076	0.683	0.134	0.078	0.772	0.138	0.565217391	5.5942029
15	250	500	42	0.133	0.583	0.181	0.135	0.643	0.186	0.725806452	3.45698925
16	250	2500	33	0	0.625	0	0	0.697	0	#DIV/0!	#DIV/0!
17	100	1500	35	0	0.293	0	0	0.306	0	#DIV/0!	#DIV/0!
18	300	500	41	0.164	0.658	0.197	0.166	0.739	0.203	0.81773399	3.64039409
19	200	1000	38	0.036	0.517	0.1	0.037	0.562	0.103	0.359223301	5.45631068
20	150	1000	39	0.016	0.405	0.07	0.017	0.43	0.072	0.236111111	5.97222222
21	150	500	44	0.066	0.409	0.136	0.068	0.435	0.139	0.489208633	3.1294964
22	100	500	22	0.03	0.296	0.095	0.031	0.308	0.097	0.319587629	3.17525773
23	200	2500	23	0	0.52	0	0	0.567	0	#DIV/0!	#DIV/0!
24	300	1500	31	0.037	0.706	0.099	0.038	0.802	0.102	0.37254902	7.8627451
25	250	1500	32	0.023	0.611	0.082	0.023	0.678	0.085	0.270588235	7.97647059
26	250	1000	37	0.056	0.6	0.119	0.057	0.664	0.123	0.463414634	5.39837398

图 4-2-32　Single Bead 汇总的后处理结果

为保证激光熔覆质量，必须保证 Average Melt Pool Reference Depth >1.5 × Layer Thickness（熔池深度大于 2.5 倍层厚度，因为参考熔池深度为熔池深度减第一层厚度，所以为 1.5 倍关系，如果不满足熔池深度要求，则出现未完全熔化孔隙）；Depth/Width<0.95（熔池深宽比，

如果大于该值，表示熔池过深出现穿透孔）；Length/Width<4（熔池长宽比，如果大于该值，表示熔池过长出现成球缺陷）。

本例层厚度为 50 μm，即 Average Melt Pool Reference Depth 大于 0.075 mm，同时满足 3 项要求的仅为第 8、15 和 18 行数据，对应熔覆参数为：激光功率 200 W、扫描速度 500 mm·s⁻¹、编号 43；激光功率 250 W、扫描速度 500 mm·s⁻¹、编号 42；激光功率 300 W、扫描速度 500 mm·s⁻¹、编号 41，散点统计图如图 4-2-33 所示。其参数可以与图 4-2-29 前处理扫描参数对比，可得与体填充扫描参数近似，当然如果想得到更精确的扫描参数，就需要重新定制功率和速度范围与间隔，以保证优化精度。

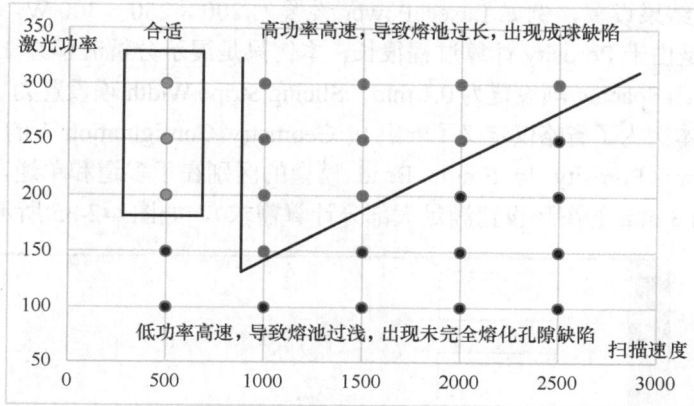

图 4-2-33　Single Bead 后处理散点统计

查看 Permutation Outputs.zip 中的 41 目录下的 41.csv 文件，绘制图表，如图 4-2-34 所示。其中 X 轴取 laserX 值（激光光斑照射位置与熔覆起点距离），Y 轴分别取熔池长度、熔池宽度、熔池深度、熔池参考宽度、熔池参考深度（"mp" 为熔池的简写）。由图可知，在 laserX = 1.2 mm 时，上述熔池参数才保持稳定，而在熔覆前期（laserX<1.2 mm），熔池参数并不稳定，所以其平均值也不稳定。这也是在汇总后处理 csv 文件中以 Median Melt Pool Reference Depth、Median Melt Pool Length 和 Median Melt Pool Reference Width 数据（Median 数据为位于熔池中间某特定截面的参数）进行计算，而不采用 Average 相关参数进行计算的原因。

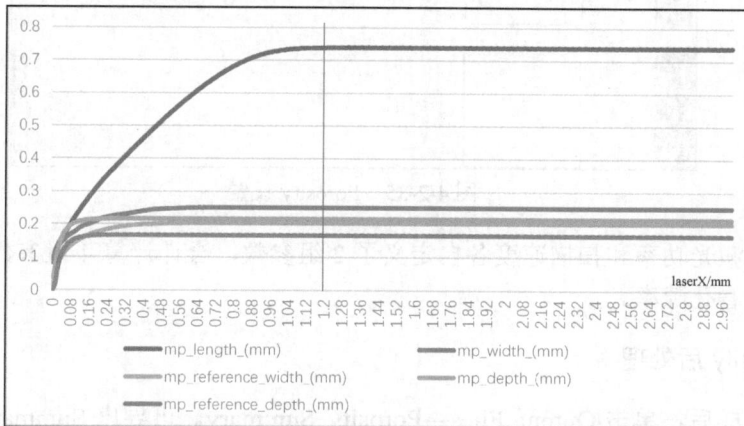

图 4-2-34　激光功率 300 W、扫描速度 500 mm·s⁻¹ 的熔池后处理结果

5．Porosity 设置

单击 Dashboard→Draft Simulations→Porosity，在 Configure Porosity Parametric Simulation 表单中，Details→Simulation Title（主题名）为必填项，Number of Cores 为调用计算机核心数；Material Configuration 下的 Material 项选择 IN718；Machine Configuration 下的 Machine 项选择 Generic，Baseplate Temperature 项设置为 80℃，Starting Layer Angle 项设置为 57°，Layer Rotation Angle 项设置为 67°，Laser Beam Diameter 项设置为 100 μm，Laser Power 设置为 200×300 W，Scan Speed 设置为 $1\,500 \times 2\,500$ mm·s^{-1}（以上两项参数应该依据 Single Bead 后处理中的优化结果设置，例如 Laser Power 设置为 $200 \times 250 \times 300$ W，Scan Speed 设置为 500 mm·s^{-1}，但是由于 Porosity 计算过程很长，本例只是展示分析流程），Layer Thickness 项设置为 50 μm，Hatch Spacing 项设置为 0.1 mm，Slicing Stripe Width 项设置为 10 mm（以上 3 项均可以定义参数，本例为了省略仅定义了一组）；Geometry Configuration 下的 Width/Length/Height 项均设置为 3 mm（Porosity 与 Single Bead 模型的区别在于多道和单道，道间距即为 Hatch Spacing，默认为 3 mm 的图形设置满足大部分计算需求），如图 4-2-35 所示。

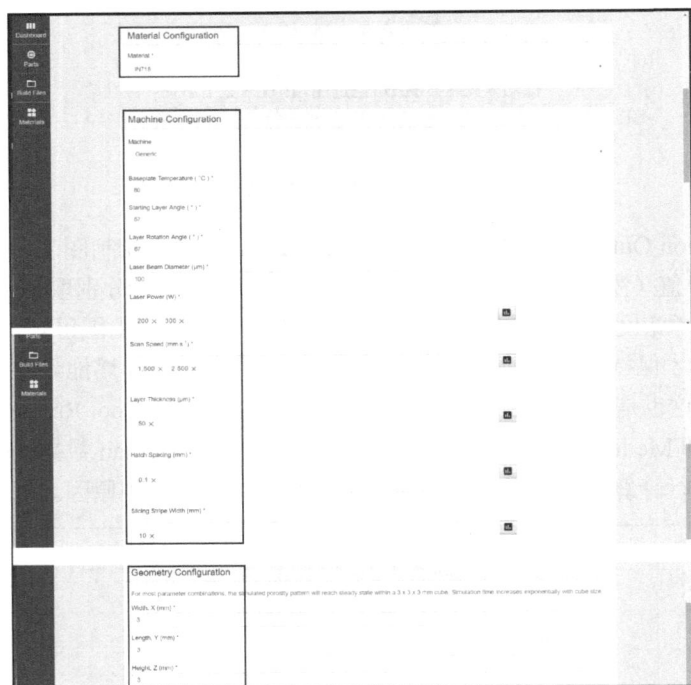

图 4-2-35　Porosity 设置

本例针对激光功率和扫描速度各自定义了 2 组参数，合计计算 4 组参数，通过这 4 组参数组合，可查看孔隙率。

6．Porosity 后处理

当计算完成后，单击 Output Files→Porosity Summary，可导出 Summary.zip 文件（内有 Summary.csv 文件）。打开 Summary.csv 文件，如图 4-2-36 所示。

	A	B	C	D	E	F	G	H	I	J	K	L	M
1	Geometry Height (mm)	Geometry Length (mm)	Geometry Width (mm)	Starting Layer Angle (deg)	Layer Rotation Angle (deg)	Laser Power (W)	Scan Speed (mm/s)	Layer Thickness (mm)	Hatch Spacing (mm)	Slicing Stripe Width (mm)	Void Ratio	Powder Ratio	Solid Ratio
2	3	3	3	57	67	200	1500	0.05	0.1	10	0	0.0488	0.9512
3	3	3	3	57	67	200	2500	0.05	0.1	10	0	0.3508	0.6492
4	3	3	3	57	67	300	1500	0.05	0.1	10	0	0.0002	0.9998
5	3	3	3	57	67	300	2500	0.05	0.1	10	0	0.0956	0.9044
6													

图 4-2-36 Porosity 汇总后的处理结果

由图可知，该表格前面 10 列为增材制造的工艺参数，与 Porosity 设置对应，后面 Volid Ratio 表示空位率，Powder Ratio 表示粉末率，Solid Ratio 表示实体率，其中实体率必须大于 0.995 才能满足工艺要求。故此只有激光功率为 300 W、扫描速度为 1 500 mm·s^{-1}、其他参数默认设置下才能满足孔隙率要求。

增材制造的 3 种主要缺陷如图 4-2-37 所示，其中未完全熔化主要原因为激光功率较低、扫描速度较快导致部分金属粉末没有熔化，在 Porosity 后处理中显示粉末率较高，在 Single Bead 后处理中显示熔池过浅；穿透孔主要原因为激光功率较高、扫描速度较慢导致部分金属蒸汽在凝固前没有完全排出以及水汽在等离子体作用下形成气孔，由于软件内置数据库缺乏足够的试验数据支撑，在 Porosity 后处理中显示实体率为 1（即便实体率显示为 1，粉末和工作环境也会导致实际零件存在气孔），在 Single Bead 后处理中显示熔池过深；成球缺陷主要原因为激光功率较大、扫描速度较快导致熔合金属分离出现空位，在 Porosity 后处理中显示空位率大于 0，在 Single Bead 后处理中显示熔池过长。

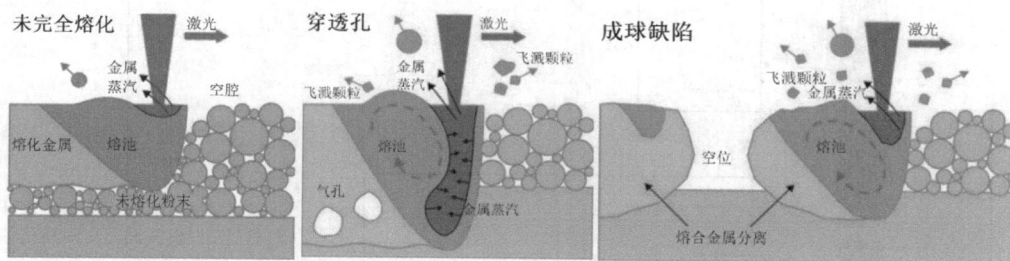

图 4-2-37 增材制造缺陷

因此先对 Single Bead 分析结果进行判断，剔除可能出现缺陷的加工参数，然后在合适的激光功率和扫描速度的基础上，再以 Porosity 计算，优选出 Layer Thickness、Hatch Spacing 和 Slicing Stripe Width 的合适参数，当然还可以对激光功率和扫描速度参数继续细分优选。

此外在默认目录 C:\Users\Lenovo\AppData\Roaming\ansys-additive（可在 Ansys Additive→Edit→Settings 下修改）中可以看到 4 种参数的 Statemap.zip 文件，每个文件均按层分为若干个 csv 文件（本例模型设置为 3 mm 厚，分层厚度为 50 μm，所以共计 60 个文件）。每层的 csv 文件以 x、y、z 坐标为基准，对孔隙设置为 0，对实体设置为 1，以此进行孔隙率汇总。

7. Thermal History 设置

单击 Dashboard→Draft Simulations→Thermal History，在 Configure Thermal History Simulation 表单中，Details→Simulation Title（主题名）为必填项，Number of Cores 为调用计算机核心数；在 Geometry Selection 下的 Build Files 项选择前处理导出模型，Mesh Resolution Factor 项设置为 5；Material Configuration 下的 Material 项选择 IN718；Machine Configuration 下的 Baseplate Temperature 项设置为 80℃，Laser Beam Diameter 项设置为 100 μm，Laser Power

设置为 195 W，Scan Speed 设置为 1 000 mm·s^{-1}（依据图 4-2-29 所定义参数或者依据 Single Bead 和 Porosity 后处理的优选结果，本例仅作展示）；Outputs 中选中 Coaxial average sensor data 复选框，Sensor radius 项设置为 0.15 mm（以零件上表面激光位置为圆心，半径为 0.15 mm 圆形视场观察熔池瞬态尺寸和平均温度），Sensor Z Height Ranges 设置为 0.98 mm 和 2 mm（以零件底部为基准，确定观察高度范围。本例分层厚度为 50 μm，即便定义 0.98 mm 也按最接近层厚度整数倍的 1 mm 高度开始），单击 Add 确认，如图 4-2-38 所示。

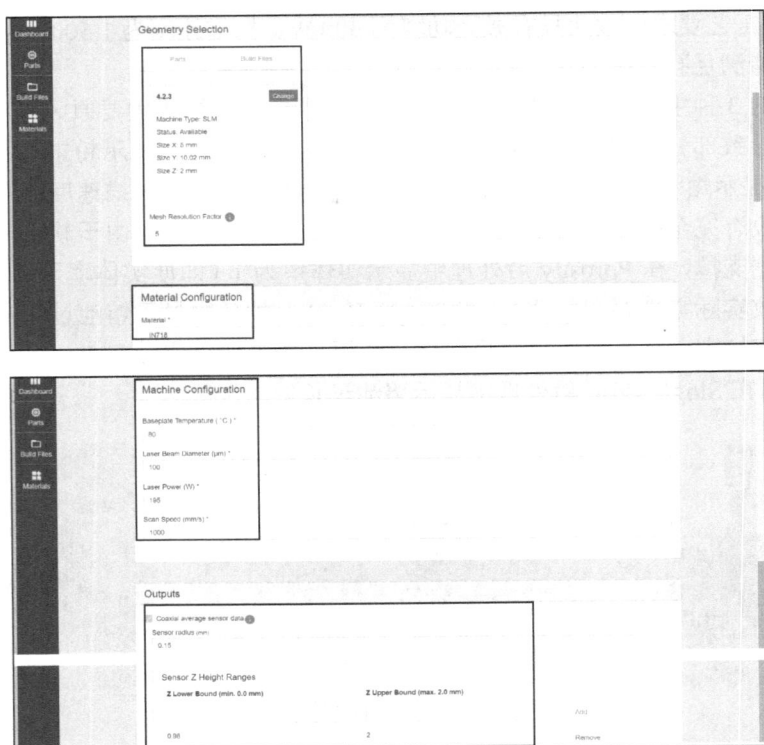

图 4-2-38　Thermal History 设置

8．Thermal History 后处理

当计算完成后，单击 Output Files→Coaxial Average Sensor VTK File，可导出 Coaxial Average Sensor VTK.zip 文件（内有 21 个 vtk 文件，高度为 1～2 mm，间距为 50 μm）。采用 Ensight 打开其中的 Z2.000mm_CoaxialAverage.vtk（最上层）文件，因为默认设置显示不清晰，所以先双击 Case1→Z2.000mm_CoaxialAverage，在弹出的对话框中选中"高级""节点""单元""线"复选框，将线显示方式中的线宽项设置为 8；再单击 Case1→Z2.000mm_CoaxialAverage，在着色菜单中选择"选择变量"→"Temperature_C"，即可显示熔池的平均温度，如图 4-2-39 所示（读者可以自行查看熔池的长度、宽度和深度）。

由图可知，最上层的熔池最高平均温度为 1 445℃（IN718 的熔点为 1 430℃左右），四周边界温度较低，对比图 4-2-29 所示最上层的激光扫描路径，其熔池平均温度分布与此完全匹配。此外，因为后处理计算结果为圆面积内的平均温度，修改 Sensor radius 项会影响平均温度结果，所以该项计算之前先采用 Single Bead 计算出熔池尺寸以确定 Sensor radius 的大小。

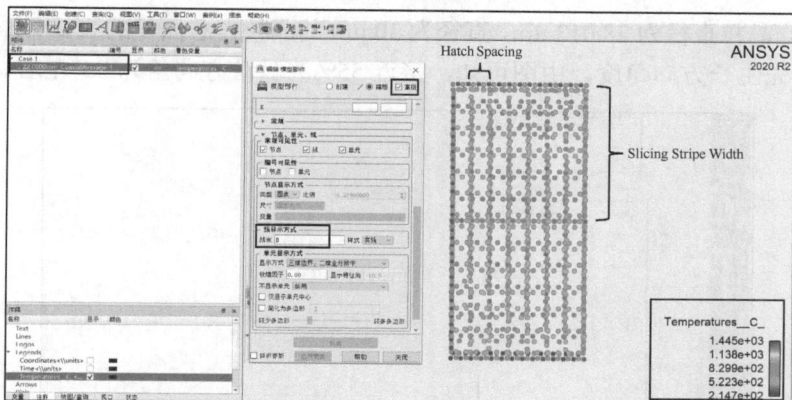

图 4-2-39　采用 Ensight 处理 Thermal History 结果

9. Microstructure 设置

单击 Dashboard→Draft Simulations→Microstructure，在 Configure Thermal History

Simulation 表单中，Details→Simulation Title（主题名）为必填项，Number of Cores 为调用计算机核心数；Material Configuration 下的 Material 项选择 IN718（当前版本只支持 Al357、AlSi10Mg、IN718 和 316L 4 种材料）；Microstructure Configuration 下的 Geometry Width/Length/Height 项均设置为 1 mm（确定计算范围，默认先依据计算范围进行热计算再微观求解），Sensor Dimension 项设置为 0.5 mm（计算原理为元胞法，该值就是微观计算特征尺度，本例即有 8 个单元），选中 Use Provided Thermal Parameters 复选框（选中后直接进行微观计算，否则会根据计算范围先计算冷却速度、热梯度和熔池尺寸，速度较慢），Cooling Rate 项设置为 1 000 000K·s^{-1}，Thermal Gradient 项设置为 10 000 000K·m^{-1}，Melt Pool Width 项设置为 0.15 mm，Melt Pool Depth 项设置为 0.1 mm，选中 Use Specific Random Seed 复选框，设置 Random Seed 项为 500 000（指定形核的种子数以方便重复计算校对，如果不选中，随机数是自动生成，无法复现计算结果）；Machine Configuration 下的 Machine 项选择 Generic，Scan Speed 设置为 1 000 mm·s^{-1}，Layer Thickness 项设置为 50 μm，Hatch Spacing 项设置为 0.1 mm，Starting Layer Angle 项设置为 57°，Layer Rotation Angle 项设置为 67°（不选中 Use Provided Thermal Parameters 复选框将出现 Laser Power 和 Baseplate Temperature，以上几项均可以定义参数，本例为了省略仅定义了一组），如图 4-2-40 所示。

该元胞法计算过程中对每个单元按 3 个平面（XY Plane、XZ Plane 和 YZ Plane）分配 4 个变量：状态变量表示固体、液体和固液界面；方向变量表示晶粒的优先生长方向；晶粒数量变量用于区分彼此的晶粒；晶粒比例变量用于统计各晶粒参数。每个单元的状态及相邻单元的状态根据激光边界集合（熔池长、宽、深导致的热边界）来确定。

10. Microstructure 后处理

计算完成后，选择 Permutations 下面多优化参数所定义的一组结果查看后处理结果，因为本例仅计算一组参数，所以直接进入 Output Files 项，先查看 XY Plane Circle Equivalence Grain Date 后处理结果，如图 4-2-41 所示。Circle Equivalence 是用圆面积等效计算每个晶粒的实际面积，所以输出参数为圆直径。所有晶粒的晶粒面积和等效直径均汇总到晶粒度分布柱状图。由图可知，其平均晶粒直径为 28.013 μm，直径为 30 μm 的晶粒占总面积的 8%。Orientation Angle 是指晶粒的优先生长方向角度，由图可知，接近 55% 的晶粒方向角为 85°左右。

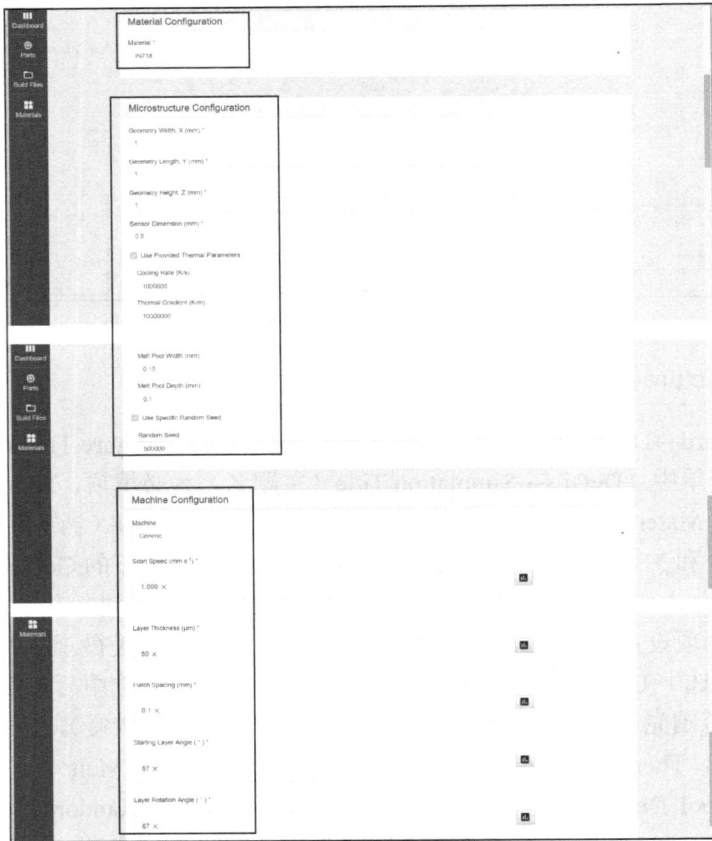

图 4-2-40　Microstructure 设置

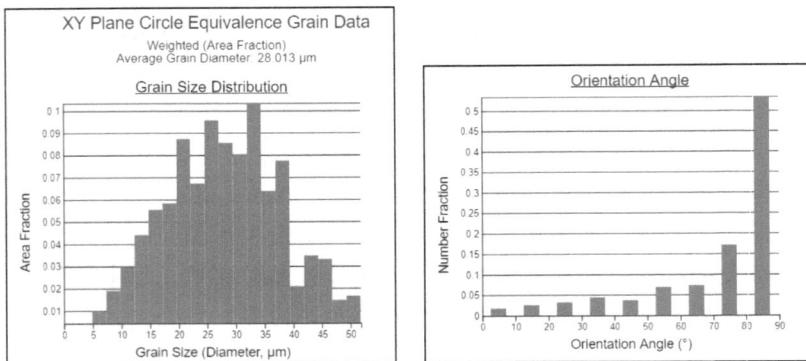

图 4-2-41　Microstructure 后处理结果（1）

查看 Microstructure in XY Plane 后处理结果，如图 4-2-42 所示。依次为晶粒方向角云图、晶粒数量云图和晶粒形貌云图。由晶粒方向角云图可知，大部分晶粒方向角为 85°左右，这与图 4-2-41 汇总结果一致；由晶粒数量云图可知，大部分晶粒集中在左上侧边附近，数量按条纹层状分布；由晶粒形貌云图可以看到各个晶粒的晶界。

(a)

(b)

(c)

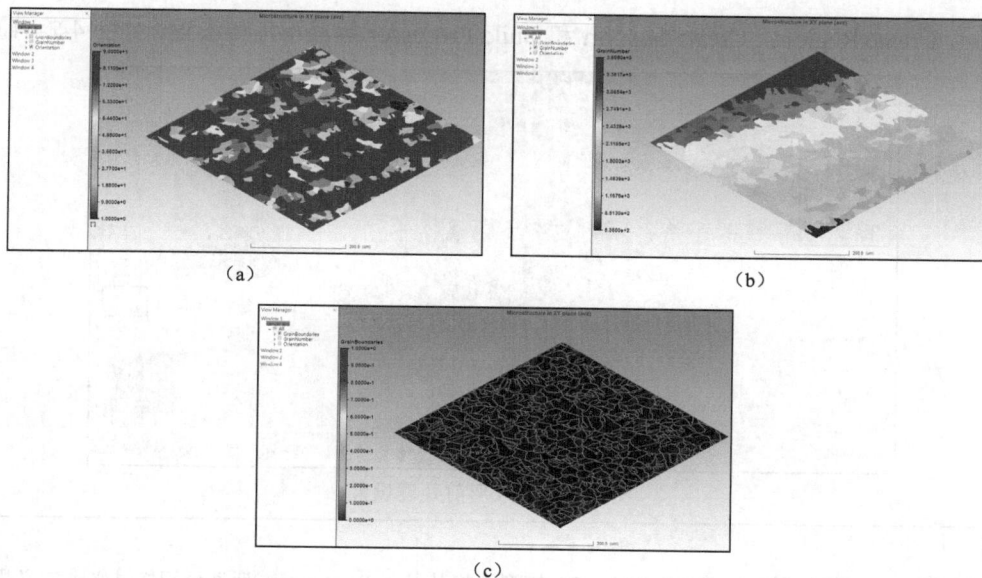

图 4-2-42　Microstructure 后处理结果（2）

4.2.4　增材制造过程模拟流程

增材制造过程模拟处理采用 Workbench 平台的 Additive 插件进行计算。该插件采用 AM Process 相关设置对增材制造过程中相关设置进行定义，通过预置流程可以方便快捷地定义整个流程。同时历史版本更新均重点在此模块，由于本书版本限制，仅就当前功能进行阐述，读者可自行参考新版本的帮助文件进行补充。

计算模型为一蝶形零件，中间为一圆管，两侧各有翼形圆弧管，圆弧面为倾斜布置，如图 4-2-43 所示。该零件形状较复杂，且不适合大批量定制模具生成，如果采用数控铣，则原材料浪费严重，所以采用增材制造较为经济方便。

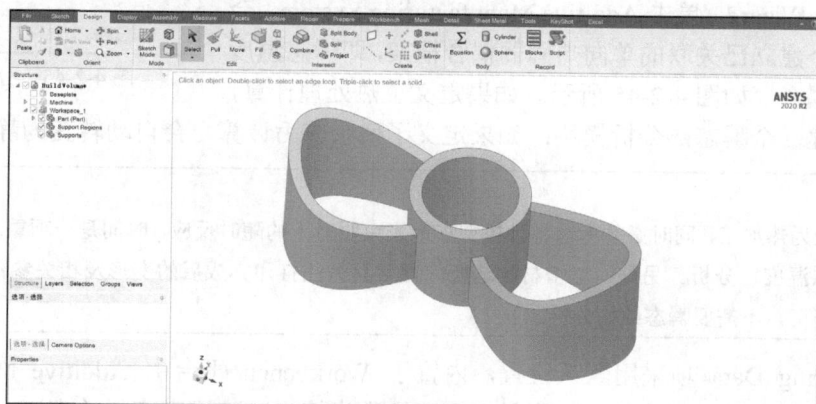

图 4-2-43　计算模型

1. 前处理

单击 Additive→Create 自动创建打印区域，单击 Settings，在 Machine Setup 下的 Platform Size 区域中设置 Length 为 50 mm，Width 为 50 mm。单击 Orientation Map，将其中 Z-Offset 项设置

为 2 mm，Create Regions、Create Support 和 Build Processor 等项不需要设置，如图 4-2-44 所示。

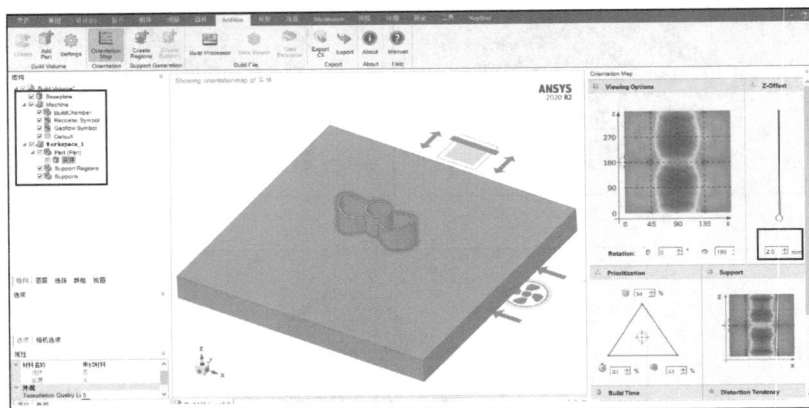

图 4-2-44　成形前处理设置

> **注意**
>
> 　　本例不定义支撑的原因是默认支撑为 STL 模型，将其导入 Workbench 后划分网格时必须定义极小的尺度，计算效率极低，本例为了简化计算规模，使用 Workbench 的 AM Process 定义支撑，同时也可以展示 AM Process 的功能，此外在 ANSYS Workbench 2023 版不仅更新了支撑模型的网格划分，还对支撑模型与基板的接触设置进行了优化，更加容易操作。

　　定义完成之后，单击 Export 得到包含所有数据的 Zip 文件（内含部件模型的 scdoc 文件、零件 STL 文件和扫描过程 slm 文件，此外 Export Cli 可得通用扫描过程的 cli 文件）。

2．建立分析流程

　　在 Workbench 主界面单击 Extension→Manage Extensions，选中 Additive Wizard，单击 Additive Manufacturing System，会自动创建一个建立已关联的单向热固弱耦合框架，即瞬态温度场与静力学耦合，如图 4-2-45 所示。如果定义了热处理计算，

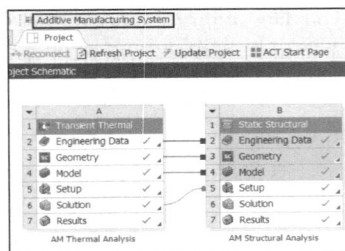

图 4-2-45　分析流程

还会自动创建一个瞬态热分析模块；如果定义了残余应力计算，会自动转变为静力学模块。

> **注意**
>
> 　　增材制造为热加工，同时必须考虑各种模型在激光束照射下的随时反应，时间是一项重要参数，所以必须采用瞬态温度场分析。另外，对增材制造研究通常只关注打印完成后的变形及相关参数，所以只需静力学分析即可，不需要瞬态结构分析。

　　Engineering Data 项采用默认设置，内置了 Workbench 平台中 Additive Manufacturing Material 库内所有增材制造的材料型号，主要参数为熔点、随温度变化的密度、随温度变化的热传导系数和比热容、随温度变化的杨氏模量、泊松比、体积模量和剪切模量、随温度变化的屈服强度和切线模量、随温度变化的热膨胀系数。

　　右击 Geometry，在弹出的快捷菜单中选择 Import Geometry→Browse，选择包含部件模型的 scdoc 文件。

> **注意**
>
> 　即便在前处理中定义了支撑，此刻导入模型也建议只为包含打印零件和基板的部件模型，因为导入包含支撑 STL 模型的部件模型比较慢。

> **注意**
>
> 　增材制造工艺主要为粉末床熔融（Powder Bed Fusion，PBF），简称铺粉工艺，是指通过热能选择性熔化/烧结粉末床区域的增材制造工艺，例如激光选区熔融（Selective Laser Melting、SLM）等；定向能量层积（Directed Energy Deposition，DED），简称送粉工艺，是指利用聚焦热能将材料同步熔化沉积的增材制造工艺，例如激光近净成形（Laser Engineered Net Shaping，LENS）、激光金属熔覆沉积（Laser Metal Deposition，LMD）和激光立体成形（Laser Solid Forming，LSF）等。

3．前处理

双击 A4 Model 项进入 Mechanical Additive 设置。Mechanical Additive 已经将流程固化，只需按照软件向导依次设置即可。当然软件还可以通过 AM Process 菜单完成相关设置，但必须手动定义材料、网格、命名选择（AM Process 定义对象为节点和单元，必须用命名选择进行处理）等。

单击 Automation→Open Wizard→Additive Wizard 进入增材制造过程模拟。第一步为定义打印零件、支撑和基板，如图 4-2-46 所示。Part Geometry 和 Part Selection 用于体选择打印零件，模型中必定存在。Support Geometry 和 Support Selection 用于体选择支撑模型，选择 No Support 则为不需要支撑，用于打印零件直接置于基板上方或者导入模型已经绘制了支撑，支撑与打印零件为一体的形式；选择 STL Support 则为以文件名形式将 STL 支撑模型导入，对于大型复杂的支撑模型，一般均采用此设置，导入格式可选 Volumeless（面体模型，一般均为该项，厚度一般设置为 0.1～0.2 mm）和 Solid（可闭合面体模型）；本例由于打印零件与基板存在 2 mm 间隙，选择 Create Supports（由 Workbench Additive 创建支撑）。Base Geometry 和 Base Selection 用于体选择基板零件，当不存在基板模型时可以以 X、Y、Z 坐标创建基板（Create Base）。Non-build Geometry 用于定义基板上不需要成形的零件或者夹紧机构。Powder Geometry 用于定义制造过程中包围零件和支架的粉末材料。Symmetry 定义对称面，Fraction of total build 为对称份数的倒数，0.5 即对称份数为 2。

第二步为定义网格，如图 4-2-47 所示。对应在 AM Process→Cartesian Control Mesh 中进行设置。Mesh Type 用于定义打印零件或支撑的网格形式，可选 Cartesian、Voxelized 和 Layered Tetrahedral（当前版本不能使用该选项，后续版本可以调用，用于薄壁模型，但壁厚方向至少 3 层网格，输入 Layer Hight 参数）。其中 Cartesian 采用六面体方块捕捉模型特征，Projection factor 设置为 0 时最容易计算收敛，但曲面/曲线匹配效果最差，Projection factor 设置为 1 时则曲面/曲线匹配效果最好，Project in Constant Z-Plane 与 Stretch Factor in $X/Y/Z$ 设置匹配，当 Stretch Factor in X/Y/Z 均为 1 时，必须设置 Project in Constant Z-Plane 为 Yes，表示所有网格尺寸均按 Z 向网格尺寸设定，高度保持一致，这是进行生死单元计算的需要。Voxelized 与 Additive Print 中 Voxel Sample Rate 类似，其中 Subsample Rate 即为 Voxel Sample Rate。此外如果打印模型和支撑使用这两项进行网格划分，模型之间必须进行共享拓扑，因为系统不会自动定义打印模型和支撑之间的接触。Build Element Size 用于设置打印模型或支撑的网格尺度，一般设置为 10～20 倍的粉末层厚度（Depositon Thickness）。例如设置 40 微米的粉末层厚度（或称为沉积厚度），则 Build Element Size 设置为 0.4～0.8 mm。Base Element Size 用于对基板定义网格尺寸，一般基板厚度有一层或两层网格即可。本例 Mesh Type 项选择 Voxelized，Build Element Size 项设置为 0.25 mm，Base Element Size 项设置为 2.5 mm。

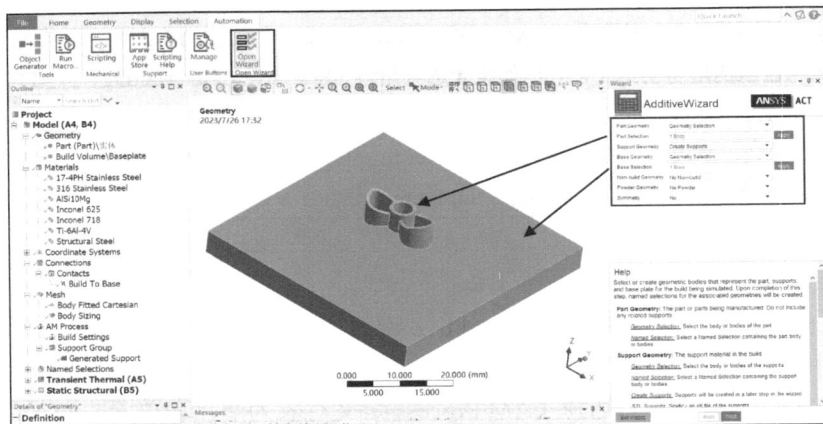

图 4-2-46　增材制造向导设置

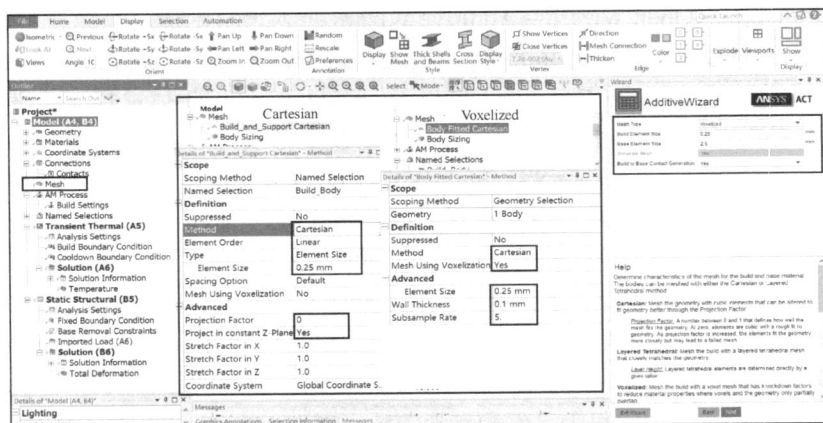

图 4-2-47　增材制造向导设置

Build to Base Contact Generation 表示自动定义基板与打印零件或支撑的接触，如图 4-2-48 所示，对应在 AM Process→Create Base to Build Contact 进行设置。其在 Connections→Contacts 项中接触设置中的接触面单元与目标面单元由命名选择定义，仅设置 Type 为 Bonded，其余项采用默认设置。接触面单元在命名选择中先选择整体坐标系 Z 轴位置位于 −0.125～0.125 mm（经过 Spaceclaim 前处理的模型整体坐标系的原点位于基板上表面，单元定义为 0.25 mm，所以以单元的一半定义 Z 轴尺寸范围）的所有单元（745 个单元），再过滤法向为 −Z 的单元，即可得到支撑模型与基础相邻所有单元（345 个单元）。同理，目标面进行相同设置，仅在过滤法向时选择 Z 向。当然此项设置在经过软件自定义支撑之后才能设置成功，但当导入 STL 支撑或者模型中已含支撑时，则需要注意支撑的下平面必须位于 Z 轴等于 0 的位置上，如果存在间隙或者穿透，则需要通过 Part Transform 进行调整。

接下来为自定义支撑（如果已有支撑，则不存在该项设置），其中 Generated Support Scoping

可选 Overhang Angle（定义悬垂角）或 Element Face Selection（选择支撑面），本例设置 Overhang Angle 项为 45°。

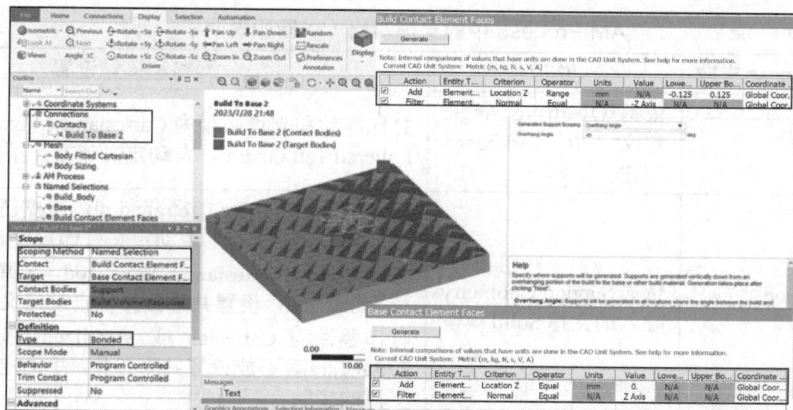

图 4-2-48　增材制造向导中的接触设置

第三步为材料定义，如图 4-2-49 所示。本例 Build Material 选择 Inconel718，Base Material 选择 Structural Steel（该项等同 Material 的 Assignment 设置），Support Material Adjustments 可选 Overall Factor、Property Specific Factors、Block Support Dimensions（该项只用于自定义支撑等，如果为导入 STL 支撑，则会自动计算相关参数）。支撑在实际中为孔系或薄壁结构，在软件中不可能按真实模型进行描述，否则计算量超级巨大，因此在软件中只以均匀实体进行描述，针对真实模型结构与理想模型的差异以带系数的材料参数（杨氏模量、剪切模量、密度、热传导系数等）进行表征。Overall Factor 为统一的系数，Property Specific Factors 为各向异性的系数，Block Support Dimensions 为根据 Help 中显示的图形指定间距和壁厚。本例设置 Overall Factor 为 0.5。同时单击 AM Process→Support Group→Generated Support，在下方的 Details 窗口中将 Nonlinear Effects 设置为 Yes（新版 ANSYS 在向导中增加了此选项），Support Type 项可选 User Defined 和 Block（前者对应向导中的 Overall Factor、Property Specific Factors，后者对应向导中的 Block Support Dimensions），Multiplier Entry 项可选 All 和 Manual（前者对应向导中的 Overall Factor，后者对应向导中的 Property Specific Factors），Material Multiplier 项对应向导中的 Overall Factor。

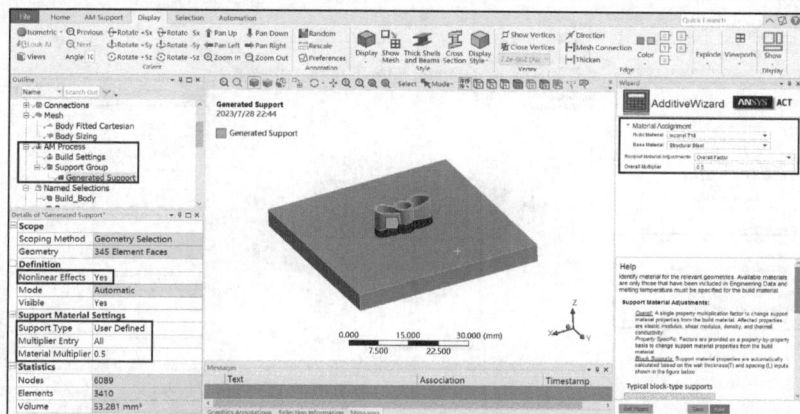

图 4-2-49　增材制造向导中的材料设置

AM Process 可以定义 3 种支撑形式，分别为 Generated Support、Predefined Support 和 STL Support，三者对比如表 4-2-3 所示。

表 4-2-3　　　　　　　　　　AM Process 中的支撑对比（以新版说明）

序号	AM Process 支撑	说明	网格和接触设置
1	Generated Support	依据 Overhang Angle 定义，由 Workbench 创建支撑	打印零件和支撑必须为 Cartesian 或 Voxelized，不支持 Layered Tetrahedral，自动定义连接，不需要定义接触
2	Predefined Support	依据 Support Geometry 导入的支撑 Solid 模型	打印零件为 Layered Tetrahedral，支撑任意网格形式，不能设置共享拓扑，手动定义打印零件和支撑的接触；打印零件为 Cartesian 或 Voxelized，支撑也为 Cartesian 或 Voxelized，设置共享拓扑，自动定义连接；打印零件为 Cartesian 或 Voxelized，支撑为 Layered Tetrahedral，不能设置共享拓扑，手动定义打印零件和支撑的接触
3	STL Support	依据 STL Support 导入的支撑 Shell 模型。Volumeless 和 Solid 选项依据在 Spaceclaim 中右击 STL 模型，看能否合并面并转换为实体	打印零件为 Layered Tetrahedral，支撑任意网格形式，不能设置共享拓扑，手动定义打印零件和支撑的接触；打印零件为 Cartesian，支撑任意网格形式，不能设置共享拓扑，手动定义打印零件和支撑的接触；打印零件为 Voxelized，支撑为 Voxelized，设置共享拓扑，自动定义连接

第四步为成形过程设置，分为残余应力分析（Inherent Strain 设置为 Yes）和热固耦合分析（Inherent Strain 设置为 No）。残余应力分析设置如图 4-2-50 所示，其中 Build Settings Input 可选 Enter Manually（手动定义）或 Load Preset（导入成形 XML 文件，可由 slm、Cli 文件或 G 代码转换）；Deposition Thickness 为沉积层厚度，是重要的扫描工艺参数，直接关系模型网格尺度设置；Strain Scaling Factor 与 Additive Print 中的 Strain Scaling Factor（SSF）完全一致，同样通过单击 AM Process→Build Settings 在下方的 Details 窗口中将 Inherent Strain Definition 项设置为 Anisotropic 可以定义为各向异性分析。在 Strain Scaling Factor 项前通过定义参数化进行优化计算，与实际模型测量的相关尺寸进行对比，可以标定该系数。特别注意，某些材料在受热情况下出现收缩现象，则 Strain Scaling Factor 为负值。

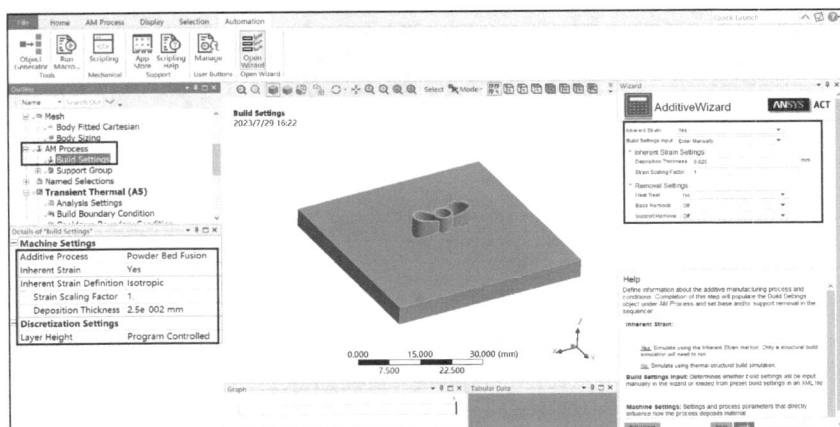

图 4-2-50　增材制造向导中的残余应力分析

因为 Inherent Strain 只进行静力学计算，所以可以很快地计算出增材制造的残余应力，并且计算快捷、易优化，可以方便与测量模型比对以标定 SSF 系数来保证计算模型的准确性。标定的过程可参考 4.2.2 节。

Inherent Strain 设置为 No 时，可以看到向导设置与 AM Process→Build Settings 的设置基本一致，区别在于 AM Process→Build Settings 的设置中有 Strain Scaling Factor 设置，而向导中无此项设置。正确的分析流程应该是先通过残余应力分析标定 Strain Scaling Factor，再进行热固耦合分析。本例 Deposition Thickness 设置为 0.025 mm；Hatch Spacing 设置为 0.13 mm；Scan Speed 设置为 1 200 mm·s^{-1}；Time Between Layers（AM Process→Build Settings 中 Dwell Time 设置，定义各层熔覆之间的停留时间，包括粉末铺展时间以及构建一些不需要进行增材制造模拟的固定件的沉积时间，该项设置仅 Workbench 中有定义）设置为 10 s；Dwell Time Multiple（Dwell Time 乘以该数，表示同时构建多个不需要进行增材制造模拟的固定件）设置为 1；Number of Heat Sources（热源数）设置为 1。Build Conditions 中仅修改 Powder Convection Coefficient 为 2E−5 W·mm^{-2}·℃$^{-1}$，其余参数默认。Cooldown Conditions 中仅修改 Powder Convection Coefficient 为 2E−5 W·mm^{-2}·℃$^{-1}$，其余参数默认。

在 Powder Bed Fusion 中，预热温度表示在沉积之前将基板加热到设定温度，以及在整个成形过程中均保持基板底部温度；气体和粉末温度表示在成形过程中打印机内部空间内的气体和粉末温度，通常与预热温度一致；气体对流系数和粉末对流系数是将零件周围的气体与粉末均认为对流；粉末特性系数是以该系数乘以实体材料参数以确定粉末的材料参数。在熔化之前添加到结构顶部的新粉末层的材料特性分解系数。

Removal Settings 中 Heat Treat（热处理）项选择为 No（热处理可以明显改善增材制造的零件性能，热处理是唯一一项不能在向导中完全定义的设置）；Base Removal 项选择为 Instantaneous（以节点位置去除基板，Progressive 项以切除方向和切除距离去除基板）；Support Removal 项选择为 Off（不去除支撑），如图 4-2-51 所示。

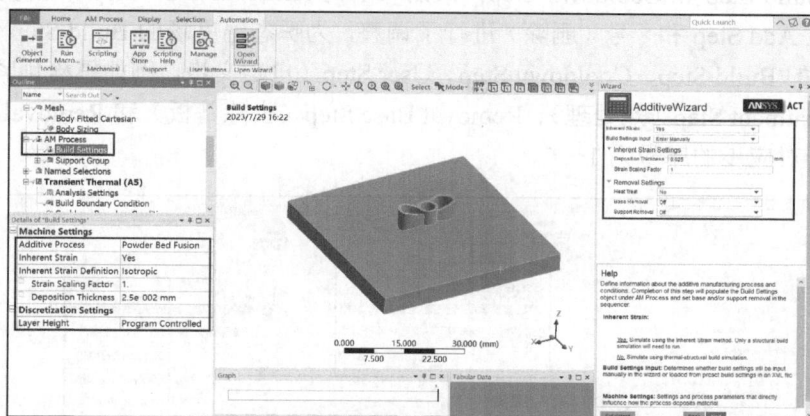

图 4-2-51 增材制造向导中的成形设置

第五步为边界条件设置。如图 4-2-52 所示，在 Base Thermal Boundary Conditions 中选择基板底平面定义温度条件，与瞬态温度场中的 Build Boundary Condition 和 Cooldown Boundary Condition 边界条件对应，其中温度数值依据成形设置中的 Build Conditions 和 Cooldown Conditions。在 Base Structural Boundary Condition 中选择基板底平面定义完全约束，与静力学

分析中的 Fixed Boundary Condition 边界条件对应。

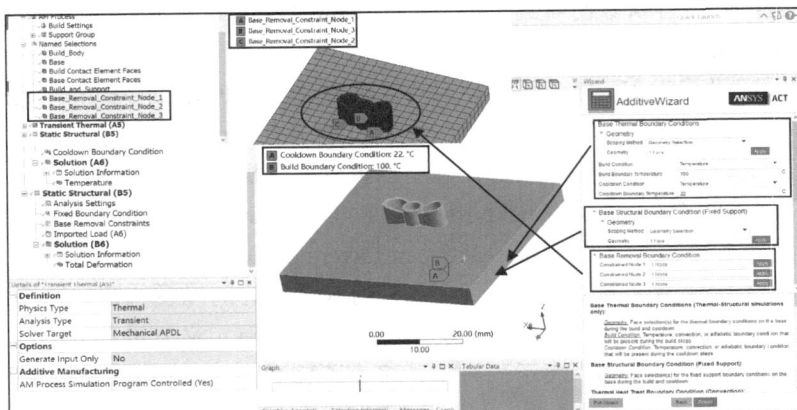

图 4-2-52　增材制造向导中的边界条件设置

注意

一般而言，增材制造均是将基板底面固定，用完全约束就可以，但是如果基板处于某平台上面，需要研究基板的翘曲，则采用无摩擦约束或位移约束。在 Base Removal Boundary Condition 中分别选择与基础接触的支撑模型的 3 个节点依次进行设置，与静力学分析中的 Base Removal Constraints 边界条件对应，读者可以自行查看其命令流。

至此，向导设置完成。向导设置可以清晰无误地完成增材制造过程分析，建议读者前期按此向导进行设置，待熟练之后才可以尝试直接在结构树中完成所有设置。设置完成以后，查看 AM Process→Sequence 设置，如图 4-2-53 所示。左侧为本例的步设置，其中瞬态温度场分两步，依次为 Build Step（成形）和 Cooldown Step（冷却）；静力学分三步，前两步对应瞬态温度场的 Build Step 和 Cooldown Step，最后一步为 Removal Base Step（去除基板）。右侧的步设置通过 Add Step 和 × 号（删除）进行了调整，为瞬态温度场的 Build Step 和 Cooldown Step，静力学的 Build Step、Cooldown Step、User Step（自定义步，例如螺栓预紧、施加位移等）、Heat Treatment Step（热处理）、Removal Base Step（去除基板）和 Removal Support Step（去除支撑），对应步的序号为 1～6。

图 4-2-53　增材制造中的步设置

4．后处理

求解设置选项默认，向导会自动进行相关设置。计算完成后，查看瞬态温度场的 Temperature 后处理结果，如图 4-2-54 所示。

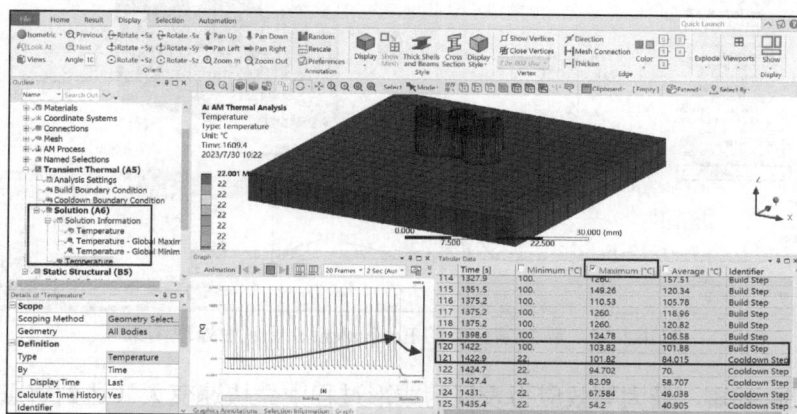

图 4-2-54 瞬态温度场的 Temperature 后处理结果

由图 4-2-54 可知，对于增材制造过程中的最高温度，在成形过程中表现逐渐升高，在冷却过程中表现快速降低，这与实际工况温度情况相匹配。通过动画演示也可以看到逐层扫描的温度升高再整体冷却降温的过程。另外可得成形过程为 1 422 s，在 Solution Information 中搜索"Approximate Time to Physically Build the Part"，其显示时间为 3 040.2 s，另外 Deposition Thickness 设置为 0.025 mm，Build Element Size 设置为 0.25 mm，即每层网格有 10 层沉积层，其关系式为 $1\,422 \approx 3\,040.2 \times (1/10)^{1/3}$。

查看静力学分析的 Total Deformation 后处理结果，如图 4-2-55 所示。其中最终时刻为 1 814.7 s，此刻已完成去除基板模型，所以云图中只有打印模型和支撑。最大变形表现为成形过程中先逐渐变大，再快速增长（达到熔点），在冷却过程中继续增长，直到去除基板过程中持续变大的流程，这与实际工况变形情况相匹配。而最终时刻，模型最大变形位于打印模型与支撑的交界处，约为 0.164 mm，没有出现刚体位移或大畸变。

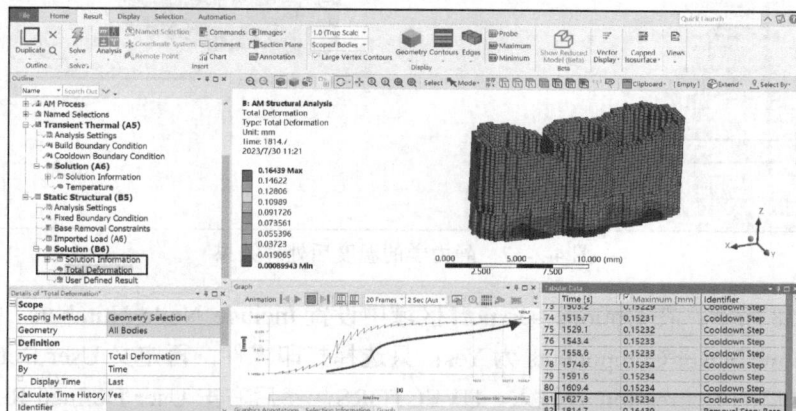

图 4-2-55 静力学分析的 Total Deformation 后处理结果

查看静力学分析的 Equivalent Stress 后处理结果，如图 4-2-56 所示。

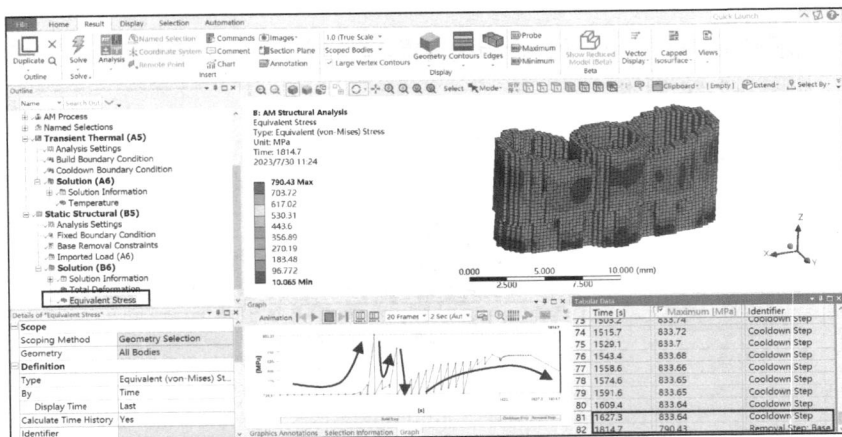

图 4-2-56　静力学分析的 Equivalent Stress 后处理结果

由图 4-2-56 可知，最大等效应力表现为成形过程中先快速变大（达到熔点），然后降低（冷却）再快速变大（再次达到熔点），在如此反复热冲击过程中逐渐变大，在冷却过程中基本持平，直到去除基板过程中持续变小的流程，这与实际工况应力情况相匹配。而最终时刻，模型最大应力位于打印模型的中部，为 790 MPa，表现为残余应力，且在打印模型与支撑交界处没有大的应力状态，说明如果去除支撑对打印零件影响不大。

定义 User Defined Result，在 Expression 处输入 =bfe，即可在静力学分析后处理中结果查看温度分布，如图 4-2-57 所示。对比图 4-2-54，在 Build Step 和 Cooldown Step 阶段，温度分布是一致的；在 Removal Base 阶段，因为无温度条件，所以温度保持与 Cooldown Step 阶段最后一步一致。

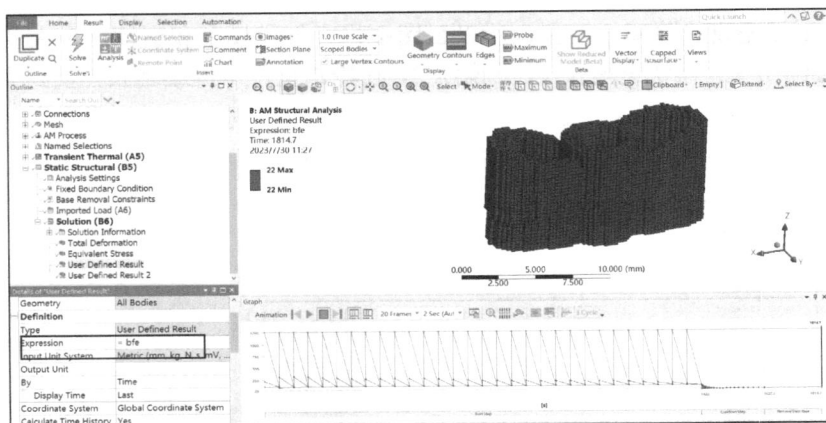

图 4-2-57　静力学的温度后处理结果

如图 4-2-58 所示，在 Options→Export 区域中设置 Include Node Numbers、Include Node Location 和 Show Tensor Components 为 Yes；只选择打印零件，再定义 User Defined Result，在其 Details 窗口的 Expression 处输入 =UVECTORS，然后右击 User Defined Result，在弹出的快捷菜单中选择 Export Text File，输出 TXT 文件。

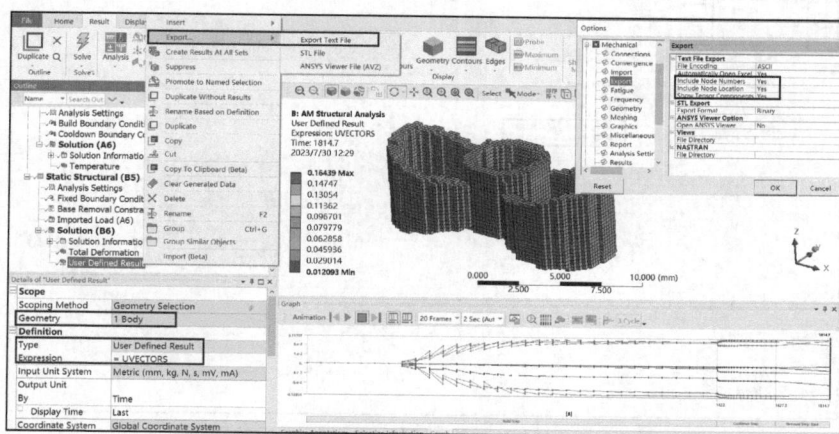

图 4-2-58 静力学的变形向量图后处理设置

输出的打印零件变形向量图包含了节点编号、节点坐标、变形向量信息。

注意

只能针对打印零件进行打印失真评估处理，如此必须进行去除基板和支撑的操作，或者在后处理中只选择打印零件。

在"SpaceClaim 选项"对话框中开启 Beta 功能，可见到 Distortion Compensation（Beta）菜单（2022 版以上），打开前处理输出的 scdoc 文件，只保留 Baseplate 和 Workspace-1→Part，其余均删除，如图 4-2-59 所示。

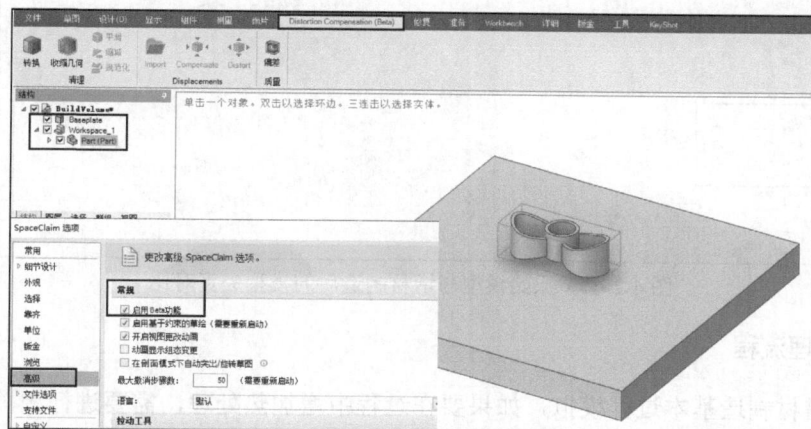

图 4-2-59 Spaceclaim 分析增材制造的打印零件失真处理设置

单击 Distortion Compensation（Beta）→ "转换"，将打印零件转化为面片 STL 格式（原始模型）；在确认打印零件面片（displacements）模型被选中的前提下，单击 Import 导入图 4-2-58 生成的 TXT 文件，即可再生成一个 Facets（compensated）模型（增材制造后的模型），如图 4-2-60 所示。

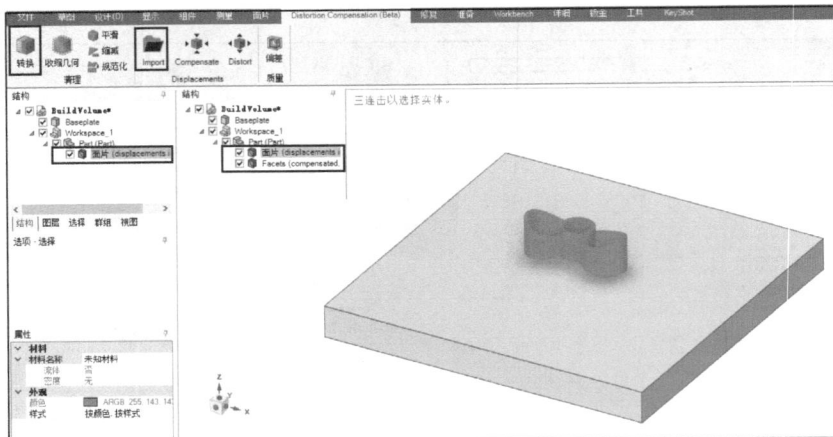

图 4-2-60 导入原始模型与增材制造后的模型

在 Distortion Compensation（Beta）菜单下，按住 Ctrl 键选择面片（displacements）和面片（compensated）模型，再单击"偏差"，即可看到两模型内部和外部的偏差与总失真容差率，如图 4-2-61 所示。通过该项可以对打印零件加工后进行尺寸评估，以减小增材制造的加工误差。

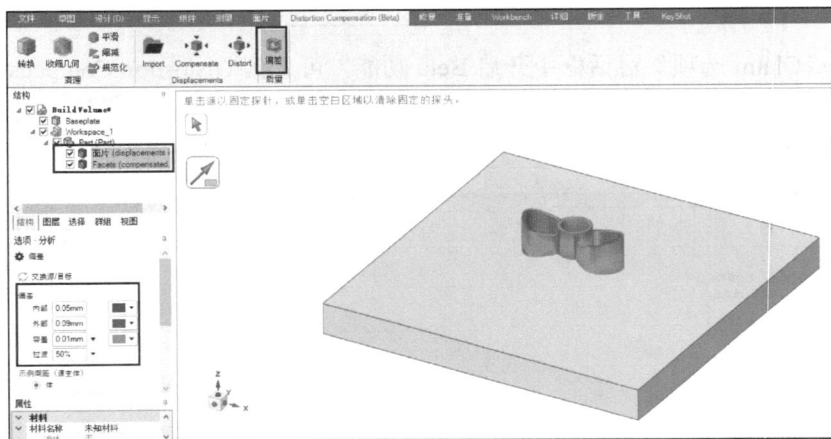

图 4-2-61 原始模型与增材制造后的模型失真对比

5．热处理流程

上述为增材制造基本过程模拟，如果要在过程中增加热处理，需要进行相关设置。首先将 Removal Settings 中 Heat Treat（热处理）项选择为 Yes；其后在 Thermal Heat Treat Boundary Condition 中选择所有面（含基板、支撑和打印零件）定义热对流边界条件，Heat Treat Temperature 设置为 500℃，Heat Treat Convection Coefficient 设置为 $2E-5 \, W \cdot mm^{-2} \cdot ℃^{-1}$；Heat Treat Ramp Time 设置为 360 s（加热时间）；Heat Treat Hold Time 设置为 1 080 s（保温时间）；Heat Treat Cooldown Time 设置为 1 440 s（冷却时间，整个热处理时间为 $360+1\,080+1\,440=2\,880$ s）；Properties 项可选 Creep（蠕变本构依据材料参数确定）或 Relaxation Temperature（应力松弛温度），如图 4-2-62 所示。

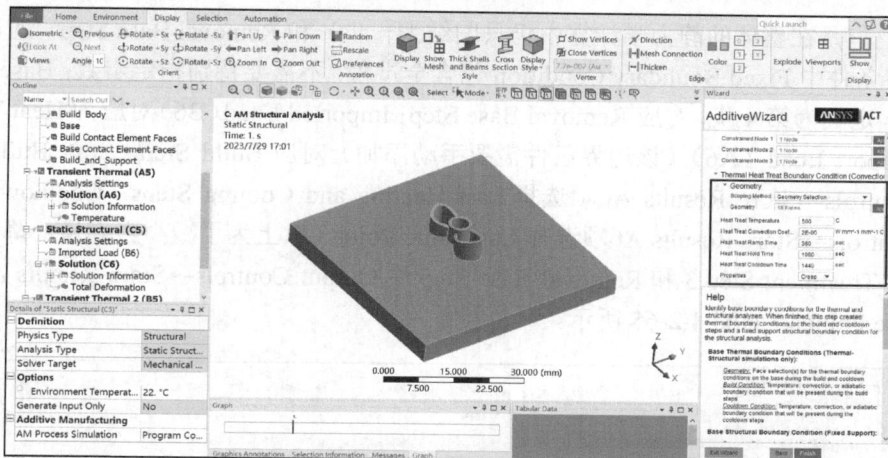

图 4-2-62 增材制造向导中的热处理边界条件设置

后续设置向导不会自动完成，必须手动设置。单击 AM Process→Sequence，在 Static Structural 树下新增 Heat Treatment Step，将其置于第 3 步，将原来 Removal Base Step 置于第 4 步，如图 4-2-63 所示设置。

单击 B5 瞬态温度场查看热处理分析流程，其中 Details 窗口中的 AM Process Simulation 设置为 No，初始温度条件为 Uniform Temperature（室温 22℃，这是因为热处理瞬态温度场分析流程接在增材制造的瞬态温度场之后，模型经过冷却阶段之后其温度均保持与室温一致），整个过程只施加对流边界条件，共计 4 步，如图 4-2-64 所示。

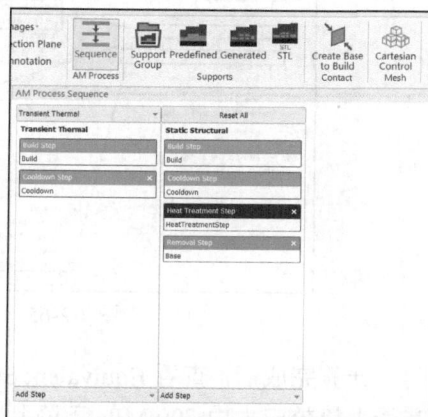

图 4-2-63 增材制造中的步设置

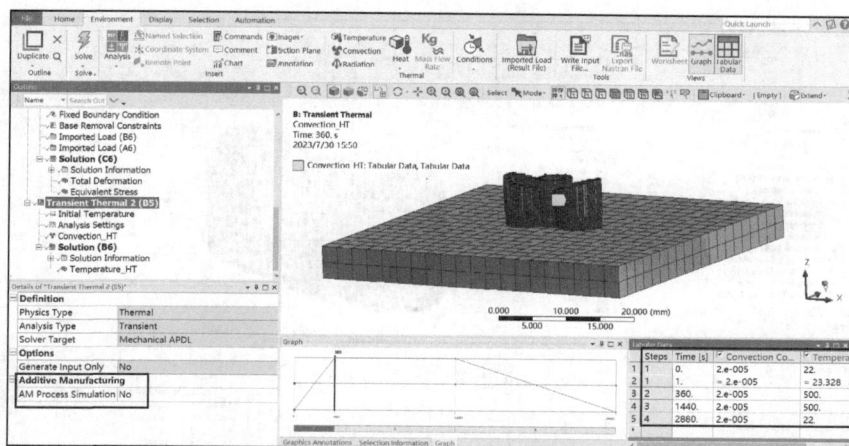

图 4-2-64 增材制造中的热处理设置

在静力学分析模块中主要完成相关步设置，首先将 AM Process Simulation 设置为 Yes，可以查看整个过程分为 Build Step、Cooldown Step、Heat Treatment Step 3（即便热处理过程分了 4 步，但是在整体的静力学计算中仍只归结为一步）和 Removal Base Step，对应编号为 1～4。边界条件中 Fixed Boundary Condition 包含全过程，不需要特别指定步数；Base Removal Constraints 定义为第 4 步，对应 Removal Base Step；Imported Load（B6）对应为 Heat Treatment Step 3；Import Load（A6）（该边界条件需要手动添加）对应 Build Step。此外 Build Step 中 Output Controls→Store Results At 项选择 Last Heating and Cooling Steps；Cooldown Step 中 Output Controls→Store Results At 项选择 Last Time Point（以上为了减少数据量，降低硬件消耗）；Heat Treatment Step 3 和 Removal Base Step 中 Output Controls→Store Results At 项均选择 All Time Points，如图 4-2-65 所示。

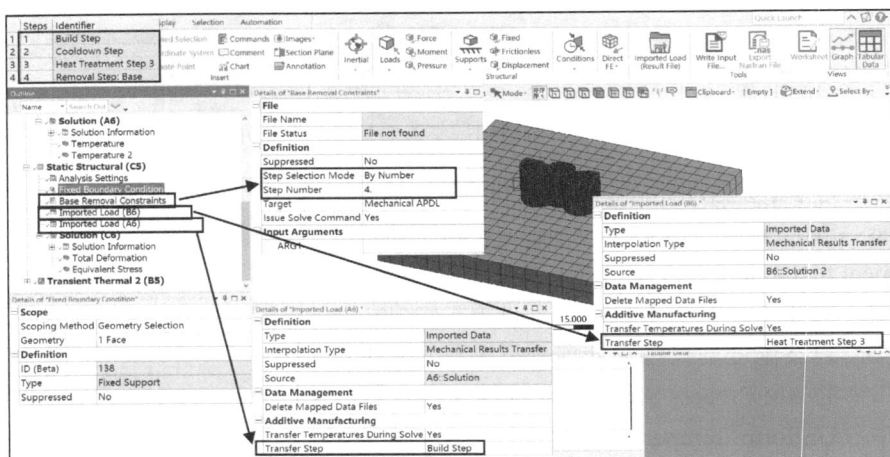

图 4-2-65　含热处理的增材制造中边界条件设置

计算完成后，查看 Equivalent Stress 后处理结果如图 4-2-66 所示，与图 4-2-56 对比可知，其最大等效应力由 790 MPa 下降到 752 MPa，说明长冷却时间的热处理对于消除残余应力是有益的。

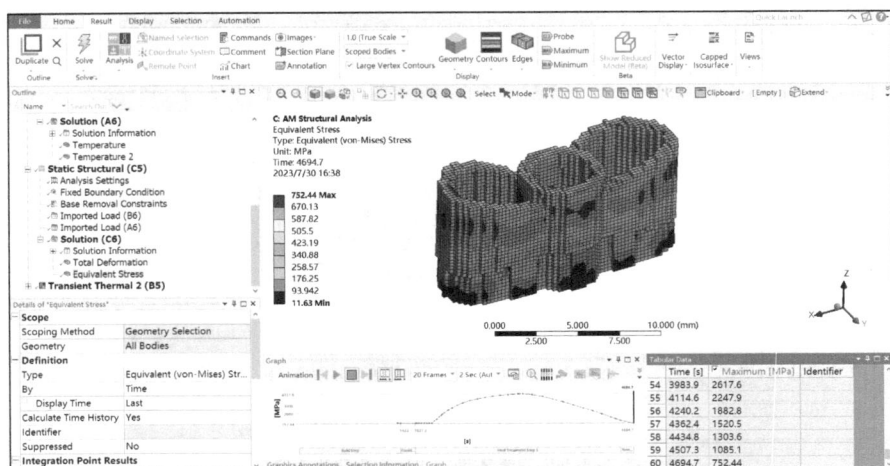

图 4-2-66　含热处理的增材制造 Equivalent Stress 后处理结果

由于增材制造过程复杂，计算量大，为保证减少调试次数和硬盘消耗，在瞬态温度场中可插入命令：

```
outres,all,none
outres,nsol,all
```

在静力学中可插入命令：

```
outres,all,none
outres,nsol,all
outres,strs,all
```

此外静力学 Analysis Settings 的 Reference Temperature 必须设置为 Melting Temperature，这是因为打印零件或支撑的热固效应只从熔化开始计算，且所有增材制造的材料参数中参考温度也要设置成与熔点一致；Solver Pivot Checking 设置为 Off。

同时随着版本更迭，Workbench 对该项大幅度更新，例如给后处理增加 Recoated Blade Interference（类似 Additive Print 中的 Blade Crash Detection）和 DED 过程模拟（该模拟还可以进行焊接过程仿真）等。由于基本形式类似，读者只需查看 Help 即可。

4.3 试验优化设计

所有有限元计算必须依附于实际工程问题，不能为计算而计算，其结果也必须反馈实际工程设计。当然实际工程中任何一个好的设计点必然是各种设计目标之间权衡的结果。因此在设计过程中，通过收集足够的工程设计信息（框架模型、材料和工况等），以各种计算分析量化评估信息中所包含的种种设计变量对产品性能影响的"假设"问题，并且保证即便部分设计变量出现意外情况，也能对工程设计进行准确的决策（冗余设计）。

试验优化设计即在设计中将各种设计参数包含到分析和试验过程内，基于试验设计（Design of Experiment，DOE）和响应面来描述设计变量与产品性能之间的关系，进而确保设计框架结构中的修改可以完善实际工程需求。

下面以一个简单例子进行说明。例如，对 40 mm 厚的 Q355D 圆筒进行焊接成形，焊丝为直径 1.2 mm 的 TWE711，保护气为 $80\%Ar + 20\%CO_2$ 混合气体，焊接过程中取焊接电流、焊接电压和焊接速度为设计参数，验证其对焊后的抗拉强度、断后伸长率和冲击功的影响。

采用正交试验法中的极差分析法，依据设计参数建立 3 个影响因素：焊接电流、焊接电压和焊接速度，各因素各取 3 个水平，因素水平表如表 4-3-1 所示，选用 $L9(3^3)$ 正交表将 27 次试验简化为 9 次正交试验，依据正交表排序（任意两列中，所有参数匹配次数一致），将对应测试结果填入，其正交表如表 4-3-2 所示。

表 4-3-1   因素水平表

因素水平	焊接电流/A	焊接电压/V	焊接速度/m·s⁻¹
1	220	24	0.015
2	260	28	0.02
3	300	32	0.025

表 4-3-2　　　　　　　　　　　　　　　L9(3³)正交表

序号	焊接电流/A	焊接电压/V	焊接速度/m·s⁻¹	抗拉强度/MPa	断后伸长率/%	冲击功/J
1	220	24	0.015	494	24	38
2	220	28	0.02	498	25	40
3	220	32	0.025	503	26	44
4	260	24	0.02	526	34	52
5	260	28	0.025	517	27	50
6	260	32	0.015	504	28	49
7	300	24	0.025	483	22	43
8	300	28	0.015	491	23	46
9	300	32	0.02	493	22	47

正交试验分析结果如表 4-3-3～表 4-3-5 所示。

表 4-3-3　　　　　　　　　抗拉强度正交试验分析结果

参数	焊接电流/A	焊接电压/V	焊接速度/m·s⁻¹
$K1$	1 495	1 503	1 489
$K2$	1 547	1 506	1 517
$K3$	1 467	1 500	1 503
$k1$	498.3	501	496.3
$k2$	515.7	502	505.7
$k3$	489	500	501
R	26.7	2	9.4

表 4-3-4　　　　　　　　　断后伸长率正交试验分析结果

参数	焊接电流/A	焊接电压/V	焊接速度/m·s⁻¹
$K1$	75	80	75
$K2$	89	75	81
$K3$	67	76	75
$k1$	25	26.7	25
$k2$	29.7	25	27
$k3$	22.3	25.3	25
R	7.4	1.7	2

表 4-3-5　　　　　　　　　冲击功正交试验分析结果

参数	焊接电流/A	焊接电压/V	焊接速度/m·s⁻¹
$K1$	122	133	133
$K2$	151	136	139
$K3$	136	140	137
$k1$	40.7	44.3	44.3
$k2$	50.3	45.3	46.3

续表

参数	焊接电流/A	焊接电压/V	焊接速度/m·s⁻¹
k3	45.3	46.7	45.7
R	9.6	2.4	2

其中：

（1）Ki 为包含不同因素"i"水平的目标和，以抗拉强度为例，$K1$ 为焊接电流为 220 A 时 3 项测试结果之和，即 $K1 = 494 + 498 + 503 = 1\,495$，$K2$ 为焊接电流为 260 A 时 3 项测试结果之和，即 $K2 = 526 + 517 + 504 = 1\,547$；

（2）ki 为均值，公式为 $ki = Ki/3$；

（3）R 为极差，公式为 $R = \max\{ki\} - \min\{ki\}$；

（4）因为结果表现为测试数值，数值最大为最优，所以用"□"符标记最大结果。

3 个影响因素对焊后 3 个性能指标的敏感度由极差确定，由上面的表可知，对于抗拉强度和断后伸长率而言，焊接电流的敏感性最大，其次为焊接速度，焊接电压敏感性最小；对于冲击功而言，焊接电流的敏感性最大，其次为焊接电压，焊接速度敏感性最小。同时为达到最佳焊后性能，依据最大结果可得焊接电流优选为 260 A（$K2$ 项）、焊接电压优选为 24～32 V（$K1$、$K2$、$K3$ 项）、焊接速度优选为 0.02 m·s⁻¹（$K2$ 项）。

正交试验法仅仅是试验优化设计最基本的方法，Ansys DesignXplorer 将试验优化设计操作进一步简化，即先通过参数化确定各个优化设计变量，然后计算各参数之间的相关性和敏感性，确定各参数的最优组合，以 6σ 分析保证设计鲁棒性更强，进而掌握全面设计信息。

4.3.1 参数化设置

ANSYS 试验优化设计完全基于设计参数的研究，因此确定参数是完成优化设计的第一步。当然实际工程中设计参数理论上是无限的，确定哪些作为优化参数更多依赖于对整个设计框架的理解。本书更多展现基于软件定义优化参数，因为 Workbench 体系中包含了众多软件模块，所以首先介绍在各个模块中的参数化设置。

1. 材料参数化设置

材料参数化常用于实际工程中材料轻质化选择，软件操作中并不是基于某种材料名称或牌号进行参数化，而是基于材料库中的特定参数作为输入参数，如图 4-3-1 所示。

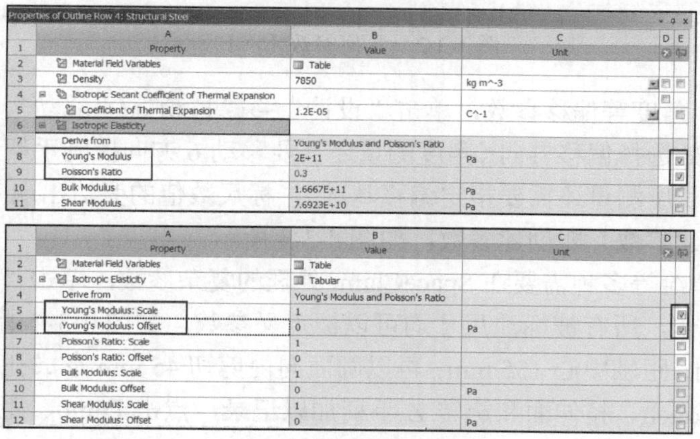

图 4-3-1 材料参数化

由图 4-3-1 可知，例如对静力学分析需要对材料参数进行设置，在 Engineering Data 项中 E 列选中 Young's Modulus 和 Poisson's Ratio，分别表示杨氏模量和泊松比，即可完成其参数化设置；如果为随温度变化的材料属性，则选中对应的 Scale 和 Offset 项，分别表示缩放系数和偏移量。

通过材料参数化设置，可以得到有限元计算结果规律：对于同样的模型进行线性静力学分析，材料的泊松比相同，当受到同样的外载力时，有限元计算中应力结果相等，变形结果与杨氏模量成反比；当受到同样的外载位移时，有限元计算中变形结果相等，应力结果与杨氏模量成正比。对于同样的模型进行模态分析，材料的杨氏模量、泊松比相同，当受到同样的约束条件时，有限元计算中频率结果与密度的平方根成反比。

2．几何模型参数化设置

几何模型包括外部导入模型和自建模型，均可定义输入参数，虽然可以支持外部模型导入参数，但是实际分析过程中，几乎不可能出现不对模型进行修改简化的情况，所以还是建议在 Workbench 体系内对几何模型进行参数化。

在 SpaceClaim 中对几何模型参数化有多种方法，常用方法有 3 种。

1）对于圆周、孔、圆角等半径参数，单击"设计"→"拉动"，选择几何模型，在半径数值的旁边出现 P 字符，单击 P 字符，或者单击"创建参数"即创建参数，如图 4-3-2 所示。

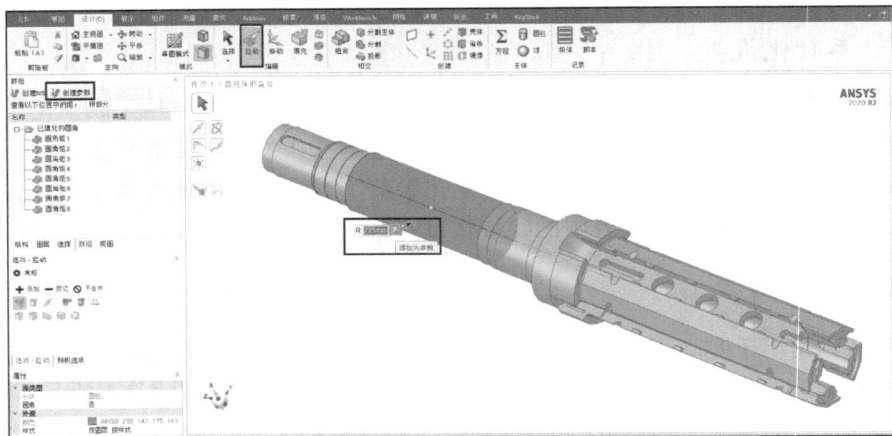

图 4-3-2　几何参数化（1）

2）对于长度、角度等偏移参数，单击"设计"→"拉动"/"移动"，选择几何模型后，在 6 方向控制手柄处选择偏移方向（角度测量还需要移动 6 方向控制手柄至基准位置），再单击"标尺"图标（长度测量还需要指定偏移基准），标尺数值的旁边出现 P 字符，单击 P 字符，或者单击"创建参数"即创建参数，如图 4-3-3 所示。

3）对于包括草绘等多种需要在 SpaceClaim 处理的复杂参数，单击"设计"→"块体"，即开始记录所有操作，所有被标注尺寸均可以被定义参数，如图 4-3-4 所示，首先草绘一个半径为 25 mm 的圆，距轴中心 155 mm；再以圆面向内剪切 45 mm 形成孔；最后阵列 6 个孔。块体记录分别以 Sketch、拉伸面和旋转 Z 手柄加以记录，点击 Dim0、距离和角度旁的 P 字符，即可创建对应参数。

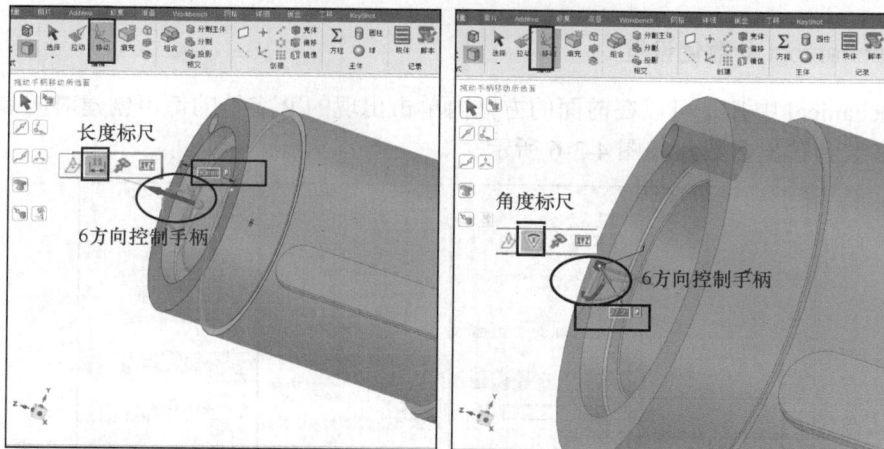

图 4-3-3　几何参数化（2）

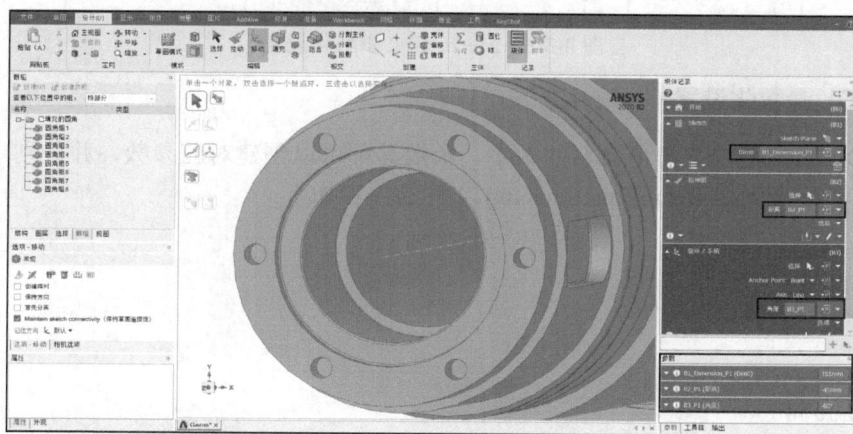

图 4-3-4　几何参数化（3）

4）对于梁和变截面壳模型则在 DesignModeler 中处理较为方便，在尺寸参数前面的方框内单击出现的 P 字符，即可创建对应参数。如图 4-3-5 所示为创建梁的截面参数。

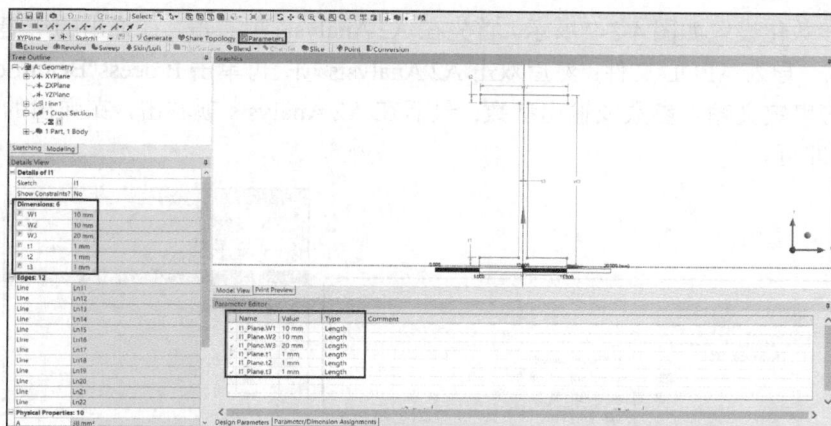

图 4-3-5　几何参数化（4）

3．Mechanical 参数化设置

在 Mechanical 中凡是可以在前面的方框内单击出现的 P 字符的都可创建对应参数，可定义为输入参数和输出参数，如图 4-3-6 所示。

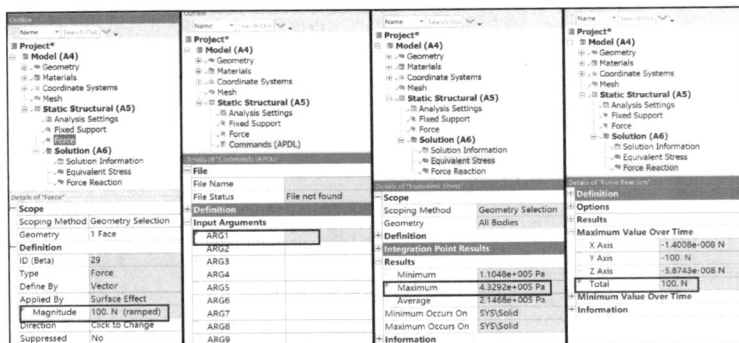

图 4-3-6 Mechanical 参数化设置

4．APDL 参数化设置

在 APDL 中凡是以字符串命名的数字、函数等都可以创建对应参数，并分别定义为输入参数和输出参数，例如 BeamEquations.inp 文件的内容如下：

```
! Input parameters
width=2
height=5
length=100
force=1000
young=200000
! Output parameters
volume=width*height*length
stress=(6*force*length)/(width*height*height)
displacement=(4*force*length*length*length)/(height*height*height*width*young)
buckling=(9.87755*young*width*height*height*height)/(48*length*length)
```

该文件参数化设置如图 4-3-7 所示。首先在 A2 Analysis 项右击，在弹出的快捷菜单中选择 Add Input File，导入 APDL 文件；然后双击 A2 Analysis 项，再单击 Process"BeamEquations.inp" 栏，对各字符串定义输入参数或输出参数；最后在 A2 Analysis 项右击，在弹出的快捷菜单中选择 Update 即可。

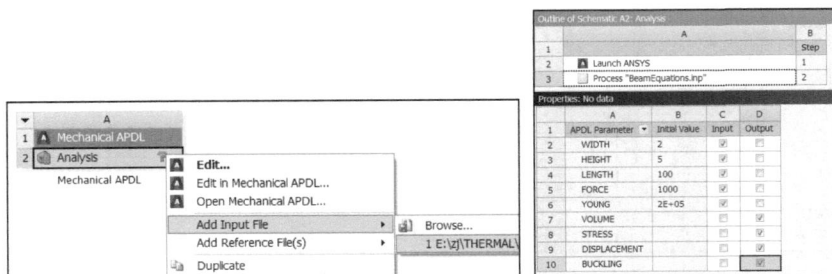

图 4-3-7 APDL 参数化设置

5. Fluent 参数化设置

在 Fluent 中凡是基本上可以输入数值的选项都会有一个下拉列表，在下拉列表中选择 New Input Parameter/Expression 即可定义输入参数，在后处理中单击 Save Output Parameter 按钮即可定义输出参数，如图 4-3-8 所示。

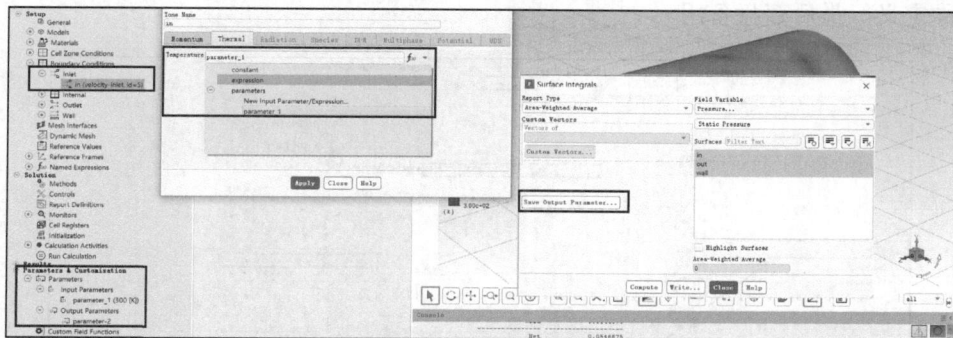

图 4-3-8 Fluent 参数化设置

6. CFX 参数化设置

在 CFX-Pre 中先在 Expressions 项中新建一个函数，该函数不仅包括数值还必须以中括号标注单位，定义完成后右击该新函数，在弹出的快捷菜单中选择 Use as Workbench Input Parameter 即可定义输入参数，然后在相关条件中输入变量名，如图 4-3-9 所示[①]。

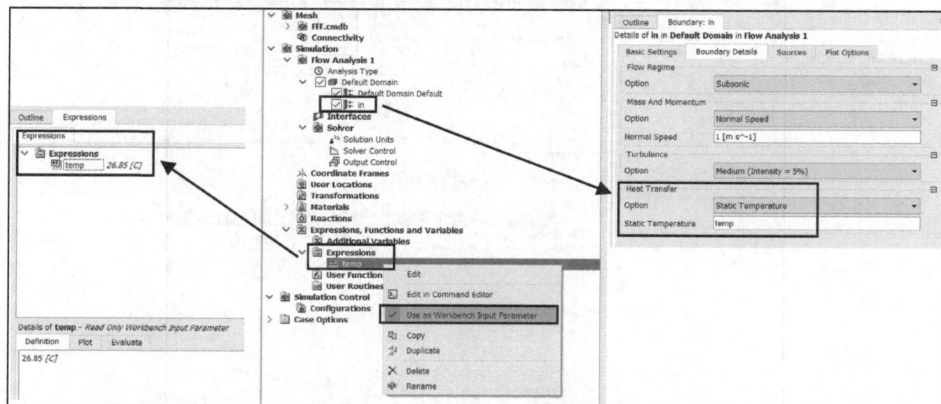

图 4-3-9 CFX-Pre 参数化设置

在 CFD-Post 中先在 Expressions 项中新建一个函数，该函数通过右击选择后处理变量，在 @ 符后再右击选择位置，定义完成后右击该新函数，在弹出的快捷菜单中选择 Use as Workbench Output Parameter 即可定义输入参数，如图 4-3-10 所示。

7. Excel 参数化设置

Excel 有非常强大的分析计算能力，在 Workbench 中不仅能参与自动参数化计算，而且

---

① 图 4-3-9 中的[C]实际表示的是℃，请读者注意。

能与其他模块相结合进行成本参数计算等。试验优化设计中的 Excel 支持 Microsoft Excel 2013 和 2016 版本，且必须激活。如图 4-3-11 所示，在 Excel 表中 A 列定义 para1～para4，这一列仅用于定义参数名称；B 列定义数值，其中 B4＝B1×B2×B3；C 列定义单位，必须定义；D 列为每行的说明，可不定义。然后选择每一行的 B、C 列右击，在弹出的快捷菜单中选择"定义名称"，命名为对应的每一行 A 列的名称。依次定义完成后，在"名称管理器"中可查看所有名称定义。最后存盘备用。

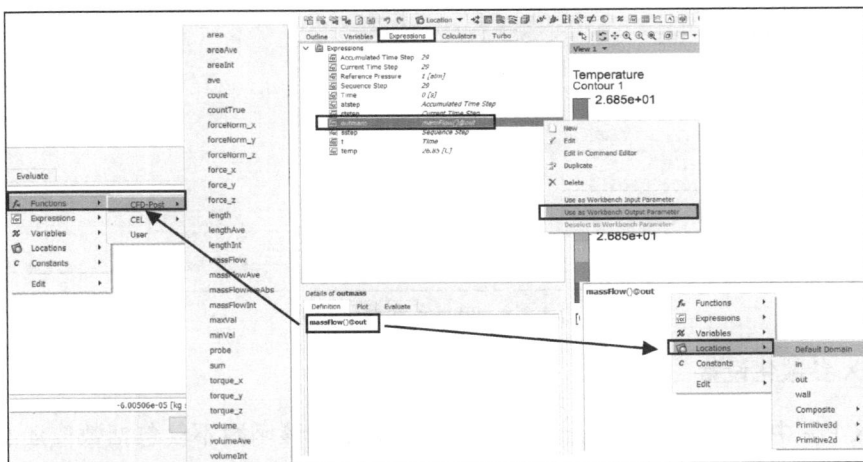

图 4-3-10　CFX-Post 参数化设置

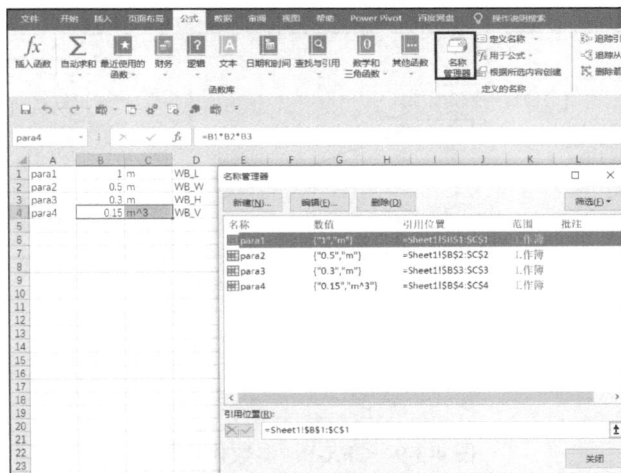

图 4-3-11　Excel 参数化设置（1）

在 Workbench 中建立 Microsoft Office Excel 框架，右击 Analysis 项插入之前存储的 Excel 文件；然后进入 Analysis 项，将 para1、para2 和 para3 定义为输入参数，将 para4 定义为输出参数；双击 Parameter Set 进入参数设置，在 DP1 行和 DP2 行中输入 para1、para2、para3 参数，即可得到 para4 参数的结果，如图 4-3-12 所示。

在 Workbench 平台中，其他模块也可以进行类似操作实现参数化设置，并且允许多种模块的参数合并处理，构成了前期参数输入到后期多耦合场参数输出的庞大参数化体系。

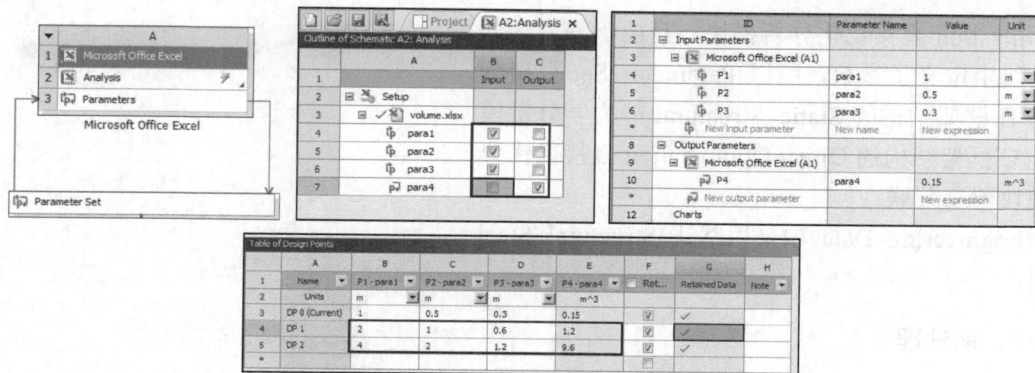

图 4-3-12　Excel 参数化设置（2）

4.3.2　网格参数化分析

我们往往将特定的参数输入和相应的参数输出过程统称为设计，同样有限元计算过程也是由材料本构、几何模型、网格、边界条件等一系列参数输入最后得到相应的后处理参数而成。在有限元计算中，网格适应（即多少网格尺度适合计算）往往是限制初学者的难题。虽然有限元软件都提供了网格质量评估，但网格质量评估标准未必能适用有限元计算，例如一个标准正方体模型，如果仅将其作为一个单元，其网格质量肯定是最高的，但显然此网格不能用于有限元计算，如此网格尺度就是计算分析的关键点。一般网格尺度均以网格无关性论证进行判定，即将网格尺度作为设计变量，进行试验优化设计，以控制某项后处理结果的变化幅度为优化目标。在 Mechanical 中，对于线性静力学和模态分析后处理中均有 Max Refinement Loops 设置，也是类似效果。

下面以一个平面应力角件模型说明网格尺度的定义。计算模型如图 4-3-13 所示，其中角件外形尺寸为 50 mm × 25 mm × 2 mm，内圆角为 1.5 mm，距角件左下角 X 向 15 mm 和 Y 向 1 mm 的位置有一个直径为 1.2 mm 的孔。

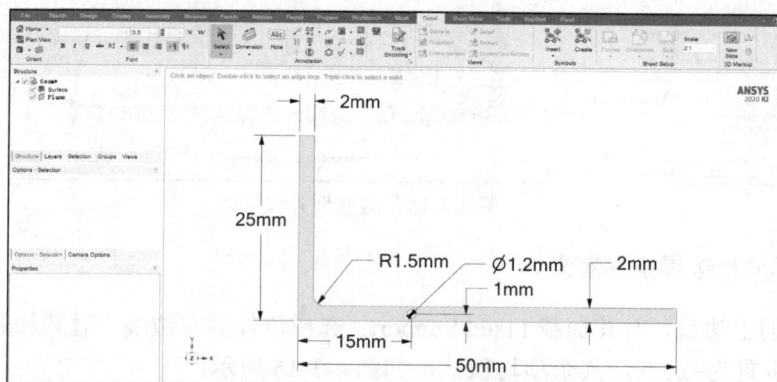

图 4-3-13　计算模型

1. 建立分析流程

如图 4-3-14 所示，建立分析流程。其中包括 A 框架结构的 SpaceClaim 建模模块、B 框架结构的 Static Structural 静力学分析模块（A2 与 B3 建立关联）、C 框架结构的 Direct

Optimization 直接优化分析模块，且由于静力学分析模块中定义了参数，所以 Parameter Set 框架分别与 B 框架结构的 Static Structural 静力学分析模块和 C 框架结构的 Direct Optimization 直接优化分析模块建立关联。

Engineering Data 项采用默认 Structural Steel 材料。

2. 前处理

双击 B4 Model 项进入 Mechanical 前处理。本例为二维模型，在 Geometry→2D Behavior 项选择 Plane Stress，其余均默认。

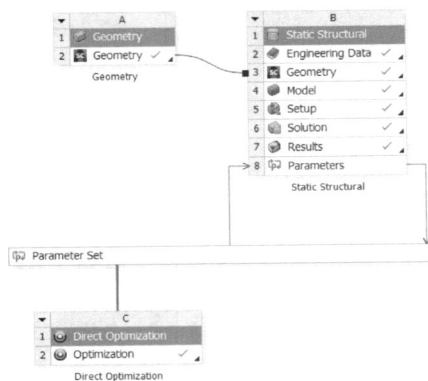

图 4-3-14　分析流程

网格划分中插入 Edge Sizing 和 Edge Sizing 2，在 Geometry 处各自选择上边线和右边线（分开选择），将 Type 设置为 Number of Divisions，Number of Division 设置为 2（两等分），并定义为参数；插入 Edge Sizing 3，在 Geometry 处各自选择圆角圆弧线，将 Type 设置为 Number of Divisions，Number of Division 设置为 5，并定义为参数；插入 Edge Sizing 4，在 Geometry 处各自选择孔圆周线，将 Type 设置为 Number of Divisions，Number of Division 设置为 20，并定义为参数，如图 4-3-15 所示。

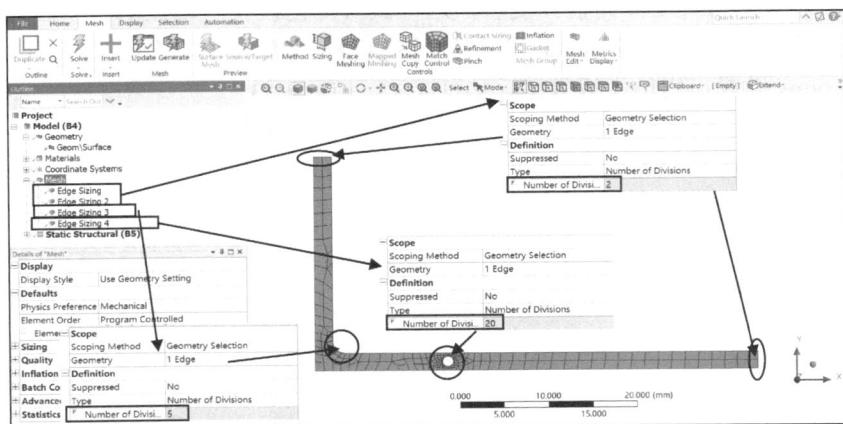

图 4-3-15　网格划分

3. 静力学分析边界条件定义

选择角件的上边线，对其加载 Fixed Support；选择角件的右边线，对其加载 Force，其中 Y Component 设置为−25 N，其余项均默认，如图 4-3-16 所示。

4. 静力学分析后处理

计算完成后，查看模型的 Equivalent Stress 和 Directional Deformation 后处理结果，如图 4-3-17 所示，其中最大等效应力为 2.057 MPa，并对此定义参数。因为模型存在圆角和孔，所以此处为应力集中，且应力集中表现为网格收敛性。

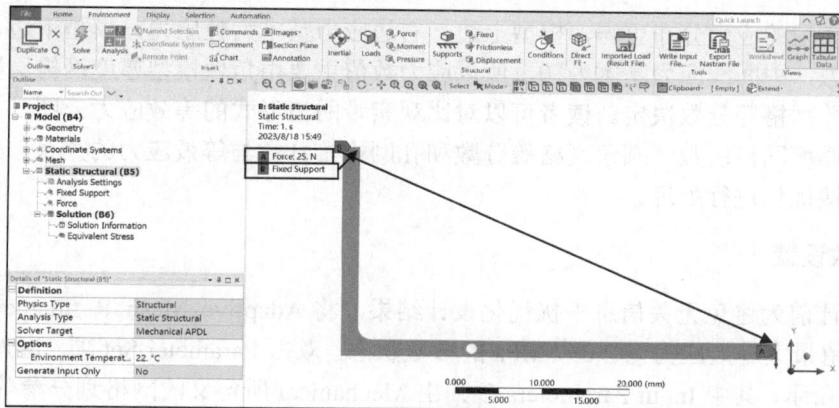

图 4-3-16 边界条件

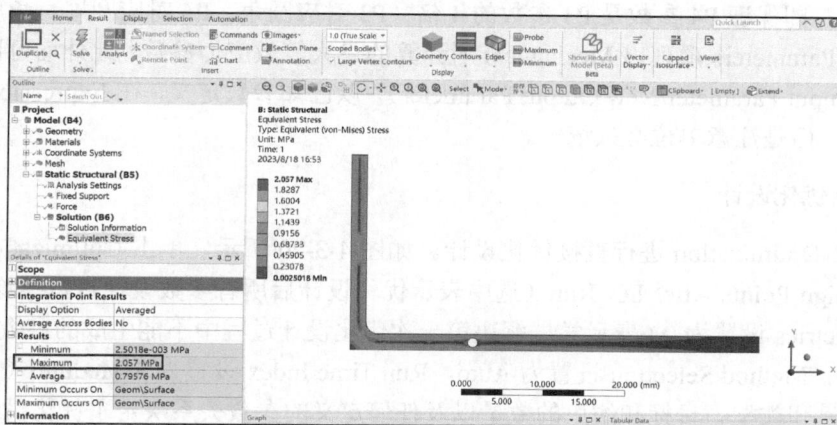

图 4-3-17 后处理结果（1）

为了解应力集中区域的真实应力，需要加密网格计算。本例将 Solution→Adaptive Mesh Refinement→Max Refinement Loops 设置为 5，Refinement Depth 设置为 3（参见《ANSYS Workbench 有限元分析实例详解（静力学）》），对等效应力项插入 Convergence 设置，其中 Allowable Change 设置为 5%，重新计算，结果如图 4-3-18 所示。可得当有 4 831 个节点时，应力增幅为 1.534 2%，此时应力为 2.296 MPa。

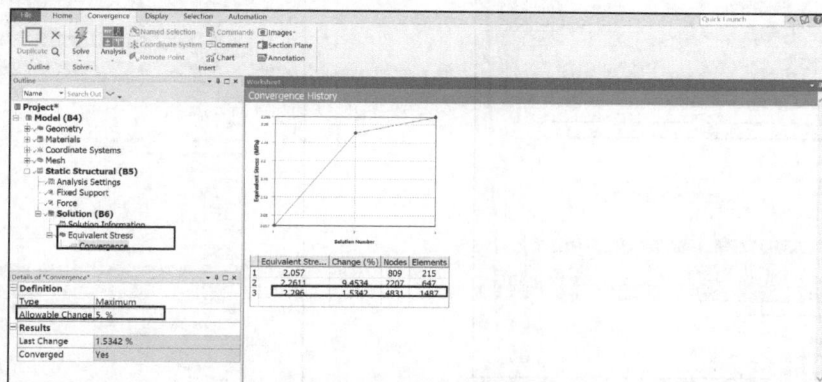

图 4-3-18 后处理结果（2）

同时由模型的应力分布可得，模型上边、右边应力基本为拉应力，模型下边、左边应力基本为压应力，中间线应力基本为 0，所以应力数值主要由角件模型厚度网格层数、圆角网格等分数和孔网格等分数决定。读者可以对比观察带网格形式的等效应力云图。

为确定厚度网格层数、圆角网格等分数和孔网格等分数与等效应力的关系，采用试验优化设计的直接优化进行处理。

5．参数设置

优化设计前为避免无关信息干扰优化设计结果，将 Adaptive Mesh Refinement 项恢复初始设置，保留最大等效应力为 2.057 MPa 的参数状态。双击 Parameter Set 项，进入参数设置，如图 4-3-19 所示。其中 Input Parameters 项列出 Mechanical 所定义的网格划分参数，单击 P2，将 Expression 修改为 P1，即保证这两处参数一致（厚度分层数量一致），单击 P4，将 Expression 修改为 4*P3，即保证 P4 参数是 P3 参数的 4 倍（P3 对应圆角，P4 对应圆周，角度为 4 倍关系）；Output Parameters 项列出 Mechanical 所计算的最大等效应力参数。此外均可以手动增加参数（New Input Parameter/New Output Parameter），以已知参数定义，在 Expression 文本框中输入表达式，但是注意单位必须统一。

6．直接优化设计

双击 C2 Optimization 进行直接优化设计。如图 4-3-20 所示，单击 Optimization，不选中 Preserve Design Points After DX Run（选中表示优化设计后所有参数设计点数据均被保留），Number of Retries 设置为 0（表示尝试解决第一次优化设计过程中不能生成的参数设计点，尝试次数为 0）；Method Selection 设置为 Auto，Run Time Index 设置为 5-Medium（该值以及输入参数的数量和类型、目标和约束的数量以及任何定义的参数关系决定了优化设计算法及样本点数量），选中 Tolerance Settings 表示输入目标和约束时有公差选项，Maximum Number of Candidates 设置为 3，表示优化后可得 3 项候选结果。

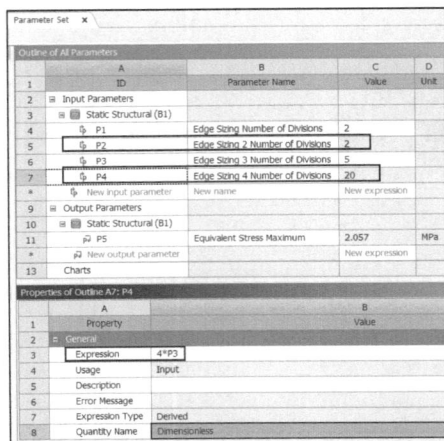

图 4-3-19　参数设置

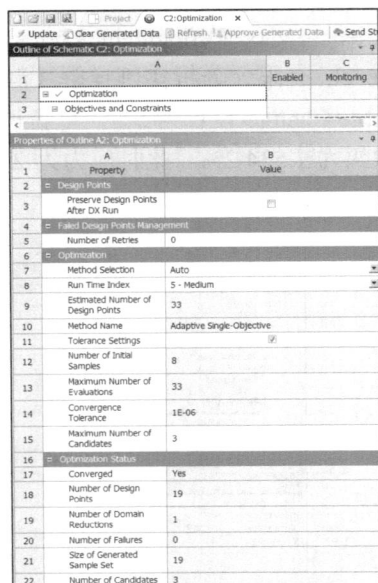

图 4-3-20　直接优化算法设置

Optimization Status 为优化设计完成后的结果统计，每种优化算法对应该表不完全一致，其中 Converged 表示优化设计是否收敛；Number of Design Points 表示生成的样本点数，本例为 19；Number of Domain Reductions 项表示样本点集缩减次数，结合 Estimated Number of Design Points 为 33，而实际样本点仅 19 可知，本例默认 Adaptive Single-Objective 算法通过自适应缩减了计算规模；Number of Failures 表示样本点中失败的数量，本例为 0；Size of Generated Sample Set 表示最终样本点数，该项加上 Number of Failures 项等于 Number of Design Points 项；Number of Candidates 表示优化后从样本点中优选的候选结果，本例为 3。

软件提供了两种目标驱动优化方法：直接优化和响应面优化，其中直接优化是从样本点中选取优化解，空间表现为离散点，适用于目标与约束明显函数关系的情况，精度取决于样本点数量；而响应面优化是基于参数设计点得到目标与约束的响应函数再插值优化求解，空间表现为线或面，优化解为近似解，需要验证。直接优化可用方法为 Screening、MOGA、NLPQL、MISQP、Adaptive Single Objective 和 Adaptive Multiple Objective；响应面优化可用方法为 Screening、MOGA、NLPQL 和 MISQP。Screening 是基于穷举法的直接非迭代多目标算法，可支持离散点，多用于初步优化设计，当没定义目标时仅能采用此法，默认样本点为 100，精度与样本点数量有关；MOGA 是基于遗传迭代的多目标算法，可支持离散点，多用于全局最大/最小值优化设计，默认样本点为 1050，优化结果可能集中于某个区域；NLPQL 是基于二次拉格朗日的迭代单目标算法，只支持连续点，多用快速局部优化，默认样本点为 100（仅支持响应面优化），只能提供单一优化结果且可能为最小条件；MISQP 是基于二次梯度的单目标算法，可支持离散点，多用于数据梯度较准确的模型，默认样本点为 60，只能提供单一优化结果且可能为最小条件；Adaptive Single Objective 是基于梯度的自适应迭代单目标算法，多用于全局优化设计，可支持离散点，仅此算法不支持参数相关（Parameter Relationship），即便出现失效的设计点也将其视为不等式约束，鲁棒性很好，默认样本点为 33；Adaptive Multiple Objective 是基于遗传迭代的自适应迭代多目标算法，多用于全局优化设计，可支持离散点，用于确定全局或局部极值，以此对样本点进行筛选，默认样本点为 825，优化结果可能集中于某个区域。其设置说明如表 4-3-6 所示，部分高级选项需要选中 Tools→Options→Design Exploration→Show Advanced Options 项开启。

表 4-3-6 优化算法设置说明

方法	设置选项
Screening	Number of Samples：建议输入参数数量的 10 倍 Maximum Number of Candidates：最多候选结果数量 Verify Candidate Points：响应面优化后自动对候选结果进行验证
MOGA	Type of Initial Sampling：如果没定义参数相关，则可选 Screening 或者 Optimal Space Filling；如果定义了参数相关，则自动为 Constrained Sampling Random Generator Seed：必须为正整数 Maximum Number of Cycles：输入参数小于 20 时，建议为 10；大于 20 时，建议为参数数量的一半 Number of Initial Samples：建议为输入参数数量的 10 倍，可与 Screening 的 Number of Samples 数量一致 Number of Samples Per Iteration：大于输入参数数量，小于或等于 Number of Initial Samples Maximum Allowable Pareto Percentage：收敛准则，Pareto 点数量与每次迭代样本点数量之比，建议为 55%～75%

续表

方法	设置选项
MOGA	Convergence Stability Percentage：收敛准则，默认为 2，不建议修改。如果设置为 0，则不考虑收敛稳定性 Maximum Number of Iterations：迭代停止准则，相关关系式为最大样本点数＝Number of Initial Samples＋Number of Samples Per Iteration×(Maximum Number of Iterations−1) Mutation Probability：突变概率，为 1 则全部随机，建议小于 0.2 Crossover Probability：重组概率，为 0 则完全继承组合，建议大于 0.9 Type of Discrete Crossover：输入参数为离散或自定义连续参数时选项，选择 One Point 时交叉较少，选择 Uniform 时交叉较多 Maximum Number of Permutations：输入参数为离散或自定义连续参数时选项，显示最大组合数 Maximum Number of Candidates：同 Screening Verify Candidate Points：同 Screening
NLPQL	Finite Difference Approximation：可选 Central 和 Forward，其中 Central（中心差分）精度高、计算量大，Forward（向前差分）精度低、计算量小 Initial Finite Difference Delta：用于更清晰地显示梯度方向，直接优化默认为 1，响应面优化默认为 0.001，不建议修改 Allowable Convergence：停止准则，小于 Initial Finite Difference Delta，值越小精度越高、计算量越大 Maximum Number of Iterations：迭代停止准则，相关关系式为对于中心差分的最大样本点数＝Maximum Number of Iterations×(输入参数数量×2＋1)；对于向前差分的最大样本点数＝Maximum Number of Iterations×(输入参数数量＋1) Maximum Number of Candidates：同 Screening Verify Candidate Points：同 Screening
MISQP	Finite Difference Approximation：同 NLPQL Initial Finite Difference Delta：同 NLPQL Allowable Convergence：同 NLPQL Maximum Number of Iterations：同 NLPQL Maximum Number of Candidates：同 Screening Verify Candidate Points：同 Screening
Adaptive Single Objective	Number of Initial Samples：>=（输入参数数＋1）×（输入参数数＋2）/2 Number of Screening Samples：最小与 Number of Initial Samples 一致，建议为 100×输入参数数量 Number of Starting Points：局部优化求解参数，数值越大局部优化解越多，必须小于 Number of Screening Samples Maximum Number of Evaluations：停止准则，最大计算点数量，默认为 20×（输入参数数量+1） Maximum Number of Domain Reductions：停止准则，最大可能的优化域缩减次数 Percentage of Domain Reductions：停止准则，当前域相对于初始域的最小百分数 Convergence Tolerance：停止准则，连续两个迭代序号的候选结果差值，越小精度越高 Retained Domain per Iteration：域缩减为初始域的百分比 Maximum Number of Candidates：同 Screening
Adaptive Multiple Objective	Type of Initial Sampling：同 MOGA Number of Initial Samples：同 MOGA Maximum Allowable Pareto Percentage：同 MOGA Convergence Stability Percentage：同 MOGA Maximum Number of Iterations：同 MOGA Mutation Probability：同 MOGA Crossover Probability：同 MOGA Maximum Number of Candidates：同 Screening

单击 Objectives and Constraints 对优化设计定义目标和约束条件，如图 4-3-21 所示。在 Parameter 列选择 P5 参数（以最大等效应力为优化目标），Objective 下的 Type 列选择 Maximize，Target 列输入 2.3（静力学模块通过加密网格得到最大应力约为 2.3 MPa），其余列不定义。

图 4-3-21　对直接优化设计定义目标和约束条件

Objective 下的 Type 列可选 Minimize、Maximize 和 Seek Target，Constraint 下的 Type 列可选 Value <= Limit、Value >= Limit 和 Lower Limit <= Value <= Upper Limit。其含义如表 4-3-7 所示。

表 4-3-7　　　　　　　　　　　　为优化设计定义的目标和约束条件的数学含义

优化目标/约束条件	输入连续参数	输入离散参数或自定义的连续参数	输出参数
Objective/No Objective	—	—	—
Objective/Minimize	趋近最小值	—	最小值
Objective/Maximize	趋近最大值	—	最大值
Objective/Seek Target	趋近目标值	—	趋近目标值
Constraint/No Constraint	—	—	—
Constraint/Values = Bound	—	趋近定义域下限	趋近定义域下限
Constraint/Value <= Limit	—	小于或等于定义域上限	小于或等于定义域上限
Constraint/Value >= Limit	—	大于或等于定义域下限	大于或等于定义域下限
Constraint/Lower Limit <= Value <= Upper Limit	—		位于定义域之间

Objectives and Constraints 下的 Maximize P5 为优化设计完成后的结果统计，如图 4-3-22 所示。其中 Objective Importance/Constraint Importance 项表示当同时存在目标和约束条件时，候选结果选择目标和约束条件的权重。本例取了 19 个样本点，最大等效应力结果在折线图上表示，其中高于 2.3 MPa 的有 5 个点（编号为 5、12、13、15、19），最大应力结果为 2.310 2 MPa。

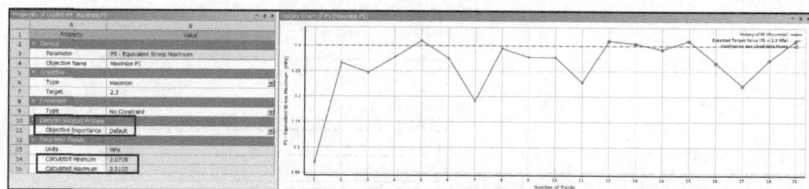

图 4-3-22　直接优化各样本点最大等效应力折线图

单击 Domain→Static Structural→P1 和 P3 对样本点进行设置，如图 4-3-23 所示。其中 P1 的上下限定义为 2 和 5（边线等分份数），P3 的上下限定义为 5 和 10（圆角弧等分份数），Classification 项可选 Continuous（连续）和 Discrete（离散）；Lower Bound 和 Upper Bound 分别定义样本点的上下限。Allowed Values 项可选 Any、Manufacturable Values 和 Snap to Grid，因为本例的 P1～P4 为线的等分份数，不可能表现为非整数，采用 Any 则会出现小数，所以不可取，可选为 Discrete、Continuous→Manufacturable Values（自定义的连续参数）和

Continuous→Snap to Grid，其中前两项新增参数操作和性质基本一致，可认为离散点数据，而第三者通过 Grid Interval＝XX 确定参数间隔，非常适用于这类整数参数的连续点数据。

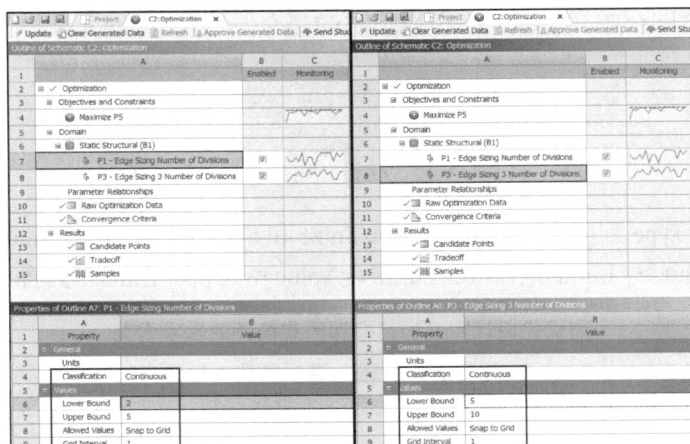

图 4-3-23　样本点设置

设置完成后，单击 Update 进行计算。Raw Optimization Data 为优化设计完成后的结果统计，如图 4-3-24 所示。其中 B 列为 P1 参数表（E 列因为在参数设置中定义 P3＝P1，所以与 B 列数据一致）；C 列为 P3 参数表（F 列因为在参数设置中定义 P4＝4×P3，所以与 C 列数据对应）；D 列为对应 P1～P4 参数时的 P5 计算数据。P1 和 P3 参数合计 24 种组合，但是计算仅取了 19 种，且 9、15、16、19 项出现了重合（重合原因是存在等式函数）。组合域中 P1＝2，P3＝7、9 两种组合；P1＝3，P3＝6、8、9 三种组合；P1＝4，P3＝5、7、8、9、10 五种组合；P1＝5，P3＝6、7、8、9、10 五种组合，如果参数优化计算失败，会出现×号，这一般都是因为优化的参数无法反馈到有限元模型（例如，孔深度超过模型总厚度、键槽长度与轴长度发生干涉、等分份数为小数等）。

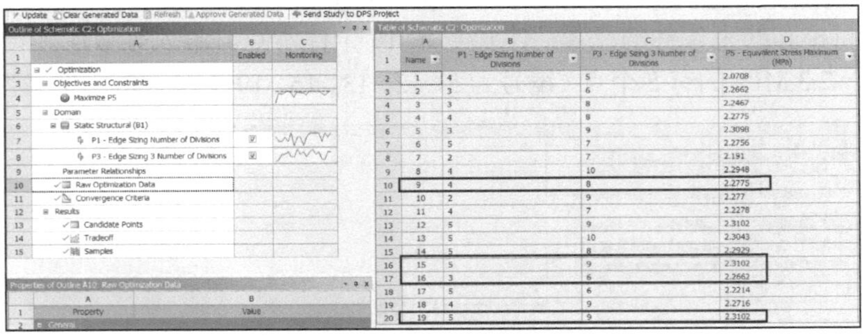

图 4-3-24　优化参数设置

Convergence Criteria 为优化设计完成后收敛准则，如图 4-3-25 所示。对于单目标的优化设计，X 轴为迭代数，Y 轴为输出参数（P5），黑色点为可行的最佳候选结果，实线为相关点的延伸线。

Results→Candidate Points 为优化设计完成后的候选结果点，如图 4-3-26 所示。其中图标为 3 个五角星为最佳，3 个×为最差。本例可得 3 个候选点，分别为 P1＝5、P2＝9、P5＝2.310 2 MPa，比参考值偏大 0.02%；P1＝3、P2＝9、P5＝2.309 8 MPa，与参考值相差 0.0%；

P1 = 5、P2 = 10、P5 = 2.304 3 MPa，比参考值偏小 0.24%。

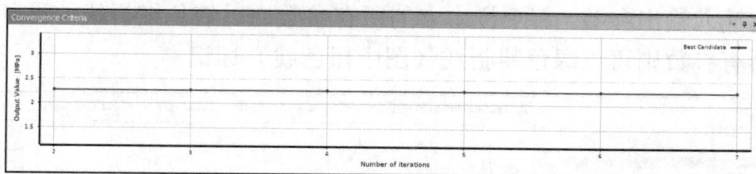

图 4-3-25　优化设计收敛准则

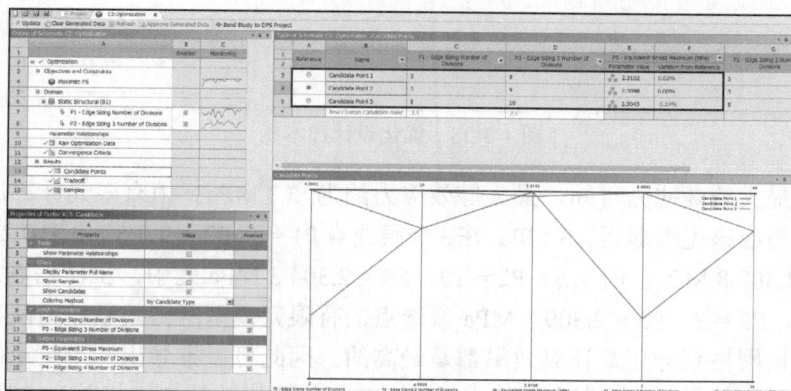

图 4-3-26　优化设计候选点

Results→Tradeoff 为优化设计完成后的权衡图，可选 2D 或 3D 模式的散点图，如图 4-3-27 所示。本例为 2D 模式，X 轴定义为 P5，Y 轴定义为 P2（可调整），将 Number of Pareto Fronts to Show 项拖曳到图 4-3-27（a）左侧的 1 处，在散点图中显示为蓝色点（即最佳设计点），P1 = 5、P2 = 9、P5 = 2.310 2 MPa；将 Number of Pareto Fronts to Show 项拖曳到图 4-3-27（b）左侧的 2 处，在散点图中显示为浅红色点（相较于上次结果的蓝色点而言，该浅红色点为最差设计点）。

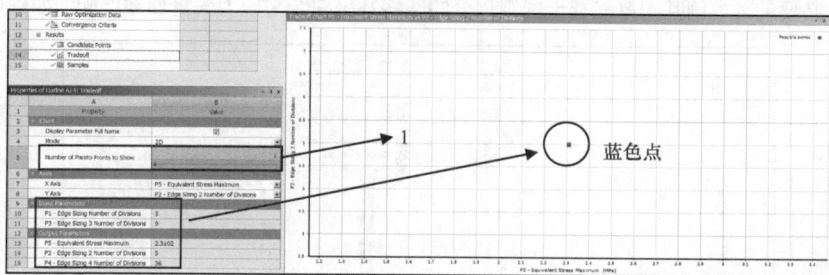

（a）

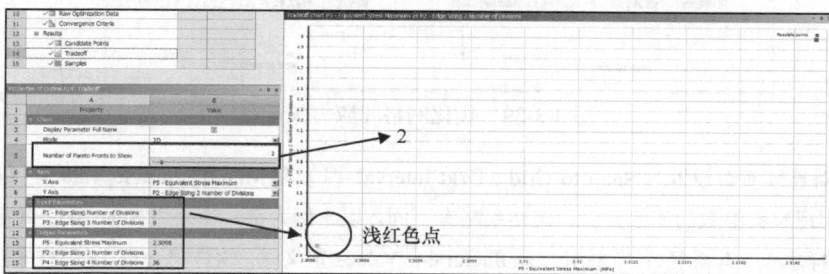

（b）

图 4-3-27　优化设计权衡图

Results→Samples 为优化设计完成后的样本图，如图 4-3-28 所示。样本图以折线形式描绘全部样本点的输入输出参数。每个样本点的所有参数均以红色细折线（图中灰色线）标记，最佳候选点的所有参数则再以绿色粗折线（图中黑色线）标记。

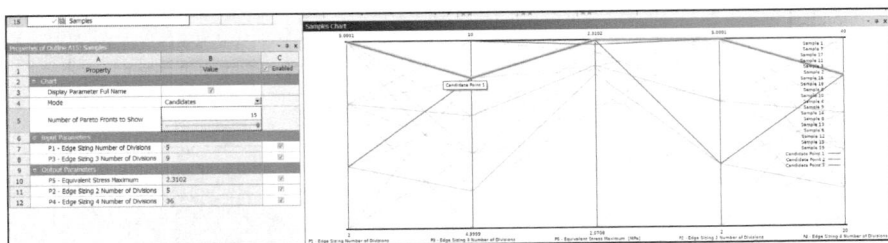

图 4-3-28　优化设计样本图

由静力学最大等效应力可知，最大等效应力约为 2.3 MPa。由有限元计算原理可知，实际最大等效应力应该无限逼近 2.3 MPa。在 3 个候选点 P1 = 5、P2 = 9、P5 = 2.310 2 MPa；P1 = 3、P2 = 9、P5 = 2.309 8 MPa；P1 = 5、P2 = 10、P5 = 2.304 3 MPa 之中，虽然均满足上述要求，但明显 P1 = 3、P2 = 9、P5 = 2.309 8 MPa 候选点的有限元模型网格数量较另两者是最小的，也就意味着无论网格划分还是计算效率都是最高的。因此可以推导出一个结论：为得到较为精确的有限元计算结果（变形存在网格无关性，应力与网格数量密切相关），其模型厚度无论多少，都划分为 3 份（P1 = 3）；模型圆弧处均按 10° 一个网格进行划分（P3 = 9，P5 = 36），简称厚三圆十。

注意

在本例模型中，对上边线和右边线定义等分为 3 份划分网格，模型仅在两端存在 3 份网格，中部仍然为两份网格，但依然不影响厚三圆十规则的应用。因为两端边线存在约束和载荷，所以对于边界处进行网格加密是非常必要的。本例基于厚三圆十规则划分的网格几乎完全与应力矢量曲线匹配，如图 4-3-29 所示。

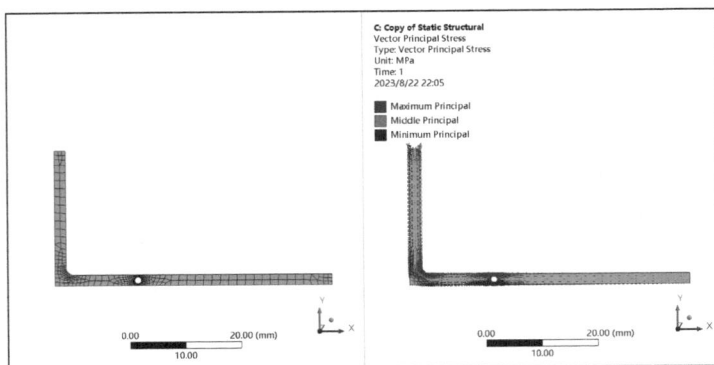

图 4-3-29　优化网格和应力矢量图

此外，对连续参数设置为 Snap to Grid（Grid Interval = 1）和 Manufacturable Values（Lever 定义），虽然都可以实现整数参数的连续定义，但结果略有不同。以本例为例，当采用 Snap to Grid 定义时，软件仅取了 19 组样本点（有重复）；当采用 Manufacturable Values 定义时，软件将会取 24 组样本点（不舍弃），且结果中有 Sensitivities（敏感性分析）。这是因为 Snap to Grid 模式依然表现为连续参数，而 Manufacturable Values 表现为离散参数，离散参数不会进行样本点域缩减，且离散参数的优化结果可能存在误判（例如，虽然 P1 = 2、P3 = 8 时计算可得最大等效应力大于 2.3 MPa，但是 P1 = 2、P3 = 7 或 9 时应力结果均小于 2.3 MPa，这是因为恰好 P1 = 2、P3 = 8 时计算产生峰值应力，读者可以通过定义圆弧边为 Path，自行观察不同网格数量 Path 下的应力分布）。当然可以通过增大 Number of Initial Samples 项（样本数增加，最大为 24）使连续参数优化与离散参数优化在样本点域上保持一致。针对这种连续的整数参数输入形式，建议采用 Snap to Grid（Grid Interval = 1）形式。

Adaptive Single Objective 可以快速搜寻到整体域中间的最佳候选点，且不需要进行前期 Screening 优化。另外，直接优化虽然没有参数的响应面，但依据信息来源于所有样本点的直接数据。因此为了保证优化精度，全程采用响应面优化并不可取，一般先依据响应面优化得到一个较小的区域，再以直接优化了解真实的优化解决方案，且每个样本点的更新都是值得研究的，即在整个优化过程逐步"放大"细节。

4.3.3 参数相关性分析

试验设计研究中，输入参数数量往往困扰设计者。由于 CAD 软件的普及，设计者很容易将模型中各个设计要素定义为优化参数变量将其全部提交进行优化设计，导致计算效率极低。为提高优化设计计算效率，对于多参数的优化设计（参数超过 15 个）必须先进行参数相关性分析，通过相关矩阵、判定矩阵、相关性散点图和敏感性图判定参数关系，以此排除不必要或者不重要的输入参数，以减少试验设计中的样本点，提高优化设计效率。

下面以一个平面应力曲梁模型说明参数相关性分析。计算模型如图 4-3-30 所示，其中曲梁建立对称模型，内径尺寸为 40 mm，定义参数为 R0（选择拉动命令，依次单击圆弧、🔲 图标和坐标系原点，即可完成尺寸标定，最后单击 P 字符，完成参数定义）；外径尺寸为 80 mm，定义参数为 R1；厚度定义为 20 mm。此外为读取曲梁中间层的应力结果，在模型中绘制一条半径为 60 mm 的圆弧。

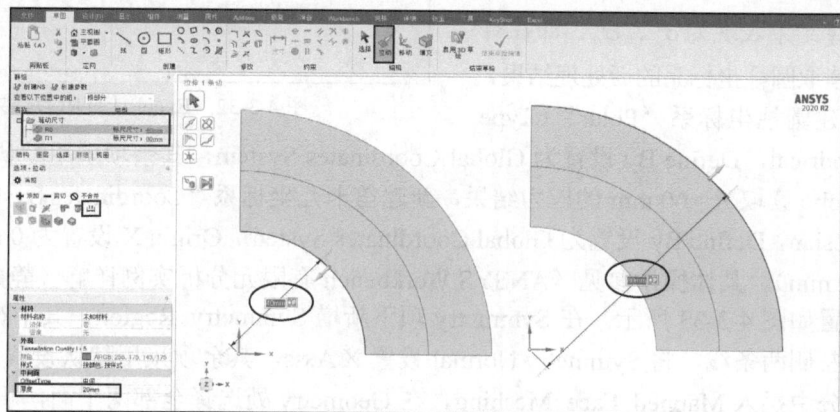

图 4-3-30　计算模型

1. 建立分析流程

如图 4-3-31 所示，建立分析流程。其中包括 A 框架结构的 Static Structural 静力学分析模块，B 框架结构的 Parameters Correlation 参数相关性模块，因为静力学分析模块中定义了参数，所以 Parameter Set 框架分别与 A 框架结构的 Static Structural 静力学分析模块和 B 框架结构的 Parameters Correlation 参数相关性模块分别建立关联。

Engineering Data 项采用默认 Structural Steel 材料。

2. 前处理

双击 A4 Model 项进入 Mechanical 前处理。本例为二维模型，将 Geometry 的 2D Behavior 设置为 Plane Stress，其余均默认。

对于平面曲梁模型，内径为 R_0、外径为 R_1、截面为矩阵（厚度为 t），在两端只受到大小相等、方向相反的弯矩 M（纯弯曲）时，其理论应力计算公式为：

图 4-3-31 分析流程

$$\sigma_r = -\frac{4M}{R_0^2 N}\left(\frac{R_1^2}{R_0^2}\ln\frac{R_1}{R} + \ln\frac{R}{R_0} - \frac{R_1^2}{R^2}\ln\frac{R_1}{R_0}\right)$$

$$\sigma_\theta = \frac{4M}{R_0^2 N}\left(\frac{R_1^2}{R_0^2} - 1 - \frac{R_1^2}{R_0^2}\ln\frac{R_1}{R} - \ln\frac{R}{R_0} - \frac{R_1^2}{R^2}\ln\frac{R_1}{R_0}\right)$$

$$\tau_{r\theta} = \tau_{\theta r} = 0$$

$$N = t\left[\left(\frac{R_1^2}{R_0^2} - 1\right)^2 - 4\frac{R_1^2}{R_0^2}\left(\ln\frac{R_1}{R_0}\right)^2\right]$$

$$R_0 \leqslant R \leqslant R_1$$

取 $M = 68\,000$ N·mm，如图 4-3-32 所示，其应力结果用 Excel 软件计算可得，当 $R = 40$ mm 时，$\sigma_r = 0$、$\sigma_\theta = -16.48$ MPa；当 $R = 80$ mm 时，$\sigma_r = 0$、$\sigma_\theta = 10.45$ MPa；当 $R = 60$ mm 时，$\sigma_r = -2.10$、$\sigma_\theta = 1.37$ MPa。

因为计算结果表现为 σ_r、σ_θ，即在有限元计算中读取圆柱坐标系的后处理结果，所以需要新建圆柱坐标系"Polar"（Type 设置为 Cylindrical，Define By 设置为 Global Coordinates System，其余项采用默认设置）；此

图 4-3-32 Excel 计算应力结果

外还要用 Probe 读取 $R = 60$ mm 的应力结果，新建笛卡儿坐标系"Coordinates System"（Type 设置为 Cartesian，Define By 设置为 Global Coordinates System，Origin X 设置为 0 mm，Origin Y 设置为 60 mm）。具体操作参见《ANSYS Workbench 有限元分析实例详解（静力学）》。

对称设置如图 4-3-33 所示。在 Symmetry 项下新增 Symmetry Region，其中在 Geometry 处选择曲梁左侧两条线，将 Symmetry Normal 设置 X Axis，其余项采用默认设置。

网格划分中插入 Mapped Face Meshing，在 Geometry 处选择全部两个面，将 Method 设置为 Quadrilaterals；插入 Face Sizing，在 Geometry 处选择全部两个面，将 Type 设置为 Element Size，将 Element Size 设置为 1.0 mm，如图 4-3-34 所示。

3. 静力学分析边界条件定义

选择曲梁的左下点，对其加载 Displacement，其中 X Component 设置为 Free、Y Component

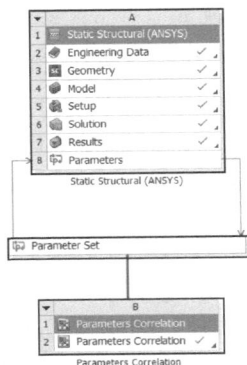

设置为 0 mm（结合前处理的 Symmetry 完成对称设置，等效为边界条件中对曲梁左侧两条线定义 Frictionless Support，此刻不用定义对称）；选择曲梁的右侧两条下边线，对其加载 Moment，数值设置为–68 000N·mm，Behavior 设置为 Deformable，其余项均默认，如图 4-3-35 所示。

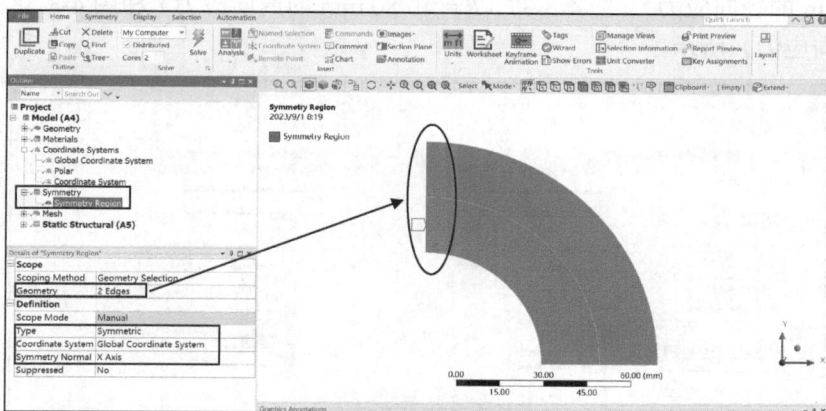

图 4-3-33　对称设置

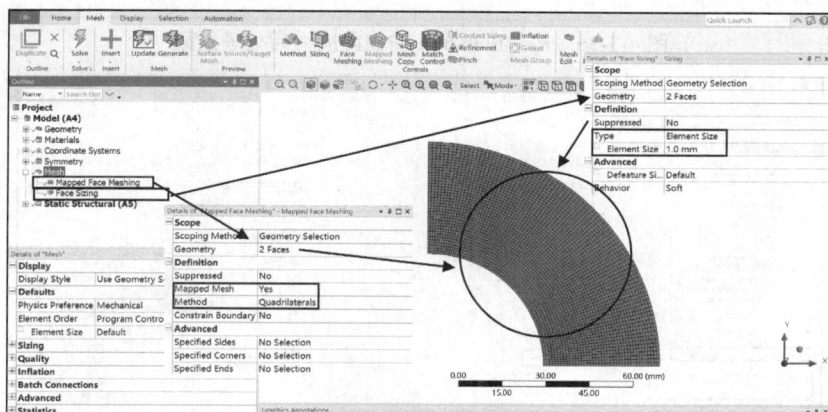

图 4-3-34　网格划分

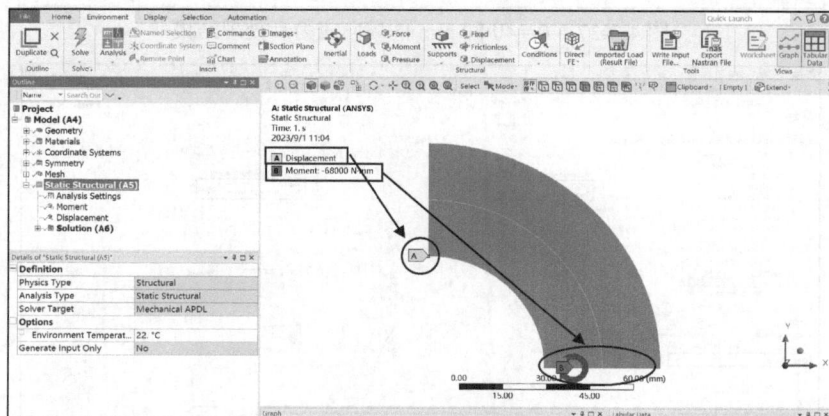

图 4-3-35　边界条件

4. 静力学分析后处理

计算完成后，分别查看模型中不同圆弧线的径向应力和周向应力后处理结果，如图 4-3-36（$R = 40/80$ mm 的径向应力）、图 4-3-37（$R = 40/80$ mm 的周向应力）和图 4-3-38（$R = 60$ mm 的径向、周向应力）所示。

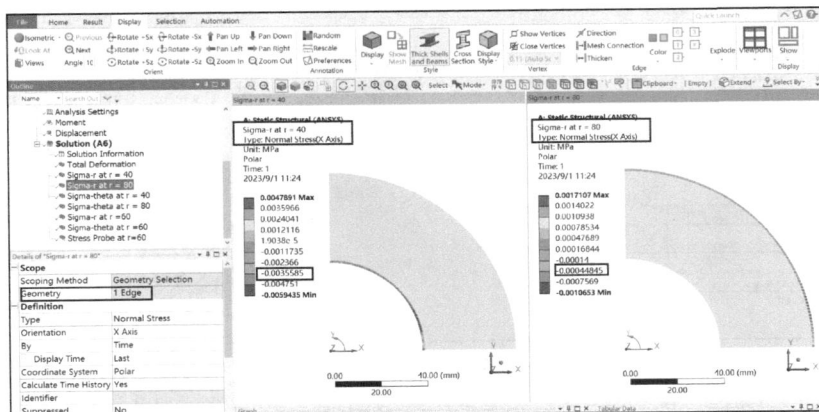

图 4-3-36　$R = 40/80$ mm 的径向应力后处理结果

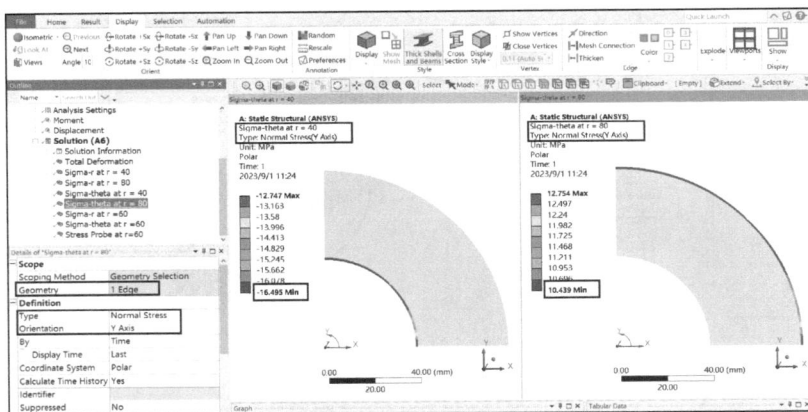

图 4-3-37　$R = 40/80$ mm 的周向应力后处理结果

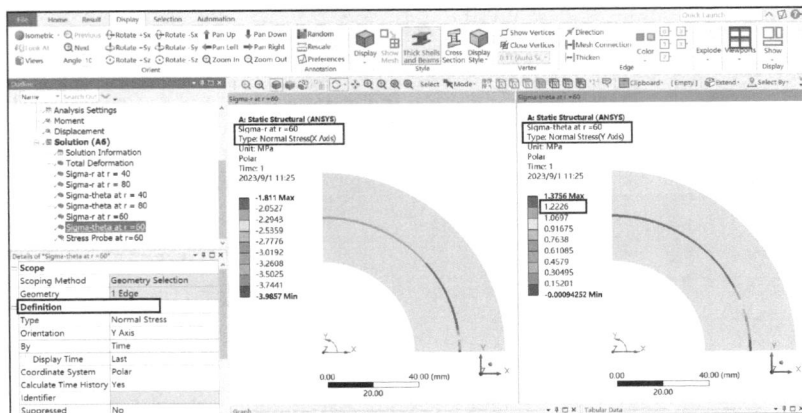

图 4-3-38　$R = 60$ mm 的径向应力、周向应力后处理结果

由图 4-3-38 的后处理结果可知，径向/周向应力取值应该取左侧对称边附近，而不取右侧弯矩加载边附近（理论计算公式假设曲梁只表现为弯曲，而实际弯矩作用于右侧边线时，不仅主要表现整个曲梁弯曲，还表现右侧边线扭转，且 Moment 以远程边界条件作用，采用 Deformable 形式，周向应力不呈圆环的理论应力分布。当然如果采用 Rigid 形式，则可以更加接近理论计算形式，但仍存在小区域差异，因为右侧边线扭转必定存在）。另外，$R = 60 \, \text{mm}$ 的径向应力无法精确读取，所以采用 Probe-Stress 工具进行 $R = 60 \, \text{mm}$ 应力后处理，探针位置为 $X = 0 \, \text{mm}$，$Y = 60 \, \text{mm}$，则 Location Method 设置为 Coordinate System（以坐标系精准确定探针位置），Orientation 设置为 Polar（新建的圆柱坐标系，确定应力形式），Location 设置为 Coordinate System（新建的笛卡儿坐标系，确定探针位置），结果如图 4-3-39 所示。

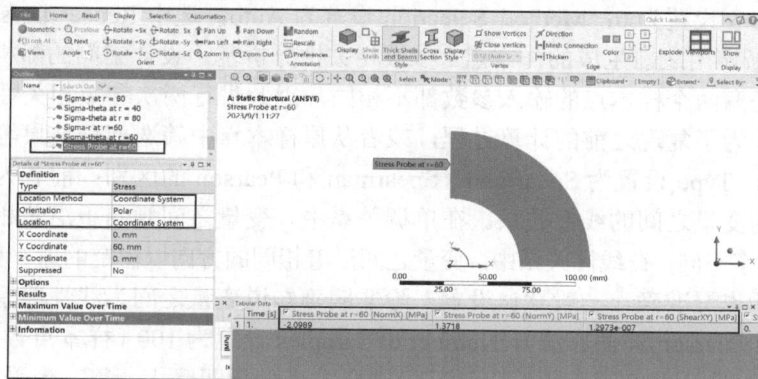

图 4-3-39 探针应力后处理结果

有限元计算结果与理论计算的应力结果对比如表 4-3-8 所示，由表可知，两者计算结果几乎一致。

表 4-3-8 有限元计算结果与理论计算的应力结果对比

应力后处理设置	有限元计算结果/MPa	理论计算结果/MPa	相对误差
$R = 40 \, \text{mm}$ 的径向应力	0	0	0%
$R = 40 \, \text{mm}$ 的周向应力	−16.50	−16.48	0.1%
$R = 80 \, \text{mm}$ 的径向应力	0	0	0%
$R = 80 \, \text{mm}$ 的周向应力	10.44	10.45	0.1%
$R = 60 \, \text{mm}$ 的径向应力	−2.10	−2.10	0%
$R = 60 \, \text{mm}$ 的周向应力	1.37	1.37	0%

5. 参数设置

虽然纯弯曲曲梁有精确的数学模型，但是在曲梁工程设计中仍然可能会存在问题，例如，在确定应力结果条件下，曲梁设计应该更侧重修改内径、外径、厚度还是载荷？针对这类问题，可以通过参数相关性进行研究。首先对相关数值定义参数化，本例在 Spaceclaim 模块中对曲梁的内径、外径定义了参数，此外在 Mechanical 模块中对 Geometry→SYS→SYS\Surface Body 下的 Thickness 定义参数，对 Moment 下的 Magnitude 定义参数；对后处理 Sigma-theta at R = 40 下的 Minimum Result 定义参数，对 Sigma-theta at R = 80 下的 Minimum Result 定义参数，对 Stress Probe at R = 60 下的 Normal X Axis 和 Normal Y Axis Result 定义参数。双击

Parameter Set 项，进入参数设置，如图 4-3-40 所示。其中 Input Parameters 项列出 Spaceclaim 和 Mechanical 所定义的输入参数，分别为 R0、R1、Thickness 和 Moment，单击 New Parameter 处创建 Rmiddle，在 Expression 处输入（P6 + P7）/2 以表示中径尺寸；Output Parameters 项列出 Mechanical 所计算的探针点的径向应力（X 向）、探针点的周向应力（Y 向）、$R = 80$ 圆弧的最小周向应力（Sigma-theta）和 $R = 40$ 圆弧的最小周向应力（Sigma-theta）。

6．参数相关性分析

双击 B2 Parameters Correlation 进行参数相关性分析。如图 4-3-41 所示，单击 Parameters Correlation，不选中 Preserve Design Points After DX Run，Failed Design Points Management→ Number of Retries 设置为 0；Method Selection 设置为 Auto，选中 Reuse the samples already generated （重新调用之前生成的样本点。参数相关性分析基于设计空间的随机采样，样本点随机抽取，即任意两个样本点的输入参数都不相同，因此进行两次参数相关性分析的样本点可能完全不同。为了复现之前的计算过程，或者从原样本点中筛选部分结果等情况即选中此项），Correlation Type 设置为 Spearman（Spearman 和 Pearson 的区别：前者为变量之间的单调关系，后者为变量之间的线性关系。在单调关系中，变量之间倾向于沿着相同的相对方向移动，但移动速率不同；在线性关系中，变量之间沿着相同的方向以恒定的速率移动。Spearman 评估方法更灵活也更准确，一般默认设置，除非明确知道变量之间为线性关系，例如体积与质量关系，采用 Pearson 评估方法），Number of Samples 设置为 100（样本点数量），Auto Stop Type 设置为 Execute All Simulations（达到设定样本点数量即停止计算。当采用 Enable Auto Stop 时，同时出现 Mean Value Accuracy 项，其表示期望均值精度，默认为 0.01；Standard Deviation Accuracy 项，表示期望标准偏差精度，默认为 0.02；Convergence Check Frequency 项，表示收敛检查数，大于输入参数数量，例如本例共 5 个输入参数，该值必须大于 5。如果计算满足均值精度和标准偏差精度，即便没有达到样本点数，也停止计算）。

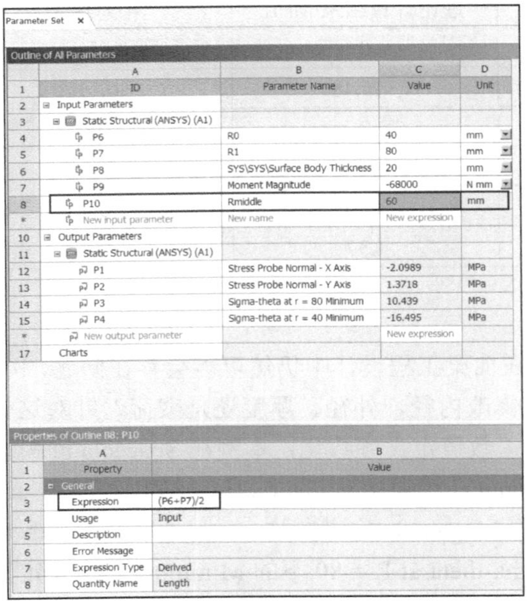

图 4-3-40　参数设置

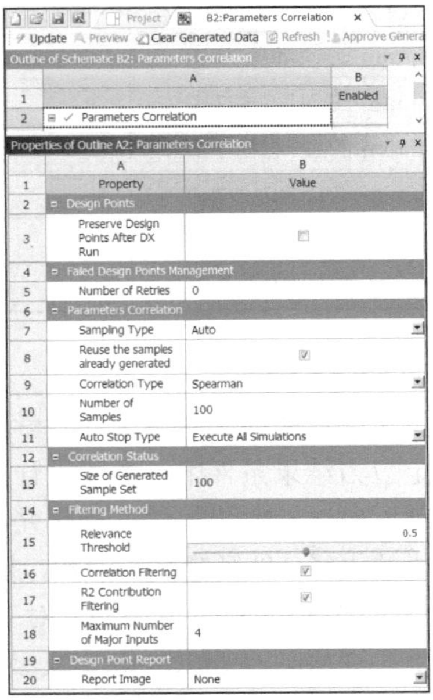

图 4-3-41　直接优化算法设置

Filtering Method→Relevance Threshold 项默认为 0.5（相关性阈值。大于该项设置，定义为主要参数 Major Parameter；小于该项设置，定义为次要参数 Minor Parameter），选中 Correlation Filtering 和 R2 Contribution Filtering 可得对应相关性结果，Maximum Number of Major Inputs 设置为 4（定义最大需要标定的主要参数数量）。

单击 Input Parameter→Static Structural→P6、P7、P8 和 P9 对样本点边界进行设置，如图 4-3-42 所示。其中 P6 的上下限定义为 30 和 50（曲梁内径），P7 的上下限定义为 70 和 90（曲梁外径），P8 的上下限定义为 15 和 25（曲梁厚度），P9 的上下限定义为 −58 000 和 −78 000（弯矩），Classification 项均设置为 Continuous。

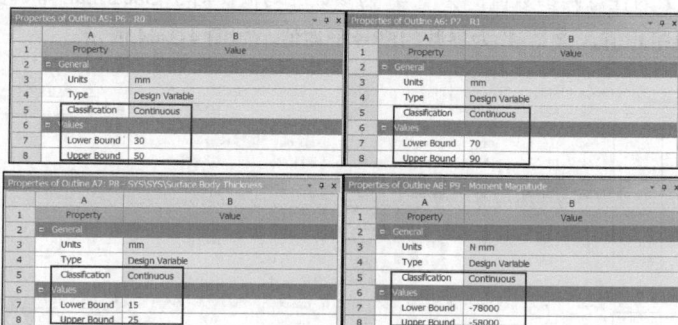

图 4-3-42　样本点设置

设置完成后，单击 Update 进行计算。Design Points 为参数相关性分析完成以后所有样本点的结果统计，由于为随机取值，每次取样数据不尽相同。单击 Correlation Matrix 查看所有参数的相关性矩阵（P10-Rmiddle 参数不选中），如图 4-3-43 所示。

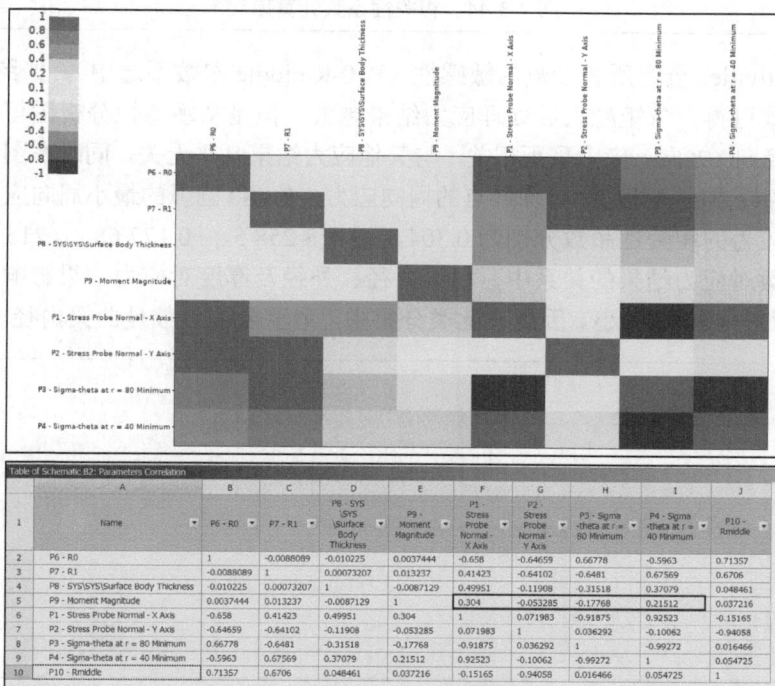

Table of Schematic B2: Parameters Correlation

	A	B	C	D	E	F	G	H	I	J
1	Name	P6 - R0	P7 - R1	P8 - SYS\SYS\Surface Body Thickness	P9 - Moment Magnitude	P1 Stress Probe Normal - X Axis	P2 Stress Probe Normal - Y Axis	P3 - Sigma-theta at r = 80 Minimum	P4 - Sigma-theta at r = 40 Minimum	P10 - Rmiddle
2	P6 - R0	1	-0.0088089	-0.010225	0.0037444	-0.658	-0.64659	0.66778	-0.5963	0.71357
3	P7 - R1	-0.0088089	1	0.00073207	0.013237	0.41423	-0.64102	-0.6481	0.67569	0.6706
4	P8 - SYS\SYS\Surface Body Thickness	-0.010225	0.00073207	1	-0.0087129	0.49951	-0.11908	-0.31518	0.37079	0.048461
5	P9 - Moment Magnitude	0.0037444	0.013237	-0.0087129	1	0.304	-0.053285	-0.17768	0.21512	0.037216
6	P1 - Stress Probe Normal - X Axis	-0.658	0.41423	0.49951	0.304	1	0.071983	-0.91875	0.92523	-0.15165
7	P2 - Stress Probe Normal - Y Axis	-0.64659	-0.64102	-0.11908	-0.053285	0.071983	1	0.036292	-0.10062	-0.94058
8	P3 - Sigma-theta at r = 80 Minimum	0.66778	-0.6481	-0.31518	-0.17768	-0.91875	0.036292	1	-0.99272	0.016466
9	P4 - Sigma-theta at r = 40 Minimum	-0.5963	0.67569	0.37079	0.21512	0.92523	-0.10062	-0.99272	1	0.054725
10	P10 - Rmiddle	0.71357	0.6706	0.048461	0.037216	-0.15165	-0.94058	0.016466	0.054725	1

图 4-3-43　相关性矩阵

相关性矩阵为对角矩阵，反映两两参数之间的相关性系数，以及参数之间为正相关或负相关。在矩阵中如果表现为–1 或 1 就表示参数之间关系密切。

注意

相关性系数由下式计算而得：

$$r = \frac{\sum\left[(X-\bar{X})(Y-\bar{Y})\right]}{\sqrt{\sum(X-\bar{X})^2\sum(Y-\bar{Y})^2}}$$

由公式可知，X、Y 参数无前后关系，即 $r(X,Y)=r(Y,X)$，如此也是形成对角矩阵的原因。对于 Pearson 线性关系，式中 X、Y 为任意两参数值，$\bar{X}$、$\bar{Y}$ 为参数的均值；对于 Spearman 单调关系，式中 X、Y 为参数由小到大排序的序号值，$\bar{X}$、$\bar{Y}$ 为参数的序号平均值，如图 4-3-44 所示。

图 4-3-44　相关性系数计算原理

单击 Sensitivities 查看所有参数的敏感性（P10-Rmiddle 参数不选中），如图 4-3-45 所示。由曲梁应力公式可得，弯矩越大后处理应力结果越大，但是从敏感性分析图可以看到，弯矩仅与探针点的径向（X 向）应力呈正相关，与其他应力结果几乎无关，同时在图 4-3-43 中也可得到，弯矩与探针点的径向应力、探针点的周向应力、$R=80$ 圆弧的最小周向应力和 $R=40$ 圆弧的最小周向应力的相关性系数分别为 0.304、–0.053 258 5、–0.177 68、0.215 12。这是因为在所有输入参数对应力结果的关系中，曲梁内径、外径及厚度对应力结果影响更大，相比之下，弯矩对应力的影响则较小。因此在此类分析中，最重要的参数是曲梁内径、外径及厚度。

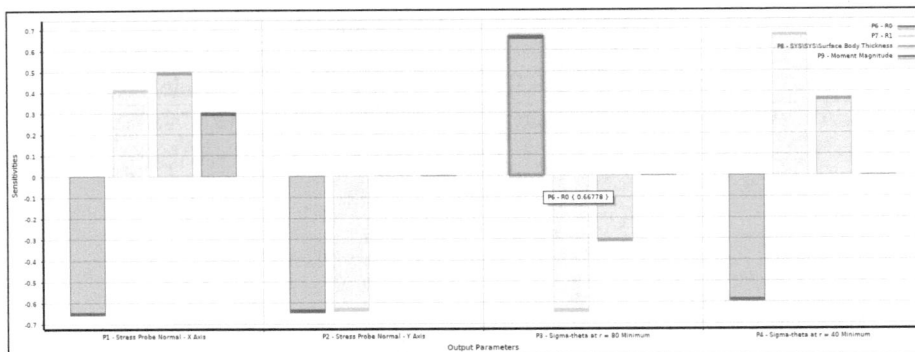

图 4-3-45　敏感性分析

单击 Determination Histogram 查看参数的判定系数柱状图，如图 4-3-46 所示。Determination Type 设置为 Quadratic（二次相关，判断输出参数相对输入参数为线性相关或二次相关的系数），Full Model R2（%）显示为 90.41（如果 Determination Type 设置为 Linear，则该项为 89.13%，表明参数之间更适合二次相关），Threshold R2（%）设置为 5，该值设定为阈值，判定系数低于阈值的输入参数项将被过滤，Y Axis 项选择为 P1 输出参数，读者可以修改为其他输出参数，尝试观察线性相关和二次相关的区别。

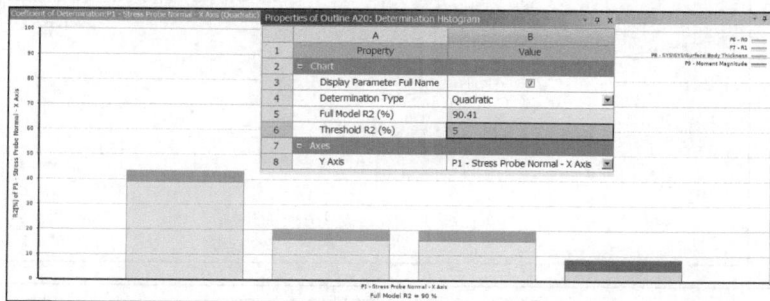

图 4-3-46　判定系数柱状图

> **注意**
>
> Full Model R2 越接近 100%越好，但是如果不论线性相关还是二次相关都比较小，排除输入参数与输出参数的关联不密切的原因，还可能因为网格密度不足或网格质量较差、没有把握足够特征的输入参数和样本点不足。

单击 Determination Matrix 查看所有参数的判断矩阵（P10-Rmiddle 参数不选中），如图 4-3-47 所示。判断矩阵的形式与相关性矩阵非常类似，但是判断矩阵不是对角矩阵，且判断矩阵反映了参数散点进行二次回归曲线处理的逼近程度，其数值为二次拟合曲线的 R^2。

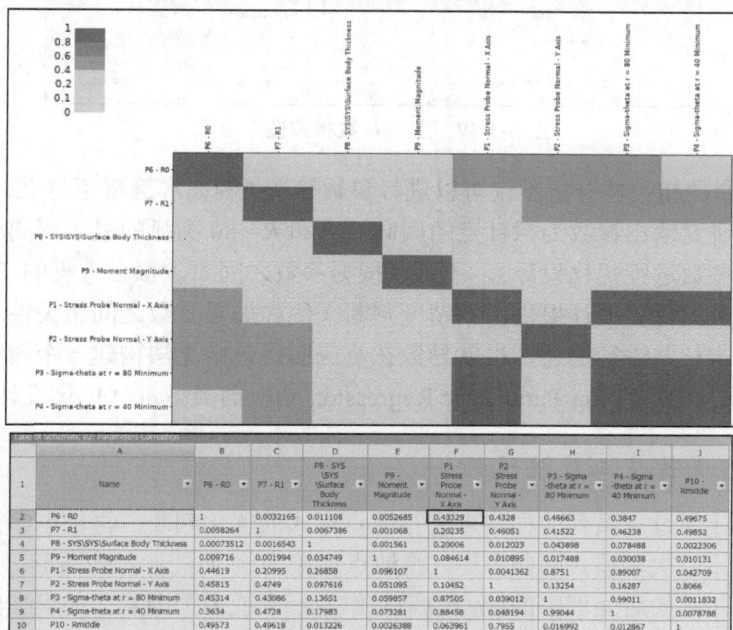

图 4-3-47　判断矩阵

单击 Correlation Scatter 查看两两参数之间的散点图、线性回归和二次回归趋势图，如图 4-3-48 所示。图中以 P6（曲梁内径）参数为 X 轴，P1（探针点的径向应力）参数为 Y 轴，标记所有计算散点，并根据散点进行线性拟合和二次拟合，拟合方程和趋势图均在图中显示，且列出 R^2 值以判定拟合精度。本例二次拟合方程的 $R^2 = 0.433\ 29$，与图 4-3-47 所标记的数值一致。读者可以尝试观察其他参数的拟合方程，与判断矩阵进行对比。

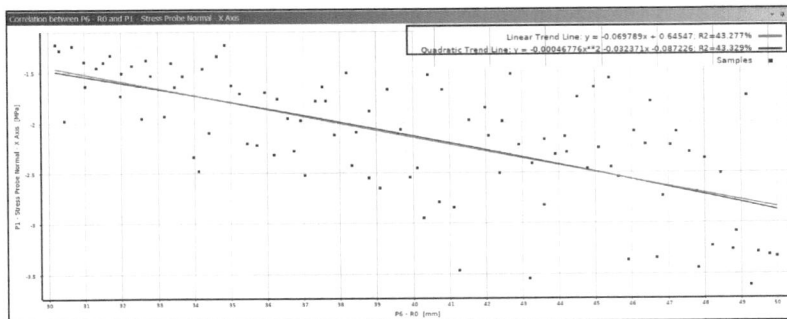

图 4-3-48　散点图与拟合方程

单击 Charts 可以查看主要参数（相关性大于 0.5）相关性汇总表，如图 4-3-49 所示。由图可知，4 个输入参数按密切相关性依次为 P6（内径）与 P1（探针点的径向应力）、P7（外径）与 P2（探针点的周向应力）、P8（厚度）与 P1（探针点的径向应力）、P9（弯矩）与 P1（探针点的径向应力），图中还列出了两个参数之间二次拟合方程的 R^2 和相关性系数。

图 4-3-49　主要参数相关性汇总表

综上所述，参数相关性分析不仅可以进行参数筛选（例如本例弯矩与 P2 和 P3 相关性系数很小，如果仅研究输出参数为探针点的周向应力和 $R = 80$ 圆弧的最小周向应力，则可以不把弯矩列为输入参数进行优化设计），还可以根据参数之间二次拟合方程的 R^2 判定响应面的逼近程度，为响应面优化设计提供前期精度判断（例如如果参数之间相关性非常复杂，不能完全以线性或二次相关进行描述，也就导致在响应面优化中无法构建一个较精确的二阶响应面，则采用 Kriging 或者 Non-Parametric Regression 响应面类型进行优化设计）。

4.3.4　响应面优化与反演设计

试验优化设计通过一系列的样本点进行散点形式的优化判断，再依据参数相关性等分析将散点拟合为多元二次多项式回归方程，将散点连接为线/面图形，该图形即为响应面。响应面将系统的响应（例如后处理中的应力结果）作为一个或多个因素（如模型的尺度、边界条件等）的函数，并用图形技术展示该函数，以实现试验设计中的优化。其中样本点的选择对于响应面的精度最为关键。

　　响应面将一系列的散点数据拟合为某多项式函数这一数学过程，不仅可以方便求得该函数的极值，进而得到某项最优解；还可以将离散数据连续化，实现结果至过程的求解，即反演设计。反演设计与一般设计中过程到结果的求解刚好相反，不但表现为已知结果数据反推过程数据的形式（参见《ANSYS Workbench 有限元分析实例详解（动力学）》中已知压缩机末端铜管位移反推压缩机加速度载荷），而且往往表现为非唯一解，即存在几组过程数据都能满足结果要求。例如，函数 $y = x^2 - 3x + 2$，当 $x = 2$ 时，$y = 0$；但当 $y = 0$ 时，$x = 2$ 或 1。对于反演所得的几组过程数据，不能简单判定满足要求，必须从原理和过程等多方位评估，才能进行判断。

　　下面以单位厚度（简化计算规模）的某翼型切片为框架，求其经过超音速空气域时为得到最大升力、最小阻力时的迎角。该模型计算所要求的翼型迎角为有限元计算的输入条件，而升力、阻力为后处理结果，因此采用优化设计先得到一系列不同迎角的试验数据，再以此进行响应面优化，得到极值升力和阻力，最后判断最佳迎角。计算模型如图 4-3-50 所示，其中空气域尺寸为 100 m × 60 m × 0.2 m，在空气域中心有翼型孔，翼型基准以坐标系原点绕 Z 轴旋转 0°，以此角度作为迎角，并标记 P 字符，完成参数定义。

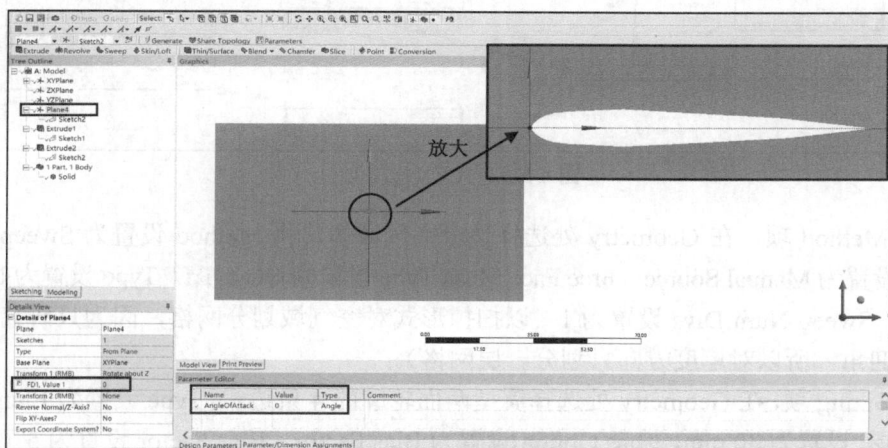

图 4-3-50　计算模型

1．建立分析流程

　　如图 4-3-51 所示，建立分析流程。其中包括 A 框架结构的 Mesh 划分网格模块，B 框架结构的 CFX 流体计算模块，C 框架结构的 Response Surface Optimization 响应面优化设计模块，因为在 Mesh 模块的建模中定义了迎角参数，在 CFX 模块的后处理中定义了升力和阻力参数，所以 Parameter Set 框架分别与 A 框架结构的 Mesh 模块、B 框架结构的 CFX 模块和 C 框架结构的 Response Surface Optimization 模块建立关联。

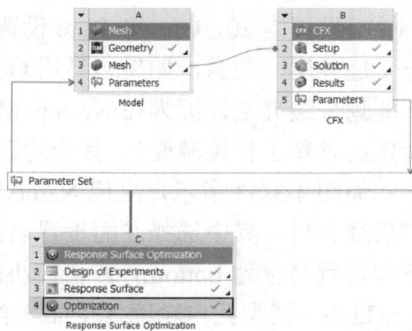

图 4-3-51　分析流程

注意

Response Surface Optimization 模块依次为 Design of Experiments、Response Surface 和 Optimization 项，其中前两项合为 Response Surface 模块。

2. 前处理

双击 A3 Mesh 项进入前处理。如图 4-3-52 所示，将 Physics Preference 设置为 CFD，Solver Preference 设置为 CFX，Element Order 设置为 Linear，Element Size 设置为 400 mm。

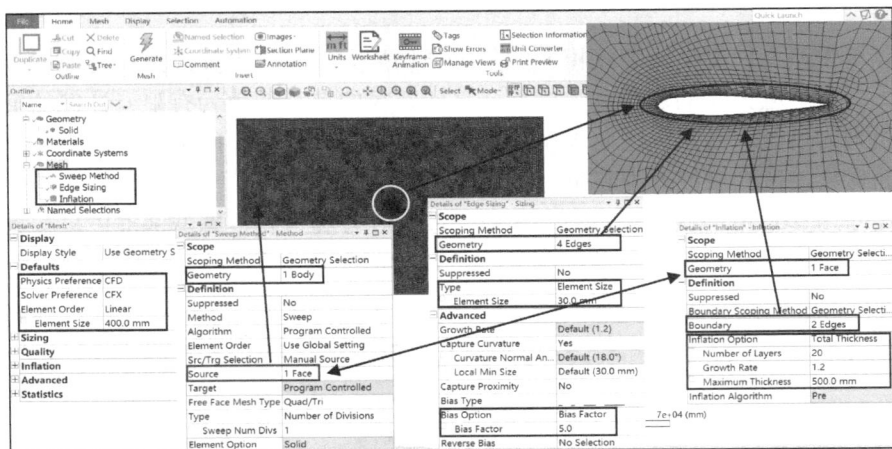

图 4-3-52　CFX 网格划分

插入 Method 项，在 Geometry 处选择整个空气域体，将 Method 设置为 Sweep，Src/Trg Selection 设置为 Manual Source，Free Face Mesh Type 设置为 Quad/Tri，Type 设置为 Number of Divisions，Sweep Num Divs 设置为 1（以扫掠形式对空气域划分网格，因为只研究单位厚度下的翼型迎角，所以对厚度方向只划分一层网格）。

插入 Sizing 项，在 Geometry 处选择翼型两面轮廓的 4 条边线，Type 设置为 Element Size，Element Size 设置为 30 mm，Bias Option 设置为 Bias Factor，Bias Factor 设置为 5（定义翼型轮廓边线的单元尺度，并按照等比形式布局，保证翼型前端网格小、后端网格大）。

插入 Inflation 项，在 Geometry 处选择 Sweep Method 选项中 Source 项所定义的一致侧面，在 Boundary 处选择该面上翼型的轮廓边线，Inflation Option 设置为 Total Thickness，Number of Layers 设置为 20，Growth Rate 设置为 1.2，Maximum Thickness 设置为 500 mm（以翼型轮廓定义边界层，注意，如果边界层 Geometry 项选择面与 Sweep Method 项所选择面不一致，将不能划分边界层，因为在 Sweep Method 项中定义了扫掠源面，为保证扫掠成功，其他网格设置必须基于扫掠源面），其余均默认。

如图 4-3-53 所示，采用 Named Selections 分别对空气域模型各个面设置不同名称，以方便后续分析，其中选择左面设置名称为 inlet，右面设置名称为 outlet，上面设置名称为 top，下面设置名称为 bottom，Z 值较小的侧面设置名称为 sym low，Z 值较大的侧面设置名称为 sym high，翼型孔内轮廓 3 个面（含后端小面）设置名称为 airfoil。

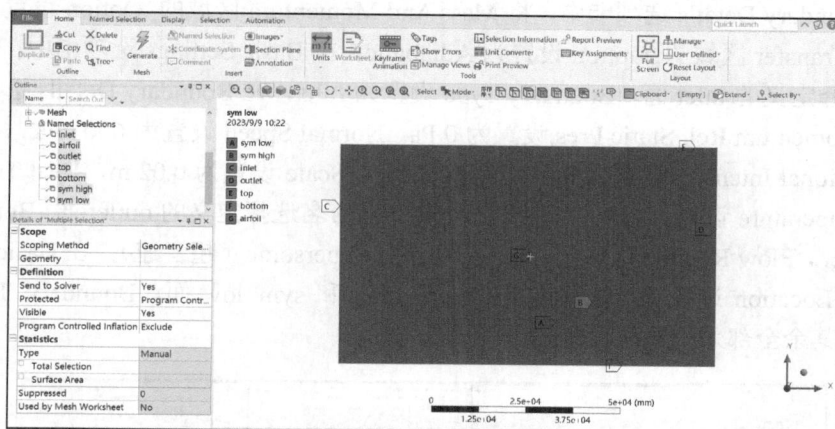

图 4-3-53　命名选择

3．CFX 流体分析流程

在 B2 Setup 处双击鼠标左键，进入 CFX 分析模块。因为 Mesh 项已经与 CFX 的 Setup 项建立关联，所以 Outline 选项卡下 Mesh 处出现 B25 和之前的命名选择项；在 Analysis Type 选项卡，设置 Option 为 Steady State（稳态），在 Default Domain 的 Basic Settings 选项卡中将 Location 设置为 B25，将 Domain Type 设置为 Fluid Domain（流体域），Material 设置为 Air Ideal Gas（理想空气），其余项采用默认设置；在 Fluid Models 选项卡中将 Heat Transfer 区域的 Option 设置为 Total Energy（包含流体动能影响的热量变换，适用于高速流动或可压缩流动的传热计算），Turbulence 区域的 Option 设置为 Shear Stress Transport（SST 模型，可用于带逆压梯度的流动、翼型计算、跨音速激波计算），其余项采用默认设置，如图 4-3-54 所示。

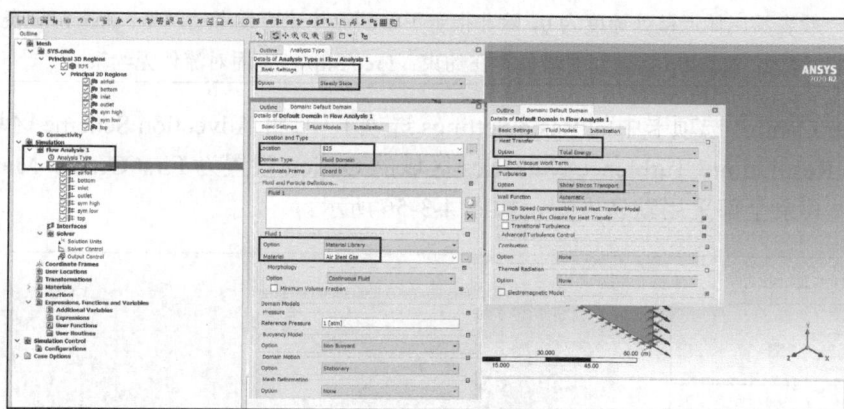

图 4-3-54　CFX 分析设置（1）

如图 4-3-55 所示，在 Default Domain 项右击，依次插入 Boundary，在 Basic Settings 选项卡中，对 Location 选择命名选择定义的 airfoil 面，Boundary Type 设置为 Wall，在 Boundary Details 选项卡中，将 Mass And Momentum 区域的 Option 设置为 No Slip Wall，Wall Roughness 区域的 Option 设置为 Smooth Wall，Heat Transfer 区域的 Option 设置为 Adiabatic；在 Basic Settings 选项卡中，对 Location 选择命名选择定义的 top 和 bottom 面，Boundary Type 设置为

Wall，在 Boundary Details 选项卡中，将 Mass And Momentum 区域的 Option 设置为 Free Slip Wall，Heat Transfer 区域的 Option 设置为 Adiabatic；在 Basic Settings 选项卡中，对 Location 选择命名选择定义的 inlet 面，Boundary Type 设置为 Inlet，在 Boundary Details 选项卡中，将 Mass And Momentum Rel. Static Pres.设置为 0 Pa，Normal Speed 设置为 600 m·s^{-1}，Turbulence 区域的 Fractional Intensity 设置为 0.01，Eddy Length Scale 设置为 0.02 m，Heat Transfer 区域的 Static Temperature 设置为 300 K；对 Location 选择命名选择定义的 outlet 面，Boundary Type 设置为 Outlet，Flow Regime 区域的 Option 设置为 Supersonic（超音速）；在 Basic Settings 选项卡中，对 Location 选择命名选择定义的 sym high 和 sym low 面，Boundary Type 设置为 Symmetry，其余全部采用默认设置。

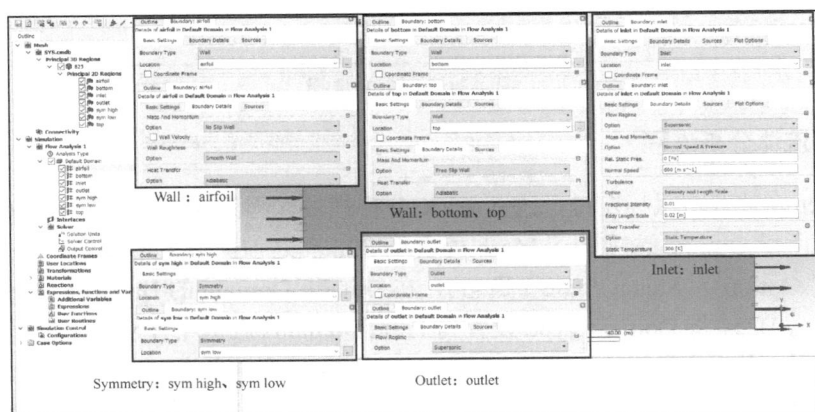

图 4-3-55　CFX 分析设置（2）

相关选项说明

　　No Slip 一般表示流体近壁处速度为 0，除非指定了壁面流体速度或者动网格；Free Slip 表示壁面剪切力为 0。简单理解为：No Slip 指壁面对流体存在约束；Free Slip 指壁面对流体无约束。

　　在 Solver Control 选项卡中的 Basic Settings 选项卡中，将 Advection Scheme 区域的 Option 设置为 High Resolution，Turblence Numerics 区域的 Option 设置为 First Order，Max. Iterations 设置为 100，其余全部采用默认设置，如图 4-3-56 所示。

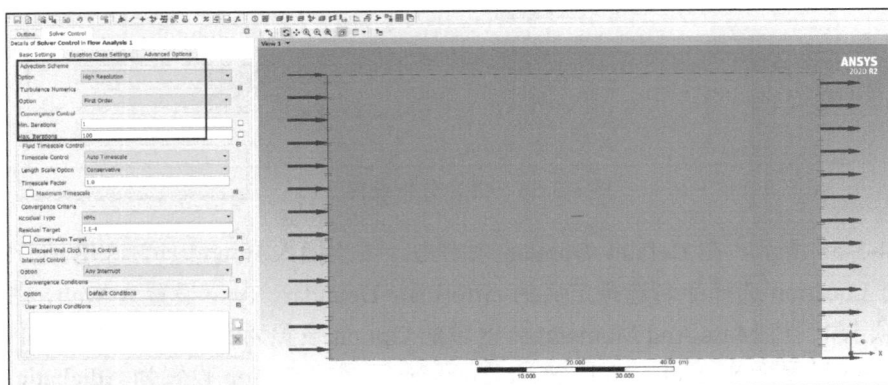

图 4-3-56　CFX 分析设置（3）

在 B3 Solution 处求解完成后进入 B4 Results 后处理。右击 User Locations and Plots，插入 Contour，按图 4-3-57 设置后，可得最大压力为 337 809 Pa，最小压力为−35 287.7 Pa，读者可自行查看温度分布，其两者云图基本都是最大值位于翼型前端，以翼型前端为顶角呈锥形分布。

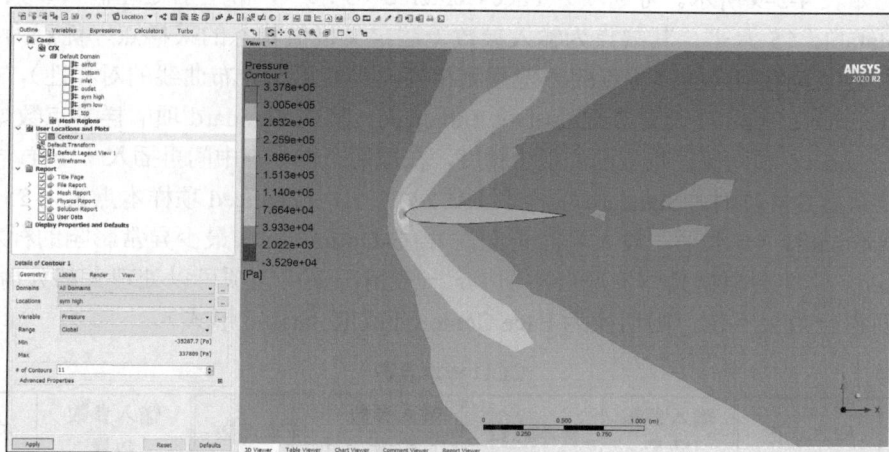

图 4-3-57　CFX 后处理结果（1）

为研究该翼型的升力和阻力，在 Expressions 项中新建 Lift（升力）和 Drag（阻力）项，其中 Lift 处 Definition 项定义为 force_y()@airfoil，Dra 处 Definition 项定义为 force_x()@airfoil，然后将这两项作为输出参数（Use as Workbench Output Parameter），结果如图 4-3-58 所示。

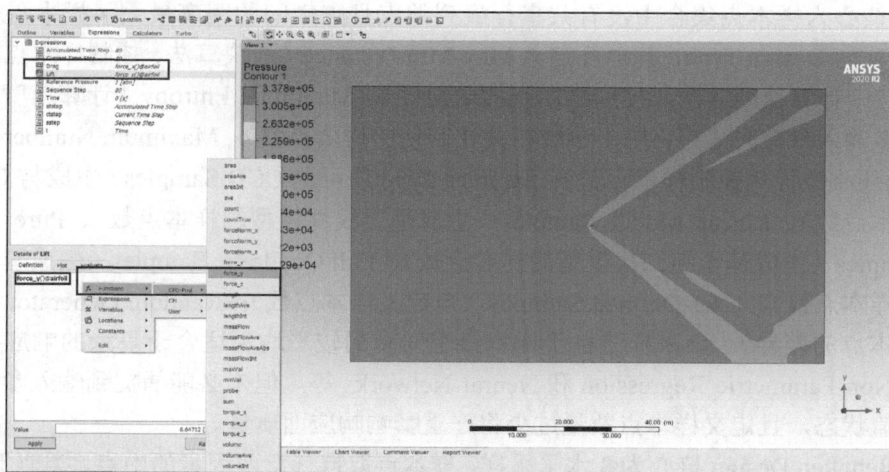

图 4-3-58　CFX 后处理结果（2）

4．Design of Experiments（DOE）设置

在 C2 Design of Experiments 处双击，进入 DOE 设置。试验设计（DOE）用于科学确定样本点，是响应面、目标驱动优化等系统的组成部分。其核心即以最有效的样本点探索随机输入参数的空间域，不仅要求减少样本点数量，还要求提高从样本点结果推导出响应面的准确性。软件提供了 Central Composite Design（CCD）、Optimal Space-Filling Design（OSF）、

Box-Behnken Design、Custom、Custom＋Sampling、Sparse Grid Initialization、Latin Hypercube Sampling Design(LHS)和 External Design of Experiments（新版，加载扩展 DOE）等方法。

CCD 核心为系数最大可能正交和最少异常影响的样本点数，其样本点数与输入参数数量直接相关，如表 4-3-9 所示。可选项为 Face Centered（3 水平，常用于处理输入参数为极值状态）和 Rotatable（5 水平，其缺点为输入参数无法定义极值状态的采样点，优点为各个维度距离输入参数中间值相同的样本点的方差预测相同，类似正态分布曲线的对称性），以上两种还可以在 Template Type 项设置 Standard 和 Enhanced，其中 Standard 项的样本点数如表 4-3-9 所示，而 Enhanced 项为保证响应面的拟合精度，在原两个样本点中间再插入一个样本点，例如当输入参数数量为 4 项时，Standard 项样本点数为 25 个，Enhanced 项样本点数为 25＋24＝49 个；VIF Optimality（5 水平，最大可能正交性）；G-Optimality（最少异常影响的样本点数）；Auto Defined（软件会根据具体情况自动切换，一般情况采用该项可以处理大部分情况，如果出现响应面拟合效果不佳，则切换为 Face Centered 或 Rotatable 形式）。

表 4-3-9　　　　　　　　　　　　　　CCD 样本点数

输入参数数量	样本点数	输入参数数量	样本点数	输入参数数量	样本点数	输入参数数量	样本点数
1	5	6	45	11	151	16	289
2	9	7	79	12	281	17	291
3	15	8	81	13	283	18	549
4	25	9	147	14	285	19	551
5	27	10	149	15	287	20	553

OSF 核心为样本点集合中没有共享行或列的点且点之间的距离最大（样本点分布更均匀）。可选项为 Design Type，其中可定义 Max-Min Distance（最快算法、控制样本点的距离）、Centered L2（计算速度其次，控制样本点的均匀性）、Maximum Entropy（计算速度最慢，不建议在很多输入参数时采用，用于参数相关性密切的样本点集）；Maximum Number of Cycles（以最大循环次数优化控制样本点数）；Samples Type 项可选 CCD Samples（生成与 CCD 算法一致的样本点数）、Linear Model Samples（生成基于线性模型的样本点数）、Pure Quadratic Model Samples（生成基于纯二次模型的样本点数）、Full Quadratic Samples（生成基于完全二次模型的样本点数）、User-Defined Samples（自定义样本点数）；Random Generator Seed（控制随机样本点的差异）。该采样法由于样本点空间布局较平均更适合于复杂的响应面，例如 Kriging、Non-Parametric Regression 和 Neural Networks 等，但未必能捕捉到输入参数的中间状态和极值状态，且定义样本点数量过少将严重影响响应面质量。

Box-Behnken Design 核心为 3 水平采样，样本点取自任意两因素的中点，类似于 CCD 抽样方法为正方体（3 输入参数）的 8 个角点、6 个面中心点和 1 个体中心点（合计 15 个样本点），而 Box-Behnken Design 抽样方法为正方体的 12 个边中点和 1 个体中心点（合计 13 个样本点）。相较 CCD 采样，由于忽略了角点样本点（对应为输入参数的极值状态），该方法计算效率更高，且可以降低极值状态可能导致的更新失败风险，但同时也对极值状态估计不足，且输入参数数量最多 12 个。

Custom/Custom＋Sampling 核心为自定义样本点集，还可以导入外部 CSV 文件。Custom＋Sampling 中根据 Total Number of Samples 项确定样本点总数。

Sparse Grid Initialization 核心为输出参数梯度较大区域自动增加设计点数，与 Sparse Grid 响应面设置匹配。其优点在于对于越复杂的响应面越合适，另外因为其只在必要的方向上进行细化，所以相比同样精度的响应曲面，其设计点更少。

LHS 核心为蒙特卡洛采样法，样本点随机生成且样本点集合中没有共享行或列。选项设置与 OSF 类似，区别在于 OSF 样本点分布更均匀。

本例 DOE 设置如图 4-3-59 所示，其中 Design of Experiments Type 设置为 Central Composite Design，Design Type 设置为 Auto Defined。

单击 Input Parameter→Model→P1 对样本点边界进行设置，如图 4-3-60 所示。其上下限设置为 0 和 45（迎角变化范围，另外不同版本可能导致 45°更新失败，可以将角度调小），Classification 项选 Continuous。对于本例仅一个输入参数，将产生 5 个样本点，CCD 将根据区间 4 等分角度。

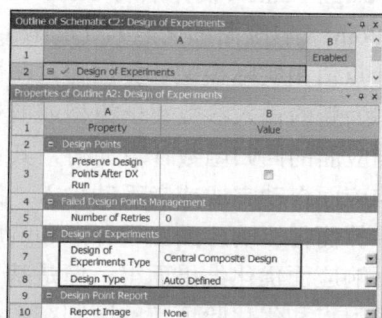

图 4-3-59　DOE 设置　　　　图 4-3-60　样本点设置

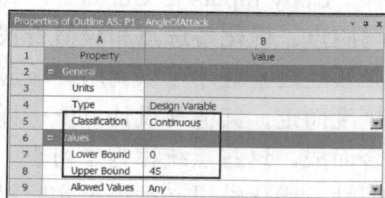

设置完成后，单击 Update 进行计算。样本点计算完成后，单击 Parameters Parallel Chart 和 Design Points vs Parameter Chart 查看 DOE 计算结果，分别以不同形式显示 5 个样本点的输入参数和输出参数，如图 4-3-61 所示。对于响应面优化，DOE 生成样本点应该位于最优设计点附近，但在计算之前最优点是未知的，一般先采用试算确定最优设计点大致区间，然后，或者在大致区间，或者用 Manufacturable Values 指定初次最优设计点，或者自定义响应面细化点再次进行响应面优化。

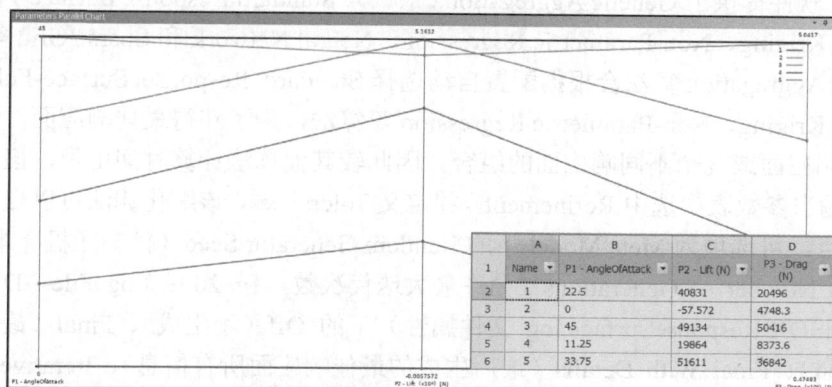

图 4-3-61　样本点汇总

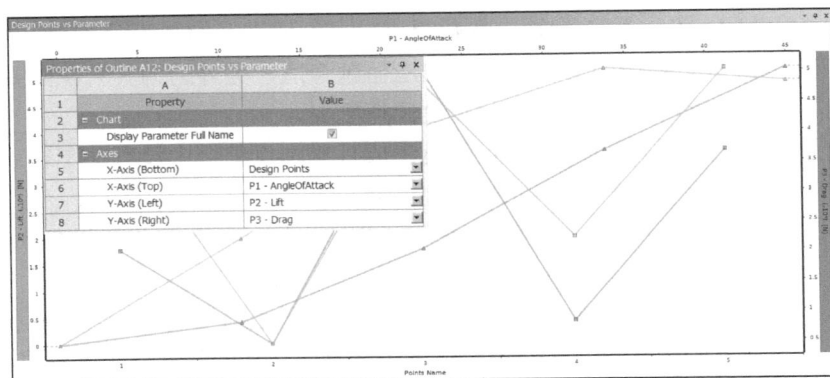

图 4-3-61　样本点汇总（续）

在响应面优化中，样本点根据具体情况还细分为 Design Point（设计点）、Response Point（响应点）、Candidate Point（优化备选点）、Refinement Point（响应面细化点）、Learning Point（学习点）和 Verification Point（优化验证点）。其中设计点值由实际模型计算而得，在快捷菜单中选择"Copy Inputs to Current"，即可将设计点值作为新的输入参数置于模型或前处理模块中。响应点、优化备选点和极值查找结果均是根据响应面的回归函数计算而得，其值为近似值，必须经过验证才可以调用。响应面细化点可由响应面自动完成或者手动输入，为提高响应面精度而定，其值与设计点值一样，由实际模型计算而得。响应面由设计点和响应面细化点拟合而成，这些点统称为学习点。优化验证点根据响应面优化结果而得，但是基于响应面的近似性，优化结果必须经过实际模型计算验证。学习点和优化验证点的区别在于：学习点为了保证响应面的插值精度而定，优化验证点为了衡量响应面的预测精度而定。在软件界面中凡是由响应面近似得到的虚拟点值均用蓝色表示，凡是由实际模型真实得到的点值均用黑色表示。

5．Response Surface 设置

在 C3 Response Surface 处双击，进入响应面设置。响应面以不同性质的函数描述输入参数和输出参数的关系，以此函数可以快速得到某条件下的输出参数近似值，不再需要代入实际模型计算。软件提供了 Genetic Aggregation（默认）、Standard Response Surface-Full 2nd Order Polynomial、Kriging、Non-Parametric Regression、Neural Network 和 Sparse Grid 等算法。

Genetic Aggregation 算法会根据配置自动选择 Standard Response Surface-Full 2nd Order Polynomial、Kriging、Non-Parametric Regression 等算法，为了获得最佳响应面，该遗传算法可生成单个响应面或几个不同响应面的组合，因此较其他算法计算时间更长，但响应面模型更可靠。在输出参数表中选中 Refinement，并定义 Tolerances，该细化算法可以自动避让可能失败的设计点。可选项为 Meta Model 下的 Random Generator Seed（控制随机样本点的差异）和 Maximum Number of Generations（允许最大迭代次数，1～20）；Log File→Display Level（\\dpall\global\DX\ResponseSurface.log 文件属性）下的 Off（不生成）、Final（最后生成的最佳响应面信息）、Final With Details（最后生成的最佳响应面所有信息）、Iterative（每步迭代生成的最佳响应面信息）和 Iterative With Details（每步迭代生成的最佳响应面所有信息）；Refinement 下的 Maximum Number of Refinement Points（最大细化点数）；Output Variable

Combinations→Maximum Output（仅有偏差最大的输出参数进行细化，每次迭代只生成一个细化点）；Output Variable Combinations→All Outputs（所有输出参数进行细化，每次迭代可能生成多个细化点）；Crowding Distance Separation Percentage（用于确定避让失败点的区域，该区域是以失败点为中心、以该值为半径的圆）；Maximum Number of Refinement Points per Iteration（在 HPC 下每次迭代时可以同时更新优化点的最大数量）；Verification Points→Generate Verification Points（是否生成几个优化验证点）。

Standard Response Surface-Full 2nd Order Polynomial 算法将输入输出参数拟合为二次多项式形式。当输出参数值变化平稳时，该算法最佳。可选项为 Inputs Transformation Type（是否对输入参数连续值进行幂次变换）、Inputs Scaling（是否对输入参数连续值进行缩放）、Significance Level（定义多项式的回归项阈值，0～1）。

Kriging 算法将输入输出参数拟合为全局二次多项式加局部扰动形式，因为其可以表征更强非线性特征的响应面，所以适用性更广。但是因为存在扰动项，所以会将噪点也包含进响应面，而且在关键影响响应面精度的设计点处很可能出现振荡，影响响应面精度。可选项为 Kernel Variation Type 下的 Variable（每个设计变量定义一个相关参数）、Constant（所有设计变量共用一个相关参数）；Refinement→Refinement Type 下的 Manual（手动增加设计点，以提高响应面精度）、Automatic（根据其内部误差自动预测并增加设计点，直到达到精度，需指定增加样本点数的最大数量）。

Non-Parametric Regression 算法将输入输出参数拟合为二次多项式形式加上下偏移区域，使大部分样本点位于以二次多项式为中心所建立的狭窄包络区域内。因为定义了偏移量，所以适用于存在噪点的响应面分析，但对于一次多项式表征易出现振荡，且计算效率较低，一般适用于 Standard Response Surface-Full 2nd Order Polynomial 算法拟合程度不佳的情况。可选项同上。Kriging 算法（左图）与 Non-Parametric Regression 算法（右图）处理噪点模型如图 4-3-62 所示。由图可知，Kriging 算法的拟合曲线因为要求包含所有样本点，所以出现多次局部振荡，而 Non-Parametric Regression 算法因为设定了上下偏移量，基本上较清晰地表征了曲线。

图 4-3-62 噪点模型处理

Neural Network 算法基于人脑的神经网络，在输入层和输出层之间增加隐藏层，隐藏层为汇总输入开关的阈值函数，输入层到隐藏层、隐藏层到输出层均定义一个关联权重，每次迭代都会调整权重，以最大限度地减少设计点到响应面的误差。其中 70%的设计点被定义为"learning"，30%的设计点被定义为"checking"，适用于输入参数很多且存在噪点的高度非线性响应面中。可选项为 Number of Cells（定义隐藏层中使用的神经元数量）。

Sparse Grid 算法基于 DOE 中的 Sparse Grid Initialization，采用自适应算法自动对局部进行细化直到达到设定的最大相对误差或最大深度，以提高局部区域的响应面质量。适用于不连续情况的快速求解。可选项为 Refinement→Refinement Type 下的 Maximum Relative Error (%)

（响应面允许的所有输出参数最大相对误差）、Maximum Depth（定义稀疏网格最大深度层次结构，最小为 2）、Maximum Number of Refinement Points（可生成最大细化点数量）、Number of Refinement Points（现有细化点的数量）、Current Relative Error (%)（当前相对误差水平）、Converged（表示是否收敛）。

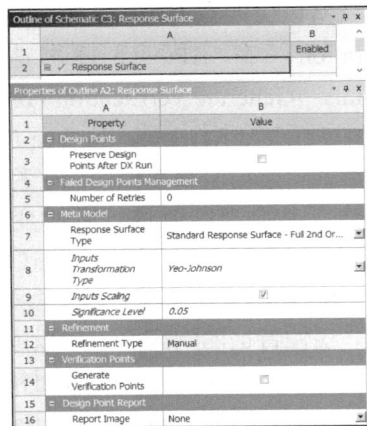

本例通过试算可得，其呈现为较清晰的二次多项式形式，所以采用 Full 2nd Order Polynomial 响应面算法设置，如图 4-3-63 所示，其中 Response Surface Type 设置为 Standard Response Surface-Full 2nd Order Polynomial，Inputs Transformation Type 设置为 Yeo-Johnson，选中 Inputs Scaling，Significance Level 设置为 0.05；不选中 Generate Verification Points。

响应面生成后，先查看拟合精度，单击 Quality→Goodness of Fit 项，选中所有选项，Confidence Level 设置为 0.95（置信度等级），如图 4-3-64 所示。图中右侧上方列出了对输出参数拟合响应面的评估参数，其中

图 4-3-63　响应面设置

Coefficient of Determination (R^2) 理想值为 1，是响应面的通常匹配指标；Adjusted Coeff of Determination 理想值为 1，当样本点数小于 30 时，以此指标衡量；Maximum Relative Residual 理想值为 0，为最大相对残差；Root Mean Square Error 为拟合后均方根误差；Relative Root Mean Square Error 理想值为 0，为拟合后均方根相对误差；Relative Maximum Absolute Error 理想值为 0，为相对于标准偏差的最大绝对误差；Relative Average Absolute Error 理想值为 0，为相对于标准偏差的平均误差，当样本点数小于 30 时，以此指标衡量。图中右侧下方列出了 Predicted vs Observed 表，其中横坐标为 Observed from Design Points，纵坐标为 Predicted from the Response Surface，表中预设一条 45°斜线（XY 向缩放比例不同，可能导致 45°视觉误差），输出参数散点距 45°斜线越近表示拟合精度越高。本例 Lift 散点基本上位于 45°斜线上，Drag 散点略有偏移。这与评估参数给出的结果一致。

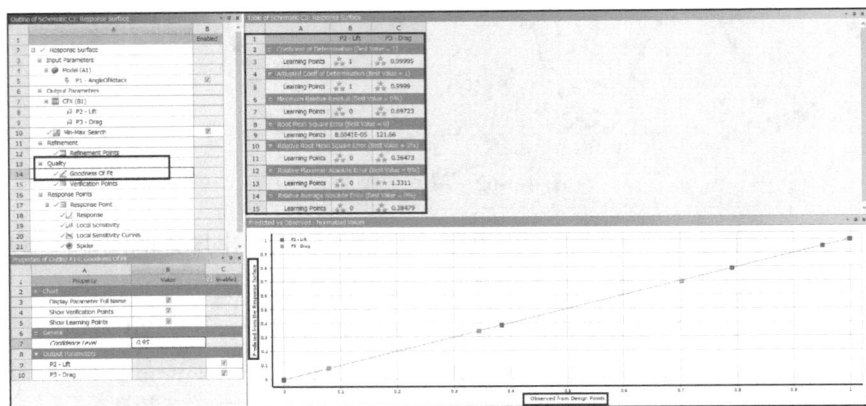

图 4-3-64　响应面拟合精度

为提高响应面精度，插入 Verification Point 和 Refinement Point 对于提高拟合精度非常有帮助，可在 Predicted vs Observed 表中单击偏离 45°斜线较远的点，在 Properties 细节栏中可

以看到该点对应的输入参数和输出参数，再在表参数前方增加相应点，即可达到提高响应面质量的目的。当然响应面质量还与算法密切相关，可按图 4-3-65 所示流程调节响应面算法和对应插入验证点和细化点设置，保证拟合精度。一般而言，适用性较好的为 Kriging 算法匹配 Verification Point 和 Auto-Refinement。

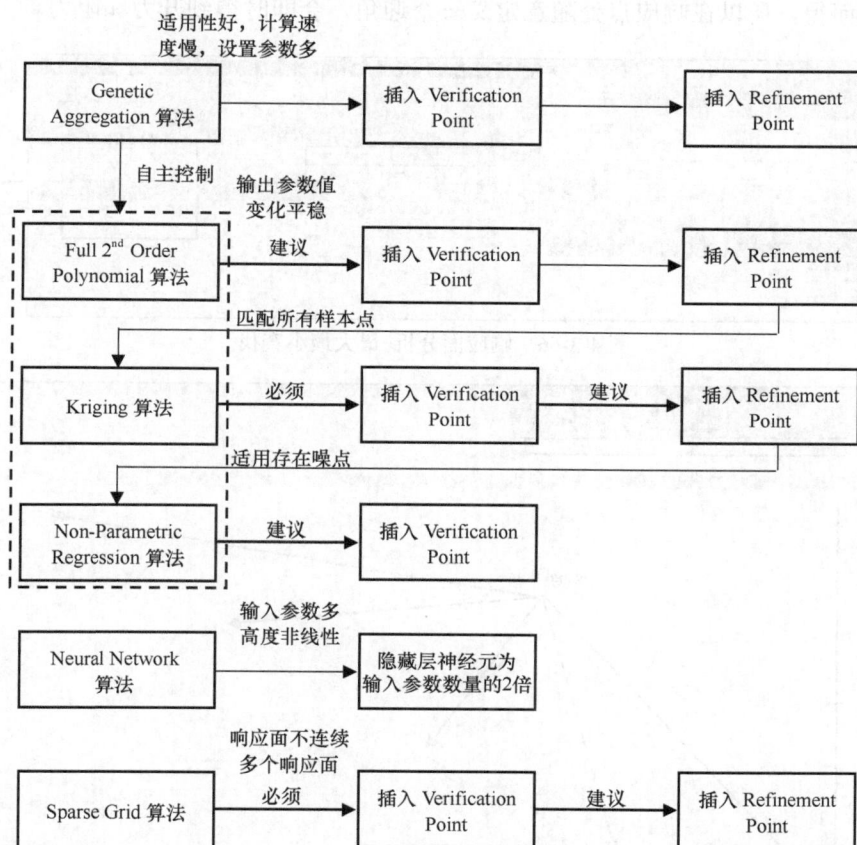

图 4-3-65　响应面分析流程

　　当得到精度较高的响应面后，即可查看响应面后处理结果，包括响应点、最大最小查找、响应面/线、敏感性分析和 Spider 图等。如图 4-3-66 所示，单击 Output Parameter→Min-Max Search，即可查看每个输出参数的最小值和最大值，注意该值结果基于响应面而得（数值显示为蓝色），但是与其他基于响应面近似得到的虚拟点值不同，该值是一个相对精确可靠的结果。其中 Number of Initial Samples 针对连续的输入参数域中生成的初始样本点集的数量；Number of Start Points 表示起始点数，根据初始采样点进行排序以获得起始点。对于每个起始点，都会进行局部优化，每个起始点进行两次局部优化（1 次用于最小值，1 次用于最大值），当然起始点定义越大搜索时间越长。此外以上两项只能是输入参数连续时才能设置。由图可知，迎角为 0°时，升力和阻力最小；迎角为 37.322°时，升力最大；迎角为 45°时，阻力最大。

　　如图 4-3-67 所示，单击 Response Points→Response，即可查看迎角-阻力曲线上的响应点。响应点的输入值可由 Properties 细节栏中 Input Parameter 项拖曳而得，也可自定义输入，输出结果基于响应面而得，为近似值。由于本例仅一个输入参数，只能形成响应线。当输入参数大于 1 时，可以在 Properties 细节栏中 Mode 项采用 3D 模式（2 个输入参数 1 个输出参数组合的响应面）或 2D Slices 模式（1 个输入参数为 X 轴，1 个输出参数为 Y 轴，同时以不同颜色表示其他输入参数在三维响应面的切割线）。图中曲线上标记方块的点为设计点，即真实输入参数，采用响应面算法将 5 个点拟合为一条曲线，其他任意响应点的输出参数结果就是依据这条曲线而得，所以在响应点处随意定义一个迎角，会即时得到升力和阻力。

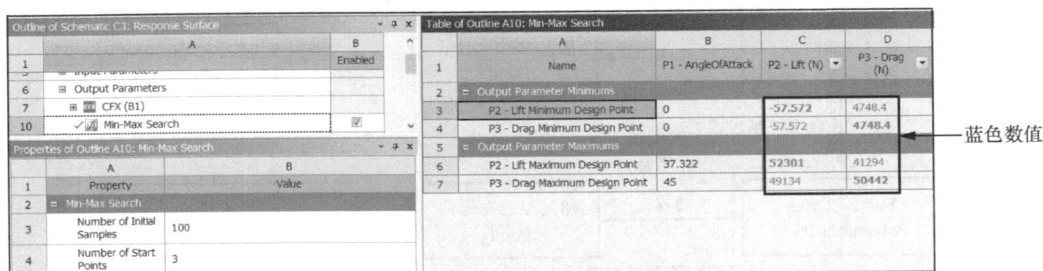

图 4-3-66　响应面分析-最大最小查找

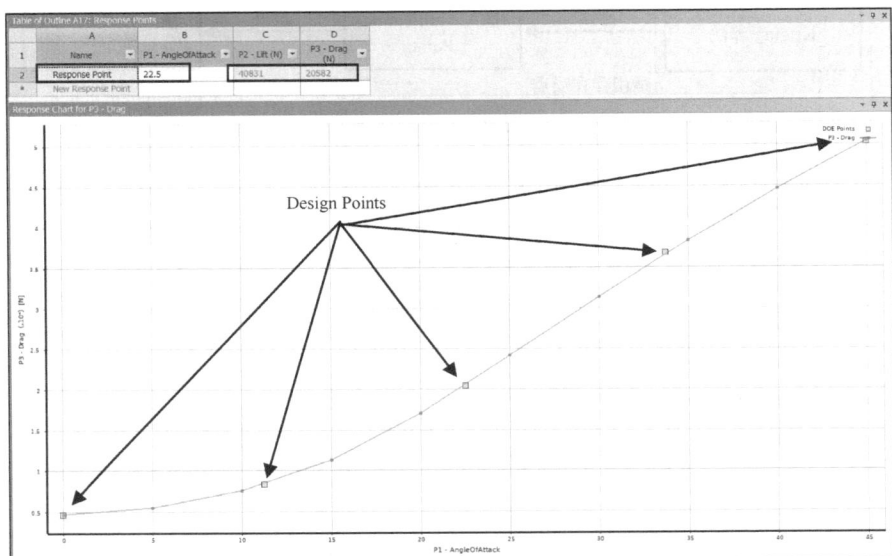

图 4-3-67　响应面分析-响应点

如图 4-3-68 所示，单击 Response Points→Local Sensitivity，即可查看局部敏感性。因为该敏感性是计算输出参数的极值差与某个输入参数条件下的关系，所以为单参数敏感性。同时输入参数变化越大，输出参数变化就越显著。因此该敏感性为局部敏感性。在 Properties 细节栏中 Axes Range 可选 Use Min Max of the Output Parameter（默认）和 Use Chart Data（Y 轴上的值为依据输入参数生成输出参数最大变化率）。本例采用默认选项，得到升力对迎角的局部敏感性为 99.442%（单击柱形图，可得具体数值）。

在 Response Points→Response 查看迎角-升力响应曲线，在曲线上可以查到极值为 52 009 和−57.572，如图 4-3-69 所示。在图 4-3-66 中可得升力极值为 52 301 和−57.572，则局部敏感性为[52 009 − (−57.572)]/[52 301 −(−57.572)] = 99.442%。

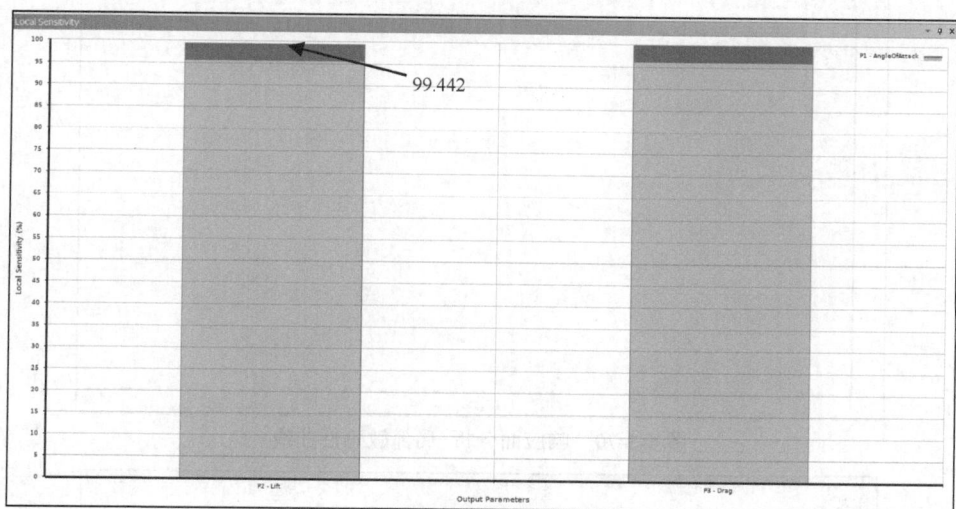

图 4-3-68　响应面分析–局部敏感性

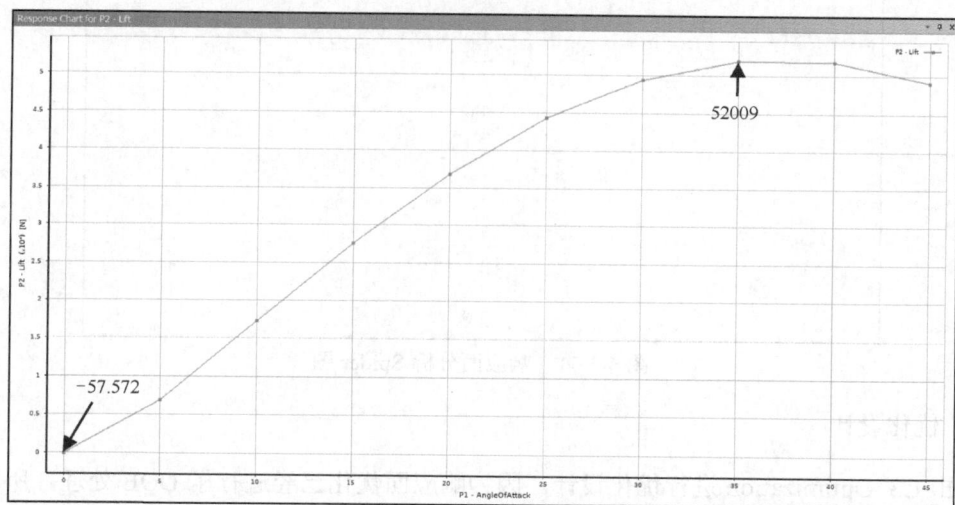

图 4-3-69　响应面分析–响应曲线

如图 4-3-70 所示，单击 Response Points→Local Sensitivity Curves，即可查看局部敏感性曲线。局部敏感性曲线显示所有输入参数（默认 X Axis 设置为 Input Parameter）对某个输出参数变化的敏感性或者某个输入参数条件下两个输出参数变化（X Axis 选择为某个输出参数）的敏感性，而其他输入参数保持固定。图中 X Axis 选择为 P2 Lift 输出参数，Y Axis 选择为 P3 Drag 输出参数，其中黑色点为响应点，其迎角为 22.5°，此条件下升力为 40 831 N，阻力为 20 582 N。此外由图可得，当升力为 50 000 N 左右时，阻力呈现为两个参数。如此在优化设计中，当以升力处于某优化边界条件下时，阻力结果的多样性导致优化结果必须慎重评估，不能简单随意处理。

如图 4-3-71 所示，单击 Response Points→Spider，即可查看 Spider 图。该图显示为不同输入参数条件下的所有输出参数数值。图中即迎角为 22.5°时，升力和阻力的数值，与图 4-3-67 对比查看。

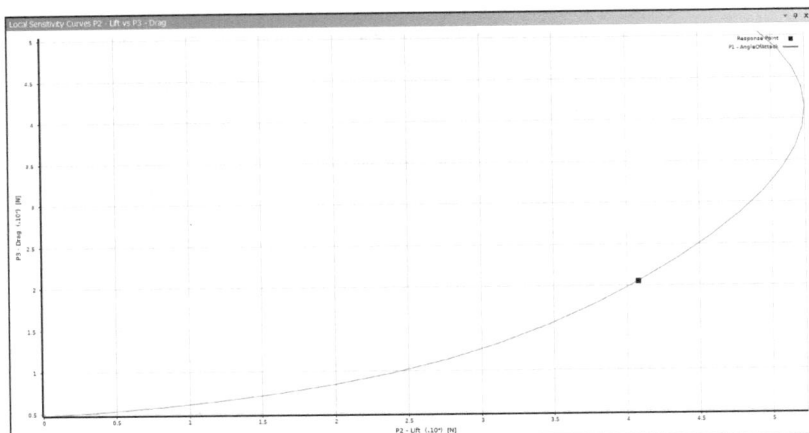

图 4-3-70　响应面分析–局部敏感性曲线

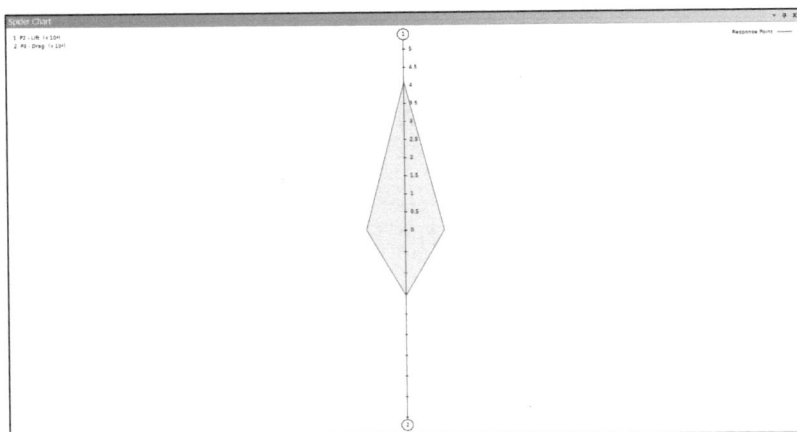

图 4-3-71　响应面分析-Spider 图

6．优化设计

双击 C3 Optimization 进行优化设计。因为响应面优化已经进行了 DOE 处理，所以在此项几乎不消耗资源，另外基于优化目标和约束条件的优化设计通常也可以作为反演设计的结果。注意，响应面优化设计的结果为近似值，必须经过验证。

单击 Optimization，不选中 Preserve Design Points After DX Run，Failed Design Points Management→Number of Retries 设置为 0；Method Selection 设置为 Manual，Method Name 设置为 Screening，Number of Samples 设置为 1 000，Maximum Number of Candidates 设置为 3，表示优化后可得 3 项候选结果，如图 4-3-72 所示。响应面优化可用方法为 Screening、MOGA、NLPQL 和 MISQP 4 种方法，简单而言，初步筛选用 Screening 方法；只定义了一个优化目标，筛选后用 NLPQL 或 MISQP 方法；定义了多个优化目标，采用 MOGA 方法。本例采用 Screening 方法进行初步筛选，读者可以自行尝试其他方法。

单击 Objectives and Constraints 对优化设计定义目标和约束条件，如图 4-3-73 所示。在 Parameter 列对 P2 升力项的 Objective 下的 Type 列选择 Maximize；对 P3 阻力项的 Objective 下的 Type 列选择 Minimize（升力最大、阻力最小）；不定义其他约束条件。

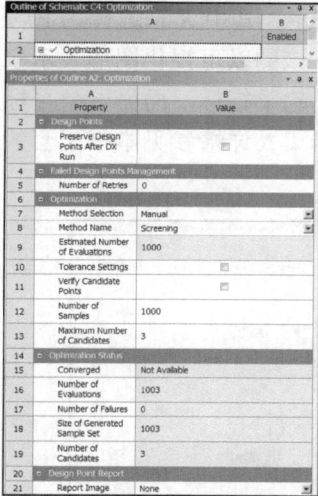

图 4-3-72　响应面优化算法设置

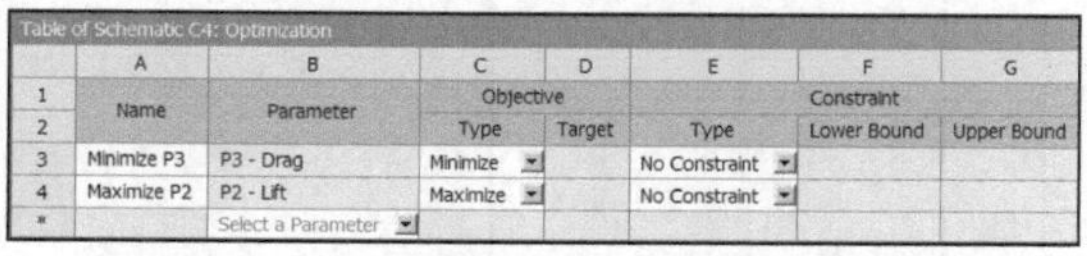

图 4-3-73　响应面优化目标和约束条件定义

设置完成后，单击 Update 进行计算。单击 Results→Candidate Points 查看优化设计结果，如图 4-3-74 所示。其中在 Properties 细节栏中 Coloring Method 项可选 by Candidate Type（默认，不同类型的候选点使用不同的颜色，浅橙色线表示可行样本点；橙色线表示起点；绿色线表示优化生成候选点；紫色线表示自定义候选点）和 by Source Type（响应面计算结果用蓝色表示，实际模型真实计算结果用黑色表示）。3 个候选优化设计点显示一个五角星和两个五角星，五角星越多表示优化结果越好，此外 Variation from Reference 列以绿色文本表示结果在预期方向上变化，红色文本表示不在预期方向上变化，黑色文本表示没有明显的方向。默认情况下，均以第一候选点的数值作为后续候选点的参考基准。例如，第一候选点的迎角为 21.038°，此时升力为 38 566 N，阻力为 18 496 N，因为以第一候选点为参考，所以 Variation from Reference 列均为 0%；第二候选点的迎角为 23.468°，此时升力为 42 231 N，阻力为 21 980 N，以第一候选点为参考，升力 Variation from Reference 列为(42 331−38 566)/38 566 = 9.5%，阻力 Variation from Reference 列为(21 980−18 496)/18 496 = 18.84%。

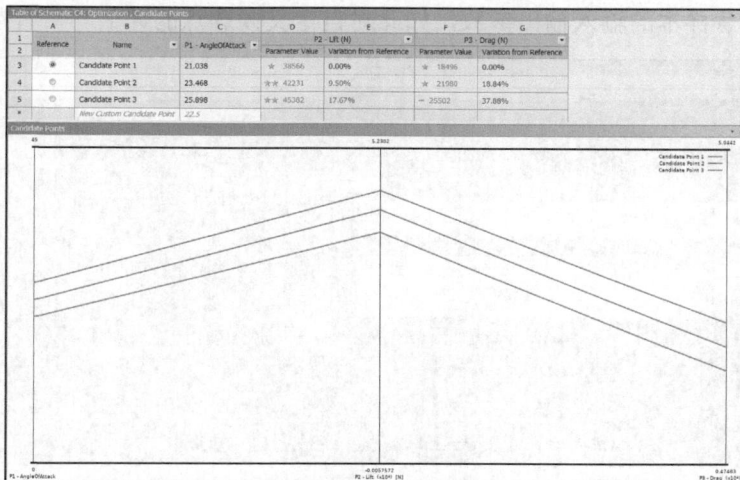

图 4-3-74　响应面优化设计候选点

单击 Results→Tradeoff 查看优化设计权衡图，采用 3D 模式图，其中 X 轴选择为 P1 迎角，Y 轴选择为 P2 升力，Z 轴选择为 P3 阻力，如图 4-3-75 所示。该图以可视化图形表示多目标之间的权衡边界，因为针对多个目标优化很可能出现一个目标趋于指标，而另一个目标远离指标。图中蓝色表示权衡后的最佳样本集，红色表示最差样本集（详情参见本书配套的电子版彩图文件）。图中显示最佳权衡样本位于迎角小于 40°以内。

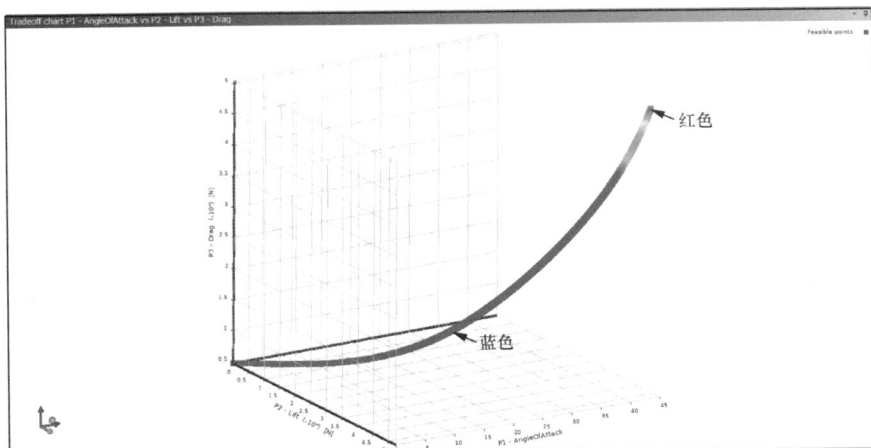

图 4-3-75　响应面优化设计权衡图

单击 Results→Simples 查看优化设计样本图，如图 4-3-76 所示。样本图以折线形式描绘全部样本点的输入输出参数，因为样本数定义为 1000，数量很多，所以显示近似为不同颜色区域。本例在 DOE 中仅定义了 5 个样本点，由该 5 点数值拟合出响应线，在优化设计中基于该响应曲线取样 1 000 个点，根据此 1 000 个点的输入参数和输出参数描绘了样本图，样本图颜色表示与权衡图一致。由图可知，圈选的蓝色区域线即由最佳输入参数/输出参数构成。例如图 4-3-76 所示升力最大值为 52 301 N，对应迎角为 37.322°、阻力为 41 294 N。在样本图上单击，圈选最上方的一条折线，在 Properties 细节栏中可得迎角为 37.322°、升力为 52 302 N（参见图 4-3-76 上方圈内数据）、阻力为 41 294 N，与响应面计算的极值匹配。同理从样本图中还可以读取任意样本的输入输出参数，如此对自定义候选点的评估非常有益。

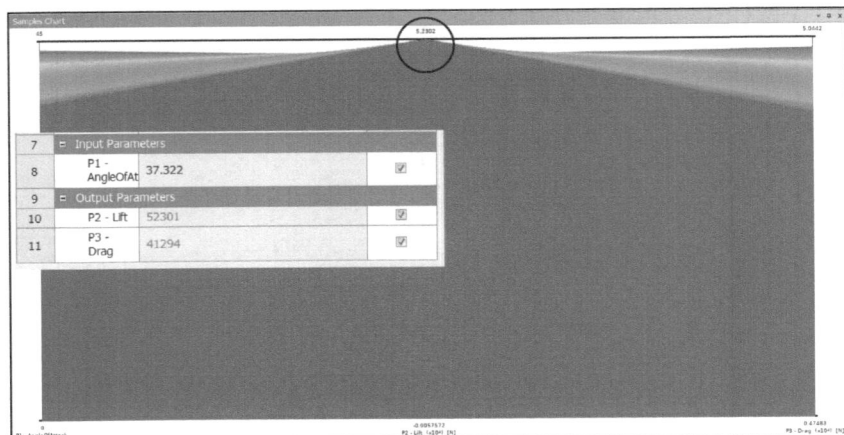

图 4-3-76　响应面优化设计样本图

单击 Results→Sensitivities 查看优化设计敏感性图，如图 4-3-77 所示。优化设计中的灵敏性图与响应面中的敏感性图都可以反映输入参数与输出参数的灵敏性，但响应面中的单参数敏感性是局部参数敏感性，而优化设计中的灵敏性为所有输出参数请求灵敏度，即全局敏感性。全局敏感性基于所有输入参数域内样本点的参数相关性分析，而局部参数敏感性基于其他输入参数不变时某一个输入参数的极值差。因此，局部参数敏感性只依据于保持恒定的输入参数值，全局敏感性依据于输入参数的所有可能值。

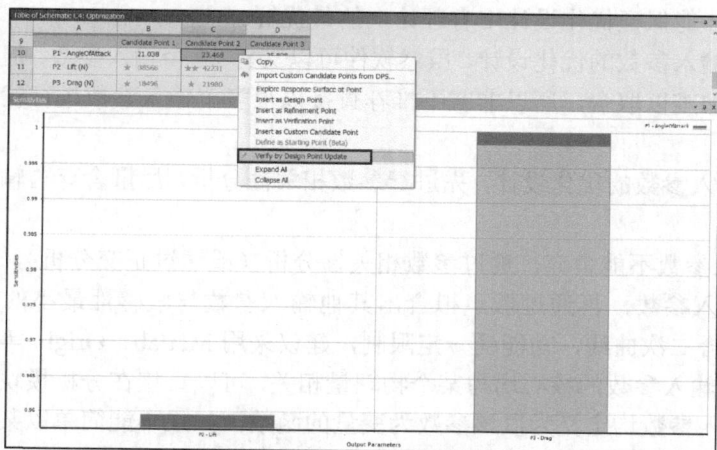

图 4-3-77　响应面优化全局敏感性和设计点验证

在 3 个候选结果中选择第二个候选结果作为设计点，但优化结果中的升力和阻力最终数值显示为蓝色，即数值由响应面曲线计算而得，并不是依据实际模型计算而得。所以在快捷菜单中选择 Verify by Design Point Update 进行设计点验证。

单击验证后，计算结果如图 4-3-78 所示，同时单击 B4 Results 后处理，可以看到图形和计算结果均按迎角为 23.468°进行了刷新，其中升力为 41 995 N，阻力为 21 757 N。与优化设计第二候选点评估结果升力为 42 231 N，阻力为 21 980 N 不同，因此对优化设计的候选结果必须进行验证。

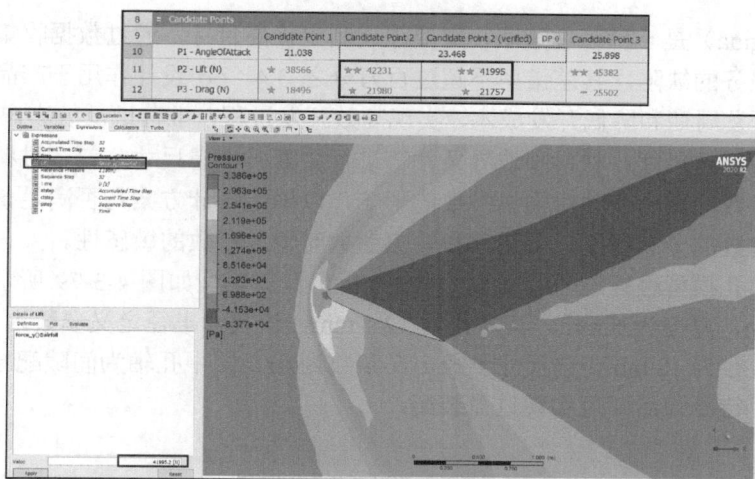

图 4-3-78　模型验证结果

对于单输入参数的多目标优化设计，由于目标复杂性而进行权衡所得设计点往往呈现多样性，例如本例以第二候选点作为设计点，但第三候选点的升力响应面结果优于第二候选点，阻力结果劣于第二候选点，很难在以迎角为参数对象、升力最大、阻力最小的优化目标中进行选择。即便软件给出了一定参考，也不能随便舍弃任一个候选点，所以多目标优化要想得到较理想的设计点，对优化目标和约束条件还需要继续补充完善，例如指定升阻比（升力与阻力之比，则第二候选点优于第三候选点）。这种将多目标（升力和阻力）简化为单目标（升阻比）的形式，才能保证优化设计中有理论上的最优解。

同样对于多输入参数的优化设计，虽然软件可以支持 20 个输入参数，但优化设计的候选点可能很多，更加难以取舍，所以非常不推荐直接以很多个输入参数进行优化设计。可推荐的方法如下。

1）对于多输入参数的优化设计，先进行参数相关性分析，尽量舍弃与输出参数相关性不大的输入参数。

2）如果输入参数不能舍弃，通过参数相关性分析（或通过正交分析），找出对输出参数敏感性最小的输入参数，再通过散点拟合出其他输入参数与敏感性最小的输入参数的函数（ANSYS 只能拟合二次曲线，功能受一定限制，建议采用 Matlab、Origin 等软件）。

3）如果多个输入参数的核心均与某个物理量相关，可以直接在分析模块中指定该物理量为变量，其他输入参数均定义为以该参数为变量的函数；如果不能简单以某个物理量代替，可以在 Parameter Set 项中对输入参数之间定义拟合函数关系。

4）优化设计 Parameter Relationships 项中定义输入参数之间的拟合式，也可以减少输入参数。

5）最终的多个输入参数最好呈现正交性或互斥性。

总之对于多输入参数、多目标的优化设计（或反演设计），尽量替换为少输入参数、多目标或单目标的优化设计，才能保证优化设计（反演）结果的准确性，此外基于响应面的优化设计必须通过验证才能得到精确优化结果。

4.3.5　6σ分析

6σ（Six Sigma）是一种管理策略，主要强调制定极高目标，通过数据收集以及结果分析来减少产品和服务的缺陷，其差错率不超过百万分之 3.4。6σ 设计作用于产品的早期研发过程，强调缩短研发周期和降低开发成本，实现高效开发过程，准确地反映客户要求。6σ 分析是设计过程中，基于尺寸、材料和边界条件等进行仿真，考虑尺寸公差、材料参数差异、工况不同等输入参数的微小变动对输出参数的影响，以确定设计方案是否满足鲁棒性要求。具体表现为输出参数的分布程度、差错率和输出参数对输入参数的敏感性。

下面以加热孔模型进行过盈装配说明 6σ 分析。计算模型如图 4-3-79 所示，其中环状模型外径为 25 mm，厚度为 5 mm，其内孔 12.1 mm，该尺寸半径定义参数为 D1；轴模型长度为 25 mm，直径为 12 mm，该尺寸半径定义参数为 d1。图中孔轴为间隙配合，将环状模型置于高温状态，待冷却后即可实现过盈装配。

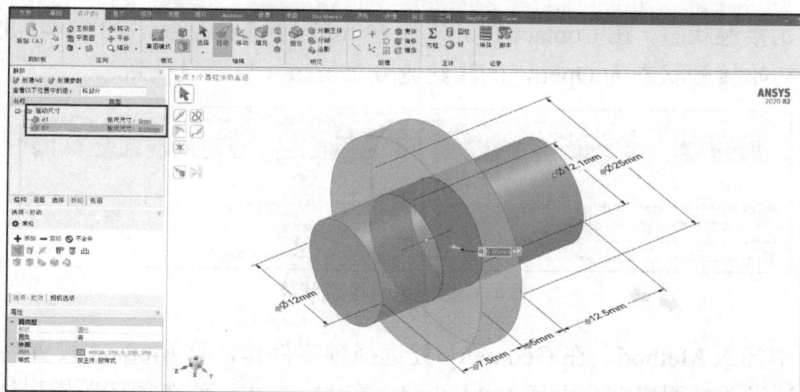

图 4-3-79 计算模型

1. 建立分析流程

如图 4-3-80 所示,建立分析流程。其中包括 A 框架结构的 Spaceclaim 建模模块、B 框架结构的 Static Structural 静力学分析模块,C 框架结构的 Six Sigma Analysis(简写 SSA)6σ 分析模块,因为建模模块和静力学分析模块中定义了参数,所以 Parameter Set 框架分别与 A 框架结构的 Spaceclaim 建模模块、B 框架结构的 Static Structural 静力学分析模块和 C 框架结构的 Six Sigma Analysis 6σ 分析模块建立关联。

Engineering Data 项采用默认 Structural Steel 材料。

2. 前处理

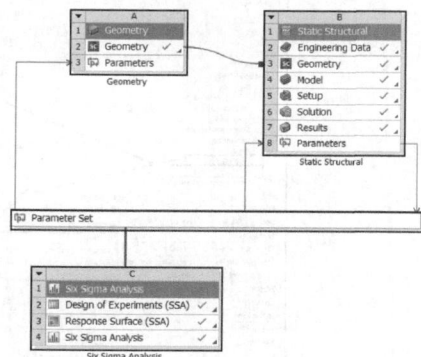

图 4-3-80 分析流程

双击 B4 Model 项进入 Mechanical 前处理。为在有限元计算中定义边界条件,新建圆柱坐标系 Coordinates System(Type 设置为 Cylindrical,Define By 设置为 Global Coordinates System,其余项采用默认设置)。

如图 4-3-81 所示定义接触,其中环形模型内孔面定义为接触面,轴零件的外圆面定义为目标面,Type 设置为 Frictionless,其余均默认。

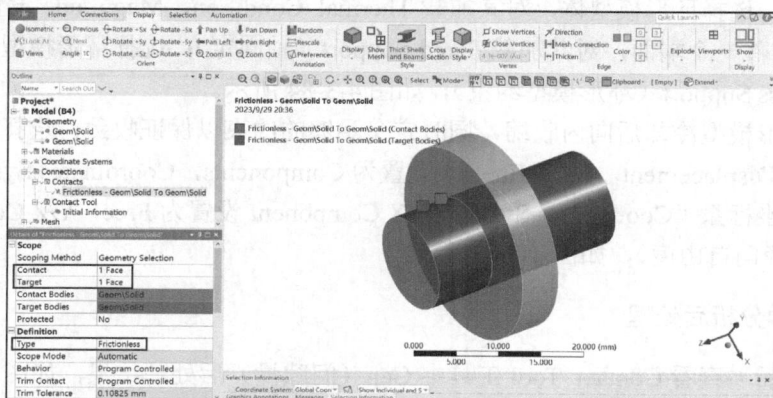

图 4-3-81 接触设置

为了解初始接触状态，在 Contact Tool 下查看 Initial Information，如图 4-3-82 所示。由图可知，模型的初始接触状态为 Open，间隙约为 0.05 mm（与题设一致）。

图 4-3-82　初始接触状态

网格划分中插入 Method，在 Geometry 处选择轴零件体，将 Method 设置为 MultiZone，其余项采用默认设置；网格划分中插入 Method，在 Geometry 处选择环形模型体，将 Method 设置为 MultiZone，Free Mesh Type 设置为 Hexa Core，其余项采用默认设置，如图 4-3-83 所示。

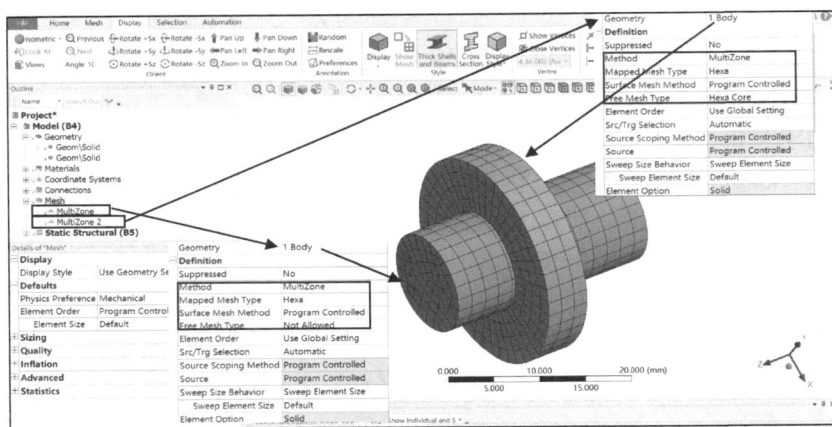

图 4-3-83　网格划分

3．静力学分析边界条件定义

在 Analysis Settings 项中将 Define By 设置为 Substeps，Initial Substeps 设置为 10，Minimum Substeps 设置为 10，Maximum Substeps 设置为 100；Large Deflection 设置为 On。

为实现冷却过盈装配，在 Static Structural 项中将 Environment Temperatures 设置为 800℃，并定义为参数；选择环形模型体，对其加载 Thermal Condition，Magnitude 设置为 20℃（冷却）；选择轴零件一个端面，对其加载 Fixed Support（轴固定）；选择环形模型两端面，对其加载 Frictionless Support（环形模型约束），如图 4-3-84 所示。

为保证环形模型冷却后向内收缩，同时定义足够的约束以保证收敛，选择环形模型外圆面，对其加载 Displacement，将 Define By 设置为 Components，Coordinates System 设置为之前定义的圆柱坐标系"Coordinates System"，X Component 设置为 Free，Y/Z Component 均设置为 0（仅有径向自由度），如图 4-3-85 所示。

4．静力学分析后处理

计算完成后，查看 Contact Tool 工具中 Gap（间隙量）后处理结果，如图 4-3-86 所示。由图可知，在整个冷却过程中，两模型之间的接触间隙逐渐减小，到 0.7 s（计算刻度）时，间隙为 0，直至最终阶段。

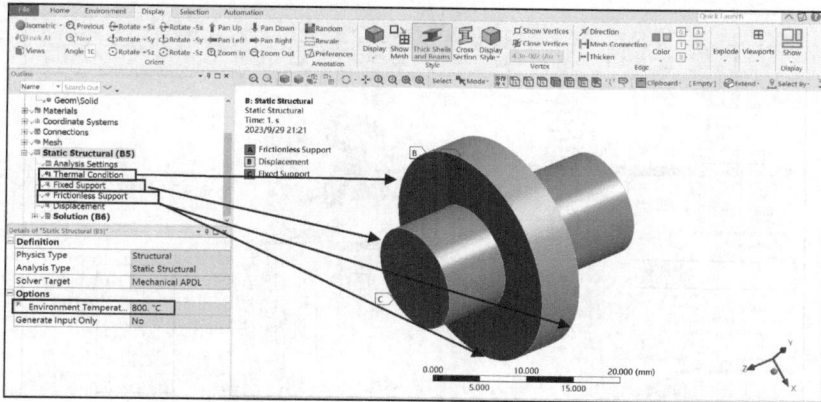

图 4-3-84　边界条件（1）

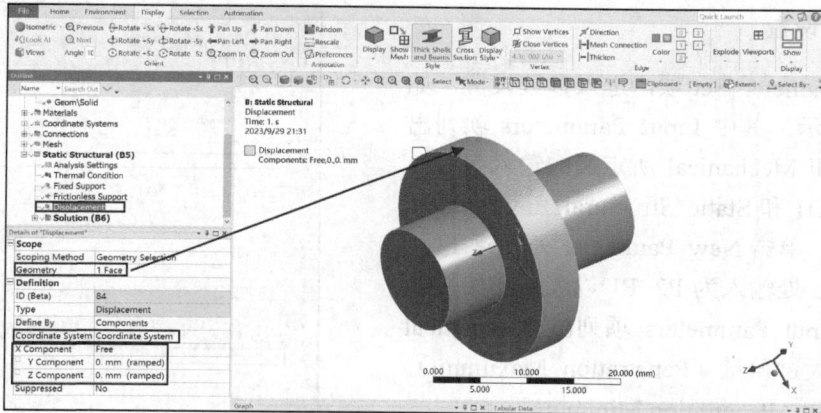

图 4-3-85　边界条件（2）

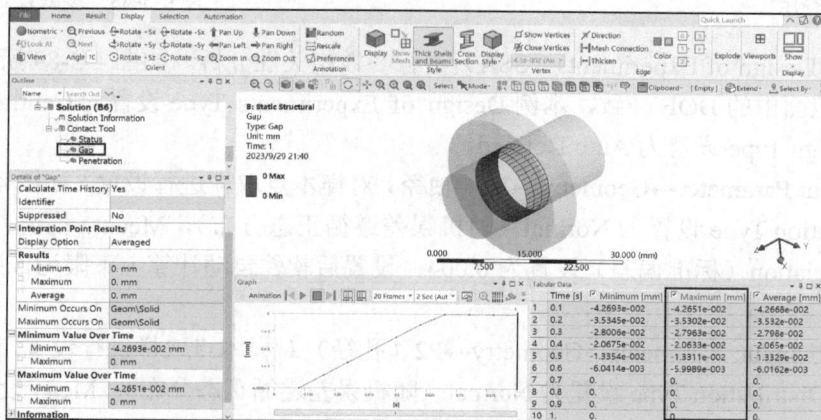

图 4-3-86　Gap 后处理结果

　　查看 Contact Tool 工具中 Penetration（穿透量，等效为过盈）后处理结果，如图 4-3-87 所示。由图可知，在整个冷却过程中，两模型之间的接触穿透量在 0～0.7 s 阶段为 0，从 0.7 s 至最终阶段逐渐增大。其中最大过盈量为 1.723 7E−3 mm，最小过盈量为 1.175 6E−3 mm，将这两个结果均定义为输出参数。

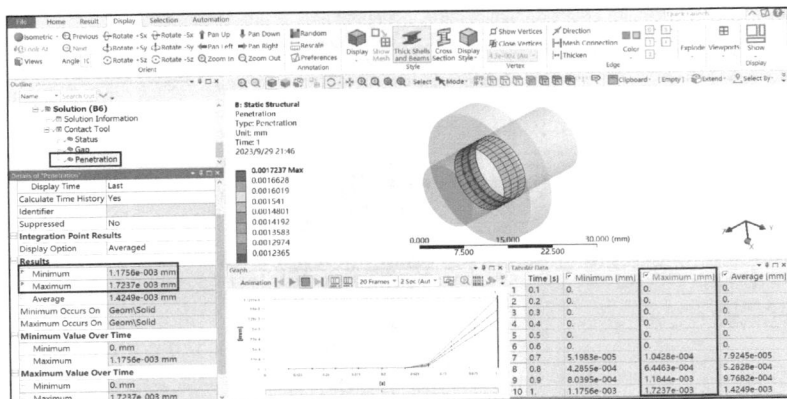

图 4-3-87　Penetration 后处理结果

5. 参数设置

双击 Parameter Set 项，进入参数设置，如图 4-3-88 所示。其中 Input Parameters 项列出 Spaceclaim 和 Mechanical 所定义的输入参数，分别为 d1、D1 和 Static Structural Environment Temperature，单击 New Parameter 处创建 T1，在 Expression 处输入为 P2-P1 以表示初始接触间隙量；Output Parameters 项列出 Mechanical 所计算的最大过盈量（Penetration Maximum）和最小过盈量（Penetration Minimum）。

图 4-3-88　参数设置

6. 6σ 分析

双击 C2 Design of Experiments（SSA）进行参数相关性分析。如图 4-3-89 所示，试验设计设置与响应面中的 DOE 一致，本例 Design of Experiments Type 设置为 Central Composite Design，Design Type 设置为 Auto Defined。

单击 Input Parameter→Geometry→P1（轴径）对样本点取样进行设置，如图 4-3-90 所示。其中 Distribution Type 设置为 Normal（随机误差遵循正态分布），Mean（均值）设置为 6，Standard Deviation（标准偏差）设置为 0.004，设置后软件自动计算上下限为 5.987 6 mm 和 6.012 4 mm。

同理单击 Input Parameter→Geometry→P2（孔径）对样本点取样进行设置，如图 4-3-91 所示。其中 Distribution Type 设置为 Normal（随机误差遵循正态分布），Mean 设置为 6.055，Standard Deviation 设置为 0.003，设置后软件自动计算上下限为 6.045 7 mm 和 6.064 3 mm。

单击 Input Parameter→Static Structural→P5（预热温度）对样本点取样进行设置，如图 4-3-92 所示。其中 Distribution Type 设置为 Triangular（仅了解预热温度的极值，但没有详细测量各个随机数据，且知道峰值数据概率最高），Distribution Lower Bound 设置为 795，Distribution Upper Bound 设置为 860，Maximum Likely Value 设置为 825（峰值数据），设置

后软件自动计算上下限为 796.4℃和 858.49℃。

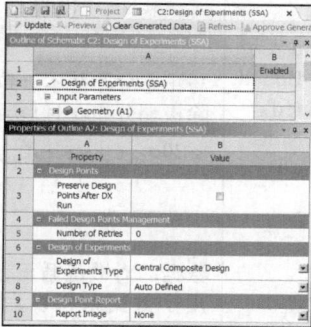

图 4-3-89　试验设计算法设置

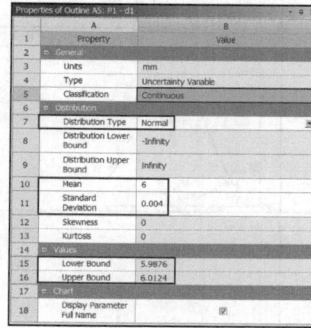

图 4-3-90　轴径样本点设置

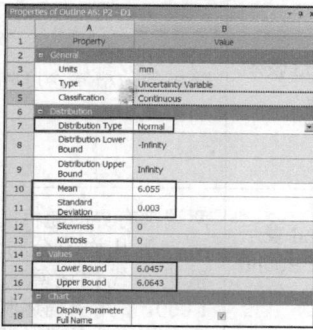

图 4-3-91　轴径样本点设置

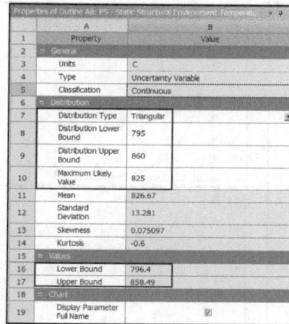

图 4-3-92　预热温度样本点设置

6σ 分析对连续样本点取样分配形式如表 4-3-10 所示。

表 4-3-10　　　　　　　　　　　　取样分配形式

形式	样本图	输入参数	说明
Uniform		Distribution Lower Bound 表示 x_{min}；Distribution Upper Bound 表示 x_{max}	只定义上下限数值，区间内数值分布不明确，多用于描述设计阶段定义几何公差
Triangular		Distribution Lower Bound 表示 x_{min}，Distribution Upper Bound 表示 x_{max}，Maximum Likely 表示 x_{mlv}	定义区间内数值分布不明确的随机数值，但可知某项峰值概率最大。多用于边界条件参数的随机分布
Normal		Mean 表示 μ，Standard Deviation 项表示 σ	随机数值的正态分布，多用于描述测量数据的偶然性。且 $\sigma > 1E-14 \times \mu$。通常用于边界数对随机数极端关系不大的几何公差和 5%材料偏差

形式	样本图	输入参数	说明
Truncated Normal		Distribution Lower Bound 表示 x_{min}, Distribution Upper Bound 表示 x_{max}, Non-Truncated Normal Mean 表示 μ_G, Non-Truncated Normal Standard Deviation 表示 σ_G	与正态分布基本一致, 只是消除极端分布。且 $\mid \mu_G - X_{min} \mid < 20\sigma_G$; $\mid \mu_G - X_{max} \mid < 20\sigma_G$
Lognormal		Log Mean 表示 ξ, Log Standard Deviation 表示 δ	数据的对数遵循正态分布, 多用于数据乘积以后出现的大数值误差处理
Exponential		Distribution Lower Bound 表示 x_{min}, Distribution Decay Parameter 表示 λ	随机数值概率密度随变量增加而减小
Beta		Distribution Lower Bound 表示 x_{min}, Distribution Upper Bound 表示 x_{max}, Beta Shape R 表示 r, Beta Shape T 表示 t	两端都有界的随机变量, 且将所有服从均匀分布的随机变量进行线性运算。且 $r+t < 1\,000$。多用于描述制造过程中存在超出公差带的几何偏差
Weibull		Distribution Lower Bound 表示 X_{min}, Weibull Exponent 表示 m, Weibull Characteristic Value 表示 X_{chr}	多用于描述极脆材料的材料强度和寿命参数

设置完成后, 单击 Update 进行计算。样本点计算完成后单击 Parameters Parallel Chart 和 Design Points vs Parameter Chart 查看 DOE 计算结果, 分别以不同形式显示 15 个样本点的输入参数和输出参数, 如图 4-3-93 所示。

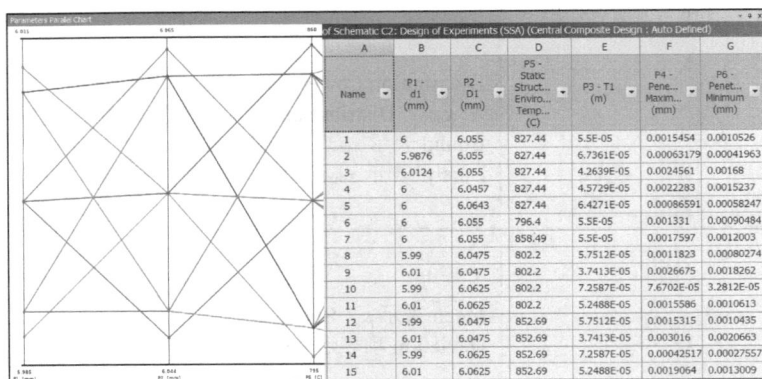

(a)

图 4-3-93　样本点汇总

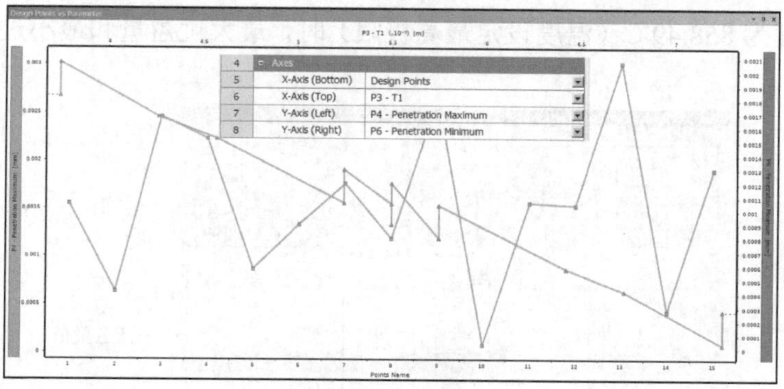

（b）

图 4-3-93　样本点汇总（续）

在 C3 Response Surface（SSA）处双击，进入响应面设置。如图 4-3-94 所示，其中 Response Surface Type 设置为 Genetic Aggregation，Random Generator Seed 设置为 0，Maximum Number of Generations 设置为 12，Display Level 设置为 Final，不选中 Generate Verification Points。

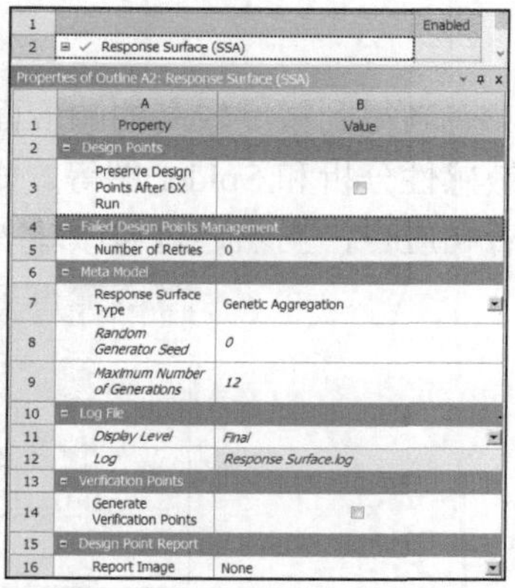

响应面生成后，查看拟合精度，单击 Quality→Goodness of Fit 项，选中所有选项，如图 4-3-95 所示。图中右侧上方列出了对输出参数拟合响应面的评估参数，其中列出 Coefficient of Determination（R^2）、Maximum Relative Residual、Root Mean Square Error、Relative Root Mean Square Error、Relative Maximum Absolute Error 和 Relative Average Absolute Error 等

图 4-3-94　响应面设置

评估值。图中右侧下方列出了 Predicted vs Observed 表，P4（最大过盈量）、P6（最小过盈量）散点全部位于 45°斜线上。由此可知，拟合精度较高。

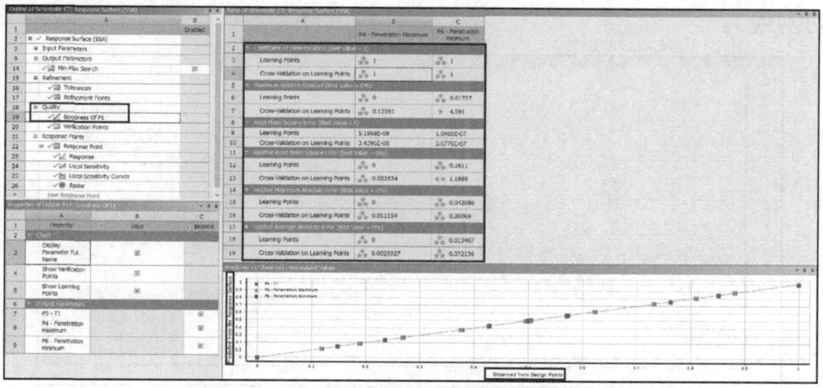

图 4-3-95　响应面拟合精度

如图 4-3-96 所示，单击 Output Parameter→Min-Max Search，即可查看每个输出参数的最小值和最大值，注意该值过盈量结果基于响应面而得（数值显示为蓝色），初始间隙直接计算而得（数值显示为黑色）。本例以最大值作为重点关注对象，读者可以自行尝试研究最小值。由图可知，当轴径为 6.012 4 mm（轴径设定最大极限）、孔径为 6.045 7 mm（孔径设定最小

极限），预热温度为 858.49℃（温度设定最高极限）时，最大过盈量和最小过盈量最大，这与
实际情况也一致。

图 4-3-96　响应面分析-最大最小查找

当得到精度较高的响应面后，即可查看响应面的后处理结果，包括响应点、响应面/线、
敏感性分析和 Spider 图等。如图 4-3-97 所示，单击 Response Points→Response Point，即可查
看响应点，当然通过修改输入参数得到对应的最大过盈量和最小过盈量（数值显示为蓝色）。

图 4-3-97　响应面分析-响应点

如图 4-3-98 所示，单击 Response Points→Response 查看响应曲线，在 Properties 细节栏
中选择 2D Slices 模式（轴径参数为 X 轴，最大过盈量参数为 Y 轴，以预热温度参数作为三
维响应面的切割线）。

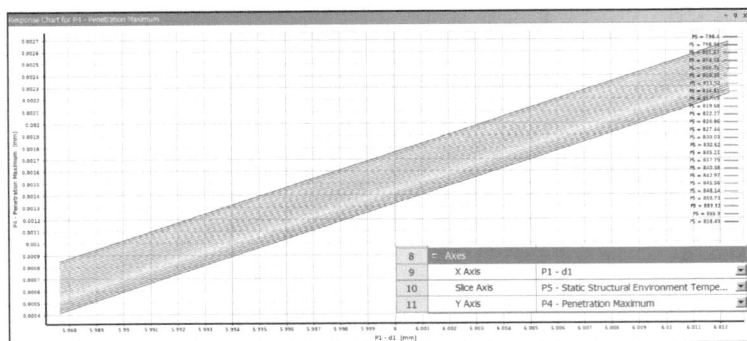

图 4-3-98　响应面分析-响应曲线

如图 4-3-99 所示，单击 Response Points→Local Sensitivity，在 Properties 细节栏中选择
Ple 模式（饼形图）即可查看局部敏感性。内圈反映初始接触间隙参数，可得轴径的敏感性
大于孔径的敏感性，与预热温度无关。出现轴径与孔径的敏感性不同的原因是轴径高斯曲线
标准残差（0.004）大于孔径高斯曲线标准参数（0.003），即轴径取值范围大于孔径取值范围。

中圈反映最大过盈量参数，可得轴径的敏感性大于孔径的敏感性，孔径的敏感性大于预热温度的敏感性，轴径与孔径的敏感性差异如上所述，预热温度的敏感性小于尺寸参数的敏感性是因为预热温度对应过盈量的大小，而尺寸参数不仅可以反映过盈的大小，还可以表征是否过盈。外圈反映最小过盈量参数，其敏感性分布与中圈一致。

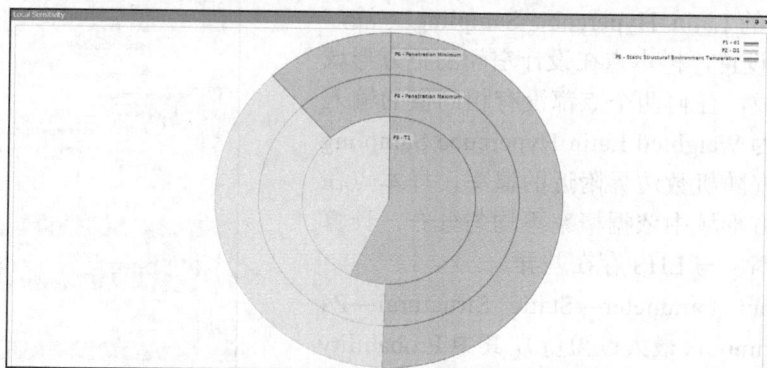

图 4-3-99   响应面分析-局部敏感性

如图 4-3-100 所示，单击 Response Points→Local Sensitivity Curves，在 Properties 细节栏中 X Axis 设置为 Input Parameter，Y Axis 设置为 Penetration Maximum，查看局部敏感性曲线。

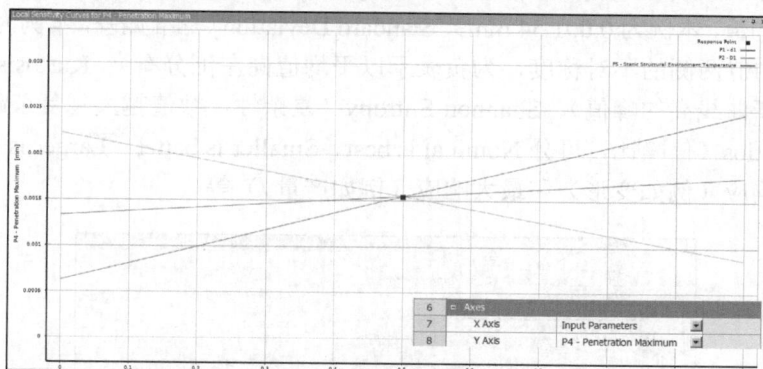

图 4-3-100   响应面分析-局部敏感性曲线

如图 4-3-101 所示，单击 Response Points→Spider，即可查看 Spider 图。该图显示为响应点输入参数条件下的所有输出参数数值，与图 4-3-97 对比查看。

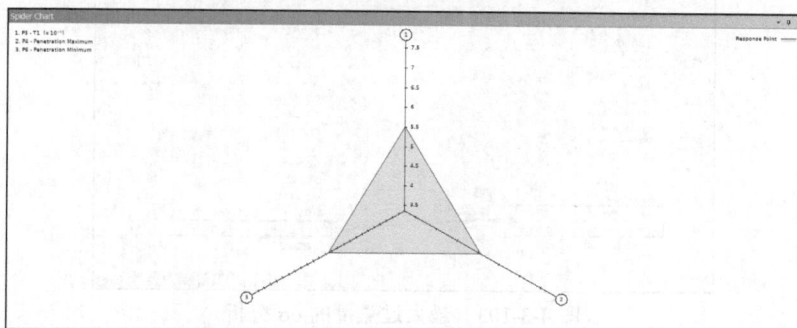

图 4-3-101   响应面分析-Spider 图

双击 C3 Six Sigma Analysis 进行 6σ 分析。如图 4-3-102 所示，其中 Sampling Type 设置为
LHS，Number of Samples 设置为 10 000（至少定义为
10 000，否则 6σ 分析无意义）。

Sampling Type 项可设置为 LHS 和 WLHS。LHS
为 DOE 采样中的 Latin Hypercube Sampling 方法，
LHS 作为默认设置，样本点在设计空间的正方形域
中均匀随机生成，任何两个点都没有相同值的输入
参数；WLHS 为 Weighted Latin Hypercube Sampling
方法，主要研究随机数边界附近的概率，样本点在
设计空间的正方形域中依据概率不均匀分布，计算
量小于 LHS，精度与 LHS 存在差异。

单击 Output Parameter→Static Structural→P4
Penetration Maximum（最大过盈量），其中 Probability
Table 设置为 Quantile-Percentile，如图 4-3-103 所示。

图 4-3-102　6σ 分析设置

在表格底部输入 0.002 9（必须位于计算的极值之间，
即 0.000 243 7～0.002 933 2），指定输出参数值，可得最大过盈量为 0.002 9 mm 的产生概率
（Probability）为 0.999 66 及对应西格玛水平（Sigma Level）为 3.395 7。图中随机数分布描述
参数有 Mean（均值，本例为 0.001 54 mm）、Standard Deviation（标准偏差，本例为 0.000 381 6）、
Skewness（平均值两侧的不对称度，为负表示以平均值向左侧分布）、Kurtosis（峰度，为正
表示比标准高斯曲线高的峰值）、Shannon Entropy（复杂性，数值越大越复杂越不可预测）、
Signal-Noise Ratios（信噪比，可分 Nominal is best、Smaller is better、Larger is better，对应标
准偏差、最小响应（例如变形）和最大响应（例如产量））等。

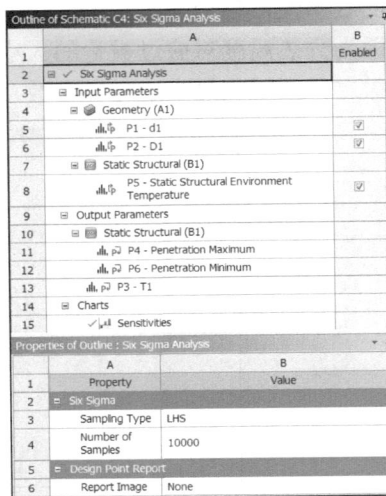

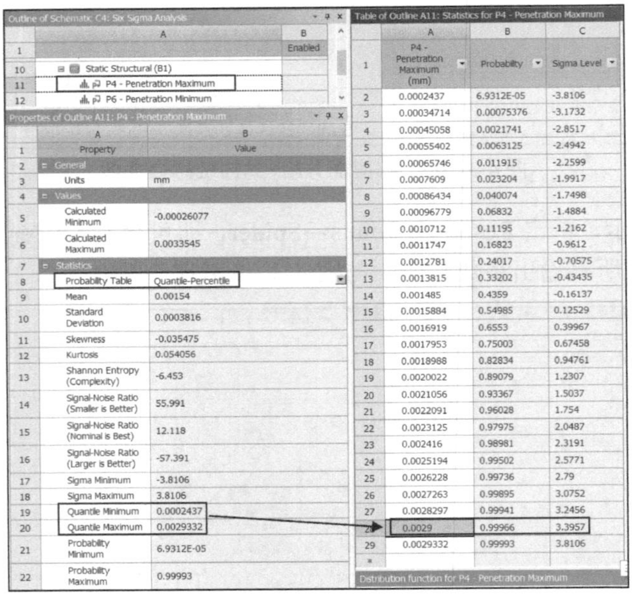

图 4-3-103　最大过盈量的 6σ 分析

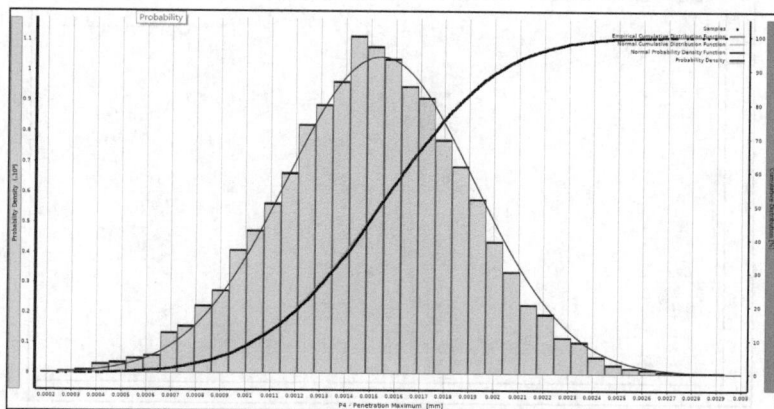

图 4-3-103　最大过盈量的 6σ 分析（续）

同样单击 Output Parameter→Static Structural→P4 Penetration Maximum（最大过盈量），其中 Probability Table 设置为 Percentile-Quantile，如图 4-3-104 所示。在表格底部 Sigma Level 列输入 3.8（必须位于计算的极值之间，即 -3.810 6～3.810 6），指定输出参数值，可得西格玛水平为 3.8 的产生概率为 0.999 93，最大过盈量为 0.002 933 1 mm。

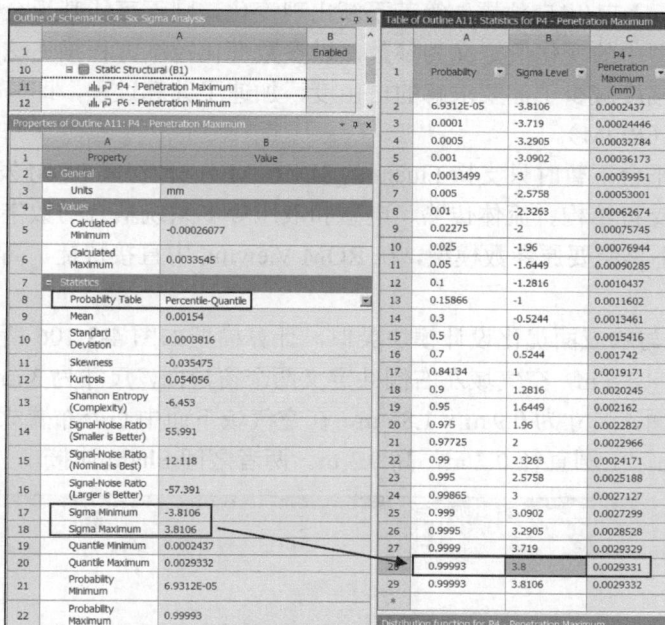

图 4-3-104　最大过盈量的 6σ 分析

单击 Chart→Sensitivities 查看 6σ 敏感性图，如图 4-3-105 所示，其与响应面优化设计中的灵敏性图类似。

综合上面的图可知，本例设计仅达到 3σ 水平，为达到 6σ 水平，依据敏感性分析，首先修改轴径尺寸，其次修改孔径尺寸，即可实现 6σ 设计。

图 4-3-105　响应面优化全局敏感性和设计点验证

4.3.6　3D ROM 分析

ROM（Reduced Order Model）与 FOM（Full Order Model）相对应。全阶模型（FOM）为基于某工况条件定义包含多个自由度的数学模型。虽然其计算过程中物理控制方程（以流体分析为例）不变，但是其中物理参数（如密度、黏度）、边界条件（如入口速度、温度）、求解域（热源位置、入口/出口位置）等若不断出现变化，则不可能基于全阶模型快速一一求解。一般将全阶模型中的变化值定义为参数，以参数变化控制方程描述这类问题。这种求解参数化控制方程大幅度减少了需要求解的自由度，加速了计算过程，即降低了数学模型的阶次，称为降阶模型（ROM）。

在 Workbench 平台下暂时只支持 Fluent 的 3D ROM 分析，将其 ROM 发送给 ANSYS Twin Builder（该模块可支持结构、流体传热、电磁和液压等多系统耦合的数字孪生建模，本书不做介绍）后，即可不再需要原参数模型，在 ROM Viewing 中直接快捷、高效地输出相关后处理云图。

3D ROM 分析与响应面优化设计模块类似，计算模型如图 4-3-106 所示，其中房间空气域尺寸为 5 m×3 m×2.5 m，空气域左右侧共定义两个窗户面，尺寸为 3 m×0.5 m，空气域前后侧共定义两个门面，尺寸为 0.9 m×1.85 m，在空气域下面中心处布置火源模型，其圆台尺寸为下圆直径 0.4 m，上圆直径 0.2 m，高 0.3 m。两者之间 Share 连接。

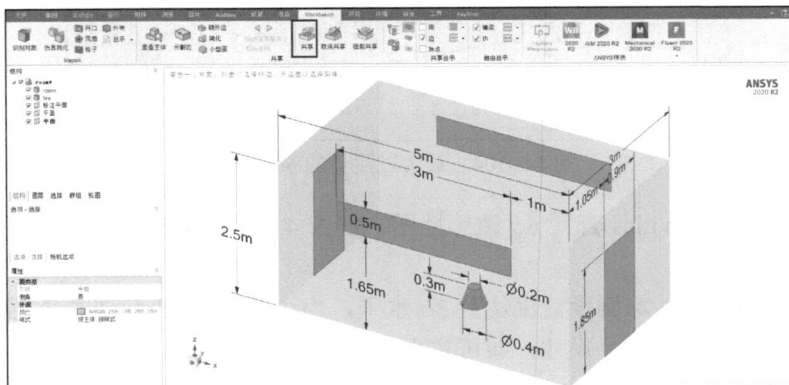

图 4-3-106　计算模型

如图 4-3-107 所示，采用 Selections→Create NS 对模型各个面定义不同名称，以方便后续分析，其中选择两个门面设置名称为 door，两个窗面设置名称为 windows，门窗对应的空气域边界面设置名称为 roomdoorside 和 roomwindowsside，空气域的上下边界面设置名称为 roomtop 和 roombottom；火模型的下圆面设置名称为 firebottom，火模型的上圆面和圆环面设置名称为 firesource。

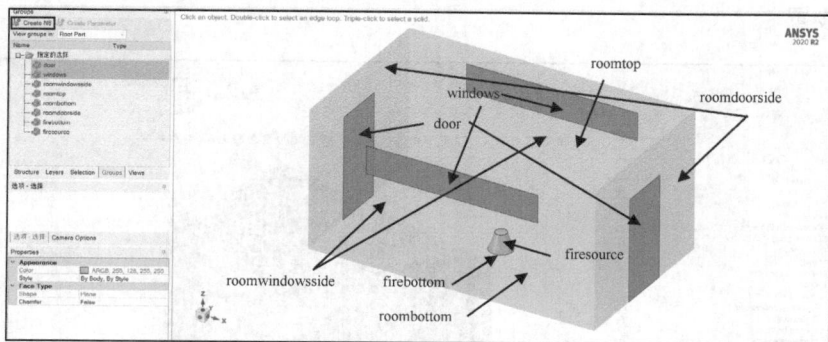

图 4-3-107 命名选择

1. 建立分析流程

如图 4-3-108 所示，建立分析流程。其中包括 A 框架结构的 Spaceclaim 建模模块、B 框架结构的 Mesh 划分网格模块、C 框架结构的 Fluent 流体计算模块、D 框架结构的 3D ROM 模块，只在 Fluent 模块中定义了参数，所以 Parameter Set 框架分别与 C 框架结构的 Fluent 模块和 D 框架结构的 3D ROM 模块建立关联。

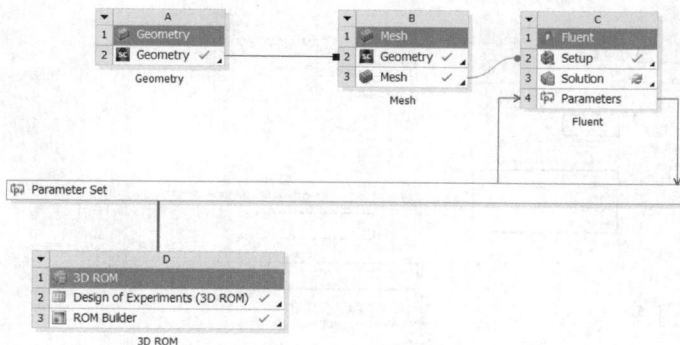

图 4-3-108 分析流程

2. 前处理

双击 B3 Mesh 项进入前处理。将 Physicsl Preference 设置为 CFD，Solver Preference 设置为 Fluent，Element Order 设置为 Linear，Element Size 设置为 200 mm，如图 4-3-109 所示。

3. Fluent 流体分析流程

在 C2 Setup 处双击鼠标左键，按默认设置单击 Start 进入 Fluent 分析模块，如图 4-3-110 所示。在 1 区将 Time 设置为 Steady（因为当前版本中 Fluent ROM 仅支持稳态，后续版本可支持瞬态，如果为 ANSYS 2021 以上版本可以自行尝试瞬态计算）；在 2 区选中 Gravity 复选框，定义重力加速度为 Z 向−9.81 m·s^{-2}；在 3 区右击 Energy，在弹出的快捷菜单中选择 On，右击 Viscous，在弹出的快捷菜单中选择 Model→SST K-omega；在 4 区双击 Radiation 后，在弹出的对话框中将 Model 设置为 Discrete Ordinates（DO），Angular Discretization 项中 Theta Divisions 设置为 3、Phi Divisions 设置为 3、Theta Pixels 设置为 2、Phi Pixels 设置为 2，其余项采用默认设置。

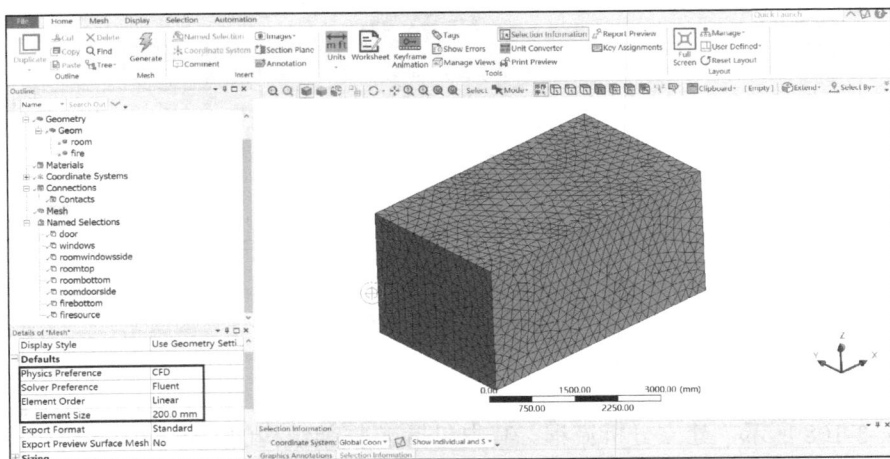

图 4-3-109　Fluent 网格划分

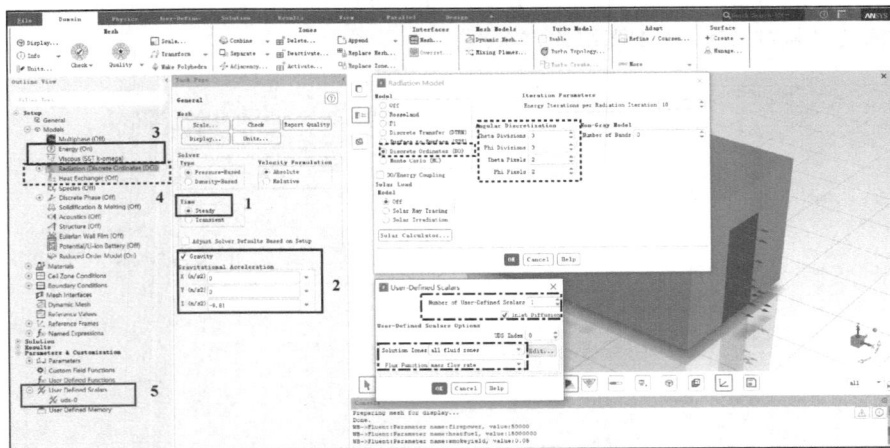

图 4-3-110　Fluent 分析设置（1）

采用 UDS 标量方程定义烟尘的扩散过程，在 5 区双击 User Defined Scalars 项，在弹出的对话框中修改 Number of User-Defined Scalars 项为 1，选中 Inlet Diffusion 复选框，Solution Zones 设置为 all fluid zones，Flux Function 设置为 mass flow rate。

Fluent 默认不开启 ROM 模型，在 Console 区输入 define models addon 11，即可在 Models 项下面出现 Reduced Order Model（On）。双击 Reduced Order Model（On），在弹出的对话框的 Variables 下方的列表框中选择 Scalar-0，Zones 下方的列表框中选择所有面，最后单击 Add 按钮，即可完成定义 ROM 输出项。读者也可选择其他变量进行输出，如图 4-3-111 所示。

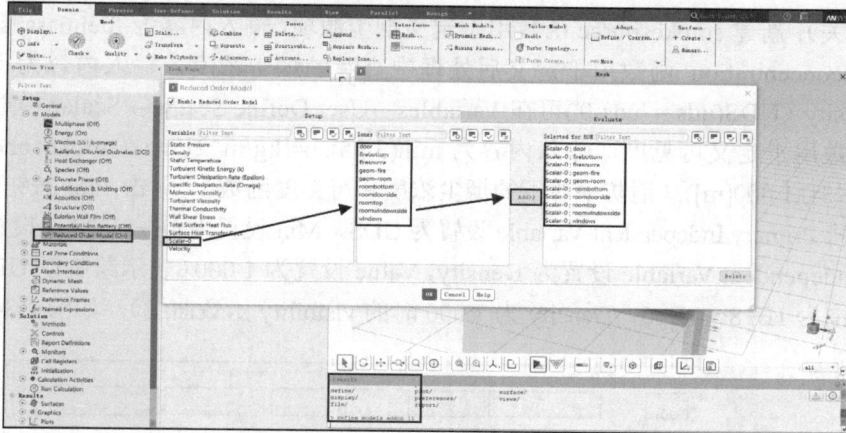

图 4-3-111 Fluent 定义 ROM 模型

如图 4-3-112 所示，在 Material→Fluid 项修改默认 air 材料，其中 Density 项修改为 incompressible-ideal-gas；Cp、Thermal Conductivity、Viscosity 和 Molecular Weight 项保持默认设置；Absorption Coefficient 设置为 0 m⁻¹；Scattering Coefficient 设置为 0 m⁻¹；Scattering Phase Function 设置为 isotropic；Refractive Index 设置为 1；UDS Diffusivity 设置为 defined-per-uds（在 UDS 中定义扩散表达式），单击 Edit 按钮，在弹出的对话框中，将 Coefficient 设置为 expression，最后在 Expression 对话框中输入"1E−5[Pa s]＋TurbulenceViscosity/0.7"（注意单位，其中 TurbulenceViscosity 可在 Variable 下拉按钮中选取）。

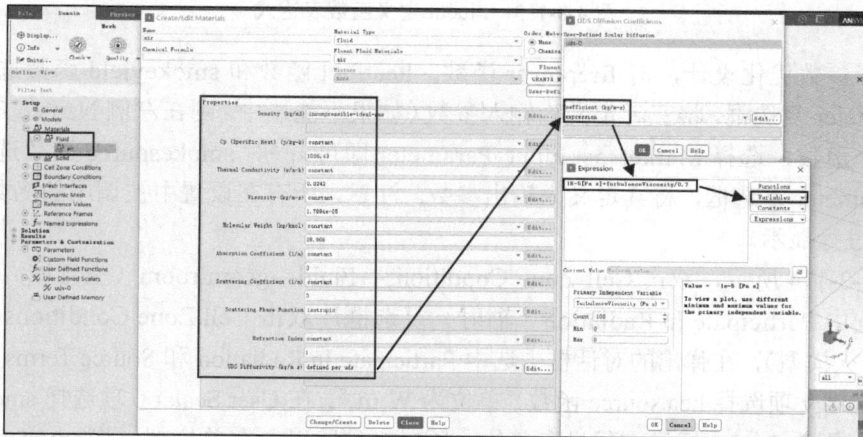

图 4-3-112 Fluent 分析设置（2）

本例采用表达式（Expression）形式定义相关扩散方程，在 Named Expressions 项新建 firepower 函数用于定义火源热释放速率，以替代燃烧反应，输入内容为 50 000 [W]；新建 heatsource 函数用于定义火源的热源，输入内容为 firepower/Volume(['geom-fire'])（Volume 可在 Function→Reduction 中选取，中括号内容可在 Location 中选取）；新建 heatfuel 函数用于定义燃烧热，输入内容为 15 000 000 [J kg^-1]（注意单位）；新建 fuelmass 函数用于定义烟尘质量源项，输入内容为 heatsource/heatfuel（由于简化燃烧反应，对不完全燃烧过程中产生的烟尘定义质量源项）；新建 smokeyield 函数用于定义烟尘产生系数，输入内容为 0.05（与燃料清洁程度有关）；新建 smokesource 函数用于定义烟尘源项，输入内容为 fuelmass*smokeyield；新建 smokeconcentration 函数用于定义后处理中查看的烟尘浓度，输入内容为 UDS(uds = 'uds-0')*Density（UDS(uds = 'uds-0')可在 Variables→User Define Scalar→ Scalar 中选取）；新建 visibility 函数用于定义可见度，输入内容为 min(3.95E−4[kg/m^2]/max(smokeconcentration, 1E−10[kg/m^3]),1 000[m])（消防手册下的烟尘浓度和可见度函数），单击 Plot 按钮，在弹出的对话框中，将 Primary Independent Variable 设置为 UDS，Min 设置为 1E−8，Max 设置为 1E−6，Secondary Independent Variable 设置为 Density，Value 设置为 1 000（表示绘制以 UDS 为 X 轴，X 轴取值范围为 1E−8～1E−6，Density 为 1 000 时的 visibility 函数曲线），如图 4-3-113 所示。

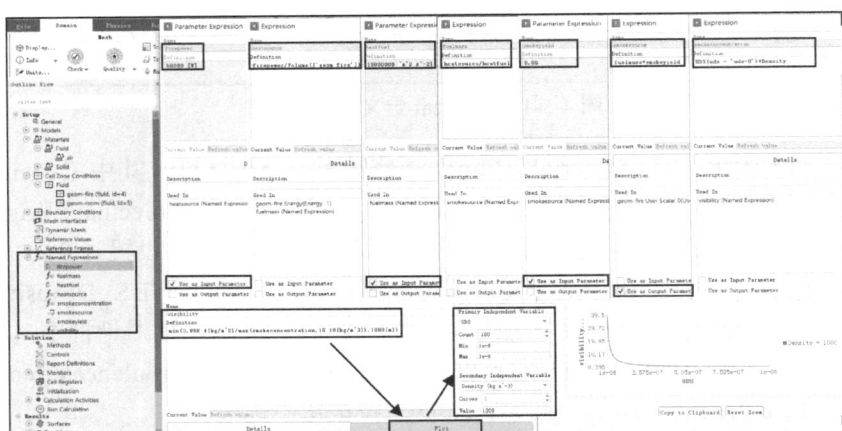

图 4-3-113　Fluent 定义函数表达式

为进行参数优化设计，对 firepower 函数、heatfuel 函数和 smokeyield 函数选中 Use as Input Parameter 复选框，将三者定义为输入参数（如果不能选中，则在左侧 Named Expressions 项右击某个函数，选择 Market as Input Parameter 即可）；对 smokesource 函数选中 Use as Output Parameter 复选框，将其定义为输出参数。注意，所有在设置中被调用的函数，均会在 Used In 项进行显示。

如图 4-3-114 所示，双击 Cell Zone Conditions→Fluid→geom-room（空气域），在弹出的对话框中选中 Participate In Radiation（辐射）复选框，双击 Cell Zone Conditions→Fluid→geom-fire（火模型），在弹出的对话框中选中 Participate In Radiation 和 Source Terms（源项）复选框，在 Energy 项选择 heatsource 函数，单位为 W·m⁻³，在 User Scalar 0 项选择 smokesource/1 [kg/m^3/s]（因为 Scalar 标量方程没有单位，所以必须除以一个单位制，将 smokesource 变为无量纲数）。

如图 4-3-115 所示，在 Boundary Conditions 项中先将 door 面设置为 Pressure Outlet（压力出口），在 Outlet 项中双击 door，在弹出的对话框中，单击 Momentum 选项卡，保持默认设置，单击 Thermal 选项卡，将 Backflow Total Temperature 设置为 291 K，单击 Radiation 选项卡，保持默认设置，单击 UDS 选项卡，将 User-Defined Scalar Boundary Condition 下的 User Scalar 0 设置为 Specified Value，User-Defined Scalar Boundary Value 下的 User Scalar 0 设置为 0。windows 面的设置与此一致，如图 4-3-116 所示。

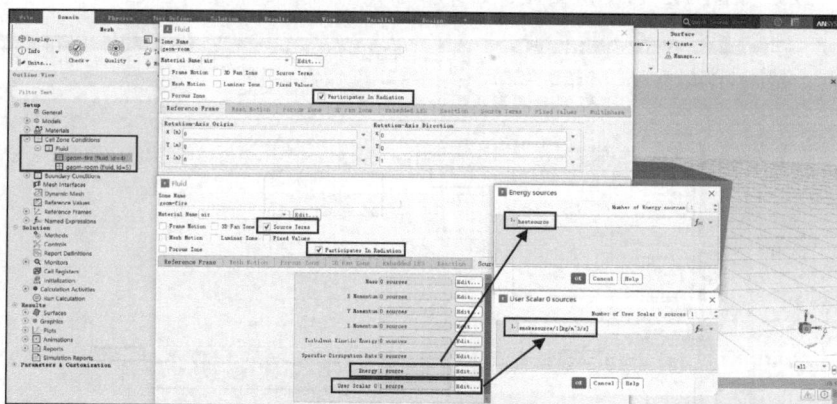

图 4-3-114　Fluent 域设置

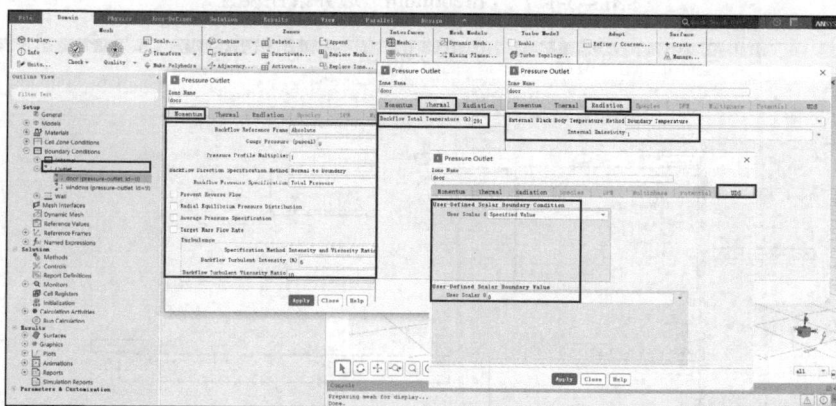

图 4-3-115　"door" 边界条件设置

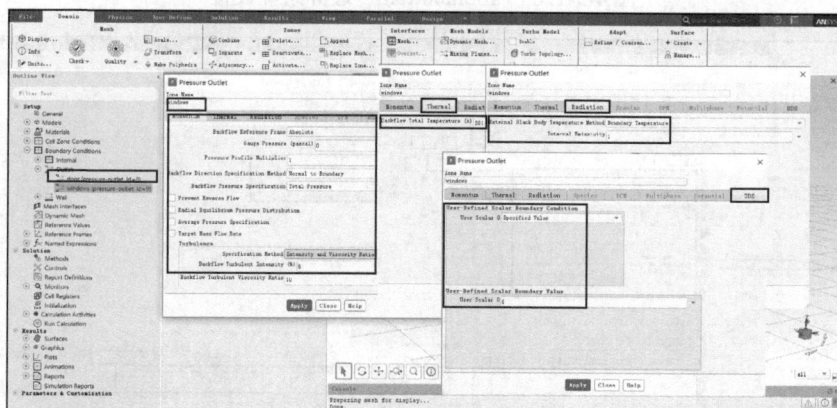

图 4-3-116　"windows" 边界条件设置

　　如图 4-3-117 所示，在 Boundary Conditions→wall 项中双击 firebottom 面，在弹出的对话框中单击 Momentum 选项卡，保持默认设置，单击 Thermal 选项卡，保持默认设置，单击 Radiation 选项卡，保持默认设置，单击 UDS 选项卡，保持默认设置。roombottom 和 roomdoorside 面的设置与此一致，如图 4-3-118 和图 4-3-119 所示。

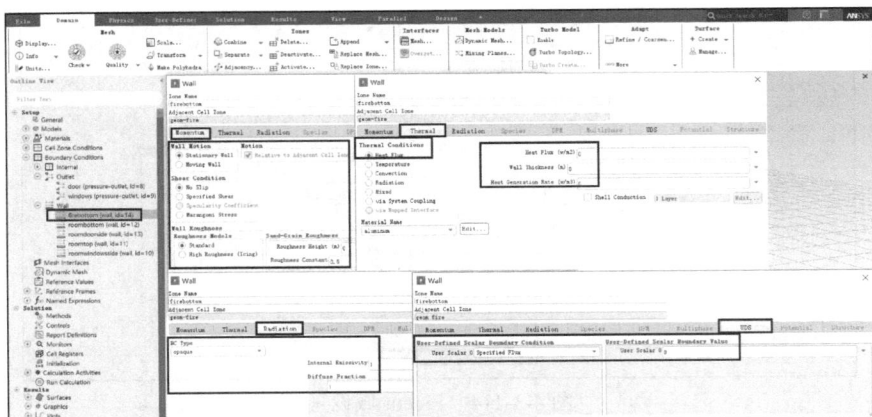

图 4-3-117 "firebottom"边界条件设置

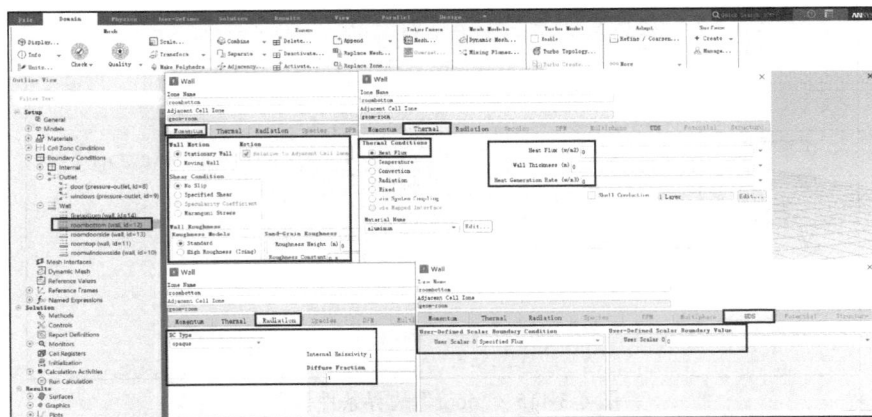

图 4-3-118 "roombottom"边界条件设置

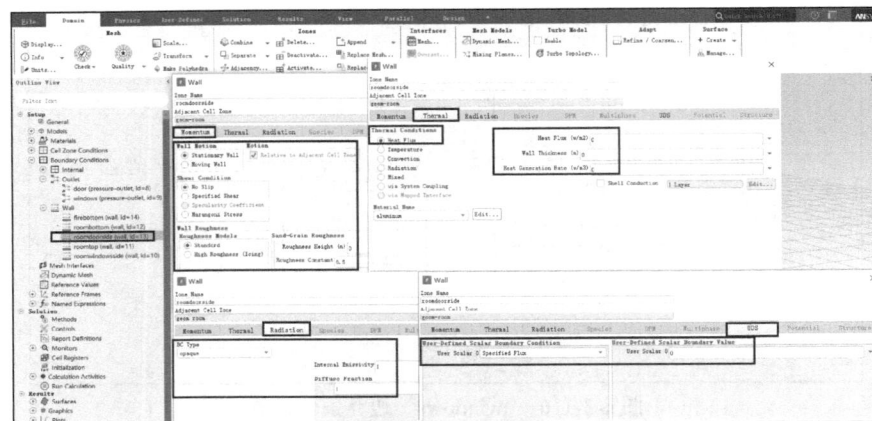

图 4-3-119 "roomdoorside"边界条件设置

如图 4-3-120 所示，在 Boundary Conditions→wall 项中双击 roomtop 面，在弹出的对话框中，单击 Momentum 选项卡，保持默认设置，单击 Thermal 选项卡，将 Thermal Conditions

设置为 Convection，Heat Transfer Coefficient 设置为 5 W·m⁻²·K⁻¹，Free Stream Temperature 设置为 291 K，单击 Radiation 选项卡，保持默认设置，单击 UDS 选项卡，保持默认设置。roomwindowsside 面的设置与此一致，如图 4-3-121 所示。

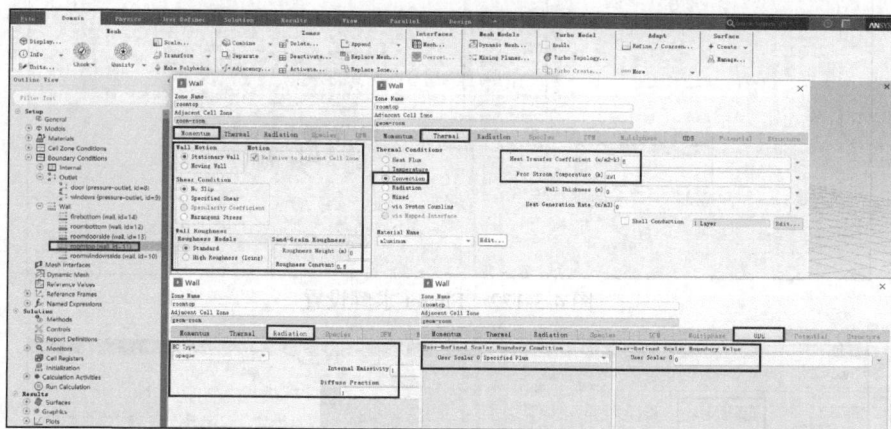

图 4-3-120　"roomtop" 边界条件设置

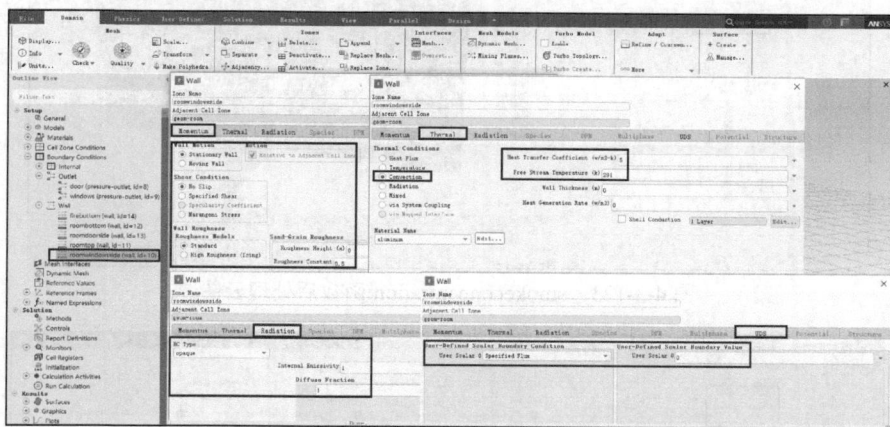

图 4-3-121　"roomwindowsside" 边界条件设置

如图 4-3-122 所示，双击 Solution→Methods，在弹出的对话框中，将 Scheme 设置为 Coupled，仅将 Discrete Ordinate 设置为 First Order Upwind，其余均设置为 Second Order Upwind，选中 Pseudo Transient 复选框；双击 Solution→Controls，在弹出的对话框中，将 Pressure、Momentum 均设置为 0.5、Turbulent Kinetic Energy、Specific Dissipation Rate、Energy 均设置为 0.75，其余均设置为 1；双击 Monitors→Residual，在弹出的对话框中的所有项的 Absolute Criteria 均设置为 1E-5；双击 Initialization，在弹出的对话框中，将 Initialization Method 设置为 Standard Initialization；双击 Run Calculation，在弹出的对话框中，将 Number of Iterations 设置为 200。为了计算简便，其余均默认。

为了观察房间内空气域的相关后处理结果，建立 plane-8（对应房间的中间 YZ 平面）和 plane-9（对应房间的中间 XZ 平面）。计算完成后，如图 4-3-123 和图 4-3-124 所示，查看 plane-8 和 plane-9 平面上的 smokeconcentration 和 visibility 函数后处理云图。

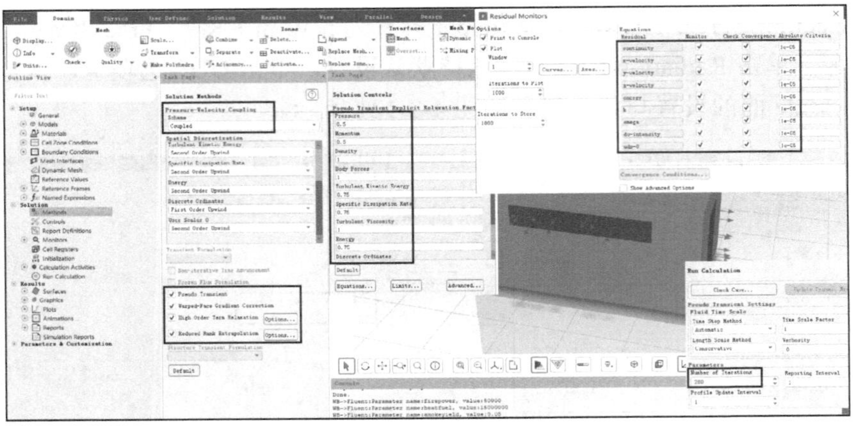

图 4-3-122　Fluent 求解设置

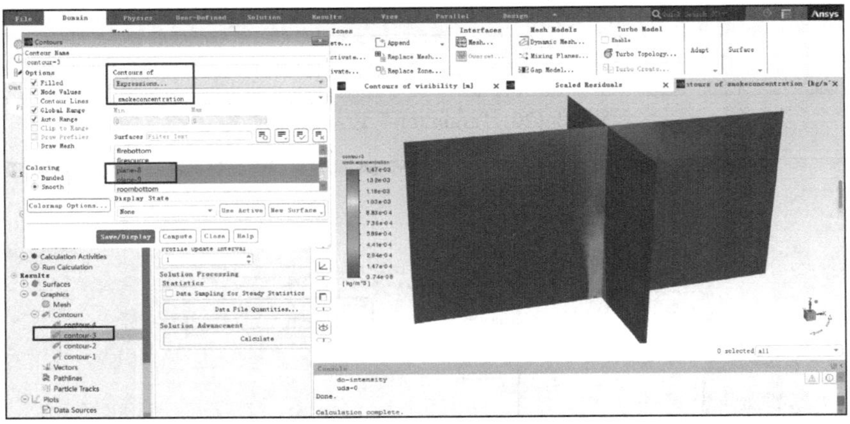

图 4-3-123　smokeconcentration 函数后处理云图

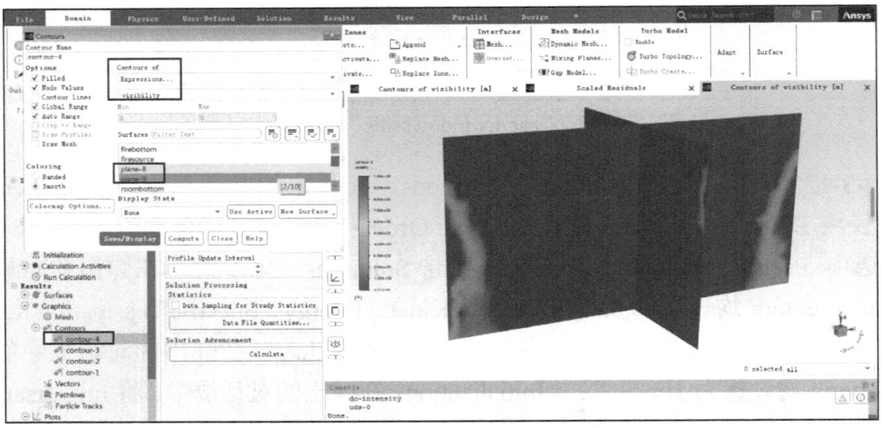

图 4-3-124　visibility 函数后处理云图

　　由于采用稳态计算，在 plane-8 和 plane-9 平面上的烟尘浓度呈现为中间最大，以羽流形式扩散到中部最上方，再向四周运移。同样，在 plane-8 和 plane-9 平面上显示仅门窗附近可见度较高，房间其余区域可见度很低，且在门附近显示半高位置有较广的可见区域，这表明在火灾现场逃逸时采用半蹲姿势不仅可以减少吸入上部空间的有毒气体，还可以获得更大的视野。

> **注意**
>
> ANSYS 2020 以下版本不能在后处理中调用 Expression。

4．Design of Experiments（3D ROM）设置

在 D2 Design of Experiments 处双击，进入 DOE 设置。本例 DOE 设置如图 4-3-125 所示，其中 Design of Experiments Type 设置为 Optimal Space-Filling Design，Design Type 设置为 Max-Min Distance，Maximum Number of Cycles 设置为 10，Samples Type 设置为 User-Defined Samples。针对 ROM 分析，以上均为默认设置，此外分析样本数与输入参数个数有关，即输入参数个数乘以 8 为样本数。本例共有 3 个输入参数，所以 Number of Samples 为 24。

单击 Input Parameter→Fluent→P2-firepower，对样本点边界进行设置，其中上、下边界分别设置为 55 000 和 45 000；P3-heatfuel 样本点的上、下边界分别设置为 16.5E7 和 1.35E7；P4-somkeyield 样本点的上、下边界分别设置为 0.055 和 0.045，如图 4-3-126 所示。

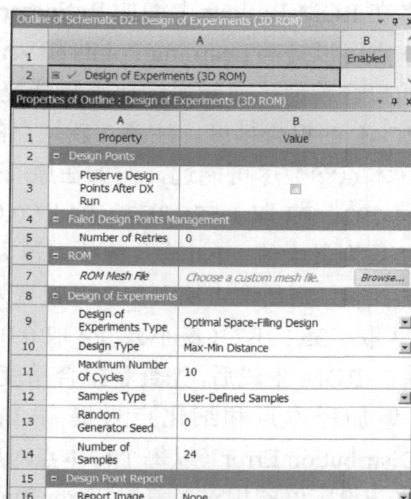

Outline of Schematic D2: Design of Experiments (3D ROM)

	A	B
1		Enabled
2	Design of Experiments (3D ROM)	

Properties of Outline : Design of Experiments (3D ROM)

	A	B
1	Property	Value
2	Design Points	
3	Preserve Design Points After DX Run	☐
4	Failed Design Points Management	
5	Number of Retries	0
6	ROM	
7	ROM Mesh File	Choose a custom mesh file. Browse...
8	Design of Experiments	
9	Design of Experiments Type	Optimal Space-Filling Design
10	Design Type	Max-Min Distance
11	Maximum Number Of Cycles	10
12	Samples Type	User-Defined Samples
13	Random Generator Seed	0
14	Number of Samples	24
15	Design Point Report	
16	Report Image	None

图 4-3-125　DOE 设置

Properties of Outline A5: P2 - firepower

	A	B
1	Property	Value
2	General	
3	Units	W
4	Type	Design Variable
5	Classification	Continuous
6	Values	
7	Lower Bound	45000
8	Upper Bound	55000

Properties of Outline A6: P3 - heatfuel

	A	B
1	Property	Value
2	General	
3	Units	J kg^-1
4	Type	Design Variable
5	Classification	Continuous
6	Values	
7	Lower Bound	1.35E+07
8	Upper Bound	1.65E+07

Properties of Outline A7: P4 - smokeyield

	A	B
1	Property	Value
2	General	
3	Units	
4	Type	Design Variable
5	Classification	Continuous
6	Values	
7	Lower Bound	0.045
8	Upper Bound	0.055

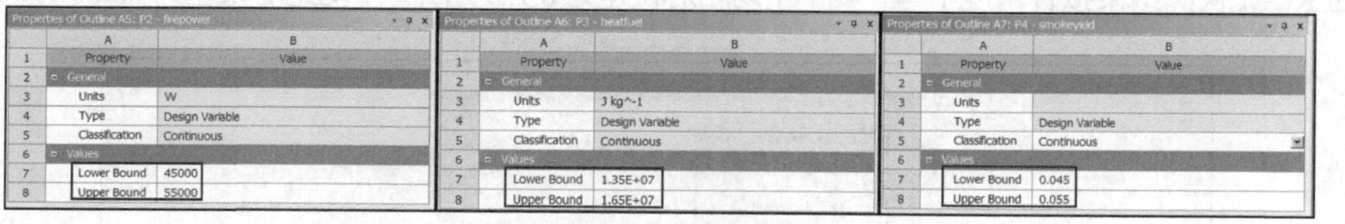

图 4-3-126　样本点设置

设置完成后，单击 Update 进行计算。样本点计算完成可通过 Parameters Parallel Chart 和 Design Points vs Parameter Chart 以不同形式显示 24 个样本点的输入参数和输出参数，此处操作与响应面优化设计一致，不再说明。

5．ROM Builder 设置

在 D3 ROM Builder 处双击，进入 ROM 设置。ROM 分析过程与响应面优化过程基本流程一致，都是某函数描述输入参数和输出参数的关系，不再需要代入实际模型计算。其中 Solver System 仅能设置为 Fluent；Engine 仅能设置为 SVD（Singular Vector Decomposition，奇异值分解，用于非方阵矩阵的特征值求解，应用于数据降维和机器学习等）with Genetic Aggregation Response（与响应面优化中的 Genetic Aggregation 类似）；Construction Type 可设置为 Fixed Number of Modes（对应 Number of Modes 默认设置为 10）和 Fixed Accuracy（对应 Maximum Relative Error 默认设置为 0.01，两者表现对 SVD 算法的误差评估差异，可通过试算观察 Goodness Of Fit 结果进行选择）；Regions Association 可设置为 Global 和 Local（其中 Local 项计算量更大，且误差对比项存在区别）；选中 Generate Verification Points（必选，

否则精度较差），Number of Verification Points 设置为 3，
如图 4-3-127 所示。

为了提高 ROM 的拟合精度，建议增加设计点数量。
可在 DOE 中设置为 Custom+Sampling 增加样本点数量或
者在 ROM Builder 中增加 Refinement Points。其中新增样
本点可以提高 Learning Points 和 Verification Points 对 ROM
的拟合精度；而新增细化点只能提高 Learning Points 对
ROM 的拟合精度。注意，新增点的输入参数应该距已有
样本点参数尽可能远，例如在原 24 个样本点中有 P2 取
54 792、P3 取 1.556 3E7、P4 取 0.051 875，其中 P2 输入
参数为最大值、P3 输入参数为较大值、P4 输入参数也为
较大值，则新增点输入参数可设置为 P2 取 54 998（最大）、
P3 取 1.352 2E7（最小）、P4 取 0.045 012（最小）。

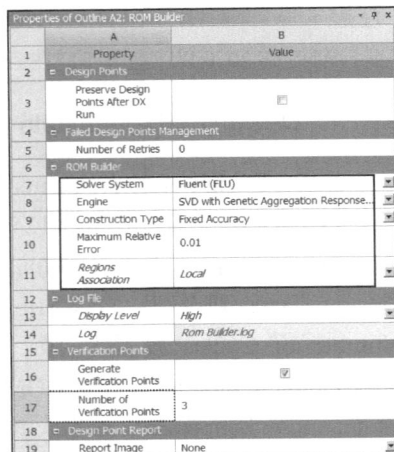

图 4-3-127　响应面设置

ROM 生成后，先查看拟合精度，单击 Quality→Goodness of Fit，选中 Show Learning Points
（增加样本点和细化点只提高 Learning Points 的拟合精度），Mode 设置为 Cumulative
Distribution Error（以每个样本点对应的输出参数为 ROM 快照（Snapshot），该选项显示快照结
果与设定值的相对误差），Error Type 设置为 L-Infinity Norm Error（绝对误差），Field to Show
设置为 Scalar-0，Region 设置为 All Regions，如图 4-3-128 所示。由图可知，由 24 个样本点组成
的 ROM 快照结果拟合精度中等，其中平均相对误差为 0.729 24%，平均绝对误差为 0.000 198 37。

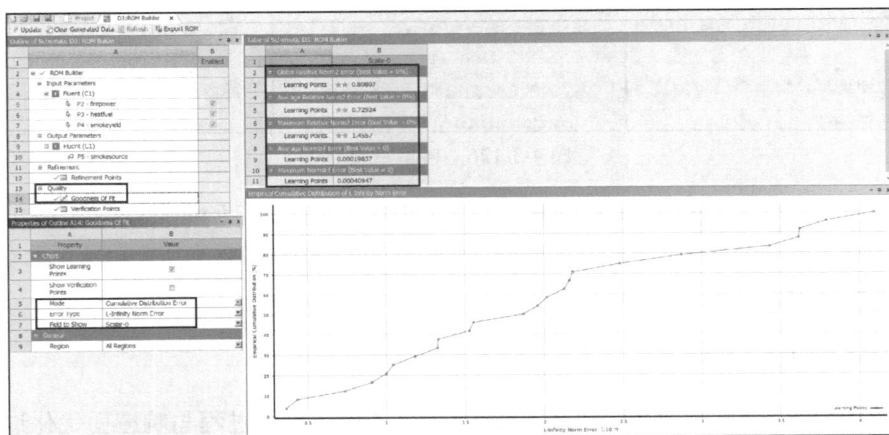

图 4-3-128　ROM 拟合精度查询

选中 Show Verification Points，Mode 设置为 Error per Snapshot（显示快照结果的误差级
别是否一致，及误差大小的分布情况），Error Type 设置为 Relative L2-Norm Error（%）（相对
误差），Field to Show 设置为 Scalar-0，Region 设置为 All Regions，如图 4-3-129 所示。由图
可知，由 3 个验证点组成的 ROM 快照结果拟合精度极差，第一个验证点误差很大（编号 25），
第二个最小（编号 26），第三个其次（编号 27），且误差方向一致，其中平均相对误差为 42.474%，
平均绝对误差为 0.003 897 2。

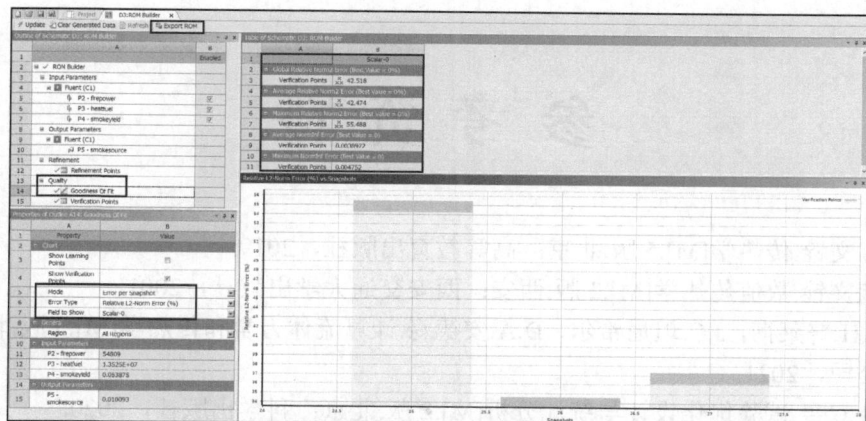

图 4-3-129　ROM 拟合精度查询

　　为提高验证点的拟合精度，可以在 Verification Points 项删除对应拟合效果较差的验证点，并手动新增验证点输入参数，同时修改 ROM Builder→Number of Verification Points 的数量，保证数量对应。在验证点处右击，在弹出的快捷菜单中选择 Update，即可代入实际模型中进行验证，这与响应面优化设计一致，不再赘述。

　　单击 Export ROM，可输出*.fmu 或*.romz 文件。这两种文件均可以由 ROM Viewer 打开以查看相应的后处理结果，*.romz 文件还可以由 Fluent 导入以查看结果。

　　以降阶模型为关键技术的数字孪生正是采用了高保真技术（反演校对正向模拟模型）的较高精度简化模型（ROM），能够脱离原始计算模型（ROM Viewer 查看）快速同步预测结果。当 CAE 技术在各个行业真正普及，而不是呈现使用者只会操作软件的现象时，数字孪生与各个行业的深度结合才有望实现定制、高速、有效的计算服务。

参 考 资 料

［1］陶文铨.传热学[M].5 版.北京：高等教育出版社，2019.

［2］陶文铨.数值传热学[M].2 版.西安：西安交通大学出版社，2001.

［3］R.H.普莱彻，J.C.坦尼希尔，D.A.安德森.计算流体力学和传热学[M].3 版.北京：世界图书出版公司，2021.

［4］杜双奎.试验优化设计与统计分析[M].2 版.北京：科学出版社，2020.

［5］奥拉夫·迪格尔，阿克塞尔·诺丁，达米恩·莫特.增材制造设计（DfAM）指南[M].安世亚太科技股份有限公司，译.北京：机械工业出版社，2021.